Mathematik
Analytische Geometrie
Lineare Algebra

Herausgegeben von Prof. Dr. Thomas Jahnke
Oberstudiendirektor Hans Wuttke

Erarbeitet von Dr. Karsten Alpers
Dr. Gisela Bielig-Schulz
Prof. Dr. Thomas Jahnke
Martin Janßen
Angelika Siekmann
Ursula Simanowsky
Hans Wuttke

unter Mitarbeit der Verlagsredaktion

Cornelsen

Die Lernsoftware Lineare Algebra (Best.-Nr. Home-Einzellizenz: 909107) kann begleitend zu diesem Buch verwendet werden. Sie ermöglicht eine schrittweise Bearbeitung der Standardaufgaben. Ein Grafikfenster liefert eine dreidimensionale Veranschaulichung der Zusammenhänge.

Im Internet werden unter der URL

www.cornelsen-teachweb.de/co/casio

aktuelle Aufgaben zur Anwendung von Grafik-Taschenrechnern (GTR) mit Lösungen angeboten.

Unter der URL

www.cornelsen-teachweb.de/co/sek2/jahnke_mathematik

findet man einfache JavaScript-Programme zu einigen ausgewählten Verfahren, darunter Programme zur Lösung linearer Gleichungssysteme

Cornelsen online http://www.cornelsen.de

Redaktion: Dr. Jürgen Wolff
Layout und Herstellung: Wolf-Dieter Stark

Technische Zeichnungen: Wolfgang Mattern, Bochum;
Universitätsdruckerei H. Stürtz AG, Würzburg
Illustrationen: Detlev Schüler, Berlin
Satz: Universitätsdruckerei H. Stürtz AG, Würzburg

1. Auflage Druck 4 3 2 1 Jahr 06 05 04 03

Alle Drucke dieser Auflage sind inhaltlich unverändert und können im Unterricht nebeneinander verwendet werden.

Druck: CS-Druck CornelsenStürtz, Berlin

ISBN 3-464-57217-X

Bestellnummer 572170

Gedruckt auf säurefreiem Papier,
umweltschonend hergestellt aus chlorfrei gebleichten Faserstoffen.

Inhaltsverzeichnis

6 Lineare Algebra

7 Vermischte Aufgaben

8 Anhang

Hinweise zur Arbeit mit diesem Buch

Dieses Buch versteht Mathematik als einen Beitrag zur schulischen Allgemein- und Fachbildung. Wo dies möglich ist, werden mathematische Begriffe und Sätze an und aus der Analyse von Sachsituationen entfaltet, um die Charakteristik und Leistungsfähigkeit mathematischen Denkens deutlich werden zu lassen.

Das Buch bietet sowohl für Grund- als auch für Leistungskurse eine Grundlage für die Auseinandersetzung mit den zentralen Begriffen, Sätzen und Anwendungsfeldern der analytischen Geometrie und linearen Algebra.
Die gelb unterlegten Seiten bieten Vertiefungen und Erweiterungen an und ermöglichen unterschiedliche Schwerpunktsetzungen.

AUFTRÄGE

Jeder Abschnitt beginnt mit mehreren **ARBEITSAUFTRÄGEN**, die den Lernenden die Möglichkeit bieten, sich in die jeweilige Thematik einzuarbeiten und dort selbst Erfahrungen zu sammeln. Die Aufträge sind implizit auch ein Angebot zu einer offenen und produktiven Unterrichtsgestaltung. Es können jeweils nur ein Auftrag oder mehrere in Gruppen-, Partner- oder Einzelarbeit parallel oder nacheinander bearbeitet werden. Die Aufträge skizzieren dort, wo das möglich und sinnvoll ist, Anwendungssituationen. An anderen Stellen stehen eher innermathematische Fragestellungen im Vordergrund.

In jedem Abschnitt werden dann einer oder mehrere der Arbeitsaufträge sorgfältig ausgeführt. Dabei werden die wesentlichen Begriffe und Sätze entwickelt, die im Rahmen der betrachteten Anwendungssituation auch eine anschauliche, inhaltliche Bedeutung haben. Wo es notwendig ist, werden mathematische Sachverhalte durch weitere Untersuchungen erweitert und ergänzt. Bei der Bearbeitung der Aufträge wurde auf eine methodische Vielfalt geachtet und häufig werden verschiedene Lösungsalternativen angeboten und diskutiert.

ZUSAMMENFASSUNG

Der Bearbeitung eines Arbeitsauftrages folgt in jedem Abschnitt eine **ZUSAMMENFASSUNG**. Hier werden die wesentlichen mathematischen Erträge des Abschnittes und ihre Bedeutung herausgestellt. Der Lernende erhält dadurch eine Übersicht über die wesentlichen Ergebnisse und ihren Zusammenhang, wodurch auch ein Selbststudium oder eine Nacharbeit unterstützt und erleichtert werden. Die Zusammenfassungen zielen in erster Linie auf eine Festigung des Verständnisses und die Herausarbeitung eines Überblicks- und Strukturwissens, ohne das eine schulmathematische Bildung in die Kenntnis einzelner Verfahren und Algorithmen zerfallen könnte.

AUFGABEN

Jeder Abschnitt wird durch zahlreiche **AUFGABEN** abgeschlossen, die von einfachen Aufgaben bis zu komplexen neuen Anwendungen reichen. Im Kapitel 7 sind übergreifende Aufgaben zusammengestellt, die eine inhaltliche Verbindung der Thematik einzelner Abschnitte und Kapitel anbieten und als Anregungen für die Vorbereitung von und auf Klausuren und das Abitur dienen können.

Im **Anhang** (Kapitel 8) werden Inhalte dargestellt, die häufig bereits im Vorfeld der Kurse zur analytischen Geometrie und linearen Algebra behandelt werden. Dazu zählen die Untersuchung von Geraden, Kreisen und Parabeln in der Ebene und der Gauß'sche Algorithmus als systematisches Verfahren zur Lösung linearer Gleichungssysteme. Der Anhang dient damit in erster Linie zur Wiederholung. Die Abschnitte sind aber auch so gestaltet, dass bei hinreichend vorhandener Unterrichtszeit zunächst diese Grundlagen unterichtet werden können.

Grundsätzlich kann der Mathematikunterricht mit diesem Buch unabhängig von der Verfügbarkeit von Personalcomputern und zugehöriger Software gestaltet werden. Diese Mittel können aber den Unterricht ergänzen und bereichern, z. B. zur Abkürzung von Rechnungen, zur grafischen Darstellung von deren Ergebnissen. Darüber hinaus können sie bei der Begriffsentwicklung und dem Erforschen und Entdecken von Zusammenhängen durch die Lernenden produktive und sinnvolle Werkzeuge sein. Dabei können Tabellenkalkulationsprogramme, Geometriesoftware, Software zur linearen Algebra und Computer-Algebra-Systeme zum Einsatz kommen.

Analytische Geometrie
Lineare Algebra

1

Geometrie und Algebra

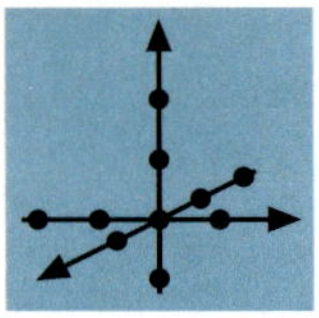

In diesem Kapitel werden mathematische Gegenstände aus geometrischer und algebraischer Sicht betrachtet, um eine Brücke zwischen diesen Gebieten zu schlagen und Kenntnisse aus dem einen Gebiet jeweils für das andere zu nutzen.

1.1 Die Digitalisierung des Raumes

AUFTRÄGE

A1 Vier gewinnt

Beim Spiel „Vier gewinnt" stecken Weiß und Schwarz abwechselnd eine Kugel auf einen der sechszehn Stäbe. Wer zuerst vier Kugeln in einer geraden Linie erreicht, hat gewonnen.

In der abgebildeten Stellung hat also Weiß gewonnen.

Kann man das Spiel auch auf dem Papier spielen?

Wie kann man die Kugelpositionen beschreiben, woran Siegstellungen erkennen?

Bild 8/1: Vier gewinnt

A2 Der geteilte Würfel

Denken Sie sich einen Würfel so, dass er mit einer der vier Raumdiagonalen senkrecht auf einer Tischplatte steht. Nun wird er parallel zur Tischplatte durchgeschnitten. Welche Figur stellt die Schnittfläche dar? Können Sie Ihre Vermutung auch durch Rechnungen begründen?

A3 Das Problem der faulen schlauen Klasse

Weil ein Kurs mit 16 Schülerinnen und Schülern letzte Woche leider vergaß, zur 6. Stunde zu erscheinen, hat ihnen ihr Mathematiklehrer 16 Hausaufgaben gegeben und gerufen: „Die müsst ihr alle lösen!" Nach der Stunde hat sich der Kurs überlegt, dass der Lehrer gar nicht gesagt hat, dass jeder jede Aufgabe lösen muss. Also haben die Schülerinnen und Schüler die 16 Aufgaben unter sich aufgeteilt: Jeder wird eine lösen und am Nachmittag wollen sie sich dann ihre Lösungen gegenseitig am Telefon durchgeben.

Wie sollen sie dabei vorgehen? Wie lange wird das dauern, wenn das Durchsagen einer Lösung eine Minute dauert und nur Einzelgespräche möglich sind? Entwerfen Sie eine grafische Lösung.

A4 Die vierte Dimension

Ein eindimensionaler Würfel hat 2 Ecken und eine Kante.

Bild 9/1: Eindimensionaler Würfel

Ein zweidimensionaler Würfel hat 4 Ecken und 4 Kanten.

Bild 9/2: Zweidimensionaler Würfel

Ein dreidimensionaler Würfel hat 8 Ecken, 12 Kanten und 6 Seitenflächen.

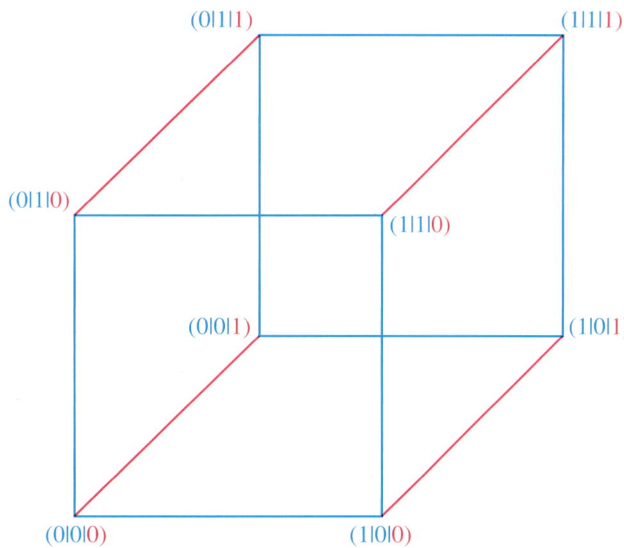

Bild 9/3: Dreidimensionaler Würfel

Wie ist der zweidimensionale Würfel aus dem eindimensionalen entstanden? Wie der dreidimensionale aus dem zweidimensionalen? Wie könnte folglich ein vierdimensionaler Würfel aussehen? Wie viele Ecken hat er, wie sind diese zu beschriften? Wie viele Seitenflächen hat er? Was lässt sich sonst über ihn sagen?

Das Permanenzprinzip

Wir bearbeiten Auftrag **A4**. Den zweidimensionaler Würfel, also das Quadrat, kann man sich aus zwei – in den Bildern blaue – Kopien des eindimensionalen Würfels entstanden denken, deren zueinander gehörige Ecken durch neue – rote – Kanten miteinander verbunden wurden. Ebenso lässt sich der dreidimensionale Würfel aus zwei Kopien des zweidimensionalen Würfels, also des Quadrates, erzeugen, deren zueinander gehörige Ecken durch neue – rote – Kanten miteinander verbunden werden.

Fährt man nach diesem Prinzip fort, so entsteht ein vierdimensionaler Würfel aus zwei Kopien eines dreidimensionalen Würfels, deren zueinander gehörige Ecken man durch neue Kanten verbindet (Bild 10/1).

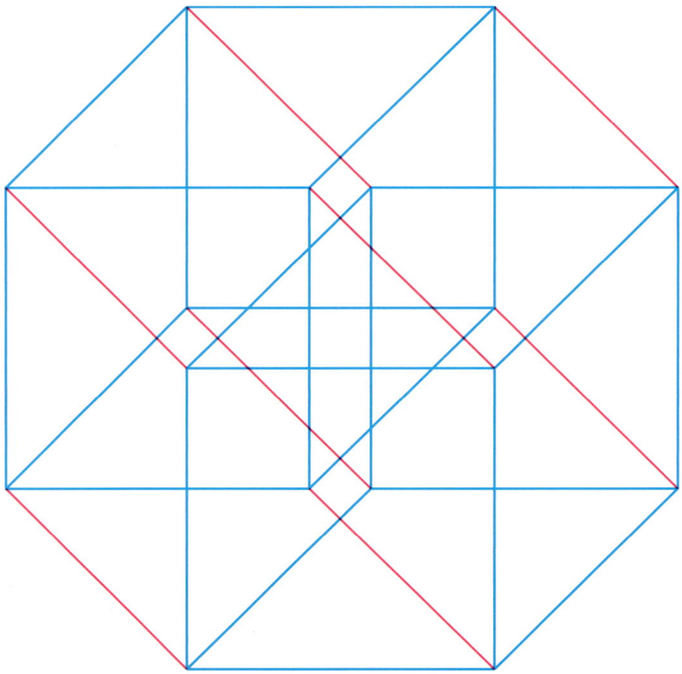

Bild 10/1: Vierdimensionaler Würfel

Ecken, Kanten und Seitenflächen

Nach unserem Konstruktionsprinzip hat der vierdimensionale Würfel soviel Ecken wie zwei dreidimensionale, also $2 \cdot 8 = 16$. Die Kanten des vierdimensionalen Würfels kann man unterschiedlich zählen:

– Ein vierdimensionaler Würfel hat zunächst so viele – blaue – Kanten wie zwei dreidimensionale Würfel $(2 \cdot 12 = 24)$ und zusätzlich die neuen – roten – Kanten, die jeweils ein Eckenpaar der beiden Kopien des dreidimensionalen Würfels miteinander verbinden, also insgesamt $24 + 8 = 32$.

– Man sieht, dass von jeder der sechzehn Ecken 4 Kanten ausgehen. Da jede Kante zwei Ecken miteinander verbindet, hat der vierdimensionale Würfel also $\frac{4 \cdot 16}{2} = 32$ Kanten.

Zwei dreidimensionale Würfel haben zusammen $2 \cdot 6 = 12$ Seitenflächen, zu denen neue Seitenflächen jeweils zwischen zwei zueinander gehörigen Kanten der beiden dreidimensionalen Würfel hinzukommen, also weitere 12. Ein vierdimensionaler Würfel hat also 24 Seitenflächen.

Eine andere Zählung führt zum gleichen Ergebnis: Die 32 Kanten des vierdimensionalen Würfels gehören jeweils zu drei seiner Seitenflächen. Da andererseits jede Seitenfläche durch vier Kanten begrenzt wird, ergibt sich für ihre Anzahl: $\frac{32 \cdot 3}{4} = 24$.

Begrenzungswürfel

Wie viele dreidimensionale Würfel begrenzen nun einen vierdimensionalen Würfel? Zunächst einmal die beiden dreidimensionalen Würfel, mit deren Hilfe wir ihn konstruiert haben. Weiter gibt es zwischen je zwei zueinander gehörigen Seitenpaaren derselben jeweils einen neuen dreidimensionalen Würfel, also insgesamt $2 + 6 = 8$. Die dreidimensionalen Begrenzungswürfel sind in Bild 11/1 hervorgehoben.

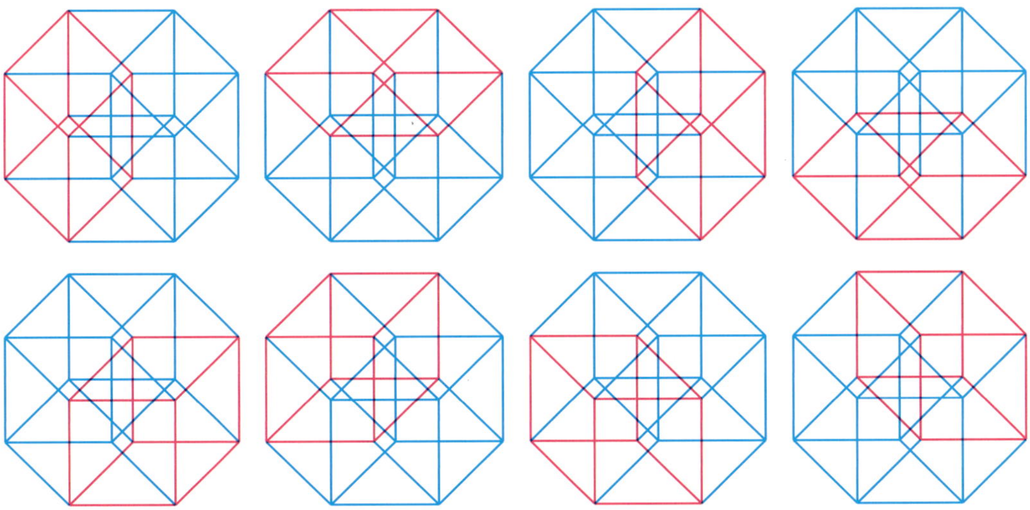

Bild 11/1

Auch hier kann man anders zählen: Jede der 24 Seitenflächen eines vierdimensionalen Würfels gehört zu zwei dreidimensionalen Würfel; andererseits hat ein dreidimensionaler Würfel sechs Seitenflächen. Ein vierdimensionaler Würfel hat damit $\frac{24 \cdot 2}{6} = 8$ dreidimensionale Begrenzungswürfel.

Eckenbezeichnungen

Beim eindimensionalen Würfel, also der Strecke, haben wir die Endpunkte mit 0 und 1 bezeichnet. Den zweidimensionalen Würfel haben wir aus zwei Kopien des eindimensionalen Würfels gewonnen; also behalten wir die Bezeichnung dessen Eckpunkte mit 0 und 1 bei. Um aber die beiden Kopien voneinander unterscheiden zu können, fügen wir eine weitere Koordinate an: Für die eine Kopie 0, für die andere Kopie 1 (Bild 9/2).

Bei der Bezeichnung der Ecken des dreidimensionalen Würfels verfahren wir ebenso: Die Eckpunkte der beiden Kopien des zweidimensionalen Würfels behalten zunächst ihre Koordinaten; um aber die Kopien unterscheiden zu können, fügen wir bei der einen die Koordinate 0 und bei der anderen die Koordinate 1 an (Bild 9/3).

In gleicher Weise kann man nun auch die Ecken des vierdimensionalen Würfels bezeichnen: Den Koordinaten der einen Kopie des dreidimensionalen Würfels, aus der er entstanden ist, fügen wir eine 0 an, der anderen eine 1. Das Ergebnis zeigt Bild 12/1.

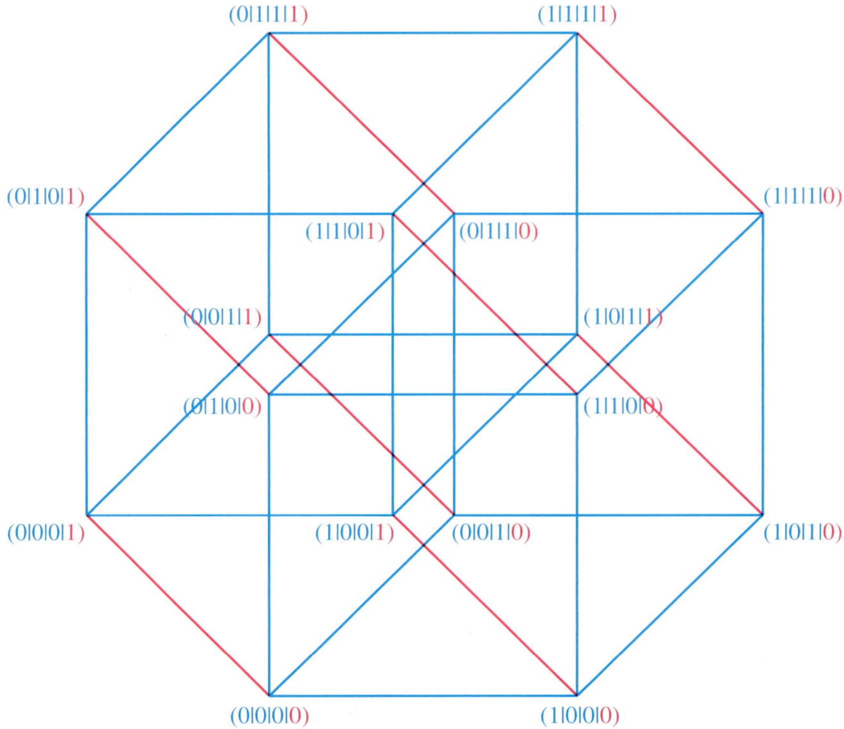

Bild 12/1

Auch mithilfe dieser Eckenbezeichnungen lässt sich die Zahl der Ecken leicht ermitteln: Alle Ecken tragen eine Bezeichnung der Form $(a|b|c|d)$, wobei a, b, c und d jeweils zwei Werte, nämlich 0 oder 1, annehmen können.

Ein vierdimensionaler Würfel hat also $2 \cdot 2 \cdot 2 \cdot 2 = 16$ Ecken.

Mithilfe der Eckenbezeichnungen kann man auch die Kanten, Seitenflächen und Begrenzungswürfel zählen (Aufgaben 1 und 2, Seite 14).

Wir haben bei der Konstruktion des vierdimensionalen Würfels das sogenannte Permanenzprinzip[1] angewendet. Dieses von dem deutschen Mathematiker Hermann Hankel (1839–1873) herausgestellte Prinzip sagt, dass bei Erweiterungsdefinitionen, soweit es möglich ist, bestehende Gesetze und Definitionen erhalten bleiben sollen.

---

1) permanere (lat.), erhalten bleiben

Räume

Auf einer Geraden kann man nach Festlegung einer Einheitsstrecke alle Punkte durch die Angabe **einer** Koordinate erfassen (Bild 13/1).

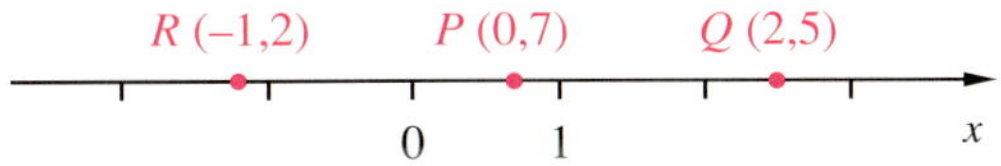

Bild 13/1: Punkte auf dem Zahlenstrahl

Um die Punkte einer Ebene zu erfassen, benötigt man zwei Koordinaten. Bild 13/2 zeigt die Punkte $P(1\,|\,3)$, $Q(3\,|\,1)$, $R(-1\,|\,2)$, $S(2\,|\,-1)$ und $T(-2\,|\,-1)$ in einem Koordinatensystem, dessen Achsen aufeinander senkrecht stehen und bei dem auf beiden Achsen die gleiche Maßeinheit gewählt ist. Man spricht dann von einem **kartesischen Koordinatensystem**.

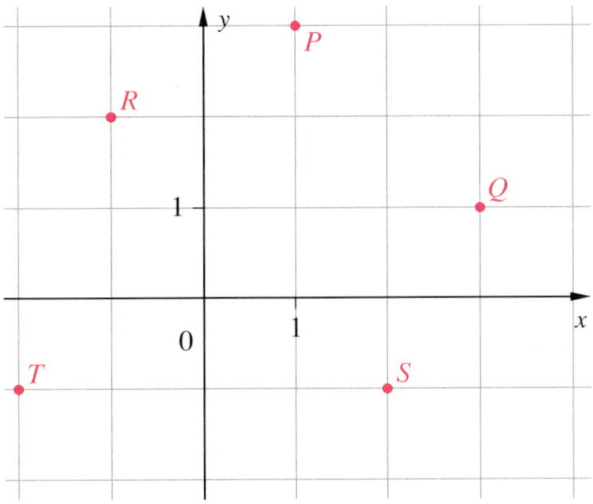

Bild 13/2: Kartesisches Koordinatensystem

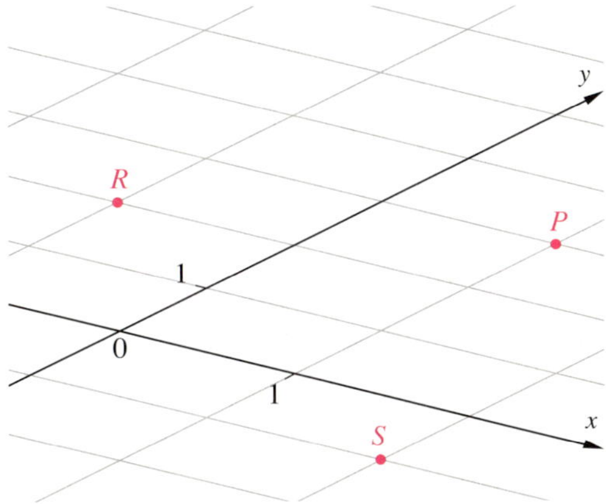

Bild 13/3: Nicht-kartesisches Koordinatensystem

Man kann die Punkte einer Ebene aber auch mit einem Koordinatensystem erfassen, das diese Bedingungen nicht erfüllt (Bild10).

Um die Punkte im dreidimensionalen Raum zu erfassen, benötigt man drei Koordinaten. Bild 13/4 zeigt die Punkte $P(1\,|\,3\,|\,2)$, $Q(-1\,|\,0\,|\,3)$ und $R(3\,|\,-2\,|\,-1)$ in einem kartesischen Koordinatensystem, bei dem die y-Achse nach hinten weist, die xy-Ebene des zweidimensionalen Koordinatensystems also einfach aus der „senkrechten Blattrichtung" in die „Waagerechte" gekippt wurde.

Die Achsen sind hier mit x für die erste Koordinate, y für die zweite und z für die dritte beschriftet. Man kann sie auch mit x_1, x_2 und x_3 beschriften.

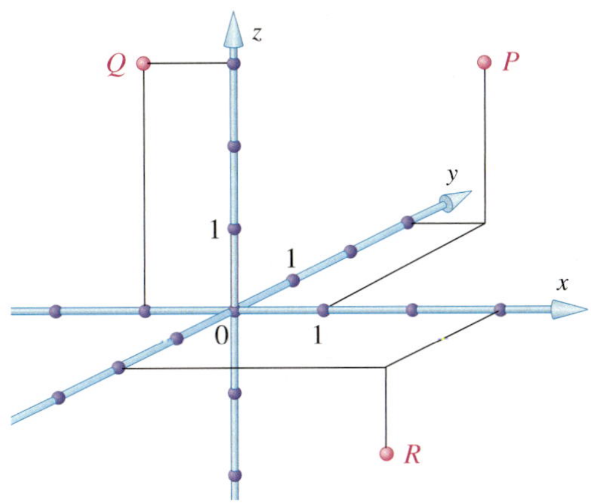

Bild 13/4

Die xy-, die xz- und die yz-Ebene stehen bei einem kartesischen Koordinatensystem senkrecht aufeinander und teilen den Raum in 8 **Oktanten**. Bei der Darstellung von Bild 13/4 liegt der Oktant, in dem $x > 0$, $y > 0$ und $z > 0$ gilt, hinten.

Dreht man das Koordinatensystem um die z-Achse, so dass die x-Achse nach vorne und die y-Achse nach rechts zeigt (Bild 14/1), dann steht dieser Oktand im Vordergrund. Wir werden künftig überwiegend diese Darstellung verwenden.

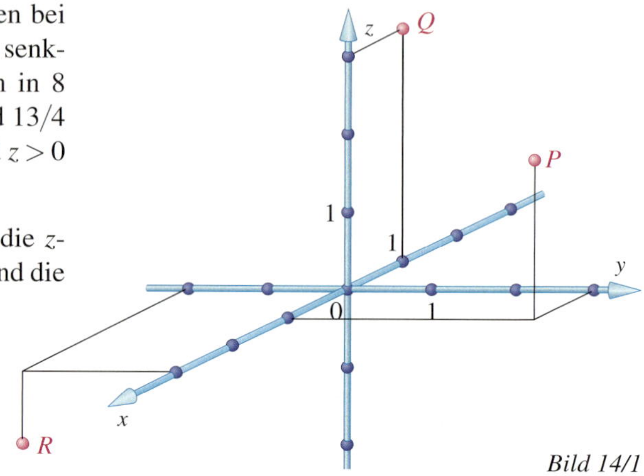

Bild 14/1

Um die Punkte eines vierdimensionalen Raumes zu erfassen, benötigt man vier Koordinaten, für höhere Dimensionen entsprechend mehr. Zwar kann man sich höherdimensionale Räume nur schwer oder gar nicht vorstellen, aber sie lassen sich mathematisch ebenso wie der ein-, zwei- oder dreidimensionale Raum beschreiben und analysieren.

ZUSAMMENFASSUNG

Wir fassen zusammen

Punkte werden durch **Koordinaten** beschrieben: Auf einer Geraden lassen sich die Punkte durch eine Koordinate erfassen, in der Ebene durch zwei, im dreidimensionalen Raum durch drei und auch in höheren Dimensionen durch so viele Koordinaten, wie die Dimension angibt.

Stehen die Achsen eines Koordinatensystems senkrecht aufeinander und sind auf den Achsen die gleichen Maßeinheiten gewählt, spricht man von einem **kartesischen Koordinatensystem**. Man kann die Punkte eines Raumes aber auch durch ein nicht-kartesisches Koordinatensystem beschreiben.

AUFGABEN

1 **a)** Untersuchen Sie, ob die Ecken eines dreidimensionalen Würfels mit den Koordinaten $(1|0|1)$ und $(0|1|0)$ bzw. $(1|1|0)$ und $(0|1|0)$ bzw. $(0|0|1)$ und $(1|0|0)$ durch eine Kante verbunden sind.

b) Stellen Sie eine Regel auf, mit der man ohne Bild entscheiden kann, ob die Ecken mit den Koordinaten $(a|b|c)$ und $(d|e|f)$ mit $a, b, c, d, e, f \in [0; 1]$ durch eine Kante verbunden sind.

c) Benutzen Sie diese Regel, um die Anzahl der Kanten eines dreidimensionalen Würfels zu bestimmen.

d) Stellen Sie eine entsprechende Regel für den vierdimensionalen Würfel auf und bestimmen Sie mit ihrer Hilfe seine Kantenzahl.

2 Bearbeiten Sie Aufgabe 1 für die Seitenflächen eines drei- und eines vierdimensionalen Würfels. Starten Sie mit der Frage: Welche Bedingungen müssen die Koordinaten von vier Ecken eines dreidimensionalen Würfels erfüllen, damit sie zu der gleichen Seitenfläche gehören?

3 **a)** Übertragen Sie die Tabelle in Ihr Heft und füllen Sie sie vollständig aus.

Ein x-dimensionaler Würfel wird begrenzt durch	$x=1$	$x=2$	$x=3$	$x=4$	$x=5$	$x=6$
Ecken	2	4	8			
Kanten	1	4				
Seitenflächen	–	1				
dreidimensionale Würfel	–	–	1			
vierdimensionale Würfel	–	–	–	1		
fünfdimensionale Würfel	–	–	–	–	1	

b) Welche Beziehungen gelten zwischen den Zahlen dieser Tabelle?

c) Wie viele k-dimensionale Begrenzungswürfel hat ein n-dimensionaler Würfel? ($k \leq n$)

4 **a)** Erläutern Sie, dass Bild 15/1 – bei geeigneter Interpretation – einen dreidimensionalen Würfel zeigt.

b) Erläutern Sie, dass das Bild 15/2 entsprechend einen vierdimensionalen Würfel zeigt.

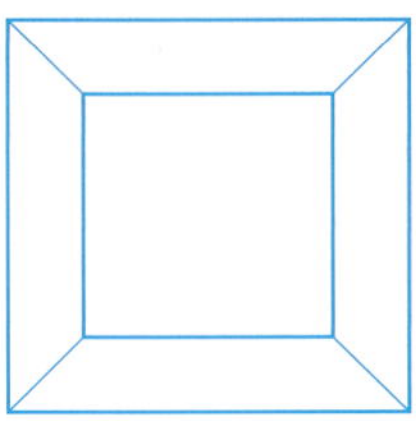

Bild 15/1: 3-D-Würfel

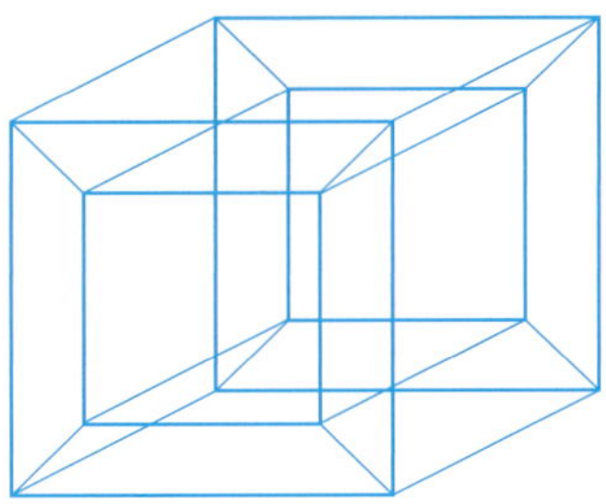

Bild 15/2: 4-D-Würfel

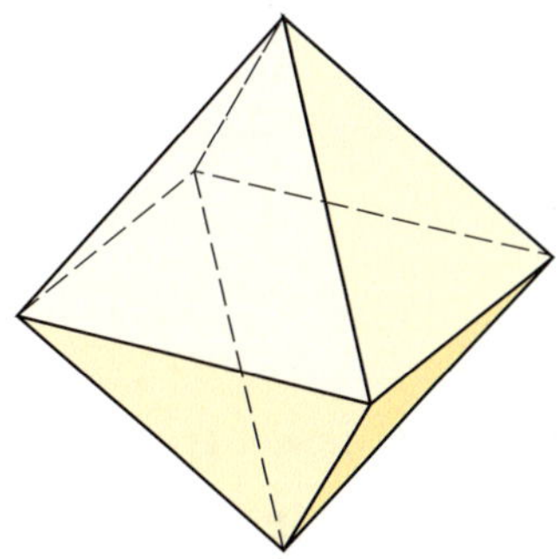

Bild 15/3: Oktaeder

c) Bestimmen Sie die Anzahl der Ecken, Kanten, Seitenflächen und dreidimensionalen Begrenzungswürfel eines vierdimensionalen Würfels anhand von Bild 15/2.

d) Übertragen Sie Bild 15/2 in Ihr Heft und bezeichnen Sie die Ecken mit ihren Koordinaten.

5 **a)** Ermitteln Sie die Anzahl der Diagonalen eines drei-, eines vier- und eines fünf dimensionalen Würfels.

b) Ermitteln Sie die Längen dieser Diagonalen.

6 **a)** Zeichnen Sie einen dreidimensionalen Würfel, dessen Ecken die Koordinaten $(a|b|c)$ mit $a, b, c \in [-1;1]$ haben, in ein Koordinatensystem.

b) Zeichnen Sie ein Oktaeder (Bild 15/3) mit der Kantenlänge 1, dessen Eckpunkte auf den Koordinatenachsen liegen, in ein Koordinatensystem. Bestimmen Sie dazu zunächst die Koordinaten der Eckpunkte.

1.2 Punkte und Koordinaten

AUFTRÄGE

A1 Stadtviertel im Schatten

In einem Verträglichkeitsgutachten zur Planung eines 300-Meter-Wolkenkratzers soll u. a. ermittelt werden, welche Fläche das Hochhaus beschattet, wenn die Sonne im Südosten 30° über dem Horizont steht.

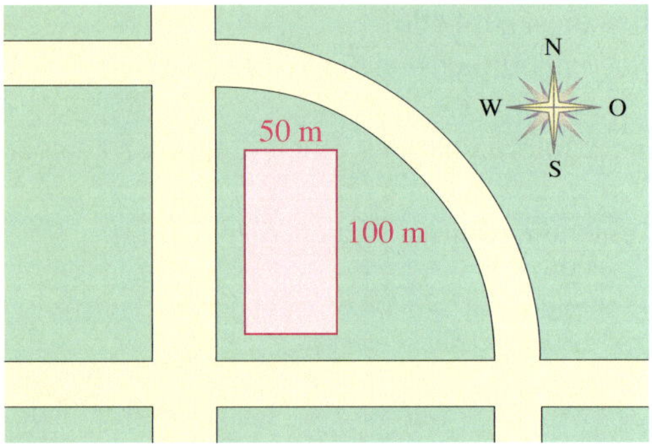

Bild 16/1: Stadtplanausschnitt mit Grundriss

Bild 16/2: Trianon in „Mainhattan"

A2 Eine schiefe Ebene

Bestimmen Sie die Koordinaten der Mittelpunkte der weißen Kugeln. Ermitteln Sie die Koordinaten weiterer Punkte, die in der gleichen Ebene liegen (Bilder 16/3 und 16/4).

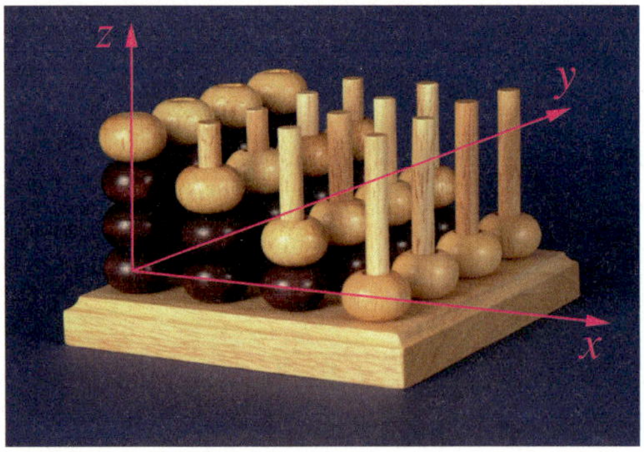

Bild 16/3

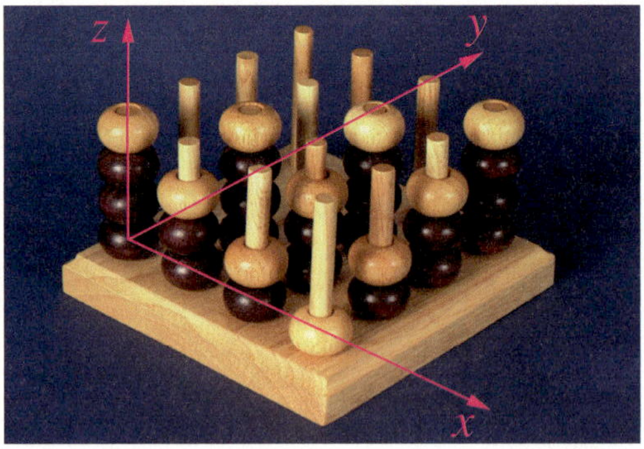

Bild 16/4

A3 Punkte zu einer Gleichung

Bestimmen Sie mehrere Punkte $P(x|y|z)$, deren Koordinaten die Gleichung $x + 2y + 3z = 6$ erfüllen. Wie liegen diese Punkte? Begründen Sie Ihre Vermutung und formulieren Sie sie möglichst allgemein.

Ein „Gebilde“

Wir bearbeiten **A3** und bezeichnen zur Abkürzung die Menge aller Punkte $P(x|y|z)$, deren Koordinaten x, y und z die Gleichung $x+2y+3z=6$ erfüllen als das „Gebilde“ G. Um G auf die Spur zu kommen, betrachten wir zunächst einfache Sonderfälle:

Im Fall $y=z=0$ gilt $x+2\cdot 0+3\cdot 0=6$, also $x=6$. Der Punkt $P(6|0|0)$ gehört also zu G; er liegt auf der x-Achse.

Im Fall $x=z=0$ erhält man $2y=6$, also $y=3$ und damit den Punkt $Q(0|3|0)$. Dieser Punkt liegt auf der y-Achse.

Im Fall $y=x=0$ erhält man $3z=6$, also $z=2$ und damit den Punkt $R(0|0|2)$. Dieser Punkt liegt auf der z-Achse.

Bild 17/1 zeigt die Punkte P, Q und R, deren Koordinaten die Gleichung $x+2y+3z=6$ erfüllen, die also zu G gehören.

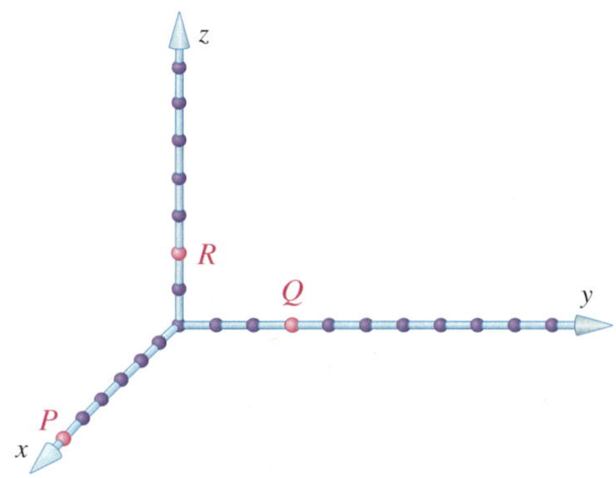

Bild 17/1: P, Q und R gehören zu G

Gibt es weitere Punkte von G z. B. in der xy-Ebene? Für solche Punkte gilt $z=0$. Ihre Koordinaten erfüllen die Gleichung $x+2y+3z=6$ genau dann, wenn $x+2y=6$, bzw. $y=3-\frac{1}{2}x$ gilt. Die zugehörigen Punkte liegen daher auf einer Geraden. Da auch die Koordinaten von P und von Q diese Gleichung erfüllen, geht die Gerade durch P und durch Q; es ist also die Gerade g_{PQ}. Die Gerade g_{PQ} ist eine Teilmenge von G und liegt in der xy-Ebene.

Für Punkte der xz-Ebene gilt $y=0$. Ihre Koordinaten erfüllen die Gleichung $x+2y+3z=6$, wenn $x+3z=6$, bzw. $z=2-\frac{1}{3}x$ gilt. Da auch die Koordinaten von P und von R diese Gleichung erfüllen, geht die Gerade durch P und durch R; es ist also die Gerade g_{PR}. Sie ist ebenfalls eine Teilmenge von G und liegt in der xz-Ebene.

Schließlich gehören alle Punkte der yz-Ebene zum Gebilde G, deren Koordinaten die Gleichung $2y+3z=6$, bzw. $y=3-\frac{3}{2}z$ erfüllen; diese Punkte liegen auf der Geraden g_{QR} durch Q und durch R; diese Gerade ist ebenfalls eine Teilmenge von G und liegt in der yz-Ebene.

Bild 17/2 zeigt die Punkte P, Q und R sowie die Geraden g_{PQ}, g_{PR} und g_{QR}, die durch je zwei dieser Punkte in den Koordinatenebenen verlaufen. Die Koordinaten aller Punkte auf diesen Geraden erfüllen die Gleichung $x+2y+3z=6$.
Alle diese Punkte gehören also zu G.

Es liegt daher nahe zu vermuten, dass es sich bei G um die Ebene E durch die Punkte P, Q und R handelt.

Welche Argumente lassen sich für diese Vermutung anführen?

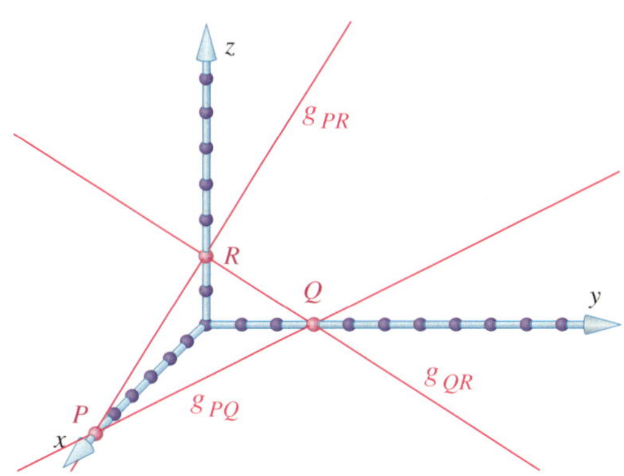

Bild 17/2: g_{PQ}, g_{PR} und g_{QR} gehören zu G

Der Schnitt von G mit den drei Koordinatenebenen ist jeweils eine Gerade. Setzt man $z=1$ in der Gleichung $x+2y+3z=6$, dann erhält man $x+2y=3$ und damit $y=\frac{3}{2}-\frac{1}{2}x$, also wieder eine Geradengleichung und zwar zu einer Geraden in der Ebene $z=1$. Diese Ebene ist parallel zur xy-Ebene und hat von dieser den Abstand 1.

Die gleiche Überlegung kann man für jede feste Zahl z_0 anstellen: Der Schnitt von G mit der Ebene zu $z=z_0$ ist die Gerade zu $x+2y+3z_0=6$, also $y=3-\frac{1}{2}x-\frac{3}{2}z_0$.

Alle diese Geraden liegen in zu der xy-Ebene parallelen Ebenen und sind überdies zueinander parallel, da sie jeweils durch eine Verschiebung aus der Gerade g_{PQ} der xy-Ebene hervorgehen (Bild 18/1).

Für die Vermutung, dass das Gebilde G eine Ebene ist, spricht also, dass alle Schnitte von G mit zu der xy-Ebene parallelen Ebenen jeweils Geraden sind.

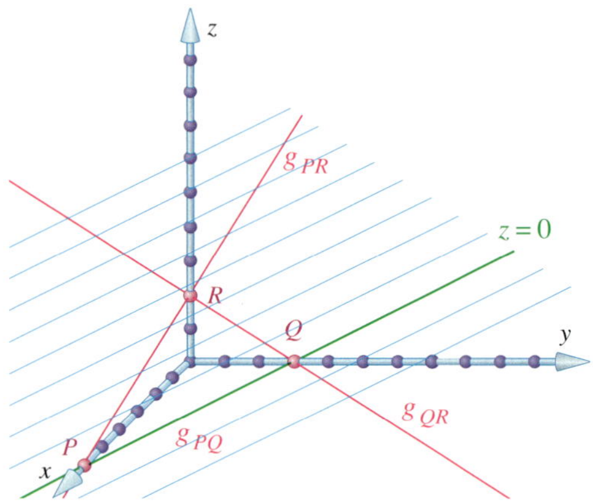

Bild 18/1

Ebenso kann man zeigen, dass auch alle Schnitte von G mit zur xz-Ebene parallelen Ebenen sowie alle Schnitte von G mit zu der yz-Ebene parallelen Ebenen jeweils Geraden sind (Aufgabe 1, Seite 21).

Gibt es weitere Argumente dafür, dass das Gebilde G eine Ebene ist?

Wir betrachten dazu die Punkte des Dreiecks PQR (Bild 18/2). Können wir zeigen, dass ihre Koordinaten die Gleichung $x_0+2y_0+3z_0=6$ erfüllen?

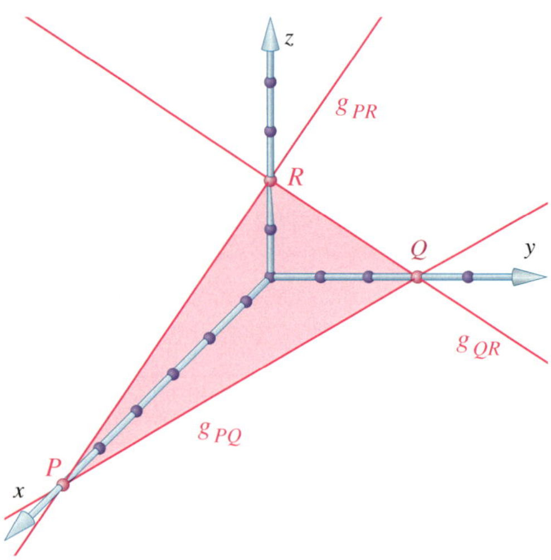

Bild 18/2

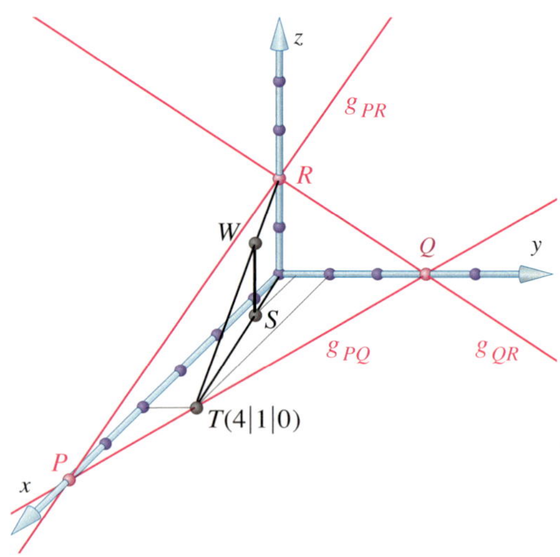

Bild 18/3

Jeder Punkt W des Dreiecks liegt auf der Verbindungsstrecke $\overline{RT}$ des Punktes R mit einem Punkt T auf der Geraden g_{PQ} zu $y=3-\frac{1}{2}x$ durch die Punkte P und Q. Im Fall $x=4$ hat T zum Beispiel die Koordinaten $y=1$ und $z=0$ (Bild 18/3).

Nun bestimmen wir die Koordinaten des Punktes $W(x_0\,|\,y_0\,|\,z_0)$. W liegt auf der Strecke $\overline{TR}$ des Dreiecks TOR (Bild 19/1).

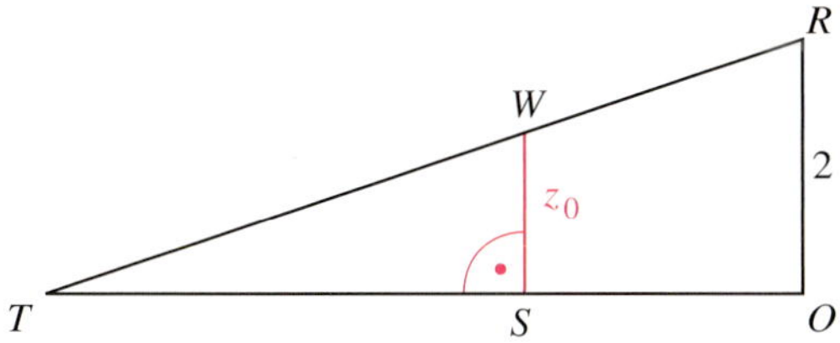

Bild 19/1:

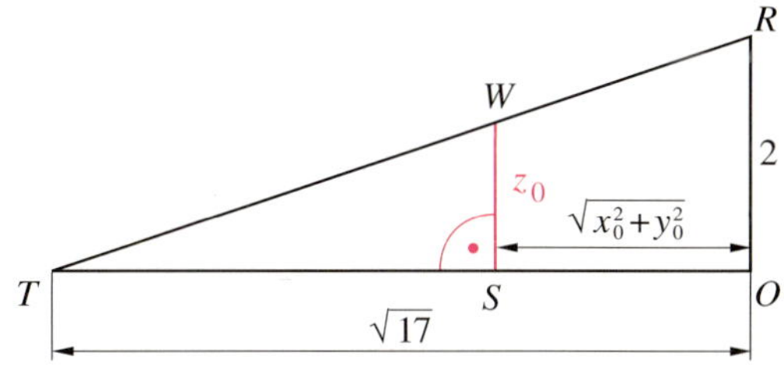

Bild 19/2:

Für den Abstand $|\overline{TO}|$ des Punktes T vom Ursprung O gilt: $|\overline{TO}| = \sqrt{1^2+4^2} = \sqrt{17}$. Der Fußpunkt S des Lotes von W auf die Strecke $\overline{TO}$ liegt auf der Geraden durch O und T. Für seine Koordinaten x_0 und y_0 gilt also $x_0 = 4y_0$. Für den Abstand $|\overline{SO}|$ folgt daraus

$$|\overline{SO}| = \sqrt{x_0^2+y_0^2} = \sqrt{16y_0^2+y_0^2} = y_0\sqrt{17}.$$

Mit dem zweiten Strahlensatz erhält man (Bild 19/2):

$$\frac{\sqrt{17}}{2} = \frac{\sqrt{17}-y_0\sqrt{17}}{z_0} \quad \Rightarrow \quad z_0 = 2(1-y_0).$$

Für die Koordinaten des Punktes $W(x_0\,|\,y_0\,|\,z_0)$ ergibt sich insgesamt:
$x_0 = 4y_0$ und $z_0 = 1(2-y_0)$ und damit $x_0+2y_0+3z_0 = 4y_0+2y_0+3\cdot 2(1-y_0) = 6$,
das heißt der Punkt W gehört – wie erwartet – zu dem Gebilde G.

Die gleiche oder eine ähnliche Überlegung hätten wir nun für alle anderen Punkte T auf der Geraden g durchzuführen (Aufgabe 2), um sicher zu sein, dass das Gebilde G eine Ebene ist und zwar die, die das Dreieck PQR enthält.

Stattdessen überzeugen wir uns auf einem dritten Weg davon, dass es sich bei dem Gebilde zu $x+2y+3z=6$ um die Ebene durch die Punkte P, Q und R handelt. Wir stellen uns dazu einen Wanderer vor, der auf dieser Ebene vom Punkt R über den Punkt K zum Punkt $E(x_0\,|\,y_0\,|\,z_0)$ läuft (Bild 19/3).

Welche Höhe z_0 hat er in E erreicht? Im Punkt R hat er die Höhe 2; läuft er von R zum Punkt $K(x_0\,|\,0\,|\,z_k)$ entlang der Geraden g_{PR} zu $z = 2-\frac{1}{3}x$, dann hat er dort die Höhe $z_k = 2-\frac{1}{3}x_0$ (in der Zeichnung steht x_0 für eine negative Zahl!) erreicht.

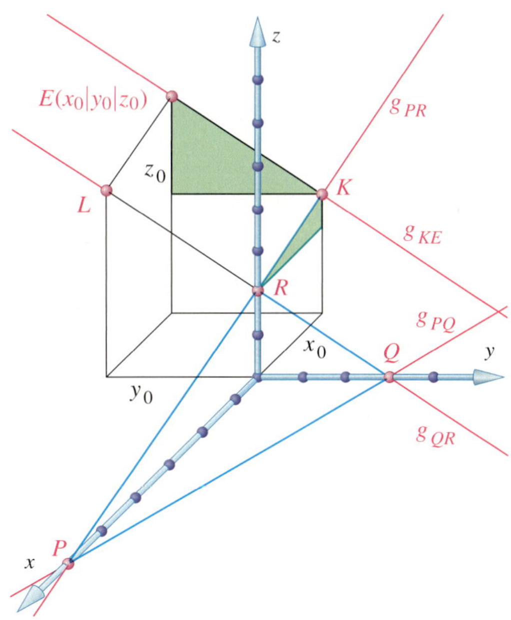

Bild 19/3

Von $K(x_0\,|\,0\,|\,2-\frac{1}{3}x_0)$ läuft der Wanderer nun auf der Geraden g_{KE}, die parallel zur Geraden g_{QR} zu $z=2-\frac{2}{3}y$ verläuft, also die gleiche Steigung wie diese hat, zum Punkt $E(x_0\,|\,y_0\,|\,z_0)$. Von K bis E nimmt seine Höhe damit um $-\frac{2}{3}y_0$ (y_0 steht in der Zeichnung für eine negative Zahl!) zu.

Insgesamt hat der Wanderer im Punkt $E(x_0\,|\,y_0\,|\,z_0)$ die Höhe $z_0=2-\frac{1}{3}x_0-\frac{2}{3}y_0$ erreicht. Für die Koordinaten des Punktes E gilt damit:

$$\begin{aligned} x_0+2y_0+3z_0 &= x_0+2y_0+3\left(2-\tfrac{1}{3}x_0-\tfrac{2}{3}y_0\right) \\ &= x_0+2y_0+6-x_0-2y_0 \\ &= 6. \end{aligned}$$

Das bedeutet, dass der Punkt E zu dem Gebilde G gehört. Auch dieses Ergebnis spricht dafür, dass G die Ebene durch die Punkte P, Q und R darstellt.

Die bei der Wanderung von R nach E erreichte Höhe z_0 ist natürlich vom Weg unabhängig. Man erhält den gleichen Wert für z_0, wenn man den Wanderer gedanklich von R über L nach E laufen lässt.

Eine Definition des Begriffs Ebene

Wir haben uns auf drei verschiedenen Wegen klar gemacht, dass alle Punkte, deren Koordinaten die Gleichung $x+2y+3z=6$ erfüllen, eine Ebene darstellen. Allerdings war unsere Argumentation zum Teil auf besondere Punkte oder eine besondere Lage von Punkten beschränkt und müsste sinngemäß für andere Fälle ergänzt werden. Zudem haben wir verschiedentlich auf die Anschauung zurückgegriffen oder auf nicht weiter belegte Zusammenhänge von Geraden und Ebenen.

In der Elementargeometrie, wie sie in der Sekundarstufe I behandelt wird, ist der Begriff **Ebene** ein Grundbegriff, der nicht definiert wird. In der analytischen Geometrie kann man diesen Begriff nun unabhängig von der Anschauung festlegen und auch in höheren Dimensionen entsprechend benutzen. Man definiert für den dreidimensionalen Raum:

Definition 1.1 Die Menge aller Punkte $P(x\,|\,y\,|\,z)$, für die

$$ax+by+cz=d$$

gilt mit $a, b, c, d \in R$ und $a^2+b^2+c^2 \neq 0$ heißt Ebene.

Die Gleichung $ax+by+cz=d$ nennt man **Koordinatengleichung** der Ebene oder auch **Koordinatenform** der Ebenengleichung. ■

Machen Sie sich klar, warum die Bedingung $a^2+b^2+c^2 \neq 0$ erforderlich ist (Aufgabe 6).

Wir fassen zusammen

Die Punkte $P(x\,|\,y\,|\,0)$ liegen in der xy-Ebene, die Punkte $P(x\,|\,0\,|\,z)$ in der xz-Ebene und die Punkte $P(0\,|\,y\,|\,z)$ in der yz-Ebene. Die xy-Ebene kann also durch die Gleichung $z=0$ erfasst werden, die xz-Ebene durch die Gleichung $y=0$ und die yz-Ebene durch die Gleichung $x=0$.

Die Menge aller Punkte $P(x\,|\,y\,|\,z)$, deren Koordinaten x, y und z eine Gleichung der Form

$$ax+by+cz=d$$

mit reellen Zahlen a, b, c und d erfüllen, heißt Ebene. Dabei muss wenigstens eine der Zahlen a, b und c von 0 verschieden sein: $a^2+b^2+c^2\neq 0$. Die Gleichung $ax+by+cz=d$ nennt man **Koordinatengleichung** der Ebene oder auch **Koordinatenform** der Ebenengleichung.

1 Zeigen Sie, dass alle Schnitte des Gebildes G zu $x+2y+3z=6$

a) mit zu der yz-Ebene parallelen Ebenen

b) mit zu der xz-Ebene parallelen Ebenen

jeweils Geraden sind. Veranschaulichen Sie diese Aussage auch durch eine Zeichnung.

2 Die Aufgabe bezieht sich auf Bild 18/3.

a) Zeigen Sie für mehrere Punkte T auf der Geraden g, dass die Punkte W auf der Strecke $\overline{TR}$ die Gleichung $x+2y+3z=6$ erfüllen.

b) Zeigen Sie diesen Sachverhalt allgemein.

3 Ermitteln Sie die Höhe, die ein Wanderer auf der Ebene in Bild 19/3 auf seinem Weg von R über L nach E in E erreicht hat.

4 Ermitteln Sie Gleichungen der Ebenen in den Bildern 21/1, 21/2 und 21/3.

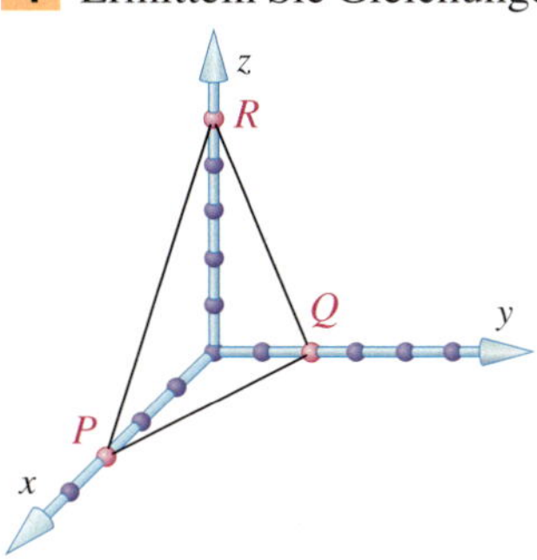

Bild 21/1

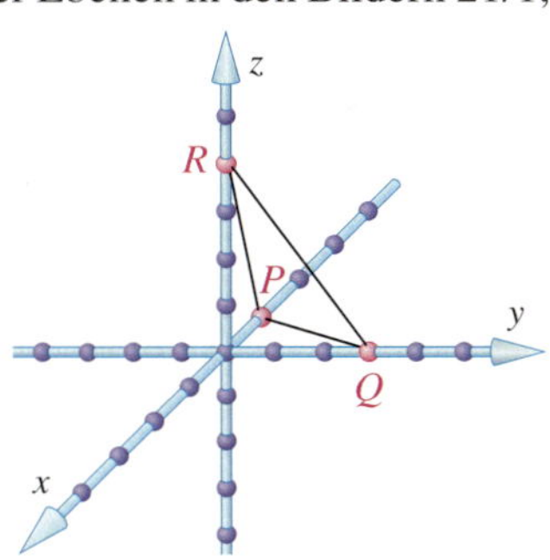

Bild 21/2

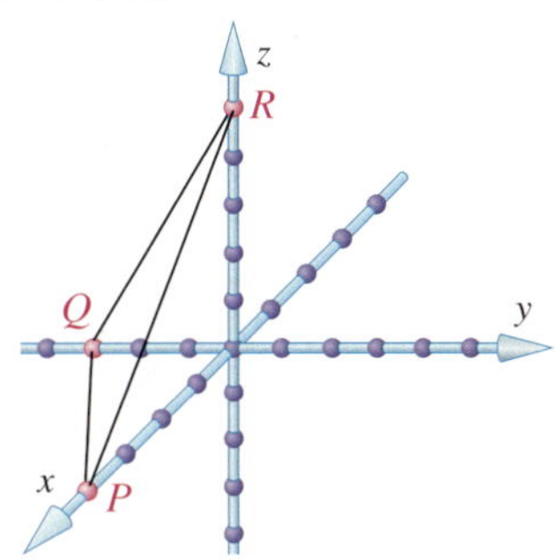

Bild 21/3

5 Welche gemeinsamen Eigenschaften haben die Ebenen zu Gleichungen der Form $ax+by+cz=d$, die sich nur in genau einer der Zahlen a, b, c unterscheiden?

6 Erörtern Sie, welche Punkte die Gleichung $ax+by+cz=d$ erfüllen, wenn die Bedingung $a^2+b^2+c^2=0$ gilt.

AUFGABEN

7 Zeichnen Sie die Ebene durch die Punkte P, Q und R und ermitteln Sie ihre Gleichung.

a) $P(5|0|0); Q(0|3|0); R(0|0|2)$
b) $P(-3|0|0); Q(0|4|0); R(0|0|5)$
c) $P(4|0|0); Q(0|-3|0); R(0|0|-2)$
d) $P(-4|0|0); Q(0|-3|0); R(0|0|3)$

8 Welche gemeinsamen Eigenschaften haben die Ebenen zu $ax+by+cz=d$, für die gilt:

a) $d=0$ **b)** $b=0$ **c)** $a=b=0$ **d)** $a=c=0$ **e)** $b=c=d=0$ **f)** $a=0$ **g)** $c=0$ **h)** $b=c=0$ **i)** $a=b=d=0$ **j)** $a=c=d=0$

9 Untersuchen Sie, ob die Gleichungen I und II dieselbe Ebene beschreiben.

a) I $2x-3y+4z=6$
II $-6x+9y-12z=-18$

b) I $-6x+9y-3z=12$
II $4x-6y+2z=-8$

c) I $0{,}5x+1{,}2y-0{,}8z=1$
II $x+6y-4z=-5$

d) I $5x-5y+5z=1$
II $-5x+5y-5z=1$

10 a) Zeichnen Sie die Ebenen ε_1 zu $2x+3y-4z=12$ und ε_2 zu $2x+3y-4z=18$. Begründen Sie, dass diese beiden Ebenen parallel sind.

b) Definieren Sie den Begriff Parallelität für Ebenen und erläutern Sie ihn an einem Beispiel.

11 Ermitteln Sie Ebenen durch $P(-3|4|-1)$, die parallel zu einer Koordinaten-Ebene sind.

12 Überlegen sie anhand einer Zeichnung, welche Bedingungen die Zahlen a, b und c erfüllen müssen, damit es durch die Punkte $P(a|0|0)$, $Q(0|b|0)$ und $R(0|0|c)$ genau eine Ebene gibt. Wie lautet dann deren Gleichung?

13 Ermitteln sie eine Gleichung der Ebene durch die Punkte P, Q und R.

a) $P(1|1|1); Q(-1|2|-1); R(2|1|-2)$
b) $P(1|1|-1); Q(1|-1|1); R(-1|1|1)$
c) $P(1|2|3); Q(1|0|4); R(-2|-1|1)$
d) $P(1|0|2); Q(3|2|1); R(8|5|3)$

14 Welche Ebenengleichungen bestimmen die Seitenflächen der Körper in Bild 22/1 bis 22/3?

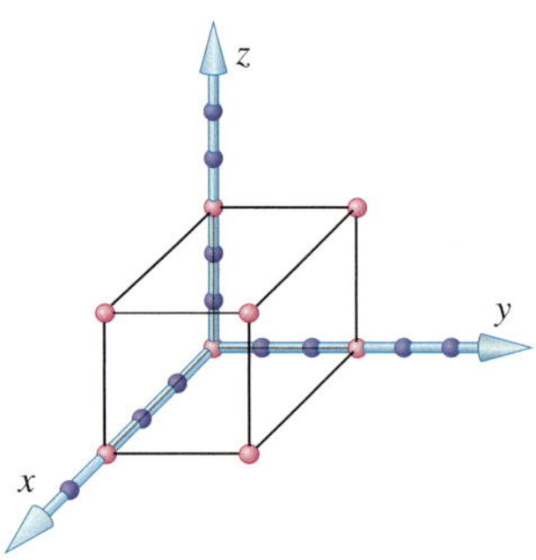

Bild 22/1: Würfel

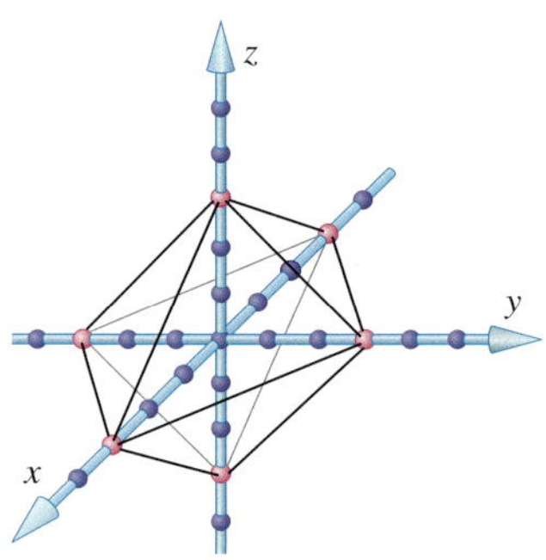

Bild 22/2: Oktaeder

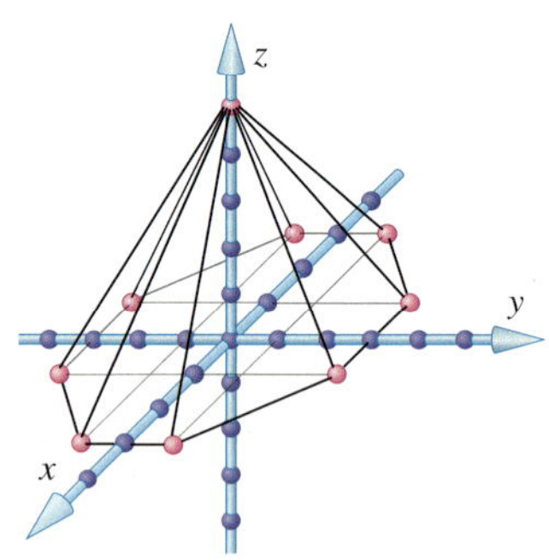

Bild 22/3: Pyramide

15 Definieren Sie – analog zu Definition 1.1 – eine Ebene in einem vierdimensionalen Raum. Was unterscheidet solch eine **Hyperebene** von einer Ebene im dreidimensionalen Raum, was hat sie mit dieser gemeinsam?

1.3 Ebenen und Gleichungssysteme

A1 Gleichungssysteme grafisch

Stellen Sie das lineare Gleichungssystem I (II, III, IV) grafisch dar und lösen Sie es.

I

$$\begin{array}{rcrcrcr} x & + & 2y & - & 4z & = & -6 \\ 2x & + & y & + & 3z & = & 5 \\ -3x & + & y & + & 6z & = & -2 \end{array}$$

II

$$\begin{array}{rcrcrcr} x & + & 2y & - & 4z & = & -6 \\ 2x & + & y & + & 3z & = & 5 \\ -2x & - & 4y & + & 8z & = & -2 \end{array}$$

III

$$\begin{array}{rcrcrcr} x & + & 2y & - & 4z & = & -6 \\ 2x & + & y & + & 3z & = & 5 \\ -2x & - & 4y & + & 8z & = & 12 \end{array}$$

IV

$$\begin{array}{rcrcrcr} x & + & 2y & - & 4z & = & -6 \\ 2x & + & y & + & 3z & = & 5 \\ -2x & - & 7y & + & 19z & = & 10 \end{array}$$

A2 Ebenen und Gleichungen

Bild 23/1 zeigt drei Ebenen. Bestimmen Sie die zugehörigen Gleichungen und den Punkt P, der in allen drei Ebenen liegt.

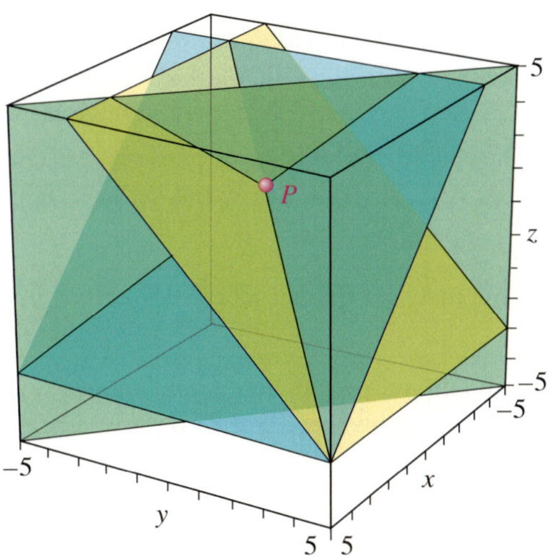

Bild 23/1

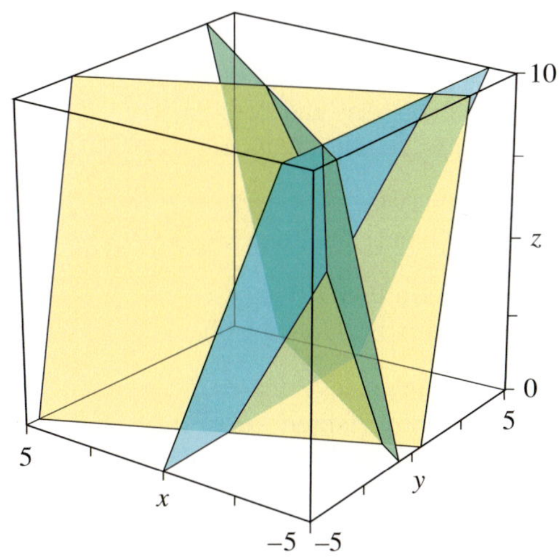

Bild 23/2

A3 Die Höhe einer Pyramide

Die dreieckige Grundfläche einer Pyramide liegt in der xy-Ebene (Bild 23/2). Die drei Seitenflächen liegen in den Ebenen

ε_1 zu $5x + 2z = 0$,

ε_2 zu $5x - 10y - 2z = -20$ und

ε_3 zu $15x + 20y - 6z = -60$.

Wie hoch ist die Pyramide?

Grafische Darstellung eines Gleichungssystems

Wir bearbeiten den Auftrag **A1** und beginnen mit dem System I.

Zu jeder der drei Gleichungen des Systems gehört jeweils eine Ebene. Die Bilder 24/1 a), b) und c) zeigen die Ebene ε_1 zu $x+2y-4z=-6$ in Blau, die Ebene ε_2 zu $2x+y+3z=5$ in Gelb und die Ebene ε_3 zu $-3x+y+6z=-2$ in Grün aus verschiedenen Blickwinkeln.

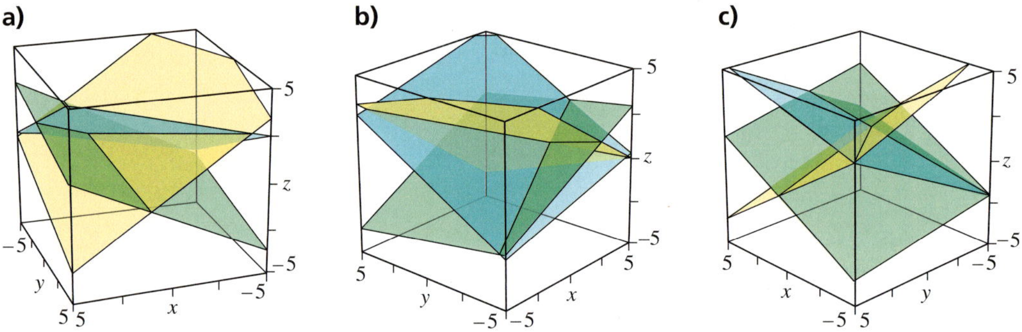

Bild 24/1: Ebenen aus verschiedenen Blickwinkeln

Gesucht sind alle Zahlentripel $(x|y|z)$, die die erste und die zweite und die dritte Gleichung lösen, also in eine wahre Aussage überführen. Grafisch bedeutet das, dass die Punkte $P(x|y|z)$ auf der ersten (blauen) und der zweiten (gelben) und der dritten (grünen) Ebene liegen müssen. In Bild 24/1 ist zu sehen, dass es nur einen Punkt mit dieser Eigenschaft gibt.

Man kann das auch so begründen: Die blaue und die gelbe Ebene schneiden sich in einer Gerade. Wo diese Gerade die grüne Ebene durchstößt, liegt der gesuchte Punkt P.

Man kann den Punkt P ebenso finden als den Durchstoßpunkt der Schnittgerade der gelben und der grünen Ebene durch die blaue Ebene.

Die Koordinaten des Punktes P kann man bestimmen, indem man das lineare Gleichungssystem mit dem Gaußverfahren – der Einfachheit halber in Matrixschreibweise – löst. Wir notieren dazu die erweiterte Matrix des Gleichungssystems und formen sie um.

$$\left(\begin{array}{rrr|r} 1 & 2 & -4 & -6 \\ 2 & 1 & 3 & 5 \\ -3 & 1 & 6 & -2 \end{array}\right) \begin{array}{l} \cdot(-2) \;\; \cdot 3 \\ \downarrow \cdot 1 \\ \qquad\quad \downarrow \cdot 1 \end{array} \longrightarrow \left(\begin{array}{rrr|r} 1 & 2 & -4 & -6 \\ 0 & -3 & 11 & 17 \\ 0 & 7 & -6 & -20 \end{array}\right) \begin{array}{l} \\ \cdot 7 \\ \downarrow \cdot 3 \end{array}$$

$$\longrightarrow \left(\begin{array}{rrr|r} 1 & 2 & -4 & -6 \\ 0 & -3 & 11 & 17 \\ 0 & 0 & 59 & 59 \end{array}\right) \begin{array}{l} \\ \\ |:59 \end{array} \longrightarrow \left(\begin{array}{rrr|r} 1 & 2 & -4 & -6 \\ 0 & -3 & 11 & 17 \\ 0 & 0 & 1 & 1 \end{array}\right)$$

Dieser erweiterten Matrix entspricht das folgende Gleichungssystem:

$$\begin{array}{rcrcrcr} x & + & 2y & - & 4z & = & -6 \\ & - & 3y & + & 11z & = & 17 \\ & & & & z & = & 1 \end{array}$$

Man kann auch dieses Gleichungssystem grafisch darstellen (Bild 25/1). Jede Zeile entspricht wiederum einer Ebene. Erläutern Sie die Zusammenhänge zwischen den Ebenen in Bild 24/1 und Bild 25/1 (Aufgabe 1).

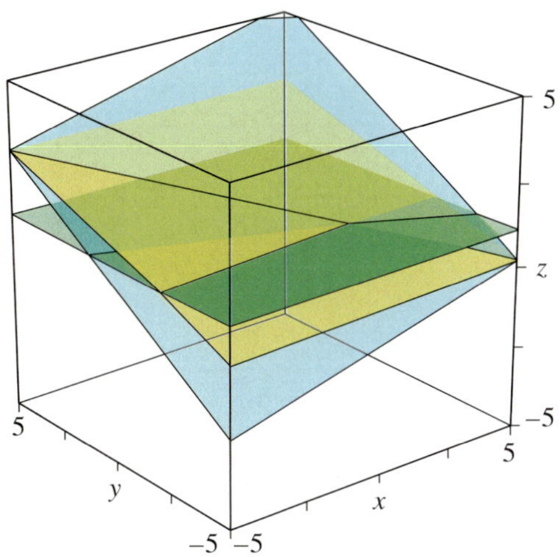

Bild 25/1

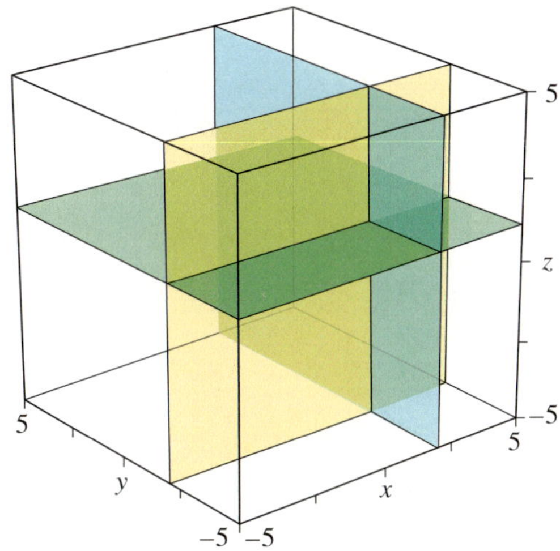

Bild 25/2

Um das Gleichungssystem vollständig zu lösen, setzt man die letzte Zeile $z = 1$ in die vorletzte Zeile ein und erhält $-3y + 11 \cdot 1 = 17$, also $y = -2$, und damit aus der ersten Gleichung $x + 2 \cdot (-2) - 4 \cdot 1 = -6$, also $x = 2$. Das ursprüngliche Gleichungssystem ist folglich eindeutig lösbar. Der Punkt P hat die Koordinaten $x = 2$, $y = -2$ und $z = 1$.

Man kann diese Lösung auch erhalten, indem man die zuletzt erhaltene erweiterte Matrix weiter umformt.

$$\left(\begin{array}{ccc|c}1&2&-4&-6\\0&-3&11&17\\0&0&1&1\end{array}\right)\begin{array}{l}\uparrow\cdot 3\\ \cdot 2\\ \end{array} \longrightarrow \left(\begin{array}{ccc|c}3&0&10&16\\0&-3&11&17\\0&0&1&1\end{array}\right)\begin{array}{l}\\ \uparrow\cdot(-1)\\ \cdot 11\end{array}\begin{array}{l}\uparrow\cdot 1\\ \\ \cdot(-10)\end{array}$$

$$\longrightarrow \left(\begin{array}{ccc|c}3&0&0&6\\0&3&0&-6\\0&0&1&1\end{array}\right)\begin{array}{l}|:3\\ |:3\\ \end{array} \longrightarrow \left(\begin{array}{ccc|c}1&0&0&2\\0&1&0&-2\\0&0&1&1\end{array}\right)$$

Aus dieser erweiterten Matrix kann man die Lösung unmittelbar ablesen: $x = 2$; $y = -2$; $z = 1$. Auch sie kann man schließlich grafisch interpretieren (Bild 25/2): Zu $x = 2$ gehört die blaue, zur yz-Ebene parallele Ebene, zu $y = -2$ die gelbe, zur xz-Ebene parallele Ebene und zu $z = 1$ die grüne zur xy-Ebene parallele Ebene.

Untersuchung eines weiteren Gleichungssystems

Wir untersuchen auf die gleiche Weise das lineare Gleichungssystem II (Seite 23).

$$\text{II}\quad \begin{aligned} x + 2y - 4z &= -6 \\ 2x + y + 3z &= 5 \\ -2x - 4y + 8z &= -2 \end{aligned}$$

Dieses Gleichungssystem unterscheidet sich von dem bisher betrachteten nur in der letzten Zeile. Zu den ersten beiden Zeilen gehören also die bereits in Bild 24/1 dargestellte blaue und gelbe Ebene. Bild 26/1 zeigt diese beiden Ebenen und die zur letzten Zeile gehörende Ebene in Grün aus verschiedenen Blickwinkeln.

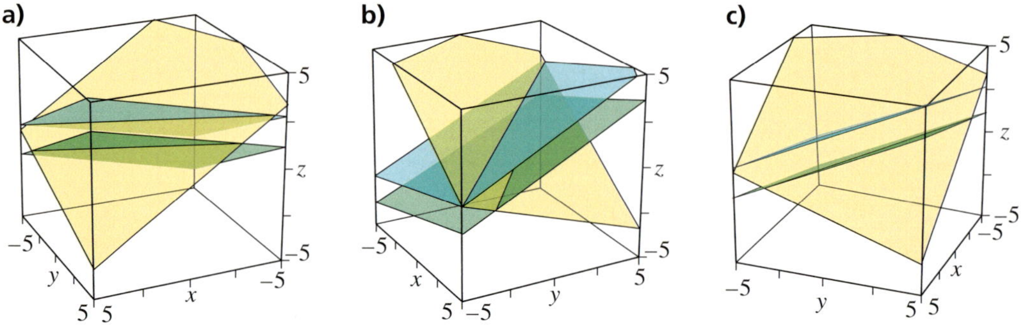

Bild 26/1: Ebenen aus verschiedenen Blickwinkeln

Es fällt auf, dass die zu der Gleichung $x+2y-4z=-6$ gehörende blaue Ebene und die zu der Gleichung $-2x+4y+8z=-2$ gehörende grüne Ebene parallel – aber nicht identisch – sind:

Die blaue und die grüne Ebene haben keinen gemeinsamen Punkt. Damit ist das Gleichungssystem II unlösbar, denn zu jeder Lösung $(x|y|z)$ würde ein Punkt P gehören, der in der blauen und der gelben und der grünen Ebene liegt.

Wie kann man nun die Parallelität der blauen und der grünen Ebene rechnerisch feststellen?

Zu ihnen gehören die Gleichungen

$$x+2y-4z=-6 \quad \text{und} \quad -2x-4y+8z=-2.$$

Multipliziert man die erste Gleichung mit (-2), dann erhält man

$$-2x-4y+8z=-12 \quad \text{und} \quad -2x-4y+8z=-2.$$

Die zugehörigen Ebenen haben keinen gemeinsamen Punkt $P(x|y|z)$, da jedes Zahlentripel $(x|y|z)$, das die erste Gleichung erfüllt, die zweite nicht erfüllt (und umgekehrt). Die Parallelität der blauen und der grünen Ebene zeigt sich also rechnerisch daran, dass man ihre zugehörigen Gleichungen so umformen kann, dass die Terme auf der linken Seite in den sich ergebenden Gleichungen übereinstimmen.

Allgemein definiert man:

Definition 1.2 Die Ebenen $\varepsilon_1\colon a_1x+b_1y+c_1z=d_1$ und $\varepsilon_2\colon a_2x+b_2y+c_2z=d_2$ heißen **parallel** genau dann, wenn der Term $a_1x+b_1y+c_1z$ ein Vielfaches des Terms $a_2x+b_2y+c_2z$ ist, wenn es also eine Zahl $r\neq 0$ gibt, so dass gilt:

$$a_1=ra_2,\ b_1=rb_2 \text{ und } c_1=rc_2.$$

Gilt zusätzlich auch $d_1=rd_2$, dann sind die Ebenen **identisch**, andernfalls sind sie **parallel aber nicht identisch**. ■

Wir untersuchen nun, wie die Parallelität von Ebenen sich bei den Umformungen der zugehörigen Gleichungen mit dem Gaußverfahren auswirkt und formen dazu die erweiterte Matrix des Gleichungssystems II um.

$$\left(\begin{array}{rrr|r} 1 & 2 & -4 & -6 \\ 2 & 1 & 3 & 5 \\ -2 & -4 & 8 & -2 \end{array}\right) \begin{array}{l} \cdot(-2)\ \cdot 2 \\ \downarrow\cdot 1 \\ \quad\ \ \downarrow\cdot 1 \end{array} \longrightarrow \left(\begin{array}{rrr|r} 1 & 2 & -4 & -6 \\ 0 & -3 & 11 & 17 \\ 0 & 0 & 0 & -14 \end{array}\right)$$

Schon im ersten Schritt entsteht die Zeile $(0\,0\,0|-14)$, der die Gleichung $0\cdot x+0\cdot y+0\cdot z=-14$ entspricht. Diese Gleichung ist unerfüllbar, da der links stehende Term bei jeder Einsetzung für x,y und z die Zahl 0 und nicht die Zahl -14 liefert. Damit ist das ganze Gleichungssystem II unerfüllbar, seine Lösungsmenge ist leer.

Identische Ebenen

Das Gleichungssystem II ist unerfüllbar, weil zu zwei seiner Gleichungen parallele, aber nicht identische Ebenen gehören. Wir untersuchen nun weiter, wie es sich im Gaußverfahren auswirkt, wenn zwei Gleichungen dieselbe Ebene beschreiben, also parallel **und** identisch sind, und betrachten dazu das Gleichungssystem III (Seite 23):

$$\text{III}\quad \begin{array}{rcrcrcr} x & + & 2y & - & 4z & = & -6 \\ 2x & + & y & + & 3z & = & 5 \\ -2x & - & 4y & + & 8z & = & 12 \end{array}$$

Multipliziert man die erste Zeile mit (-2), dann ergibt sich die dritte. Die zu diesen Zeilen gehörenden Ebenen sind identisch. Wir lösen das System wieder mit dem Gaußverfahren.

$$\left(\begin{array}{rrr|r} 1 & 2 & -4 & -6 \\ 2 & 1 & 3 & 5 \\ -2 & -4 & 8 & 12 \end{array}\right) \begin{array}{l} \cdot(-2)\ \cdot 2 \\ \downarrow\cdot 1 \\ \quad\ \ \downarrow\cdot 1 \end{array} \longrightarrow \left(\begin{array}{rrr|r} 1 & 2 & -4 & -6 \\ 0 & -3 & 11 & 17 \\ 0 & 0 & 0 & 0 \end{array}\right)$$

Als dritte Zeile ergibt sich hier $(0\,0\,0|0)$ und damit die Gleichung $0\cdot x+0\cdot y+0\cdot z=0$. Diese Gleichung wird von jedem Zahlentripel $(x|y|z)$ erfüllt, sie ist allgemeingültig. Also lösen in diesem Fall alle Zahlentripel $(x|y|z)$ das Gleichungssystem, die die zu der ersten und zu der zweiten Zeile der umgeformten Matrix gehörenden Gleichungen erfüllen:

$$\begin{array}{rcrcrcr} x & + & 2y & - & 4z & = & -6 \\ & - & 3y & + & 11z & = & 17 \end{array}$$

Setzt man für die Variable z den Parameter t, dann erhält man aus der letzten Gleichung

$$\begin{aligned} & -3y+11t &=& \ 17 \\ \Rightarrow & \quad -3y &=& \ 17-11t \\ \Rightarrow & \quad y &=& \ -\tfrac{17}{3}+\tfrac{11}{3}t \end{aligned}$$

und damit aus der ersten

$$\begin{aligned} & x+2y-4z &=& \ -6 \\ \Rightarrow & \quad x &=& \ -2y+4z-6 \\ \Rightarrow & \quad x &=& \ -2\left(-\tfrac{17}{3}+\tfrac{11}{3}t\right)+4t-6 \\ \Rightarrow & \quad x &=& \ \tfrac{34}{3}-\tfrac{22}{3}t+4t-6 \\ \Rightarrow & \quad x &=& \ \tfrac{16}{3}-\tfrac{10}{3}t. \end{aligned}$$

Insgesamt ist also für jede reelle Zahl t das Tripel $(x\,|\,y\,|\,z)$ mit $x=\frac{16}{3}-\frac{10}{3}t, y=-\frac{17}{3}+\frac{11}{3}t$ und $z=t$ eine Lösung des Gleichungssystems. Das Gleichungssystem III ist also lösbar, aber nicht eindeutig lösbar.

In Bild 28/1 ist das Gleichungssystem III grafisch dargestellt:

Zu seiner ersten und seiner dritten Gleichung gehört die blaue Ebene, zu seiner zweiten die gelbe. Diese beiden Ebenen schneiden sich in einer Geraden.

Für die Koordinaten der Punkte $P(x\,|\,y\,|\,z)$ auf dieser Geraden gilt:

$x=\frac{16}{3}-\frac{10}{3}$,

$y=-\frac{17}{3}+\frac{11}{3}t$ und

$z=t$,

wobei t für eine reelle Zahl steht.

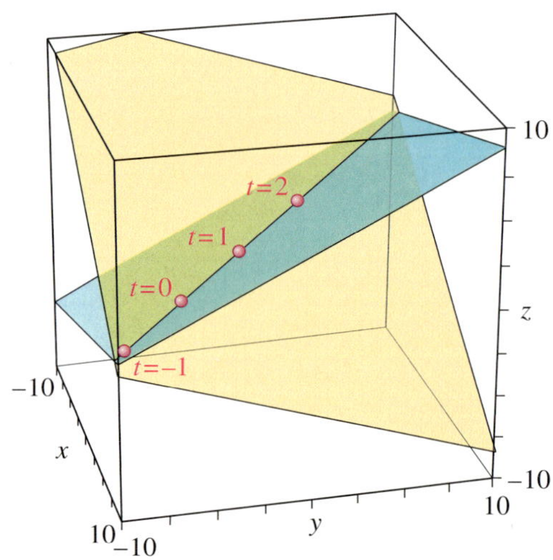

Bild 28/1

Man erhält z. B.

$P_1(2\,|-2\,|\,1)$ für $t=1$,
$P_2\left(-\frac{4}{3}\,|\,\frac{5}{3}\,|\,2\right)$ für $t=2$,
$P_0\left(-\frac{16}{3}\,|-\frac{17}{3}\,|\,0\right)$ für $t=0$,
$P_{-1}\left(\frac{26}{3}\,|-\frac{28}{3}\,|-1\right)$ für $t=-1$ (Bild 28/1).

Die Schnittgerade der gelben und der blauen Ebene wird also von den Punkten

$$P\left(-\tfrac{16}{3}-\tfrac{10}{3}t\,\middle|\,-\tfrac{17}{3}+\tfrac{11}{3}t\,\middle|\,t\right)$$

mit $t\in\mathbb{R}$ gebildet. Wir gehen im nächsten Kapitel ausführlicher auf die Erfassung von Geraden im Raum ein.

Ein weiterer Fall

In Bild 29/1 sind in Gelb, Blau und Grün die Ebenen zu den drei Gleichungen des Systems

$$\text{IV}\quad \begin{array}{rcrcrcr} x &+& 2y &-& 4z &=& -6 \\ 2x &+& y &+& 3z &=& 5 \\ -2x &-& 7y &+& 19z &=& 10 \end{array}$$

aus verschiedenen Blickwinkeln dargestellt. Dabei fällt auf, dass die Schnittgerade der blauen und der gelben Ebene und die Schnittgerade der grünen und der gelben Ebene parallel sind.

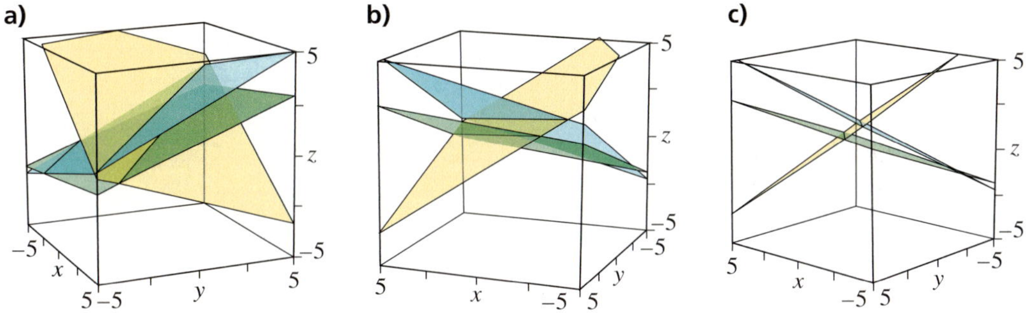

Bild 29/1: Ebenen aus verschiedenen Blickwinkeln

Das Gleichungssystem kann keine Lösung haben, da es keinen Punkt $P(x|y|z)$ gibt, der in der gelben und der blauen und der grünen Ebene liegt. Rechnerisch wird das schon deutlich, wenn man die ersten beiden und die letzten beiden Gleichungen umformt.

$$\begin{array}{rrcrcrcr} & x &+& 2y &-& 4z &=& -6 \quad |\cdot(-2) \\ & 2x &+& y &+& 3z &=& 5 \quad \downarrow\cdot 1 \\ \Leftrightarrow & x &+& 2y &-& 4z &=& -6 \\ & &-& 3y &+& 11z &=& 17 \end{array}$$

$$\begin{array}{rrcrcrcr} & 2x &+& y &+& 3z &=& 5 \quad |\cdot 1 \\ & -2x &-& 7y &+& 19z &=& 10 \quad \downarrow\cdot 1 \\ \Leftrightarrow & 2x &+& y &+& 3z &=& 5 \\ & &-& 6y &+& 22z &=& 15 \quad |:2 \\ \Leftrightarrow & 2x &+& y &+& 3z &=& 5 \\ & &-& 3y &+& 11z &=& \frac{15}{2} \end{array}$$

Die beiden letzten Gleichungen $-3y+11z=17$ und $-3y+11z=\frac{15}{2}$ können nicht durch das gleiche Zahlenpaar $(y|z)$ erfüllt werden. Das Gleichungssystem ist daher insgesamt unerfüllbar. Zu der gleichen Feststellung kommen wir, wenn wir das Gleichungssystem – der Einfachheit halber wieder in Matrixschreibweise – mit dem Gaußverfahren umformen.

$$\left(\begin{array}{rrr|r} 1 & 2 & -4 & -6 \\ 2 & 1 & 3 & 5 \\ -2 & -7 & 19 & 10 \end{array}\right) \begin{array}{l} |\cdot(-2)\ |\cdot 2 \\ \downarrow\cdot 1 \\ \quad\quad\ \downarrow\cdot 1 \end{array} \longrightarrow \left(\begin{array}{rrr|r} 1 & 2 & -4 & -6 \\ 0 & -3 & 11 & 17 \\ 0 & -3 & 11 & -2 \end{array}\right) \begin{array}{l} \\ |\cdot 1 \\ \downarrow\cdot(-1) \end{array} \longrightarrow \left(\begin{array}{rrr|r} 1 & 2 & -4 & -6 \\ 0 & -3 & 11 & 17 \\ 0 & 0 & 0 & 19 \end{array}\right)$$

Die der letzten Matrizenzeile entsprechende Gleichung $0\cdot x+0\cdot y+0\cdot z=19$ ist unerfüllbar, also hat auch das Gleichungssystem insgesamt keine Lösung.

ZUSAMMENFASSUNG

Wir fassen zusammen

Ein lineares Gleichungssystem (LGS) kann **erfüllbar** (Beispiele I und III) oder **unerfüllbar** (Beispiele II und IV) sein.

Ein erfüllbares LGS kann eindeutig lösbar (Beispiel I) oder nichteindeutig lösbar (Beispiel III) sein. Im ersten Fall entspricht der Lösungsmenge grafisch ein Punkt (Beispiel I, Bild 30/1), im zweiten Fall eine Gerade (Beispiel III, Bild 30/2) oder sogar eine Ebene, wenn nämlich alle drei Gleichungen dieselbe Ebene beschreiben.

Unerfüllbar ist ein LGS, wenn zu zwei seiner Gleichungen parallele Ebenen gehören (Bild 30/3) oder wenn die Schnittgeraden von zwei Ebenen mit der dritten in dieser parallel sind (Bild 30/4).

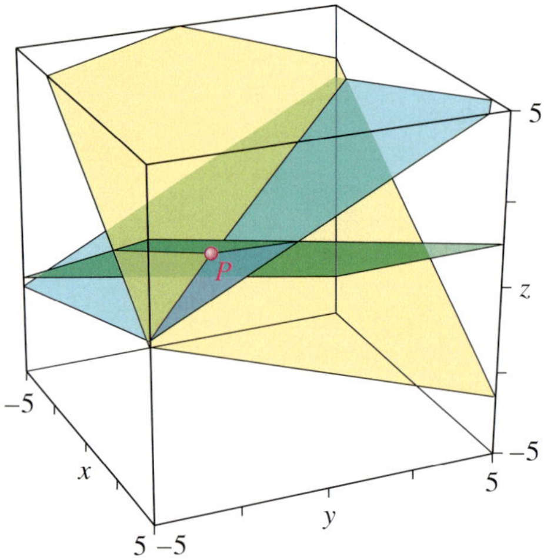

Bild 30/1: L wird durch den Punkt P dargestellt.

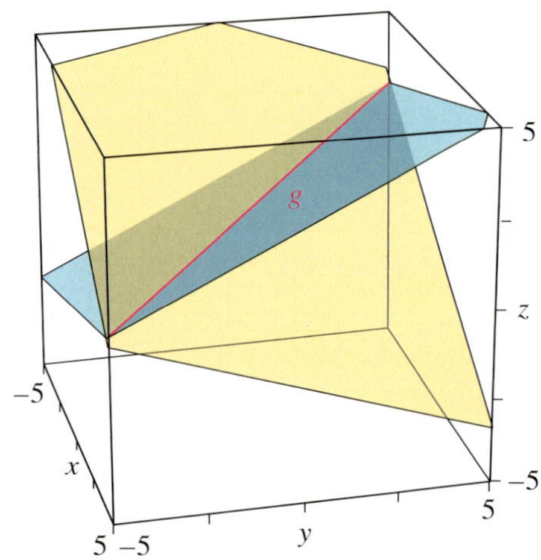

Bild 30/2: L wird durch die Gerade g dargestellt.

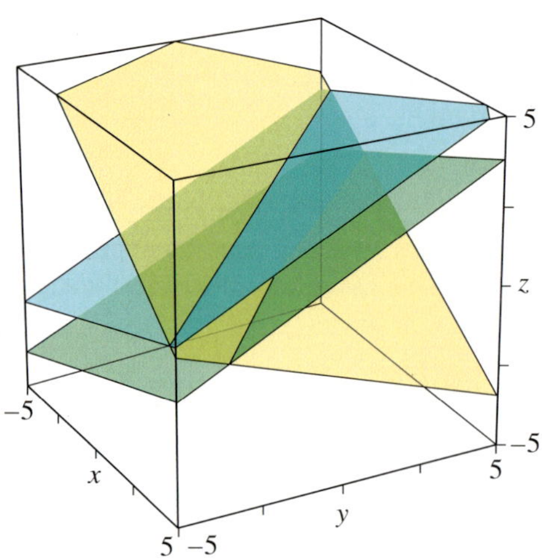

Bild 30/3: L = ∅

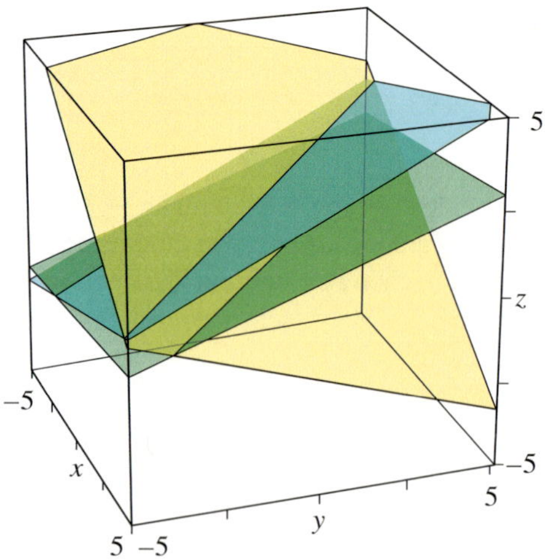

Bild 30/4: L = ∅

1 Erläutern Sie die Zusammenhänge zwischen den Ebenen in den Bildern 24/1 und 25/1 sowie die Zusammenhänge zwischen den zugehörigen Gleichungen.

2 Erläutern sie anschaulich, wie die Ebenen $\varepsilon_1, \varepsilon_2$ und ε_3 liegen und welche Punkte sie gemeinsam haben.

a) $\varepsilon_1\colon x+y=0$
$\varepsilon_2\colon x-y=0$
$\varepsilon_3\colon z=0$

b) $\varepsilon_1\colon x=1$
$\varepsilon_2\colon y=0$
$\varepsilon_3\colon x+y+z=0$

c) $\varepsilon_1\colon x+y=1$
$\varepsilon_2\colon x+z=1$
$\varepsilon_3\colon y+z=1$

d) $\varepsilon_1\colon x-y=1$
$\varepsilon_2\colon -x+y=-1$
$\varepsilon_3\colon x+z=1$

3 Untersuchen Sie die Ebenen zu den angegebenen Gleichungen auf Parallelität.

a) $\varepsilon_1\colon x+y-z=1$
$\varepsilon_2\colon -x-y+z=-1$

b) $\varepsilon_1\colon 2x-4y+6z=12$
$\varepsilon_2\colon 3x-6y+8z=5$

c) $\varepsilon_1\colon 0{,}5x+1{,}5y-2{,}5z=5$
$\varepsilon_2\colon x-3y+4z=3$

d) $\varepsilon_1\colon \frac{1}{12}x+\frac{1}{3}y+\frac{1}{4}z=1$
$\varepsilon_2\colon \frac{1}{2}x-2y+\frac{3}{2}z=-1$

e) $\varepsilon_1\colon 5x-10y+20z=15$
$\varepsilon_2\colon -3x+6y+12z=12$
$\varepsilon_3\colon -3x+6y-12z=-12$
$\varepsilon_4\colon x-2y+4z=3$

f) $\varepsilon_1\colon 0{,}5x+1{,}5y-2z=1{,}5$
$\varepsilon_2\colon 1{,}5x+4{,}5y-7{,}5z=-5$
$\varepsilon_3\colon -3x-9y-15z=1$
$\varepsilon_4\colon 0{,}5x-1{,}5y+2{,}5z=-5$

4 Ermitteln Sie Gleichungen für zwei Ebenen, die
a) parallel,
b) nicht parallel verlaufen.

5 Ermitteln Sie Gleichungen für drei Ebenen, die die x-Achse (y-Achse; z-Achse) enthalten (Bild 31/1).

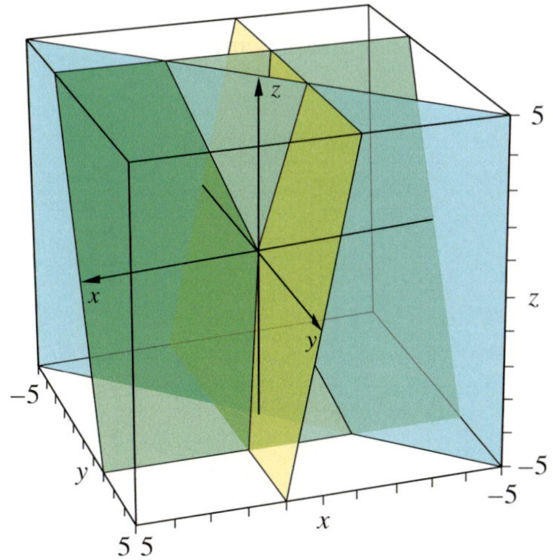

Bild 31/1

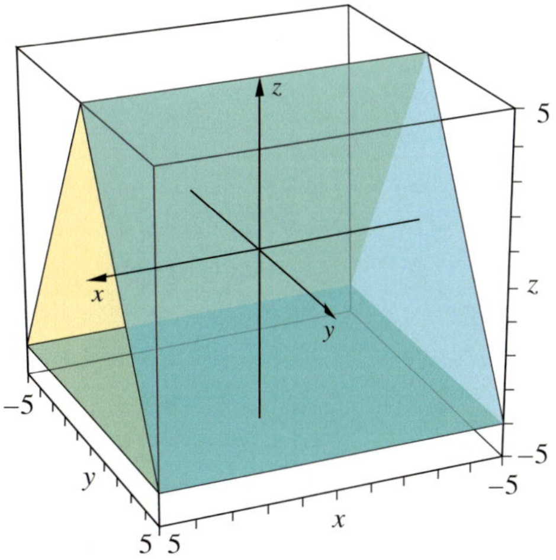

Bild 31/2

6 Ermitteln Sie Gleichungen für drei Ebenen, die ein Zelt wie in Bild 31/2 bilden und zeichnen Sie diese Ebenen.

6 Gegeben sind die Ebenen $\varepsilon_1: x+2y+3z=6$ und $\varepsilon_2: -x-2y-3z=4$.

a) Zeigen Sie, dass die Ebenen ε_1 und ε_2 parallel sind.

b) Durch welche Verschiebung in x-Richtung (y-Richtung; z-Richtung) geht die Ebene ε_2 in die Ebene ε_1 über?

c) Zeichnen Sie die Ebenen ε_1 und ε_2 und erläutern Sie Ihre Ergebnisse aus b).

7 Zeigen Sie rechnerisch, dass es zu jeder Seitenfläche des Oktaeders (Bild 22/2) eine parallele Seitenfläche gibt.

Lineare Gleichungssysteme

8 Ermitteln Sie ein Gleichungssystem mit der Lösungsmenge L, bei dem alle Koeffizienten von 0 verschieden sind.

a) $L=\emptyset$

b) $L=\{(1|2|3)\}$

c) $L=\{(t|2t|3t)\}$

d) $L=\{(0|0|0)\}$

e) $L=\{(t|2|3)\}$

f) $L=\{(1+t|2+t|3+t)\,|\,t\in\mathbb{R}\}$

g) $L=\{(1|0|-1)\}$

h) $L=\{(1|t|3)\}$

i) $L=\{(x|y|z)\,|\,x,y,z\in\mathbb{R}\}$

9 Diskutieren Sie alle Möglichkeiten für die Lösbarkeit eines linearen Gleichungssystems mit 2 Gleichungen in 3 Variablen:

$$\begin{aligned} ax+by+cz &= d \\ ex+fy+gz &= h. \end{aligned}$$

Geben Sie für jede Möglichkeit auch ein Beispiel an.

10 Diskutieren Sie alle Möglichkeiten für die Lösbarkeit eines linearen Gleichungssystems mit 4 Gleichungen in 3 Variablen. Geben Sie für jede Möglichkeit auch ein Beispiel an.

11 Ermitteln Sie die Lösungsmenge und deuten Sie sie geometrisch.

a) $$\begin{aligned} x-y-z&=6\\ 2x+4y-z&=-3\\ -x-2y+3z&=9 \end{aligned}$$

b) $$\begin{aligned} x-2y+z&=1\\ 2x-y+z&=1\\ 3x-3y+2z&=2 \end{aligned}$$

c) $$\begin{aligned} x-y+z&=5\\ -x+y-z&=-5\\ x+y+z&=5 \end{aligned}$$

d) $$\begin{aligned} 3x-y+z&=1\\ -2x+4y-z&=-2\\ x+3y&=-1 \end{aligned}$$

e) $$\begin{aligned} 2x+3y-4z&=-2\\ 3x+y+2z&=3\\ -4y+4y+2z&=6 \end{aligned}$$

f) $$\begin{aligned} -x+y-z&=-4\\ -x+4y+z&=-10\\ x+y+5z&=0 \end{aligned}$$

g) $$\begin{aligned} x-y+2z&=9\\ -x+2y-z&=6\\ y+x&=4 \end{aligned}$$

h) $$\begin{aligned} x+2y-3z&=1\\ -2x-y+6z&=4\\ -x-5y+3z&=-7 \end{aligned}$$

i) $$\begin{aligned} 2x-y+0{,}5z&=1\\ -3x+1{,}5y-0{,}75z&=-1{,}5\\ -8x+4y-2z&=-4 \end{aligned}$$

12 Ermitteln Sie die Lösungsmenge und deuten Sie sie geometrisch.

a) $$\begin{aligned} 6x-3y+2z&=-6\\ -3x+9y+4z&=18\\ 12y+8z&=24\\ 3x-6y+6z&=12 \end{aligned}$$

b) $$\begin{aligned} x+y+2z&=5\\ -3x-4y+z&=-1\\ 2x-y-z&=0\\ x-2y-3z&=2 \end{aligned}$$

c) $$\begin{aligned} x+2y+3z&=4\\ 2x+y+3z&=2\\ 3x+3y+6z&=6\\ x-y&=-2 \end{aligned}$$

13 Gegeben sind die linearen Gleichungssysteme

$$\begin{aligned} ax+by&=e \\ cx+dy&=f \end{aligned} \quad \text{und} \quad \begin{aligned} ax+by+cz&=j \\ dx+ey+fz&=k \\ gx+hy+iz&=l \end{aligned}$$

a) Zeigen Sie: Das Gleichungssystem mit zwei Variablen ist genau dann eindeutig lösbar, wenn $ad-bc\neq 0$ gilt.

b) Leiten Sie eine entsprechende Bedingung für das Gleichungssystem mit drei Variablen her, wenn $a\neq 0$ gilt.

14 Bestimmen Sie – falls möglich – drei von 0 verschiedene Zahlen a, b und c so, dass das lineare Gleichungssystem eindeutig lösbar (nichteindeutig lösbar; unerfüllbar) ist.

a)
$$\begin{aligned} 2x-3y+4z&=12 \\ x+2y-3z&=9 \\ ax+by+cz&=6 \end{aligned}$$

b)
$$\begin{aligned} ax+y+z&=1 \\ x+by+z&=2 \\ x+y+cz&=3 \end{aligned}$$

c)
$$\begin{aligned} 2x-y+az&=10 \\ x+2y+bz&=5 \\ 3x+y+cz&=20 \end{aligned}$$

d)
$$\begin{aligned} 2x+y-z&=a \\ x-2y+3z&=b \\ 3x-y+2z&=c \end{aligned}$$

15 Diskutieren Sie alle Möglichkeiten für die Lösbarkeit des Gleichungssystems

$$\begin{aligned} ax+by+cz&=0 \\ dx+ey+fz&=0 \\ gx+hy+iz&=0. \end{aligned}$$

Geben Sie für jede Möglichkeit ein Beispiel an und deuten Sie die Lösungsmenge auch grafisch.

16 Gegeben sind die Ebenen
$\varepsilon_1: x+y-z=4$, $\varepsilon_2: 4x-2y-2z=3$ und $\varepsilon_3: -5x+4y+2z=0$.

a) Bestimmen Sie alle Punkte, die auf ε_1 und ε_2 und ε_3 liegen.

b) Bestimmen Sie alle Punkte, die auf ε_1 und ε_2 liegen.

c) Bestimmen Sie alle Punkte, die auf ε_1 und ε_3 liegen.

d) Bestimmen Sie alle Punkte, die auf ε_2 und ε_3 liegen.

e) Was fällt auf? Erläutern Sie.

17 Erläutern Sie, dass man die Unerfüllbarkeit eines Gleichungssystems wegen paralleler Ebenen (Bild 30/3) als einen Spezialfall der Unerfüllbarkeit wegen paralleler Schnittgeraden (Bild 30/4) betrachten kann.

2 Geraden und Ebenen

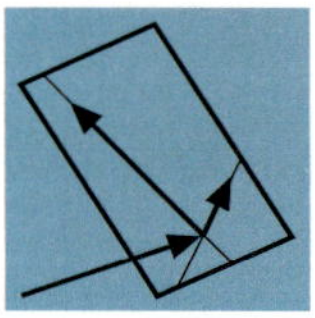

In diesem Kapitel wird untersucht, wie man Geraden und Ebenen im Raum darstellen kann und welche Beziehungen zwischen diesen geometrischen Objekten bestehen können.

2.1 Geraden in einer Ebene

AUFTRÄGE

A1 **Strohstern**

Die Halme des abgebildeten Strohsterns kann man als Teile von Geraden betrachten, die alle durch einen Punkt gehen. Diese Geraden bilden ein **Geradenbüschel**.

Wie kann man rechnerisch erkennen, ob eine Gerade zu einem solchen Geradenbüschel gehört oder nicht?

Bild 34/1

A2 **Schienenstrang**

Blickt man in Richtung eines langen geraden Schienenstrangs, so hat man den Eindruck, dass die Schienen einander immer näher kommen und sich in weiter Ferne irgendwo schneiden.

Die Schienen kann man als zwei Geraden betrachten. Wie kann man rechnerisch erkennen, ob Geraden zueinander parallel sind oder nicht?

Bild 34/2

A3 Verkehrsnetz

Verkehrsnetze werden in der Regel stark vereinfacht gezeichnet, damit sie übersichtlicher sind. Das Berliner S- und U-Bahn-Netz (Bild 35/1) wird nur mit geraden Linien dargestellt, also mit Teilen von Geraden.

Untersuchen Sie rechnerisch, wie diese Geraden zueinander liegen.

Bild 35/1: Berliner S- und U-Bahn-Netz

A4 Schifffahrt

Zwischen 13 Uhr und 19 Uhr fährt jeweils um 36 eine Fähre von Romanshorn nach Friedrichshafen und um 41 eine Fähre von Friedrichshafen nach Romanshorn.

Die Fähre legt die Strecke planmäßig in 41 Minuten zurück.

Um 13:30 Uhr legt in Konstanz-Staad ein Katamaran nach Lindau ab.

Kann der Kataraman, der eineinhalb mal so schnell wie die Fähre ist, auf direktem Kurs nach Lindau fahren, ohne eine Kollision mit einer Fähre befürchten zu müssen?

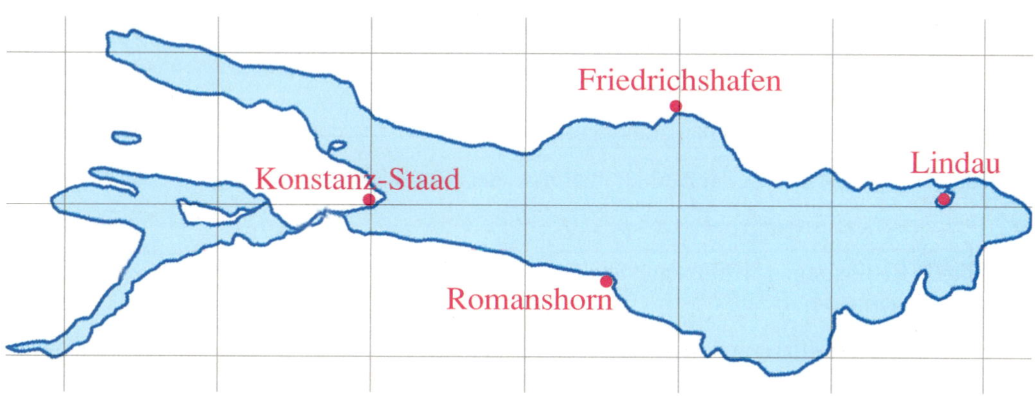

Bild 35/2: Schifffahrt auf dem Bodensee (Abstand der Gitterlinien: 10 km)

Geradenbüschel

Wir bearbeiten den Auftrag A1 und betrachten dazu ein Geradenbüschel (Bild 36/1).

Jede Gerade des Geradenbüschels kann durch eine Gleichung erfasst werden. Allerdings sind dazu Gleichungen, die wie die **Normalform** $y = mx + b$ nach einer Variablen aufgelöst sind, weniger gut geeignet; durch solche Gleichungen lassen sich nämlich keine Geraden erfassen, die parallel zur y-Achse sind.

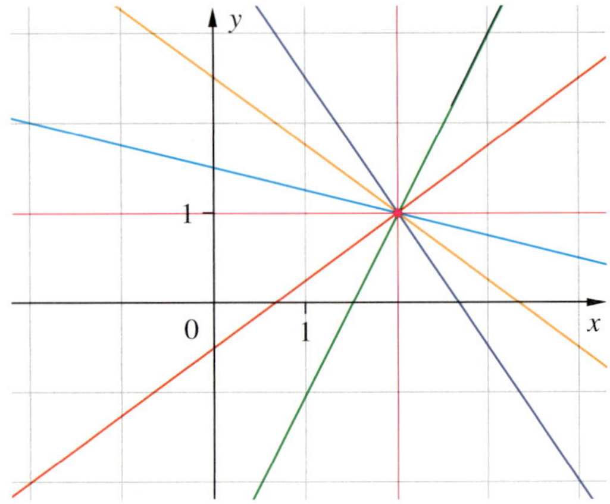

Bild 36/1

Jede Gerade des Geradenbüschels kann dagegen durch eine **lineare Gleichung** der Form

$$ax + by = c$$

erfasst werden. Jede solche Gleichung stellt genau dann eine Gerade dar, wenn $a^2 + b^2 \neq 0$ ist, wenn also die Koeffizienten a und b nicht gleichzeitig verschwinden.

Durch zwei Geraden g_1 und g_2 des Geradenbüschels ist ein Gleichungssystem gegeben:

$$\begin{aligned} a_1 x + b_1 y &= c_1 \\ a_2 x + b_2 y &= c_2 \end{aligned}$$

Wir lösen das Gleichungssystem nach dem **Additionsverfahren**:

$$\begin{aligned} a_1 x + b_1 y &= c_1 \quad | \cdot b_2 \\ a_2 x + b_2 y &= c_2 \quad | \cdot (-b_1) \end{aligned} \quad \Rightarrow \quad \begin{aligned} a_1 x + b_1 y &= c_1 \\ (a_1 b_2 - a_2 b_1) x + 0 &= c_1 b_2 - c_2 b_1 \end{aligned}$$

Ist $a_1 b_2 - a_2 b_1 \neq 0$, dann ist die zweite Gleichung rechts eindeutig nach x auflösbar. Entsprechend erhält man:

$$\begin{aligned} a_1 x + b_1 y &= c_1 \quad | \cdot (-a_2) \\ a_2 x + b_2 y &= c_2 \quad | \cdot a_1 \end{aligned} \quad \Rightarrow \quad \begin{aligned} a_1 x + b_1 y &= c_1 \\ 0 + (a_1 b_2 - a_2 b_1) y &= a_1 c_2 - a_2 c_1 \end{aligned}$$

Nun ist – ebenfalls unter der Bedingung $a_1 b_2 - a_2 b_1 \neq 0$ – die zweite Gleichung rechts eindeutig nach y auflösbar. Insgesamt erhält man also unter der Bedingung $a_1 b_2 - a_2 b_1 \neq 0$:

$$x = \frac{c_1 b_2 - c_2 b_1}{a_1 b_2 - a_2 b_1}, \quad y = \frac{a_1 c_2 - a_2 c_1}{a_1 b_2 - a_2 b_1};$$

g_1 und g_2 schneiden sich in genau einem Punkt Z, dem **Zentrum** des Geradenbüschels.

Ist jedoch $a_1 b_2 - a_2 b_1 = 0$, dann erhält man zwei neue Bedingungen:

$$a_1 c_2 - a_2 c_1 = 0 \text{ und } c_1 b_2 - c_2 b_1 = 0.$$

Sind **beide** Bedingungen erfüllt, dann ist das Gleichungssystem **allgemeingültig**; die Geraden g_1 und g_2 sind **identisch**: $g_1 = g_2$.

Ist dagegen **nur eine** dieser beiden Bedingungen **nicht** erfüllt, dann ist das Gleichungssystem **unlösbar**, g_1 und g_2 schneiden sich nicht; die Geraden sind **parallel**. Dieser Fall kann bei zwei Geraden eines Geradenbüschels nicht auftreten.

Drei Geraden

Um zu untersuchen, ob eine weitere Gerade g_3 ebenfalls zu dem Geradenbüschel gehört, kann man das Gleichungssystem

$$\begin{aligned} a_1 x &+ b_1 y = c_1 \\ a_2 x &+ b_2 y = c_2 \\ a_3 x &+ b_3 y = c_3 \end{aligned}$$

betrachten (Aufgabe 1, Seite 45).

Einfacher ist es jedoch, in die Gleichung $a_3 x + b_3 y = c_3$ der Geraden g_3 die Koordinaten von Z einzusetzen. Die Gerade g_3 gehört genau dann zum Geradenbüschel, wenn die Gleichung durch die Koordinaten von z erfüllt wird.

Matrizen

Bei der Lösung der Gleichungssysteme beziehen sich alle Rechenschritte nur auf die **Koeffizienten** a_i, b_i und auf die rechten Seiten c_i, nicht aber auf die Variablen x und y. Es liegt deshalb nahe, die Kurzschreibweise für Gleichungssysteme zu verwenden, die wir bereits auf Seite 24 benutzt haben:

$$\begin{aligned} a_1 x &+ b_1 y = c_1 \\ a_2 x &+ b_2 y = c_2 \end{aligned} \qquad\qquad \begin{pmatrix} a_1 & b_1 & c_1 \\ a_2 & b_2 & c_2 \end{pmatrix}$$

Eine solche Kurzschreibweise heißt **Matrix**. Rechts stehen die Zahlen c_i. Links davon stehen die Koeffizienten a_i und b_i der Variablen x und y. Sie bilden die sogenannte **Koeffizientenmatrix**

$$\begin{pmatrix} a_1 & b_1 \\ a_2 & b_2 \end{pmatrix}.$$

Das vollständige Schema $\begin{pmatrix} a_1 & b_1 & c_1 \\ a_2 & b_2 & c_2 \end{pmatrix}$ heißt **erweiterte Matrix**, man schreibt $\left(\begin{array}{cc|c} a_1 & b_1 & c_1 \\ a_2 & b_2 & c_2 \end{array}\right)$.

Die erste Umformung des Gleichungssystems sieht in der Matrixschreibweise nun so aus:

$$\left(\begin{array}{cc|c} a_1 & b_1 & c_1 \\ a_2 & b_2 & c_2 \end{array}\right) \begin{array}{l} \cdot b_2 \\ \cdot(-b_1) \end{array} \quad \rightarrow \quad \left(\begin{array}{cc|c} a_1 & b_1 & c_1 \\ a_1 b_2 - a_2 b_1 & 0 & c_1 b_2 - c_2 b_1 \end{array}\right)$$

Der Pfeil ($\rightarrow$) zwischen den Matrizen kann gelesen werden „geht über in".

Die andere oben behandelte Umformung sieht in der Matrixschreibweise so aus:

$$\left(\begin{array}{cc|c} a_1 & b_1 & c_1 \\ a_2 & b_2 & c_2 \end{array}\right) \begin{array}{l} \cdot(-a_2) \\ \cdot a_1 \end{array} \quad \rightarrow \quad \left(\begin{array}{cc|c} a_1 & b_1 & c_1 \\ 0 & a_1 b_2 - a_2 b_1 & a_1 c_2 - a_2 c_1 \end{array}\right)$$

Der Term $a_1 b_2 - a_2 b_1$ in der umgeformten Matrix ergibt sich unmittelbar aus der Koeffizientenmatrix, indem man über Kreuz multipliziert und die Produkte voneinander subtrahiert:

$$\begin{pmatrix} a_1 & \times & b_1 \\ a_2 & & b_2 \end{pmatrix}.$$

Die reelle Zahl $a_1 b_2 - a_2 b_1$ heißt **Determinante** der Matrix $\begin{pmatrix} a_1 & b_1 \\ a_2 & b_2 \end{pmatrix}$, man schreibt

$$det\begin{pmatrix} a_1 & b_1 \\ a_2 & b_2 \end{pmatrix} = \begin{vmatrix} a_1 & b_1 \\ a_2 & b_2 \end{vmatrix} = a_1 b_2 - a_2 b_1.$$

Ist $\begin{vmatrix} a_1 & b_1 \\ a_2 & b_2 \end{vmatrix} \neq 0$, dann lassen sich die Gleichungen

$$(a_1 b_2 - a_2 b_1)x = c_1 b_2 - c_2 b_1$$

und

$$(a_1 b_2 - a_2 b_1)y = a_1 c_2 - a_2 c_1$$

eindeutig nach x und y auflösen und die entsprechenden Geraden schneiden sich in einem Punkt.

Vektoren

Bei einem Geradenbüschel gehen alle Geraden durch einen festen Punkt und unterscheiden sich nur durch ihre **Richtung**.

Diese Richtung haben wir bisher mit Hilfe der Steigung m gekennzeichnet; sie lässt sich jedoch auch mit Pfeilen beschreiben (Bild 38/1).

Jeder Pfeil lässt sich durch zwei Zahlen a_1 und a_2 erfassen, nämlich durch die Anzahl der Einheiten, die man horizontal bzw. vertikal voranschreiten muss, um vom Anfang des Pfeils an dessen Spitze zu kommen. Jedem Pfeil ist also ein Zahlenpaar a_1, a_2 zugeordnet, das man **Vektor** nennt.

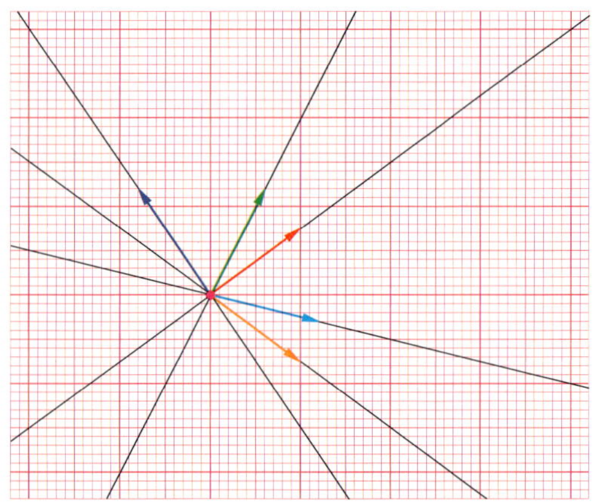

Bild 38/1: Pfeile und Geradenrichtungen

Es ist üblich, die beiden Zahlen a_1 und a_2, die **Koordinaten** des Vektors, übereinander in einer **Spalte** $\begin{pmatrix} a_1 \\ a_2 \end{pmatrix}$ zu schreiben; man liest Vektor a_1, a_2.

Beispiele zeigt Bild 38/2.

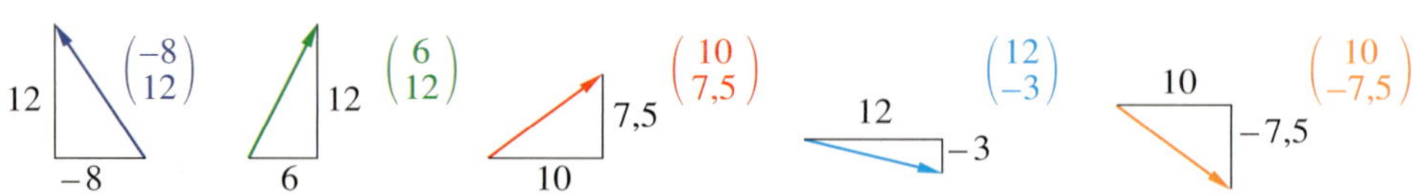

Bild 38/2: Pfeile aus Bild 38/1 und zugehörige Vektoren (Einheit: 1 mm)

Wie Bild 39/1 zeigt, gehört zu einem Vektor nicht nur ein einziger Pfeil; durch einen Vektor sind vielmehr unendlich viele Pfeile bestimmt. Diese Pfeile sind offensichtlich zueinander **parallel**.

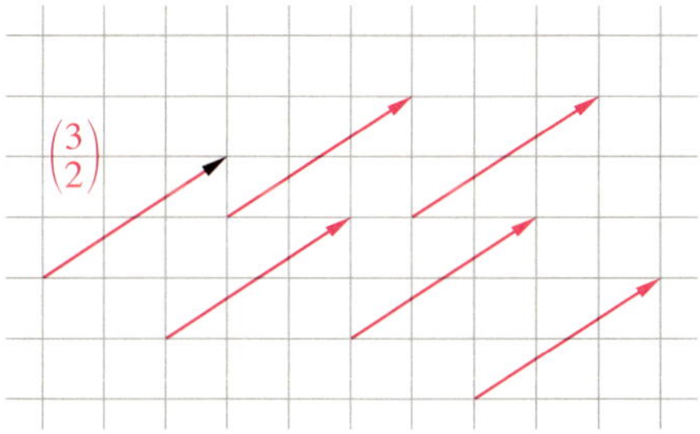

Bild 39/1: Parallelität

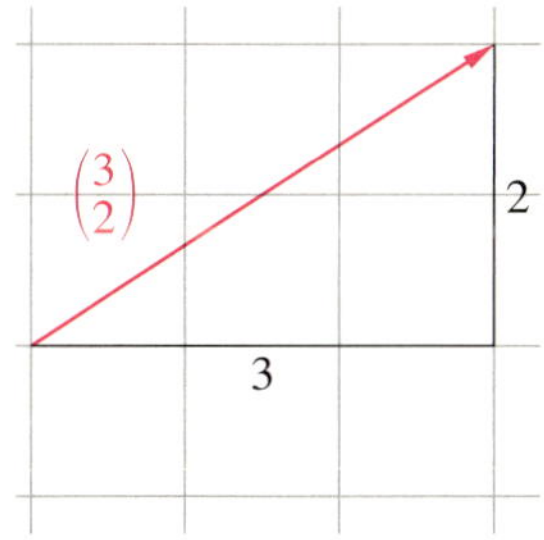

Bild 39/2: Länge

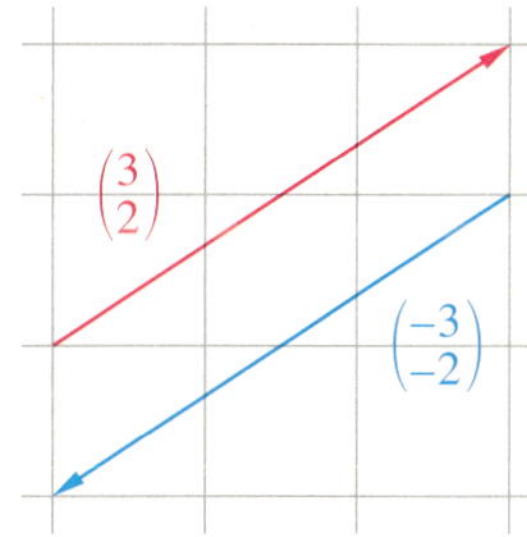

Bild 39/3: Orientierung

Jeder Pfeil hat die Länge $\sqrt{3^2+2^2}=\sqrt{13}$ (Bild 39/2); also sind alle Pfeile **gleich lang**. Man nennt ihre Länge auch **Länge des Vektors** oder **Betrag des Vektors**. Allgemein hat der Vektor mit den Koordinaten a_1 und a_2 die Länge $\sqrt{a_1^2+a_2^2}$.

Bild 39/3 zeigt zwei parallele und gleich lange Pfeile, die **entgegengesetzt orientiert** sind; sie gehören nicht zum gleichen Vektor. Parallele und gleich lange Pfeile gehören nur dann zum gleichen Vektor, wenn sie außerdem **gleich orientiert** sind. Wir fassen zusammen

Definition 2.1 Ein Paar reeller Zahlen a_1, a_2 heißt **Vektor** $\begin{pmatrix} a_1 \\ a_2 \end{pmatrix}$;
die Zahlen a_1 und a_2 heißen **Koordinaten** des Vektors.
Unter der Länge oder dem Betrag eines Vektors $\vec{a}$ versteht man die Zahl

$$|\vec{a}| = \sqrt{a_1^2+a_2^2}. \quad ■$$

Ein Vektor kann durch **Pfeile** dargestellt werden; zu einem Vektor gehören unendlich viele Pfeile, die **parallel**, **gleich lang** und **gleich orientiert** sind. Jeder dieser Pfeile ist ein **Repräsentant** des Vektors.

Pfeile bezeichnet man mit Hilfe von Anfangs- und Endpunkt: Der Pfeil mit dem Anfangspunkt A und dem Endpunkt B wird mit $\overrightarrow{AB}$ bezeichnet.

Zur kurzen Bezeichnung von Vektoren benutzt man kleine lateinischen Buchstaben mit darüber gesetztem Pfeil: $\vec{a}, \vec{b}, \vec{x}$.

Beispiel: Ist $A(2|1)$ und $B(5|2)$ (Bild 39/4), dann ist $\overrightarrow{AB}$ ein Repräsentant des Vektors $\vec{a} = \begin{pmatrix} 3 \\ 1 \end{pmatrix}$.

$\vec{a}$ hat die Länge $|\vec{a}| = \sqrt{3^2+1^2} = \sqrt{10}$. ■

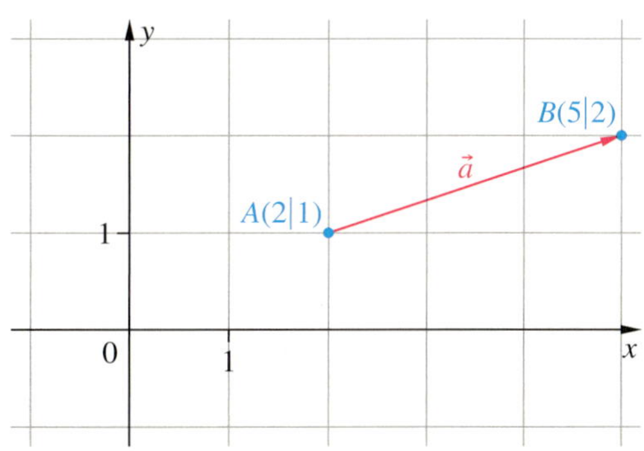

Bild 39/4

Richtungsvektoren

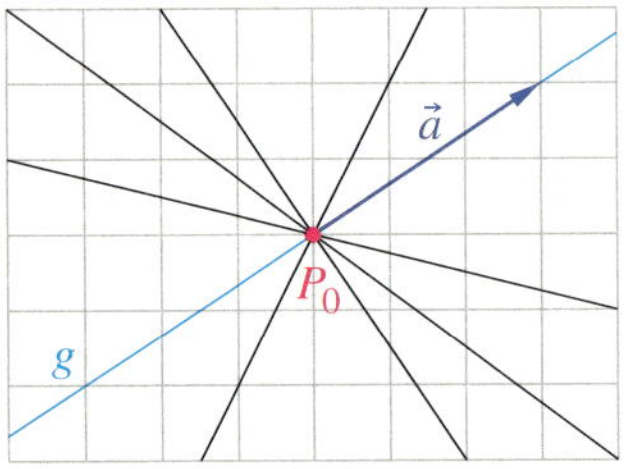

Bild 40/1: Richtungsvektor $\vec{a}$

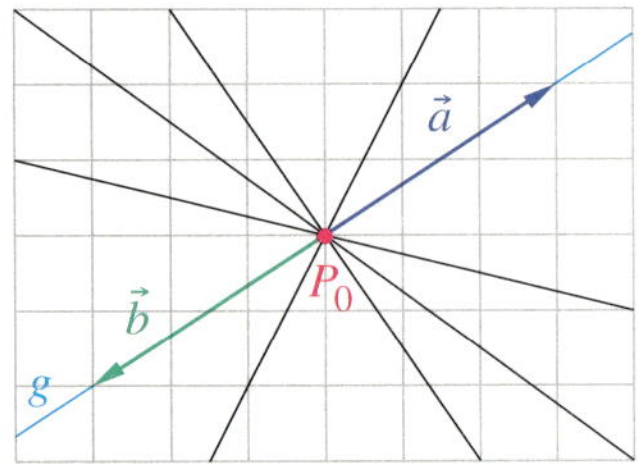

Bild 40/2: Richtungsvektor $\vec{b}$

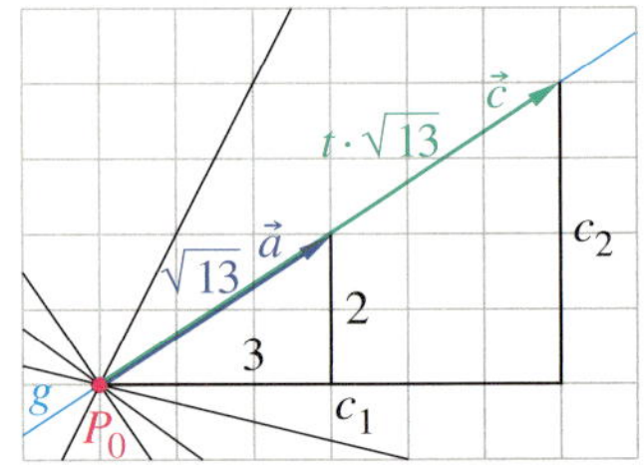

Bild 40/3: Richtungsvektor $\vec{c}$

Die Richtung einer Geraden können wir nun durch einen Vektor kennzeichnen; man nennt diesen Vektor deshalb **Richtungsvektor** der Geraden.

Beispiel: Bild 40/1 zeigt, dass der Richtungsvektor $\vec{a} = \begin{pmatrix} 3 \\ 2 \end{pmatrix}$ von den durch den Punkt P_0 gehenden Geraden genau eine festlegt. ■

Der Vektor $\vec{a}$ ist jedoch nicht der einzige Richtungsvektor von g; auch die Vektoren $\vec{b}$ (Bild 40/2) und $\vec{c}$ (Bild 40/3) sind offensichtlich Richtungsvektoren von g.

In Bild 40/2 ist $\vec{b} = \begin{pmatrix} -3 \\ -2 \end{pmatrix}$; die Repräsentanten der Vektoren $\vec{a}$ und $\vec{b}$ sind parallel und gleich lang. Sie sind jedoch entgegengesetzt orientiert. Man nennt deshalb den Vektor $\vec{a}$ auch **Gegenvektor** des Vektors $\vec{b}$ und bezeichnet ihn mit $-\vec{a}$:

$$-\vec{a} = \begin{pmatrix} -a_1 \\ -a_2 \end{pmatrix} \text{ ist der Gegenvektor des Vektors } \vec{a} = \begin{pmatrix} a_1 \\ a_2 \end{pmatrix}.$$

Ist $\vec{a}$ ein Richtungsvektor der Geraden g, dann ist auch der Gegenvektor $-\vec{a}$ ein Richtungsvektor der Geraden.

In Bild 40/3 sind die Repräsentanten der Vektoren $\vec{a}$ und $\vec{c}$ parallel, aber nicht gleich lang. Die Länge von $\vec{c}$ ist ein Vielfaches der Länge von $\vec{a}$; es gilt also $|\vec{c}| = t \cdot |\vec{a}| = t \cdot \sqrt{13}$ mit $t \in \mathbb{R}$.

Daraus ergibt sich auf Grund des ersten Strahlensatzes $c_1 = 3t$ und auf Grund des zweiten Strahlensatzes $c_2 = 2t$, insgesamt also

$$\vec{c} = \begin{pmatrix} c_1 \\ c_2 \end{pmatrix} = \begin{pmatrix} 2t \\ 3t \end{pmatrix}; \text{ hierfür schreibt man auch } \vec{c} = t \begin{pmatrix} 2 \\ 3 \end{pmatrix} = t\vec{a}.$$

Allgemein definiert man Vielfache eines Vektors:

Definition 2.2 Der Vektor $t\vec{a} = \begin{pmatrix} ta_1 \\ ta_2 \end{pmatrix}$ mit $t \in \mathbb{R}$ heißt **Vielfaches** des Vektors $\vec{a} = \begin{pmatrix} a_1 \\ a_2 \end{pmatrix}$. ■

Vielfache eines Vektors sind Produkte, bei denen ein Faktor eine Zahl, der andere ein Vektor ist. Zahlen nennt man in diesem Zusammenhang auch **Skalare**. Die Bildung von Vielfachen eines Vektors heißt deshalb auch Multiplikation mit einem Skalar oder kurz **S-Multiplikation**.

Die Repräsentanten der Vektoren $\vec{a}$ und $t\vec{a}$ sind zueinander parallel. Man sagt deshalb auch, dass die Vektoren $\vec{a}$ und $t\vec{a}$ zueinander parallel oder kollinear sind und definiert:

Definition 2.3 Zwei Vektoren $\vec{a}$ und $\vec{b}$ heißen **kollinear** genau dann, wenn der eine ein Vielfaches des anderen ist. ■

Das ist genau dann der Fall, wenn es eine Zahl $t \in \mathbb{R}$ gibt mit $\vec{a} = t\vec{b}$ oder $\vec{b} = t\vec{a}$.

Ist $t = 0$, dann erhält man $\vec{c} = t\vec{a} = \begin{pmatrix} ta_1 \\ ta_2 \end{pmatrix} = \begin{pmatrix} 0 \\ 0 \end{pmatrix}$. Dieser Vektor heißt **Nullvektor** und wird mit $\vec{0}$ bezeichnet; er hat die Länge 0 und ist zu jedem Vektor parallel (Aufgabe 2, Seite 45). Da durch den Nullvektor keine Richtung festgelegt ist, kann er auch nicht Richtungsvektor einer Geraden sein.

Ist jedoch $t \neq 0$ und $\vec{a}$ ein Richtungsvektor der Geraden g, dann ist auch der Vektor $t\vec{a}$ ein Richtungsvektor der Geraden g.

Ortsvektoren

Zu jedem Richtungsvektor $\vec{a}$ gibt es unendlich viele Geraden; diese sind alle zueinander parallel. Um genau eine dieser Geraden auszuwählen, benötigt man zusätzlich einen Punkt P_0 der Geraden (Bild 41/1). Man nennt diesen Punkt **Stützpunkt** der Geraden.

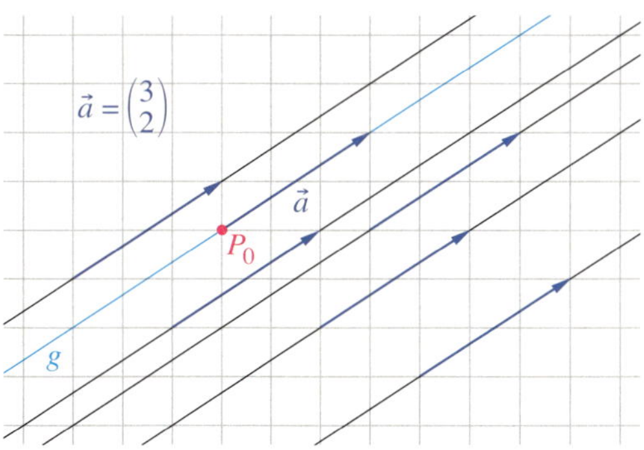

Bild 41/1: Gerade mit Stützpunkt

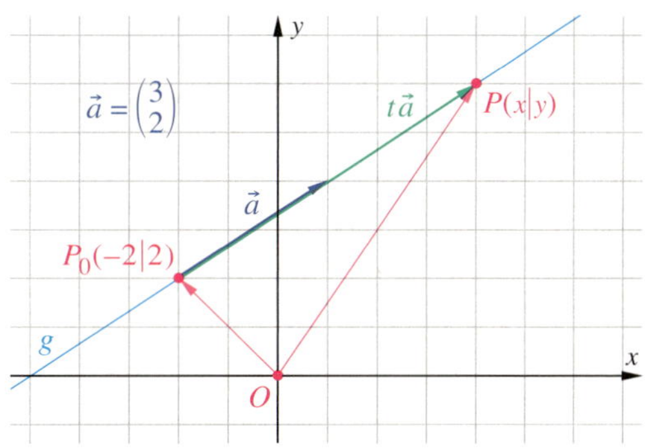

Bild 41/2: Bestimmung von $P(x|y)$

In Bild 41/2 ist als Stützpunkt der Geraden g der Punkt $P_0(-2|2)$ gewählt. Um die Koordinaten eines beliebigen Punktes $P(x|y)$ der Geraden g zu erhalten, betrachtet man zunächst den Pfeil $\overrightarrow{P_0P}$. Dieser Pfeil ist ein Repräsentant eines Vektors $t\vec{a} = t\begin{pmatrix} 3 \\ 2 \end{pmatrix} = \begin{pmatrix} 3t \\ 2t \end{pmatrix}$. Man erhält die Koordinaten von P, indem man zu den Koordinaten von P_0 die Koordinaten von $t\vec{a}$ addiert:

$$\begin{aligned} x &= -2 + 3t \\ y &= 2 + 2t \end{aligned}$$

Bild 41/2 enthält auch Pfeile vom Ursprung O zu den Punkten P_0 und P. Durch $\overrightarrow{OP_0}$ ist ein Vektor $\vec{x}_0$ bestimmt, dessen Koordinaten gleich den Koordinaten von P_0 sind. Man nennt den Vektor $\vec{x}_0$ deshalb **Ortsvektor** des Punktes P_0. Da P_0 Stützpunkt der Geraden ist, heißt $\vec{x}_0$ auch **Stützvektor** der Geraden g.

Durch $\overrightarrow{OP}$ ist ein Vektor $\vec{x}$ bestimmt, dessen Koordinaten gleich den Koordinaten von P sind; $\vec{x}$ heißt entsprechend Ortsvektor von P. Für die beiden Ortsvektoren gilt damit:

$$\vec{x}_0 = \begin{pmatrix} -2 \\ 2 \end{pmatrix} \text{ und } \vec{x} = \begin{pmatrix} x \\ y \end{pmatrix} = \begin{pmatrix} -2+3t \\ 2+2t \end{pmatrix}.$$

Der letzte Vektor setzt sich offensichtlich aus den Vektoren $\vec{x}_0$ und $t\vec{a}$ zusammen. Dieser Sachverhalt regt dazu an, eine **Summe von Vektoren** einzuführen:

$$\vec{x} = \vec{x}_0 + t\vec{a} = \begin{pmatrix} -2 \\ 2 \end{pmatrix} + \begin{pmatrix} 3t \\ 2t \end{pmatrix}.$$

Allgemein definieren wir:

Definition 2.4 Unter der Summe zweier Vektoren $\vec{a}$ und $\vec{b}$ versteht man den Vektor

$$\vec{a} + \vec{b} = \begin{pmatrix} a_1 \\ a_2 \end{pmatrix} + \begin{pmatrix} b_1 \\ b_2 \end{pmatrix} = \begin{pmatrix} a_1 + b_1 \\ a_2 + b_2 \end{pmatrix}.$$ ■

Zwei Vektoren $\vec{a}$ und $\vec{b}$ werden addiert, indem man je einen Repräsentanten von $\vec{a}$ und von $\vec{b}$ so aneinanderlegt, dass der Anfang des zweiten Pfeils mit der Spitze des ersten Pfeils übereinstimmt.

Ein Repräsentant des Summenvektors $\vec{a} + \vec{b}$ reicht dann vom Anfang des ersten zur Spitze des zweiten Pfeils (Bild 42/1).

Merkregel: „Anfang an Spitze".

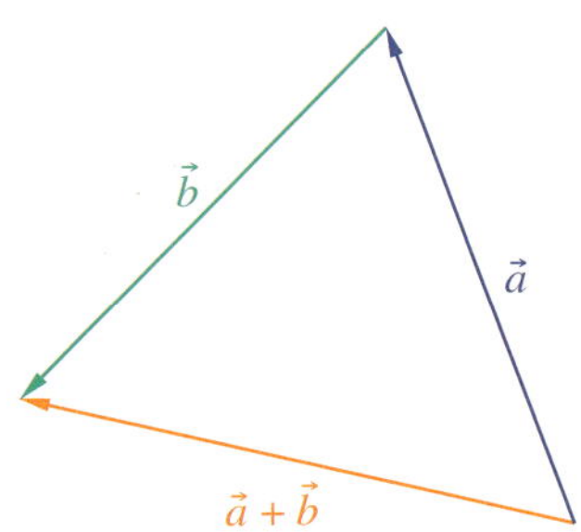

Bild 42/1

Vektorielle Geradengleichungen

In Bild 41/2 haben wir eine Gerade g betrachtet, die durch den Stützpunkt $P_0(-2|2)$ mit dem Ortsvektor $\vec{x}_0 = \begin{pmatrix} -2 \\ 2 \end{pmatrix}$ und durch den Richtungsvektor $\vec{a} = \begin{pmatrix} 3 \\ 2 \end{pmatrix}$ festgelegt ist.

Für den Ortsvektor $\vec{x}$ eines beliebigen Punktes $P(x|y)$ der Geraden g ergab sich

$$\vec{x} = \begin{pmatrix} x \\ y \end{pmatrix} = \begin{pmatrix} -2 \\ 2 \end{pmatrix} + \begin{pmatrix} 3t \\ 2t \end{pmatrix} = \begin{pmatrix} -2 \\ 2 \end{pmatrix} + t\begin{pmatrix} 3 \\ 2 \end{pmatrix}.$$

Allgemein gilt für eine Gerade in einer Ebene:

Satz 2.1 Ist P_0 (mit dem Ortsvektor $\vec{x}_0$) ein Punkt der Geraden g und $\vec{a} \neq \vec{0}$ ein Richtungsvektor von g, dann hat ein beliebiger Punkt P von g den Ortsvektor

$$\vec{x} = \vec{x}_0 + t\vec{a} \quad \text{bzw.} \quad \begin{pmatrix} x \\ y \end{pmatrix} = \begin{pmatrix} x_0 \\ y_0 \end{pmatrix} + t\begin{pmatrix} a_1 \\ a_2 \end{pmatrix} \quad \text{mit } t \in \mathbb{R}.$$

Diese Gleichung heißt **Punkt-Richtungs-Gleichung** (Bild 43/1). ■

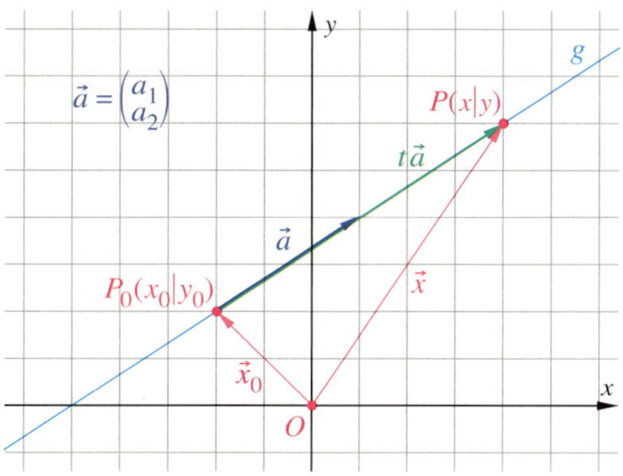

Bild 43/1: Punkt-Richtungs-Gleichung

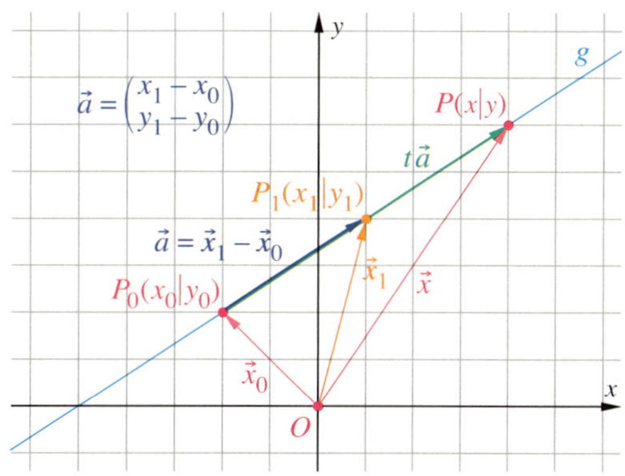

Bild 43/2: Zwei-Punkte-Gleichung

Eine Gerade g kann auch durch zwei verschiedene Punkte P_0 und P_1 gegeben sein. Durch den Pfeil $\overrightarrow{P_0P_1}$ ist dann ein Richtungsvektor $\vec{a} = \vec{x}_1 + (-\vec{x}_0)$ festgelegt.

Die Summe $\vec{x}_1 + (-\vec{x}_0)$ bezeichnet man auch als **Vektordifferenz** und schreibt dafür kürzer $\vec{x}_1 - \vec{x}_0$. Die **Vektorsubtraktion** ist also durch die Addition des Gegenvektors definiert. Aus Satz 2.1 ergibt sich damit:

Satz 2.2 Sind P_0 (mit dem Ortsvektor $\vec{x}_0$) und P_1 (mit dem Ortsvektor $\vec{x}_1$) zwei verschiedene Punkte der Geraden g, dann hat ein beliebiger Punkt P von g den Ortsvektor

$$\vec{x} = \vec{x}_0 + t(\vec{x}_1 - \vec{x}_0) \quad \text{bzw.} \quad \begin{pmatrix} x \\ y \end{pmatrix} = \begin{pmatrix} x_0 \\ y_0 \end{pmatrix} + t\begin{pmatrix} x_1 - x_0 \\ y_1 - y_0 \end{pmatrix} \text{ mit } t \in \mathbb{R}$$

Diese Gleichung heißt **Zwei-Punkte-Gleichung** (Bild 43/2). ■

Beispiel: Eine Gerade g sei gegeben durch die Punkte $P_0(-2|3)$ und $P_1(1|4)$.

Dann ist $\vec{a} = \vec{x}_1 - \vec{x}_0 = \begin{pmatrix} 1 \\ 4 \end{pmatrix} - \begin{pmatrix} -2 \\ 3 \end{pmatrix} = \begin{pmatrix} 3 \\ 1 \end{pmatrix}$ und g hat die Gleichung

$$\vec{x} = \begin{pmatrix} x \\ y \end{pmatrix} = \begin{pmatrix} -2 \\ 3 \end{pmatrix} + t\begin{pmatrix} 3 \\ 1 \end{pmatrix}.$$ ■

Wir fassen zusammen

Jede Gerade in einer Ebene lässt sich durch eine **allgemeine lineare Gleichung** darstellen:

$$ax + by = c.$$

Man kann die Lagebeziehung zweier Geraden g_1 und g_2 untersuchen, indem man das **lineare Gleichungssystem**

$$\begin{aligned} a_1 x &+ b_1 y = c_1 \\ a_2 x &+ b_2 y = c_2 \end{aligned}$$

löst. Dabei sind folgende Fälle zu unterscheiden:

- Das System hat genau eine Lösung, dann schneiden sich die Geraden in einem Punkt.
- Das System hat keine Lösung, dann sind die Geraden zueinander parallel.
- Das System hat unendlich viele Lösungen, dann sind die Geraden identisch.

Das Gleichungssystem kann man auch in **Matrixform** darstellen; dabei unterscheidet man

Koeffizientenmatrix $\begin{pmatrix} a_1 & b_1 \\ a_2 & b_2 \end{pmatrix}$ und **erweiterte Matrix** $\left(\begin{array}{cc|c} a_1 & b_1 & c_1 \\ a_2 & b_2 & c_2 \end{array}\right)$.

Richtungen kann man durch **Pfeile** veranschaulichen. Pfeile, die parallel, gleichlang und gleichorientiert sind bilden einen **Vektor** $\vec{a} = \begin{pmatrix} a_1 \\ a_2 \end{pmatrix}$. Jeder zugehörige Pfeil ist ein Repräsentant des Vektors.

Für Vektoren gibt es eine **S-Multiplikation** und eine **Addition** (Definitionen 2.2 und 2.4).

Zwei Vektoren sind genau dann **kollinear**, wenn sich der eine Vektor als Vielfaches des anderen darstellen lässt (Definition 2.3).

Die Richtung einer Geraden ist durch einen **Richtungsvektor** bestimmt; dieser Vektor darf nicht der **Nullvektor** $\vec{0} = \begin{pmatrix} 0 \\ 0 \end{pmatrix}$ sein.

Jedem Punkt P der Ebene lässt sich durch den Pfeil $\overrightarrow{OP}$ ein Vektor $\vec{x}$ als **Ortsvektor** zuordnen.

Geraden kann man durch vektorielle Gleichungen (**Parametergleichungen**) darstellen.

Es gibt die **Punkt-Richtungs-Gleichung**

$$\vec{x} = \vec{x}_0 + t\vec{a} \quad \text{bzw.} \quad \begin{pmatrix} x \\ y \end{pmatrix} = \begin{pmatrix} x_0 \\ y_0 \end{pmatrix} + t\begin{pmatrix} a_1 \\ a_2 \end{pmatrix} \text{ mit } t \in \mathbb{R}$$

sowie die **Zwei-Punkte-Gleichung**

$$\vec{x} = \vec{x}_0 + t(\vec{x}_1 - \vec{x}_0) \quad \text{bzw.} \quad \begin{pmatrix} x \\ y \end{pmatrix} = \begin{pmatrix} x_0 \\ y_0 \end{pmatrix} + t\begin{pmatrix} x_1 - x_0 \\ y_1 - y_0 \end{pmatrix} \text{ mit } t \in \mathbb{R}.$$

1 Lösen Sie das Gleichungssystem

$$\begin{aligned} a_1 x &+ b_1 y = c_1 \\ a_2 x &+ b_2 y = c_2 \\ a_3 x &+ b_3 y = c_3 \end{aligned}$$

Was bedeuten die verschiedenen Lösungen für die zugehörigen Geraden g_1, g_2 und g_3?

2 Untersuchen Sie die Eigenschaften des Nullvektors $\vec{0}$.

Vektoren

3 Wo liegen die Spitzen aller von einem Punkt A ausgehenden Pfeile mit gleicher

a) Länge, **b)** Richtung, **c)** Richtung und Orientierung?

4 Ermitteln Sie den Vektor $\vec{a}$ zum Pfeil $\overrightarrow{AB}$.

a) $A(-1|3); B(4|0)$ **b)** $A(1|6); B(-4|3)$ **c)** $A(-3|6); B(2|3)$

5 Von einem Parallelogramm sind ein Eckpunkt A sowie die Seitenvektoren $\vec{a}$ und $\vec{b}$ gegeben (Bild 45/1). Ermitteln Sie die Koordinaten der anderen Eckpunkte.

a) $A(-3|-2); \vec{a} = \begin{pmatrix} 7 \\ -2 \end{pmatrix}; \vec{b} = \begin{pmatrix} 1 \\ 5 \end{pmatrix}$

b) $A(5|3); \vec{a} = \begin{pmatrix} -7 \\ 4 \end{pmatrix}; \vec{b} = \begin{pmatrix} -2 \\ -6 \end{pmatrix}$

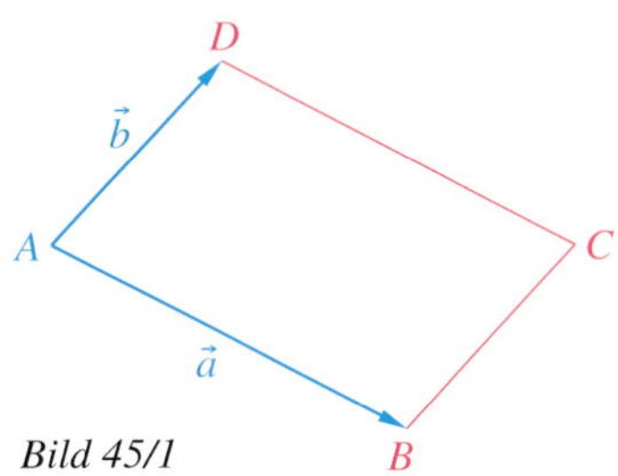

Bild 45/1

6 Vervollständigen Sie das durch $A(-1|-2)$, $B(3|-4)$ und $C(1|3)$ gegebene Dreieck auf mehrere Weisen zu einem Parallelogramm. Bestimmen Sie jeweils den vierten Eckpunkt sowie zwei Vektoren $\vec{a}$ und $\vec{b}$, die das Parallelogramm aufspannen.

7 Prüfen Sie das durch A, B, C und D Eckpunkte eines Parallelogramms sind. Bestimmen Sie gegebenenfalls zwei Vektoren $\vec{a}$ und $\vec{b}$, die das Parallelogramm aufspannen.

a) $A(-1|-2); B(3|-4); C(5|2); D(1|4)$ **b)** $A(1|-5); B(3|1); C(2|6); D(0|1)$

8 Das Dreieck ABC wird durch eine Verschiebung auf das Dreieck $A'B'C'$ abgebildet. Durch einen Punkt und seinen Bildpunkt ist ein Verschiebungsvektor $\vec{v}$ festgelegt. Bestimmen Sie jeweils $\vec{v}$ sowie die weiteren Punkte der beiden Dreiecke.

a) $A(-1|2); A'(2|0); B(0|0); C(0|3)$ **c)** $A'(-2|1); B(2|3); B'(0|0); C(-1|2)$

b) $A(1|-2); A'(-1|3); B(3|0); C'(1|2)$ **d)** $A'(1|2); B(3|0); C(1|3); C'(1|1)$

9 Gegeben sind die Punkte $P_1(-2|3)$ und $P_2(5|6)$.

a) Ermitteln Sie zeichnerisch den Mittelpunkt M der Strecke $\overline{P_1P_2}$.

b) Bestimmen Sie den zugehörigen Ortsvektor.

c) Zeigen Sie allgemein, dass $\frac{1}{2}(\vec{x}_1 + \vec{x}_2)$ der Ortsvektor von M ist.

AUFGABEN

10 Ermitteln Sie die Ortsvektoren der Seitenmittelpunkte des Dreiecks $P_1P_2P_3$ und bestätigen Sie das Ergebnis durch eine Zeichnung.

a) $P_1(4|-2); P_2(2|6); P_3(-2|4)$ **b)** $P_1(-3|5); P_2(5|-1); P_3(3|5)$

11 Berechnen Sie die Länge der Vektoren.

a) $\begin{pmatrix} 5 \\ 12 \end{pmatrix}$ **b)** $\begin{pmatrix} -4 \\ 3 \end{pmatrix}$ **c)** $\begin{pmatrix} \sqrt{11} \\ \sqrt{11} \end{pmatrix}$ **d)** $\begin{pmatrix} -1 \\ 2\sqrt{2} \end{pmatrix}$

12 Durch Bild 46/1 sind vier Vektoren gegebenen. Zeichnen Sie Repräsentanten der folgenden Summenvektoren.

a) $\vec{a}+\vec{b}; \vec{a}+\vec{c}; \vec{a}+\vec{d}; \vec{b}+\vec{c}; \vec{c}+\vec{d}$

b) $(\vec{c}+\vec{a})+\vec{d}; (\vec{d}+\vec{a})+\vec{b}; \vec{b}+(\vec{a}+\vec{c})$

c) $(\vec{d}+\vec{b})+(\vec{c}+\vec{a}); (\vec{b}+\vec{c})+(\vec{d}+\vec{a})$

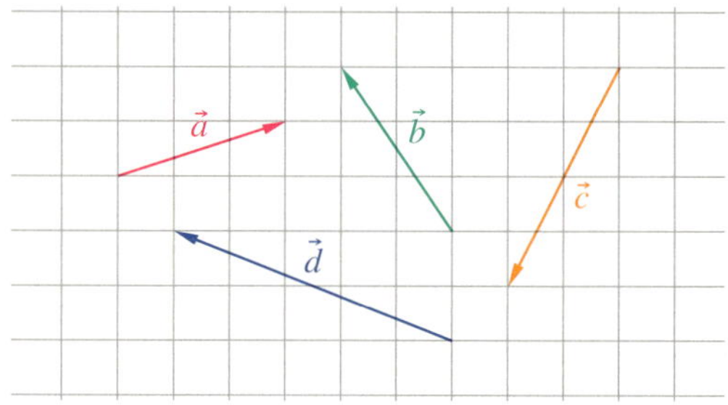

Bild 46/1

13 Ermitteln Sie die folgenden Summen zeichnerisch und rechnerisch.

a) $\begin{pmatrix} 5 \\ 4 \end{pmatrix}+\begin{pmatrix} -2 \\ 1 \end{pmatrix}$ **b)** $\begin{pmatrix} -4 \\ -1 \end{pmatrix}+\begin{pmatrix} 2 \\ 5 \end{pmatrix}$ **c)** $\left[\begin{pmatrix} 3 \\ 2 \end{pmatrix}+\begin{pmatrix} -4 \\ -5 \end{pmatrix}\right]+\begin{pmatrix} 1 \\ 3 \end{pmatrix}$ **d)** $\begin{pmatrix} 2 \\ 2 \end{pmatrix}+\left[\begin{pmatrix} -6 \\ 5 \end{pmatrix}+\begin{pmatrix} 4 \\ 1 \end{pmatrix}\right]$

Kollineare Vektoren

14 Untersuchen Sie rechnerisch und zeichnerisch, ob die folgenden Vektoren kollinear sind.

a) $\begin{pmatrix} 6 \\ -8 \end{pmatrix}$ und $\begin{pmatrix} 9 \\ -12 \end{pmatrix}$ **b)** $\begin{pmatrix} 3 \\ -4 \end{pmatrix}$ und $\begin{pmatrix} 4 \\ -3 \end{pmatrix}$ **c)** $\begin{pmatrix} -2 \\ 6 \end{pmatrix}$ und $\begin{pmatrix} 3 \\ -9 \end{pmatrix}$

15 Gegeben sind $\vec{a}=\begin{pmatrix} 2 \\ 1 \end{pmatrix}, \vec{b}=\begin{pmatrix} -4 \\ 2 \end{pmatrix}$ und $\vec{c}=\begin{pmatrix} 1 \\ -2 \end{pmatrix}$.

Ermitteln Sie rechnerisch und zeichnerisch die folgenden Vektoren.

a) $3\vec{a}, 2\vec{b}, (-4)\vec{c}$ **b)** $(-4)\vec{a}, \frac{3}{2}(-\vec{b}), -\frac{5}{2}(-\vec{c})$

16 Gegeben ist $\vec{a}$. Bestimmen Sie Vektoren $\vec{b}$ und $\vec{c}$, für die gilt $\vec{a}=3\vec{b}$ und $\vec{a}=(-2)\vec{c}$.

a) $\vec{a}=\begin{pmatrix} 12 \\ -24 \end{pmatrix}$ **b)** $\vec{a}=\begin{pmatrix} -6 \\ 0 \end{pmatrix}$ **c)** $\vec{a}=\begin{pmatrix} -18 \\ 12 \end{pmatrix}$

17 Stellen Sie rechnerisch und zeichnerisch $\vec{a}$ als Summe $s\vec{b}+t\vec{c}$ mit geeigneten $s, t \in \mathbb{R}$ dar.

a) $\vec{a}=\begin{pmatrix} 7 \\ -5 \end{pmatrix}, \vec{b}=\begin{pmatrix} 0 \\ 1 \end{pmatrix}, \vec{c}=\begin{pmatrix} -1 \\ 0 \end{pmatrix}$

b) $\vec{a}=\begin{pmatrix} -1 \\ -9 \end{pmatrix}, \vec{b}=\begin{pmatrix} 1 \\ -1 \end{pmatrix}, \vec{c}=\begin{pmatrix} 1 \\ 1 \end{pmatrix}$

c) $\vec{a}=\begin{pmatrix} 1 \\ 4 \end{pmatrix}, \vec{b}=\begin{pmatrix} 1 \\ -2 \end{pmatrix}, \vec{c}=\begin{pmatrix} 3 \\ 0 \end{pmatrix}$

d) $\vec{a}=\begin{pmatrix} 13 \\ -9 \end{pmatrix}, \vec{b}=\begin{pmatrix} 3 \\ 1 \end{pmatrix}, \vec{c}=\begin{pmatrix} -1 \\ 3 \end{pmatrix}$

18 Zeigen Sie: Jeder Vektor ist als Vielfachensumme $s\vec{a} + t\vec{b}$ der beiden anderen darstellbar.

a) $\begin{pmatrix} 2 \\ -1 \end{pmatrix}, \begin{pmatrix} 1 \\ 2 \end{pmatrix}, \begin{pmatrix} -1 \\ 3 \end{pmatrix}$ **b)** $\begin{pmatrix} 3 \\ 2 \end{pmatrix}, \begin{pmatrix} 4 \\ -1 \end{pmatrix}, \begin{pmatrix} 2 \\ 5 \end{pmatrix}$ **c)** $\begin{pmatrix} 1 \\ 0 \end{pmatrix}, \begin{pmatrix} 0 \\ 1 \end{pmatrix}, \begin{pmatrix} -4 \\ 3 \end{pmatrix}$

Anwendungen von Vektoren

***Vorbemerkung** zu den Aufgaben 19 und 20:*
Die Geschwindigkeit $\vec{v}$ eines Flugzeugs (Schiffes) „über Grund" setzt sich aus der Eigengeschwindigkeit $\vec{v}_E$ und der Strömungsgeschwindigkeit des Windes (Wassers) $\vec{v}_S$ zusammen. Der Winkel zwischen $\vec{v}$ und $\vec{v}_E$ heißt „Vorhaltewinkel".

19 Um nicht vom Zielkurs abzuweichen, steuert der Pilot das Flugzeug mit einem Vorhaltewinkel von 8°. Der Wind bläst schräg von hinten und es ist – gemessen in km/h – $|\vec{v}_E| = 180$ sowie $|\vec{v}_S| = 36$. Ermitteln Sie zeichnerisch $|\vec{v}|$ und die Größe des Winkels zwischen $\vec{v}$ und $\vec{v}_S$.

20 Eine Fähre überquert eine Meerenge von A nach B. Die Strömung ist senkrecht zur Strecke AB gerichtet und es ist – gemessen in kn – $|\vec{v}_S| = 5$.

a) Ermitteln Sie zeichnerisch $|\vec{v}|$ und die Größe des Vorhaltewinkels, wenn $|\vec{v}_E| = 15\ [kn]$ ist.

b) Ermitteln Sie zeichnerisch $|\vec{v}|$ und $|\vec{v}_E|$, wenn die Fähre mit einem Vorhaltewinkel von 30° gesteuert wird.

Beschreibung und Lage von Geraden

21 Bestimmen Sie eine Gleichung der Form $ax + by = c$ für die Gerade durch P_0 und P_1.

a) $P_0(-1|2); P_1(1|-2)$ **b)** $P_0(1|-2); P_1(3|4)$ **c)** $P_0(-4|6); P_1(1|1)$

22 Bestimmen Sie eine vektorielle Gleichung für die Gerade durch P_0 und P_1.

a) $P_0(3|-4); P_1(-1|4)$ **b)** $P_0(0|5); P_1(-1|-1)$ **c)** $P_0(-4|0); P_1(0|-2)$

23 Beschreiben Sie zunächst an Hand der Gleichung die Lage der Geraden; bestätigen Sie dann Ihre Aussage durch eine Zeichnung.

a) $\vec{x} = \begin{pmatrix} 0 \\ 2 \end{pmatrix} + t\begin{pmatrix} 1 \\ 0 \end{pmatrix}$ **b)** $\vec{x} = \begin{pmatrix} -2 \\ 2 \end{pmatrix} + t\begin{pmatrix} 1 \\ 1 \end{pmatrix}$ **c)** $\vec{x} = \begin{pmatrix} 4 \\ 0 \end{pmatrix} + t\begin{pmatrix} -1 \\ 1 \end{pmatrix}$ **d)** $\vec{x} = t\begin{pmatrix} 2 \\ -3 \end{pmatrix}$

24 Zeigen Sie, dass die beiden Gleichungen dieselbe Gerade beschreiben.

$g_1 : \vec{x} = \begin{pmatrix} 4 \\ -1 \end{pmatrix} + s\begin{pmatrix} 1{,}5 \\ -1 \end{pmatrix}$; $g_2 : \vec{x} = \begin{pmatrix} -0{,}5 \\ 2 \end{pmatrix} + t\begin{pmatrix} -3 \\ 2 \end{pmatrix}$

25 Begründen Sie, dass durch $\vec{x} = \vec{x}_0 + t\vec{a}$ mit $t \in [-3; 3]$ eine Strecke erfasst wird.

26 Zeichnen Sie die Punktmenge, die gegeben ist durch die folgenden Bedingungen für t und durch $\vec{x} = \begin{pmatrix} 2 \\ 1 \end{pmatrix} + t\begin{pmatrix} -1 \\ 1 \end{pmatrix}$.

a) $t \geq 2$ **b)** $-4 < t < 2$ **c)** $|t| \leq 2$ **d)** $|t| > 1$

AUFGABEN

27 Ermitteln Sie Parameterbedingungen für die Seiten des Dreiecks ABC.

a) $A(-2|-3)$; $B(3|-1)$; $C(1|6)$ **b)** $A(2|-2)$; $B(5|6)$; $C(-2|4)$

28 Welche Punktmengen werden durch die folgenden Gleichungen mit $\vec{a}, \vec{b} \neq \vec{0}$ beschrieben?

a) $\vec{x} = \vec{x}_0 + \frac{1}{t}\vec{a}$ **b)** $\vec{x} = \frac{t}{t+1}\vec{a}$ **c)** $\vec{x} = t\vec{a} + t\vec{b}$ **d)** $\vec{x} = t\vec{a} + (1-t)\vec{b}$

29 Stellen Sie die durch die folgenden Bedingungen gegebenen Punktmengen zeichnerisch dar.

a) $\vec{x} = \begin{pmatrix} -2 \\ 2 \end{pmatrix} + s\begin{pmatrix} 1 \\ 1 \end{pmatrix} + t\begin{pmatrix} 3 \\ -1 \end{pmatrix}$;
$-3 < s < 3$

b) $\vec{x} = \begin{pmatrix} 3 \\ -2 \end{pmatrix} + s\begin{pmatrix} 3 \\ 1 \end{pmatrix} + t\begin{pmatrix} -1 \\ 1 \end{pmatrix}$;
$1 \leq t \leq 5$

c) $\vec{x} = \begin{pmatrix} 5 \\ -4 \end{pmatrix} + s\begin{pmatrix} 0 \\ 1 \end{pmatrix} + t\begin{pmatrix} -2 \\ -1 \end{pmatrix}$;
$2 < s < 7$ und $1 < t < 5$

d) $\vec{x} = \begin{pmatrix} -4 \\ -3 \end{pmatrix} + s\begin{pmatrix} 2 \\ 1 \end{pmatrix} + t\begin{pmatrix} 1 \\ 2 \end{pmatrix}$;
$s \geq 0, t \geq 0$ und $0 \leq s + t \leq 4$

Lagebeziehungen

30 Gegeben sind $g_1: \vec{x} = \begin{pmatrix} 5 \\ 4 \end{pmatrix} + s\begin{pmatrix} 3 \\ 1 \end{pmatrix}$ und $g_2: \vec{x} = \begin{pmatrix} 0 \\ -2 \end{pmatrix} + t\begin{pmatrix} -1 \\ 4 \end{pmatrix}$.

a) Ermitteln Sie zeichnerisch und rechnerisch den Schnittpunkt S der Geraden.

b) Ermitteln Sie Parameterbedingungen für die vier von S ausgehenden Halbgeraden.

31 a) Zeigen Sie, dass $3x + 2y = 8$ und $\vec{x} = \begin{pmatrix} 0 \\ 4 \end{pmatrix} + r\begin{pmatrix} 2 \\ -3 \end{pmatrix}$ dieselbe Gerade g darstellen.

b) Setzen Sie $y = t$ und leiten Sie aus $3x + 2y = 8$ eine weitere vektorielle Gleichung für g her.

32 Untersuchen Sie die Lagebeziehung von g_1 und g_2 und zeichnen Sie die Geraden.

a) $g_1: \vec{x} = \begin{pmatrix} 1 \\ 5 \end{pmatrix} + s\begin{pmatrix} -4 \\ 6 \end{pmatrix}$
$g_2: \vec{x} = \begin{pmatrix} -3 \\ 8 \end{pmatrix} + t\begin{pmatrix} 2 \\ -3 \end{pmatrix}$

b) $g_1: \vec{x} = \begin{pmatrix} -5 \\ -3 \end{pmatrix} + s\begin{pmatrix} 4 \\ 3 \end{pmatrix}$
$g_2: \vec{x} = \begin{pmatrix} 3 \\ -2 \end{pmatrix} + t\begin{pmatrix} -3 \\ -1 \end{pmatrix}$

c) $g_1: \vec{x} = \begin{pmatrix} 5 \\ -1 \end{pmatrix} + s\begin{pmatrix} -3 \\ 2{,}5 \end{pmatrix}$
$g_2: \vec{x} = \begin{pmatrix} 4 \\ -1 \end{pmatrix} + t\begin{pmatrix} 9 \\ -7{,}5 \end{pmatrix}$

33 Die Geraden g_1, g_2 und g_3 bestimmen ein Dreieck ABC. Ermitteln Sie Parameterbedingungen für die Seiten AB, BC und AC des Dreiecks.

$g_1: \vec{x} = \begin{pmatrix} 3 \\ 1 \end{pmatrix} + r\begin{pmatrix} 3 \\ 0 \end{pmatrix}$ $g_2: \vec{x} = \begin{pmatrix} 2 \\ 5 \end{pmatrix} + s\begin{pmatrix} 1 \\ 2 \end{pmatrix}$ $g_3: \vec{x} = \begin{pmatrix} 1 \\ -9 \end{pmatrix} + t\begin{pmatrix} 2 \\ 10 \end{pmatrix}$

34 Gegeben sind die Punkte $A(1|1)$, $B(2|5)$, $C(5|6)$, $P_0(-2|6)$ und $P_1(10|y_1)$.

a) Es sei $y_1 = 9$. Wie muss man dann D wählen, damit die Gerade g durch P_0 und P_1 das von A, B, C und D gebildete Parallelogramm schneidet?

b) Welche Punkte gehören dann zur Schnittmenge der Geraden mit der Parallelogrammfläche?

c) Wählen Sie y_1 und lösen Sie dann erneut a) und b).

d) Wie muss man y_1 wählen, damit die Gerade g mindestens ein Parallelogramm schneidet?

2.2 Ebenen und Geraden im Raum

A1 Einheitswürfel

In Bild 49/1 ist ein Einheitswürfel dargestellt, in dem mehrere Linien – eine Kante, eine Raumdiagonale und eine Flächendiagonale – markiert sind.

Stellen Sie Gleichung für die durch diese Linien bestimmten Geraden auf.

Die drei Linien bestimmen auch eine Ebene; stellen Sie eine Gleichung dieser Ebene auf.

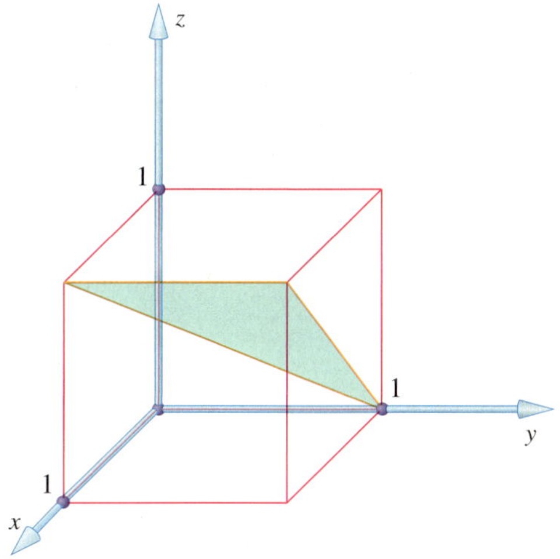

Bild 49/1: Einheitswürfel

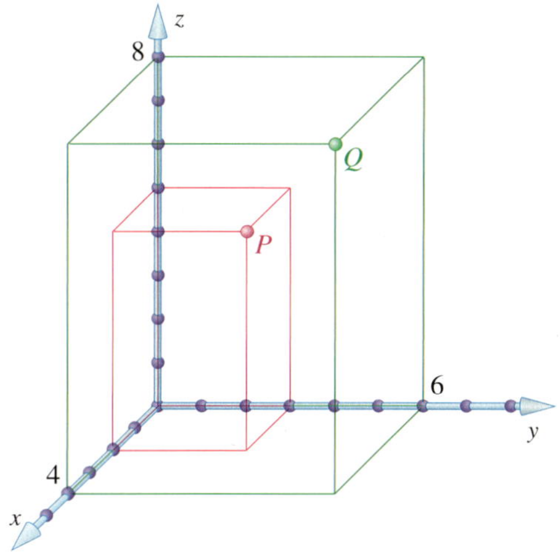

Bild 49/2: Zwei Punkte im Raum

A2 Zwei Punkte im Raum

In Bild 49/2 sind zwei Punkte $P(2|3|5)$ und $Q(4|6|8)$ dargestellt.

Stellen Sie eine Gleichung für die durch P und Q bestimmte Gerade auf.

Stellen Sie Gleichungen für durch P und Q bestimmte Ebenen auf. Welche dieser Ebenen geht durch den Ursprung?

A3 Gleichung mit CAS darstellen

Welche Lösungsmenge hat das lineare Gleichungssystem

$$\begin{aligned} x - 2y + 3z &= 2 \\ -0{,}6x + 4y + z &= 10 \ ? \end{aligned}$$

Stellen Sie die Gleichungen des Systems mit Hilfe eines Computer-Algebra-Systems dar.

Welche anschauliche Bedeutung hat die Lösungsmenge des Gleichungssystems?

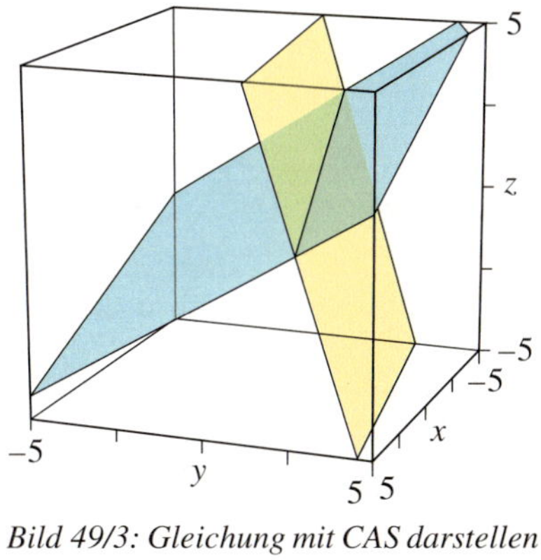

Bild 49/3: Gleichung mit CAS darstellen

AUFTRÄGE

A4 Flatland

Der britische Theologe Edwin A. Abbott (1838-1926) schrieb 1884 unter dem Pseudonym A. Square die Erzählung FLATLAND, A ROMANCE OF MANY DIMENSIONS, die so beginnt:

1. Of the Nature of Flatland

I CALL our world Flatland, not because we call it so, but to make its nature clearer to you, my happy readers, who are privileged to live in Space.

Imagine a vast sheet of paper on which straight Lines, Triangles, Squares, Pentagons, Hexagons, and other figures, instead of remaining fixed in their places, move freely about, on or in the surface, but without the power of rising above or sinking below it, very much like shadows – only hard and with luminous edges – and you will then have a pretty correct notion of my country and countrymen. Alas, a few years ago, I should have said 'my universe': but now my mind has been opened to higher views of things.

Bild 50/1: Edwin A. Abbott

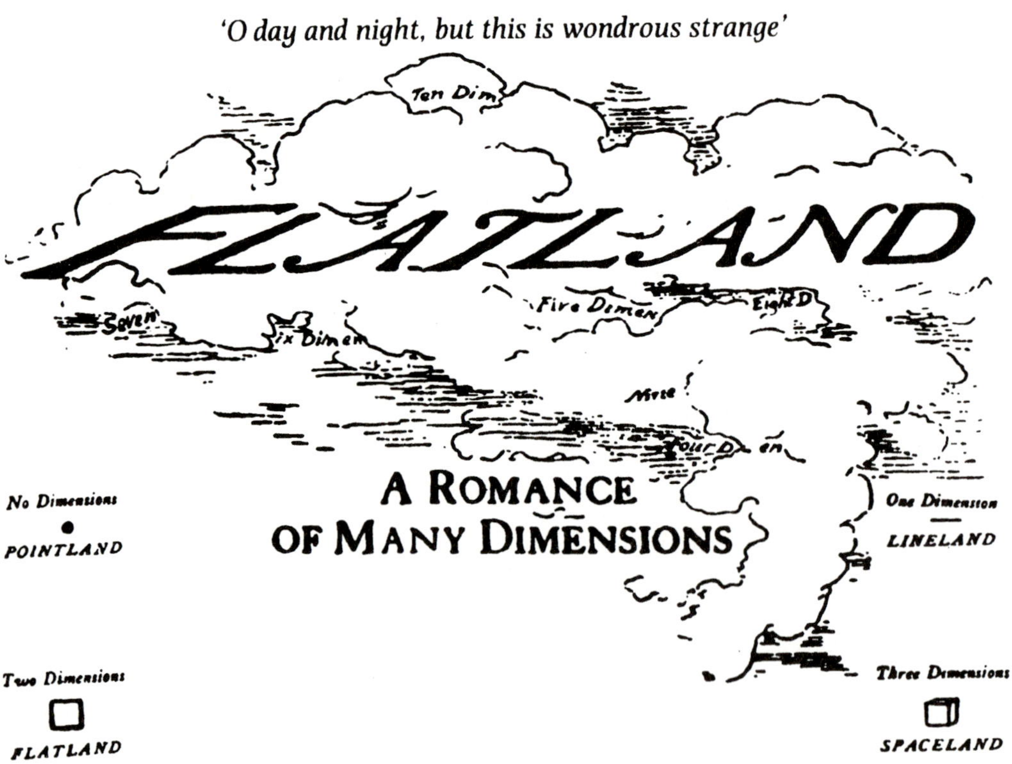

Bild 50/2: Illustration des Autors

Ein Blick auf das Inhaltsverzeichnis macht noch deutlicher, worum es in dem Buch geht:

PART I: THIS WORLD 1. Of the Nature of Flatland, 2. Of the Climate and Houses in Flatland, 3. Concerning the Inhabitants of Flatland, 4. Concerning the Women, 5. Of our Methods in Recognizing one another, 6. Of Recognition by Sight, 7. Concerning Irregular Figures, 8. Of the Ancient Practice of Painting, 9. Of the Universal Colour Bill, 10. Of the Suppression of the Chromatic Sedition, 11. Concern-ing our Priests, 12. Of the Doctrine of our Priests

PART II: OTHER WORLDS 13. How I had a Vision of Lineland, 14. How I vainly tried to explain the nature of Flatland, 15. Concerning a Stranger from Spaceland, 16. How the Stranger vainly endeavoured to reveal to me in words the mysteries of Spaceland, 17. How the Sphere, having in vain tried words, resorted to deeds, 18. How I came to Spaceland and what I saw there, 19. How, though the Sphere shewed me other mysteries of Spaceland, I still desired more; and what came of it, 20. How the Sphere encouraged me in a Vision, 21. How I tried to teach the Theory of Three Dimensions to to my Grandson, and with what success, 22. How I then tried to diffuse the Theory of Three Dimensions by other means, and of the result

Lassen Sie sich von Edwin A. Abbott dazu anregen, Ihre Kenntnisse der ebenen Geometrie auf den Raum zu übertragen.

A5 Flugzeuglandung

Ein Flugzeug befindet sich bei $A(1700|1000|300)$ im Landeanflug; der Pilot möchte bei $B(0|0|0)$ auf der Rollbahn aufsetzen. Bei C überprüft er noch einmal seine Koordinaten und stellt die Postitioni $C(800|600|150)$ fest. Erreicht das Flugzeug ohne Kurskorrektur sein Ziel B? Wie groß müsste diese Korrektur gegebenenfalls sein?

Bild 51/1: Anflug zur Landung

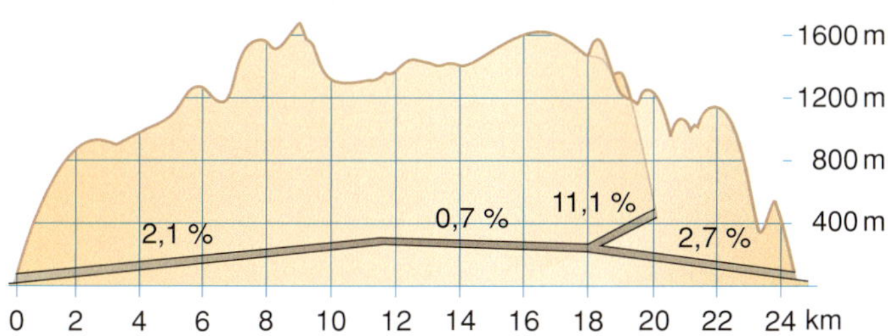

Bild 51/2: Straßentunnel

A6 Straßentunnel

Damit Tunnel nicht überschwemmt werden können, legt man sie so an, dass sich im Inneren des Tunnels ein Hochpunkt befindet, der höher liegen muss als die beiden Tunneleingänge. Bild 51/2 zeigt das Profil des längsten Straßentunnels Europas, des Laerdaltunnels in Norwegen. Welche Koordinaten haben die beiden Eingänge, der Hochpunkt und der Abzweig zum Rettungsstollen?

Gleichungssystem mit einem CAS darstellen

Wir bearbeiten den Auftrag **A3** dabei stützen wir uns auf die Abschnitte 1.2 und 1.3.

Mit einem Computer-Algebra-System (CAS) lassen sich lineare Gleichungen auch im Raum sehr einfach darstellen. Bild 52/1 zeigt ein Bild der Gleichung $x-2y+3z=2$; Bild 52/2 zeigt ein Bild der Gleichung $-0{,}6x+4y+z=10$.

Man erkennt, dass beide Gleichungen jeweils eine Ebene im Raum darstellen.

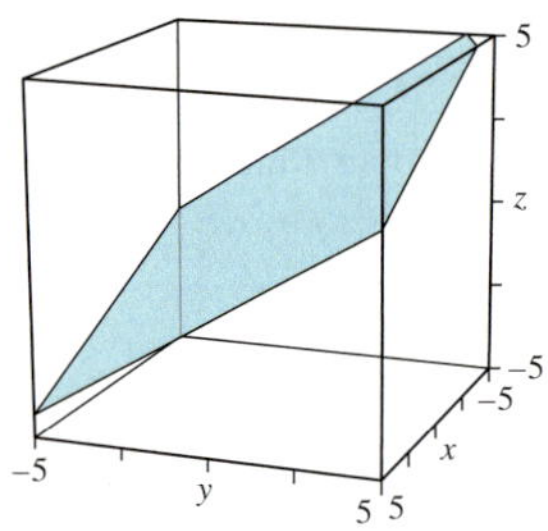

Bild 52/1: $x-2y+3z=2$

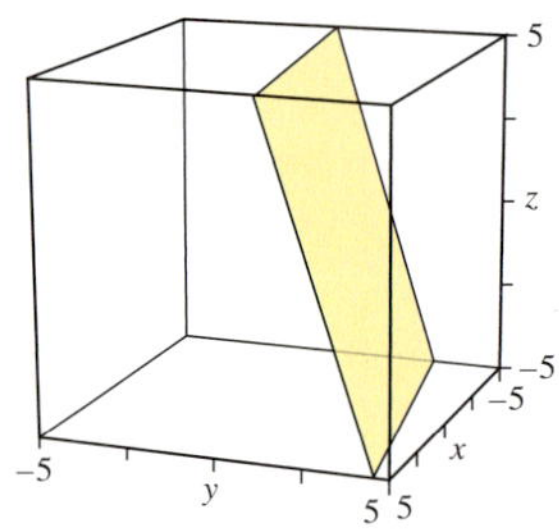

Bild 52/2: $-0{,}6x+4y+z=10$

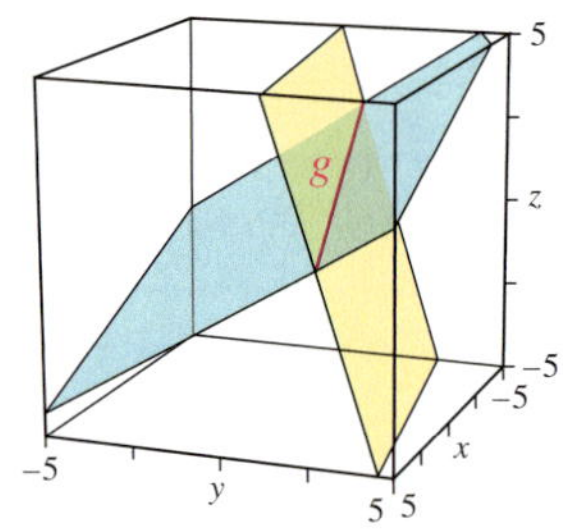

Bild 52/3: Gleichungssystem

In Bild 52/3 ist das gesamte Gleichungssystem dargestellt. Die beiden Ebenen schneiden sich in einer Geraden g. Die Lösungsmenge des Gleichungssystems

$$\begin{array}{rcrcrcr} x & - & 2y & + & 3z & = & 2 \\ -0{,}6x & + & 4y & + & z & = & 10 \end{array}$$

stellt also eine Gerade dar. Kann man diese Gerade durch eine Gleichung beschreiben?

Offensichtlich ist das nicht mit einer linearen Gleichung der Form $ax+by+cz=d$ möglich. Solche Gleichungen stellen nämlich, wie bereits gezeigt (Seite 17 ff.), keine Geraden sondern Ebenen dar.

Dagegen liegt es nahe, vektorielle Geradengleichungen auch auf den Raum zu übertragen: Jedem Punkt einer Geraden kann nämlich – wie in der Ebene – ein Ortsvektor zugeordnet werden und die Richtung einer Geraden lässt sich auch im Raum durch einen Richtungsvektor beschreiben.

Der einzige Unterschied zur Ebene ist: Im Raum erhält jeder Vektor zusätzlich eine dritte Koordinate (Bild 52/4).

Ebene $\begin{pmatrix} 3 \\ 2 \end{pmatrix}$ Raum $\begin{pmatrix} 4 \\ 5 \\ 6 \end{pmatrix}$

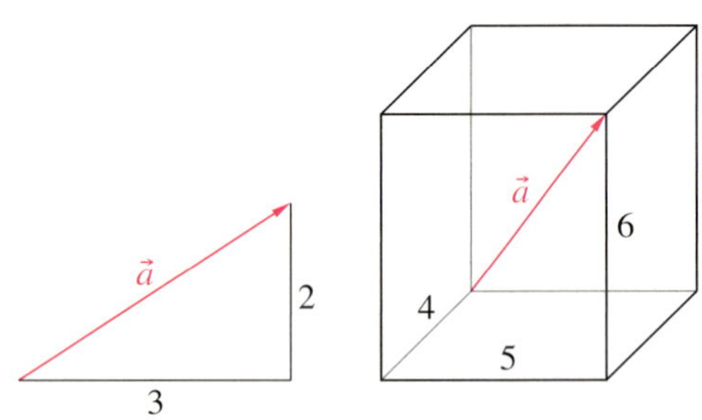

Bild 52/4: Vektoren in Ebene und Raum

Wir führen diesen Gedanken zunächst für das einführende Beispiel aus und lösen dazu das gegebene Gleichungssystem; dabei benutzen wir sofort die Matrixschreibweise:

$$\left(\begin{array}{rrr|r} 1 & -2 & 3 & 2 \\ -0{,}6 & 4 & 1 & 10 \end{array}\right)\Big\downarrow \cdot 0{,}6 \rightarrow \left(\begin{array}{rrr|r} 1 & -2 & 3 & 2 \\ 0 & 2{,}8 & 2{,}8 & 11{,}2 \end{array}\right)\Big| :2{,}8 \rightarrow \left(\begin{array}{rrr|r} 1 & -2 & 3 & 2 \\ 0 & 1 & 1 & 4 \end{array}\right)$$

Die letzte Zeile bedeutet $y+z=4$, also $y=4-z$.

Die erste Zeile bedeutet $x-2y+3z=2$, also

$x=2+2y-3z=2+2(4-z)-3z=10-5z=-5(z-2)$.

Setzt man für $z-2$ den Parameter t, also $z=2+t$, so erhält man das Gleichungssystem

$$\begin{array}{rcrcr} x & = & & - & 5t \\ y & = & 2 & - & t \\ z & = & 2 & + & t \end{array} \Rightarrow \begin{pmatrix} x \\ y \\ z \end{pmatrix} = \begin{pmatrix} 0 \\ 2 \\ 2 \end{pmatrix} + t \begin{pmatrix} -5 \\ -1 \\ 1 \end{pmatrix}.$$

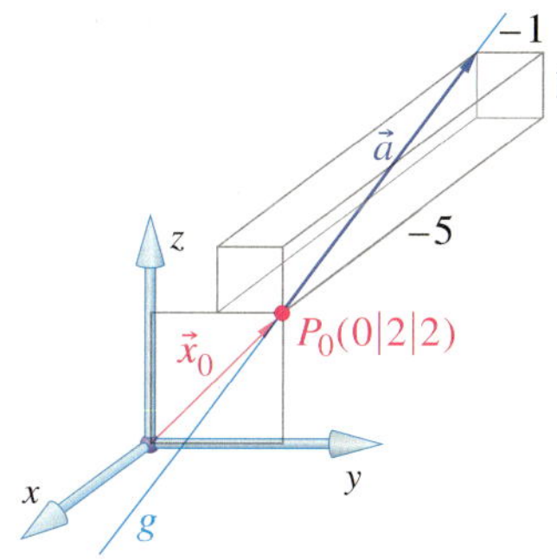

Bild 53/1: Gerade im Raum

Dies ist die **Punkt-Richtungs-Gleichung** einer Geraden im Raum (Bild 53/1).

Setzt man in dieser Gleichung $t=-1$, so erhält man den Punkt $P_1(5|3|1)$; dies ist der vordere Punkt, in dem in Bild 52/3 die Gerade g den Würfel durchstößt. Setzt man $t=0$, so erhält man den Punkt $P_2(0|2|2)$; dies ist der hintere Punkt, in dem g in Bild 52/3 den Würfel durchstößt.

Vektorielle Geradengleichungen im Raum

Das Beispiel lässt sich unmittelbar verallgemeinern; wie in der Ebene gibt es für Geraden im Raum vektorielle Geradengleichungen. Dem Satz 2.1 (Seite 43) entspricht im Raum der Satz:

Satz 2.3

Ist P_0 (mit dem Ortsvektor $\vec{x}_0$) ein Punkt der Geraden g und $\vec{a} \neq \vec{o}$ ein Richtungsvektor von g, dann hat ein beliebiger Punkt P von g den Ortsvektor

$$\vec{x}=\vec{x}_0+t\vec{a} \quad \text{bzw.} \quad \begin{pmatrix} x \\ y \\ z \end{pmatrix} = \begin{pmatrix} x_0 \\ y_0 \\ z_0 \end{pmatrix} + t \begin{pmatrix} a_1 \\ a_2 \\ a_3 \end{pmatrix}$$

mit $t \in \mathbb{R}$ (*Bild* 53/2). ■

Dies ist die **Punkt-Richtungs-Gleichung** einer Geraden. Ein Beispiel hierfür wurde oben bereits behandelt.

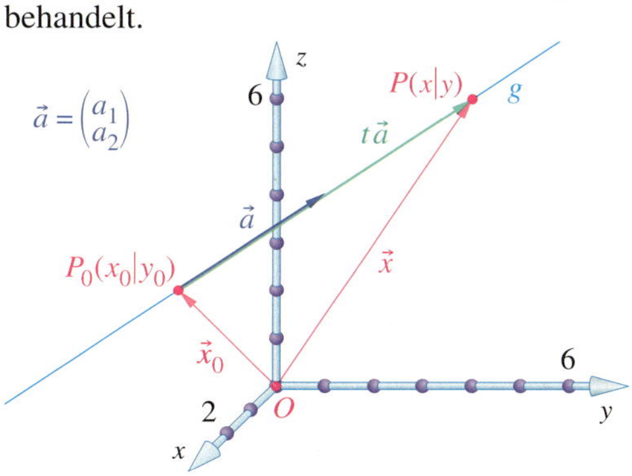

Bild 53/2: Punkt-Richtungs-Gleichung

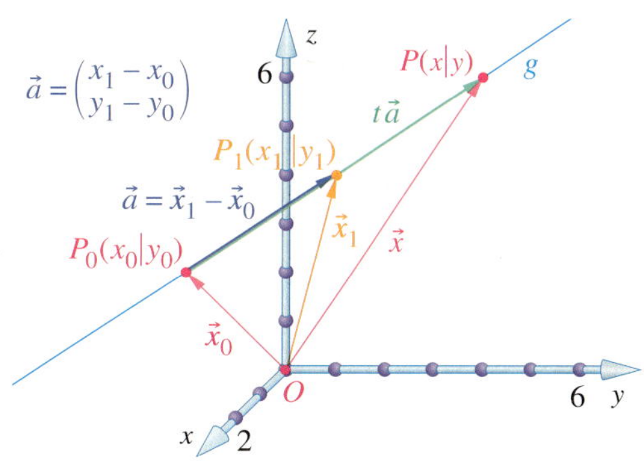

Bild 53/3: Zwei-Punkte-Gleichung

Dem Satz 2.2 (Seite 43) entspricht im Raum der Satz:

Satz 2.4 Sind P_0 (mit dem Ortsvektor $\vec{x}_0$) und P_1 (mit dem Ortsvektor $\vec{x}_1$) zwei verschiedene Punkte der Geraden g, dann hat ein beliebiger Punkt P von g den Ortsvektor

$$\vec{x} = \vec{x}_0 + t(\vec{x}_1 - \vec{x}_0) \quad \text{bzw.} \quad \begin{pmatrix} x \\ y \\ z \end{pmatrix} = \begin{pmatrix} x_0 \\ y_0 \\ z_0 \end{pmatrix} + t \begin{pmatrix} x_1 - x_0 \\ y_1 - y_0 \\ z_1 - z_0 \end{pmatrix}$$

mit $t \in \mathbb{R}$ (*Bild* 53/3). ■

Dies ist die **Zwei-Punkte-Gleichung einer Geraden**.

Beispiel: Eine Gerade g sei gegeben durch die Punkte $P_0(3|-2|1)$ und $P_1(0|1|-2)$.
Dann ist

$$\vec{a} = \vec{x}_1 - \vec{x}_0 = \begin{pmatrix} 0 \\ 1 \\ -2 \end{pmatrix} - \begin{pmatrix} 3 \\ -2 \\ 1 \end{pmatrix} = \begin{pmatrix} -3 \\ 3 \\ -3 \end{pmatrix}$$

und g hat die Gleichung

$$\vec{x} = \begin{pmatrix} x \\ y \\ z \end{pmatrix} = \begin{pmatrix} 3 \\ -2 \\ 1 \end{pmatrix} + t \begin{pmatrix} -3 \\ 3 \\ -3 \end{pmatrix}. \quad ■$$

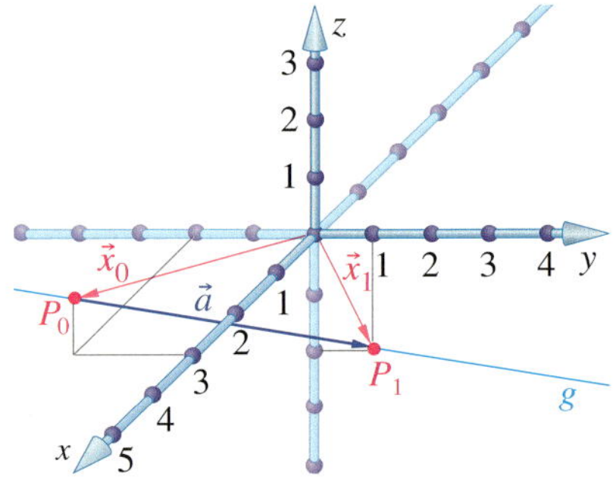

Bild 54/1: Gerade durch P_0 und P_1

Punkt-Richtungs-Gleichung für Ebenen

Wir haben bereits gezeigt (Seite 17 ff.), dass jede Koordinatengleichung der Form

$$ax + by + cz = d \text{ mit } a^2 + b^2 + c^2 \neq 0$$

eine Ebene darstellt. Wir wollen untersuchen, ob es auch vektorielle Ebenengleichungen gibt.

Betrachten wir zunächst ein Beispiel:

$$x + y + z = 5$$

ist die Gleichung einer Ebene (Bild 54/2).

Löst man diese Gleichung nach einer Variablen auf und ersetzt die beiden anderen durch Parameter, so erhält man beispielsweise

$$y = 5 - x - z, x = s \text{ sowie } z = t$$

und damit das Gleichungssystem:

$$\begin{aligned} x &= \phantom{5 - {}} s \\ y &= 5 - s - t \\ z &= \phantom{5 - s - {}} t \end{aligned}$$

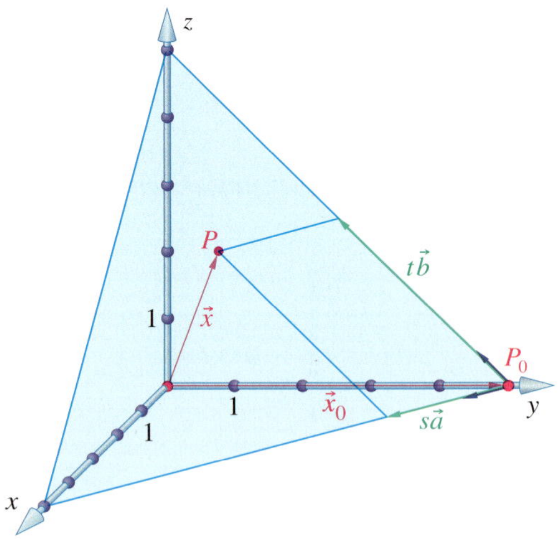

Bild 54/2

Dieses Gleichungssystem kann man in vektorieller Form schreiben:

$$\begin{pmatrix} x \\ y \\ z \end{pmatrix} = \begin{pmatrix} 0 \\ 5 \\ 0 \end{pmatrix} + s\begin{pmatrix} 1 \\ -1 \\ 0 \end{pmatrix} + t\begin{pmatrix} 0 \\ -1 \\ 1 \end{pmatrix}.$$

Wie Bild 54/2 zeigt, sind durch die Vektoren

$$\vec{a} = \begin{pmatrix} 1 \\ -1 \\ 0 \end{pmatrix} \quad \text{und} \quad \vec{b} = \begin{pmatrix} 0 \\ -1 \\ 1 \end{pmatrix}$$

die Seitenrichtungen eines Parallelogramms mit den diagonal gegenüber liegenden Eckpunkten $P_0(0|5|0)$ und $P(x|y|z)$ festgelegt.

Zu jedem Parameterpaar $(s;t)$, erhält man auf diese Weise genau einen Punkt P der durch P_0, $\vec{a}$ und $\vec{b}$ festgelegten Ebene. Dazu verknüpft man den Ortsvektor $\vec{x}_0$ von P_0 mit dem Vektor

$$s\vec{a} + t\vec{b}$$

und erhält so den Ortsvektor $\vec{x}$ von P:

$$\vec{x} = \vec{x}_0 + s\vec{a} + t\vec{b}.$$

Man sagt auch: Man erhält $\vec{x}$, indem man $\vec{x}_0$ mit einer **Linearkombination** $s\vec{a} + t\vec{b}$ der Vektoren $\vec{a}$ und $\vec{b}$ verknüpft.

Umgekehrt kann man zu jedem Punkt P der Ebene ein entsprechendes Parallelogramm zeichnen und erhält so ein Parameterpaar $(s;t)$. Dabei muss man als Sonderfall zulassen, dass gegenüberliegende Seiten des Parallelogramms zusammenfallen (Aufgabe 1).

Die vektorielle Gleichung des Beispiels stellt also eine Ebene dar.

Verallgemeinerung des Beispiels

Zunächst muss man dazu die „Richtung" der Ebene durch zwei Vektoren $\vec{a}$ und $\vec{b}$ festlegen. Diese Vektoren dürfen keine Nullvektoren sein; außerdem dürfen sie nicht kollinear sein:

$$\vec{a} \neq \vec{0},\ \vec{b} \neq \vec{0} \text{ und } \vec{a} \nparallel \vec{b}.$$

Hierdurch sind unendlich viele zueinander parallele Ebenen bestimmt (Bild 56/1). Man sagt:

„$\vec{a}$ und $\vec{b}$ spannen die Ebenen auf." Oder auch: „$\vec{a}$ und $\vec{b}$ erzeugen die Ebenen."

Will man von diesen Ebenen eine bestimmte Ebene ε genauer kennzeichnen, so benötigt man zusätzlich einen festen Punkt $P_0(x_0|y_0|z_0)$ dieser Ebene.

Hängt man an den Ortsvektor $\vec{x}_0$ dieses Punktes eine Linearkombination $s\vec{a} + t\vec{b}$ der Vektoren $\vec{a}$ und $\vec{b}$, bildet man also die Summe

$$\vec{x}_0 + s\vec{a} + t\vec{b}, \text{ mit } s, t \in \mathbb{R}$$

so erhält man den Ortsvektor $\vec{x}$ jedes beliebigen Punktes P der Ebene ε.

Es gilt der Satz:

Satz 2.5 Ist P_0 (mit dem Ortsvektor $\vec{x}_0$) ein Punkt der Ebene ε und sind $\vec{a} \neq \vec{0}$, $\vec{b} \neq \vec{0}$ nichtkollineare Richtungsvektoren von ε, dann hat ein beliebiger Punkt P von ε den Ortsvektor

$$\vec{x} = \vec{x}_0 + s\vec{a} + t\vec{b} \quad \text{bzw.} \quad \begin{pmatrix} x \\ y \\ z \end{pmatrix} = \begin{pmatrix} x_0 \\ y_0 \\ z_0 \end{pmatrix} + s\begin{pmatrix} a_1 \\ a_2 \\ a_3 \end{pmatrix} + t\begin{pmatrix} b_1 \\ b_2 \\ b_3 \end{pmatrix}$$

mit $s, t \in \mathbb{R}$ (*Bild* 56/2). ■

Die Gleichung heißt **Punkt-Richtungs-Gleichung einer Ebene**. Ein Beispiel hierfür wurde oben bereits behandelt.

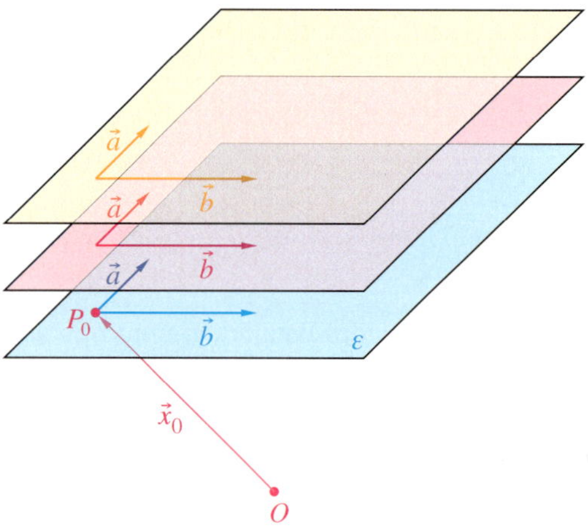

Bild 56/1: Durch $\vec{a}$ und $\vec{b}$ aufgespannte Ebenen

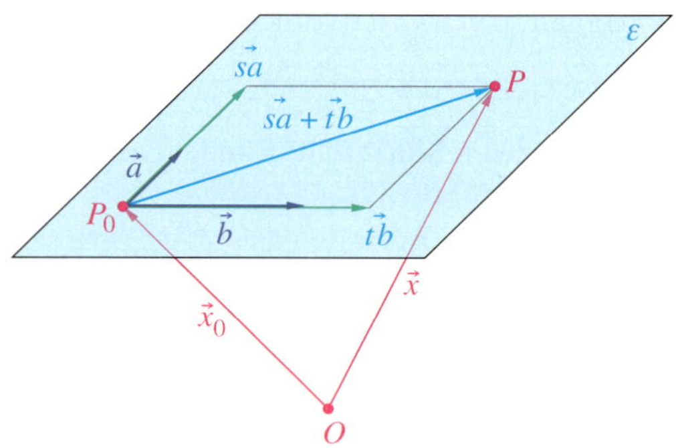

Bild 56/2: Punkt-Richtungs-Gleichung

Eine weitere vektorielle Ebenengleichung

Häufig erlebt man, dass ein vierbeiniger Tisch wackelt (Bild 56/3). Das kann daran liegen, dass der Boden nicht eben ist. Das kann aber auch daran liegen, dass nicht alle Beine des Tisches gleich lang sind.

Dagegen wackelt ein dreibeiniger Tisch nie. Warum ist das so?

Eine Ebene, die an nur einem Punkt befestigt ist, kann sich in jede Richtung drehen (Bild 57/1); befestigt man die Ebene an zwei Punkten, so kann sie sich immer noch um eine durch diese Punkte verlaufende Achse drehen (Bild 57/2).

Bild 56/3: Wackelnder Tisch

Bild 57/1: Balancieren

Bild 57/2: Wippe

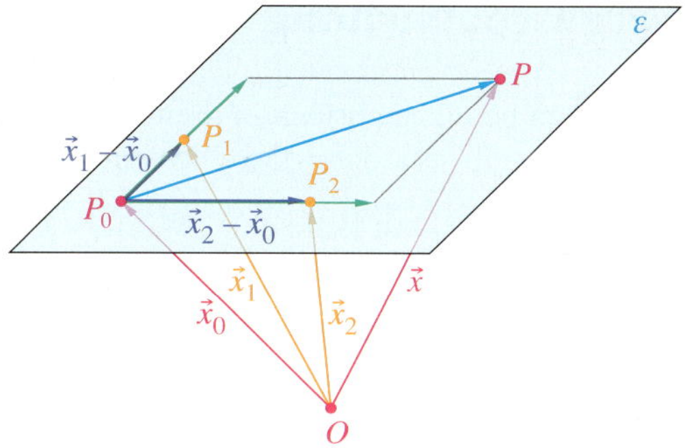

Bild 57/3: Drei-Punkte-Gleichung

Befestigt man dagegen eine Ebene an drei Punkten, so ist sie nicht mehr beweglich, sofern die drei Punkte **nicht** auf einer Geraden liegen. Durch drei solche Punkte ist eine Ebene eindeutig festgelegt. Zeigen Sie selbst (Aufgabe 2), dass daher der folgende Satz gilt:

Satz 2.6 Sind P_0 (mit dem Ortsvektor $\vec{x}_0$), P_1 (mit dem Ortsvektor $\vec{x}_1$) und P_2 (mit dem Ortsvektor $\vec{x}_2$) drei verschiedene Punkte einer Ebene ε, die nicht auf einer Geraden liegen, dann hat ein beliebiger Punkt P von ε den Ortsvektor

$$\vec{x} = \vec{x}_0 + s(\vec{x}_1 - \vec{x}_0) + t(\vec{x}_2 - \vec{x}_0) \quad \text{bzw.}$$

$$\begin{pmatrix} x \\ y \\ z \end{pmatrix} = \begin{pmatrix} x_0 \\ y_0 \\ z_0 \end{pmatrix} + s\begin{pmatrix} x_1 - x_0 \\ y_1 - y_0 \\ z_1 - z_0 \end{pmatrix} + t\begin{pmatrix} x_2 - x_0 \\ y_2 - y_0 \\ z_2 - z_0 \end{pmatrix}$$

mit $s, t \in \mathbb{R}$ (*Bild* 57/3). ■

Diese Gleichung heißt **Drei-Punkte-Gleichung einer Ebene**.

Beispiel: Durch $P_0(1|-3|2)$, $P_1(-2|0|1)$ und $P_2(1|2|-2)$ sei eine Ebene ε gegeben. Dann ist (Bild 57/4)

$$\vec{a} = \vec{x}_1 - \vec{x}_0 = \begin{pmatrix} -2 \\ 0 \\ 1 \end{pmatrix} - \begin{pmatrix} 1 \\ -3 \\ 2 \end{pmatrix} = \begin{pmatrix} -3 \\ 3 \\ -1 \end{pmatrix},$$

$$\vec{b} = \vec{x}_2 - \vec{x}_0 = \begin{pmatrix} 1 \\ 2 \\ -2 \end{pmatrix} - \begin{pmatrix} 1 \\ -3 \\ 2 \end{pmatrix} = \begin{pmatrix} 0 \\ 5 \\ -4 \end{pmatrix}$$

und ε hat die Gleichung

$$\vec{x} = \begin{pmatrix} 1 \\ -3 \\ 2 \end{pmatrix} + s\begin{pmatrix} -3 \\ 3 \\ -1 \end{pmatrix} + t\begin{pmatrix} 0 \\ 5 \\ -4 \end{pmatrix}. \quad ■$$

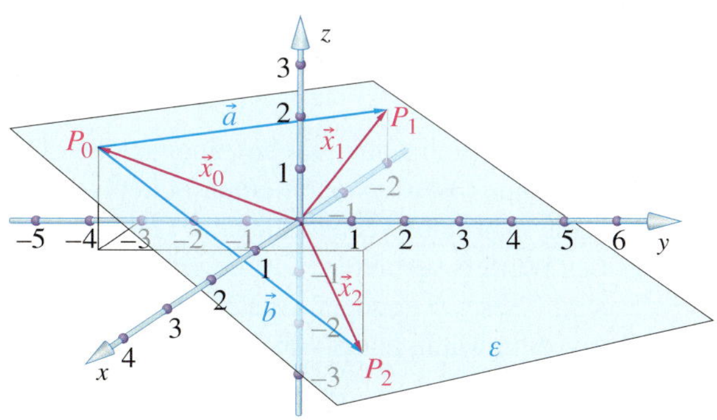

Bild 57/4: Ebene durch P_0, P_1 und P_2

Veranschaulichung von Geraden und Ebenen

Wir haben bereits mehrfach in diesem Buch Geraden und Ebenen im Raum anschaulich dargestellt. Dazu gibt es mehrere Möglichkeiten; wir wollen auf eine davon näher eingehen.

In Bild 58/1 sind mit Hilfe eines Würfels der Kantenlänge 5 eine Ebene

$$\varepsilon: 2x + 2y - z = 9$$

und eine sie schneidende Gerade

$$g: \vec{x} = \begin{pmatrix} 8 \\ 15 \\ 7 \end{pmatrix} + t \begin{pmatrix} 2 \\ 5 \\ 2 \end{pmatrix}.$$

veranschaulicht.

Die Ebene ε durchstößt die Würfelkanten in den Punkten $P_1, P_2, \ldots, P_6$, deren Koordinaten sich einfach ermitteln lassen.

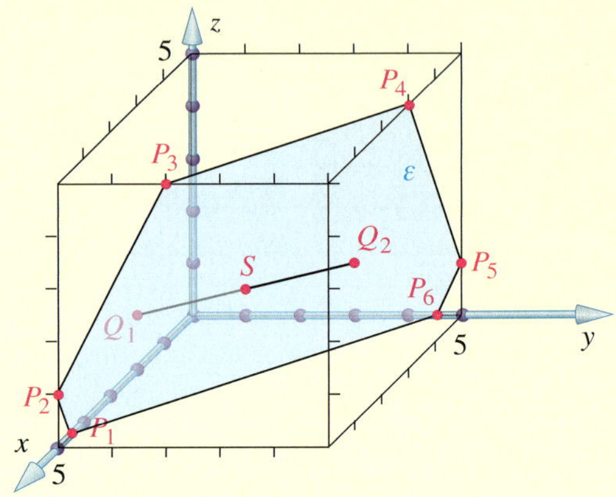

Bild 58/1: Gerade und Ebene

Für den Punkt P_1 auf der x-Achse erhält man wegen $y = z = 0$ aus der Ebenengleichung $x = 4{,}5$; also $P_1(4{,}5|0|0)$. Für den Punkt P_2 ergibt sich wegen $x = 5$ und $y = 0$ aus der Ebenengleichung $z = 1$; also $P_2(5|0|1)$; für den Punkt P_3 ergibt sich wegen $x = z = 5$ aus der Ebenengleichung $y = 2$; also $P_3(5|2|5)$.

Für die weiteren Durchstoßpunkte erhält man entsprechend $P_4(2|5|5)$, $P_5(0|5|1)$ und $P_6(0|4{,}5|0)$.

Um die Ebene ε zu veranschaulichen, verbindet man nun je zwei Durchstoßpunkte einer Seitenfläche des Würfels miteinander.

Nicht auf jeder Würfelkante liegt ein Durchstoßpunkt der Ebene; dazu gehört beispielsweise die mit der z-Achse zusammenfallenden Würfelkante. Für einen Punkt auf dieser Kante müsste $x = 0$ und $y = 0$ sein; das führt auf $z = -9$. Ein solcher Punkt liegt außerhalb des Würfels.

Die Gerade g durchstößt die x-z-Ebene in einem Punkt Q_1. Für jeden Punkt der x-z-Ebene gilt $y = 0$. Setzt man dies in die Geradengleichung ein, so erhält man $t = -3$ und damit $Q_1(2|0|1)$. Entsprechend erhält man $Q_2(4|5|3)$.

Die vektorielle Gleichung für g enthält die Koordinatengleichungen $x = 8 + 2t$, $y = 15 + 5t$ und $z = 7 + 2t$. Durch Einsetzen in die Ebenengleichung erhält man $t = -2{,}5$ und damit als Schnittpunkt $S(3|2{,}5|2)$.

Grundsätzlich kann man bei einer solchen Darstellung von Geraden und Ebenen als Umrissfigur statt eines Würfels auch einen beliebigen Quader verwenden. Mit dem hier gewählten Würfel kann man selbstverständlich nur Geraden und Ebenen veranschaulichen, die auch innerhalb dieses Würfels verlaufen; dort liegen nur Punkte $P(x|y|z)$, die den Bedingungen $0 \leq x \leq 5$, $0 \leq y \leq 5$ und $0 \leq z \leq 5$ genügen. Welche Form, welche Lage und welche Kantenlängen man für die Umrissfigur wählt, hängt von der darzustellenden Situation ab.

Darstellungen von Geraden und Ebenen wie in dem behandelten Beispiel werden häufig bei Computer-Grafik-Programmen verwendet.

Umwandlung von Ebenengleichungen

Gelegentlich ist es erforderlich die Koordinatengleichung $ax+by+cz=d$ einer Ebene in eine vektorielle Gleichung umzuwandeln. Eine solche Umformung steht bereits auf Seite 54.

Wie bei diesem Beispiel geht man grundsätzlich immer vor; man verfährt also nach folgender

Regel:	**Beispiel:** $2x+4y+z=8$
1. Man löst die Koordinatengleichung $ax+by+cz=d$ zunächst nach einer der Variablen x, y oder z auf.	$z=8-2x-4y$
2. Dann ersetzt man die beiden anderen Variablen durch die Parameter s und t.	$x=s$ und $y=t$
3. Man erhält dadurch ein lineares Gleichungssystem mit den Variablen s und t.	$\begin{aligned} x &= s \\ y &= t \\ z &= 8 - 2s - 4t \end{aligned}$
4. Dieses Gleichungssystem lässt sich in vektorieller Form schreiben.	$\vec{x}=\begin{pmatrix}0\\0\\8\end{pmatrix}+s\begin{pmatrix}1\\0\\-2\end{pmatrix}+t\begin{pmatrix}0\\1\\-4\end{pmatrix}$

Überlegen Sie sich selbst, wie man umgekehrt eine vektorielle Gleichung in eine Koordinatengleichung umwandelt (Aufgabe 22).

Wir fassen zusammen

In diesem Abschnitt geht es um die Darstellung von Geraden und Ebenen **im Raum**.

Eine Ebene kann durch eine **Koordinatengleichung** der Form $ax+by+cz=d$ mit der Nebenbedingung $a^2+b^2+c^2 \neq 0$ dargestellt werden.

Ebenen können auch durch **vektorielle Gleichungen** dargestellt werden; es gibt die **Punkt-Richtungs-Gleichung** (Satz 2.5) und die **Drei-Punkte-Gleichung** (Satz 2.6).

Man kann Koordinatengleichungen in vektorielle Gleichungen umwandeln und umgekehrt.

Geraden im Raum kann man als Lösungsmenge von linearen Gleichungssystemen der Form

$$\begin{aligned} a_1x + b_1y + c_1z &= d_1 \\ a_2x + b_2y + c_2z &= d_2 \end{aligned}$$

erhalten. Jede der beiden Gleichungen dieses Systems stellt dann eine Ebene dar; die Gerade ist die Schnittgerade dieser Ebenen.

Eine Gerade im Raum lässt sich nur durch vektorielle Gleichungen, nicht aber durch eine einzelne Koordinatengleichung darstellen. Wie in der Ebene gibt es für Geraden im Raum zwei vektorielle Gleichungen, die **Punkt-Richtungs-Gleichung** (Satz 2.3) und die **Zwei-Punkte-Gleichung** (Satz 2.4).

1 Für welche Lagen des Punktes P in Bild 54/2 auf Seite 54 gibt es kein echtes Parallelogramm? Begründen Sie, warum auch in diesen Sonderfällen jedem Punkt P genau ein Parameterpaar $(s; t)$ eineindeutig zugeordnet ist.

2 Gegeben sind die Punkte P_0 (mit dem Ortsvektor $\vec{x}_0$), P_1 (mit dem Ortsvektor $\vec{x}_1$) und P_2 (mit dem Ortsvektor $\vec{x}_2$) einer Ebene ε, die nicht auf einer Geraden liegen.

a) Bestimmen Sie zwei Richtungsvektoren $\vec{a}$ und $\vec{b}$ der Ebene ε.

b) Zeigen Sie, dass $\vec{a}$ und $\vec{b}$ die Voraussetzungen des Satzes 2.5 auf Seite 56 erfüllen.

c) Leiten Sie aus dem Satz 2.5 den Satz 2.6 auf Seite 57 her.

Vektoren

3 Ermitteln Sie die Ortsvektoren der Seitenmittelpunkte des Dreiecks $P_1P_2P_3$ und bestätigen Sie das Ergebnis durch eine Zeichnung.

a) $P_1(-2|4|6)$; $P_2(6|-2|-4)$; $P_3(2|6|4)$

b) $P_1(8|-4|5)$; $P_2(-4|6|1)$; $P_3(0|2|-3)$

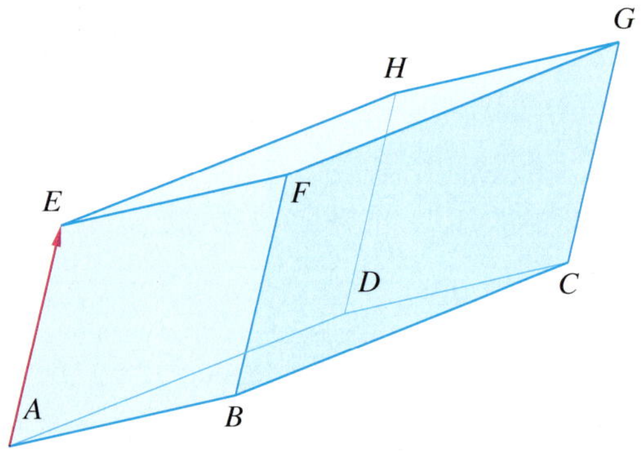

Bild 60/1: Parallelflach

4 Man erhält ein Parallelflach (Bild 60/1), indem man ein Parallelogramm um einen Vektor verschiebt, der nicht zur Parallelogrammebene parallel ist.
Gegeben sind die Eckpunkte $A(0|0|0)$, $B(6|-1|2)$, $D(-2|5|4)$ und $E(2|-3|6)$. Ermitteln Sie die Ortsvektoren folgender Punkte.

a) Nicht gegebene Eckpunkte

b) Schnittpunkte der Flächendiagonalen

c) Schnittpunkte der Raumdiagonalen

5 Die Eckpunkte des Dreiecks $P_1P_2P_3$ (Bild 60/2) seien durch die Ortsvektoren $\vec{x}_1$, $\vec{x}_2$ und $\vec{x}_3$ gegeben.

a) Zeigen Sie, dass für den Ortsvektor $\vec{x}_S$ des Dreiecks-Schwerpunktes S gilt: $\vec{x}_S = \frac{1}{3}(\vec{x}_1 + \vec{x}_2 + \vec{x}_3)$.

b) Bestimmen Sie den Schwerpunkt für das Dreieck mit $P_1(5|-4|2)$, $P_2(-2|5|-3)$ und $P_3(3|2|-5)$.

c) Bestimmen Sie den Schwerpunkt für das Dreieck mit $P_1(6|0|0)$, $P_2(4|2|6)$ und $P_3(8|-8|9)$.

d) Bestimmen Sie den Schwerpunkt für das Dreieck mit $P_1(-1|0|1)$, $P_2(-3|-4|2)$ und $P_3(4|-5|-6)$.

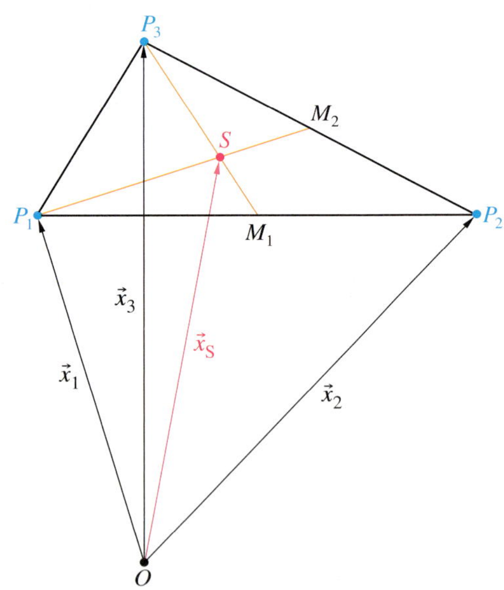

Bild 60/2: Dreiecksschwerpunkt S

6 Zeigen Sie, dass das Viereck zu $A(-2|3|-2)$, $B(8|-4|4)$, $C(24|-17|15)$, $D(14|-10|9)$ in einer Ebene liegt, indem Sie die Mittelpunkte der Strecken $\overline{AC}$ und $\overline{BD}$ berechnen.

Beschreibung und Lage von Geraden

7 Bestimmen Sie für die Gerade durch die Punkte $A(-1|2|3)$ und $B(3|-4|2)$ vier unterschiedliche Punkt-Richtungs-Gleichungen.

8 g sei die Gerade durch P_0 und P_1. Bestimmen Sie zunächst eine Vektor-Gleichung für g und untersuchen Sie dann, ob P_2 und P_3 auf g liegen.

a) $P_0(4|-1|3), P_1(7|1|-2), P_2(1|-3|8), P_3(7|2|-2)$

b) $P_0(-2|0|1), P_1(-2|-2|3), P_2(-2|-4|3), P_3(-2|-6|6)$

9 g sei die Gerade zu $\vec{x} = \begin{pmatrix} -1 \\ 0 \\ 1 \end{pmatrix} + t\begin{pmatrix} 2 \\ 1 \\ 1 \end{pmatrix}$.

Welche Koordinaten müssen die folgenden Punkte haben, damit sie auf g liegen?

a) $P(3|y|z)$ **b)** $Q(x|2{,}5|z)$ **c)** $R(x|y|-1)$

10 Welche Geraden durch $P(-1|5|2{,}5)$ sind parallel zu einer Koordinatenachse?

11 Welche Geraden durch $P(-1|5|2{,}5)$ sind parallel zu einer Winkelhalbierenden einer Koordinatenebene?

12 Beschreiben Sie die besondere Lage der gegebenen Geraden.

a) $\vec{x} = \begin{pmatrix} 1 \\ 0 \\ 0 \end{pmatrix} + t\begin{pmatrix} 2 \\ 0 \\ 0 \end{pmatrix}$ **c)** $\vec{x} = \begin{pmatrix} 0 \\ 1 \\ 0 \end{pmatrix} + t\begin{pmatrix} 0 \\ 0 \\ -1 \end{pmatrix}$ **e)** $\vec{x} = \begin{pmatrix} -1 \\ 2 \\ 1 \end{pmatrix} + t\begin{pmatrix} 0 \\ 3 \\ -2 \end{pmatrix}$ **g)** $\vec{x} = t\begin{pmatrix} 1 \\ 1 \\ 1 \end{pmatrix}$

b) $\vec{x} = \begin{pmatrix} 1 \\ 2 \\ 3 \end{pmatrix} + t\begin{pmatrix} 0 \\ 3 \\ 0 \end{pmatrix}$ **d)** $\vec{x} = \begin{pmatrix} 0 \\ 0 \\ 1 \end{pmatrix} + t\begin{pmatrix} 1 \\ -2 \\ 0 \end{pmatrix}$ **f)** $\vec{x} = \begin{pmatrix} 2 \\ -1 \\ 1 \end{pmatrix} + t\begin{pmatrix} -1 \\ 0 \\ 4 \end{pmatrix}$ **h)** $\vec{x} = t\begin{pmatrix} 1 \\ -1 \\ -1 \end{pmatrix}$

13 g_1 sei die Gerade durch die Punkte $P(7|-1|2)$ und $Q(1|0|-2)$.

g_2 sei die Gerade zu $\vec{x} = \begin{pmatrix} -3 \\ 2 \\ -4 \end{pmatrix} + t\begin{pmatrix} 2 \\ -1 \\ -4 \end{pmatrix}$.

Bestimmen Sie jeweils eine vektorielle Gleichung für die Gerade g.

a) g sei parallel zu g_1 und gehe durch den Punkt $R(-1|1|-2)$.

b) g sei parallel zu g_2 und gehe durch den Nullpunkt.

c) g sei parallel zu g_1 und gehe durch den durch $t = -2$ bestimmten Punkt T von g_2.

14 Durch $A(5|1|-3), B(1|5|7), C(-1|3|1)$ und $D(-3|-5|7)$ ist ein Viereck $ABCD$ gegeben.

a) Ermitteln Sie die Mittelpunkte der Seiten $\overline{AB}, \overline{BC}, \overline{CD}$ und $\overline{DA}$.

b) Ermitteln Sie Gleichungen für die Geraden durch die Mittelpunkte benachbarter Seiten.

c) Welche Form hat das von diesen Geraden eingeschlossene Viereck?

Beschreibung und Lage von Ebenen

15 Ermitteln Sie eine Vektorgleichung für die Ebene durch P_0, P_1 und P_2.

a) $P_0(1|1|-2), P_1(3|-2|1), P_2(-1|1|-2)$

b) $P_0(0|-1|2), P_1(1|0|-3), P_2(2|-1|-2)$

c) $P_0(3|1|-2), P_1(-1|2|-3), P_2(0|-1|1)$

d) $P_0(2|3|-1), P_1(-1|2|1), P_2(-3|-2|4)$

16 Ermitteln Sie eine Vektorgleichung für die Ebene ε, die parallel zu ε_1 durch P_0 verläuft.

a) $\varepsilon_1 \colon \vec{x} = \begin{pmatrix} -2 \\ 0 \\ 1 \end{pmatrix} + s \begin{pmatrix} -1 \\ 2 \\ 0 \end{pmatrix} + t \begin{pmatrix} 2 \\ -1 \\ 3 \end{pmatrix}$; $P_0(4|-1|2)$

b) $\varepsilon_1 \colon \vec{x} = \begin{pmatrix} 4 \\ -1 \\ 2 \end{pmatrix} + s \begin{pmatrix} 2 \\ 0 \\ 1 \end{pmatrix} + t \begin{pmatrix} -4 \\ 2 \\ 1 \end{pmatrix}$; $P_0(-1|2|-3)$

17 Ermitteln Sie eine Vektorgleichung für die Ebene, die parallel zur angegebenen Koordinatenebene durch $P_0(3|1|-2)$ verläuft.

a) x-y-Ebene **b)** x-z-Ebene **c)** y-z-Ebene

18 ε sei die Ebene durch $P_1(2|-3|0)$, $P_2(-3|0|2)$ und $P_3(0|2|-4)$.

a) Ermitteln Sie eine Vektorgleichung für die Ebene ε.

b) Ermitteln Sie eine Vektorgleichung für die Ebene ε_1, die durch $P_4(3|4|-2)$ verläuft und zu ε parallel ist.

19 Welche besondere Lage haben die folgenden Ebenen?

a) $\vec{x} = \begin{pmatrix} 1 \\ 0 \\ 0 \end{pmatrix} + s \begin{pmatrix} 0 \\ 1 \\ 0 \end{pmatrix} + t \begin{pmatrix} 0 \\ 0 \\ 1 \end{pmatrix}$

b) $\vec{x} = \begin{pmatrix} 4 \\ -2 \\ 1 \end{pmatrix} + s \begin{pmatrix} 4 \\ 0 \\ 0 \end{pmatrix} + t \begin{pmatrix} 0 \\ 0 \\ 2 \end{pmatrix}$

c) $\vec{x} = \begin{pmatrix} 2 \\ -1 \\ 3 \end{pmatrix} + s \begin{pmatrix} -3 \\ 0 \\ 0 \end{pmatrix} + t \begin{pmatrix} 0 \\ 2 \\ 0 \end{pmatrix}$

d) $\vec{x} = \begin{pmatrix} 2 \\ 2 \\ 2 \end{pmatrix} + s \begin{pmatrix} 1 \\ 1 \\ 0 \end{pmatrix} + t \begin{pmatrix} 0 \\ 0 \\ 1 \end{pmatrix}$

20 Ein Quader (Bild 62/1) wird durch die Vektoren $\vec{a}$, $\vec{b}$ und $\vec{c}$ aufgespannt. Ermitteln Sie Parameterbedingungen für die sechs Seitenflächen des Quaders.

$\vec{a} = \begin{pmatrix} 4 \\ 0 \\ 0 \end{pmatrix}, \vec{b} = \begin{pmatrix} 0 \\ 7 \\ 0 \end{pmatrix}, \vec{c} = \begin{pmatrix} 0 \\ 0 \\ 3 \end{pmatrix},$

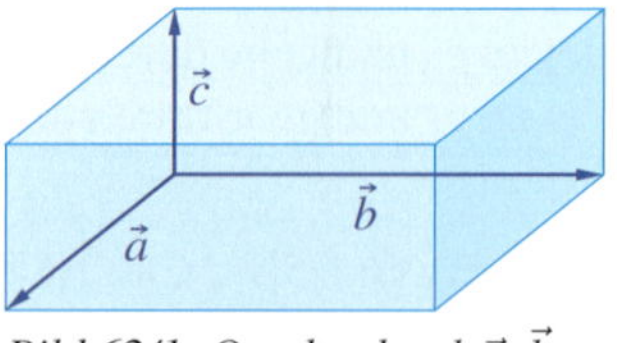

Bild 62/1: Quader durch $\vec{a}$, $\vec{b}$ und $\vec{c}$ aufgespannt

21 Untersuchen Sie, ob die Punkte P_1, P_2, P_3 und P_4 in der Ebene ε liegen.

a) $\varepsilon: \vec{x} = \begin{pmatrix} 2 \\ 6 \\ 1 \end{pmatrix} + s \begin{pmatrix} 1 \\ 3 \\ -5 \end{pmatrix} + t \begin{pmatrix} -1 \\ -1 \\ 2 \end{pmatrix}$; $P_1(2|8|-2)$; $P_2(-1|1|10)$; $P_3(4|8|-6)$; $P_4(0|2|4)$

b) $\varepsilon: \vec{x} = \begin{pmatrix} 2 \\ -3 \\ 1 \end{pmatrix} + s \begin{pmatrix} 1 \\ -2 \\ 1 \end{pmatrix} + t \begin{pmatrix} 2 \\ 1 \\ -1 \end{pmatrix}$; $P_1(1|-6|3)$; $P_2(2|3|1)$; $P_3(3|0|-1)$; $P_4(3|-5|2)$

22 Wie muss man vorgehen, um eine vektorielle Ebenengleichung in eine Koordinatengleichung umzuwandeln?

a) Wandeln Sie die Gleichung $\vec{x} = \begin{pmatrix} 1 \\ -3 \\ 2 \end{pmatrix} + s \begin{pmatrix} -3 \\ 3 \\ -1 \end{pmatrix} + t \begin{pmatrix} 0 \\ 5 \\ -4 \end{pmatrix}$ in eine Koordinatengleichung um.

b) Beschreiben Sie allgemein, wie man dabei vorzugehen hat.

23 Ermitteln Sie Vektorgleichungen für folgende Ebenen.

a) $x + y + z = 3$ **b)** $x - 2y + z = 6$ **c)** $-3x + y - z = 4$ **d)** $x + z = -5$

24 Ermitteln Sie Koordinatengleichungen für folgende Ebenen.

a) $\vec{x} = \begin{pmatrix} 1 \\ -1 \\ 2 \end{pmatrix} + s \begin{pmatrix} 2 \\ -2 \\ 0 \end{pmatrix} + t \begin{pmatrix} 0 \\ 1 \\ -2 \end{pmatrix}$ **b)** $\vec{x} = \begin{pmatrix} 0 \\ 1 \\ 0 \end{pmatrix} + s \begin{pmatrix} 1 \\ 6 \\ 0 \end{pmatrix} + t \begin{pmatrix} 0 \\ 3 \\ -2 \end{pmatrix}$

25 $\vec{a} \neq \vec{0}$ und $\vec{b} \neq \vec{0}$ seien zwei nicht parallele Vektoren. Welche geometrischen Gebilde werden durch die folgenden Gleichungen beschrieben? Welche Werte sind für s und t auszuschließen?

a) $\vec{x} = \vec{x}_0 + \frac{1}{s}\vec{a} + \frac{1}{t}\vec{b}$ **b)** $\vec{x} = \vec{x}_0 + s^2\vec{a} + t^2\vec{b}$ **c)** $\vec{x} = \vec{x}_0 + (s-t)\vec{a} + t\vec{b}$

26 $\vec{a} \neq \vec{0}$ und $\vec{b} \neq \vec{0}$ seien zwei nicht parallele Vektoren. Begründen Sie, warum die Gleichung $\vec{x} = \vec{x}_0 + s\vec{a} + t\vec{b}$ die angegebene Fläche beschreibt, sofern die Parameter die jeweiligen Bedingungen erfüllen.

a) Eine Halbebene, falls $t \geq 0$ ist.

b) Ein Parallelogramm, falls $0 \leq s \leq 3$ und $0 \leq t \leq 2$ ist.

c) Ein Dreieck, falls $s \geq 0$, $t \geq 0$ und $0 \leq s + t \leq 2$ ist.

27 $\vec{a} \neq \vec{0}$ und $\vec{b} \neq \vec{0}$ seien nicht parallele Vektoren. Welches geometrische Gebilde beschreibt die Gleichung $\vec{x} = \vec{x}_0 + s\vec{a} + t\vec{b}$, wenn die Parameter die folgenden Bedingungen erfüllen?

a) $s = -2$ und $t \in \mathbb{R}$ **c)** $s \in \mathbb{Z}$ und $t \in \mathbb{Z}$ **e)** $s \in \mathbb{R}$ und $t > -1$

b) $s \in \mathbb{R}$ und $t = 3$ **d)** $s \leq 1$ und $t \in \mathbb{R}$ **f)** $-1 \leq s \leq 1$ und $2 \leq t \leq 5$

AUFGABEN

Durchstoßungspunkte

Kennzeichnend für den Durchstoßpunkt einer Geraden durch eine Koordinatenebene ist, dass mindestens eine Koordinate gleich Null ist. Für den Durchstoßungspunkt einer Koordinatenachse durch eine Ebene ist kennzeichnend, dass mindestens zwei Koordinaten gleich Null sind.

28 Ermitteln Sie für die Gerade g der Aufgabe 8; auf Seite 61 die Durchstoßpunkte durch die Koordinatenebenen.

29 g sei die Gerade durch P_0 und P_1. Bestimmen Sie eine Vektor-Gleichung für g sowie die Durchstoßpunkte durch die Koordinatenebenen. Welche besondere Lage hat die Gerade?

a) $P_0(2|-1|3), P_1(3|1|3)$ **b)** $P_0(2|2|-1), P_1(1|2|3)$ **c)** $P_0(-2|5|1), P_1(-2|4|3)$

30 Ermitteln Sie Parameterbedingungen für die Teile der Geraden g, die in verschiedenen Oktanten liegen.

a) $\vec{x} = \begin{pmatrix} 1 \\ -2 \\ 3 \end{pmatrix} + t \begin{pmatrix} 1 \\ -1 \\ -3 \end{pmatrix}$ **b)** $\vec{x} = \begin{pmatrix} 2 \\ -6 \\ 4 \end{pmatrix} + t \begin{pmatrix} -2 \\ 3 \\ -2 \end{pmatrix}$

31 g sei die Gerade durch $P_0(1|-3|2)$ und $P_1(-1|-4|3)$.

a) Bestimmen Sie eine Gleichung für g.

b) Bestimmen Sie die Punkte, in denen g die Koordinatenebenen durchstößt.

c) Der Vektorgleichung von g entspricht ein lineares Gleichungssystem. Eliminieren Sie aus je zwei Gleichungen dieses Systems den Parameter. Hierdurch ergeben sich drei Gleichungen.

d) Zeigen Sie, dass jeder Durchstoßpunkt genau eine der bei c) bestimmten Gleichungen erfüllt.

e) Zeigen Sie, dass man aus je zwei der bei c) bestimmten Gleichungen die dritte Gleichung durch Elimination der gemeinsamen Variablen herleiten kann.

f) Wie kann man den Sachverhalt von e) geometrisch deuten?

32 Ermitteln Sie die Punkte, in denen die Koordinatenachsen die Ebene ε durchstoßen; ermitteln Sie ferner die Koordinaten des Punktes P der Ebene ε.

a) $\varepsilon: \vec{x} = \begin{pmatrix} 4 \\ 0 \\ 1 \end{pmatrix} + s \begin{pmatrix} 1 \\ 1 \\ 4 \end{pmatrix} + t \begin{pmatrix} 1 \\ -1 \\ 2 \end{pmatrix}$; $P(1|y|-1)$

b) ε durch $P_0(2|-2|4), P_1(3|-1|5)$ und $P_2(1|-2|-2)$; $P(x|-1|11)$

33 In welchen Punkten durchstößt die Gerade zu $\vec{x} = \begin{pmatrix} 7 \\ -6 \\ 3 \end{pmatrix} + t \begin{pmatrix} -1 \\ 2 \\ 1 \end{pmatrix}$ die Koordinatenebenen? In welchem Punkt durchstößt sie die Ebene zu $z = 7$?

2.3 Lagebeziehungen zwischen Geraden und Ebenen

A1 **Optische Täuschungen**

Bild 65/1: Decken Sie einmal den unteren Teil des Bildes mit einem Blatt Papier ab

Bei einem solchen verblüffenden Bild kann man sich fragen:

Wie liegen hier eigentlich Geraden und Ebenen tatsächlich zueinander?

AUFTRÄGE

A2 Metropolis

1927 wurde in Berlin der Kino-Klassiker Metropolis von Fritz Lang uraufgeführt. Das Bild 66/1 zeigt eine besonders eindrucksvolle Kulisse, durch die in diesem Film in vielen Ebenen ein hektischer Verkehr braust.

Durch die Kulissen sind Geraden und Ebenen unterschiedlicher Richtungen festgelegt. Wie liegen diese Geraden und Ebenen zueinander?

Wie können Geraden und Ebenen ganz allgemein zueinander liegen?

Bild 66/1: Filmkulisse „Metropolis“ (1927)

A3 Ein unmöglicher Körper

Diesen unmöglichen Körper findet man häufiger abgebildet. Auch wer ihn schon mehrfach gesehen hat, fragt sich doch immer wieder:

Wie ist eine solche Täuschung möglich?

Durch den Körper sind Ebenen und Geraden bestimmt. Beschreiben Sie diese durch Gleichungen und untersuchen Sie, wie die Ebenen und Geraden zueinander liegen.

Bild 66/2: Ein unmöglicher Körper

A4 **Autobahn**

Autobahnen sind grundsätzlich kreuzungsfrei angelegt. Die Landstraße und die Autobahn in Bild 67/1 liegen an dieser Stelle in verschiedenen Ebenen.
Durch die Landstraße und die Autobahn sind im Bereich des Bildes einerseits verschiedene Ebenen und andererseits verschiedene Geraden festgelegt. Wie liegen diese Geraden und Ebenen zueinander?
Wie können Geraden und Ebenen ganz allgemein zueinander liegen?

Bild 67/1: Landstraße überquert Autobahn

Filmkulisse

Wir bearbeiten den Auftrag **A2**. Durch die dargestellten Bauwerke sind zahlreiche Ebenen und Geraden gegeben. Wir wollen untersuchen, welche Lagebeziehungen zwischen ihnen besteht; dabei vergleichen wir nacheinander

- zwei Geraden,
- eine Gerade und eine Ebene,
- zwei Ebenen.

Windschiefe Geraden

Bild 67/2 zeigt noch einmal die Filmkulisse mit zwei durch die Kulissenbauten festgelegten roten Geraden, die eine besondere Lage haben. Offensichtlich sind diese Geraden nicht zueinander parallel; sie schneiden sich aber auch nicht. Man sagt: Die Geraden sind **windschief**.

Bild 67/2: Metropolis

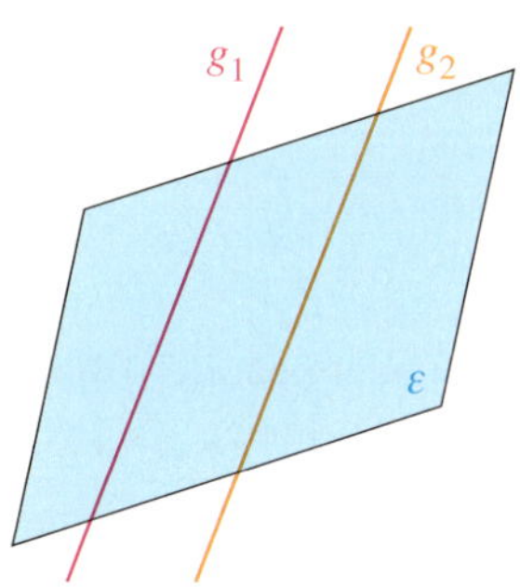

Bild: 67/3: Ebene mit Parallelen

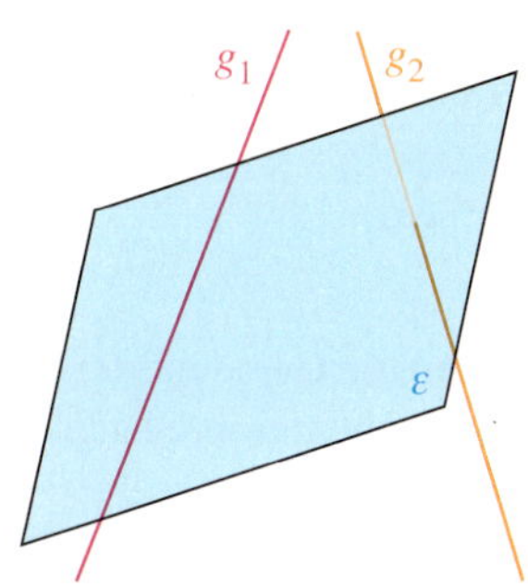

Bild 67/4: Windschiefe Geraden

Windschiefe Geraden haben ebenso wie parallele Geraden keinen gemeinsamen Punkt, sie schneiden sich nicht. Es gibt jedoch einen wesentlichen Unterschied:

Zu zwei parallelen Geraden gibt es stets eine Ebene (Bild 67/3), in der **beide** Geraden liegen. Das ist bei windschiefen Geraden nicht der Fall. Jede Ebene, in der eine der beiden Geraden liegt, wird von der anderen Geraden durchstoßen (Bild 67/4).

Definition 2.5 Zwei Geraden, die sich nicht schneiden, heißen **windschief** genau dann, wenn es keine Ebene gibt, in der beide Geraden liegen. ■

Beispiel: Bild 68/1 zeigt eine Pyramide mit quadratischer Grundfläche.

Bei dieser Pyramide ist die Geraden g_1 durch die Kante $\overline{AB}$ parallel zur Geraden g_2 durch die Kante $\overline{CD}$; g ist windschief zur Geraden g_3 durch die Kante $\overline{CS}$. ■

Suchen Sie selbst weitere Beispiele für windschiefe Geraden (Aufgabe 2).

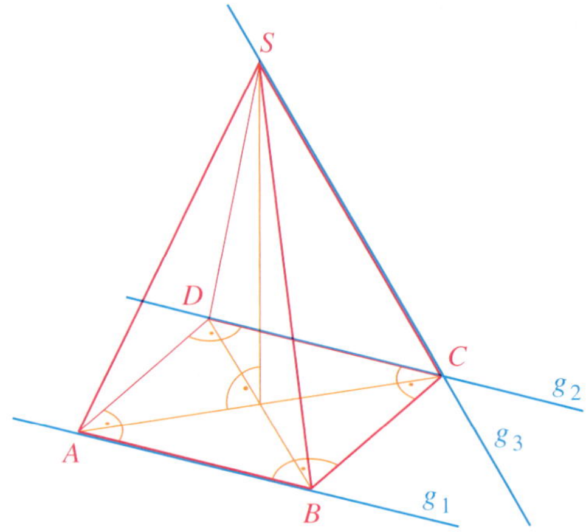

Bild 68/1: Welche Kanten der Pyramide sind parallel, welche sind windschief?

Wie können zwei Geraden zueinander liegen?

Dazu betrachten wir zwei durch Punkt-Richtungs-Gleichungen gegebene Geraden g_1 und g_2:

$$g_1\colon \vec{x} = \vec{x}_1 + s\vec{a} \quad \text{und} \quad g_2\colon \vec{x} = \vec{x}_2 + t\vec{b}$$

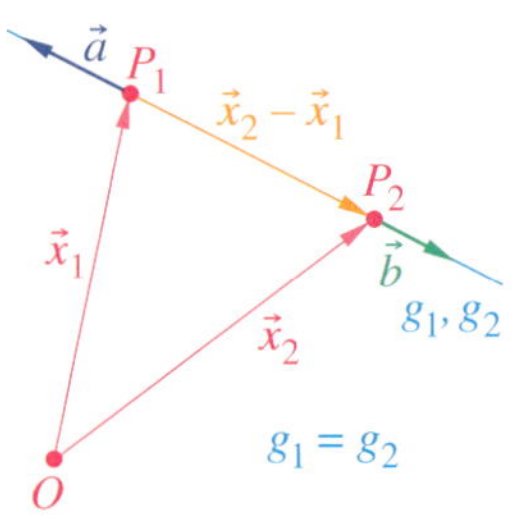

Bild 68/2

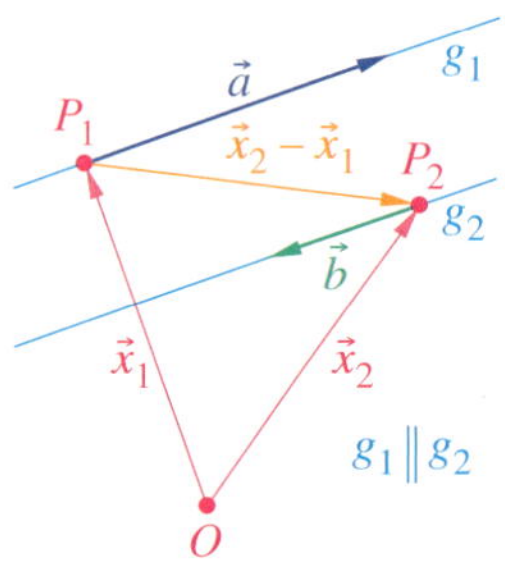

Bild 68/3

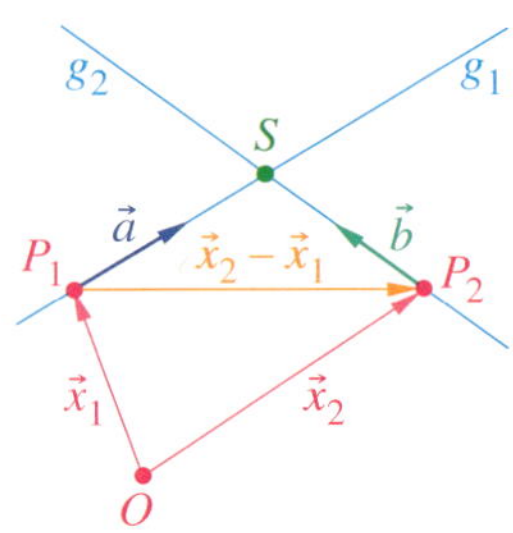

Bild 68/4

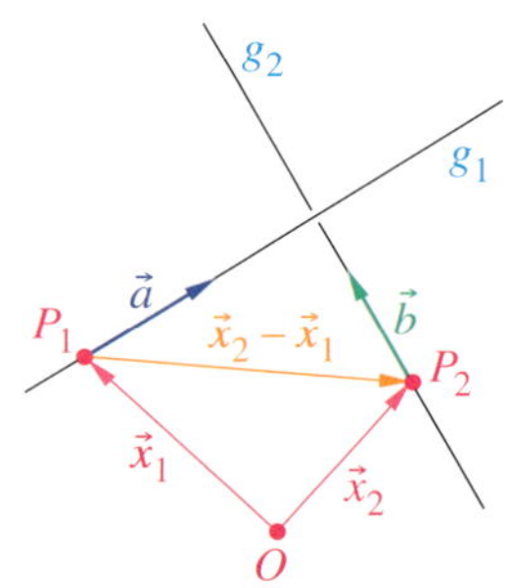

Bild 68/5

Wenn die Geraden **identisch** (Bild 68/2) oder **parallel** (Bild 68/3) sind, dann haben sie die gleiche Richtung; ihre Richtungsvektoren sind kollinear.

Die beiden Gleichungen beschreiben genau dann die gleiche Gerade, wenn die Punkte P_1 zu $\vec{x}_1$ und P_2 zu $\vec{x}_2$ auf beiden Geraden liegen; dann ist auch der Differenzvektor $\vec{x}_2 - \vec{x}_1$ kollinear zu den beiden Richtungsvektoren $\vec{a}$ und $\vec{b}$.

Wenn sich die Geraden jedoch **schneiden** (Bild 68/4) oder **windschief** (Bild 68/5) sind, dann haben sie unterschiedliche Richtungen; ihre Richtungsvektoren sind **nicht** kollinear.

Wenn die Geraden sich schneiden, müssen sie in einer Ebene liegen. Folglich müssen in dieser Ebene auch Repräsentanten der Vektoren $\vec{a}$, $\vec{b}$ und $\vec{x}_2 - \vec{x}_1$ liegen. Man sagt in einem solchen Fall:

Die Vektoren $\vec{a}$, $\vec{b}$ und $\vec{x}_2 - \vec{x}_1$ sind **komplanar**.

Sind die Vektoren $\vec{a}$, $\vec{b}$ und $\vec{x}_2 - \vec{x}_1$ dagegen nicht komplanar, dann gibt es keine Ebene, in der beide Geraden liegen. Die Geraden sind dann windschief.

Das folgende Diagramm stellt diesen Zusammenhang übersichtlich dar.

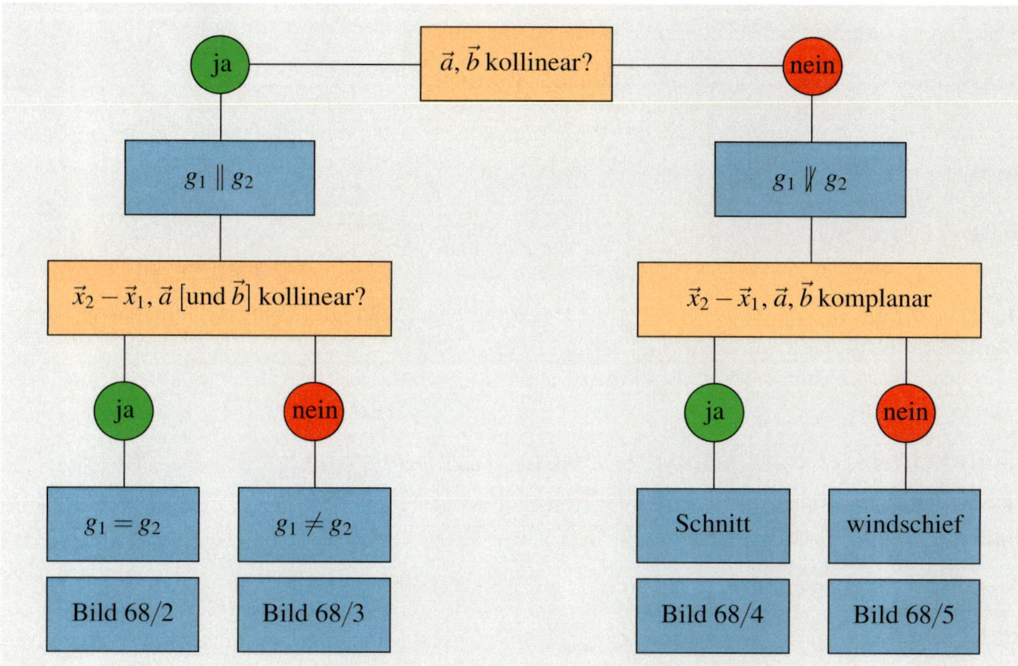

Bild 69/1: Lagebeziehung zweier Geraden g_1: $\vec{x} = \vec{x}_1 + s\vec{a}$ und g_2: $\vec{x} = \vec{x}_2 + t\vec{b}$

Beispiele zur Untersuchung der Lagebeziehung von Geraden

Bei der Untersuchung von Beispielen kann man dem Diagramm (Bild 69/1) entsprechend vorgehen. Einfacher ist es jedoch, durch den Ansatz

$$\vec{x}_1 + s\vec{a} = \vec{x}_2 + t\vec{b} \quad \Leftrightarrow \quad s\vec{a} - t\vec{b} = \vec{x}_2 - \vec{x}_1$$

nach einem eventuellen Schnittpunkt S der beiden Geraden zu suchen und das Ergebnis der Rechnung entsprechend zu interpretieren.

Beispiel 1: g_1: $\vec{x} = \vec{x}_1 + s\vec{a} = \begin{pmatrix} -2 \\ 1 \\ 1 \end{pmatrix} + s\begin{pmatrix} -1 \\ 1 \\ 3 \end{pmatrix}$ und g_2: $\vec{x} = \vec{x}_2 + t\vec{b} = \begin{pmatrix} 1 \\ -3 \\ 2 \end{pmatrix} + t\begin{pmatrix} 2 \\ -2 \\ -6 \end{pmatrix}$

Der Ansatz $\vec{x}_1 + s\vec{a} = \vec{x}_2 + t\vec{b} \Leftrightarrow s\vec{a} - t\vec{b} = \vec{x}_2 - \vec{x}_1$ führt auf ein Gleichungssystem, das wir durch Matrizenumformung lösen:

$$\left(\begin{array}{rr|r} -1 & -2 & 3 \\ 1 & 2 & -4 \\ 3 & 6 & 1 \end{array}\right) \downarrow \Big| \cdot 3 \;\to\; \left(\begin{array}{rr|r} -1 & -2 & 3 \\ 0 & 0 & -1 \\ 0 & 0 & 10 \end{array}\right) \Big| \cdot 10 \;\to\; \left(\begin{array}{rr|r} -1 & -2 & 3 \\ 0 & 0 & -3 \\ 0 & 0 & 0 \end{array}\right)$$

Die zweite Zeile der letzten Matrix führt auf die unlösbare Gleichung $0 \cdot t = -1$; daher hat das Gleichungssystem keine Lösung und die Geraden besitzen keinen gemeinsamen Punkt S.

Da ferner $\vec{a} = -2\vec{b}$ ist, sind die beiden Geraden **parallel, aber nicht identisch**. ■

Beispiel 2: $g_1\colon \vec{x} = \vec{x}_1 + s\vec{a} = \begin{pmatrix} 2 \\ -1 \\ -3 \end{pmatrix} + s\begin{pmatrix} 1 \\ -3 \\ 2 \end{pmatrix}$ und $g_2\colon \vec{x} = \vec{x}_2 + t\vec{b} = \begin{pmatrix} 4 \\ -7 \\ 1 \end{pmatrix} + t\begin{pmatrix} -3 \\ 9 \\ -6 \end{pmatrix}$

Der Ansatz $\vec{x}_1 + s\vec{a} = \vec{x}_2 + t\vec{b} \Leftrightarrow s\vec{a} - t\vec{b} = \vec{x}_2 - \vec{x}_1$ führt auf ein Gleichungssystem, das wir durch Matrizenumformung lösen:

$$\left(\begin{array}{rr|r} 1 & 3 & 2 \\ -3 & -9 & -6 \\ 2 & 6 & 4 \end{array}\right) \downarrow \cdot 3 \;\Big|\; \cdot(-2) \;\to\; \left(\begin{array}{rr|r} 1 & 3 & 2 \\ 0 & 0 & 0 \\ 0 & 0 & 0 \end{array}\right)$$

Die erste Zeile der letzten Matrix führt auf die Gleichung $s = 2 - 3t$. Setzt man das in die Gleichung für g_1 ein, so erhält man die Gleichung für g_2.

Also sind die beiden Geraden **identisch**. ■

Beispiel 3: $g_1\colon \vec{x} = \vec{x}_1 + s\vec{a} = \begin{pmatrix} 1 \\ -2 \\ 1 \end{pmatrix} + s\begin{pmatrix} 2 \\ 1 \\ -3 \end{pmatrix}$ und $g_2\colon \vec{x} = \vec{x}_2 + t\vec{b} = \begin{pmatrix} -1 \\ -2 \\ 2 \end{pmatrix} + t\begin{pmatrix} 2 \\ 2 \\ -5 \end{pmatrix}$

Der Ansatz $\vec{x}_1 + s\vec{a} = \vec{x}_2 + t\vec{b} \Leftrightarrow s\vec{a} - t\vec{b} = \vec{x}_2 - \vec{x}_1$ führt auf ein Gleichungssystem, das wir durch Matrizenumformung lösen:

$$\left(\begin{array}{rr|r} 2 & -2 & -2 \\ 1 & -2 & 0 \\ -3 & 5 & 1 \end{array}\right) \downarrow \cdot(-2) \;\Big|\; \cdot 3 \;\downarrow \cdot 2 \;\to\; \left(\begin{array}{rr|r} 2 & -2 & -2 \\ 0 & 2 & -2 \\ 0 & 4 & -4 \end{array}\right) \downarrow \cdot(-2) \;\to\; \left(\begin{array}{rr|r} 2 & -2 & -2 \\ 0 & 2 & -2 \\ 0 & 0 & 0 \end{array}\right) \begin{array}{l} :2 \\ :2 \end{array} \to \left(\begin{array}{rr|r} 1 & -1 & -1 \\ 0 & 1 & -1 \\ 0 & 0 & 0 \end{array}\right)$$

Die letzte Zeile ist für jeden Wert von s und t erfüllt. Die zweite Zeile liefert $t = -1$ und mit der ersten Zeile ergibt sich $s - t = -1 \quad \Rightarrow \quad s = t - 1 = -2$.

Damit erhält man $S(-3|-4|7)$; die Geraden **schneiden sich** also **in einem Punkt**. ■

Beispiel 4: $g_1\colon \vec{x} = \vec{x}_1 + s\vec{a} = \begin{pmatrix} 1 \\ 0 \\ -2 \end{pmatrix} + t\begin{pmatrix} -1 \\ 1 \\ 2 \end{pmatrix}$ und $g_2\colon \vec{x} = \vec{x}_2 + t\vec{b} = \begin{pmatrix} 2 \\ -1 \\ 3 \end{pmatrix} + s\begin{pmatrix} 0 \\ -2 \\ 1 \end{pmatrix}$

Der Ansatz $\vec{x}_1 + s\vec{a} = \vec{x}_2 + t\vec{b} \Leftrightarrow s\vec{a} - t\vec{b} = \vec{x}_2 - \vec{x}_1$ führt auf ein Gleichungssystem, das wir durch Matrizenumformung lösen:

$$\left(\begin{array}{rr|r} -1 & 0 & 1 \\ 1 & 2 & -1 \\ 2 & -1 & 5 \end{array}\right) \begin{array}{l} \downarrow \cdot 1 \; \downarrow \cdot 2 \end{array} \rightarrow \left(\begin{array}{rr|r} -1 & 0 & 1 \\ 0 & 2 & 0 \\ 0 & -1 & 7 \end{array}\right) \downarrow \cdot 2 \rightarrow \left(\begin{array}{rr|r} -1 & 0 & 1 \\ 0 & 2 & 0 \\ 0 & 0 & 14 \end{array}\right)$$

Die letzte Zeile führt auf die unlösbare Gleichung $0 \cdot t = 14$; daher besitzt das Gleichungssystem keine Lösung. Da ferner die Vektoren $\vec{a}$ und $\vec{b}$ offensichtlich nicht kollinear sind, sind die Geraden **windschief**. ■

Wie können eine Ebene und eine Gerade zueinander liegen?

Dazu betrachten wir eine Ebene ε und eine Gerade g, die jeweils durch Punkt-Richtungs-Gleichungen gegeben sind:

ε: $\vec{x} = \vec{x}_1 + r\vec{a} + s\vec{b}$ und

g: $\vec{x} = \vec{x}_2 + t\vec{c}$

Sind $\vec{a}$, $\vec{b}$ und $\vec{c}$ **komplanar**, so verläuft die Gerade **parallel** zur Ebene.

Liegt außerdem der Punkt P_2 der Geraden (mit dem Ortsvektor $\vec{x}_2$) in der Ebene ε, ist also auch der Differenzvektor $\vec{x}_2 - \vec{x}_1$ komplanar mit $\vec{a}$, $\vec{b}$ und $\vec{c}$, dann liegt die Gerade **in der Ebene**: $g \subset \varepsilon$ (Bild 71/2).

Ist das nicht der Fall, dann liegt die Gerade **außerhalb der Ebene**: $g \not\subset \varepsilon$ (Bild 71/3).

Sind $\vec{a}$, $\vec{b}$ und $\vec{c}$ **nicht komplanar**, so schneidet die Gerade die Ebene in einem Punkt S (Bild 71/4).

Das nebenstehende Diagramm stellt diesen Zusammenhang dar.

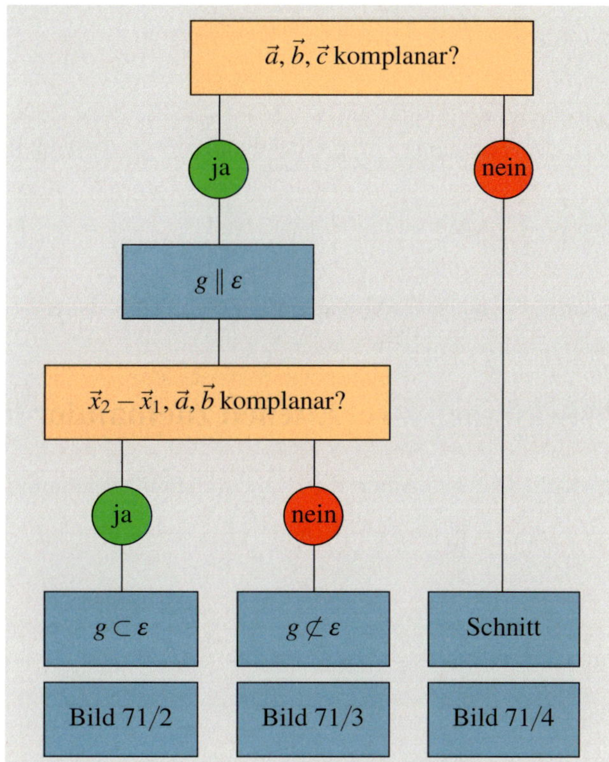

Bild 71/1: Lagebeziehung von Ebene und Gerade

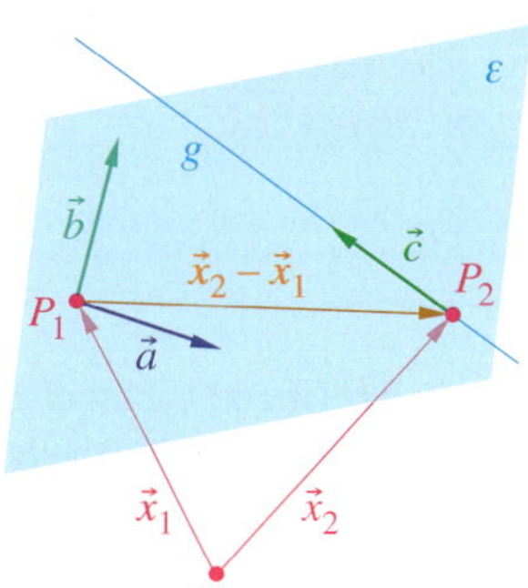

Bild 71/2

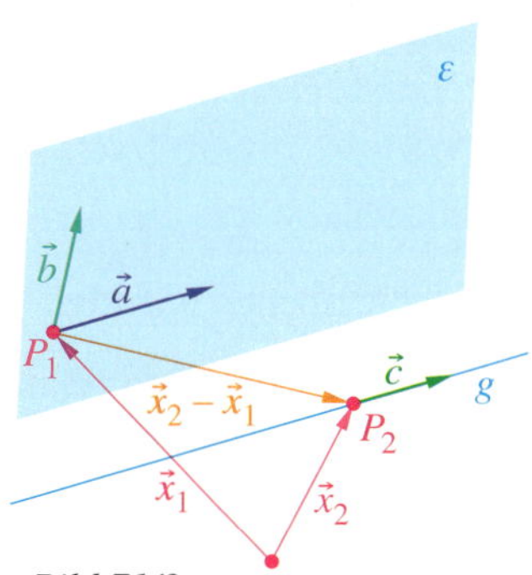

Bild 71/3

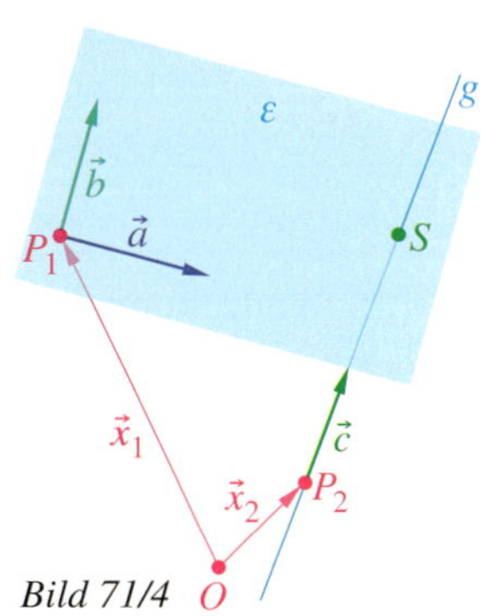

Bild 71/4

Beispiel: Ebene und Gerade seien gegeben durch

$$\vec{x}=\vec{x}_1+r\vec{a}+s\vec{b}=\begin{pmatrix}2\\1\\-3\end{pmatrix}+r\begin{pmatrix}1\\-2\\1\end{pmatrix}+s\begin{pmatrix}-2\\1\\2\end{pmatrix}\quad \text{und}\quad \vec{x}=\vec{x}_2+t\vec{c}=\begin{pmatrix}1\\0\\0\end{pmatrix}+s\begin{pmatrix}-1\\-4\\7\end{pmatrix}$$

Wie bei der Untersuchung der Lagebeziehung zweier Geraden führt der Ansatz

$$\vec{x}_1+r\vec{a}+s\vec{b}=\vec{x}_2+t\vec{c} \Leftrightarrow s\vec{a}+s\vec{b}-t\vec{c}=\vec{x}_2-\vec{x}_1$$

auf ein Gleichungssystem, das wir durch Matrizenumformung lösen:

$$\left(\begin{array}{ccc|c}1&-2&1&-1\\-2&1&4&-1\\1&2&-7&3\end{array}\right)\begin{array}{l}\downarrow\cdot 2\ \big|\cdot(-1)\\ \\ \qquad\downarrow\end{array} \rightarrow \left(\begin{array}{ccc|c}1&-2&1&-1\\0&-3&6&-3\\0&4&-8&4\end{array}\right)\begin{array}{l}\\ \downarrow\cdot 4\\ \cdot 3\end{array} \rightarrow \left(\begin{array}{ccc|c}1&-2&1&-1\\0&-3&6&-3\\0&0&0&0\end{array}\right)$$

Die zweite Zeile führt auf $s=2t+1$ und die erste Zeile auf $r=-1+2s-t$. Damit erhält man $r=-1+4t+2-t=3t+1$ und durch Einsetzen in die Ebenengleichung schließlich:

$$\vec{x}=\begin{pmatrix}2\\1\\-3\end{pmatrix}+(3t+1)\begin{pmatrix}1\\-2\\1\end{pmatrix}+(2t+1)\begin{pmatrix}-2\\1\\2\end{pmatrix}=\begin{pmatrix}2+1+3t-2-4t\\1-2-6t+1+2t\\-3+1+3t+2+4t\end{pmatrix}=\begin{pmatrix}1\\0\\0\end{pmatrix}+t\begin{pmatrix}-1\\-4\\7\end{pmatrix}$$

Es ergibt sich also die Gleichung der Geraden g; daher liegt g vollständig in der Ebene. ■

Wie können zwei Ebenen zueinander liegen?

Abschließend betrachten wir zwei durch Punkt-Richtungs-Gleichungen gegebene Ebenen:

$$\varepsilon_1\colon\ \vec{x}=\vec{x}_1+r\vec{a}+s\vec{b}\quad \text{und}\quad \varepsilon_2\colon\ \vec{x}=\vec{x}_2+t\vec{c}+v\vec{d}$$

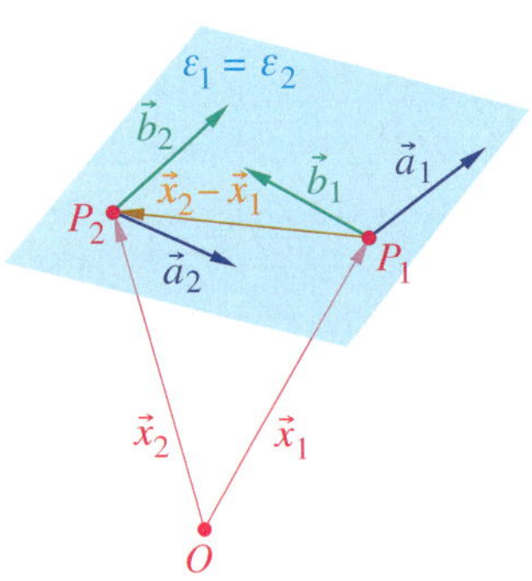

Bild 72/1

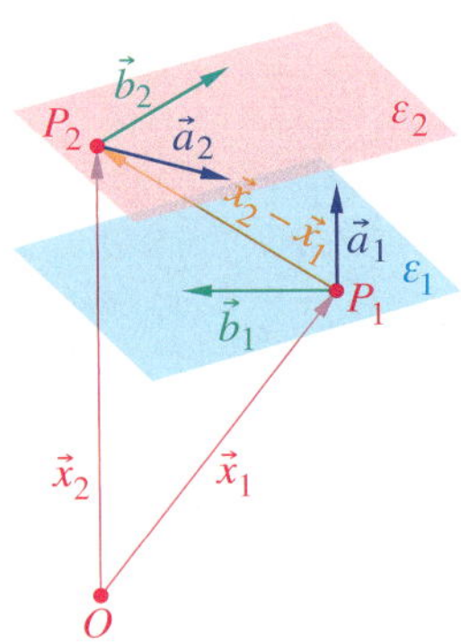

Bild 72/2

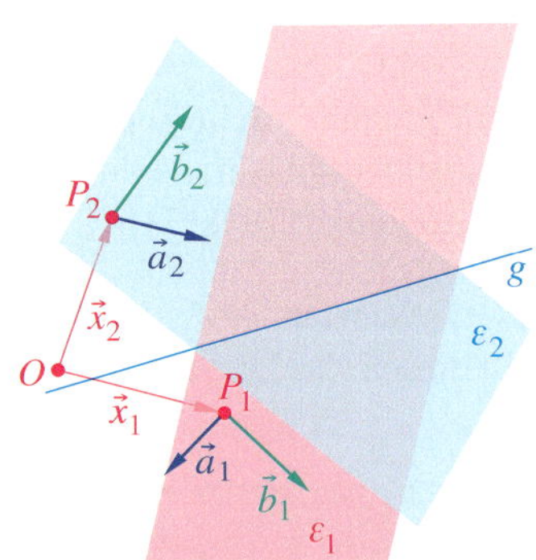

Bild 72/3

Sind $\vec{a}$, $\vec{b}$, $\vec{c}$ und $\vec{d}$ **komplanar**, dann sind die Ebenen **parallel**.

Liegt außerdem der Punkt P_2 der Ebene ε_2 (mit dem Ortsvektor $\vec{x}_2$) auch in der Ebene ε_1, ist also auch der Differenzvektor $\vec{x}_2-\vec{x}_1$ komplanar mit $\vec{a}$, $\vec{b}$, $\vec{c}$ und $\vec{d}$, dann sind die Ebenen **identisch**: $\varepsilon_1=\varepsilon_2$ (Bild 72/1).

Ist das nicht der Fall, dann sind die Ebenen **parallel, aber nicht identisch**: $\varepsilon_1\neq\varepsilon_2$ (Bild 72/3).

Sind $\vec{a}$, $\vec{b}$, $\vec{c}$ und $\vec{d}$ **nicht komplanar**, so schneiden sich die Ebenen in einer Geraden g (Bild 72/3).

Das nebenstehende Diagramm stellt diesen Zusammenhang dar.

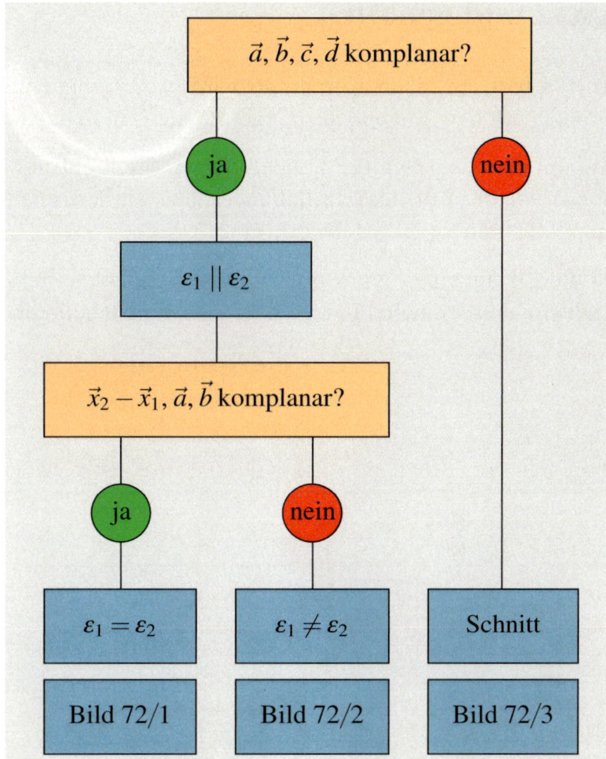

Bild 73/1: Lagebeziehung zweier Ebenen

Beispiel: Zwei Ebenen seien durch

$$\vec{x} = \vec{x}_1 + r\vec{a} + s\vec{b} = \begin{pmatrix} -1 \\ 2 \\ 1 \end{pmatrix} + r\begin{pmatrix} 3 \\ 0 \\ -1 \end{pmatrix} + s\begin{pmatrix} 0 \\ 1 \\ 0 \end{pmatrix}$$

und durch

$$\vec{x} = \vec{x}_2 + t\vec{c} + v\vec{d} = \begin{pmatrix} 2 \\ 0 \\ -1 \end{pmatrix} + t\begin{pmatrix} 1 \\ -2 \\ 0 \end{pmatrix} + v\begin{pmatrix} 0 \\ -1 \\ 0 \end{pmatrix}$$

gegeben. Der Ansatz

$$\vec{x}_1 + r\vec{a} + s\vec{b} = \vec{x}_2 + t\vec{c} + v\vec{d}$$
$$\Leftrightarrow s\vec{a} + s\vec{b} - t\vec{c} - v\vec{d} = \vec{x}_2 - \vec{x}_1$$

führt auch hier auf ein Gleichungssystem, das wir durch Matrizenumformung lösen:

$$\left(\begin{array}{cccc|c} 3 & 0 & -1 & 0 & 3 \\ 0 & 1 & 2 & 1 & -2 \\ -1 & 0 & 0 & 0 & -2 \end{array}\right) \big\downarrow \cdot 3 \quad \rightarrow \quad \left(\begin{array}{cccc|c} 3 & 0 & -1 & 0 & 3 \\ 0 & 1 & 2 & 1 & -2 \\ 0 & 0 & -1 & 0 & -2 \end{array}\right)$$

Die letzte Zeile führt auf die Gleichung $t = 3$; damit erhält man aus der ersten Zeile die Gleichung $3r = 3 + t = 6$, also $r = 2$. Aus der zweiten Zeile ergibt sich schließlich die Gleichung $s = -2 - 2t - v = -2 - 6 - v = -8 - v$. Setzt man diese Bedingungen in die erste Ebenengleichung ein, so erhält man:

$$\vec{x} = \begin{pmatrix} -1 \\ 2 \\ 1 \end{pmatrix} + 2\begin{pmatrix} 3 \\ 0 \\ -1 \end{pmatrix} - (8 + v)\begin{pmatrix} 0 \\ 1 \\ 0 \end{pmatrix} = \begin{pmatrix} -1 + 6 \\ 2 - 8 - v \\ 1 - 2 \end{pmatrix} = \begin{pmatrix} 5 \\ -6 \\ -1 \end{pmatrix} + v\begin{pmatrix} 0 \\ -1 \\ 0 \end{pmatrix}$$

Dies ist die Gleichung einer Geraden; die beiden Ebenen haben also eine Schnittgerade g.

Wie nicht anders zu erwarten, erhält man dieselbe Geradengleichung, wenn man in die zweite Ebenengleichung $t = 3$ einsetzt:

$$\vec{x} = \begin{pmatrix} 2 \\ 0 \\ -1 \end{pmatrix} + 3\begin{pmatrix} 1 \\ -2 \\ 0 \end{pmatrix} + v\begin{pmatrix} 0 \\ -1 \\ 0 \end{pmatrix} = \begin{pmatrix} 2 + 3 \\ -6 - v \\ -1 \end{pmatrix} = \begin{pmatrix} 5 \\ -6 \\ -1 \end{pmatrix} + v\begin{pmatrix} 0 \\ -1 \\ 0 \end{pmatrix} \quad ■$$

Licht und Schatten

Trifft **Licht** auf einen Körper, so wird es absorbiert oder reflektiert. Dadurch entsteht in der Grundebene bzw. auf anderen Gegenständen ein **Schatten** des Körpers.

Kommt das Licht von der Sonne, können die Lichtstrahlen wegen der riesigen Entfernung der Sonne von der Erde als parallel angesehen werden. Die den Schatten erzeugende Abbildung ist eine **Parallelprojektion** (Bild 74/1).

Ist die Lichtquelle – wie z. B. bei einer Straßenlaterne – punktförmig, dann schneiden sich die Lichtstrahlen in einem Punkt; der Schatten entsteht durch **Zentralprojektion** (Bild 74/2).

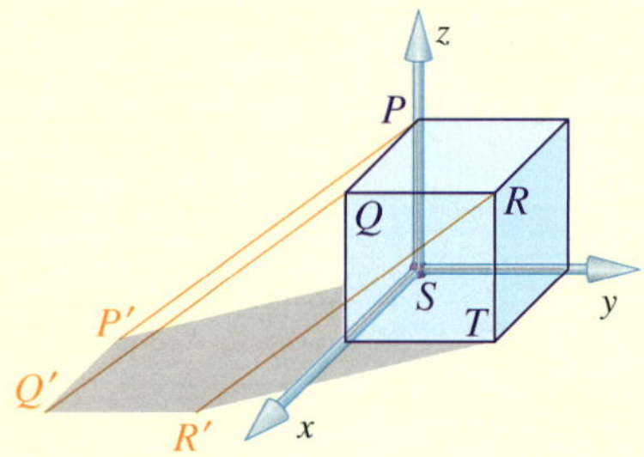

Bild 74/1: Parallelprojektion

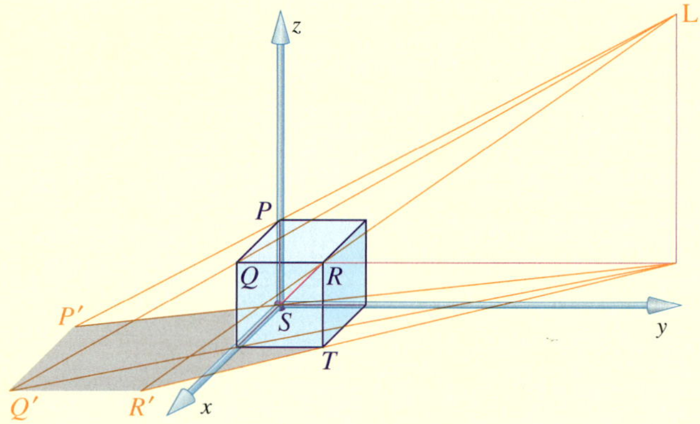

Bild 74/2: Zentralprojektion

Beispiele zur Bestimmung des Schattens

Wir wollen untersuchen, wie man Schatten rechnerisch bestimmen kann und betrachten einen wie in den Bildern 74/1 und 74/2 liegenden beleuchteten Würfel mit 2 cm Kantenlänge. Zur Bestimmung des Schattens ermitteln wir zunächst die in der xy-Ebene liegenden Schattenpunkte P', Q' und R' der Punkte $P(0|0|2)$, $Q(2|0|2)$ und $R(2|2|2)$.

Parallelprojektion

Sonnenlicht mit dem Richtungsvektor

$$\vec{v} = \begin{pmatrix} 2 \\ -3 \\ -2 \end{pmatrix}.$$

Der durch P gehende Sonnenstrahl liegt auf der Geraden g_P mit der Gleichung

$$\vec{x} = \begin{pmatrix} 0 \\ 0 \\ 2 \end{pmatrix} + r\begin{pmatrix} 2 \\ -3 \\ -2 \end{pmatrix}.$$

Zentralprojektion

Licht einer punktförmigen Lichtquelle, die an der Stelle $L(-2|8|6)$ liegt.

Der durch P gehende Lichtstrahl liegt auf der Geraden g_P mit der Gleichung

$$\vec{x} = \begin{pmatrix} -2 \\ 8 \\ 6 \end{pmatrix} + r\begin{pmatrix} 2 \\ -8 \\ -4 \end{pmatrix}.$$

Diese Gerade schneidet die xy-Ebene genau dann, wenn die z-Komponente von $\vec{x}$ gleich null, also $r = 1$ und daher $P'(2|-3|0)$ ist. Entsprechend erhalten wir $Q'(4|-3|0)$ und $R'(4|-1|0)$ (Aufgabe 31 a)).

Diese Gerade schneidet die xy-Ebene genau dann, wenn die z-Komponente von $\vec{x}$ gleich null, also $r = \frac{3}{2}$ und daher $P'(1|-4|0)$ ist. Entsprechend erhalten wir $Q'(4|-4|0)$ und $R'(4|-1|0)$ (Aufgabe 31 b)).

Durch den Streckenzug $SP'Q'R'T$ ist die Schattengrenze in der xy-Ebene bestimmt.

Schatten auf Gegenständen

Liegen im Schattenbereich eines Körpers Wände oder andere Gegenstände, dann fällt der Schatten auch darauf und nicht nur auf die Grundebene.

Existiert in unserem Beispiel eine Wand mit der Ebenengleichung $\varepsilon_{Wand}: y = -1$, dann fällt ein Teil des Schattens auch auf diese Wand.

Bei der Parallelprojektion liegt der Schattenpunkt R' genau auf der Grenze zwischen Grundebene und Wand, also auf der Schnittgeraden h der Ebenen ε_{xy} und ε_{Wand} (Aufgabe 31 c)).

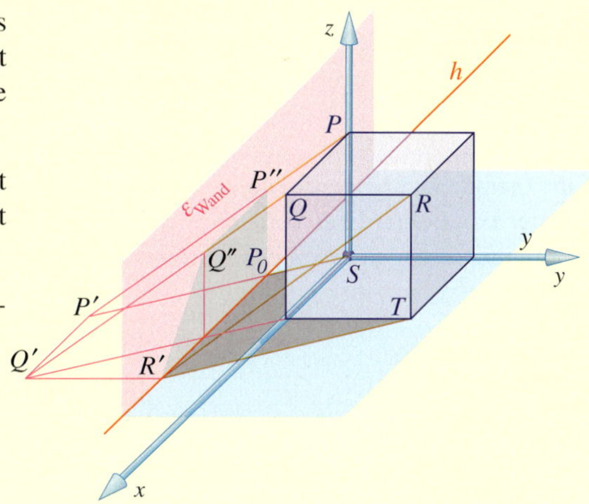

Bild 75/1

Die ehemaligen Schattenpunkte P' und Q' liegen nun hinter der Wand. Die neuen Schattenpunkte auf der Wand bezeichnen wir mit P'' und Q''.

P'' ist der Schnittpunkt der Geraden g_P mit der Ebene ε_{Wand}. Daher muss die y-Komponente von P'' gleich -1 sein und folglich $r = \frac{1}{3}$; damit erhalten wir $P''(\frac{2}{3}|-1|\frac{4}{3})$.

Entsprechend ergibt sich $Q''(\frac{8}{3}|-1|\frac{4}{3})$ (Aufgabe 31 d)).

Aber wo klettert der Schatten die Wand hoch?

Eine Stelle liegt offensichtlich bei R'; die andere ist der Schnittpunkt der Geraden $g_{SP'}$ und h, also die senkrechte Projektion P_0 von P'' auf die Grundebene.

P_0 hat die gleichen x- und y-Koordinaten wie P'' und die z-Koordinate 0, weil P_0 in der xy-Ebene liegt. Also ist $P_0(\frac{1}{4}|-1|0)$.

Der Schatten wird in der xy-Ebene durch den Streckenzug $SP_0R'T$ und in der Ebene ε_{Wand} durch den Streckenzug $P_0P''Q''R'$ begrenzt. Er ist längs der Strecke P_0R' geknickt.

Untersuchen Sie selbst, wie der Schatten bei der entsprechenden Zentralprojektion verläuft (Aufgabe 31 e)).

Wir fassen zusammen

Im Raum können Geraden eine Lagebeziehung haben, die es in der Ebene nicht gibt: Sie können **windschief** sein. Wie in der Ebene können auch Geraden im Raum **sich schneiden** oder **parallel** zueinander sein. Ein Sonderfall der Parallelität liegt vor, wenn zwei Geraden **identisch** sind.
Die Lagebeziehung zweier Geraden kann man mit Hilfe ihrer Richtungs- und Stützvektoren beschreiben.

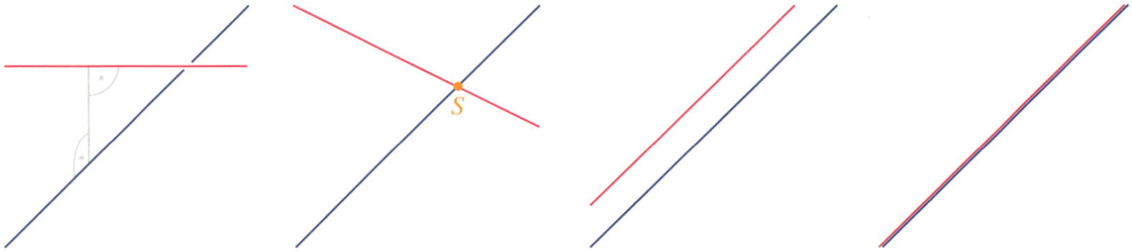

Bild 76/1: Mögliche Lagebeziehungen zweier Geraden im Raum

Eine Gerade kann eine Ebene in einem Punkt S schneiden oder zu ihr **parallel** sein. Ein Sonderfall der Parallelität liegt vor, wenn die Gerade in der Ebene **enthalten** ist. Auch die Lagebeziehung einer Geraden zu einer Ebene kann man mit Hilfe ihrer Richtungs- und Stützvektoren beschreiben.

Bild 76/2: Mögliche Lagebeziehungen einer Geraden und einer Ebene

Zwei Ebenen können sich in einer Geraden g schneiden oder zueinander **parallel** sein. Ein Sonderfall der Parallelität liegt vor, wenn die Ebenen **identisch** sind. Auch die Lagebeziehung zweier Ebene kann man mit Hilfe ihrer Richtungs- und Stützvektoren beschreiben.

Bild 76/3: Mögliche Lagebeziehungen zweier Ebenen

1 Wann sind zwei Geraden parallel? Vergleichen Sie Ihre Antwort mit der Definition windschiefer Geraden auf Seite 68.

2 Durch die Kanten von Körpern sind Geraden gegeben. Suchen Sie bei den folgenden Beispielen Paare windschiefer Geraden.

a) Klassenraum **b)** Prisma **c)** Tetraeder **d)** Pyramide **e)** Parallelflach

Zwei Geraden

3 g_1 sei die Gerade zu $\vec{x} = \begin{pmatrix} -1 \\ 3 \\ -5 \end{pmatrix} + s\begin{pmatrix} -1 \\ 2 \\ -2 \end{pmatrix}$ und g_2 die Gerade zu $\vec{x} = \begin{pmatrix} -2 \\ 3 \\ -1 \end{pmatrix} + t\begin{pmatrix} 2 \\ -3 \\ 1 \end{pmatrix}$.

a) Zeigen Sie, dass sich g_1 und g_2 in einem Punkt S schneiden und bestimmen Sie die Koordinaten von S.

b) Ermitteln Sie Parametergleichungen für die von S ausgehenden Halbgeraden.

4 Untersuchen Sie, ob eine Seite des Dreiecks ABC parallel zu g ist oder sogar auf g liegt.

a) $A(3|3|6)$; $B(5|0|2)$; $C(1|4|6)$; $g\colon \vec{x} = \begin{pmatrix} 3 \\ -2 \\ 0 \end{pmatrix} + t\begin{pmatrix} 1 \\ -1 \\ -1 \end{pmatrix}$.

b) $A(1|3|2)$; $B(2|1|3)$; $C(3|2|1)$; $g\colon \vec{x} = \begin{pmatrix} 1 \\ 2 \\ 3 \end{pmatrix} + t\begin{pmatrix} 3 \\ 1 \\ 2 \end{pmatrix}$.

c) $A(1|3|2)$; $B(2|1|3)$; $C(3|2|1)$; $g\colon \vec{x} = \begin{pmatrix} 1 \\ 2 \\ 1 \end{pmatrix} + t\begin{pmatrix} 1 \\ -2 \\ 1 \end{pmatrix}$.

5 Schneiden sich die in den Bildern 77/1 und 77/2 dargestellten Geraden?

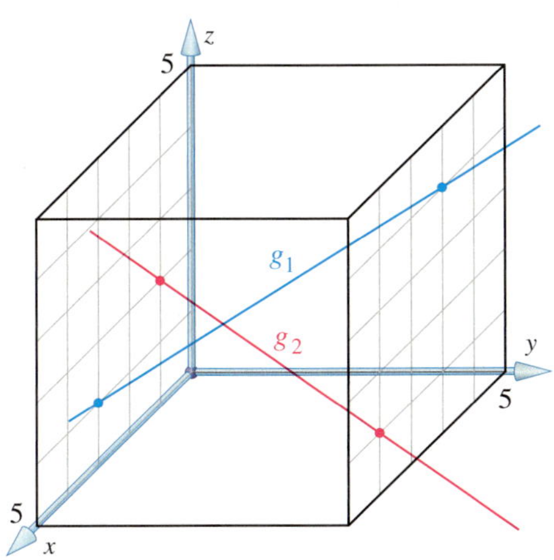

Bild 77/1

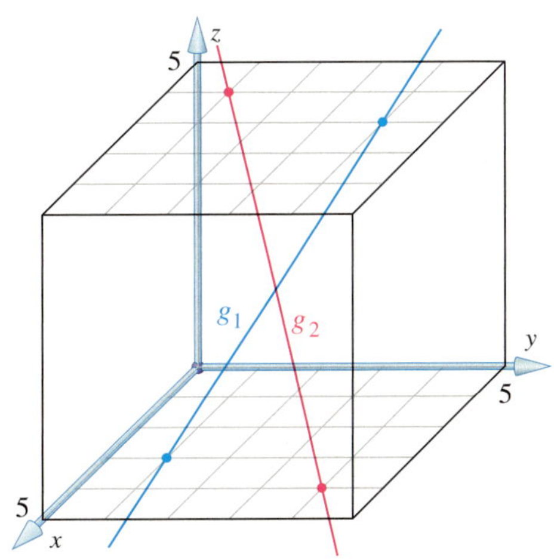

Bild 77/2

6 Untersuchen Sie die Lagebeziehung von g_1 und g_2 und zeichnen Sie die Geraden.

a) $g_1\colon \vec{x} = \begin{pmatrix} 2 \\ 3 \\ 1 \end{pmatrix} + s \begin{pmatrix} 2 \\ 1 \\ 1 \end{pmatrix}$ $\quad g_2\colon \vec{x} = \begin{pmatrix} -2 \\ 1 \\ 0 \end{pmatrix} + t \begin{pmatrix} 1 \\ 1 \\ 0 \end{pmatrix}$

b) $g_1\colon \vec{x} = \begin{pmatrix} 3 \\ 0 \\ 4 \end{pmatrix} + s \begin{pmatrix} -4 \\ 2 \\ -6 \end{pmatrix}$ $\quad g_2\colon \vec{x} = \begin{pmatrix} -1 \\ 2 \\ -2 \end{pmatrix} + t \begin{pmatrix} 2 \\ -1 \\ 3 \end{pmatrix}$

c) $g_1\colon \vec{x} = \begin{pmatrix} 1 \\ 0 \\ 0 \end{pmatrix} + s \begin{pmatrix} 0 \\ 1 \\ 1 \end{pmatrix}$ $\quad g_2\colon \vec{x} = \begin{pmatrix} 0 \\ 1 \\ 0 \end{pmatrix} + t \begin{pmatrix} 1 \\ 1 \\ 2 \end{pmatrix}$

d) $g_1\colon \vec{x} = \begin{pmatrix} 0 \\ -2 \\ 4 \end{pmatrix} + s \begin{pmatrix} -3 \\ 4 \\ -2 \end{pmatrix}$ $\quad g_2\colon \vec{x} = \begin{pmatrix} 5 \\ -4 \\ 1 \end{pmatrix} + t \begin{pmatrix} 4{,}5 \\ -6 \\ 3 \end{pmatrix}$

e) $g_1\colon \vec{x} = \begin{pmatrix} 1 \\ 2 \\ 1 \end{pmatrix} + s \begin{pmatrix} 1 \\ -2 \\ 1 \end{pmatrix}$ $\quad g_2\colon \vec{x} = \begin{pmatrix} 5 \\ -2 \\ 5 \end{pmatrix} + t \begin{pmatrix} 3 \\ -2 \\ 3 \end{pmatrix}$

7 Gegeben sind die Punkte $A(2|3|5)$, $B(0|5|10)$, $C(3|4|6)$ und $D(5|0|2)$.

a) Zeigen Sie mithilfe von Vektoren, dass das Viereck $ABCD$ nicht in einer Ebene liegt.

b) Zeigen Sie dies auch mithilfe der diagonalen Geraden des Vierecks.

c) Zeigen Sie, dass die Geraden durch die Mittelpunkte benachbarter Vierecksseiten paarweise zueinander parallel sind.

d) Stellen Sie die Situation auch zeichnerisch dar.

e) Untersuchen Sie, ob die Aussage von c) für jedes (ebene oder nicht ebene) Viereck gilt.

Gerade und Ebene

8 Schneidet in den Bildern 78/1 und 78/2 die Gerade die Ebene?

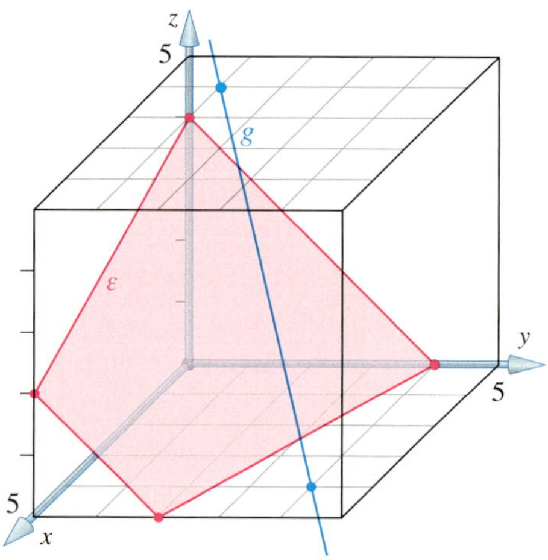

Bild 78/1

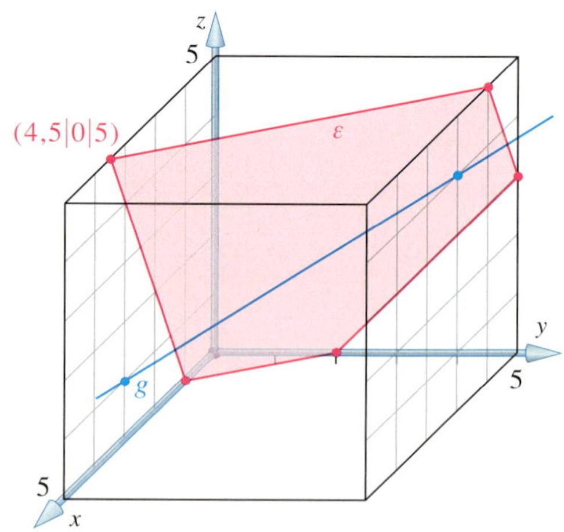

Bild 78/2

9 Untersuchen Sie die Lagebeziehung der Ebene

$$\varepsilon: \vec{x} = \begin{pmatrix} 1 \\ 0 \\ 0 \end{pmatrix} + r \begin{pmatrix} 0 \\ 1 \\ 0 \end{pmatrix} + s \begin{pmatrix} 0 \\ 0 \\ 1 \end{pmatrix}$$

und der Geraden g. Stellen Sie die Situation auch zeichnerisch dar.

a) $g: \vec{x} = \begin{pmatrix} 0 \\ -2 \\ 0 \end{pmatrix} + t \begin{pmatrix} 0 \\ -1 \\ 1 \end{pmatrix}$

b) $g: \vec{x} = \begin{pmatrix} 1 \\ -2 \\ 1 \end{pmatrix} + t \begin{pmatrix} 0 \\ -1 \\ 1 \end{pmatrix}$

10 Untersuchen Sie die Lagebeziehung der Ebene ε und der Geraden g.

a) $\varepsilon: \quad x+y+z=8$ $\qquad g: \vec{x} = \begin{pmatrix} 1 \\ -2 \\ 1 \end{pmatrix} + t \begin{pmatrix} 2 \\ 1 \\ -1 \end{pmatrix}$

b) $\varepsilon: \vec{x} = \begin{pmatrix} 0 \\ 1 \\ 0 \end{pmatrix} + r \begin{pmatrix} 1 \\ 0 \\ 1 \end{pmatrix} + s \begin{pmatrix} 0 \\ 1 \\ 1 \end{pmatrix}$ $\qquad g: \vec{x} = \begin{pmatrix} 1 \\ 2 \\ -1 \end{pmatrix} + t \begin{pmatrix} 1 \\ -1 \\ 0 \end{pmatrix}$

c) $\varepsilon: \quad x-y+2z=2$ $\qquad g: \vec{x} = \begin{pmatrix} 2 \\ -2 \\ -1 \end{pmatrix} + t \begin{pmatrix} 1 \\ 3 \\ 1 \end{pmatrix}$

d) $\varepsilon: \vec{x} = \begin{pmatrix} 3 \\ 2 \\ -2 \end{pmatrix} + r \begin{pmatrix} 0 \\ 0 \\ 1 \end{pmatrix} + s \begin{pmatrix} 0 \\ -1 \\ 0 \end{pmatrix}$ $\qquad g: \vec{x} = \begin{pmatrix} 2 \\ 2 \\ -1 \end{pmatrix} + t \begin{pmatrix} 1 \\ -1 \\ 0 \end{pmatrix}$

e) $\varepsilon: \quad x+2y-z-2$ $\qquad g: \vec{x} = \begin{pmatrix} 2 \\ -1 \\ 1 \end{pmatrix} + t \begin{pmatrix} 1 \\ 0 \\ 1 \end{pmatrix}$

Zwei Ebenen

11 Schneiden sich die in den Bildern 79/1 und 79/2 dargestellten Ebenen?

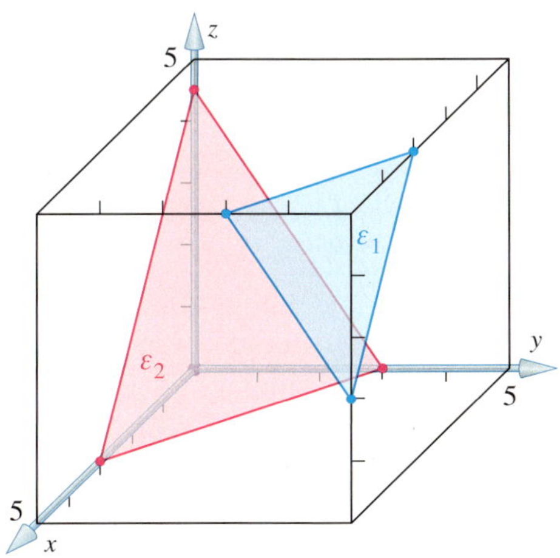

Bild 79/1

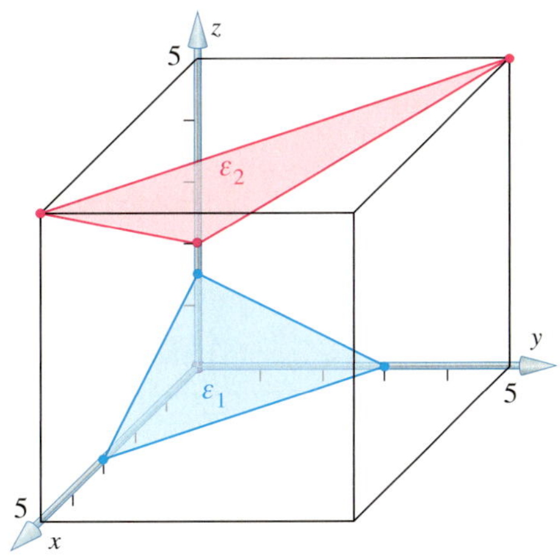

Bild 79/2

12 Untersuchen Sie die Lagebeziehung der Ebenen ε_1 und ε_2. Stellen Sie die Situation auch zeichnerisch dar.

a) $\varepsilon_1\colon \vec{x} = \begin{pmatrix} 0 \\ 4 \\ -2 \end{pmatrix} + r\begin{pmatrix} 1 \\ 0 \\ 0 \end{pmatrix} + s\begin{pmatrix} 0 \\ 1 \\ 0 \end{pmatrix}$ $\quad\varepsilon_2\colon \vec{x} = \begin{pmatrix} 5 \\ 2 \\ 0 \end{pmatrix} + v\begin{pmatrix} 1 \\ 1 \\ 0 \end{pmatrix} + v\begin{pmatrix} -1 \\ 1 \\ 0 \end{pmatrix}$

b) $\varepsilon_1\colon \vec{x} = \begin{pmatrix} 5 \\ 0 \\ 3 \end{pmatrix} + r\begin{pmatrix} 0 \\ -1 \\ 0 \end{pmatrix} + s\begin{pmatrix} 0 \\ 1 \\ 1 \end{pmatrix}$ $\quad\varepsilon_2\colon \vec{x} = \begin{pmatrix} 5 \\ 2 \\ 4 \end{pmatrix} + t\begin{pmatrix} 0 \\ 0 \\ 1 \end{pmatrix} + v\begin{pmatrix} 0 \\ -1 \\ 1 \end{pmatrix}$

c) $\varepsilon_1\colon \vec{x} = \begin{pmatrix} 2 \\ -1 \\ 3 \end{pmatrix} + r\begin{pmatrix} 0 \\ 1 \\ 0 \end{pmatrix} + s\begin{pmatrix} -1 \\ 0 \\ 0 \end{pmatrix}$ $\quad\varepsilon_2\colon \vec{x} = \begin{pmatrix} 0 \\ -5 \\ 3 \end{pmatrix} + t\begin{pmatrix} 0 \\ 0 \\ 1 \end{pmatrix} + v\begin{pmatrix} 1 \\ -1 \\ 0 \end{pmatrix}$

d) $\varepsilon_1\colon \vec{x} = \begin{pmatrix} -2 \\ 3 \\ 0 \end{pmatrix} + r\begin{pmatrix} 0 \\ 0 \\ 2 \end{pmatrix} + s\begin{pmatrix} 3 \\ 0 \\ 0 \end{pmatrix}$ $\quad\varepsilon_2\colon \vec{x} = \begin{pmatrix} -5 \\ 3 \\ 7 \end{pmatrix} + t\begin{pmatrix} 0 \\ -3 \\ 0 \end{pmatrix} + v\begin{pmatrix} 0 \\ -1 \\ 2 \end{pmatrix}$

13 Die Schnittgeraden einer Ebene mit den Koordinatenebenen heißen Spurgeraden. Ermitteln Sie die Spurgeraden der Ebene ε. Stellen Sie die Situation auch zeichnerisch dar.

a) $\varepsilon\colon \vec{x} = \begin{pmatrix} 0 \\ 1 \\ -3 \end{pmatrix} + r\begin{pmatrix} 2 \\ -1 \\ 0 \end{pmatrix} + s\begin{pmatrix} -1 \\ 0 \\ 3 \end{pmatrix}$

b) $\varepsilon\colon x = x + y + z = 1$

c) $\varepsilon\colon \vec{x} = \begin{pmatrix} 0 \\ 1 \\ 0 \end{pmatrix} + r\begin{pmatrix} 1 \\ 0 \\ 1 \end{pmatrix} + s\begin{pmatrix} 0 \\ 1 \\ 1 \end{pmatrix}$

d) $\varepsilon\colon 2x - y + 3z = 6$

Übergreifende Aufgaben

14 Gegeben sind die Vektoren $\vec{a} = \begin{pmatrix} t \\ 0 \\ t \end{pmatrix}$, $\vec{b} = \begin{pmatrix} t \\ t \\ -t \end{pmatrix}$ und $\vec{c} = \begin{pmatrix} -t \\ t^2 \\ t \end{pmatrix}$ mit $t \in \mathbb{R}_{\neq 0}$.

a) Für welche Werte von t sind die Vektoren $\vec{a}$, $\vec{b}$ und $\vec{c}$ nicht komplanar?

b) Bestimmen Sie t so, dass die Vektoren $\vec{a}$, $\vec{b}$ und $\vec{c}$ komplanar sind. Lässt sich dann jeder der drei Vektoren als Linearkombination der beiden anderen darstellen?

c) Berechnen Sie $\vec{a}$, $\vec{b}$ und $\vec{c}$ für $t = 1$.

d) Stellen Sie $\vec{d} = \begin{pmatrix} -1 \\ 1 \\ 3 \end{pmatrix}$ als Linearkombination der bei c) berechneten Vektoren dar.

e) Berechnen Sie $\vec{a}$ für $t = 2$, $t = -3$ und $t = -1$.

f) Stellen Sie $\vec{f} = \begin{pmatrix} -1 \\ -7 \\ 13 \end{pmatrix}$ als Linearkombination der bei e) berechneten Vektoren dar.

15 Gegeben sind die Vektoren $\vec{a} = \begin{pmatrix} 1 \\ 3 \\ -2 \end{pmatrix}, \vec{b} = \begin{pmatrix} 1 \\ k^2 \\ -3 \end{pmatrix}$ und $\vec{c} = \begin{pmatrix} 0 \\ -k \\ k \end{pmatrix}$ mit $k \in \mathbb{R}_{\neq 0}$.

a) Zeigen Sie, dass die Vektoren $\vec{a}, \vec{b}$ und $\vec{c}$ für $k = 1$ nicht komplanar sind.
b) Für welche Werte von $k \in \mathbb{R}_{\neq 0}$ sind die Vektoren $\vec{a}, \vec{b}$ und $\vec{c}$ komplanar, für welche nicht?
c) Berechnen Sie $\vec{a}, \vec{b}$ und $\vec{c}$ für $k = -1$.
d) Stellen Sie $\vec{d} = \begin{pmatrix} -1 \\ 1 \\ 3 \end{pmatrix}, \vec{f} = \begin{pmatrix} -1 \\ 1 \\ 3 \end{pmatrix}$, $\vec{d} + \vec{f}$ und $\vec{d} - \vec{f}$ als Linearkombination der bei c) berechneten Vektoren dar.

16 Transversalen eines Dreiecks sind Strecken, die einen Eckpunkt mit einem Punkt der gegenüberliegenden Dreiecksseite verbinden. Gegeben seien zwei Transversalen, die sich jeweils gegenseitig im angegebenen Verhältnis teilen. In welchem Verhältnis teilt jede Transversale die gegenüberliegende Dreiecksseite?
a) $3:1$ **b)** $1:n \ (n \in \mathbb{N})$ **c)** $m:n \ (m, n \in \mathbb{N})$

17 Im Parallelogramm $ABCD$ teile der Punkt E die Seite CD im Verhältnis $2:1$ und der Punkt F die Seite AB im Verhältnis $2:3$.
a) In welchem Verhältnis teilen sich die Transversalen BE und CF?
b) In welchem Verhältnis teilen sich die Transversalen AE und DF?
c) In welchem Verhältnis teilt die Transversale AE die Diagonale BD?
d) In welchem Verhältnis teilt die Transversale EF die Diagonale AC?

18 Durch die Punkte $P_1(4|3|-4)$, $P_2(3|-7|7)$, $P_3(-2|3|-3)$, $P_4(-3|-4|4)$, $P_5(0|-1|-4)$ und $P_6(-4|7|-5)$ ist ein Sechseck $P_1P_2P_3P_4P_5P_6$ bestimmt.
a) Zeigen Sie, dass eine Kette aus den Vektoren zu $\overrightarrow{P_1P_3}$, $\overrightarrow{P_2P_4}$, $\overrightarrow{P_3P_5}$, $\overrightarrow{P_4P_6}$, $\overrightarrow{P_5P_1}$ und $\overrightarrow{P_6P_2}$ ebenfalls ein Sechseck bildet.
b) Gilt dies für beliebig gewählte Punkte P_1, P_2, P_3, P_4, P_5 und P_6 des Raumes?
c) Gilt dieser Sachverhalt sogar für jedes beliebige n-Eck des Raumes ($n \in \mathbb{N}$)? Für welche n-Ecke gilt er gegebenenfalls nicht?

19 Für das Trapez $ABCD$ in Bild 81/1 sei $\vec{c} = -k\vec{a}$ mit $k > 0$.
a) Drücken Sie $\vec{d}$ durch $\vec{a}$ und $\vec{b}$ aus.
b) Drücken Sie den Vektor $\vec{s}$ zu $\overrightarrow{AS}$ durch $\vec{a}$ und $\vec{b}$ aus.
c) In welchem Verhältnis teilt S die Diagonalen AC und BD?
d) Was gilt im Sonderfall $k = 1$?

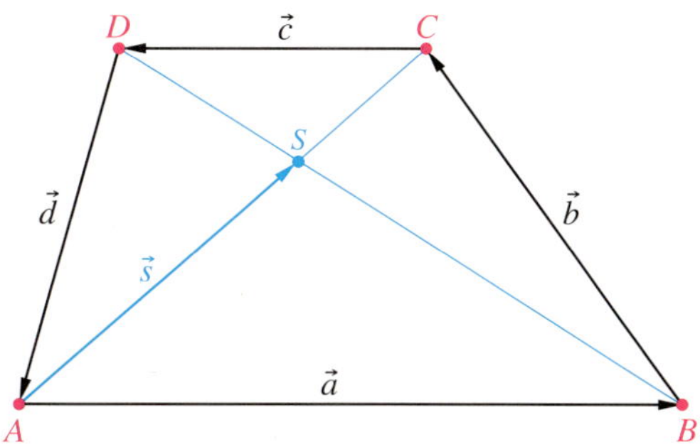

Bild 81/1

20 Für das Trapez $ABCD$ in Bild 82/1 sei $\vec{c} = -k\vec{a}$ mit $k > 0$.

M sei der Mittelpunkt der Seite AD.

a) In welchem Verhältnis teilt T die Diagonale AC?
b) In welchem Verhältnis teilt T die Transversale BM?
c) In welchen Verhältnissen teilen sich die Diagonale BD und die Transversale CM?
d) Was gilt in den Sonderfällen $k = 0$ und $k = 1$?

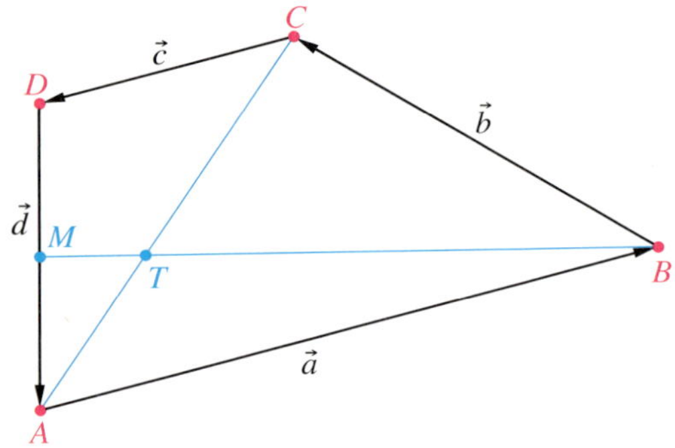

Bild 82/1

21 Gegeben sind die Punkte $P_1(4|0|2)$, $P_2(7|1|-1)$ und $P_3(0|2|3)$ sowie die Gerade

$$g_1: \vec{x} = \begin{pmatrix} 3 \\ 1 \\ 2 \end{pmatrix} + t \begin{pmatrix} 1 \\ 4 \\ 1 \end{pmatrix}.$$

a) Bestimmen Sie eine Gleichung der Geraden g durch P_1 parallel zu g_1.
b) Bestimmen Sie eine Gleichung der Ebene ε, in der g_1 und P_2 liegen.
c) Liegt P_3 in ε? Bestimmen Sie gegebenenfalls die zugehörigen Parameterwerte.

22 Gegeben sind die Punkte $A(6|6|0)$, $B(0|10|0)$, $C(0|0|6)$ und $D(8|0|4)$ sowie die Gerade

$$g: \vec{x} = \begin{pmatrix} 1 \\ 0 \\ 1 \end{pmatrix} + t \begin{pmatrix} 0 \\ 1 \\ 0 \end{pmatrix}.$$

a) Bestimmen Sie eine Gleichung der Ebene ε durch A, B und C.
b) Liegt der Punkt D in der Ebene ε?
c) Wie liegen g und ε zueinander?
d) Bestimmen Sie die Schnittgerade der Ebene ε mit der Ebene durch A, B und D.

23 Gegeben sind die Punkte $A(1|5|8)$, $B(9|1|4)$, $C(5|7|2)$ und $D(-3|11|6)$ sowie die Ebene

$$\varepsilon_2: \vec{x} = \begin{pmatrix} 4 \\ 1 \\ 7 \end{pmatrix} + u \begin{pmatrix} 5 \\ -3 \\ 8 \end{pmatrix} + v \begin{pmatrix} 1 \\ 0 \\ 0 \end{pmatrix}.$$

a) Zeigen Sie, dass die Punkte A, B, C und D in einer Ebene ε_1 liegen.
b) In welchem Punkt schneidet die Gerade g durch B und D die y-z-Ebene?
c) Schneiden sich die Ebene ε_1 und die x-y-Ebene?
d) Wie liegen die Ebenen ε_1 und ε_2 zueinander?

24 Trifft die Gerade $g: \vec{x} = \begin{pmatrix} 2 \\ 8 \\ 6 \end{pmatrix} + u \begin{pmatrix} 1 \\ 2 \\ 3 \end{pmatrix}$ die Fläche des durch $\vec{a} = \begin{pmatrix} 3 \\ 0 \\ 8 \end{pmatrix}$, $\vec{b} = \begin{pmatrix} 1 \\ 2 \\ 6 \end{pmatrix}$ und $P(-2|-3|-4)$ bestimmten Parallelogramms?

25 Welches Stück der Geraden durch die Punkte $P(4|2|0)$ und $Q(8|8|8)$ liegt innerhalb des Tetraeders mit den Eckpunkten $A(5|9|3)$, $B(6|4{,}5|10)$, $C(3|0|4)$ und $D(10|6|5)$?

26 Schließen die Geraden g_1, g_2 und g_3 ein Dreieck ein? Bestimmen Sie gegebenenfalls die Eckpunkte und die Seitenlängen.

a) $g_1\colon \vec{x} = \begin{pmatrix} 3 \\ -3 \\ 2 \end{pmatrix} + r\begin{pmatrix} 2 \\ 1 \\ -3 \end{pmatrix}$ $\quad g_2\colon \vec{x} = \begin{pmatrix} 2 \\ 1 \\ -1 \end{pmatrix} + s\begin{pmatrix} 1 \\ -4 \\ 3 \end{pmatrix}$ $\quad g_3\colon \vec{x} = \begin{pmatrix} 1 \\ 2 \\ -1 \end{pmatrix} + t\begin{pmatrix} 1 \\ -1 \\ 0 \end{pmatrix}$

b) $g_1\colon \vec{x} = \begin{pmatrix} -2 \\ -5 \\ 2 \end{pmatrix} + r\begin{pmatrix} 3 \\ 5 \\ 0 \end{pmatrix}$ $\quad g_2\colon \vec{x} = \begin{pmatrix} -10 \\ -1 \\ 6 \end{pmatrix} + s\begin{pmatrix} -7 \\ -3 \\ 2 \end{pmatrix}$ $\quad g_3\colon \vec{x} = \begin{pmatrix} -1 \\ 1 \\ 3 \end{pmatrix} + t\begin{pmatrix} 2 \\ -1 \\ -1 \end{pmatrix}$

27 Ein Parallelogramm werde von den Vektoren $\vec{a}$ und $\vec{b}$ aufgespannt (Bild 83/1). M_a und M_b seien die Mittelpunkte der Seiten AB und BC.

a) Ermitteln Sie Parametergleichungen der Geraden g_1, g_2 und g_3.

b) Zeigen Sie, dass g_1, g_2 und g_3 einen gemeinsamen Schnittpunkt S haben.

c) Welche Rolle spielt S im Dreieck ABC? Was bedeutet dies für die Begründung bei b)?

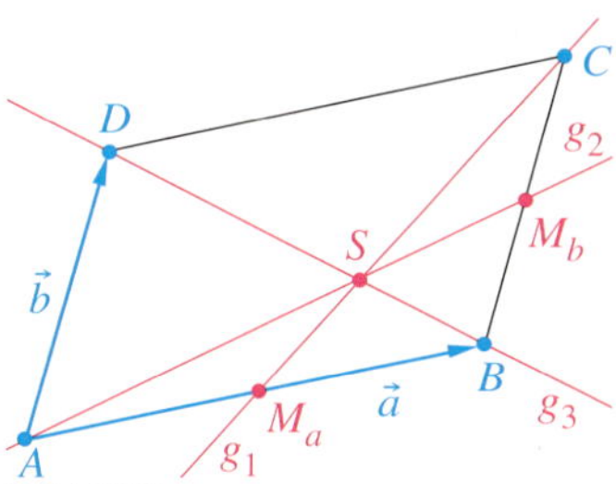

Bild 83/1

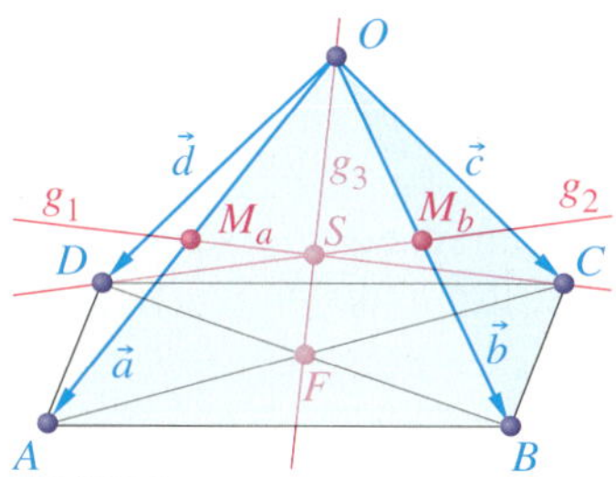

Bild 83/2

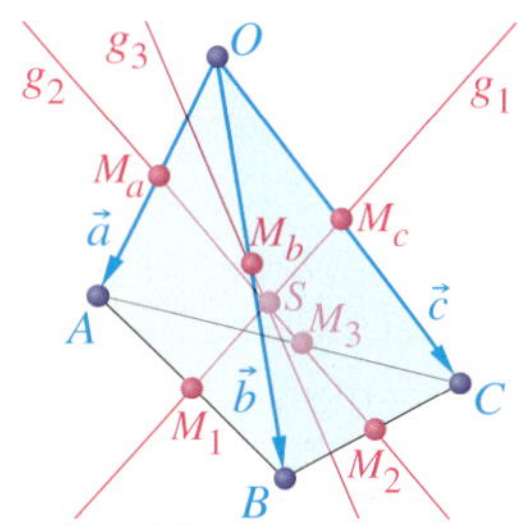

Bild 83/3

28 Ein Tetraeder werde von den Vektoren $\vec{a}$, $\vec{b}$ und $\vec{c}$ aufgespannt (Bild 83/2). M_a, M_b, M_c seien die Mittelpunkte der Strecken OA, OB, OC; M_1, M_2, M_3 seien die Mittelpunkte der Strecken AB, BC, AC.

a) Ermitteln Sie Parametergleichungen der Geraden g_1, g_2 und g_3.

b) Zeigen Sie, dass sich g_1 und g_2 in einen Punkt S schneiden.

c) In welchem Verhältnis teilt S die Strecken M_aM_2 und M_bM_3?

d) Liegt S auch auf g_3?

e) Zeigen Sie, dass für den Vektor $\vec{s}$ zum Pfeil $\overrightarrow{OS}$ gilt: $\vec{s} = \frac{1}{4}(\vec{a} + \vec{b} + \vec{c})$.

29 Eine schiefe Pyramide werde von den Vektoren $\vec{a}$, $\vec{b}$, $\vec{c}$ und $\vec{d}$ aufgespannt (Bild 83/3). $ABCD$ sei ein Parallelogramm. M_a und M_b seien die Mittelpunkte der Strecken OA und OB.

a) Ermitteln Sie Parametergleichungen der Geraden g_1, g_2 und g_3.

b) Zeigen Sie, dass sich g_1 und g_2 in einen Punkt S schneiden.

c) Zeigen Sie, dass für den Vektor $\vec{s}$ zum Pfeil $\overrightarrow{OS}$ gilt: $\vec{s} = \frac{1}{3}(\vec{a} + \vec{c})$.

d) In welchem Verhältnis teilt S die Strecken M_aC und M_bD?

e) Liegt S auch auf g_3?

30 Bearbeiten Sie Aufgabe 29 auch für den Fall, dass für die Fläche $ABCD$ gilt: $\overrightarrow{CD} = -\frac{1}{2}\overrightarrow{AB}$

AUFGABEN

Licht und Schatten

31 Gegeben sind die Punkte $P(0|0|2)$, $Q(2|0|2)$ und $R(2|2|2)$ sowie eine Parallelprojektion mit dem Richtungsvektor $\vec{v} = \begin{pmatrix} 2 \\ -3 \\ -2 \end{pmatrix}$ und eine Zentralprojektion mit dem Zentrum $L(-2|8|6)$.

a) Wo liegen in der xy-Ebene die Schattenpunkte Q' und R' bei einer Parallelprojektion?

b) Wo liegen in der xy-Ebene die Schattenpunkte Q' und R' bei einer Zentralprojektion?

c) Bestimmen Sie eine Gleichung der Schnittgeraden h der Ebenen ε_{xy} und ε_{Wand}: $y = -1$; zeigen Sie, dass der Punkt $R'(4|-1|0)$ auf h liegt.

d) Wo liegt auf der Wand ε_{Wand} der Schattenpunkt Q'' bei einer Parallelprojektion?

e) Wo liegen auf der Wand ε_{Wand} die Schattenpunkte P'', Q'' und R'' bei einer Zentralprojektion?

32 Bestimmen Sie jeweils den Schatten, den der Turm in Bild 84/1 auf die Grundebene ε_{xy} wirft.

a) Sonnenstrahlen fallen auf den Turm mit dem Richtungsvektor $\vec{v} = \begin{pmatrix} 5 \\ 2 \\ -3 \end{pmatrix}$.

b) Nachts wird der Turm von einem Scheinwerfer angestrahlt, dessen Zentrum bei $L(-1|-4|18)$ liegt.

c) An die Turmfläche $ABFE$ sei symmetrisch ein Kirchenraum mit der Grundfläche $JKLM$ angebaut; er hat ein Satteldach, das in einer Höhe von 3 m beginnt und bis zur Unterkante des Turmdaches reicht. Bestimmen Sie jeweils den Schatten auf der Dachfläche.

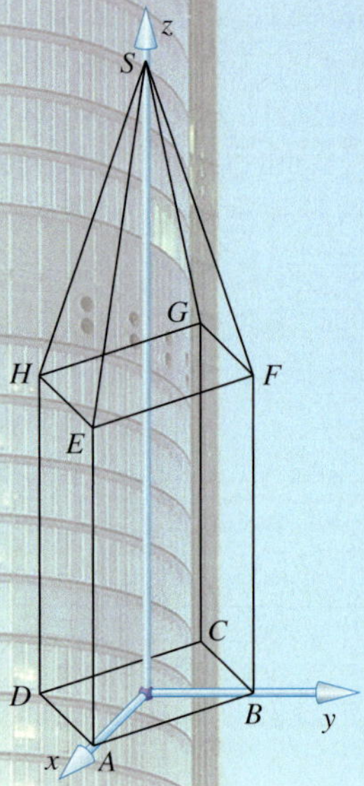

Bild 84/1

$S(0|0|12)$

$E(2|0|6)$
$F(0|2|6)$
$G(-2|0|6)$
$H(0|-2|6)$

$A(2|0|0)$
$B(0|2|0)$
$C(-2|0|0)$
$D(0|-2|0)$

$K(20|12|0)$
$L(12|20|0)$

33 Die Sonnenbahn für Essen (51,28°N, 7,01°O) am 21. Juni ist gegeben durch φ (Azimut; Nord bei 0°) und ϑ (Elevation; Winkel gegen Horizont).

MEZ	04:16	06:00	08:00	10:00	12:00	14:00	16:00	18:00	20:00	20:52
φ in Grad	49,0	68,7	91,0	118,7	163,7	219,0	254,8	279,0	301,0	310,9
ϑ in Grad	0,0	13,2	31,5	49,5	61,4	57,6	41,8	23,3	5,8	0,0

a) Zeigen Sie, dass der Vektor $\vec{v} = \begin{pmatrix} \cos\vartheta \sin\varphi \\ \sin\vartheta \sin\varphi \\ \cos\vartheta \end{pmatrix}$ die Richtung des Sonnenlichts hat.

b) Der RWE-Tower in Essen ist ein 120 m hoher Zylinder mit einem Durchmesser von 32 m. Gibt es Bereiche, die am 21. Juni den ganzen Tag über im Schatten des Turmes liegen?

3 Körper

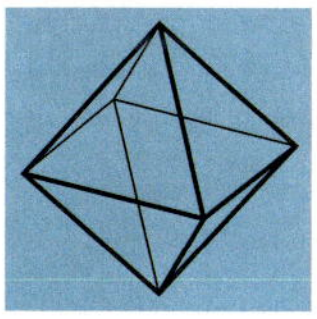

In diesem Kapitel werden Polyeder beschrieben und klassifiziert. Ausgehend von der Darstellung geometrischer Figuren im Koordinatensystem werden Hilfsmittel zur Berechnung auftretender Längen und Winkelmaße entwickelt.

3.1 Beschreibung und Erzeugung von Körpern

A1 **Raumfüller**

AUFTRÄGE

Die Ebene lässt sich auf vielfache Weise durch eine oder mehrere Figuren lückenlos überdecken. Finden Sie einzelne Körper oder auch Bausätze, die aus mehreren Körper bestehen, mit denen man entsprechend den Raum ausfüllen kann. Untersuchen Sie vor allem ebenflächig begrenzte Körper und fertigen Sie dazu Modelle an. Überprüfen Sie damit Ihre Vermutungen.

Bild 85/1: Regelmäßige Flächenaufteilung (M. C. Escher 1926/27)

Bild 85/2: Synagoge in Mitzpeh Ramon (Israel)

Bild 85/3: Modell der Synagoge

AUFTRÄGE

A2 Auf den Schliff kommt es an

In der Schmuckindustrie werden Edelsteine bearbeitet. So entsteht zum Beispiel aus einem Rohdiamanten (Bild 86/1) durch einen raffinierten Schliff ein facettenreicher Brillant (Bild 86/2). Dabei wird die kristalline Struktur der Rohdiamanten ebenso berücksichtigt wie der Wunsch nach einem guten Lichtreflexionsvermögen. Symmetrische Schliffe können den Edelsteinen zudem ein optisch ansprechendes Äußeres verleihen.

Bild 86/1: Rohdiamant

Bild 86/2: Brillant

Welche Körper können entstehen, wenn man einen Würfel an allen Ecken jeweils gleichmäßig zum Würfelmittelpunkt hin – also senkrecht zu den Raumdiagonalen – abschleift (Bild 86/3)? Welche Sonderfälle gibt es? Beschreiben Sie die Schnittebenen in einem Koordinatensystem.

Bild 86/3: Symmetrisches Abschleifen der Würfelecken

A3 IKOS-Haus

Regelmäßige und symmetrische Figuren haben Künstler und Architekten immer wieder bei ihren Arbeiten inspiriert. Körper, deren Seitenflächen symmetrische Vielecke sind, spielen daher eine ausgezeichnete Rolle. Stellen Sie solche Körper her und vergleichen Sie sie hinsichtlich ihrer Eigenschaften.

Bild 87/1: Passiv-Solar-Drehhaus IKOS in Augsburg

Bild 87/2

Bild 87/3

Ein Würfel verwandelt sich

Wir bearbeiten Auftrag A2. Für eine einfache Beschreibung mittels Koordinaten wählen wir den Würfel *ABCDEFGH* der Kantenlänge 2 LE und legen ihn so in ein dreidimensionales kartesisches Koordinatensystem, dass sein Mittelpunkt mit dem Ursprung *O* zusammenfällt und die Seitenflächen parallel zu den Koordinatenebenen sind (Bild 88/1).

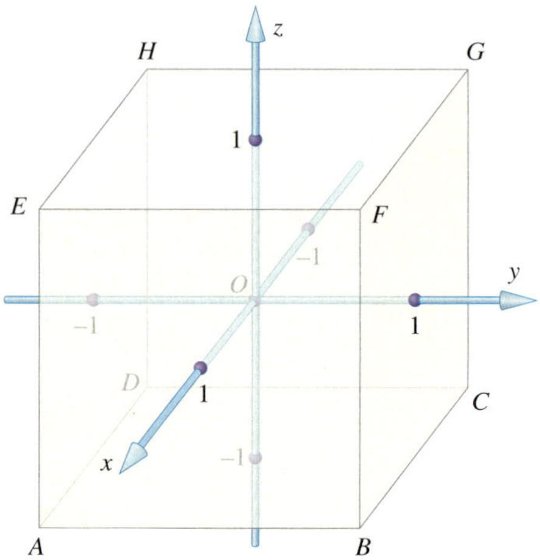

Bild 88/1: Koordinaten des Würfels

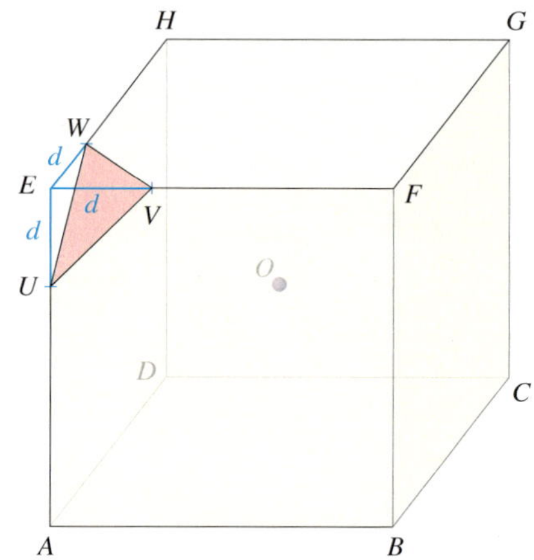

Bild 88/2: Zur Bestimmung der Schnittebene

Beim gleichmäßigen Abschleifen der Ecken werden die von einer Ecke ausgehenden drei Kanten von der „Schleifebene" aus Symmetriegründen jeweils im gleichen Abstand vom entsprechenden Eckpunkt geschnitten. Dreht man nämlich den Würfel beispielsweise um 120° um die Diagonale $\overline{EC}$, so werden die Kanten $\overline{EA}$, $\overline{EF}$ und $\overline{EH}$ aufeinander abgebildet, während die zu $\overline{EC}$ senkrechte Schleifebene jedoch ihre Lage nicht ändert. Wir können jetzt die Gleichung einer solchen Schleifebene aufstellen. Betrachten wir dazu auf den Kanten $\overline{EA}$, $\overline{EF}$, $\overline{EH}$ die Punkte U, V, W im Abstand $d = 0{,}5$ (LE) von E (Bild 88/2). Es gilt $U(1|-1|0{,}5)$, $V(1|-0{,}5|1)$, $W(0{,}5|-1|1)$ und eine Gleichung für die Schleifebene ist $x - y + z = 2{,}5$. Leiten Sie selbst diese Gleichung her (Aufgabe 1).

Allgemein beschreibt die Gleichung $\varepsilon_E\colon x - y + z = 3 - d$ die Ebene durch die Punkte $U(1|-1|1-d)$, $V(1|-1+d|1)$, $W(1-d|-1|1)$. Entsprechend haben die Schnittebenen zu allen Eckpunkten des Würfels die Gleichungen:

$$\begin{aligned} \varepsilon_A &: \quad x - y - z = 3 - d, & \varepsilon_E &: \quad x - y + z = 3 - d,\\ \varepsilon_B &: \quad x + y - z = 3 - d, & \varepsilon_F &: \quad x + y + z = 3 - d,\\ \varepsilon_C &: -x + y - z = 3 - d, & \varepsilon_G &: -x + y + z = 3 - d,\\ \varepsilon_D &: -x - y - z = 3 - d, & \varepsilon_H &: -x - y + z = 3 - d. \end{aligned}$$

Dabei gibt es zu jeder reellen Zahl d jeweils genau eine solche Ebene. Es genügt allerdings, nur d mit $0 < d < 3$ zu betrachten, da uns nur diejenigen Ebenen interessieren, die einerseits den Würfel schneiden $(0 < d)$ und andererseits noch einen Restkörper einschließen $(d < 3)$. Für $d = 3$ liegt O sowohl in der Ebene $\varepsilon_E\colon x - y + z = 0$ wie auch in allen anderen sieben Ebenen und es gibt keinen Restkörper mehr. Die Ebenengleichungen erlauben es, unabhängig von der Anschauung Eigenschaften wie die Parallelität der „gegenüber" liegenden Ebenen ε_A und ε_G leicht festzustellen und sich später bei der Frage nach der Gestalt der Schnittflächen auch von der Anschauung lösen zu können.

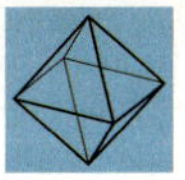

Würfelstumpf

Wenden wir uns nun den bei dem Schleifprozess entstehenden Körpern zu. Für $0 < d < 1$ entsteht ein Körper, der durch sechs Achtecke (auf den ursprünglichen Würfelseitenflächen) und acht Dreiecke begrenzt wird (Bild 86/3). Überlegen Sie sich, weshalb es sich dabei immer um gleichseitige Dreiecke handelt (Aufgabe 2, Seite 96).

Ein besonderer Körper entsteht, wenn die Achtecke regulär sind, also gleich lange Seiten haben. Aus Bild 89/1 kann man entnehmen, dass das genau dann der Fall ist, wenn gilt:

$$d + d\sqrt{2} + d = 2, \quad \text{also} \quad d = \frac{2}{2+\sqrt{2}} = 2 - \sqrt{2} \approx 0{,}59\,.$$

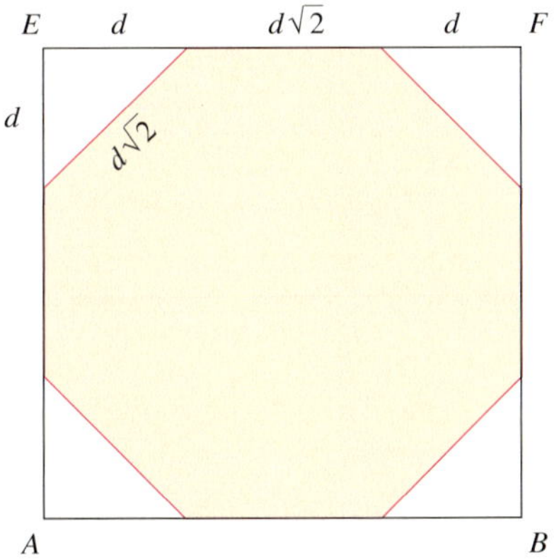

Bild 89/1

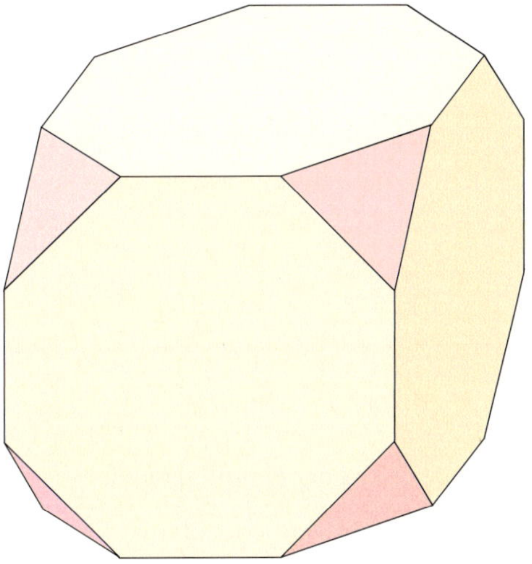

Bild 89/2: Würfelstumpf

Ein solcher Körper heißt – aufgrund seiner Entstehung – **Würfelstumpf** (Bild 89/2). Auch seine dreieckigen Seitenflächen sind regulär. Ein Würfelstumpf wird also durch verschiedene Arten regulärer Seitenflächen begrenzt. Man nennt solche Körper **halbregulär** oder **archimedisch**.

Kuboktaeder

Im Fall $d = 1$ werden aus den Achtecken Quadrate. Der zugehörige Körper besteht dann aus sechs Quadraten und acht gleichseitigen Dreiecken (Bild 89/3).

Es handelt sich um ein **Kuboktaeder**, einen weiteren archimedischen Körper.

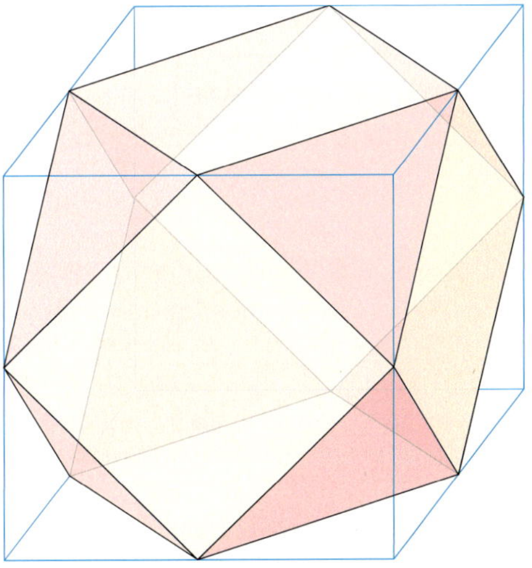

Bild 89/3: Kuboktaeder

Oktaederstumpf

Welche Schnittflächen entstehen, wenn man den Schleifprozess weiter fortsetzt? Um dies zu klären, untersuchen wir die Schnittfigur in der „Schleifebene“ ε_E genauer (vergleiche Seite 88 und für das Folgende Bild 90/1).

Die Ebene ε_E schneidet – mit Ausnahme der zu ihr parallel liegenden Ebene ε_C – alle weiteren sechs „Schleifebenen“. Die entsprechenden Schnittgeraden sowie ihre Lage in Bezug auf den Würfel können wir bestimmen. Wir wählen dazu d ein wenig größer als 1, hier $d = 1{,}2$.

Die Schnittgerade g_1 von ε_E und ε_A erhalten wir als Lösung des entsprechenden Gleichungssystems

$$\varepsilon_E: \quad x - y + z = 3 - d = 1{,}8$$
$$\varepsilon_A: \quad x - y - z = 3 - d = 1{,}8\,.$$

Durch Subtraktion der beiden Zeilen erhalten wir $2z = 0$, also $z = 0$. Setzen wir $x = t$, so ist $y = x + z - 1{,}8 = t - 1{,}8$ und damit

$$g_1: \quad \vec{x} = \begin{pmatrix} t \\ t - 1{,}8 \\ 0 \end{pmatrix}$$

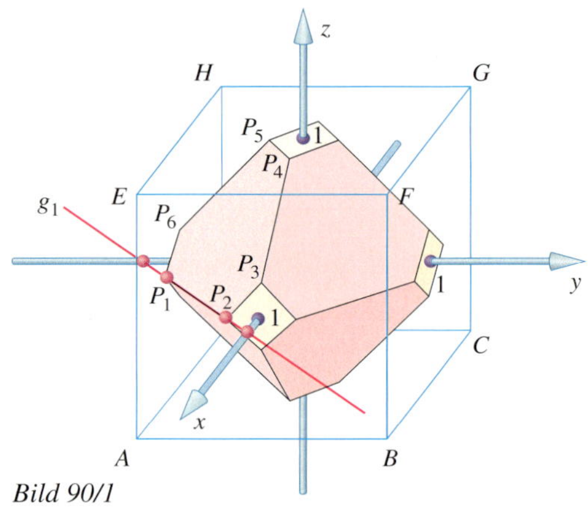

Bild 90/1

eine Gleichung der Schnittgeraden g_1.

In welchen Punkten schneidet g_1 die Seitenquadrate des Würfels? Das Seitenquadrat $ADHE$ liegt in der Ebene zu $y = -1$. Für den Schnittpunkt P_1 von g_1 mit dieser Ebene muss daher gelten $t - 1{,}8 = -1$, also $t = 0{,}8$; der Schnittpunkt hat deshalb die Koordinaten $P_1(0{,}8|-1|0)$. Das Seitenquadrat $ABFE$ liegt in der Ebene zu $x = 1$. Für den Schnittpunkt P_2 von g_1 mit dieser Ebene muss daher gelten $t = 1$, also hat der Schnittpunkt die Koordinaten $P_2(1|-0{,}8|0)$.

Die Ebenen ε_E und ε_A schneiden sich demnach innerhalb des Würfels in der Strecke $\overline{P_1P_2}$. Aus Symmetriegründen haben dann auch ε_E und ε_F im Würfel eine Strecke $\overline{P_3P_4}$ und ε_E und ε_H eine Strecke $\overline{P_5P_6}$ gemeinsam. Dabei sind $P_3(1|0|0{,}8)$, $P_4(0{,}8|0|1)$, $P_5(0|-0{,}8|1)$ und $P_6(0|-1|0{,}8)$. Führen Sie die Berechnung dieser Koordinaten selbst durch (Aufgabe 3 b)).

Die Ebenen ε_B, ε_G, ε_D schneiden ε_E jeweils außerhalb des Würfels (Aufgabe 3 a)). Ihre Schnittgeraden haben somit keinen Einfluss auf die im Würfel liegende Schnittfigur. Diese ist allein durch die sechs Punkte $P_1, \ldots, P_6$ bestimmt und folglich ein Sechseck.

Entsprechend sind auch die Schnittfiguren in den anderen sieben „Schleifebenen“ solche Sechsecke, so dass der neue Schnittkörper von acht Sechsecken sowie von sechs Quadraten begrenzt wird.

Gibt es auch hier einen Sonderfall? Gibt es eine Zahl d, bei der die Sechsecke regulär werden? Wir gehen dieser Frage nach und betrachten dazu das gleichseitige Dreieck UVW (Bild 91/1), dem dann ein reguläres Sechseck der Seitenlänge a einbeschrieben ist. Die drei verbleibenden Teildreiecke in UVW sind gleichseitig und haben die Seitenlänge a.

Daher hat die Strecke $\overline{UV}$ die Länge $3a$ und es gilt:

$$d^2 + d^2 = (3a)^2.$$

Ferner erkennen wir, dass dann eine Würfelkante genauso lang ist wie die Diagonale eines Quadrates der Seitenlänge a und zwei Katheten eines gleichschenklig rechtwinkligen Dreiecks mit der Hypotenusenlänge a zusammen; es muss daher gelten:

$$2 = \frac{a}{2}\sqrt{2} + a\sqrt{2} + \frac{a}{2}\sqrt{2}, \text{ also } a = \frac{1}{\sqrt{2}} \text{ und damit } d = 1{,}5.$$

Nur für $d = 1{,}5$ wäre demnach der angenommene Sonderfall möglich. Tatsächlich lassen sich reguläre Sechsecke als Schnittfiguren für diesen Fall nachweisen (Aufgabe 3,c)).

Der dann vorliegende archimedische Körper (Bild 90/1) heißt **Oktaederstumpf**, denn man kann ihn sich auch aus einem regulären Oktaeder durch Abschleifen der Ecken entstanden denken.

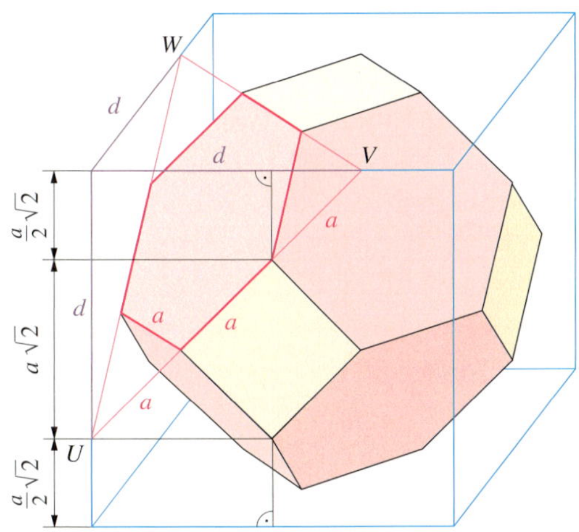

Bild 91/1: Oktaederstumpf

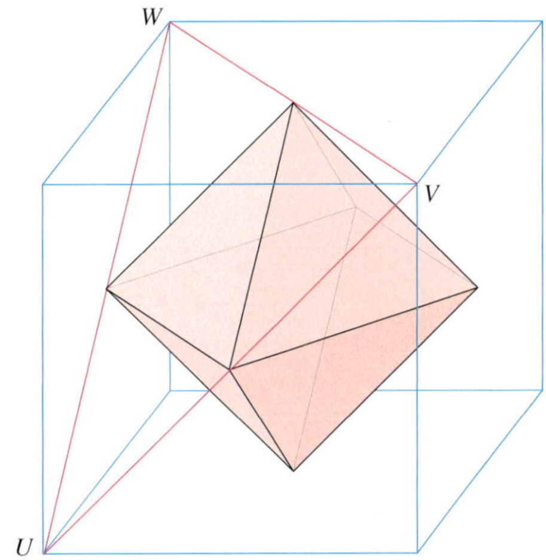

Bild 91/2: Oktaeder

Oktaeder

Wird d weiter vergrößert, dann können wir erwarten, dass die Quadrate auf den Seitenflächen des ursprünglichen Würfels immer kleiner werden, bis sie schließlich für $d = 2$ zu einem Punkt entarten. Tatsächlich erfüllen die Koordinaten des Mittelpunktes $M(1|0|0)$ des Quadrates $ABFE$ für $d = 2$ die Ebenengleichungen für ε_A, ε_B, ε_F und ε_E. Der neue Körper besitzt also sechs symmetrisch angeordnete Ecken. Bei den Seitenflächen handelt es sich folglich um acht gleichseitige Dreiecke (Bild 91/2). Der Körper heißt **reguläres Oktaeder** oder Achtflach. Eine Besonderheit bei diesem Körper ist, dass er nur eine Art regulärer Seitenflächen besitzt, die außerdem an jeder Ecke in gleicher Weise angeordnet sind. Ein solcher Körper heißt deshalb auch **reguläres Polyeder** oder **platonischer Körper**.

Schleift man die Seitenflächen gleichmäßig weiter ab, so ändert der Körper seine Form nicht mehr, denn die Seitenflächen des ursprünglichen Würfels haben nun keinen Einfluss mehr. Das reguläre Oktaeder wird jedoch immer kleiner, bis es für $d = 3$ zum Punkt O entartet.

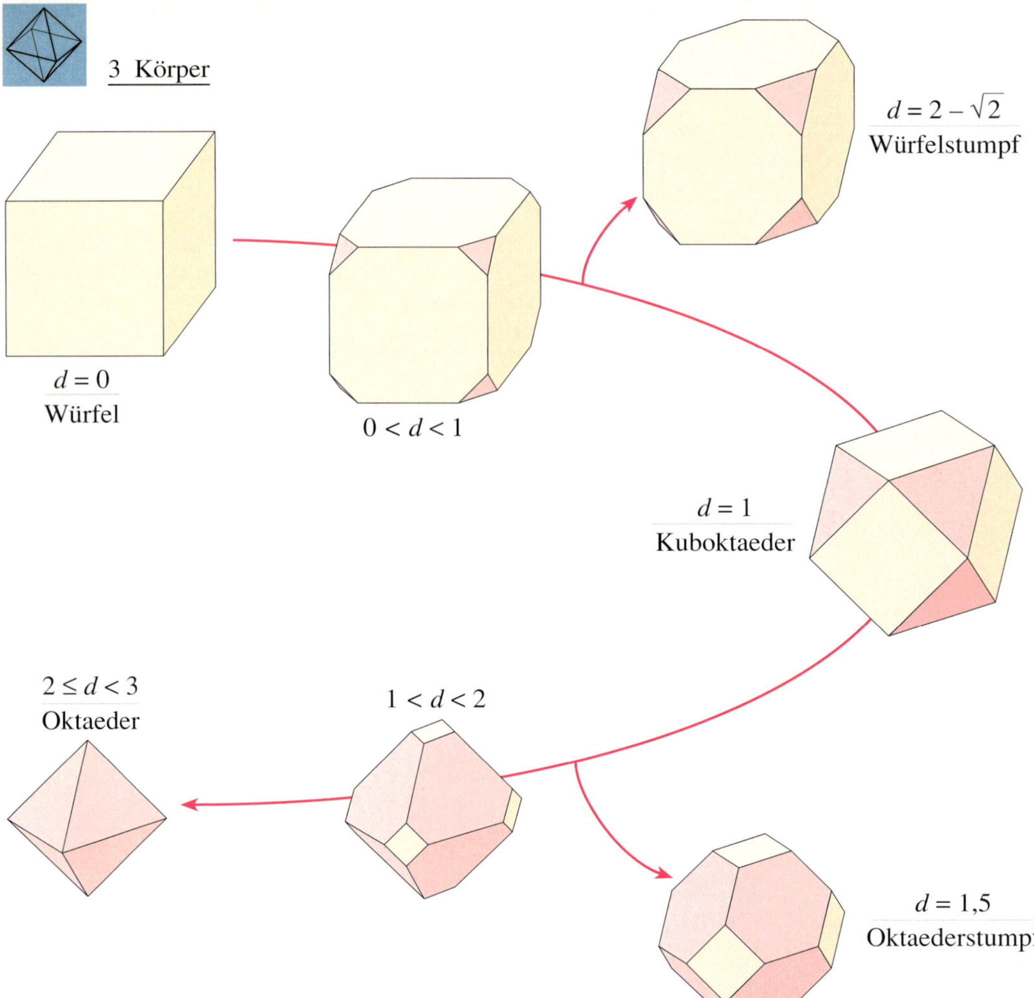

Bild 92/1: Vom Würfel zum Oktaeder

Polyeder

Als Polyeder[1)] (Vielflach) bezeichnet man alle Körper mit geradlinig begrenzten ebenen Seitenflächen. Wie bei den Polygonen (Vielecken) in der Ebene gibt es auch im Raum unendlich viele Arten von Polyedern, da schon die Eckenzahl beliebig variiert werden kann.

Während man in der Ebene jedoch mit der Bezeichnung ***n*-Eck** bereits eine gute Unterscheidungsmöglichkeit für Polygone hat, hat eine solche Unterscheidung im Raum nicht viel Sinn. Es kann bei gleicher Eckenzahl die Gestalt der Seitenflächen durchaus verschieden sein, wie am Beispiel von Würfelstumpf und Oktaederstumpf deutlich erkennbar ist.

Bis heute hat sich noch keine einheitliche Bezeichnung für die Beschreibung beliebiger Polyeder durchgesetzt, wohl aber für spezielle Klassen. Dabei spielt oftmals sowohl die Anzahl der Seitenflächen als auch die mögliche Entstehung des Körpers eine Rolle.

Schon die alten Griechen richteten ihr besonderes Augenmerk auf konvexe Polyeder, also auf solche, die anschaulich gesprochen keine „Einstülpungen nach innen" haben. Die Bilder 93/1 und 93/2 zeigen einige Beispiele für konvexe bzw. nichtkonvexe Polyeder.

[1)] Der Name stammt aus dem Griechischen und bedeutet wörtlich übersetzt *Vielsitz*.

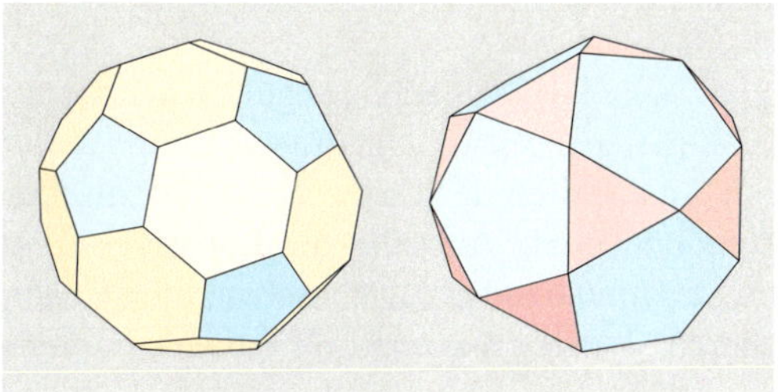

Bild 93/1: Beispiele für konvexe Polyeder

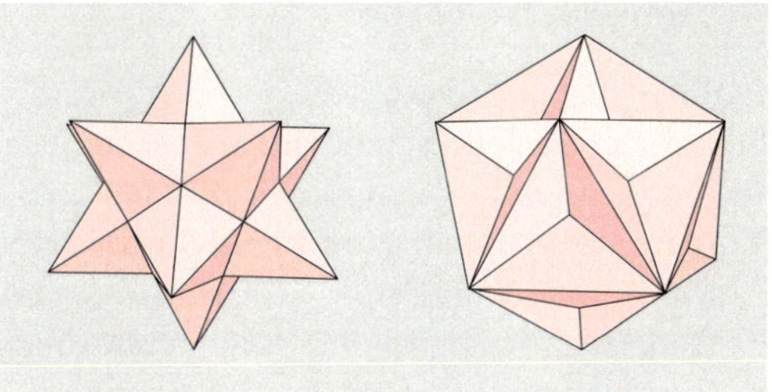

Bild 93/2: Beispiele für nichtkonvexe Polyeder

Platonische Körper

Unter den konvexen Polyedern fallen diejenigen besonders auf, deren Seitenflächen reguläre n-Ecke sind. Geradezu perfekt sind die sogenannten **regulären Polyeder** oder **platonischen Körper** gebaut, zu denen Würfel und Oktaeder zählen, bei denen nicht nur alle Seitenflächen zueinander kongruente reguläre n-Ecke sind, sondern bei denen an jeder Ecke stets gleich viele solcher Seitenflächen zusammentreffen. Diese Bedingung ist es auch, die die Anzahl der möglichen Körper wesentlich einschränkt. So ist es beispielsweise nicht möglich, dass ein platonischer Körper reguläre Sechsecke enthält, denn an jeder Ecke müssten mindestens drei davon zusammentreffen. Drei Winkel der Größe 120° mit einem gemeinsamen Scheitelpunkt und paarweise gemeinsamen Schenkeln können jedoch keine räumliche Ecke bilden, wovon man sich leicht auch praktisch überzeugen kann. Diese Winkel liegen zwangsläufig immer in einer Ebene.

Allgemein muss die Summe der Winkelgrößen der an einer Ecke zusammentreffenden Winkel bei einem konvexen Körper stets kleiner als 360° sein, so dass bei Benutzung regulärer n-Ecke nur noch Dreiecke, Vierecke oder Fünfecke in Frage kommen. Der Ungleichungskette $3\cdot 60° < 4\cdot 60° < 3\cdot 90° < 5\cdot 60° < 3\cdot 108° < 360°$ ist zu entnehmen, wie viele gleichseitige Dreiecke (Innenwinkel zu je 60°) oder Quadrate (Innenwinkel zu je 90°) oder reguläre Fünfecke (Innenwinkel zu je 108°) an einer Körperecke überhaupt zusammentreffen können, um die gegebene Grenze von 360° nicht zu überschreiten. Es gibt nur die folgenden fünf Möglichkeiten:

1. drei gleichseitige Dreiecke (Tetraeder)
2. vier gleichseitige Dreiecke (Oktaeder)
3. fünf gleichseitige Dreiecke (Ikosaeder)
4. drei Quadrate (Würfel oder Hexaeder)
5. drei reguläre Fünfecke (Dodekaeder)

Die Namen[1] in Klammern zeigen schon an, dass es in jedem der Fälle tatsächlich einen dazugehörigen Körper gibt. Bild 93/3 stellt sie in einer Übersicht dar.

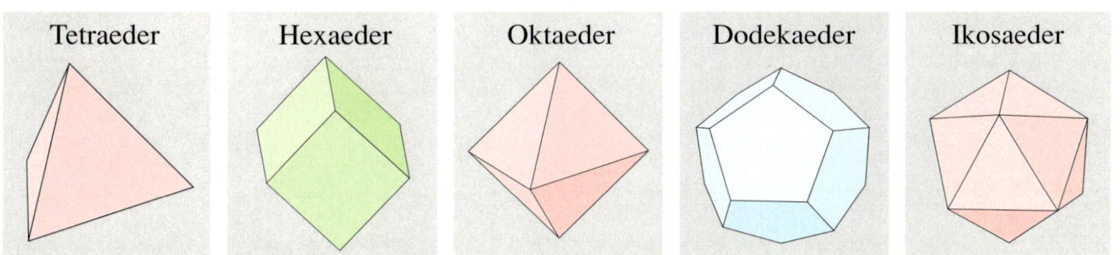

Bild 93/3: Die platonischen Körper

[1] Die Bezeichnungen stammen aus dem Griechischen. Je nachdem, wie viele Flächen ein Polyeder hat, heißt es Tetraeder (Vierflach), Pentaeder (Fünfflach), Hexaeder (Sechsflach) usw.

Archimedische Körper

Halbreguläre Polyeder oder **archimedische Körper** haben verschiedene reguläre n-Ecke als Seitenflächen. Jedoch sind auch diese an jeder Ecke in gleicher Weise angeordnet. Einige dieser Körper kann man – wie in unserem Beispiel – durch Abschleifen der Ecken eines platonischen Körpers erhalten, aber auch durch Abschleifen seiner Kanten (Aufgabe 5). Bild 94/1 zeigt zunächst 13 archimedische Körper: 1 Cubus simus, 2 Kuboktaeder, 3 Rhombenkuboktaeder, 4 Dodecaedron simum, 5 Rhombenikosidodekaeder, 6 Ikosidodekaeder, 7 Tetraederstumpf, 8 Würfelstumpf, 9 Dodekaederstumpf, 10 Oktaederstumpf, 11 Kuboktaederstumpf, 12 Ikosidodekaederstumpf, 13 Ikosaederstumpf.

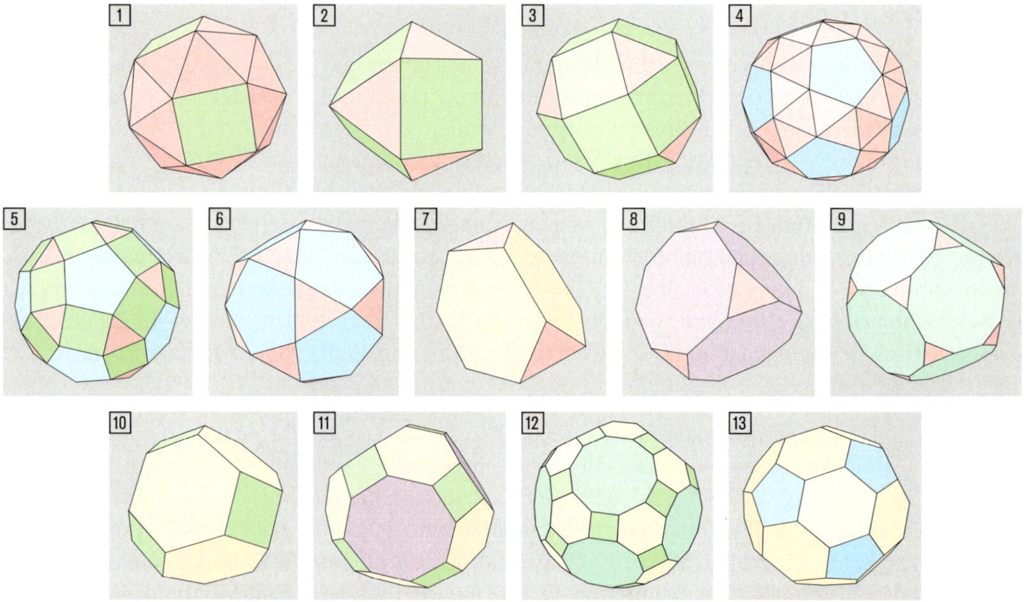

Bild 94/1: Archimedische Körper

Daneben unterscheidet man dann noch **archimedische Prismen** und **archimedische Antiprismen** (Bild 94/2). Prismen bzw. Antiprismen sind Körper mit gerader Eckenzahl, bei denen die Ecken je zur Hälfte in zwei parallelen Ebenen liegen und dort zueinander kongruente Vielecke als Seitenflächen bilden.

Beim Prisma sind alle übrigen Seitenflächen Parallelogramme. Beim Antiprisma hingegen sind diese Seitenflächen Dreiecke, da dort die bereits genannten Flächen gegeneinander verdreht sind.

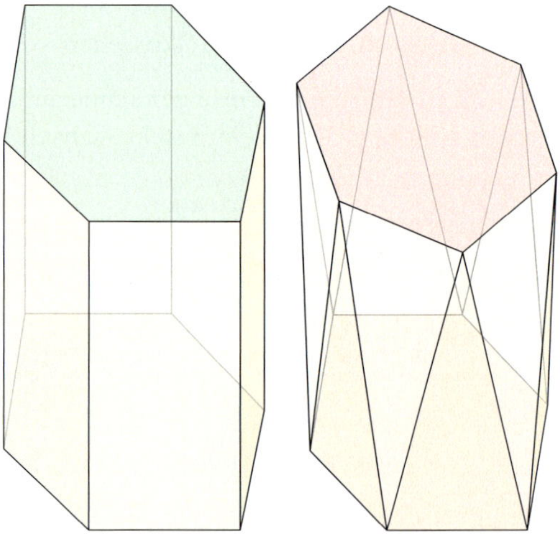

Bild 94/2: Sechseitiges Prisma (links) und sechsseitiges Antiprisma (rechts)

Archimedische n-seitige Prismen bestehen demnach aus zwei kongruenten regulären n-Ecken und n Quadraten, während n-seitige Antiprismen neben den beiden kongruenten regulären n-Ecken von $2n$ gleichseitigen Dreiecken begrenzt werden.

Weitere archimedische Körper gibt es nicht, wohl aber andere Körper, die ebenfalls nur reguläre Seitenflächen besitzen. Bei diesen Körpern gibt es dann jedoch Ecken, die sich in der Anordnung der an sie grenzenden Flächen unterscheiden.

So treffen beispielsweise bei einer quadratischen Pyramide (Bild 95/1), deren Kanten alle gleich lang sind, an der Spitze vier gleichseitige Dreiecke aufeinander, an den übrigen Ecken aber jeweils zwei Dreiecke und ein Quadrat.

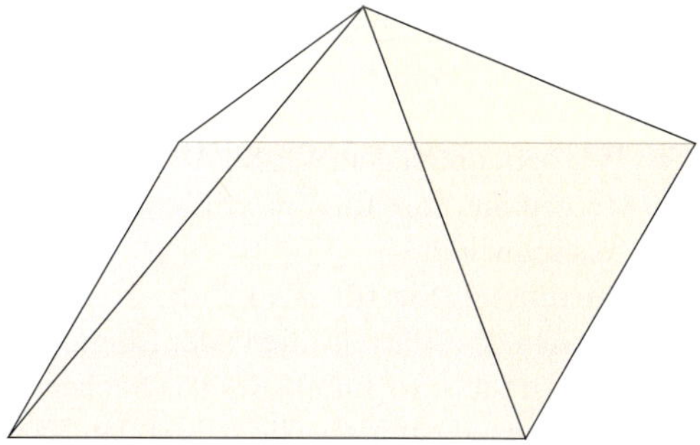

Bild 95/1: Quadratische Pyramide mit gleichlangen Kanten

Wir fassen zusammen

Ebenflächig begrenzte Körper, **Polyeder**, sind durch ihre Eckpunkte und Seitenflächen eindeutig gegeben. Sie lassen sich durch die Angabe der Eckpunktkoordinaten und entsprechender Ebenengleichungen analytisch erfassen.

Man unterscheidet **konvexe** und **konkave** Polyeder. Besondere konvexe Polyeder sind die **platonischen Körper**, deren Seitenflächen sämtlich zueinander kongruente reguläre n-Ecke sind. Diese Körper zeichnen sich durch ein Höchstmaß an Symmetrie aus. Dagegen besitzen **archimedische Körper** verschiedene reguläre n-Ecke als Seitenflächen.

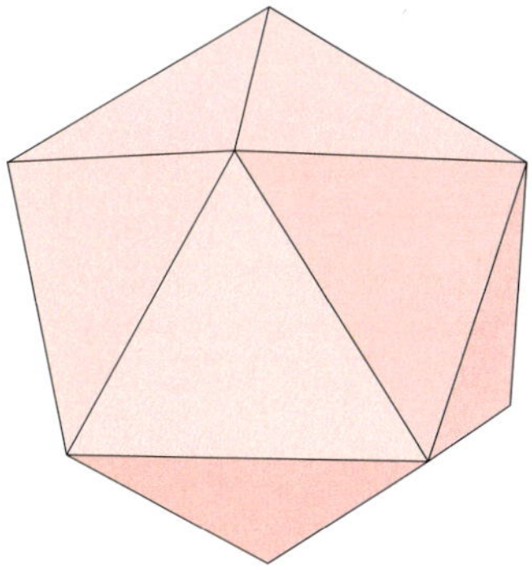

Bild 95/2: Ein platonischer Körper

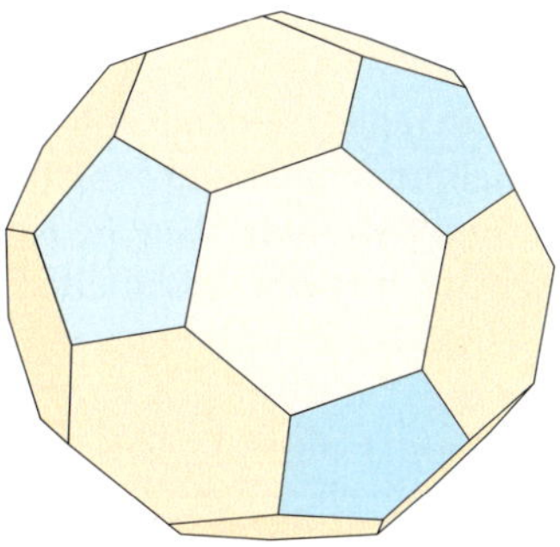

Bild 95/3: Ein archimedischer Körper

Für die analytische Beschreibung und Darstellung von Körpern ist es oft sinnvoll, gedanklich deren Entstehung nachzuvollziehen und diesen Prozess mathematisch zu erfassen.

1 Leiten Sie die Gleichung $x-y+z=2{,}5$ für die Ebene durch die Punkte $U(1|-1|0{,}5)$, $V(1|-0{,}5|1)$, $W(0{,}5|-1|1)$ her.

2 Zeigen Sie: Schneidet eine Ebene die von einem Eckpunkt eines Würfels ausgehenden drei Kanten jeweils in gleichem Abstand bezüglich dieses Punktes, dann ist die Schnittfigur ein gleichseitiges Dreieck.

3 Wir betrachten den Würfel $ABCDEFGH$ und die Ebenen $\varepsilon_A, \ldots, \varepsilon_H$ auf Seite 88.

a) Zeigen Sie, dass für $d=1{,}2$ die Ebene $\varepsilon_B, \varepsilon_G$ oder ε_D die Ebene ε_E jeweils außerhalb des Würfels schneidet.

b) Bestimmen Sie für $d=1{,}2$ die Koordinaten der Punkte P_3, P_4, P_5 und P_6 auf den Seitenflächen des Würfels, die in der Ebene ε_E und einer der Ebenen ε_F oder ε_H liegen (Bild 90/1).

c) Zeigen Sie, dass für $d=1{,}5$ das Sechseck $P_1P_2P_3P_4P_5P_6$ regulär ist.
Anleitung: Ermitteln Sie neben den Koordinaten der sechs Punkte auch den Schnittpunkt S von ε_E mit der Raumdiagonalen $\overline{EC}$ und zeigen Sie, dass S das Sechseck in sechs gleichseitige Dreiecke unterteilt.

4 Untersuchen Sie, welche Körper entstehen, wenn ein reguläres Tetraeder an allen Ecken in gleicher Weise, und zwar parallel zur jeweils gegenüberliegenden Seitenfläche, abgeschliffen wird.

Stellen Sie Gleichungen für die Schnittebenen auf. Welche Sonderfälle gibt es?

Hinweis:
Nutzen Sie für die Bestimmung der Koordinaten des Tetraeders die mögliche Einbettung in einen Würfel (Bild 96/1).

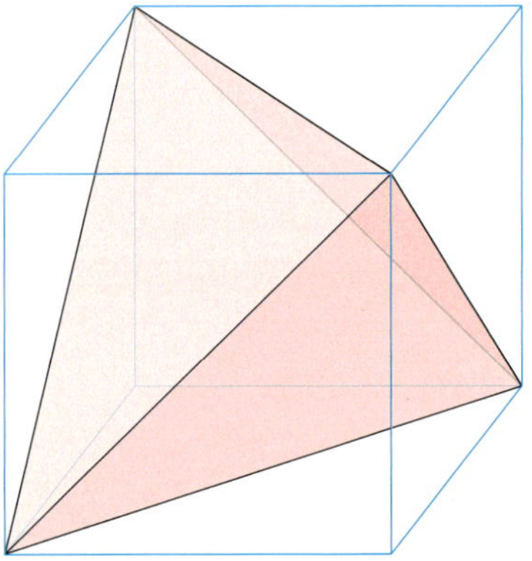

Bild 96/1

5 Welche Körper entstehen, wenn die Kanten eines regulären Tetraeders jeweils senkrecht zu der vom Tetraedermittelpunkt und der jeweiligen Kante bestimmten Ebene abgeschliffen werden? Gibt es Sonderfälle?

6 Ein Würfel wird an all seinen Kanten gleichmäßig abgeschliffen und zwar jeweils senkrecht zu der vom Würfelmittelpunkt und der jeweiligen Kante bestimmten Ebene.

a) Nutzen Sie Bild 88/1 und geben Sie Koordinatengleichungen für die Schnittebenen an.

b) Untersuchen Sie, ob beim Abschleifen Körper entstehen, deren Seitenflächen sämtlich reguläre n-Ecke sind. Begründen Sie.

c) Beschreiben Sie den Körper, der entsteht, wenn die Seitenflächen des Ausgangswürfels abgeschliffen sind. Handelt es sich bei den Seitenflächen des neuen Körpers um besondere Vielecke?

Hinweis: Basteln Sie ein Modell des Körpers (z. B. aus Knetmasse) und vollziehen Sie den Veränderungsprozess praktisch nach.

7 Beschreiben Sie, wie man aus einem Würfel ein Rhombenkuboktaeder (Bild 94/1) erhalten kann.

8 Geben Sie eine Übersicht über die Anzahl der Ecken, Kanten und Seitenflächen der platonischen Körper an. Was stellen Sie fest?

9 Untersuchen Sie für jeden der platonischen Körper, welcher neue Körper entsteht, wenn man die Mittelpunkte benachbarter Seitenflächen miteinander verbindet.

10 Für konvexe Polyeder gilt die **Euler'sche Polyederformel** $E+F-K=2$.
Dabei sind E die Anzahl der Ecken, F die Anzahl der Seitenflächen und K die Anzahl der Kanten des Polyeders.

a) Beweisen Sie die Euler'sche Polyederformel.

Anleitung:

(1) Betrachten Sie das Kantenmodell eines konvexen Polyeders mit E Ecken, F Seitenflächen und K Kanten (Bild 97/1). Jede Seitenfläche, die kein Dreieck ist, kann durch Diagonalen in Dreiecke zerlegt werden. Dabei sollen sich verschiedene Diagonalen jedoch nicht im Innern der Seitenfläche schneiden.

Durch wie viele Diagonalen wird ein n-Eck vollständig in Dreiecke zerlegt und wie viele Dreiecke entstehen dabei?

Die neue Figur besitzt E_1 $(=E)$ Ecken, F_1 Dreiecksflächen sowie insgesamt K_1 Kanten und Diagonalen. Welcher Zusammenhang besteht zwischen $E_1+F_1-K_1$ und $E+F-K$?

(2) Entfernen Sie eine Ecke des Polyeders sowie alle mit dieser Ecke verbundenen Kanten und Diagonalen. Zurück bleibt neben den unveränderten Flächen ein geschlossener Polygonzug, aus dem mittels Verbindungslinien zwischen seinen Eckpunkten wiederum Dreiecke gebildet werden. Die jetzt entstandene Figur hat E_2 $(=E_1-1)$ Ecken, F_2 Dreiecksflächen und K_2 Kanten. Zeigen Sie, dass $E_2+F_2-K_2=E_1+F_1-K_1$ gilt.

(3) Angenommen, der beschriebene Prozess des Entfernens von Ecken wird weiter wie unter (2) beschrieben fortgesetzt, so dass der Restkörper immer kleiner wird. Welcher Körper muss dabei zum Schluss entstehen? Wie viele Ecken, Kanten und Flächen hat er? Warum folgt daraus für das Ausgangspolyeder $E+F-K=2$?

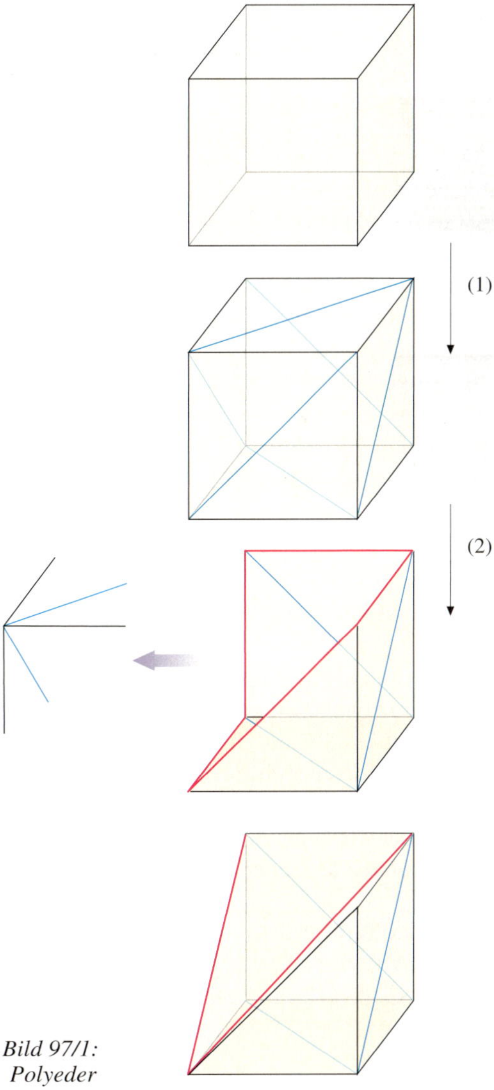

Bild 97/1: Polyeder

AUFGABEN

a) Der Körper in Bild 98/1 ist ein aus sechzehn Tetraedern zusammengesetzter „Tetraederring“. Begründen Sie, dass der Euler'sche Polyedersatz für diesen Körper nicht gilt. Warum versagt das unter a) angegebene Verfahren hier?

b) Ein konvexes Polyeder besitze zwölf Ecken und nur Dreiecke als Seitenflächen. Wie viele Kanten und Flächen hat es dann?
Anleitung: Überlegen Sie, welcher mathematische Zusammenhang zwischen der Anzahl der Dreiecksflächen und der Anzahl der Kanten bestehen muss. Nutzen Sie anschließend den Polyedersatz.

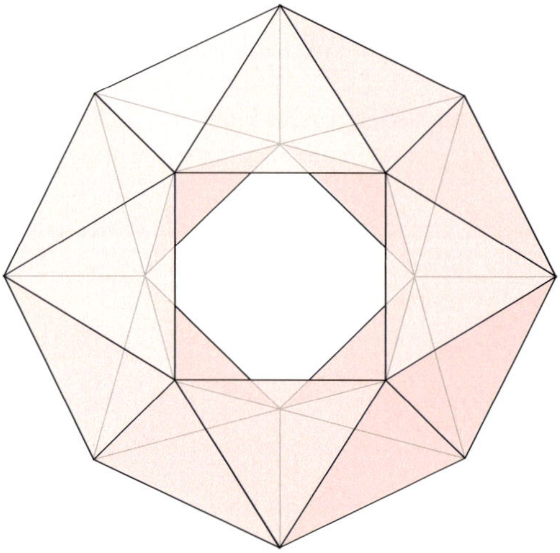

Bild 98/1: Polyederring

11 Wir betrachten die Ecke eines Polyeders. Eine solche Ecke gehört zu verschiedenen Seitenflächen und ist damit zugleich Scheitelpunkt mehrerer Innenwinkel. Die Summe der Größen dieser Innenwinkel ist für eine Ecke eines konvexen Polyeders immer kleiner als 360°. Die Differenz zu 360° sei für die Ecke A_1 mit α_1 bezeichnet, entsprechend für A_2 mit α_2 usw.
Der **Satz von Descartes** besagt, dass die Summe S der zu allen Ecken gehörenden Winkelgrößen α_i für jedes konvexe Polyeder dieselbe ist.

a) Ermitteln Sie S und überprüfen Sie den Satz für die platonischen Körper.

b) Zeigen Sie mit Hilfe des Satzes von Descartes, dass es nur fünf platonische Körper geben kann.
Anleitung: Nehmen Sie an, dass an jeder Ecke m reguläre n-Ecke zusammentreffen und leiten Sie daraus mit Hilfe des Satzes die Gleichung

$$E = \frac{4n}{4-(n-2)(m-2)}$$

für die Eckenanzahl E her. Diskutieren Sie anschließend den Nenner dieses Bruches.

c) Zeigen Sie, dass es keinen archimedischen Körper geben kann, an dessen Ecken jeweils
(1) ein gleichseitiges Dreieck, ein Quadrat und ein reguläres Fünfeck,
(2) ein gleichseitiges Dreieck, ein Quadrat und ein reguläres Sechseck zusammentreffen.

d) Ermitteln Sie mit Hilfe des Satzes von Descartes die Eckenanzahl für jeden der in Bild 94/1 abgebildeten archimedischen Körper.

12 Geben Sie symmetrische Netze für folgende Körper an:

a) reguläres Tetraeder, **b)** Würfel, **c)** reguläres Oktaeder.

13 Ein Würfel lässt sich in sechs gleiche quadratische Pyramiden zerlegen, bei denen jeweils die Grundfläche eine Seitenfläche des Würfels und die Spitze der Würfelmittelpunkt ist. Untersuchen Sie den Körper, der entsteht, wenn man sechs solcher Pyramiden außen auf die Seitenflächen des Würfels aufsetzt? Ist der Körper konvex?

3.2 Das Skalarprodukt

A1 Treideln

Das Treideln bezeichnet eine Methode, mit der früher Schiffe auf Flüssen stromaufwärts bewegt wurden. Auf so genannten Treidelpfaden am Ufer zogen dabei Menschen oder Pferde das Schiff an Seilen. Wie kann man rechnerisch ermitteln, welcher Anteil der aufgewandten Zugkraft tatsächlich entgegen der Strömungsrichtung wirkt?

Bild 99/1: Gemälde „Die Wolgatreidler" des russischen Malers Ilja Jefimowitsch Repin (1873)

A2 Auf dem kürzesten Weg

Physikalische Gesetze gestatten die Vorhersage der Bewegung von Körpern und damit die Vorausberechnung der Bahnkurve. Rollt beispielsweise eine Kugel unter dem Einfluss der Schwerkraft eine Ebene hinunter, so ist diese Bahnkurve eine Gerade.

Nehmen wir an, dass eine Kugel die Ebene ε: $x+2y+3z=6$ anfangs im Punkt $P(0|0|2)$ berührt und dann auf ihr hinunterrollt. Wie lautet dann die Gleichung der Geraden h, auf der die Kugel entlang rollt? Die z-Achse des zugrunde gelegten kartesischen Koordinatensystems sei dabei senkrecht zur Erdoberfläche – der xy-Ebene – und von der Erde weg gerichtet.

A3 Mechanische Arbeit

Der Begriff Arbeit spielt in der Physik eine zentrale Rolle. So wird z. B. die Arbeit W berechnet, die man aufwenden muss, wenn man einen Körper der Masse m längs eines Vektors $\vec{s}$ (Weg) unter Aufwendung einer konstanten Kraft $\vec{F}$ verschiebt. Stimmen die Richtungen von $\vec{s}$ und $\vec{F}$ überein, so gilt $W=|\vec{F}|\cdot|\vec{s}|$.

Sind die Richtungen verschieden, so kann nur der Anteil von $\vec{F}$ berücksichtigt werden, der in Richtung von $\vec{s}$ wirkt. Wie kann man in diesem allgemeinen Fall W berechnen, wenn
a) neben den Beträgen $|\vec{F}|$ und $|\vec{s}|$ auch der Winkel zwischen $\vec{F}$ und $\vec{s}$ bekannt ist,
b) $\vec{F}$ und $\vec{s}$ nur in vektorieller Darstellung gegeben sind?

A4 Platzbedarf

Bei der Konstruktion dreidimensionaler Objekte auf Computerbildschirmen sind neben einem Bild, das einen räumlichen Eindruck der Lage des Objektes im Koordinatensystem vermittelt (z. B. ein Schrägbild), oft auch die orthogonalen Projektionen bezüglich der drei Koordinatenebenen gegeben: Grund-, Auf- und Seitenriss (Bild 100/1). Sie ermöglichen während der Konstruktion nicht nur eine exakte Platzierung des Objekts, sondern können zudem wertvolle Hinweise über den „Platzbedarf" geben, den das Objekt benötigte, wenn man es in Projektionsrichtung „durch" die jeweilige Ebene schieben würde.

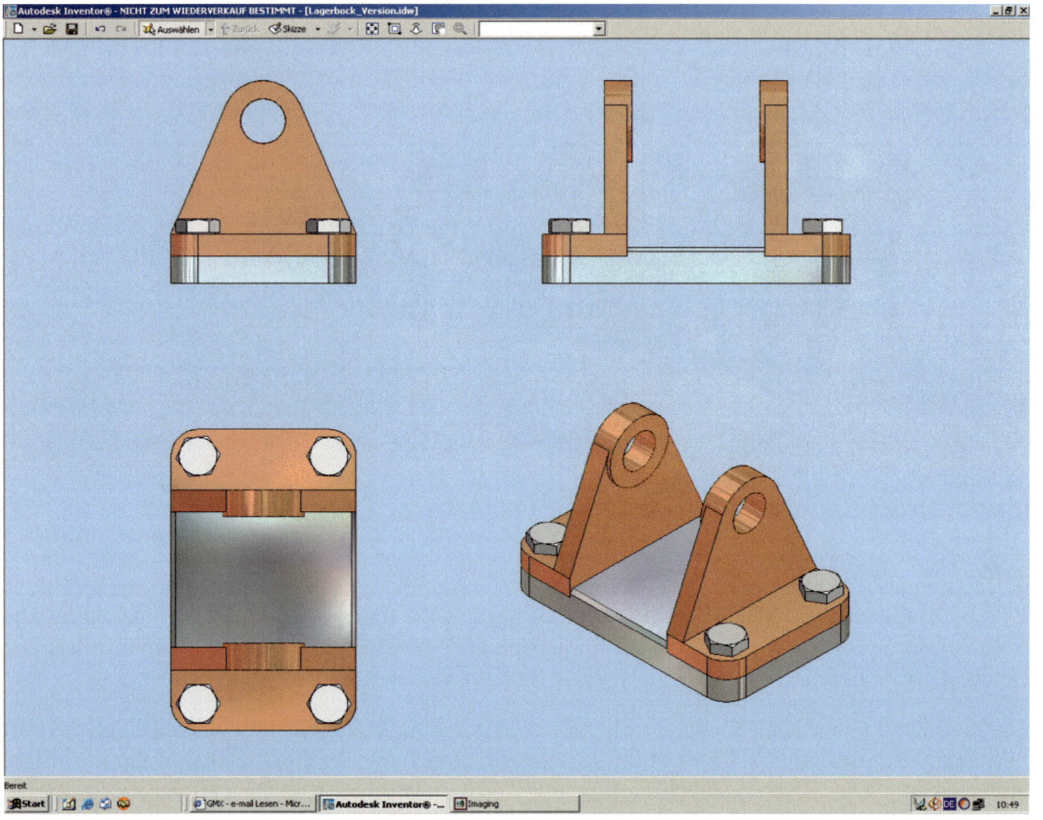

Bild 100/1: Schrägbild eines Lagerbocks mit Grund-, Auf- und Seitenriss

Finden Sie heraus, ob man ein reguläres Tetraeder (Bild 100/2) der Kantenlänge 10 cm durch ein Loch der Form

a) eines Quadrates mit der Seitenlänge 8 cm,

b) eines gleichseitigen Dreiecks mit einer Seitenlänge kleiner als 10 cm schieben kann.

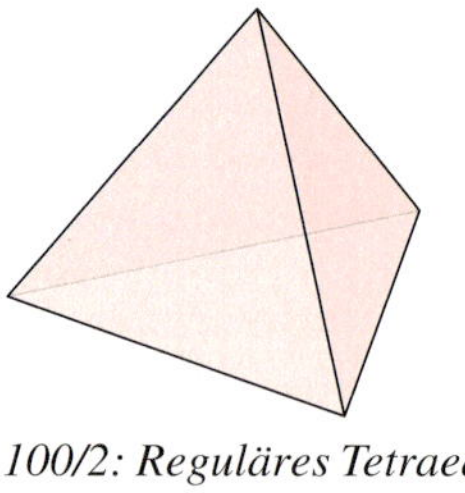

Bild 100/2: Reguläres Tetraeder

Eine Frage der Lage

Wir bearbeiten Auftrag **A4**. Zunächst ist festzustellen, dass das Tetraeder weder durch das quadratische (Bild 101/1) noch durch das dreieckige Loch passen kann, wenn man versucht, es mit einer Dreiecksfläche voran (diese Fläche wäre dann parallel zur Lochebene) hindurchzuschieben.

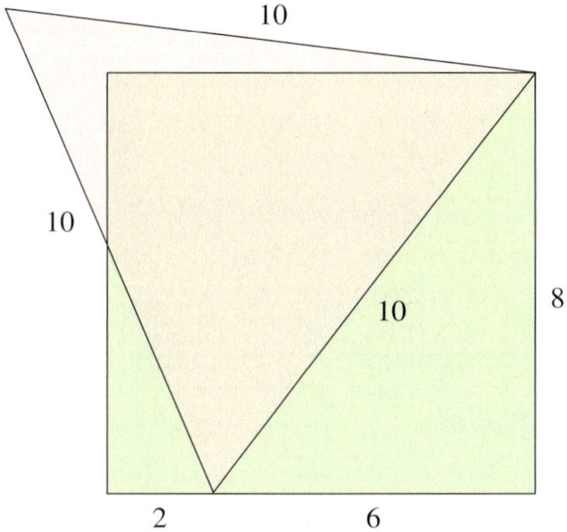

Bild 101/1

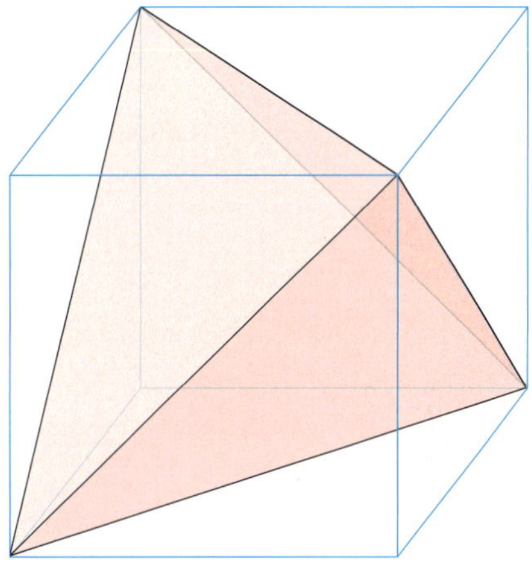
Bild 101/2

Das Tetraeder müsste also gekippt werden. Dabei kann die bereits im Innern des Quadrates liegende Tetraederkante (Bild 101/1) ihre Position beibehalten. Dreht man das Tetraeder um diese Kante, dann erreicht man unter anderem die in Bild 101/2 gezeigte Lage. Praktisch kann ein aus Papier gebasteltes Tetraedermodell helfen, diese und andere Lagen des Tetraeders anschaulich zu beurteilen. Bewegt man ein solches Modell im Licht eines Scheinwerfers, dann erkennt man in der Projektion drei- oder viereckige Schatten wechselnder Gestalt. Man findet auf diese Weise auch heraus, dass das Projektionsbild im Sonderfall ein Quadrat sein kann.

Bild 101/2 verdeutlicht, dass das Tetraeder einem Würfel einbeschrieben werden kann, dessen Flächendiagonale genauso lang wie die Tetraederkante ist. Ein reguläres Tetraeder der Kantenlänge 10 cm lässt sich demnach in einen Würfel der Kantenlänge $5\sqrt{2}$ cm $\approx 7{,}07$ cm einbetten. Da ein solcher Würfel offensichtlich durch das gegebene quadratische Loch passt, muss das auch für das Tetraeder zutreffen. Damit ist dieser Fall positiv entschieden.

Der Fall des Dreiecksloches kann selbst mit einem Modell nicht sicher entschieden werden. Es ist klar, dass das Tetraeder $ABCD$ durch ein gleichseitiges Dreieck (Loch) mit der Seitenlänge 10 cm passt. Das entspricht z. B. der Projektionsrichtung senkrecht zur Fläche ABC. Die Seiten $\overline{AB}$, $\overline{BC}$ und $\overline{AC}$ werden dabei in wahrer Länge abgebildet.

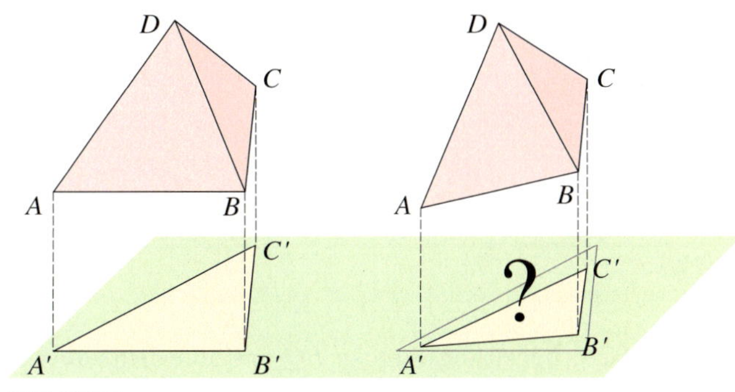

Bild 101/3

Ändert man die Projektionsrichtung geeignet, dann kann man erreichen, dass alle drei Seiten im Bild verkürzt erscheinen und zusätzlich D' nicht außerhalb des Dreiecks $A'B'C$ liegt (Bild 101/3).

Ist damit die Lösung nicht offensichtlich? Nein! Denn obwohl alle Seitenlängen des Bilddreiecks kleiner als 10 cm wären, braucht es deshalb noch nicht durch das Loch zu passen, wie Bild 102/1 an einem Zahlenbeispiel zeigt.

Klarheit schafft hier erst eine rechnerische Untersuchung. Dazu sind im räumlichen Koordinatensystem

– das Tetraeder zu beschreiben,

– die Projektionsrichtung zu erfassen sowie anschließend

– die Ausmaße des Projektionsbildes zu berechnen.

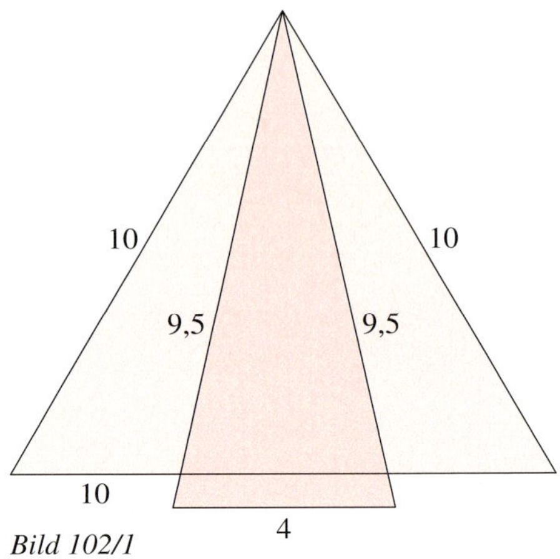

Bild 102/1

Der zuletzt genannte Punkt führt dabei auf eine grundlegende Frage: Wie lang sind die Bilder von Strecken im Projektionsbild? Dieser Frage wollen wir uns im Folgenden zuwenden.

Die Länge einer Bildstrecke bei orthogonaler Parallelprojektion

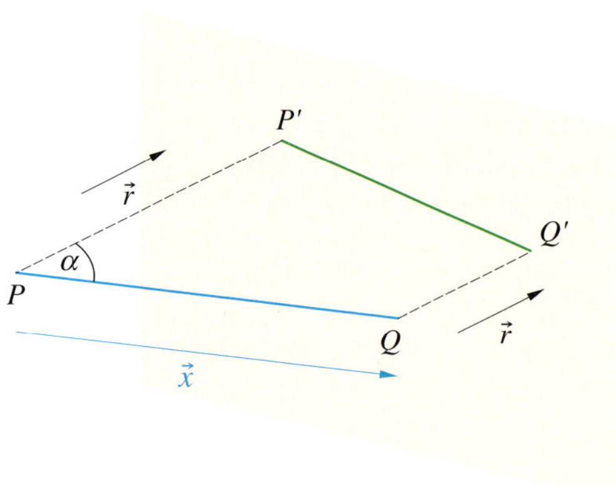

Bild 102/2

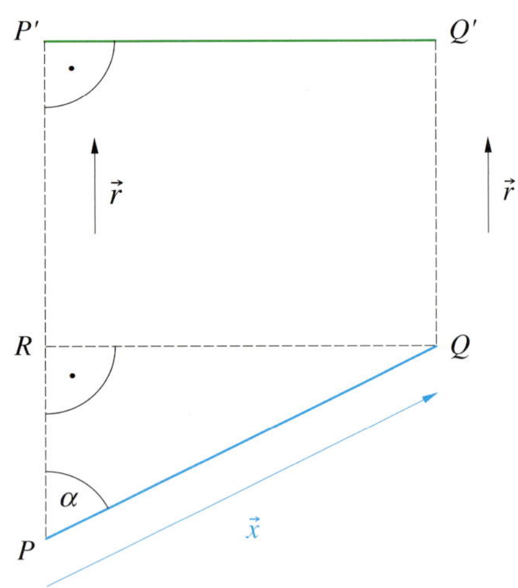

Bild 103/3

In Bild 102/2 liegen die Strecke $\overline{PQ}$ und ihre Bildstrecke $\overline{P'Q'}$ in einer Ebene. Offensichtlich hängt die Länge der Bildstrecke nicht nur von $|\overline{PQ}|$ sondern auch vom Winkel zwischen der Projektionsrichtung $\vec{r}$ und $\vec{x}$ ab. Es gilt $|\overline{P'Q'}| = |\overline{PQ}| \cdot \sin\alpha$ (Bild 102/3).

Welchen Winkel bilden zwei Vektoren?

Unabhängig davon, in welchen Punkten O und O_1 des Raumes die Repräsentanten (Pfeile) zweier Vektoren $\vec{a}$ und $\vec{b}$ angetragen werden, die dabei entstehenden Dreiecke OAB und $O_1A_1B_1$ lassen sich durch die Verschiebung zu $\overrightarrow{OO_1}$ ineinander überführen und sind daher kongruent (Bild 103/1). Deshalb ist die Größe α eines solchen Innenwinkels $\sphericalangle AOB$ ein für die beiden Vektoren $\vec{a}$ und $\vec{b}$ charakteristischer Wert, den wir als **Größe des Winkels zwischen $\vec{a}$ und $\vec{b}$** bezeichnen.

Bild 103/1 weist auch einen Weg für die Bestimmung von α, nämlich durch Dreiecksberechnungen. So vermittelt beispielsweise der Kosinussatz einen Zusammenhang zwischen α und den Seitenlängen des Dreiecks:

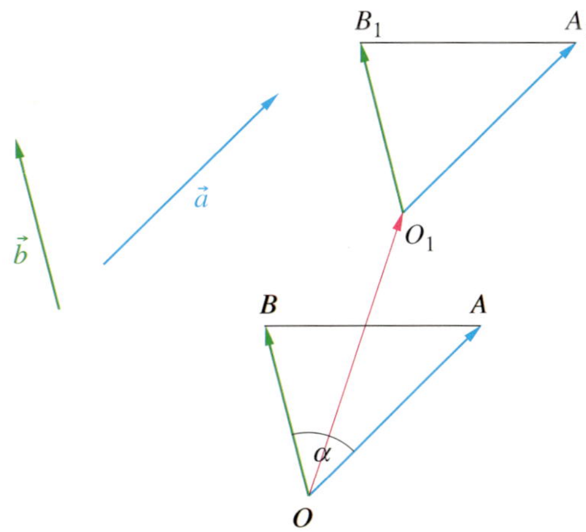

Bild 103/1

$$|\overline{BA}|^2 = |\overline{OA}|^2 + |\overline{OB}|^2 - 2|\overline{OA}||\overline{OB}|\cos\alpha.$$

Stehen die Eckpunktkoordinaten eines Dreiecks OAB zur Verfügung, dann lassen sich die Seitenlängen dieses Dreiecks als Beträge der zugehörigen Seitenvektoren berechnen. So gilt z. B. für $O(0|0|0), A(1|2|3), B(-1|4|5)$:

$$|\overline{OA}| = |\vec{a}| = \sqrt{1^2+2^2+3^2} = \sqrt{14},$$

$$|\overline{OB}| = |\vec{b}| = \sqrt{(-1)^2+4^2+5^2} = \sqrt{42},$$

$$|\overline{BA}| = |\vec{a}-\vec{b}| = \left|\begin{pmatrix}1\\2\\3\end{pmatrix} - \begin{pmatrix}-1\\4\\5\end{pmatrix}\right| = \left|\begin{pmatrix}2\\-2\\-2\end{pmatrix}\right| = \sqrt{2^2+(-2)^2+(-2)^2} = \sqrt{12}.$$

Wir erhalten dann nach dem Kosinussatz:

$$|\overline{BA}|^2 = |\overline{OA}|^2 + |\overline{OB}|^2 - 2|\overline{OA}||\overline{OB}|\cos\alpha,$$

$$12 = 14 + 42 - 2\sqrt{14}\sqrt{42}\cos\alpha,$$

$$-44 = -28\sqrt{3}\cos\alpha,$$

$$\cos\alpha \approx 0{,}907,$$

$$\alpha \approx 24{,}9°.$$

Allgemein gilt für ein von zwei Vektoren $\vec{a}$ und $\vec{b}$ aufgespanntes Dreieck OAB (Bild 103/2):

$$|\vec{a}-\vec{b}|^2 = |\vec{a}|^2 + |\vec{b}|^2 - 2\cdot|\vec{a}|\cdot|\vec{b}|\cdot\cos\alpha.$$

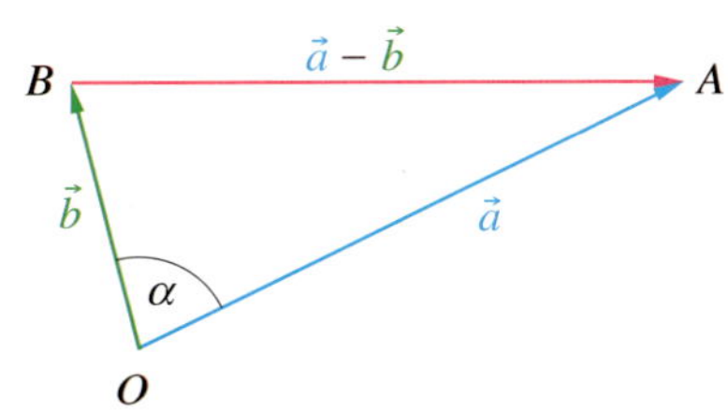

Bild 103/2

Ein Vektor $\vec{v}$ hat die Länge $|\vec{v}| = \sqrt{v_1^2 + v_2^2 + v_3^2}$ und daher ist $|\vec{v}|^2 = v_1^2 + v_2^2 + v_3^2$. Damit folgt:

$$|\vec{a} - \vec{b}|^2 = |\vec{a}|^2 + |\vec{b}|^2 - 2 \cdot |\vec{a}| \cdot |\vec{b}| \cdot \cos\alpha,$$

$$(a_1 - b_1)^2 + (a_2 - b_2)^2 + (a_3 - b_3)^2 = a_1^2 + a_2^2 + a_3^2 + b_1^2 + b_2^2 + b_3^2 - 2 \cdot |\vec{a}| \cdot |\vec{b}| \cdot \cos\alpha,$$

$$-2a_1b_1 - 2a_2b_2 - 2a_3b_3 = -2 \cdot |\vec{a}| \cdot |\vec{b}| \cdot \cos\alpha,$$

$$a_1b_1 + a_2b_2 + a_3b_3 = |\vec{a}| \cdot |\vec{b}| \cdot \cos\alpha.$$

Offenbar kommt der Summe aus den Produkten einander entsprechender Koordinaten von $\vec{a}$ und $\vec{b}$ eine besondere Rolle zu. Der Term $a_1 b_1 + a_2 b_2 + a_3 b_3$ heißt **Skalarprodukt** der Vektoren $\vec{a}$ und $\vec{b}$. Er wird mit $\vec{a} \cdot \vec{b}$ bezeichnet.

Definition 3.1 Das **Skalarprodukt** zweier Vektoren $\vec{a}$ und $\vec{b}$ ist die reelle Zahl

$$\vec{a} \cdot \vec{b} = a_1 b_1 + a_2 b_2 + a_3 b_3 \text{ (Kurzschreibweise: } \vec{a}\vec{b}\text{)}$$ ■

Liegen die Vektoren $\vec{a}$ und $\vec{b}$ parallel zu der xy-Ebene, ist also die z-Koordinate jeweils null, dann gilt $\vec{a} \cdot \vec{b} = a_1 b_1 + a_2 b_2$. Für Vektoren der Ebene, die bezüglich eines zweidimensionalen kartesischen Koordinatensystems beschrieben werden, erklärt man deshalb ebenfalls $\vec{a} \cdot \vec{b} = a_1 b_1 + a_2 b_2$ (Aufgabe 1, Seite 110). Ebenso definiert man in Räumen mit mehr als drei Dimensionen Skalarprodukte für zwei Vektoren als Summe der entsprechenden Koordinatenprodukte.

Mit Hilfe des Skalarproduktes lässt sich der Kosinus des Winkels α zwischen $\vec{a} \neq \vec{0}$ und $\vec{b} \neq \vec{0}$ wie folgt bestimmen:

$$\cos\alpha = \frac{\vec{a} \cdot \vec{b}}{|\vec{a}||\vec{b}|}.$$

Daraus kann dann α ermittelt werden.

Wir berechnen als Beispiel den Winkel zwischen den Vektoren $\vec{a} = \begin{pmatrix} 1 \\ -2 \\ 2 \end{pmatrix}$ und $\vec{b} = \begin{pmatrix} 6 \\ 3 \\ 2 \end{pmatrix}$:

$$\cos\alpha = \frac{\begin{pmatrix} 1 \\ -2 \\ 2 \end{pmatrix} \cdot \begin{pmatrix} 6 \\ 3 \\ 2 \end{pmatrix}}{3 \cdot 7} = \frac{4}{21} \approx 0{,}19 \quad \Rightarrow \quad \alpha \approx 79^\circ.$$

Projektionsbilder

Wir sind nun in der Lage, aus den Eckpunktkoordinaten des Tetraeders $ABCD$ und einer gegebenen Projektionsrichtung $\vec{r}$ die Ausmaße des Projektionsbildes zu berechnen.

Wir suchen jetzt zunächst eine Projektionsrichtung $\vec{r}$, bei der das Bild des Tetraeders ein Dreieck ist, dessen Seitenlängen alle kürzer als 10 cm sind. Ist die Grundfläche ABC parallel zur Projektionsebene, dann werden alle Seiten des Dreiecks in wahrer Länge abgebildet. Die Projektionsgerade durch D verläuft senkrecht zur Dreiecksebene durch den Mittelpunkt des gleichseitigen Dreiecks.

Kippt man nun das Tetraeder etwas und lässt dabei $\vec{r}$ unverändert, dann schneidet die Projektionsgerade durch D die Dreiecksfläche ABC nicht mehr im Mittelpunkt. Liegt der Schnittpunkt E im Innern oder auf dem Rand des Dreiecks (Bild 105/1), dann ist der Umriss der Bildfigur ein Dreieck. Es ist dann nur noch darauf zu achten, dass die Projektionsgerade zu keiner der Seiten senkrecht ist. Deshalb darf beispielsweise auch E nicht der Mittelpunkt von $\overline{AC}$ sein, denn dann wäre $\overline{DE}$ Höhe im Dreieck ACD und die Strecke $\overline{AC}$ würde in wahrer Länge abgebildet werden. Alle anderen Lagen von E auf $\overline{AC}$ wären hingegen möglich. Einen einfach zu beschreibenden Punkt E auf $\overline{AC}$ erhält man zum Beispiel durch die Bedingung $\overrightarrow{AE} = \frac{1}{4}\overrightarrow{AC}$.

Wir berechnen für den genannten Punkt E die Ausmaße des Bilddreiecks $A'B'C'$.

Wir nutzen die Einbettung des regulären Tetraeders in einen Würfel (Bild 105/2), um Koordinaten bezüglich eines kartesischen Koordinatensystems zu gewinnen. Beträgt die Einheitslänge auf den Achsen 1 cm, dann ist durch $A(5\sqrt{2}|0|0)$, $B(5\sqrt{2}|5\sqrt{2}|5\sqrt{2})$, $C(0|5\sqrt{2}|0)$, $D(0|0|5\sqrt{2})$ ein reguläres Tetraeder $ABCD$ mit der gegebenen Seitenlänge 10 cm analytisch erfasst. Es ist $E(\frac{15}{4}\sqrt{2}|\frac{5}{4}\sqrt{2}|0)$. Der Pfeil $\overrightarrow{DE}$ gibt die Projektionsrichtung an. Wir wählen daher

$$\vec{r} = \begin{pmatrix} \frac{15}{4}\sqrt{2} \\ \frac{5}{4}\sqrt{2} \\ 0 \end{pmatrix} - \begin{pmatrix} 0 \\ 0 \\ 5\sqrt{2} \end{pmatrix} = \begin{pmatrix} \frac{15}{4}\sqrt{2} \\ \frac{5}{4}\sqrt{2} \\ -5\sqrt{2} \end{pmatrix}.$$

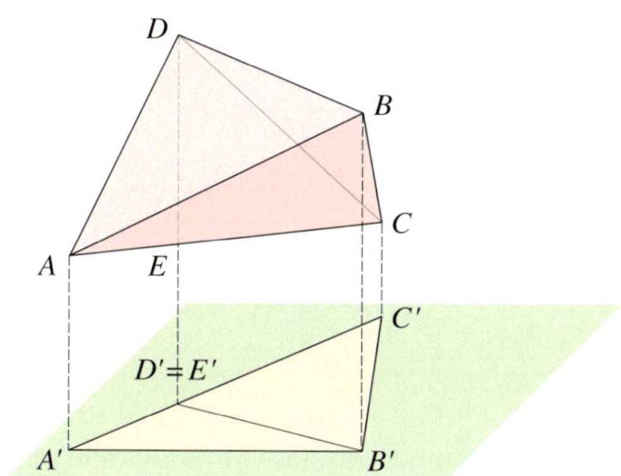

Bild 105/1

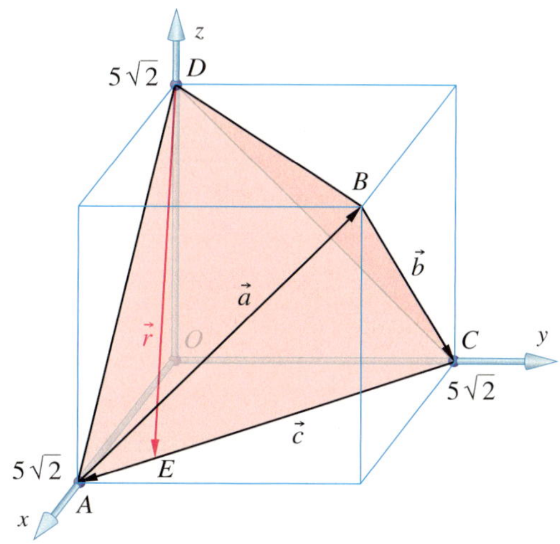

Bild 105/2

Es gilt:

$$\vec{r}\cdot\vec{a} = \begin{pmatrix} \frac{15}{4}\sqrt{2} \\ \frac{5}{4}\sqrt{2} \\ -5\sqrt{2} \end{pmatrix} \cdot \begin{pmatrix} 0 \\ 5\sqrt{2} \\ 5\sqrt{2} \end{pmatrix} = -37{,}5; \quad \vec{r}\cdot\vec{b} = \begin{pmatrix} \frac{15}{4}\sqrt{2} \\ \frac{5}{4}\sqrt{2} \\ -5\sqrt{2} \end{pmatrix} \cdot \begin{pmatrix} -5\sqrt{2} \\ 0 \\ -5\sqrt{2} \end{pmatrix} = 12{,}5$$

$$\vec{r}\cdot\vec{c} = \begin{pmatrix} \frac{15}{4}\sqrt{2} \\ \frac{5}{4}\sqrt{2} \\ -5\sqrt{2} \end{pmatrix} \cdot \begin{pmatrix} 5\sqrt{2} \\ -5\sqrt{2} \\ 0 \end{pmatrix} = 25; \qquad |\vec{r}|^2 = (\tfrac{15}{4}\sqrt{2})^2 + (\tfrac{5}{4}\sqrt{2})^2 + (-5\sqrt{2})^2 = 81{,}25.$$

Jetzt können die entsprechenden Winkel zwischen den Vektoren ermittelt werden und daraus die Seitenlängen des Bilddreiecks $A'B'C'$. So gilt für den Winkel zwischen $\vec{r}$ und $\vec{a}$:

$$\cos\alpha = \frac{\vec{r}\cdot\vec{a}}{|\vec{r}||\vec{a}|} = \frac{-37{,}5}{\sqrt{81{,}25}\cdot 10} \approx -0{,}416$$

$$\alpha \approx 114{,}58^\circ$$

$$\sin\alpha \approx 0{,}909$$

$$|\overline{A'B'}| = |\overline{AB}|\cdot\sin\alpha \approx 9{,}09.$$

Entsprechend werden auch die beiden anderen Seitenlängen berechnet (Aufgabe 31, Seite 114):

$$|\overline{B'C'}| \approx 9{,}9;\quad |\overline{A'C'}| \approx 9{,}61.$$

Die Innenwinkel im Dreieck $A'B'C'$ lassen sich durch Anwendung des Kosinussatzes bestimmen und betragen etwa 55,5°, 60,6° und 63,9°; die Länge der Höhe auf die Seite $\overline{A'B'}$ beträgt etwa 8,63 cm und ist damit kleiner als die Höhe (8,66 cm) eines gleichseitigen Dreiecks der Seitenlänge 10 cm (Bild 106/1).

Folglich passt das Dreieck $A'B'C'$ nicht nur in dieses gleichseitige Dreieck, sondern sogar in ein kleineres; bei der oben gewählten Projektionsrichtung in ein gleichseitiges Dreieck der Seitenlänge 9,98 cm, da dessen Höhe mit etwa 8,64 cm immer noch die oben angegebene des Dreiecks $A'B'C'$ übertrifft.

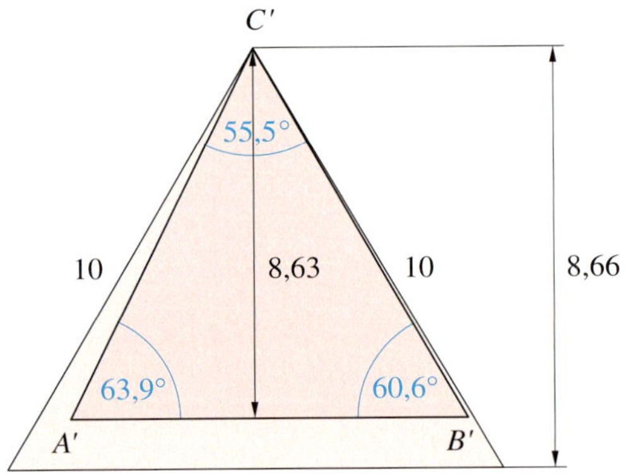

Bild 106/1

Der Fall des Dreiecksloches kann damit ebenso wie der des quadratischen Loches positiv entschieden werden.

Eigenschaften des Skalarprodukts

Für unsere Berechnungen konnten wir das Skalarprodukt nutzen. Um dieses Produkt auch bei künftigen Berechnungen effektiv einsetzen zu können, müssen wir seine Eigenschaften kennen. Wir untersuchen deshalb die Eigenschaften des Skalarprodukts genauer, insbesondere im Vergleich zu den bekannten Gesetzmäßigkeiten der Multiplikation reeller Zahlen. So ist die Multiplikation reeller Zahlen kommutativ. Wegen

$$\vec{a}\cdot\vec{b} = a_1 b_1 + a_2 b_2 + a_3 b_3 \quad\text{und}\quad \vec{b}\cdot\vec{a} = b_1 a_1 + b_2 a_2 + b_3 a_3$$

gilt

$$\vec{a}\cdot\vec{b} = \vec{b}\cdot\vec{a}.$$

Also gilt für die Skalarmultiplikation das **Kommutativgesetz**.

Auch das **Distributivgesetz**

$\vec{a} \cdot (\vec{b} + \vec{c}) = \vec{a} \cdot \vec{b} + \vec{a} \cdot \vec{c}$ für alle Vektoren $\vec{a}$, $\vec{b}$ und $\vec{c}$

ist erfüllt (Aufgabe 28, Seite 114).

Da das Skalarprodukt zweier Vektoren eine reelle Zahl ist, ist es unmöglich drei Vektoren auf diese Weise zu multiplizieren. Es gibt daher weder ein Produkt der Form $(\vec{a} \cdot \vec{b}) \cdot \vec{c}$ noch ein Produkt der Form $\vec{a} \cdot (\vec{b} \cdot \vec{c})$; folglich gibt es für das Skalarprodukt auch kein Assoziativgesetz.

Man kann jedoch „gemischte" Produkte bilden, also Produkte der Form $(r\vec{a}) \cdot \vec{b}$ bzw. $r(\vec{a} \cdot \vec{b})$. Für solche Produkte gilt:

$$(r\vec{a}) \cdot \vec{b} = \begin{pmatrix} ra_1 \\ ra_2 \\ ra_3 \end{pmatrix} \cdot \begin{pmatrix} b_1 \\ b_2 \\ b_3 \end{pmatrix} = (ra_1)b_1 + (ra_2)b_2 + (ra_3)b_3 = r(a_1 b_1 + a_2 b_2 + a_3 b_3) = r(\vec{a} \cdot \vec{b}).$$

Folglich gilt das sogenannte **gemischte Assoziativgesetz**:

$(r\vec{a}) \cdot \vec{b} = r(\vec{a} \cdot \vec{b})$ für alle reellen Zahlen r und alle Vektoren $\vec{a}$ und $\vec{b}$.

Im Folgenden erörtern wir zwei besondere Fälle von Skalarprodukten.

Skalarprodukt paralleler Vektoren

Bilden wir das Produkt $\vec{a} \cdot \vec{b}$ eines Vektors $\vec{a}$ mit einem zu $\vec{a}$ parallelen Vektor $\vec{b}$, dann erhalten wir wegen $\vec{a} \cdot \vec{b} = |\vec{a}| \cdot |\vec{b}| \cdot \cos\alpha$ folgenden Zusammenhang:

a) $\vec{a} \cdot \vec{b} = |\vec{a}| \cdot |\vec{b}|$ falls $\vec{a} \uparrow\uparrow \vec{b}$ oder b) $\vec{a} \cdot \vec{b} = -|\vec{a}| \cdot |\vec{b}|$, falls $\vec{a} \uparrow\downarrow \vec{b}$ ist.

Speziell gilt im Fall $\vec{b} = \vec{a}$:

$\vec{a}^2 = \vec{a} \cdot \vec{a} = |\vec{a}| \cdot |\vec{a}| \cdot \cos^\circ = |\vec{a}|^2.$

Die Gleichung gibt einen wichtigen Zusammenhang zwischen Skalarprodukt und Betragsbildung an: Das Quadrat eines Vektors ist gleich dem Quadrat seines Betrages (**Betragsgesetz**).

Skalarprodukt orthogonaler Vektoren

Beträgt das Produkt zweier reeller Zahlen null, dann muss mindestens einer der Faktoren null sein. Gibt es einen ähnlichen Zusammenhang beim Skalarprodukt?

Im Fall $\vec{a} \cdot \vec{b} = 0$ muss ebenfalls mindestens eine der Größen $|\vec{a}|$, $|\vec{b}|$ oder $\cos\alpha$ den Wert null annehmen. Während in den ersten beiden Fällen nur der Nullvektor der entsprechenden Bedingung genügt, ist die Gleichung $\cos\alpha = 0$ für $\alpha = 90°$ erfüllt. Für zwei zueinander **senkrechte Vektoren** $\vec{a}$ und $\vec{b}$ gilt deshalb stets

$\vec{a} \cdot \vec{b} = 0.$

Diese Eigenschaft vereinfacht Orthogonalitätsuntersuchungen erheblich.

Geometrische Deutung des Skalarprodukts

Aus den betrachteten Sonderfällen paralleler (kollinearer) Vektoren können wir eine geometrische Deutung des Skalarprodukts herleiten.

1) Schließen die beiden Vektoren einen **spitzen Winkel** ein ($0° < \alpha < 90°$), so ist $|\vec{b}| \cdot \cos\alpha$ die Länge der Projektion des Vektors $\vec{b}$ in die Richtung von $\vec{a}$ (Bild 108/1).

2) Schließen die beiden Vektoren einen **stumpfen Winkel** ein ($90° < \alpha < 180°$), so wird die Länge dieser Projektion wegen $\cos\alpha < 0$ erfasst durch $|\vec{b}| \cdot |\cos\alpha|$ (Bild 108/2).

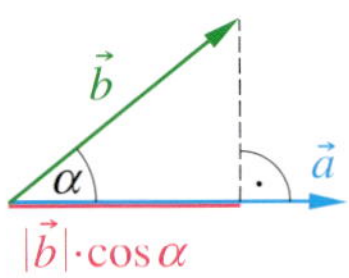

Bild 108/1

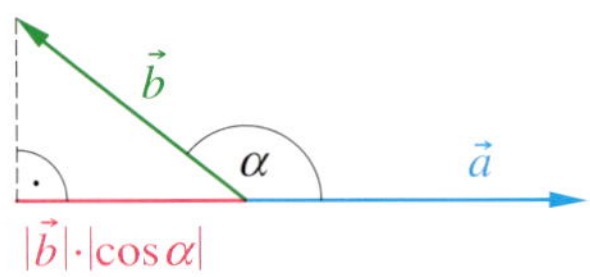

Bild 108/2

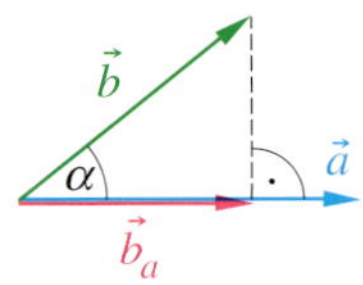

Bild 108/3

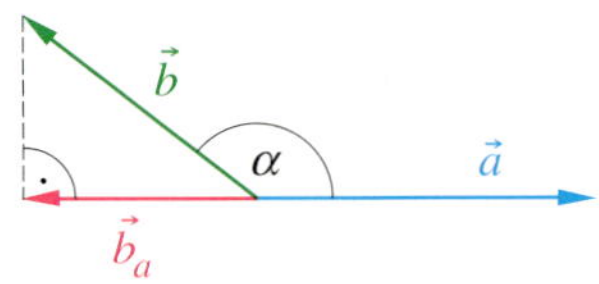

Bild 108/4

3) Auch der Sonderfall des **rechten Winkels** ($\alpha = 90°$ und $\cos\alpha = 0$) wird von $|\vec{b}| \cdot |\cos\alpha|$ richtig erfasst, weil die Projektion dann auf einen Punkt zusammenschrumpft. Unabhängig von der Größe des Winkels zwischen zwei Vektoren $\vec{a}$ und $\vec{b}$ definiert man allgemein den Begriff des **Projektionsvektors** $\vec{b}_a$:

Definition 3.2 Unter dem **Projektionsvektor** $\vec{b}_a$ versteht man den Vektor, dessen Vertreter man durch senkrechte Projektion eines Vertreters von $\vec{b}$ in die Richtung eines Vertreters von $\vec{a}$ erhält. ■

An den Bildern 108/1 bis 108/4 kann man ablesen, dass der Projektionsvektor $\vec{b}_a$

– die Länge $|\vec{b}| \cdot |\cos\alpha|$ hat,
– parallel zu $\vec{a}$ ist,
– im Fall $0° \leq \alpha < 90°$ die gleiche Orientierung wie $\vec{a}$ und
– im Fall $90° < \alpha \leq 180°$ die entgegengesetzte Orientierung wie $\vec{a}$ hat.

Gilt $\alpha = 90°$, so ist $\vec{b}_a = \vec{0}$.

Wir können das Skalarprodukt $\vec{a} \cdot \vec{b}$ auch mithilfe des Projektionsvektors $\vec{b}_a$ ausdrücken. Es gilt:

$$\vec{a} \cdot \vec{b} = \vec{a} \cdot \vec{b}_a,$$

denn die Produkte $\vec{a} \cdot \vec{b}$ und $\vec{a} \cdot \vec{b}_a$ stimmen sowohl im Betrag als auch im Vorzeichen überein, wie die nachfolgenden beiden Überlegungen zeigen.

1) In jedem Fall gilt:

$$|\vec{b}_a| = |\vec{b}| \cdot |\cos\alpha|, \quad \text{also:} \quad |\vec{a} \cdot \vec{b}| = |\vec{a}||\vec{b}||\cos\alpha| = |\vec{a}||\vec{b}_a| = |\vec{a} \cdot \vec{b}_a|.$$

2) Gilt $0° \leq \alpha < 90°$, so ist $\cos\alpha \geq 0$, also auch $\vec{a} \cdot \vec{b} \geq 0$ und $\vec{a} \cdot \vec{b}_a \geq 0$.
Gilt $90° \leq \alpha \leq 180°$, so ist $\cos\alpha \leq 0$, also auch $\vec{a} \cdot \vec{b} \leq 0$ und $\vec{a} \cdot \vec{b}_a \leq 0$.

Die Zahl $|\vec{a}\cdot\vec{b}_a| = |\vec{a}||\vec{b}_a|$ kann man nun interpretieren als die Maßzahl A eines Rechtecks mit den Seitenmaßzahlen $|\vec{a}|$ und $|\vec{b}_a|$ (Bilder 109/1 und 109/2). Der Beweis soll in Aufgabe 24 (Seite 113) geführt werden.

Im Sonderfall $|\vec{a}| = 1$ gilt $|\vec{a}\cdot\vec{b}| = |\vec{b}_a|$. Der Betrag des Skalarprodukts $\vec{a}\cdot\vec{b}$ kann also in diesem Fall auch gedeutet werden als Betrag des Projektionsvektors $\vec{b}_a$.

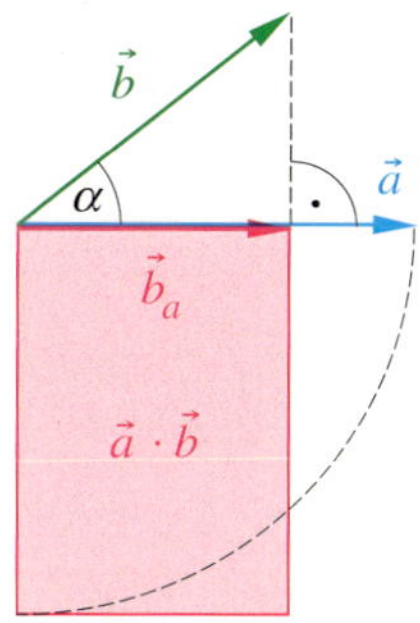

Bild 109/1

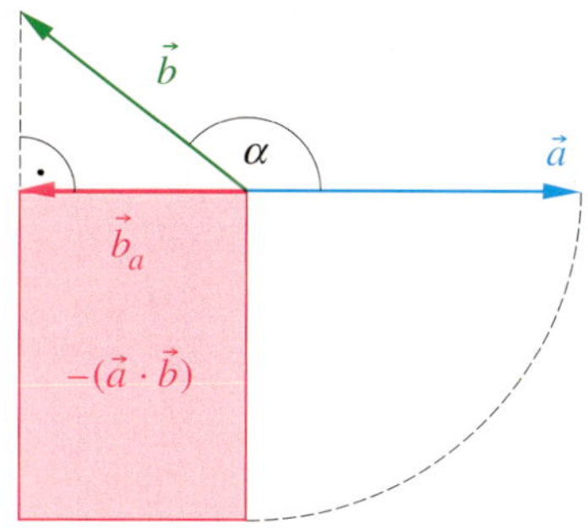

Bild 109/2

Wir fassen zusammen

Das **Skalarprodukt** zweier Vektoren $\vec{a}$ und $\vec{b}$ ist bei gegebenen Koordinaten bezüglich eines kartesischen Koordinatensystems des Raumes die reelle Zahl

$$\vec{a}\cdot\vec{b} = a_1b_1 + a_2b_2 + a_3b_3, \text{ (Kurzschreibweise: } \vec{a}\vec{b}\text{)}.$$

Ist α die Größe des von den Vektoren $\vec{a}$ und $\vec{b}$ aufgespannten Winkels, dann gilt

$$\vec{a}\cdot\vec{b} = |\vec{a}|\cdot|\vec{b}|\cdot\cos\alpha.$$

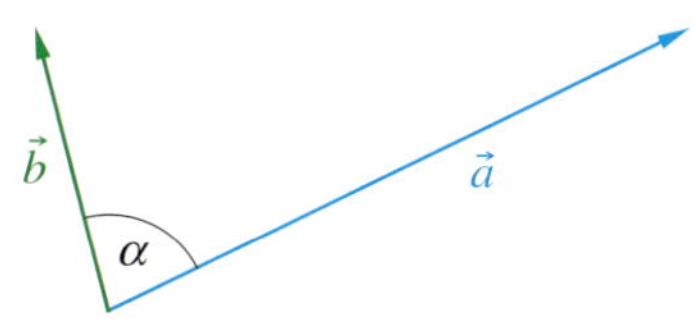

Bild 109/3

Zwei Vektoren $\vec{a} \neq \vec{0}$ und $\vec{b} \neq \vec{0}$ sind genau dann **orthogonal** (senkrecht) zueinander, wenn $\vec{a}\cdot\vec{b} = 0$.

Eigenschaften des Skalarprodukts:

(1) $\vec{a}\cdot\vec{b} = \vec{b}\cdot\vec{a}$

(2) $\vec{a}\cdot(\vec{b}+\vec{c}) = \vec{a}\cdot\vec{b} + \vec{a}\cdot\vec{c}$

(3) $(r\vec{a})\cdot\vec{b} = r(\vec{a}\cdot\vec{b})$

(4) $\vec{a}^2 = \vec{a}\cdot\vec{a} = |\vec{a}|^2$

Projektionsvektor:

Unter dem Projektionsvektor $\vec{b}_a$ versteht man den Vektor, dessen Vertreter man durch senkrechte Projektion eines Vertreters von $\vec{b}$ in die Richtung eines Vertreters von $\vec{a}$ erhält (Bild 109/4).

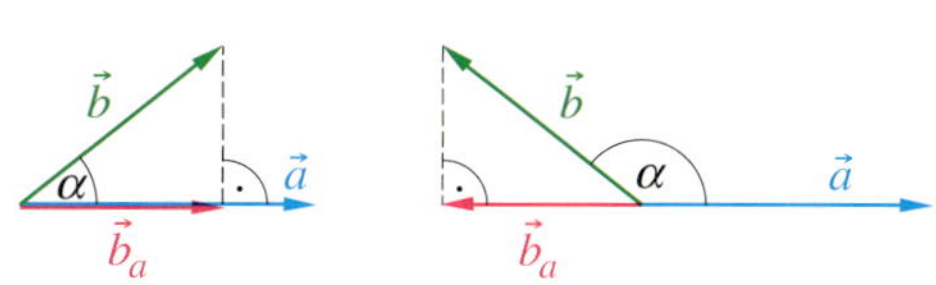

Bild 109/4

1 Berechnen Sie das Skalarprodukt der Vektoren $\vec{a}$ und $\vec{b}$.

a) $\vec{a}=\begin{pmatrix}4\\-2\end{pmatrix}, \vec{b}=\begin{pmatrix}2\\4\end{pmatrix}$ **c)** $\vec{a}=\begin{pmatrix}3\\-7\\0\end{pmatrix}, \vec{b}=\begin{pmatrix}8\\3\\0\end{pmatrix}$ **e)** $\vec{a}=\begin{pmatrix}1\\0\\-1\end{pmatrix}, \vec{b}=\begin{pmatrix}3\\-9\\0\end{pmatrix}$

b) $\vec{a}=\begin{pmatrix}5\\0\end{pmatrix}, \vec{b}=\begin{pmatrix}-1\\17\end{pmatrix}$ **d)** $\vec{a}=\begin{pmatrix}2\\3\\4\end{pmatrix}, \vec{b}=\begin{pmatrix}4\\-1\\2\end{pmatrix}$ **f)** $\vec{a}=\begin{pmatrix}4\\-3\\7\end{pmatrix}, \vec{b}=\begin{pmatrix}-3\\7\\-2\end{pmatrix}$

2 Berechnen Sie jeweils $|\vec{b}|$.

a) $\vec{a}\cdot\vec{b}=-24\cdot\sqrt{2};\ |\vec{a}|=6;\ \alpha=135°$ **b)** $\vec{a}\cdot\vec{b}=120;\ |\vec{a}|=12;\ \alpha=60°$

3 Von zwei Vektoren $\vec{a}$ und $\vec{b}$ sind die folgenden Größen gegeben. Berechnen Sie jeweils die Größe α des Winkels zwischen $\vec{a}$ und $\vec{b}$.

a) $|\vec{a}|^2=36;\ |\vec{b}|^2=81;\ \vec{a}\cdot\vec{b}=27$ **c)** $|\vec{a}|^2=|\vec{b}|^2=100;\ \vec{a}\cdot\vec{b}=50\cdot\sqrt{2}$

b) $|\vec{a}|^2=4{,}5;\ \vec{b}\cdot\vec{b}=30{,}25;\ \vec{a}\cdot\vec{b}=20$ **d)** $|\vec{a}|=10;\ |\vec{b}|=14{,}5;\ \vec{a}\cdot\vec{b}=-72{,}5$

4 Bestimmen Sie die Größe des von den Vektoren $\vec{a}$ und $\vec{b}$ eingeschlossenen Winkels.

a) $\vec{a}=\begin{pmatrix}4\\3\end{pmatrix}, \vec{b}=\begin{pmatrix}3\\4\end{pmatrix}$ **c)** $\vec{a}=\begin{pmatrix}12\\5\\0\end{pmatrix}, \vec{b}=\begin{pmatrix}5\\12\\0\end{pmatrix}$ **e)** $\vec{a}=\begin{pmatrix}-1\\2\\2\end{pmatrix}, \vec{b}=\begin{pmatrix}12\\-4\\3\end{pmatrix}$

b) $\vec{a}=\begin{pmatrix}-2\\2\end{pmatrix}, \vec{b}=\begin{pmatrix}0\\3\end{pmatrix}$ **d)** $\vec{a}=\begin{pmatrix}-2\\2\\1\end{pmatrix}, \vec{b}=\begin{pmatrix}0\\3\\4\end{pmatrix}$ **f)** $\vec{a}=\begin{pmatrix}7\\-4\\3\end{pmatrix}, \vec{b}=\begin{pmatrix}2\\-3\\7\end{pmatrix}$

Orthogonalität und Längen

5 Untersuchen Sie, welche der folgenden Vektoren paarweise aufeinander senkrecht stehen.

$\vec{a}_1=\begin{pmatrix}5\\-2\end{pmatrix}, \vec{a}_2=\begin{pmatrix}-2\\5\end{pmatrix}, \vec{a}_3=\begin{pmatrix}-2\\-5\end{pmatrix}, \vec{a}_4=\begin{pmatrix}-5\\2\end{pmatrix}, \vec{a}_5=\begin{pmatrix}10\\4\end{pmatrix}, \vec{a}_6=\begin{pmatrix}-4\\10\end{pmatrix}, \vec{a}_7=\begin{pmatrix}10\\-4\end{pmatrix}$

6 Untersuchen Sie, ob $\vec{a}$ und $\vec{b}$ zueinander orthogonal sind.

a) $\vec{a}=\begin{pmatrix}1\\6\\-0{,}5\end{pmatrix}, \vec{b}=\begin{pmatrix}1{,}5\\-0{,}6\\2{,}5\end{pmatrix}$ **d)** $\vec{a}=\begin{pmatrix}-1{,}5\\2\\7\end{pmatrix}, \vec{b}=\begin{pmatrix}4\\-3\\0\end{pmatrix}$

b) $\vec{a}=\begin{pmatrix}0{,}5\\3\\-9\end{pmatrix}, \vec{b}=\begin{pmatrix}5\\0{,}1\overline{6}\\0{,}\overline{3}\end{pmatrix}$ **e)** $\vec{a}=\begin{pmatrix}10\\-5\\10\end{pmatrix}, \vec{b}=\begin{pmatrix}-11\\-2\\10\end{pmatrix}$

c) $\vec{a}=\begin{pmatrix}1\\0\\0\end{pmatrix}, \vec{b}=\begin{pmatrix}0\\-4\\6\end{pmatrix}$ **f)** $\vec{a}=\begin{pmatrix}14\\-2\\5\end{pmatrix}, \vec{b}=\begin{pmatrix}5\\10\\-10\end{pmatrix}$

7 Berechnen Sie die Längen der folgenden Vektoren.

$\vec{a}=\begin{pmatrix}-9\\-12\\8\end{pmatrix}, \vec{b}=\begin{pmatrix}14\\-7\\14\end{pmatrix}, \vec{c}=\begin{pmatrix}-9\\18\\18\end{pmatrix}, \vec{d}=\begin{pmatrix}-10\\20\\30\end{pmatrix}, \vec{e}=\begin{pmatrix}2\\-\sqrt{3}\\3\end{pmatrix}, \vec{f}=\begin{pmatrix}-1{,}5\\0\\2\end{pmatrix}$

8 Untersuchen Sie arithmetisch, ob die folgenden Vektoren **Einheitsvektoren** – d. h. Vektoren mit dem Betrag 1 – sind. Prüfen Sie dies bei a) und b) auch mithilfe einer Zeichnung.

a) $\vec{a}_1 = \frac{1}{2}\begin{pmatrix}\sqrt{2}\\ -\sqrt{2}\end{pmatrix}$, $\vec{a}_2 = \begin{pmatrix}-0{,}5\\ 0{,}5\end{pmatrix}$, $\vec{a}_3 = \frac{1}{5}\begin{pmatrix}3\\ -4\end{pmatrix}$, $\vec{a}_4 = \frac{1}{3}\begin{pmatrix}-1\\ 2\sqrt{2}\end{pmatrix}$, $\vec{a}_5 = \frac{1}{6}\begin{pmatrix}-6\\ \sqrt{13}\end{pmatrix}$

b) $\vec{b}_1 = \frac{2}{5}\begin{pmatrix}2\\ 1{,}5\end{pmatrix}$, $\vec{b}_2 = \frac{1}{13}\begin{pmatrix}5\\ -12\end{pmatrix}$, $\vec{b}_3 = \frac{1}{2}\begin{pmatrix}-1\\ -1\end{pmatrix}$, $\vec{b}_4 = \frac{1}{3}\begin{pmatrix}-\sqrt{3}\\ \sqrt{6}\end{pmatrix}$, $\vec{b}_5 = \frac{1}{5}\begin{pmatrix}-4\\ 2\end{pmatrix}$

c) $\vec{c}_1 = \frac{1}{3}\begin{pmatrix}-2\\ -1\\ -2\end{pmatrix}$, $\vec{c}_2 = \frac{1}{13}\begin{pmatrix}12\\ -4\\ 3\end{pmatrix}$, $\vec{c}_3 = \frac{1}{17}\begin{pmatrix}-8\\ 9\\ 12\end{pmatrix}$, $\vec{c}_4 = \frac{1}{7}\begin{pmatrix}-4\\ -4\\ 2\end{pmatrix}$, $\vec{c}_5 = \frac{1}{15}\begin{pmatrix}5\\ -10\\ 10\end{pmatrix}$

9 Bestimmen Sie die Vektoren $\vec{x}$ und $\vec{y}$ jeweils so, dass sie die gleiche Länge haben wie der Vektor $\vec{a}$. Wie viele Lösungen gibt es jeweils?

a) $\vec{a} = \begin{pmatrix}5\\ -1\\ 2\end{pmatrix}$, $\vec{x} = \begin{pmatrix}x\\ -4\\ \sqrt{5}\end{pmatrix}$, $\vec{y} = \begin{pmatrix}\sqrt{10}\\ y\\ -2\end{pmatrix}$ **b)** $\vec{a} = \begin{pmatrix}-1\\ 3\\ 3\end{pmatrix}$, $\vec{x} = \begin{pmatrix}x\\ -4\\ \sqrt{2}\end{pmatrix}$, $\vec{y} = \begin{pmatrix}-\sqrt{6}\\ -3\\ z\end{pmatrix}$

10 Ermitteln Sie zum Vektor $\vec{a}$ einen Vektor $\vec{b}$, der zu $\vec{a}$ orthogonal ist und die Länge b hat.

a) $\vec{a} = \begin{pmatrix}2\\ 1\\ 2\end{pmatrix}$, $b = \sqrt{5}$ **b)** $\vec{a} = \begin{pmatrix}12\\ -3\\ 4\end{pmatrix}$, $b = 5$ **c)** $\vec{a} = \begin{pmatrix}3\\ -6\\ 2\end{pmatrix}$, $b = 3\sqrt{5}$

11 Begründen Sie anschaulich, dass drei voneinander und von $\vec{0}$ verschiedene Vektoren $\vec{a}$, $\vec{b}$ und $\vec{c}$ nicht komplanar sind, wenn für sie gilt: $\vec{a} \cdot \vec{b} = \vec{b} \cdot \vec{c} = \vec{c} \cdot \vec{a} = 0$.

Anwendungen aus der Physik

Vorbemerkung: Bewegt sich ein Körper unter Einfluss einer konstanten Kraft $\vec{F}$ um ein geradliniges Wegstück $\vec{s}$ (der Betrag von $\vec{s}$ gibt die Weglänge, die Richtung von $\vec{s}$ die Bewegungsrichtung an), dann wird längs dieses Weges die Arbeit $W = \vec{F} \cdot \vec{s}$ verrichtet.

12 Eine Kraft $\vec{F}$ leistet längs eines Weges $\vec{s}$ die Arbeit W; der Winkel zwischen $\vec{F}$ und $\vec{s}$ habe die Größe α. Bestimmen Sie aus den gegebenen Stücken die fehlende Angabe.

a) $|\vec{F}| = 180$ N; $|\vec{s}| = 6$ m;
$W = 540$ Nm

b) $|\vec{F}| = 2520$ N; $\alpha = 60°$;
$W = 36\,800$ Nm

13 Beim Treideln (Bild 111/1) bringt ein Pferdegespann längs eines geradlinigen Treidelpfades von 2400 m Länge ständig eine Kraft von $|\vec{F}| = 420$ N auf. Zugrichtung am Seil und Flussrichtung bilden einen Winkel der Größe $\alpha = 22{,}5°$. Welche Arbeit wird am Schiff verrichtet?

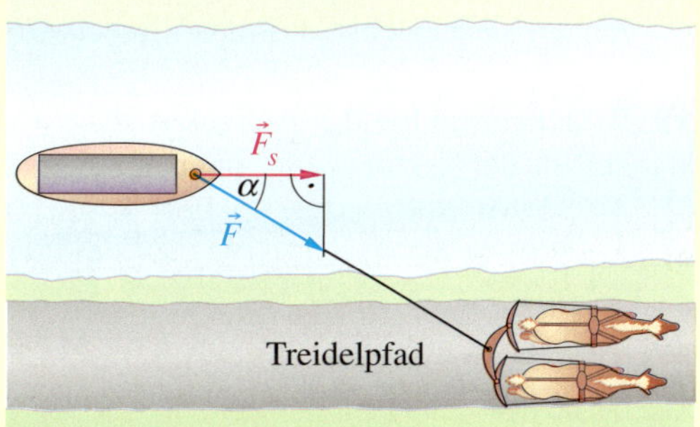

Bild 111/1: Treideln

AUFGABEN

14 Bei einem Skilift bilden die Richtung des Schleppseils und die Hangrichtung einen Winkel der Größe α. Der gesamte Hang, längs dem eine Skiläuferin hochgeschleppt wird, ist 850 m lang. Auf dem ers-ten Teil, der 550 m lang ist und auf dem $\alpha_1 = 35°$ gilt, wird am Haltebügel die Kraft $|\vec{F}_1| = 40$ N gemessen und auf dem etwas steileren oberen Hangteil von 300 m Länge unter $\alpha_2 = 30°$ die Kraft $|\vec{F}_2| = 55$ N. Welche Arbeit verrichtet der Lift an der Skiläuferin insgesamt?

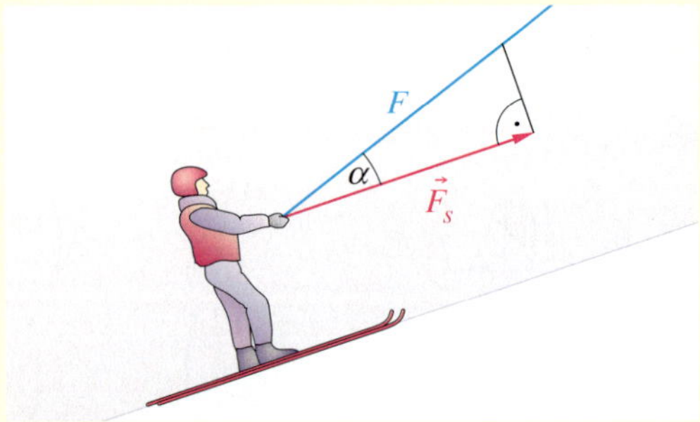

Bild 112/2: Skilift

15 In einer rheinischen Braunkohlengrube wird die abgebaute Braunkohle aus einer Tiefe bis zu 300 m durch Förderbänder in ein Kraftwerk transportiert. Ein geradliniges Teilstück von 1050 m Länge führt an einem Hang mit einem Steigungswinkel von $\alpha = 15°$ nach oben. Welche Arbeit wird hier an jeder Tonne t geförderter Braunkohle geleistet?

Berechnungen in geometrischen Figuren

16 Drei Geraden g_1, g_2 und g_3 bilden ein Dreieck ABC. Berechnen Sie die Seitenlängen und die Größen der Innenwinkel dieses Dreiecks.

a) $g_1\colon \vec{x} = \begin{pmatrix} -5 \\ -6 \end{pmatrix} + r\begin{pmatrix} 3 \\ 4 \end{pmatrix}$, $g_2\colon \vec{x} = \begin{pmatrix} -3 \\ 5 \end{pmatrix} + r\begin{pmatrix} 4 \\ -3 \end{pmatrix}$, $g_3\colon \vec{x} = \begin{pmatrix} 5 \\ -1 \end{pmatrix} + r\begin{pmatrix} 7 \\ 1 \end{pmatrix}$

b) $g_1\colon \vec{x} = \begin{pmatrix} 2 \\ 1 \\ -4 \end{pmatrix} + r\begin{pmatrix} -4 \\ 4 \\ 7 \end{pmatrix}$, $g_2\colon \vec{x} = \begin{pmatrix} 0 \\ 3 \\ 2 \end{pmatrix} + r\begin{pmatrix} 2 \\ -2 \\ -1 \end{pmatrix}$, $g_3\colon \vec{x} = \begin{pmatrix} 2 \\ 1 \\ 6 \end{pmatrix} + r\begin{pmatrix} 0 \\ 0 \\ 5 \end{pmatrix}$

17 Berechnen Sie die Seitenlängen und die Größen der Innenwinkel des Dreiecks ABC.
a) $A(2|-1), B(-5|0), C(-1|3)$ **b)** $A(5|-1|-3), B(1|3|4), C(5|-1|2)$

18 Berechnen Sie im Viereck $ABCD$ die Seitenlängen und die Größen der Innenwinkel.
a) $A(-1|-3), B(3|-6), C(6|-2), D(2|1)$
b) $A(1|2|-4), B(-3|6|3), C(1|2|1), D(5|-2|-6)$
Zeigen Sie zunächst, dass das Viereck $ABCD$ eben ist.

19 Welche Form hat das Viereck $ABCD$? Berechnen Sie die Seitenlängen und die Größen der Winkel, die der Vektor zu $\overrightarrow{AC}$ mit den Seitenvektoren einschließt.
a) $A(5|-1|0), B(10|-2|3), C(12|-4|-1), D(7|-3|-4)$
b) $A(5|2|0), B(4|6|6), C(2|10|3), D(3|6|-3)$

20 Zeigen Sie, dass die Vektoren $\vec{a}$, $\vec{b}$ und $\vec{c}$ einen Würfel aufspannen. Ermitteln Sie die Größen der Winkel, die von je zwei Raumdiagonalen des Würfels eingeschlossen werden.

a) $\vec{a} = \begin{pmatrix} 4 \\ 3 \\ 0 \end{pmatrix}$, $\vec{b} = \begin{pmatrix} -3 \\ 4 \\ 0 \end{pmatrix}$, $\vec{c} = \begin{pmatrix} 0 \\ 0 \\ 5 \end{pmatrix}$ **b)** $\vec{a} = \begin{pmatrix} 2 \\ -14 \\ 5 \end{pmatrix}$, $\vec{b} = \begin{pmatrix} 11 \\ -2 \\ -10 \end{pmatrix}$, $\vec{c} = \begin{pmatrix} -10 \\ -5 \\ -10 \end{pmatrix}$

21 Zeigen Sie vektoriell, dass in jedem regulären Tetraeder die Vektoren zu je zwei windschiefen Kanten zueinander orthogonal sind.

22 Prüfen Sie, ob die folgenden acht Punkte die Eckpunkte eines Würfels sind.
$A(2|9|6)$, $B(12|19|1)$, $C(22|8|-1)$, $D(12|-2|4)$,
$E(7|11|20)$, $F(17|21|15)$, $G(27|10|13)$, $H(17|0|18)$

23 Berechnen Sie für einen Würfel die Größen der folgenden Winkel.
a) Winkel zwischen einer Flächendiagonalen und den anstoßenden Kanten
b) Winkel zwischen einer Raumdiagonalen und den anstoßenden Kanten
c) Winkel zwischen zwei Raumdiagonalen
d) Winkel zwischen einer Raumdiagonalen und einer anstoßenden Flächendiagonalen
e) Winkel zwischen einer Raumdiagonalen und der Verbindungsstrecke der Mitten gegenüberliegender Kanten

Eigenschaften des Skalarprodukts und deren Deutung

24 Beweisen Sie, dass für die Maßzahl A eines Rechtecks mit den Seitenmaßzahlen $|\vec{a}|$ und $|\vec{b}_a|$ die folgenden Beziehungen gelten.
a) $A = \vec{a} \cdot \vec{b}$, falls $0° \leq \alpha \leq 90°$ ist. **b)** $A = -(\vec{a} \cdot \vec{b})$, falls $90° < \alpha \leq 180°$ ist.

25 Zeigen Sie, dass für die folgenden Vektorpaare gilt: $|\vec{a} \cdot \vec{b}| = |\vec{a}||\vec{b}|$. Was folgt daraus für die Vektoren $\vec{a}$ und $\vec{b}$?

a) $\vec{a} = \begin{pmatrix} -4 \\ 1 \\ 2 \end{pmatrix}$, $\vec{b} = \begin{pmatrix} 8 \\ -2 \\ -4 \end{pmatrix}$ **b)** $\vec{a} = \begin{pmatrix} 4 \\ 1 \\ -3 \end{pmatrix}$, $\vec{b} = \begin{pmatrix} -12 \\ -3 \\ 9 \end{pmatrix}$ **c)** $\vec{a} = \begin{pmatrix} 4 \\ -2 \\ 1 \end{pmatrix}$, $\vec{b} = \begin{pmatrix} -6 \\ 3 \\ -1{,}5 \end{pmatrix}$

26 **a)** Beweisen Sie, dass für beliebige Vektoren $\vec{a}, \vec{b}$ gilt (Bilder 109/1 und 109/2):

$\vec{a} \cdot \vec{b} \leq |\vec{a}||\vec{b}|$. (**Cauchy-Schwartz'sche Ungleichung**)

b) Interpretieren Sie die unter a) angegebene Ungleichung geometrisch mithilfe der Deutung des Skalarproduktes als Flächenmaßzahl eines Rechtecks (Seite 109) und geben Sie an, unter welcher Bedingung $\vec{a} \cdot \vec{b} < |\vec{a}||\vec{b}|$ gilt.

27 Beweisen Sie geometrisch, dass für beliebige Vektoren $\vec{a}$ und $\vec{b}$ gilt:

$|\vec{a}||\vec{b}_a| = |\vec{b}||\vec{a}_b|$.

(**Projektionssatz**, Bild 113/1)

Leiten Sie daraus die Gültigkeit des Kommutativgesetzes für das Skalarprodukt her.

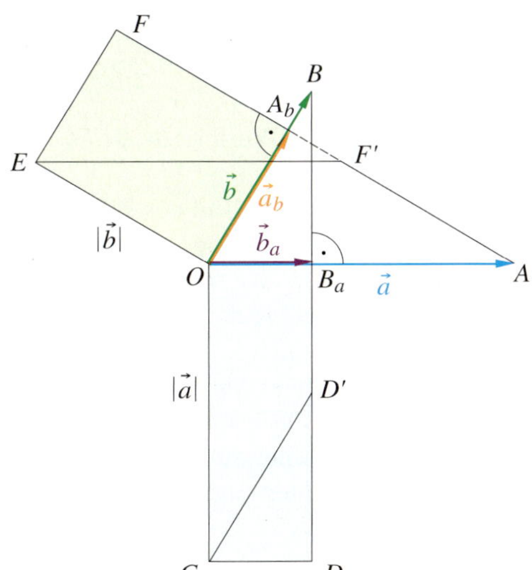

Bild 113/1

AUFGABEN

28 Beweisen Sie das **Distributivgesetz** für das Skalarprodukt:
Für alle $\vec{a}, \vec{b}, \vec{c}$ gilt $\vec{a}\cdot(\vec{b}+\vec{c}) = \vec{a}\cdot\vec{b}+\vec{a}\cdot\vec{c}$.

29 Begründen Sie, dass im Fall von Bild 114/1 für die nicht komplanaren Vektoren $\vec{a}$, $\vec{b}$ und $\vec{c}$ gilt: $(\vec{b}+\vec{c})_a = \vec{b}_a + \vec{c}_a$.
Leiten Sie daraus die Gültigkeit des Kommutativgesetzes des Skalarproduktes für diesen Fall her.

30 Der Versuch, das Skalarprodukt zweier Vektoren $\vec{a}$ und $\vec{b}$ durch $\vec{a}\cdot\vec{b} = |\vec{a}||\vec{b}|$ zu definieren, scheitert daran, dass dann das Distributivgesetz nicht gilt. Weisen Sie dies nach.

Anleitung:
Benutzen Sie Vektoren mit $\vec{b}+\vec{c}=\vec{0}$.

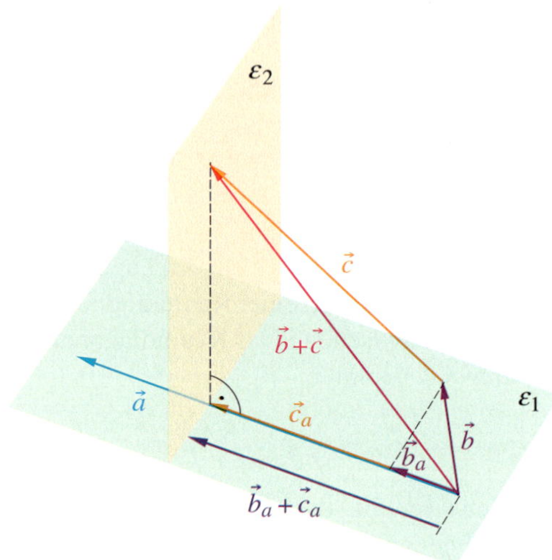

Bild 114/1

Projektionsbilder

31 Bestätigen Sie durch Rechnung die auf Seite 106 angegebenen Längen der Projektionsstrecken $\overline{B'C'}$ und $\overline{A'C'}$.

32 Untersuchen Sie, ob auf den Seiten 105 bis 106 eine andere Wahl von E, nämlich die mit $\overrightarrow{AE} = \frac{1}{5}\overrightarrow{AC}$ ebenfalls dazu führt, dass das Projektionsbild des Tetraeders in das gegebene gleichseitige Dreieck passt.

33 Gegeben sei ein Würfel $ABCDEFGH$ der Kantenlänge 4 cm.

a) Zeigen Sie, dass das Bild des Würfels bei orthogonaler Projektion auf eine zur Raumdiagonalen $\overline{AG}$ senkrechten Ebene ein reguläres Sechseck ist und bestimmen Sie dessen Seitenlänge.

b) Welche Gestalt und Ausmaße hat das Projektionsbild des Würfels bei orthogonaler Projektion auf eine zur Flächendiagonalen $\overline{AH}$ senkrechten Ebene?

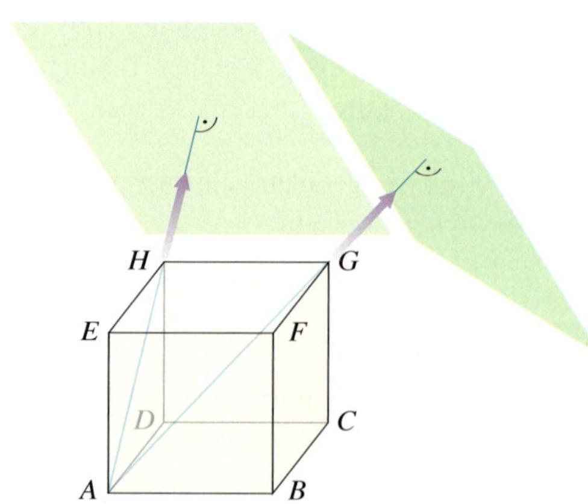

Bild 114/2

Elementargeometrische Anwendungen des Skalarprodukts

Viele elementargeometrische Sätze lassen sich mit Mitteln der Vektorrechnung elegant beweisen. Dazu sind sowohl die Voraussetzungen als auch die Behauptung vektoriell zu formulieren. Der Beweis selbst besteht dann im Wesentlichen aus algebraischen Vektor-Umformungen.

Beispiel: In einem Drachenviereck stehen die Diagonalen senkrecht aufeinander.

Voraussetzung:

(1) $ABCD$ ist ein Viereck, also $\vec{a}+\vec{b}+\vec{c}+\vec{d}=\vec{0}$.

(2) $|\overline{AB}|=|\overline{BC}|$, also $|\vec{a}|=|\vec{b}|$ bzw. $\vec{a}^2=\vec{b}^2$.

(3) $|\overline{CD}|=|\overline{DA}|$, also $|\vec{c}|=|\vec{d}|$ bzw. $\vec{c}^2=\vec{d}^2$.

Behauptung: $\overline{AC}\perp\overline{BD}$, also $(\vec{a}+\vec{b})\cdot(\vec{b}+\vec{c})=0$.

Beweis: Es gilt $(\vec{a}+\vec{b})\cdot(\vec{b}+\vec{c})=\vec{a}\cdot\vec{b}+\vec{a}\cdot\vec{c}+\vec{b}^2+\vec{b}\cdot\vec{c}$.
Werhin gilt wegen (1):
$\vec{a}+\vec{d}=-(\vec{b}+\vec{c}) \Rightarrow (\vec{a}+\vec{d})^2=(\vec{b}+\vec{c})^2$
$\Rightarrow \vec{a}^2+\vec{a}\cdot\vec{d}+\vec{d}\cdot\vec{a}+\vec{d}^2=\vec{b}^2+\vec{b}\cdot\vec{c}+\vec{c}\cdot\vec{b}+\vec{c}^2$.

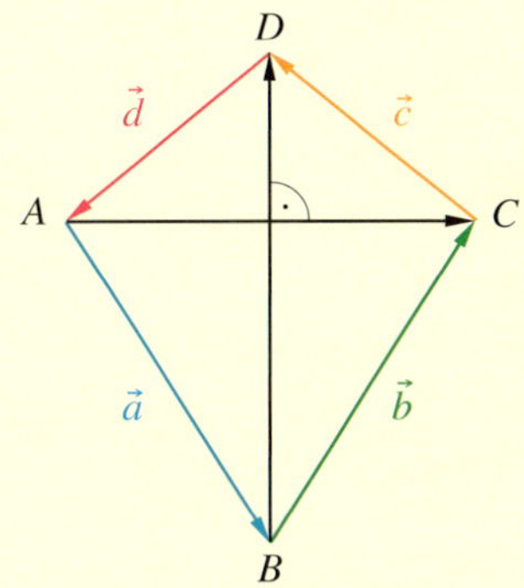

Bild 115/1: Beweisfigur

Aus (2) und (3) folgt damit $\vec{a}\cdot\vec{d}+\vec{d}\cdot\vec{a}=\vec{b}\cdot\vec{c}+\vec{c}\cdot\vec{b}$ und wegen der Kommutativität des Skalarprodukts $2\vec{a}\vec{d}=2\vec{b}\vec{c}$ bzw. $\vec{a}\vec{d}=\vec{b}\vec{c}$. Insgesamt gilt also:
$(\vec{a}+\vec{b})\cdot(\vec{b}+\vec{c})=\vec{a}\cdot\vec{b}+\vec{a}\cdot\vec{c}+\vec{b}^2+\vec{a}\cdot\vec{d}=\vec{a}\cdot\vec{b}+\vec{a}\cdot\vec{c}+\vec{a}^2+\vec{a}\cdot\vec{d}=\vec{a}\cdot(\vec{a}+\vec{b}+\vec{c}+\vec{d})=\vec{0}$; q.e.d.

34 **a)** Beweisen Sie den Lehrsatz des Pythagoras, indem Sie die Seiten eines rechtwinkligen Dreiecks durch Vektoren $\vec{a}$, $\vec{b}$ und $\vec{c}$ darstellen.
b) Formulieren und beweisen Sie die Umkehrung des Lehrsatzes des Pythagoras.

35 Beweisen Sie: Die Winkelhalbierenden zweier Nebenwinkel stehen aufeinander senkrecht.
Anleitung: Bilden die Vertreter zweier Vektoren $\vec{a}$ und $\vec{b}$ einen Winkel, so liegt der Vertreter von $\vec{w}=\frac{\vec{a}}{|\vec{a}|}+\frac{\vec{b}}{|\vec{b}|}$ auf der Winkelhalbierenden dieses Winkels. Begründen Sie dies.

36 Zwei nicht kollineare Vektoren $\vec{a}$ und $\vec{b}$ spannen ein Parallelogramm auf. Zeigen Sie, dass für die beiden Diagonalenvektoren $\vec{e}$ und $\vec{f}$ gilt:

$$\vec{e}^2+\vec{f}^2=2(\vec{a}^2+\vec{b}^2) \quad \text{und} \quad \vec{e}^2-\vec{f}^2=4(\vec{a}\cdot\vec{b}).$$

37 **a)** Ein Viereck, in dem sich die Diagonalen halbieren, ist ein Parallelogramm.
b) Ein Parallelogramm, in dem die Diagonalen aufeinander senkrecht stehen, ist ein Rhombus.
c) Ein Viereck, in dem die Diagonalen aufeinander senkrecht stehen und eine von der zweiten halbiert wird, ist ein Drachenviereck.
d) Zeigen Sie, dass zu den Sätzen von a), b) und c) auch die Umkehrungen gültige Sätze sind.

38 Beweisen Sie: Im gleichschenkligen Dreieck ist die Seitenhalbierende der Basis zugleich Höhe.

39 Beweisen Sie den Satz und seine Umkehrung.
a) Ein Parallelogramm, in dem die Diagonalen gleich lang sind, ist ein Rechteck.
b) Ein Rechteck, in dem die Diagonalen aufeinander senkrecht stehen, ist ein Quadrat.

40 **a)** Beweisen Sie den Lehrsatz des Thales (Bild 116/1).
b) Formulieren Sie seine Umkehrung und beweisen Sie auch diesen Satz.

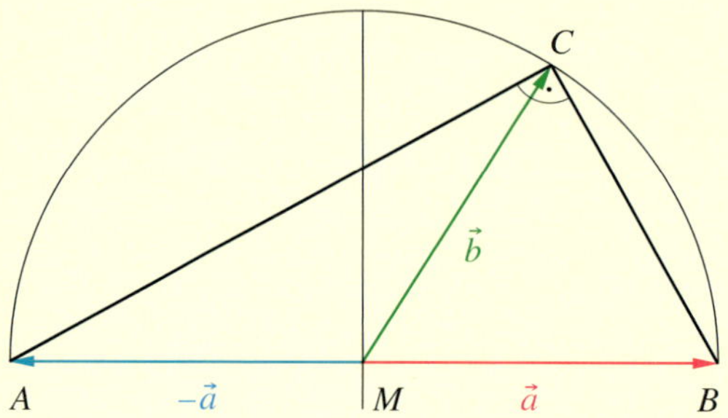

Bild 116/1

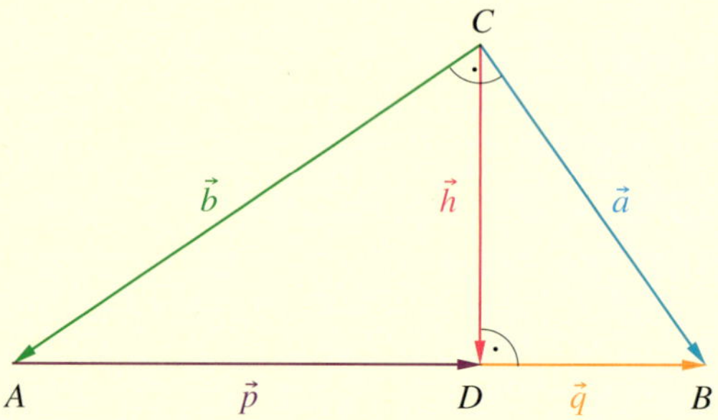

Bild 116/2

41 **a)** Beweisen Sie den Höhensatz des Euklid $|\vec{h}|^2 = |\vec{p}| \cdot |\vec{q}|$ (Bild 116/2).
Anleitung: Drücken Sie $\vec{a}$ und $\vec{b}$ durch $\vec{h}, \vec{p}$ und $\vec{q}$ aus.
b) Zeigen Sie, dass auch die Umkehrung des Höhensatzes ein gültiger Satz ist.

42 Beweisen Sie: Im Quader steht jede Flächendiagonale auf zwei Kanten senkrecht.

43 Beweisen Sie: In jedem Viereck ($\vec{a}+\vec{b}+\vec{c}+\vec{d}=\vec{0}$) gilt für die beiden Diagonalen $\vec{e}$ und $\vec{f}$ bei geeignet gewählter Orientierung: $2\vec{e}\cdot\vec{f}=\vec{a}^2-\vec{b}^2+\vec{c}^2-\vec{d}^2$.
Hinweis: Beim Beweis wird die Komplanarität der Vektoren $\vec{a}$, $\vec{b}$, $\vec{c}$ und $\vec{d}$ nicht benutzt. Daher gilt der Satz für entsprechende Stücke auch im Tetraeder. Deuten Sie ihn dort.

44 Zeigen Sie, dass im Rhombus die Verbindungslinien benachbarter Seitenmitten ein Rechteck bilden. Gilt dieser Satz auch für Drachenvierecke?

45 Ein Quader werde von drei paarweise zueinander senkrechten Vektoren aufgespannt.
a) Stellen Sie eine Bedingung auf dafür, dass zwei der vier Raumdiagonalen aufeinander senkrecht stehen.
b) Untersuchen Sie, ob in einem Quader alle vier Raumdiagonalen paarweise zueinander orthogonal sein können.
c) Untersuchen Sie, ob in einem Quader, in dem zwei der vier Raumdiagonalen aufeinander senkrecht stehen, ein weiteres Paar von Raumdiagonalen ebenfalls zueinander orthogonal sein muss. Bilden Sie ein Beispiel oder gegebenenfalls ein Gegenbeispiel.

46 Bei den Beweisen zu den vorangehenden Aufgaben kommen wiederholt gleiche oder ähnliche Schlussweisen vor. Beweisen Sie zunächst formal aus den algebraische Eigenschaften des Skalarproduktes zweier Vektoren $\vec{a} \neq \vec{0}$ und $\vec{b} \neq \vec{0}$:

$$(\vec{a}+\vec{b})\cdot(\vec{a}-\vec{b})=0 \quad \Leftrightarrow \quad |\vec{a}|^2=|\vec{b}|^2.$$

Deuten Sie diese Aussage elementargeometrisch:
a) als Satz über ein (besonderes) Rechteck und dessen Umkehrung;
b) als Satz über Rhomben und dessen Umkehrung;
c) als Satz des Thales und dessen Umkehrung.

3.3 Das Vektorprodukt

AUFTRÄGE

A1 Verkehrte Welt

Schauen wir in einen Spiegel, so nehmen wir sofort ein Spiegelbild wahr. Ist die mathematische Beschreibung ebenfalls einfach?

Diskutieren Sie die Konstruktion des Spiegelbildes eines Würfels *ABCDEFGH* bezüglich einer beliebigen Spiegelebene und vergleichen Sie Bild und Original (Bild 117/1).

Bild 117/1: Würfel mit Spiegelbild

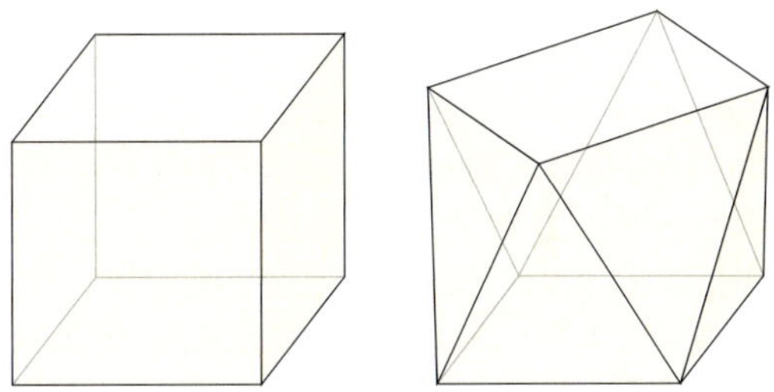

Bild 117/2: Würfel und vierseitiges Antiprisma

A2 Optische Täuschung?

Der Würfel und das vierseitige archimedische Antiprisma (Bild 117/2) haben mehrere Gemeinsamkeiten. So sind jeweils Grund- und Deckfläche Quadrate sowie die restlichen Seitenkanten ebenso lang wie die Quadratseiten. Doch wie verhält es sich beim Volumen?

Finden Sie heraus, ob es bei gleicher Kantenlänge ebenfalls übereinstimmt.

A3 In der Ebene ... wie im Raum

Das Analogon zum Dreieck in der Ebene (Bild 117/3) ist im Raum das Tetraeder (Bild 117/4). Den Dreiecksseiten in der Ebene entsprechen im Raum die Tetraederflächen.

Gibt es einen dem Innenwinkelsatz für Dreiecke entsprechenden Satz über die Winkelsumme der Winkel zwischen den Seitenflächen eines Tetraeders?

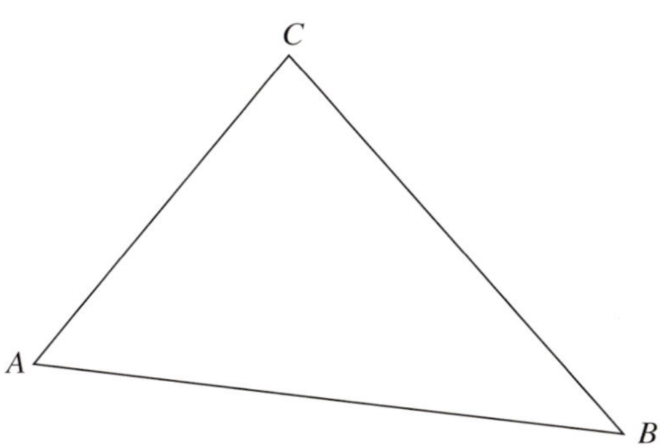

Bild 117/3: Dreieck

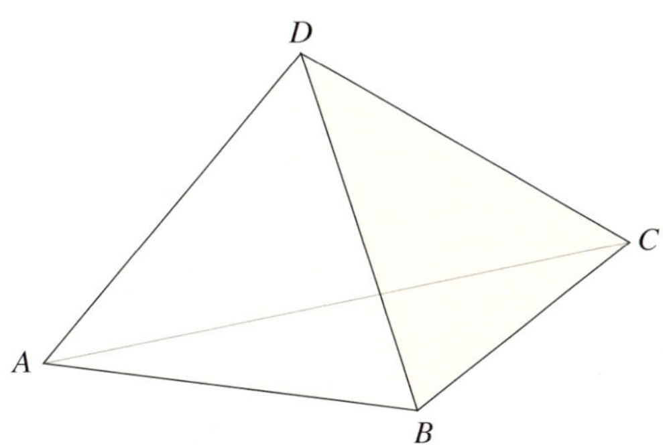

Bild 117/4: Tetraeder

AUFTRÄGE

A4 **Cheops-Pyramide**

Die Cheops-Pyramide bei Gizeh (Bild 118/1) hat Wissenschaftler seit jeher fasziniert. Vor allem die für die damalige Zeit unglaublich präzise Bauausführung lässt vermuten, dass auch Lage und Gestalt des Bauwerkes ganz bewusst gewählt wurden. Die Cheops-Pyramide ist eine gerade quadratische Pyramide mit einer durchschnittlichen Basislänge von 440 ägyptischen Königsellen[1]. Die Höhe beträgt 280 ägyptische Königsellen. Berechnet man das Verhältnis aus Quadratumfang und Höhe, so erhält man einen nur geringfügig von 2π abweichenden Wert.

Bild 118/1: Cheops-Pyramide

Es fällt schwer, dabei an einen Zufall zu glauben. Vielleicht sind aber noch ganz andere mathematische Besonderheiten zu finden?

Untersuchen Sie die Lage einer Grundseite bezüglich der gegenüberliegenden Seitenfläche. Wie groß sind die durch die Begrenzungsflächen der Pyramide gebildeten Winkel?

Rätsel des Pharao

Wir bearbeiten Auftrag **A4**. Wir bezeichnen die zu untersuchende Pyramide mit $ABCDS$ (Bild 118/2) und untersuchen die Lage der Geraden $g(A, D)$ zur Ebene ε durch B, C und S.

Die Geraden $g(A, D)$ und $g(B, C)$ sind parallel. Dann kann aber $g(A, D)$ auch nicht ε schneiden, denn dies wäre nur in der Ebene des Quadrates $ABCD$ möglich. Also liegt die Gerade $g(A, D)$ parallel zu ε.

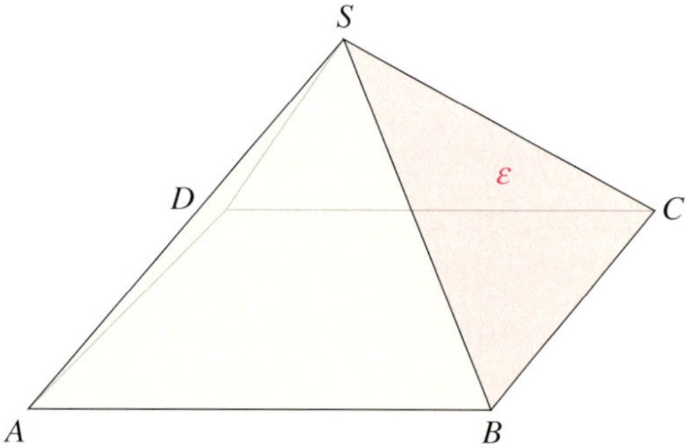

Bild 118/2

Wie groß ist der Abstand der Geraden $g(A, D)$ zur Ebene ε? Alle Lote, die man von einem beliebigen Punkt der Geraden $g(A, D)$ auf die Ebene ε fällen kann, sind auf Grund der Parallelität von $g(A, D)$ und ε gleich lang. Die Länge eines solchen Lotes werden wir im Folgenden auf verschiedenen Wegen bestimmen.

Ein elementarer Weg

Wir suchen eine zu ε senkrechte Gerade g, die $g(A, D)$ schneidet. Wir wählen als diesen Schnittpunkt den Mittelpunkt M_1 von $\overline{AD}$, denn dann muss aus Symmetriegründen der Schnittpunkt H von g und ε auf der Mittelsenkrechten $g(S, M_2)$ im Dreieck BCS liegen (Bild 119/1).

[1] Eine ägyptische Königselle misst etwa 52,36 cm.

$\overline{M_1H}$ ist folglich das Lot von M_1 auf $g(S, M_2)$.
Es gilt:

$$|\overline{M_1H}| = |\overline{M_1M_2}| \cdot \sin\alpha = |\overline{AB}| \cdot \sin\alpha,$$

$$\tan\alpha = \frac{|\overline{MS}|}{|\overline{MM_2}|} = \frac{|\overline{MS}|}{\frac{1}{2}|\overline{AB}|} = \frac{280}{220},$$

$$\alpha \approx 51{,}84°,$$

$$|\overline{M_1H}| \approx 345{,}98.$$

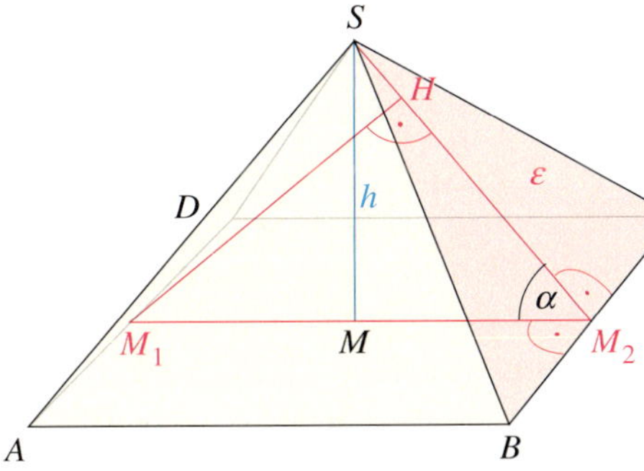

Bild 119/1

Der Abstand von $g(A, D)$ zu ε beträgt etwa 346 ägyptische Königsellen. Die Grundfläche und eine Seitenfläche der Pyramide schließen einen Winkel der Größe 51,84° ein. Auf die Winkel zwischen den Seitenflächen gehen wir an anderer Stelle ein (ab Seite 124).

Ein Spiegel führt zur Lösung

Denkt man sich ein Kantenmodell der Pyramide $ABCDS$ mit der Seitenfläche BCS an einen ebenen Spiegel gelehnt, so gehört zur Strecke $\overline{AD}$ ein Spiegelbild $\overline{A'D'}$ (Bild 119/2). Die Ver-bindungsstrecken von Original- und Bildpunkt sind dann einerseits senkrecht zur Spiegelfläche (also zur Ebene durch B, C und S) und werden andererseits von dieser Ebene halbiert. Die Länge der Strecke $\overline{AA'}$ ist demnach doppelt so groß wie der Abstand $|\overline{AF}|$ des Punktes A von der Ebene ε.

Lässt sich jedoch A' einfacher bestimmen als F? A' hat von B den gleichen Abstand wie A; ebenso hat A' von C und S die gleichen Abstände wie A.

Die Abstände von A zu B, C und S sind bekannt; daher sind auch die Abstände von A' zu B, C und S bekannt. Die nun zu lösende Aufgabe, A' aus den gegebenen Abständen zu bestimmen, kann man mit der Positionsbestimmung durch das **Global Positioning System (GPS)** vergleichen, bei dem die Position eines Objektes aus den Entfernungen zu (wenigstens drei) Satelliten berechnet wird.

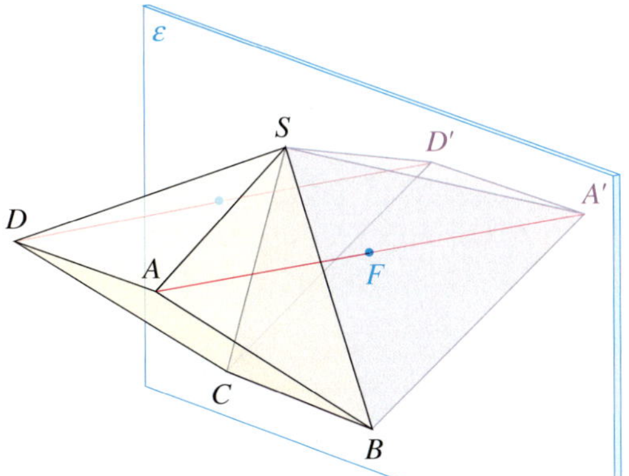

Bild 119/2: Pyramide an einem Spiegel

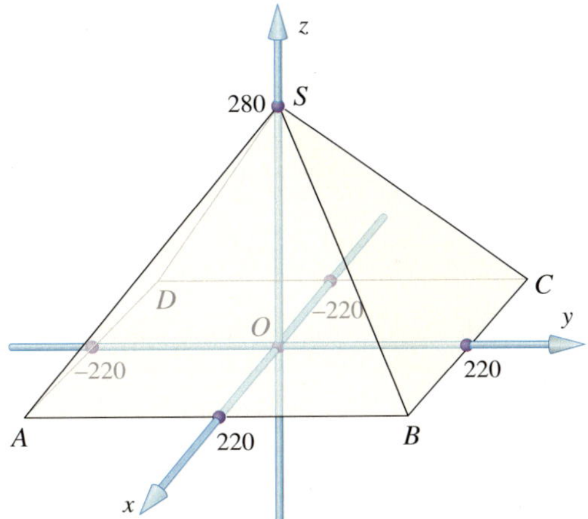

Bild 119/3: Konkrete Wahl der Eckpunkte

Im Koordinatensystem in Bild 119/3 haben die Eckpunkte der Pyramide die Koordinaten $A(220\,|\,-220\,|\,0)$, $B(220\,|\,220\,|\,0)$, $C(-220\,|\,220\,|\,0)$, $D(-220\,|\,-220\,|\,0)$ und $S(0\,|\,0\,|\,280)$. Für die Koordinaten von $A'(a_1\,|\,a_2\,|\,a_3)$ gilt dann:

$$\begin{array}{lll} \text{I} & (a_1-220)^2+(a_2-220)^2+a_3^2=193\,600 & (|\overline{A'B}|^2=|\overline{AB}|^2) \\ \text{II} & (a_1+220)^2+(a_2-220)^2+a_3^2=387\,200 & (|\overline{A'C}|^2=|\overline{AC}|^2) \\ \text{III} & a_1^2+a_2^2+(a_3-280)^2=175\,200 & (|\overline{A'S}|^2=|\overline{AS}|^2) \end{array}$$

Aus II − I ergibt sich $(a_1+220)^2-(a_1-220)^2=193\,600$, $a_1=220$ und damit

$$\begin{array}{ll} \text{I}'=\text{II}' & (a_2-220)^2+a_3^2=193\,600 \\ \text{III}' & a_2^2+(a_3-280)^2=126\,800. \end{array}$$

Mit II′ − III′ folgt $-440a_2+48\,400+560a_3-78\,400=66\,800$, also $a_2=\frac{14}{11}a_3-220$. Eingesetzt in II′ ergibt sich

$$(\tfrac{14}{11}a_3-220)^2+(a_3-280)^2=126\,800 \quad \Leftrightarrow \quad a_3(\tfrac{317}{121}a_3-1120)=0$$

mit den Lösungen $a_3=0$ (das führt auf A, das die Bedingungen selbst natürlich auch erfüllt) oder $a_3=\frac{1120\cdot 121}{317}=427{,}51$. Setzt man diesen Wert nun in III′ und II′ ein, dann erhält man $a_2=324{,}10$. Es ist also $A'(220\,|\,324{,}1\,|\,427{,}51)$ und damit $|\overline{AA'}|=691{,}96$; das gesuchte Lot hat also die Länge $|\overline{AF}|=345{,}98$.

Bei beiden Lösungen zur Bestimmung des Abstandes der Geraden $g(A,D)$ von der Ebene ε haben wir von besonderen Eigenschaften der Figur Gebrauch gemacht. Gibt es auch eine allgemeine Lösung, die dies nicht tut? Eine solche Lösung ließe sich dann auch auf andere Figuren übertragen.

Normalenformen einer Ebene

Wir wollen versuchen, den Abstand eines Punktes P von einer Ebene ε zu bestimmen. Wir betrachten dazu die Lotgerade zu ε durch P (Bild 120/1). Der Richtungsvektor einer Lotgeraden zu einer Ebene heißt auch **Normalenvektor** der Ebene. Allein durch die Angabe eines Normalenvektors und eines beliebigen Punktes der Ebene ist diese bereits eindeutig bestimmt.

Seien $\vec{x}_0$ der Ortsvektor eines beliebigen Punktes X_0 der Ebene ε und $\vec{n}$ ein Normalenvektor von ε (Bild 120/1). Dann gilt für jeden Punkt X von ε:

$$\vec{x}-\vec{x}_0 \perp \vec{n}.$$

Daher gilt für das Skalarprodukt der beiden Vektoren:

$$(\vec{x}-\vec{x}_0)\cdot\vec{n}=0 \quad \text{bzw.} \quad \vec{x}\cdot\vec{n}=\vec{x}_0\cdot\vec{n}.$$

Die Gleichung $\vec{x}\cdot\vec{n}=\vec{x}_0\cdot\vec{n}$ wird als **Normalengleichung der Ebene** ε bezeichnet.

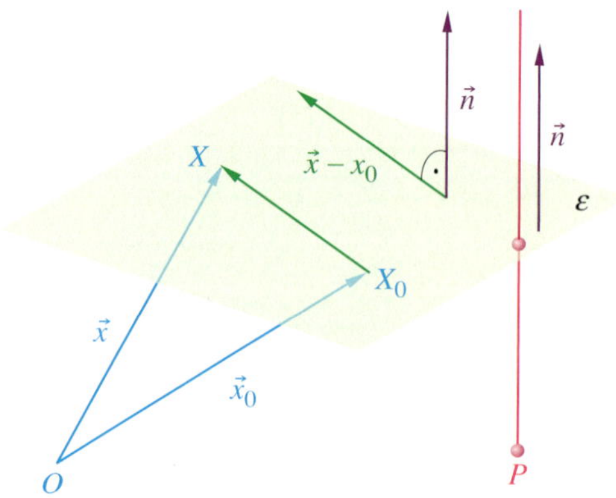

Bild 120/1

Wir bestimmen eine solche Normalengleichung für die Ebene ε durch die Pyramidenpunkte B, C und S. Zwei zu ε parallele Vektoren $\vec{a}_1$ und $\vec{b}_1$ sind durch die Pfeile $\overrightarrow{SB}$ und $\overrightarrow{SC}$ gegeben (Bild 121/1):

$$\vec{a}_1 = \begin{pmatrix} 220 \\ 220 \\ -280 \end{pmatrix} = 20 \cdot \begin{pmatrix} 11 \\ 11 \\ -14 \end{pmatrix} \text{ und}$$

$$\vec{b}_1 = \begin{pmatrix} -220 \\ 220 \\ -280 \end{pmatrix} = 20 \cdot \begin{pmatrix} -11 \\ 11 \\ -14 \end{pmatrix}.$$

Wir suchen demnach einen Vektor $\vec{n}$, der auf

$$\vec{a} = \begin{pmatrix} 11 \\ 11 \\ -14 \end{pmatrix} \text{ und } \vec{b} = \begin{pmatrix} -11 \\ 11 \\ -14 \end{pmatrix}$$

senkrecht steht, für den also gilt $\vec{a} \cdot \vec{n} = 0$ und $\vec{b} \cdot \vec{n} = 0$ und folglich

$$\begin{array}{ll} \text{I} & 11n_1 + 11n_2 - 14n_3 = 0, \\ \text{II} & -11n_1 + 11n_2 - 14n_3 = 0. \end{array}$$

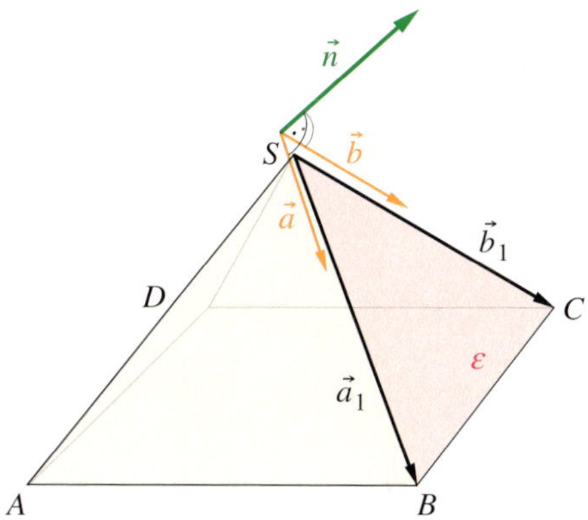

Bild 121/1

Addiert man I zu II, so erhält man $22n_2 - 28n_3 = 0$, also $n_2 = \frac{14}{11}n_3$. Subtrahiert man hingegen I von II, dann ergibt sich $-22n_1 = 0$, also $n_1 = 0$. Wählen wir nun z. B. $n_3 = 11$, so erhalten wir

$$\vec{n} = \begin{pmatrix} 0 \\ 14 \\ 11 \end{pmatrix} \text{ als einen Normalenvektor von } \varepsilon.$$

Setzen wir $X_0 = B$, so ist

$$\vec{x} \cdot \vec{n} = \vec{x_0} \cdot \vec{n}, \quad \text{also} \quad \begin{pmatrix} x \\ y \\ z \end{pmatrix} \cdot \begin{pmatrix} 0 \\ 14 \\ 11 \end{pmatrix} = \begin{pmatrix} 220 \\ 220 \\ 0 \end{pmatrix} \cdot \begin{pmatrix} 0 \\ 14 \\ 11 \end{pmatrix},$$

eine Normalengleichung für die Ebene ε. Rechnet man die beiden Produkte aus, so erhält man $14y + 11z = 3080$; dies ist eine Koordinatengleichung, wie wir sie bereits zur Darstellung von Ebenen benutzt haben.

Wir sind nun in der Lage, eine Gleichung für die Lotgerade g durch A zu ε anzugeben,

$$g: \quad \vec{x} = \begin{pmatrix} 220 \\ -220 \\ 0 \end{pmatrix} + t \begin{pmatrix} 0 \\ 14 \\ 11 \end{pmatrix},$$

und den Schnittpunkt $F(220 \,|\, 52{,}05 \,|\, 213{,}75)$ von g und ε zu ermitteln (Aufgabe 6, Seite 131). Die Länge des Lotes $\overline{AF}$ ist dann

$$|\overline{AF}| = \left| \begin{pmatrix} 220 \\ 52{,}05 \\ 213{,}75 \end{pmatrix} - \begin{pmatrix} 220 \\ -220 \\ 0 \end{pmatrix} \right| \approx \sqrt{272{,}05^2 + 213{,}75^2} \approx 345{,}98.$$

Auf die gleiche Weise wie im Beispiel ist es immer möglich, den Abstand eines Punktes zu einer Ebene zu ermitteln. Jedoch ist dieser Weg meist sehr aufwändig.

Die Hesse'sche Normalenform einer Ebene

Kann die Normalengleichung helfen, den Abstand eines Punktes P von ε einfacher zu berechnen? Untersuchen wir dazu zunächst den Fall $P = O$ und nehmen wir an, dass X der Fußpunkt des Lotes $\overline{OX}$ von O auf ε ist (Bild 122/1). Dann ist $\vec{x} \parallel \vec{n}$ und es gilt

$$\vec{x} \cdot \vec{n} = |\vec{x}| \cdot |\vec{n}| \quad \text{oder} \quad \vec{x} \cdot \vec{n} = -|\vec{x}| \cdot |\vec{n}|$$

je nachdem, ob $\vec{x}$ und $\vec{n}$ gleichgerichtet $(\alpha = 0°)$ oder entgegengesetzt gerichtet $(\alpha = 180°)$ sind.

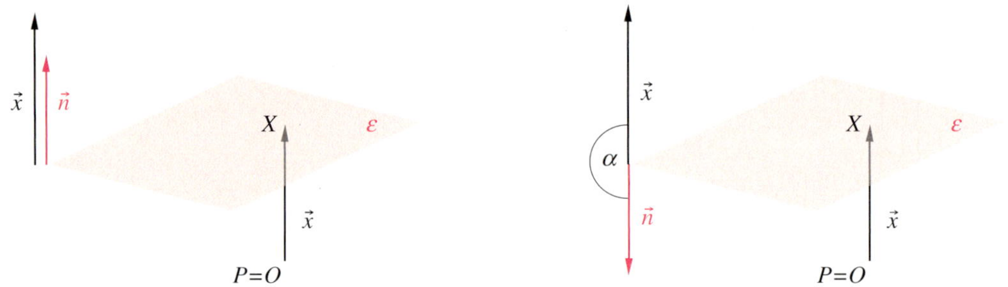

Bild 122/2

Das heißt, man muss die rechte Seite der Normalengleichung $\vec{x} \cdot \vec{n} = \vec{x}_0 \cdot \vec{n}$ nur noch durch den Betrag von $\vec{n}$ dividieren, um bis auf das Vorzeichen den Abstand von O zu ε zu erhalten. Im Falle $|\vec{n}| = 1$ – man nennt $\vec{n}$ dann **Normaleneinheitsvektor** – ist nicht einmal das nötig; der Abstand kann aus der Gleichung direkt abgelesen werden.

Eine solche Normalengleichung

$$\vec{x} \cdot \vec{n}^* = \vec{x}_0 \cdot \vec{n}^*,$$

bei der $\vec{n}^*$ ein Normaleneinheitsvektor ist, wird auch als **Hesse'sche Normalenform** (kurz **Hesseform**) der Ebene ε bezeichnet. Ludwig Otto Hesse (1811–1874, Bild 122/2) war ein deutscher Mathematiker, der in Königsberg, Heidelberg und München lehrte.

Wir erhalten eine Hesse'sche Normalenform einer Ebene aus einer beliebigen Normalengleichung der Ebene, in dem wir beide Seiten der Gleichung durch den Betrag des verwendeten Normalenvektors dividieren.

Bild 122/2: Ludwig Otto Hesse

Wir können die Hesse'sche Normalenform auch nutzen, um den Abstand eines beliebigen Punktes P von einer Ebene ε zu bestimmen. Dazu denken wir uns durch P eine zu ε parallele Ebene ε_1 gelegt (Bild 123/1). Dann gibt

$|\vec{x}_0 \cdot \vec{n}^*|$ den Abstand von O zu ε an, falls $X_0 \in \varepsilon$, und

$|\vec{p} \cdot \vec{n}^*|$ den Abstand von O zu ε_1.

Der Abstand $d(P, \varepsilon)$ entspricht dem Abstand der beiden Ebenen voneinander. Dieser Abstand wiederum ergibt sich als Summe bzw. Differenz der Abstände der Ebenen zu O je nachdem, ob O zwischen den beiden Ebenen liegt oder nicht.

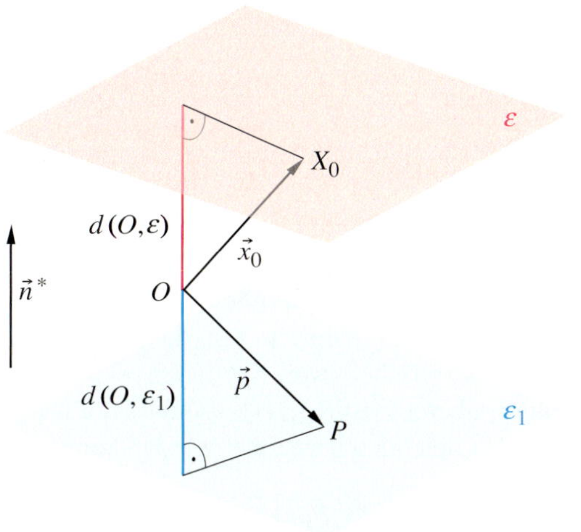

Bild 123/1: Abstand Punkt – Ebene

Berücksichtigen wir, dass die Vorzeichen der Skalarprodukte $\vec{p} \cdot \vec{n}^*$ und $\vec{x}_0 \cdot \vec{n}^*$ in den Fällen entgegengesetzt sind, in denen O zwischen den Ebenen liegt, dann erhalten wir (Aufgabe 10, Seite 132):

$$d(P, \varepsilon) = |\vec{p} \cdot \vec{n}^* - \vec{x}_0 \cdot \vec{n}^*|.$$

Schreiben wir die Hesse'sche Normalenform in der Form $\vec{x} \cdot \vec{n^*} - \vec{x_0} \cdot \vec{n^*} = 0$ auf, dann brauchen wir in den Term auf der linken Seite nur noch statt $\vec{x}$ den Ortsvektor $\vec{p}$ von P einzusetzen und den Betrag dieses Termes zu bilden, um den Abstand von P zu ε zu erhalten.

Für unser Beispiel würde die Berechnung dann so erfolgen:

(1) Bestimmung einer Normalengleichung von ε: $14y + 11z = 3080$, $\vec{n} = \begin{pmatrix} 0 \\ 14 \\ 11 \end{pmatrix}$.

(2) Bestimmung einer Hesse'schen Normalenform (Division durch $|\vec{n}|$):

$$|\vec{n}| = \sqrt{14^2 + 11^2} = \sqrt{317} \Rightarrow \frac{14}{\sqrt{317}}y + \frac{11}{\sqrt{317}}z - \frac{3080}{\sqrt{317}} = 0.$$

(3) Einsetzen der Koordinaten von $P = A$ auf der linken Seite und Berechnung des Betrages:

$$A(220\,|-220\,|\,0) \Rightarrow d(A, \varepsilon) = \left|\frac{14}{\sqrt{317}} \cdot (-220) + \frac{11}{\sqrt{317}} \cdot 0 - \frac{3080}{\sqrt{317}}\right| = \left|-2 \cdot \frac{3080}{\sqrt{317}}\right| \approx 345{,}98.$$

Der Abstand eines Punktes von einer Ebene lässt sich also mit der Hesseform wesentlich einfacher berechnen als mithilfe anderer Ebenengleichungen.

Wie wir auf verschiedenen Wegen gezeigt haben, hat eine Grundseite der Cheops-Pyramide von der gegenüberliegenden Seitenfläche einen nur äußerst gering von 346 Königsellen abweichenden Abstand. Es bleibt ein Geheimnis des Pharao, ob es sich dabei um einen „mathematischen Zufall" handelt.

Das Vektorprodukt

Die Bestimmung der Größe des Winkels zwischen zwei Ebenen – beispielsweise der Winkel zwischen den Seitenflächen der Cheops-Pyramide – ist bei Kenntnis von zugehörigen Normalenvektoren einfach.

Die Größe des Winkels zwischen zwei Ebenen ε_1 und ε_2 – sie ist als Maß des kleinsten Winkels „zwischen" den beiden Ebenen festgelegt – stimmt nämlich mit der Größe des Winkels zwischen zwei Normalenvektoren $\vec{n}_1$ und $\vec{n}_2$ überein (Bild 124/1), so dass α aus folgender Gleichung berechnet werden kann:

$$\cos\alpha = \left|\frac{\vec{n}_1 \cdot \vec{n}_2}{|\vec{n}_1| \cdot |\vec{n}_2|}\right| \quad (0° \leq \alpha \leq 90°).$$

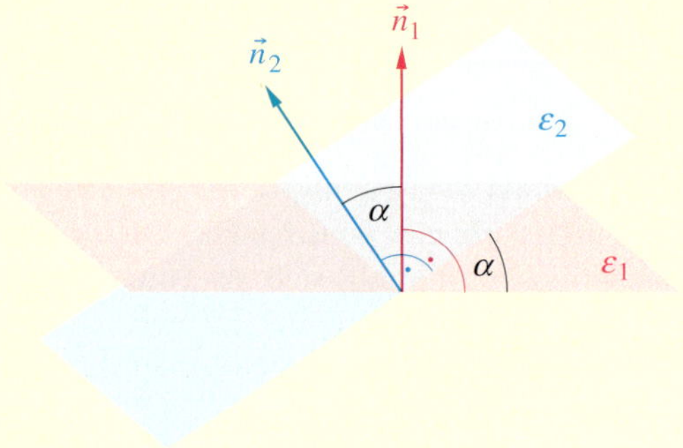

Bild 124/1: Winkel zwischen zwei Ebenen

Die Betragsbildung auf der rechten Seite der Formel berücksichtigt dabei auch den Fall, dass solche Normalenvektoren gewählt werden, die einen stumpfen Winkel einschließen (Aufgabe 40, Seite 136).

Um die vorgestellte Berechnung des Winkelmaßes praktisch nutzen zu können, suchen wir eine möglichst einfache Berechnungsmöglichkeit für Normalenvektoren.

Verallgemeinern wir das Vorgehen zur Bestimmung eines Normalenvektors, so erhalten wir für $\vec{a} \neq \vec{0}$ und $\vec{b} \neq \vec{0}$ in gleicher Weise wie oben

$$a_1 n_1 + a_2 n_2 + a_3 n_3 = 0,$$
$$b_1 n_1 + b_2 n_2 + b_3 n_3 = 0,$$

mit den Lösungen $n_1 = \frac{a_2 b_3 - a_3 b_2}{a_1 b_2 - a_2 b_1} n_3$ und $n_2 = \frac{a_3 b_1 - a_1 b_3}{a_1 b_2 - a_2 b_1} n_3$, falls $a_1 b_2 - a_2 b_1 \neq 0$.

Ein besonders einfach anzugebender Normalenvektor $\vec{n}$ ergibt sich für $n_3 = a_1 b_2 - a_2 b_1$. Er erhält die besondere Bezeichnung „Vektorprodukt".

Definition 3.3 Das Vektorprodukt zweier Vektoren $\vec{a}$ und $\vec{b}$ ist der Vektor

$$\vec{a} \times \vec{b} = \begin{pmatrix} a_1 \\ a_2 \\ a_3 \end{pmatrix} \times \begin{pmatrix} b_1 \\ b_2 \\ b_3 \end{pmatrix} = \begin{pmatrix} a_2 b_3 - a_3 b_2 \\ a_3 b_1 - a_1 b_3 \\ a_1 b_2 - a_2 b_1 \end{pmatrix}.$$ ■

Zeigen Sie selbst, dass das so erklärte Vektorprodukt auch im Fall $a_1 b_2 - a_2 b_1 = 0$ einen Normalenvektor liefert (Aufgabe 19, Seite 133).

Für das Beispiel der Cheops-Pyramide erhalten wir, wenn wir zu den bereits bekannten Vektoren $\vec{a}$ und $\vec{b}$ zu ε entsprechende Vektoren $\vec{c}$ und $\vec{d}$ zu zwei anderen Seitenflächen ε_1 und ε_2 (Bild 125/1) bilden:

$$\vec{a}=\begin{pmatrix}11\\11\\-14\end{pmatrix}, \vec{b}=\begin{pmatrix}-11\\11\\-14\end{pmatrix},$$

$$\vec{c}=\begin{pmatrix}-11\\-11\\-14\end{pmatrix}, \vec{d}=\begin{pmatrix}11\\-11\\-14\end{pmatrix};$$

$$\vec{a}\times\vec{b}=\begin{pmatrix}11\cdot(-14)-(-14)\cdot 11\\(-14)\cdot(-11)-11\cdot(-14)\\11\cdot 11-11\cdot(-11)\end{pmatrix}$$

$$=\begin{pmatrix}0\\22\cdot 14\\2\cdot 11^2\end{pmatrix}=22\begin{pmatrix}0\\14\\11\end{pmatrix}, \vec{n}=\begin{pmatrix}0\\14\\11\end{pmatrix};$$

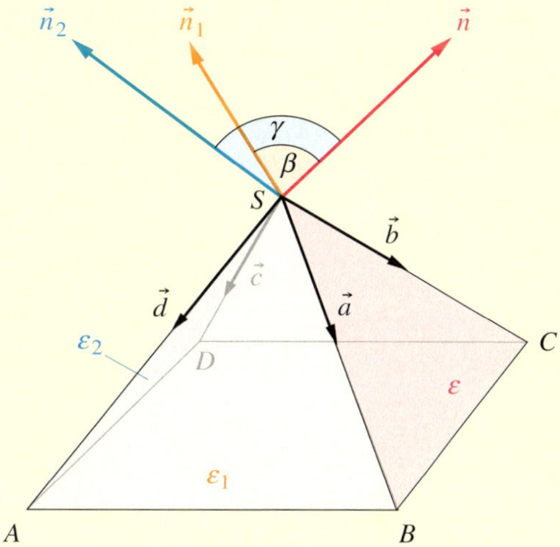

Bild 125/1

$$\vec{d}\times\vec{a}=22\begin{pmatrix}14\\0\\11\end{pmatrix}, \quad \vec{n}_1=\begin{pmatrix}14\\0\\11\end{pmatrix}; \quad \vec{c}\times\vec{d}=22\begin{pmatrix}0\\-14\\11\end{pmatrix}, \quad \vec{n}_2=\begin{pmatrix}0\\-14\\11\end{pmatrix}.$$

Damit können die Winkel zwischen den Ebenen ε und ε_1 sowie ε und ε_2 ermittelt werden:

$$\cos\beta=\left|\frac{\vec{n}\cdot\vec{n}_1}{|\vec{n}|\cdot|\vec{n}_1|}\right|=\frac{121}{317}\Rightarrow\beta\approx 67{,}56^\circ, \quad \cos\gamma=\left|\frac{\vec{n}\cdot\vec{n}_2}{|\vec{n}|\cdot|\vec{n}_2|}\right|=\frac{75}{317}\Rightarrow\beta\approx 76{,}31^\circ.$$

Folglich schließen aneinandergrenzende Seitenflächen der Cheops-Pyramide einen Winkel der Größe 67,65° und gegenüberliegende Seitenflächen einen Winkel der Größe 76,31° ein.

Eigenschaften des Vektorprodukts

Wir wollen genauer untersuchen, welche algebraischen Gesetzmäßigkeiten für Vektorprodukte gelten. Untersuchen wir zuerst die Vertauschung der Vektoren innerhalb des Produkts. Es gilt

$$\vec{b}\times\vec{a}=\begin{pmatrix}b_2a_3-b_3a_2\\b_3a_1-b_1a_3\\b_1a_2-b_2a_1\end{pmatrix}=\begin{pmatrix}-(a_2b_3-a_3b_2)\\-(a_3b_1-a_1b_3)\\-(a_1b_2-a_2b_1)\end{pmatrix}=-(\vec{a}\times\vec{b}).$$

Die Vektorprodukte $\vec{a}\times\vec{b}$ und $\vec{b}\times\vec{a}$ sind demnach zwar betragsgleiche, jedoch entgegengesetzte Vektoren. Ein Kommutativgesetz, wie wir es von den Produkten reeller Zahlen oder dem Skalarprodukt her gewöhnt sind, gilt hier nicht!

Im Gegensatz zum Skalarprodukt ist es mit dem Vektorprodukt möglich, mehr als zwei Vektoren zu verknüpfen, da das Ergebnis der Produktbildung stets wieder ein Vektor ist. Untersuchen Sie selbst, ob es ein Assoziativgesetz gibt (Aufgabe 29 a, Seite 134).

Welche Auswirkungen auf das Vektorprodukt hat die reelle Vervielfachung eines der beiden Vektoren? Die Berechnung ergibt

$$
\begin{aligned}
(r\vec{a}) \times \vec{b} &= \begin{pmatrix} (ra_2)b_3 - (ra_3)b_2 \\ (ra_3)b_1 - (ra_1)b_3 \\ (ra_1)b_2 - (ra_2)b_1 \end{pmatrix} \\
&= r \begin{pmatrix} a_2 b_3 - a_3 b_2 \\ a_3 b_1 - a_1 b_3 \\ a_1 b_2 - a_2 b_1 \end{pmatrix} \\
&= r(\vec{a} \times \vec{b}).
\end{aligned}
$$

Ebenso gilt $\vec{a} \times (r\vec{b}) = r(\vec{a} \times \vec{b})$. Die reelle Vervielfachung eines Vektors bewirkt demnach eine entsprechende Vervielfachung des Vektorprodukts; es existiert ein **„gemischtes“ Assoziativgesetz**.

Was passiert jedoch, wenn einer der Vektoren, z. B. $\vec{b}$, auch seine Richtung ändert? Wir können eine solche allgemeine Änderung von $\vec{b}$ mathematisch zunächst durch den Ansatz $\vec{b}_1 = \vec{b} + \vec{c}$ erfassen und weitere Ergebnisse in Abhängigkeit von $\vec{c}$ diskutieren.

Es gilt:

$$
\begin{aligned}
\vec{a} \times (\vec{b} + \vec{c}) &= \begin{pmatrix} a_1 \\ a_2 \\ a_3 \end{pmatrix} \times \begin{pmatrix} b_1 + c_1 \\ b_2 + c_2 \\ b_3 + c_3 \end{pmatrix} \\
&= \begin{pmatrix} a_2(b_3 + c_3) - a_3(b_2 + c_2) \\ a_3(b_1 + c_1) - a_1(b_3 + c_3) \\ a_1(b_2 + c_2) - a_2(b_1 + c_1) \end{pmatrix} \\
&= \begin{pmatrix} a_2 b_3 - a_3 b_2 \\ a_3 b_1 - a_1 b_3 \\ a_1 b_2 - a_2 b_1 \end{pmatrix} + \begin{pmatrix} a_2 c_3 - a_3 c_2 \\ a_3 c_1 - a_1 c_3 \\ a_1 c_2 - a_2 c_1 \end{pmatrix} \\
&= \vec{a} \times \vec{b} + \vec{a} \times \vec{c}.
\end{aligned}
$$

Vereinfacht ausgedrückt bedeutet dieses **Distributivgesetz**:

Addiert man zu $\vec{b}$ den Vektor $\vec{c}$, dann wird zum Ergebnisvektor $\vec{a} \times \vec{b}$ der Vektor $\vec{a} \times \vec{c}$ addiert. Insbesondere verändert sich das Vektorprodukt nicht, wenn $\vec{c}$ parallel zu $\vec{a}$ ist, da dann $\vec{a} \times \vec{c} = \vec{a} \times r(\vec{a}) = \vec{0}$.

Eine Besonderheit des Vektorproduktes erhält man für $\vec{b} = \vec{a}$. Dann ist nämlich $\vec{a} \times \vec{a} = -(\vec{a} \times \vec{a})$. Diese Eigenschaft besitzt nur der Nullvektor und tatsächlich ist

$$
\vec{a} \times \vec{a} = \begin{pmatrix} a_2 a_3 - a_3 a_2 \\ a_3 a_1 - a_1 a_3 \\ a_1 a_2 - a_2 a_1 \end{pmatrix} = \begin{pmatrix} 0 \\ 0 \\ 0 \end{pmatrix} = \vec{0}.
$$

Betrag des Vektorprodukts

Das Vektorprodukt ist ein Vektor; es hat deshalb wie jeder Vektor einen Betrag, eine Richtung und einen Richtungssinn.

Wir bestimmen den Betrag des Vektorprodukts zunächst für zwei orthogonale Vektoren $\vec{a}$ und $\vec{b}$. Für $\alpha = 90°$ besteht auf Grund des verschwindenden Skalarprodukts ein einfacher Zusammenhang zwischen den Koordinaten von $\vec{a}$ und $\vec{b}$:

$$a_1 b_1 + a_2 b_2 + a_3 b_3 = 0.$$

Für den Betrag des Vektorprodukts gilt allgemein

$$\begin{aligned}|\vec{a} \times \vec{b}| &= \sqrt{(a_2 b_3 - a_3 b_2)^2 + (a_3 b_1 - a_1 b_3)^2 + (a_1 b_2 - a_2 b_1)^2} \\ &= \sqrt{a_2^2 b_3^2 - 2 a_2 a_3 b_2 b_3 + a_3^2 b_2^2 + a_3^2 b_1^2 - 2 a_1 a_3 b_1 b_3 + a_1^2 b_3^2 + a_1^2 b_2^2 - 2 a_1 a_2 b_1 b_2 + a_2^2 b_1^2}.\end{aligned}$$

Die gleichen gemischten Glieder erhalten wir aber auch, wenn wir das Skalarprodukt von $\vec{a}$ und $\vec{b}$ quadrieren:

$$\begin{aligned}(a_1 b_1 + a_2 b_2 + a_3 b_3)^2 &= 0 \\ a_1^2 b_1^2 + a_2^2 b_2^2 + a_3^2 b_3^2 &= -2 a_1 a_2 b_1 b_2 - 2 a_1 a_3 b_1 b_3 - 2 a_2 a_3 b_2 b_3.\end{aligned}$$

Damit ergibt sich

$$\begin{aligned}|\vec{a} \times \vec{b}| &= \sqrt{a_2^2 b_3^2 + a_3^2 b_2^2 + a_3^2 b_1^2 + a_1^2 b_3^2 + a_1^2 b_2^2 + a_2^2 b_1^2 + a_1^2 b_1^2 + a_2^2 b_2^2 + a_3^2 b_3^2} \\ &= \sqrt{(a_1^2 + a_2^2 + a_3^2)(b_1^2 + b_2^2 + b_3^2)} = |\vec{a}| \cdot |\vec{b}|.\end{aligned}$$

Sind die Vektoren $\vec{a}$ und $\vec{b}$ nicht orthogonal, so kann man beispielsweise $\vec{b}$ in zwei Komponenten $\vec{b}_1$ und $\vec{b}_2$ zerlegen, von denen die eine ($\vec{b}_1$) senkrecht zu $\vec{a}$ und die andere ($\vec{b}_2$) parallel zu $\vec{a}$ ist (Bild 127/1):

$$\vec{b} = \vec{b}_1 + \vec{b}_2 \quad \text{mit} \quad \vec{b}_1 \perp \vec{a} \quad \text{und} \quad \vec{b}_2 \| \vec{a}.$$

Dann gilt:

$$|\vec{a} \times \vec{b}| = |\vec{a} \times (\vec{b}_1 + \vec{b}_2)| = |\vec{a} \times \vec{b}_1 + \vec{a} \times \vec{b}_2|$$

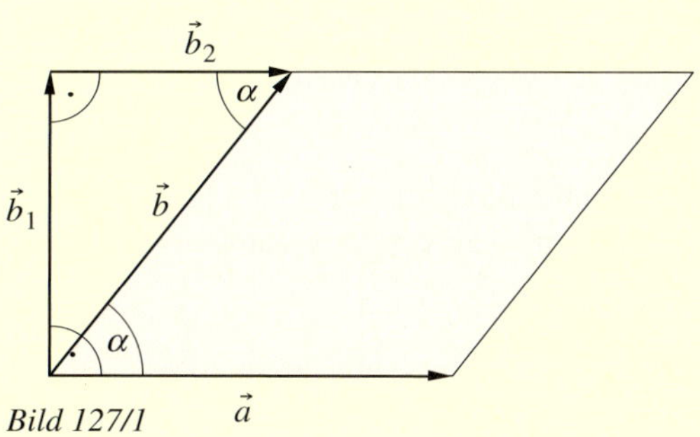

Bild 127/1

Wegen $\vec{b}_2 \| \vec{a}$ ist $\vec{a} \times \vec{b}_2 = \vec{0}$, so dass $|\vec{a} \times \vec{b}| = |\vec{a} \times \vec{b}_1| = |\vec{a}| \cdot |\vec{b}_1| = |\vec{a}| \cdot |\vec{b}| \cdot \sin\alpha$.

Der Betrag des Vektorprodukts $\vec{a} \times \vec{b}$ entspricht demnach geometrisch dem **Flächeninhalt** des von $\vec{a}$ und $\vec{b}$ aufgespannten Parallelogramms.

Richtungssinn des Vektorprodukts

Wir untersuchen an einem Beispiel, wie sich die gegenseitige Lage von $\vec{a}$ und $\vec{b}$ auf $\vec{a} \times \vec{b}$ auswirkt. Seien $\vec{a} = \begin{pmatrix} 1 \\ 0 \\ 0 \end{pmatrix}$ und $\vec{b} = \begin{pmatrix} b_1 \\ b_2 \\ 0 \end{pmatrix}$, $\vec{b}_2 \neq 0$, ein beliebiger Vektor der xy-Ebene, der nicht parallel zu $\vec{a}$ ist. Das Vektorprodukt ist sowohl senkrecht zu $\vec{a}$ als auch zu $\vec{b}$ und muss deshalb in Richtung der positiven z-Achse oder entgegengesetzt zeigen. Wegen $\vec{a} \times \vec{b} = \begin{pmatrix} 0 \\ 0 \\ b_2 \end{pmatrix}$ hängt das offenbar nur von der y-Koordinate von $\vec{b}$ ab (Bild 128/1).

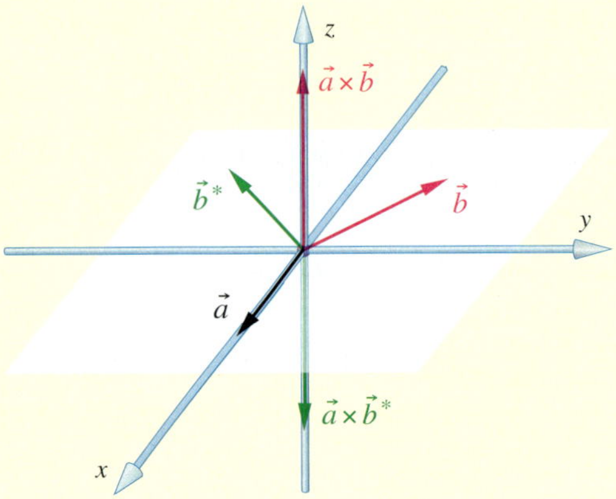

Bild 128/1: Richtungssinn von $\vec{a} \times \vec{b}$

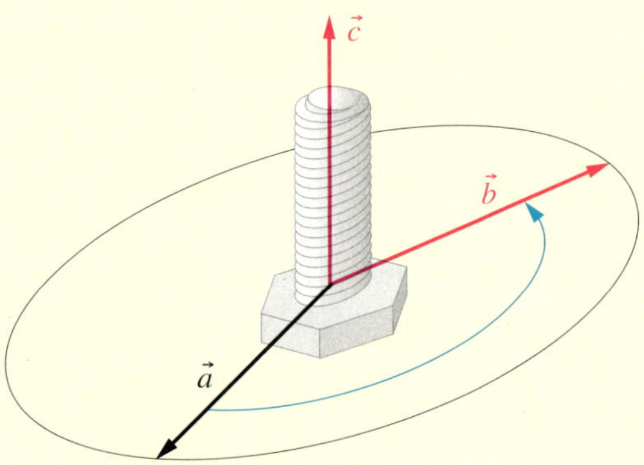

Bild 128/2: $(\vec{a}, \vec{b}, \vec{c})$ bilden ein Rechtssystem

Allgemein bildet ein Vektortripel $(\vec{a}, \vec{b}, \vec{c})$ mit der Eigenschaft, dass $\vec{c}$ senkrecht zu $\vec{a}$ und $\vec{b}$ ist, entweder ein Rechtssystem oder ein Linkssystem. Das lässt sich beispielsweise mit der sogenannten „Rechtsschraubenregel“ feststellen:

Dreht man $\vec{a}$ auf dem kürzesten Weg in Richtung $\vec{b}$ und bewegt sich eine Rechtsschraube in Richtung $\vec{c}$, dann handelt es sich um ein Rechtssystem (Bild 128/2).

Für unser Beispiel erkennen wir, dass auch $(\vec{a}, \vec{b}, \vec{a} \times \vec{b})$ ein Rechtssystem bildet (Bild 128/1).

Tatsächlich lässt sich auch allgemein zeigen, dass das Vektortripel $(\vec{a}, \vec{b}, \vec{a} \times \vec{b})$ immer **rechtsorientiert** ist.

Damit wird auch der Unterschied von $\vec{a} \times \vec{b}$ und $\vec{b} \times \vec{a}$ deutlich, denn gedanklich dreht man in beiden Fällen in verschiedene Richtungen.

Bei dem von uns verwendeten kartesischen Koordinatensystem bilden die Einheitsvektoren der positiven x-, y- und z-Achse wegen $\begin{pmatrix} 1 \\ 0 \\ 0 \end{pmatrix} \times \begin{pmatrix} 0 \\ 1 \\ 0 \end{pmatrix} = \begin{pmatrix} 0 \\ 0 \\ 1 \end{pmatrix}$ ein Rechtssystem.

Die Richtung des Produktvektors lässt sich auch mit der sogenannten „Rechte-Hand-Regel“ ermitteln: Zeigt $\vec{a}$ in Richtung des Daumens, $\vec{b}$ in Richtung des Zeigefingers, dann weist der Mittelfinger einer „aufgespannten“ rechten Hand (Bild 129/1) in Richtung des Vektors $\vec{a} \times \vec{b}$.

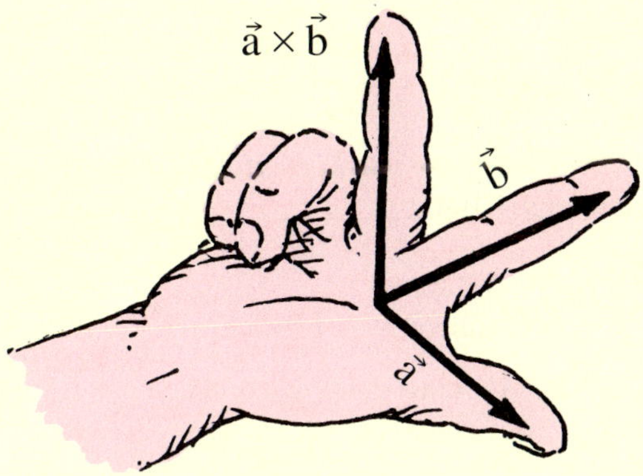

Bild 129/1: Rechte-Hand-Regel

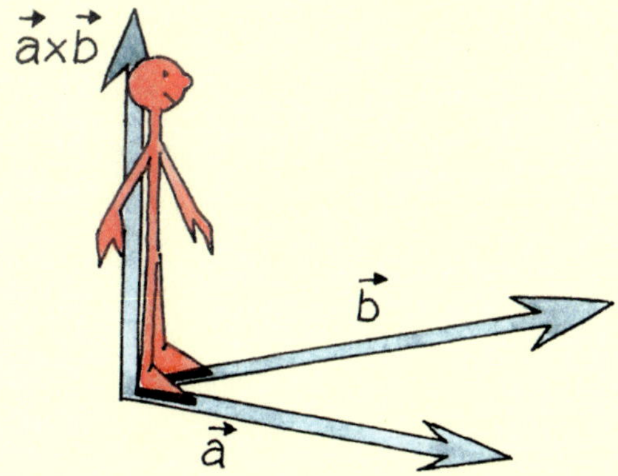

Bild 129/2: Strichmännchen-Regel

Eine weitere Möglichkeit der Veranschaulichung zeigt Bild 129/2. Stellt das Strichmännchen seinen rechten Fuß auf den ersten Pfeil, seinen linken Fuß auf den zweiten Pfeil, dann zeigt sein Körper in Richtung des Produktvektors.

Anwendung: Abstand windschiefer Geraden

Die bisherigen Resultate lassen sich zur Untersuchung windschiefer Geraden nutzen. Betrachten wir dazu zwei zueinander windschiefe Geraden g_1 und g_2. Die Gerade g_1 mit dem Richtungsvektor $\vec{r}_1$ gehe dabei durch den Punkt X_1, entsprechend gehe g_2 durch X_2 und besitze den Richtungsvektor $\vec{r}_2$ (Bild 129/3). Sei ε_1 ferner die von X_1, $\vec{r}_1$ und $\vec{r}_2$ aufgespannte Ebene. Es gilt $g_2 \| \varepsilon_1$. Der Abstand von g_2 zu ε_1 wird gleichzeitig als der **Abstand** von g_2 und g_1 bezeichnet. Nach den obigen Überlegungen zum Abstand des Punktes A von der Ebene ε lässt sich dieser wie folgt aus den Ortsvektoren $\vec{x}_1$ und $\vec{x}_2$ von X_1 und X_2 sowie einem Normalenvektor $\vec{n}$ von ε_1 berechnen:

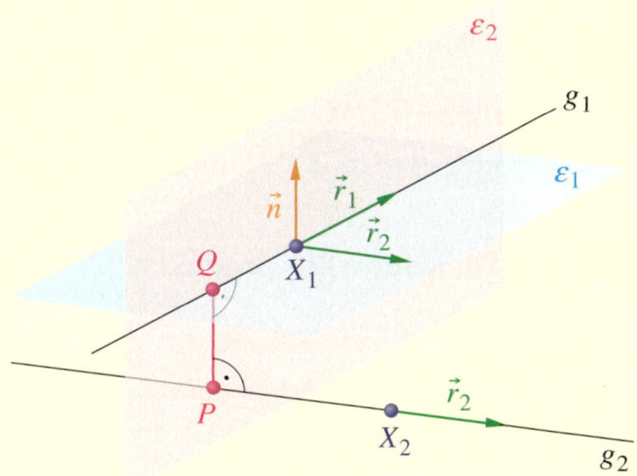

Bild 129/3

$$d(g_1, g_2) = d(\varepsilon_1, g_2) = d(\varepsilon_1, X_2) = \left| \vec{x}_2 \cdot \frac{\vec{n}}{|\vec{n}|} - \vec{x}_1 \cdot \frac{\vec{n}}{|\vec{n}|} \right| = \frac{|(\vec{x}_2 - \vec{x}_1)\vec{n}|}{|\vec{n}|} = \frac{|(\vec{x}_2 - \vec{x}_1)(\vec{r}_1 \times \vec{r}_2)|}{|\vec{r}_1 \times \vec{r}_2|}.$$

Der so erklärte Abstand lässt sich veranschaulichen: Ist ε_2 die von X_1, $\vec{r}_1$ und $\vec{n}$ aufgespannte Ebene, so gibt es genau einen Schnittpunkt P von ε_2 und g_2. Das Lot $\overline{PQ}$ von P auf ε_1 ist demnach die einzige Strecke mit Endpunkten auf g_1 und g_2, die den Abstand $d(g_1, g_2)$ repräsentiert. Sie ist zudem die einzige Strecke, die sowohl senkrecht auf g_1 als auch auf g_2 steht. (siehe Aufgabe 48, Seite 137)

Wir fassen zusammen

Normalenform einer Ebene ε

Ist $\vec{x_0}$ Ortsvektor eines Punktes X_0 von ε und $\vec{n}$ ein Normalenvektor von ε, so erfüllt der Ortsvektor $\vec{x}$ eines beliebigen Ebenenpunktes X stets die **Normalengleichung**

$$\vec{x} \cdot \vec{n} = \vec{x_0} \cdot \vec{n}.$$

Im Fall $|\vec{n}| = 1$ wird die Gleichung als **Hesse'sche Normalenform** von ε bezeichnet.

Bei $|\vec{n}| = 1$ kann für einen Punkt P mit Ortsvektor $\vec{p}$ der **Abstand** von P zur Ebene ε berechnet werden durch

$$d(P, \varepsilon) = |\vec{p} \cdot \vec{n} - \vec{x}_0 \cdot \vec{n}| = |(\vec{p} - \vec{x}_0) \cdot \vec{n}|.$$

Das **Vektorprodukt** zweier Vektoren $\vec{a}$ und $\vec{b}$ ist der Vektor

$$\vec{a} \times \vec{b} = \begin{pmatrix} a_1 \\ a_2 \\ a_3 \end{pmatrix} \times \begin{pmatrix} b_1 \\ b_2 \\ b_3 \end{pmatrix} = \begin{pmatrix} a_2 b_3 - a_3 b_2 \\ a_3 b_1 - a_1 b_3 \\ a_1 b_2 - a_2 b_1 \end{pmatrix}.$$

Geometrische Interpretation des Vektorprodukts:

Der Betrag des Vektorprodukts $\vec{a} \times \vec{b}$ ist

$$|\vec{a} \times \vec{b}| = |\vec{a}| \cdot |\vec{b}| \cdot \sin\alpha$$

und entspricht der Fläche des von $\vec{a}$ und $\vec{b}$ aufgespannten Parallelogramms.

Das Vektortripel $(\vec{a}, \vec{b}, \vec{a} \times \vec{b})$ mit $\vec{a} \nparallel \vec{b}$ ist stets rechtsorientiert.

Eigenschaften des Vektorprodukts:

(1) $\vec{a} \times \vec{b} = -(\vec{b} \times \vec{a})$

(2) $\vec{a} \times (\vec{b} + \vec{c}) = \vec{a} \times \vec{b} + \vec{a} \times \vec{c}$

(3) $(r\vec{a}) \times \vec{b} = r(\vec{a} \times \vec{b}) = \vec{a} \times r(\vec{b})$

(4) $\vec{a} \times \vec{a} = \vec{0}$

Winkel zwischen zwei Ebenen:

Sind $\vec{n}_1$ und $\vec{n}_2$ Normalenvektoren der Ebenen ε_1 und ε_2, so ist die durch

$$\cos\alpha = \left| \frac{\vec{n}_1 \cdot \vec{n}_2}{|\vec{n}_1| \cdot |\vec{n}_2|} \right| \quad (0° \leq \alpha \leq 90°)$$

gegebene Winkelgröße α das Maß des Winkels zwischen ε_1 und ε_2.

Abstand zweier windschiefer Geraden:

Sind g_1 und g_2 zwei zueinander windschiefe Geraden mit den Aufpunkten X_1 bzw. X_2 und den Richtungsvektoren r_1 bzw. r_2, dann ist

$$d(g_1, g_2) = \frac{|(\vec{x}_2 - \vec{x}_1)(\vec{r}_1 \times \vec{r}_2)|}{|\vec{r}_1 \times \vec{r}_2|}$$

die Länge des gemeinsamen Lotes von g_1 und g_2.

Normalengleichungen

1 Ermitteln Sie eine Normalengleichung der durch eine Parametergleichung gegebenen Ebene.

a) $\vec{x} = \begin{pmatrix} 5 \\ -1 \\ 2 \end{pmatrix} + r\begin{pmatrix} 3 \\ 0 \\ 2 \end{pmatrix} + s\begin{pmatrix} 0 \\ 3 \\ -1 \end{pmatrix}$ **b)** $\vec{x} = \begin{pmatrix} 1 \\ 2 \\ -7 \end{pmatrix} + r\begin{pmatrix} 1 \\ -1 \\ 0 \end{pmatrix} + s\begin{pmatrix} -1 \\ 0 \\ 1 \end{pmatrix}$

2 Welche Besonderheit weist eine Normalengleichung für eine Ebene auf, die durch den Ursprung geht?

3 Ermitteln Sie eine Gleichung für die Gerade g, die durch den Punkt A geht und auf der Ebene ε senkrecht steht.

a) $A(3|-2|-1)$; ε: $2x - 3y + z = 7$ **b)** $A(1|-2|6)$; ε: $-x + y - 3z = 2$

4 Ermitteln Sie eine Normalengleichung der Ebene durch den Punkt $A(-4|1|3)$, die

a) parallel zur x-y-Ebene,

b) senkrecht zur y-Achse,

c) parallel zur Ebene zu $2x - y - z = 8$,

d) parallel zur Ebene zu $y = x$,

e) senkrecht zur Geraden zu $\vec{x} = \begin{pmatrix} -4 \\ 1 \\ 3 \end{pmatrix} + t\begin{pmatrix} -2 \\ 3 \\ 4 \end{pmatrix}$ verläuft.

5 Ein Würfel (Bild 131/1) mit einer Kantenlänge von 4 cm hat Kanten, die parallel zu den Koordina-tenachsen liegen. Ermitteln Sie Normalengleichungen der Ebenen, die durch den Eckpunkt $P(4|4|4)$ verlaufen und jeweils auf einer der Raumdiagonalen des Würfels senkrecht stehen.

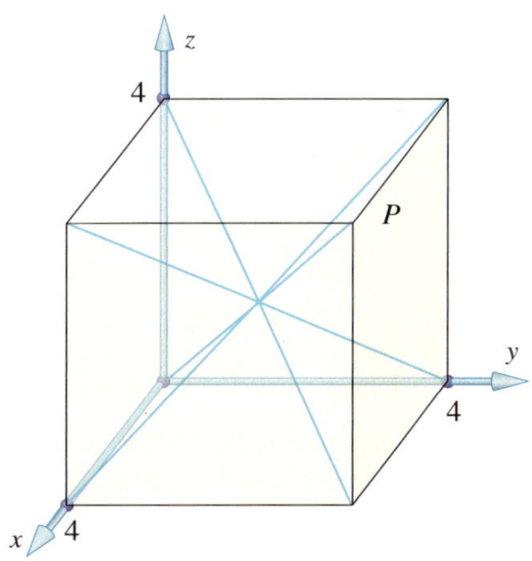

Bild 131/1

6 Ermitteln Sie den Schnittpunkt der Geraden g und der Ebene ε.

a) g: $\vec{x} = \begin{pmatrix} 220 \\ -220 \\ 0 \end{pmatrix} + r\begin{pmatrix} 0 \\ 14 \\ 11 \end{pmatrix}$, ε: $\vec{x} \cdot \begin{pmatrix} 0 \\ 14 \\ 11 \end{pmatrix} = 3080$

b) g: $\vec{x} = \vec{a} + r\vec{b}$, ε: $\vec{x} \cdot \vec{n} = c$

Hinweis: Ersetzen Sie $\vec{x}$ in der Ebenengleichung und lösen Sie nach r auf. Beachten Sie dabei mögliche Sonderfälle.

Hesse'sche Normalenform

7 Bringen Sie die Gleichung der Ebene ε jeweils auf Hesse'sche Normalenform und ermitteln Sie den Abstand der Ebene vom Ursprung.

a) $\begin{pmatrix} 12 \\ 4 \\ 3 \end{pmatrix} \cdot \vec{x} = -26$ **b)** $4x - 7y - 4z + 18 = 0$ **c)** $\vec{x} = \begin{pmatrix} 2 \\ -1 \\ -3 \end{pmatrix} + r\begin{pmatrix} 0 \\ 1 \\ 0 \end{pmatrix} + s\begin{pmatrix} -4 \\ 5 \\ -2 \end{pmatrix}$

8 Ermitteln Sie eine Hesseform der Ebene ε durch die Punkte A, B und C. Berechnen Sie jeweils den Abstand der Ebene vom Ursprung.

a) $A(6|2|1), B(10|1|0), C(10|3|4)$ **b)** $A(4|1|1), B(8|-3|-2), C(4|0|2)$

9 Ermitteln Sie Gleichungen von drei Ebenen, die auf der Ebene zu $6x+2y+3z=18$ senkrecht stehen und vom Ursprung den Abstand $d=6$ haben.

10 Seien ε und ε_1 zwei zueinander parallele Ebenen mit dem gemeinsamen Normaleneinheitsvektor $\vec{n}^*$. Seien ferner $\vec{x}_0$ und $\vec{p}$ Ortsvektoren zu den Punkten $X_0 \in \varepsilon$ und $P \in \varepsilon_1$. Zeigen Sie, dass dann für den Abstand von P zu ε gilt:

$$d(P,\varepsilon) = |\vec{p}\cdot\vec{n}^* - \vec{x}_0\cdot\vec{n}^*|.$$

Hinweis: Nutzen Sie Bild 123/1 und geben Sie einen Vektor $\vec{n}^*$ vor. Diskutieren Sie die möglichen Lagen des Ursprungs zu den Ebenen sowie die damit verbundenen Vorzeichen von $\vec{p}\cdot\vec{n}^*$ und $\vec{x}_0\cdot\vec{n}^*$; bestätigen Sie jeweils die Betragsgleichung. Berücksichtigen Sie auch den Fall $\varepsilon=\varepsilon_1$.

11 Ermitteln Sie den Abstand des Punktes P_0 von der Ebene ε.

a) $P_0(2|3|2)$; ε: $x-y-z=3$ **b)** $P_0(1|3|1)$; ε: $x+2y-3z=12$

12 Ermitteln Sie den Abstand der beiden Ebenen ε_1 und ε_2.

a) ε_1: $12x-4y+3z=7$; ε_2: $-12x+4y-3z=19$

b) ε_1: $\vec{x}=\begin{pmatrix}1\\4\\1\end{pmatrix}+r\begin{pmatrix}1\\-1\\2\end{pmatrix}+s\begin{pmatrix}0\\2\\1\end{pmatrix}$; ε_2: $\vec{x}=\begin{pmatrix}-1\\3\\2\end{pmatrix}+r\begin{pmatrix}1\\-1\\2\end{pmatrix}+s\begin{pmatrix}0\\2\\1\end{pmatrix}$

13 Berechnen Sie den Abstand des Punktes P_1 von der Ebene ε.

a) ε: $6x+2y-3z=7$; $P_1(2|5|-2)$ **c)** ε: $2x-y+2z=9$; $P_1(9|-6|6)$

b) $\vec{x}\cdot\begin{pmatrix}2\\1\\-2\end{pmatrix}=9$; $P_1(12|5|1)$ **d)** ε: $\vec{x}=\begin{pmatrix}5\\-4\\2\end{pmatrix}+r\begin{pmatrix}0\\2\\1\end{pmatrix}+s\begin{pmatrix}1\\0\\-1\end{pmatrix}$; $P_1(8|-1|5)$

Hesse'sche Normalenform von Geraden in der Ebene

Überträgt man die Überlegungen zu Normalengleichungen von Ebenen im Raum auf Geraden in der Ebene, erhält man Normalengleichungen sowie Hesseformen solcher Geraden.

14 X sei ein Punkt der Ebene, dessen Ortsvektor die Gleichung $\begin{pmatrix}2\\3\end{pmatrix}\cdot\vec{x}=6$ erfüllt.

a) Bestimmen Sie die Koordinaten von fünf derartigen Punkten und tragen Sie diese Punkte in ein Koordinatensystem ein. Zeigen Sie sowohl zeichnerisch als auch rechnerisch, dass diese Punkte alle auf einer Geraden g liegen, und geben Sie eine Parametergleichung für g an.

b) Zeigen Sie, dass der Vektor $\begin{pmatrix}2\\3\end{pmatrix}$ ein Normalenvektor zu g ist.

c) Bringen Sie – auf die gleiche Weise wie bei einer Ebene – die Gleichung der Geraden g auf Hesse'sche Normalenform und ermitteln Sie damit den Abstand der Geraden g vom Ursprung. Überprüfen Sie das Ergebnis anhand der Zeichnung.

15 Bringen Sie die Gleichung der Geraden g auf Hesse'sche Normalenform und ermitteln Sie den Abstand der Geraden vom Koordinatenursprung.

a) $\begin{pmatrix} 3 \\ 4 \end{pmatrix} \cdot \vec{x} = 10$ **c)** $\begin{pmatrix} 12 \\ -5 \end{pmatrix} \cdot \vec{x} = -19{,}5$ **e)** $\vec{x} = \begin{pmatrix} 17 \\ -7 \end{pmatrix} + t\begin{pmatrix} -12 \\ 5 \end{pmatrix}$

b) $\begin{pmatrix} -4 \\ 3 \end{pmatrix} \cdot \vec{x} = 25$ **d)** $\vec{x} = \begin{pmatrix} 5 \\ -2 \end{pmatrix} + t\begin{pmatrix} 3 \\ 4 \end{pmatrix}$ **f)** $\vec{x} = \begin{pmatrix} -7 \\ -1 \end{pmatrix} + t\begin{pmatrix} -4 \\ 3 \end{pmatrix}$

16 Ermitteln Sie eine Normalengleichung für diejenige Gerade g_2 durch A, die auf der Geraden g_1 senkrecht steht sowie eine zugehörige Hesse'sche Normalenform dieser Gleichung.

a) $A(1|1)$; $g_1\colon \vec{x} = \begin{pmatrix} 2 \\ 0 \end{pmatrix} + t\begin{pmatrix} -1 \\ 1 \end{pmatrix}$ **b)** $A(2|0)$; $g_1\colon \vec{x} = \begin{pmatrix} 2 \\ 0 \end{pmatrix} + t\begin{pmatrix} 2 \\ -1 \end{pmatrix}$

17 Wie lauten die Gleichungen derjenigen beiden Geraden, die durch den Punkt $A(-2|4)$ gehen und vom Koordinatenursprung den Abstand $d = 2$ haben? Kontrollieren Sie das Ergebnis durch eine Zeichnung.

18 Begründen Sie, warum es für Geraden im dreidimensionalen Raum keine Geradengleichung in Normalenform und folglich auch keine Hesseform gibt.

Vektorprodukt

19 Zeigen Sie mithilfe des Skalarprodukts, dass das auf Seite 124 definierte Vektorprodukt $\vec{a} \times \vec{b}$ auch im Fall $a_1 b_2 - a_2 b_1 = 0$ ein sowohl zu $\vec{a}$ als auch zu $\vec{b}$ senkrechter Vektor ist.

20 Berechnen Sie das Vektorprodukt $\vec{a} \times \vec{b}$.

a) $\vec{a} = \begin{pmatrix} 1 \\ 0 \\ -1 \end{pmatrix}$; $\vec{b} = \begin{pmatrix} -3 \\ 2 \\ 1 \end{pmatrix}$ **b)** $\vec{a} = \begin{pmatrix} 2 \\ -1 \\ 2 \end{pmatrix}$; $\vec{b} = \begin{pmatrix} 0 \\ 3 \\ 4 \end{pmatrix}$ **c)** $\vec{a} = \begin{pmatrix} 2 \\ -3 \\ 1 \end{pmatrix}$; $\vec{b} = \begin{pmatrix} 1 \\ -7 \\ 5 \end{pmatrix}$

21 **a)** Zeigen Sie, dass für die folgenden drei Vektorpaare gilt: $(\vec{a} \times \vec{b}) \perp \vec{a}$ und $(\vec{a} \times \vec{b}) \perp \vec{b}$.

(1) $\vec{a} = \begin{pmatrix} 3 \\ 0 \\ 0 \end{pmatrix}$; $\vec{b} = \begin{pmatrix} 7 \\ 4 \\ -1 \end{pmatrix}$ (2) $\vec{a} = \begin{pmatrix} 2 \\ 0 \\ -1 \end{pmatrix}$; $\vec{b} = \begin{pmatrix} -1 \\ -2 \\ 3 \end{pmatrix}$ (3) $\vec{a} = \begin{pmatrix} 3 \\ -1 \\ 1 \end{pmatrix}$; $\vec{b} = \begin{pmatrix} -1 \\ 2 \\ 4 \end{pmatrix}$

b) Zeigen Sie mithilfe der Definitionen für Vektor- und Skalarprodukt, dass die unter a) formulierte Eigenschaft allgemein gilt.

22 Ermitteln Sie mithilfe des Vektorprodukts die Größen der von den Vektoren $\vec{a}$ und $\vec{b}$ in Aufgabe 20 eingeschlossenen (nicht überstumpfen) Winkel. Kontrollieren Sie die Ergebnisse mithilfe der Skalarprodukte $\vec{a} \cdot \vec{b}$.

23 Berechnen Sie die Flächenmaßzahl des von den Vektoren $\vec{a}$ und $\vec{b}$ aufgespannten Parallelogramms und die Größe des von ihnen eingeschlossenen nicht überstumpfen Winkels.

a) $\vec{a} = \begin{pmatrix} 4 \\ -3 \\ 2 \end{pmatrix}$; $\vec{b} = \begin{pmatrix} -3 \\ 2 \\ -5 \end{pmatrix}$ **b)** $\vec{a} = \begin{pmatrix} 3 \\ 4 \\ 0 \end{pmatrix}$; $\vec{b} = \begin{pmatrix} 12 \\ 5 \\ 0 \end{pmatrix}$ **c)** $\vec{a} = \begin{pmatrix} 2 \\ -2 \\ 1 \end{pmatrix}$; $\vec{b} = \begin{pmatrix} -2 \\ 1 \\ -2 \end{pmatrix}$

24 Für die Punkte A, B und C seien $\overrightarrow{AB}$, $\overrightarrow{BC}$ und $\overrightarrow{CA}$ Vertreter der Vektoren $\vec{c}$, $\vec{a}$ und $\vec{b}$. Berechnen Sie $\vec{a} \times \vec{b}$, $\vec{b} \times \vec{c}$ und $\vec{c} \times \vec{a}$. Deuten Sie die Ergebnisse geometrisch. Berechnen Sie ferner $|\vec{a}|$, $|\vec{b}|$, $|\vec{c}|$, die Größe der Innenwinkel sowie die Flächenmaßzahl des Dreiecks ABC.

a) $A(1|2|0), B(3|-1|0), C(-2|5|0)$ **b)** $A(1|2|2), B(2|1|1), C(1|4|-1)$

25 Ermitteln Sie einen Vektor $\vec{x}$, für den $\vec{x} \times \vec{b} = \vec{c}$ ist.

a) $\vec{b} = \begin{pmatrix} 2 \\ 1 \\ -2 \end{pmatrix}$; $\vec{c} = \begin{pmatrix} 1 \\ 2 \\ 2 \end{pmatrix}$ **b)** $\vec{b} = \begin{pmatrix} 5 \\ 0 \\ -2 \end{pmatrix}$; $\vec{c} = \begin{pmatrix} 2 \\ -1 \\ 5 \end{pmatrix}$ **c)** $\vec{b} = \begin{pmatrix} -2 \\ 3 \\ 1 \end{pmatrix}$; $\vec{c} = \begin{pmatrix} 4 \\ 3 \\ -1 \end{pmatrix}$

26 Zeigen Sie mithilfe der Definitionen für Vektor- und Skalarprodukt die Gültigkeit der Gleichung $(\vec{a} \times \vec{b})^2 = \vec{a}^2 \vec{b}^2 - (\vec{a} \cdot \vec{b})^2$.

27 Beweisen Sie unmittelbar aus der Definition 3.3 des Vektorproduktes die folgenden Sätze.

a) Zwei dreidimensionale Vektoren $\vec{a}$ und $\vec{b}$ sind kollinear genau dann, wenn gilt: $\vec{a} \times \vec{b} = \vec{0}$.

b) Zwei dreidimensionale Vektoren $\vec{a}$ und $\vec{b}$ sind zueinander orthogonal genau gann, wenn gilt: $|\vec{a} \times \vec{b}| = |\vec{a}||\vec{b}|$.

28 Unter welchen Bedingungen gilt: **a)** $(\vec{a} \times \vec{b}) \times \vec{c} = \vec{0}$; **b)** $|\vec{a} \times \vec{b}| = \vec{a} \cdot \vec{b}$?

29 **a)** Widerlegen Sie die Gültigkeit eines Assoziativgesetzes für das Vektorprodukt.

b) Warum kann die Gleichung $(\vec{a} \times \vec{b}) \times \vec{c} = \vec{a} \times (\vec{b} \times \vec{c})$ nicht allgemeingültig sein?

30 Beweisen Sie, dass für alle Vektoren $\vec{a}$, $\vec{b}$, $\vec{c}$, $\vec{d}$ des Raumes gilt:
$(\vec{a} + \vec{b}) \times (\vec{c} + \vec{d}) = \vec{a} \times \vec{c} + \vec{a} \times \vec{d} + \vec{b} \times \vec{c} + \vec{b} \times \vec{d}$.

Spatprodukt

31 Drei nicht komplanare Vektoren $\vec{a}$, $\vec{b}$ und $\vec{c}$ spannen einen Körper auf, den man **Spat** – oft auch **Parallepiped** oder **Parallelflach** – nennt (Bild 134/1). Zeigen Sie, dass für das Volumen dieses Körpers gilt:

$$V = |(\vec{a} \times \vec{b}) \cdot \vec{c}|.$$

Anleitung: Interpretieren Sie $|(\vec{a} \times \vec{b})|$ und $|\vec{c}| \cdot \cos\alpha$ geometrisch. Wieso benötigt man den Betrag von $(\vec{a} \times \vec{b}) \cdot \vec{c}$?

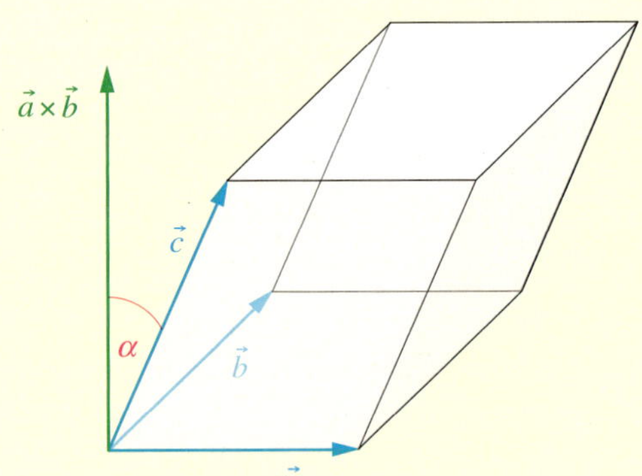

Bild 134/1: Spatvolumen

Definition 3.4 Unter dem **Spatprodukt** der Vektoren $\vec{a}$, $\vec{b}$ und $\vec{c}$ versteht man die Zahl $(\vec{a} \times \vec{b}) \cdot \vec{c}$. Häufig schreibt man für das Spatprodukt auch $(\vec{a}, \vec{b}, \vec{c})$ oder $\vec{a}\vec{b}\vec{c}$. ■

32 Untersuchen Sie, ob für die Berechnung des Spatprodukts die Reihenfolge der drei verwendeten Vektoren eine Rolle spielt. Begründen Sie.

33 Ermitteln Sie das Spatprodukt der Vektoren $\vec{a}$, $\vec{b}$ und $\vec{c}$.

a) $\vec{a}=\begin{pmatrix}1\\2\\4\end{pmatrix}$; $\vec{b}=\begin{pmatrix}3\\0\\1\end{pmatrix}$; $\vec{c}=\begin{pmatrix}-1\\2\\3\end{pmatrix}$

b) $\vec{a}=\begin{pmatrix}2\\-1\\1\end{pmatrix}$; $\vec{b}=\begin{pmatrix}1\\2\\-3\end{pmatrix}$; $\vec{c}=\begin{pmatrix}0\\-2\\3\end{pmatrix}$

c) $\vec{a}=\begin{pmatrix}-1\\2\\2\end{pmatrix}$; $\vec{b}=\begin{pmatrix}1\\-1\\0\end{pmatrix}$; $\vec{c}=\begin{pmatrix}-3\\-1\\2\end{pmatrix}$

d) $\vec{a}=\begin{pmatrix}2\\3\\-1\end{pmatrix}$; $\vec{b}=\begin{pmatrix}4\\-1\\2\end{pmatrix}$; $\vec{c}=\begin{pmatrix}4\\-6\\8\end{pmatrix}$

34 Begründen Sie die folgenden Beziehungen und deuten Sie sie geometrisch. Gilt bei c) auch die Umkehrung?

a) $(\vec{a}\times\vec{b})\cdot\vec{c}=-(\vec{b}\times\vec{a})\cdot\vec{c}$,

b) $(\vec{a}\times\vec{b})\cdot\vec{c}=(\vec{b}\times\vec{c})\cdot\vec{a}=(\vec{c}\times\vec{a})\cdot\vec{b}$,

c) $\vec{a}, \vec{b}, \vec{c}$ komplanar $\Rightarrow$ $(\vec{a}\times\vec{b})\cdot\vec{c}=0$.

35 In Verallgemeinerung der Überlegungen von Seite 128 wird ein beliebiges Vektortripel $(\vec{a}, \vec{b}, \vec{c})$ als Rechtssystem (Linkssystem) bezeichnet, wenn $(\vec{a}\times\vec{b})\cdot\vec{c}>0$ (<0) gilt. Bilden die folgenden Vektoren ein Rechtssystem, Linkssystem oder sind sie komplanar?

a) $\vec{a}=\begin{pmatrix}2\\1\\0\end{pmatrix}$; $\vec{b}=\begin{pmatrix}-2\\3\\0\end{pmatrix}$; $\vec{c}=\begin{pmatrix}1\\3\\2\end{pmatrix}$

b) $\vec{a}=\begin{pmatrix}2\\1\\0\end{pmatrix}$; $\vec{b}=\begin{pmatrix}3\\0\\4\end{pmatrix}$; $\vec{c}=\begin{pmatrix}1\\1\\1\end{pmatrix}$

c) $\vec{a}=\begin{pmatrix}7\\-1\\5\end{pmatrix}$; $\vec{b}=\begin{pmatrix}3\\6\\-7\end{pmatrix}$; $\vec{c}=\begin{pmatrix}10\\5\\-2\end{pmatrix}$

d) $\vec{a}=\begin{pmatrix}2\\-4\\0\end{pmatrix}$; $\vec{b}=\begin{pmatrix}-1\\3\\2\end{pmatrix}$; $\vec{c}=\begin{pmatrix}-1\\4\\-4\end{pmatrix}$

Winkel

36 Zeigen Sie, dass Gerade g und die Ebene ε aufeinander senkrecht stehen.

a) $g\colon \vec{x}=\begin{pmatrix}1\\3\\-1\end{pmatrix}+t\begin{pmatrix}1\\-1\\2\end{pmatrix}$

$\varepsilon\colon x-y+2z=2$

b) $g\colon \begin{cases}A(1\,|\,2\,|\,-1)\\ B(-2\,|\,6\,|\,-3)\end{cases}$

$\varepsilon\colon 3x-4y+2z=22$

c) $g\colon \vec{x}=\begin{pmatrix}3\\-5\\4\end{pmatrix}+t\begin{pmatrix}-1\\5\\-3\end{pmatrix}$

$\varepsilon\colon x-5y+3z=-30$

37 Steht eine Gerade g nicht senkrecht auf einer Ebene ε, dann erhält man bei senkrechter Projektion von g auf ε eine Bildgerade g'. Unter dem Schnittwinkel von g und ε versteht man dann den (kleineren) Winkel, den g und g' einschließen (Bild 135/1). Zeigen Sie: Ist $\vec{a}$ ein Richtungsvektor von g und $\vec{n}$ ein Normalenvektor von ε, dann lässt sich die Größe des Winkels zwischen g und ε bestimmen durch:

$$\sin\alpha=\left|\frac{\vec{a}\cdot\vec{n}}{|\vec{a}|\cdot|\vec{n}|}\right| \qquad (0°\leq\alpha\leq 90°).$$

Untersuchen Sie auch den Sonderfall $g\perp\varepsilon$.

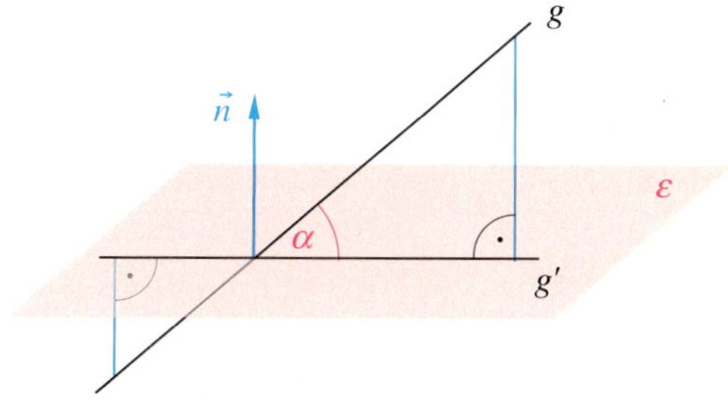

Bild 135/1: Winkel Gerade-Ebene

Hinweis: Welcher Zusammenhang besteht zwischen dem gesuchten Winkel und dem Winkel zwischen $\vec{a}$ und $\vec{n}$?

38 Berechnen Sie die Größe des Schnittwinkels zwischen der Geraden g und der Ebene ε.

a) $g\colon \vec{x} = \begin{pmatrix} 1 \\ 5 \\ 2 \end{pmatrix} + t \begin{pmatrix} 2 \\ -2 \\ 1 \end{pmatrix}$ $\varepsilon\colon 6x + 3y - 2z = 21$

b) $g\colon \vec{x} = \begin{pmatrix} -7 \\ 4 \\ 14 \end{pmatrix} + t \begin{pmatrix} 4 \\ 0 \\ -3 \end{pmatrix}$ $\varepsilon\colon 14x + 5y - 2z = 18$

c) $g\colon \vec{x} = t \begin{pmatrix} 5 \\ -2 \\ 1 \end{pmatrix}$ $\varepsilon\colon x + y + z = 8$

39 Berechnen Sie die Größen der Winkel, die die Gerade g mit den drei Koordinatenebenen einschließt.

a) $g\colon \vec{x} = \begin{pmatrix} 2 \\ -1 \\ 1 \end{pmatrix} + t \begin{pmatrix} 5 \\ -3 \\ 1 \end{pmatrix}$ **b)** $g\colon \vec{x} = t \begin{pmatrix} 5 \\ -7 \\ 3 \end{pmatrix}$ **c)** $g\colon \begin{cases} A(1|-1|2) \\ B(5|2|-3) \end{cases}$

40 Zeigen Sie: Sind $\vec{n}_1$ und $\vec{n}_2$ Normalenvektoren zu den Ebenen ε_1 und ε_2, dann kann mittels

$$\cos\alpha = \left| \frac{\vec{n}_1 \cdot \vec{n}_2}{|\vec{n}_1| \cdot |\vec{n}_2|} \right| \quad (0° \le \alpha \le 90°)$$

die Größe α des (nichtstumpfen) Winkels zwischen den beiden Ebenen berechnet werden (Bild 136/1).

Hinweis: Beachten Sie, dass die Orientierung von $\vec{n}_1$ und $\vec{n}_2$ willkürlich erfolgt und so beide Vektoren auch einen stumpfen Winkel einschließen können. Begründen Sie durch Untersuchung der möglichen Fälle, dass dies die berechnete Winkelgröße α nicht beeinflusst.

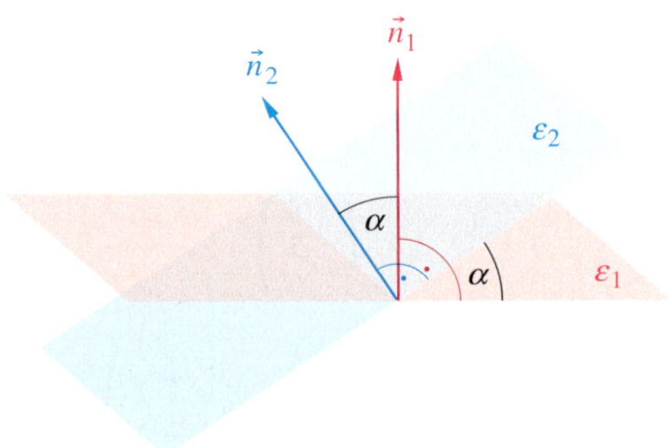

Bild 136/1: Winkel Ebene-Ebene

41 Ermitteln Sie die Größe des Schnittwinkels der Ebenen ε_1 und ε_2.

a) $\varepsilon_1\colon -x + y + z = 4$, $\varepsilon_2\colon x + y + z = 8$

b) $\varepsilon_1\colon 3x - 3y + z = 6$, $\varepsilon_2\colon 3x + 3y + z = 6$

c) $\varepsilon_1\colon 2y + z = 5$, $\varepsilon_2\colon 4x - 3z = 15$

42 Berechnen Sie die Größe des von den Ebenen ε_1 und ε_2 eingeschlossenen Winkels.

a) $\varepsilon_1\colon \vec{x} = \begin{pmatrix} 5 \\ -1 \\ 0 \end{pmatrix} + r \begin{pmatrix} 1 \\ 1 \\ 1 \end{pmatrix} + s \begin{pmatrix} -1 \\ 1 \\ 1 \end{pmatrix}$ $\varepsilon_2\colon \vec{x} = \begin{pmatrix} 3 \\ 2 \\ -7 \end{pmatrix} + t \begin{pmatrix} 1 \\ 0 \\ 1 \end{pmatrix} + v \begin{pmatrix} 2 \\ 0 \\ -1 \end{pmatrix}$

b) $\varepsilon_1\colon \begin{cases} A(3|2|-1) \\ B(3|4|1) \\ C(4|3|-1) \end{cases}$ $\varepsilon_2\colon \begin{cases} D(5|1|4) \\ E(5|-2|3) \\ F(6|1|5) \end{cases}$

c) $\varepsilon_1\colon \begin{cases} A(2|3|-4) \\ B(3|4|-2) \\ C(5|3|-5) \end{cases}$ $\varepsilon_2\colon \begin{cases} D(4|-1|0) \\ E(7|3|1) \\ F(6|-1|3) \end{cases}$

Abstände

43 Zeigen Sie, dass die Ebenen ε_1 und ε_2 parallel sind. Ermitteln Sie ihren Abstand.

a) $\varepsilon_1\colon -16x - 2y + 8z = -23$ $\varepsilon_2\colon \vec{x} \cdot \begin{pmatrix} 8 \\ 1 \\ -4 \end{pmatrix} = \begin{pmatrix} 8 \\ 1 \\ -4 \end{pmatrix} \cdot \begin{pmatrix} 2 \\ 0 \\ -1 \end{pmatrix}$

b) $\varepsilon_1\colon 3x - 12y + 4z = 8$ $\varepsilon_2\colon \vec{x} = \begin{pmatrix} 6 \\ 1 \\ 7 \end{pmatrix} + r \begin{pmatrix} 4 \\ 1 \\ 0 \end{pmatrix} + s \begin{pmatrix} 0 \\ 1 \\ 3 \end{pmatrix}$

44 Prüfen Sie jeweils, ob die Gerade g zur Ebene ε parallel ist und berechnen Sie gegebenenfalls den Abstand zwischen Gerade und Ebene.

a) $g\colon \vec{x} = \begin{pmatrix} 5 \\ -3 \\ 4 \end{pmatrix} + t \begin{pmatrix} 1 \\ 0 \\ 2 \end{pmatrix}$ $\quad \varepsilon\colon 6x - 2y - 3z = 10$

b) $g\colon \vec{x} = \begin{pmatrix} 5 \\ -1 \\ -3 \end{pmatrix} + t \begin{pmatrix} 1 \\ 1 \\ 4 \end{pmatrix}$ $\quad \varepsilon\colon 8x - 4y - z = 11$

c) $g\colon \vec{x} = \begin{pmatrix} 5 \\ -1 \\ 2 \end{pmatrix} + t \begin{pmatrix} 2 \\ -1 \\ 1 \end{pmatrix}$ $\quad \varepsilon\colon -x + y + z = -4$

45 Ermitteln Sie in dem Tetraeder $ABCD$ die Länge der von D ausgehenden Körperhöhe.

a) $A(0|0|0), B(2|1|3), C(2|1|-1), D(1|6|2)$ **b)** $A(0|0|0), B(-2|4|2), C(6|4|2), D(4|2|12)$

46 Berechnen Sie den Abstand des Punktes P_1 von der Geraden g.
Anleitung: Bestimmen Sie einen Normalenvektor $\vec{n}_1$ zur Ebene ε_1 durch P_1 und g. Berechnen Sie anschließend den Abstand der Geraden g_1 durch P_1 mit dem Richtungsvektor $\vec{n}_1$ und der Geraden g. Warum ist der Abstand dieser Geraden gleichzeitig der gesuchte Abstand?

a) $P_1(3|0|-4);\quad g\colon \vec{x} = \begin{pmatrix} 0 \\ 2 \\ -1 \end{pmatrix} + t \begin{pmatrix} 1 \\ -4 \\ -1 \end{pmatrix}$ **b)** $P_1(5|0|-1);\quad g\colon \vec{x} = t \begin{pmatrix} -3 \\ 2 \\ 3 \end{pmatrix}$

47 Gegeben ist ein Dreieck ABC. Berechnen Sie die Längen seiner Höhen.

a) $A(1|0|1), B(2|0|1), C(4|-1|3)$ **b)** $A(2|3|-7), B(4|3|-5), C(1|0|-2)$

48 Zeigen Sie, dass es zu zwei windschiefen Geraden im Raum genau eine senkrechte Gerade gibt, die diese beiden Geraden schneidet.

49 Berechnen Sie den Abstand der Geraden g_1 und g_2.

a) $g_1\colon \vec{x} = \begin{pmatrix} 4 \\ -1 \\ 3 \end{pmatrix} + r \begin{pmatrix} -1 \\ 2 \\ 1 \end{pmatrix}$ $\quad g_2\colon \vec{x} = \begin{pmatrix} 3 \\ 0 \\ 8 \end{pmatrix} + s \begin{pmatrix} 3 \\ -6 \\ -3 \end{pmatrix}$

b) $g_1\colon \vec{x} = \begin{pmatrix} 1 \\ 4 \\ 2 \end{pmatrix} + r \begin{pmatrix} 1 \\ 1 \\ 3 \end{pmatrix}$ $\quad g_2\colon \vec{x} = s \begin{pmatrix} -1 \\ -1 \\ -3 \end{pmatrix}$

c) $g_1\colon \vec{x} = \begin{pmatrix} 3 \\ -1 \\ 2 \end{pmatrix} + r \begin{pmatrix} -3 \\ 4 \\ 0 \end{pmatrix}$ $\quad g_2\colon \vec{x} = \begin{pmatrix} 6 \\ 0 \\ -3 \end{pmatrix} + s \begin{pmatrix} 1 \\ 0 \\ 4 \end{pmatrix}$

d) $g_1\colon \vec{x} = \begin{pmatrix} 0 \\ -2 \\ 0 \end{pmatrix} + r \begin{pmatrix} -2 \\ 6 \\ 5 \end{pmatrix}$ $\quad g_2\colon \vec{x} = \begin{pmatrix} 0 \\ 0 \\ 5 \end{pmatrix} + s \begin{pmatrix} 1 \\ 1 \\ 2 \end{pmatrix}$

50 Berechnen Sie den Abstand des Punktes P_3 von der Geraden durch P_1 und P_2.

a) $P_1(-1|-1|-1), P_2(0|2|-1), P_3(2|2|-1)$ **b)** $P_1(0|2|-3), P_2(-1|6|-1), P_3(3|-10|-19)$

51 Die Punkte P_1, P_2, P_3, P_4 bestimmen ein Tetraeder. Berechnen Sie den Abstand des Punktes P_1 von der Kante $\overline{P_3P_4}$ und die Abstände des Punktes P_2 von den Kanten $\overline{P_1P_4}$ und $\overline{P_1P_3}$.

a) $P_1(0|-1|1), P_2(0|2|2),$
$P_3(-1|3|1), P_4(1|2|4)$

b) $P_1(4|-1|1), P_2(3|2|1),$
$P_3(-2|0|2), P_4(1|2|8)$

AUFGABEN

52 Durch den Schnittpunkt der beiden Geraden g_1 und g_2 werde eine Gerade g gelegt, die senkrecht zu g_1 und g_2 verläuft. Berechnen Sie den Abstand des Ursprungs und des Punktes P von dieser Geraden g.

a) $g_1\colon \vec{x} = \begin{pmatrix} 4 \\ 3 \\ 2 \end{pmatrix} + r\begin{pmatrix} 1 \\ 0 \\ 0 \end{pmatrix}$, $g_2\colon \vec{x} = \begin{pmatrix} -4 \\ 3 \\ -4 \end{pmatrix} + s\begin{pmatrix} 1 \\ 0 \\ 1 \end{pmatrix}$, $P(5|-2|-1)$

b) $g_1\colon \vec{x} = \begin{pmatrix} 0 \\ 2 \\ 0 \end{pmatrix} + r\begin{pmatrix} 1 \\ -1 \\ 1 \end{pmatrix}$, $g_2\colon \vec{x} = \begin{pmatrix} -1 \\ 1 \\ 2 \end{pmatrix} + s\begin{pmatrix} 2 \\ 0 \\ -1 \end{pmatrix}$, $P(-2|0|1)$

53 Untersuchen Sie die gegenseitige Lage der beiden Geraden g_1 und g_2 und ermitteln Sie ihren Abstand.

a) $g_1\colon \vec{x} = \begin{pmatrix} -5 \\ 3 \\ 4 \end{pmatrix} + s\begin{pmatrix} 3 \\ -4 \\ 0 \end{pmatrix}$

$g_2\colon \vec{x} = \begin{pmatrix} -5 \\ 3 \\ 1 \end{pmatrix} + t\begin{pmatrix} -6 \\ 8 \\ 0 \end{pmatrix}$

b) $g_1\colon \vec{x}_1 = \begin{pmatrix} 3 \\ -1 \\ 4 \end{pmatrix}$, $\vec{a}_1 = \begin{pmatrix} 3 \\ -1 \\ 2 \end{pmatrix}$

$g_2\colon \vec{x}_2 = \begin{pmatrix} -3 \\ 1 \\ 0 \end{pmatrix}$, $\vec{a}_2 = \begin{pmatrix} -4{,}5 \\ 1{,}5 \\ -3 \end{pmatrix}$

c) $g_1\colon \vec{x} = \begin{pmatrix} 1 \\ -1 \\ 3 \end{pmatrix} + s\begin{pmatrix} -1 \\ -2 \\ 1 \end{pmatrix}$

$g_2\colon \vec{x} = \begin{pmatrix} 6 \\ -2 \\ 0 \end{pmatrix} + t\begin{pmatrix} 1 \\ 0 \\ 1 \end{pmatrix}$

d) $g_1\colon \vec{x} = \begin{pmatrix} 2 \\ 0 \\ 1 \end{pmatrix} + s\begin{pmatrix} -1 \\ -4 \\ 3 \end{pmatrix}$

$g_2\colon \vec{x} = \begin{pmatrix} 2 \\ -1 \\ -1 \end{pmatrix} + t\begin{pmatrix} -1 \\ 0 \\ 2 \end{pmatrix}$

54 Zeigen Sie durch Abstandsberechnung, dass sich die beiden Geraden g_1 und g_2 schneiden.

a) $g_1\colon \vec{x} = \begin{pmatrix} 5 \\ -1 \\ 2 \end{pmatrix} + r\begin{pmatrix} 1 \\ -2 \\ -1 \end{pmatrix}$

$g_2\colon \vec{x} = \begin{pmatrix} 2 \\ -1 \\ 1 \end{pmatrix} + s\begin{pmatrix} 3 \\ 0 \\ 1 \end{pmatrix}$

b) $g_1\colon \vec{x} = \begin{pmatrix} 2 \\ 3 \\ 1 \end{pmatrix} + r\begin{pmatrix} -1 \\ 2 \\ 1 \end{pmatrix}$

$g_2\colon \vec{x} = \begin{pmatrix} 0 \\ 1 \\ -1 \end{pmatrix} + s\begin{pmatrix} 1 \\ 4 \\ 3 \end{pmatrix}$

c) $g_1\colon \vec{x} = \begin{pmatrix} 5 \\ 1 \\ 2 \end{pmatrix} + t\begin{pmatrix} 1 \\ -3 \\ -2 \end{pmatrix}$

$g_2\colon \begin{cases} P(1|3|2) \\ Q(6|-2|0) \end{cases}$

55 Ein Parallelflach habe die Grundfläche $P_1P_2P_3P_4$ und die Deckfläche $P_5P_6P_7P_8$.

a) Ermitteln Sie die Punktkoordinaten der übrigen Punkte, wenn gegeben sind: $P_1(0|0|0)$, $P_2(3|0|0)$, $P_4(1|4|0)$ und $P_6(4|-1|3)$.

b) Zeigen Sie durch Abstandsberechnung, dass sich die Raumdiagonalen $\overline{P_1P_7}$ und $\overline{P_2P_8}$ schneiden und ermitteln Sie den Schnittpunkt.

c) Wie groß ist der Abstand der Flächendiagonalen $\overline{P_2P_4}$ und $\overline{P_5P_7}$?

d) Berechnen Sie die Abstände der Flächendiagonalen aus c) zu den Raumdiagonalen aus b).

e) Ermitteln Sie die Höhe des Spats über der Grundfläche. Ist dieser Wert in früheren Aufgabenteilen bereits ausgerechnet worden?

56 Lösen Sie Aufgabe **55** für ein Parallelflach, das durch folgende Punkte bestimmt ist.

a) $P_1(2|0|0)$, $P_2(4|4|2)$, $P_3(0|6|2)$, $P_5(0|0|6)$ **b)** $P_1(1|1|1)$, $P_2(0|0|4)$, $P_6(-3|3|5)$, $P_8(3|7|0)$

57 Ein Tetraeder ist durch die Punkte $A(2|0|0)$, $B(4|6|-1)$, $C(0|4|2)$ und $D(3|2|5)$ gegeben. Verbinden Sie die Mitten der beiden Kanten $\overline{AB}$ und $\overline{AD}$ und zeigen Sie, dass die Verbindungsgerade zur Seitenfläche BCD parallel verläuft. Berechnen Sie den Abstand der Geraden von der Ebene und vergleichen Sie ihn mit dem Abstand des Punktes A von derSeitenfläche BCD.

58 Lösen Sie Aufgabe **57** für ein Tetraeder, das durch die vier Punkte $A(1|0|4)$, $B(-1|-3|-1)$, $C(3|-6|0)$ und $D(3|3|1)$ festgelegt ist.

59 Untersuchen Sie, welche gegenseitige Lage die Ebenen ε_1 und ε_2 zueinander haben. Bestimmen Sie gegebenenfalls ihren Abstand.

a) $\varepsilon_1\colon \vec{x} = \begin{pmatrix} 1 \\ -1 \\ -2 \end{pmatrix} + r\begin{pmatrix} -1 \\ 2 \\ 0 \end{pmatrix} + s\begin{pmatrix} -2 \\ 3 \\ -4 \end{pmatrix}$; $\varepsilon_2\colon \vec{x} = \begin{pmatrix} 5 \\ 1 \\ 2 \end{pmatrix} + t\begin{pmatrix} -3 \\ 5 \\ -4 \end{pmatrix} + v\begin{pmatrix} 1 \\ -1 \\ 4 \end{pmatrix}$

b) $\varepsilon_1\colon \vec{x}_1 = \begin{pmatrix} -1 \\ 3 \\ -1 \end{pmatrix}, \vec{a}_1 = \begin{pmatrix} 0 \\ 2 \\ 1 \end{pmatrix}, \vec{b}_1 = \begin{pmatrix} 3 \\ 2 \\ -2 \end{pmatrix}$; $\varepsilon_2\colon \vec{x} = \begin{pmatrix} 4 \\ 1 \\ 2 \end{pmatrix} + t\begin{pmatrix} 3 \\ 4 \\ -1 \end{pmatrix} + v\begin{pmatrix} -3 \\ 0 \\ 3 \end{pmatrix}$

c) $\varepsilon_1\colon \vec{x} = \begin{pmatrix} 2 \\ -2 \\ 1 \end{pmatrix} + r\begin{pmatrix} -2 \\ 0 \\ -1 \end{pmatrix} + s\begin{pmatrix} 3 \\ 1 \\ -2 \end{pmatrix}$; $\varepsilon_2\colon \vec{x} = \begin{pmatrix} -4 \\ -4 \\ 5 \end{pmatrix} + t\begin{pmatrix} 1 \\ 1 \\ -3 \end{pmatrix} + v\begin{pmatrix} 5 \\ 1 \\ -1 \end{pmatrix}$

d) $\varepsilon_1\colon \vec{x} = \begin{pmatrix} -3 \\ -5 \\ 4 \end{pmatrix} + r\begin{pmatrix} 1 \\ 4 \\ 0 \end{pmatrix} + s\begin{pmatrix} 1 \\ 0 \\ 5 \end{pmatrix}$; $\varepsilon_2\colon \vec{x} = \begin{pmatrix} 2 \\ -1 \\ 3 \end{pmatrix} + t\begin{pmatrix} 2 \\ 4 \\ 5 \end{pmatrix} + v\begin{pmatrix} 0 \\ 4 \\ -5 \end{pmatrix}$

Vermischte Aufgaben

60 Ermitteln Sie eine Normalengleichung der Ebene ε, die durch den Punkt A verläuft und den Normalenvektor $\vec{n}$ hat. Bestimmen Sie die Schnittpunkte der Ebene mit den Koordinatenachsen. Hat die Ebene eine besondere Lage?

a) $A(3|2|1)$; $\vec{n} = \begin{pmatrix} -1 \\ 1 \\ 2 \end{pmatrix}$ **b)** $A(0|2|3)$; $\vec{n} = \begin{pmatrix} 5 \\ 4 \\ 0 \end{pmatrix}$ **c)** $A(-2|3|0)$; $\vec{n} = \begin{pmatrix} 0 \\ -2 \\ 1 \end{pmatrix}$

61 Ermitteln Sie eine Normalengleichung in Hesseform für die jeweilige Gerade, die durch den Punkt $A(2|-6)$ geht und

a) parallel zur x-Achse,

b) senkrecht zur x-Achse,

c) senkrecht zur Winkelhalbierenden im I. Quadranten,

d) parallel zur Geraden zu $5x + 2y = 7$ verläuft.

62 **a)** Zeigen Sie für das von den vier Punkten $A(-2|0|0)$, $B(4|-2|2)$, $C(6|4|4)$ und $D(2|0|8)$ gebildete Tetraeder, dass jeweils die durch drei Kantenmittelpunkte verlaufende Ebene zu einer Seitenfläche parallel ist.

b) Beweisen Sie den in a) nachgewiesenen Sachverhalt als allgemeingültige Aussage für jedes von drei Vektoren $\vec{a}$, $\vec{b}$ und $\vec{c}$ aufgespannte Tetraeder.

63 Wo steckt in den folgenden Gleichungen der Fehler?

a) $\vec{a}\times\vec{b}-\vec{b}\times\vec{a}=\vec{0}$

b) $(\vec{a}+\vec{b})\times(\vec{a}+\vec{b})=\vec{a}^2+2\vec{a}\times\vec{b}+\vec{b}^2$

c) $\vec{a}\times(\vec{b}\cdot\vec{c})=(\vec{a}\times\vec{b})\cdot(\vec{a}\times\vec{c})$

d) $(\vec{a}\times\vec{b})\cdot\vec{c}=(\vec{a}\times\vec{c})\cdot(\vec{b}\times\vec{c})$

e) $(\vec{a}-2\vec{b})\times\vec{c}=\vec{a}\times\vec{c}-\vec{c}\times 2\vec{b}$

f) $\vec{a}\times\vec{b}+\vec{c}\times\vec{b}=\vec{b}\times(\vec{a}+\vec{c})$

g) $(\vec{a}\times\vec{b})+\vec{c}=(\vec{a}+\vec{c})\times(\vec{b}+\vec{c})$

h) $\vec{a}\times\vec{c}-\vec{c}\times\vec{a}=\vec{a}\times(\vec{c}-\vec{c})=\vec{0}$

64 Für die Seitenvektoren eines Dreieckes gelte: $\vec{a}+\vec{b}+\vec{c}=\vec{0}$. Multiplizieren Sie beide Seiten dieser Gleichung vektoriell mit $\vec{c}$ und leiten Sie auf diese Weise den Sinussatz her.

65 Von einem Rhombus $ABCD$ sind die Punkte A, B und C gegeben. Ermitteln Sie die Koordinaten des vierten Punktes D. Berechnen Sie die Längen seiner Diagonalen und der Lote von den Endpunkten auf die gegenüberliegenden Seiten.

a) $A(4\,|\,0\,|\,0), B(0\,|\,5\,|\,1), C(4\,|\,10\,|\,0)$

b) $A(1\,|\,0\,|\,1), B(4\,|\,0\,|\,1), C(3\,|\,3\,|\,2)$

66 Ermitteln Sie jeweils den Abstand des Ursprungs und des Punktes X_1 von der Geraden g.

a) $\vec{x}_1=\begin{pmatrix}3\\-1\\-1\end{pmatrix};\quad g\colon \vec{x}=\begin{pmatrix}1\\1\\2\end{pmatrix}+t\begin{pmatrix}2\\2\\1\end{pmatrix}$

b) $\vec{x}_1=\begin{pmatrix}1\\3\\-3\end{pmatrix};\quad g\colon \vec{x}_0=\begin{pmatrix}-2\\1\\-1\end{pmatrix}, \vec{x}_2=\begin{pmatrix}-1\\3\\1\end{pmatrix}$

c) $\vec{x}_1=\begin{pmatrix}1\\0\\2\end{pmatrix};\quad g\colon \vec{x}=\begin{pmatrix}3\\2\\-2\end{pmatrix}+t\begin{pmatrix}0\\3\\2\end{pmatrix}$

d) $\vec{x}_1=\begin{pmatrix}-2\\1\\3\end{pmatrix};\quad g\colon \vec{x}_0=\begin{pmatrix}-4\\1\\-1\end{pmatrix}, \vec{x}_2=\begin{pmatrix}-4\\4\\1\end{pmatrix}$

67 Drei Geraden bestimmen ein Dreieck ABC. Wie lang sind die Höhen dieses Dreiecks?

$$\vec{x}=\begin{pmatrix}0\\-1\\-1\end{pmatrix}+r\begin{pmatrix}0\\1\\1\end{pmatrix},\quad \vec{x}=\begin{pmatrix}0\\1\\1\end{pmatrix}+s\begin{pmatrix}-1\\0\\2\end{pmatrix},\quad \vec{x}=\begin{pmatrix}0\\-1\\-1\end{pmatrix}+t\begin{pmatrix}1\\-1\\-3\end{pmatrix}$$

68 Zeigen Sie $g \parallel \varepsilon$ und berechnen Sie den Abstand der Geraden g von der Ebene ε.

a) $g\colon \vec{x}=\begin{pmatrix}4\\-1\\-3\end{pmatrix}+t\begin{pmatrix}3\\0\\4\end{pmatrix};\qquad \varepsilon\colon \vec{x}=\begin{pmatrix}1\\1\\-2\end{pmatrix}+r\begin{pmatrix}3\\1\\0\end{pmatrix}+s\begin{pmatrix}12\\3\\4\end{pmatrix}$

b) $g\colon \vec{x}=\begin{pmatrix}2\\3\\-4\end{pmatrix}+t\begin{pmatrix}4\\-2\\3\end{pmatrix};\qquad \varepsilon\colon \vec{x}=\begin{pmatrix}-3\\1\\-5\end{pmatrix}+r\begin{pmatrix}1\\0\\1\end{pmatrix}+s\begin{pmatrix}2\\-2\\1\end{pmatrix}$

69 Ein Parallelflach mit der Grundfläche $P_1P_2P_3P_4$ und der Deckfläche $P_5P_6P_7P_8$ ist durch die vier Punkte $P_1(0\,|\,1\,|\,0), P_3(4\,|\,5\,|\,2), P_5(-1\,|\,0\,|\,4), P_6(4\,|\,-1\,|\,5)$ festgelegt.

a) Berechnen Sie die Höhe des Parallelflachs, also den Abstand zwischen Grund- und Deckfläche, sowie das Volumen des Parallelflachs mittels Spatprodukt.

b) Zeigen Sie, dass die Kante $\overline{P_2P_6}$ zu der durch die beiden Raumdiagonalen $\overline{P_1P_7}$ und $\overline{P_3P_5}$ bestimmten Ebene parallel verläuft. Berechnen Sie deren Abstand und benutzen Sie diesen zu einer weiteren Berechnung des Parallelflachvolumens.

70 Lösen Sie Aufgabe **69** für ein Parallelflach, das durch die vier Punkte $P_1(0\,|\,0\,|\,0)$, $P_2(4\,|\,0\,|\,0), P_3(5\,|\,3\,|\,1)$ und $P_6(3\,|\,2\,|\,6)$ bestimmt ist.

71 Gegeben sind die Geraden

$$g_1: \vec{x} = \begin{pmatrix} 5 \\ 4 \\ -4 \end{pmatrix} + r \begin{pmatrix} -2 \\ 0 \\ 3 \end{pmatrix}; \quad g_2: \vec{x} = \begin{pmatrix} 8 \\ -1 \\ 1 \end{pmatrix} + s \begin{pmatrix} 4 \\ 1 \\ -3 \end{pmatrix};$$

$$g_3: \vec{x} = \begin{pmatrix} -1 \\ 2 \\ -1 \end{pmatrix} + t \begin{pmatrix} 2 \\ 2 \\ 3 \end{pmatrix}; \quad g_4: \vec{x} = \begin{pmatrix} 0 \\ -8 \\ -8 \end{pmatrix} + u \begin{pmatrix} 2 \\ 3 \\ 6 \end{pmatrix}.$$

a) Untersuchen Sie, welche Geradenpaare sich schneiden und welche Paare windschief sind. Berechnen Sie den Schnittpunkt oder den Abstand.

b) Die vier Geraden bestimmen paarweise zwei Ebenen, in denen sie liegen. Ermitteln Sie den Abstand dieser beiden Ebenen.

c) Untersuchen Sie, ob die Geraden g_5 zu $\vec{x} = \begin{pmatrix} 6 \\ -2 \\ 1 \end{pmatrix} + v \begin{pmatrix} -2 \\ 0 \\ 3 \end{pmatrix}$; und g_6 zu $\vec{x} = \begin{pmatrix} 5 \\ 6 \\ 2 \end{pmatrix} + w \begin{pmatrix} 2 \\ 1 \\ 0 \end{pmatrix}$; ebenfalls in einer der Ebenen liegen, und ermitteln Sie ihren Abstand.

72 Ein Tetraeder sei festgelegt durch die Punkte $P_1(0|-2|0)$, $P_2(3|1|1)$, $P_3(1|2|1)$ und $P_4(1|1|3)$.

a) Zeigen Sie, dass das Dreieck $P_2P_3P_4$ gleichschenklig ist.

b) Berechnen Sie die Größen der Innenwinkel dieses Dreiecks.

c) Ermitteln Sie eine Normalengleichung der Ebene ε, die durch die Punkte P_2, P_3 und P_4 geht.

d) Ermitteln Sie eine Gleichung für die Gerade g, die auf der Ebene ε senkrecht steht und durch den Punkt P_1 geht.

e) Berechnen Sie den Schnittpunkt F zwischen der Ebenen ε und der Geraden g und ermitteln Sie die Länge $|\overline{P_1F}|$.

f) Kontrollieren Sie das Ergebnis über $|\overline{P_1F}|$ mithilfe einer Normalengleichung von ε.

73 Gegeben sind die Punkte $P_1(-1|2|-3)$, $P_2(2|1|-3)$ und $P_3(1|-1|-3)$, ferner die Ebene ε_1 zu $2x + y - 3z = 4$. Ermitteln Sie

a) eine Gleichung der Geraden g durch P_1 und P_2;

b) den Abstand des Punktes P_3 von g;

c) eine Gleichung der Ebene ε_2, die g enthält und auf der Ebene ε_1 senkrecht steht. Welche besondere Lage hat die Ebene ε_2?

74 Gegeben sind Gerade g_1 durch $\vec{x} = \begin{pmatrix} -1 \\ 5 \\ -2 \end{pmatrix} + t \begin{pmatrix} 1 \\ -1 \\ 1 \end{pmatrix}$ und die Punkte $P_1(-1|-1|2)$ und $P_2(-1|-3|1)$.

a) Ermitteln Sie eine Gleichung für die Gerade g_2 durch P_1 und P_2.

b) Berechnen Sie den Abstand der Geraden g_1 und g_2 und die zugehörigen Lotfußpunkte.

c) Bestimmen Sie eine Gleichung für die Gerade g_3, die auf den Geraden g_1 und g_2 senkrecht steht.

d) Ermitteln Sie eine Parametergleichung für die Ebene ε, die g_1 und P_1 enthält.

e) Ermitteln Sie eine Normalengleichung für die Ebene ε.

f) Berechnen Sie den Abstand des Punktes P_2 von der Ebene ε.

g) Berechnen Sie die Größe des Winkels, den ε und g_2 einschließen.

4 Abbildungen

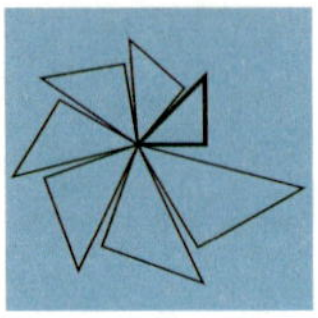

In diesem Kapitel werden geometrische Abbildungen und ihre Verknüpfungen mit Hilfe von Matrizen rechnerisch erfasst und untersucht.

4.1 Abbildungsmatrizen

AUFTRÄGE

A1 **Kaleidoskop**

Ein Kaleidoskop ist eine Röhre mit Guckloch (Bild 142/1), in der Objekte, auf die es gerichtet wird, mehrfach gespiegelt werden. Schaut man durch ein Kaleidoskop wie durch ein Fernrohr, so entsteht ein völlig verfremdetes symmetrisches Bild der Objekte, auf die es gerichtet ist.

Das Wort Kaleidoskop ist griechischen Ursprungs und und bedeutet „Schönbildseher". Kaleidoskope waren im 19. Jahrhundert beliebte Spielzeuge.

Bild 142/1: Kaleidoskop

Besonders beliebt sind Kaleidoskope, bei denen die Objekte frei bewegliche bunte Glasstückchen sind. Wird die Röhre gedreht, ordnen sich die Glasstückchen zufällig neu an; dadurch entstehen immer wieder andere Bilder (Bild 142/2).

Bild 142/2: Verschiedene Kaleidoskopbilder

Bild 143/1 zeigt, wie ein Kaleidoskop mit drei Spiegeln hergestellt wird.

Bild 143/1: Ein Kaleidoskop wird gebaut

Eine Werbeagentur möchte ihre Homepage mit einem Bildschirmschoner bereichern, bei dem wie mit beweglichen Glasstückchen wechselnde Kaleidoskopbilder erzeugt werden.

Will man eine solche Animation programmieren, muss man die Glasstückchen, ihre Lagen, ihre Bewegungen und ihre Abbildungen algebraisch beschreiben.

A2 Stern

Dreht man zwei unterschiedlich große konzentrische regelmäßige Fünfecke um 36° gegeneinander und verbindet deren Eckpunkte miteinander, so erhält man einen Stern (Bild 143/2). Durch wiederholte Abbildung dieses Sterns ensteht Bild 143/3. Beschreiben Sie diese Abbildungen.

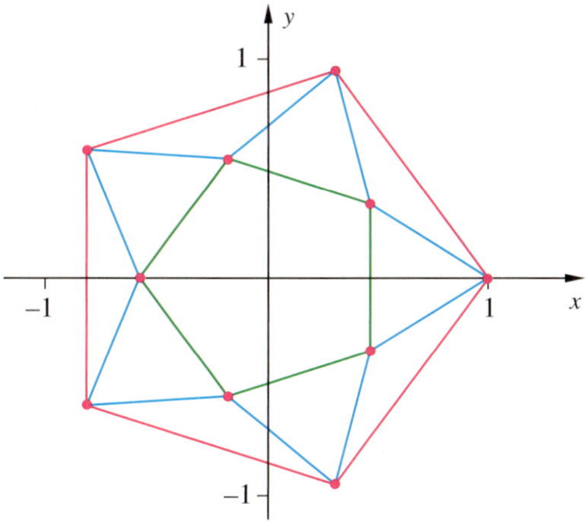

Bild 143/2: Konstruktion

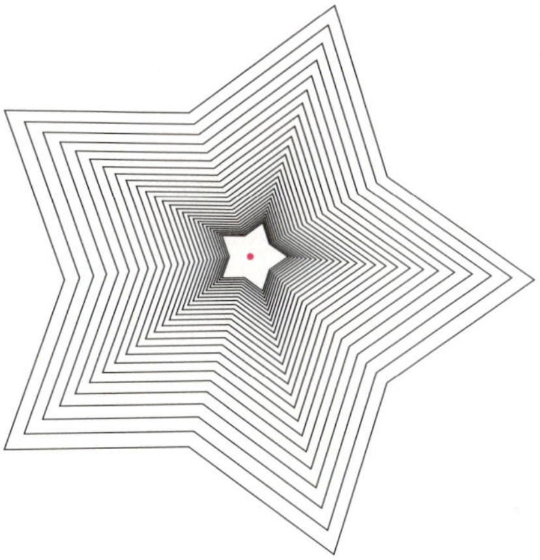

Bild 143/3: Sternbild

A3 Animation

Überlegen Sie, wie das Muster (Bild 114/1) aus dem schwarz gezeichneten Dreieck entstanden ist, und beschreiben Sie die vorgenommenen geometrischen Abbildungen rechnerisch.

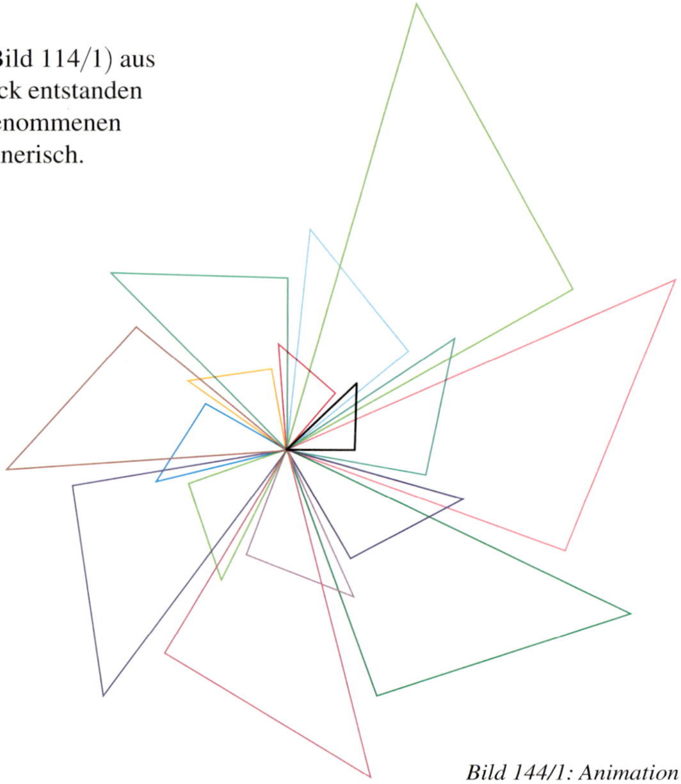

Bild 144/1: Animation

A4 Wordart

Bild 144/2: Wordart

Viele Textverarbeitungsprogramme bieten die Möglichkeit, Schriftbilder effektvoll zu verändern.

Versuchen Sie am Beispiel eines „T“ (Bild 144/3) mit Hilfe einer geeigneten Abbildung eine ähnliche Wirkung zu erzielen.

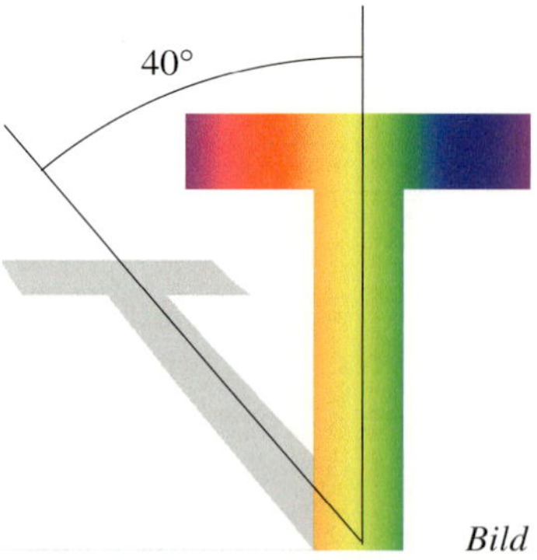

Bild 144/3: Buchstabe T

Abbildung und Abbildungsmatrix

Wir bearbeiten Auftrag **A1** für ein Kaleidoskop mit drei Spiegeln, in dem die Bilder durch bunte Glasteilchen erzeugt werden.

Der Querschnitt der Spiegel ist ein gleichseitiges Dreieck ABC. Wir betrachten ein Steinchen $P_1P_2P_3P_4P_5$ innerhalb dieses Dreiecks.

Dreht man das Kaleidoskop, so dreht sich das Dreieck. Auch das Steinchen kann sich drehen; es kann aber auch verschoben werden.

In Bild 145/1 ist eine Lage des Dreiecks und des Steinchens innerhalb eines Koordinatensystems festgehalten. Darin haben die einzelnen Punkte die Koordinaten:

$A(0\,|\,0)$, $B(3\,|-\sqrt{3})$ und $C(3\,|\sqrt{3})$ sowie

$P_1(1\,|\,0)$, $P_2(\frac{3}{2}\,|-\frac{1}{2})$, $P_3(\frac{5}{2}\,|-\frac{1}{2})$, $P_4(2\,|\,\frac{1}{2})$

und $P_5(\frac{3}{2}\,|\,\frac{1}{2})$.

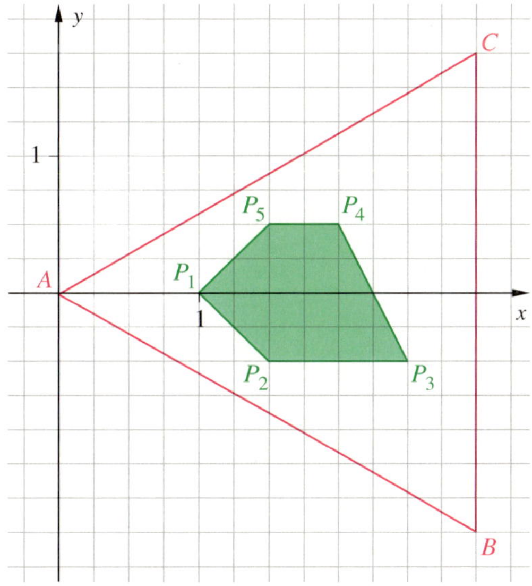

Bild 145/1: Spiegeldreieck mit Steinchen

Wie können die auftretenden Drehungen, Verschiebungen und Spiegelungen algebraisch beschrieben werden? Um diese Frage zu beantworten, untersuchen wir zunächst die Spiegelungen des Steinchens an den Seiten des gleichseitigen Dreiecks ABC, also an den Geraden zu

$$y = \tfrac{1}{3}\sqrt{3}x \quad [m = \tan 30°], \quad y = -\tfrac{1}{3}\sqrt{3}x \quad [m = -\tan 30°] \quad \text{und} \quad x = 3.$$

Spiegelungen an Parallelen zur *y*-Achse

Spiegelt man einen beliebigen Punkt an der Geraden zu $x = 3$, so wird seine y-Koordinate nicht verändert; man erhält die x-Koordinate des Bildpunktes, indem man das Lot des Punktes auf die Spiegelachse um sich selbst verlängert.

Für das Steinchen $P_1P_2P_3P_4P_5$ ergibt sich damit:

Punkt	$P_1(1\,|\,0)$	$P_2(\frac{3}{2}\,|-\frac{1}{2})$	$P_3(\frac{5}{2}\,|-\frac{1}{2})$	$P_4(2\,|\,\frac{1}{2})$	$P_5(\frac{3}{2}\,|\,\frac{1}{2})$
Bildpunkt	$P_1'(5\,|\,0)$	$P_2'(\frac{9}{2}\,|-\frac{1}{2})$	$P_3'(\frac{7}{2}\,|-\frac{1}{2})$	$P_4'(4\,|\,\frac{1}{2})$	$P_5'(\frac{9}{2}\,|\,\frac{1}{2})$

Ein Punkt $P(x\,|\,y)$ hat also den Bildpunkt $P'(6-x\,|\,y)$.

Zu diesem Ergebnis kann man auch durch eine andere Überlegung kommen:

Verschiebt man das Dreieck ABC und das Steinchen um den Vektor $\binom{-3}{0}$, so wird $\overline{BC}$ auf die y-Achse abgebildet; der Punkt $P(x\,|\,y)$ geht dabei über in $P^*(x-3\,|\,y)$ (Bild 145/2).

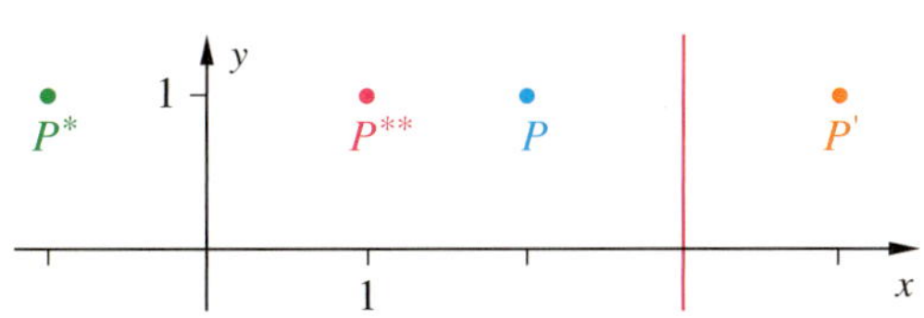

Bild 145/2: Verschiebung und Spiegelung

Spiegelt man nun das verschobene Steinchen an der verschobenen Dreiecksseite, also an der y-Achse, so sind lediglich die Vorzeichen der x-Koordinate zu ändern; der Punkt $P^*(x-3\,|\,y)$ geht dabei über in $P^{**}(3-x\,|\,y)$.

Mithilfe des Vektors $\begin{pmatrix} 3 \\ 0 \end{pmatrix}$ kann man schließlich die Verschiebung rückgängig machen; dabei geht der Punkt $P^{**}(3-x\,|\,y)$ über in den Bildpunkt $P'(6-x\,|\,y)$.

Die Spiegelung an der Geraden zu $x=3$ beschreibt das lineare Gleichungssystem:

$$\begin{cases} x' = -1\cdot x + 0\cdot y + 6 \\ y' = 0\cdot x + 1\cdot y + 0 \end{cases} \Leftrightarrow \begin{pmatrix} x' \\ y' \end{pmatrix} = \begin{pmatrix} -1\cdot x + 0\cdot y \\ 0\cdot x + 1\cdot y \end{pmatrix} + \begin{pmatrix} 6 \\ 0 \end{pmatrix}$$

Es ist gekennzeichnet durch die Koeffizientenmatrix $\begin{pmatrix} -1 & 0 \\ 0 & 1 \end{pmatrix}$ und durch den Vektor $\begin{pmatrix} 6 \\ 0 \end{pmatrix}$.

Fasst man die erste Zeile der Koeffizientenmatrix mit den **Matrixelementen** -1 und 0 als einen Vektor auf, nämlich als einen **Zeilenvektor** $(-1\ \ 0)$, dann ist $-1\cdot x + 0\cdot y$ das Skalarprodukt dieses Zeilenvektors mit dem Vektor $\begin{pmatrix} x \\ y \end{pmatrix}$.

Fasst man auch die zweite Zeile der Koeffizientenmatrix mit den Matrixelementen 0 und 1 als Zeilenvektor $(0\ \ 1)$ auf, ist entsprechend $0\cdot x + 1\cdot y$ das Skalarprodukt mit dem Vektor $\begin{pmatrix} x \\ y \end{pmatrix}$.

Man schreibt deshalb kurz

$$\begin{pmatrix} -1 & 0 \\ 0 & 1 \end{pmatrix} \cdot \begin{pmatrix} x \\ y \end{pmatrix} = \begin{pmatrix} -1\cdot x + 0\cdot y \\ 0\cdot x + 1\cdot y \end{pmatrix}$$

und definiert allgemein das **Produkt einer Matrix mit einem Vektor**:

Definition 4.1 Man multipliziert eine Matrix $A = \begin{pmatrix} a & c \\ b & d \end{pmatrix}$ mit einem Vektor $\vec{x} = \begin{pmatrix} x \\ y \end{pmatrix}$, indem man jeden Zeilenvektor der Matrix skalar mit dem Vektor $\vec{x}$ multipliziert:

$$A\cdot\vec{x} = \begin{pmatrix} a & c \\ b & d \end{pmatrix} \cdot \begin{pmatrix} x \\ y \end{pmatrix} = \begin{pmatrix} a\cdot x + c\cdot y \\ b\cdot x + d\cdot y \end{pmatrix}$$

Dabei versteht man unter einem Zeilenvektor einer Matrix einen Vektor, den die Matrixelemente einer Zeile der Matrix bilden. ■

Für die Spiegelung eines Punktes $P(x\,|\,y)$ an der Geraden zu $x=3$ gilt also

$$\begin{pmatrix} x' \\ y' \end{pmatrix} = \begin{pmatrix} -1 & 0 \\ 0 & 1 \end{pmatrix} \cdot \begin{pmatrix} x \\ y \end{pmatrix} + \begin{pmatrix} 6 \\ 0 \end{pmatrix};$$

damit ergibt sich für die Ortsvektoren der Bildpunkte von P_1, P_2, P_3, P_4 und P_5

$\vec{p}_1' = \begin{pmatrix} -1 & 0 \\ 0 & 1 \end{pmatrix} \cdot \begin{pmatrix} 1 \\ 0 \end{pmatrix} + \begin{pmatrix} 6 \\ 0 \end{pmatrix} = \begin{pmatrix} 5 \\ 0 \end{pmatrix}$, $\quad \vec{p}_2' = \begin{pmatrix} -1 & 0 \\ 0 & 1 \end{pmatrix} \cdot \begin{pmatrix} \frac{3}{2} \\ -\frac{1}{2} \end{pmatrix} + \begin{pmatrix} 6 \\ 0 \end{pmatrix} = \begin{pmatrix} \frac{9}{2} \\ -\frac{1}{2} \end{pmatrix}$,

$\vec{p}_3' = \begin{pmatrix} -1 & 0 \\ 0 & 1 \end{pmatrix} \cdot \begin{pmatrix} \frac{5}{2} \\ -\frac{1}{2} \end{pmatrix} + \begin{pmatrix} 6 \\ 0 \end{pmatrix} = \begin{pmatrix} \frac{7}{2} \\ -\frac{1}{2} \end{pmatrix}$, $\quad \vec{p}_4' = \begin{pmatrix} -1 & 0 \\ 0 & 1 \end{pmatrix} \cdot \begin{pmatrix} 2 \\ \frac{1}{2} \end{pmatrix} + \begin{pmatrix} 6 \\ 0 \end{pmatrix} = \begin{pmatrix} 4 \\ \frac{1}{2} \end{pmatrix}$,

$\vec{p}_5' = \begin{pmatrix} -1 & 0 \\ 0 & 1 \end{pmatrix} \cdot \begin{pmatrix} \frac{3}{2} \\ \frac{1}{2} \end{pmatrix} + \begin{pmatrix} 6 \\ 0 \end{pmatrix} = \begin{pmatrix} \frac{9}{2} \\ \frac{1}{2} \end{pmatrix}$.

Dieses algebraische Ergebnis bestätigt das geometrische Ergebnis.

Spiegelungen an Ursprungsgeraden

Die Seiten $\overline{AB}$ und $\overline{AC}$ des Dreiecks ABC in Bild 145/1 liegen auf Ursprungsgeraden, die mit der positiven x-Achse Winkel von $\varphi = 30°$ bzw. $\varphi = -30°$ bilden.

Wir wollen allgemein überlegen, wie man die Koordinaten des Bildpunktes $P'(x'|y')$ eines Punktes $P(x|y)$ bei einer Spiegelung an einer Ursprungsgeraden erhalten kann. Ist φ das Maß des Winkels zwischen der Geraden und der positiven x-Achse (Bild 147/1), dann gilt

$$x = r \cdot \cos\alpha \quad \text{und} \quad y = r \cdot \sin\alpha$$

und wir erhalten mit Hilfe der Additionstheoreme:

$$\begin{aligned} x' &= r \cdot \cos(2\varphi - \alpha) \\ &= r \cdot [\cos 2\varphi \cdot \cos\alpha + \sin 2\varphi \cdot \sin\alpha] \\ &= \cos 2\varphi \cdot r \cdot \cos\alpha + \sin 2\varphi \cdot r \cdot \sin\alpha \\ &= \cos 2\varphi \cdot x + \sin 2\varphi \cdot y \end{aligned}$$

$$\begin{aligned} y' &= r \cdot \sin(2\varphi - \alpha) \\ &= r \cdot [\sin 2\varphi \cdot \cos\alpha - \cos 2\varphi \cdot \sin\alpha] \\ &= \sin 2\varphi \cdot r \cdot \cos\alpha - \cos 2\varphi \cdot r \cdot \sin\alpha \\ &= \sin 2\varphi \cdot x - \cos 2\varphi \cdot y \end{aligned}$$

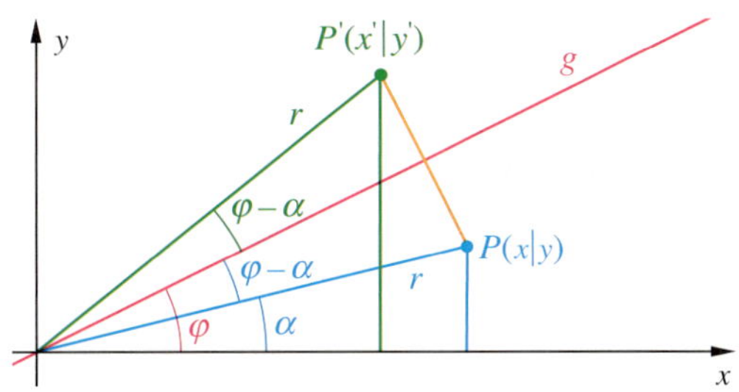

Bild 147/1: Achsenspiegelung

$$\left\{ \begin{array}{l} x' = \cos 2\varphi \cdot x + \sin 2\varphi \cdot y \\ y' = \sin 2\varphi \cdot x - \cos 2\varphi \cdot y \end{array} \right. \Leftrightarrow \begin{pmatrix} x' \\ y' \end{pmatrix} = \begin{pmatrix} \cos 2\varphi & \sin 2\varphi \\ \sin 2\varphi & -\cos 2\varphi \end{pmatrix} \cdot \begin{pmatrix} x \\ y \end{pmatrix}.$$

Die **Achsenspiegelung** an der Ursprungsgeraden mit dem Steigungswinkel vom Maß φ wird also beschrieben durch die Abbildungsgleichung

$$\begin{pmatrix} x' \\ y' \end{pmatrix} = \begin{pmatrix} \cos 2\varphi & \sin 2\varphi \\ \sin 2\varphi & -\cos 2\varphi \end{pmatrix} \cdot \begin{pmatrix} x \\ y \end{pmatrix}.$$

Für die von uns untersuchten Spiegelungen ergibt sich:

Spiegelungsachse:	$y = \frac{1}{3}\sqrt{3}x \quad [\varphi = 30°]$	$y = -\frac{1}{3}\sqrt{3}x \quad [\varphi = -30°]$
Abbildungsmatrix:	$\begin{pmatrix} \frac{1}{2} & \frac{1}{2}\sqrt{3} \\ \frac{1}{2}\sqrt{3} & -\frac{1}{2} \end{pmatrix}$	$\begin{pmatrix} \frac{1}{2} & -\frac{1}{2}\sqrt{3} \\ -\frac{1}{2}\sqrt{3} & -\frac{1}{2} \end{pmatrix}$

Für die Punkte P_1, P_2, P_3, P_4 und P_5 erhält man

	$\varphi = 30°$	$\varphi = -30°$
$P_1(1 \mid 0)$	$P_1'(\tfrac{1}{2} \mid \tfrac{1}{2}\sqrt{3})$	$P_1'(\tfrac{1}{2} \mid -\tfrac{1}{2}\sqrt{3})$
$P_2(\tfrac{3}{2} \mid -\tfrac{1}{2})$	$P_2'(\tfrac{1}{4}(3-\sqrt{3}) \mid \tfrac{1}{4}(1+3\sqrt{3}))$	$P_2'(\tfrac{1}{4}(3+\sqrt{3}) \mid \tfrac{1}{4}(1-3\sqrt{3}))$
$P_3(\tfrac{5}{2} \mid -\tfrac{1}{2})$	$P_3'(\tfrac{1}{4}(5-\sqrt{3}) \mid \tfrac{1}{4}(1+5\sqrt{3}))$	$P_3'(\tfrac{1}{4}(5+\sqrt{3}) \mid \tfrac{1}{4}(1-5\sqrt{3}))$
$P_4(2 \mid \tfrac{1}{2})$	$P_4'(1+\tfrac{1}{4}\sqrt{3} \mid \sqrt{3}-\tfrac{1}{4})$	$P_4'(1-\tfrac{1}{4}\sqrt{3} \mid -\sqrt{3}-\tfrac{1}{4})$
$P_5(\tfrac{3}{2} \mid \tfrac{1}{2})$	$P_5'(\tfrac{1}{4}(3+\sqrt{3}) \mid \tfrac{1}{4}(3\sqrt{3}-1))$	$P_5'(\tfrac{1}{4}(3-\sqrt{3}) \mid -\tfrac{1}{4}(3\sqrt{3}+1))$

Bei den drei Spiegelungen ergeben sich insgesamt folgende Näherungswerte:

	$P_1(1{,}0 \mid 0{,}0)$	$P_2(1{,}5 \mid -0{,}5)$	$P_3(2{,}5 \mid -0{,}5)$	$P_4(2{,}0 \mid 0{,}5)$	$P_5(1{,}5 \mid 0{,}5)$
$x = 3$	$P_1'(5{,}0 \mid 0{,}0)$	$P_2'(4{,}5 \mid -0{,}5)$	$P_3'(3{,}5 \mid -0{,}5)$	$P_4'(4{,}0 \mid 0{,}5)$	$P_5'(4{,}5 \mid 0{,}5)$
$\varphi = 30°$	$P_1'(0{,}5 \mid 0{,}9)$	$P_2'(0{,}3 \mid 1{,}6)$	$P_3'(0{,}8 \mid 2{,}4)$	$P_4'(1{,}4 \mid 1{,}5)$	$P_5'(1{,}2 \mid 1{,}1)$
$\varphi = -30°$	$P_1'(0{,}5 \mid -0{,}9)$	$P_2'(1{,}2 \mid -1{,}1)$	$P_3'(1{,}7 \mid -1{,}9)$	$P_4'(0{,}6 \mid -2{,}0)$	$P_5'(0{,}3 \mid -1{,}6)$

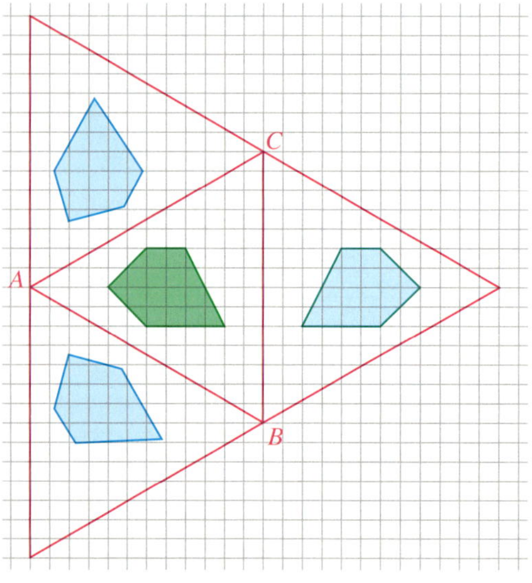

Bild 148/1: Spiegelung am Dreieck ABC

Die Ergebnisse sind in Bild 148/1 dargestellt. Um die Bildpunkte der Punkte P_1, P_2, P_3, P_4 und P_5 zu bestimmen, ist jeweils eine Matrix mit den Ortsvektoren dieser Punkte zu multiplizieren.

Man kann die dazu erforderlichen **fünf** Rechnungen durch **eine** Rechnung ersetzen, indem man zunächst die Ortsvektoren zu einer Ortsvektoren-Matrix zusammenfasst:

$$\begin{pmatrix} 1 & \frac{3}{2} & \frac{5}{2} & 2 & \frac{3}{2} \\ 0 & -\frac{1}{2} & -\frac{1}{2} & \frac{1}{2} & \frac{1}{2} \end{pmatrix}$$

Anschließend „multipliziert" man die Abbildungsmatrix mit der Ortsvektoren-Matrix, indem man jeden Zeilenvektor der Abbildungsmatrix mit jedem Spaltenvektor der Ortsvektoren-Matrix skalar multipliziert:

$$\begin{pmatrix} 0{,}5 & 0{,}9 \\ 0{,}9 & -0{,}5 \end{pmatrix} \cdot \begin{pmatrix} 1 & \frac{3}{2} & \frac{5}{2} & 2 & \frac{3}{2} \\ 0 & -\frac{1}{2} & -\frac{1}{2} & \frac{1}{2} & \frac{1}{2} \end{pmatrix} = \begin{pmatrix} \frac{1}{2} & \frac{9}{10} \\ \frac{9}{10} & -\frac{1}{2} \end{pmatrix} \cdot \begin{pmatrix} 1 & \frac{3}{2} & \frac{5}{2} & 2 & \frac{3}{2} \\ 0 & -\frac{1}{2} & -\frac{1}{2} & \frac{1}{2} & \frac{1}{2} \end{pmatrix}$$

$$= \begin{pmatrix} \frac{1}{2}\cdot 1 + \frac{9}{10}\cdot 0 & \frac{1}{2}\cdot\frac{3}{2} + \frac{9}{10}\cdot(-\frac{1}{2}) & \frac{1}{2}\cdot\frac{5}{2} + \frac{9}{10}\cdot(-\frac{1}{2}) & \frac{1}{2}\cdot 2 + \frac{9}{10}\cdot\frac{3}{2} & \frac{1}{2}\cdot\frac{1}{2} + \frac{9}{10}\cdot\frac{1}{2} \\ \frac{9}{10}\cdot 1 - \frac{1}{2}\cdot 0 & \frac{9}{10}\cdot\frac{3}{2} - \frac{1}{2}\cdot(-\frac{1}{2}) & \frac{9}{10}\cdot\frac{5}{2} - \frac{1}{2}\cdot(-\frac{1}{2}) & \frac{9}{10}\cdot 2 - \frac{1}{2}\cdot\frac{3}{2} & \frac{9}{10}\cdot\frac{1}{2} - \frac{1}{2}\cdot\frac{1}{2} \end{pmatrix}$$

$$= \begin{pmatrix} \frac{1}{2} & \frac{3}{10} & \frac{4}{5} & \frac{3}{2} & \frac{6}{5} \\ \frac{9}{10} & \frac{8}{5} & \frac{5}{2} & \frac{8}{5} & \frac{11}{10} \end{pmatrix}$$

$$= \begin{pmatrix} 0{,}5 & 0{,}3 & 0{,}8 & 1{,}5 & 1{,}2 \\ 0{,}9 & 1{,}6 & 2{,}5 & 1{,}6 & 1{,}1 \end{pmatrix}$$

Die Spalten dieser Matrix entsprechen den Ortsvektoren der Bildpunkte bei der Spiegelung mit $\varphi = 30°$; die geringen Abweichungen von den oben aufgeführten Ergebnissen sind darauf zurückzuführen, dass – der besseren Übersichtlichkeit wegen – bei der zusammenfassenden Rechnung nur eine Dezimale berücksichtigt wurde.

Wie in dem Beispiel kann man auch in anderen Fällen Matrizen miteinander multiplizieren oder – wie man auch sagt – miteinander **verketten**, sofern sie zueinander passen. Als weiteres Beispiel kennen wir bereits die Multiplikation einer Matrix mit einem Vektor, also die Multiplikation einer (2,2)-Matrix mit einer (2,1)-Matrix.

Damit bei einer solchen Multiplikation die Faktor-Matrizen „zueinander passen"; muss es möglich sein, eine Zeile der ersten Matrix mit einer Spalte der zweiten Matrix skalar zu multiplizieren. Das geht genau dann, wenn die erste Matrix so viele Spalten hat wie die zweite Zeilen. Ist also die erste Matrix eine (m, n)-Matrix, dann muss die zweite Matrix eine (n, p)-Matrix sein.

Definition 4.2 Man multipliziert eine (m, n)-Matrix mit einer (n, p)-Matrix, indem man jeden Zeilenvektor der ersten Matrix mit jedem Spaltenvektoren der zweiten Matrix skalar multipliziert; man erhält als Ergebnis eine **(m, p)-Produkt-Matrix**. ■

Mehrfachspiegelungen

Die besondere Wirkung eines Kaleidoskops beruht darauf, dass auch die Spiegelbilder gespiegelt werden. Das Steinchen $P_1P_2P_3P_4P_5$ und die Spiegel werden dabei **mehrfach hintereinander** gespiegelt. Bei zwei Spiegelungen ergibt sich Bild 149/1, bei drei Spiegelungen Bild 149/2.

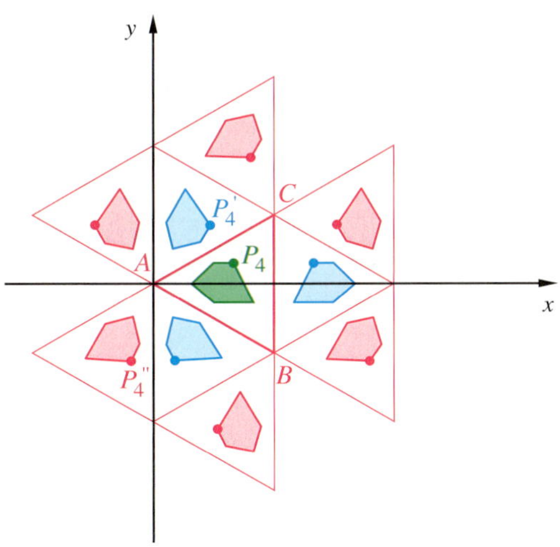

Bild 149/1: Zwei Spiegelungen hintereinander

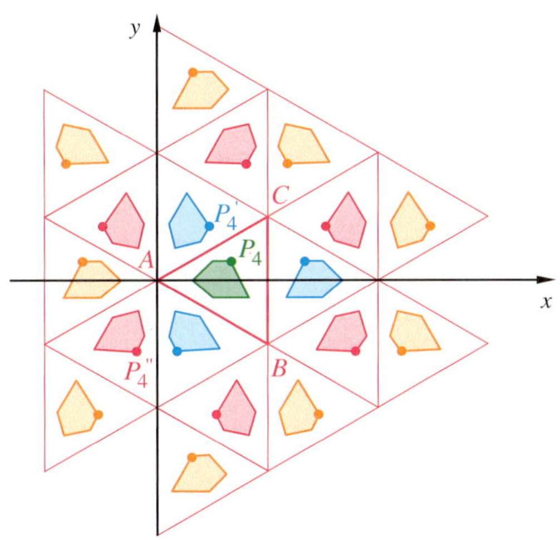

Bild 149/2: Drei Spiegelungen hintereinander

Am Beispiel eines Punktes – wir wählen dazu $P_4(2\,|\,\frac{1}{2})$ – wollen wir die einzelnen Abbildungen genauer verfolgen und betrachten zunächst die Spiegelung an der Geraden g_{AC}:

$$\vec{p}_4{}' = \begin{pmatrix} \frac{1}{2} & \frac{1}{2}\sqrt{3} \\ \frac{1}{2}\sqrt{3} & -\frac{1}{2} \end{pmatrix} \cdot \begin{pmatrix} 2 \\ \frac{1}{2} \end{pmatrix} = \begin{pmatrix} 1+\frac{1}{4}\sqrt{3} \\ \sqrt{3}-\frac{1}{4} \end{pmatrix} \approx \begin{pmatrix} 1{,}43 \\ 1{,}48 \end{pmatrix}$$

Wir spiegeln P_4' nun an der Geraden g_{AB}:

$$\vec{p}_4'' = \begin{pmatrix} \frac{1}{2} & -\frac{1}{2}\sqrt{3} \\ -\frac{1}{2}\sqrt{3} & -\frac{1}{2} \end{pmatrix} \cdot \begin{pmatrix} 1+\frac{1}{4}\sqrt{3} \\ \sqrt{3}-\frac{1}{4} \end{pmatrix} = \begin{pmatrix} \frac{1}{4}\sqrt{3}-1 \\ -\sqrt{3}-\frac{1}{4} \end{pmatrix} \approx \begin{pmatrix} -0{,}57 \\ -1{,}98 \end{pmatrix}$$

Schließlich spiegeln wir P_4'' noch einmal an der Geraden g_{AC}:

$$\vec{p}_4''' = \begin{pmatrix} \frac{1}{2} & \frac{1}{2}\sqrt{3} \\ \frac{1}{2}\sqrt{3} & -\frac{1}{2} \end{pmatrix} \cdot \begin{pmatrix} \frac{1}{4}\sqrt{3}-1 \\ -\sqrt{3}-\frac{1}{4} \end{pmatrix} = \begin{pmatrix} -2 \\ \frac{1}{2} \end{pmatrix}$$

Den Punkt $P_4'''(-2\,|\,\frac{1}{2})$ kann man offensichtlich auch erhalten, indem man unmittelbar den Punkt $P_4(-2\,|\,\frac{1}{2})$ an der y-Achse spiegelt:

$$\vec{p}_4{}''' = \begin{pmatrix} -1 & 0 \\ 0 & 1 \end{pmatrix} \cdot \begin{pmatrix} 2 \\ \frac{1}{2} \end{pmatrix} = \begin{pmatrix} -2 \\ \frac{1}{2} \end{pmatrix}$$

Dass das nicht nur für P_4 sondern für jeden Punkt gilt, kann man zeigen, indem man die einzelnen Rechenschritte zusammenfasst und zugleich P_4 durch einen beliebigen Punkt $P(x\,|\,y)$ ersetzt:

$$\vec{p}''' = \begin{pmatrix} \frac{1}{2} & \frac{1}{2}\sqrt{3} \\ \frac{1}{2}\sqrt{3} & -\frac{1}{2} \end{pmatrix} \cdot \left[\begin{pmatrix} \frac{1}{2} & -\frac{1}{2}\sqrt{3} \\ -\frac{1}{2}\sqrt{3} & -\frac{1}{2} \end{pmatrix} \cdot \left[\begin{pmatrix} \frac{1}{2} & \frac{1}{2}\sqrt{3} \\ \frac{1}{2}\sqrt{3} & -\frac{1}{2} \end{pmatrix} \cdot \begin{pmatrix} x \\ y \end{pmatrix} \right] \right]$$

Setzt man einmal voraus, dass diese Multiplikationen assoziativ sind (Aufgabe 9 auf Seite 159), dann kann man zunächst die Matrizen miteinander multiplizieren:

$$\begin{aligned} \vec{p}''' &= \left[\left[\begin{pmatrix} \frac{1}{2} & \frac{1}{2}\sqrt{3} \\ \frac{1}{2}\sqrt{3} & -\frac{1}{2} \end{pmatrix} \cdot \begin{pmatrix} \frac{1}{2} & -\frac{1}{2}\sqrt{3} \\ -\frac{1}{2}\sqrt{3} & -\frac{1}{2} \end{pmatrix} \right] \cdot \begin{pmatrix} \frac{1}{2} & \frac{1}{2}\sqrt{3} \\ \frac{1}{2}\sqrt{3} & -\frac{1}{2} \end{pmatrix} \right] \cdot \begin{pmatrix} x \\ y \end{pmatrix} \\ &= \left[\begin{pmatrix} -\frac{1}{2} & -\frac{1}{2}\sqrt{3} \\ \frac{1}{2}\sqrt{3} & -\frac{1}{2} \end{pmatrix} \cdot \begin{pmatrix} \frac{1}{2} & \frac{1}{2}\sqrt{3} \\ \frac{1}{2}\sqrt{3} & -\frac{1}{2} \end{pmatrix} \right] \cdot \begin{pmatrix} x \\ y \end{pmatrix} \\ &= \begin{pmatrix} -1 & 0 \\ 0 & 1 \end{pmatrix} \cdot \begin{pmatrix} x \\ y \end{pmatrix} \end{aligned}$$

Man kann also tatsächlich drei hintereinander geschalteten Spiegelungen durch eine einzige Spiegelung ersetzen, nämlich durch eine Spiegelung an der y-Achse.

Kann man auch die Abbildung von P_4 durch Doppelspiegelung auf P_4'' durch eine einzige Abbildung ersetzen? Wir fassen wieder die einzelnen Rechenschritte zusammen:

$$\begin{aligned} \vec{p}_4'' &= \begin{pmatrix} \frac{1}{2} & -\frac{1}{2}\sqrt{3} \\ -\frac{1}{2}\sqrt{3} & -\frac{1}{2} \end{pmatrix} \cdot \left[\begin{pmatrix} \frac{1}{2} & \frac{1}{2}\sqrt{3} \\ \frac{1}{2}\sqrt{3} & -\frac{1}{2} \end{pmatrix} \cdot \begin{pmatrix} 2 \\ \frac{1}{2} \end{pmatrix} \right] \\ &= \left[\begin{pmatrix} \frac{1}{2} & -\frac{1}{2}\sqrt{3} \\ -\frac{1}{2}\sqrt{3} & -\frac{1}{2} \end{pmatrix} \cdot \begin{pmatrix} \frac{1}{2} & \frac{1}{2}\sqrt{3} \\ \frac{1}{2}\sqrt{3} & -\frac{1}{2} \end{pmatrix} \right] \cdot \begin{pmatrix} 2 \\ \frac{1}{2} \end{pmatrix} \\ &= \begin{pmatrix} -\frac{1}{2} & \frac{1}{2}\sqrt{3} \\ -\frac{1}{2}\sqrt{3} & -\frac{1}{2} \end{pmatrix} \cdot \begin{pmatrix} 2 \\ \frac{1}{2} \end{pmatrix} = \begin{pmatrix} \frac{1}{4}\sqrt{3}-1 \\ -\sqrt{3}-\frac{1}{4} \end{pmatrix} \\ &\approx \begin{pmatrix} -0{,}57 \\ -1{,}98 \end{pmatrix} \end{aligned}$$

Man erhält für P_4'' dasselbe Ergebnis wie oben; die zusammengefasste Rechnung ist also richtig. Die sich ergebende Matrix ist aber keine Spiegelungsmatrix. Begründen Sie dies (Aufgabe 18 auf Seite 160).

Drehungen

Im Kaleidoskop sind die bunten Steinchen frei beweglich; sie können gedreht und verschoben werden. Wir versuchen zunächst, Drehungen rechnerisch zu beschreiben.

Ebene Drehungen sind festgelegt durch ein

Drehzentrum Z und ein

Drehwinkelmaß φ.

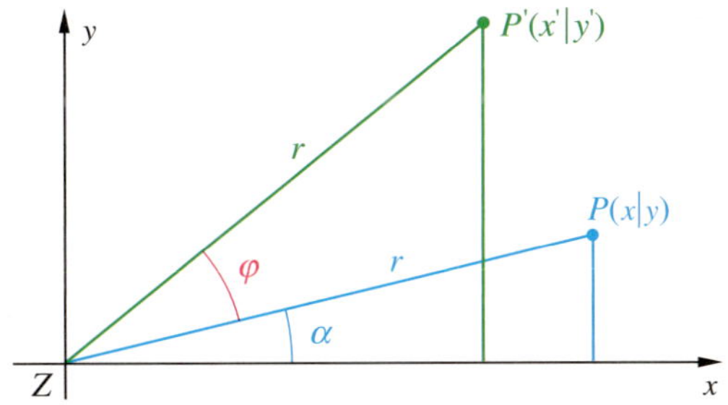

Bild 151/1: Drehung um den Ursprung

Liegt Z im Ursprung (Bild 151/1),

dann gilt $\begin{cases} x = r\cdot\cos\alpha \\ y = r\cdot\sin\alpha, \end{cases}$ sowie $\begin{cases} x' = r\cdot\cos(\alpha+\varphi) \\ y' = r\cdot\sin(\alpha+\varphi). \end{cases}$

Hieraus ergibt sich mit Hilfe der Additionstheoreme:

$$\begin{cases} x' = r\cdot[\cos\alpha\cdot\cos\varphi - \sin\alpha\cdot\sin\varphi] = r\cdot\cos\alpha\cdot\cos\varphi - r\cdot\sin\alpha\cdot\sin\varphi, \\ y' = r\cdot[\sin\alpha\cdot\cos\varphi + \cos\alpha\cdot\sin\varphi] = r\cdot\sin\alpha\cdot\cos\varphi + r\cdot\cos\alpha\cdot\sin\varphi. \end{cases}$$

Ersetzt man wieder $r\cdot\cos\alpha$ durch x und $r\cdot\sin\alpha$ durch y, so erhält man:

$$\begin{cases} x' = x\cdot\cos\varphi - y\cdot\sin\varphi \\ y' = x\cdot\sin\varphi + y\cdot\cos\varphi \end{cases} \Leftrightarrow \begin{pmatrix} x' \\ y' \end{pmatrix} = \begin{pmatrix} \cos\varphi & -\sin\varphi \\ \sin\varphi & \cos\varphi \end{pmatrix}\cdot\begin{pmatrix} x \\ y \end{pmatrix}.$$

Satz 4.1 Für eine Drehung um den Ursprung mit dem Drehwinkelmaß φ gilt

$$\begin{pmatrix} x' \\ y' \end{pmatrix} = \begin{pmatrix} \cos\varphi & -\sin\varphi \\ \sin\varphi & \cos\varphi \end{pmatrix}\cdot\begin{pmatrix} x \\ y \end{pmatrix}. \quad ■$$

Beispiele:

$\varphi = 90°$

$$\begin{cases} x' = -y \\ y' = x \end{cases}$$

$$\begin{pmatrix} x' \\ y' \end{pmatrix} = \begin{pmatrix} 0 & -1 \\ 1 & 0 \end{pmatrix}\cdot\begin{pmatrix} x \\ y \end{pmatrix}$$

$\varphi = 180°$

$$\begin{cases} x' = -x \\ y' = -y \end{cases}$$

$$\begin{pmatrix} x' \\ y' \end{pmatrix} = \begin{pmatrix} -1 & 0 \\ 0 & -1 \end{pmatrix}\cdot\begin{pmatrix} x \\ y \end{pmatrix}$$

$\varphi = 30°$

$$\begin{cases} x' = \frac{1}{2}\sqrt{3}x - \frac{1}{2}y \\ y' = \frac{1}{2}x + \frac{1}{2}\sqrt{3}y \end{cases}$$

$$\begin{pmatrix} x' \\ y' \end{pmatrix} = \begin{pmatrix} \frac{1}{2}\sqrt{3} & -\frac{1}{2} \\ \frac{1}{2} & \frac{1}{2}\sqrt{3} \end{pmatrix}\cdot\begin{pmatrix} x \\ y \end{pmatrix}$$

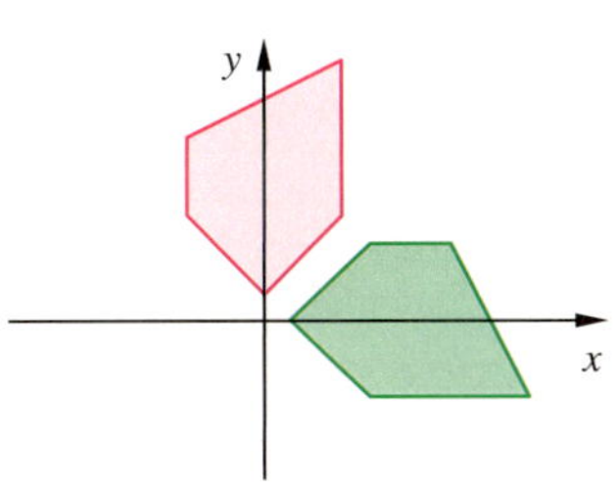

Bild 151/2: $\varphi = 180°$

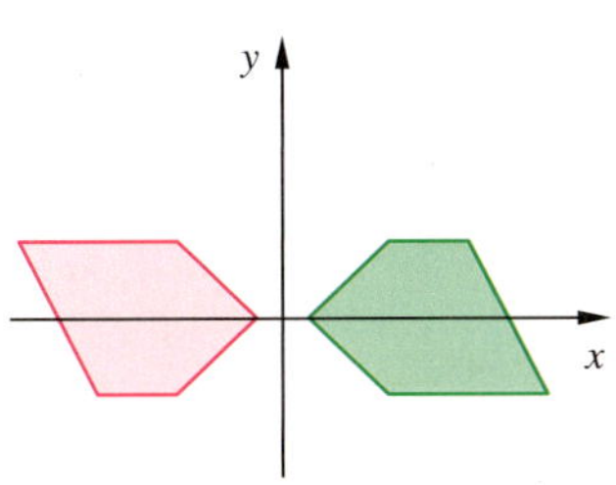

Bild 151/3: $\varphi = 180°$

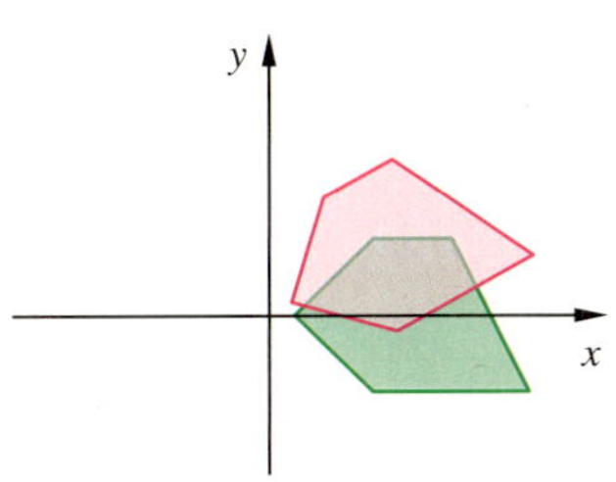

Bild 151/4: $\varphi = 30°$

Drehungen um beliebige Zentren

Drehungen um beliebige Zentren kann man auf Drehungen um den Ursprung zurückführen: Soll das Steinchen von Bild 145/1 mit $\varphi = 90$ um $Z(\frac{7}{4}|\frac{1}{2})$ gedreht werden, verschiebt man es zunächst so, dass Z auf den Ursprung abgebildet wird (Bild 152/1), indem man zu den Ortsvektoren von P_1, P_2, P_3, P_4 und P_5 jeweils den Gegenvektor des Ortsvektors von Z addiert:

$$\vec{p}_1 - \vec{z}, \quad \vec{p}_2 - \vec{z}, \quad \vec{p}_3 - \vec{z}, \quad \vec{p}_4 - \vec{z}, \quad \vec{p}_5 - \vec{z}$$

Dies kann man – jeweils zu einer Matrix zusammengefasst – kurz so schreiben:

$$\begin{pmatrix} 1 & \frac{3}{2} & \frac{5}{2} & 2 & \frac{3}{2} \\ 0 & -\frac{1}{2} & -\frac{1}{2} & \frac{1}{2} & \frac{1}{2} \end{pmatrix} + \begin{pmatrix} -\frac{7}{4} & -\frac{7}{4} & -\frac{7}{4} & -\frac{7}{4} & -\frac{7}{4} \\ -\frac{1}{2} & -\frac{1}{2} & -\frac{1}{2} & -\frac{1}{2} & -\frac{1}{2} \end{pmatrix} = \begin{pmatrix} -\frac{3}{4} & -\frac{1}{4} & \frac{3}{4} & \frac{1}{4} & -\frac{1}{4} \\ -\frac{1}{2} & -1 & -1 & 0 & 0 \end{pmatrix}$$

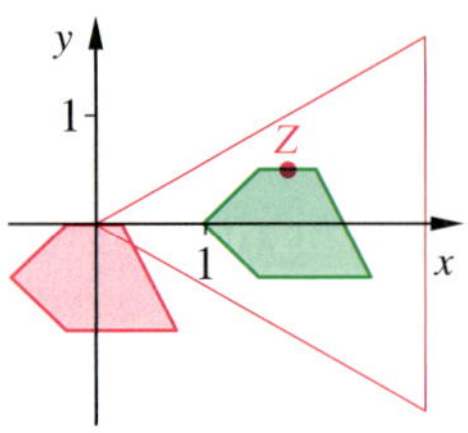

Bild 152/1: $\vec{v} = -\vec{z}$

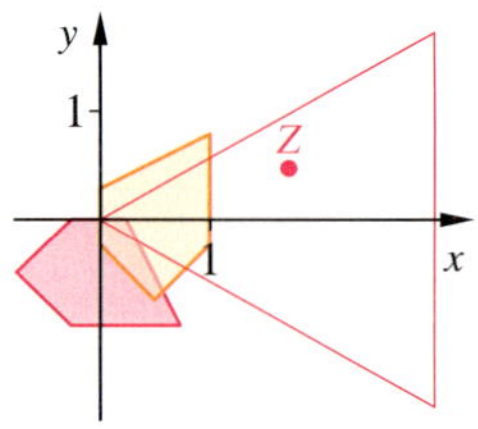

Bild 152/2: Drehung

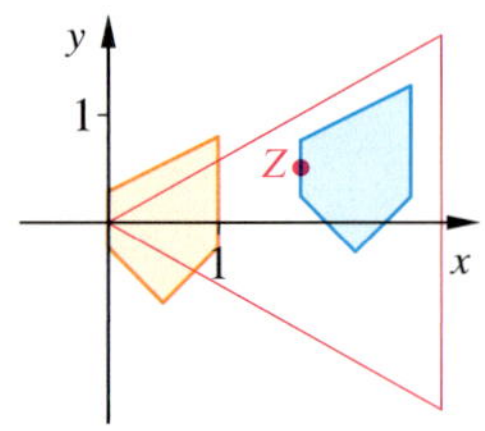

Bild 152/3: $\vec{v} = \vec{z}$

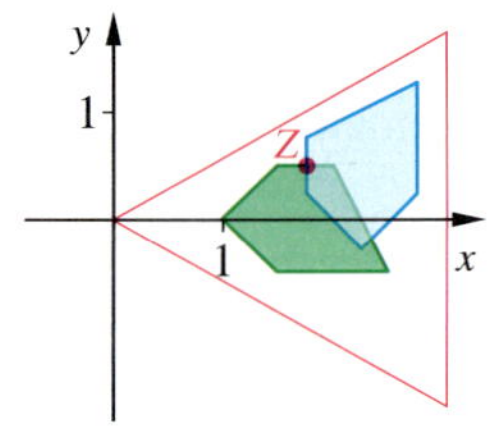

Bild 152/4: Ergebnis

Nun dreht man das verschobene Steinchen mit $\varphi = 90°$ um den Ursprung (Bild 152/2):

$$\begin{pmatrix} 0 & -1 \\ 1 & 0 \end{pmatrix} \cdot \begin{pmatrix} -\frac{3}{4} & -\frac{1}{4} & \frac{3}{4} & \frac{1}{4} & -\frac{1}{4} \\ -\frac{1}{2} & -1 & -1 & 0 & 0 \end{pmatrix} = \begin{pmatrix} \frac{1}{2} & 1 & 1 & 0 & 0 \\ -\frac{3}{4} & -\frac{1}{4} & \frac{3}{4} & \frac{1}{4} & -\frac{1}{4} \end{pmatrix}$$

Schließlich verschiebt man das gedrehte Steinchen um den Ortsvektor von Z (Bild 152/3):

$$\begin{pmatrix} \frac{1}{2} & 1 & 1 & 0 & 0 \\ -\frac{3}{4} & -\frac{1}{4} & \frac{3}{4} & \frac{1}{4} & -\frac{1}{4} \end{pmatrix} + \begin{pmatrix} \frac{7}{4} & \frac{7}{4} & \frac{7}{4} & \frac{7}{4} & \frac{7}{4} \\ \frac{1}{2} & \frac{1}{2} & \frac{1}{2} & \frac{1}{2} & \frac{1}{2} \end{pmatrix} = \begin{pmatrix} \frac{9}{4} & \frac{11}{4} & \frac{11}{4} & \frac{7}{4} & \frac{7}{4} \\ -\frac{1}{4} & \frac{1}{4} & \frac{5}{4} & \frac{3}{4} & \frac{1}{4} \end{pmatrix}$$

Das Ergebnis zeigt Bild 152/4. Eine solche Addition ist bei beliebigen Matrizen mit gleicher Zeilen- und Spaltenzahl möglich. Wir halten fest:

Definition 4.3 Zwei Matrizen mit gleicher Zeilen- und Spaltenzahl werden addiert, indem man die entsprechenden Matrixelemente addiert. ■

Bei Vektoren, die man auch als einspaltige Matrizen auffassen kann, entspricht diese Definition der üblichen Vektoraddition.

Allgemein ergibt sich für einen Punkt mit dem Ortsvektor $\vec{x}$ bei einer Drehung:

$$\vec{x} \to \vec{x} - \vec{z} \to \begin{pmatrix} \cos\varphi & -\sin\varphi \\ \sin\varphi & \cos\varphi \end{pmatrix} \cdot (\vec{x} - \vec{z}) \to \begin{pmatrix} \cos\varphi & -\sin\varphi \\ \sin\varphi & \cos\varphi \end{pmatrix} \cdot (\vec{x} - \vec{z}) + \vec{z}.$$

Für die Abbildungsgleichung ergibt sich:

$$\vec{x}' = \begin{pmatrix} \cos\varphi & -\sin\varphi \\ \sin\varphi & \cos\varphi \end{pmatrix} \cdot (\vec{x} - \vec{z}) + \vec{z}$$

$$= \begin{pmatrix} \cos\varphi & -\sin\varphi \\ \sin\varphi & \cos\varphi \end{pmatrix} \cdot \vec{x} + \vec{z} - \begin{pmatrix} \cos\varphi & -\sin\varphi \\ \sin\varphi & \cos\varphi \end{pmatrix} \cdot \vec{z}$$

$$= \begin{pmatrix} \cos\varphi & -\sin\varphi \\ \sin\varphi & \cos\varphi \end{pmatrix} \cdot \vec{x} + \vec{v} \quad \text{mit} \quad \vec{v} = \vec{z} - \begin{pmatrix} \cos\varphi & -\sin\varphi \\ \sin\varphi & \cos\varphi \end{pmatrix} \cdot \vec{z}$$

Eine Drehung mit dem Drehwinkelmaß φ um ein beliebiges Zentrum Z lässt sich also zerlegen in eine Drehung mit φ um den Ursprung und in eine Verschiebung.

Affine Abbildungen

Alle bisher untersuchten Abbildungsgleichungen haben folgende gemeinsame Struktur:

$$\begin{cases} x' = ax + cy + e \\ y' = bx + dy + f \end{cases} \Leftrightarrow \begin{pmatrix} x' \\ y' \end{pmatrix} = \begin{pmatrix} a & c \\ b & d \end{pmatrix} \cdot \begin{pmatrix} x \\ y \end{pmatrix} + \begin{pmatrix} e \\ f \end{pmatrix}$$

Sie sind gekennzeichnet durch eine Matrix $A = \begin{pmatrix} a & c \\ b & d \end{pmatrix}$ und durch einen Vektor $\vec{v} = \begin{pmatrix} e \\ f \end{pmatrix}$. Solche Abbildungen heißen **affine Abbildungen**[1].

Definition 4.4 Eine Abbildung heißt **affine Abbildung** mit der Abbildungsmatrix A und dem Verschiebungsvektor $\vec{v}$, wenn für den Bildvektor $\vec{x}'$ eines Vektors $\vec{x}$ gilt:

$$\vec{x}' = A \cdot \vec{x} + \vec{v} \Leftrightarrow \begin{pmatrix} x' \\ y' \end{pmatrix} = \begin{pmatrix} a & c \\ b & d \end{pmatrix} \cdot \begin{pmatrix} x \\ y \end{pmatrix} + \begin{pmatrix} e \\ f \end{pmatrix}$$

Beispiele:

Abbildung	Matrix	Vektor
Spiegelung an der Geraden zu $x = 3$	$\begin{pmatrix} -1 & 0 \\ 0 & 1 \end{pmatrix}$	$\begin{pmatrix} 6 \\ 0 \end{pmatrix}$
Spiegelung an einer Ursprungsgeraden	$\begin{pmatrix} \cos 2\varphi & \sin 2\varphi \\ \sin 2\varphi & -\cos 2\varphi \end{pmatrix}$	$\begin{pmatrix} 0 \\ 0 \end{pmatrix}$
Drehung mit φ um ein beliebiges Zentrum	$\begin{pmatrix} \cos\varphi & -\sin\varphi \\ \sin\varphi & \cos\varphi \end{pmatrix}$	$\begin{pmatrix} v_1 \\ v_2 \end{pmatrix}$

Werden die Einheitsvektoren $\begin{pmatrix} 1 \\ 0 \end{pmatrix}$ und $\begin{pmatrix} 0 \\ 1 \end{pmatrix}$ auf die Vektoren $\begin{pmatrix} a \\ b \end{pmatrix}$ und $\begin{pmatrix} c \\ d \end{pmatrix}$ abgebildet, so gilt für die Abbildungsmatrix A einer affinen Abbildung

$$A \cdot \begin{pmatrix} 1 & 0 \\ 0 & 1 \end{pmatrix} = \begin{pmatrix} a & c \\ b & d \end{pmatrix} \Rightarrow A = \begin{pmatrix} a & c \\ b & d \end{pmatrix}.$$

Die Spaltenvektoren von A sind also die Bildvektoren der Einheitsvektoren.

[1] affins (lat.): verschwägert, verwandt

Ein anderer Weg zur Bestimmung einer Spiegelungsmatrix

Alle Punkte der Ursprungsgeraden zu $y = mx$ werden auf sich selbst abgebildet, insbesondere ist also $P_1(1\,|\,m) = P_1'(1\,|\,m)$. Außerdem wird der Ursprung auf sich selbst abgebildet.

Punkte außerhalb der Spiegelachse werden so abgebildet, dass die Verbindungsstrecke zwischen Punkt und Bildpunkt auf einer zur Spiegelachse senkrechten Geraden liegt und durch die Spiegelachse halbiert wird.

Die Gerade zu $y = -\dfrac{1}{m}x$ steht senkrecht auf der Spiegelachse; auf dieser Senkrechten liegen z. B. der Punkt $P_2(m\,|-1)$ und sein Bildpunkt $P_2'(-m\,|\,1)$.

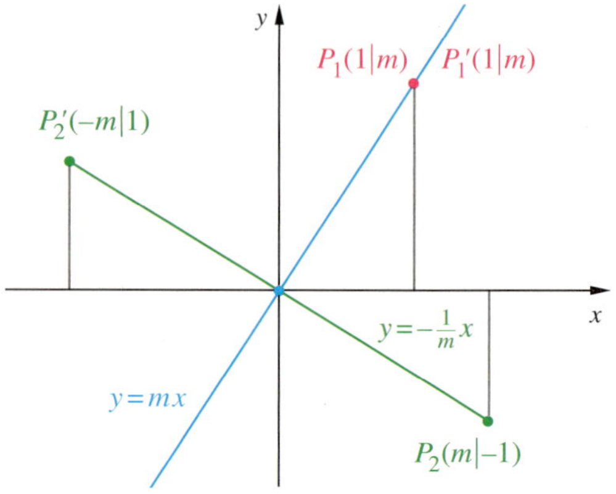

Bild 154/1: Spiegelachse $y = mx$

Wir suchen nun eine affine Abbildung $\vec{x}\,' = A\cdot\vec{x} + \vec{v}$, die den Ursprung und P_1 auf sich sowie P_2 auf P_2' abbildet. Da der Ursprung auf sich abgebildet wird, gilt

$$\vec{0}\,' = A\cdot\vec{0} + \vec{v} = \vec{0} \;\Rightarrow\; \vec{v} = \vec{0} \;\Rightarrow\; \vec{x}\,' = A\cdot\vec{x} \;\Leftrightarrow\; \begin{pmatrix} x' \\ y' \end{pmatrix} = \begin{pmatrix} a & c \\ b & d \end{pmatrix}\cdot\begin{pmatrix} x \\ y \end{pmatrix}.$$

Setzt man in diese Gleichung die Koordinaten von P_1, P_2, P_1' und P_2' ein, so erhält man

$$\begin{pmatrix} a & c \\ b & d \end{pmatrix}\cdot\begin{pmatrix} 1 \\ m \end{pmatrix} = \begin{pmatrix} a+cm \\ b+dm \end{pmatrix} = \begin{pmatrix} 1 \\ m \end{pmatrix} \quad\text{und}\quad \begin{pmatrix} a & c \\ b & d \end{pmatrix}\cdot\begin{pmatrix} m \\ -1 \end{pmatrix} = \begin{pmatrix} am-c \\ bm-d \end{pmatrix} = \begin{pmatrix} -m \\ 1 \end{pmatrix}$$

und damit das lineare Gleichungssystem

$$\begin{cases} a+cm = 1 \\ b+dm = m \end{cases} \qquad\text{und}\qquad \begin{cases} am-c = -m \\ bm-d = 1 \end{cases}$$

Lösen Sie selbst dieses Gleichungssystem und zeigen Sie, dass die sich ergebende Matrix mit der bereits hergeleiteten Spiegelungsmatrix übereinstimmt (Aufgabe 19 auf Seite 160). Man erhält

$$\begin{pmatrix} a & c \\ b & d \end{pmatrix} = \begin{pmatrix} \frac{1-m^2}{m^2+1} & \frac{2m}{m^2+1} \\ \frac{2m}{m^2+1} & \frac{m^2-1}{m^2+1} \end{pmatrix} = \frac{1}{m^2+1}\begin{pmatrix} 1-m^2 & m^2+1 \\ m^2+1 & m^2+1 \end{pmatrix}$$

In der mittleren Matrix hat jedes Matrixelement den Nenner m^2+1. Zur Vereinfachung der Schreibweise haben wir deshalb rechts den Bruch $\dfrac{1}{m^2+1}$ ausgeklammert. Dabei haben wir ein Produkt aus einer reellen Zahl und einer Matrix gebildet – ähnlich wie bei der Multiplikation einer reellen Zahl mit einem Vektor.

Solche **Produkte** oder **Vielfache von Matrizen** kann man allgemein definieren:

Definition 4.5 Das **Produkt** rM einer reellen Zahl r mit einer Matrix M erhält man, indem man jedes Matrixelement von M mit r multipliziert. ■

Zentrische Streckungen und Scherungen

Beim Kaleidoskop traten ausschließlich Kongruenzabbildungen (Spiegelungen, Drehungen und Verschiebungen) auf, also **formerhaltende** Abbildungen. Um zu untersuchen, ob auch **formverändernde** Abbildungen – wie Vergrößerungen oder Verzerrungen – affine Abbildungen sind, gehen wir zusätzlich auf den Arbeitsauftrag **A4** ein.

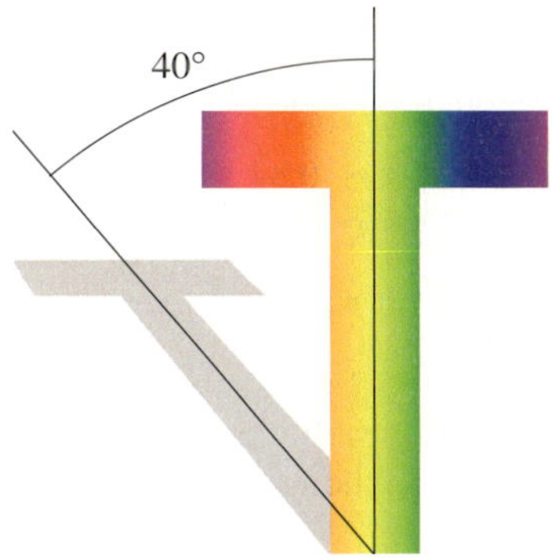

Bild 155/1: Wordart

In Bild 155/1 wirft ein Buchstabe T einen Schatten; man sieht, dass der Schatten gegenüber dem Original auf etwa $\frac{2}{3}$ der ursprünglichen Länge gestaucht ist. Die ursprünglich senkrechten Linien des Buchstabens bilden beim Schatten mit der y-Achse einen Winkel von etwa 40°, während die horizontalen Linien auch nach der Abbildung parallel zur x-Achse sind.

Wir denken uns den Buchstaben „T" aus den Verbindungsstrecken der Punkte $P_1(0\,|\,0)$ und $P_2(0\,|\,3)$ sowie der Punkte $P_3(-1{,}2\,|\,3)$ und $P_4(1{,}2\,|\,3)$ zusammengesetzt (Bild 155/2).

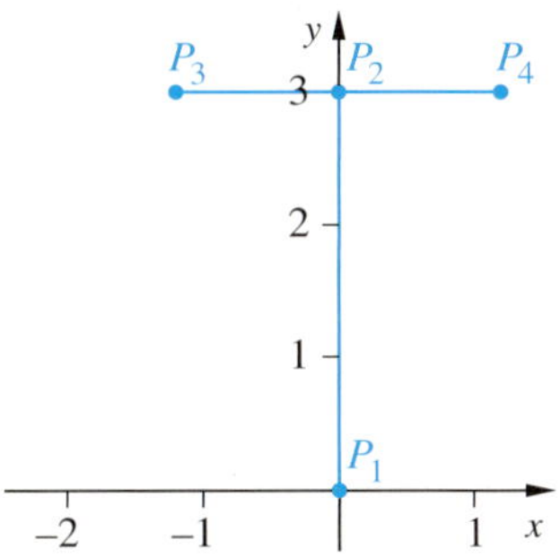

Bild 155/2: Buchstabe T

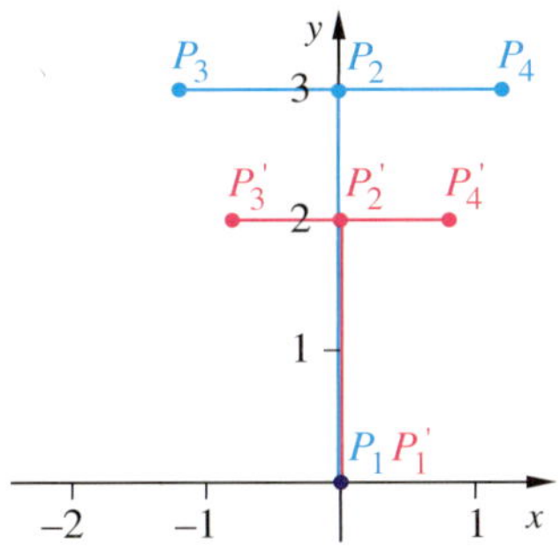

Bild 155/3: „T" gestaucht

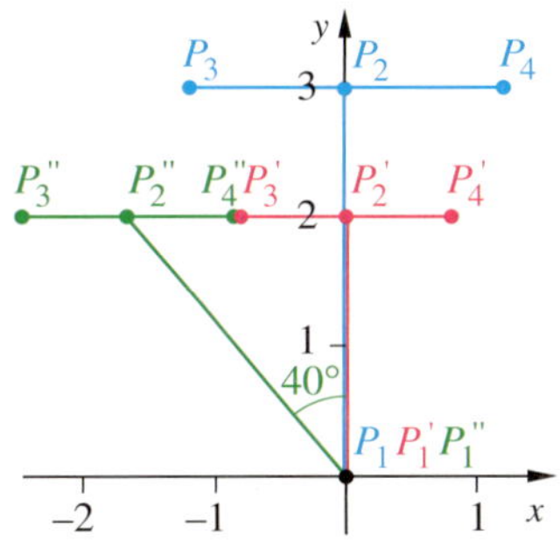

Bild 155/4: „T" geschert

Wir untersuchen die Abbildung schrittweise. Zunächst wird der Buchstabe T auf $\frac{2}{3}$ der ursprünglichen Länge gestaucht (Bild 155/3). Dazu müssen die Koordinaten aller Punkte entsprechend gestaucht werden:

$$\begin{cases} x' = \frac{2}{3}x \\ y' = \frac{2}{3}y \end{cases} \Leftrightarrow \begin{pmatrix} x' \\ y' \end{pmatrix} = \begin{pmatrix} \frac{2}{3} & 0 \\ 0 & \frac{2}{3} \end{pmatrix} \cdot \begin{pmatrix} x \\ y \end{pmatrix}$$

Dies ist die Gleichung einer affinen Abbildung; für die Punkte P_1, P_2, P_3 und P_4 ergibt sich:

$$\begin{pmatrix} \frac{2}{3} & 0 \\ 0 & \frac{2}{3} \end{pmatrix} \cdot \begin{pmatrix} 0 & 0 & -1{,}2 & 1{,}2 \\ 0 & 3 & 3 & 3 \end{pmatrix} = \begin{pmatrix} 0 & 0 & -0{,}8 & 0{,}8 \\ 0 & 2 & 2 & 2 \end{pmatrix}$$

Anschließend muss der Buchstabe T horizontal „verzerrt" werden (Bild 155/3). Dabei behalten alle Punkte ihre y-Koordinaten bei. Die x-Koordinaten werden um einen Betrag nach links verschoben, der um so größer ist, je höher der Punkt über der x-Achse liegt. Um diesen Betrag zu bestimmen, betrachten wir den Punkt P_2'. Er wird auf einen Punkt P_2'' mit der x-Koordinate $-2 \cdot \tan 40°$ gilt abgebildet.

Allgemein gilt für diese Abbildung

$$\begin{cases} x' = x - y \cdot \tan 40^\circ \\ y' = \quad\; y \end{cases} \Leftrightarrow \begin{pmatrix} x' \\ y' \end{pmatrix} = \begin{pmatrix} 1 & -\tan 40^\circ \\ 0 & 1 \end{pmatrix} \cdot \begin{pmatrix} x \\ y \end{pmatrix} \approx \begin{pmatrix} 1 & -0{,}84 \\ 0 & 1 \end{pmatrix} \cdot \begin{pmatrix} x \\ y \end{pmatrix}$$

Auch dies ist die Gleichung einer affinen Abbildung; für die Punkte P_1, P_2, P_3 und P_4 gilt:

$$\begin{pmatrix} 1 & -0{,}84 \\ 0 & 1 \end{pmatrix} \cdot \begin{pmatrix} 0 & 0 & -0{,}8 & 0{,}8 \\ 0 & 2 & 2 & 2 \end{pmatrix} \approx \begin{pmatrix} 0 & -1.68 & -2{,}48 & -0{,}88 \\ 0 & 2 & 2 & 2 \end{pmatrix}$$

Insgesamt haben wir damit zwei affine Abbildungen kennen gelernt, die die Form von Figuren ändern.

Eine affine Abbildung heißt **zentrische Streckung** mit dem Faktor $k \in \mathbb{R}^{\neq 0}$, wenn sie eine Abbildungsgleichung der Form

$$\begin{cases} x' = kx \\ y' = ky \end{cases} \Leftrightarrow \begin{pmatrix} x' \\ y' \end{pmatrix} = \begin{pmatrix} k & 0 \\ 0 & k \end{pmatrix} \cdot \begin{pmatrix} x \\ y \end{pmatrix}$$

hat; der Ursprung ist dann das Zentrum der Streckung.

Ist $|k| > 1$, heißt die Abbildung auch kurz **Streckung**; ist $|k| < 1$, heißt sie auch **Stauchung**.

Eine affine Abbildung heißt **Scherung**, wenn sie eine Abbildungsgleichung der Form

$$\begin{cases} x' = x + y \cdot \tan 40^\circ \\ y' = \quad\; y \end{cases} \Leftrightarrow \begin{pmatrix} x' \\ y' \end{pmatrix} = \begin{pmatrix} 1 & \tan\varphi \\ 0 & 1 \end{pmatrix} \cdot \begin{pmatrix} x \\ y \end{pmatrix}$$

hat; der Winkel mit dem Maß φ heißt **Scherungswinkel**.

ZUSAMMENFASSUNG

Wir fassen zusammen

Affine Abbildungen sind gekennzeichnet durch

eine **Abbildungsmatrix** $A = \begin{pmatrix} a & c \\ b & d \end{pmatrix}$ und durch einen **Verschiebungsvektor** $\vec{v} = \begin{pmatrix} e \\ f \end{pmatrix}$.

Durch die Abbildungsgleichung

$$\vec{x}' = A \cdot \vec{x} + \vec{v} \quad \text{bzw.} \quad \begin{pmatrix} x' \\ y' \end{pmatrix} = \begin{pmatrix} a & c \\ b & d \end{pmatrix} \cdot \begin{pmatrix} x \\ y \end{pmatrix} + \begin{pmatrix} e \\ f \end{pmatrix}$$

einer affinen Abbildung wird einem Punkt mit dem Ortsvektor $\vec{x}$ ein Bildpunkt mit dem Ortsvektor $\vec{x}'$ zugeordnet.

Als Beispiele affiner Abbildungen haben wir **Kongruenzabbildungen** – **Verschiebungen**, **Drehungen** und **Spiegelungen** – sowie **Zentrische Streckungen** und **Scherungen** kennen gelernt.

Die folgende Tabelle enthält bereits behandelte Beispiele affiner Abbildungen.

Abbildung	Matrix
Spiegelung an der Geraden zu $y = mx$ mit $m = \tan\varphi$	$\begin{pmatrix} \cos 2\varphi & \sin 2\varphi \\ \sin 2\varphi & -\cos 2\varphi \end{pmatrix}$ bzw. $\begin{pmatrix} \frac{1-m^2}{m^2+1} & \frac{2m}{m^2+1} \\ \frac{2m}{m^2+1} & \frac{m^2-1}{m^2+1} \end{pmatrix}$
Drehung mit φ um den Ursprung	$\begin{pmatrix} \cos\varphi & -\sin\varphi \\ \sin\varphi & \cos\varphi \end{pmatrix}$
Zentrische Streckung mit dem Faktor $k \in \mathbb{R}^{\neq 0}$ und dem Ursprung als Zentrum	$\begin{pmatrix} k & 0 \\ 0 & k \end{pmatrix}$
Scherung mit dem Scherungswinkel vom Maß φ	$\begin{pmatrix} 1 & \tan\varphi \\ 0 & 1 \end{pmatrix}$

Bei allen oben aufgeführten Abbildungen spielt der Ursprung eine besondere Rolle; er ist Zentrum der Abbildung bzw. er liegt auf deren Spiegelungsachse.

Bei der folgenden Abbildung liegt dagegen das Zentrum nicht im Ursprung; es ist zusätzlich ein Vektor zu berücksichtigen:

Abbildung	Matrix	Vektor
Drehung mit φ um ein beliebiges Zentrum	$\begin{pmatrix} \cos\varphi & -\sin\varphi \\ \sin\varphi & \cos\varphi \end{pmatrix}$	$\begin{pmatrix} v_1 \\ v_2 \end{pmatrix}$

Spiegelungen, deren Achse nicht durch den Ursprung geht, werden auf Seite 161 in den Aufgaben 25 und 26 behandelt.

Matrizen setzen sich aus **Matrixelementen** zusammen. Die Matrixelemente einer Zeile bilden einen **Zeilenvektor**. Die Matrixelemente einer Spalte bilden einen **Spaltenvektor**.

Vektoren lassen sich als einspaltige Matrizen auffassen.

Für das Rechnen mit Matrizen wurden **Rechenoperationen** eingeführt:

Matrizenaddition: Matrizen mit gleicher Zeilen- und Spaltenzahl addiert man, indem man die entsprechenden Matrixelemente addiert.

Matrizenmultiplikation: Eine (m, n)-Matrix multipliziert man mit einer (n, p)-Matrix, indem man jede Zeile der ersten Matrix mit jeder Spalte der zweiten Matrix skalar multipliziert. Das Produkt ist eine (m, p)-Matrix.

Vielfache von Matrizen: Das Produkt rM einer reellen Zahl r mit einer Matrix M erhält man, indem man jedes Matrixelement von M mit r multipliziert.

Rechnen mit Matrizen

1 Berechnen Sie:

a) $\begin{pmatrix} 1 & 2 \\ 3 & -1 \end{pmatrix} \cdot \begin{pmatrix} 1 \\ 2 \end{pmatrix}$ **b)** $\begin{pmatrix} 12 & -16 \\ 0 & 8 \end{pmatrix} \cdot \begin{pmatrix} 0{,}5 \\ 0{,}25 \end{pmatrix}$ **c)** $\begin{pmatrix} 7 & -7 \\ 3 & 2 \end{pmatrix} \cdot \begin{pmatrix} 0 \\ 5 \end{pmatrix}$

d) $\begin{pmatrix} 10 & -4 \\ 15 & -6 \end{pmatrix} \cdot \begin{pmatrix} -2 \\ 5 \end{pmatrix}$ **e)** $\begin{pmatrix} 0{,}2 & 0{,}5 \\ -0{,}5 & 1 \end{pmatrix} \cdot \begin{pmatrix} 10 \\ -10 \end{pmatrix}$ **f)** $\begin{pmatrix} \sqrt{2} & -\sqrt{3} \\ -\sqrt{2} & \sqrt{3} \end{pmatrix} \cdot \begin{pmatrix} \sqrt{2} \\ \sqrt{3} \end{pmatrix}$

2 Berechnen Sie mit $A = \begin{pmatrix} 2 & -1 \\ 0 & 3 \end{pmatrix}$

a) $A \cdot \begin{pmatrix} 1 \\ 0 \end{pmatrix}$ **b)** $A \cdot \begin{pmatrix} 0 \\ 1 \end{pmatrix}$ **c)** $A \cdot \begin{pmatrix} 1 \\ -1 \end{pmatrix}$ **d)** $A \cdot \begin{pmatrix} -1 \\ 1 \end{pmatrix}$ **e)** $A \cdot \begin{pmatrix} 0{,}5 \\ 1 \end{pmatrix}$ **f)** $A \cdot \begin{pmatrix} 1{,}5 \\ -1{,}5 \end{pmatrix}$

3 Berechnen Sie:

a) $\begin{pmatrix} -1 & 0 \\ 1 & 2 \end{pmatrix} \cdot \begin{pmatrix} 1 & 2 & 3 & 4 \\ 6 & 7 & 8 & 9 \end{pmatrix}$ **b)** $\begin{pmatrix} 1 & 0 \\ 3 & 4 \end{pmatrix} \cdot \begin{pmatrix} 4 & 3 & -4 & 2 \\ 0 & -5 & 4 & -3 \end{pmatrix}$ **c)** $\begin{pmatrix} 1 & -1 \\ 0 & 2 \end{pmatrix} \cdot \begin{pmatrix} 1 & -5 & -2 & 4 \\ 3 & -1 & -5 & 1 \end{pmatrix}$

4 Eine quadratische Matrix N, bei der sämtliche Matrixelemente 0 sind, heißt **Nullmatrix**. Welche Rolle spielt diese Matrix bei der Addition und bei der Multiplikation von Matrizen?

5 Bestimmen Sie eine von der Nullmatrix N verschiedene Matrix A, für die gilt $A\vec{x} = \vec{0}$.

a) $\vec{x} = \begin{pmatrix} 2 \\ 3 \end{pmatrix}$ **b)** $\vec{x} = \begin{pmatrix} 1 \\ -1 \end{pmatrix}$ **c)** $\vec{x} = \begin{pmatrix} -2 \\ 0 \end{pmatrix}$ **d)** $\vec{x} = \begin{pmatrix} 0{,}2 \\ 0{,}3 \end{pmatrix}$

6 Berechnen Sie die angegebenen Terme für die folgenden Matrizen.

$M_1 = \begin{pmatrix} 1 & 2 & 4 \\ 3 & -1 & 0 \end{pmatrix}$; $M_2 = \begin{pmatrix} 0 & 3 & -7 \\ 9 & 1 & -1 \end{pmatrix}$; $M_3 = \begin{pmatrix} 0 & 1 & -1 \\ -1 & 0 & 1 \end{pmatrix}$; $M_4 = \begin{pmatrix} 0{,}5 & 2 & -2 \\ 1{,}5 & 3 & 2{,}5 \end{pmatrix}$

a) $M_1 + M_2$ **b)** $M_5 + M_1$ **c)** $M_1 + (M_2 + M_3)$ **d)** $(M_1 + M_2) + M_3$

e) $M_1 - M_3$ **f)** $-10M_3$ **g)** $2M_4 + 3M_3$ **h)** $M_1 - M_2 + 4M_3$

7 Berechnen Sie mit den angegebenen Matrizen.

$A = \begin{pmatrix} 1 & 2 \\ 3 & 4 \end{pmatrix}$; $B = \begin{pmatrix} 3 & 4 \\ 0 & 2 \end{pmatrix}$; $C = \begin{pmatrix} 1 & 0 \\ 1 & 1 \end{pmatrix}$; $D = \begin{pmatrix} 2 & 5 \\ -7 & 3 \end{pmatrix}$; $E = \begin{pmatrix} 0 & 0 \\ 1 & -8 \end{pmatrix}$; $F = \begin{pmatrix} -6 & -2 \\ -18 & 6 \end{pmatrix}$

a) AB; BA; AC; CA; DE; ED; EF; FE **b)** AA; BB; CC; DD; EE; FF

8 Was fällt Ihnen bei Aufgabe 7 a) auf? Formulieren Sie eine allgemeine Aussage.

9 Berechnen Sie mit den angegebenen Matrizen.

$A = \begin{pmatrix} 0 & 1 & 2 \\ -1 & 0 & 3 \\ -2 & -3 & 0 \end{pmatrix}$; $B = \begin{pmatrix} 1 & 2 & 3 \\ 0 & 1 & 2 \\ 0 & 0 & 1 \end{pmatrix}$; $C = \begin{pmatrix} 1 & -2 & 1 \\ -2 & 1 & 0 \\ 1 & 0 & 0 \end{pmatrix}$

a) AA; AB; AC **b)** BA; BB; BC **c)** CA; CB; CC

10 Berechnen Sie mit den Matrizen von Aufgabe 7 die angegebenen Terme. Vergleichen Sie und formulieren Sie eine allgemeine Aussage. Versuchen Sie auch, diese Aussage zu begründen.

a) $A\cdot(B\cdot C)$ und $(A\cdot B)\cdot C$ **b)** $A\cdot(C\cdot E)$ und $(A\cdot C)\cdot E$

c) $D\cdot(E\cdot F)$ und $(D\cdot E)\cdot F$ **d)** $D\cdot(C\cdot A)$ und $(D\cdot C)\cdot A$

11 Berechnen Sie mit den folgenden Matrizen jeweils alle **möglichen** Produkte.

a) $A=\begin{pmatrix}1 & -2 & 3 & -5\\ 0 & 4 & -6 & 7\end{pmatrix}$; $B=\begin{pmatrix}1 & 0\\ 1 & 2\\ 1 & -2\\ 0 & 1\end{pmatrix}$; $C=\begin{pmatrix}1\\ 2\\ 3\\ 4\end{pmatrix}$; $D=\begin{pmatrix}2 & -1\\ 0 & 5\end{pmatrix}$; $E=\begin{pmatrix}1 & -1 & 0 & 2\end{pmatrix}$

b) $A=\begin{pmatrix}0 & -1 & 0\\ 0 & 0 & 1\\ 1 & 0 & 0\end{pmatrix}$; $B=\begin{pmatrix}-5 & 7 & 3 & -1\\ 2 & 5 & 0 & 9\\ 0 & -3 & 8 & 1\end{pmatrix}$; $C=\begin{pmatrix}0\\ 0\\ 1\end{pmatrix}$; $D=\begin{pmatrix}-1 & 2 & -1\end{pmatrix}$; $E=\begin{pmatrix}1 & 2 & 4\\ 2 & 4 & 1\\ 0 & 4 & 2\\ 4 & 2 & 1\end{pmatrix}$

12 Berechnen Sie $A^2=AA$; $A^3=A^2A$; $A^4=A^3A$ und $A^5=A^4A$.
Zeigen Sie, dass auch gilt $A^3=AA^2$; $A^4=AA^3$ und $A^5=AA^4$.
Bestätigen Sie Ihre Ergebnisse mit einem CAS[1)] oder einer Tabellenkalkulation.

a) $A=\begin{pmatrix}1 & 0 & 0 & 0 & 0\\ 0 & 2 & 0 & 0 & 0\\ 0 & 0 & 3 & 0 & 0\\ 0 & 0 & 0 & 4 & 0\\ 0 & 0 & 0 & 0 & 5\end{pmatrix}$ **b)** $A=\begin{pmatrix}0 & 1 & 1 & 1 & 0\\ 0 & 0 & 1 & 1 & 1\\ 0 & 0 & 0 & 1 & 1\\ 0 & 0 & 0 & 0 & 1\\ 0 & 0 & 0 & 0 & 0\end{pmatrix}$ **c)** $A=\begin{pmatrix}1 & 1 & 1 & 1 & 0\\ 0 & 1 & 1 & 1 & 1\\ 0 & 0 & 1 & 1 & 1\\ 0 & 0 & 0 & 1 & 1\\ 0 & 0 & 0 & 0 & 1\end{pmatrix}$

13 Berechnen Sie $A^2=AA$; $A^3=A^2A$; $A^4=A^3A$ und A^n $(n\in\mathbb{R})$.
Zeigen Sie, dass auch gilt $A^3=AA^2$ und $A^4=AA^3$.
Bestätigen Sie Ihre Ergebnisse mit einem CAS[1)] oder einer Tabellenkalkulation.

a) $A=\begin{pmatrix}a & 0\\ 0 & b\end{pmatrix}$ **b)** $A=\begin{pmatrix}0 & a\\ a & 0\end{pmatrix}$ **c)** $A=\begin{pmatrix}a & 1\\ 0 & a\end{pmatrix}$ **d)** $A=\begin{pmatrix}a & 0\\ 1 & a\end{pmatrix}$ **e)** $A=\begin{pmatrix}a & 1\\ 0 & 1\end{pmatrix}$ **f)** $A=\begin{pmatrix}a & 0\\ a & b\end{pmatrix}$

Matrizen und Abbildungen

14 Bestimmen Sie zu der Matrix A jeweils alle Vektoren $\vec{x}$, die die Gleichung $A\cdot\vec{x}=\vec{0}$ erfüllen. Welche Aussage lässt sich aus den Ergebnissen ableiten, wenn man die Matrix A als Abbildungsmatrix interpretiert?

a) $A=\begin{pmatrix}10 & -5\\ -6 & 3\end{pmatrix}$ **b)** $A=\begin{pmatrix}3 & 4\\ -5 & 2\end{pmatrix}$ **c)** $A=\begin{pmatrix}4 & -6\\ -6 & 9\end{pmatrix}$ **d)** $A=\begin{pmatrix}0 & 3\\ -6 & 1\end{pmatrix}$

15 Berechnen Sie die Produkte mit $P=\begin{pmatrix}0 & 0 & 1 & 1 & 0\\ 0 & 1 & 1 & 0 & 0\end{pmatrix}$. Wie lassen sich die Ergebnisse geometrisch interpretieren? Bestätigen Sie jeweils Ihre Vermutung mit einem CAS.

a) $\begin{pmatrix}0 & 1\\ -1 & 0\end{pmatrix}\cdot P$ **b)** $\begin{pmatrix}0 & -1\\ 1 & 0\end{pmatrix}\cdot P$ **c)** $\begin{pmatrix}2 & 0\\ 0 & 2\end{pmatrix}\cdot P$ **d)** $\begin{pmatrix}-1 & 0\\ 0 & -1\end{pmatrix}\cdot P$ **e)** $\begin{pmatrix}\frac{1}{2}\sqrt{2} & \frac{1}{2}\sqrt{2}\\ -\frac{1}{2}\sqrt{2} & \frac{1}{2}\sqrt{2}\end{pmatrix}\cdot P$

[1)] CAS: **C**omputer **A**lgebra **S**ystem

16 Zu welcher Abbildung gehört die Abbildungsmatrix?

a) $\begin{pmatrix} 1 & 0 \\ 0 & -1 \end{pmatrix}$ **b)** $\begin{pmatrix} 0 & 1 \\ 1 & 0 \end{pmatrix}$ **c)** $\begin{pmatrix} 0 & 1 \\ -1 & 0 \end{pmatrix}$ **d)** $\begin{pmatrix} 2 & 0 \\ 0 & 2 \end{pmatrix}$ **e)** $\begin{pmatrix} 0 & 2 \\ 2 & 0 \end{pmatrix}$ **f)** $\begin{pmatrix} 1 & 0 \\ 0 & 0 \end{pmatrix}$

17 Ermitteln Sie jeweils die Abbildungsmatrix A.

a) Punktspiegelung am Ursprung **b)** Drehung mit 270° um den Ursprung

c) Projektion auf die y-Achse

18 **a)** Warum ist die Matrix $\frac{1}{2}\begin{pmatrix} -1 & \sqrt{3} \\ -\sqrt{3} & -1 \end{pmatrix}$ keine Spiegelungsmatrix?

b) Wie ergibt sich dieser Sachverhalt aus Bild 149/2?

19 Spiegelung an der Geraden zu $y = mx$.

a) Lösen Sie das Gleichungssystem

$$\begin{aligned} a + cm &= 1 \\ b + dm &= m \\ am - c &= -m \\ bm - d &= 1 \end{aligned}$$

b) Zeigen Sie dass gilt

$$\begin{pmatrix} a & c \\ b & d \end{pmatrix} = \begin{pmatrix} \frac{1-m^2}{m^2+1} & \frac{2m}{m^2+1} \\ \frac{2m}{m^2+1} & \frac{m^2-1}{m^2+1} \end{pmatrix} = \begin{pmatrix} \cos 2\varphi & \sin 2\varphi \\ \sin 2\varphi & -\cos 2\varphi \end{pmatrix}$$

20 Gegeben sind die Einheitsvektoren $\vec{e}_1 = \begin{pmatrix} 1 \\ 0 \end{pmatrix}$ und $\vec{e}_2 = \begin{pmatrix} 0 \\ 1 \end{pmatrix}$.

a) Bestimmen Sie die Bildvektoren von $\vec{e}_1$ und $\vec{e}_2$ bei einer Achsenspiegelung an der Ursprungsgeraden zu $y = \tan\varphi \cdot x$.

b) Bestimmen Sie die Bildvektoren von $\vec{e}_1$ und $\vec{e}_2$ bei einer Drehung um den Ursprung mit φ.

21 Ist durch die Matrix eine Spiegelung oder Drehung festgelegt? Bestimmen Sie gegebenenfalls die Spiegelungsachse beziehungsweise das Drehmaß.

a) $\frac{1}{5}\begin{pmatrix} -3 & 4 \\ 4 & 3 \end{pmatrix}$ **b)** $\frac{1}{25}\begin{pmatrix} 24 & 7 \\ -7 & 24 \end{pmatrix}$ **c)** $\frac{1}{13}\begin{pmatrix} 5 & 12 \\ 12 & -5 \end{pmatrix}$

d) $\frac{1}{2}\sqrt{2}\begin{pmatrix} -1 & -1 \\ -1 & 1 \end{pmatrix}$ **e)** $\frac{1}{2}\begin{pmatrix} \sqrt{3} & 1 \\ -1 & \sqrt{3} \end{pmatrix}$ **f)** $\frac{1}{5}\sqrt{5}\begin{pmatrix} -2 & -1 \\ 1 & -2 \end{pmatrix}$

22 Bestimmen Sie eine längentreue affine Abbildung f, die den Punkt $P(3\,|\,1)$ auf den Punkt $P'(-3\,|\,-1)$ abbildet und für die gilt:

a) f ist eine Drehung; **b)** f ist eine Spiegelung; **c)** f ist weder Spiegelung noch Drehung.

23 Bestimmen Sie die Matrix der Drehung mit φ sowie die Bildpunkte von P_1, P_2 und P_3.

a) $\varphi = 30°$; $P_1(1\,|\,0)$; $P_2(\sqrt{3}\,|\,1)$; $P_3(\sqrt{3}\,|\,-\sqrt{3})$

b) $\varphi = 45°$; $P_1(1\,|\,-1)$; $P_2(\sqrt{2}\,|\,0)$; $P_3(\sqrt{2}\,|\,\sqrt{2})$

c) $\varphi = 90°$; $P_1(1\,|\,0)$; $P_2(3\,|\,-4)$; $P_3(-1\,|\,5)$

d) $\varphi = 135°$; $P_1(0\,|\,1)$; $P_2(-\frac{1}{2}\sqrt{2}\,|\,-\frac{1}{2}\sqrt{2})$; $P_3(-1\,|\,\sqrt{2})$

e) $\varphi = 150°$; $P_1(\sqrt{3}\,|\,0)$; $P_2(\sqrt{3}-1\,|\,\sqrt{3}+1)$; $P_3(1\,|\,-1)$

f) $\varphi = 180°$; $P_1(2\,|\,0)$; $P_2(5\,|\,-3)$; $P_3(2\,|\,\sqrt{2})$

g) $\varphi = 210°$; $P_1(0\,|\,0)$; $P_2(-2\,|\,2)$; $P_3(\sqrt{3}\,|\,-1)$

h) $\varphi = 300°$; $P_1(1\,|\,-\sqrt{3})$; $P_2(4\,|\,2)$; $P_3(\sqrt{3}+1\,|\,\sqrt{3}-1)$

24 Bestimmen Sie die Matrix der Spiegelung an g sowie die Bildpunkte von P_1, P_2 und P_3.

a) g: $-0{,}2x+0{,}6y=0$; $P_1(1\,|-1)$; $P_2(3\,|\,1)$; $P_3(2\,|-1)$

b) g: $-1{,}28x-0{,}96y=0$; $P_1(7\,|\,24)$; $P_2(-7\,|-24)$; $P_3(3\,|-4)$

c) g: $2x+3y=0$; $P_1(2\,|\,3)$; $P_2(0\,|\,13)$; $P_3(12\,|\,5)$

25 Bestimmen Sie die Abbildungsgleichung für eine Spiegelung an der Geraden zu $y=mx+n$, indem Sie zunächst eine Verschiebung, dann eine Spiegelung an einer Ursprungsgeraden und schließlich noch eine Verschiebung ausführen.

26 Bestimmen Sie die Matrix der Spiegelung an g sowie die Bildpunkte von P_1, P_2 und P_3.

a) g: $x+y=2$; $P_1(3\,|\,3)$; $P_2(2\,|-2)$; $P_3(-2\,|\,2)$

b) g: $-0{,}2x+0{,}6y=1{,}8$; $P_1(1\,|\,2)$; $P_2(3\,|\,4)$; $P_3(2\,|\,2)$

c) g: $-1{,}28x-0{,}96y=4{,}8$; $P_1(-7\,|-4)$; $P_2(4\,|-2)$; $P_3(3\,|-9)$

Gestalten

27 Drücken Sie Buchstaben (wie in den Bildern 161/1 und 161/2) oder einfache Figuren als Verbindungslinien von Punkten aus und bilden Sie sie entsprechend dem in Auftrag 4 behandelten Verfahren ab.

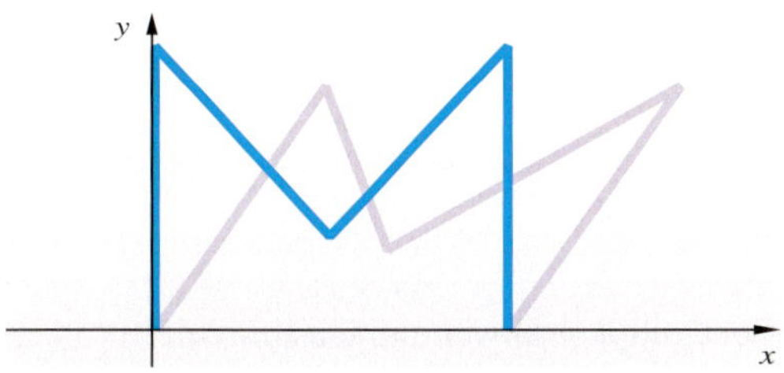

Bild 161/1: M geschert

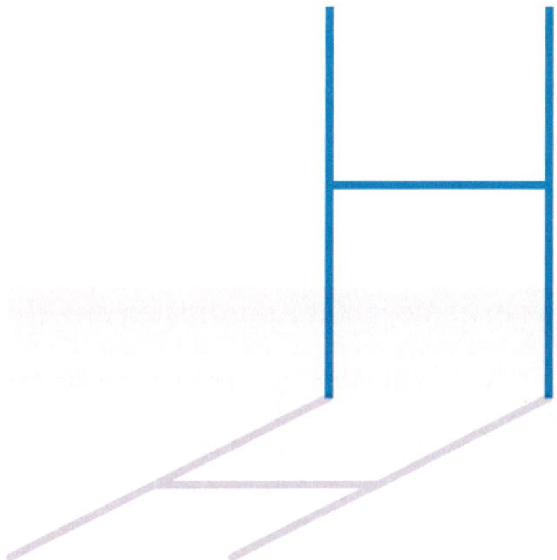

Bild 161/2: H geschert

28 Erzeugen Sie Kaleidoskop-Bilder (wie in den Bildern 161/3 und 161/4) mit Hilfe eines Computer-Zeichenprogramms.

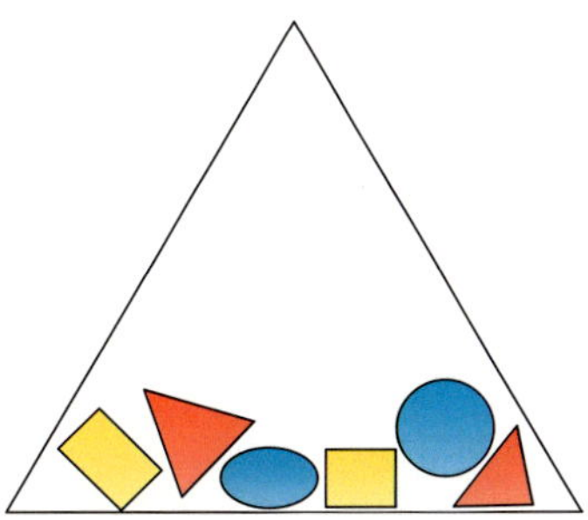

Bild 161/3: Glasstückchen

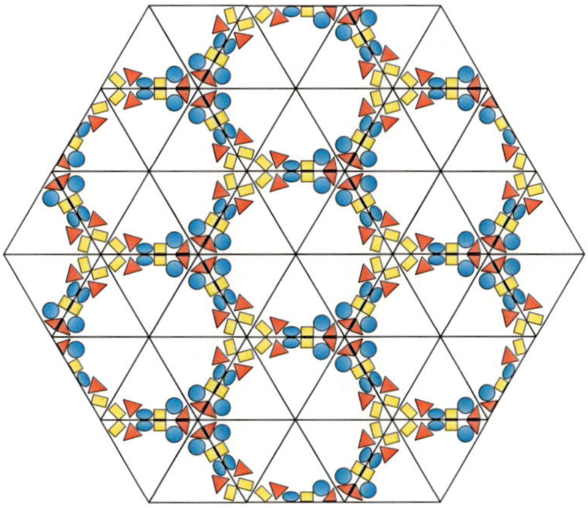

Bild 161/4: Kaleidoskop-Bild

AUFGABEN

29 Mit Computerprogrammen kann man zweidimensionale Figuren so verändern (**Extrudieren**), dass ein räumlicher Eindruck entsteht (Bild 162/1). Welche Abbildung erzeugt diesen Effekt?

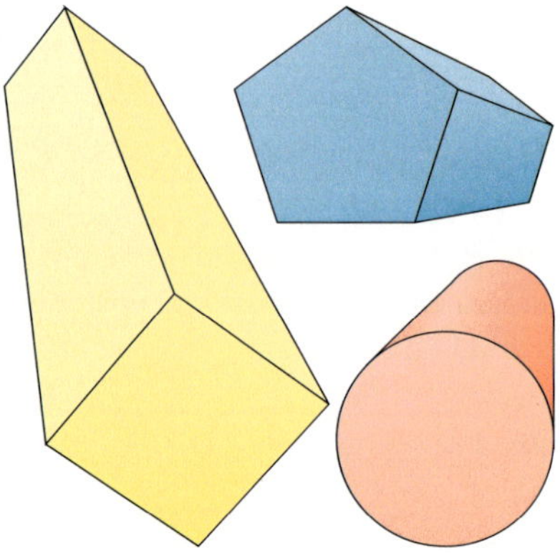

Bild 162/1: Extrudierte Figuren

Homogene Koordinaten

Bei Drehungen oder zentrischen Streckungen, die nicht den Ursprung als Dreh- bzw. Streckzentrum haben, oder bei Spiegelungen an einer Geraden, die nicht durch den Ursprung verläuft, muss man einen Verschiebungsvektor $\vec{v} \neq \vec{0}$ berücksichtigen. Durch einen „Kniff" kann man auch solche Abbildungen als Produkt einer Matrix mit einem Vektor darstellen:

Man erweitert dazu den Ortsvektor durch eine dritte Koordinate mit dem Wert 1, die bei der Darstellung im Koordinatensystem gar nicht berücksichtigt wird. Die Abbildungsmatrizen ergänzt man um eine zusätzliche Zeile und Spalte.
Man spricht bei dieser Darstellungsart von **homogenen Koordinaten**.
Aus der gewohnten Abbildungsgleichung

$$\begin{pmatrix} x' \\ y' \end{pmatrix} = \begin{pmatrix} a & c \\ b & d \end{pmatrix} \cdot \begin{pmatrix} x \\ y \end{pmatrix} + \begin{pmatrix} e \\ f \end{pmatrix}$$

wird dann in homogenen Koordinaten die Abbildungsgleichung

$$\begin{pmatrix} x' \\ y' \\ 1 \end{pmatrix} = \begin{pmatrix} a & c & e \\ b & d & f \\ 0 & 0 & 1 \end{pmatrix} \cdot \begin{pmatrix} x \\ y \\ 1 \end{pmatrix} = \begin{pmatrix} a \cdot x + c \cdot y + e \\ b \cdot x + d \cdot y + f \\ 1 \end{pmatrix}.$$

Ein Übergang zu **homogenen Koordinaten** ist oft bei Computeranwendungen sinnvoll.

30 Berechnen Sie jeweils das Bild des Einheitsquadrats mit Hilfe homogener Koordinaten.

a) $\vec{x}' = \begin{pmatrix} -1 & 0 \\ 0 & -1 \end{pmatrix} + \begin{pmatrix} 2 \\ 5 \end{pmatrix}$ **b)** $\vec{x}' = \begin{pmatrix} \frac{3}{5} & \frac{4}{5} \\ \frac{4}{5} & -\frac{3}{5} \end{pmatrix} + \begin{pmatrix} 0 \\ 1 \end{pmatrix}$ **c)** $\vec{x}' = \begin{pmatrix} -1 & 0 \\ 0 & -1 \end{pmatrix} + \begin{pmatrix} -2 \\ -1 \end{pmatrix}$

d) $\vec{x}' = \begin{pmatrix} -\frac{3}{5} & 0 \\ 0 & -\frac{3}{5} \end{pmatrix} + \begin{pmatrix} 2 \\ 1 \end{pmatrix}$ **e)** $\vec{x}' = \begin{pmatrix} \frac{3}{5} & 0 \\ 0 & \frac{3}{5} \end{pmatrix} + \begin{pmatrix} -2 \\ 3 \end{pmatrix}$ **f)** $\vec{x}' = \begin{pmatrix} 0 & -1\sqrt{2} \\ 1 & 0 \end{pmatrix} + \begin{pmatrix} -2 \\ -3 \end{pmatrix}$

g) $\vec{x}' = \begin{pmatrix} 0 & 2 \\ -1 & 0 \end{pmatrix} + \begin{pmatrix} 0 \\ 2 \end{pmatrix}$ **h)** $\vec{x}' = \begin{pmatrix} 2 & 1 \\ 0 & 1 \end{pmatrix} + \begin{pmatrix} 1 \\ 1 \end{pmatrix}$ **i)** $\vec{x}' = \begin{pmatrix} \frac{1}{2} & \frac{1}{2}\sqrt{2} \\ -\frac{1}{2}\sqrt{2} & \frac{1}{2} \end{pmatrix} + \begin{pmatrix} 1 \\ 0 \end{pmatrix}$

31 Mit der Gleichung $\vec{x}' = A \cdot \vec{x} + \vec{v}$ haben wir bisher Abbildungen in einer Ebene beschrieben. Diese Gleichung beschreibt aber auch affine Abbildung in einem dreidimensionalen Raum, wenn man von zweidimensionalen zu dreidimensionalen Koordinaten übergeht.

a) Schreiben Sie die Gleichung mit Koordinaten.

b) Übertragen Sie die Gleichung auch in homogene Koordinaten.

4.2 Eigenschaften affiner Abbildungen

A1 **Reduktion**

Alle Bildpunkte des blauen Dreiecks in Bild 163/1 liegen auf der roten Strecke. Ermitteln Sie die Abbildungsmatrix dieser Abbildung.

Wie wirkt sich diese Abbildung auf Strecken und Flächen aus, wie auf Längenverhältnisse?

Warum ist diese Abbildung nicht umkehrbar?

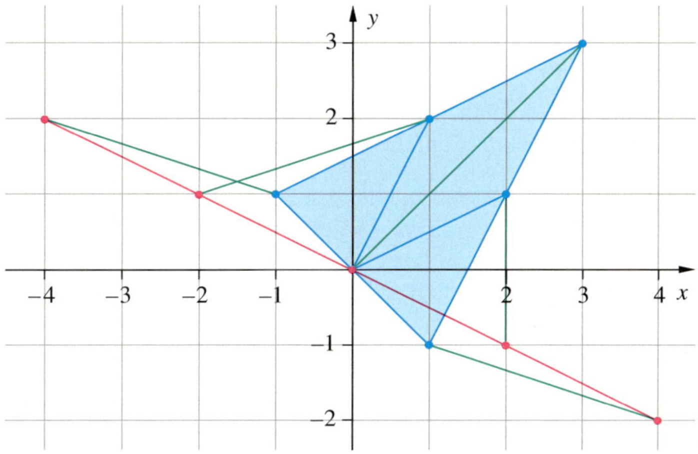

Bild 163/1: Dreieck mit einbeschriebenem Parallelogramm

A2 **Geometrische Eigenschaften einer Abbildung**

Welche geometrischen Eigenschaften hat eine Abbildung mit der Abbildungsmatrix $\begin{pmatrix} -6 & 3 \\ -2 & 1 \end{pmatrix}$?

A3 **Zusammenhänge**

Wie kann man an der Abbildungsmatrix erkennen, ob bei einer Affinität
- Lagebeziehungen von Seiten,
- Seitenlängen,
- Winkelgrößen oder
- Flächeninhalte

einer geometrischen Figur verändert werden oder erhalten bleiben?

Berücksichtigen Sie bei Ihren Überlegungen insbesondere die in Bild 163/2 dargestellte Abbildung.

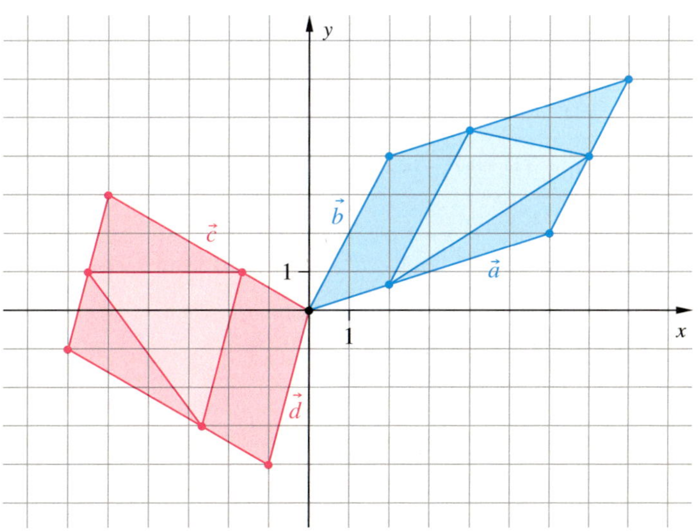

Bild 163/2: Parallelogramm und Dreieck

Abbildungsmatrizen und Abbildungseigenschaften

Wir bearbeiten Auftrag **A2**. Dabei geht es insbesondere um die Fragen:

– Wie beeinflusst die Abbildungsmatrix die geometrischen Eigenschaften der Bilder?

– Welche Eigenschaften der Urbilder bleiben unter welchen Bedingungen erhalten?

Bilder von Geraden

Wir untersuchen zunächst, wie sich die affine Abbildung mit der Abbildungsmatrix A und den Verschiebungsvektor $\vec{v}$ auf die Bilder von Geraden und Strecken auswirkt:

Dazu betrachten wir eine Gerade g mit dem Stützvektor $\vec{a}$ und Richtungsvektor $\vec{u} \neq \vec{0}$:

$$g\colon \vec{x} = \vec{a} + r\vec{u}.$$

Für die Bildvektoren ergibt sich

$$\begin{aligned} \vec{x}' &= A \cdot \vec{x} + \vec{v} \\ &= A \cdot (\vec{a} + r\vec{u}) + \vec{v} \\ &= A \cdot \vec{a} + rA \cdot \vec{u} + \vec{v} \\ &= (A \cdot \vec{a} + \vec{v}) + r(A \cdot \vec{u}). \end{aligned}$$

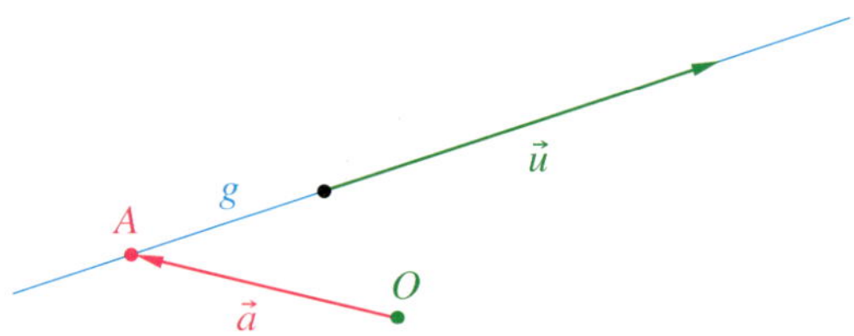

Bild 164/1: Gerade g mit Stützvektor $\vec{a}$ und Richtungsvektor $\vec{u}$

Dies ist genau dann die Gleichung einer Geraden mit dem Stützvektor $\vec{a}' = A \cdot \vec{a} + \vec{v}$ und dem Richtungsvektor $\vec{u}' = A \cdot \vec{u}$, wenn gilt:

$$\vec{u}' = A \cdot \vec{u} \neq \vec{0}.$$

Wann ist diese Bedingung verletzt? Wann gilt also

$$A \cdot \vec{u} = \vec{0} \quad \Leftrightarrow \quad \begin{pmatrix} a & c \\ b & d \end{pmatrix} \cdot \begin{pmatrix} u_1 \\ u_2 \end{pmatrix} = \begin{pmatrix} 0 \\ 0 \end{pmatrix} \quad \Leftrightarrow \quad \begin{pmatrix} a \cdot u_1 + c \cdot u_2 \\ b \cdot u_1 + d \cdot u_2 \end{pmatrix} = \begin{pmatrix} 0 \\ 0 \end{pmatrix}?$$

Die Lösung des linearen Gleichungssystems

$$\begin{cases} au_1 + cu_2 = 0 \; \big| \cdot d \quad \big| \cdot (-b) \\ bu_1 + du_2 = 0 \; \downarrow \cdot (-c) \; \downarrow \cdot a \end{cases}$$

führt auf die Bedingungen

$$(ad - bc)u_1 = 0 \quad \text{und} \quad (ad - bc)u_2 = 0.$$

Der Term $(ad - bc)$ heißt **Determinante** der Matrix $A = \begin{pmatrix} a & c \\ b & d \end{pmatrix}$. Man bezeichnet die Determinante der Matrix A mit $|A|$; es ist also

$$|A| = \begin{vmatrix} a & c \\ b & d \end{vmatrix} = ad - bc.$$

Da wir $\vec{u} \neq \vec{0}$ vorausgesetzt haben, muss $u_1 \neq 0$ oder $u_2 \neq 0$ gelten, die Bedingung ist also nur erfüllt, wenn die Determinante der Abbildungsmatrix gleich 0 ist. Eine solche Matrix nennt man **singulär**; Matrizen, deren Determinante von Null verschieden ist, nennt man **regulär**. Diese Begriffe überträgt man auf affine Abbildungen:

Definition 4.6 Eine affine Abbildung heißt **regulär**, wenn die zugehörige Abbildungsmatrix A regulär ist, wenn also für deren Determinante gilt $|A| \neq 0$.

Entsprechend heißt eine affine Abbildung **singulär**, wenn die zugehörige Abbildungsmatrix A singulär ist, wenn also für deren Determinante gilt $|A| = 0$. ■

Bei einer regulären affinen Abbildung ist folglich $\vec{x}' = (A \cdot \vec{a} + \vec{v}) + r(A \cdot \vec{u})$ die Gleichung einer Geraden, der Bildgeraden g' von g. Man sagt deshalb:

Eine reguläre affine Abbildung ist **geradentreu**.

Bei einer singulären affinen Abbildung ist dagegen $\vec{x}' = (A \cdot \vec{a} + \vec{v}) + \vec{0} = A \cdot \vec{a} + \vec{v} = \vec{v}'$. Alle Punkte werden auf **einen** Punkt abgebildet, nämlich auf den Punkt mit dem Ortsvektor $\vec{v}'$.

Ein Beispiel für eine reguläre affine Abbildung

In Bild 163/2 wird das blaue Parallelogramm auf das rote Parallelogramm abgebildet; wir wollen untersuchen, ob sich sich um eine reguläre affine Abbildung handelt, indem wir die zugehörige Abbildungsmatrix und ihre Determinante bestimmen.

Wie Bild 163/2 zeigt, werden die Vektoren $\vec{a} = \begin{pmatrix} 6 \\ 2 \end{pmatrix}$ und $\vec{b} = \begin{pmatrix} 2 \\ 4 \end{pmatrix}$, die das blaue Parallelogramm aufspannen abgebildet auf die Vektoren $\vec{c} = \begin{pmatrix} -5 \\ 3 \end{pmatrix}$ und $\vec{d} = \begin{pmatrix} -1 \\ -4 \end{pmatrix}$, die das rote Parallelogramm aufspannen. Daher gilt für die Abbildungsmatrix

$$\begin{pmatrix} a & c \\ b & d \end{pmatrix} \cdot \begin{pmatrix} 6 & 2 \\ 2 & 4 \end{pmatrix} = \begin{pmatrix} -5 & -1 \\ 3 & -4 \end{pmatrix} \quad \Rightarrow \quad A = \begin{pmatrix} a & c \\ b & d \end{pmatrix} = \begin{pmatrix} -0{,}9 & 0{,}2 \\ 1 & -1{,}5 \end{pmatrix}.$$

Überprüfen Sie das selbst (Aufgabe 1 auf Seite 177). Für die Determinante gilt

$$|A| = (-0{,}9) \cdot (-1{,}5) - 1 \cdot 0{,}2 = 1{,}15 \neq 0;$$

es handelt sich also um eine reguläre affine Abbildung.

Auf singuläre affine Abbildungen kommen wir später im Zusammenhang mit Projektionen noch einmal zurück: in der Ebene sind singuläre affine Abbildungen allerdings nicht besonders interessant. Wir werden uns deshalb demnächst nur noch mit regulären affinen Abbildungen befassen und diese künftig kurz als **Affinitäten** bezeichnen.

Eine Affinität hat also eine Abbildungsgleichung der Form

$$\vec{x}' = A \cdot \vec{x} + \vec{v} \quad \text{mit} \quad |A| \neq 0.$$

Ist bei einer Affinität $\vec{v} = \vec{0}$, also $\vec{x}' = A \cdot \vec{x}$, dann heißt die Affinität **lineare Affinität**.

Abbildung paralleler Geraden

In Bild 163/2 wird ein Parallelogramm auf ein Parallelogramm abgebildet. Bei dieser Abbildung bleibt offensichtlich die Parallelität gegenüberliegender Seiten erhalten.

Um zu überprüfen, ob das für alle Affinitäten zutrifft, ob also alle Affinitäten **parallelentreu** sind, betrachten wir zwei parallele Geraden g und h (Bild 166/1).

Da g und h parallel sind, kann man ihre Richtungsvektoren so wählen, dass sie gleich sind.

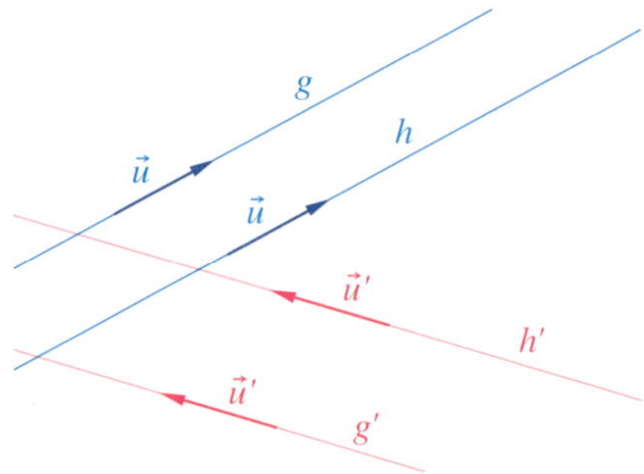

Bild 166/1: Affines Bild paralleler Geraden

Ist $\vec{u}$ dieser gemeinsame Richtungsvektor von g und h, dann haben auch die Bildgeraden g' und h' einen gemeinsamen Richtungsvektor, nämlich den Vektor

$$\vec{u}\,' = A \cdot \vec{u}.$$

Daher sind auch die Bildgeraden g' und h' parallel.

Teilverhältnisse

In Bild 163/2 sind entsprechende Seiten unterschiedlich lang. Beispielsweise hat die von $\vec{a}$ aufgespannte Seite des blauen Parallelogramms die Länge $\sqrt{6^2+2^2} = \sqrt{40}$; die entsprechende von $\vec{c}$ aufgespannte Seite des roten Parallelogramms hat dagegen die Länge $\sqrt{5^2+3^2} = \sqrt{34}$.

Andererseits zeigen die beiden Dreiecke in Bild 163/2, dass sich bei der Abbildung Längenverhältnisse nicht ändern:

Bei der blauen Figur halbiert ein Eckpunkt eine Seite des Parallelogramms; die beiden anderen Eckpunkte teilen Parallelogrammseiten im Verhältnis 1 : 2. Bei der roten Figur teilen die entsprechenden Eckpunkte die Parallelogrammseiten im gleichen Verhältnis.

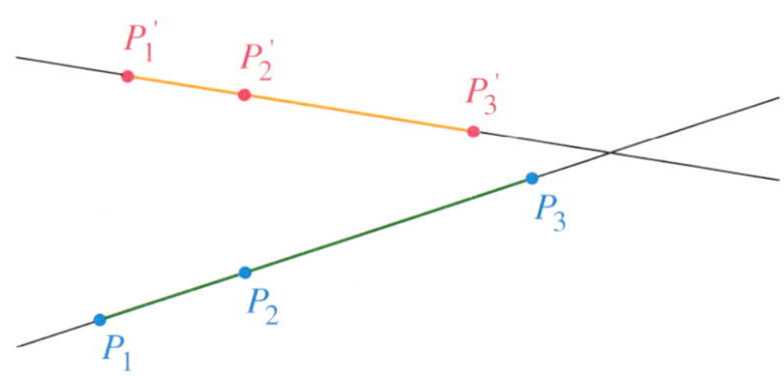

Bild 166/2: Teilverhältnisse bleiben erhalten

Gilt das auch für andere Affinitäten? Wie wir gesehen haben, wird bei einer Affinität die Gerade g: $\vec{x} = \vec{v} + r\vec{u}$ auf die Gerade g': $\vec{x}\,' = \vec{v}\,' + r\vec{u}\,'$ abgebildet.

In beiden Geradengleichungen tritt der Parameter r auf; dieser Parameter bleibt also bei der Abbildung erhalten. Das bedeutet, dass die relativen Abstände von Punkten einer Geraden – die **Teilverhältnisse** – nicht verändert werden.

Für die Punkte in Bild 166/2 und ihre Bildpunkte gilt:

$$\frac{|\overline{P_1'P_2'}|}{|\overline{P_2'P_3'}|} = \frac{|\vec{p}_2\,' - \vec{p}_1\,'|}{|\vec{p}_3\,' - \vec{p}_2\,'|} = \frac{|r_2\vec{u}\,' - r_1\vec{u}\,'|}{|r_3\vec{u}\,' - r_2\vec{u}\,'|} = \frac{|(r_2 - r_1)\vec{u}\,'|}{|(r_3 - r_2)\vec{u}\,'|} = \frac{|r_2 - r_1|}{|r_3 - r_2|} = \frac{|\overline{P_1P_2}|}{|\overline{P_2P_3}|}.$$

P_2' teilt also die Strecke $\overline{P_1'P_3'}$ im gleichen Verhältnis wie P_2 die Strecke $\overline{P_1P_3}$.

Satz 4.2

Affine Abbildungen sind
- **geradentreu**; das Bild einer Geraden ist eine Gerade;
- **parallelentreu**; parallele Geraden werden auf parallele Geraden abgebildet;
- **teilverhältnistreu**; ein Punkt teilt eine Strecke im gleichen Verhältnis wie der Bildpunkt die Bildstrecke. ■

Längentreue Abbildungen

Wir haben gezeigt, dass bei der Affinität zu Bild 163/2 Strecken und ihre Bildstrecken unterschiedlich lang sein können. Das trifft sicher nicht für alle Affinitäten zu; bei einer Drehung ändern sich beispielsweise Längen nicht, denn Drehungen sind Kongruenzabbildungen.

Wir fragen deshalb: Welche Affinitäten sind **längentreu**?

Durch eine solche Affinität wird eine Strecke $\overline{PQ}$ auf eine gleich lange Strecke $\overline{P'Q'}$ abgebildet.

Jede Strecke lässt sich durch einen Vektor darstellen, der gleich der Differenz der Ortsvektoren der Endpunkte ist; es ist also

$$\vec{u} = \vec{q} - \vec{p} \quad \text{und} \quad \vec{u}\,' = \vec{q}\,' - \vec{p}\,' = (A \cdot \vec{q} - \vec{v}) - (A \cdot \vec{p} - \vec{v}) = A \cdot (\vec{q} - \vec{p}) = A \cdot \vec{u}.$$

Wegen der Längentreue muss dann gelten:

$$|\vec{u}\,'| = |\vec{u}| \quad \text{oder} \quad \vec{u}\,'^2 = \vec{u}^2 \quad \text{mit} \quad \vec{u}\,'^2 = \vec{u}\,' \cdot \vec{u}\,' \quad \text{und} \quad \vec{u}^2 = \vec{u} \cdot \vec{u}.$$

Um die Abbildungsmatrix $\begin{pmatrix} a & c \\ b & d \end{pmatrix}$ näher zu bestimmen, betrachten wir zunächst die Vektoren

$$\begin{pmatrix} 1 \\ 0 \end{pmatrix} \text{ mit } \begin{pmatrix} 1 \\ 0 \end{pmatrix}^2 = 1, \quad \begin{pmatrix} 0 \\ 1 \end{pmatrix} \text{ mit } \begin{pmatrix} 0 \\ 1 \end{pmatrix}^2 = 1 \quad \text{und} \quad \begin{pmatrix} 1 \\ 1 \end{pmatrix} \text{ mit } \begin{pmatrix} 1 \\ 1 \end{pmatrix}^2 = 2.$$

Ihre Bildvektoren $\begin{pmatrix} a \\ b \end{pmatrix}$, $\begin{pmatrix} c \\ d \end{pmatrix}$ und $\begin{pmatrix} a+c \\ b+d \end{pmatrix}$ müssen jeweils die gleiche Länge haben, daher ist

$$\begin{pmatrix} a \\ b \end{pmatrix}^2 = a^2 + b^2 = 1, \quad \begin{pmatrix} c \\ d \end{pmatrix}^2 = c^2 + d^2 = 1 \quad \text{und} \quad \begin{pmatrix} a+c \\ b+d \end{pmatrix}^2 = (a+c)^2 + (b+d)^2 = 2.$$

Aus den Gleichungen $a^2 + b^2 = 1 \wedge c^2 + d^2 = 1 \wedge (a+c)^2 + (b+d)^2 = 2$ ergibt sich:

$$(a+c)^2 + (b+d)^2 = 2 \Rightarrow \underbrace{a^2 + b^2}_{1} + \underbrace{c^2 + d^2}_{1} + \underbrace{2ac + 2bd}_{2(ac+bd)} = 2 \Rightarrow ac = -bd \Rightarrow$$

$$a^2c^2 = b^2d^2 \Rightarrow \begin{cases} a^2(1-d^2) = (1-a^2)d^2 \Rightarrow a^2 = d^2 \Rightarrow a = d \vee a = -d; \\ (1-b^2)c^2 = b^2(1-c^2) \Rightarrow c^2 = b^2 \Rightarrow c = b \vee c = -b. \end{cases}$$

Aus der Bedingung $ac = -bd$ folgt nun: Ist $a = d \neq 0$, dann ist $c = -b$ und ist $a = -d \neq 0$, dann ist $c = b$. Ebenso folgt: Ist $c = b \neq 0$, dann ist $a = -d$ und ist $c = -b \neq 0$, dann ist $a = d$.

Für die Matrix A gibt es also genau zwei Möglichkeiten:

$$A = \begin{pmatrix} a & -b \\ b & a \end{pmatrix} \text{ oder } A = \begin{pmatrix} a & b \\ b & -a \end{pmatrix} \text{ jeweils mit der Bedingung } a^2 + b^2 = 1.$$

Dies gilt auch in den Fällen, die wir oben ausgeschlossen haben (Aufgabe 3 auf Seite 175).

Wir müssen uns nun noch davon überzeugen, dass durch eine Abbildung mit einer solchen Matrix nicht nur die Vektoren $\begin{pmatrix} 1 \\ 0 \end{pmatrix}$, $\begin{pmatrix} 0 \\ 1 \end{pmatrix}$ und $\begin{pmatrix} 1 \\ 1 \end{pmatrix}$ auf gleich lange Vektoren abgebildet werden; wir müssen zeigen, dass dies für **jeden** Vektor $\vec{u}$ gilt.

1. Fall: $\vec{u}' = \begin{pmatrix} a & -b \\ b & a \end{pmatrix} \cdot \vec{u} = \begin{pmatrix} a & -b \\ b & a \end{pmatrix} \cdot \begin{pmatrix} x \\ y \end{pmatrix} = \begin{pmatrix} ax - by \\ bx + ay \end{pmatrix} \Rightarrow$

$$\vec{u}'^2 = (ax-by)^2 + (bx+ay)^2 = (a^2+b^2)x^2 + (a^2+b^2)y^2 - 2abxy + 2abxy = x^2 + y^2 = \vec{u}^2$$

2. Fall: $\vec{u}' = \begin{pmatrix} a & b \\ b & -a \end{pmatrix} \cdot \vec{u} = \begin{pmatrix} a & b \\ b & -a \end{pmatrix} \cdot \begin{pmatrix} x \\ y \end{pmatrix} = \begin{pmatrix} ax + by \\ bx - ay \end{pmatrix} \Rightarrow$

$$\vec{u}'^2 = (ax+by)^2 + (bx-ay)^2 = (a^2+b^2)x^2 + (a^2+b^2)y^2 + 2abxy - 2abxy = x^2 + y^2 = \vec{u}^2$$

Damit haben wir folgenden Satz bewiesen:

Satz 4.3

Eine Affinität ist genau dann längentreu, wenn für die Abbildungsmatrix A gilt
$A = \begin{pmatrix} a & -b \\ b & a \end{pmatrix}$ oder $A = \begin{pmatrix} a & b \\ b & -a \end{pmatrix}$ jeweils mit der Bedingung $a^2 + b^2 = 1$.
Eine längentreue Affinität nennt man auch **Isometrie**. ■

Welche Abbildungen sind längentreu?

Durch eine längentreue Affinität mit der Abbildungsmatrix

$$A = \begin{pmatrix} a & -b \\ b & a \end{pmatrix} \text{ oder } A = \begin{pmatrix} a & b \\ b & -a \end{pmatrix}$$

wird der Einheitsvektor $\begin{pmatrix} 1 \\ 0 \end{pmatrix}$ auf den Vektor $\vec{u} = \begin{pmatrix} a \\ b \end{pmatrix}$ abgebildet.

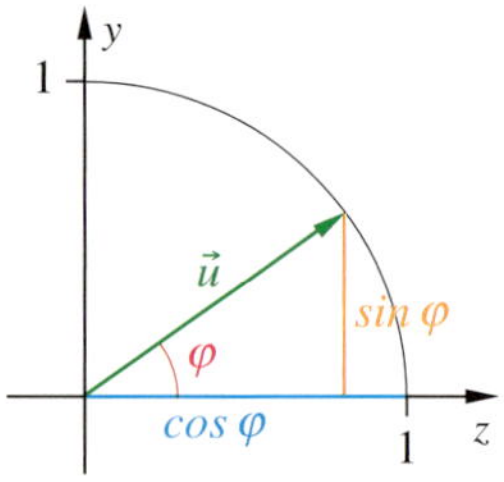

Bild 168/1: Vektor $\vec{u}$

Wegen der Längentreue ist auch dieser Vektor ein Einheitsvektor; seine Koordinaten a und b lassen sich deshalb durch Winkelfunktionswerte darstellen (Bild 168/1):

$$a = \cos\varphi \quad \text{und} \quad b = \sin\varphi.$$

Für die Abbildungsmatrix A ergibt sich damit

$$A = \begin{pmatrix} \cos\varphi & -\sin\varphi \\ \sin\varphi & \cos\varphi \end{pmatrix} \text{ oder } A = \begin{pmatrix} \cos\varphi & \sin\varphi \\ \sin\varphi & -\cos\varphi \end{pmatrix}.$$

Die Matrix $A = \begin{pmatrix} \cos\varphi & -\sin\varphi \\ \sin\varphi & \cos\varphi \end{pmatrix}$ haben wir bereits als Abbildungsmatrix einer **Drehung** mit dem Drehwinkelmaß φ kennen gelernt. Drehungen sind also längentreue Affinitäten.

Ist $\varphi = 0°$ dann ist $\sin\varphi = 0$ und $\cos\varphi = 1$. Die Abbildungsmatrix ist dann

$$A = E = \begin{pmatrix} 1 & 0 \\ 0 & 1 \end{pmatrix};$$

sie heißt **Einheitsmatrix**. Ist bei einer Abbildung

$$\vec{x}' = E \cdot \vec{x} + \vec{v} = \begin{pmatrix} 1 & 0 \\ 0 & 1 \end{pmatrix} \cdot \vec{x} + \vec{v}$$

der Vektor $\vec{v} = \vec{0}$, dann wird jeder Punkt auf sich abgebildet; die Abbildung ist die **Identität**. Ist dagegen $\vec{v} \neq \vec{0}$, dann ist die Abbildung eine **Verschiebung** mit dem Verschiebungsvektor $\vec{v}$.

Die Einheitsmatrix hat für die Matrizenmultiplikation eine ähnliche Bedeutung wie die Zahl 1 für die Multiplikation reeller Zahlen (Aufgabe 4 auf Seite 175).

Ersetzen wir in der Abbildungsmatrix $A = \begin{pmatrix} \cos\varphi & \sin\varphi \\ \sin\varphi & -\cos\varphi \end{pmatrix}$ das Winkelmaß φ durch 2φ, so erhalten wir die Matrix $\begin{pmatrix} \cos 2\varphi & \sin 2\varphi \\ \sin 2\varphi & -\cos 2\varphi \end{pmatrix}$, die wir bereits als Abbildungsmatrix einer **Spiegelung** kennen gelernt haben.

Drehungen, Verschiebungen, Spiegelungen und die Identität sind also längentreue Affinitäten.

Winkeltreue Affinitäten

In Bild 163/2 sind entsprechende Winkel unterschiedlich groß. Beispielsweise gilt für den von $\vec{a}$ und $\vec{b}$ aufgespannte Winkel des blauen Parallelogramms

$$\vec{a} = \begin{pmatrix} 6 \\ 2 \end{pmatrix} \text{ und } \vec{b} = \begin{pmatrix} 2 \\ 4 \end{pmatrix} \quad \Rightarrow \quad \cos\alpha = \frac{\vec{a} \cdot \vec{b}}{|\vec{a}| \cdot |\vec{b}|} = \frac{20}{\sqrt{40} \cdot \sqrt{20}} = \frac{1}{2}\sqrt{2};$$

für den entsprechenden von $\vec{c}$ und $\vec{d}$ auf gespannten Winkel des roten Parallelogramms gilt

$$\vec{c} = \begin{pmatrix} -5 \\ 3 \end{pmatrix} \text{ und } \vec{d} = \begin{pmatrix} -1 \\ -4 \end{pmatrix} \quad \Rightarrow \quad \cos\beta = \frac{\vec{c} \cdot \vec{d}}{|\vec{c}| \cdot |\vec{d}|} = \frac{-7}{\sqrt{34} \cdot \sqrt{17}} = -\frac{7}{34}\sqrt{2}.$$

Es gibt aber auch Affinitäten – beispielsweise die Kongruenzabbildungen –, bei denen sich die Winkelgrößen nicht ändern.

Wir fragen deshalb: Welche Affinitäten sind **winkeltreu**?

Ein Winkel wird durch zwei Vektoren $\vec{a} \neq \vec{0}$ und $\vec{b} \neq \vec{0}$ aufgespannt und es ist $\cos\alpha = \frac{\vec{a} \cdot \vec{b}}{|\vec{a}| \cdot |\vec{b}|}$.

Die Affinität ist genau dann winkeltreu, wenn sich dieser Quotient nicht ändert, wenn also für die Vektoren $\vec{a}$ und $\vec{b}$ und ihre Bildvektoren $\vec{a}'$ und $\vec{b}'$ gilt

$$\frac{\vec{a}'\cdot\vec{b}'}{|\vec{a}'|\cdot|\vec{b}'|}=\frac{\vec{a}\cdot\vec{b}}{|\vec{a}|\cdot|\vec{b}|} \quad\Rightarrow\quad \vec{a}'\cdot\vec{b}'=\frac{|\vec{a}'|\cdot|\vec{b}'|}{|\vec{a}|\cdot|\vec{b}|}\cdot(\vec{a}\cdot\vec{b}).$$

Ist $|\vec{b}|=r\cdot|\vec{a}|$, dann ist auch $|\vec{b}'|=r\cdot|\vec{a}'|$, da sich bei einer Affinität die Teilverhältnisse nicht ändern. Damit ergibt sich

$$\vec{a}'\cdot\vec{b}'=\frac{|\vec{a}'|\cdot|\vec{b}'|}{|\vec{a}|\cdot|\vec{b}|}\cdot(\vec{a}\cdot\vec{b})=\frac{|\vec{a}'|\cdot r\cdot|\vec{a}'|}{|\vec{a}|\cdot r\cdot|\vec{a}|}\cdot(\vec{a}\cdot\vec{b})=\left(\frac{|\vec{a}'|}{|\vec{a}|}\right)^2\cdot(\vec{a}\cdot\vec{b})=k^2\cdot(\vec{a}\cdot\vec{b});$$

dabei ist $k\neq 0$ der Streckfaktor des Vektors $\vec{a}$. Wie bei der Untersuchung der Längentreue betrachten wir nun zunächst wieder die Vektoren

$$\begin{pmatrix}1\\0\end{pmatrix},\begin{pmatrix}0\\1\end{pmatrix},\begin{pmatrix}1\\1\end{pmatrix} \text{ sowie ihre Bildvektoren } \begin{pmatrix}a\\b\end{pmatrix},\begin{pmatrix}c\\d\end{pmatrix},\begin{pmatrix}a+c\\b+d\end{pmatrix}$$

und setzen diese paarweise in die Gleichung $\vec{a}'\cdot\vec{b}'=k^2\cdot(\vec{a}\cdot\vec{b})$ ein:

$$\begin{pmatrix}a\\b\end{pmatrix}\cdot\begin{pmatrix}c\\d\end{pmatrix}=k^2\left(\begin{pmatrix}1\\0\end{pmatrix}\cdot\begin{pmatrix}0\\1\end{pmatrix}\right)\Rightarrow ac+bd=0\Rightarrow ac=-bd;$$

$$\begin{pmatrix}a\\b\end{pmatrix}\cdot\begin{pmatrix}a+c\\b+d\end{pmatrix}=k^2\left(\begin{pmatrix}1\\0\end{pmatrix}\cdot\begin{pmatrix}1\\1\end{pmatrix}\right)\Rightarrow a^2+b^2+ac+bd=k^2\Rightarrow a^2+b^2=k^2;$$

$$\begin{pmatrix}c\\d\end{pmatrix}\cdot\begin{pmatrix}a+c\\b+d\end{pmatrix}=k^2\left(\begin{pmatrix}0\\1\end{pmatrix}\cdot\begin{pmatrix}1\\1\end{pmatrix}\right)\Rightarrow c^2+d^2+ac+bd=k^2\Rightarrow c^2+d^2=k^2.$$

Aus den Gleichungen $ac=-bd$, $a^2+b^2=k^2$ und $c^2+d^2=k^2$ kann man herleiten, dass

$$A=\begin{pmatrix}a&-b\\b&a\end{pmatrix} \text{ oder } A=\begin{pmatrix}a&b\\b&-a\end{pmatrix} \text{ jeweils mit der Bedingung } a^2+b^2=k^2$$

sein muss. Führen Sie die entsprechenden Rechenschritte selber durch; zeigen Sie auch, dass umgekehrt jede Abbildung mit einer solchen Matrix winkeltreu ist (Aufgabe 5 auf Seite 175).

Es gilt der folgende Satz:

Satz 4.4 Eine Affinität ist genau dann winkeltreu, wenn für die Abbildungsmatrix A gilt

$$A=\begin{pmatrix}a&-b\\b&a\end{pmatrix} \text{ oder } A=\begin{pmatrix}a&b\\b&-a\end{pmatrix} \text{ jeweils mit der Bedingung } a^2+b^2=k^2.$$

Machen Sie sich klar, dass jede längentreue Affinität auch winkeltreu ist, dass das aber umgekehrt nicht gilt (Aufgabe 6 auf Seite 175).

Der Flächeninhalt eines Parallelogramms

Bei Bild 165/2 hat man den Eindruck, dass das rote Parallelogramm etwas größer ist als das blaue. Um das zu überprüfen, sollen beide Flächeninhalte berechnet werden.

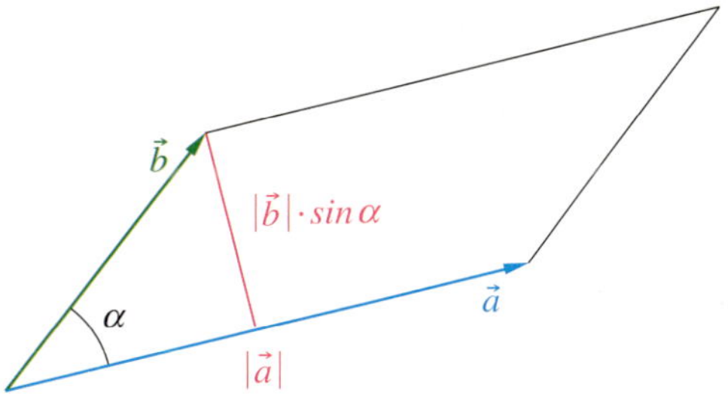

Bild 171/1: Parallelogramm

Für den Flächeninhalt $A(\vec{a}, \vec{b})$ eines von den Vektoren $\vec{a}$ und $\vec{b}$ aufgespannten Parallelogramms (Bild 171/1) erhält man mithilfe der Beziehungen $\sin^2\alpha = 1 - \cos^2\alpha$ und $\cos^2\alpha = \frac{(\vec{a}\cdot\vec{b})^2}{\vec{a}^2\cdot\vec{b}^2}$:

$$\begin{aligned}\left(A(\vec{a},\vec{b})\right)^2 &= (|\vec{a}|\cdot|\vec{b}|\cdot|\sin\alpha|)^2 = \vec{a}^2\cdot\vec{b}^2\cdot\sin^2\alpha = \vec{a}^2\cdot\vec{b}^2\cdot(1-\cos^2\alpha)\\ &= \vec{a}^2\cdot\vec{b}^2\cdot\left(1-\frac{(\vec{a}\cdot\vec{b})^2}{\vec{a}^2\cdot\vec{b}^2}\right) = \vec{a}^2\cdot\vec{b}^2 - (\vec{a}\cdot\vec{b})^2\end{aligned}$$

Setzt man $\vec{a} = \begin{pmatrix} a \\ b \end{pmatrix}$ und $\vec{b} = \begin{pmatrix} c \\ d \end{pmatrix}$, so ergibt sich

$$\begin{aligned}\left(A(\vec{a},\vec{b})\right)^2 &= (a^2+b^2)(c^2+d^2) - (ac+bd)^2\\ &= a^2c^2 + a^2d^2 + b^2c^2 + b^2d^2 - (a^2c^2 + 2abcd + b^2d^2)\\ &= a^2d^2 + b^2c^2 - 2abcd = (ad-bc)^2 = \begin{vmatrix} a & c \\ b & d \end{vmatrix}^2 \quad \Rightarrow\end{aligned}$$

$$A(\vec{a},\vec{b}) = \left|\begin{vmatrix} a & c \\ b & d \end{vmatrix}\right| = \left||\vec{a},\vec{b}|\right|;$$

dabei ist $|\vec{a},\vec{b}|$ die Determinante mit den Spaltenvektoren $\vec{a}$ und $\vec{b}$ und $\left||\vec{a},\vec{b}|\right|$ deren Betrag. Für die Parallelogramme in Bild 163/2 ergibt sich

$$A(\vec{a},\vec{b}) = \left|\begin{vmatrix} 6 & 2 \\ 2 & 4 \end{vmatrix}\right| = 20 \quad \text{und} \quad A(\vec{c},\vec{d}) = \left|\begin{vmatrix} -5 & -1 \\ 3 & -4 \end{vmatrix}\right| = 23;$$

das rote Parallelogramm ist also – wie vermutet – etwas größer als das blaue.

Ein anderer Weg zum Flächeninhalt von Parallelogrammen

Im dreidimensionalen Raum ist der Betrag des Vektorprodukts $\vec{a}\times\vec{b}$ zweier Vektoren $\vec{a}$ und $\vec{b}$ gleich dem Flächeninhalt des von den beiden Vektoren aufgespannten Parallelogramms.

Betrachtet man die zweidimensionalen Vektoren $\vec{a}$ und $\vec{b}$ im Raum, indem man ihnen eine dritte Koordinate 0 zuordnet, dann ergibt sich

$$A(\vec{a},\vec{b}) = |\vec{a}\times\vec{b}| = \left|\begin{pmatrix} a \\ b \\ 0 \end{pmatrix} \times \begin{pmatrix} c \\ d \\ 0 \end{pmatrix}\right| = \left|\begin{pmatrix} 0 \\ 0 \\ ad-bc \end{pmatrix}\right| = |ad-bc| = \left|\begin{vmatrix} a & c \\ b & d \end{vmatrix}\right| = \left||\vec{a},\vec{b}|\right|.$$

Orientierter Flächeninhalt

Wenn die Vektoren $\vec{a}$ und $\vec{b}$ nicht kollinear sind, spannen sie ein (echtes) Parallelogramm auf. Die Determinante $|\vec{a}, \vec{b}|$ kann positiv oder negativ sein. Anschaulich bedeutet dies:

Ist $|\vec{a}, \vec{b}| > 0$, dann ist das Parallelogramm **positiv orientiert**; der Vektor $\vec{a}$ überstreicht das Parallelogramm, wenn man ihn **nach links** – also in positiver Drehrichtung – zum Vektor $\vec{b}$ hin dreht (Bild 172/1).

Ist $|\vec{a}, \vec{b}| < 0$, dann ist das Parallelogramm **negativ orientiert**; der Vektor $\vec{a}$ überstreicht das Parallelogramm, wenn man ihn **nach rechts** – also in negativer Drehrichtung – zum Vektor $\vec{b}$ hin dreht (Bild 172/2).

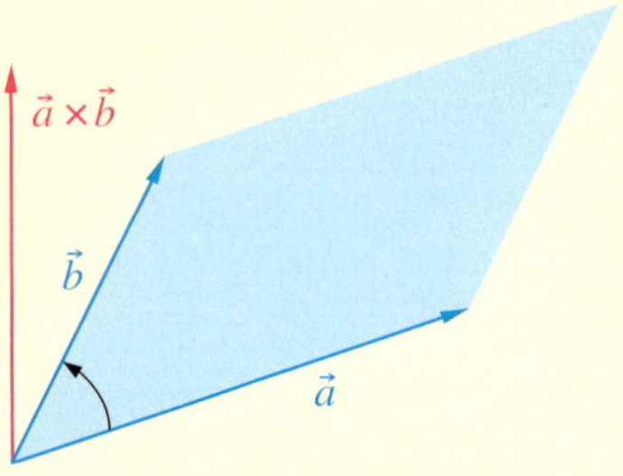

Bild 172/1: Positive Orientierung

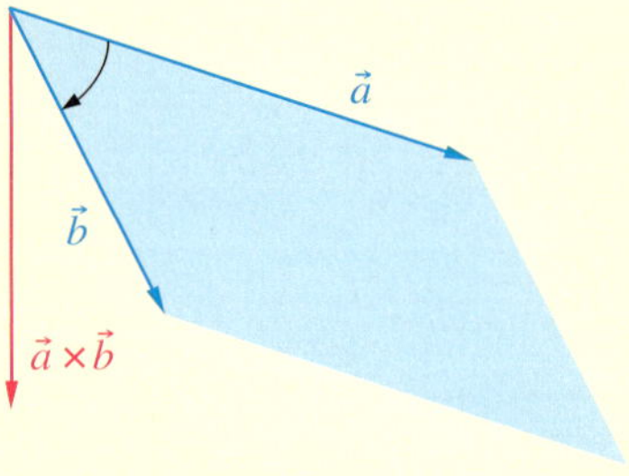

Bild 172/2: Negative Orientierung

Flächeninhalt bei Affinitäten

Wie wir gezeigt haben, wird das blaue Parallelogramm in Bild 163/2 mit dem Flächeninhalt $A(\vec{a}, \vec{b}) = 20$ durch eine Affinität mit der Abbildungsmatrix $A = \begin{pmatrix} -0{,}9 & 0{,}2 \\ 1 & -1{,}5 \end{pmatrix}$ auf das rote Parallelogramm mit dem Flächeninhalt $A(\vec{c}, \vec{d}) = 23$ abgebildet.

Es fällt auf, dass der Vergrößerungsfaktor des Flächeninhalts $\frac{23}{20} = 1{,}15$ genauso groß ist wie die Determinante $|A| = 1{,}15$ der Abbildungsmatrix. Für dieses Beispiel gilt also

$$A(\vec{c}, \vec{d}) = A(\vec{a}, \vec{b}) \cdot |A|.$$

Gilt eine solche Beziehung für jede Affinität? Bei einer Affinität mit der Abbildungsmatrix A wird das von zwei beliebigen Vektoren $\vec{a}$ und $\vec{b}$ aufgespannte Parallelogramm auf ein von den Vektoren $\vec{a}' = A \cdot \vec{a}$ und $\vec{b}' = A \cdot \vec{b}$ aufgespanntes Parallelogramm abgebildet.

$$A(\vec{a}', \vec{b}') = \big||\vec{a}', \vec{b}'|\big| = \big||A \cdot \vec{a}, A \cdot \vec{b}|\big| = \big||A \cdot (\vec{a}\,\vec{b})|\big| = \big||A| \cdot |\vec{a}, \vec{b}|\big| = \big||A|\big| \cdot \big||\vec{a}, \vec{b}|\big| = \big||A|\big| \cdot A(\vec{a}, \vec{b}).$$

Allgemein ist der Flächeninhalt also nicht mit der Determinante $|A|$ von A sondern mit deren Betrag $\big||A|\big|$ zu multiplizieren, um den Flächeninhalt der Bildfigur zu erhalten.

Man kann zeigen (Aufgabe 8 auf Seite 175), dass entsprechend auch für die Flächeninhalte eines beliebiges Dreieck D und seines Bilddreieck D' gilt

$$A(D') = \big||A|\big| \cdot A(D).$$

Da man beliebige Figuren – zumindest näherungsweise – in Dreiecke zerlegen kann, gilt:

Satz 4.5 Wird eine Figur F mit dem Flächeninhalt $A(F)$ durch eine Affinität mit der Matrix A auf eine Bildfigur F' mit dem Flächeninhalt $A(F')$ abgebildet, dann ist

$$A(F') = \big||A|\big| \cdot A(F).$$

Eine Affinität ist also genau dann **flächentreu**, wenn $\big||A|\big| = 1$ ist, wenn also für die Determinante der Abbildungsmatrix A gilt $|A| = 1$ oder $|A| = -1$. ■

Orientierung von Affinitäten

Wie wir gesehen haben, hängt die Orientierung eines von zwei Vektoren $\vec{a}$ und $\vec{b}$ aufgespannten Parallelogramms vom Wert der Determinante $|\vec{a}\,\vec{b}|$ ab. Ist diese Determinante positiv (negativ), dann ist das Parallelogramm positiv (negativ) orientiert.

Kann sich durch eine Affinität diese Orientierung ändern?

Für das von den Vektoren $\vec{a}\,'$ und $\vec{b}\,'$ aufgespannten Bildparallelogramm gilt

$$|\vec{a}\,', \vec{b}\,'| = |A| \cdot |\vec{a}, \vec{b}|.$$

Ist $|A| > 0$, dann haben die beiden Parallelogramme dieselbe Orientierung. Man nennt eine solche Affinität **gleichsinnig**.

Ist dagegen $|A| < 0$, dann haben die beiden Parallelogramme unterschiedliche Orientierungen. Man nennt eine solche Affinität **gegensinnig**.

Satz 4.6 Die Determinante einer Abbildungsmatrix A gibt an, ob es sich um eine gleichsinnige Affinität oder um eine gegensinnige Affinität handelt.

A gehört genau dann zu einer gleichsinnigen Affinität, wenn $|A| > 0$ ist, und zu einer gegensinnigen Affinität, wenn $|A| < 0$ ist. ■

Beispiele:

1) Drehungen sind gleichsinnige Affinitäten, denn für die Abbildungsmatrix gilt

$$|A| = \begin{vmatrix} \cos\varphi & -\sin\varphi \\ \sin\varphi & \cos\varphi \end{vmatrix} = \cos^2\varphi + \sin^2\varphi = 1 > 0.$$

2) Spiegelungen sind gegensinnige Affinitäten, denn für die Abbildungsmatrix gilt

$$|A| = \begin{vmatrix} \cos 2\varphi & \sin 2\varphi \\ \sin 2\varphi & -\cos 2\varphi \end{vmatrix} = -\cos^2 2\varphi - \sin^2 2\varphi = -1 \quad ■$$

Flächenverhältnisse

In Bild 163/2 hat das blaue Parallelogramm den Flächeninhalt 20 und das blaue Dreieck den Flächeninhalt $\frac{20}{3}$; das Verhältnis dieser Flächeninhalte ist $20 : \frac{20}{3} = 3$. Das rote Parallelogramm hat den Flächeninhalt 23 und das rote Dreieck den Flächeninhalt $\frac{23}{3}$; das Verhältnis dieser Flächeninhalte ist $23 : \frac{23}{3} = 3$. Bei dem Beispiel stimmen also die beiden Verhältnisse überein.

Die Affinität ist **flächenverhältnistreu**. Bei einer beliebigen Affinität ergibt sich für zwei Figuren F_1 und F_2 nach Satz 4.6

$$\frac{A(F_1')}{A(F_2')} = \frac{||A|| \cdot A(F_1)}{||A|| \cdot A(F_2)} = \frac{A(F_1)}{A(F_2)}.$$

Das bedeutet, dass alle Affinitäten flächenverhältnistreu sind.

ZUSAMMENFASSUNG

Wir fassen zusammen

$|A| = \begin{vmatrix} a & c \\ b & d \end{vmatrix} = ac - bd$ ist die **Determinante** der Matrix $A = \begin{pmatrix} a & c \\ b & d \end{pmatrix}$.

Die Matrix $E = \begin{pmatrix} 1 & 0 \\ 0 & 1 \end{pmatrix}$ heißt **Einheitsmatrix**.

Eine affine Abbildung mit der Abbildungsmatrix A heißt **regulär**, wenn $|A| \neq 0$ ist; anderenfalls heißt die Abbildung **singulär**.

Affinitäten sind reguläre affine Abbildungen. Sie haben eine Abbildungsgleichung der Form

$$\vec{x}' = A \cdot \vec{x} + \vec{v} \quad \text{mit} \quad |A| \neq 0.$$

Ist $\vec{v} = \vec{0}$, dann heißt die Affinität **lineare Affinität**.

Alle Affinitäten sind **geradentreu**, **parallelentreu** und **teilverhältnistreu**.

Eine Affinität ist genau dann **winkeltreu**, wenn für die Abbildungsmatrix A gilt

$$A = \begin{pmatrix} a & -b \\ b & a \end{pmatrix} \quad \text{oder} \quad A = \begin{pmatrix} a & b \\ b & -a \end{pmatrix}$$

jeweils mit der Bedingung $a^2 + b^2 = k^2$; die Zahl $k \in \mathbb{R}_{\neq 0}$ ist dann der Streckfaktor.

Ist $k = 1$, also $a^2 + b^2 = 1$, so ist die Affinität zusätzlich **längentreu**. Eine längentreue Abbildung heißt auch **Isometrie**.

Das von den Vektoren $\vec{a}$ und $\vec{b}$ aufgespannte Parallelogramm hat den Flächeninhalt

$$A(\vec{a}, \vec{b}) = \left||\vec{a}, \vec{b}|\right|.$$

Für den Flächeninhalt einer beliebigen Figur F gilt $A(F') = \left||A|\right| \cdot A(F)$.

Affinitäten sind **flächentreu**, wenn $\left||A|\right| = 1$ also $|A| = 1$ oder $|A| = -1$ ist.

Ist $|A| > 0$, dann heißt die Affinität **gleichsinnig**, ist $|A| < 0$, dann heißt sie **gegensinnig**. Verschiebungen und Drehungen sind gleichsinnige, Spiegelungen gegensinnige Affinitäten.

Ergänzungen zum Lehrtext

1 Zeigen Sie: Die Matrix $A = \begin{pmatrix} -0{,}9 & 0{,}2 \\ 1 & -1{,}5 \end{pmatrix}$ erfüllt die Gleichung $A \cdot \begin{pmatrix} 6 & 2 \\ 2 & 4 \end{pmatrix} = \begin{pmatrix} -5 & -1 \\ 3 & -4 \end{pmatrix}$.

2 Begründen Sie, dass auch singuläre Affinitäten parallelentreu sind.

3 Für eine Abbildungsmatrix $A = \begin{pmatrix} a & c \\ b & d \end{pmatrix}$ sei $a^2 + b^2 = 1$, $c^2 + d^2 = 1$ und $ac = -bd$.

a) Bestimmen Sie A, falls $a = d = 0$ bzw. $a = -d = 0$ ist.
b) Bestimmen Sie A, falls $b = c = 0$ bzw. $b = -c = 0$ ist.
c) Lösen Sie die Aufgabe auch für den Fall, dass $a^2 + b^2 = k^2$, $c^2 + d^2 = k^2$ und $ac = -bd$ ist.

4 Zeigen Sie, dass die Einheitsmatrix für die Matrizenmultiplikation eine ähnliche Bedeutung hat wie die Zahl 1 für die Multiplikation reeller Zahlen.

5 Gehen Sie aus von der Matrix $A = \begin{pmatrix} a & c \\ b & d \end{pmatrix}$ einer winkeltreuen Affinität und den Gleichungen $ac = -bd$, $a^2 + b^2 = k^2$ und $c^2 + d^2 = k^2$.

a) Zeigen Sie, dass unter der Bedingung $a^2 + b^2 = k^2$ für die Matrix A gilt
$A = \begin{pmatrix} a & -b \\ b & a \end{pmatrix}$ oder $A = \begin{pmatrix} a & b \\ b & -a \end{pmatrix}$.
b) Zeigen Sie, dass $A = \begin{pmatrix} a & -b \\ b & a \end{pmatrix}$ und $A = \begin{pmatrix} a & b \\ b & -a \end{pmatrix}$ Matrizen winkeltreuer Affinitäten sind.

6 Welcher Zusammenhang besteht bei einer Affinität zwischen Längentreue und Winkeltreue?

7 Untersuchen Sie, ob orthogonale Geraden durch Affinitäten auf orthogonale Geraden abgebildet werden.

8 Erörtern Sie warum für die Flächeninhalte $A(D)$ und $A(D')$ eines Dreiecks D und seines Bilddreiecks D' gilt $A(D') = \big||A|\big| \cdot A(D)$.

Abbildungen und Bilder

9 Welche Affinität ist durch die Matrix gegeben? Bestimmen Sie die kennzeichnenden Größen.

a) $\begin{pmatrix} 1{,}5 & -2 \\ 2 & 1{,}5 \end{pmatrix}$ **b)** $\begin{pmatrix} 1{,}2 & 0{,}5 \\ 0{,}5 & -1{,}2 \end{pmatrix}$ **c)** $\begin{pmatrix} 3 & 1{,}25 \\ 1{,}25 & -3 \end{pmatrix}$ **d)** $\begin{pmatrix} 0{,}5 & -1{,}2 \\ 1{,}2 & 0{,}5 \end{pmatrix}$

e) $\begin{pmatrix} 2{,}4 & -1 \\ 1 & 2{,}4 \end{pmatrix}$ **f)** $\begin{pmatrix} 2 & 1{,}5 \\ 1{,}5 & -2 \end{pmatrix}$ **g)** $\begin{pmatrix} 1 & 2{,}4 \\ 2{,}4 & -1 \end{pmatrix}$ **h)** $\begin{pmatrix} 1{,}25 & -3 \\ 3 & 1{,}25 \end{pmatrix}$

10 Durch welche Matrizen ist eine Isometrie – eine längentreue Affinität – bestimmt?

a) $\begin{pmatrix} \cos\alpha & \sin\alpha \\ -\sin\alpha & \cos\alpha \end{pmatrix}$ **b)** $\begin{pmatrix} \cos\alpha & \cos\alpha \\ \sin\alpha & -\sin\alpha \end{pmatrix}$ **c)** $\begin{pmatrix} \cos\alpha & \sin\alpha \\ \sin\alpha & \cos\alpha \end{pmatrix}$ **d)** $\begin{pmatrix} \sin\alpha & -\cos\alpha \\ \cos\alpha & \sin\alpha \end{pmatrix}$

e) $\begin{pmatrix} \sin\alpha & \cos\alpha \\ \cos\alpha & -\sin\alpha \end{pmatrix}$ **f)** $\begin{pmatrix} \sin\alpha & \sin\alpha \\ \sin\alpha & -\sin\alpha \end{pmatrix}$ **g)** $\begin{pmatrix} \sin\alpha & \cos\alpha \\ -\cos\alpha & \sin\alpha \end{pmatrix}$ **h)** $\begin{pmatrix} \cos\alpha & -\sin\alpha \\ \sin\alpha & \cos\alpha \end{pmatrix}$

11 Die Figur $PQRS$ wird durch die Affinität zu $\vec{x}' = \begin{pmatrix} -3 & 5 \\ 2 & -4 \end{pmatrix} \cdot \vec{x} + \begin{pmatrix} -1 \\ 1 \end{pmatrix}$ abgebildet.

Wie groß ist der Flächeninhalt von $PQRS$ und von $P'Q'R'S'$?

a) $P(0|0); Q(1|0); R(1|1); S(0|1)$
b) $P(3|2); Q(-1|2); R(-3|-1); S(-1|-1)$
c) $P(1|0); Q(0|1); R(-1|0); S(0|-1)$
d) $P(2|3); Q(-3|2); R(-2|-2); S(3|-1)$

12 Die Figur $PQRS$ wird durch eine Affinität abgebildet. Zeichnen Sie $PQRS$ und $P'Q'R'S'$.

a) $P(1|1)$; $Q(1|-1)$; $R(-1|1)$; $S(-1|-1)$; $\vec{x}' = \begin{pmatrix} 1 & 0 \\ 0 & 2 \end{pmatrix} \cdot \vec{x} + \begin{pmatrix} 1 \\ -1 \end{pmatrix}$

b) $P(1|0)$; $Q(0|1)$; $R(-1|0)$; $S(0|-1)$; $\vec{x}' = \begin{pmatrix} 1 & -2 \\ 0 & 1 \end{pmatrix} \cdot \vec{x} + \begin{pmatrix} 0 \\ 1 \end{pmatrix}$

c) $P(0|2)$; $Q(4|2)$; $R(2|-1)$; $S(-2|-1)$; $\vec{x}' = \begin{pmatrix} 2 & -0 \\ 0 & -2 \end{pmatrix} \cdot \vec{x} + \begin{pmatrix} -2 \\ 2 \end{pmatrix}$

d) $P(0|2)$; $Q(3|0)$; $R(0|-2)$; $S(-3|0)$; $\vec{x}' = \begin{pmatrix} 1 & 2 \\ 3 & 4 \end{pmatrix} \cdot \vec{x} + \begin{pmatrix} -1 \\ 1 \end{pmatrix}$

e) $P(0|3)$; $Q(4|2)$; $R(2|-1)$; $S(-2|0)$; $\vec{x}' = \begin{pmatrix} -2 & -1 \\ -2 & 1 \end{pmatrix} \cdot \vec{x} + \begin{pmatrix} 0 \\ 1 \end{pmatrix}$

13 Wie ändert sich bei der Abbildung aus Aufgabe 12 Flächeninhalt und Orientierung?

14 Gegeben ist der Kreis K zu $x^2 + y^2 = r^2$.

a) Zeigen Sie, dass K bei einer Drehung um den Ursprung auf sich abgebildet wird, dass also für jeden Punkt $P \in K$ gilt $P' \in K$.

b) Gilt diese Aussage auch für andere Isometrien?

Verknüpfung von Abbildungen

15 S_1, S_2 und S_3 seien Spiegelungen.

a) Bestimmen Sie die Matrizen der Abbildungen $S_1 \circ S_2$ und $S_1 \circ S_2 \circ S_3$.

b) Um was für Abbildungen handelt es sich?

16 D_1, D_2 und D_3 seien Drehungen.

a) Bestimmen Sie die Matrizen der Abbildungen $D_1 \circ D_2$ und $D_1 \circ D_2 \circ D_3$.

b) Um was für Abbildungen handelt es sich?

17 S sei eine Spiegelung an der Ursprungsgeraden g mit dem Richtungsvektor $\vec{u}$ und V sei eine Verschiebung mit dem Verschiebungsvektor $\vec{u}$.

a) Bestimmen Sie die Abbildungsgleichungen von S und V.

b) Vergleichen Sie die **Gleitspiegelungen** $S \circ V$ und $V \circ S$.

c) Untersuchen Sie, welche Eigenschaften die Abbildungen $S \circ V$ und $V \circ S$ haben.

18 Zeigen Sie: Jede Drehung D lässt sich als Verkettung von zwei Spiegelungen S_1 und S_2 darstellen: $D = S_1 \circ S_2$. Sind S_1 und S_2 eindeutig festgelegt?

19 G sei eine Gleitspiegelung, die sich aus einer Spiegelung an der Ursprungsgeraden g und einer Verschiebung mit dem Richtungsvektor $\vec{u}$ von g zusammensetzt.

a) Bestimmen Sie eine Abbildungsgleichungen von G.

b) S sei eine Spiegelung an g und V eine Verschiebung mit einem nicht zu g parallelen Verschiebungsvektor $\vec{v}$. Zeigen Sie, dass sich die Abbildungen $S \circ V$ und $V \circ S$ durch eine zu g senkrechte Verschiebung und eine Gleitspiegelung ersetzen lassen.

20 Vertauschen von Abbildungen

a) D_1 und D_2 seien Drehungen. Bestimmen Sie $D_1 \circ D_2$ und $D_2 \circ D_1$.

b) S_1 und S_2 seien Spiegelungen. Bestimmen Sie $S_1 \circ S_2$ und $S_2 \circ S_1$.

c) Vergleichen Sie die Ergebnisse. Was fällt Ihnen auf? Geben Sie eine Erklärung.

21 Zeigen Sie, dass die Affinität als Verknüpfung einer zentrischen Streckung mit einer Isometrie aufgefasst werden kann, wenn $a^2 + b^2 = k^2$ ist.

a) $\vec{x}' = \begin{pmatrix} a & b \\ b & -a \end{pmatrix} \vec{x}$ **b)** $\vec{x}' = \begin{pmatrix} a & b \\ -b & a \end{pmatrix} \vec{x}$

22 Die Affinitäten f und g seien gleichsinnig, die Affinitäten h und k gegensinnig. Welche Aussagen kann man über die folgenden Abbildungen machen?

a) $f \circ g$ **b)** $f \circ f$ **c)** $f \circ h$ **d)** $h \circ f$ **e)** $h \circ k$ **f)** $k \circ k$ **g)** f^{-1} **h)** h^{-1}

Transponierte (gestürzte) Matrizen

Vertauscht man bei einer Matrix M Zeilen und Spalten miteinander, erhält man die **gestürzte** oder **transponierte Matrix** der Matrix M. Die transponierte Matrix kennzeichnet man durch ein hochgestelltes T, schreibt also M^T.

Beispiele: $\begin{pmatrix} 1 \\ 2 \end{pmatrix}^T = (1 \;\; 2)$, $\begin{pmatrix} 1 & 0 & 2 \\ 2 & 3 & 1 \end{pmatrix}^T = \begin{pmatrix} 1 & 2 \\ 0 & 3 \\ 2 & 1 \end{pmatrix}$ ■

23 Bilden Sie die transponierten Matrizen.

a) $\begin{pmatrix} 1 & 2 & 3 \\ 2 & 3 & 1 \\ 1 & 3 & 1 \end{pmatrix}$ **b)** $\begin{pmatrix} -1 & 2 & 3 \\ 4 & -1 & 5 \end{pmatrix}$ **c)** $\begin{pmatrix} 1 & 2 \\ -2 & 0 \\ 1 & 3 \end{pmatrix}$ **d)** $\begin{pmatrix} 1 & 1 & 4 & -1 \\ 2 & -6 & 0 & -6 \\ 2 & 0 & 6 & -3 \end{pmatrix}$ **e)** $\begin{pmatrix} -1 & 3 & 0 & 3 \\ 1 & -1 & 2 & -2 \end{pmatrix}$

24 A ist die Matrix einer längentreuen Abbildung.

a) Zeigen Sie, dass $A^T \cdot A = A \cdot A^T = E$ ist.

b) Zeigen Sie: Gilt für die Matrix A einer Affinität $A^T \cdot A = E$, dann ist die Affinität längentreu.
Anleitung: Bestimmen Sie zunächst – wie im Lehrtext – die Bilder einzelner Vektoren.

c) Fassen Sie die Ergebnisse von a) und b) in einem Satz zusammen.

d) Lösen Sie mit Hilfe dieses Satzes die Aufgabe 10 auf Seite 176.

25 Zeigen Sie, dass für quadratische Matrizen die folgenden Gleichungen erfüllt sind.

a) $|A \cdot B| = |A| \cdot |B|$ **b)** $|A^T| = |A|$ **c)** $(A \cdot B)^T = B^T \cdot A^T$

4.3 Fixelemente linearer Affinitäten

AUFTRÄGE

A1 **Geheimschrift**

Man kann mithilfe einer Matrix Nachrichten verschlüsseln. Zunächst ordnet man dazu jedem Buchstaben eine Nummer zu:

A	B	C	D	E	F	G	H	I	J	K	L	M	N	O	P	Q	R	S	T	U	V	W	X	Y	Z
1	2	3	4	5	6	7	8	9	10	11	12	13	14	15	16	17	18	19	20	21	22	23	24	25	26

und benutzt die Zahl 0 für Leerzeichen.

Aus der Nachricht

VORSICHT GEHEIM

wird so

22 15 18 19 9 3 8 20 0 7 5 8 5 9 13.

Diese Zahlen schreibt man jetzt als dreizeilige Matrix:

$$T = \begin{pmatrix} 22 & 15 & 18 & 19 & 9 \\ 3 & 8 & 20 & 0 & 7 \\ 5 & 8 & 5 & 9 & 13 \end{pmatrix}.$$

Man schließt die Verschlüsselung ab, indem man die Matrix T mit einer nur dem Sender und dem Empfänger bekannten **Kodiermatrix**

$$K = \begin{pmatrix} 2 & -2 & -1 \\ 1 & 1 & -2 \\ 1 & 0 & -1 \end{pmatrix}$$

multipliziert:

$$K \cdot T = \begin{pmatrix} 2 & -2 & -1 \\ 1 & 1 & -2 \\ 1 & 0 & -1 \end{pmatrix} \cdot \begin{pmatrix} 22 & 15 & 18 & 19 & 9 \\ 3 & 8 & 20 & 0 & 7 \\ 5 & 8 & 5 & 9 & 13 \end{pmatrix} = \begin{pmatrix} 33 & 6 & -9 & 29 & -9 \\ 15 & 27 & 28 & 1 & -10 \\ 17 & 7 & 13 & 10 & -4 \end{pmatrix}.$$

Übertragen wird dann die Zahlenfolge

$33, 6, -9, 29, -9, 15, 27, 28, 1, -10, 17, 7, 13, 10, -4.$

Wie kann man die kodierte Nachricht wieder entschlüsseln?

Welche Bedingung muss jede Kodiermatrix K erfüllen, damit die Verschlüsselung wieder entschlüsselt werden kann?

A2 **Maikäferplage?**

NEUE WESTFÄLISCHE NR. 97. FREITAG, 26. APRIL 2002

Liebe geht durch den Magen

Flugsaison der Maikäfer beginnt Ende April

Bielfeld / Münster (sew). Wilhelm Busch und Gerdt von Basewitz schleusten die Maikäfer in Kindergeschichten von „Max und Moritz" oder „Peterchens Mondfahrt" ins Kinderzimmer. Ihnen ist es zu verdanken, dass die Krabbeltiere vor allem von Kindern freudig begrüßt werden. Auch unsere Altvorderen brachten dem Maikäfer zärtliche Gefühle entgegen. Allerdings ging bei ihnen die Liebe durch den Magen. Für sie waren die Krabbeltiere Viehfutter, Suppeneinlage oder Aphrodisiakum.

Die verderbliche Landplage wurde als mineralstoffreich und wohlschmeckend eingeordnet und auf die Speisekarte gesetzt. Noch in der zweiten Hälfte des 19. Jahrhunderts wurde in französischen Restaurants und in Nordhessen Maikäferbouillon angeboten. Etwa 30 Käfer für jeden Esser kalkulierte der Koch, der den Tieren die Flügeldecken und Beine abriss und sie in Butter röstete. In Hühnerbrühe gekocht, mit Kalbsleber verfeinert und mit Sahne abgeschmeckt wurde die Käfersuppe an den Gast gebracht.

Mit der Nahrungs- oder Viehfutterverwertung schlug man zwei Fliegen mit einer Klappe. Die Käfer sind nämlich nicht nur hübsch, sondern auch gefräßig. Vor allem die Larven (Engerlinge), die vier bis sechs Wochen nach der Eiablage schlüpfen, richten erhebliche Schäden an. Sie ernähren sich von Kartoffeln, Getreide, Reben, Obst oder Baumwurzeln.

In Abständen von drei bis vier Jahren gibt es die sogenannten „Flugjahre", in denen die Maikäfer in Massen auftreten. Diese periodischen Abstände gelten allerdings nicht mehr uneingeschränkt. „Die Böden sind weniger mit Chemikalien belastet. Die Mittel, die zur Schädlingsbekämpfung eingesetzt werden, wirken selektiv. Die Maikäferlarven werden verschont", sagt der Chefpräparator des Naturkundemuseums Münster, Werner Beckmann. In den letzten Jahren sei deshalb nicht zu beobachten, dass es weniger Maikäfer gibt. Da den Tieren kaum mit biologischen Waffen beizukommen ist, verfeinerte man die „Nahkampftaktik". Bäume schütteln, engmaschige Netze über den Boden spannen, bücken und sammeln, das ist am wirksamsten.

Die Verwertung war vielfältig: Die Käfer wurden an Hühner verfüttert, als Mittel gegen Epilepsie eingesetzt oder als feingemahlenes Aphrodisiakum verkauft.

Die Fuldaer Volkszeitung schrieb 1925: „Unsere Studenten essen die Maikäfer ganz roh, ganz wie sie sind und nicht wenige ohne den geringsten Nachteil. In vielen Konditoreien sind sie verzuckert zu haben, und man isst sie kandiert in Tafeln zum Nachtisch."

Heute sind die Maikäfer höchstens mit emotionalem Zuckerguss überzogen. Seit Sumsemann zum Mond reiste, um das Beinchen seines Vorfahren zurückzuholen, verehren ihn die Kinder. Und vernascht wird höchstens sein Schokoladendouble.

Eine mehrjährige Beobachtung ergab folgenden Zusammenhang zwischen den Anzahlen K', E' und L' der Käfer, Eier und Larven einer Käferpopulation und den entsprechenden Anzahlen K, L und E des Vorjahres:

$$E' = 6K \quad \text{und} \quad L' = \tfrac{1}{2}E \quad \text{und} \quad K' = \tfrac{1}{3}L$$

Wie entwickelt sich eine Population mit 600 Eiern, 900 Larven und 1200 Käfern langfristig?

Ermitteln Sie dazu eine Matrix M, für die gilt

$$\begin{pmatrix} E' \\ L' \\ K' \end{pmatrix} = M \cdot \begin{pmatrix} E \\ L \\ K \end{pmatrix}.$$

Kann man aus der Population des Vorjahres auf das vorhergehende Jahr zurückschließen?

Gibt es eine Population, bei der unter den oben genannten Bedingungen jedes Jahr gleich viele Käfer, Eier und Larven existieren?

Gibt es eine Population, bei der – wie im Zeitungsartikel behauptet – „Maikäferjahre" in periodischen Abständen auftreten?

A3 Katzenauge

Geben Sie den Strahlenverlauf bei der Reflexion eines Lichtstrahls an einem ebenen Spiegel durch eine Affinität wieder, und zeigen Sie, dass drei aufeinander senkrecht stehende Spiegel einen Lichtstrahl nacheinander so reflektieren, dass der dreimal reflektierte Strahl dieselbe Richtung hat wie der ursprünglichen Strahl (Bild 180/2).

Bild 180/1: Katzenauge

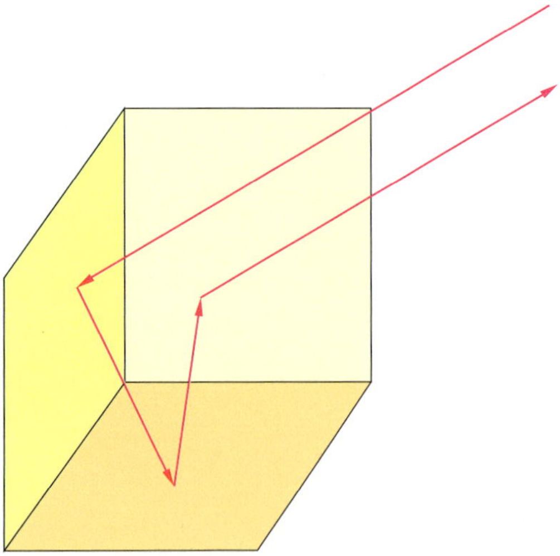

Bild 180/2: Strahlenverlauf

A4 **Verformungen von Figuren**

Die Bilder 181/1 und 181/2 wurden mit derselben Abbildung erzeugt. Wie entsteht jeweils die rote Figur aus der blauen?

Welche Abbildungsmatrix gehört zu dieser Affinität?

Welche Eigenschaften haben die beiden grauen Geraden?

Wie hängen diese Eigenschaften mit der Abbildungsmatrix zusammen?

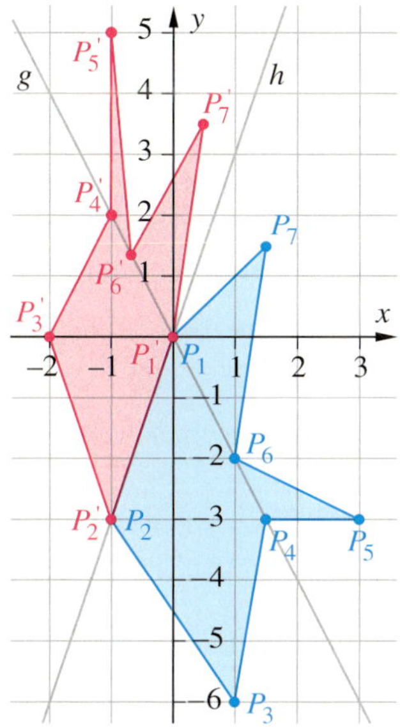

Bild 181/1: Siebeneck

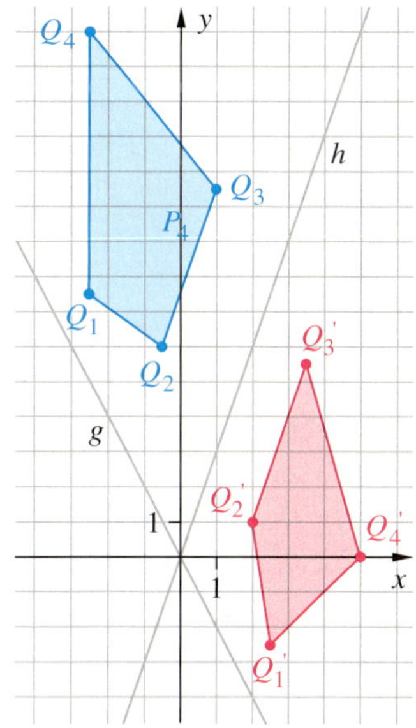

Bild 181/2: Viereck

Bestimmung von Abbildungsmatrizen

Wir bearbeiten Auftrag **A4** und entnehmen dazu zunächst einmal den Bildern 181/1 und 181/2 die Eckpunkt-Koordinaten der Figuren:

Siebeneck (Bild 181/1):

$P_1(0\|0)$	$P_2(-1\|-3)$	$P_3(1\|-6)$	$P_4(\frac{3}{2}\|-3)$	$P_5(3\|-3)$	$P_6(1\|-2)$	$P_7(\frac{3}{2}\|\frac{3}{2})$
$P_1'(0\|0)$	$P_2'(-1\|-3)$	$P_3'(-2\|0)$	$P_4'(-1\|2)$	$P_5'(-1\|5)$	$P_6'(-\frac{2}{3}\|\frac{4}{3})$	$P_7'(\frac{1}{2}\|\frac{7}{2})$

Viereck (Bild 181/2):

$Q_1(-\frac{5}{2}\|\frac{15}{2})$	$Q_2(-\frac{1}{2}\|6)$	$Q_3(1\|\frac{21}{2})$	$Q_4(-\frac{5}{2}\|15)$
$Q_1'(\frac{5}{2}\|-\frac{5}{2})$	$Q_2'(2\|1)$	$Q_3'(\frac{7}{2}\|\frac{11}{2})$	$Q_4'(5\|0)$

Für die grauen Geraden – beide gehen durch den Ursprung – ergeben sich die Gleichungen

$$g\colon y = -2x \quad \text{und} \quad h\colon y = 3x.$$

Fixelemente von Abbildungen

Es fällt auf, dass die Punkte P_1 und P_2 eine besondere Rolle spielen. Für sie gilt nämlich $P_1 = P_1'$ und $P_2 = P_2'$; die Punkte werden also auf sich abgebildet. Sie sind **Fixpunkte** der Abbildung.

Man hat den Eindruck, dass nicht nur die Punkte P_1 und P_2 Fixpunkte der Abbildung sind sondern alle Punkte der durch P_1 und P_2 laufenden Geraden h. Wenn das zutrifft, wäre h eine **Fixpunktgerade** der Abbildung.

Auch die Gerade g spielt eine besondere Rolle. Sie ist zwar keine Fixpunktgerade – nur P_1 ist ein Fixpunkt –, aber die Bilder der auf g liegenden Punkte P_4 und P_6 liegen ebenfalls auf g. Wenn das entsprechend für alle Punkte der Geraden g zutrifft, wenn also jeder Punkt $P \in g$ auf einen Punkt $P' \in g$ abgebildet wird, dann wird die Gerade g insgesamt auf sich abgebildet, es ist dann $g' = g$. Eine solche Gerade nennt man **Fixgerade** der Abbildung.

Eine Fixgerade einer Abbildung muss keine Fixpunktgerade der Abbildung sein; umgekehrt ist aber jede Fixpunktgerade einer Abbildung auch eine Fixgerade der Abbildung.

Fixpunkte, Fixpunktgeraden und Fixgeraden einer Abbildung nennt man zusammenfassend auch **Fixelemente** der Abbildung.

Bestimmung der Abbildungsgleichung

Wir wollen nun die Abbildungsgleichung $\vec{x}' = A \cdot \vec{x} + \vec{v}$ zu der in den Bildern 181/1 und 181/2 angewandten Affinität bestimmen. Da der Ursprung ein Fixpunkt der Abbildung ist, ist der Verschiebungsvektor $\vec{v}$ der Nullvektor. Es ist also nur die Abbildungsmatrix A zu bestimmen.

Mit den Koordinaten der Punkte P_2 und P_3 ergibt sich

$$\begin{pmatrix} -1 \\ -3 \end{pmatrix} = \begin{pmatrix} a & c \\ b & d \end{pmatrix} \cdot \begin{pmatrix} -1 \\ -3 \end{pmatrix} \quad \text{und} \quad \begin{pmatrix} -2 \\ 0 \end{pmatrix} = \begin{pmatrix} a & c \\ b & d \end{pmatrix} \cdot \begin{pmatrix} 1 \\ -6 \end{pmatrix}.$$

Das zugehörige lineare Gleichungssystem hat die Lösungen (Aufgabe 1 auf Seite 193)

$$a = 0 \wedge b = 2 \wedge c = \tfrac{1}{3} \wedge d = \tfrac{1}{3} \quad \Rightarrow \quad A = \begin{pmatrix} 0 & \frac{1}{3} \\ 2 & \frac{1}{3} \end{pmatrix}.$$

Wendet man diese Matrix auf die Eckpunkte des Siebenecks (Bild 181/1) an, ergibt sich

$$\begin{pmatrix} 0 & \frac{1}{3} \\ 2 & \frac{1}{3} \end{pmatrix} \cdot \begin{pmatrix} 0 & -1 & 1 & \frac{3}{2} & 3 & 1 & \frac{3}{2} \\ 0 & -3 & -6 & -3 & -3 & -2 & \frac{3}{2} \end{pmatrix} = \begin{pmatrix} 0 & -1 & -2 & -1 & -1 & -\frac{2}{3} & \frac{1}{2} \\ 0 & -3 & 0 & 2 & 5 & \frac{4}{3} & \frac{7}{2} \end{pmatrix}$$

und für die Eckpunkte des Vierecks (Bild 181/2) erhält man

$$\begin{pmatrix} 0 & \frac{1}{3} \\ 2 & \frac{1}{3} \end{pmatrix} \cdot \begin{pmatrix} -\frac{5}{2} & -\frac{1}{2} & 1 & -\frac{5}{2} \\ \frac{15}{2} & 6 & \frac{21}{2} & 15 \end{pmatrix} = \begin{pmatrix} \frac{5}{2} & 2 & \frac{7}{2} & 5 \\ -\frac{5}{2} & 1 & \frac{11}{2} & 0 \end{pmatrix}.$$

Durch die Affinität mit der Matrix A werden also tatsächlich die blauen Figuren in den Bildern 181/1 und 181/2 auf die roten Figuren abgebildet. Es bleibt noch zu prüfen, ob die Geraden g und h tatsächlich Fixelemente der Abbildung sind. Für die Gerade h gilt:

$$y = 3x \Rightarrow \vec{x} = r\begin{pmatrix} 1 \\ 3 \end{pmatrix} = \begin{pmatrix} r \\ 3r \end{pmatrix} \Rightarrow \vec{x}' = A \cdot \vec{x} = \begin{pmatrix} 0 & \frac{1}{3} \\ 2 & \frac{1}{3} \end{pmatrix} \cdot \begin{pmatrix} r \\ 3r \end{pmatrix} = \begin{pmatrix} r \\ 3r \end{pmatrix} = \vec{x}.$$

Jeder Punkt der Geraden h wird also auf sich selbst abgebildet. Daher ist die Geraden h tatsächlich eine Fixpunktgerade. Für die Gerade g ergibt sich

$$y = -2x \Rightarrow \vec{x} = r\begin{pmatrix}-1\\2\end{pmatrix} = \begin{pmatrix}-r\\2r\end{pmatrix} \Rightarrow \vec{x}\,' = A\cdot\vec{x} = \begin{pmatrix}0 & \frac{1}{3}\\2 & \frac{1}{3}\end{pmatrix}\cdot\begin{pmatrix}-r\\2r\end{pmatrix} = -\tfrac{2}{3}\begin{pmatrix}-r\\2r\end{pmatrix} = -\tfrac{2}{3}\vec{x}.$$

Die Gleichung $\vec{x}\,' = -\frac{2}{3}\vec{x}$ bedeutet, dass g genau einen Fixpunkt hat, nämlich den Ursprung. Jeder andere Punkt von g ist **kein** Fixpunkt, aber sein Bildpunkt liegt auf g. g ist also keine Fixpunktgerade aber eine Fixgerade. Überlegen Sie selbst, wie man den Bildpunkt eines Punktes von g geometrisch erhält (Aufgabe 2 auf Seite 193).

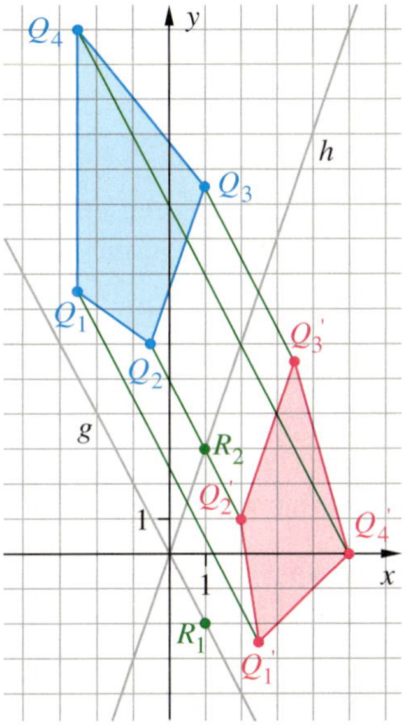

Bild 183/1: Schrägspiegelung

Ein anderer Weg zur Abbildungsmatrix

In Bild 181/1 kann man erkennen, dass Punkte der Geraden g **schräg gespiegelt** werden. Die Ortsvektoren von Punkten auf dieser Geraden werden dabei mit $-\frac{2}{3}$ vervielfacht.

Den Bildpunkt P' eines beliebigen Punktes P erhält man, indem man eine Parallele durch P zu der Fixgeraden g zeichnet und die Strecke um $\frac{2}{3}$ über die Fixpunktgerade h hinaus zur anderen Seite verlängert (Bild 181/3). Man nennt eine solche Abbildung **Schrägaffinität** oder **Schrägspiegelung**.

Allgemein nennt man eine Affinität, die (mindestens) zwei sich schneidende Fixgeraden und damit deren Schnittpunkt als Fixpunkt hat, **Euler-Affinität**.

Schrägaffinitäten oder Schrägspiegelungen sind also Euler-Affinitäten.

Um die Abbildungsmatrix A zu bestimmen, betrachten wir den Punkt $R_1(1\,|\,-2)$ auf der Fixgeraden $g: y = -2x$ und den Punkt $R_2(1\,|\,3)$ auf der Fixpunktgeraden $h: y = 3x$.

$\vec{r}_1 = \begin{pmatrix}1\\-2\end{pmatrix}$ und $\vec{r}_2 = \begin{pmatrix}1\\3\end{pmatrix}$ sind die Ortsvektoren dieser Punkte. Für ihre Bildvektoren gilt

$$\vec{r}_1\,' = A\cdot\vec{r}_1 = -\tfrac{2}{3}\vec{r}_1 \qquad \text{und} \qquad \vec{r}_2\,' = A\cdot\vec{r}_2 = \vec{r}_2$$

$$\Rightarrow \begin{pmatrix}a & b\\c & d\end{pmatrix}\cdot\begin{pmatrix}1\\-2\end{pmatrix} = -\tfrac{2}{3}\begin{pmatrix}1\\-2\end{pmatrix} \quad \text{und} \quad \begin{pmatrix}a & b\\c & d\end{pmatrix}\cdot\begin{pmatrix}1\\3\end{pmatrix} = \begin{pmatrix}1\\3\end{pmatrix}$$

$$\Rightarrow \begin{cases} a-2b = -\frac{2}{3}\\ c-2d = \frac{4}{3}\end{cases} \quad \text{und} \quad \begin{cases} a+3b = 1\\ c+3d = 3\end{cases}$$

$$\Rightarrow a = 0, b = \tfrac{1}{3}, c = 2 \text{ und } d = \tfrac{1}{3}$$

$$\Rightarrow A = \begin{pmatrix}0 & \frac{1}{3}\\2 & \frac{1}{3}\end{pmatrix}.$$

Abbildung mithilfe eines neuen Koordinatensystems

Die Vektoren $\vec{r}_1 = \begin{pmatrix} 1 \\ -2 \end{pmatrix}$ und $\vec{r}_2 = \begin{pmatrix} 1 \\ 3 \end{pmatrix}$ haben jeweils die gleiche Richtung wie ihre Bildvektoren $\vec{r}_1{}'$ und $\vec{r}_2{}'$. Solche Vektoren nennt man **Eigenvektoren** der Abbildungsmatrix A. Eigenvektoren geben mithin die Richtungen an, die bei einer Abbildung erhalten bleiben.

Jeder Vektor $\vec{x}$ der Ebene lässt sich als Linearkombination der Vektoren $\vec{r}_1$ und $\vec{r}_2$ darstellen:

$$\vec{x} = s\vec{r}_1 + t\vec{r}_2.$$

Man sagt deshalb, dass die nicht kollinearen Eigenvektoren $\vec{r}_1$ und $\vec{r}_2$ eine **Basis** bilden. Sie sind die Einheitsvektoren eines nicht kartesischen Koordinatensystems (Bild 184/2). Die Zahlen s und t sind die Koordinaten von $\vec{x}$ bezüglich dieses Koordinatensystems.

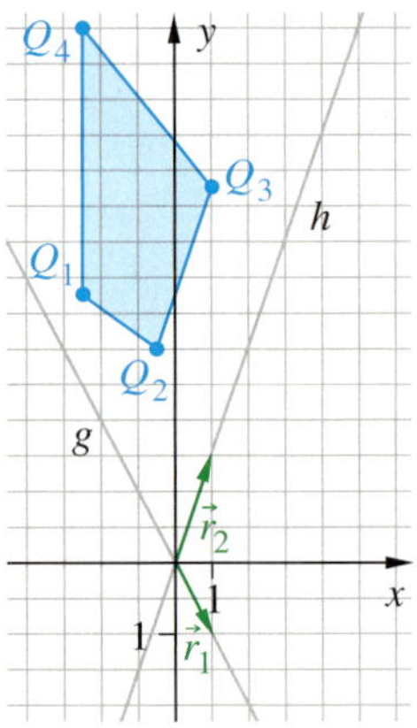

Bild 184/1: Ausgangslage

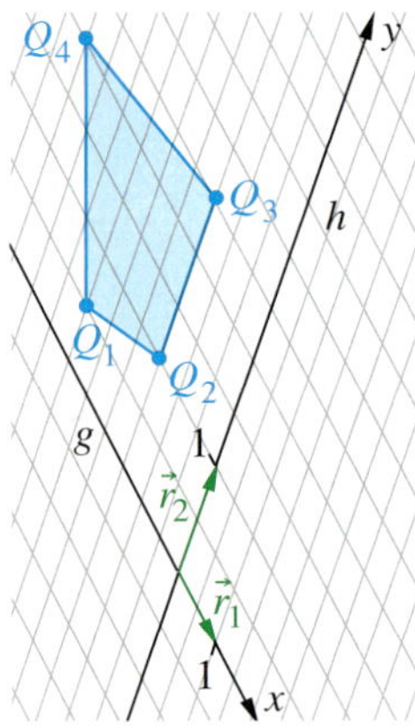

Bild 184/2: Transformation

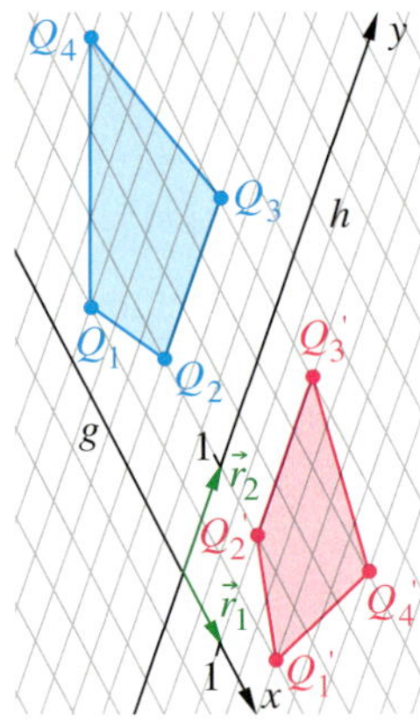

Bild 184/3: Abbildung

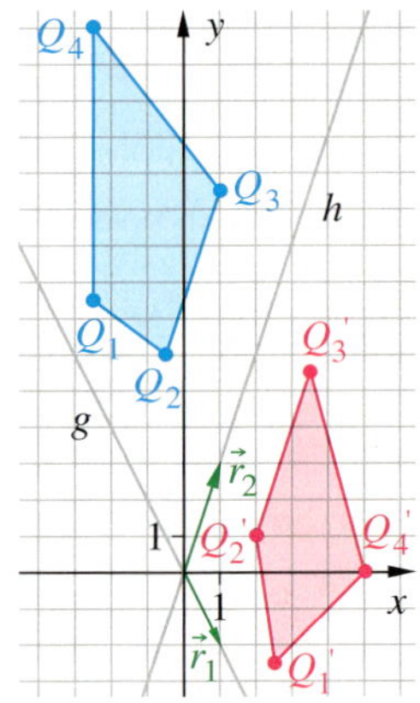

Bild 184/4: Rücktransformation

Aus Bild 184/2 entnimmt man, dass beispielsweise für den Ortsvektor von Q_1 gilt $s = -3$ und $t = \frac{1}{2}$, dass also in dem neuen Koordinatensystem $Q_1\left(-3 \,\middle|\, \frac{1}{2}\right)$ ist. Bestimmen Sie selbst die neuen Koordinaten von Q_2, Q_3 und Q_4 (Aufgabe 3 auf Seite 193).

Bezogen auf das neue Koordinatensystem wird ein Vektor $\vec{x}$ in Richtung von $\vec{r}_1$ um den Faktor $-\frac{2}{3}$, in Richtung von $\vec{r}_2$ jedoch nicht verändert. In diesem Koordinatensystem wird nun die Abbildung erzeugt durch die Abbildungsmatrix

$$A^* = \begin{pmatrix} -\frac{2}{3} & 0 \\ 0 & 1 \end{pmatrix}; \text{ also ist beispielsweise } \vec{q}_1{}' = \begin{pmatrix} -\frac{2}{3} & 0 \\ 0 & 1 \end{pmatrix} \cdot \begin{pmatrix} -3 \\ \frac{1}{2} \end{pmatrix} = \begin{pmatrix} 2 \\ \frac{1}{2} \end{pmatrix}$$

und daher $Q_1'\left(2 \,\middle|\, \frac{1}{2}\right)$. Dieses Ergebnis lässt sich auch Bild 184/3 entnehmen. Bestimmen Sie entsprechend selbst die neuen Koordinaten von Q_2', Q_3' und Q_4' (Aufgabe 3 auf Seite 193).

Die Streckfaktoren $-\frac{2}{3}$ bzw. 1 für die beiden Eigenvektoren nennt man deren **Eigenwerte**. $\vec{r}_1$ hat also den Eigenwert $-\frac{2}{3}$ und $\vec{r}_2$ den Eigenwert 1.

Definition 4.6 Gibt es bei einer affinen Abbildung mit der Abbildungsmatrix A einen Vektor $\vec{r} \neq \vec{0}$ und eine reelle Zahl k, so dass gilt $A \cdot \vec{r} = k\vec{r}$, dann heißt k Eigenwert und $\vec{r}$ zu k gehörender Eigenvektor der Abbildung. ■

Bild 184/4 entnimmt man wieder für den Punkt Q_1' auch noch die kartesischen Koordinaten: $Q_1'\left(-3\,\middle|\,\frac{1}{2}\right)$. Bestimmen Sie selbst die kartesischen Koordinaten von Q_2', Q_3' und Q_4' (Aufgabe 3 auf Seite 193). Auch diese Ergebnisse stimmen mit den bereits bekannten überein.

Koordinatentransformation

Bei der obigen Untersuchung haben wir die gegebene Affinität in drei Abbildungen zerlegt, in eine **Koordinatentransformation**, in eine Affinität und in eine weitere Koordinatentransformation, die die erste wieder rückgängig macht. Auch die beiden Koordinatentransformationen sind Abbildungen und lassen sich durch **Transformationsmatrizen** T_1 und T_2 kennzeichnen.

Wendet man auf einen Vektor $\vec{x}$ hintereinander **nur** diese beiden Transformationen an, so wird insgesamt nichts verändert. Die Gesamtabbildung ist die **identische Abbildung**, deren Abbildungsmatrix die Einheitsmatrix E ist; es ist daher

$$T_1 \cdot T_2 = \begin{pmatrix} 1 & 0 \\ 0 & 1 \end{pmatrix}$$

und man sagt deshalb, dass die Matrizen T_1 und T_2 zueinander **invers** sind.

Inverse Matrix und Umkehrabbildung

Wir wollen allgemein zu einer Matrix M die **inverse Matrix** M^{-1} bestimmen.

$$M \cdot M^{-1} = E \iff \begin{pmatrix} a & c \\ b & d \end{pmatrix} \cdot \begin{pmatrix} e & g \\ f & h \end{pmatrix} = \begin{pmatrix} ae+cf & ag+ch \\ be+df & bg+dh \end{pmatrix} = \begin{pmatrix} 1 & 0 \\ 0 & 1 \end{pmatrix}$$

$$\iff ae+cf=1 \wedge be+df=0 \wedge ag+ch=0 \wedge bg+dh=1.$$

Dieses Gleichungssystem hat die Lösungen (Aufgabe 4 auf Seite 193)

$$e=\frac{d}{ad-bc},\quad f=\frac{-b}{ad-bc},\quad g=\frac{-c}{ad-bc},\quad h=\frac{a}{ad-bc}$$

$$\Rightarrow\ M^{-1} = \begin{pmatrix} \frac{d}{ad-bc} & \frac{-c}{ad-bc} \\ \frac{-b}{ad-bc} & \frac{a}{ad-bc} \end{pmatrix} = \frac{1}{ad-bc}\begin{pmatrix} d & -c \\ -b & a \end{pmatrix} = \begin{vmatrix} a & c \\ b & d \end{vmatrix}^{-1} \begin{pmatrix} d & -c \\ -b & a \end{pmatrix}$$

Für die Umkehrbarkeit von Abbildungen bedeutet dieses Ergebnis:

Satz 4.7 Eine affine Abbildung mit der Abbildungsmatrix A ist genau dann umkehrbar, wenn sie regulär ist. Die Matrix der Umkehrabbildung ist

$$A^{-1} = \begin{pmatrix} a & c \\ b & d \end{pmatrix}^{-1} = \begin{vmatrix} a & c \\ b & d \end{vmatrix}^{-1} \begin{pmatrix} d & -c \\ -b & a \end{pmatrix}.$$ ■

Weitere Untersuchung der Koordinatentransformation

Wir kommen nun zurück auf die Zerlegung der affinen Abbildung unseres Arbeitsauftrags in drei Abbildungen, in eine Koordinatentransformation mit der Matrix T_1, in eine Affinität mit der Matrix A^* und in eine weitere Koordinatentransformation mit der Matrix T_2, die die erste wieder rückgängig macht.

Ein Vektor $\vec{x}$ wird durch die drei hintereinander geschalteten Abbildungen zunächst auf den Vektor $T_1 \cdot \vec{x}$, dann auf den Vektor $A^* \cdot T_1 \cdot \vec{x}$ und schließlich auf den Vektor $T_2 \cdot A^* \cdot T_1 \cdot \vec{x}$ abgebildet:

$$\vec{x} \xrightarrow{T_1} T_1 \cdot \vec{x} \xrightarrow{A^*} A^* \cdot T_1 \cdot \vec{x} \xrightarrow{T_2} T_2 \cdot A^* \cdot T_1 \cdot \vec{x}.$$

Die Vektoren $\vec{r}_1 = \begin{pmatrix} 1 \\ -2 \end{pmatrix}$ und $\vec{r}_2 = \begin{pmatrix} 1 \\ 3 \end{pmatrix}$ werden bei der Transformation mit T_1 auf die Einheitsvektoren $\begin{pmatrix} 1 \\ 0 \end{pmatrix}$ und $\begin{pmatrix} 0 \\ 1 \end{pmatrix}$ des nicht kartesischen Koordinatensystems abgebildet.

Durch die Transformation mit T_2 werden umgekehrt die Vektoren $\begin{pmatrix} 1 \\ 0 \end{pmatrix}$ und $\begin{pmatrix} 0 \\ 1 \end{pmatrix}$ auf die Vektoren $\vec{r}_1$ und $\vec{r}_2$ abgebildet; es gilt daher

$$T_2 \cdot \begin{pmatrix} 1 \\ 0 \end{pmatrix} = \vec{r}_1 \text{ und } T_2 \cdot \begin{pmatrix} 0 \\ 1 \end{pmatrix} = \vec{r}_2 \Rightarrow T_2 \cdot \begin{pmatrix} 1 & 0 \\ 0 & 1 \end{pmatrix} = \begin{pmatrix} 1 & 1 \\ -2 & 3 \end{pmatrix} \Rightarrow T_2 = \begin{pmatrix} 1 & 1 \\ -2 & 3 \end{pmatrix}.$$

T_1 und T_2 sind zueinander invers, daher ist

$$T_1 = T_2^{-1} = \frac{1}{\begin{vmatrix} 1 & 1 \\ -2 & 3 \end{vmatrix}} \begin{pmatrix} 3 & -1 \\ 2 & 1 \end{pmatrix} = \frac{1}{5} \begin{pmatrix} 3 & -1 \\ 2 & 1 \end{pmatrix} = \begin{pmatrix} \frac{3}{5} & -\frac{1}{5} \\ \frac{2}{5} & \frac{1}{5} \end{pmatrix}.$$

Ersetzt man noch T_1 durch T und T_2 durch T^{-1}, erhält man für die Abbildungsmatrix A:

$$A = TA^*T^{-1} = \begin{pmatrix} 1 & 1 \\ -2 & 3 \end{pmatrix} \cdot \begin{pmatrix} -\frac{2}{3} & 0 \\ 0 & 1 \end{pmatrix} \cdot \begin{pmatrix} \frac{3}{5} & -\frac{1}{5} \\ \frac{2}{5} & \frac{1}{5} \end{pmatrix} = \begin{pmatrix} -\frac{2}{3} & 1 \\ \frac{4}{3} & 3 \end{pmatrix} \cdot \begin{pmatrix} \frac{3}{5} & -\frac{1}{5} \\ \frac{2}{5} & \frac{1}{5} \end{pmatrix} = \begin{pmatrix} 0 & \frac{1}{3} \\ 2 & \frac{1}{3} \end{pmatrix}.$$

Auch dieses Ergebnis stimmt mit den anderen Ergebnissen überein.

Bestimmung von Fixgeraden mit einem CAS

Kennt man von einer Abbildung zwei nicht kollineare Eigenvektoren $\vec{v}_1 = \begin{pmatrix} e \\ f \end{pmatrix}$ und $\vec{v}_2 = \begin{pmatrix} g \\ h \end{pmatrix}$ und die zugehörigen Eigenwerte k_1 und k_2, so kann man zunächst mit deren Hilfe die Matrizen $T = \begin{pmatrix} e & g \\ f & h \end{pmatrix}$ und $A^* = \begin{pmatrix} k_1 & 0 \\ 0 & k_1 \end{pmatrix}$ bestimmen. Man erhält die zugehörige Abbildungsmatrix A durch die Beziehung $A = T^{-1}A^*T$.

In einfachen Fällen lassen sich Fixgeraden mit einem CAS experimentell ermitteln. Dazu bildet man mehrere Punkte $P(1\,|\,m)$ zweimal hintereinander ab und verbindet P, P' und P'' durch Strecken (Bilder 187/1 bis 187/3).

Liegen die Punkte P, P' und P'' auf einer Geraden, so ist diese eine Fixgerade mit der Gleichung $y = mx$ und $\vec{v} = \begin{pmatrix} 1 \\ m \end{pmatrix}$ ist ein Eigenvektor.

In Bild 187/1 sind offensichtlich alle Ursprungsgeraden Fixgeraden. Jeder Vektor $\vec{v} = \begin{pmatrix} 1 \\ m \end{pmatrix}$ ist ein Eigenvektor mit dem Eigenwert 2.

In Bild 187/2 erfüllt keiner der untersuchten Punkte die Bedingung; man kann aber vermuten, dass es zwischen ② und ③ sowie zwischen ⑥ und ⑦ Punkte gibt, die die Bedingung erfüllen (Aufgabe 5 auf Seite 193).

In Bild 187/3 erfüllt offensichtlich kein Punkt die Bedingung; bei der Abbildung gibt es anscheinend keine Fixgeraden

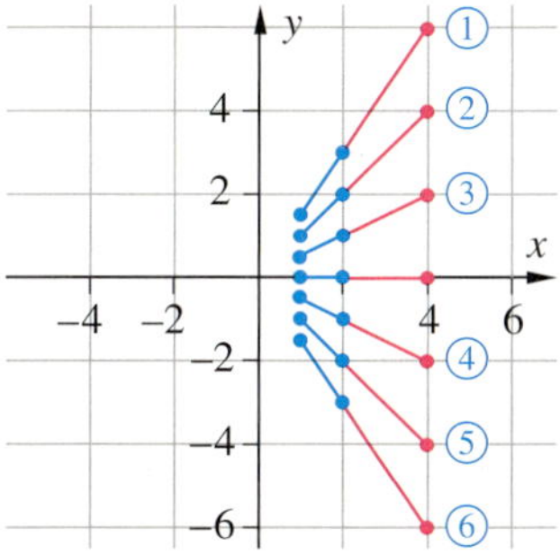

Bild 187/1:

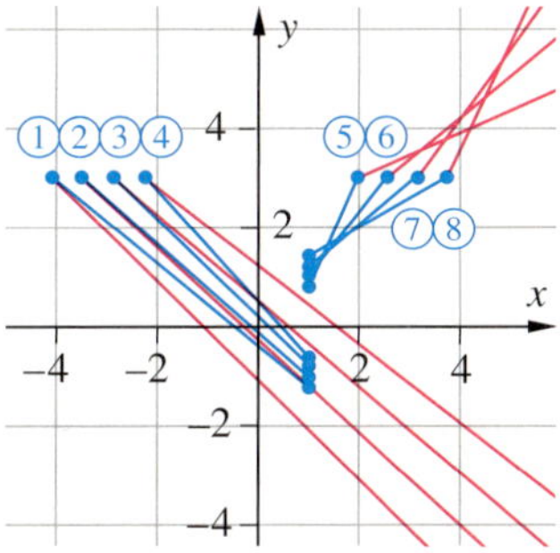

Bild 187/2:

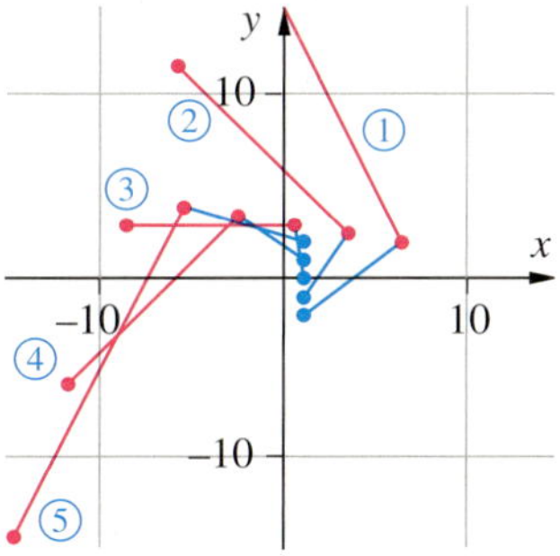

Bild 187/3:

Ist der Punkt P Fixpunkt, so ist die entsprechende Ursprungsgerade $y = mx$ sogar eine Fixpunktgerade. Ein Beispiel hierfür soll in (Aufgabe 7 auf Seite 193) untersucht werden.

Charakteristische Gleichung

Wir wollen nun allgemein untersuchen, wie sich eine Abbildung mithilfe der Eigenwerte ihrer Abbildungsmatrix klassifizieren lässt.

Für einen Eigenwert $k \in \mathbb{R}$ einer Abbildungsmatrix A und einen zugehörigen Eigenvektor $\vec{r}$ gilt nach Definition 4.7

$$A \cdot \vec{r} = k\vec{r} \quad \Leftrightarrow \quad A \cdot \vec{r} - k\vec{r} = \vec{0} \quad \Leftrightarrow \quad (A - k \cdot E) \cdot \vec{r} = \vec{0},$$

wobei E die Einheitsmatrix ist.

Auch durch die Matrix $A - k \cdot E$ ist eine affine Abbildung gegeben. Diese Abbildung ist genau dann umkehrbar, wenn die Matrix $A - k \cdot E$ regulär – also $|A - k \cdot E| \neq 0$ – ist. In diesem Fall kann nur der Nullvektor auf den Nullvektor abgebildet werden, es ist dann also $\vec{r} = \vec{0}$.

Ein Eigenvektor $\vec{v} \neq \vec{0}$ existiert daher nur, wenn die Matrix $A - k \cdot E$ nicht regulär ist, wenn also

$$|A - kE| = 0$$

ist. Diese Gleichung heißt **charakteristische Gleichung**. Ihre Nullstellen sind die Eigenwerte der Abbildungsmatrix A. Für (2,2)-Matrizen ist die charakteristische Gleichung eine quadratische Gleichung, die **keine**, **eine** oder **zwei** Lösungen haben kann.

Ein Beispiel mit zwei Eigenwerten

Der Arbeitsauftrag **A4** hat auf eine lineare Affinität mit der Abbildungsmatrix $A = \begin{pmatrix} 0 & \frac{1}{3} \\ 2 & \frac{1}{3} \end{pmatrix}$ geführt. Wir haben gezeigt:

- Die Abbildung ist eine Euler-Affinität – und zwar eine Schrägspiegelung (Schrägaffinität).
- Die Abbildung hat zwei verschiedene Eigenwerte, nämlich $e_1 = -\frac{2}{3}$ und $e_2 = 1$.
- $\vec{r}_1 = \begin{pmatrix} 1 \\ -2 \end{pmatrix}$ und $\vec{r}_2 = \begin{pmatrix} 1 \\ 3 \end{pmatrix}$ sind zugehörige Eigenvektoren.

Normaldarstellung dieser Abbildung

Um die Wirkungsweise der untersuchten Abbildung besser zu verstehen, haben wir sie in einem von den Eigenvektoren $\vec{r}_1$ und $\vec{r}_2$ aufgespannten nicht kartesischen Koordinatensystem untersucht. Dazu haben wir die Abbildung mit der Matrix A in drei Abbildungen zerlegt, in zwei inverse Koordinatentransformationen mit den Matrizen T und T^{-1} sowie in eine Abbildung mit der Matrix A^*. Für diese Matrizen gilt also $A = T \cdot A^* \cdot T^{-1}$ und daher ist

$$T \cdot A^* \cdot T^{-1} = A \;\Rightarrow\; T^{-1} \cdot T \cdot A^* \cdot T^{-1} \cdot T = T^{-1} \cdot A \cdot T \;\Rightarrow\; E \cdot A^* \cdot E = T^{-1} \cdot A \cdot T \;\Rightarrow$$

$$A^* = T^{-1} \cdot A \cdot T = \begin{pmatrix} \frac{3}{5} & -\frac{1}{5} \\ \frac{2}{5} & \frac{1}{5} \end{pmatrix} \cdot \begin{pmatrix} 0 & \frac{1}{3} \\ 2 & \frac{1}{3} \end{pmatrix} \cdot \begin{pmatrix} 1 & 1 \\ -2 & 3 \end{pmatrix} = \begin{pmatrix} -\frac{2}{3} & 0 \\ 0 & 1 \end{pmatrix}.$$

Bei der Matrix A^* stehen in der **Hauptdiagonalen** die Eigenwerte $-\frac{2}{3}$ und 1; die beiden anderen Matrixelemente – in der **Nebendiagonalen** – sind 0.

Besitzt eine lineare Affinität zwei Eigenwerte, hat die Matrix A^* stets diese Form. Die Darstellung mit einer solchen Abbildungsmatrix heißt **Normaldarstellung** der Abbildung.

Ein Beispiel mit einem Eigenwert

Wir betrachten eine lineare Affinität mit der Abbildungsmatrix $A = \begin{pmatrix} 1 & \frac{1}{4} \\ -1 & 2 \end{pmatrix}$.

Die charakteristische Gleichung ist:

$$\begin{vmatrix} 1-k & \frac{1}{4} \\ -1 & 2-k \end{vmatrix} = 0 \;\Leftrightarrow\; (1-k) \cdot (2-k) + \frac{1}{4} = 0$$

$$\Leftrightarrow \quad k^2 - 3k + \tfrac{9}{4} = 0 \quad \Leftrightarrow \quad \left(k - \tfrac{3}{2}\right)^2 = 0 \quad \Leftrightarrow \quad k = \tfrac{3}{2}.$$

Die Abbildung hat also genau einen Eigenwert. Für die zugehörigen Eigenvektoren gilt

$$(A - 1{,}5\,E) \cdot \begin{pmatrix} x \\ y \end{pmatrix} = \begin{pmatrix} 0 \\ 0 \end{pmatrix}$$

$$\Leftrightarrow \quad \begin{pmatrix} 1 - \frac{3}{2} & \frac{1}{4} \\ -1 & 2 - \frac{3}{2} \end{pmatrix} \cdot \begin{pmatrix} x \\ y \end{pmatrix} = \begin{pmatrix} 0 \\ 0 \end{pmatrix} \quad \Leftrightarrow \quad \begin{pmatrix} -\frac{1}{2} & \frac{1}{4} \\ -1 & \frac{1}{2} \end{pmatrix} \cdot \begin{pmatrix} x \\ y \end{pmatrix} = \begin{pmatrix} 0 \\ 0 \end{pmatrix}$$

$$\Leftrightarrow \quad \left\{ \begin{array}{rcrcl} -\frac{1}{2}x & + & \frac{1}{4}y & = & 0 \\ -x & + & \frac{1}{2}y & = & 0 \end{array} \right. \qquad \Leftrightarrow \quad y = 2x.$$

Setzt man $x = c$, dann ist $y = 2c$

$$\Rightarrow \quad \begin{pmatrix} x \\ y \end{pmatrix} = c \begin{pmatrix} 1 \\ 2 \end{pmatrix}$$

Zu jedem Eigenwert gibt es also unendlich viele Eigenvektoren, die alle die gleiche Richtung haben. Aus der obigen Rechnung ergibt sich ferner, dass die Ursprungsgeraden zu $y = 2x$ Fixgerade der Abbildung sind.

Normaldarstellung dieser Abbildung

Um die Wirkungsweise der untersuchten Abbildung besser zu verstehen, untersuchen wir sie in einem von einem Eigenvektor und einem beliebigen dazu nicht kollinearen Vektor aufgespannten – möglicherweise nicht kartesischen – Koordinatensystem.

Zu dem Eigenvektor $\begin{pmatrix} 1 \\ 2 \end{pmatrix}$ ist beispielsweise der Vektor $\begin{pmatrix} 1 \\ -1 \end{pmatrix}$ nicht kollinear.

Diese beiden Vektoren sind bei der Transformation mit T die Bildvektoren der Einheitsvektoren $\begin{pmatrix} 1 \\ 0 \end{pmatrix}$ und $\begin{pmatrix} 0 \\ 1 \end{pmatrix}$ des ursprünglichen Koordinatensystems. Daher ist

$$T = \begin{pmatrix} 1 & 1 \\ 2 & -1 \end{pmatrix} \quad \text{und} \quad T^{-1} = |T|^{-1} \begin{pmatrix} -1 & -1 \\ -2 & 1 \end{pmatrix} = \begin{pmatrix} \frac{1}{3} & \frac{1}{3} \\ \frac{2}{3} & -\frac{1}{3} \end{pmatrix} \quad \Rightarrow$$

$$A^* = \begin{pmatrix} \frac{1}{3} & \frac{1}{3} \\ \frac{2}{3} & -\frac{1}{3} \end{pmatrix} \begin{pmatrix} 1 & \frac{1}{4} \\ -1 & 2 \end{pmatrix} \cdot \begin{pmatrix} 1 & 1 \\ 2 & -1 \end{pmatrix} = \begin{pmatrix} 0 & \frac{3}{4} \\ 1 & -\frac{1}{2} \end{pmatrix} \cdot \begin{pmatrix} 1 & 1 \\ 2 & -1 \end{pmatrix} = \begin{pmatrix} \frac{3}{2} & -\frac{3}{4} \\ 0 & \frac{3}{2} \end{pmatrix}$$

Bei der Matrix A^* steht in der Hauptdiagonalen zweimal der Eigenwert $\frac{3}{2}$; von den beiden anderen Matrixelementen ist das eine 0 und das andere von 0 verschieden.

Besitzt eine lineare Affinität genau einen Eigenwert, hat die Matrix A^* stets die Form

$$A^* = \begin{pmatrix} p & q \\ 0 & p \end{pmatrix} \quad \text{mit} \quad p \neq 0.$$

Dies ist die **Normaldarstellung** einer Matrix bei einer Abbildung mit **einem** Eigenwert.

Die Matrix A^* kann man weiter zerlegen; es ist

$$A^* = \begin{pmatrix} \frac{3}{2} & -\frac{3}{4} \\ 0 & \frac{3}{2} \end{pmatrix} = \frac{3}{2}\begin{pmatrix} 1 & -\frac{1}{2} \\ 0 & 1 \end{pmatrix} = \begin{pmatrix} \frac{3}{2} & 0 \\ 0 & \frac{3}{2} \end{pmatrix} \cdot \begin{pmatrix} 1 & -\frac{1}{2} \\ 0 & 1 \end{pmatrix}.$$

Die Abbildung mit der Matrix A^* lässt sich also in zwei Abbildungen zerlegen. Zeigen Sie selbst (Aufgabe 8 auf Seite 193), dass es dabei auf die Reihenfolge der Faktoren – und damit auf die Reihenfolge der Abbildungen – nicht ankommt.

$\begin{pmatrix} \frac{3}{2} & 0 \\ 0 & \frac{3}{2} \end{pmatrix}$ ist die Matrix einer Streckung, $\begin{pmatrix} 1 & -\frac{1}{2} \\ 0 & 1 \end{pmatrix}$ die Matrix einer Scherung. Die Abbildung zu A^* und damit auch die Abbildung zu A ist daher eine **Scherstreckung**. In den Bildern 190/1 bis 190/4 sind die einzelnen Abbildungen dargestellt.

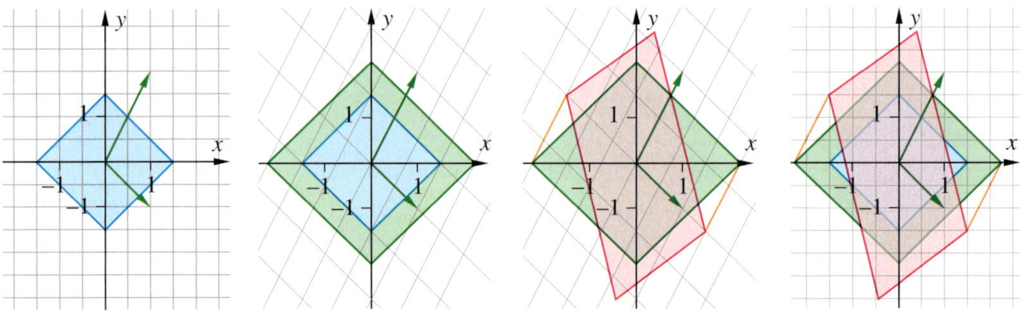

Bild 190/1: Quadrat *Bild 190/2: Streckung* *190/3: Scherung* *190/4: Ergebnis*

Ein Beispiel ohne Eigenwerte

Wir betrachten eine lineare Affinität mit der Abbildungsmatrix $A = \begin{pmatrix} \frac{17}{4} & -\frac{5}{4} \\ \frac{5}{2} & \frac{7}{4} \end{pmatrix}$.

Die charakteristische Gleichung ist:

$$\begin{vmatrix} \frac{17}{4} - k & -\frac{5}{4} \\ \frac{5}{2} & \frac{7}{4} - k \end{vmatrix} = 0 \iff \left(\frac{17}{4} - k\right) \cdot \left(\frac{7}{4} - k\right) + \frac{25}{8} = 0$$

$$\iff k^2 - 6k + \frac{169}{16} = 0 \iff (k-3)^2 + \frac{25}{16} = 0.$$

Diese Gleichung besitzt keine Lösung; die Abbildung hat also keine Eigenwerte, folglich auch keine Eigenvektoren und keine Fixgeraden. Wir untersuchen, ob die Abbildung Fixpunkte hat:

$$\begin{pmatrix} \frac{17}{4} & -\frac{5}{4} \\ \frac{5}{2} & \frac{7}{4} \end{pmatrix} \cdot \begin{pmatrix} x \\ y \end{pmatrix} = \begin{pmatrix} x \\ y \end{pmatrix} \Rightarrow \begin{pmatrix} \frac{17}{4}x - \frac{5}{4}y \\ \frac{5}{2}x + \frac{7}{4}y \end{pmatrix} = \begin{pmatrix} x \\ y \end{pmatrix} \Rightarrow \begin{cases} 13x - 5y = 0 \\ 10x + 3y = 0 \end{cases}$$

Die einzige Lösung ist der Nullvektor $\vec{0}$; die Abbildung besitzt also genau einen Fixpunkt. Die Abbildung kann deshalb eine **Drehung**, eine **Streckung** oder eine Kombination dieser Abbildungen sein, also eine **Drehstreckung**, jeweils mit dem Fixpunkt als Zentrum.

Normaldarstellung dieser Abbildung

Welche Matrizen zu den genannten Abbildungen gehören, zeigt folgende Tabelle:

Abbildung	Drehung	Streckung	Drehstreckung
Matrix	$\begin{pmatrix}\cos\varphi & -\sin\varphi\\ \sin\varphi & \cos\varphi\end{pmatrix}$	$\begin{pmatrix}k & 0\\ 0 & k\end{pmatrix}$	$\begin{pmatrix}\cos\varphi & -\sin\varphi\\ \sin\varphi & \cos\varphi\end{pmatrix}\cdot\begin{pmatrix}k & 0\\ 0 & k\end{pmatrix}=\begin{pmatrix}p & -q\\ q & p\end{pmatrix}$
		$(k \neq 0)$	$(p = k\cos\varphi$ und $q = k\sin\varphi)$

Diese Tabelle legt nahe, zur **Normaldarstellung** einer linearen Affinität **ohne** Eigenwerte eine Matrix der Form

$$A^* = \begin{pmatrix} p & -q \\ q & p \end{pmatrix}$$

zu wählen. Bei dem neu einzuführenden Koordinatensystem kann man einen Einheitsvektor beibehalten; der Bildvektor des anderen Einheitsvektors ist passend so zu wählen, dass die beiden Bildvektoren nicht kollinear sind. Es ist dann

$$T = \begin{pmatrix} 1 & e \\ 0 & f \end{pmatrix} \quad \text{und} \quad T^{-1} = \frac{1}{f}\begin{pmatrix} f & -e \\ 0 & 1 \end{pmatrix};$$

dabei muss $f \neq 0$ sein, damit die Vektoren $\begin{pmatrix} 1 \\ 0 \end{pmatrix}$ und $\begin{pmatrix} e \\ f \end{pmatrix}$ nicht kollinear sind.

Für die Matrix A des Beispiels ergibt sich:

$$T^{-1}\cdot A\cdot T = \frac{1}{f}\begin{pmatrix} f & -e \\ 0 & 1 \end{pmatrix}\cdot\begin{pmatrix} \frac{17}{4} & -\frac{5}{4} \\ \frac{5}{2} & \frac{7}{4} \end{pmatrix}\cdot\begin{pmatrix} 1 & e \\ 0 & f \end{pmatrix} = \frac{1}{4f}\begin{pmatrix} 17f-10e & 10e^2-10ef+5f^2 \\ 10 & 10e+7f \end{pmatrix}.$$

Dabei muss $17f - 10e = 10e + 7f$ und $10e^2 - 10ef + 5f^2 = -10$ sein. Aus der ersten Gleichung folgt $f = 2e$ und damit aus der zweiten Gleichung $e^2 = 1$, also $e = 1$ oder $e = -1$.

Wählt man $e = 1$, dann ist $f = 2$ und es ergibt sich

$$T = \begin{pmatrix} 1 & 1 \\ 0 & 2 \end{pmatrix}, \quad T^{-1} = \frac{1}{2}\begin{pmatrix} 2 & -1 \\ 0 & 1 \end{pmatrix} = \begin{pmatrix} 1 & -\frac{1}{2} \\ 0 & \frac{1}{2} \end{pmatrix} \quad \text{und damit}$$

$$A^* = \begin{pmatrix} 1 & -\frac{1}{2} \\ 0 & \frac{1}{2} \end{pmatrix}\cdot\begin{pmatrix} \frac{17}{4} & -\frac{5}{4} \\ \frac{5}{2} & \frac{7}{4} \end{pmatrix}\cdot\begin{pmatrix} 1 & 1 \\ 0 & 2 \end{pmatrix} = \begin{pmatrix} 3 & -\frac{17}{8} \\ \frac{5}{4} & \frac{7}{8} \end{pmatrix}\cdot\begin{pmatrix} 1 & 1 \\ 0 & 2 \end{pmatrix} = \begin{pmatrix} 3 & -\frac{5}{4} \\ \frac{5}{4} & 3 \end{pmatrix};$$

dies ist tatsächlich eine Matrix der oben angegebenen Form.

Für die Matrixelemente von A^* gilt $3^2 + \left(\frac{5}{4}\right)^2 = 9 + \frac{25}{16} = \frac{169}{16} = \left(\frac{4}{13}\right)^2$; daher ist die Matrix $\frac{4}{13}A^*$ (in einem kartesischen Koordinatensystem) die Matrix einer Drehung; allgemein nennt man eine solche Abbildung **affine Drehung**. Die Matrix $\frac{13}{4}E$ gehört zu einer Streckung. A^* ist das Produkt dieser beiden Matrizen:

$$A^* = \begin{pmatrix} 3 & -\frac{5}{4} \\ \frac{5}{4} & 3 \end{pmatrix} = \begin{pmatrix} \frac{12}{13} & -\frac{5}{13} \\ \frac{5}{13} & \frac{12}{13} \end{pmatrix}\cdot\begin{pmatrix} \frac{13}{4} & 0 \\ 0 & \frac{13}{4} \end{pmatrix}$$

Daher ist A^* die Normaldarstellung der Matrix einer **Drehstreckung**. In den Bildern 192/1 bis 192/4 sind die einzelnen Abbildungen dargestellt.

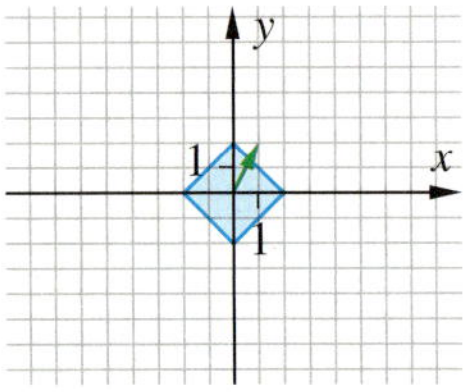

Bild 192/1:
Quadrat

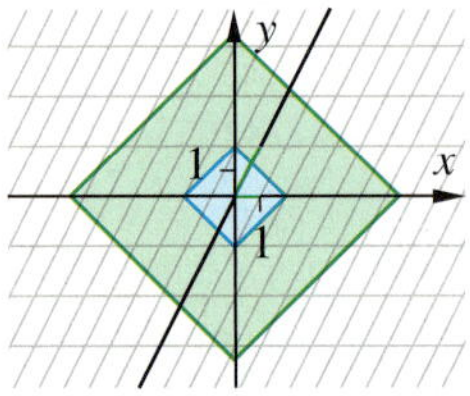

Bild 192/2:
Streckung

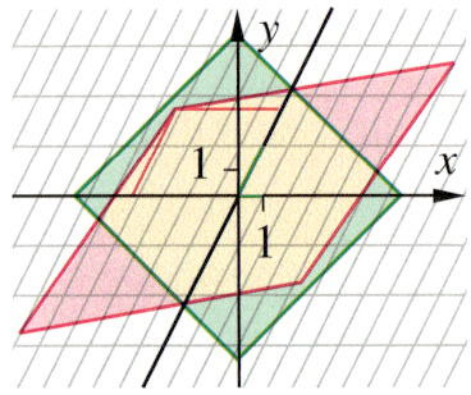

Bild 192/3:
affine Drehung

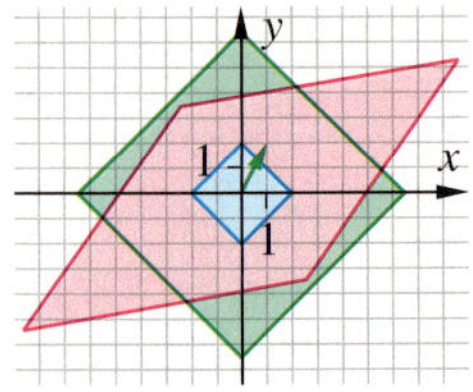

Bild 192/4:
Ergebnis

ZUSAMMENFASSUNG

Wir fassen zusammen

Jede reguläre Matrix M besitzt eine inverse Matrix

$$M^{-1} = \begin{pmatrix} a & c \\ b & d \end{pmatrix}^{-1} = \frac{1}{ad-bc}\begin{pmatrix} d & -c \\ -b & a \end{pmatrix} = \frac{1}{|M|}\begin{pmatrix} d & -c \\ -b & a \end{pmatrix}.$$

Fixpunkte sind Punkte und **Fixgeraden** sind Geraden, die auf sich abgebildet werden.
Fixpunktgeraden sind Geraden, die nur aus Fixpunkten bestehen.
Fixpunkte, Fixgeraden und Fixpunktgeraden sind **Fixelemente** von Abbildungen.

Vektoren, die die gleiche Richtung wie ihre Bildvektoren haben, heißen **Eigenvektoren** der Abbildung. Der Streckfaktor, mit dem ein Eigenvektor auf seinen Bildvektor abgebildet wird, heißt **Eigenwert** des Eigenvektors. Bei einer Abbildung mit der Matrix A gilt für einen Eigenvektor $\vec{r}$ und seinen Eigenwert k also: $A \cdot \vec{r} = k\vec{r}$.

Auskunft über die Eigenwerte der Abbildung und ihre Anzahl gibt die **charakteristischen Gleichung** $|A - kE| = 0$. Sie ist bei (2,2)-Matrizen eine quadratische Gleichung, die keine, eine oder zwei Lösungen hat.

Durch eine Transformation mit einer geeigneten Transformationsmatrix T erhält man eine **Normaldarstellung** $A^* = T^{-1} \cdot A \cdot T$ der Abbildungsmatrix A. Wie T zu wählen ist, hängt von der Anzahl der Eigenwerte ab. Für A^* erhält man:

Anzahl der Eigenwerte	2	1	0
A^*	$\begin{pmatrix} p & 0 \\ 0 & q \end{pmatrix}$	$\begin{pmatrix} p & q \\ 0 & p \end{pmatrix}$	$\begin{pmatrix} p & -q \\ q & p \end{pmatrix}$

Lineare Affinitäten mit zwei Eigenwerten heißen Euleraffinitäten, zu ihnen gehören Streckspiegelungen, Schrägspiegelungen, Achsenspiegelungen und Achsenaffinitäten.

Lineare Affinitäten mit einem Eigenwert sind Streckungen, Scherungen, Scherstreckungen, Punktspiegelungen oder die Identität.

Lineare Affinitäten ohne Eigenwert sind affine Drehstreckungen, also Kombinationen einer affinen Drehung und einer Streckung, oder affine Drehungen.

Kennt man – beispielsweise durch Experimente mit einem CAS – Eigenvektoren und Eigenwerte, kann man damit zunächst die Matrizen T und A^* bestimmen; die Abbildungsmatrix für kartesische Koordinaten erhält man dann als Produkt von drei Matrizen: $A = T \cdot A^* \cdot T^{-1}$.

Ergänzungen zum Lehrtext

1 Lösen Sie das lineare Gleichungssystem
$$\begin{pmatrix}-1\\-3\end{pmatrix}=\begin{pmatrix}a&c\\b&d\end{pmatrix}\cdot\begin{pmatrix}-1\\-3\end{pmatrix} \text{ und } \begin{pmatrix}-2\\0\end{pmatrix}=\begin{pmatrix}a&c\\b&d\end{pmatrix}\cdot\begin{pmatrix}1\\-6\end{pmatrix}$$

2 Bei der Abbildung in Bild 181/3 wird ein Punkt der Geraden h mit dem Ortsvektor $\vec{x}$ auf einen Punkt der Geraden h mit dem Ortsvektor $\vec{x}'=-\frac{2}{3}\vec{x}$ abgebildet. Welcher geometrische Zusammenhang besteht zwischen Punkt und Bildpunkt?

3 **a)** Entnehmen Sie Bild 184/2 die Koordinaten der Punkte Q_2, Q_3 und Q_4 in dem durch die Vektoren $\vec{p}_1$ und $\vec{p}_2$ bestimmten nicht kartesischen Koordinatensystem.
b) Entnehmen Sie Bild 184/3 die Koordinaten von Q_2', Q_3' und Q_4'.
c) Berechnen Sie die Koordinaten von Q_2', Q_3' und Q_4' im Koordinatensystem von Bild 184/3.
d) Entnehmen Sie Bild 184/4 die kartesischen Koordinaten von Q_2', Q_3' und Q_4'.

4 Zeigen Sie,
dass die Matrix $T^{-1}=\begin{vmatrix}a&c\\b&d\end{vmatrix}^{-1}\begin{pmatrix}d&-c\\-b&a\end{pmatrix}$
invers zur Matrix $T=\begin{pmatrix}a&c\\b&d\end{pmatrix}$ ist.

5 Bestimmen Sie näherungsweise Fixgeraden, Eigenwerte und Eigenvektoren zu der in Bild 187/2 dargestellten Abbildung.

6 Zeigen Sie:
Ist M eine reguläre (2,2)-Matrix, dann gilt:
$M\cdot M^{-1}=M^{-1}\cdot M=E$.

7 Untersuchen Sie die in Bild 193/1 dargestellte Abbildung auf Fixgeraden, Eigenwerte und Eigenvektoren. Gibt es unter den Geraden auch eine Fixpunktgerade?

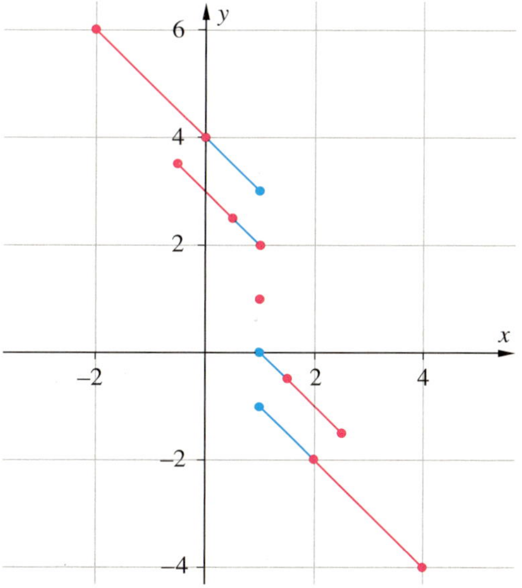

Bild 193/1

8 Zeigen Sie, dass für $p\neq 0$ stets gilt: $\begin{pmatrix}p&q\\0&p\end{pmatrix}=\begin{pmatrix}p&0\\0&p\end{pmatrix}\cdot\begin{pmatrix}1&\frac{q}{p}\\0&1\end{pmatrix}=\begin{pmatrix}1&\frac{q}{p}\\0&1\end{pmatrix}\cdot\begin{pmatrix}p&0\\0&p\end{pmatrix}$

Fixelemente

9 Bestimmen Sie die Fixpunkte der Abbildung zu $\vec{x}'=A\cdot\vec{x}+\vec{v}$

a) $A=\begin{pmatrix}1&2\\2&-1\end{pmatrix};\vec{v}=\begin{pmatrix}-4\\6\end{pmatrix}$ **b)** $A=\begin{pmatrix}-1&4\\3&-5\end{pmatrix};\vec{v}=\begin{pmatrix}6\\-9\end{pmatrix}$ **c)** $A=\begin{pmatrix}-4&2\\30&-11\end{pmatrix};\vec{v}=\begin{pmatrix}1\\-1\end{pmatrix}$

d) $A=\begin{pmatrix}0&3\\-2&6\end{pmatrix};\vec{v}=\begin{pmatrix}5\\-5\end{pmatrix}$ **e)** $A=\begin{pmatrix}9&-4\\6&-2\end{pmatrix};\vec{v}=\begin{pmatrix}6\\-2\end{pmatrix}$ **f)** $A=\begin{pmatrix}1&-2\\0&6\end{pmatrix};\vec{v}=\begin{pmatrix}4\\-10\end{pmatrix}$

AUFGABEN

10 Untersuchen Sie, ob die Gerade g Fixgerade der affinen Abbildung ist.

a) $\vec{x}=\begin{pmatrix}-2\\5\end{pmatrix}+t\begin{pmatrix}-1\\4\end{pmatrix}$; $\vec{x}'=\begin{pmatrix}2&1\\4&-1\end{pmatrix}\cdot\vec{x}+\begin{pmatrix}0\\6\end{pmatrix}$

b) $\vec{x}=\begin{pmatrix}5\\-2\end{pmatrix}+t\begin{pmatrix}3\\8\end{pmatrix}$; $\vec{x}'=\begin{pmatrix}2&-3\\5&9\end{pmatrix}\cdot\vec{x}+\begin{pmatrix}1\\-3\end{pmatrix}$

c) $\vec{x}=\begin{pmatrix}3\\-5\end{pmatrix}+t\begin{pmatrix}9\\4\end{pmatrix}$; $\vec{x}'=\begin{pmatrix}7&9\\4&2\end{pmatrix}\cdot\vec{x}+\begin{pmatrix}9\\-15\end{pmatrix}$

d) $\vec{x}=\begin{pmatrix}1\\-1\end{pmatrix}+t\begin{pmatrix}-2\\1\end{pmatrix}$; $\vec{x}'=\begin{pmatrix}5&-2\\3&1\end{pmatrix}\cdot\vec{x}+\begin{pmatrix}2\\-7\end{pmatrix}$

e) $\vec{x}=\begin{pmatrix}1\\-2\end{pmatrix}+t\begin{pmatrix}3\\-2\end{pmatrix}$; $\vec{x}'=\begin{pmatrix}-2&3\\4&2\end{pmatrix}\cdot\vec{x}+\begin{pmatrix}14\\-4\end{pmatrix}$

f) $\vec{x}=\begin{pmatrix}0\\2\end{pmatrix}+t\begin{pmatrix}3\\-1\end{pmatrix}$; $\vec{x}'=\begin{pmatrix}2&1\\-1&3\end{pmatrix}\cdot\vec{x}+\begin{pmatrix}4\\-8\end{pmatrix}$

g) $\vec{x}=\begin{pmatrix}3\\-1\end{pmatrix}+t\begin{pmatrix}2\\1\end{pmatrix}$; $\vec{x}'=\begin{pmatrix}3&4\\4&-3\end{pmatrix}\cdot\vec{x}+\begin{pmatrix}10\\-10\end{pmatrix}$

Eigenwerte und Eigenvektoren

11 Bestimmen Sie charakteristische Gleichung, Eigenwerte und Eigenvektoren der Matrix.

a) $\begin{pmatrix}4&1\\-1&2\end{pmatrix}$ **b)** $\begin{pmatrix}3&5\\-2&3\end{pmatrix}$ **c)** $\begin{pmatrix}1&0\\3&5\end{pmatrix}$ **d)** $\begin{pmatrix}5&-9\\4&-7\end{pmatrix}$ **e)** $\begin{pmatrix}-2&1\\0&3\end{pmatrix}$ **f)** $\begin{pmatrix}3&2\\-3&4\end{pmatrix}$

g) $\begin{pmatrix}3&3\\3&3\end{pmatrix}$ **h)** $\begin{pmatrix}-2&5\\-3&1\end{pmatrix}$ **i)** $\begin{pmatrix}2&-2\\-2&2\end{pmatrix}$ **j)** $\begin{pmatrix}2&-3\\-3&10\end{pmatrix}$ **k)** $\begin{pmatrix}3&2\\-4&-3\end{pmatrix}$ **l)** $\begin{pmatrix}3&3\\-3&9\end{pmatrix}$

12 Bestimmen Sie drei Matrizen A, B und C, die keinen Eigenwert besitzen.

13 Gegeben sind die Gleichungen $(a-1)x+by=0$ und $-bx+(a+1)y=0$ mit $a^2+b^2=1$.

a) Zeigen Sie, dass die Gleichungen voneinander abhängig sind und die Eigenvektoren in der Form $\vec{x}_1=c\begin{pmatrix}a+1\\b\end{pmatrix}$ angegeben werden können.

b) Zeigen Sie das auch für die Gleichungen $(a+1)x+by=0$ und $bx+(1-a)y=0$ mit $a^2+b^2=1$ und die Eigenvektoren $\vec{x}_2=c\begin{pmatrix}a-1\\b\end{pmatrix}$.

14 Zeigen Sie: Ist $\vec{x}=\begin{pmatrix}x\\y\end{pmatrix}$ ein Eigenvektor zum Eigenwert k der Matrix $A=\begin{pmatrix}a&b\\c&d\end{pmatrix}$, dann sind die beiden Gleichungen $(a-k)x+by=0$ und $cx+(d-k)y=0$ voneinander abhängig.

14 Welche Bedingungen müssen die Matrixelemente erfüllen, damit die Matrix

a) genau zwei Eigenwerte hat;

b) genau einen Eigenwert hat;

c) keinen Eigenwerte hat;

d) zwei Eigenwerte k_1 und k_2 mit $k_1=-k_2$ hat?

Inverse Matrizen, Umkehrabbildungen

16 Bestimmen Sie die inverse Matrix.

a) $\begin{pmatrix} 3 & 2 \\ 4 & 3 \end{pmatrix}$ **b)** $\begin{pmatrix} 1 & -3 \\ -2 & 5 \end{pmatrix}$ **c)** $\begin{pmatrix} 3 & 2 \\ 13 & 9 \end{pmatrix}$ **d)** $\begin{pmatrix} -1 & 5 \\ 2 & -9 \end{pmatrix}$ **e)** $\begin{pmatrix} 2 & 1 \\ 8 & 5 \end{pmatrix}$ **f)** $\begin{pmatrix} 3 & -5 \\ -4 & 7 \end{pmatrix}$

g) $\begin{pmatrix} 2 & 5 \\ 3 & 9 \end{pmatrix}$ **h)** $\begin{pmatrix} 4 & 3 \\ 8 & 5 \end{pmatrix}$ **i)** $\frac{1}{2}\begin{pmatrix} -4 & 2 \\ 3 & -1 \end{pmatrix}$ **j)** $-\frac{1}{4}\begin{pmatrix} 1 & 4 \\ 3 & -2 \end{pmatrix}$ **k)** $\frac{1}{5}\begin{pmatrix} 3 & 7 \\ 2 & 3 \end{pmatrix}$ **l)** $\frac{1}{28}\begin{pmatrix} -1 & 5 \\ 6 & -2 \end{pmatrix}$

17 Die Affinität zu $\vec{x}' = A\vec{x}$ sei eine längentreue Affinität (Isometrie). Bestimmen Sie die Matrix der Umkehrabbildung. Was für eine Abbildung ist die Umkehrabbildung?

a) $A = \begin{pmatrix} a & b \\ b & -a \end{pmatrix}$ **b)** $A = \begin{pmatrix} a & b \\ -b & a \end{pmatrix}$ (jeweils mit $a^2 + b^2 = 1$)

18 Untersuchen Sie den Zusammenhang zwischen den Eigenwerten und Eigenvektoren einer umkehrbaren Affinität und ihrer Umkehrabbildung.

19 Zeigen Sie, dass eine Affinität genau dann umkehrbar ist, wenn 0 kein Eigenwert der Abbildungsmatrix ist.

Koordinatentransformation, Normaldarstellung

20 Vergleichen Sie bei den Matrizen A und $A^* = T^{-1}AT$ Eigenwerte und Determinanten. Welche Vermutungen ergeben sich daraus? Begründen Sie Ihre Ergebnisse allgemein.

a) $A = \begin{pmatrix} 5 & 1 \\ 2 & 4 \end{pmatrix}$; $T = \begin{pmatrix} 3 & 4 \\ 5 & 7 \end{pmatrix}$ **b)** $A = \begin{pmatrix} 6 & 1 \\ -1 & 4 \end{pmatrix}$; $T = \begin{pmatrix} 2 & 3 \\ -3 & -5 \end{pmatrix}$

c) $A = \begin{pmatrix} 10 & -2 \\ 3 & 7 \end{pmatrix}$; $T = \begin{pmatrix} 1 & 0 \\ -3 & -1 \end{pmatrix}$ **d)** $A = \begin{pmatrix} \sqrt{5} & 4 \\ 5 & -\sqrt{5} \end{pmatrix}$; $T = \begin{pmatrix} 1 & -1 \\ 3 & -2 \end{pmatrix}$

21 Es sei T eine reguläre Matrix

a) Zeigen Sie, dass für die Matrizen A und $A^* = T^{-1}AT$ stets gilt $|A^* - kE| = |A - kE|$.
Anleitung: Nutzen Sie die Gleichung $|A \cdot B| = |A| \cdot |B|$.

b) Was bedeutet dieser Sachverhalt für die Matrizen A und A^*?

22 Ermitteln Sie eine Normaldarstellung der Matrix.

a) $\begin{pmatrix} 9 & -2 \\ 12 & -1 \end{pmatrix}$ **b)** $\begin{pmatrix} 3 & -2 \\ 2 & -1 \end{pmatrix}$ **c)** $\begin{pmatrix} -16 & 6 \\ -45 & 17 \end{pmatrix}$ **d)** $\begin{pmatrix} -1 & -1 \\ 2 & 1 \end{pmatrix}$ **e)** $\begin{pmatrix} \sqrt{3} & 1 \\ -3 & \sqrt{3} \end{pmatrix}$ **f)** $\begin{pmatrix} \sqrt{3} & -1 \\ 3 & -\sqrt{3} \end{pmatrix}$

23 A, B und T sind Matrizen mit $B = T^{-1}AT$. Leiten Sie folgende Beziehungen her.

a) $B^2 = T^{-1}A^2T$ **b)** $B^3 = T^{-1}A^3T$ **c)** $B^4 = T^{-1}A^4T$ **d)** $B^{-1} = T^{-1}A^{-1}T$

24 Berechnen Sie A^4, indem Sie zuerst eine Normaldarstellung ermitteln und dann die Beziehung aus Aufgabe 23 c anwenden.

a) $A = \begin{pmatrix} 8 & 6 \\ -6 & -5 \end{pmatrix}$ **b)** $A = \begin{pmatrix} -2 & 9 \\ 1 & -2 \end{pmatrix}$ **c)** $A = \begin{pmatrix} 10 & 3 \\ 12 & -6 \end{pmatrix}$ **d)** $A = \begin{pmatrix} -5 & \sqrt{2} \\ 2\sqrt{2} & -2 \end{pmatrix}$

Um was für eine Abbildung handelt es sich?

25 Untersuchen Sie die Affinität zu $\vec{x}' = A\vec{x}$ mit der angegebenen Matrix A auf Fixpunkte, Eigenwerte, Eigenvektoren und Fixgeraden. Um was für eine Abbildung handelt es sich?

a) $\begin{pmatrix} 1 & 0 \\ -9 & -8 \end{pmatrix}$ **b)** $\begin{pmatrix} 0 & -4 \\ -4 & 0 \end{pmatrix}$ **c)** $\begin{pmatrix} -5 & 4 \\ -9 & 7 \end{pmatrix}$ **d)** $\begin{pmatrix} 2 & 2 \\ -0{,}5 & 0 \end{pmatrix}$ **e)** $\begin{pmatrix} -5 & 10 \\ -5 & 9 \end{pmatrix}$ **f)** $\begin{pmatrix} 4{,}6 & -1{,}6 \\ 10{,}4 & -3{,}4 \end{pmatrix}$

g) $\begin{pmatrix} -8 & -6 \\ 9 & 7 \end{pmatrix}$ **h)** $\begin{pmatrix} 0 & 5 \\ -5 & 10 \end{pmatrix}$ **i)** $\begin{pmatrix} 1 & -1 \\ 4 & 5 \end{pmatrix}$ **j)** $\begin{pmatrix} 34 & -25 \\ 50 & -36 \end{pmatrix}$ **k)** $\begin{pmatrix} 7 & -2 \\ 12 & -3 \end{pmatrix}$ **l)** $\begin{pmatrix} 1{,}4 & -1{,}6 \\ 3{,}6 & -3{,}4 \end{pmatrix}$

26 Zeigen Sie: Besitzt eine Abbildungsmatrix keinen einzigen Eigenwert, dann ist es eine Drehstreckung oder eine Drehung. *Anleitung*: Benutzen Sie eine Koordinatentransformation.

Anwendungen

27 Konstruieren Sie mit einem CAS eine Abbildungsmatrix A, die die folgenden Fixgeraden und Eigenwerte hat. Um welchen Abbildungstyp handelt es sich? Machen Sie die Auswirkung der Abbildung deutlich, indem Sie sie auf eine geeignete Punktmenge anwenden.

a) $k_1 = 1; k_2 = -3; \vec{x}_1 = c\begin{pmatrix} 2 \\ 3 \end{pmatrix}; \vec{x}_2 = c\begin{pmatrix} 1 \\ 2 \end{pmatrix}$

b) $k = 1; \vec{x} = c\begin{pmatrix} 1 \\ 7 \end{pmatrix}$

c) $k_1 2 =; k_2 = -1; \vec{x}_1 = c\begin{pmatrix} 1 \\ -1 \end{pmatrix}; \vec{x}_2 = c\begin{pmatrix} -2 \\ 3 \end{pmatrix}$

d) $k = 1; \vec{x}_1 = c\begin{pmatrix} 1 \\ 7 \end{pmatrix}; \vec{x}_2 = c\begin{pmatrix} 7 \\ 1 \end{pmatrix}$

e) $k_1 = 2; k_2 = -3; \vec{x}_1 = c\begin{pmatrix} -1 \\ 1 \end{pmatrix}; \vec{x}_2 = c\begin{pmatrix} 0 \\ 1 \end{pmatrix}$

f) $k = -1; \vec{x} = c\begin{pmatrix} 3 \\ 1 \end{pmatrix}$

g) $k_1 = -1; k_2 = -2; \vec{x}_1 = c\begin{pmatrix} 3 \\ -2 \end{pmatrix}; \vec{x}_2 = c\begin{pmatrix} -5 \\ 3 \end{pmatrix}$

h) $k = -2; \vec{x}_1 = c\begin{pmatrix} 3 \\ 1 \end{pmatrix}; \vec{x}_2 = c\begin{pmatrix} -1 \\ 2 \end{pmatrix}$

i) $k = 5; \vec{x}_1 = c\begin{pmatrix} -2 \\ 5 \end{pmatrix}; \vec{x}_2 = c\begin{pmatrix} 1 \\ 2 \end{pmatrix}$

j) $k = 5; \vec{x} = c\begin{pmatrix} -2 \\ 5 \end{pmatrix}$

28 Gegeben sind die Matrizen

$$A = \tfrac{1}{2}\begin{pmatrix} \sqrt{3}+1 & -\sqrt{3} \\ 2\sqrt{3} & 1-\sqrt{3} \end{pmatrix} \quad \text{und} \quad B = \tfrac{1}{4}\begin{pmatrix} \sqrt{3}+4 & -3 \\ \sqrt{3}+3 & 7-\sqrt{3} \end{pmatrix}$$

Zeigen Sie mithilfe eines CAS, dass sich die Abbildung mit der Abbildungsmatrix A als Kombination einer 60°-Drehung und einer Eulerschen Affinität mit der Matrix B darstellen lässt. Sie können dazu auch eine Normaldarstellung verwenden.

29 Bei graphischen Computeranwendungen müssen oft Potenzen von Matrizen berechnet werden. Untersuchen Sie, warum und unter welchen Bedingungen es sinnvoller sein kann, statt der Potenz A^n zunächst die Potenz B^n mit $B = T^{-1}AT$ zu berechnen.

30 Reinigt man mit einem Hochdruckreiniger beispielsweise eine Treppe, kann man leicht selbst nass gespritzt werden. Vergleichen Sie die Situation mit der des Auftrags A3.

4.4 Abbildungen des Raumes

A1 Architektenpläne

Ein Architektenplan soll Bauherren nicht nur anschaulich machen, wie das künftige Haus ungefähr aussehen wird; er ist auch Grundlage für die Kalkulation und für die spätere Bauausführung.

Stellen Sie das abgebildete Haus mit Satteldach im Grundriss, Aufriss und Seitenriss dar und geben Sie die entsprechenden Abbildungsmatrizen an.

Zeichen Sie ein anschauliches räumliches Bild und ermitteln Sie die zugehörigen Abbildungsmatrizen. Sie können Ihr Ergebnis auch mit einem CAS überprüfen.

Bild 197/1: Albert-Haus „Junge Familie“

A2 Kunst und Mathematik

Bei dem Marienaltarbild (Bild 197/2) eines oberrheinischen Meisters aus dem 15. Jahrhundert dürfte es sich um eine der frühesten Darstellungen geschlossener Innenräume der deutschen Tafelmalerei handeln.

Betrachten Sie zunächst das Bild und beschreiben Sie Ihre Eindrücke.

Wie hat der Maler den durch Balken begrenzten Teil des Raumes oder das Kästchen links im Vordergrund dargestellt?

Sind diese Darstellungen realistisch?

Gibt es eine Abbildung, mit der ein Quader in ähnlicher Weise zweidimensional dargestellt werden kann? Wie werden andere Bildelemente in der Zeichenebene dargestellt?

Später bedienten sich die Maler der Ihnen sicherlich aus dem Kunstunterricht bekannten Zentralperspektive, um ihre Bilder realistischer wirken zu lassen.

Bild 197/2: Josephs Zweifel (Matthäus 1, 18–25)

AUFTRÄGE

A3 Visualisierung verketteter Funktionen

Durch die Funktionsterme $\sin^2 x$ und $\sin x^2$ sind zwei verkettete Funktionen gegeben. Vergleichen Sie die Funktionen miteinander, indem Sie deren Graphen in der xy-Ebene darstellen sowie die Graphen der inneren Funktionen in die xz-Ebene und die Graphen der äußeren Funktionen in die yz-Ebene projizieren. Verfahren Sie dabei wie in den Bildern 198/1 und 198/2.

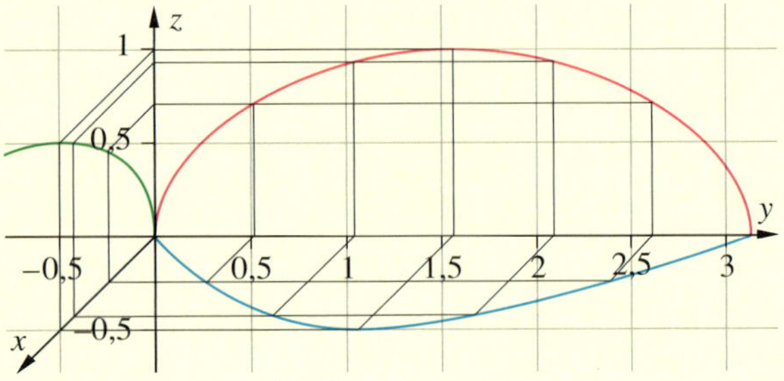

Bild 198/1: $f(x) = \sqrt{\sin x}$

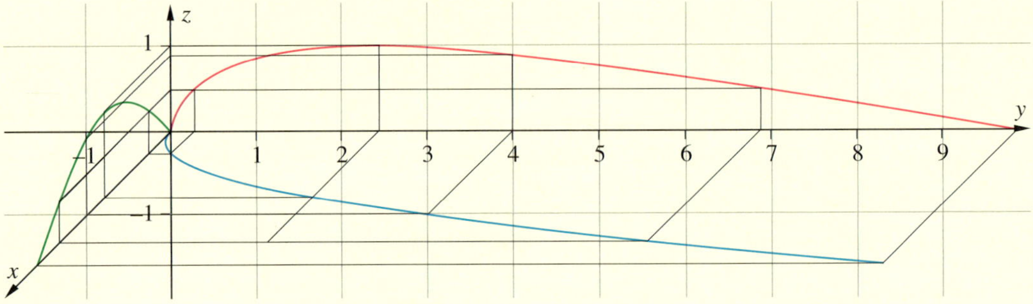

Bild 198/2: $f(x) = \sin\sqrt{x}$

A4 Ein Würfel steht auf einer Ecke

Ein Würfel steht mit einer Ecke so auf einer ebenen Fläche, dass die Würfeldiagonale senkrecht zu dieser Fläche ist (Bild 198/3).

Stellen Sie die Situation mit einer Projektion dar.

Sorgen Sie dafür, dass verdeckte Linien nicht mit gezeichnet werden.

Probieren Sie auch andere Projektionen als die hier dargestellte aus.

Bild 198/3

Darstellung dreidimensionaler Körper

Wir bearbeiten den Auftrag A4.

Für dreidimensionale Darstellungen, also für **Projektionen** des Raumes auf eine Ebene, haben wir bisher Koordinatensysteme benutzt, bei denen die x-Achse mit der horizontalen y-Achse und der vertikalen z-Achse einen Winkel von 135° bildet. Man kann dabei auf allen drei Achsen gleiche Längeneinheiten wählen; man kann aber auch die Längeneinheit in x-Richtung verkürzen.

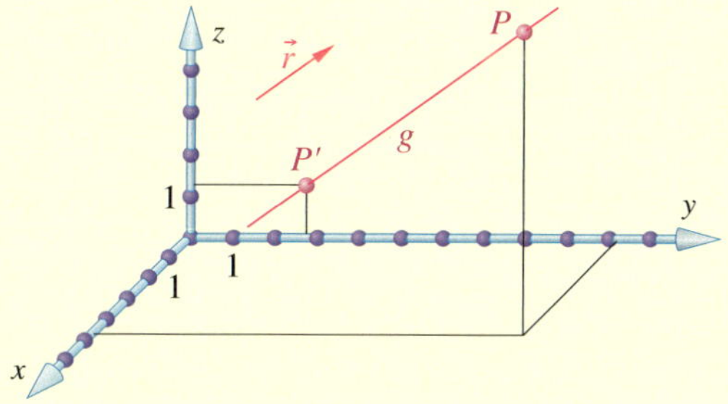

Bild 199/1: Parallelprojektion auf die yz-Ebene

Eine solche Darstellung ist eine Parallelprojektion des Raumes auf die yz-Ebene (Bild 199/1). Die Projektionsrichtung wird durch einen Vektor $\vec{r}$ bestimmt. Der Bildpunkt P' eines Punktes P ist der Schnittpunkt der yz-Ebene mit der zu $\vec{r}$ parallelen Geraden g durch P.

Zur yz-Ebene parallele Flächen werden dabei in unveränderter Größe dargestellt, während nach „vorn" oder „hinten" in x-Richtung weisende Strecken mehr oder weniger verkürzt werden.

Wählt man $\vec{r} = \begin{pmatrix} 1 \\ 0{,}5 \\ 0{,}5 \end{pmatrix}$, dann ist der Bildpunkt von $P(p_1 \,|\, p_2 \,|\, p_3)$ der Schnittpunkt der yz-Ebene mit der zu $\vec{r}$ parallelen Geraden durch P, also der Punkt $P'(0 \,|\, p_2 - 0{,}5p_1 \,|\, p_3 - 0{,}5p_1)$. Die Bildpunkte der Einheitspunkte $E_1(1\,|\,0\,|\,0)$, $E_2(0\,|\,1\,|\,0)$ und $E_3(0\,|\,0\,|\,1)$ des Koordinatensystems sind $E_1'(0\,|\,-0{,}5\,|\,-0{,}5)$, $E_2'(0\,|\,1\,|\,0)$ und $E_3'(0\,|\,0\,|\,1)$.

Die zugehörige Abbildungsmatrix P enthält die y- und z-Koordinaten von E_1', E_2' und E_3' als Spaltenvektoren:

$$P = \begin{pmatrix} -0{,}5 & 1 & 0 \\ -0{,}5 & 0 & 1 \end{pmatrix}.$$

Ein Würfel ist bestimmt durch seine Ecken. Wir stellen ihn zunächst in einer Lage dar, bei der eine Ecke im Ursprung und je eine weitere Ecke auf den positiven Koordinatenachsen liegt. Man erhält die Bildpunkte der Würfelecken, indem man die Matrix P mit den Ortsvektoren der Eckpunkte multipliziert. Für den am weitesten vom Ursprung entfernten Eckpunkt mit den Koordinaten $(1\,|\,1\,|\,1)$ erhält man beispielsweise

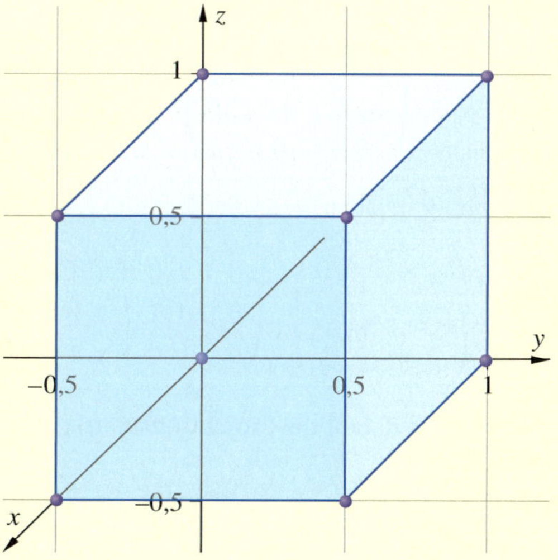

Bild 199/2: Würfel in Ausgangslage

$$\begin{pmatrix} -0{,}5 & 1 & 0 \\ -0{,}5 & 0 & 1 \end{pmatrix} \cdot \begin{pmatrix} 1 \\ 1 \\ 1 \end{pmatrix} = \begin{pmatrix} 0{,}5 \\ 0{,}5 \end{pmatrix}$$; der Bildpunkt hat also die Koordinaten $(0{,}5\,|\,0{,}5)$.

Fasst man die Ortsvektoren der Eckpunkte in einer Matrix zusammen, so erhält man in einem Schritt die Koordinaten aller Bildpunkte:

$$\begin{pmatrix} -0{,}5 & 1 & 0 \\ -0{,}5 & 0 & 1 \end{pmatrix} \cdot \begin{pmatrix} 0 & 1 & 1 & 0 & 0 & 1 & 1 & 0 \\ 0 & 0 & 1 & 1 & 1 & 1 & 0 & 0 \\ 0 & 0 & 0 & 0 & 1 & 1 & 1 & 1 \end{pmatrix} = \begin{pmatrix} 0 & -0{,}5 & 0{,}5 & 1 & 1 & 0{,}5 & -0{,}5 & 0 \\ 0 & -0{,}5 & -0{,}5 & 0 & 1 & 0{,}5 & 0{,}5 & 1 \end{pmatrix}$$

Die Eckpunkte des Würfels können nun gezeichnet werden (Bild 199/2); die Kanten lassen sich dann leicht ergänzen.

Drehung um die *z*-Achse

Wir wollen nun schrittweise den Würfel aus der in Bild 199/2 dargestellten Ausgangslage in die gewünschte Lage bringen. Dazu drehen wir ihn zunächst mit einem Drehwinkel von 45° um die z-Achse.

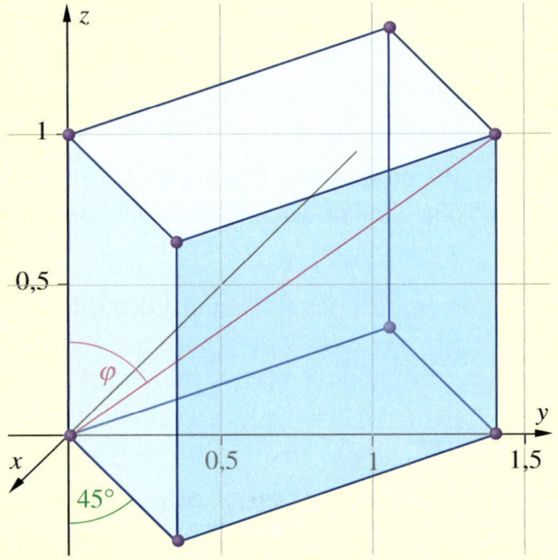

Bild 200/1: Würfel um die z-Achse gedreht

Bei einer solchen Drehung ändern sich die z-Koordinaten nicht. Auf die beiden anderen Koordinaten können wir die von ebenen Drehungen bereits bekannte Drehmatrix

$$\begin{pmatrix} \cos 45° & -\sin 45° \\ \sin 45° & \cos 45° \end{pmatrix} = \begin{pmatrix} \frac{1}{2}\sqrt{2} & -\frac{1}{2}\sqrt{2} \\ \frac{1}{2}\sqrt{2} & \frac{1}{2}\sqrt{2} \end{pmatrix}$$

anwenden. Daher ist

$$D_z = \begin{pmatrix} \frac{1}{2}\sqrt{2} & -\frac{1}{2}\sqrt{2} & 0 \\ \frac{1}{2}\sqrt{2} & \frac{1}{2}\sqrt{2} & 0 \\ 0 & 0 & 1 \end{pmatrix}$$

die Abbildungsmatrix für die Drehung um die z-Achse. Für die Würfelpunkte ergibt sich:

$$\begin{pmatrix} \frac{\sqrt{2}}{2} & -\frac{\sqrt{2}}{2} & 0 \\ \frac{\sqrt{2}}{2} & \frac{\sqrt{2}}{2} & 0 \\ 0 & 0 & 1 \end{pmatrix} \cdot \begin{pmatrix} 0 & 1 & 1 & 0 & 0 & 1 & 1 & 0 \\ 0 & 0 & 1 & 1 & 1 & 1 & 0 & 0 \\ 0 & 0 & 0 & 0 & 1 & 1 & 1 & 1 \end{pmatrix} = \begin{pmatrix} 0 & \frac{1}{2}\sqrt{2} & 0 & -\frac{1}{2}\sqrt{2} & -\frac{1}{2}\sqrt{2} & 0 & \frac{1}{2}\sqrt{2} & 0 \\ 0 & \frac{1}{2}\sqrt{2} & \sqrt{2} & \frac{1}{2}\sqrt{2} & \frac{1}{2}\sqrt{2} & \frac{1}{2}\sqrt{2} & \sqrt{2} & 0 \\ 0 & 0 & 0 & 0 & 1 & 1 & 1 & 1 \end{pmatrix}$$

Wendet man darauf die Projektionsmatrix P an, so erhält man schließlich:

$$\frac{1}{4}\begin{pmatrix} 0 & \sqrt{2} & 4\sqrt{2} & 3\sqrt{2} & 3\sqrt{2} & 4\sqrt{2} & \sqrt{2} & 0 \\ 0 & -\sqrt{2} & 0 & \sqrt{2} & \sqrt{2}+4 & 4 & 4-\sqrt{2} & 4 \end{pmatrix} \approx \begin{pmatrix} 0 & 0{,}35 & 1{,}41 & 1{,}06 & 1{,}06 & 1{,}41 & 0{,}35 & 0 \\ 0 & -0{,}35 & 0 & 0{,}35 & 1{,}35 & 1 & 0{,}65 & 1 \end{pmatrix}$$

Man kann nun wieder die Eckpunkte des Würfels zeichnen und die Kanten ergänzen (Bild 200/1).

Drehung um die *x*-Achse

Nun ist noch eine Drehung um die x-Achse erforderlich mit einem Drehwinkel, der so groß ist wie der Winkel zwischen der z-Achse und der Raumdiagonalen (Bild 200/1).

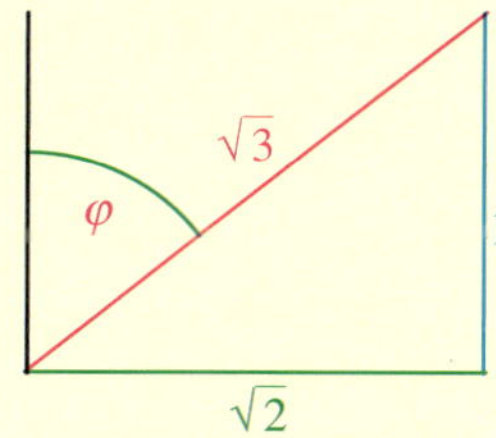

Bild 201/1: Drehwinkel

Die Längen der Flächen- und der Raumdiagonale ergeben sich aus dem Satz des Pythagoras (Bild 201/1); für den Winkel erhält man:

$$\sin\varphi = \frac{\sqrt{2}}{\sqrt{3}} = \frac{1}{3}\sqrt{6} \quad \text{und} \quad \cos\varphi = \frac{1}{\sqrt{3}} = \frac{1}{3}\sqrt{3}$$

Für die Drehmatrix D_x bedeutet das

$$D_x = \begin{pmatrix} 1 & 0 & 0 \\ 0 & \cos\varphi & -\sin\varphi \\ 0 & \sin\varphi & \cos\varphi \end{pmatrix} = \begin{pmatrix} 1 & 0 & 0 \\ 0 & \frac{1}{3}\sqrt{3} & -\frac{1}{3}\sqrt{6} \\ 0 & \frac{1}{3}\sqrt{6} & \frac{1}{3}\sqrt{3} \end{pmatrix}$$

und man erhält

$$\begin{pmatrix} 1 & 0 & 0 \\ 0 & \frac{1}{3}\sqrt{3} & -\frac{1}{3}\sqrt{6} \\ 0 & \frac{1}{3}\sqrt{6} & \frac{1}{3}\sqrt{3} \end{pmatrix} \cdot \begin{pmatrix} 0 & \frac{1}{2}\sqrt{2} & 0 & -\frac{1}{2}\sqrt{2} & -\frac{1}{2}\sqrt{2} & 0 & \frac{1}{2}\sqrt{2} & 0 \\ 0 & \frac{1}{2}\sqrt{2} & \sqrt{2} & \frac{1}{2}\sqrt{2} & \frac{1}{2}\sqrt{2} & \frac{1}{2}\sqrt{2} & \sqrt{2} & 0 \\ 0 & 0 & 0 & 0 & 1 & 1 & 1 & 1 \end{pmatrix}$$

$$= \begin{pmatrix} 0 & \frac{1}{2}\sqrt{2} & 0 & -\frac{1}{2}\sqrt{2} & -\frac{1}{2}\sqrt{2} & 0 & \frac{1}{2}\sqrt{2} & 0 \\ 0 & \frac{1}{6}\sqrt{6} & \frac{1}{3}\sqrt{6} & \frac{1}{6}\sqrt{6} & -\frac{1}{6}\sqrt{6} & 0 & -\frac{1}{6}\sqrt{6} & -\frac{1}{3}\sqrt{6} \\ 0 & \frac{1}{3}\sqrt{3} & \frac{2}{3}\sqrt{3} & \frac{1}{3}\sqrt{3} & \frac{2}{3}\sqrt{3} & \sqrt{3} & \frac{2}{3}\sqrt{3} & \frac{1}{3}\sqrt{3} \end{pmatrix}$$

Wendet man darauf wieder die Projektionsmatrix P an, so erhält man schließlich:

$$\begin{pmatrix} 0 & \frac{1}{6}\sqrt{6}-\frac{1}{4}\sqrt{2} & \frac{1}{3}\sqrt{6} & \frac{1}{4}\sqrt{2}+\frac{1}{6}\sqrt{6} & \frac{1}{4}\sqrt{2}-\frac{1}{6}\sqrt{6} & 0 & -\frac{1}{4}\sqrt{2}-\frac{1}{6}\sqrt{6} & -\frac{1}{3}\sqrt{6} \\ 0 & \frac{1}{3}\sqrt{3}-\frac{1}{4}\sqrt{2} & \frac{2}{3}\sqrt{3} & \frac{1}{4}\sqrt{2}+\frac{1}{3}\sqrt{3} & \frac{1}{4}\sqrt{2}+\frac{2}{3}\sqrt{3} & \sqrt{3} & \frac{2}{3}\sqrt{3}-\frac{1}{4}\sqrt{2} & \frac{1}{3}\sqrt{3} \end{pmatrix}$$

$$\approx \begin{pmatrix} 0 & 0{,}05 & 0{,}82 & 0{,}76 & -0{,}05 & 0 & -0{,}76 & -0{,}82 \\ 0 & 0{,}22 & 1{,}15 & 0{,}93 & 1{,}51 & 1{,}73 & 0{,}80 & 0{,}58 \end{pmatrix}$$

Bild 202/1 zeigt den zweimal gedrehten Würfel. In Bild 202/2 sind die Abbildungen noch einmal im Zusammenhang dargestellt. Durch die Drehung mit D_z wird der blaue Würfel zunächst auf den roten Würfel abgebildet; dieser Würfel wird dann durch die Drehung mit D_x auf den grünen Würfel abgebildet.

Man kann die beiden Drehungen auch durch eine einzige Abbildung ersetzen; man erhält die zugehörige Abbildungsmatrix A als Produkt der Matrizen D_z und D_x:

$$A = D_x \cdot D_z = \frac{1}{6}\begin{pmatrix} 3\sqrt{2} & -3\sqrt{2} & 0 \\ \sqrt{6} & \sqrt{6} & -2\sqrt{6} \\ 2\sqrt{3} & 2\sqrt{3} & 2\sqrt{3} \end{pmatrix}$$

Überprüfen Sie das selbst (Aufgabe 1 auf Seite 206).

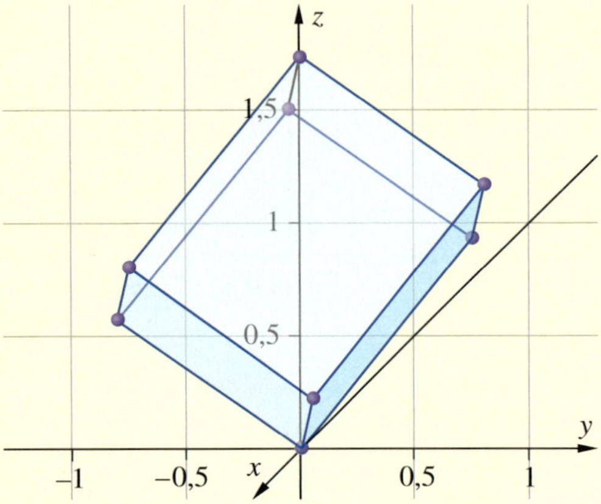

Bild 202/1: *Zweimal gedrehter Würfel*

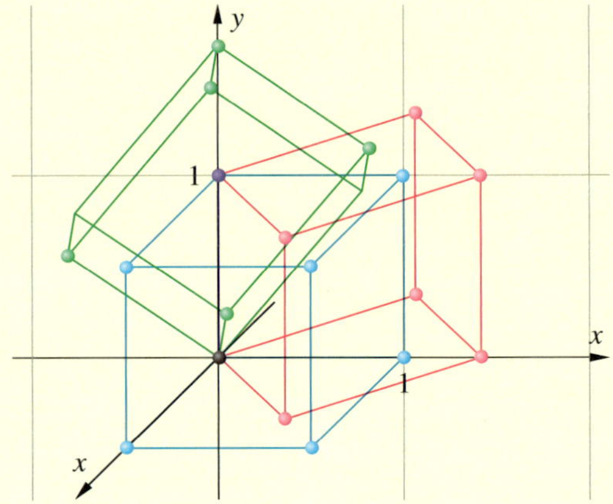

Bild 202/2: *Zusammenfassung*

Weitere Projektionen

Wir wollen kurz weitere Projektionen vorstellen, mit denen man räumliche Figuren in einer Ebene darstellen kann. Um sie miteinander vergleichen zu können, stellen wir jeweils dasselbe Objekt dar (Bild 202/3).

In Bild 202/3 wurde eine Projektion gewählt, die man aus dem Kunstunterricht kennt, eine **Zentralprojektion**. Zentralprojektionen entsprechen dem realen Eindruck am besten, sind aber nicht parallelentreu; parallele Geraden können sich nämlich in einem **Fluchtpunkt** treffen. Zentralprojektionen sind also keine affinen Abbildungen. Wir gehen deshalb auf diese Abbildungen nicht näher ein.

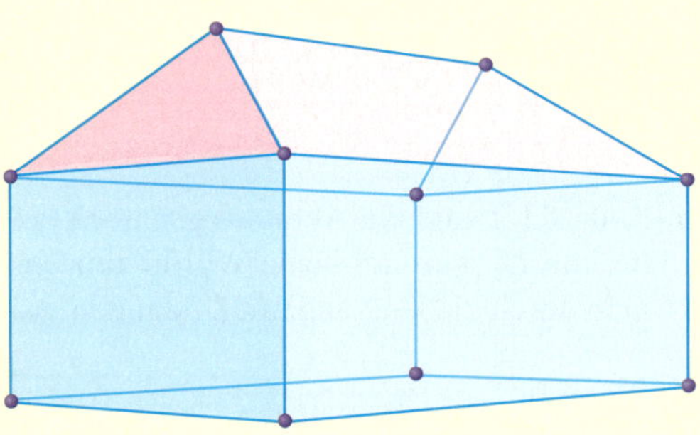

Bild 202/3: *Haus mit Walmdach*

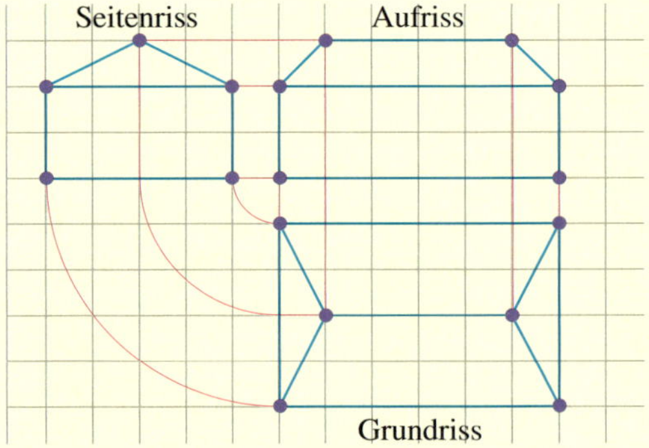

Bild 202/4: *Drei-Tafel-Projektion des Hauses*

Tafelprojektionen

Die einfachste Parallelprojektion ist die **Tafelprojektion** in eine Koordinatenebene. Die Bilder heißen **Grundriss** (xy-Ebene), **Aufriss** (yz-Ebene) und **Seitenriss** (xz-Ebene). Werden – wie in Bild 202/4 – alle drei Risse dargestellt, spricht man von einer **Drei-Tafel-Projektion**.

Tafelprojektionen sind, was für Architektenpläne besonders wichtig ist, in der Projektionsebene längen-, winkel- und flächentreu; man hat jedoch keinen räumlichen Eindruck.

Man erhält beispielsweise die Projektionsmatrix P_G für den Grundriss, indem man die räumlichen Einheitsvektoren so zuordnet

$$\begin{pmatrix}1\\0\\0\end{pmatrix} \to \begin{pmatrix}0\\-1\end{pmatrix},\ \begin{pmatrix}0\\1\\0\end{pmatrix} \to \begin{pmatrix}1\\0\end{pmatrix},\ \begin{pmatrix}0\\0\\1\end{pmatrix} \to \begin{pmatrix}0\\0\end{pmatrix} \ \Rightarrow\ P_G = \begin{pmatrix}0 & 1 & 0\\-1 & 0 & 0\end{pmatrix}$$

Bestimmen Sie entsprechend selbst die Projektionsmatrizen P_A für den Aufriss und P_S für den Seitenriss (Aufgabe 3 auf Seite 206).

Kavalier- und Kabinettprojektion

Von französischen Festungs-Baumeistern, vor allem von GASPARD MONGE (1746–1818), wurden im 18. Jahrhundert Projektionsverfahren entwickelt, mit denen sich sehr einfach anschauliche Bilder erzeugen lassen.

Bei der **Kavalierprojektion** wählt man die yz-Ebene als Projektionsebene und zeichnet schräg dazu die x-Achse; diese Achse wird meist zusätzlich verkürzt (Bild 203/1). Man erhält die Projektionsmatrix P, indem man die räumlichen Einheitsvektoren so zuordnet

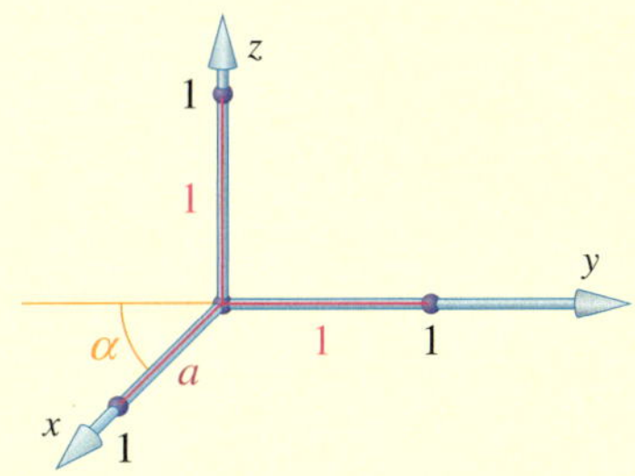

Bild 203/1: Eine schräge Achse

$$\begin{pmatrix}1\\0\\0\end{pmatrix} \to \begin{pmatrix}-a\cos\alpha\\-a\sin\alpha\end{pmatrix},\ \begin{pmatrix}0\\1\\0\end{pmatrix} \to \begin{pmatrix}1\\0\end{pmatrix},\ \begin{pmatrix}0\\0\\1\end{pmatrix} \to \begin{pmatrix}0\\1\end{pmatrix} \ \Rightarrow\ P = \begin{pmatrix}-a\cos\alpha & 1 & 0\\-a\sin\alpha & 0 & 1\end{pmatrix}$$

Setzt man $a = \frac{1}{2}\sqrt{2}$ und $\alpha = 45$, so ist $P = \begin{pmatrix}-0{,}5 & 1 & 0\\-0{,}5 & 0 & 1\end{pmatrix}$. Dies ist die Matrix, mit der wir bisher Schrägbilder erzeugt haben. Bei Schrägbildern handelt es sich also um einen Sonderfall der Kavalierprojektion (Bild 203/1).

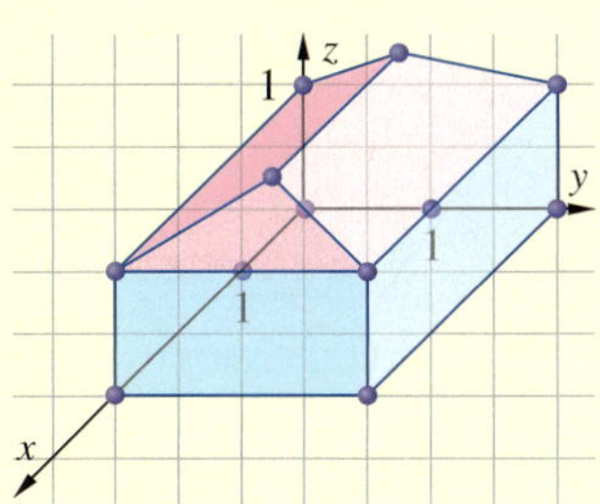

Bild 203/2: Kavalierprojektion

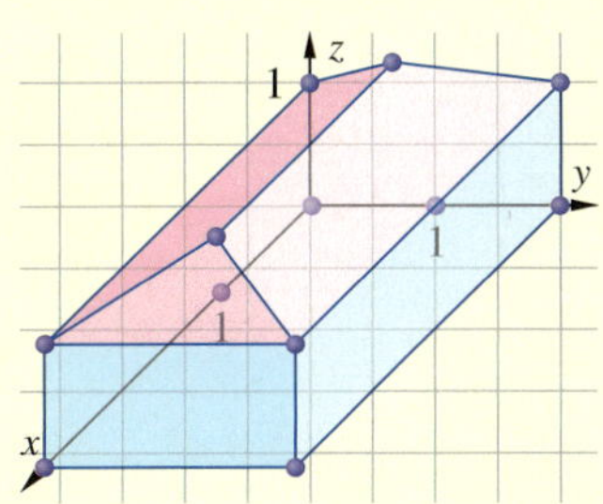

Bild 203/3: Kavalierprojektion

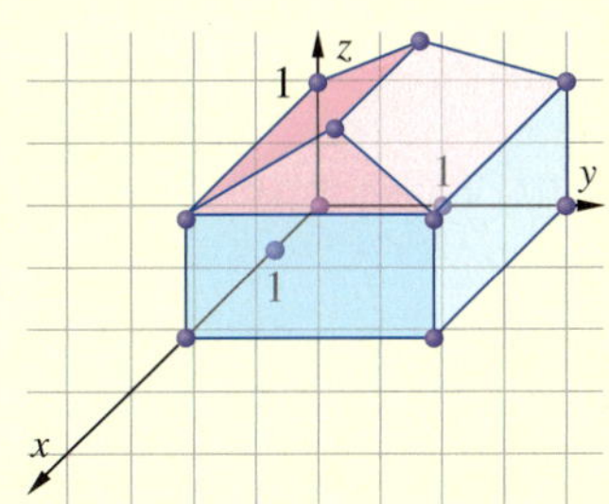

Bild 203/4: Kabinettprojektion

Bei Bild 203/3 handelt es sich um eine Kavalierprojektion mit $a = 1$ und bei Bild 203/4 um eine Kavalierprojektion mit $a = \frac{1}{2}$, die man auch **Kabinettprojektion** nennt.

Projektionen mit zwei schrägen Achsen

Zeichnet man zwei Achsen schräg wie in Bild 204/1 und lässt ferner zu, dass die Längen auf diesen Achsen gestreckt oder gestaucht werden, so erhält man verschiedene Projektionen, bei denen die Projektionsmatrix jeweils die Form hat

$$P = \begin{pmatrix} -a\cos\alpha & b\cos\beta & 0 \\ -a\sin\alpha & -b\sin\beta & 1 \end{pmatrix}.$$

Wählt man $a = b = 1$, $\alpha = 60°$ und $\beta = 30°$, erhält man die **Militärprojektion** (Bilder 204/2 und 204/3).

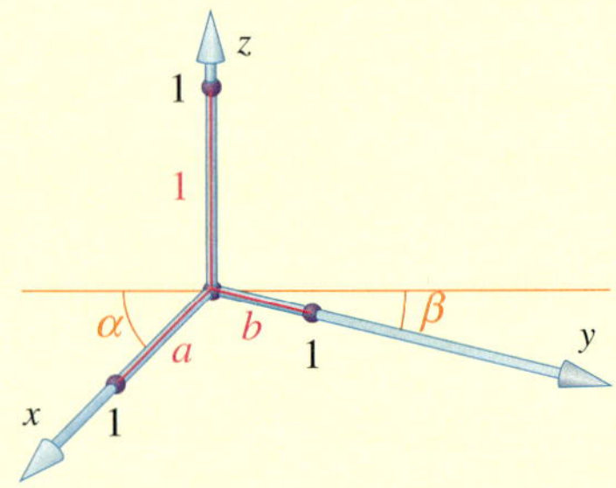

Bild 204/1: Zwei schräge Achsen

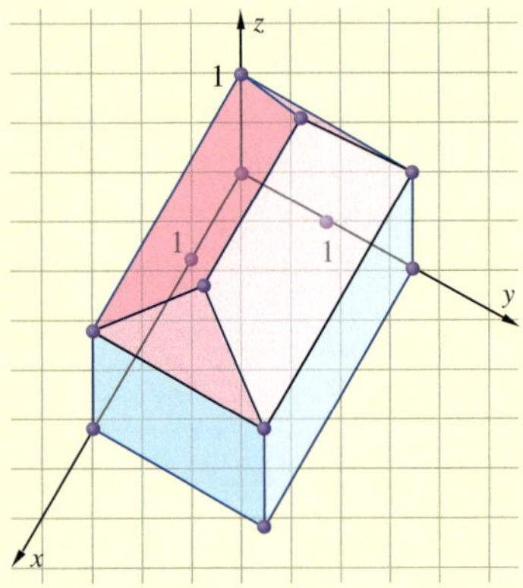

Bild 204/2: Haus …

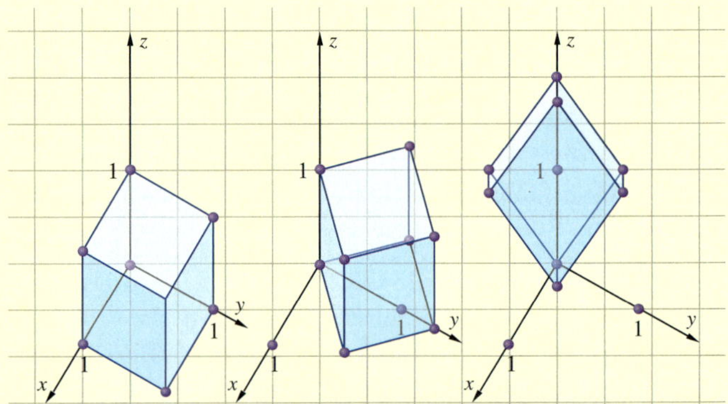

Bild 204/3: … und gedrehter Würfel in Militärprojektion

Mit $a = b = 1$, $\alpha = 30°$ und $\beta = 30°$ erhält man die **Isometrie** (Bilder 204/4 und 204/5).

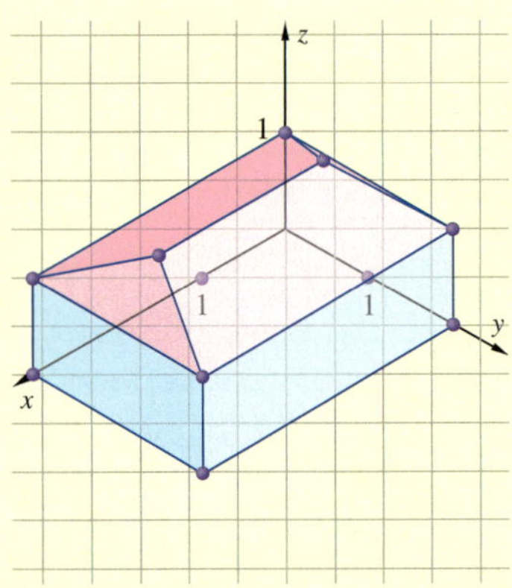

Bild 204/4: Haus …

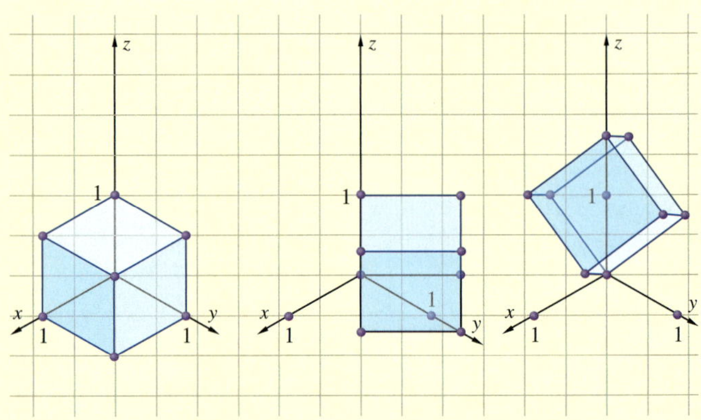

Bild 204/5: … und gedrehter Würfel in isometrischer Projektion

Für technische Zeichnungen wird häufig eine weitere Darstellung mit zwei schrägen Achsen benutzt, die **Dimetrie**. Bei dieser Projektion ist $a = \frac{1}{2}$, $b = 1$, $\alpha = 42°$ und $\beta = 7°$; man erhält sehr anschauliche räumliche Darstellungen, wie die Bilder 205/1 und 205/2 zeigen.

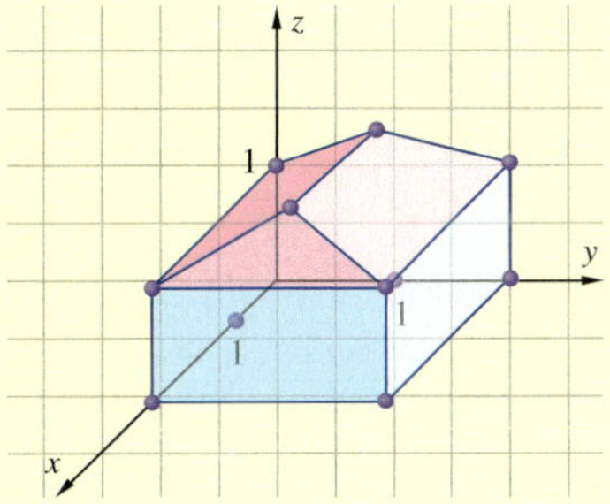

Bild 205/1: Haus ...

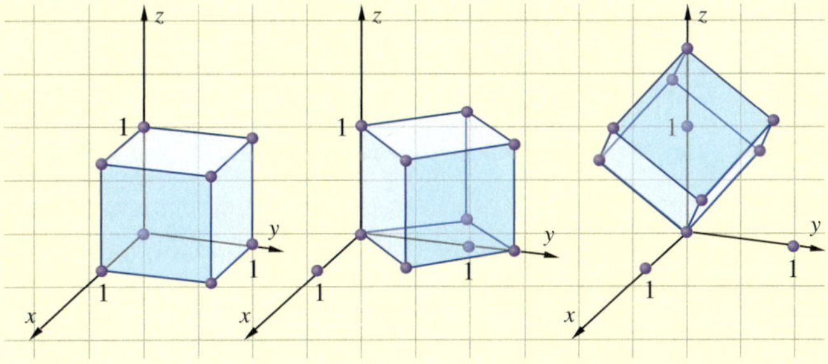

Bild 205/2: ... und gedrehter Würfel in dimetrischer Projektion

Wie die Bilder 205/3 bis 205/6 zeigen, werden Kugeln in Kavalier- oder Militärprojektion sehr schlecht dargestellt. Dagegen lässt sich eine Kugel bei einer Isometrie eindeutig erkennen. Auch eine Dimetrie liefert ein recht gutes Bild einer Kugel.

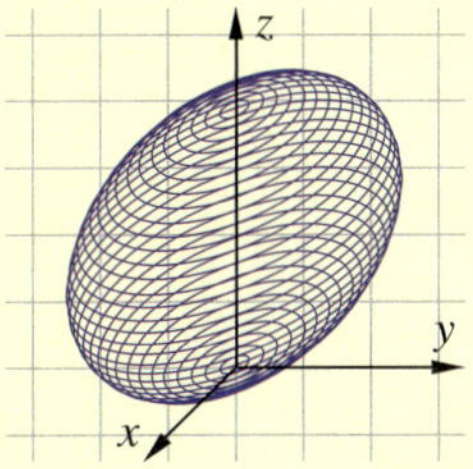

Bild 205/3: Kavalierp.

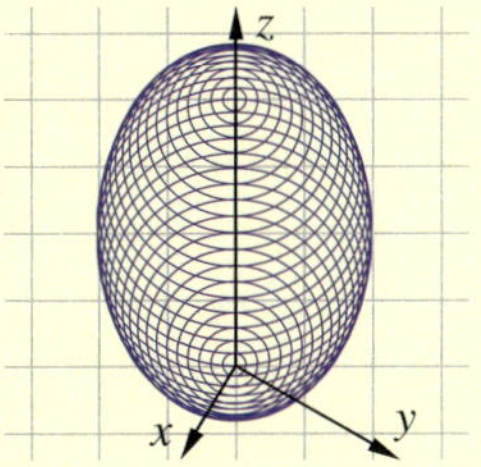

Bild 205/4: Militärp.

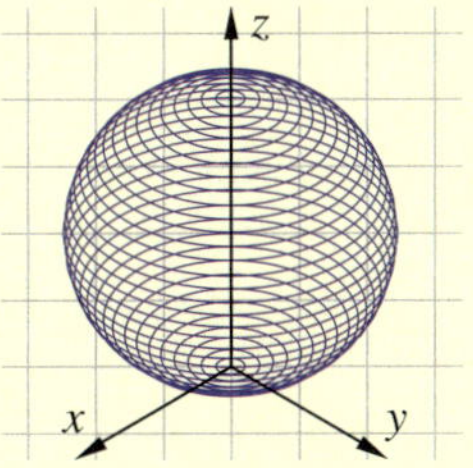

Bild 205/5: Isometrie

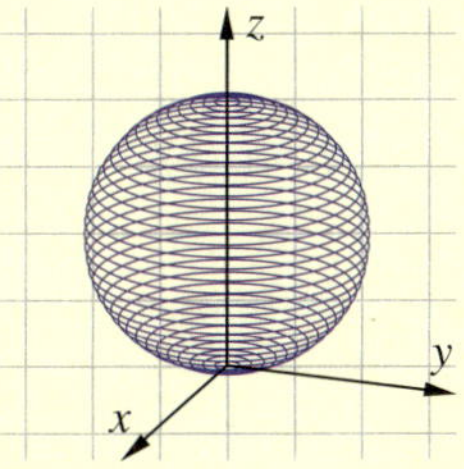

Bild 205/6: Dimetrie

Wir fassen zusammen

Durch die Gleichung $\vec{x}' = A \cdot \vec{x} + \vec{v}$ ist auch im Raum eine affine Abbildungen gegeben. Wir haben uns auf die Untersuchung von Abbildungen mit $\vec{v} = \vec{0}$ beschränkt.

Drehungen um die Koordinatenachsen sind bestimmt durch die Abbildungsmatrizen

$$D_x = \begin{pmatrix} 1 & 0 & 0 \\ 0 & \cos\varphi & -\sin\varphi \\ 0 & \sin\varphi & \cos\varphi \end{pmatrix}, \quad D_y = \begin{pmatrix} \cos\varphi & 0 & \sin\varphi \\ 0 & 1 & 0 \\ -\sin\varphi & 0 & \cos\varphi \end{pmatrix} \quad \text{und} \quad D_z = \begin{pmatrix} \cos\varphi & -\sin\varphi & 0 \\ \sin\varphi & \cos\varphi & 0 \\ 0 & 0 & 1 \end{pmatrix}.$$

Besondere Bedeutung haben Abbildungen, die es gestatten dreidimensionale Objekte auf Papier oder auf einem Bildschirm darzustellen. Solche Abbildungen des Raumes in eine Ebene heißen **Projektionen**. Man unterscheidet **Parallelprojektionen** und **Zentralprojektionen**.

Parallelprojektionen sind **singuläre** affine Abbildungen eines dreidimensionalen Raumes in einen zweidimensionalen Raum. Dazu gehören die Tafelprojektionen, die – unter Verzicht auf räumliche Wirkung – ebene Darstellungen aus unterschiedlichen Blickrichtungen liefern (Grund-, Auf- und Seitenriss).

Dagegen sind Kavalierprojektion, Kabinettprojektion, Militärprojektion, Isometrie und Dimetrie Parallelprojektionen, mit denen man räumlich wirkende Bilder erhält.

AUFGABEN

Drehungen und Spiegelungen im Raum

1 Gegeben sind die Matrizen $D_x = \begin{pmatrix} 1 & 0 & 0 \\ 0 & \frac{1}{3}\sqrt{3} & -\frac{1}{3}\sqrt{6} \\ 0 & \frac{1}{3}\sqrt{6} & \frac{1}{3}\sqrt{3} \end{pmatrix}$ und $D_z = \begin{pmatrix} \frac{1}{2}\sqrt{2} & -\frac{1}{2}\sqrt{2} & 0 \\ \frac{1}{2}\sqrt{2} & \frac{1}{2}\sqrt{2} & 0 \\ 0 & 0 & 1 \end{pmatrix}$.

a) Berechnen Sie die Matrix $A = D_x \cdot D_z$ und wenden Sie sie auf den Einheitswürfel an.
b) Berechnen Sie die Matrix $B = D_z \cdot D_x$ und wenden Sie sie auf den Einheitswürfel an.
c) Vergleichen Sie.
d) Besitzt die Abbildung mit der Matrix A eine Fixpunktgerade? Was bedeutet das Ergebnis?

2 Schreiben Sie zunächst die Abbildungsmatrizen für die Spiegelungen S_{xy}, S_{yz} und S_{xz} an jeweils einer Koordinatenebene auf. Berechnen Sie dann die Abbildungsmatrizen für die folgenden Verknüpfungen dieser Spiegelungen. Beschreiben Sie die sich ergebende Abbildung.
a) $S_{xy} \circ S_{yz}$ **b)** $S_{xy} \circ S_{xz}$ **c)** $S_{xz} \circ S_{yz}$

Projektionen

3 Bestimmen Sie die Projektionsmatrizen P_A für den Aufriss und P_S für den Seitenriss bei einer Tafelprojektion.

4 Die Schrägbilder zum Arbeitsauftrag A1 vermitteln den Eindruck, dass man jeweils von oben rechts auf das räumliche Objekt schaut. Bestimmen Sie eine Projektionsmatrix, die ein Schrägbild mit folgender Blickrichtung erzeugt und überprüfen Sie Ihr Ergebnis durch Projektion eines Würfels.
a) von unten rechts, **b)** von unten links, **c)** von oben links.

5 Welchen Eindruck vermitteln Schrägbilder, die mit den folgenden Projektionsmatrizen erzeugt werden. Überprüfen Sie Ihre Aussage jeweils durch Projektion eines Würfels.

a) $P = \begin{pmatrix} -0{,}6 \cdot \cos 30° & 1 & 0 \\ -0{,}6 \cdot \sin 30° & 0 & 1 \end{pmatrix}$ **b)** $P = \begin{pmatrix} -0{,}3 \cdot \cos 60° & 1 & 0 \\ -0{,}3 \cdot \sin 60° & 0 & 1 \end{pmatrix}$

c) $P = \begin{pmatrix} 0{,}3 \cdot \cos 30° & 1 & 0 \\ -0{,}3 \cdot \sin 30° & 0 & 1 \end{pmatrix}$ **d)** $P = \begin{pmatrix} 0{,}3 \cdot \cos 30° & 1 & 0 \\ 0{,}6 \cdot \sin 60° & 0 & 1 \end{pmatrix}$

e) $P = \begin{pmatrix} 0{,}3 \cdot \cos 30° & 1 & 0 \\ -0{,}6 \cdot \sin 60° & 0 & 1 \end{pmatrix}$

6 Wenden Sie auf das durch die Punkte $P_1(1\,|\,1\,|\,2)$, $P_2(3\,|\,4\,|\,0)$, $P_3(2\,|\,7\,|\,-3)$ und $P_4(x_4\,|\,y_4\,|\,z_4)$ gegebene räumliche Parallelogramm mehrmals hintereinander eine Drehung an und projizieren Sie die Bilder jeweils als Schrägbild in die yz-Ebene mithilfe der Projektionsmatrix $P = \begin{pmatrix} -0{,}5 \cdot \cos 45° & 1 & 0 \\ -0{,}5 \cdot \sin 45° & 0 & 1 \end{pmatrix}$.
a) Drehung um die x-Achse mit $\varphi = 60°$, $120°$, $180°$, $240°$ und $300°$.
b) Drehung um die y-Achse mit $\varphi = 60°$, $120°$, $180°$, $240°$ und $300°$.
c) Drehung um die z-Achse mit $\varphi = 60°$, $120°$, $180°$, $240°$ und $300°$.

7 Bestimmen Sie die Projektionsmatrizen für eine

a) Isometrie, **b)** Dimetrie.

8 Wenden Sie auf das durch die Punkte $P_1(1\,|\,1\,|\,2)$, $P_2(3\,|\,4\,|\,0)$, $P_3(2\,|\,7\,|\,-3)$ und $P_4(x_4\,|\,y_4\,|\,z_4)$ gegebene Parallelogramm mehrmals hintereinander eine Drehung an und projizieren Sie die Bilder jeweils isometrisch mit der Projektionsmatrix $P = \begin{pmatrix} -\cos 30° & \cos 30° & 0 \\ -\sin 30° & -\sin 30° & 1 \end{pmatrix}$.

a) Drehung um die x-Achse mit $\varphi = 60°,\ 120°,\ 180°,\ 240°,\ 300°$.

b) Drehung um die y-Achse mit $\varphi = 60°,\ 120°,\ 180°,\ 240°,\ 300°$.

c) Drehung um die z-Achse mit $\varphi = 60°,\ 120°,\ 180°,\ 240°,\ 300°$.

9 Durch die Punkte $P_1(0\,|\,1\,|\,1)$, $P_2(0\,|\,4\,|\,1)$, $P_3(0\,|\,4\,|\,4)$ und $P_4(x_4\,|\,y_4\,|\,z_4)$ ist ein Quadrat in der yz-Ebene gegeben.
Durch die Verbindungsstrecken der Punkte $A_1(1\,|\,0\,|\,0)$, $A_2(0\,|\,1\,|\,0)$ und $A_3(0\,|\,0\,|\,1)$ mit dem Koordinatenursprung soll der 1. Oktant des Koordinatensystems dargestellt werden.
Ferner ist die Projektionsmatrix $P = \begin{pmatrix} -\cos 30° & \cos 30° & 0 \\ -\sin 30° & -\sin 30° & 1 \end{pmatrix}$ gegeben.

a) Projizieren Sie das Quadrat und die positiven Koordinatenachsen isometrisch mit der Projektionsmatrix P.
Stellen Sie mit derselben Projektion jeweils eine Drehung des Systems einschließlich des Quadrats um die z-Achse mit $\varphi = 60°, 120°, 180°, 240°, 300°$ einzeln dar.

b) Projizieren Sie das Quadrat und die positiven Koordinatenachsen isometrisch mit der Projektionsmatrix P.
Stellen Sie mit derselben Projektion jeweils eine Drehung des Systems einschließlich des Quadrats um die x-Achse mit $\varphi = 60°, 120°, 180°, 240°, 300°$ einzeln dar.

Computeranwendungen

10 Entwickeln Sie schrittweise eine Computerdarstellung eines Labyrinths wie in Bild 207/1.

a) Entwerfen Sie einen 2-dimensionalen Grundriss für das Spielfeld.

b) Stellen Sie das Spielfeld parallel zur xy-Ebene eines 3-dimensionalen Raumes dar.

c) Drehen Sie schließlich das Spielfeld – wie beim Original – um entsprechende Achsen.

d) In welche Richtung würde jeweils eine Kugel rollen, wenn die Ebene bewegt wird?

e) Wie muss jeweils die Ebene bewegt werden, damit die Kugel in eine vorgegebene Richtung rollt?

Bild 207/1: Labyrinthspiel

11 Für eine Theaterproduktion entwirft ein Bühnenbildner als Grundstruktur eine geneigte quadratische Spielfläche mit einem Schachbrettmuster, die er auf die Drehbühne montieren will.

a) Stellen Sie diese Grundstruktur als Computer-Animation dar.

b) Wie ändern sich die Computer-Bilder, wenn man die Bühne dreht?

12 Die Bilder 208/1 bis 208/3 zeigen Grund-, Auf- und Seitenriss eines Gegenstandes.

a) Welche Koordinaten haben die Eckpunkte des Gegenstandes?

b) Stellen Sie den Gegenstand mit einer Dimetrie auf einem Computer-Bildschirm dar.

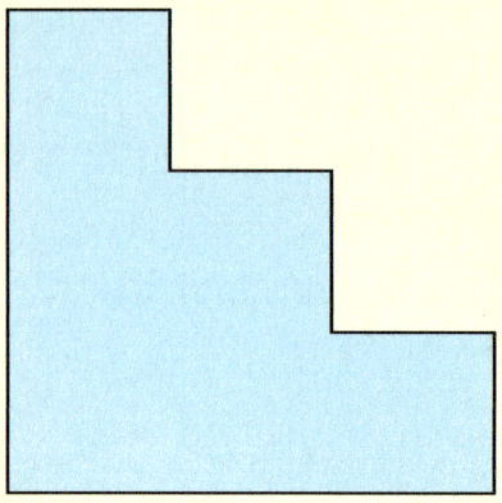

Bild 208/1: Seitenriss

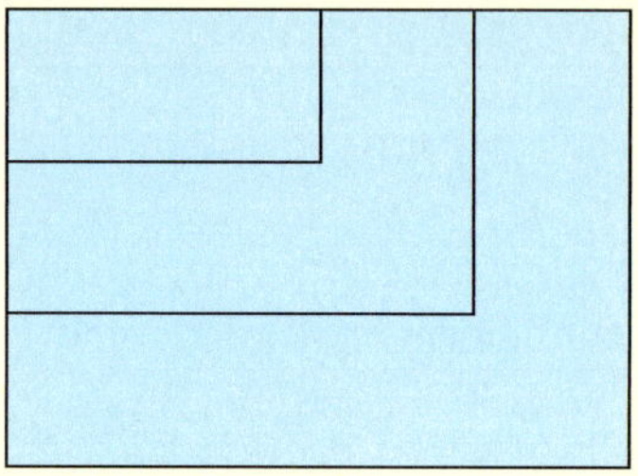

Bild 208/2: Grundriss

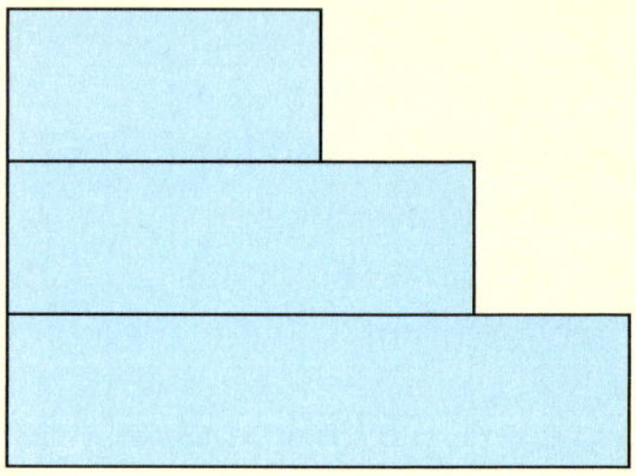

Bild 208/3: Aufriss

13 Welche Seitenflächen eines in Kavalierperspektive dargestellten Würfels sind dem Betrachter zugewandt, welche nicht? Um das zu entscheiden, muss man die sechs Seitenflächen jeweils einzeln betrachten. Jede Seitenfläche kann durch vier Eckpunkte P_1, P_2, P_3 und P_4 gekennzeichnet werden; blickt man von außen auf den Würfel, sollen diese Punkte positiv – also gegen den Uhrzeigersinn – orientiert sein.

a) Bestimmen Sie die Koordinaten von P_1, P_2, P_3 und P_4 für verschiedene Seitenflächen.

b) Bestimmen Sie jeweils die Koordinaten der Bildpunkte P'_1, P'_2, P'_3 und P'_4.

c) Durch die Pfeile $\overrightarrow{P'_2P'_1}$ und $\overrightarrow{P'_2P'_3}$ sind zwei Vektoren $\vec{u}$ und $\vec{v}$ bestimmt. Bestimmen Sie jeweils $\vec{u}$ und $\vec{v}$.

d) Berechnen Sie die Determinante der Matrix mit den Spaltenvektoren $\vec{u}$ und $\vec{v}$, also $|\vec{u}, \vec{v}|$.

e) Machen Sie sich klar, dass vom Vorzeichen dieser Determinante abhängt, ob die entsprechende Seitenfläche des dargestellten Würfels dem Betrachter zugewandt ist oder nicht.

f) Verallgemeinern Sie den Zusammenhang.

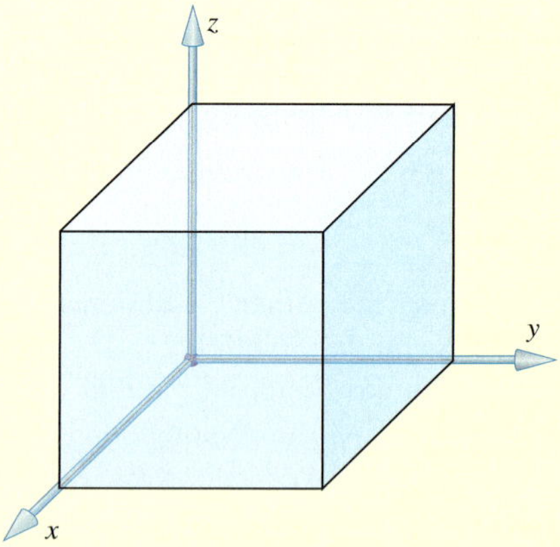

Bild 208/4: Würfel in Kavalierperspektive

14 Durch $(1|0|a)$, $(1|0|-a)$, $(a|1|0)$, $(-a|1|0)$, $(0|a|1)$ und $(0|-a|1)$ sind sechs Punkte bestimmt, die auf der Oberfläche eines Würfels liegen.

a) Bestimmen Sie die Spiegelpunkte der sechs Punkte an den Koordinatenebenen.

b) Bestimmen Sie die Eckpunkte des Würfels, auf dem die zwölf Punkte liegen.

c) Bestimmen Sie b so, dass die zwölf Punkte Eckpunkte gleichseitiger Dreiecke sind.

d) Welches regelmäßige Polyeder ist durch die zwölf Punkte bestimmt?

e) Stellen Sie dieses Polyeder in verschiedenen Perspektiven dar.

4.5 Kegelschnitte

A1 Kegelschnitt-Plotter

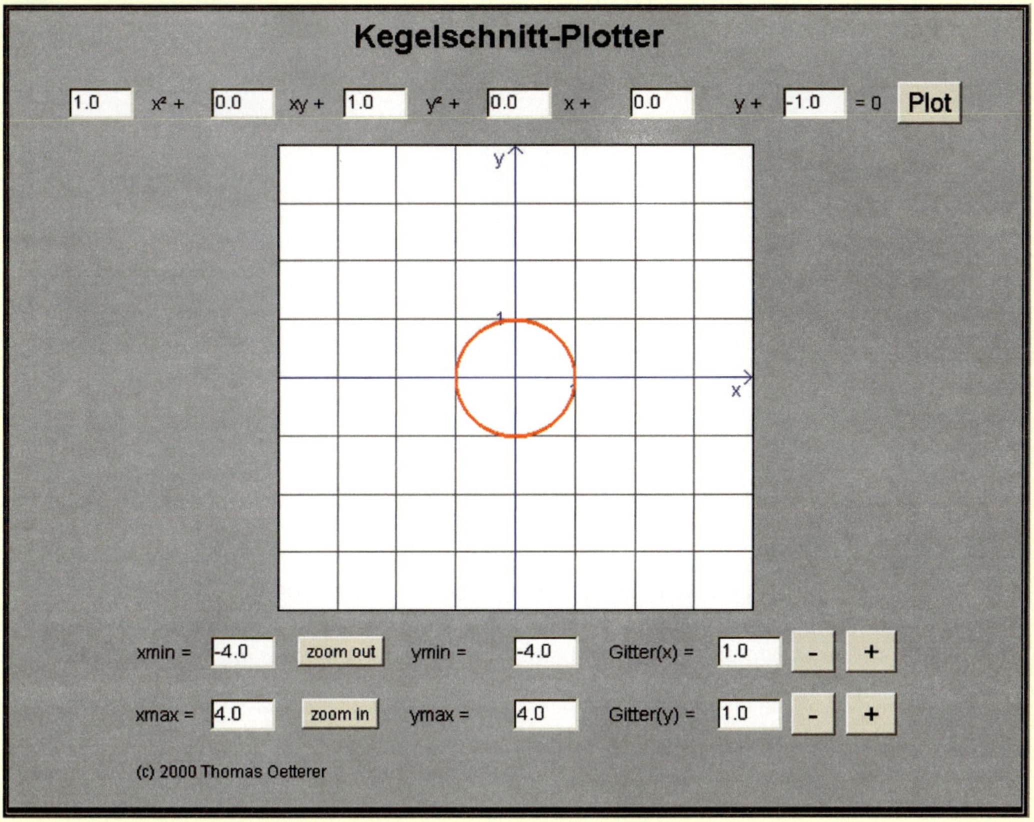

Bild 209/1: Den Kegelschnitt-Plotter findet man unter folgender URL:

www.cornelsen-teachweb.de/co/sek2/jahnke_mathematik

Setzen Sie unterschiedliche Koeffizienten ein und beobachten Sie die Auswirkungen auf die dargestellte Kurve.

Versuchen Sie, Ihre Beobachtungen zu verallgemeinern.

A2 Quadratische Gleichung mit zwei Variablen

Eine quadratische Gleichung mit zwei Variablen x und y hat die Form

$$ax^2 + bxy + cy^2 + dx + ey + f = 0$$

Sie enthält quadratische Terme (ax^2 und cy^2), einen gemischten Term (bxy), lineare Terme (dx und ey) sowie eine Konstante f.

Diskutieren Sie die Gleichung.

AUFTRÄGE

A3 Kegel und Schnittebene

Bild 210/1 zeigt einen Doppelkegel, der von verschiedenen Ebenen geschnitten wird. Wie liegen jeweils Doppelkegel und Ebene zueinander? Welche Schnittfigur ergibt sich? Versuchen Sie, Ihre Vermutungen zu begründen und zu verallgemeinern.

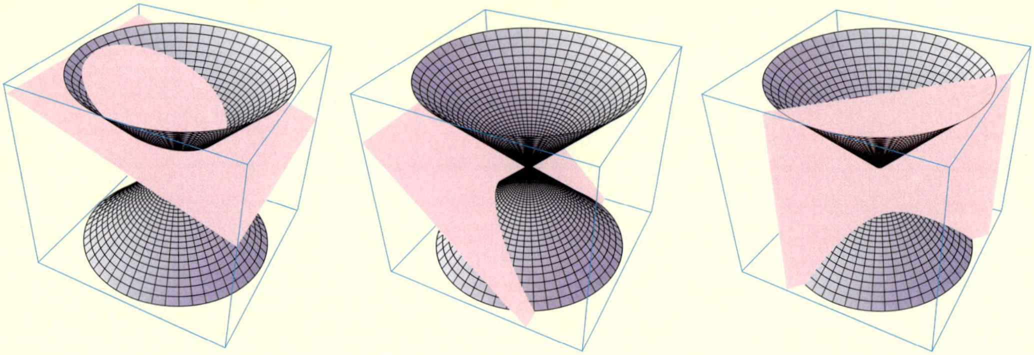

Bild 210/1: Schnitt einer Ebene mit einem Doppelkegel

A4 Rotierender Kegel

ε_h sei eine zur xy-Ebene parallele Ebene, in der alle Punkte die z-Koordinate h haben. Ein (Doppel)kegel, dessen Spitze im Ursprung eines Koordinatensystems liegt, rotiert um die x-Achse (Bild 210/2). Untersuchen Sie die Schnittfiguren des rotierenden Kegels mit der Ebene ε_h.

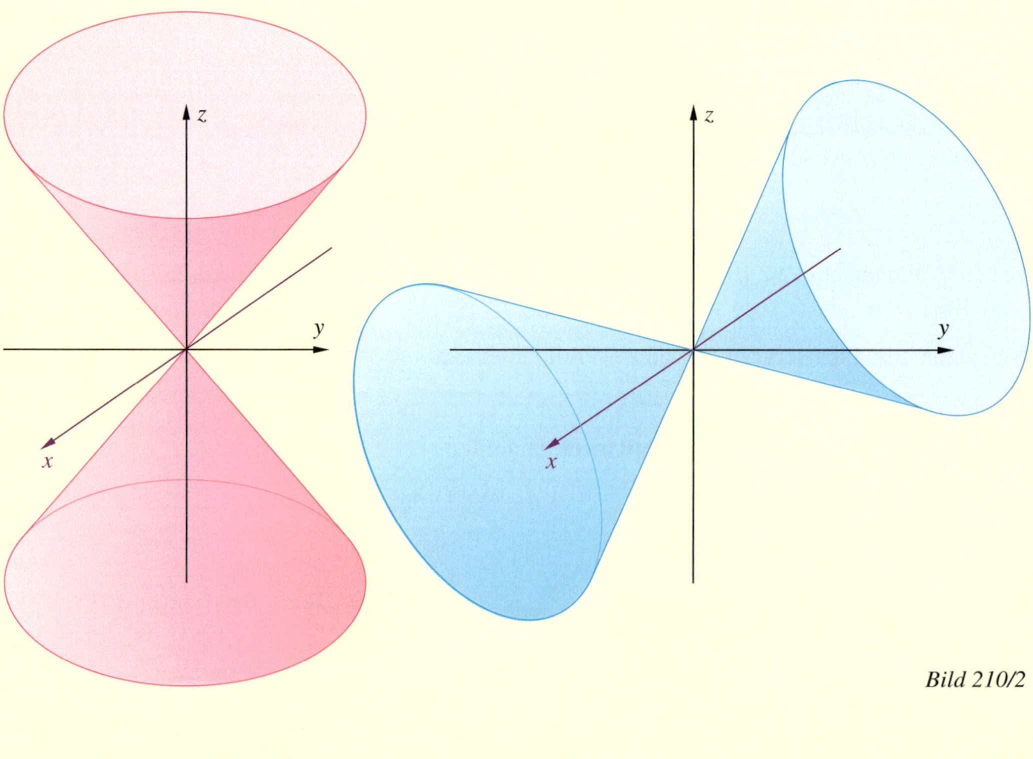

Bild 210/2

Schnitt eines Kegels mit einer Ebene

Wir bearbeiten Auftrag A4 und betrachten dazu einen Kegel, dessen Achse auf der z-Achse und dessen Spitze $S(0|0|0)$ im Koordinatenursprung liegt (Bild 211/1). Wir wollen Schnittfiguren dieses Kegels mit einer zur xy-Ebene parallelen Ebene ε_h untersuchen, die man bei einer Drehung des Kegels um die x-Achse erhält.

Die Lage der Schnittebene ε_h lässt sich durch eine reelle Zahl h beschreiben; jeder Punkt der Schnittebene hat die z-Koordinate h. Ist $h > 0$, dann liegt die Schnittebene ε_h über der xy-Ebene; ist $h < 0$, dann liegt sie darunter und ist $h = 0$, dann fällt die Ebene ε_h mit der xy-Ebene zusammen.

In der Ausgangslage bildet der Kegel mit der Schnittebene ε_h einen Kreis. Ist $K(p|q|h)$ – mit dem Ortsvektor $\vec{k}$ – ein Punkt dieses Kreises, dann gilt für seine Koordinaten p und q:

$$p^2 + q^2 = r^2.$$

Die durch K und S gehende Mantellinie m des Kegels erfüllt die Gleichung

$$m\colon\ \vec{x} = t\vec{k}.$$

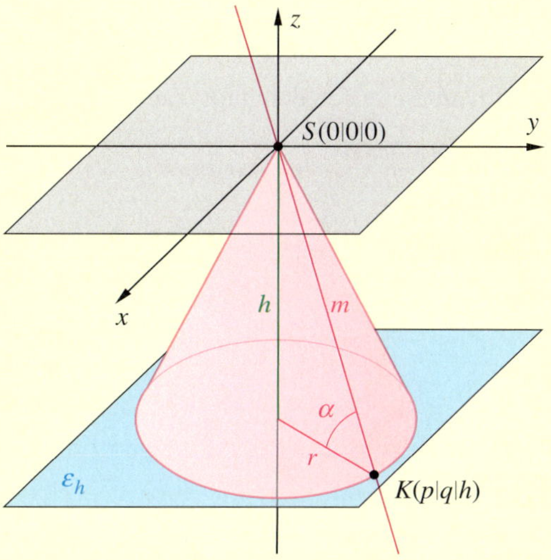

Bild 211/1: Kegel

Zu einer Drehung um die x-Achse mit φ gehört die Drehmatrix $D_x = \begin{pmatrix} 1 & 0 & 0 \\ 0 & \cos\varphi & -\sin\varphi \\ 0 & \sin\varphi & \cos\varphi \end{pmatrix}$.

Die Mantellinie m wird dabei abgebildet auf die Gerade

$$m^*\colon\ \vec{x}^* = tD_x\vec{k}.$$

Wir müssen den Schnittpunkt $P(x|y|h)$ von m^* mit der Ebene ε_h bestimmen:

$$\begin{pmatrix} x \\ y \\ h \end{pmatrix} = t\begin{pmatrix} 1 & 0 & 0 \\ 0 & \cos\varphi & -\sin\varphi \\ 0 & \sin\varphi & \cos\varphi \end{pmatrix}\begin{pmatrix} p \\ q \\ h \end{pmatrix} = \begin{pmatrix} tp \\ t(q\cos\varphi - h\sin\varphi) \\ t(q\sin\varphi + h\cos\varphi) \end{pmatrix}$$

Die letzte Zeile dieser Vektorgleichung führt auf

$$t(q\sin\varphi + h\cos\varphi) = h.$$

Ist in dieser Gleichung $q\sin\varphi + h\cos\varphi = 0$, so ist auch $h = 0$; dieser Sonderfall soll in Aufgabe 1 auf Seite 222 untersucht werden. Ist jedoch $h \neq 0$, so darf man durch $q\sin\varphi + h\cos\varphi$ dividieren und erhält:

$$t = \frac{h}{q\sin\varphi + h\cos\varphi}.$$

Ersetzt man t in den ersten beiden Zeilen der Vektorgleichung, so erhält man

$$x=\frac{h\cdot p}{q\sin\varphi+h\cos\varphi} \quad \text{und} \quad y=\frac{h\cdot(q\cos\varphi-h\sin\varphi)}{q\sin\varphi+h\cos\varphi}.$$

Für $h\cos\varphi-y\sin\varphi\neq 0$ kann man die zweite Gleichung nach q auflösen; in Aufgabe 2 auf Seite 222 soll der Sonderfall $h\cos\varphi-y\sin\varphi=0$ untersucht werden.

$$q=\frac{h\cdot(y\cos\varphi+h\sin\varphi)}{h\cos\varphi-y\sin\varphi}.$$

Löst man die erste Gleichung nach p auf und ersetzt q durch den ermittelten Term, erhält man:

$$p=\frac{x\cdot\sin\varphi}{h}\cdot q+x\cdot\cos\varphi$$

$$=\frac{x\cdot\sin\varphi\cdot(y\cos\varphi+h\sin\varphi)+x\cdot\cos\varphi\cdot(h\cos\varphi-y\sin\varphi)}{h\cos\varphi-y\sin\varphi}=\frac{h\cdot x}{h\cos\varphi-y\sin\varphi}.$$

Setzt man die Terme für p und q in die Gleichung $p^2+q^2=r^2$ ein, so ergibt sich:

$$\left(\frac{h\cdot x}{h\cos\varphi-y\sin\varphi}\right)^2+\left(\frac{h\cdot(y\cos\varphi+h\sin\varphi)}{h\cos\varphi-y\sin\varphi}\right)^2=r^2 \quad\Rightarrow$$

$$(h\cdot x)^2+(h\cdot(y\cos\varphi+h\sin\varphi))^2=r^2(h\cos\varphi-y\sin\varphi)^2 \quad\Rightarrow$$

Dies ist eine quadratische Gleichung der Form

$$ax^2+cy^2+ey+f=0$$

mit zwei Variablen x und y; die Gleichung enthält außer den quadratischen Gliedern auch ein lineares Glied mit der Variablen y. Um die Gleichung leichter geometrisch interpretieren zu können, bringt man sie durch quadratische Ergänzung auf die Form $ax^2+c(y-g)^2=h$. Dazu muss man – falls möglich – durch den Faktor von y^2 dividieren, also durch $h^2\cos^2\varphi-r^2\sin^2\varphi$; wir haben also verschiedene Fälle zu unterscheiden:

$$c=h^2\cos^2\varphi-r^2\sin^2\varphi=0 \quad \text{und} \quad c=h^2\cos^2\varphi-r^2\sin^2\varphi\neq 0$$

Parabeln

Ist $c=h^2\cos^2\varphi-r^2\sin^2\varphi=0$, so folgt
$\frac{\sin^2\varphi}{\cos^2\varphi}=\frac{h^2}{r^2}\Rightarrow\tan\varphi=\frac{h}{r}=\tan\alpha$;
der Drehwinkel ist genauso groß wie der Basiswinkel des Kegels (Bild 212/1).

Das bedeutet: Durch die Drehung wird eine in der yz-Ebene liegende Mantellinie des Kegels auf die y-Achse abgebildet. Diese Gerade schneidet die Ebene ε_h nicht.

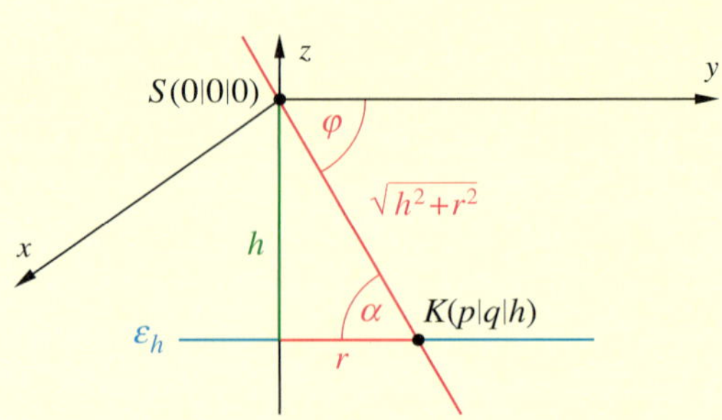

Bild 212/1: Mantellinie parallel

In diesem Sonderfall ist ferner

$$\sin\varphi = \sin\alpha = \frac{h}{\sqrt{h^2+r^2}} \quad \text{und} \quad \cos\varphi = \cos\alpha = \frac{r}{\sqrt{h^2+r^2}}.$$

Für die quadratische Gleichung

$$h^2x^2 + (h^2\cos^2\varphi - r^2\sin^2\varphi)y^2 + 2yh(h^2+r^2)\sin\varphi\cos\varphi = h^2(r^2\cos^2\varphi - h^2\sin^2\varphi)$$

bedeutet das:

$$h^2x^2 + 2yh(h^2+r^2)\frac{h}{\sqrt{h^2+r^2}}\frac{r}{\sqrt{h^2+r^2}} = h^2\left(\frac{r^4}{h^2+r^2} - \frac{h^4}{h^2+r^2}\right) \Rightarrow$$

$$h^2x^2 + 2yh^2r = h^2(r^2-h^2) \Rightarrow x^2 + 2yr = r^2 - h^2 \Rightarrow 2yr = -x^2 + r^2 - h^2 \Rightarrow$$

$$y = -\frac{1}{2r}x^2 + \frac{r^2-h^2}{2r}$$

Dies ist die Gleichung einer **Parabel** (vergleiche Anhang, Seite 369).

Neue Gleichungen

Ist $c = h^2\cos^2\varphi - r^2\sin^2\varphi \neq 0$, dann kann man die Gleichung

$$h^2x^2 + (h^2\cos^2\varphi - r^2\sin^2\varphi)y^2 + 2yh(h^2+r^2)\sin\varphi\cos\varphi = h^2(r^2\cos^2\varphi - h^2\sin^2\varphi)$$

zunächst durch $h^2\cos^2\varphi - r^2\sin^2\varphi$ dividieren und erhält dann durch quadratische Ergänzung (Aufgabe 3 auf Seite 222):

$$\underbrace{\frac{h^2x^2}{h^2\cos^2\varphi - r^2\sin^2\varphi}}_{>0 \text{ oder } <0} + \underbrace{\left(y + \frac{h(h^2+r^2)\sin\varphi\cos\varphi}{h^2\cos^2\varphi - r^2\sin^2\varphi}\right)^2}_{\geq 0} = \underbrace{\left(\frac{rh^2}{h^2\cos^2\varphi - r^2\sin^2\varphi}\right)^2}_{>0}$$

Ob der erste Term positiv oder negativ ist hängt nur von $c = h^2\cos^2\varphi - r^2\sin^2\varphi$ ab:

$$c = h^2\cos^2\varphi - r^2\sin^2\varphi > 0 \quad \Big| \quad c = h^2\cos^2\varphi - r^2\sin^2\varphi < 0$$

Für den Drehwinkel gilt dann

$$h^2\cos^2\varphi > r^2\sin^2\varphi \Rightarrow \quad \Big| \quad h^2\cos^2\varphi < r^2\sin^2\varphi \Rightarrow$$

$$\tan^2\varphi < \frac{h^2}{r^2} \Rightarrow \tan\varphi < \frac{h}{r} \quad \Big| \quad \tan^2\varphi > \frac{h^2}{r^2} \Rightarrow \tan\varphi > \frac{h}{r}$$

und man erhält eine Gleichung der Form

$$c^2x^2 + (y-d)^2 = e^2 \quad \Big| \quad -c^2x^2 + (y-d)^2 = e^2$$

Zeigen Sie selbst, dass sich entsprechend die folgenden Gleichungen ergeben, wenn man den Kegel um eine Parallele zur y-Achse durch H dreht (Aufgabe 5 auf Seite 222):

$$(x-c)^2 + d^2y^2 = e^2 \quad \Big| \quad (x-c)^2 - d^2y^2 = e^2.$$

Welche geometrische Bedeutung haben diese Gleichungen?

Ellipsen

Wir untersuchen zunächst die geometrische Bedeutung der Gleichungen

$$c^2x^2 + (y-d)^2 = e^2 \quad \text{und} \quad (x-c)^2 + d^2y^2 = e^2.$$

Ersetzt man in der linken Gleichung cx durch x' und y durch y' und in der rechten Gleichung x durch x' und dy durch y', so erhält man die Gleichungen

$$x'^2 + (y'-d)^2 = e^2 \quad \text{und} \quad (x'-c)^2 + y'^2 = e^2.$$

Dies sind die Gleichungen von **Kreisen** mit dem Radius e und dem Mittelpunkt $M(0\,|\,d)$ bzw. $M(c\,|\,0)$. Die vorgenommenen Ersetzungen werden beschrieben durch die Gleichungen

$$\begin{cases} x' = cx \\ y' = \ \ y \end{cases} \Leftrightarrow \ \vec{x}' = \begin{pmatrix} c & 0 \\ 0 & 1 \end{pmatrix} \vec{x} \quad \text{und} \quad \begin{cases} x' = \ \ x \\ y' = dy \end{cases} \Leftrightarrow \ \vec{x}' = \begin{pmatrix} 1 & 0 \\ 0 & d \end{pmatrix} \vec{x},$$

also durch die Gleichungen senkrecht-affiner Abbildungen. Die beiden Kreise sind daher **senkrecht-affine Bilder** der Schnittgebilde mit den Gleichungen

$$c^2x^2 + (y-d)^2 = e^2 \quad \text{und} \quad (x-c)^2 + d^2y^2 = e^2;$$

da die Abbildungen umkehrbar sind, sind umgekehrt auch diese Schnittgebilde senkrecht-affine Bilder der Kreise; sie heißen **Ellipsen**. Dividiert man die Gleichungen noch durch e^2 und ersetzt anschließend die Nenner durch a^2 und b^2, so erhält man die übliche Form der Ellipsengleichung

$$\frac{x^2}{a^2} + \frac{(y-d)^2}{b^2} = 1 \text{ (Bild 214/1)} \quad \text{und} \quad \frac{(x-c)^2}{a^2} + \frac{y^2}{b^2} = 1 \text{ (Bild 214/2)}.$$

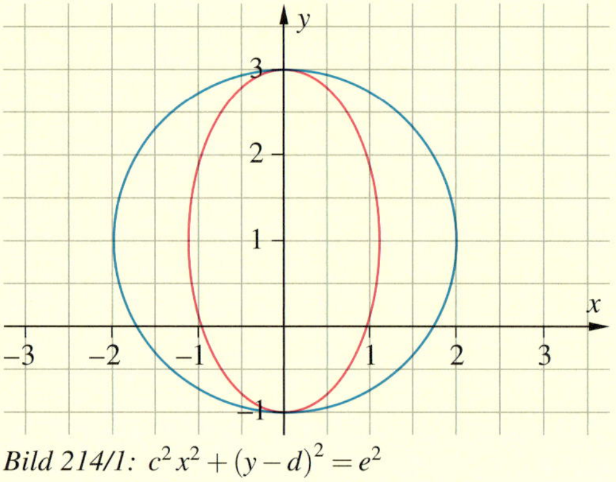

Bild 214/1: $c^2x^2 + (y-d)^2 = e^2$

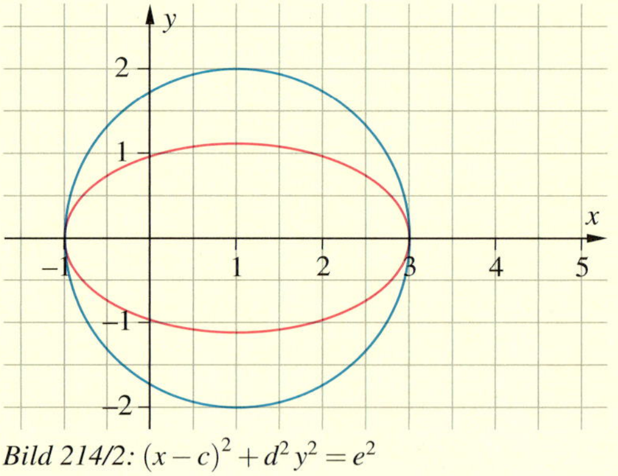

Bild 214/2: $(x-c)^2 + d^2y^2 = e^2$

Die beiden Gleichungen kann man zu einer Gleichung zusammenfassen; man definiert allgemein:

Definition 4.8 Eine Ellipse ist ein senkrecht-affines Bild eines Kreises. Sie wird dargestellt durch eine Gleichung der Form

$$\frac{(x-c)^2}{a^2} + \frac{(y-d)^2}{b^2} = 1. \ ■$$

Die Gleichung

$$\frac{(x-c)^2}{a^2}+\frac{(y-d)^2}{b^2}=1$$

heißt **Scheitelgleichung** der Ellipse.

Die Strecken mit den Längen a und b heißen **Halbachsen** der Ellipse.

Die Punkte $S_1(a|0)$, $S_2(0|b)$, $S_3(-a|0)$ und $S_4(0|-b)$ heißen **Scheitelpunkte** der Ellipse.

Der Schnittpunkt $M(c|d)$ der beiden Achsen heißt **Mittelpunkt** der Ellipse (Bild 215/1).

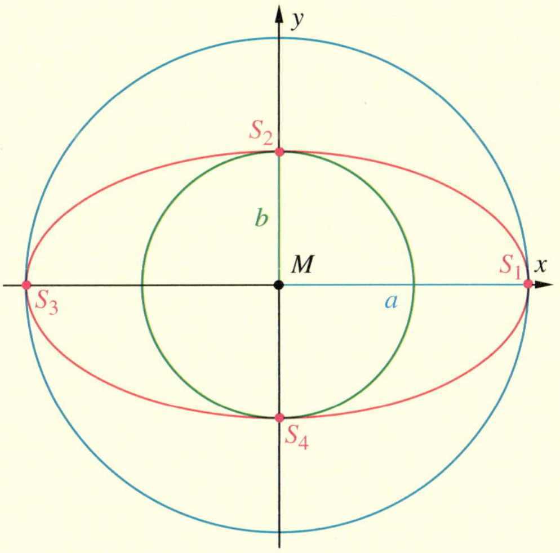

Bild 215/1: Ellipse

Hyperbeln

Wir untersuchen nun die geometrische Bedeutung der Gleichungen

$$-c^2x^2+(y-d)^2=e^2 \quad \text{und} \quad (x-c)^2-d^2y^2=e^2.$$

Ersetzt man wieder in der linken Gleichung cx durch x' und y durch y' und in der rechten Gleichung x durch x' und dy durch y', so erhält man die Gleichungen

$$-x'^2+(y'-d)^2=e^2 \quad \text{und} \quad (x'-c)^2-y'^2=e^2.$$

In den Bildern 215/1 und 215/2 sind Beispiele zugehöriger Figuren dargestellt.

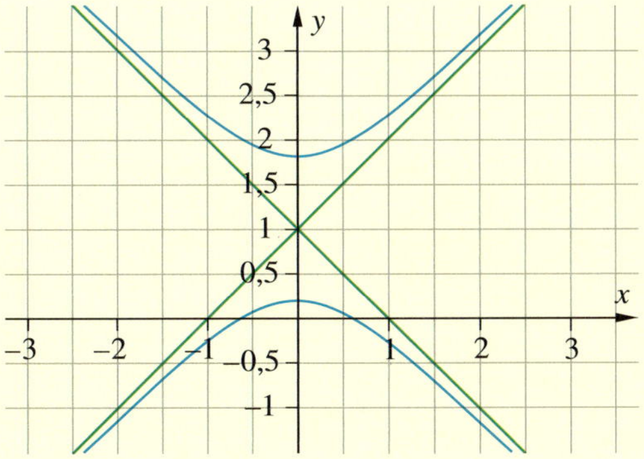

Bild 215/2: $-x'^2+(y'-1)^2=0{,}8^2$

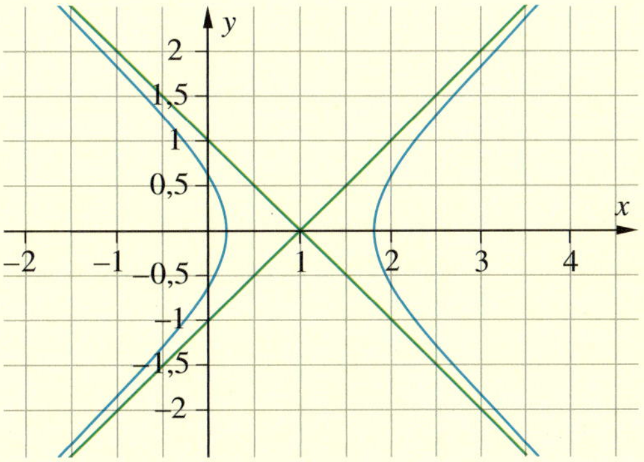

Bild 215/2: $(x'-1)^2-y'^2=0{,}8^2$

Die Figuren sehen aus wie **Hyperbeln**, die uns bereits in der Analysis als Graphen von Funktionen der Form $y=f(x)=\frac{p^2}{x}$ begegnet sind; allerdings sind die Figuren gegenüber diesen Graphen um 45° gedreht.

Gleichseitige Hyperbel

Die Gleichung $y=\frac{p^2}{x}$ ist äquivalent zur Gleichung $x\cdot y=p^2$ und stellt eine Hyperbel mit den Asymptoten $x=0$ (y-Achse) und $y=0$ (x-Achse) dar (Bild 216/1).

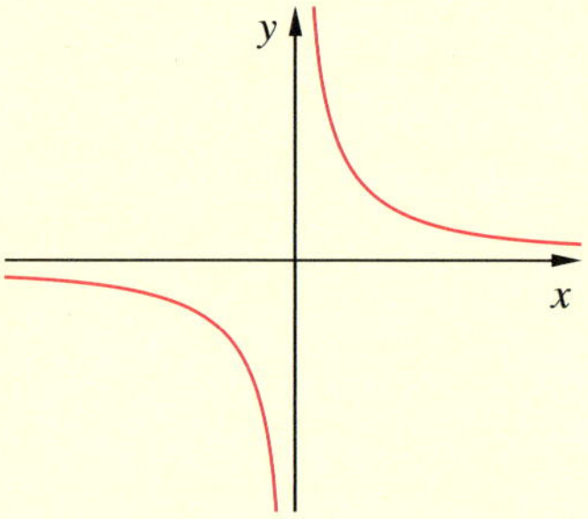

Bild 216/1: Hyperbel wird …

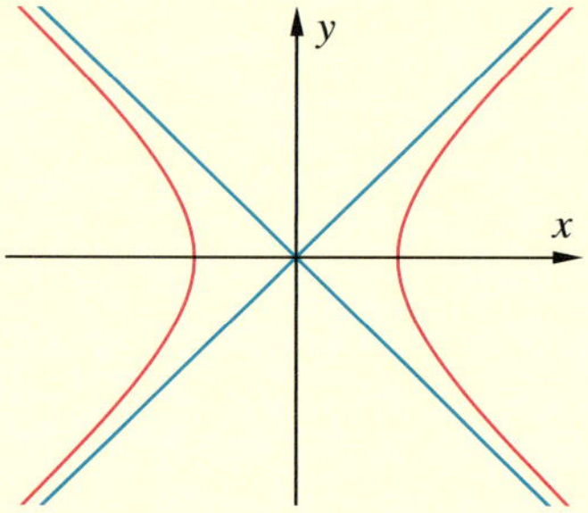

Bild 216/2: … um 45° nach rechts gedreht

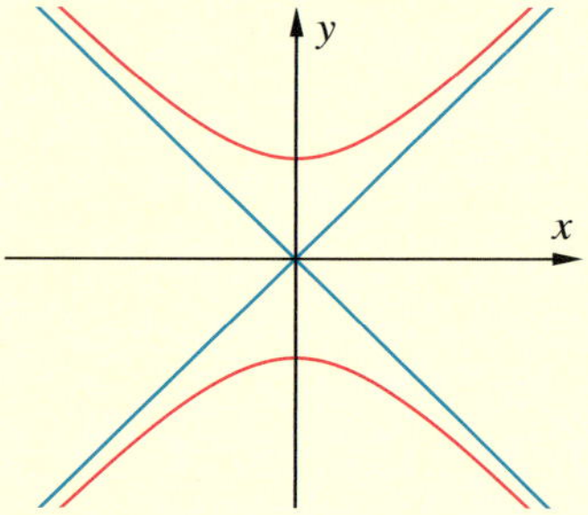

Bild 216/3: … um 45° nach links gedreht

Bei einer Drehung um 45° erhalten wir eine zu den Koordinatenachsen symmetrische Hyperbel, deren Asymptoten die Winkelhalbierenden der Quadranten sind (Bilder 216/2 und 216/3).

Zu einer Drehung um 45° im Uhrzeigersinn um den Ursprung gehört die Abbildungsgleichung

$$\vec{x}'=\begin{pmatrix}\cos 45^\circ & \sin 45^\circ\\ -\sin 45^\circ & \cos 45^\circ\end{pmatrix}\vec{x}=\frac{1}{2}\sqrt{2}\begin{pmatrix}1 & 1\\ -1 & 1\end{pmatrix}\vec{x};\quad \text{also gilt}$$

$$\vec{x}=\frac{1}{2}\sqrt{2}\begin{pmatrix}1 & -1\\ 1 & 1\end{pmatrix}\vec{x}' \quad\Rightarrow\quad x=\frac{1}{2}\sqrt{2}(x'-y') \quad \text{und} \quad y=\frac{1}{2}\sqrt{2}(x'+y').$$

Setzt man dies in die Gleichung $x\cdot y=p^2$ ein, so erhält man:

$$\frac{1}{2}\sqrt{2}(x'-y')\cdot\frac{1}{2}\sqrt{2}(x'+y')=p^2 \quad\Rightarrow\quad x'^2-y'^2=2p^2.$$

Ersetzt man in dieser Gleichung x' und y' durch x und y sowie $2p^2$ durch a^2, so erhält man die einer Kreisgleichung sehr ähnliche Hyperbel-Gleichung $x^2-y^2=a^2$. Dreht man gegen den Uhrzeigersinn, so erhält man die Gleichung $-x^2+y^2=a^2$ (Aufgabe 4 auf Seite 4).

Die Winkelhalbierenden des Koordinatensystems sind in beiden Fällen die **Asymptoten**. Man nennt eine solche Hyperbel **gleichseitige Hyperbel**.

Definition 4.9 Die durch die Gleichung $x^2-y^2=a^2$ oder durch die Gleichung $-x^2+y^2=a^2$ dargestellte Figur heißt **gleichseitige Hyperbel**. Sie hat die **Asymptoten** $y=x$ und $y=-x$, die sich im **Mittelpunkt** M der Hyperbel schneiden. ■

Ist $M(c\,|\,d)$ der Mittelpunkt, dann hat eine gleichseitige Hyperbel die Gleichung

$$(x-c)^2-(y-d)^2=a^2 \quad \text{oder} \quad -(x-c)^2+(y-d)^2=a^2.$$

Wir kommen nun zurück auf die Gleichungen der Schnittgebilde

$$-c^2x^2+(y-d)^2=e^2 \quad \text{und} \quad (x-c)^2-d^2y^2=e^2.$$

Wie wir gesehen haben, erhält man durch eine senkrechte Affinität

$$-x'^2+(y'-d)^2=e^2 \quad \text{und} \quad (x'-c)^2-y'^2=e^2.$$

Dies sind die Gleichungen gleichseitiger Hyperbeln mit dem Mittelpunkt $M(0|d)$ bzw. $M(c|0)$. Da die Abbildungen umkehrbar sind, sind umgekehrt auch diese Schnittgebilde senkrecht-affine Bilder der gleichseitigen Hyperbeln; sie heißen **allgemeine Hyperbeln**.

Dividiert man die Gleichungen noch durch e^2 und ersetzt anschließend die Nenner durch a^2 und b^2, so erhält man die übliche Form der Hyperbelgleichung

$$-\frac{x^2}{a^2}+\frac{(y-d)^2}{b^2}=1 \text{ (Bild 217/1)} \quad \text{und} \quad \frac{(x-c)^2}{a^2}-\frac{y^2}{b^2}=1 \text{ (Bild 217/2)}.$$

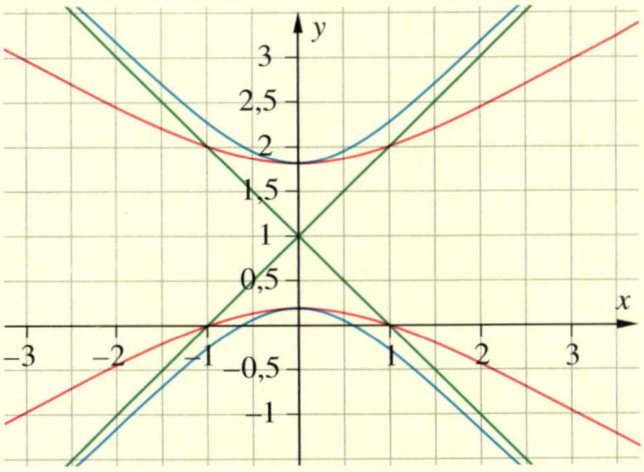

Bild 217/1: $-0{,}6^2x^2+(y-1)^2=0{,}8^2$

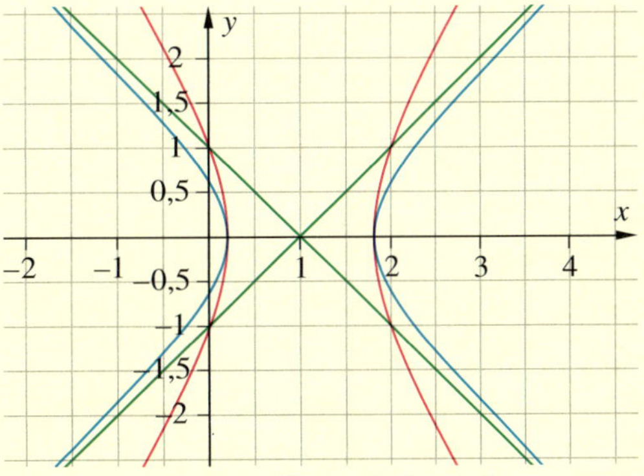

Bild 217/2: $(x-1)^2-0{,}6^2y^2=0{,}8^2$

Berücksichtigt man noch, dass die erste Figur auch in x-Richtung und die zweite Figur auch in y-Richtung verschoben werden kann, kann man allgemein definieren:

Definition 4.10 Eine Hyperbel ist ein senkrecht-affines Bild einer gleichseitigen Hyperbel. Sie wird dargestellt durch eine Gleichung der Form

$$\frac{(x-c)^2}{a^2}-\frac{(y-d)^2}{b^2}=1 \quad \text{oder} \quad -\frac{(x-c)^2}{a^2}+\frac{(y-d)^2}{b^2}=1. \; ■$$

Kegelschnitte

Insgesamt haben wir gezeigt, dass die Schnittfigur eines Kegels mit einer Ebene – von linearen Sonderfällen abgesehen – eine Ellipse, eine Parabel oder eine Hyperbel ist. Ellipsen, Parabeln und Hyperbeln nennt man deshalb auch **Kegelschnitte**.

Allgemeine quadratische Gleichung

Für die Schnittfigur eines um die x-Achse rotierenden Kegels mit der Ebene ε_h gilt

$$ax^2 + cy^2 + ey + f = 0.$$

Lässt man den Kegel um die y-Achse rotieren, ergibt sich für die Schnittfigur

$$ax^2 + cy^2 + dx + f = 0.$$

Beide Möglichkeiten werden erfasst durch eine Gleichung der Form

$$ax^2 + cy^2 + dx + ey + f = 0.$$

Eine solche Gleichung stellt also – von linearen Sonderfällen abgesehen – eine Ellipse, eine Parabel oder eine Hyperbel dar.

Allerdings gibt es Ellipsen, Parabeln und Hyperbeln, die durch diese Gleichung nicht erfasst werden. Wie wir nämlich bei der Untersuchung der Hyperbeln gesehen haben, stellt auch die Gleichung $x \cdot y = p^2$ eine Hyperbel dar. Will man alle Kegelschnitte erfassen, muss man deshalb die allgemeine Gleichung noch durch einen gemischten Term bxy ergänzen

$$ax^2 + bxy + cy^2 + dx + ey + f = 0.$$

Diese Gleichung heißt **allgemeine quadratische Gleichung**; der Term

$$Q(x\,|\,y) = ax^2 + bxy + cy^2 + dx + ey + f$$

heißt **Quadrik**.

Beseitigung des gemischten Gliedes

Alle Kegelschnitte werden durch die allgemeine quadratische Gleichung erfasst; es fragt sich, ob auch umgekehrt jede solche Gleichung – sofern sie lösbar ist – einen Kegelschnitt darstellt.

Zur Untersuchung dieser Frage muss man die zugehörige Figur in eine möglichst einfache Lage bringen, ohne ihre Form zu verändern. Wir drehen dazu die Figur mit einem geeigneten Drehwinkel $(0° < \varphi < 90°)$ um den Ursprung mit dem Ziel, dass die Gleichung der Bildfigur kein gemischtes Glied mehr enthält. Eine solche Abbildung hat die Abbildungsgleichung

$$\vec{x}' = \begin{pmatrix} \cos\varphi & -\sin\varphi \\ \sin\varphi & \cos\varphi \end{pmatrix} \vec{x}.$$

Da sich die Gleichung $ax^2 + bxy + cy^2 + dx + ey + f = 0$ nicht nach x und y auflösen lässt, kann man die Abbildungsgleichung nicht unmittelbar auf die quadratische Gleichung anwenden. Man kann aber umgekehrt die Abbildungsgleichung nach x und y auflösen und die Ergebnisse in die quadratische Gleichung einsetzen:

$$\vec{x} = \begin{pmatrix} \cos\varphi & \sin\varphi \\ -\sin\varphi & \cos\varphi \end{pmatrix} \vec{x}' = \begin{pmatrix} x'\cos\varphi + y'\sin\varphi \\ -x'\sin\varphi + y'\cos\varphi \end{pmatrix}$$

$$\Rightarrow \quad x = x'\cos\varphi + y'\sin\varphi \quad \text{und} \quad y = -x'\sin\varphi + y'\cos\varphi$$

Wir setzen in die quadratische Gleichung ein und erhalten:

$$\begin{aligned}
&a(x'\cos\varphi+y'\sin\varphi)^2\\
&\quad+b(x'\cos\varphi+y'\sin\varphi)\cdot(-x'\sin\varphi+y'\cos\varphi)\\
&\quad+c(-x'\sin\varphi+y\cdot\cos\varphi)^2\\
&\quad+d(x'\cos\varphi+y'\sin\varphi)+e(-x'\sin\varphi+y'\cos\varphi)+f\\
&=(a\cdot\cos^2\varphi-b\cdot\sin\varphi\cdot\cos\varphi+c\cdot\sin^2\varphi)x'^2\\
&\quad+(2a\cdot\cos\varphi\cdot\sin\varphi+b\cdot\cos^2\varphi-b\cdot\sin^2\varphi-2c\cdot\sin\varphi\cdot\cos\varphi)x'y'\\
&\quad+(a\cdot\sin^2\varphi+b\cdot\sin\varphi\cdot\cos\varphi+c\cdot\cos^2\varphi)y'^2\\
&\quad+(d\cdot\cos\varphi-e\cdot\sin\varphi)x'+(d\cdot\sin\varphi+e\cdot\cos\varphi)y'+f=0
\end{aligned}$$

Wir müssen den Drehwinkel nun so bestimmen, dass das gemischte Glied verschwindet.

$$\begin{aligned}
&2a\cdot\cos\varphi\cdot\sin\varphi+b\cdot\cos^2\varphi-b\cdot\sin^2\varphi-2c\cdot\sin\varphi\cdot\cos\varphi=0\\
\Rightarrow\ &(a-c)\cdot 2\cdot\cos\varphi\cdot\sin\varphi+b\cdot(\cos^2\varphi-\sin^2\varphi)=0\\
\Rightarrow\ &(a-c)\cdot\sin 2\varphi+b\cdot\cos 2\varphi=0
\end{aligned}$$

In dieser Gleichung können wir $b\neq 0$ voraussetzen, da sonst kein gemischtes Glied vorläge. Für a und c müssen wir zwei Fälle unterscheiden:

1. Fall: $a=c$

Wegen $b\neq 0$ gilt dann $\cos 2\varphi=0 \;\Rightarrow\; 2\varphi=90° \;\Rightarrow\; \varphi=45°$ und $\cos\varphi=\sin\varphi=\frac{1}{2}\sqrt{2}$

2. Fall: $a\neq c$

$(a-c)\cdot\sin 2\varphi+b\cdot\cos 2\varphi=0 \;\Rightarrow\; (a-c)\cdot\sin 2\varphi=-b\cdot\cos 2\varphi \;\Rightarrow\; \tan 2\varphi=\frac{\sin 2\varphi}{\cos 2\varphi}=\frac{b}{c-a}.$

$\cos 2\varphi$ bestimmt man dann mithilfe der Beziehungen

$\cos 2\varphi=\frac{1}{\sqrt{1+\tan^2 2\varphi}}$ $(0°<\varphi<45°)$ bzw. $\cos 2\varphi=-\frac{1}{\sqrt{1+\tan^2 2\varphi}}$ $(45°<\varphi<90°)$.

Schließlich erhält man $\sin\varphi$ und $\cos\varphi$ mithilfe der Gleichungen

$\sin\varphi=\sqrt{\frac{1-\cos 2\varphi}{2}}$ und $\cos\varphi=\sqrt{\frac{1+\cos 2\varphi}{2}}$.

In beiden Fällen verschwindet das gemischte Glied und wir erhalten eine Gleichung der Form:

$$ax^2+cy^2+dx+ey+f=0.$$

Die weitere Untersuchung dieser Gleichung lässt sich genauso durchführen wie bei der Schnittfigur eines Kegels mit einer Ebene; man erhält dabei schließlich folgendes Ergebnis:

Satz 4.8

Die allgemeine quadratische Gleichung $ax^2+bxy+cy^2+dx+ey+f=0$ stellt, sofern sie überhaupt erfüllbar ist,

- eine **Ellipse**,
- eine **Hyperbel**,
- eine **Parabel**,
- eine **Gerade**,
- zwei **parallele Geraden**,
- zwei sich **schneidende Geraden**,
- einen **Punkt** oder
- die **ganze Ebene** dar. ■

Die Hauptachsentransformation

Hat man eine allgemeine quadratische Gleichung gegeben und will entscheiden, was für ein geometrisches Gebilde vorliegt, so genügt es in der Regel, so zu drehen, dass das gemischte Glied wegfällt. Diese Umformung nennt man **Hauptachsentransformation**. Durch quadratische Ergänzung kann man gegebenenfalls zusätzlich feststellen, wo nach der Hauptachsentransformation der Mittelpunkt oder – bei einer Parabel – der Scheitelpunkt des Kegelschnitts liegt. Wir behandeln einige Beispiele.

Beispiel 1 $13x^2+10xy+13y^2-36x-36y=36$

In diesem Fall ist $a=c$, also $\varphi=45°$ und daher $x=\frac{1}{2}\sqrt{2}(x'+y')$ und $y=\frac{1}{2}\sqrt{2}(-x'+y')$ und man erhält durch Einsetzen:

$$\frac{13}{2}(x'+y')^2+5(x'+y')(-x'+y')+\frac{13}{2}(-x'+y')^2-18\sqrt{2}(x'+y')-18\sqrt{2}(-x'+y')=36$$

$$\Rightarrow\quad 8x'^2+18y'^2-36\sqrt{2}y'=36$$

$$\Rightarrow\quad 8x'^2+18\left(y'^2-2\sqrt{2}y'+2\right)-36=36$$

$$\Rightarrow\quad 8x'^2+18\left(y'-\sqrt{2}\right)^2=72$$

$$\Rightarrow\quad \frac{x'^2}{9}+\frac{\left(y'-\sqrt{2}\right)^2}{4}=1$$

Die Gleichung stellt eine Ellipse mit dem Mittelpunkt $M(0\,|-\sqrt{2})$ und den Halbachsen $a=3$ und $b=2$ dar (Bild 220/1). ■

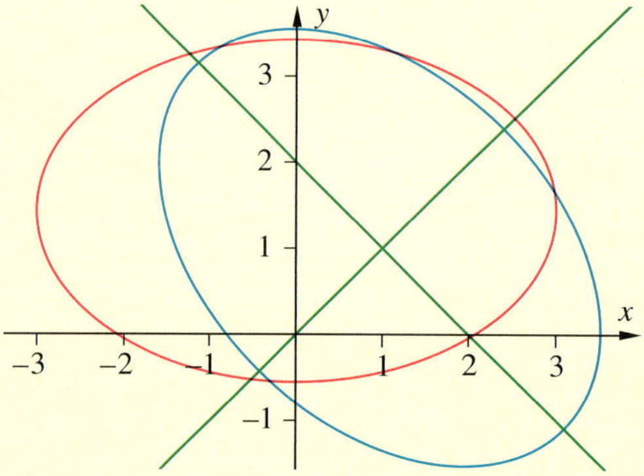

Bild 220/1: Beispiel 1

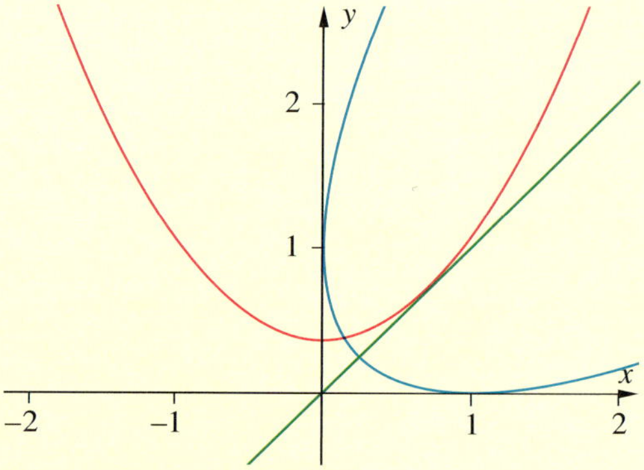

Bild 220/2: Beispiel 2

Beispiel 2 $x^2-2xy+y^2-2x-2y+1=0$

Auch in diesem Fall ist wieder $a=c$, also $\varphi=45°$ und daher gilt wie beim ersten Beispiel $x=\frac{1}{2}\sqrt{2}(x'+y')$ und $y=\frac{1}{2}\sqrt{2}(-x'+y')$; durch Einsetzen erhält man

$$\frac{1}{2}(x'+y')^2-(x'+y')(-x'+y')+\frac{1}{2}(-x'+y')^2-\sqrt{2}(x'+y')-\sqrt{2}(-x'+y')+1=0.$$

$$\Rightarrow\quad 2x'^2-2\sqrt{2}y'+1=0$$

$$\Rightarrow\quad y'=\frac{1}{2}\sqrt{2}x'^2+\frac{1}{4}\sqrt{2}.$$

Es handelt sich um eine Parabel, die den Scheitelpunkt $S(0\,|\,0{,}5)$ hat und in Richtung der positiven y-Achse geöffnet ist. ■

Beispiel 3 $4x^2-4xy+y^2+2x-y=1$

Es ist $\tan 2\varphi=\frac{-4}{1-4}=\frac{4}{3}$, also $\cos 2\varphi=\frac{3}{5}$ und daher $\sin\varphi=\frac{1}{5}\sqrt{5}$ sowie $\cos\varphi=\frac{2}{5}\sqrt{5}$. Die Abbildungsgleichungen sind $x=\frac{1}{5}\sqrt{5}(2x'+y')$ und $y=\frac{1}{5}\sqrt{5}(-x'+2y')$. Durch Einsetzen ergibt sich

$$\frac{4}{5}(2x'+y')^2-\frac{4}{5}(2x'+y')(-x'+2y')+\frac{1}{5}(-x'+2y')^2+\frac{2}{5}\sqrt{5}(2x'+y')-\frac{1}{5}\sqrt{5}(-x'+2y')=1$$

$$\Rightarrow\quad 25x'^2+5\sqrt{5}x'=5$$

$$\Rightarrow\quad x'^2+\frac{1}{5}\sqrt{5}x'=\frac{1}{5}$$

$$\Rightarrow\quad \left(x'+\frac{1}{10}\sqrt{5}\right)^2=\frac{1}{5}+\frac{1}{20}$$

$$\Rightarrow\quad \left(x'+\frac{1}{10}\sqrt{5}\right)^2=\frac{1}{4}$$

$$\Rightarrow\quad x'=\frac{1}{2}-\frac{1}{10}\sqrt{5}\quad\text{oder}\quad x'=-\frac{1}{2}-\frac{1}{10}\sqrt{5}.$$

Der Kegelschnitt besteht aus **zwei parallelen Geraden** (Bild 221/1). ■

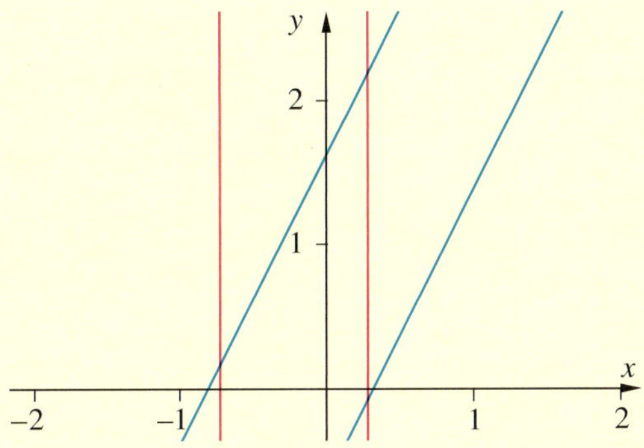

Bild 221/1: Zwei parallele Geraden

Wir fassen zusammen

Schneidet man einen **Kegel** oder einen **Doppelkegel** mit einer **Ebene**, so erhält man eine Schnittfigur, die **Kegelschnitt** heißt.

Kegelschnitte können **Punkte**, **Geraden**, **Geradenpaare**, **Parabeln**, **Ellipsen** oder **Hyperbeln** sein.

Eine Ellipse ist das senkrecht-affine Bild eines Kreises; sie hat die Scheitelgleichung

$$\frac{(x-c)^2}{a^2}+\frac{(y-d)^2}{b^2}=1.$$

Die Strecken mit den Längen a und b heißen **Halbachsen** der Ellipse. Die Punkte $S_1(a\,|\,0)$, $S_2(0\,|\,b)$, $S_3(-a\,|\,0)$ und $S_4(0\,|\,-b)$ heißen **Scheitelpunkte** der Ellipse und der Schnittpunkt $M(c\,|\,d)$ der beiden Achsen heißt **Mittelpunkt** der Ellipse.

Die durch die Gleichung $x^2-y^2=a^2$ oder durch die Gleichung $-x^2+y^2=a^2$ dargestellte Figur heißt **gleichseitige Hyperbel**. Sie hat die **Asymptoten** $y=x$ und $y=-x$, die sich im **Mittelpunkt** M der Hyperbel schneiden.

Eine Hyperbel ist ein senkrecht-affines Bild einer gleichseitigen Hyperbel. Sie wird dargestellt durch eine Gleichung der Form

$$\frac{(x-c)^2}{a^2}-\frac{(y-d)^2}{b^2}=1\quad\text{oder}\quad-\frac{(x-c)^2}{a^2}+\frac{(y-d)^2}{b^2}=1.$$

Die Gleichung $ax^2+bxy+cy^2+dx+ey+f=0$ heißt **allgemeine quadratische Gleichung**; sie stellt stets einen Kegelschnitt dar, den man durch eine **Hauptachsentransformation** näher bestimmen kann.

Ergänzungen zum Lehrtext

1 Zeigen Sie, dass ein Kegel, dessen Spitze im Ursprung liegt, die Koordinatenebenen in einem Punkt, einer Geraden oder einem Geradenpaar schneidet.

2 Untersuchen Sie den Sonderfall, in dem für den Schnitt der Ebene ε_h mit dem gedrehten Kegel gilt $h\cos\varphi - y\sin\varphi = 0$.

3 Zeigen Sie, dass man unter der Voraussetzung $h^2\cos^2\varphi - r^2\sin^2\varphi \neq 0$ die Gleichung
$h^2x^2 + (h^2\cos^2\varphi - r^2\sin^2\varphi)y^2 + 2yh(h^2+r^2)\sin\varphi\cos\varphi + h^2(h^2\sin^2\varphi - r^2\cos^2\varphi) = 0$
durch quadratische Ergänzung auf die Form

$$\frac{h^2x^2}{h^2\cos^2\varphi - r^2\sin^2\varphi} + \left(y + \frac{h(h^2+r^2)\sin\varphi\cos\varphi}{h^2\cos^2\varphi - r^2\sin^2\varphi}\right)^2 = \left(\frac{rh^2}{h^2\cos^2\varphi - r^2\sin^2\varphi}\right)^2$$

bringen kann.

4 Zeigen Sie, dass die Gleichung $y = \frac{p^2}{x}$ bei einer Drehung mit 45° um den Ursprung in die Gleichung $-x^2 + y^2 = a^2$ oder in die Gleichung $x^2 - y^2 = a^2$ übergeht.

5 Zeigen Sie, dass man die Gleichungen $(x-c)^2 + d^2y^2 = e^2$ und $(x-c)^2 - d^2y^2 = e^2$ erhält, wenn man den Kegel um eine Parallele zur y-Achse durch H dreht.

Ellipsen

6 Nennen Sie Beispiele aus Ihrem Erfahrungsbereich für das Auftreten von Ellipsen.

7 Schloss Bellevue in Berlin-Tiergarten ist der Amtssitz des Bundespräsidenten. Neben dem Schloss liegt das neu erbaute Bundespräsidialamt (Bild 222/1). Untersuchen Sie rechnerisch, durch welche Kurve sich der Grundriss des Gebäudes beschreiben lässt.

Bild 222/1: Bundespräsidialamt (größte Ausdehnung des Ovals: 82 m; kleinste Ausdehnung: 41 m)

8 Zeichnen Sie Bilder der Ellipsen, indem Sie zunächst eine Wertetafel aufstellen.

a) $\frac{x^2}{3^2}+\frac{y^2}{5^2}=1$ **b)** $\frac{x^2}{4^2}+\frac{y^2}{2^2}=1$ **c)** $\frac{x^2}{8^2}+\frac{y^2}{3^2}=1$

Krümmungskreise

Man kann ein **Näherungsbild** einer Ellipse auch mit Zirkel und Lineal zeichnen (Bild 223/1):

Die Tangenten in den Scheitelpunkten bilden ein Rechteck mit den Seitenlängen $2a$ und $2b$.

Man fällt von einer Ecke A dieses Rechtecks das Lot auf die Verbindungslinie $\overline{S_1S_2}$ der benachbarten Scheitelpunkte S_1 und S_2. Die Schnittpunkte M_1 und M_2 dieses Lotes mit den Achsen sind die Mittelpunkte von Kreisen durch S_1 und S_2, die sich in der Nähe der Scheitelpunkte recht gut der Krümmung der Ellipse anpassen. Diese Kreise heißen deshalb **Krümmungskreise** der Ellipse.

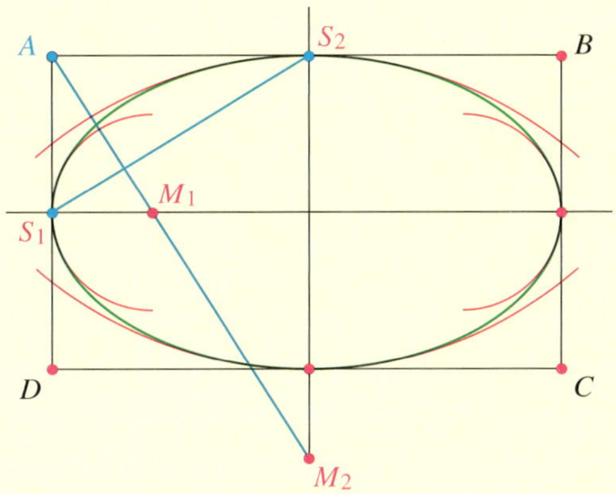

Bild 223/1: Näherungskonstruktion

9 Zeichnen Sie Näherungsbilder der Ellipsen von Aufgabe 8 mithilfe der Krümmungskreise.

10 Bestimmen Sie die Mittelpunkte und Radien der Krümmungskreise einer Ellipse (Bild 223/1). Geben Sie Intervalle an, in denen Ellipse und Krümmungskreis in Achsenrichtung um weniger als 5 % abweichen.

Krümmungskreise – dynamisch

Verschiedene Grafik-Programme erlauben es – oft mithilfe von Java-Applets – geometrische Zusammenhänge dynamisch darzustellen.

11 Entwickeln Sie mithilfe eines entsprechenden Grafik-Programms eine dynamische Darstellung, die die Änderung der Krümmungskreise sichtbar macht, wenn man die Form der Ellipse ändert (Bild 223/2).

Anleitung: Zeichnen Sie zuerst vier paarweise aufeinander senkrecht stehende Geraden, die das Viereck $ABCD$ bilden. Zeichnen Sie dann durch die Seitenmittelpunkte E und F die Achsen der Ellipse. Konstruieren Sie schließlich die Mittelpunkte M_1 und M_2 für die Krümmungskreise.

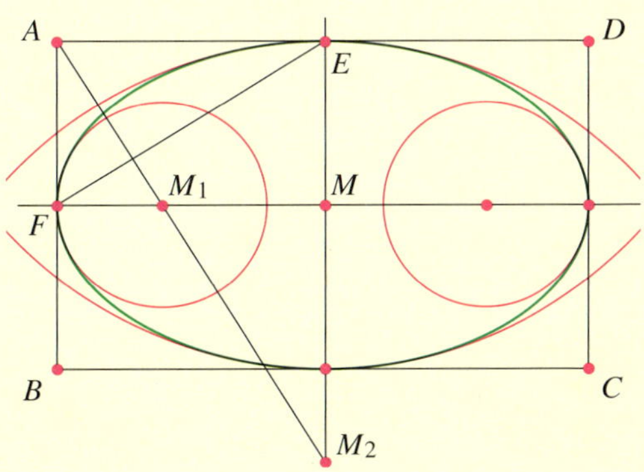

Bild 223/2: Krümmungskreise

Gärtnerkonstruktion

Vor allem in Barock-Gärten gibt es ellipsenförmige Beete. Bild 224/1 zeigt, wie Gärtner solche Beete anlegen. An zwei Pflöcken (F_1 und F_2) wird ein Seil der Länge $2a$ befestigt. Spannt man dieses Seil straff, so liegt der Spannpunkt P auf einer Ellipse.

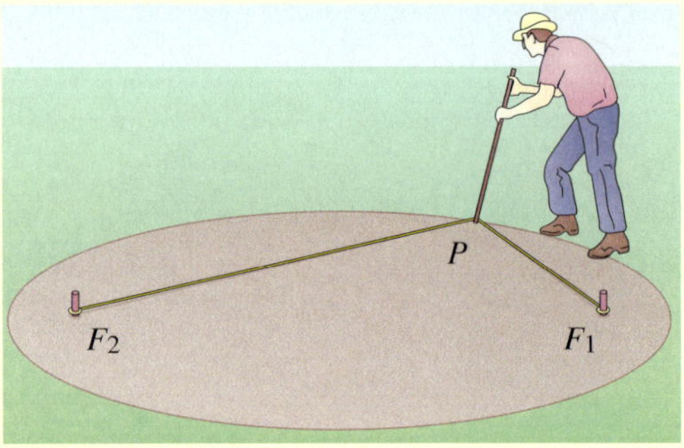

Bild 224/1: Gärtnerkonstruktion

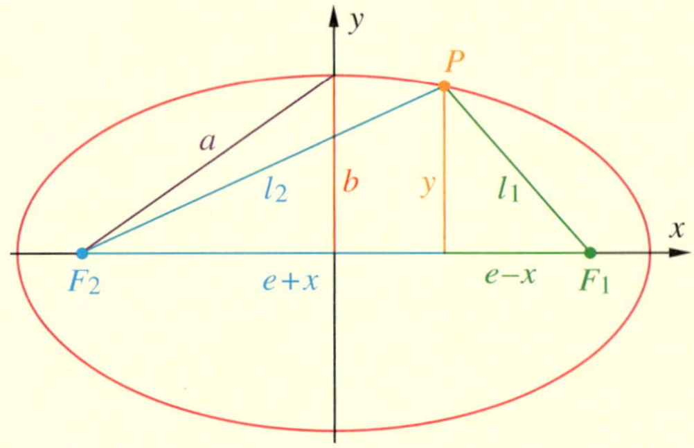

Bild 224/2: Analyse der Gärtnerkonstruktion

Die Punkte $F_1(e\,|\,0)$ und $F_2(-e\,|\,0)$ haben eine besondere Bedeutung, sie sind die **Brennpunkte** der Ellipse. Die Brennpunkte einer Ellipse liegen auf der großen Halbachse im Abstand a von den Scheitelpunkten der kleinen Halbachse (Bild 224/2).

Der Abstand e ($e \geq 0$) eines Brennpunktes vom Mittelpunkt der Ellipse heißt **Exzentrizität**.

12 Eigenschaften der Exzentrizität.

a) Wie hängt die Exzentrizität e mit a und b zusammen?

b) Wie ändert sich die Form der Ellipse, wenn die Exzentrizität e sich ändert?

13 Weisen Sie nach, dass die Gärtnerkonstruktion tatsächlich auf eine Ellipse führt.

a) Zeigen Sie zunächst, dass die folgenden Gleichungen erfüllt sind:
$l_1 + l_2 = 2a,\ \ l_1^2 = (e-x)^2 + y^2$ und $l_2^2 = (e+x)^2 + y^2$.

b) Eliminieren Sie – mithilfe der ersten Gleichung – l_2 aus der dritten Gleichung.

c) Lösen Sie die erhaltene Gleichung nach l_1 auf und quadrieren Sie dann die Gleichung.

d) Eliminieren Sie l_1 und vereinfachen Sie die erhaltene Gleichung zur Ellipsengleichung.

14 Wo liegen bei den Ellipsen von Aufgabe 8 die Brennpunkte?

15 Zeichnen Sie eine der Ellipsen von Aufgabe 8 mit der Gärtnerkonstruktion.

16 Tangenten und Normalen von Ellipsen

a) Leiten Sie aus der Tangentengleichung für einen Kreis die Tangentengleichung für eine Ellipse her, indem Sie den Kreis und die Tangente durch eine Orthogonal-Affinität abbilden.

b) Zeigen Sie: Die Ellipsentangente steht in einem Punkt P der Ellipse senkrecht auf der Winkelhalbierenden des Winkels $\sphericalangle F_1PF_2$.

c) Wie sollte man vorgehen, um in einem Punkt P einer Ellipse eine Tangente zu zeichnen?

d) Wie ist die Wirkung einer Flüstergalerie zu erklären?

e) Erkundigen Sie sich, wie ein Nierensteinzertrümmerer (Lithotripter) funktioniert.

Papierstreifenkonstruktion

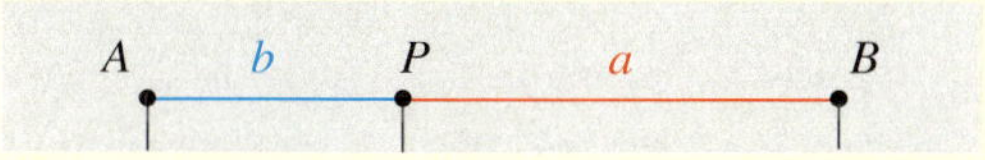

Bild 225/1: Papierstreifen

Mit einem Papierstreifen, auf dem eine Strecke $\overline{AP}$ mit der Länge b und eine Strecke $\overline{PB}$ mit der Länge a wie in Bild 225/1 aneinandergehängt sind, kann man punktweise eine Ellipse konstruieren, indem man den Streifen so auf das Achsenkreuz legt, dass A und B auf den Achsen liegen. P ist dann ein Punkt der Ellipse.

Man kann auf diese Weise relativ schnell viele Punkte der Ellipse zeichnen und dann durch diese Punkte eine Kurve legen.

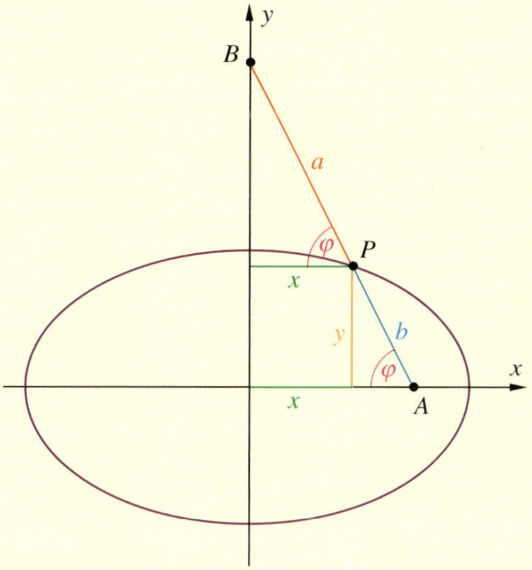

Bild 225/2: Papierstreifenkonstruktion

17 Entnehmen Sie Bild 225/2 $\cos\varphi$ und $\sin\varphi$ und zeigen Sie, dass P tatsächlich auf einer Ellipse liegt.

18 **a)** Entwickeln Sie mithilfe eines entsprechenden Grafik-Programms eine dynamische Darstellung der Papierstreifenkonstruktion (Bild 225/3).

b) Wie ändert sich die Form der Ellipse, wenn man P auf der Strecke $\overline{AB}$ verschiebt?

c) Wie ändert sich die Form der Ellipse, wenn man die Strecke $\overline{AB}$ verlängert oder verkürzt?

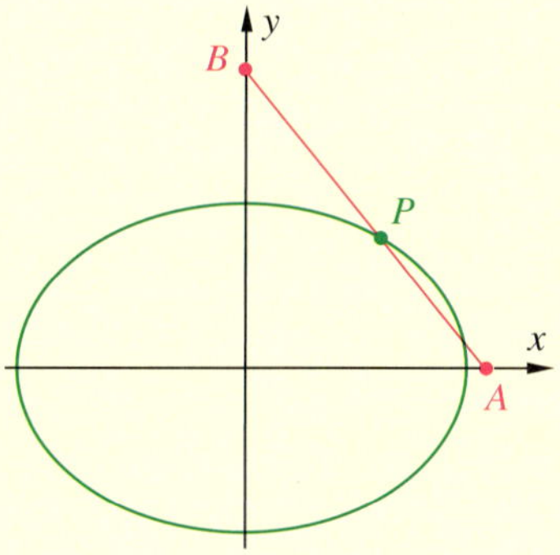

Bild 225/3: Ellipse dynamisch

Weitere Ellipsen-Konstruktionen

19 Eine Ellipse kann man auch durch Falten erzeugen.

a) Schneiden Sie aus Papier einen Kreis aus und markieren Sie darauf einen Punkt F. Falten Sie nun das Papier, so dass das umgefaltete Bogenstück durch F geht. Erzeugen Sie mehrere solche Faltkanten (Bild 225/4).

b) Zeigen Sie, dass diese Faltkanten eine Ellipse umhüllen.

c) Entwickeln Sie mithilfe eines entsprechenden Grafik-Programms auch eine dynamische Darstellung dieser Ellipsenkonstruktion.

Bild 225/4: Ellipse durch Falten

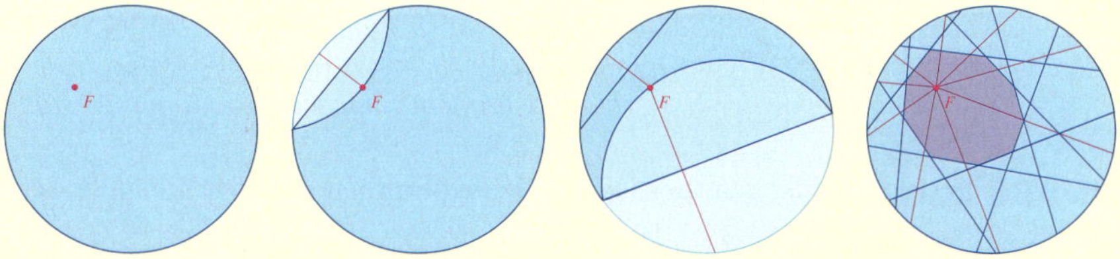

20 Der Niederländer Frans van Schooten (1615–1660) hat mehrere Maschinen erfunden, mit denen man bestimmte Kurven zeichnen kann, darunter auch einen Ellipsenzirkel (Bild 226/1).

a) Entwickeln Sie mithilfe eines entsprechenden Grafik-Programms eine dynamische Darstellung dieser Ellipsenkonstruktion.

b) Weisen Sie nach, dass man durch die van Schooten-Konstruktion tatsächlich eine Ellipse erhält.

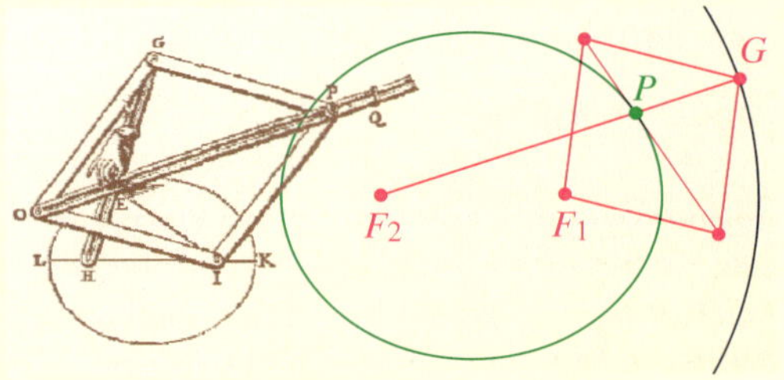

Bild 226/1: Van Schooten-Ellipsenzirkel

Hyperbeln

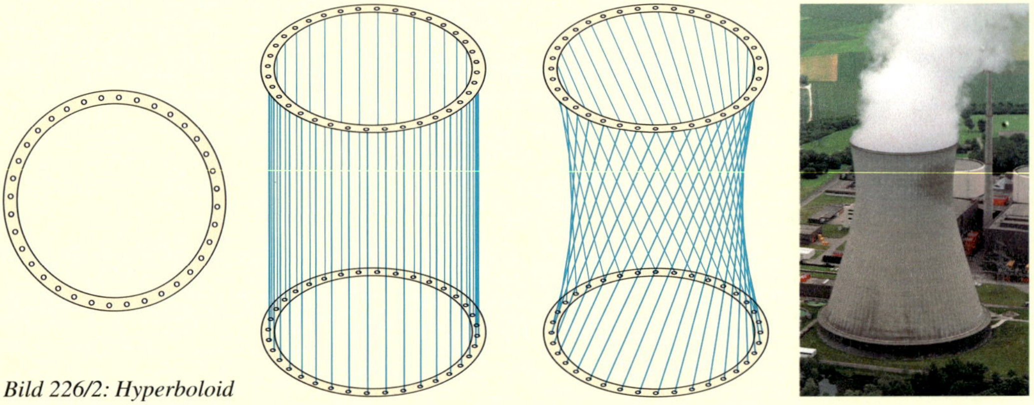

Bild 226/2: Hyperboloid

21 Kühltürme – wie beim Kernkraftwerk Gundremmingen – haben oft die Form von **Hyperboloiden** (Bild 226/2). Spannt man zwischen zwei Kreisringen parallele gleich lange Fäden und verdreht man die Kreisringe dann gegeneinander, erhält man ein einfaches Hyperboloid-Modell. Untersuchen Sie die Schnittfigur eines Hyperboloids mit achsenparallelen Ebenen.

22 Nennen Sie Beispiele aus Ihrem Erfahrungsbereich für das Auftreten von Hyperbeln.

23 Zeichnen Sie Bilder der Hyperbeln, indem Sie zunächst eine Wertetafel aufstellen.

a) $\frac{x^2}{3^2} - \frac{y^2}{5^2} = 1$ **b)** $-\frac{x^2}{4^2} + \frac{y^2}{2^2} = 1$ **c)** $\frac{x^2}{8^2} - \frac{y^2}{3^2} = 1$

24 Lösen Sie die Hyperbelgleichungen von Aufgabe 23 nach y auf und untersuchen Sie die sich ergebenden Funktionen mit den aus der Analysis bekannten Methoden.
Beachten Sie: Durch jede der Hyperbelgleichungen sind zwei Funktionen bestimmt!

25 Welche Hyperbel ist symmetrisch zu den Koordinatenachsen und geht durch P_1 und P_2?

a) $P_1(3\,|\,2\sqrt{2}), P_2(1{,}5\,|\,\sqrt{5})$ **b)** $P_1(3\,|\,3), P_2(6\,|\,-3\sqrt{6})$ **c)** $P_1(6\,|\,4\sqrt{3}), P_2(-4{,}5\,|\,-2\sqrt{5})$

26 Bild 227/1 zeigt eine Ellipsenkonstruktion. Die Punkte F_1 und F_2 liegen symmetrisch zur y-Achse auf der x-Achse. G liegt auf einem Kreis um F_1. P ist der Schnittpunkt der Mittelsenkrechten von $\overline{GF_2}$ mit der Strecke $\overline{GF_1}$.

a) Weisen Sie zunächst nach, dass P ein Punkt einer Ellipse mit den Brennpunkten F_1 und F_2 ist.

b) Entwickeln Sie mithilfe eines entsprechenden Grafik-Programms auch eine dynamische Darstellung dieser Konstruktion.

c) Was ändert sich, wenn man den Radius des Kreises verkleinert?

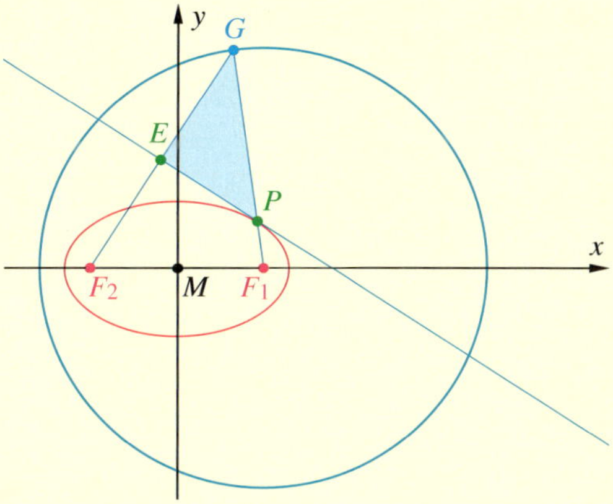

Bild 227/1: Ändern Sie den Kreisradius

Asymptoten und Brennpunkte

27 Begründen Sie, dass die Winkelhalbierenden der Quadranten des Koordinatensystems Asymptoten der Hyperbeln zu $x^2 - y^2 = p^2$ und zu $-x^2 + y^2 = p^2$ sind.

28 Ermitteln Sie die Asymptoten der Hyperbeln zu $\frac{x^2}{a^2} - \frac{y^2}{b^2} = 1$ und zu $-\frac{x^2}{a^2} + \frac{y^2}{b^2} = 1$.

29 Die Tangenten in den Scheitelpunkten $S_1(a\,|\,0)$ und $S_2(-a\,|\,0)$ schneiden die Asymptoten in vier Punkten (Bild 227/2).

a) Begründen Sie, dass diese Punkte von der x-Achse den Abstand b haben.

b) Bezeichnen Sie den Abstand dieser Punkte vom Ursprung mit e. Welche Beziehung besteht zwischen a, b und e?

c) Die Punkte $F_1(e\,|\,0)$ und $F_2(-e\,|\,0)$ heißen **Brennpunkte der Hyperbel**. Beschreiben Sie die Konstruktion dieser Brennpunkte.

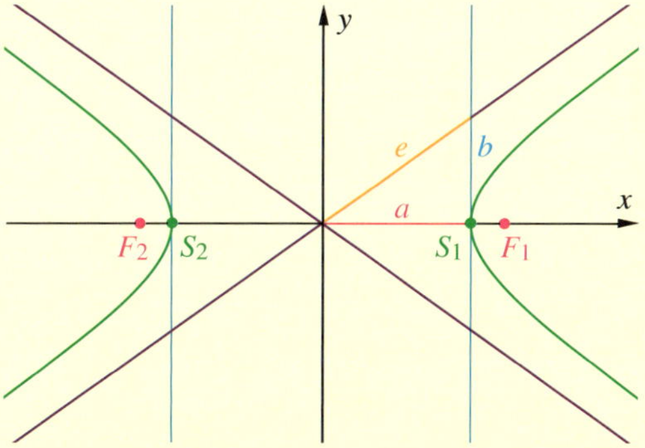

Bild 227/2: Besondere Hyperbel-Punkte

30 Die Brennpunkte $F_1(e\,|\,0)$ und $F_2(-e\,|\,0)$ haben eine ähnliche Bedeutung wie bei der Ellipse. Wie dort bezeichnet man die Abstände eines Hyperbel-Punktes P von den Brennpunkten mit l_1 und l_2.

a) Begründen Sie zunächst, dass bei einer Hyperbel gilt $l_2 - l_1 = 2a$ bzw. $l_1 - l_2 = 2a$.

b) Für welche Punkte gilt die erste Gleichung, für welche die zweite?

c) Zeigen Sie dann, dass die folgenden Gleichungen erfüllt sind:

$l_1^2 = (x-e)^2 + y^2$ und $l_2^2 = (x+e)^2 + y^2$.

d) Eliminieren Sie – mithilfe der Gleichungen von a) – l_2 aus der dritten Gleichung.

e) Lösen Sie die erhaltene Gleichung nach l_1 auf und quadrieren Sie dann die Gleichung.

f) Eliminieren Sie l_1 und vereinfachen Sie die erhaltene Gleichung zur Hyperbelgleichung.

AUFGABEN

AUFGABEN

Hauptachsentransformation

31 Welche geometrischen Gebilde werden durch die folgenden Gleichungen dargestellt?

a) $-81x^2-216xy+220x-144y^2+960y=1300$

b) $16x^2-24xy-110x+9y^2+20y+150=0$

c) $x^2+3xy-4y^2=0$

d) $57x^2+14\sqrt{3}xy+43y^2-8(8\sqrt{3}+9)x+8(9\sqrt{3}-8)y=368$

e) $9(2-\sqrt{3})x^2+18xy+9(2+\sqrt{3})y^2+4\sqrt{2}(13-5\sqrt{3})x-4\sqrt{2}(13\sqrt{3}+5)y+208=0$

f) $-3x^2-26\sqrt{3}xy+23y^2+8(2\sqrt{3}-9)x+8(9\sqrt{3}+2)y=16$

32 Beseitigen Sie das gemischte Glied, indem Sie geeignet drehen.

a) $xy=1$ **b)** $x^2-xy+y^2=1$ **c)** $x+xy+y=1$

d) $7x^2-24xy=144$ **e)** $18x^2+48xy-40x+32y^2-95y+50=0$

f) $928x^2+792xy+697y^2=19600$ **g)** $27x^2-72xy-200x+48y^2+225y+300=0$

33 Bestimmen Sie Scheitelpunkt und Symmetrieachse der Parabel und zeichnen Sie sie dann.

a) $x^2+2xy+y^2-x+3y+3=0$ **b)** $4x^2-12xy+9y^2+35x+6y-86=0$

c) $2x^2+8xy+8y^2+14x+23y=-14$ **d)** $2x^2-4\sqrt{3}xy+6y^2-13\sqrt{3}x+35y=-51$

34 Ermitteln Sie Länge und Lage der Hauptachsen und zeichnen Sie dann die Ellipse.

a) $13x^2-10xy+13y^2+36x-36y=36$ **b)** $25x^2+80xy-280x+80y^2-592y=-824$

c) $17x^2+12xy+8y^2-58x-44y=-69$ **d)** $153x^2+192xy-57x+97y^2+y=210$

35 Ermitteln Sie Mittelpunkt und Asymptoten und zeichnen Sie dann die Hyperbel.

a) $3x^2-10xy+3y^2-26x+22y=-27$ **b)** $-3x^2-26\sqrt{3}xy+23y^2+52\sqrt{3}x-92y=52$

c) $7x^2+12xy-4y^2-8x-16y=8$ **d)** $-3x^2+4xy+3y^2+15x-50y+150=0$

36 Untersuchen Sie mithilfe eines CAS, welche Kegelschnitte die Gleichung beschreibt, wenn man k mit der Schrittweite 1 in den angegebenen Grenzen variiert.

a) $x^2+2kxy+4y^2-2x+4y-14=0, \quad -4\leq k\leq 5$

b) $kx^2-12xy+9y^2-4x+6y-8=0, \quad 2\leq k\leq 6$

c) $4x^2-4xy+ky^2-12x-30=0, \quad -1\leq k\leq 3$

d) $3x^2-5xy-2y^2+7y-k=0, \quad 0\leq k\leq 6$

37 Durch die Gleichung $x^2+bxy+cy^2+dx+ey+f=0$ ist ein Kegelschnitt K gegeben.

a) Was für ein Kegelschnitt liegt vor, wenn auf K die Punkte $P_1(0|-1)$, $P_2(3|0)$, $P_3(1|0)$, $P_4(8|-1)$ und $P_5(-1|8)$ liegen?

b) Was für ein Kegelschnitt ist K, wenn darauf die Punkte P_1, P_2, P_3, P_4 und $P_6(1|-2)$ liegen?

c) Was für ein Kegelschnitt liegt vor, wenn auf K die Punkte $Q_1(0|0)$, $Q_2(1|1)$, $Q_3(-1|1)$, $Q_4(-1|-1)$ und $Q_5(1|-1)$ liegen?

d) Was für ein Kegelschnitt liegt vor, wenn auf K die Punkte $R_1(0|0)$, $R_2(1|2)$, $R_3(2|3)$, $R_4(1|-2)$ und $R_5(2|-3)$ liegen?

e) Ist durch die Angabe von fünf Punkten stets eindeutig ein Kegelschnitt festgelegt? Begründen Sie Ihre Antwort bzw. geben Sie ein Gegenbeispiel an.

5 Prozesse

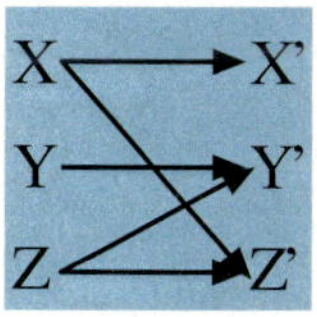

In diesem Kapitel werden Methoden entwickelt, um wirtschaftliche, soziale und natürliche Prozesse mathematisch beschreiben zu können. Dazu werden neue Möglichkeiten der Verwendung von Matrizen vorgestellt.

5.1 Industrielle Produktion

AUFTRÄGE

A1 Herstellung von Tee

Ein Unternehmen stellt aromatisierten schwarzen Tee in drei Sorten her, der in Kartons zu 25 Aufgussbeuteln angeboten wird. Ein Teebeutel von 1,5 g enthält je nach Sorte 0,3 g Vanille-, 0,2 g Wildkirsch- oder 0,25 g Zimtaroma; der Rest wird mit schwarzem Tee aufgefüllt. Geben Sie eine Methode an, um möglichst einfach den Rohstoffbedarf für verschiedene Bestellungen der drei Teesorten berechnen zu können.

Bei der neuen Sorte Vanille-Zimt werden Vanilletee und Zimttee im Verhältnis 4 zu 1 gemischt. Ändern Sie Ihr Berechnungsverfahren so ab, dass Sie dieses neue Angebot berücksichtigen können. Entwerfen Sie ebenfalls ein Berechnungsverfahren, wenn zusätzlich nicht aromatisierter schwarzer Tee und die drei Aromen angeboten werden sollen.

A2 Fertigung von Bauklötzen

Eine Spielzeugfirma produziert Baukästen mit Holzbausteinen. In der einfachen Ausführung enthält ein Baukasten 10 kurze, 8 mittlere und 6 lange quaderförmige Bauklötze sowie 5 zylinderförmige und 5 flache Bauklötze der mittleren Länge. In der großen Ausführung enthält ein Baukasten je 10 kurze, mittlere und lange quaderförmige Bauklötze sowie 5 mittlere und 5 kurze Bauklötze der zylinderförmigen und flachen Form. Geben Sie ein Verfahren an, um die benötigten Stückzahlen der verschiedenen Bausteine zu berechnen.

Bild 229/1: Holzbausteine

Entwerfen Sie ein Planungsschema für die Produktion, wenn vier verschiedene Großhändler jede Woche andere Mengen der beiden Baukästen ordern. Geben Sie auch ein Modell an, das den Verkauf einzelner Bauklötze als Ersatzteile einschließt.

A3 Lackproduktion

Ein Hersteller von Sprühlacken bietet die Farben Rot, Gelb und Blau an. Für einen Liter Lack werden 500 ml roter, 600 ml gelber oder 550 ml blauer Farbstoff mit den entsprechenden Mengen Lösungsmittel aufgefüllt. Entwickeln Sie ein Berechnungsschema für den Rohstoffbedarf bei unterschiedlichen Bestellungen der drei Lacksorten.

Oranger Lack wird im Verhältnis 3 zu 2 aus rotem und gelbem Lack gemischt, grüner Lack besteht zu gleichen Teilen aus gelbem und blauem Lack, violetter Lack besteht zu 80 % aus blauem und zu 20 % aus rotem Lack. Ändern Sie das Berechnungsschema so ab, dass diese Lacke das Programm bilden. Wie ist die Bedarfsrechnung zu ändern, wenn alle Rohstoffe und Zwischenprodukte zum Verkauf angeboten werden?

Bild 230/1: Verwendung von Sprühlack

A4 Lagerhaltung einer Bäckerei

Einfaches Weißbrot	Halbmilch-Weißbrot	Feines Weißbrot
1000 g Weizenmehl	1000 g Weizenmehl	1000 g Weizenmehl
80 g Frischhefe oder 2 Teelöffel Trockenhefe	80 g Frischhefe oder 2 Teelöffel Trockenhefe	80 g Frischhefe oder 2 Teelöffel Trockenhefe
ca. 500 ml Wasser (35–38 Grad)	ca. 250 ml Wasser	
	ca. 250 ml Milch (35–38 Grad)	ca. 500 ml Milch (35–38 Grad)
1 Esslöffel Salz	1 Esslöffel Salz	1 Esslöffel Salz
1 Teelöffel Zucker	1 Esslöffel Zucker	1 Esslöffel Zucker
		50 g Butter oder Margarine
		1 Ei
reicht für 2 Brote oder 20 Brötchen	reicht für 2 Brote oder 20 Brötchen	reicht für 2 Brote

Entwickeln Sie ein effizientes Verfahren für die Lagerhaltung einer Bäckerei, die nur die drei Sorten Weißbrot herstellt, deren Rezepte in der Tabelle angegeben sind. Wie ändert sich das Verfahren, wenn der Halbmilch-Teig nicht direkt angerührt wird, sondern aus dem zuvor hergestellten Wasser- und Milchteig durch Mischen entsteht? Modifizieren Sie das Verfahren so, dass auch der Direktverkauf von Eiern, Frischhefe und Milch einbezogen werden kann.

Verflechtungsmatrizen

Wir bearbeiten **A4** zur Einkaufsplanung in einer Bäckerei. Zunächst sind die Rezepte auf die Angaben zu reduzieren, die für die Lagerhaltung benötigt werden. Es entfallen damit der Hinweis auf die Trockenhefe und die Temperaturangaben. Außerdem sind die Maßangaben für Salz und Zucker in Gramm umzurechnen. Die folgende Rezepttabelle beschreibt für jeweils ein Hefebrot, wie die Rohstoffe mit den Endprodukten verflochten sind:

	Einfaches Weißbrot	Halbmilch-Weißbrot	Feines Weißbrot
Mehl (g)	500	500	500
Hefe (g)	40	40	40
Wasser (ml)	250	125	0
Milch (ml)	0	125	250
Butter (g)	0	0	25
Ei (Stück)	0	0	1
Salz (g)	10	10	10
Zucker (g)	10	10	10

Wenn eine Bestellung von 30 einfachen, 50 Halbmlich- und 70 feinen Weißbroten vorliegt, wird beispielsweise die Menge des erforderlichen Wassers bestimmt, indem die für jedes Brot benötigte Wassermenge mit der Anzahl der zu backenden Brote multipliziert wird und die Ergebnisse addiert werden:

$$250 \cdot 30 + 125 \cdot 50 + 0 \cdot 70 = 13\,750.$$

Es werden also 13,75 l Wasser benötigt. Für die anderen Zutaten werden die benötigten Mengen entsprechend berechnet. Damit ergibt sich das folgende Gleichungssystem:

$$\begin{array}{rrcrcrcr}
 & 500 \cdot 30 & + & 500 \cdot 50 & + & 500 \cdot 70 & = & 75\,000 \\
\wedge & 40 \cdot 30 & + & 40 \cdot 50 & + & 40 \cdot 70 & = & 6\,000 \\
\wedge & 250 \cdot 30 & + & 125 \cdot 50 & + & 0 \cdot 70 & = & 13\,750 \\
\wedge & 0 \cdot 30 & + & 125 \cdot 50 & + & 250 \cdot 70 & = & 23\,750 \\
\wedge & 0 \cdot 30 & + & 0 \cdot 50 & + & 25 \cdot 70 & = & 1\,750 \\
\wedge & 0 \cdot 30 & + & 0 \cdot 50 & + & 1 \cdot 70 & = & 70 \\
\wedge & 10 \cdot 30 & + & 10 \cdot 50 & + & 10 \cdot 70 & = & 1\,500 \\
\wedge & 10 \cdot 30 & + & 10 \cdot 50 & + & 10 \cdot 70 & = & 1\,500
\end{array}$$

Da in jeder Zeile Produkte mit 30, 50 und 70 erscheinen, lässt sich das Gleichungssystem übersichtlicher in der Matrixschreibweise formulieren:

$$\begin{pmatrix} 500 & 500 & 500 \\ 40 & 40 & 40 \\ 250 & 125 & 0 \\ 0 & 125 & 250 \\ 0 & 0 & 25 \\ 0 & 0 & 1 \\ 10 & 10 & 10 \\ 10 & 10 & 10 \end{pmatrix} \cdot \begin{pmatrix} 30 \\ 50 \\ 70 \end{pmatrix} = \begin{pmatrix} 75\,000 \\ 6\,000 \\ 13\,750 \\ 23\,750 \\ 1\,750 \\ 70 \\ 1\,500 \\ 1\,500 \end{pmatrix}.$$

Die Matrix enthält die Zahlen aus der Tabelle für die drei Brotrezepte und gibt die Verflechtung der einzelnen Zutaten an. Sie heißt daher **Verflechtungsmatrix**. Sie wird mit dem Vektor multipliziert, in dem der gewünschte Ausstoß (engl. Output) von Waren zusammengefasst ist. Er heißt deshalb **Output-Vektor**. Entsprechend heißt der Ergebnisvektor, welcher die erforderlichen Mengen der Zutaten angibt, **Input-Vektor**.

Die Verflechtungsmatrix bleibt unverändert, solange die Rezepte sich nicht ändern. Der Output-Vektor hingegen ändert sich immer dann, wenn unterschiedliche Bestellungen eingehen. Entsprechend ändert sich dann auch der Input-Vektor. Man sollte sich im Übrigen nicht dadurch verwirren lassen, dass der Output des Produktionsprozesses vorgegeben ist und der für die Produktion notwendige Input erst berechnet werden muss.

Materialverflechtung mit Zwischenprodukten

Wenn der Halbmilch-Teig durch Mischung der beiden anderen Teigsorten entstehen soll, ändert sich seine Rezeptur, da er nun Ei und Butter aus dem Milch-Teig enthält. Folglich muss das Berechnungsverfahren für den Input-Vektor so abgeändert werden, dass es dem neuen Produktionsprozess entspricht, bei dem zunächst zwei Teigsorten als Zwischenprodukte entstehen, die dann zu den drei Endprodukten weiter verarbeitet werden. Man erhält zunächst die folgende Rezepttabelle für die beiden Teigsorten:

	Wasserteig	Milchteig
Mehl (g)	500	500
Hefe (g)	40	40
Wasser (ml)	250	0
Milch (ml)	0	250
Butter (g)	0	25
Ei (Stück)	0	1
Salz (g)	10	10
Zucker (g)	10	10

In der folgenden Tabelle sind die Anteile der beiden Teigsorten für jede Brotsorte angegeben:

	Einfaches Weißbrot	Halbmilch-Weißbrot	Feines Weißbrot
Wasserteig	1	0,5	0
Milchteig	0	0,5	1

Dies ist eine neue Rezepttabelle, in der die Herstellung der drei Brotsorten aus den beiden „Rohstoffen“ Wasserteig und Milchteig beschrieben wird. Wenn wie oben 30 einfache, 50 Halbmilch- und 70 feine Weißbrote bestellt wurden, lässt sich der erforderliche Input-Vektor für die beiden Teigsorten berechnen, indem die aus der Tabelle gewonnene Verflechtungsmatrix mit dem Output-Vektor multipliziert wird:

$$\begin{pmatrix} 1 & 0{,}5 & 0 \\ 0 & 0{,}5 & 1 \end{pmatrix} \cdot \begin{pmatrix} 30 \\ 50 \\ 70 \end{pmatrix} = \begin{pmatrix} 55 \\ 95 \end{pmatrix}.$$

Übersetzt man anschließend die Tabelle, welche die Rezepte für die beiden Zwischenprodukte enthält, in eine Verflechtungsmatrix und multipliziert diese mit dem Output-Vektor der Zwischenprodukte, dann erhält man für den Rohstoffbedarf

$$\begin{pmatrix} 500 & 500 \\ 40 & 40 \\ 250 & 0 \\ 0 & 250 \\ 0 & 25 \\ 0 & 1 \\ 10 & 10 \\ 10 & 10 \end{pmatrix} \cdot \begin{pmatrix} 55 \\ 95 \end{pmatrix} = \begin{pmatrix} 75\,000 \\ 6\,000 \\ 13\,750 \\ 23\,750 \\ 2\,375 \\ 95 \\ 1\,500 \\ 1\,500 \end{pmatrix}.$$

Abgesehen von den veränderten Werten für Butter und Eier, die durch den Milchteig-Anteil im Halbmilchteig bedingt sind, ergibt sich der gleiche Input-Vektor wie bei der Berechnung ohne Zwischenprodukte. Schreibt man die durchgeführten Rechnungen in **ein** Gleichungssystem, so erhält man:

$$\begin{array}{rrcrcr}
 & 500\cdot(1\cdot 30+0{,}5\cdot 50+0\cdot 70) & + & 500\cdot(0\cdot 30+0{,}5\cdot 50+1\cdot 70) & = & 75\,000 \\
\wedge & 40\cdot(1\cdot 30+0{,}5\cdot 50+0\cdot 70) & + & 40\cdot(0\cdot 30+0{,}5\cdot 50+1\cdot 70) & = & 6\,000 \\
\wedge & 250\cdot(1\cdot 30+0{,}5\cdot 50+0\cdot 70) & + & 0\cdot(0\cdot 30+0{,}5\cdot 50+1\cdot 70) & = & 13\,750 \\
\wedge & 0\cdot(1\cdot 30+0{,}5\cdot 50+0\cdot 70) & + & 250\cdot(0\cdot 30+0{,}5\cdot 50+1\cdot 70) & = & 23\,750 \\
\wedge & 0\cdot(1\cdot 30+0{,}5\cdot 50+0\cdot 70) & + & 25\cdot(0\cdot 30+0{,}5\cdot 50+1\cdot 70) & = & 2\,375 \\
\wedge & 0\cdot(1\cdot 30+0{,}5\cdot 50+0\cdot 70) & + & 1\cdot(0\cdot 30+0{,}5\cdot 50+1\cdot 70) & = & 95 \\
\wedge & 10\cdot(1\cdot 30+0{,}5\cdot 50+0\cdot 70) & + & 10\cdot(0\cdot 30+0{,}5\cdot 50+1\cdot 70) & = & 1\,500 \\
\wedge & 10\cdot(1\cdot 30+0{,}5\cdot 50+0\cdot 70) & + & 10\cdot(0\cdot 30+0{,}5\cdot 50+1\cdot 70) & = & 1\,500.
\end{array}$$

Eine Umordnung der einzelnen Zeilen nach den Output-Einträgen 30, 50 und 70 ergibt:

$$\begin{array}{rrcrcrcr}
 & (500\cdot 1+500\cdot 0)\cdot 30 & + & (500\cdot 0{,}5+500\cdot 0{,}5)\cdot 50 & + & (500\cdot 0+500\cdot 1)\cdot 70 & = & 75\,000 \\
\wedge & (40\cdot 1+40\cdot 0)\cdot 30 & + & (40\cdot 0{,}5+40\cdot 0{,}5)\cdot 50 & + & (40\cdot 0+40\cdot 1)\cdot 70 & = & 6\,000 \\
\wedge & (250\cdot 1+0\cdot 0)\cdot 30 & + & (250\cdot 0{,}5+0\cdot 0{,}5)\cdot 50 & + & (250\cdot 0+0\cdot 1)\cdot 70 & = & 13\,750 \\
\wedge & (0\cdot 1+250\cdot 0)\cdot 30 & + & (0\cdot 0{,}5+250\cdot 0{,}5)\cdot 50 & + & (0\cdot 0+250\cdot 1)\cdot 70 & = & 23\,750 \\
\wedge & (0\cdot 1+25\cdot 0)\cdot 30 & + & (0\cdot 0{,}5+25\cdot 0{,}5)\cdot 50 & + & (0\cdot 0+25\cdot 1)\cdot 70 & = & 2\,375 \\
\wedge & (0\cdot 1+1\cdot 0)\cdot 30 & + & (0\cdot 0{,}5+1\cdot 0{,}5)\cdot 50 & + & (0\cdot 0+1\cdot 1)\cdot 70 & = & 95 \\
\wedge & (10\cdot 1+10\cdot 0)\cdot 30 & + & (10\cdot 0{,}5+10\cdot 0{,}5)\cdot 50 & + & (10\cdot 0+10\cdot 1)\cdot 70 & = & 1\,500 \\
\wedge & (10\cdot 1+10\cdot 0)\cdot 30 & + & (10\cdot 0{,}5+10\cdot 0{,}5)\cdot 50 & + & (10\cdot 0+10\cdot 1)\cdot 70 & = & 1\,500.
\end{array}$$

Übersetzt man dieses Gleichungssystem in die Matrixschreibweise, so erhält man als Resultat wieder die übersichtliche Form, bei der eine feste Übergangsmatrix mit einem veränderlichen Output-Vektor multipliziert wird:

$$\begin{pmatrix} 500 & 500 & 500 \\ 40 & 40 & 40 \\ 250 & 125 & 0 \\ 0 & 125 & 250 \\ 0 & 12{,}5 & 25 \\ 0 & 0{,}5 & 1 \\ 10 & 10 & 10 \\ 10 & 10 & 10 \end{pmatrix} \cdot \begin{pmatrix} 30 \\ 50 \\ 70 \end{pmatrix} = \begin{pmatrix} 75\,000 \\ 6\,000 \\ 13\,750 \\ 23\,750 \\ 2\,375 \\ 95 \\ 1\,500 \\ 1\,500 \end{pmatrix}.$$

Man erkennt, dass die Verflechtungsmatrix das Produkt der beiden aus den Rezepttabellen gewonnenen Matrizen ist. Für die Bedarfsrechnung ergibt sich damit:

$$\begin{pmatrix} 500 & 500 \\ 40 & 40 \\ 250 & 0 \\ 0 & 250 \\ 0 & 25 \\ 0 & 1 \\ 10 & 10 \\ 10 & 10 \end{pmatrix} \cdot \begin{pmatrix} 1 & 0{,}5 & 0 \\ 0 & 0{,}5 & 1 \end{pmatrix} \cdot \begin{pmatrix} 30 \\ 50 \\ 70 \end{pmatrix} = \begin{pmatrix} 500 & 500 & 500 \\ 40 & 40 & 40 \\ 250 & 125 & 0 \\ 0 & 125 & 250 \\ 0 & 12{,}5 & 25 \\ 0 & 0{,}5 & 1 \\ 10 & 10 & 10 \\ 10 & 10 & 10 \end{pmatrix} \cdot \begin{pmatrix} 30 \\ 50 \\ 70 \end{pmatrix} = \begin{pmatrix} 75\,000 \\ 6000 \\ 13\,750 \\ 23\,750 \\ 2\,375 \\ 95 \\ 1\,500 \\ 1\,500 \end{pmatrix}.$$

Das Stücklistenproblem

Sollen zusätzlich auch Rohstoffe und Zwischenprodukte angeboten werden, benötigt man einen neuen Ansatz. Denn im Gegensatz zu den bisherigen Produktionswegen gehen nun nicht alle Rohstoffe in andere Produkte über, sondern sind zum Teil selbst „Endprodukt". Benötigt wird somit ein Ansatz, bei dem alle am Produktionsprozess beteiligten Güter sowohl beim Input als auch beim Output aufgelistet sind.

Werden z. B.

20 Pakete Frischhefe zu je 50 g, also 1 000 g,
20 Flaschen Milch zu je 1 000 ml, also 20 000 ml,
10 Pakete Butter zu je 250 g, also 2 500 g,
50 Eier und
10 Einheiten ungebackener Milchteig

angeboten, dann ist der Output-Vektor

$$\vec{y} = \begin{pmatrix} 0 & \text{Mehl} \\ 1\,000 & \text{Hefe} \\ 0 & \text{Wasser} \\ 20\,000 & \text{Milch} \\ 2\,500 & \text{Butter} \\ 50 & \text{Ei} \\ 0 & \text{Salz} \\ 0 & \text{Zucker} \\ 0 & \text{Wasserteig} \\ 10 & \text{Milchteig} \\ 30 & \text{Einfaches Weißbrot} \\ 50 & \text{Halbmilch-Weißbrot} \\ 70 & \text{Feines Weißbrot} \end{pmatrix}.$$

Dieser Vektor beschreibt die Menge aller zum Verkauf angebotenen Güter, den so genannten **Netto-Output** und heißt deshalb **Netto-Output-Vektor**. Zur Berechnung des internen Verbrauchs wird eine Tabelle benötigt, welche in ihren Spalten die Rezepte für **alle** am Produktionsprozess beteiligten Güter enthält:

	Me	He	Wa	Mi	Bu	Ei	Sa	Zu	WT	MT	EB	HB	FB
Me	0	0	0	0	0	0	0	0	500	500	0	0	0
He	0	0	0	0	0	0	0	0	40	40	0	0	0
Wa	0	0	0	0	0	0	0	0	250	0	0	0	0
Mi	0	0	0	0	0	0	0	0	0	250	0	0	0
Bu	0	0	0	0	0	0	0	0	0	25	0	0	0
Ei	0	0	0	0	0	0	0	0	0	1	0	0	0
Sa	0	0	0	0	0	0	0	0	10	10	0	0	0
Zu	0	0	0	0	0	0	0	0	10	10	0	0	0
WT	0	0	0	0	0	0	0	0	0	0	1	0,5	0
MT	0	0	0	0	0	0	0	0	0	0	0	0,5	1
EB	0	0	0	0	0	0	0	0	0	0	0	0	0
HB	0	0	0	0	0	0	0	0	0	0	0	0	0
FB	0	0	0	0	0	0	0	0	0	0	0	0	0

Der Tabelle entspricht eine Matrix A, welche die interne Materialverflechtung der Bäckerei wiedergibt, also wie viele Einheiten welchen Stoffes für eine Einheit eines anderen Stoffes bereitzustellen sind. Die Spalten für die Rohstoffe enthalten nur Nullen, da diese nichts zu ihrer Herstellung benötigen, die Spalten der Zwischen- und Endprodukte enthalten die bereits bekannten Verflechtungsmatrizen.

Ist $\vec{x}$ der Input-Vektor, der die Mengen aller Güter in der gegebenen Reihenfolge enthält, dann gibt $A \cdot \vec{x}$ den internen Verbrauch und $\vec{x} - A \cdot \vec{x}$ den Netto-Output-Vektor $\vec{y}$ an. Mit der 13-reihigen Einheitsmatrix E_{13} erhält man:

$$\vec{y} = \vec{x} - A \cdot \vec{x} = (E_{13} - A) \cdot \vec{x}$$

Die Matrix $E_{13} - A$ ist eine Dreiecksmatrix mit Einsen auf der Diagonalen:

$$\begin{pmatrix}
1 & 0 & 0 & 0 & 0 & 0 & 0 & 0 & -500 & -500 & 0 & 0 & 0 \\
0 & 1 & 0 & 0 & 0 & 0 & 0 & 0 & -40 & -40 & 0 & 0 & 0 \\
0 & 0 & 1 & 0 & 0 & 0 & 0 & 0 & -250 & 0 & 0 & 0 & 0 \\
0 & 0 & 0 & 1 & 0 & 0 & 0 & 0 & 0 & -250 & 0 & 0 & 0 \\
0 & 0 & 0 & 0 & 1 & 0 & 0 & 0 & 0 & -25 & 0 & 0 & 0 \\
0 & 0 & 0 & 0 & 0 & 1 & 0 & 0 & 0 & -1 & 0 & 0 & 0 \\
0 & 0 & 0 & 0 & 0 & 0 & 1 & 0 & -10 & -10 & 0 & 0 & 0 \\
0 & 0 & 0 & 0 & 0 & 0 & 0 & 1 & -10 & -10 & 0 & 0 & 0 \\
0 & 0 & 0 & 0 & 0 & 0 & 0 & 0 & 1 & 0 & -1 & -0{,}5 & 0 \\
0 & 0 & 0 & 0 & 0 & 0 & 0 & 0 & 0 & 1 & 0 & -0{,}5 & -1 \\
0 & 0 & 0 & 0 & 0 & 0 & 0 & 0 & 0 & 0 & 1 & 0 & 0 \\
0 & 0 & 0 & 0 & 0 & 0 & 0 & 0 & 0 & 0 & 0 & 1 & 0 \\
0 & 0 & 0 & 0 & 0 & 0 & 0 & 0 & 0 & 0 & 0 & 0 & 1
\end{pmatrix}.$$

Deshalb kann man das lineare Gleichungssystem durch Rückwärts-Einsetzen eindeutig lösen:

$$\left(\begin{array}{ccccccccccccc|c}
1 & 0 & 0 & 0 & 0 & 0 & 0 & 0 & -500 & -500 & 0 & 0 & 0 & 0 \\
0 & 1 & 0 & 0 & 0 & 0 & 0 & 0 & -40 & -40 & 0 & 0 & 0 & 1000 \\
0 & 0 & 1 & 0 & 0 & 0 & 0 & 0 & -250 & 0 & 0 & 0 & 0 & 0 \\
0 & 0 & 0 & 1 & 0 & 0 & 0 & 0 & 0 & -250 & 0 & 0 & 0 & 20000 \\
0 & 0 & 0 & 0 & 1 & 0 & 0 & 0 & 0 & -25 & 0 & 0 & 0 & 2500 \\
0 & 0 & 0 & 0 & 0 & 1 & 0 & 0 & 0 & -1 & 0 & 0 & 0 & 50 \\
0 & 0 & 0 & 0 & 0 & 0 & 1 & 0 & -10 & -10 & 0 & 0 & 0 & 0 \\
0 & 0 & 0 & 0 & 0 & 0 & 0 & 1 & -10 & -10 & 0 & 0 & 0 & 0 \\
0 & 0 & 0 & 0 & 0 & 0 & 0 & 0 & 1 & 0 & -1 & -0{,}5 & 0 & 0 \\
0 & 0 & 0 & 0 & 0 & 0 & 0 & 0 & 0 & 1 & 0 & -0{,}5 & -1 & 10 \\
0 & 0 & 0 & 0 & 0 & 0 & 0 & 0 & 0 & 0 & 1 & 0 & 0 & 30 \\
0 & 0 & 0 & 0 & 0 & 0 & 0 & 0 & 0 & 0 & 0 & 1 & 0 & 50 \\
0 & 0 & 0 & 0 & 0 & 0 & 0 & 0 & 0 & 0 & 0 & 0 & 1 & 70
\end{array}\right).$$

Alternativ kann man die inverse Matrix A^{-1} mit dem Output-Vektor $\vec{y}$ multiplizieren und so $\vec{x}$ berechnen:

$$\begin{pmatrix}
1 & 0 & 0 & 0 & 0 & 0 & 0 & 0 & 500 & 500 & 500 & 500 & 500 \\
0 & 1 & 0 & 0 & 0 & 0 & 0 & 0 & 40 & 40 & 40 & 40 & 40 \\
0 & 0 & 1 & 0 & 0 & 0 & 0 & 0 & 250 & 0 & 250 & 125 & 0 \\
0 & 0 & 0 & 1 & 0 & 0 & 0 & 0 & 0 & 250 & 0 & 125 & 250 \\
0 & 0 & 0 & 0 & 1 & 0 & 0 & 0 & 0 & 25 & 0 & 12{,}5 & 25 \\
0 & 0 & 0 & 0 & 0 & 1 & 0 & 0 & 0 & 1 & 0 & 0{,}5 & 1 \\
0 & 0 & 0 & 0 & 0 & 0 & 1 & 0 & 10 & 10 & 10 & 10 & 10 \\
0 & 0 & 0 & 0 & 0 & 0 & 0 & 1 & 10 & 10 & 10 & 10 & 10 \\
0 & 0 & 0 & 0 & 0 & 0 & 0 & 0 & 1 & 0 & 1 & 0{,}5 & 0 \\
0 & 0 & 0 & 0 & 0 & 0 & 0 & 0 & 0 & 1 & 0 & 0{,}5 & 1 \\
0 & 0 & 0 & 0 & 0 & 0 & 0 & 0 & 0 & 0 & 1 & 0 & 0 \\
0 & 0 & 0 & 0 & 0 & 0 & 0 & 0 & 0 & 0 & 0 & 1 & 0 \\
0 & 0 & 0 & 0 & 0 & 0 & 0 & 0 & 0 & 0 & 0 & 0 & 1
\end{pmatrix} \cdot \begin{pmatrix} 0 \\ 1000 \\ 0 \\ 20000 \\ 2500 \\ 50 \\ 0 \\ 0 \\ 0 \\ 10 \\ 30 \\ 50 \\ 70 \end{pmatrix} = \begin{pmatrix} 80000 \\ 7400 \\ 13750 \\ 46250 \\ 5125 \\ 155 \\ 1600 \\ 1600 \\ 55 \\ 105 \\ 30 \\ 50 \\ 70 \end{pmatrix}.$$

Bereitzustellen sind somit:

> 80 kg Mehl, 7,4 kg Frischhefe, 13,75 l Wasser, 46,25 l Milch, 5,125 kg Butter, 155 Eier, je 1,6 kg Zucker und Salz.

Die zu $(E_{13} - A)$ inverse Matrix $(E_{13} - A)^{-1}$ ist die Verflechtungsmatrix des untersuchten Produktionsprozesses. Sie enthält als Teilmatrizen die drei aus der Behandlung der Produktion mit Zwischenprodukten bekannten Matrizen

$$\begin{pmatrix}
500 & 500 & 500 \\
40 & 40 & 40 \\
250 & 125 & 0 \\
0 & 125 & 250 \\
0 & 12{,}5 & 25 \\
0 & 0{,}5 & 1 \\
10 & 10 & 10 \\
10 & 10 & 10
\end{pmatrix}, \quad \begin{pmatrix}
500 & 500 \\
40 & 40 \\
250 & 0 \\
0 & 250 \\
0 & 25 \\
0 & 1 \\
10 & 10 \\
10 & 10
\end{pmatrix} \quad \text{und} \quad \begin{pmatrix} 1 & 0{,}5 & 0 \\ 0 & 0{,}5 & 1 \end{pmatrix}.$$

Daher ist sie grundsätzlich auch ohne den rechenintensiven Prozess der Inversenbildung aufstellbar – allerdings um den Preis einer erhöhten Gefahr von Eingabefehlern. Wenn ein Computer-Algebra-System zur Verfügung steht, ist daher die oben vorgestellte Methode vorzuziehen.

Wir fassen zusammen

Wenn die Menge der Endprodukte eines Produktionsprozesses in dem **Output-Vektor** zusammengefasst ist, die Menge der erforderlichen Rohstoffe in dem **Input-Vektor** und die Menge x_i jeden Rohstoffs

$$x_i = a_{i1}y_1 + a_{i2}y_2 + \ldots + a_{in}y_n$$

beträgt, dann ist der gesamte Input-Vektor $\vec{x}$ das Produkt der **Verflechtungsmatrix** A mit dem Output-Vektor $\vec{y}$:

$$\begin{pmatrix} x_1 \\ \vdots \\ x_m \end{pmatrix} = \begin{pmatrix} a_{11} & \cdots & a_{1n} \\ \vdots & & \vdots \\ a_{m1} & \cdots & a_{mn} \end{pmatrix} \cdot \begin{pmatrix} y_1 \\ \vdots \\ y_n \end{pmatrix}.$$

Werden vor den Endprodukten noch **Zwischenprodukte** hergestellt, deren Menge in dem Vektor $\vec{z}$ zusammengefasst ist und beträgt der Bedarf jedes Rohstoffs x_i

$$x_i = a_{i1}z_1 + a_{i2}z_2 + \ldots + a_{in}z_l$$

sowie der Bedarf jedes Zwischenproduktes

$$z_k = b_{k1}y_1 + b_{k2}y_2 + \ldots + b_{kn}y_n,$$

dann sind die entsprechenden Matrizen A und B miteinander zu multiplizieren und der Input-Vektor $\vec{x}$ beträgt:

$$\begin{pmatrix} x_1 \\ \vdots \\ x_m \end{pmatrix} = \begin{pmatrix} a_{11} & \cdots & a_{1l} \\ \vdots & & \vdots \\ a_{m1} & \cdots & a_{ml} \end{pmatrix} \cdot \begin{pmatrix} b_{11} & \cdots & b_{1n} \\ \vdots & & \vdots \\ b_{l1} & \cdots & b_{ln} \end{pmatrix} \cdot \begin{pmatrix} y_1 \\ \vdots \\ y_n \end{pmatrix}.$$

Können grundsätzlich alle an einem Produktionsprozess beteiligten Güter zum Verkauf angeboten werden, erfolgt die Berechnung des Input-Vektors so, dass zunächst in den Spalten einer quadratischen Matrix A die „Rezepte" für alle Rohstoffe, Zwischenprodukte und Endprodukte in der Reihenfolge $r_1, \ldots, r_m, z_1, \ldots, z_l, p_1, \ldots, p_n$ eingetragen werden. Der Input-Vektor $\vec{x}$ kann dann bei gegebenem Netto-Output-Vektor $\vec{y}$ entweder als Lösung des linearen Gleichungssystems

$$(E_{m+l+n} - A) \cdot \vec{x} = \vec{y}$$

berechnet werden, oder lässt sich direkt berechnen: $\vec{x} = (E_{m+l+n} - A)^{-1} \cdot \vec{y}$. Hierbei bezeichnet E_{m+l+n} die Einheitsmatrix mit $m + l + n$ Zeilen und Spalten.

Einfache Verflechtungsmatrizen

1 Ein Unternehmen stellt aus den Rohstoffen A, B, C, D die Produkte P, Q, R her. Eine Einheit P besteht aus 0,4 Einheiten B und 0,6 Einheiten D. Eine Einheit Q wird aus der Mischung von A und B im Verhältnis 4 zu 1 gewonnen und eine Einheit R besteht aus 43 % A, 36 % C und dem Rest D. Stellen Sie die Verflechtungsmatrix auf und berechnen Sie mit ihr den Input für eine Produktion von 32 Einheiten P, 19 Einheiten Q und 24 Einheiten R.

2 Eine Firma stellt Knete in den Farben Rot, Gelb und Blau her. Diese wird aus weißer Knetmasse durch Zusatz von Farben hergestellt. Zur Produktion einer Dose mit 100 g Knete werden 15 g rote, 20 g gelbe oder 18 g blaue Farbpigmente benötigt und mit einer entsprechenden Menge weißer Knetmasse vermischt. Geben Sie die Verflechtungsmatrix an und berechnen Sie den Input für eine Produktion von 100 Dosen roter, 200 Dosen gelber und 400 Dosen blauer Knete.

3 In einem Betrieb werden metallene Zeitschriftensammler in breiter und schmaler Ausführung sowie für DIN A5 und DIN A4 hergestellt. Zur Produktion eines Zeitschriftensammlers werden zwei identische Seitenteile,ein Rückenteil, ein Boden, zwei Verstrebungen und zehn Schrauben benötigt. Für die breiten Zeitschriftensammler werden Verstrebungen der Länge 8 cm benötigt, für die schmalen solche der Länge 4 cm. Die Seitenteile, der Rücken und der Boden werden in den Größen DIN A4 und DIN A5 benötigt.
Berechnen Sie mit Hilfe einer Verflechtungsmatrix den Materialbedarf für 200 schmale und 500 breite Zeitschriftensammler der Größe DIN A4 sowie 150 schmale und 200 breite Zeitschriftensammler der Größe DIN A5.

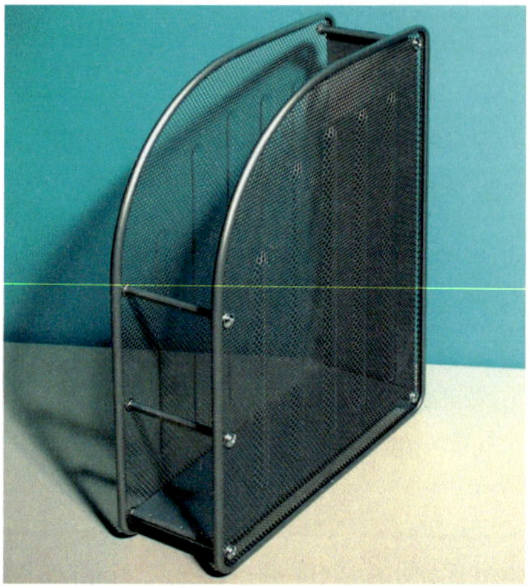

Bild 238/1: Zeitschriftensammler

4 Büroklammern werden unbehandelt sowie mit weißer Kunststoffummantelung und neben der Standardgröße auch in groß und sehr groß hergestellt. Bei der Herstellung der Klammern werden zunächst Drähte in 8 cm, 12 cm und 15 cm lange Stücke geschnitten und anschließend in die passende Form gebogen. Für die ummantelten Klammern werden die Drähte vorher noch durch ein Farbbad gezogen, welches für 1 m Draht 10 ml Farbe benötigt.
Erstellen Sie die Verflechtungsmatrix und berechnen Sie den Materialbedarf für 5000 unbehandelte und 1000 ummantelte Büroklammern der Standardgröße, 3000 große unbehandelte sowie 800 ummantelte große Büroklammern und für 2000 sehr große unbehandelte Büroklammern.

5 Ein Unternehmen stellt Möbel für Massenbestuhlungen her. Für einen Stuhl werden ein Gestell, eine Sitzfläche, vier Nieten zur Befestigung derselben, vier Füße und vier Schrauben für die Füße benötigt. Die Gestelle und Sitzflächen sind klein und groß erhältlich.
Stellen Sie die Verflechtungsmatrix auf und berechnen Sie mit dieser den Materialbedarf für 250 kleine und 500 große Stühle.

6 Ein Müsli-Produzent verkauft Früchte-, Joghurt- und Nussmüsli in Paketen zu 750 g. Dazu werden 200 g Frucht-, 250 g Joghurt- oder 300 g Nussmischung mit 150 g einer Kornmischung versetzt und entsprechend mit Haferflocken aufgefüllt. Geben Sie Verfahren an, um den Zutatenbedarf für eine Bestellung von 200 Paketen Früchte-, 175 Paketen Joghurt- und 250 Paketen Nussmüsli zu berechnen.

7 Beim so genannten **Shell-Verfahren** wird Ethanol durch Wasseranlagerung an flüssiges Ethan im Verhältnis 1 zu 1 hergestellt und mit einem Vergällungsmittel versetzt, um es ungenießbar zu machen. Der Spiritus wird in den Konzentrationen 100 %, 70 % und 50 % angeboten. Ein Liter enthält jeweils 60 ml Vergällungsmittel. Geben Sie die Verflechtungsmatrix an und berechnen Sie den notwendigen Input, wenn von dem 100 %igem Brennspiritus 20 t, von dem 70 %igem Brennspiritus 12 t und von dem 50 %igem Brennspiritus 7 t hergestellt werden sollen.

Verflechtung mit Zwischenprodukten

8 Gegeben sind die folgenden Matrizen:

$$A=\begin{pmatrix}1 & 2\\ 3 & 4\end{pmatrix}\quad B=\begin{pmatrix}0 & 1 & 3\\ 1 & 0 & 5\end{pmatrix}\quad C=\begin{pmatrix}1 & 0\\ 2 & -3\\ 0 & 5\end{pmatrix}\quad D=\begin{pmatrix}0 & 0 & 1\\ 0{,}5 & 4 & 2\\ 3 & 1 & 8\end{pmatrix}.$$

Berechnen Sie $A\cdot B$, $B\cdot C$, $B\cdot D$, $C\cdot A$, $C\cdot B$, $D\cdot C$.

9 In einem Unternehmen werden aus den Rohstoffen A, B, C, D die Zwischenprodukte X, Y, Z hergestellt, die zu den Endprodukten P und Q weiterverarbeitet werden, so wie es Bild 239/1 wiedergibt.

Die Zahlen neben den Pfeilen geben an, wie viele Einheiten eines Stoffes für die Produktion eines anderen Stoffes verwendet werden. Graphen dieser Art werden **Gozintographen** genannt. Der Name geht zurück auf den italienischen Mathematiker ZEPARZAT GOZINTO. Gozinto seinerseits ist eine Erfindung des Mathematikers A. VAZSONYI, der sich durch die Wendung „the part that goes into“ anregen ließ.
Entwickeln Sie aus dem Graphen entsprechende Verflechtungsmatrizen und berechnen Sie mit ihrer Hilfe den Input für eine Produktion von 30 Einheiten P und 50 Einheiten Q.

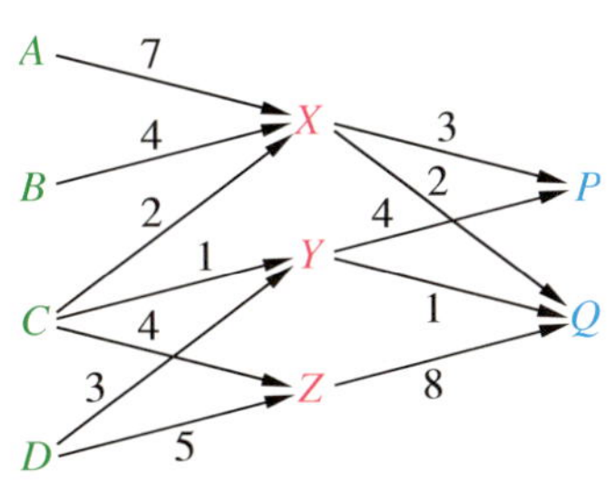

Bild 239/1: Gozintograph

10 Ändern Sie den Ansatz von Aufgabe 5 so ab, dass verschiedene Bestellungen dreier Großhändler berücksichtigt werden können und berechnen Sie den Input für folgende Bestellung:

	A	B	C
klein	250	300	430
groß	500	700	1000

Warum ist es sinnvoll, die beiden Verflechtungsmatrizen getrennt bestehen zu lassen?

11 Die Farbpalette von Aufgabe 2 wird um die Farben Grün und Orange erweitert. Knetgummi dieser Farben wird durch Mischung von gelber mit blauer Knete im Verhältnis 1 zu 1 und gelber mit roter Knete im Verhältnis 2 zu 3 hergestellt.
Stellen Sie einen allgemeinen Ansatz auf und berechnen Sie den notwendigen Input für eine zusätzliche Bestellung von jeweils 100 Dosen Knetgummi in diesen Farben.

12 Bearbeiten Sie Ihre Lösung von Aufgabe 6 so, dass verschiedene Bestellungen von 3 Großhändlern aufgenommen werden können und berechnen Sie den Rohstoffbedarf für folgende Bestellung:

	A	B	C
Frucht	400	800	1500
Joghurt	500	700	1000
Nuss	300	900	2000

13 Der Knetgummi-Hersteller (Aufgaben 2 und 11) verkauft seine Ware nicht mehr in einzelnen Dosen, sondern in Sets zu je drei Dosen (Gelb, Rot, Blau) und fünf Dosen (Gelb, Rot, Blau, Grün, Orange).Außerdem werden beide Sets mit Dosen zu 100 g und 200 g angeboten.
Entwickeln Sie einen neuen Berechnungsansatz für den Input und berechnen Sie diesen für eine Bestellung von 200 kleinen Sets mit 100-g-Dosen, 400 kleinen Sets mit 200-g-Dosen, 350 großen Sets mit 100-g-Dosen und 150 großen Sets mit 200-g-Dosen.

14 Wir greifen Aufgabe 4 wieder auf. Die Firma hat sich entschieden, nur noch ummantelte farbige Klammern anzubieten, dies jedoch in den drei Farben Rot, Weiß und Gelb. Die gefärbten Drähte fallen somit als Zwischenprodukt für alle zu produzierenden Klammern an.
Berechnen Sie den Materialbedarf für 1000 kleine Klammern in den Farben Rot und Gelb, 2500 große weiße Klammern und 1800 sehr große gelbe Klammern.

15 Variieren Sie den Ansatz von Aufgabe 7 so, dass zunächst reines Ethanol sowie Wasser als Zwischenprodukte hergestellt werden und dann erst die Versetzung mit verschiedenen Wasseranteilen berücksichtigt wird.

Vollständige Stücklisten

16 Wir erweitern die Problemstellung von Aufgabe 5. Ein häufig auftretender Schaden besteht darin, dass die Lehnen der Stühle abbrechen. Ändern Sie den Ansatz so ab, dass die Lieferung von je 6 Ersatzlehnen pro 100 Stühle mit in die Bestellung aufgenommen wird und auch der Verkauf weiterer Ersatzteile berücksichtigt werden kann.

17 Modifizieren Sie die Bedarfsermittlung von Aufgabe 6 so, dass auch der Verkauf reiner Haferflocken in Paketen zu 750 g aufgenommen wird.

18 Modifizieren Sie Aufgabe 9 so, dass auch die Rohstoffe und Zwischenprodukte zum Verkauf angeboten werden können. Stellen Sie die allgemeine Verflechtungsmatrix auf und berechnen Sie den Input für einen Verkauf von 300 Einheiten A, 200 Einheiten C, 40 Einheiten X, 70 Einheiten Y, 12 Einheiten P und 4 Einheiten Q.

19 Der Hersteller von Brennspiritus (Aufgaben 7 und 15) möchte auch reines Ethanol anbieten. Variieren Sie den allgemeinen Ansatz und berechnen Sie den Input, wenn zusätzlich zur Bestellung von Aufgabe 7 noch eine Bestellung von 5 t reinem Ethanol vorliegt.

20 Wir wenden uns wieder der Produktion von Büroklammern zu (Aufgabe 14). Das Unternehmen verkauft nur noch Klammern der Standardgröße, bietet jedoch zusätzlich Draht an. Es liegt eine Bestellung von 200 m weiß ummanteltem und 400 m gelb ummanteltem Draht, sowie 1000 blanken, 500 roten, 400 weißen und 200 gelben Büroklammern vor.

21 Der russisch-amerikanische Mathematiker Wassily Leontief erhielt 1973 den Nobelpreis für Wirtschaftswissenschaften. Damit wurde er für die Entwicklung der **Input-Output-Analyse** von Volkswirtschaften geehrt. Sie ist Vorbild für die hier behandelten Aufgaben und soll anhand eines einfachen Beispiels beschrieben werden:

Bild 241/1: Wassily Leontief

Die Volkswirtschaft eines kleinen Landes ist in die Sparten Industrie, Landwirtschaft und Dienstleistungen aufgeteilt. Jede der Sparten benötigt Ressourcen der anderen und gibt ihrerseits eigene an sie ab. Der Produktionsüberschuss gelangt in den Export. Die Produktion wird in Geldeinheiten (GE) von 1 Millionen Euro gemessen.

Die industrielle Produktion von Gütern im Wert von 1 GE benötigt Dienstleistungen im Wert von 0,3 GE und landwirtschaftliche Güter im Wert von 0,2 GE. Die landwirtschaftliche Produktion von Gütern im Wert von 1 GE verbraucht 0,3 GE an industrieller Produktion und 0,4 GE an Dienstleistungen. Schließlich benötigen Dienstleistungen im Wert von 1 GE Industriegüter für 0,07 GE und landwirtschaftliche Produkte im Wert von 0,06 GE.

a) Welcher Input wird benötigt, wenn eine Inlandsnachfrage für Industriegüter im Wert von 0,2 GE, landwirtschaftliche Waren für 0,1 GE und Dienstleistungen für 0,05 GE befriedigt werden soll?

b) Die Industrie kann maximal Waren im Wert von 0,7 GE produzieren, die Landwirtschaft Produkte für maximal 0,4 GE anbieten und Dienstleistungen können höchstens im Wert von 0,8 GE erbracht werden. Bis zu welcher Höhe kann die Nachfrage in den einzelnen Sparten befriedigt werden?

c) Wie hoch muss der Input der einzelnen Wirtschaftszweige mindestens sein, damit zusätzlich zu der oben genannten Inlandsnachfrage noch 0,3 GE Industriegüter, 0,2 GE landwirtschaftliche Produkte und Dienstleistungen im Wert von 0,1 GE exportiert werden können?

22 Die in der letzten Aufgabe beschriebene Volkswirtschaft importiert Industriegüter für 0,07 GE, landwirtschaftliche Produkte für 0,03 GE und Dienstleistungen in Höhe von 0,02 GE. Berechnen Sie die neuen Werte für die einzelnen Teilaufgaben.

5.2 Systeme in Natur und Gesellschaft

AUFTRÄGE

A1 Ein Wald

Eine Industriebrache soll mit Buchen aufgeforstet werden. Zu Beginn werden 100 junge Bäume gepflanzt. Jeder Baum bringt im Herbst durchschnittlich 200 Bucheckern hervor. Von diesen entwickeln sich im Durchschnitt 6 jährlich weiter zu Setzlingen. Von diesen wiederum wachsen 6 % zu jungen Bäumen heran, 70 % gehen ein oder werden von Wild gefressen. Von den erwachsenen Bäumen sterben jährlich 8 % durch Schädlingsbefall oder die Folgen der Umweltverschmutzung, 4 % müssen bei der Durchforstung gefällt werden. Wie wird sich der Bestand des Waldes weiter entwickeln?

Kann man nach Ablauf von 10 Jahren jährlich 20 Bäume fällen und verkaufen ohne den Bestand zu gefährden?

A2 Kaninchenvermehrung

Die folgende berühmte Aufgabe stammt aus dem **Liber Abbaci** (1202) des LEONARDO VON PISA, genannt FIBONACCI:

> Ein erwachsenes Kaninchenpaar wirft pro Monat ein Paar Junge. Nach einem Monat ist dieses Paar erwachsen und wirft nun selber monatlich ein Paar Junge. Wie viele erwachsene und junge Kaninchen gibt es nach einem Jahr, wenn zu Beginn des Jahres ein Paar erwachsener Kaninchen da ist und kein Kaninchen stirbt?

Nach vier Monaten sollen jeden Monat vier erwachsene Kaninchen geschlachtet werden. Wird die Population dies überleben?

Bild 242/1: Leonardo von Pisa (Fibonacci)

A3 Bevölkerungsentwicklung

Die Bevölkerung eines Landes mit 30 Millionen Bewohnern ist gleichmäßig in Männer, Frauen und Kinder aufgeteilt, wobei unter Kindern alle weiblichen und männlichen Bewohner verstanden werden, die noch nicht erwachsen sind, also auch Säuglinge und Jugendliche. Im beobachteten Zeitraum von einem Jahr erreichen jeweils 3 % der männlichen und weiblichen Jugendlichen das Erwachsenenalter. Im Durchschnitt bekommen 25 % der Frauen in diesem Jahr ein Kind. Die Sterblichkeit beträgt bei den Männern 15 % und bei den Frauen 10 %. Aus- und Einwanderung sowie Kindersterblichkeit und Geburten bei Minderjährigen sind so geringfügig, dass sie vernachlässigt werden können. Wie wird sich die Bevölkerung weiter entwickeln?

Wie ändert sich der Ansatz, wenn jährlich 0,2 % der Männer, 0,15 % der Frauen und 0,08 % der Kinder auswandern sowie 50000 Männer, 74000 Frauen und 60000 Kinder einwandern?

Zustandsübergänge und Matrizen

Wir bearbeiten **A3** zur Bevölkerungsentwicklung. Die Übergänge der Zustandsbeschreibungen eines Jahres (M_k, F_k, K_k) zu denen des nächsten Jahres $(M_{k+1}, F_{k+1}, K_{k+1})$ lassen sich gut in einem Pfeildiagramm veranschaulichen:

Die waagerechten Pfeile bei Frauen und Männern geben an, wie viel Prozent des jeweiligen Bevölkerungsteils im nächsten Jahr noch leben. Der waagerechte Pfeil bei den Kindern stellt den Anteil der Kinder dar, die innerhalb des einen Jahres nicht erwachsen geworden sind. Der Anteil der erwachsen gewordenen Kinder wird durch die schrägen Pfeile zu den Männern und Frauen angegeben, die Geburtenrate durch den Pfeil von den Frauen zu den Kindern.

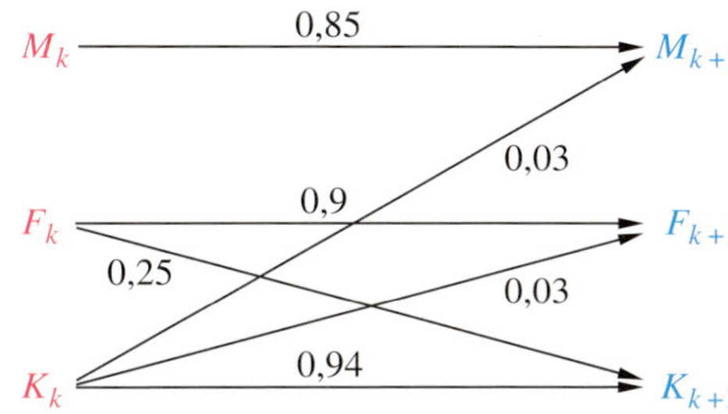

Bild 243/1: Jährliche Bevölkerungsentwicklung

Zu beachten ist der Bedeutungsunterschied des letztgenannten Pfeils gegenüber den anderen: Während diese tatsächliche Entwicklungen angeben, beispielsweise von Kindern zu Erwachsenen oder innerhalb der Männer, Frauen und Kinder, beschreibt der Pfeil von den Frauen zu den Kindern nur eine zahlmäßige Abhängigkeit und darf natürlich nicht so verstanden werden, als würden sich die Frauen wieder zu Kindern entwickeln!

Eine solche Menge von Größen, zwischen denen gegenseitige Abhängigkeiten bestehen, nennt man **System** (griech. *σύστημα*, Zusammenstellung). Ein System, das wie das vorliegende nicht nennenswert von außen beeinflusst wird, nennt man **geschlossen** (Bild 243/2). Unterliegt ein System zusätzlich äußeren Einflüssen, so heißt es **offen** (Bild 243/3). Entwickeln sich die Größen unabhängig voneinander, liegt **kein System** vor (Bild 243/4).

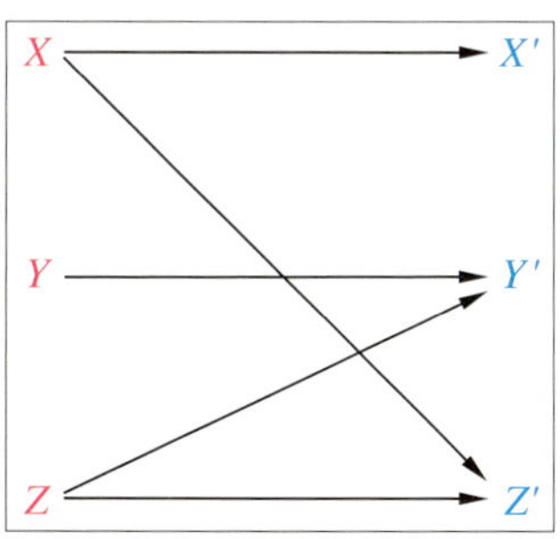

Bild 243/2: geschlossen

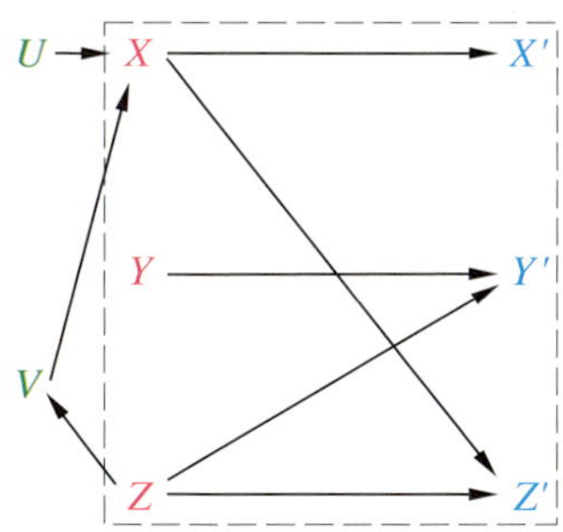

Bild 243/3: offen

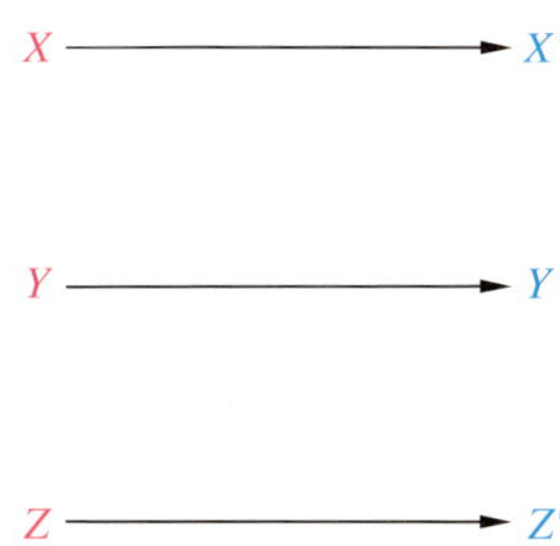

Bild 243/4: kein System

Übersetzt man die in Bild 243/1 gezeigten Abhängigkeiten in Gleichungen, so erhält man das folgende lineare Gleichungssystem.

$$\begin{aligned} 0{,}85\,M_k &+ \quad 0\,F_k + 0{,}03\,K_k = M_{k+1} \\ 0\,M_k &+ 0{,}9\,F_k + 0{,}03\,K_k = F_{k+1} \\ 0\,M_k &+ 0{,}25\,F_k + 0{,}94\,K_k = K_{k+1} \end{aligned}$$

In der Matrixschreibweise kann das Gleichungssystem einfacher formuliert werden:

$$\vec{v}_{k+1} = A \cdot \vec{v}_k = \begin{pmatrix} 0{,}85 & 0 & 0{,}03 \\ 0 & 0{,}9 & 0{,}03 \\ 0 & 0{,}25 & 0{,}94 \end{pmatrix} \cdot \begin{pmatrix} M_k \\ F_k \\ K_k \end{pmatrix} = \begin{pmatrix} M_{k+1} \\ F_{k+1} \\ K_{k+1} \end{pmatrix}.$$

Die Vektoren, die den Zustand des Systems zu einem bestimmten Zeitpunkt k darstellen, werden **Zustandsvektoren** $\vec{v}_k$ genannt. Die Matrix A, welche den Übergang von einem Zustandsvektor zum nächsten beschreibt, heißt **Übergangsmatrix**.

Um die Verteilung der Bevölkerung nach einem Jahr vorausberechnen zu können, sind die vorgegebenen Anzahlen von Männern, Frauen und Kindern – pro Bevölkerungsanteil 10 Mio – in den ersten Zustandsvektor $\vec{v}_0 = \begin{pmatrix} M_0 \\ F_0 \\ K_0 \end{pmatrix}$ einzusetzen und dieser ist mit der Matrix A zu multiplizieren. Die Ergebnisse werden, wenn notwendig, auf Hundertstel gerundet. Man erhält

$$\vec{v}_1 = A \cdot \vec{v}_0 = \begin{pmatrix} 0{,}85 & 0 & 0{,}03 \\ 0 & 0{,}9 & 0{,}03 \\ 0 & 0{,}25 & 0{,}94 \end{pmatrix} \cdot \begin{pmatrix} 10 \\ 10 \\ 10 \end{pmatrix} = \begin{pmatrix} 8{,}8 \\ 9{,}3 \\ 11{,}9 \end{pmatrix}.$$

Der neue Zustandsvektor $\vec{v}_1$ zeigt, dass der Anteil der Erwachsenen in der Bevölkerung abgenommen hat, die Anzahl der Kinder jedoch gestiegen ist. Die Gesamtgröße der Bevölkerung ist mit $8{,}8 + 9{,}3 + 11{,}9 = 30$ allerdings gleich geblieben. Wie wird sich die Bevölkerung weiter entwickeln, wenn man die gleichen Abhängigkeiten wie bisher voraussetzt?

Unter der Voraussetzung, dass sich die Übergangsmatrix nicht ändert, muss man sie nur auf den neuen Zustandsvektor $\vec{v}_1$ anwenden, um die Entwicklung nach zwei Jahren berechnen zu können:

$$\vec{v}_2 = A \cdot \vec{v}_1 = \begin{pmatrix} 0{,}85 & 0 & 0{,}03 \\ 0 & 0{,}9 & 0{,}03 \\ 0 & 0{,}25 & 0{,}94 \end{pmatrix} \cdot \begin{pmatrix} 8{,}8 \\ 9{,}3 \\ 11{,}9 \end{pmatrix} = \begin{pmatrix} 7{,}84 \\ 8{,}73 \\ 13{,}51 \end{pmatrix}.$$

Betrachtet man den neuen Zustandsvektor $\vec{v}_2$, so stellt man fest, dass der Anteil der Männer und Frauen weiter schrumpft, dafür aber die Kinder immer mehr werden. Darüber hinaus ist ein leichtes Wachstum der Gesamtbevölkerung zu beobachten $(7{,}84 + 8{,}73 + 13{,}51 = 30{,}08)$. Für ein weiteres Jahr ergibt sich der Zustandsvektor

$$\vec{v}_3 = A \cdot \vec{v}_2 = \begin{pmatrix} 0{,}85 & 0 & 0{,}03 \\ 0 & 0{,}9 & 0{,}03 \\ 0 & 0{,}25 & 0{,}94 \end{pmatrix} \cdot \begin{pmatrix} 7{,}84 \\ 8{,}73 \\ 13{,}51 \end{pmatrix} = \begin{pmatrix} 7{,}07 \\ 8{,}26 \\ 14{,}88 \end{pmatrix}.$$

Langfristige Entwicklung

Die Bevölkerung entwickelt sich weiterhin wie bisher und ihre Größe ist angewachsen auf $7{,}07 + 8{,}26 + 14{,}88 = 30{,}21$. Sie steigt damit fast doppelt so stark an wie im Vorjahr, da nun nicht mehr eine Steigerung von 0,08 Mio, sondern von 0,13 Mio zu verzeichnen ist.

Der bisherige Trend der Bevölkerungsentwicklung legt die Frage nahe, wie sie sich langfristig verhält. Sterben die Erwachsenen tatsächlich aus und später auch die Kinder? Oder steigt die Anzahl der Erwachsenen zu einem späteren Zeitpunkt wieder an? Wie verhält sich dann die Anzahl der Kinder dazu?

Multipliziert man die Übergangsmatrix A immer wieder mit neuen Zustandsvektoren $\vec{v}_k$, so lässt sich die Entwicklung der Bevölkerung für beliebige Zeiträume vorhersagen, vorausgesetzt, die in der Übergangsmatrix zusammengefassten Abhängigkeiten der einzelnen Bevölkerungsteile ändern sich nicht.

Die Angaben der ersten zehn Jahre der Berechnung sind in Bild 245/1 zusammengefasst, das mit einem Tabellenkalkulationsprogramm erstellt wurde:

Jahre	Männer	Frauen	Kinder
0	10	10	10
1	8,8	9,3	11,9
2	7,84	8,73	13,51
3	7,07	8,26	14,88
4	6,45	7,88	16,05
5	5,97	7,57	17,06
6	5,58	7,33	17,93
7	5,28	7,13	18,69
8	5,05	6,98	19,35
9	4,87	6,86	19,93
10	4,74	6,77	20,45

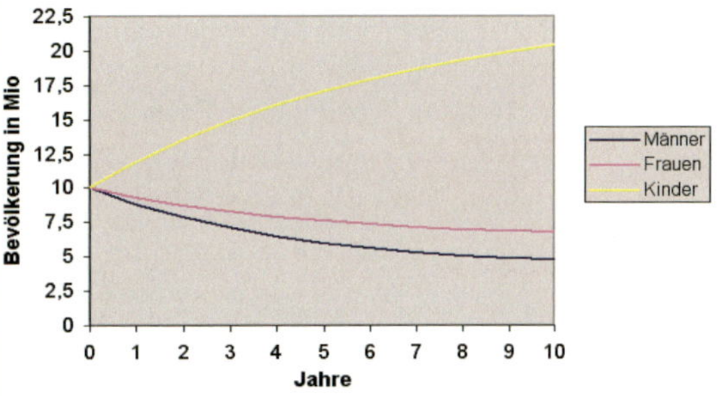

Bild 245/1: Bevölkerungsentwicklung für 10 Jahre

Man gewinnt den Eindruck, dass sich die Anzahl der Männer und Frauen langsam zurück entwickelt. Wird die Bevölkerung bald nur noch aus Kindern bestehen und dann aussterben? Lässt sich überhaupt eine bestimmte Entwicklung sicher prognostizieren?

Um diese Fragen beantworten zu können, muss die Bevölkerungsentwicklung für viele Jahre vorhergesagt werden. Mit einem Programm zur Tabellenkalkulation, wie es bei der Erstellung von Bild 245/1 benutzt wurde, ist eine Vorhersage möglich, wenn man die Tabelle fortsetzt:

Jahre	Männer	Frauen	Kinder
0	10	10	10
10	4,74	6,77	20,45
20	4,56	6,75	23,84
30	4,96	7,27	26,28
40	5,42	7,93	28,75
50	5,93	8,66	31,41
60	6,48	9,46	34,32
70	7,08	10,33	37,49
80	7,73	11,29	40,96
90	8,45	12,33	44,75
100	9,23	13,47	48,88

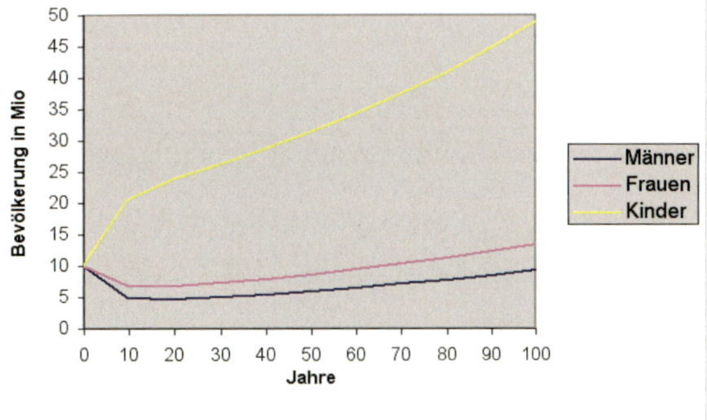

Bild 245/2: Bevölkerungsentwicklung für 100 Jahre

Man erkennt, dass die Erwachsenen nicht aussterben, sondern sich langfristig die Anzahlen für alle drei Bevölkerungsteile vergrößern. Die Gesamtbevölkerung stirbt somit nicht aus, sondern wächst immer weiter – theoretisch ohne jede Grenze. Dies ist selbstverständlich nicht mehr realistisch, denn in der Realität wird das Bevölkerungswachstum zusätzlich von einer Vielzahl anderer Faktoren bestimmt, die im vorliegenden einfachen Modell nicht berücksichtigt wurden.

Potenzen von Matrizen

Will man verstehen, wie die Einträge der Matrix und die Bevölkerungsentwicklung zusammenhängen, ist es zweckmäßig jeden Zustandsvektor $\vec{v}_k$ in direkter Abhängigkeit vom ursprünglichen Zustandsvektor $\vec{v}_0$ darzustellen. Wenn $A \cdot \vec{v}_0 = \vec{v}_1$ ist, dann gilt

$$\begin{aligned} \vec{v}_2 &= A \cdot \vec{v}_1 \\ &= A \cdot A \cdot \vec{v}_0. \end{aligned}$$

Man kann zunächst das Produkt $A \cdot A$ berechnen, und die Ergebnismatrix dann auf $\vec{v}_0$ anwenden:

$$A \cdot A = \begin{pmatrix} 0{,}85 & 0 & 0{,}03 \\ 0 & 0{,}9 & 0{,}03 \\ 0 & 0{,}25 & 0{,}94 \end{pmatrix} \cdot \begin{pmatrix} 0{,}85 & 0 & 0{,}03 \\ 0 & 0{,}9 & 0{,}03 \\ 0 & 0{,}25 & 0{,}94 \end{pmatrix} = \begin{pmatrix} 0{,}7225 & 0{,}0075 & 0{,}0537 \\ 0 & 0{,}8175 & 0{,}0552 \\ 0 & 0{,}46 & 0{,}8911 \end{pmatrix},$$

$$A^2 \cdot \vec{v}_0 = \begin{pmatrix} 0{,}7225 & 0{,}0075 & 0{,}0537 \\ 0 & 0{,}8175 & 0{,}0552 \\ 0 & 0{,}46 & 0{,}8911 \end{pmatrix} \cdot \begin{pmatrix} 10 \\ 10 \\ 10 \end{pmatrix} = \begin{pmatrix} 7{,}837 \\ 8{,}727 \\ 13{,}511 \end{pmatrix}.$$

Entsprechend erhält man $\vec{v}_3 = A \cdot A \cdot A \cdot \vec{v}_0$. Wie bei der Definition der Potenzen reeller Zahlen kann man für dieses k-fache Produkt einer Matrix mit sich selbst eine verkürzte Schreibweise einführen und definiert:

Definition 5.1

Ist A eine Matrix und k eine natürliche Zahl, dann ist durch

$$A^k =_{Df} \underbrace{A \cdot A \cdot \ldots \cdot A}_{\text{k Faktoren}}$$

die Potenz A^k definiert. ■

Für den Vektor $\vec{v}_k$ gilt daher:

$$\vec{v}_k = A^k \cdot v_0.$$

Wird k größer, entwickelt sich A^k wie folgt, wenn man die Einträge auf Hundertstel rundet:

$$A^5 \approx \begin{pmatrix} 0{,}44 & 0{,}05 & 0{,}10 \\ 0 & 0{,}65 & 0{,}11 \\ 0 & 0{,}91 & 0{,}79 \end{pmatrix} \qquad A^{10} \approx \begin{pmatrix} 0{,}20 & 0{,}15 & 0{,}13 \\ 0 & 0{,}52 & 0{,}16 \\ 0 & 1{,}32 & 0{,}73 \end{pmatrix}$$

$$A^{50} \approx \begin{pmatrix} 0{,}00 & 0{,}41 & 0{,}18 \\ 0 & 0{,}60 & 0{,}26 \\ 0 & 2{,}19 & 0{,}95 \end{pmatrix} \qquad A^{100} \approx \begin{pmatrix} 0{,}00 & 0{,}64 & 0{,}28 \\ 0 & 0{,}94 & 0{,}41 \\ 0 & 3{,}41 & 1{,}48 \end{pmatrix}$$

Da die Komponente a_{11} sich mit wachsendem k immer mehr in Richtung der Null entwickelt, nähert sich die erste Spalte von A langsam dem Null-Vektor. Alle übrigen Einträge wachsen dagegen immer weiter.

Bestimmt man $\vec{v}_{100} = \begin{pmatrix} M_{100} \\ F_{100} \\ K_{100} \end{pmatrix}$ für einen allgemeinen Zustandsvektor $\vec{v}_0$, so erhält man

$$\vec{v}_{100} \approx \begin{pmatrix} 0{,}00 & 0{,}64 & 0{,}28 \\ 0 & 0{,}94 & 0{,}41 \\ 0 & 3{,}41 & 1{,}48 \end{pmatrix} \cdot \begin{pmatrix} M_0 \\ F_0 \\ K_0 \end{pmatrix} = \begin{pmatrix} 0{,}64\,F_0 + 0{,}28\,K_0 \\ 0{,}94\,F_0 + 0{,}41\,K_0 \\ 3{,}41\,F_0 + 1{,}48\,K_0 \end{pmatrix} = F_0 \cdot \begin{pmatrix} 0{,}64 \\ 0{,}94 \\ 3{,}41 \end{pmatrix} + K_0 \cdot \begin{pmatrix} 0{,}28 \\ 0{,}41 \\ 1{,}48 \end{pmatrix}.$$

Dies bedeutet:

1. Der Stand der Bevölkerung nach 100 Jahren ist weitgehend unabhängig von der Anzahl der Männer zu Beginn des Berechnungszeitraumes.
2. Die Größe der Gesamtbevölkerung nimmt – unabhängig vom Zustandsvektor $\vec{v}_0$ – in jedem Fall zu, da bei beiden Vektoren die Summe der Einträge größer als Eins ist.

Klassifikation von Übergangsmatrizen durch Zeilensummen

Damit stellt sich die Frage, ob die Systementwicklung generell nur von der Übergangsmatrix A oder auch vom ursprünglichen Zustandsvektor $\vec{v}_0$ abhängig ist. Für die Multiplikation der Übergangsmatrix mit diesem Vektor gilt:

$$\begin{pmatrix} 0{,}85 & 0 & 0{,}03 \\ 0 & 0{,}9 & 0{,}03 \\ 0 & 0{,}25 & 0{,}94 \end{pmatrix} \cdot \begin{pmatrix} 10 \\ 10 \\ 10 \end{pmatrix} = \begin{pmatrix} 0{,}85 \cdot 10 + 0{,}03 \cdot 10 \\ 0{,}9 \ \cdot 10 + 0{,}03 \cdot 10 \\ 0{,}25 \cdot 10 + 0{,}94 \cdot 10 \end{pmatrix} = 10 \cdot \begin{pmatrix} 0{,}88 \\ 0{,}93 \\ 1{,}19 \end{pmatrix} = \begin{pmatrix} 8{,}8 \\ 9{,}3 \\ 11{,}9 \end{pmatrix}$$

Da $\vec{v}_0$ ein Vektor ist, bei dem alle drei Einträge identisch sind ($v_1 = v_2 = v_3 = 10$), ist das Produkt der Matrix A mit $\vec{v}_0$ das 10fache des Vektors, der aus den **Zeilensummen** der Übergangsmatrix besteht. Es wird deutlich, dass der letzte Eintrag von $\vec{v}_0$ deshalb bei der Multiplikation mit A wächst, weil die Summe der Einträge in der letzten Zeile von A größer als Eins ist. Und analog nehmen der erste und zweite Eintrag ab, weil die entsprechenden Zeilensummen von A kleiner als Eins sind.

Will man die weitere Systementwicklung untersuchen, steht man vor dem Problem, dass der Ergebnisvektor $\vec{v}_1$ nicht mehr in allen Einträgen identisch ist. Allerdings kann man sagen, dass das Produkt $A \cdot \vec{v}_1$ in allen Einträgen größer oder gleich dem Produkt des kleinsten Eintrages von $\vec{v}_1$ mit dem Vektor der Zeilensummen von A ist:

$$\begin{pmatrix} 0{,}85 & 0 & 0{,}03 \\ 0 & 0{,}9 & 0{,}03 \\ 0 & 0{,}25 & 0{,}94 \end{pmatrix} \cdot \begin{pmatrix} 8{,}8 \\ 8{,}8 \\ 8{,}8 \end{pmatrix} = \begin{pmatrix} 0{,}85 \cdot 8{,}8 + 0{,}03 \cdot 8{,}8 \\ 0{,}9 \ \cdot 8{,}8 + 0{,}03 \cdot 8{,}8 \\ 0{,}25 \cdot 8{,}8 + 0{,}94 \cdot 8{,}8 \end{pmatrix} = 8{,}8 \cdot \begin{pmatrix} 0{,}88 \\ 0{,}93 \\ 1{,}19 \end{pmatrix} \approx \begin{pmatrix} 7{,}74 \\ 8{,}18 \\ 10{,}47 \end{pmatrix}.$$

Die nächsten Schritte sind:

$$7{,}74 \cdot \begin{pmatrix} 0{,}88 \\ 0{,}93 \\ 1{,}19 \end{pmatrix} \approx \begin{pmatrix} 6{,}82 \\ 7{,}20 \\ 9{,}21 \end{pmatrix}, \qquad 6{,}82 \cdot \begin{pmatrix} 0{,}88 \\ 0{,}93 \\ 1{,}19 \end{pmatrix} \approx \begin{pmatrix} 6{,}00 \\ 6{,}34 \\ 8{,}12 \end{pmatrix},$$

$$6{,}00 \cdot \begin{pmatrix} 0{,}88 \\ 0{,}93 \\ 1{,}19 \end{pmatrix} = \begin{pmatrix} 5{,}28 \\ 5{,}58 \\ 7{,}14 \end{pmatrix}, \qquad 5{,}28 \cdot \begin{pmatrix} 0{,}88 \\ 0{,}93 \\ 1{,}19 \end{pmatrix} \approx \begin{pmatrix} 4{,}65 \\ 4{,}91 \\ 6{,}28 \end{pmatrix}.$$

Führt man diesen Prozess fort, nähern sich die Ergebnisvektoren immer mehr dem Nullvektor an – entgegen der wirklichen Entwicklung, die auf ein Wachstum aller drei Einträge in den Zustandsvektoren hinausläuft.

Diese falsche Einschätzung liegt offensichtlich in der Tatsache begründet, dass die beiden ersten Zeilensummen von A kleiner als Eins sind und damit immer kleinere Einträge in den Zustandsvektoren produzieren.

Wären allerdings alle drei Zeilensummen größer als Eins, könnte man sicher sagen, dass die Einträge in den Zustandsvektoren des Systems immer weiter wachsen; wären umgekehrt alle drei Zeilensummen kleiner als Eins würden die Einträge der Zustandsvektoren sicher immer weiter schrumpfen. Und selbstverständlich liegt die Vermutung nahe, dass sich die Einträge der Zustandsvektoren immer mehr festen Werten nähern würden, wenn sämtliche Zeilensummen der Übergangsmatrix gleich Eins wären.

Im ersten Fall sprechen wir von einem **expandierenden**, im zweiten von einem **zerfallenden** und im dritten von einem **konvergierenden** System.

Wenn die Entwicklung der Einträge in den Zustandsvektoren eines Systems nicht einheitlich verläuft, soll es **divergent** heißen.

Eine wichtige Einschränkung ist jedoch zu machen. Betrachtet man nämlich

$$B = \begin{pmatrix} 0{,}55 & 0{,}3 & 0{,}25 \\ 0 & -99 & 101 \\ 0{,}2 & 0{,}4 & 0{,}65 \end{pmatrix},$$

so erhält man:

$$B \cdot \vec{v}_0 = \begin{pmatrix} 11 \\ 20 \\ 12{,}5 \end{pmatrix}, \quad B^2 \cdot \vec{v}_0 \approx \begin{pmatrix} 15{,}2 \\ -717{,}5 \\ 18{,}3 \end{pmatrix}.$$

Alle drei Zeilensummen der Matrix B sind größer als Eins, jedoch wächst der zweite Eintrag in den Zustandsvektoren augenscheinlich nicht, sondern wird schon bei Multiplikation mit B^2 negativ – auch wenn der Betrag natürlich zunimmt. Da wir jedoch nur Systeme mit positiven Einträgen in den Zustandsvektoren betrachten wollen, müssen wir den Fall negativer Einträge in der Übergangsmatrix ausschließen und formulieren daher den folgenden Satz.

Satz 5.1

Wenn kein Eintrag einer Übergangsmatrix kleiner als Null ist, gilt:

a) Das durch die Matrix beschriebene System **expandiert** immer weiter, wenn alle Zeilensummen der Matrix größer als Eins sind.

b) Das durch die Matrix beschriebene System **zerfällt**, wenn alle Zeilensummen der Matrix kleiner als Eins sind.

c) Das durch die Matrix beschriebene System **konvergiert**, wenn alle Zeilensummen der Matrix Eins ergeben (Beweis siehe Aufgabe 11 auf Seite 252). ■

Offene Systeme

Wenn die in A3 beschriebenen Ein- und Auswanderungen mit berücksichtigt werden, ändert sich der Übergangsgraph entsprechend: Da die Auswanderung abhängig vom jeweiligen Bevölkerungsstand ist, wird sie einfach bei den Pfeilen innerhalb einer Bevölkerungsschicht verrechnet. Denn bei der reinen Betrachtung der Mengen ist es unerheblich, ob Menschen sterben oder auswandern.

Bei den Männern sterben nicht nur 15 %, sondern 0,2 % wandern zusätzlich aus, so dass sich der Anteil der männlichen Bevölkerung von Jahr zu Jahr um 15,2 % des Vorjahres reduzieren würde, wenn keine Kinder erwachsen würden. Entsprechend reduziert sich der Anteil der Frauen um 10,15 % und der Kinderanteil um 6,08 %.

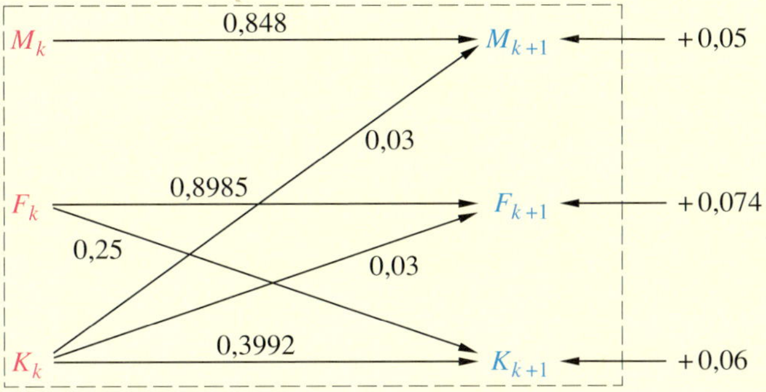

Bild 249/1: Übergangsgraph mit Ein- und Auswanderung

Die Einwanderung von außen ist unabhängig von den systemimmanenten Größen. Zum jeweiligen mit den internen Größen berechneten Zustandsvektor muss somit der feste Vektor

$$\vec{c} = \begin{pmatrix} 0{,}05 \\ 0{,}074 \\ 0{,}06 \end{pmatrix}$$

hinzu addiert werden. Damit ergibt sich als allgemeiner Ansatz

$$\vec{v}_{k+1} = \begin{pmatrix} M_{n+1} \\ F_{n+1} \\ K_{n+1} \end{pmatrix} = \begin{pmatrix} 0{,}848 & 0 & 0{,}03 \\ 0 & 0{,}8985 & 0{,}03 \\ 0 & 0{,}25 & 0{,}9392 \end{pmatrix} \cdot \begin{pmatrix} M_n \\ F_n \\ K_n \end{pmatrix} + \begin{pmatrix} 0{,}05 \\ 0{,}074 \\ 0{,}06 \end{pmatrix}.$$

In Abhängigkeit von $\vec{v}_0$ erhält man für die verschiedenen Zustandsvektoren

$$\begin{aligned}
\vec{v}_1 &= A \cdot \vec{v}_0 + \vec{c} \\
\vec{v}_2 &= A \cdot (A \cdot \vec{v}_0 + \vec{c}) = A^2 \cdot \vec{v}_0 + A \cdot \vec{c} + \vec{c} \\
\vec{v}_3 &= A \cdot (A^2 \cdot \vec{v}_0 + A \cdot \vec{c} + \vec{c}) = A^3 \cdot \vec{v}_0 + A^2 \cdot \vec{c} + A \cdot \vec{c} + \vec{c} \\
&\vdots \\
\vec{v}_{n+1} &= A^{n+1} \cdot \vec{v}_0 + A^n \cdot \vec{c} + A^{n-1} \cdot \vec{c} + \ldots + A \cdot \vec{c} + \vec{c}.
\end{aligned}$$

Dies lässt sich zusammenfassen zu

$$\vec{v}_{n+1} = A^{n+1} \cdot \vec{v}_0 + (A^n + A^{n-1} + \ldots + A + E_3) \cdot \vec{c}.$$

Da die neue Matrix sich wie die ursprüngliche verhält, wenn sie mit hohen Zahlen potenziert wird, ändert sich die systemimmanent bedingte Bevölkerungsentwicklung nicht wesentlich. Hinzu kommt nun jedoch der Summand $(A^n + A^{n-1} + \ldots + A + E_3) \cdot \vec{c}$, der ein erheblich schnelleres Bevölkerungswachstum bewirkt (siehe Bild 250/1).

Jahre	Männer	Frauen	Kinder
0	10	10	10
1	9,3	10,04	12,5
2	8,78	10,15	14,86
3	8,41	10,32	17,11
4	8,16	10,54	19,26
5	8,01	10,81	21,34
6	7,95	11,11	23,36
7	7,96	11,44	25,34
8	8,03	11,79	27,28
9	8,14	12,17	29,19
10	8,3	12,57	31,08

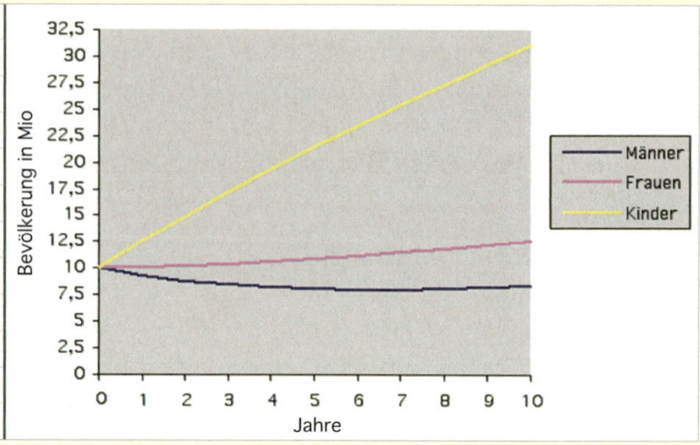

Bild 250/1: Bevölkerungsentwicklung mit Ein- und Auswanderung

ZUSAMMENFASSUNG

Wir fassen zusammen

Eine Menge von Größen, die sich gegenseitig beeinflussen, heißt **System**.

Eine Momentaufnahme eines Systems wird in einem **Zustandsvektor** zusammengefasst.

Unterliegt ein System keinen nennenswerten äußeren Einflüssen, sprechen wir von einem **geschlossenen System**.

Lässt sich die gegenseitige Beeinflussung der Größen eines geschlossenen Systems durch Linearkombinationen darstellen, so können diese Abhängigkeiten in eine **Übergangsmatrix** eingetragen werden.

Ist ein Zustandsvektor $\vec{v}_k$ sowie die Übergangsmatrix A gegeben, dann ist der neue Übergangsvektor $\vec{v}_{k+1}$ für **geschlossene** Systeme

$$\vec{v}_{k+1} = A \cdot \vec{v}_k.$$

Jeder Zustandsvektor $\vec{v}_k$ lässt sich in Abhängigkeit vom Zustandsvektor $\vec{v}_0$ darstellen:

$$\vec{v}_k = A^k \cdot \vec{v}_0.$$

In **offenen Systemen** werden äußere Einflüsse durch Addition eines konstanten Vektors $\vec{c}$ zum Produkt $A \cdot \vec{v}_k$ beschrieben. Damit ergibt sich für $\vec{v}_{k+1}$

$$\vec{v}_{k+1} = A \cdot \vec{v}_k + \vec{c}.$$

In Abhängigkeit von $\vec{v}_0$ ist jeder Zustandsvektor

$$\vec{v}_k = A^k \cdot \vec{v}_0 + (A^{k-1} + A^{k-2} + \ldots + A + E_n) \cdot \vec{c}.$$

E_n beschreibt dabei die n-reihige Einheitsmatrix.

Geschlossene Systeme

1 Mathematik wird an einer weiterführenden Schule in Erweiterungskursen (E-Kursen) und Grundkursen (G-Kursen) unterrichtet. Im Durchschnitt verbleiben am Ende des Schuljahres 98 % der Schülerinnen und Schüler im E-Kurs, 3 % wechseln vom G- in den E-Kurs. Von den 120 Schülerinnen und Schülern eines 7. Jahrgangs werden zur Zeit 80 in G-Kursen unterrichtet, die übrigen in E-Kursen.
Berechnen Sie die Stärke der G- und E-Kurse bis zum 10. Schuljahr voraus.

2 Bei der letzten Wahl erhielt die Partei A 42 % der Stimmen, die Partei B 31 %, Partei C 15 % und Partei D die restlichen 12 %. Nach repräsentativen Umfragen zur anstehenden Wahl verliert Partei A an Partei C 5 % und an Partei B 2 %; andererseits gewinnt A 4 % der Wähler von D. 3 % der Wähler von D wollen zu B wechseln und 1 % der Wähler von C zu A.
Veranschaulichen Sie die Wählerwanderung in einem Pfeildiagramm, stellen Sie die Übergangsmatrix auf und berechnen Sie eine Wahlprognose für die anstehende Wahl und unter Annahme der gleichen Wählerwanderung auch für die folgende Wahl.

3 45 % der Bevölkerung eines Landes bleiben in diesem Jahr während der Sommerferien zu Hause, 32 % machen im Inland Urlaub, 23 % im Ausland. Erfahrungsgemäß bleiben 25 % der Leute, die während der Ferien eines Jahres zu Hause bleiben, auch im nächsten Jahr zu Hause, 50 % machen im Inland Urlaub und 25 % im Ausland. Von den Inlandsurlaubern bleiben im Folgejahr 50 % zu Hause, 25 % fahren ins Ausland. 60 % der Urlauber, die in einem Jahr im Ausland waren, fahren im nächsten Jahr wieder ins Ausland, lediglich 15 % bleiben zu Hause.
Prognostizieren Sie die Verteilung der Urlauber für die nächsten drei Jahre.

4 In einem zoologischen Garten wird ein neues Schmetterlingshaus mit 90 Schmetterlingen angelegt. Während seines durchschnittlich ein halbes Jahr währenden Lebens legt ein Schmetterling etwa 105 Eier. Aus 9 % der Eier schlüpfen Raupen, von denen sich nach einem halben Jahr 11 % weiter zu Schmetterlingen entwickeln.
Berechnen Sie die Populationsentwicklung in den ersten fünf Reproduktionszyklen.

5 In einem Land mit einer Bevölkerung von 50 Millionen Menschen sind zur Zeit rund 4 Millionen ohne Arbeit. 90 % von ihnen sind auch nach einem Jahr noch ohne Arbeit, 2 % haben ein unbefristetes Beschäftigungsverhältnis, die Übrigen haben nur eine befristete Stelle gefunden. Von den Beschäftigten in befristeten Arbeitsverhältnissen werden binnen eines Jahres rund 50 % in unbefristete Arbeitsverhältnisse übernommen, 10 % entlassen und die übrigen 40 % befristet weiter beschäftigt. 7 % der in unbefristeten Arbeitsverhältnissen beschäftigten Menschen beenden jedes Jahr aus verschiedenen Gründen ihr Arbeitsverhältnis und sind dann arbeitsuchend.
Entwickeln Sie ein mathematisches Modell, um bei gleichen Übergangsraten zwischen den einzelnen Bevölkerungsgruppen die Entwicklung für die nächsten 6 Jahre vorauszuberechnen.

6 Werden gleiche Mengen von Aten und Betium gemischt, so verbindet sich das Aten mit dem Betium zu Ceton. Allerdings zerfällt Ceton innerhalb einer Stunde zu 40 % in seine Bestandteile, die dann wieder nach dem beschriebenen Muster reagieren.
Berechnen Sie den Reaktionsverlauf, wenn 20 ml Aten und Betium reagieren.

AUFGABEN

Offene Systeme

7 Wir variieren Aufgabe 1: In jedem Jahr wechseln durchschnittlich 4 Schülerinnen und Schüler auf eine andere Schule, und zwar gleichmäßig aus E- und G-Kursen. In den G-Kursen wird jährlich ein Schulwechsler von anderen Schulen aufgenommen, in den E-Kursen sind es zwei. Entwerfen Sie ein neues Modell und berechnen Sie die Entwicklung bis zum zehnten Schuljahr.

8 Variieren Sie Aufgabe 7: Berücksichtigen Sie in einem neuen Modell, dass 3 % der E-Kurs-Schüler und 5 % der G-Kurs-Schüler nach der neunten Klasse nicht versetzt werden.

9 Ändern Sie Aufgabe 4 so ab, dass Sie den halbjährlichen Verkauf von 12 Schmetterlingen an andere zoologische Gärten in Ihrem Modell berücksichtigen.

10 Wie viele Schmetterlinge der Population aus Aufgabe 9 können pro Halbjahr verkauft werden, ohne den Bestand der Population zu gefährden?

Charakterisierung von Matrizen durch Zeilensummen

11 Beweisen Sie Satz 5.1 c) für zweireihige und dreireihige Matrizen. Zeigen Sie zunächst, dass das Quadrat einer Matrix mit Zeilensumme Eins wieder die Zeilensumme Eins hat. Warum kann weder eine Expansion noch ein Zerfall des Systems stattfinden, wenn die Zeilensumme der Potenzen der Übergangsmatrix immer Eins ist und negative Einträge ausgeschlossen werden?

12 Klassifizieren Sie die folgenden Übergangsmatrizen. Stellen Sie, wo Ihnen dies nicht möglich erscheint, zumindest Vermutungen auf. Überprüfen Sie Ihre Einschätzungen durch Potenzieren der Matrizen.

$$A = \begin{pmatrix} 0{,}2 & 0{,}7 \\ 0 & 1 \end{pmatrix} \quad B = \begin{pmatrix} 0{,}3 & 0{,}7 \\ 0{,}9 & 0{,}1 \end{pmatrix} \quad C = \begin{pmatrix} 0{,}2 & 0{,}85 \\ 0{,}9 & 0{,}1 \end{pmatrix} \quad D = \begin{pmatrix} 0{,}2 & 0{,}85 \\ 0{,}1 & 0{,}9 \end{pmatrix}$$

$$E = \begin{pmatrix} 0{,}2 & 0{,}8 & 0 \\ 0{,}3 & 0 & 0{,}6 \\ 1 & 0 & 0 \end{pmatrix} \quad F = \begin{pmatrix} 0{,}2 & 0{,}8 & 0 \\ 0{,}3 & 0 & 0{,}7 \\ 1 & 0 & 0 \end{pmatrix} \quad G = \begin{pmatrix} 0{,}2 & 0{,}8 & 0 \\ 0{,}3 & 0 & 0{,}8 \\ 1 & 0 & 0 \end{pmatrix}$$

13 Welche Bedingung muss eine zweireihige Matrix mit der Zeilensumme Eins erfüllen, damit sie invertierbar ist?

14 Zeigen Sie, dass die regulären zweireihigen Matrizen mit der Zeilensumme Eins bezüglich der Matrizenmultiplikation eine **Gruppe** bilden. Weisen Sie dazu im Einzelnen nach:

a) Das Produkt zweier solcher Matrizen hat wieder die Zeilensumme Eins.

b) Es gilt das Assoziativgesetz, also ist $A \cdot (B \cdot C) = (A \cdot B) \cdot C$.

c) Es existiert eine neutrale Matrix E, sodass $A \cdot E = A$ ist.

d) Zu jeder Matrix A existiert eine Matrix A^{-1}, sodass gilt: $A \cdot A^{-1} = E$.

5.3 Langfristige Systementwicklung und Eigenwerte

A1 Ein Wald

Bild 253/1 zeigt die Entwicklung des Waldes aus Auftrag 1 des letzten Abschnitts für die nächsten 15 Jahre. Entwickeln Sie eine nicht rekursive Methode, um die Ausbreitung des Waldes zu prognostizieren.

Jahr	Bäume	Setzlinge
0	100	0
1	88	600
2	113,44	72
3	104,15	625,92
4	129,2	149,18
5	122,65	661,85
6	147,64	232,9
7	143,9	708,86
8	169,16	324,67
9	168,34	768,23
10	194,24	426,21
11	196,5	841,5
12	223,41	539,47
13	228,97	930,48
14	257,32	666,66
15	266,44	1037,27

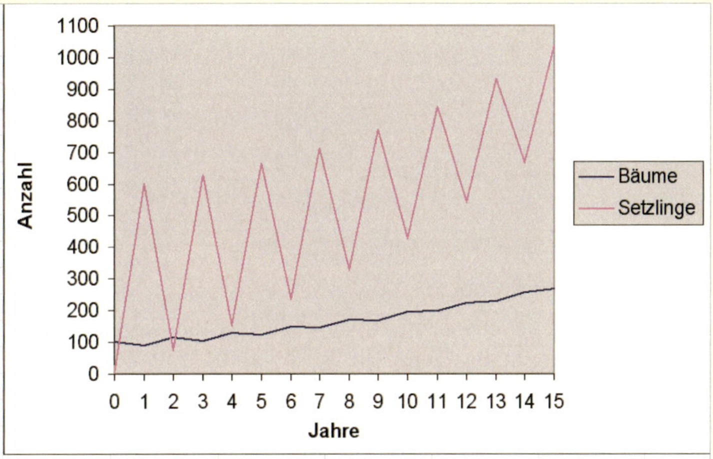

Bild 253/1: Ausbreitung des Waldes in den ersten 15 Jahren

A2 Kaninchenvermehrung

Die unten stehende Tabelle zeigt die Entwicklung der Kaninchenpopulation aus Auftrag 2 des letzten Abschnitts für ein Jahr. Angegeben sind die Anzahlen der Paare erwachsener und junger Kaninchen für die jeweiligen Monate. Stellen Sie eine Verhältnisgleichung für die Anzahl der erwachsenen und jungen Kaninchen auf. Können Sie mit ihrer Hilfe die Entwicklung der Kaninchenpopulation ohne Rekursion vorhersagen?

Monat	0	1	2	3	4	5	6	7	8	9	10	11	12
Erwachsene	1	1	2	3	5	8	13	21	34	55	89	144	233
Junge	0	1	1	2	3	5	8	13	21	34	55	89	144

A2 Bevölkerungsentwicklung

Betrachtet man den Graphen von Bild 245/2, so erkennt man, dass die Größen aller drei Bevölkerungsanteile nicht nur steigen, sondern sich auch gegenseitig immer weiter voneinander entfernen. Untersuchen Sie daher die Werte von M_n, F_n und K_n für das geschlossene System aus Auftrag 3 des letzten Abschnitts für große Werte von n auf gegenseitige Abhängigkeiten. Formulieren Sie auf dieser Grundlage eine möglichst exakte Prognose für die Entwicklung der Bevölkerung ohne diese schrittweise berechnen zu müssen.

Asymptoten

Wir behandeln A3 und untersuchen, wie sich die Quotienten je zweier Größen entwickeln (Bild 254/1).

Jahre	M	F	K	M/F	M/K	F/K
0	10	10	10	1	1	1
10	4,74	6,77	20,45	0,7	0,23	0,33
20	4,56	6,75	23,84	0,68	0,19	0,28
30	4,96	7,27	26,28	0,68	0,19	0,28
40	5,42	7,93	28,75	0,68	0,19	0,28
50	5,93	8,66	31,41	0,69	0,19	0,28
60	6,48	9,46	34,32	0,69	0,19	0,28
70	7,08	10,33	37,49	0,69	0,19	0,28
80	7,73	11,29	40,96	0,69	0,19	0,28
90	8,45	12,33	44,75	0,69	0,19	0,28
100	9,23	13,47	48,88	0,69	0,19	0,28

Bild 254/1: Quotienten der Bevölkerungsanteile

Man sieht, dass die Quotienten zwar nicht konstant sind, allerdings scheinen sie sich bestimmten Werten anzunähern, das heißt, die Bevölkerungsanteile streben einem konstanten Verhältnis zu.

Für beliebige $n \geq 50$, gilt: $\frac{M_n}{F_n} \approx 0{,}69$, $\frac{M_n}{K_n} \approx 0{,}19$, $\frac{F_n}{K_n} \approx 0{,}28$.

Daraus folgt unmittelbar: $M_n \approx 0{,}69\,F_n$, $M_n \approx 0{,}19\,K_n$, $F_n \approx 0{,}28\,K_n$.

Damit gilt für den Zustandsvektor der Bevölkerungsentwicklung in Abhängigkeit von K_n:

$$\begin{pmatrix} M_n \\ F_n \\ K_n \end{pmatrix} \approx \begin{pmatrix} 0{,}19\,K_n \\ 0{,}28\,K_n \\ 1\,K_n \end{pmatrix} = K_n \cdot \begin{pmatrix} 0{,}19 \\ 0{,}28 \\ 1 \end{pmatrix} \quad (\text{für } n \geq 50).$$

Alternativ kann man die Entwicklung der Bevölkerung auch in Abhängigkeit von M_n oder F_n darstellen (Aufgabe 4, Seite 260).

M_n, F_n und K_n lassen sich als Koordinaten eines Punktes $P_n(M_n|F_n|K_n)$ im Raum interpretieren (Bild 254/2). Mit wachsendem n nähern sich die Punkte P_n immer mehr der Ursprungsgeraden

$$g\colon \vec{x} = t \cdot \begin{pmatrix} 0{,}19 \\ 0{,}28 \\ 1 \end{pmatrix}.$$

Da die langfristige Entwicklung folglich unabhängig vom Anfangszustand ist und nur von der Übergangsmatrix A abhängt, kann man die Gerade g als deren **Asymptote** bezeichnen.

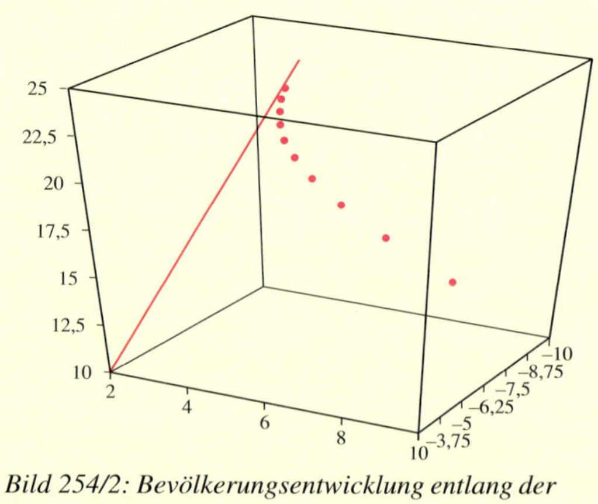

Bild 254/2: Bevölkerungsentwicklung entlang der Asymptoten

Eigenwerte und Eigenvektoren

Es ist wünschenswert, die Asymptote direkt aus der Übergangsmatrix bestimmen zu können, anstatt zuerst mühsam viele Werte für M_n, F_n und K_n berechnen zu müssen. Dies ist möglich, wenn es einen aus den Quotienten von M_0, F_0 und K_0 gebildeten Vektor

$$\vec{w} = \begin{pmatrix} p \\ q \\ r \end{pmatrix}$$

gibt, der Richtungsvektor der Asymptoten ist. Bei einem solchen Vektor $\vec{w}$ haben die Bevölkerungsanteile sozusagen schon ihr endgültiges Verhältnis zueinander erreicht. Es muss somit gelten:

$$A \cdot \vec{w} = k\vec{w}.$$

Damit ergibt sich für das Quadrat der Übergangsmatrix A:

$$A^2 \cdot \vec{w} = A \cdot (A \cdot \vec{w}) = A \cdot (k\vec{w}) = k(A \cdot \vec{w}) = k(k\vec{w}) = k^2\,\vec{w}.$$

Entsprechend erhält man

$$A^3 \cdot \vec{w} = k^3\vec{w}, \quad A^4 \cdot \vec{w} = k^4\vec{w}, \ldots, A^n \cdot \vec{w} = k^n\,\vec{w}.$$

Mithilfe der durch $\vec{w}$ ausgedrückten besonderen Verteilung kann somit nicht nur die Asymptote aller Verteilungen bestimmt werden, sondern bei dieser Verteilung ist auch die Vorhersage der Bevölkerungsentwicklung besonders einfach, da man nur den einmal gefundenen Skalar k mit der Zahl n der Jahre potenzieren muss, für die man eine Prognose erstellen will.

Da die Gleichung $A \cdot \vec{w} = k\vec{w}$ das individuelle Verhalten der Übergangsmatrix A beschreibt, wird sie **charakteristische Gleichung** der Matrix A genannt. Eine Lösung – wenn auch ohne praktische Bedeutung – ist offensichtlich der Nullvektor. Die allgemeine Lösung erhält man durch Umformung der charakteristischen Gleichung in das homogene lineare Gleichungssystem

$$A \cdot \vec{w} - k\vec{w} = \vec{0} \quad \Leftrightarrow \quad (A - kE_3) \cdot \vec{w} = \vec{0}$$

und Lösen mit dem Gauß-Algorithmus:

$$\left(\begin{array}{ccc|c} 0{,}85-k & 0 & 0{,}03 & 0 \\ 0 & 0{,}9-k & 0{,}03 & 0 \\ 0 & 0{,}25 & 0{,}94-k & 0 \end{array}\right) \begin{array}{l} \\ \downarrow \cdot(-0{,}25) \\ \downarrow \cdot(0{,}9-k) \quad (\text{für } k \neq 0{,}9) \end{array}$$

$$\Leftrightarrow \left(\begin{array}{ccc|c} 0{,}85-k & 0 & 0{,}03 & 0 \\ 0 & 0{,}9-k & 0{,}03 & 0 \\ 0 & 0 & (0{,}94-k)\cdot(0{,}9-k)-0{,}0075 & 0 \end{array}\right).$$

Die Lösung ist im Diagramm auf der folgenden Seite dargestellt (Bild 256/1).

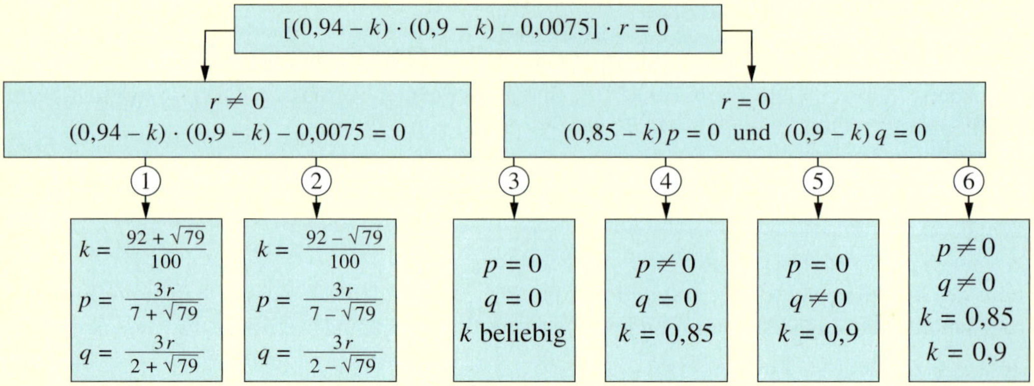

Bild 256/1: Lösungsschritte zur Bestimmung der Eigenwerte

Der Nullvektor erfüllt die charakteristische Gleichung von A für jedes k, kann aber niemals Richtungsvektor einer Geraden sein; daher scheidet Fall ③ aus.

Fall ⑥ führt auf einen Widerspruch; es gibt also keine Lösung für k.

Fall ⑤ scheidet aus, weil man keine Lösung der charakteristischen Gleichung erhält, da wir beim Gauß-Algorithmus die dritte Zeile mit $k - 0{,}9$ – also für $k = 0{,}9$ mit 0 – multipliziert haben; dadurch kann sich die Lösungsmenge ändern.

Setzt man für die freien Variablen jeweils 1 ein, so erhält man die drei Lösungsvektoren

$$\vec{w}_1 = \begin{pmatrix} 1 \\ 0 \\ 0 \end{pmatrix} \qquad \vec{w}_2 = \begin{pmatrix} \frac{3}{7+\sqrt{79}} \\ \frac{3}{2+\sqrt{79}} \\ 1 \end{pmatrix} \approx \begin{pmatrix} 0{,}19 \\ 0{,}28 \\ 1 \end{pmatrix} \qquad \vec{w}_3 = \begin{pmatrix} \frac{3}{7-\sqrt{79}} \\ \frac{3}{2-\sqrt{79}} \\ 1 \end{pmatrix} \approx \begin{pmatrix} -1{,}59 \\ -0{,}44 \\ 1 \end{pmatrix}$$

für $k_1 = 0{,}85$; für $k_2 = \frac{92+\sqrt{79}}{100} \approx 1{,}01$; für $k_3 = \frac{92-\sqrt{79}}{100} \approx 0{,}83$.

Die drei Lösungen $\vec{w}_1$, $\vec{w}_2$, und $\vec{w}_3$ des linearen Gleichungssystems sind der Matrix A eindeutig zugeordnet. Sie heißen daher **Eigenvektoren** von A und die zugehörigen Werte k_1, k_2 und k_3 **Eigenwerte** von A.

Man erkennt im Eigenvektor $\vec{w}_2$ den schon berechneten Richtungsvektor der Asymptoten für die Bevölkerungsentwicklung. Allerdings liefert die direkte Berechnung durch das lineare Gleichungssystem exakte Werte für seine Einträge, während die Bestimmung durch Quotienten nur Näherungswerte ergeben hat.

Systementwicklung und Eigenvektoren

Der Zusammenhang zwischen der Übergangsmatrix und ihren Eigenvektoren lässt es zu, für die entsprechende Verteilungen der Bevölkerung eine exakte Prognose der Entwicklung nach n Jahren zu berechnen, ohne vom ersten Zustandsvektor $\vec{v}_0$ ausgehend alle Zustandsvektoren $\vec{v}_k$ bis hin zu $\vec{v}_n$ der Reihe nach berechnen zu müssen.

Wenn beispielsweise die Ausgangsverteilung einer Bevölkerung durch $\vec{v}_0 = s\vec{w}_3$ gegeben ist, gilt

$$\vec{v}_n = A^n \cdot \vec{v}_0 = A^n \cdot s\vec{w}_3 = sA^n \cdot \vec{w}_3 = sk_3^n\vec{w}_3.$$

Um auch die Entwicklung von Bevölkerungsverteilungen, die nicht durch einen Eigenvektor repräsentiert werden, so einfach berechnen zu können, überlegt man sich, dass jeder Zustandsvektor $\vec{v}_0$ als Linearkombination der drei Eigenvektoren $\vec{w}_1$, $\vec{w}_2$ und $\vec{w}_3$ dargestellt werden kann, wenn diese nicht komplanar sind. Mit anderen Worten: Jeder Punkt des $\mathbb{R}^3$ lässt sich vom Ursprung aus durch eine Linearkombination dreier nicht komplanarer Vektoren erreichen. Mit

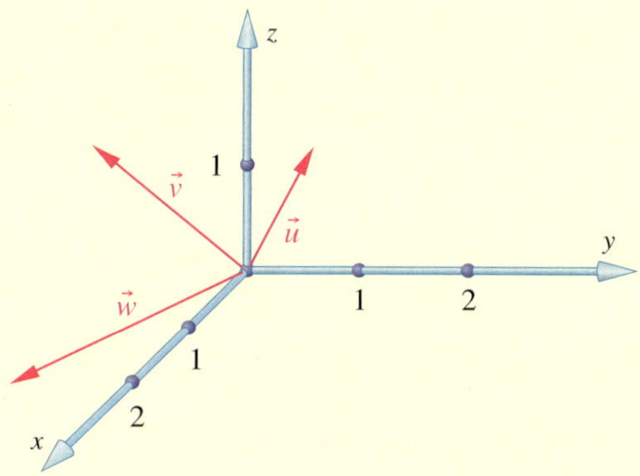

Bild 257/1: Nicht komplanare Vektoren spannen den Raum auf.

$$\vec{v}_0 = a\vec{w}_1 + b\vec{w}_2 + c\vec{w}_3$$

erhält man dann nach einem Jahr:

$$\begin{aligned} A\cdot\vec{v}_0 &= A\cdot(a\vec{w}_1 + b\vec{w}_2 + c\vec{w}_3) \\ &= A\cdot a\vec{w}_1 + A\cdot b\vec{w}_2 + A\cdot c\vec{w}_3 \\ &= aA\cdot\vec{w}_1 + bA\cdot\vec{w}_2 + cA\cdot\vec{w}_3 \\ &= ak_1\vec{w}_1 + bk_2\vec{w}_2 + ck_3\vec{w}_3. \end{aligned}$$

Entsprechend erhält man für die weiteren Jahre:

$$\begin{aligned} A^2\cdot\vec{v}_0 &= ak_1^2\vec{w}_1 + bk_2^2\vec{w}_2 + ck_3^2\vec{w}_3 \\ A^3\cdot\vec{v}_0 &= ak_1^3\vec{w}_1 + bk_2^3\vec{w}_2 + ck_3^3\vec{w}_3 \\ &\vdots \\ A^n\cdot\vec{v}_0 &= ak_1^n\vec{w}_1 + bk_2^n\vec{w}_2 + ck_3^n\vec{w}_3. \end{aligned}$$

Es müssen somit nur noch a, b und c berechnet werden, um eine einfache Darstellung jeder Bevölkerungsentwicklung mit dem Zustandsvektor $\vec{v}_0$ zu erhalten. Da es genügt, diesen annäherungsweise zu bestimmen, reicht eine Lösung mit Näherungswerten aus. Zu lösen ist demnach:

$$\begin{pmatrix} 1 & -1{,}59 & 0{,}19 \\ 0 & -0{,}44 & 0{,}28 \\ 0 & 1 & 1 \end{pmatrix} \cdot \begin{pmatrix} a \\ b \\ c \end{pmatrix} = \begin{pmatrix} 10 \\ 10 \\ 10 \end{pmatrix}.$$

Um die Matrix in Dreiecksgestalt umzuformen, ist lediglich die zweite Zeile durch 0,44 zu dividieren und dann zur dritten Zeile hinzu zu addieren. Man erhält:

$$\begin{pmatrix} 1 & -1{,}59 & 0{,}19 \\ 0 & -0{,}44 & 0{,}28 \\ 0 & 0 & 1{,}64 \end{pmatrix} \cdot \begin{pmatrix} a \\ b \\ c \end{pmatrix} = \begin{pmatrix} 10 \\ 10 \\ 32{,}73 \end{pmatrix}.$$

Damit ergibt sich $c \approx 19{,}96$, $b \approx -10{,}03$ und $a \approx -9{,}73$. Mit den entsprechenden Näherungswerten für die Eigenwerte lässt sich daher jeder Zustandsvektor berechnen:

$$\begin{pmatrix} M_n \\ F_n \\ K_n \end{pmatrix} = -9{,}73 \cdot 0{,}85^n \cdot \begin{pmatrix} 1 \\ 0 \\ 0 \end{pmatrix} + 19{,}96 \cdot 1{,}01^n \cdot \begin{pmatrix} 0{,}19 \\ 0{,}28 \\ 1 \end{pmatrix} - 10{,}03 \cdot 0{,}83^n \cdot \begin{pmatrix} -1{,}59 \\ -0{,}44 \\ 1 \end{pmatrix}.$$

Abbildung 258/1 stellt die rekursiv berechneten Werte den mit obiger Formel erstellten Werten gegenüber. Man sieht, dass selbst die hundertjährige Prognose der Bevölkerungsentwicklung noch recht genau ist.

Jahre	Mrek	Mew	Frek	Few	Krek	Kew
0	10	10	10	10	10	9,93
5	5,97	5,95	7,57	7,61	17,1	17,03
10	4,74	4,75	6,77	6,86	20,5	20,49
15	4,49	4,53	6,63	6,76	22,4	22,56
20	4,56	4,63	6,75	6,93	23,8	24,11
25	4,74	4,85	6,98	7,21	25,1	25,5
30	4,96	5,1	7,27	7,55	26,3	26,87
35	5,19	5,36	7,59	7,92	27,5	28,26
40	5,42	5,64	7,93	8,32	28,8	29,71
45	5,67	5,93	8,28	8,75	30,1	31,23
50	5,93	6,24	8,66	9,19	31,4	32,83
55	6,2	6,55	9,05	9,66	32,8	34,5
60	6,48	6,89	9,46	10,15	34,3	36,26
65	6,77	7,24	9,88	10,67	35,9	38,11
70	7,08	7,61	10,3	11,22	37,5	40,05
75	7,4	8	10,8	11,79	39,2	42,1
80	7,73	8,41	11,3	12,39	41	44,25
85	8,08	8,84	11,8	13,02	42,8	46,5
90	8,45	9,29	12,3	13,68	44,8	48,87
95	8,83	9,76	12,9	14,38	46,8	51,37
100	9,23	10,3	13,5	15,12	48,9	53,99

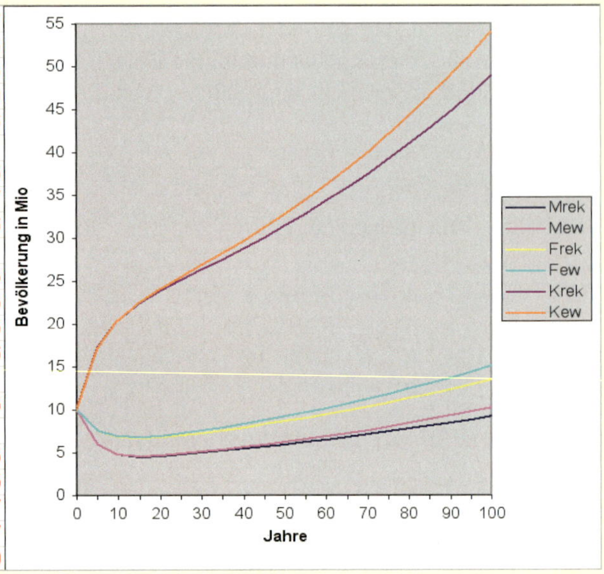

Bild 258/1: Bevölkerungsentwicklung für 100 Jahre

Klassifikation von Übergangsmatrizen durch Eigenwerte

Man mag einwenden, dass im Zeitalter der Computer die sehr aufwendige Darstellung einer Bevölkerungsentwicklung mittels Eigenvektoren ihre Berechtigung verloren hat, da die genaue Vorhersage für alle realistischen Zeiträume durch jedes Kalkulationsprogramm rekursiv durchgeführt werden kann. Die Darstellung mittels Eigenvektoren zeigt jedoch wesentlich mehr!

Da bei der oben dargestellten Bevölkerungsentwicklung ein Eigenwert größer als Eins ist, wachsen seine Potenzen unaufhörlich weiter, mit anderen Worten: Man kann sicher sagen, dass die Bevölkerungsentwicklung niemals gegen einen Grenzwert konvergiert, sofern sich die Übergangsmatrix nicht ändert. Die Bevölkerung wird über alle realistischen Grenzen hinaus wachsen.

Im Umkehrschluss kann man sagen, ein System zerfällt, wenn alle drei Eigenwerte kleiner als Eins sind und es konvergiert genau dann, wenn kein Eigenwert größer als Eins und mindestens ein Eigenwert gleich Eins ist.

Es gilt der folgende Satz:

Satz 5.2 Haben die Zustandsvektoren eines linearen Systems n Komponenten und besitzt die zugehörige Übergangsmatrix n linear unabhängige Eigenvektoren $\vec{v}_1, \ldots, \vec{v}_n$, zu n verschiedenen Eigenwerten $k_1, \ldots, k_n$, so ist der Zustandsvektor

$$\vec{v}_0 = a_1 \cdot \vec{v}_1 + \ldots + a_n \cdot \vec{v}_n$$

und es gilt:

$$\vec{v}_i = a_1 \cdot k_1^i \cdot \vec{v}_1 + \ldots + a_n \cdot k_n^i \cdot \vec{v}_n.$$

Daraus folgt für jedes durch diese Eigenvektoren darstellbare System:

1. Das System **zerfällt** genau dann, wenn alle Eigenwerte vom Betrag her kleiner als Eins sind.
2. Das System **expandiert** genau dann unbegrenzt, wenn mindestens ein Eigenwert einen Betrag größer als Eins hat.
3. Das System **konvergiert** genau dann, wenn kein Eigenwert einen Betrag größer als Eins hat und mindestens ein Eigenwert Eins ist. ■

Theoretisch ist damit die Entwicklung jedes Systems, dessen Übergangsmatrix man kennt, für unbegrenzte Zeiträume vorherzusagen. Noch wertvoller ist die Möglichkeit, die Systementwicklung bei Veränderung einzelner Einflüsse vorhersagen zu können, indem einzelne Werte der Übergangsmatrix variiert werden. So lassen sich verschiedene Szenarien für die Entwicklung von Systemen simulieren.

Wenn in der Übergangsmatrix A der Bevölkerungsentwicklung beispielsweise der Eintrag für die Geburtenratevon 0,25 auf 0,1 gesenkt wird, erhält man die drei Eigenwerte

$$k_1 = \frac{17}{20} = 0{,}85, \qquad k_2 = \frac{23}{25} + \frac{\sqrt{34}}{100} \approx 0{,}98, \qquad k_3 = \frac{23}{25} - \frac{\sqrt{34}}{100} \approx 0{,}86.$$

Die Bevölkerung wird somit – obwohl nicht alle Zeilensummen kleiner Eins sind – sicher aussterben. Wenn A dagegen umgewandelt wird in

$$\begin{pmatrix} 0{,}85 & 0 & 0{,}15 \\ 0 & 0{,}9 & 0{,}1 \\ 0 & 0{,}1 & 0{,}9 \end{pmatrix},$$

sagt das Zeilensummen-Kriterium eine Konvergenz des Systems voraus. Und tatsächlich sind die Eigenwerte:

$$k_1 = \frac{4}{5}, \qquad k_2 = \frac{17}{20}, \qquad k_3 = 1.$$

ZUSAMMENFASSUNG

Wir fassen zusammen

Wenn sich die Komponenten x_n, y_n und z_n eines Systems mit drei Größen bei fortschreitender Entwicklung immer mehr festen Verhältnissen $\frac{x_n}{y_n} \approx a$, $\frac{x_n}{z_n} \approx b$ und $\frac{y_n}{z_n} \approx c$ annähern, können die Zustandsvektoren in Abhängigkeit von diesen Größen dargestellt werden:

$$\begin{pmatrix} x_n \\ y_n \\ z_n \end{pmatrix} \approx x_n \cdot \begin{pmatrix} 1 \\ \frac{1}{a} \\ \frac{1}{b} \end{pmatrix} \approx y_n \cdot \begin{pmatrix} a \\ 1 \\ \frac{1}{c} \end{pmatrix} \approx z_n \cdot \begin{pmatrix} b \\ c \\ 1 \end{pmatrix}.$$

Geometrisch kann jeder der drei Vektoren als Richtungsvektor der **Asymptoten** gedeutet werden, der sich die Zustandsvektoren – als Punkte im Raum interpretiert – annähern. Da die Dimension des Systems bei diesen Betrachtungen keine Rolle spielt, gelten die Ergebnisse entsprechend auch für Systeme mit einer anderen Anzahl von Größen.

Ist ein Vektor $\vec{w}$ Richtungsvektor der Asymptoten für die Entwicklung eines Systems mit der Übergangsmatrix A, so gibt es eine Zahl k, welche die Gleichung $A \cdot \vec{w} = k \cdot \vec{w}$ erfüllt. Da diese Gleichung eine Charakterisierung der Übergangsmatrix A erlaubt, heißt sie **charakteristische Gleichung** der Matrix A.

Alle Vektoren $\vec{w} \neq \vec{0}$, für die es einen Wert k gibt, sodass die charakteristische Gleichung der Matrix A erfüllt wird, heißen **Eigenvektoren** der Matrix A zum **Eigenwert** k.

AUFGABEN

1 Berechnen Sie durch Rekursion die Asymptoten zu den Aufgaben 1 bis 6 auf Seite 251.

2 Gegeben sind die folgenden Matrizen:

$$A = \begin{pmatrix} 1 & 1 \\ 1 & 1 \end{pmatrix},\ B = \begin{pmatrix} 1 & 1 \\ 0 & 1 \end{pmatrix},\ C = \begin{pmatrix} 1 & 0 \\ 1 & 1 \end{pmatrix},\ D = \begin{pmatrix} 0 & 1 \\ 1 & 1 \end{pmatrix},\ E = \begin{pmatrix} 0 & 1 \\ 1 & 0 \end{pmatrix}.$$

a) Berechnen Sie Eigenwerte und Eigenvektoren der Matrizen.

b) Haben zwei Matrizen M und N einen gemeinsamen Eigenvektor $\vec{v}$, dann haben auch die Produkte $M \cdot N$ und $N \cdot M$ diesen Eigenvektor und der Eigenwert ist das Produkt der Eigenwerte von M und N.
Belegen Sie diesen Sachverhalt zunächst an zwei der obigen Matrizen und beweisen Sie ihn dann allgemein.

c) Zeigen Sie: Hat eine Matrix M den Eigenwert k, dann hat die inverse Matrix M^{-1} den Eigenwert k^{-1}. Tipp: Benutzen Sie $A \cdot A^{-1} = A^{-1} \cdot A = E_n$.

3 Berechnen Sie die Eigenwerte und Eigenvektoren der Matrizen A bis D aus Aufgabe 12 auf Seite 252. Wie verhalten sich die durch diese Matrizen beschriebenen geschlossenen Systeme langfristig?

4 Stellen Sie die Bevölkerungsentwicklung von Auftrag 3 in Abhängigkeit von M_n und F_n dar. Vergleichen Sie die Richtungsvektoren der Asymptoten mit den Eigenvektoren.

5 Bestimmen Sie die Eigenwerte und Eigenvektoren der Übergangsmatrizen aus den Aufgaben 1 bis 3, Seite 251. Stellen Sie die allgemeinen Zustandsvektoren durch Eigenvektoren dar.

6 Stellen Sie die Systementwicklung von Aufgabe 6 auf Seite 251 mit Eigenvektoren dar. Welche Besonderheiten weist die Darstellung auf?

7 Wie kann die Entwicklung offener Systeme mit Eigenvektoren beschrieben werden?

8 Zeigen Sie: Die Eigenvektoren zu zwei verschiedenen Eigenwerten sind verschieden.

9 A sei eine n-reihige Matrix mit n linear unabhängigen Eigenvektoren, das heißt, keiner der Eigenvektoren lässt sich als Linearkombination der anderen darstellen. B sei die n-reihige Matrix, welche die Eigenvektoren $\vec{v}_1, \ldots, \vec{v}_n$ von A als Spaltenvektoren enthält und C sei die Matrix, welche auf der Hauptdiagonalen die Eigenwerte $k_1, \ldots, k_n$ enthält und sonst nur Nullen.

a) Zeigen Sie, dass gilt: $A \cdot B = B \cdot C$.
Anmerkung: Aus obiger Gleichung gewinnt man eine **Diagonalisierung** der Matrix A: $A = B \cdot C \cdot B^{-1}$.

b) Warum sind die Potenzen diagonalisierter Matrizen sehr einfach zu berechnen?

10 Diagonalisieren Sie die Matrizen A bis D aus Aufgabe 12 auf Seite 252.

11 Lösen Sie die Aufgaben 1 bis 3 auf Seite 251 durch Diagonalisierung der entsprechenden Matrizen.

12 Gegeben ist die Matrix $A = \begin{pmatrix} a & b \\ c & d \end{pmatrix}$.

a) Zeigen Sie: Die Gleichung $\begin{pmatrix} a & b \\ c & d \end{pmatrix} \cdot \begin{pmatrix} x \\ y \end{pmatrix} = \begin{pmatrix} u \\ v \end{pmatrix}$ hat genau dann eine eindeutige Lösung, wenn gilt: $ad - bc \neq 0$.
Anmerkung: Der Term $\begin{vmatrix} a & b \\ c & d \end{vmatrix} = ad - bc$ heißt **Determinante** der Matrix A.

b) Folgern Sie: Für A hat die charakteristische Gleichung $\begin{pmatrix} a-k & b \\ c & d-k \end{pmatrix} \cdot \begin{pmatrix} x \\ y \end{pmatrix} = \begin{pmatrix} 0 \\ 0 \end{pmatrix}$ genau dann mindestens eine vom Nullvektor verschiedene Lösung, wenn gilt:
$\begin{vmatrix} a-k & b \\ c & d-k \end{vmatrix} = 0$.
Anmerkung: Die Determinante von $(A - kE_2)$ wird **charakteristisches Polynom** der Matrix A genannt.

13 Wie bestimmt man die zugehörigen Eigenvektoren, wenn man die Eigenwerte einer Matrix mit dem charakteristischen Polynom berechnet hat?

14 Berechnen Sie die Eigenwerte der Matrizen A und B von Aufgabe 12 auf Seite 252 und von Aufgabe 1 auf Seite 251 mit dem charakteristischen Polynom. Bestimmen Sie anschließend die zugehörigen Eigenvektoren.

6 Lineare Algebra

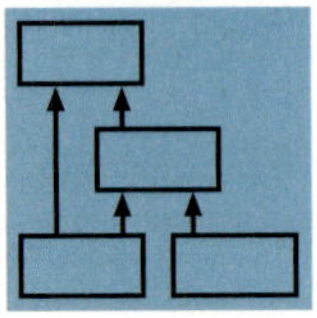

In diesem Kapitel werden die Grundzüge einer Theorie für Vektorräume, der „Linearen Algebra“, entwickelt und mit deren Hilfe die Lösbarkeit und die Lösungen von linearen Gleichungssystemen allgemein beschrieben.

6.1 Lineare Abhängigkeit

AUFTRÄGE

A1 Leerzeilen

Lösen Sie die linearen Gleichungssysteme I: $A\vec{x} = \vec{b}$ und II: $A\vec{x} = \vec{c}$ mit dem Gaußverfahren.

Untersuchen Sie allgemein, welche Bedingungen die Zeilen eines linearen Gleichungssystems erfüllen müssen, damit beim Gaußverfahren eine Zeile entsteht, die nur Nullen enthält.

$$A = \begin{pmatrix} 1 & -2 & 3 & 2 \\ -2 & 1 & -1 & -6 \\ 3 & 1 & -2 & -2 \\ 3 & -2 & 3 & -4 \end{pmatrix}; \quad \vec{b} = \begin{pmatrix} 2 \\ -1 \\ 3 \\ 6 \end{pmatrix}; \quad \vec{c} = \begin{pmatrix} 2 \\ -1 \\ 3 \\ -6 \end{pmatrix}.$$

A2 Spannende Ebenen

Untersuchen Sie, ob geeignete Repräsentanten der Vektoren

$$\vec{v}_1 = \begin{pmatrix} 1 \\ 0 \\ -1 \end{pmatrix}; \quad \vec{v}_2 = \begin{pmatrix} -1 \\ 1 \\ 0 \end{pmatrix} \quad \text{und} \quad \vec{v}_3 = \begin{pmatrix} -1 \\ 3 \\ 2 \end{pmatrix}$$

in der gleichen Ebene liegen.

Wie kann man gegebenenfalls weitere Vektoren mit Repräsentanten in dieser Ebene bestimmen?

A3 Linear kombinieren

Untersuchen Sie, ob sich der Vektor $\vec{v} = \begin{pmatrix} 4{,}5 \\ 5 \end{pmatrix}$ aus den Vektoren $\vec{v}_1 = \begin{pmatrix} 3 \\ 2 \end{pmatrix}$ und $\vec{v}_2 = \begin{pmatrix} -1 \\ 2 \end{pmatrix}$ linear kombinieren lässt, d. h., ob es Zahlen r_1 und r_2 gibt, so dass gilt: $\vec{v} = r_1\vec{v}_1 + r_2\vec{v}_2$.

Veranschaulichen Sie Ihr Ergebnis geometrisch.

Untersuchen Sie, ob sich jeder Vektor $\vec{a} \in V_2$ aus den Vektoren $\vec{v}_1$ und $\vec{v}_2$ linear kombinieren lässt.

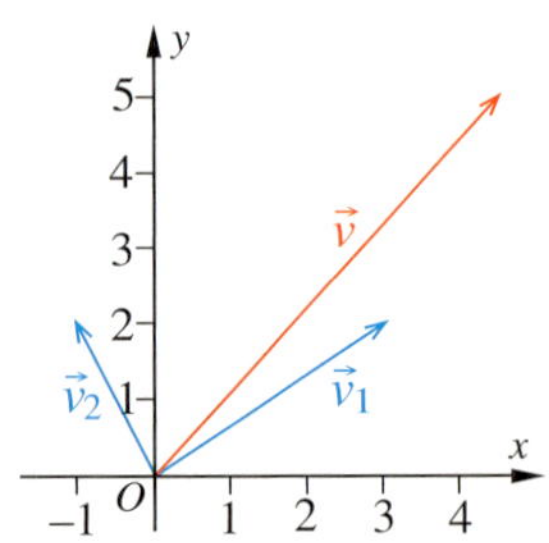

Bild 262/1

Die Entstehung von Leerzeilen

Wir bearbeiten den Auftrag **A1** **Leerzeilen**. Wendet man das Gaußverfahren auf die erweiterte Matrix $(A\,|\,\vec{b})$ des linearen Gleichungssystems I an, so erhält man schrittweise:

$$(A\,|\,\vec{b}) = \left(\begin{array}{rrrr|r} 1 & -2 & 3 & 2 & 2 \\ -2 & 1 & -1 & -6 & -1 \\ 3 & 1 & -2 & -2 & 3 \\ 3 & -2 & 3 & -4 & 6 \end{array}\right) \begin{array}{l} \cdot 2 \quad \cdot(-3) \quad \cdot(-3) \\ \cdot 1 \\ \quad\; \cdot 1 \\ \qquad\quad \cdot 1 \end{array} \rightarrow \left(\begin{array}{rrrr|r} 1 & -2 & 3 & 2 & 2 \\ 0 & -3 & 5 & -2 & 3 \\ 0 & 7 & -11 & -8 & -3 \\ 0 & 4 & -6 & -10 & 0 \end{array}\right) \begin{array}{l} \\ \cdot 7 \quad \cdot 4 \\ \cdot 3 \\ \quad\; \cdot 3 \end{array}$$

$$\rightarrow \left(\begin{array}{rrrr|r} 1 & -2 & 3 & 2 & 2 \\ 0 & -3 & 5 & -2 & 3 \\ 0 & 0 & 2 & -38 & 12 \\ 0 & 0 & 2 & -38 & 12 \end{array}\right) \begin{array}{l} \\ \\ \cdot(-1) \\ \cdot 1 \end{array} \rightarrow \left(\begin{array}{rrrr|r} 1 & -2 & 3 & 2 & 2 \\ 0 & -3 & 5 & -2 & 3 \\ 0 & 0 & 2 & -38 & 12 \\ 0 & 0 & 0 & 0 & 0 \end{array}\right)$$

Es entsteht also eine Leerzeile $(0\;\,0\;\,0\;\,0\;|\;0)$. Um das Auftreten einer solchen Leerzeile allgemeiner zu beschreiben, bezeichnen wir die Zeilenvektoren der erweiterten Matrix $(A\,|\,\vec{b})$ des Gleichungssystems mit $\vec{z}_1$, $\vec{z}_2$, $\vec{z}_3$ und $\vec{z}_4$ und betrachten noch einmal die durchgeführten Umformungen

$$(A\,|\,\vec{b}) = \begin{pmatrix} \vec{z}_1 \\ \vec{z}_2 \\ \vec{z}_3 \\ \vec{z}_4 \end{pmatrix} \begin{array}{l} \cdot 2 \quad \cdot(-3) \quad \cdot(-3) \\ \cdot 1 \\ \quad\; \cdot 1 \\ \qquad\quad \cdot 1 \end{array} \rightarrow \begin{pmatrix} \vec{z}_1 \\ 2\vec{z}_1 + \vec{z}_2 \\ -3\vec{z}_1 + \vec{z}_3 \\ -3\vec{z}_1 + \vec{z}_4 \end{pmatrix} \begin{array}{l} \\ \cdot 7 \quad \cdot 4 \\ \cdot 3 \\ \quad\; \cdot 3 \end{array}$$

$$\rightarrow \begin{pmatrix} \vec{z}_1 \\ 2\vec{z}_1 + \vec{z}_2 \\ 5\vec{z}_1 + 7\vec{z}_2 + 3\vec{z}_3 \\ -\vec{z}_1 + 4\vec{z}_2 + 3\vec{z}_4 \end{pmatrix} \begin{array}{l} \\ \\ \cdot(-1) \\ \cdot 1 \end{array} \rightarrow \begin{pmatrix} \vec{z}_1 \\ 2\vec{z}_1 + \vec{z}_2 \\ 5\vec{z}_1 + 7\vec{z}_2 + 3\vec{z}_3 \\ -6\vec{z}_1 - 3\vec{z}_2 - 3\vec{z}_3 + 3\vec{z}_4 \end{pmatrix}.$$

Die letzte Zeile der letzten Matrix ist eine Leerzeile, es gilt also

$$-6\vec{z}_1 - 3\vec{z}_2 - 3\vec{z}_3 + 3\vec{z}_4 = \vec{0}.$$

Allgemein kann man feststellen: Beim Gaußverfahren entsteht genau dann eine Leerzeile, wenn man den Nullvektor $\vec{0}$ aus den Zeilenvektoren $\vec{z}_1, \vec{z}_2, \vec{z}_3, \ldots, \vec{z}_n$ linear kombinieren kann, wenn es also Zahlen $r_1, r_2, r_3, \ldots, r_n$ gibt mit

$$r_1\vec{z}_1 + r_2\vec{z}_2 + r_3\vec{z}_3 + \cdots + r_n\vec{z}_n = \vec{0},$$

wobei nicht alle Zahlen r_i gleich null sind. Man nennt die Vektoren $\vec{z}_1, \ldots, \vec{z}_n$ dann **linear abhängig** und definiert allgemein:

Definition 6.1 **Lineare Abhängigkeit und lineare Unabhängigkeit**

Das n-Tupel der Vektoren $(\vec{v}_1\,|\,\vec{v}_2\,|\,\vec{v}_3\,|\ldots|\,\vec{v}_n)$ heißt **linear abhängig**, falls es Zahlen $r_1, r_2, r_3, \ldots, r_n$ gibt, von denen wenigstens eine von null verschieden ist mit

$$r_1\vec{v}_1 + r_2\vec{v}_2 + r_3\vec{v}_3 + \cdots + r_n\vec{v}_n = \vec{0}.$$

Andernfalls nennt man das n-Tupel $(\vec{v}_1\,|\,\vec{v}_2\,|\,\vec{v}_3\,|\ldots|\,\vec{v}_n)$ **linear unabhängig**. In diesem Fall hat die Gleichung

$$r_1\vec{v}_1 + r_2\vec{v}_2 + r_3\vec{v}_3 + \cdots + r_n\vec{v}_n = \vec{0}$$

nur die Lösung $r_1 = r_2 = r_3 = \cdots = r_n = 0$. ■

Ist das n-Tupel der Vektoren $(\vec{v}_1 \,|\, \vec{v}_2 \,|\, \vec{v}_3 \,|\, \dots \,|\, \vec{v}_n)$ linear abhängig, dann hat die Gleichung

$$r_1\vec{v}_1 + r_2\vec{v}_2 + r_3\vec{v}_3 + \dots + r_n\vec{v}_n = \vec{0}$$

eine Lösung, bei der wenigstens ein Koeffizient r_i von null verschieden ist: $r_i \neq 0$. Dann gilt:

$$r_i\vec{v}_i = -r_1\vec{v}_1 - r_2\vec{v}_2 - \dots - r_{i-1}\vec{v}_{i-1} - r_{i+1}\vec{v}_{i+1} - \dots - r_n\vec{v}_n$$

$$\Rightarrow \vec{v}_i = \tfrac{r_1}{r_i}\vec{v}_1 - \tfrac{r_2}{r_i}\vec{v}_2 - \dots - \tfrac{r_{i-1}}{r_i}\vec{v}_{i-1} - \tfrac{r_{i+1}}{r_i}\vec{v}_{i+1} - \dots - \tfrac{r_n}{r_i}\vec{v}_n.$$

In diesem Fall lässt sich also $\vec{v}_i$ mithilfe der anderen Vektoren $\vec{v}_j$ $(j \neq i)$ darstellen, man sagt aus ihnen linear kombinieren.

Lässt sich umgekehrt einer der Vektoren $\vec{v}_1, \vec{v}_2, \vec{v}_3, \dots, \vec{v}_n$ aus den anderen linerar kombinieren

$$\vec{v}_i = r_1\vec{v}_1 + \dots + r_{i-1}\vec{v}_{i-1} + r_{i+1}\vec{v}_{i+1} + \dots + r_n\vec{v}_n,$$

dann gilt

$$r_1\vec{v}_1 + \dots + r_{i-1}\vec{v}_{i-1} - \vec{v}_i + r_{i+1}\vec{v}_{i+1} + \dots + r_n\vec{v}_n = \vec{0},$$

d. h., das n-Tupel $(\vec{v}_1 \,|\, \vec{v}_2 \,|\, \vec{v}_3 | \dots \,|\, \vec{v}_n)$ ist linear abhängig.

Es gilt also der folgende Satz.

Satz 6.1 Das Vektoren-n-Tupel $(\vec{v}_1 \,|\, \vec{v}_2 \,|\, \vec{v}_3 \,|\, \dots \,|\, \vec{v}_n)$ ist genau dann linear abhängig, wenn es unter den Vektoren wenigstens einen gibt, der aus den anderen linear kombiniert werden kann. ■

Ist ein Paar von Vektoren $(\vec{v}_1 \,|\, \vec{v}_2)$ linear abhängig, dann lässt sich nach Satz 6.1 einer der beiden mithilfe des anderen darstellen:

$$\vec{v}_1 = r\vec{v}_2 \quad \text{oder} \quad \vec{v}_2 = s\vec{v}_1,$$

das bedeutet, dass dann $\vec{v}_1$ ein Vielfaches von $\vec{v}_2$ oder $\vec{v}_2$ ein Vielfaches von $\vec{v}_1$ ist. Handelt es sich bei $\vec{v}_1$ und $\vec{v}_2$ um ebene oder räumliche Vektoren mit $\vec{v}_1, \vec{v}_2 \neq \vec{0}$, dann haben sie also die gleiche Richtung und sind daher **kollinear** (vergleiche Seite 41).

Ist ein Tripel von Vektoren $(\vec{v}_1 \,|\, \vec{v}_2 \,|\, \vec{v}_3)$ linear abhängig, dann lässt sich ebenso nach Satz 6.1 einer von ihnen, etwa $\vec{v}_3$, aus den beiden anderen linear kombinieren:

$$\vec{v}_3 = r_1\vec{v}_1 + r_2\vec{v}_2.$$

Gilt $r_1 = 0$ oder $r_2 = 0$, dann sind $\vec{v}_2$ und $\vec{v}_3$ oder $\vec{v}_1$ und $\vec{v}_3$ kollinear. Gilt $r_1 \neq 0$ und $r_2 \neq 0$, dann liegt ein Vertreter von $\vec{v}_3$ in der von $\vec{v}_1$ und $\vec{v}_2$ aufgespannten Ebene: $\vec{v}_1$, $\vec{v}_2$ und $\vec{v}_3$ sind dann also **komplanar** (vergleiche Seite 68).

Die Lösung des Gleichungssystems $A\vec{x}=\vec{b}$

Um das Gleichungssystem $A\vec{x}=\vec{b}$ zu lösen, formen wir die zuletzt erhaltene Matrix (Seite 263) weiter so um, dass man die Lösung unmittelbar ablesen kann.

$$\left(\begin{array}{cccc|c} 1 & -2 & 3 & 2 & 2 \\ 0 & -3 & 5 & -2 & 3 \\ 0 & 0 & 2 & -38 & 12 \\ 0 & 0 & 0 & 0 & 0 \end{array}\right) \begin{array}{l} \uparrow\cdot(-3) \\ \cdot 2 \\ \\ \\ \end{array} \rightarrow \left(\begin{array}{cccc|c} -3 & 0 & 1 & -10 & 0 \\ 0 & -3 & 5 & -2 & 3 \\ 0 & 0 & 2 & -38 & 12 \\ 0 & 0 & 0 & 0 & 0 \end{array}\right) \begin{array}{l} \uparrow\cdot(-2) \\ \uparrow\cdot(-2) \\ \cdot 5 \quad \cdot 1 \\ \\ \end{array} \rightarrow \left(\begin{array}{cccc|c} 6 & 0 & 0 & -18 & 12 \\ 0 & 6 & 0 & -186 & 54 \\ 0 & 0 & 2 & -38 & 12 \\ 0 & 0 & 0 & 0 & 0 \end{array}\right) \begin{array}{l} \cdot\frac{1}{6} \\ \cdot\frac{1}{6} \\ \cdot\frac{1}{2} \\ \\ \end{array}$$

$$\rightarrow \left(\begin{array}{cccc|c} 1 & 0 & 0 & -3 & 2 \\ 0 & 1 & 0 & -31 & 9 \\ 0 & 0 & 1 & -19 & 6 \\ 0 & 0 & 0 & 0 & 0 \end{array}\right)$$

Der letzten Matrix entspricht das Gleichungssystem

$$\begin{array}{rrrl} x_1 & & & -\ \ 3x_4 = 2 \\ & x_2 & & -\ 31x_4 = 9 \\ & & x_3 & -\ 19x_4 = 6. \end{array}$$

Offensichtlich kann man eine Variable frei wählen. Wir wählen $x_4 = t$ und erhalten damit als Lösung des Gleichungssystems

$$\vec{x} = \begin{pmatrix} x_1 \\ x_2 \\ x_3 \\ x_4 \end{pmatrix} = \begin{pmatrix} 2+\ 3t \\ 9+31t \\ 6+19t \\ t \end{pmatrix},$$

wobei für t jede beliebige reelle Zahl eingesetzt werden kann.

Der Rang einer Matrix

Die Matrix $M = \left(\begin{array}{cccc|c} 1 & 0 & 0 & -3 & 2 \\ 0 & 1 & 0 & -31 & 9 \\ 0 & 0 & 1 & -19 & 6 \\ 0 & 0 & 0 & 0 & 0 \end{array}\right)$ enthält außer der unten stehenden Nullzeile die Zeilenvektoren $\vec{w}_1 = (1\ 0\ 0\ -3\ 2)$, $\vec{w}_2 = (0\ 1\ 0\ -31\ 9)$ und $\vec{w}_3 = (0\ 0\ 1\ -19\ 6)$. Das Tripel $(\vec{w}_1\,|\,\vec{w}_2\,|\,\vec{w}_3)$ aus diesen Vektoren ist linear unabhängig, denn aus

$$r_1(1\ 0\ 0\ -3\ 2) + r_2(0\ 1\ 0\ -31\ 9) + r_3(0\ 0\ 1\ -19\ 6) = (0\ 0\ 0\ 0\ 0)$$

folgt $r_1 = r_2 = r_3 = 0$. Man sagt daher, die Matrix M hat den **Rang** 3 und definiert:

Definition 6.2 **Rang einer Matrix**

Unter dem „Rang einer Matrix M“ versteht man die Höchstzahl der in M enthaltenen linear unabhängigen Zeilenvektoren. ■

Wir wissen allerding noch nicht, ob auch die Ausgangsmatrix A den Rang 3 hat, ob also die Umformungen des Gaußverfahrens den Rang einer Matrix unverändert lassen. Darauf werden wir im

Abschnitt 6.5 (Seite 303) zurückkommen. Wir können aber bereits eine Überlegung zu den Spaltenvektoren $\vec{s}_1, \vec{s}_2, \vec{s}_3, \vec{s}_4$ und $\vec{s}_5$ der Matrix M anstellen. Offensichtlich lassen sich $\vec{s}_4$ und $\vec{s}_5$ durch $\vec{s}_1, \vec{s}_2$ und $\vec{s}_3$ linear kombinieren. Es gilt

$$\vec{s}_4 = \begin{pmatrix} -3 \\ -31 \\ -19 \\ 0 \end{pmatrix} = -3\begin{pmatrix} 1 \\ 0 \\ 0 \\ 0 \end{pmatrix} - 31\begin{pmatrix} 0 \\ 1 \\ 0 \\ 0 \end{pmatrix} - 19\begin{pmatrix} 0 \\ 0 \\ 1 \\ 0 \end{pmatrix} = -3\vec{s}_1 - 31\vec{s}_2 - 19\vec{s}_3$$

und $\vec{s}_5 = 2\vec{s}_1 + 9\vec{s}_2 + 6\vec{s}_3$.

Das 3-Tupel $(\vec{s}_1, \vec{s}_2, \vec{s}_3)$ ist dagegen linear unabhängig, da aus

$$r_1\begin{pmatrix} 1 \\ 0 \\ 0 \\ 0 \end{pmatrix} + r_2\begin{pmatrix} 0 \\ 1 \\ 0 \\ 0 \end{pmatrix} + r_3\begin{pmatrix} 0 \\ 0 \\ 1 \\ 0 \end{pmatrix} = \begin{pmatrix} 0 \\ 0 \\ 0 \\ 0 \end{pmatrix} \quad \text{folgt} \quad r_1 = r_2 = r_3 = 0.$$

Die Matrix M enthält daher auch 3 linear unabhängige Spaltenvektoren, man sagt ihr **Spaltenrang** ist 3. Bei dieser Matrix M ist also der Spaltenrang gleich dem Rang.

Die Lösung des Gleichungssystems $A\vec{x} = \vec{c}$

Um das Gleichungssystem $A\vec{x} = \vec{c}$ zu lösen, gehen wir ebenso wie bei dem Gleichungssystem $A\vec{x} = \vec{b}$ vor und erhalten dabei im dritten Schritt, da $\vec{b}$ und $\vec{c}$ sich nur in der letzten Komponente unterscheiden, die Matrix

$$\left(\begin{array}{rrrr|r} 1 & -2 & 3 & 2 & 2 \\ 0 & -3 & 5 & -2 & 3 \\ 0 & 0 & 2 & -38 & 12 \\ 0 & 0 & 0 & 0 & -36 \end{array}\right).$$

Der letzten Zeile dieser Matrix entspricht die unerfüllbare Gleichung

$$0 \cdot x_1 + 0 \cdot x_2 + 0 \cdot x_3 + 0 \cdot x_4 = -36.$$

Damit ist das Gleichungssystem unerfüllbar, seine Lösungsmenge ist leer.

Zur Klärung dieses Sachverhaltes führen wir auch hier eine Ranguntersuchung durch, formen dazu wie oben die Matrix weiter um und erhalten schließlich die Matrix

$$N = \left(\begin{array}{rrrr|r} 1 & 0 & 0 & -3 & 0 \\ 0 & 1 & 0 & -31 & 0 \\ 0 & 0 & 1 & -19 & 0 \\ 0 & 0 & 0 & 0 & 1 \end{array}\right).$$

Im Unterschied zur Matrix M, die sich bei dem Gleichungssystem $A\vec{x} = \vec{b}$ ergab, besteht diese Matrix N aus vier linear unabhängigen Zeilenvektoren, denn aus

$$r_1(1\ 0\ 0\ -3\ 0) + r_2(0\ 1\ 0\ -31\ 0) + r_3(0\ 0\ 1\ -19\ 0) + r_4(0\ 0\ 0\ 0\ 1) = (0\ 0\ 0\ 0\ 0)$$

folgt $r_1 = r_2 = r_3 = r_4 = 0$.

Wir können das Auftreten der letzten – wegen der 1 – nicht vollständigen Nullzeile mit dem Rangbegriff auch so beschreiben:

Die Matrix $N = \left(\begin{array}{cccc|c} 1 & 0 & 0 & -3 & 0 \\ 0 & 1 & 0 & -31 & 0 \\ 0 & 0 & 1 & -19 & 0 \\ 0 & 0 & 0 & 0 & 1 \end{array}\right)$ hat den Rang 4, während

die Matrix $N' = \begin{pmatrix} 1 & 0 & 0 & -3 \\ 0 & 1 & 0 & -31 \\ 0 & 0 & 1 & -19 \\ 0 & 0 & 0 & 0 \end{pmatrix}$ nur den Rang 3 hat.

Der Rang der erweiterten Matrix N stimmt also nicht mit dem Rang der Matrix N' überein.

Wenn sich bei den Umformungen des Gaußverfahrens der Rang einer Matrix nicht ändert, können wir damit festhalten:

Satz 6.2 Ein lineares Gleichungssystem $A\vec{x} = \vec{b}$ ist nur dann lösbar, wenn der Rang der Koeffizientenmatrix A gleich dem Rang der erweiterten Matrix $(A\,|\,\vec{b})$ ist. ■

Wir fassen zusammen

ZUSAMMENFASSUNG

Ein n-Tupel $(\vec{v}_1\,|\,\vec{v}_2\,|\,\vec{v}_3\,|\,\ldots\,|\,\vec{v}_n)$ von Vektoren $\vec{v}_i$ heißt **linear abhängig**, wenn es n Zahlen $r_1, r_2, r_3, \ldots, r_n$ gibt, die nicht alle gleich null sind, so dass gilt:

$$r_1\vec{v}_1 + r_2\vec{v}_2 + r_3\vec{v}_3 + \cdots + r_n\vec{v}_n = \vec{0}.$$

Sind die Zeilenvektoren der zu einem linearen Gleichungssystem gehörenden Matrix linear abhängig, dann entsteht bei den Umformungen des Gaußverfahrens (wenigstens) eine Nullzeile.

Unter dem **Rang einer Matrix** M versteht man die Höchstzahl der in M enthaltenen linear unabhängigen Zeilenvektoren.

Haben die Koeffizientenmatrix A eines linearen Gleichungssystems $A\vec{x} = \vec{b}$ und die erweiterte Matrix $(A\,|\,\vec{b})$ nicht den gleichen Rang, so ist das Gleichungssystem unlösbar. Bei den Umformungen der Matrix $(A\,|\,\vec{b})$ mit dem Gaußverfahren entsteht in diesem Fall ein Zeilenvektor der Form $(0\ \ 0 \ldots 0\,|\,a)$ mit $a \neq 0$.

AUFGABEN

Zum Begriff der linearen Abhängigkeit

1 Untersuchen Sie auf lineare Abhängigkeit.

a) $\left(\begin{pmatrix}-2\\3\end{pmatrix}\Bigg|\begin{pmatrix}10\\-15\end{pmatrix}\right)$ **d)** $\left(\begin{pmatrix}15\\40\end{pmatrix}\Bigg|\begin{pmatrix}9\\24\end{pmatrix}\right)$ **g)** $\left(\begin{pmatrix}1\\0\end{pmatrix}\Bigg|\begin{pmatrix}0\\0\end{pmatrix}\Bigg|\begin{pmatrix}0\\-1\end{pmatrix}\right)$

b) $\left(\begin{pmatrix}-8\\3{,}2\end{pmatrix}\Bigg|\begin{pmatrix}3\\-1{,}2\end{pmatrix}\right)$ **e)** $\left(\begin{pmatrix}3\\0\end{pmatrix}\Bigg|\begin{pmatrix}3\\-3\end{pmatrix}\right)$ **h)** $\left(\begin{pmatrix}15\\18\end{pmatrix}\Bigg|\begin{pmatrix}-5\\6\end{pmatrix}\Bigg|\begin{pmatrix}18\\15\end{pmatrix}\right)$

c) $\left(\begin{pmatrix}3\\-4\end{pmatrix}\Bigg|\begin{pmatrix}-2\\3\end{pmatrix}\right)$ **f)** $\left(\begin{pmatrix}3\\0\end{pmatrix}\Bigg|\begin{pmatrix}0\\3\end{pmatrix}\Bigg|\begin{pmatrix}3\\-3\end{pmatrix}\right)$ **i)** $\left(\begin{pmatrix}1\\2\end{pmatrix}\Bigg|\begin{pmatrix}2\\1\end{pmatrix}\Bigg|\begin{pmatrix}1\\-1\end{pmatrix}\right)$

2 Untersuchen Sie auf lineare Abhängigkeit.

a) $\left(\begin{pmatrix}2\\1\\0\end{pmatrix}\Bigg|\begin{pmatrix}-3\\4\\0\end{pmatrix}\Bigg|\begin{pmatrix}1\\-5\\2\end{pmatrix}\right)$ **d)** $\left(\begin{pmatrix}1\\0\\0\end{pmatrix}\Bigg|\begin{pmatrix}1\\-1\\1\end{pmatrix}\Bigg|\begin{pmatrix}0\\0\\1\end{pmatrix}\right)$

b) $\left(\begin{pmatrix}1\\5\\-2\end{pmatrix}\Bigg|\begin{pmatrix}-3\\5\\2\end{pmatrix}\Bigg|\begin{pmatrix}-2\\5\\1\end{pmatrix}\right)$ **e)** $\left(\begin{pmatrix}5\\0\\3\end{pmatrix}\Bigg|\begin{pmatrix}-1\\2\\0\end{pmatrix}\Bigg|\begin{pmatrix}-7\\4\\6\end{pmatrix}\Bigg|\begin{pmatrix}-3\\0\\5\end{pmatrix}\right)$

c) $\left(\begin{pmatrix}2\\-1\\0\end{pmatrix}\Bigg|\begin{pmatrix}3\\0\\2\end{pmatrix}\Bigg|\begin{pmatrix}1\\-2\\4\end{pmatrix}\right)$ **f)** $\left(\begin{pmatrix}-2\\1\\0\end{pmatrix}\Bigg|\begin{pmatrix}7\\-4\\3\end{pmatrix}\Bigg|\begin{pmatrix}4\\-1\\-6\end{pmatrix}\Bigg|\begin{pmatrix}0\\1\\-2\end{pmatrix}\right)$

3 Bestimmen Sie die Koordinaten x, y, z so, dass die Gleichung erfüllt ist. Was sagt die Gleichung dann über die Vektoren aus?

a) $2\begin{pmatrix}x\\3\\1\end{pmatrix}-5\begin{pmatrix}2\\y\\4\end{pmatrix}-4\begin{pmatrix}2\\2\\z\end{pmatrix}=\vec{0}$ **b)** $3\begin{pmatrix}0\\x\\1\end{pmatrix}+2\begin{pmatrix}1\\-2\\y\end{pmatrix}-\begin{pmatrix}z\\-1\\4\end{pmatrix}=\vec{0}$

4 Bestimmen Sie die Koordinate x so, dass lineare Abhängigkeit vorliegt. Gibt es mehrere Möglichkeiten?

a) $\left(\begin{pmatrix}2\\0\\3\end{pmatrix}\Bigg|\begin{pmatrix}3\\0\\x\end{pmatrix}\right)$ **d)** $\left(\begin{pmatrix}1\\0\\1\end{pmatrix}\Bigg|\begin{pmatrix}-1\\1\\0\end{pmatrix}\Bigg|\begin{pmatrix}-1\\x\\-5\end{pmatrix}\right)$

b) $\left(\begin{pmatrix}1\\-1\\2\end{pmatrix}\Bigg|\begin{pmatrix}x\\1\\-2\end{pmatrix}\right)$ **e)** $\left(\begin{pmatrix}3\\-1\\0\end{pmatrix}\Bigg|\begin{pmatrix}0\\3\\0\end{pmatrix}\Bigg|\begin{pmatrix}x\\5\\0\end{pmatrix}\right)$

c) $\left(\begin{pmatrix}2\\0\\3\end{pmatrix}\Bigg|\begin{pmatrix}3\\-1\\0\end{pmatrix}\Bigg|\begin{pmatrix}1\\1\\x\end{pmatrix}\right)$ **f)** $\left(\begin{pmatrix}1\\2\\3\end{pmatrix}\Bigg|\begin{pmatrix}2\\3\\4\end{pmatrix}\Bigg|\begin{pmatrix}3\\4\\5\end{pmatrix}\Bigg|\begin{pmatrix}4\\5\\x\end{pmatrix}\right)$

5 Ermitteln Sie einen Vektor $\vec{v}$ so, dass lineare Unabhängigkeit vorliegt.

a) $\left(\begin{pmatrix}1\\-1\\2\end{pmatrix}\Bigg|\begin{pmatrix}3\\0\\1\end{pmatrix}\Bigg|\vec{v}\right)$ **b)** $\left(\begin{pmatrix}1\\0\\1\end{pmatrix}\Bigg|\begin{pmatrix}1\\1\\0\end{pmatrix}\Bigg|\vec{v}\right)$ **c)** $\left(\begin{pmatrix}3\\-2\\0\end{pmatrix}\Bigg|\begin{pmatrix}-1\\4\\0\end{pmatrix}\Bigg|\vec{v}\right)$

6 Bestimmen Sie die Koordinaten x, y, z so, dass lineare Abhängigkeit vorliegt. Zeigen Sie dann, dass sich einer der Vektoren aus den anderen linear kombinieren lässt.

a) $\left(\begin{pmatrix} 2\\1\\0\\-1\end{pmatrix} \middle| \begin{pmatrix} -1\\2\\-3\\0\end{pmatrix} \middle| \begin{pmatrix} 5\\-1\\-2\\1\end{pmatrix} \middle| \begin{pmatrix} -4\\x\\y\\z\end{pmatrix}\right)$ **b)** $\left(\begin{pmatrix} -1\\0\\1\\2\end{pmatrix} \middle| \begin{pmatrix} 2\\-3\\0\\-1\end{pmatrix} \middle| \begin{pmatrix} x\\2\\-2\\-3\end{pmatrix} \middle| \begin{pmatrix} 3\\y\\0\\z\end{pmatrix}\right)$

7 Zeigen Sie, dass sich der Vektor $\vec{b}$ auf mehrfache Weise aus den Vektoren $\vec{a}_1$, $\vec{a}_2$ und $\vec{a}_3$ linear kombinieren lässt.

a) $\vec{a}_1 = \begin{pmatrix} 1\\-1\end{pmatrix}$; $\vec{a}_2 = \begin{pmatrix} 2\\1\end{pmatrix}$; $\vec{a}_3 = \begin{pmatrix} 1\\-1\end{pmatrix}$; $\vec{b} = \begin{pmatrix} 1\\1\end{pmatrix}$

b) $\vec{a}_1 = \begin{pmatrix} 1\\2\end{pmatrix}$; $\vec{a}_2 = \begin{pmatrix} 2\\1\end{pmatrix}$; $\vec{a}_3 = \begin{pmatrix} 1\\1\end{pmatrix}$; $\vec{b} = \begin{pmatrix} 0\\0\end{pmatrix}$

c) $\vec{a}_1 = \begin{pmatrix} 1\\-3\\2\end{pmatrix}$; $\vec{a}_2 = \begin{pmatrix} -2\\1\\-1\end{pmatrix}$; $\vec{a}_3 = \begin{pmatrix} -1\\-2\\1\end{pmatrix}$; $\vec{b} = \begin{pmatrix} 5\\0\\1\end{pmatrix}$

d) $\vec{a}_1 = \begin{pmatrix} 1\\-1\\2\end{pmatrix}$; $\vec{a}_2 = \begin{pmatrix} 2\\-1\\1\end{pmatrix}$; $\vec{a}_3 = \begin{pmatrix} -1\\0\\1\end{pmatrix}$; $\vec{b} = \begin{pmatrix} 1\\1\\1\end{pmatrix}$

8 Beweisen Sie:

a) Befindet sich unter den Vektoren $\vec{v}_1, \vec{v}_2, \vec{v}_3, \ldots, \vec{v}_n$ der Nullvektor, so ist $(\vec{v}_1 \,|\, \vec{v}_2 \,|\, \vec{v}_3 \,|\, \ldots \,|\, \vec{v}_n)$ linear abhängig.

b) Die lineare Unabhängigkeit von $(\vec{v}_1 \,|\, \vec{v}_2 \,|\, \vec{v}_3 \,|\, \ldots \,|\, \vec{v}_n)$ bleibt erhalten, wenn man einen Vektor streicht.

c) Die lineare Abhängigkeit von $(\vec{v}_1 \,|\, \vec{v}_2 \,|\, \vec{v}_3 \,|\, \ldots \,|\, \vec{v}_n)$ beibt erhalten, wenn man einen Vektor $\vec{v}_{n+1}$ hinzufügt.

9 Zeigen Sie: Ist $(\vec{v}_1 \,|\, \vec{v}_2)$ linear abhängig, dann gilt dies auch für

a) $(\vec{v}_1 \,|\, \vec{v}_1 + \vec{v}_2)$
b) $(\vec{v}_1 \,|\, \vec{v}_1 - \vec{v}_2)$
c) $(\vec{v}_1 + \vec{v}_2 \,|\, \vec{v}_1 - \vec{v}_2)$
d) $(\vec{v}_1 \,|\, r\vec{v}_1 + \vec{v}_2)$
e) $(r_1\vec{v}_1 + r_2\vec{v}_2 \,|\, \vec{v}_2)$
f) $(r_1\vec{v}_1 \,|\, r_2\vec{v}_2)$

10 Untersuchen Sie, ob die Aussagen von Aufgabe 9 ebenso gelten, wenn $(\vec{v}_1 \,|\, \vec{v}_2)$ linear unabhängig ist.

11 Zeigen Sie: Sind $\vec{v}_1$, $\vec{v}_2$ und $\vec{v}_3$ drei ebene Vektoren, dann ist $(\vec{v}_1 \,|\, \vec{v}_2 \,|\, \vec{v}_3)$ linear abhängig.

12 Zeigen Sie, dass eine Zeile eines linearen Gleichungssystems, die sich aus den anderen linear kombinieren lässt, „überflüssig" ist: Lässt man sie weg, dann hat dies keine Auswirkungen auf die Lösungsmenge.

13 **a)** Zeigen Sie:
Ist $(\vec{v}_1|\vec{v}_2|\vec{v}_3)$ linear unabhängig, dann gilt dies auch für $(\vec{v}_1|\vec{v}_1 + \vec{v}_2|\vec{v}_1 + \vec{v}_2 + \vec{v}_3)$.

b) Untersuchen Sie, ob sich die Folgerung in a) auch umkehren lässt?

AUFGABEN

Zum Begriff des Rangs einer Matrix

14 Bestimmen Sie den Rang der Matrix.

a) $\begin{pmatrix} 1 & 2 \\ 2 & 1 \end{pmatrix}$ **c)** $\begin{pmatrix} 1 & 2 & 3 \\ 4 & 5 & 6 \\ 7 & 8 & 9 \end{pmatrix}$ **e)** $\begin{pmatrix} 1 & 2 & 3 & 1 \\ 3 & 3 & 0 & 4 \\ 4 & 5 & 4 & 2 \end{pmatrix}$

b) $\begin{pmatrix} 2 & -6 \\ -1 & 3 \end{pmatrix}$ **d)** $\begin{pmatrix} 1 & 2 & 0 \\ 0 & -1 & 2 \\ 3 & 4 & 4 \end{pmatrix}$ **f)** $\begin{pmatrix} 1 & 1 & -1 & 0 \\ 0 & 4 & 1 & 16 \\ 4 & 0 & 1 & 8 \end{pmatrix}$

15 Bestimmen Sie den Rang der Matrix.

a) $\begin{pmatrix} 2 & 6 & -3 & 0 \\ 4 & -3 & 6 & 6 \\ 4 & 3 & 3 & 6 \\ 2 & 2 & 3 & 10 \end{pmatrix}$ **c)** $\begin{pmatrix} 1 & 1 & 2 \\ 1 & 2 & 4 \\ 1 & -1 & -2 \\ -2 & -6 & -12 \end{pmatrix}$ **e)** $\begin{pmatrix} 1 & 1 & 1 & 1 \\ 2 & 4 & 8 & 16 \\ 3 & 9 & 27 & 81 \\ 4 & 16 & 64 & 256 \end{pmatrix}$

b) $\begin{pmatrix} 1 & 0 & 0 & 1 \\ 1 & 1 & 0 & 0 \\ 0 & 1 & 1 & 0 \\ 0 & 0 & 1 & 1 \end{pmatrix}$ **d)** $\begin{pmatrix} \frac{1}{3} & -2 & 1 \\ \frac{2}{3} & -4 & 2 \\ -\frac{1}{3} & 2 & -1 \\ 2 & -12 & 6 \end{pmatrix}$ **f)** $\begin{pmatrix} 1 & 0 & 1 & 0 \\ 0 & 1 & 0 & 1 \\ 1 & 1 & 1 & 1 \\ -1 & 0 & -1 & 0 \end{pmatrix}$

16 Bestimmen Sie von zwei Matrizen aus Aufgabe 15 zusätzlich den Spaltenrang.

17 Zeigen Sie:

a) Hat die Matrix $M = \begin{pmatrix} a & b \\ c & d \end{pmatrix}$ den Rang 1, dann hat sie auch den Spaltenrang 1.

b) Hat die Matrix $M = \begin{pmatrix} a & b \\ c & d \end{pmatrix}$ den Rang 2, dann hat sie auch den Spaltenrang 2.

18 Ermitteln Sie den Rang der Koeffizientenmatrix A des Gleichungssystems und den Rang der erweiterten Matrix $(A\,|\,\vec{b})$. Ist das Gleichungssystem lösbar?

a) $\begin{cases} x - 2y + 3z - u = -5 \\ 2x + y + 2z + 4u = -1 \\ -x + 2y - z = 3 \\ y + 4z - u = -3 \end{cases}$ **d)** $\begin{cases} 9x - 3y + 4z = 18 \\ 3x + 3y + 4z = 6 \\ 3x - 6y - 2z = 6 \\ 6x - 3y + 2z = 12 \end{cases}$

b) $\begin{cases} -2x + 3y - z - 5u = -4 \\ x + 2y - 3z - u = 4 \\ -y + z + u = -3 \end{cases}$ **e)** $\begin{cases} x - y + z = 2 \\ y - z + u = 3 \\ x + y - \quad + u = -1 \\ -x - z + u = 0 \end{cases}$

c) $\begin{cases} x + 2y - z - u = 1 \\ -x + y + 2z + u = -2 \\ -x + 4y + 3z + u = 0 \\ 2x + y - 3z - 2u = 2 \end{cases}$ **f)** $\begin{cases} 4x - 3y + 6z = 6 \\ 2x + 2y + 3z = 4 \\ 4x + 3y + 3z = 6 \\ 2x + 6y - 3z = -6 \end{cases}$

19 Untersuchen Sie mithilfe des Rangkriteriums, ob das Gleichungssystem lösbar ist. Bestimmen Sie gegebenenfalls die Lösungsmenge und deuten Sie sie geometrisch.

a) $\begin{cases} 3x - 2y + 3z = 4 \\ x - y + 4z = 1 \\ 5x - 3y + 2z = 3 \end{cases}$

d) $\begin{cases} 2x - 2y + 4z = 6 \\ x - y + 2z = 6 \\ x + y + z = -2 \end{cases}$

b) $\begin{cases} 6x + 3y - 3z = -3 \\ -2x - y + z = 1 \\ 4x + 2y - 2z = -2 \end{cases}$

e) $\begin{cases} x + 4y + 3z = 2 \\ x + 4y + z = 2 \\ 3x + 3y + z = 0 \end{cases}$

c) $\begin{cases} x - y + 2z = -6 \\ 2x + 3z = -8 \\ 2x - 2y + 4z = -2 \end{cases}$

f) $\begin{cases} 3x + y - z = 2 \\ 2x + 2y - z = 1 \\ 8x + 4y - 3z = 5 \end{cases}$

20 Ermitteln Sie alle ganzzahligen Funktionen 3. Grades, auf deren Graphen die Punkte $P(-1\,|\,6)$, $Q(0\,|\,3)$ und $R(1\,|\,4)$ liegen.

21 Ermitteln Sie alle ganzrationalen Funktionen 4. Grades, auf deren Graphen die Punkte $P(0\,|\,0)$, $Q(1\,|\,1)$ und $R(-1\,|\,-1)$ liegen.

22 Konstruieren Sie eine 4×4-Matrix A mit $a_{ij} \neq 0$ für $1 \leq i,j \leq 4$ und drei Vektoren $\vec{b}_1$, $\vec{b}_2$ und $\vec{b}_3$ so, dass $A\vec{x} = \vec{b}_1$ lösbar ist, $A\vec{x} = \vec{b}_2$ und $A\vec{x} = \vec{b}_3$ aber nicht.

23 Gegeben ist das lineare Gleichungssystem

$$\begin{aligned} a_{11}x + a_{12}y + a_{13}z &= b_1 \\ a_{22}y + a_{23}z &= b_2 \\ a_{33}z &= b_3 \end{aligned}$$

mit $a_{11} \neq 0$, $a_{22} \neq 0$ und $a_{33} \neq 0$. Zeigen Sie ohne Benutzung von Satz 6.2 (unter Benutzung von Satz 6.2), dass das Gleichungssystem stets lösbar ist. Kann man auch Aussagen über die eindeutige Lösbarkeit machen?

24 Zeigen Sie ohne Benutzung von Satz 6.2 (unter Benutzung von Satz 6.2), dass ein Gleichungssystem der Form $A\vec{x} = \vec{0}$ stets lösbar ist.

25 Bestimmen Sie – falls möglich – eine Zahl a so, dass ein Gleichungsssystem

$$\begin{pmatrix} 1 & 2 & 3 \\ 0 & -1 & 2 \\ 1 & 0 & a \end{pmatrix} \vec{x} = \begin{pmatrix} 1 \\ 2 \\ 3 \end{pmatrix}$$

a) eindeutig lösbar ist;
b) mehrere Lösungen hat;
c) keine Lösung hat.

6.2 Lösbarkeitskriterien

AUFTRÄGE

A1 **Beziehungsreiche Spaltenvektoren**

Das lineare Gleichungssystem

$$\begin{pmatrix} 0 & 1 & -1 & 0 \\ -1 & 0 & -2 & 1 \\ 1 & -1 & 0 & 2 \\ 1 & -2 & 5 & 8 \end{pmatrix} \vec{x} = \begin{pmatrix} 1 \\ 0 \\ 0 \\ 1 \end{pmatrix}$$

kann man auch in der Form

$$x_1 \begin{pmatrix} 0 \\ -1 \\ 1 \\ 1 \end{pmatrix} + x_2 \begin{pmatrix} 1 \\ 0 \\ -1 \\ -2 \end{pmatrix} + x_3 \begin{pmatrix} -1 \\ -2 \\ 0 \\ 5 \end{pmatrix} + x_4 \begin{pmatrix} 0 \\ 1 \\ 2 \\ 8 \end{pmatrix} = \begin{pmatrix} 1 \\ 0 \\ 0 \\ 1 \end{pmatrix}$$

schreiben. Untersuchen Sie allgemein, welche Eigenschaften die Spaltenvektoren der zu einem linearen Gleichungssystem gehörenden erweiterten Matrix haben müssen, damit das System lösbar (eindeutig lösbar, nicht lösbar) ist.

A2 **Lösungsmengen von Gleichungssystemen**

Lösen Sie die Gleichungssysteme $A\vec{x} = \vec{0}$ und $A\vec{x} = \vec{b}$.

$$A = \begin{pmatrix} 1 & 0 & 0 & 1 & 1 \\ 1 & 1 & 0 & 1 & 1 \\ 1 & 1 & 1 & 0 & 1 \\ 1 & 1 & 1 & 1 & 1 \\ 0 & 1 & 1 & 1 & 0 \end{pmatrix}; \quad \vec{b} = \begin{pmatrix} 0 \\ 1 \\ 0 \\ 0 \\ 0 \end{pmatrix}.$$

Linearkombinationen

Wir bearbeiten den Auftrag **A1**. Die Gleichung

$$x_1 \begin{pmatrix} 0 \\ -1 \\ 1 \\ 1 \end{pmatrix} + x_2 \begin{pmatrix} 1 \\ 0 \\ -1 \\ -2 \end{pmatrix} + x_3 \begin{pmatrix} -1 \\ -2 \\ 0 \\ 5 \end{pmatrix} + x_4 \begin{pmatrix} 0 \\ 1 \\ 2 \\ 8 \end{pmatrix} = \begin{pmatrix} 1 \\ 0 \\ 0 \\ 1 \end{pmatrix}$$

ist genau dann lösbar, wenn sich der Vektor

$$\begin{pmatrix} 1 \\ 0 \\ 0 \\ 1 \end{pmatrix} \text{ als Linearkombination der Vektoren } \begin{pmatrix} 0 \\ -1 \\ 1 \\ 1 \end{pmatrix}, \begin{pmatrix} 1 \\ 0 \\ -1 \\ -2 \end{pmatrix}, \begin{pmatrix} -1 \\ -2 \\ 0 \\ 5 \end{pmatrix} \text{ und } \begin{pmatrix} 0 \\ 1 \\ 2 \\ 8 \end{pmatrix}$$

mit geeigneten Koeffizienten $c_1 = x_1$, $c_2 = x_2$, $c_3 = x_3$ und $c_4 = x_4$ schreiben lässt.

Allgemein definiert man:

Definition 6.3 **Linearkombination und lineare Hülle**

1. Der Term $r_1\,\vec{v}_1 + r_2\,\vec{v}_2 + r_3\,\vec{v}_3 + \cdots + r_n\,\vec{v}_n$ mit $r_i \in \mathbb{R}$ für $1 \leq i \leq n$ heißt **Linearkombination** der Vektoren $\vec{v}_1, \vec{v}_2, \vec{v}_3, \ldots, \vec{v}_n$.
2. Die Menge H aller Linearkombinationen von n Vektoren $\vec{v}_1, \vec{v}_2, \vec{v}_3, \ldots, \vec{v}_n$

$$H = \{\vec{v}\,|\,\vec{v} = r_1\vec{v}_1 + r_2\vec{v}_2 + r_3\vec{v}_3 + \cdots + r_n\vec{v}_n \text{ mit } r_i \in \mathbb{R} \text{ für } 1 \leq i \leq n\}$$

bezeichnet man als **lineare Hülle** dieser Vektoren oder als den von den Vektoren $\vec{v}_1, \vec{v}_2, \vec{v}_3, \ldots, \vec{v}_n$ aufgespannten Raum. Man schreibt kurz

$$H = \langle\vec{v}_1, \vec{v}_2, \vec{v}_3, \ldots, \vec{v}_n\rangle. \quad \blacksquare$$

Lösbarkeit eines linearen Gleichungssystems

Ein lineares Gleichungssystem $A\,\vec{x} = \vec{b}$ ist damit genau dann lösbar, wenn der Vektor $\vec{b}$ sich als Linearkombination der Spaltenvektoren $\vec{s}_1, \vec{s}_2, \vec{s}_3, \ldots, \vec{s}_n$ der Matrix A schreiben lässt, wenn also – mit anderen Worten – Vektor $\vec{b}$ in dem von den Spaltenvektoren der Matrix A aufgespannten Raum liegt:

$$\vec{b} \in \langle\vec{s}_1, \vec{s}_2, \vec{s}_3, \ldots, \vec{s}_n\rangle.$$

Dies ist genau dann der Fall, wenn der Spaltenrang der Matrix A – also die Höchstzahl der linear unabhängigen Spaltenvektoren von A – gleich dem Spaltenrang der erweiterten Matrix $(A\,|\,\vec{b})$ ist. Wäre der Spaltenrang von $(A\,|\,\vec{b})$ nämlich größer als der von A, dann ließe sich der Vektor $\vec{b}$ nicht aus den Spaltenvektoren von A linear kombinieren.

Eindeutige Lösbarkeit eines linearen Gleichungssystems

Die Gleichung $x_1\,\vec{s}_1 + x_2\,\vec{s}_2 + x_3\,\vec{s}_3 + \cdots + x_n\,\vec{s}_n = \vec{b}$ ist eindeutig lösbar, wenn es genau einen Satz von Koeffizienten $c_1 = x_1, c_2 = x_2, c_3 = x_3, \ldots, c_n = x_n$ gibt, der diese Gleichung erfüllt, sie also in eine wahre Aussage überführt. Gibt es mehr als eine Lösung, also zwei (oder mehr) verschiedene Sätze solcher Koeffizienten, etwa $c_1, c_2, c_3, \ldots, c_n$ und $d_1, d_2, d_3, \ldots, d_n$ mit

$$c_1\,\vec{s}_1 + c_2\,\vec{s}_2 + c_3\,\vec{s}_3 + \cdots + c_n\,\vec{s}_n = \vec{b} \quad \text{und} \quad d_1\,\vec{s}_1 + d_2\,\vec{s}_2 + d_3\,\vec{s}_3 + \cdots + d_n\,\vec{s}_n = \vec{b},$$

dann ist

$$c_1\,\vec{s}_1 + c_2\,\vec{s}_2 + c_3\,\vec{s}_3 + \cdots + c_n\,\vec{s}_n = d_1\,\vec{s}_1 + d_2\,\vec{s}_2 + d_3\,\vec{s}_3 + \cdots + d_n\,\vec{s}_n$$

und damit

$$(c_1 - d_1)\,\vec{s}_1 + (c_2 - d_2)\,\vec{s}_2 + (c_3 - d_3)\,\vec{s}_3 + \cdots + (c_n - d_n)\,\vec{s}_n = \vec{0}.$$

Da aber nicht $c_i = d_i$ für alle i mit $1 \leq i \leq n$ gilt, sonst gäbe es nur eine Lösung, ist die Differenz $c_i - d_i$ für wenigstens ein i von Null verschieden. Dies bedeutet nach der letzten Gleichung, dass das n-Tupel der Spaltenvektoren $(\vec{s}_1 | \vec{s}_2 | \vec{s}_3 | \ldots | \vec{s}_n)$ linear abhängig ist. Dieser Schluss gilt auch in der umgekehrten Richtung: Sind die Spaltenvektoren linear unabhängig, dann müssen in der letzten Gleichung alle Koeffizienten $(c_i - d_i)$ gleich Null sein, d. h. es gilt dann $c_i = d_i$ für alle i; die Lösung des Gleichungssystems ist also eindeutig.

Wir halten fest:

Satz 6.3

1. Das lineare Gleichungssystem $A\vec{x} = \vec{b}$ ist genau dann lösbar, wenn die lineare Hülle der Spaltenvektoren $\vec{s}_1, \vec{s}_2, \vec{s}_3, \ldots, \vec{s}_n$ von A den Vektor $\vec{b}$ enthält:
$$\vec{b} \in \langle \vec{s}_1, \vec{s}_2, \vec{s}_3, \ldots, \vec{s}_n \rangle.$$
2. Das lineare Gleichungssystem $A\vec{x} = \vec{b}$ ist genau dann lösbar, wenn der Spaltenrang der Matrix A gleich dem Spaltenrang der erweiterten Matrix $(A | \vec{b})$ ist.
3. Ein lösbares lineares Gleichungssystem $A\vec{x} = \vec{b}$ ist genau dann eindeutig lösbar, wenn das n-Tupel $(\vec{s}_1 | \vec{s}_2 | \vec{s}_3 | \ldots | \vec{s}_n)$ der Spaltenvektoren von A linear unabhängig ist. ■

Homogene und inhomogene Gleichungssysteme

Lineare Gleichungssysteme der Form $A\vec{x} = \vec{0}$ heißen **homogen**. Sie sind wegen $A\vec{0} = \vec{0}$ stets lösbar. Man nennt $\vec{x} = \vec{0}$ die triviale Lösung. Wegen Satz 6.3 haben sie nur dann eine weitere, nichttriviale Lösung $\vec{x} \neq \vec{0}$, wenn das n-Tupel der Spaltenvektoren $(\vec{s}_1 | \vec{s}_2 | \vec{s}_3 | \ldots | \vec{s}_n)$ von A linear abhängig ist.

Die Lösungsmenge L_I eines **inhomogenen** Gleichungssystems $A\vec{x} = \vec{b}$ mit $\vec{b} \neq \vec{0}$ hängt unmittelbar mit der Lösungsmenge L_H des zugehörigen homogenen Gleichungssystems $A\vec{x} = \vec{0}$ zusammen.

1. Aus $\vec{v}_I \in L_I$ und $\vec{v}_H \in L_H$ folgt $\vec{v}_I + \vec{v}_H \in L_I$, denn
$$A(\vec{v}_I + \vec{v}_H) = A\vec{v}_I + A\vec{v}_H = \vec{b} + \vec{0} = \vec{b}.$$
2. Sind $\vec{v}_I$ und $\vec{w}_I$ zwei Lösungen des inhomogenen Systems $A\vec{x} = \vec{b}$, d. h. $\vec{v}_I \in L_I$ und $\vec{w}_I \in L_I$, so ist $\vec{v}_I - \vec{w}_I$ eine Lösung des zugehörigen homogenen Systems $A\vec{x} = \vec{0}$, d. h. $\vec{v}_I - \vec{w}_I \in L_H$, denn
$$A(\vec{v}_I - \vec{w}_I) = A\vec{v}_I - A\vec{w}_I = \vec{b} - \vec{b} = \vec{0}.$$

Aus 1. und 2. folgt:

Satz 6.4

Ist $\vec{v}_I$ eine Lösung des inhomogenen Gleichungssystems $A\vec{x} = \vec{b}$ und ist L_H die Lösungsmenge des zugehörigen homogenen Systems $A\vec{x} = \vec{0}$, so gilt für die Lösungsmenge L_I des inhomogenen Systems
$$L_I = \{\vec{v} \,|\, \vec{v} = \vec{v}_I + \vec{v}_H \text{ mit } \vec{v}_H \in L_H\}. \quad ■$$

Satz 6.4 legt nahe, sich mit den Lösungsmengen von homogenen Gleichungssystemen näher zu befassen. Dabei interessieren folgende Fragen:

- Welche Eigenschaften haben die Lösungsmengen homogener Gleichungssysteme?
- Wie kann man Vektoren bestimmen, die solche Lösungsmengen aufspannen?
- Wie viele Vektoren sind dabei mindestens erforderlich?
- Sind diese Vektoren eindeutig bestimmt?

Wir werden auf diese Fragen im folgenden Abschnitt eingehen.

Wir fassen zusammen

ZUSAMMENFASSUNG

Die Menge H aller Linearkombinationen von n Vektoren $\vec{v}_1, \vec{v}_2, \vec{v}_3, \ldots, \vec{v}_n$

$$H = \{\vec{v} \mid \vec{v} = r_1\vec{v}_1 + r_2\vec{v}_2 + r_3\vec{v}_3 + \cdots + r_n\vec{v}_n \text{ mit } r_i \in \mathbb{R} \text{ für } 1 \leq i \leq n\}$$

bezeichnet man als **lineare Hülle** dieser Vektoren und schreibt kurz

$$H = \langle \vec{v}_1, \vec{v}_2, \vec{v}_3, \ldots, \vec{v}_n \rangle.$$

Sind $\vec{s}_1, \vec{s}_2, \vec{s}_3, \ldots, \vec{s}_n$ die Spaltenvektoren der Matrix A, so ist das lineare Gleichungssystem $A\vec{x} = \vec{b}$ genau dann lösbar, wenn $\vec{b} \in \langle \vec{s}_1, \vec{s}_2, \vec{s}_3, \ldots, \vec{s}_n \rangle$ gilt. In diesem Fall haben die Matrix A und die erweiterte Matrix $(A \mid \vec{b})$ denselben Spaltenrang.

Ein lösbares lineares Gleichungssystem $A\vec{x} = \vec{b}$ ist genau dann eindeutig lösbar, wenn das n-Tupel $(\vec{s}_1 | \vec{s}_2 | \vec{s}_3 | \ldots | \vec{s}_n)$ der Spaltenvektoren von A linear unabhängig ist.

Ein homogenes lineares Gleichungssystem $A\vec{x} = \vec{0}$ hat stets die triviale Lösung $\vec{x} = \vec{0}$. Eine weitere nichttriviale Lösung hat es nur, wenn das n-Tupel $(\vec{s}_1 | \vec{s}_2 | \vec{s}_3 | \ldots | \vec{s}_n)$ der Spaltenvektoren von A linear abhängig ist.

Ist $\vec{v}_I$ eine Lösung des inhomogenen Gleichungssystems $A\vec{x} = \vec{b}$ und ist L_H die Lösungsmenge des zugehörigen homogenen Systems $A\vec{x} = \vec{0}$, so gilt für die Lösungsmenge L_I des inhomogenen Systems

$$L_I = \{\vec{v} \mid \vec{v} = \vec{v}_I + \vec{v}_H \text{ mit } \vec{v}_H \in L_H\}.$$

AUFGABEN

1 Lösen Sie die Gleichungssysteme parallel. Erläutern sie Ihr Ergebnis mithilfe von Satz 6.3 und mithilfe von Satz 6.4.

a) $\begin{pmatrix} 1 & 2 & 1 \\ 1 & 4 & 3 \\ 2 & 3 & 1 \end{pmatrix} \vec{x} = \begin{pmatrix} 1 \\ 1 \\ 7 \end{pmatrix}$; $\begin{pmatrix} 1 & 2 & 1 \\ 1 & 4 & 3 \\ 2 & -2 & 1 \end{pmatrix} \vec{x} = \begin{pmatrix} 1 \\ 1 \\ 7 \end{pmatrix}$

b) $\begin{pmatrix} 2 & 1 & 6 \\ 0 & 1 & 1 \\ 3 & 0 & 6 \end{pmatrix} \vec{x} = \begin{pmatrix} -6 \\ -2 \\ -6 \end{pmatrix}$; $\begin{pmatrix} 2 & 1 & 5 \\ 0 & 1 & 1 \\ 3 & 0 & 6 \end{pmatrix} \vec{x} = \begin{pmatrix} -6 \\ -2 \\ -6 \end{pmatrix}$; $\begin{pmatrix} 2 & 1 & 5 \\ 0 & 1 & 1 \\ 3 & 0 & 6 \end{pmatrix} \vec{x} = \begin{pmatrix} -6 \\ -2 \\ 6 \end{pmatrix}$

2 Verfahren Sie wie in Aufgabe 1.

a) $\begin{pmatrix} 3 & 4 & 2 \\ 1 & 1 & 1 \\ 4 & 4 & 0 \end{pmatrix} \vec{x} = \vec{0}$; $\begin{pmatrix} 3 & 4 & 2 \\ 1 & 1 & 1 \\ 4 & 8 & 0 \end{pmatrix} \vec{x} = \vec{0}$

b) $\begin{pmatrix} -1 & 1 & 1 \\ 1 & -1 & 1 \\ 1 & 1 & 0 \end{pmatrix} \vec{x} = \vec{0}$; $\begin{pmatrix} -1 & 1 & 1 \\ 1 & -1 & 1 \\ 1 & -1 & 0 \end{pmatrix} \vec{x} = \vec{0}$

c) $\begin{pmatrix} 1 & 2 & 3 \\ 4 & 5 & 6 \\ 7 & 8 & 9 \end{pmatrix} \vec{x} = \vec{0}$; $\begin{pmatrix} 1 & 2 & 3 \\ 4 & 5 & 6 \\ 7 & 8 & 9 \end{pmatrix} \vec{x} = \begin{pmatrix} 2 \\ 3 \\ 4 \end{pmatrix}$; $\begin{pmatrix} 1 & 2 & 3 \\ 4 & 5 & 6 \\ 7 & 8 & 9 \end{pmatrix} \vec{x} = \begin{pmatrix} 2 \\ 3 \\ -4 \end{pmatrix}$

3 Bestimmen Sie zwei Vektoren $\vec{v}_1$ und $\vec{v}_2$ so, dass die Gleichung eine Lösung hat, und zwei Vektoren $\vec{v}_3$ und $\vec{v}_3$ so, dass die Gleichung keine Lösung hat.

a) $x_1 \begin{pmatrix} 2 \\ 1 \\ 3 \end{pmatrix} + x_2 \begin{pmatrix} 1 \\ 0 \\ -1 \end{pmatrix} + x_3 \vec{v}_i = \begin{pmatrix} 1 \\ 2 \\ 3 \end{pmatrix}$ **b)** $x_1 \begin{pmatrix} 1 \\ -1 \\ 1 \end{pmatrix} + x_2 \begin{pmatrix} 0 \\ 1 \\ -1 \end{pmatrix} + x_3 \begin{pmatrix} 1 \\ 0 \\ 0 \end{pmatrix} = \vec{v}_i$

4 Konstruieren Sie – wenn möglich – ein homogenes lineares Gleichungssystem $A\vec{x} = \vec{0}$, das die Lösungsmenge L_H hat. Dabei soll A eine (3,3) -Matrix sein mit $a_{ij} \neq 0$ für $1 \leq i, j \leq 3$.

a) $L_H = \emptyset$ **b)** $L_H = \{\vec{0}\}$ **c)** $L_H = \left\{ \begin{pmatrix} 1 \\ 2 \\ 3 \end{pmatrix} \right\}$ **d)** $L_H = \left\{ r \begin{pmatrix} 1 \\ 2 \\ 3 \end{pmatrix} \text{ mit } r \in \mathbb{R} \right\}$

5 Konstruieren Sie – wenn möglich – ein inhomogenes lineares Gleichungssystem $A\vec{x} = \vec{b}$, das die Lösungsmenge L_I hat. Dabei soll A eine (3,3) -Matrix sein mit $a_{ij} \neq 0$ für $1 \leq i, j \leq 3$.

a) $L_I = \emptyset$ **b)** $L_I = \{\vec{0}\}$ **c)** $L_I = \left\{ \begin{pmatrix} 1 \\ 2 \\ 3 \end{pmatrix} \right\}$ **d)** $L_I = \left\{ \begin{pmatrix} 1 \\ 2 \\ 3 \end{pmatrix} + r \begin{pmatrix} 1 \\ 0 \\ 2 \end{pmatrix} \right\}$

6 Beweisen oder widerlegen Sie.

a) Hat das inhomogene Gleichungssystem $A\vec{x} = \vec{b}$ eine Lösung, dann hat auch das Gleichungssystem $A\vec{x} = \vec{c}$ für jeden Vektor $\vec{c}$ eine Lösung.

b) Hat das inhomogene Gleichungsystem $A\vec{x} = \vec{b}$ keine Lösung, dann hat auch das homogene System $A\vec{x} = \vec{0}$ keine Lösung.

c) Hat das homogene System $A\vec{x} = \vec{0}$ keine Lösung $\vec{x} \neq \vec{0}$, dann hat auch das inhomogene System $A\vec{x} = \vec{b}$ keine Lösung.

d) Hat das homogene System $A\vec{x} = \vec{0}$ nur die Lösung $\vec{x} = \vec{0}$, dann ist das inhomogene System eindeutig lösbar.

6.3 Vektorräume

A1 Zur Geschichte der Linearen Algebra

An der Entwicklung der Linearen Algebra waren der Stettiner Gymnasialprofessor Hermann Günther Grassmann (1809–1877), der Dubliner Physiker und Mathematiker William Rowan Hamilton (1805–1865) und der Turiner Mathematiker Giuseppe Peano (1858–1932) führend beteiligt.

Bild 277/1: Hermann Günther Grassmann

Bild 277/2: William Rowan Hamilton

Bild 277/3: Giuseppe Peano

In der Vorrede zur ersten Auflage seines Buches „Die Lineare Ausdehnungslehre – ein neuer Zweig der Mathematik“ schreibt Grassmann 1844:

Schon lange war mir nämlich einleuchtend geworden, daſſ die Geometrie keineſwegſ in dem Sinne wie die Arithmetik oder die Kombinationſlehre alſ ein Zweig der Mathematik anzuſehen ſei, vielmehr die Geometrie ſchon auf ein in der Natur gegebeneſ (nämlich den Raum) ſich beziehe, und daſſ eſ daher einen Zweig der Mathematik geben müſſe, der in rein abſtrakter Weiſe ähnliche Geſetze auf ſich erzeuge, wie ſie in der Geometrie an den Raum gebunden erſcheinen. Durch die neue Analyſe war die Möglichkeit, einen ſolchen rein abſtrakten Zweig der Mathematik aufzubilden, gegeben; ja dieſe Analyſe, ſobald ſie, ohne irgend einen ſchon anderweitig erwieſenen Satz vorauſzuſetzen, entwickelt wurde, und ſich rein in der Abſtraktion bewegte, war dieſe Wiſſenſchaft ſelbſt.
Der weſentliche Vortheil, welcher durch dieſe Auffaſſung erreicht wurde, war der Form nach der, daſſ nun alle Grundſätze, welche Raumeſanſchauungen auſdrückten, gänzlich wegfielen, und ſomit der Anfang ein eben ſo unmittelbarer wurde, wie der der Arithmetik, dem Inhalte nach aber der, daſſ die Beſchränkung auf drei Dimenſionen wegfiel. Erſt hierdurch traten die Geſetze in ihrer Unmittelbarkeit und Allgemeinheit anſ Licht und ſtellten ſich in ihrem weſentlichen Zuſammenhang dar, und manche Geſetzmäſſigkeit, die bei drei Dimenſionen entweder noch gar nicht, oder nur verdeckt vorhanden war, entfaltete ſich nun bei dieſer Verallgemeinerung in ihrer ganzen Klarheit.

Erläutern Sie den Text mithilfe Ihrer bisherigen Kenntnis der analytischen Geometrie.
Stellen Sie Daten über das Leben und Wirken von Grassmann, Hamilton und Peano zusammen.

AUFTRÄGE

A2 **Eine neue Struktur**

Stellen Sie die Gesetze für das Rechnen mit Vektoren zusammen. Versuchen Sie dann diese Regeln auf möglichst wenige zu reduzieren, aus denen sich alle anderen herleiten lassen.

Gibt es auch andere mathematische Objekte, mit denen man nach diesen Regeln rechnen kann?

A3 **Ein Lösungsraum**

Überprüfen Sie:

1. Ist $\vec{v}$ eine Lösung des homogenen linearen Gleichungssystems $A\vec{x} = \vec{0}$, dann löst auch der Vektor $\vec{w} = r\vec{v}$ für jedes $r \in \mathbb{R}$ dieses System.

2. Sind $\vec{v}_1$ und $\vec{v}_2$ Lösungen von $A\vec{x} = \vec{0}$, dann auch $\vec{w} = \vec{v}_1 + \vec{v}_2$.

Untersuchen Sie, ob Entsprechendes für die Lösungen eines inhomogenen Gleichungssystems $A\vec{x} = \vec{b}$ mit $\vec{b} \neq \vec{0}$ gilt.

Vektorräume

Wir bearbeiten zunächst den Auftrag **A2** **Eine neue Struktur**. Die Gesetze für das Rechnen mit Vektoren hat man in der zweiten Hälfte des 19. Jahrhunderts zusammengestellt und systematisiert, als man merkte, dass man mit ihnen nicht nur den Umgang mit Vektoren mit 2, 3 und mehr Komponenten beschreiben kann, sondern auch mit anderen mathematischen Objekten zum Beispiel mit Folgen, Funktionen oder Matrizen.

Man spricht heute allgemein von einem **Vektorraum** oder **Linearen Raum**, wenn die Bedingungen aus der folgenden Definition erfüllt sind, gleich um welche Objekte und Verknüpfungen es sich handelt. Es geht also bei der Definition des Vektorraums weniger darum, die – relativ einfachen – Gesetze für das Rechnen mit Vektoren, wie sie in diesem Buch bisher eingeführt und benutzt wurden, zusammenzufassen, sondern um einen Perspektivenwechsel, der die Grundlage einer neuen Strukturtheorie – der Linearen Algebra – schuf.

Definition 6.4 **Vektorraum**

Eine Menge V, für deren Elemente eine Addition und eine Multiplikation mit reellen Zahlen definiert sind, heißt genau dann ein Vektorraum, wenn gilt:

1 Für alle $\vec{a}, \vec{b} \in V$ gilt: $\vec{a} + \vec{b} \in V$.
2 Für alle $\vec{a}, \vec{b}$ und $\vec{c} \in V$ gilt: $(\vec{a} + \vec{b}) + \vec{c} = \vec{a} + (\vec{b} + \vec{c})$.
3 Für alle $\vec{a}, \vec{b} \in V$ gilt: $\vec{a} + \vec{b} = \vec{b} + \vec{a}$.
4 Es gibt ein $\vec{0} \in V$, so dass für alle $\vec{a} \in V$ gilt: $\vec{a} + \vec{0} = \vec{a}$.
5 Zu jedem $\vec{a} \in V$ gibt es ein $-\vec{a} \in V$ mit $\vec{a} + (-\vec{a}) = \vec{0}$.
6 Für alle $r \in \mathbb{R}$ und $\vec{a} \in V$ gilt: $r\vec{a} \in V$.
7 Für alle $r, s \in \mathbb{R}$ und $\vec{a} \in V$ gilt: $r(s\vec{a}) = (rs)\vec{a}$.
8 Für alle $r, s \in \mathbb{R}$ und $\vec{a} \in V$ gilt: $(r+s)\vec{a} = r\vec{a} + s\vec{a}$.
9 Für alle $r \in \mathbb{R}$ und alle $\vec{a}, \vec{b} \in V$ gilt: $r(\vec{a} + \vec{b}) = r\vec{a} + r\vec{b}$.
10 Für alle $\vec{a} \in V$ gilt: $1\,\vec{a} = \vec{a}$. ■

Die ersten fünf Vektorraumaxiome beziehen sich auf die Addition der Vektoren, wie man die Elemente eines Vektorraums nennt:

1 fordert die Abgeschlossenheit der Menge V hinsichtlich der Addition von Vektoren. Die Summe muss stets wieder in V liegen.

2 bezeichnet man als Assoziativität und 3 als Kommutativität dieser Addition.

4 fordert die Existenz eines neutralen Elements $\vec{0}$, also eines additiven Nullvektors in V.

5 fordert, dass es zu jedem Vektor $\vec{v}$ auch einen inversen Vektor $-\vec{v}$ in V gibt.

6 fordert die Abgeschlossenheit der Menge V hinsichtlich der Multiplikation der Vektoren mit reellen Zahlen; stets muss $r\vec{a} \in V$ gelten.

7 , 8 und 9 fordern die Verträglichkeit der Vektoraddition und der Multiplikation von Vektoren mit reellen Zahlen. Es handelt sich um ein Assoziativgesetz und zwei Distributivgesetze.

10 fällt auf, weil dieses Axiom selbstverständlich erscheint. Es schreibt die Rolle der Zahl 1 bei der Multiplikation mit Vektoren vor. Ohne es könnte man zum Beispiel für alle $r \in \mathbb{R}$ und $\vec{a} \in V$ definieren $r\vec{a} = \vec{0}$. Dann wären alle Vektoraxiome 1 bis 9 erfüllt, man hätte sich aber einen unerwünschten Sonderfall eingehandelt. An 10 wird deutlich, dass die anderen Vektorraumaxiome nicht vorschreiben, wie Vektoren zu addieren oder mit reellen Zahlen zu multiplizieren sind, sondern nur nach welchen Regeln.

Wie man diese Rechenoperationen auch definiert, die Begriffe Linearkombination, lineare Hülle und lineare Abhängigkeit kann man allgemein – also für jeden Vektorraum – in der gleichen Weise definieren, wie wir das auf den Seiten 263 und 273 getan haben.

Auch wenn die Definition 6.4 jetzt zum Beispiel die Betrachtung von Folgen- und Funktionsräumen zulässt (vergleiche Seite 284 f., Aufgaben 5 bis 7), befassen wir uns im Folgenden hauptsächlich mit Räumen aus den Vektoren, die wir bisher in diesem Buch betrachtet haben. Wir argumentieren in diesem und dem folgenden Abschnitt aber allgemein, d. h. ohne die Anschauung oder spezielle Eigenschaften der bisher betrachteten Vektoren zu Hilfe zu nehmen, so dass die folgenden Sätze tatsächlich in jedem Vektorraum gelten.

Beispiele für Vektorräume

1. Die Vektoren der Form $\vec{v} = \begin{pmatrix} v_1 \\ v_2 \end{pmatrix}$ mit $v_1, v_2 \in \mathbb{R}$ bilden mit der Addition

$\vec{v} + \vec{w} = \begin{pmatrix} v_1 \\ v_2 \end{pmatrix} + \begin{pmatrix} w_1 \\ w_2 \end{pmatrix} = \begin{pmatrix} v_1 + w_1 \\ v_2 + w_2 \end{pmatrix}$ und der skalaren Multiplikation $r\vec{v} = r\begin{pmatrix} v_1 \\ v_2 \end{pmatrix} = \begin{pmatrix} rv_1 \\ rv_2 \end{pmatrix}$ den Vektorraum V_2. Die Gültigkeit der Vektorraumaxiome ist leicht nachzuweisen (Seite 284, Aufgabe 1 a). ■

2. Die Vektoren der Form $\vec{v} = \begin{pmatrix} v_1 \\ v_2 \\ v_3 \end{pmatrix}$ mit $v_1, v_2, v_3 \in \mathbb{R}$ bilden entsprechend den Vektorraum V_3 (Seite 284, Aufgabe 1 b). ■

3. Die Vektoren mit n reellen Komponenten $\vec{v}=\begin{pmatrix} v_1 \\ v_2 \\ v_3 \\ \vdots \\ v_n \end{pmatrix}$ mit $v_i \in \mathbb{R}$ für $1 \leq i \leq n$ bilden in gleicher Weise den Vektorraum V_n. Ob man die Komponenten dieser Vektoren übereinander oder nebeneinander $\vec{v}=(v_1, v_2, v_3, \ldots, v_n)$ schreibt, ist nur eine Frage der Form. In beiden Fällen bilden sie bei geeigneter Festlegung der Addition und der Multiplikation mit reellen Zahlen einen Vektorraum (Seite 284, Aufgabe 1 c). ■

4. Wir untersuchen, ob auch die Vektoren der Form $\vec{v}=\begin{pmatrix} v_1 \\ v_2 \\ 0 \end{pmatrix}$ mit $v_1, v_2 \in \mathbb{R}$ und der üblichen Addition und skalaren Multiplikation einen Vektorraum V bilden.

Wegen $\vec{v}+\vec{w}=\begin{pmatrix} v_1 \\ v_2 \\ 0 \end{pmatrix}+\begin{pmatrix} w_1 \\ w_2 \\ 0 \end{pmatrix}=\begin{pmatrix} v_1+w_1 \\ v_2+w_2 \\ 0 \end{pmatrix} \in V$ und $r\vec{v}=r\begin{pmatrix} v_1 \\ v_2 \\ 0 \end{pmatrix}=\begin{pmatrix} rv_1 \\ rv_2 \\ 0 \end{pmatrix} \in V$

sind die Axiome 1 und 6 erfüllt. 2 und 3 gelten, da die Assoziativität und Kommutativität jeweils schon in den einzelnen Komponenten gelten:

$$(\vec{v}_1+\vec{w}_2)+\vec{z}_1=\left(\begin{pmatrix} v_1 \\ v_2 \\ 0 \end{pmatrix}+\begin{pmatrix} w_1 \\ w_2 \\ 0 \end{pmatrix}\right)+\begin{pmatrix} z_1 \\ z_2 \\ 0 \end{pmatrix}=\begin{pmatrix} v_1+w_1 \\ v_2+w_2 \\ 0 \end{pmatrix}+\begin{pmatrix} z_1 \\ z_2 \\ 0 \end{pmatrix}$$

$$=\begin{pmatrix} (v_1+w_1)+z_1 \\ (v_2+w_2)+z_2 \\ 0 \end{pmatrix}=\begin{pmatrix} v_1+(w_1+z_1) \\ v_2+(w_2+z_2) \\ 0 \end{pmatrix}=\begin{pmatrix} v_1 \\ v_2 \\ 0 \end{pmatrix}+\begin{pmatrix} w_1+z_1 \\ w_2+z_2 \\ 0 \end{pmatrix}$$

$$=\begin{pmatrix} v_1 \\ v_2 \\ 0 \end{pmatrix}+\left(\begin{pmatrix} w_1 \\ w_2 \\ 0 \end{pmatrix}+\begin{pmatrix} z_1 \\ z_2 \\ 0 \end{pmatrix}\right)=\vec{v}+(\vec{w}+\vec{z})$$

und $\vec{v}+\vec{w}=\begin{pmatrix} v_1 \\ v_2 \\ 0 \end{pmatrix}+\begin{pmatrix} w_1 \\ w_2 \\ 0 \end{pmatrix}=\begin{pmatrix} v_1+w_1 \\ v_2+w_2 \\ 0 \end{pmatrix}=\begin{pmatrix} w_1+v_1 \\ w_2+v_2 \\ 0 \end{pmatrix}=\begin{pmatrix} w_1 \\ w_2 \\ 0 \end{pmatrix}+\begin{pmatrix} v_1 \\ v_2 \\ 0 \end{pmatrix}=\vec{w}+\vec{v}.$

Das nach 4 erforderliche neutrale Element ist der Vektor $\vec{v}=\begin{pmatrix} 0 \\ 0 \\ 0 \end{pmatrix}$. Offensichtlich gilt $\vec{0} \in V$.

Zu jedem Element $\vec{v} \in V$ muss es nach 5 ein inverses Elemement $-\vec{v} \in V$ geben: In der Tat gilt

$$\vec{v}+(-\vec{v})=\begin{pmatrix} v_1 \\ v_2 \\ 0 \end{pmatrix}+\begin{pmatrix} -v_1 \\ -v_2 \\ 0 \end{pmatrix}=\begin{pmatrix} v_1-v_2 \\ v_2-v_2 \\ 0 \end{pmatrix}=\begin{pmatrix} 0 \\ 0 \\ 0 \end{pmatrix}=\vec{0} \text{ und } -v \in V.$$

Die Axiome 7 bis 10 lassen sich – wie 2 und 3 – in einfacher Weise auf entsprechende Umformungen der Komponenten zurückführen. Also ist auch $V = \left\{ \begin{pmatrix} v_1 \\ v_2 \\ 0 \end{pmatrix} \middle| \, v_1, v_2 \in \mathbb{R} \right\}$ mit der üblichen Vektoraddition und skalaren Multiplikation ein Vektorraum V. ■

Zugleich ist V in V_3 enthalten: $V \subseteq V_3$. Man nennt V daher einen **Untervektorraum** von V_3 und definiert:

Definition 6.5

Unterverktoraum

Eine nicht leere Teilmenge U eines Vektorraums V heißt ein „Untervektorraum von V" genau dann, wenn U mit der in V erklärten Addition und skalaren Multiplikation wiederum einen Vektorraum bildet. ■

Der Nachweise, dass eine Menge U ein Untervektorraum eines Vektorraums V ist, ist – wie in unserem Beispiel – nicht so umfangreich, wie es auf Grund von Definition 6.5 zu erwarten wäre: Da die Axiome 2 , 3 und 7 bis 10 in V gelten, gelten sie auch in U. Es sind also nur die Axiome 1 , 4 , 5 und 6 zu überprüfen. Wie der folgende Satz zeigt, reicht es bereits, die Gültigkeit von 1 und 6 nachzuweisen.

Satz 6.5

Untervektorraumkriterium

Eine nicht leere Teilmenge U eines Vektorraums V ist schon dann ein Untervektorraum von V, wenn

1) für alle $\vec{a}, \vec{b} \in U$ auch gilt: $\vec{a} + \vec{b} \in U$ und
2) für alle $\vec{a} \in U$ und alle $r \in \mathbb{R}$ auch gilt: $r\vec{a} \in U$. ■

Beweis: Nach unseren Überlegungen genügt es, die Gültigkeit der Axiome 4 und 5 zu überprüfen.

Zu 4 : Wegen 2) gilt für jeden beliebigen Vektor $a \in U$ auch $0\vec{a} \in U$. Es bleibt also zu zeigen, dass in jedem Vektorraum $0\vec{a} = \vec{0}$ gilt.

Aus $0 + 0 = 0$ und Axiom 8 folgt:

$$0\vec{a} = (0+0)\vec{a} = 0\vec{a} + 0\vec{a}.$$

Nach Axiom 5 existiert in V zu $0\vec{a}$ ein inverses Element $-0\vec{a}$ mit $0\vec{a} + (-0\vec{a}) = \vec{0}$. Damit erhält man aus der letzten Gleichung

$$\begin{aligned} 0\vec{a} + (-0\vec{a}) &= (0\vec{a} + 0\vec{a}) + (-0\vec{a}) \\ \Rightarrow \vec{0} &= 0\vec{a} + (0\vec{a} + (-0\vec{a})) \\ \Rightarrow \vec{0} &= 0\vec{a} + \vec{0} \\ \Rightarrow \vec{0} &= 0\vec{a}. \end{aligned}$$

Wegen $0\vec{a} \in U$ und $0\vec{a} = \vec{0}$ gilt damit $\vec{0} \in U$.

Zu 5 : Zu jedem Vektor $\vec{a} \in U$ gilt nach 2) $(-1)\vec{a} \in U$. Es bleibt also zu zeigen, dass in jedem Vektorraum $(-1)\vec{a} = -\vec{a}$ gilt, wobei $-\vec{a}$ das inverse Element zu $\vec{a}$ ist.

Es gilt:

$\vec{0} = 0\vec{a} = (1+(-1))\vec{a} = \vec{a} + (-1)\vec{a}$	wegen 8 und 10
$\Rightarrow -\vec{a} = -\vec{a} + (\vec{a} + (-1)\vec{a})$	Addition von $-\vec{a}$
$\Rightarrow -\vec{a} = (-\vec{a} + \vec{a}) + (-1)\vec{a}$	wegen 2
$\Rightarrow -\vec{a} = (\vec{a} + (-\vec{a})) + (-1)\vec{a}$	wegen 3
$\Rightarrow -\vec{a} = \vec{0} + (-1)\vec{a}$	wegen 5
$\Rightarrow -\vec{a} = (-1)\vec{a} + \vec{0}$	wegen 3
$\Rightarrow -\vec{a} = (-1)\vec{a}$	wegen 4

Wegen $(-1)\vec{a} \in U$ und $(-1)\vec{a} = -\vec{a}$ gilt insgesamt $-a \in U$; q. e. d.

Mit diesem Untervektorraumkriterium kann man nun Vektorräume in einfacher Weise bilden beziehungsweise erkennen.

Satz 6.6 Sind $\vec{v}_1, \vec{v}_2, \vec{v}_3, \ldots, \vec{v}_n$ Vektoren eines Vektorraums V, so ist ihre lineare Hülle $H = \langle \vec{v}_1, \vec{v}_2, \vec{v}_3, \ldots, \vec{v}_n \rangle$ ein Untervektorraum von V. ■

Beweis: Nach dem Untervektorraumkriterium genügt es zu zeigen:

1) $\vec{a}, \vec{b} \in H \Rightarrow \vec{a} + \vec{b} \in H$ und 2) $\vec{a} \in H \Rightarrow r\vec{a} \in H$ für alle reellen Zahlen r.

zu 1) Die lineare Hülle H ist die Menge aller Linearkombinationen der Vektoren $\vec{v}_1, \vec{v}_2, \vec{v}_3, \ldots, \vec{v}_n$. Daher gilt:

$$\vec{a} \in H \Rightarrow \vec{a} = r_1\vec{v}_1 + r_2\vec{v}_2 + r_3\vec{v}_3 + \cdots + r_n\vec{v}_n$$
$$\vec{b} \in H \Rightarrow \vec{b} = s_1\vec{v}_1 + s_2\vec{v}_2 + s_3\vec{v}_3 + \cdots + s_n\vec{v}_n.$$

Nach den Vektorraumaxiomen erhält man daraus

$$\vec{a} + \vec{b} = (r_1 + s_1)\vec{v}_1 + (r_2 + s_2)\vec{v}_2 + (r_3 + s_3)\vec{v}_3 + \cdots + (r_n + s_n)\vec{v}_n.$$

Damit ist auch $\vec{a} + \vec{b}$ eine Linearkombination der Vektoren $\vec{v}_1, \vec{v}_2, \vec{v}_3, \ldots, \vec{v}_n$, d. h. $\vec{a} + \vec{b} \in H$.

Zu 2) $\vec{a} \in H \Rightarrow \vec{a} = r_1\vec{v}_1 + r_2\vec{v}_2 + r_3\vec{v}_3 + \cdots + r_n\vec{v}_n$

$$\Rightarrow r\vec{a} = r(r_1\vec{v}_1) + r(r_2\vec{v}_2) + r(r_3\vec{v}_3) + \cdots + r(r_n\vec{v}_n)$$
$$\Rightarrow r\vec{a} = (rr_1)\vec{v}_1 + (rr_2)\vec{v}_2 + (rr_3)\vec{v}_3 + \cdots + (rr_n)\vec{v}_n.$$

Also ist auch $r\vec{a}$ eine Linearkombination der Vektoren $\vec{v}_1, \vec{v}_2, \vec{v}_3, \ldots, \vec{v}_n$, d. h. $r\vec{a} \in H$; q. e. d.

Eine lineare Hülle $H = \langle v_1, v_2, v_3, \ldots, v_n \rangle$ ist also stets ein Vektorraum V. Man sagt daher auch, die Vektoren $\vec{v}_1, \vec{v}_2, \vec{v}_3, \ldots, \vec{v}_n$ spannen den Vektorraum V auf oder erzeugen den Vektorraum V; man spricht von einem **Erzeugendensystem** des Vektorraums V.

Definition 6.6 **Erzeugendensystem**

Eine Menge von Vektoren $\{\vec{v}_1, \vec{v}_2, \vec{v}_3, \ldots, \vec{v}_n\}$ heißt ein „**Erzeugendensystem** eines Vektorraums V" genau dann, wenn gilt:

$$\langle \vec{v}_1, \vec{v}_2, \vec{v}_3, \ldots, \vec{v}_n \rangle = V,$$

wenn also jeder Vektor $\vec{v} \in V$ aus den Vektoren $\vec{v}_1, \vec{v}_2, \vec{v}_3, \ldots, \vec{v}_n$ linear kombinierbar ist. ■

Wir fassen zusammen

ZUSAMMENFASSUNG

Eine Menge V, auf der eine assoziative und kommutative Addition erklärt ist, bei der es ein neutrales Element und zu jedem Element ein inverses gibt, und auf der eine Multiplikation mit reellen Zahlen definiert ist, heißt **Vektorraum**, wenn die Addition und die Multiplikation mit reellen Zahlen assoziativ und distributiv verträglich sind. Dabei müssen im Einzelnen die Axiome 1 bis 10 (Definition 6.4, Seite 278) erfüllt sein.

Insbesondere bildet die Menge der Vektoren $v = \begin{pmatrix} v_1 \\ v_2 \\ v_3 \\ \vdots \\ v_n \end{pmatrix}$ mit n reellen Komponenten den **Vektorraum V_n**, wenn man definiert:

$$\vec{v} + \vec{w} = \begin{pmatrix} v_1 \\ v_2 \\ v_3 \\ \vdots \\ v_n \end{pmatrix} + \begin{pmatrix} w_1 \\ w_2 \\ w_3 \\ \vdots \\ w_n \end{pmatrix} = \begin{pmatrix} v_1 + w_1 \\ v_2 + w_2 \\ v_3 + w_3 \\ \vdots \\ v_n + w_n \end{pmatrix} \quad \text{und} \quad r\vec{v} = r\begin{pmatrix} v_1 \\ v_2 \\ v_3 \\ \vdots \\ v_n \end{pmatrix} = \begin{pmatrix} rv_1 \\ rv_2 \\ rv_3 \\ \vdots \\ rv_n \end{pmatrix}.$$

Eine nicht leere Teilmenge U eines Vektorraums V heißt ein **Untervektorraum** von V genau dann, wenn U mit der in V erklärten Addition und skalaren Multiplikation einen Vektorraum bildet (Definition 6.5).

Ein Untervektorraum U liegt schon dann vor, wenn U bezüglich der Addition und Multiplikation mit reellen Zahlen jeweils abgeschlossen ist, wenn also mit $\vec{a}, \vec{b} \in U$ stets $\vec{a} + \vec{b} \in U$ und mit $\vec{a} \in U$ stets $r\vec{a} \in U$ für alle reellen Zahlen r gilt (Satz 6.5).

Die **lineare Hülle** $H = \langle \vec{v}_1, \vec{v}_2, \vec{v}_3, \ldots, \vec{v}_n \rangle$ von n Elementen eines Vektorraums V (vergleiche Definition 6.3 auf Seite 273) ist ein Untervektorraum von V. Spannen die Vektoren $\vec{v}_1, \vec{v}_2, \vec{v}_3, \ldots, \vec{v}_n$ einen Vektorraum

$$V = \langle \vec{v}_1, \vec{v}_2, \vec{v}_3, \ldots, \vec{v}_n \rangle$$

auf, dann nennt man die Menge $\{\vec{v}_1, \vec{v}_2, \vec{v}_3, \ldots, \vec{v}_n\}$ ein **Erzeugendensystem** des Vektorraums V (Definition 6.6).

AUFGABEN

1 **a)** Zeigen Sie, dass die Vektoren der Form $\vec{v} = \binom{v_1}{v_2}$ mit $v_1, v_2 \in \mathbb{R}$ mit der Addition $\vec{v} + \vec{w} = \binom{v_1}{v_2} + \binom{w_1}{w_2} = \binom{v_1+w_1}{v_2+w_2}$ und der skalaren Multiplikation $r\vec{v} = r\binom{v_1}{v_2} = \binom{rv_1}{rv_2}$ einen Vektorraum bilden.

b) Zeigen Sie entsprechend, dass V_3 ein Vektorraum im Sinne der Definition 6.4 ist.

c) Zeigen Sie entsprechend, dass V_n ein Vektorraum im Sinne der Definition 6.4 ist.

2 Auf der Menge $C = \mathbb{R} \times \mathbb{R}$ aller reellen Zahlenpaare seien eine Addition und eine Multiplikation mit reellen Zahlen definiert:

$$(a|b) + (c|d) = (a+c|b+d) \quad \text{und} \quad r(a|b) = (ra|rb).$$

Zeigen Sie, dass die Menge C mit dieser Addition und Multiplikation ein Vektorraum ist.

3 Auf der Menge $M = \{\binom{a}{b} | a, b \in \mathbb{R}\}$ sei eine Addition und eine Multiplikation mit reellen Zahlen wie angegeben definiert. Untersuchen Sie, ob M mit diesen Verknüpfungen ein Vektorraum ist.

a) $\binom{a}{b} + \binom{c}{d} = \binom{a+c}{b+d}$ und $r\binom{a}{b} = \binom{ra}{b}$

b) $\binom{a}{b} + \binom{c}{d} = \binom{a+d}{b+c}$ und $r\binom{a}{b} = \binom{ra}{rb}$

c) $\binom{a}{b} + \binom{c}{d} = \binom{b+d}{a+c}$ und $r\binom{a}{b} = \binom{rb}{ra}$

d) $\binom{a}{b} + \binom{c}{d} = \binom{a+c+1}{b+d+1}$ und $r\binom{a}{b} = \binom{r(a+1)-1}{r(b+1)-1}$

4 Auf der Menge aller (2,2)-Matrizen sei eine Addition und eine Multiplikation mit reellen Zahlen definiert durch:

$$\begin{pmatrix} a & b \\ c & d \end{pmatrix} + \begin{pmatrix} e & f \\ g & h \end{pmatrix} = \begin{pmatrix} a+e & b+f \\ c+g & d+h \end{pmatrix} \quad \text{und} \quad r\begin{pmatrix} a & b \\ c & d \end{pmatrix} = \begin{pmatrix} ra & rb \\ rc & rd \end{pmatrix}.$$

Untersuchen Sie, ob M mit diesen Verknüpfungen ein Vektorraum ist.

5 Auf der Menge P_n aller ganzrationalen Funktionen, deren Grad kleiner oder gleich n mit $n \in \mathbb{N}$ ist, sei eine Addition und eine Multiplikation mit reellen Zahlen definiert durch
$f_1 + f_2 = f \Leftrightarrow f_1(x) + f_2(x) = f(x)$ und $rf = g \Leftrightarrow rf(x) = g(x)$ für alle $x, r \in \mathbb{R}$.

a) Geben Sie drei Elemente f, g und h aus P_4 an und bestimmen Sie $f+g$, $2f-g$ und $3f + 1{,}5g - 5h$.

b) Zeigen Sie, dass P_n mit den angegebenen Verknüpfungen ein Vektorraum ist.

6 Auf der Menge S aller reellen Zahlenfolgen sei eine Addition und eine Multiplikation mit reellen Zahlen definiert durch:

$\langle a_n \rangle + \langle b_n \rangle = \langle c_n \rangle \quad \Leftrightarrow_{Df}$ Für alle $n \in \mathbb{N}$ gilt: $a_n + b_n = c_n$;
$r\langle a_n \rangle = \langle b_n \rangle \quad \Leftrightarrow_{Df}$ Für alle $n \in \mathbb{N}$ gilt: $ra_n = b_n$.

a) Geben Sie drei Elemente $\langle a_n \rangle$, $\langle b_n \rangle$ und $\langle c_n \rangle$ aus S an und bestimmen Sie $\langle a_n \rangle + \langle b_n \rangle$; $\langle b_n \rangle + \langle c_n \rangle$; $\langle a_n \rangle + \langle c_n \rangle$; $3\langle a_n \rangle$; $0{,}5\langle b_n \rangle$ und $(-1)\langle c_n \rangle$.

b) Zeigen Sie, dass S mit den angegebenen Verknüpfungen ein Vektorraum ist.

c) Untersuchen Sie, ob die Menge N aller Nullfolgen (die Menge Z aller Folgen, die den Grenzwert 2 haben) mit den angegebenen Verknüpfungen ein Vektorraum ist.

7 **a)** Zeigen Sie, dass die Sinusfunktion für alle $x \in \mathbb{R}$ die Gleichung $f(x) + f''(x) = 0$ erfüllt.

b) Bestimmen Sie durch Probieren zwei weitere zweimal differenzierbare Funktionen, die ebenfalls für alle $x \in \mathbb{R}$ die angegebene Gleichung erfüllen.

c) Zeigen Sie, dass die Menge aller Funktionen, die für alle $x \in \mathbb{R}$ diese Gleichung erfüllen, ein Vektorraum ist.

8 Untersuchen Sie, ob man auf der Menge aller Geraden einer Ebene eine Addition und eine Multiplikation mit reellen Zahlen so definieren kann, dass man einen Vektorraum erhält.
Anleitung: Benutzen Sie, dass sich jede Gerade der Ebene durch eine Gleichung der Form $ax + by + c = 0$ darstellen lässt.

9 Zeigen Sie, dass in jedem reellen Vektorraum die folgenden Beziehungen gelten.

a) $r\vec{0} = \vec{0}$

b) $0\vec{a} = \vec{0}$

c) $(-r)\vec{a} = -(r\vec{a})$

d) $r\vec{a} = s\vec{a} \wedge \vec{a} \neq \vec{0} \Rightarrow r = s$

e) $r\vec{a} = r\vec{b} \wedge r \neq 0 \Rightarrow \vec{a} = \vec{b}$

10 C sei der in Aufgabe 2 behandelte Vektorraum.

a) Untersuchen Sie, ob der Vektor $(1|-1)$ aus den Vektoren $(2|0)$ und $(1|2)$ (aus den Vektoren $(2|3)$ und $(-2|-6)$) linear erzeugbar ist.

b) Geben Sie zwei Vektoren aus C an, die linear unabhängig sind, und zwei, die linear abhängig sind.

c) Zeigen sie, dass in C je drei Vektoren stets linear abhängig sind.

11 Untersuchen Sie, ob im Vektorraum aller (2,2) -Matrizen (vergleiche Aufgabe 4) die folgenden Vektoren linear abhängig sind.

a) $\begin{pmatrix} 1 & 1 \\ 0 & 1 \end{pmatrix}; \begin{pmatrix} 1 & 0 \\ 1 & 1 \end{pmatrix}$

b) $\begin{pmatrix} -6 & 9 \\ 4 & -2 \end{pmatrix}; \begin{pmatrix} 3 & -4 \\ -1 & 1 \end{pmatrix}$

c) $\begin{pmatrix} 1 & 2 \\ 3 & 4 \end{pmatrix}; \begin{pmatrix} 3 & 1 \\ 4 & 2 \end{pmatrix}; \begin{pmatrix} 1 & 2 \\ 3 & 3 \end{pmatrix}$

d) $\begin{pmatrix} 1 & 2 \\ 3 & 4 \end{pmatrix}; \begin{pmatrix} -4 & -4 \\ -2 & -1 \end{pmatrix}; \begin{pmatrix} 6 & 7 \\ 8 & 9 \end{pmatrix}$

e) $\begin{pmatrix} 1 & 1 \\ 0 & 0 \end{pmatrix}; \begin{pmatrix} 0 & 0 \\ 1 & 1 \end{pmatrix}; \begin{pmatrix} 1 & 0 \\ 1 & 0 \end{pmatrix}; \begin{pmatrix} 0 & 1 \\ 0 & 1 \end{pmatrix}$

12 P_n sei der Vektorraum aller ganzrationalen Funktionen, deren Grad kleiner oder gleich n ist (vergleiche Aufgabe 5).

a) Geben Sie fünf Vektoren aus P_2 an.

b) Untersuchen Sie, ob die durch die folgenden Terme gegebenen Vektoren des P_2 linear abhängig sind.
$f(x) = 1;\quad g(x) = x + 2;\quad h(x) = x^2 - 3;\quad j(x) = x^2 - x + 4$

c) Untersuchen Sie, ob die durch die folgenden Terme gegebenen Vektoren des P_3 linear unabhängig sind.
$f(x) = 1 - x;\quad g(x) = 1 + x;\quad h(x) = 1 - x^2;\quad j(x) = x^3 - 1$

13 S sei der Vektorraum aller Zahlenfolgen (vergleiche Aufgabe 6).

a) Untersuchen Sie, ob die Vektoren $\langle n \rangle$, $\langle n+1 \rangle$ und $\langle n^2 - 2n + 1 \rangle$ aus S linear abhängig sind.

b) Ermitteln Sie drei linear unabhängige Vektoren, aus denen der Vektor $\langle n \rangle$ $\left(\text{der Vektor } \left\langle \frac{1}{n} \right\rangle\right)$ linear erzeugbar ist.

c) Ermitteln Sie drei linear unabhängige Vektoren aus S. Was kann man vermuten über die Höchstzahl von linear unabhängigen Vektoren, die man S entnehmen kann?

Untervektorräume

14 Zeigen sie, dass die Menge aller Vektoren $\vec{a} = \begin{pmatrix} 0 \\ a \end{pmatrix}$ mit $a \in \mathbb{R}$ einen Untervektorraum des Vektorraums V_2 bildet.

15 **a)** Zeigen Sie, dass die Menge A aller Vektoren $\vec{a} = \begin{pmatrix} a_1 \\ a_2 \\ 0 \end{pmatrix}$ mit $a_1, a_2 \in \mathbb{R}$ einen Untervektorraum von V_3 bildet.

b) Zeigen Sie, dass auch die Menge B aller Vektoren $\vec{b} = \begin{pmatrix} 0 \\ b_1 \\ b_2 \end{pmatrix}$ mit $b_1, b_2 \in \mathbb{R}$ einen Untervektorraum von V_3 bildet.

c) Untersuchen Sie, ob die Menge $A \cup B$ einen Untervektorraum von V_3 bildet.

d) Untersuchen Sie, ob die Menge $A \cap B$ einen Untervektorraum von V_3 bildet.

e) Interpretieren Sie die Ergebnisse aus a), b), c) und d) geometrisch.

16 Untersuchen Sie, ob die Menge U einen Untervektorraum des V_3 bildet. Geben Sie gegebenenfalls eine geometrische Interpretation dieses Sachverhaltes.

a) $U = \left\{ \begin{pmatrix} x_1 \\ x_2 \\ x_3 \end{pmatrix} \middle| x_1 = 1 \right\}$

b) $U = \left\{ \begin{pmatrix} x_1 \\ x_2 \\ x_3 \end{pmatrix} \middle| x_1 = x_2 \right\}$

c) $U = \left\{ \begin{pmatrix} x_1 \\ x_2 \\ x_3 \end{pmatrix} \middle| x_1 - x_2 + x_3 = 0 \right\}$

d) $U = \left\{ \begin{pmatrix} x_1 \\ x_2 \\ x_3 \end{pmatrix} \middle| 5x_1 - 7x_3 + 35 = 0 \right\}$

e) $U = \left\{ \begin{pmatrix} x_1 \\ x_2 \\ x_3 \end{pmatrix} \middle| 2x_1 - 5x_2 = 0 \vee 7x_2 + x_3 = 0 \right\}$

f) $U = \left\{ \begin{pmatrix} x_1 \\ x_2 \\ x_3 \end{pmatrix} \middle| x_1 \cdot x_2 \cdot x_3 = 0 \right\}$

17 Es sei $\vec{a}$ ein Vektor des V_3.

a) Zeigen Sie, dass die Menge $U = \{\vec{x} \in V_3 \,|\, |\vec{x} - \vec{a}| = |\vec{x} + \vec{a}|\}$ einen Untervektorraum des V_3 bildet.

b) Begründen Sie die Aussage von a) geometrisch.

18 U sei ein Untervektorraum des Vektorraums V_2 und es gelte $\emptyset \neq U \neq V_2$.

a) Zeigen Sie, dass U geometrisch als Ursprungsgerade gedeutet werden kann.

b) Formulieren und beweisen Sie einen entsprechenden Satz für die Untervektorräume des Vektorraums V_3.

19 **a)** Zeigen Sie, dass die Menge aller auf $\mathbb{R}$ stetigen Funktionen einen Untervektorraum des Vektorraums F aller auf $\mathbb{R}$ definierten Funktionen bildet.

b) Geben Sie zwei weitere Untervektorräume von F an.

20 Geben sie jeweils zwei Untervektorräume an zum Vektorraum

a) P_n aller ganzrationalen Funktionen vom Gerade kleiner oder gleich n;

b) P aller ganzrationalen Funktionen;

c) K aller konvergenten Folgen;

d) B aller beschränkten Folgen;

e) M aller (2,2) -Matrizen.

Erzeugendensysteme

21 Bestimmen Sie den Vektorraum, den die angegebenen Vektoren erzeugen.

a) $\begin{pmatrix} 1 \\ 2 \end{pmatrix}; \begin{pmatrix} -1 \\ 1 \end{pmatrix}$

b) $\begin{pmatrix} 1 \\ 0 \\ 3 \end{pmatrix}; \begin{pmatrix} 3 \\ 0 \\ 1 \end{pmatrix}$

c) $\begin{pmatrix} 8 \\ 4 \\ 2 \\ 1 \end{pmatrix}; \begin{pmatrix} 32 \\ 8 \\ 2 \\ 0{,}5 \end{pmatrix}$

d) $\begin{pmatrix} 1{,}5 \\ 4{,}5 \end{pmatrix}; \begin{pmatrix} 1{,}7 \\ 5{,}1 \end{pmatrix}; \begin{pmatrix} 1{,}9 \\ 5{,}7 \end{pmatrix}$

e) $\begin{pmatrix} 1 \\ 2 \\ 3 \end{pmatrix}; \begin{pmatrix} 2 \\ 3 \\ 1 \end{pmatrix}; \begin{pmatrix} 3 \\ 1 \\ 2 \end{pmatrix}$

f) $\begin{pmatrix} 1 \\ 1 \\ 1 \\ 0 \end{pmatrix}; \begin{pmatrix} 1 \\ 1 \\ 0 \\ 1 \end{pmatrix}; \begin{pmatrix} 1 \\ 1 \\ 1 \\ 1 \end{pmatrix}$

g) $\begin{pmatrix} 0 \\ 0 \end{pmatrix}; \begin{pmatrix} -3 \\ 5 \end{pmatrix}; \begin{pmatrix} 5 \\ -3 \end{pmatrix}; \begin{pmatrix} 3 \\ 5 \end{pmatrix}$

h) $\begin{pmatrix} -1 \\ 0 \\ 1 \end{pmatrix}; \begin{pmatrix} 0 \\ -1 \\ 0 \end{pmatrix}; \begin{pmatrix} 1 \\ 0 \\ -1 \end{pmatrix}; \begin{pmatrix} 0 \\ 1 \\ 0 \end{pmatrix}$

i) $\begin{pmatrix} 1 \\ 4 \\ 0 \\ 0 \end{pmatrix}; \begin{pmatrix} 1 \\ 8 \\ 0 \\ 0 \end{pmatrix}; \begin{pmatrix} 1 \\ 4 \\ 9 \\ 16 \end{pmatrix}; \begin{pmatrix} 1 \\ 8 \\ 27 \\ 64 \end{pmatrix}$

22 a) Zeigen Sie, dass das Erzeugnis von zwei linear abhängigen Vektoren $\vec{a}_1$ und $\vec{a}_2$ die Menge aller mit $\vec{a}_1$ kollinearen Vektoren ist.

b) Formulieren und begründen Sie eine entsprechende Aussage für drei linear abhängige Vektoren $\vec{a}_1$, $\vec{a}_2$ und $\vec{a}_3$.

23 a) Zeigen Sie: Das Erzeugnis $\langle f_0, f_1, f_2 \rangle$ der Funktionen zu $f_0(x) = 1; f_1(x) = x$ und $f_2(x) = x^2$ ist die Menge P_2 aller ganzrationalen Funktionen, deren Grad kleiner oder gleich 2 ist.

b) Zeigen Sie, dass das Erzeugnis $\langle f_3, f_4, f_5 \rangle$ der Funktionen zu $f_3(y) = 3; f_4(x) = 1 - 2x$ und $f_5(x) = 3 + 5 - x^2$ ebenfalls P_2 ist.

24 Bestimmen Sie das Erzeugnis der Funktionen zu den angegebenen Termen.

a) $f_1(x) = 1;\ f_2(x) = x^2;\ f_3(x) = x^3$

b) $f_1(x) = x;\ f_2(x) = 1 - x;\ f_3(x) = 1 + x^2$

c) $f_1(x) = 1;\ f_2(x) = x^2;\ f_3(x) = x^4$

d) $f_1(x) = x;\ f_2(x) = x + x^3;\ f_3(x) = x + x^3 + x^5$

6.4 Basen

AUFTRÄGE

A1 Ausdehnungslehre

Geben Sie den nachstehenden Auszug aus dem Buch „Die Ausdehnungslehre“ von Hermann Grassmann (Berlin 1862) mit den heute üblichen Begriffen wieder und erläutern Sie den Beweis.

Erster Abschnitt.

Die einfachen Verknüpfungen extensiver Grössen.

Kapitel 1. Addition, Subtraktion, Vervielfachung und Theilung extensiver Grössen.

§1 Begriffe und Rechnungsgesetze

1. Erklärung. Ich sage, eine Grösse a sei aus den Grössen $b, c, \ldots$ durch die Zahlen $\beta, \gamma, \ldots$ abgeleitet, wenn

$$a = \beta b + \gamma c + \cdots$$

ist, wo $\beta, \gamma, \ldots$ reelle Zahlen sind, gleichviel ob rational oder irrational, ob gleich null oder verschieden von null. Auch sage ich, a sei in diesem Falle *numerisch abgeleitet aus b, c, …*

2. Erklärung. Ferner sage ich, dass zwei oder mehrere Grössen $a, b, c, \ldots$ in einer *Zahlbeziehung* zu einander stehen, oder dass der Verein der Grössen $a, b, c, \ldots$ einer Zahlbeziehung unterliege, wenn irgend eine derselben sich aus den übrigen numerisch ableiten lässt, also wenn sich zum Beispiel

$$a = \beta b + \gamma c + \cdots$$

setzen lässt, wo $\beta, \gamma, \ldots$ reelle Zahlen sind. Besteht der Verein nur aus *Einer Grösse a*, so soll nur in dem Falle gesagt werden, der Verein unterliege einer Zahlbeziehung, wenn $a = 0$ ist.

17. *Wenn n Grössen in einer Zahlbeziehung zu einander stehen und sie nicht alle null sind, so muss sich aus ihnen ein Verein von weniger als n Grössen aussondern lassen, welcher keiner Zahlbeziehung unterliegt, und aus dem die übrigen Grössen numerisch ableitbar sind.*

Beweis: Es seien $a_1, \ldots, a_n$ die in einer Zahlbeziehung zu einander stehenden Grössen, so muss (nach Nr. 2) sich eine derselben aus den übrigen numerisch ableiten lassen; dies sei a_n und sei etwa

$$a_n = \alpha_1 a_1 + \cdots + \alpha_{n-1} a_{n-1}.$$

Herrscht nun zwischen den Grössen $a_1, \ldots, a_{n-1}$ abermals eine Zahlbeziehung, so wird wieder eine derselben etwa a_{n-1} aus den übrigen $a_1, \ldots, a_{n-2}$ numerisch ableitbar sein müssen. Es sei

$$a_{n-1} = \beta_1 a_1 + \cdots + \beta_{n-2} a_{n-2}.$$

Führt man diesen Ausdruck für a_{n-1} in die erste Gleichung ein, so erhält man

$$a_n = (\alpha_1 + \alpha_{n-1}\beta_1)\, a_1 + \cdots + (\alpha_{n-2} + \alpha_{n-1}\, \beta_{n-2})\, a_{n-2},$$

also ist dann auch a_n aus $a_1, \ldots, a_{n-2}$ numerisch ableitbar.

Dieses Verfahren wird man fortsetzen können, so lange als noch zwischen den jedesmal übrig bleibenden Grössen eine Zahlbeziehung stattfindet. Man wird also zuletzt entweder zu einer Schaar von mehreren Grössen kommen, die in keiner Zahlbeziehung mehr zu einander stehen, und aus denen die übrigen numerisch ableitbar sind, oder es bleibt zuletzt nur Eine Grösse, etwa a_1, übrig, aus der alle übrigen numerisch ableitbar sind. Im letztern Falle darf diese Eine Grösse a_1 nicht null sein, weil sonst alle übrigen Grössen, als numerisch daraus ableitbar, auch null sein würden, was der Annahme widerstreitet. In beiden Fällen gelangt man also (Nr. 2) zu einem Vereine, der keiner Zahlbeziehung mehr unterliegt, und aus dem alle übrigen der n Grössen a_n numerisch ableitbar sind.

A2 **Gleiche Hülle**

Bilden Sie die lineare Hülle $H = \langle \vec{a}, \vec{b}, \vec{c} \rangle$ der Vektoren

$$\vec{a} = \begin{pmatrix} 1 \\ -2 \\ 0 \end{pmatrix}, \ \vec{b} = \begin{pmatrix} 0 \\ 2 \\ -4 \end{pmatrix} \ \text{und} \ \vec{c} = \begin{pmatrix} 1 \\ -1 \\ -2 \end{pmatrix}.$$

Untersuchen Sie, ob H auch bereits durch zwei dieser Vektoren aufgespannt werden kann.

A3 **(K)ein Element**

Ermitteln Sie drei Vektoren $\vec{v}_1$, $\vec{v}_2$ und $\vec{v}_3$, die zu der linearen Hülle H der Vektoren $\vec{a}$, $\vec{b}$, $\vec{c}$ und $\vec{d}$ gehören, und drei Vektoren $\vec{w}_1$, $\vec{w}_2$ und $\vec{w}_3$, für die dies nicht gilt.

Entwickeln sie ein einfaches Verfahren zu entscheiden, ob ein Vektor $v \in V_4$ zu H oder nicht zu H gehört.

$$\vec{a} = \begin{pmatrix} 1 \\ -1 \\ 0 \\ 1 \end{pmatrix}, \ \vec{b} = \begin{pmatrix} -1 \\ 1 \\ 1 \\ 0 \end{pmatrix}, \ \vec{c} = \begin{pmatrix} 1 \\ 1 \\ 0 \\ 0 \end{pmatrix}, \ \vec{d} = \begin{pmatrix} 0 \\ 0 \\ 1 \\ 1 \end{pmatrix}$$

A4 **Erzeugendensysteme**

Versuchen Sie auf wenigsten zwei unterschiedlichen Arten zu zeigen, dass E_1 und E_2 den gleichen Vektorraum erzeugen.

$$E_1 = \left\{ \begin{pmatrix} 1 \\ 2 \\ 3 \end{pmatrix}, \begin{pmatrix} 2 \\ 0 \\ 1 \end{pmatrix}, \begin{pmatrix} 3 \\ 2 \\ 1 \end{pmatrix} \right\}, \ E_2 = \left\{ \begin{pmatrix} 1 \\ 0 \\ 2 \end{pmatrix}, \begin{pmatrix} 2 \\ 3 \\ 4 \end{pmatrix}, \begin{pmatrix} 4 \\ 3 \\ 2 \end{pmatrix} \right\}.$$

Gleiche Hülle

Wir bearbeiten den Auftrag **A2**.

Für die lineare Hülle H der Vektoren $\vec{a} = \begin{pmatrix} 1 \\ -2 \\ 0 \end{pmatrix}, \vec{b} = \begin{pmatrix} 0 \\ 2 \\ -4 \end{pmatrix}$ und $\vec{c} = \begin{pmatrix} 1 \\ -1 \\ -2 \end{pmatrix}$ gilt:

$$H = \langle \vec{a}; \vec{b}; \vec{c} \rangle = \{ \vec{v} | \vec{v} = r_1 \vec{a} + r_2 \vec{b} + r_3 \vec{c} \ \text{mit} \ r_1, r_2, r_3 \in \mathbb{R} \}.$$

Um festzustellen, ob H auch bereits durch zwei dieser Vektoren aufgespannt wird, liegt es nahe zu untersuchen, ob sich einer der Vektoren $\vec{a}$, $\vec{b}$ oder $\vec{c}$ aus den beiden anderen linear kombinieren lässt, ob also das Tupel $(\vec{a} \,|\, \vec{b} \,|\, \vec{c})$ linear abhängig ist. Die Gleichung

$$r_1 \vec{a} + r_2 \vec{b} + r_3 \vec{c} = \vec{0}$$

hat genau dann eine nicht-triviale Lösung, wenn dies für das Gleichungssystem

$$\begin{pmatrix} 1 & 0 & 1 \\ -2 & 2 & -1 \\ 0 & -4 & -2 \end{pmatrix} \begin{pmatrix} r_1 \\ r_2 \\ r_3 \end{pmatrix} = \begin{pmatrix} 0 \\ 0 \\ 0 \end{pmatrix} \text{ gilt.}$$

Wir formen daher die erweiterte Matrix dieses Gleichungssystems mit dem Gaußverfahren um. Dabei ergibt sich schrittweise:

$$\left(\begin{array}{rrr|r} 1 & 0 & 1 & 0 \\ -2 & 2 & -1 & 0 \\ 0 & -4 & -2 & 0 \end{array}\right) \begin{array}{l} \cdot 2 \\ \cdot 1 \end{array} \rightarrow \left(\begin{array}{rrr|r} 1 & 0 & 1 & 0 \\ 0 & 2 & 1 & 0 \\ 0 & -4 & -2 & 0 \end{array}\right) \begin{array}{l} \cdot 2 \\ \cdot 1 \end{array} \rightarrow \left(\begin{array}{rrr|r} 1 & 0 & 1 & 0 \\ 0 & 2 & 1 & 0 \\ 0 & 0 & 0 & 0 \end{array}\right).$$

Die zur letzten Zeile der letzten Matrix gehörende Gleichung $0 \cdot r_1 + 0 \cdot r_2 + 0 \cdot r_3 = 0$ ist allgemeingültig. Mit $r_3 = t$ erhält man aus der vorletzten Gleichung $2r_2 + t = 0$, also $r_2 = -\frac{t}{2}$, und aus der ersten Gleichung $r_1 + t = 0$, also $r_1 = -t$. Das Gleichungssystem hat damit die Lösung

$$\begin{pmatrix} r_1 \\ r_2 \\ r_3 \end{pmatrix} = \begin{pmatrix} -t \\ -\frac{t}{2} \\ t \end{pmatrix} = t \begin{pmatrix} -1 \\ -\frac{1}{2} \\ 1 \end{pmatrix} \quad \text{mit } t \in \mathbb{R}.$$

Wählt man z. B. $t = 1$, ergibt sich

$$-\vec{a} - \tfrac{1}{2}\vec{b} + \vec{c} = \vec{0} \Rightarrow \vec{c} = \vec{a} + \tfrac{1}{2}\vec{b}.$$

Das Tupel $(\vec{a}\,|\,\vec{b}\,|\,\vec{c})$ ist linear abhängig; der Vektor $\vec{c}$ lässt sich aus den Vektoren $\vec{a}$ und $\vec{b}$ linear kombinieren.

Ist nun $\vec{v}$ ein beliebiger Vektor aus der linearen Hülle $H = \langle \vec{a}; \vec{b}; \vec{c} \rangle$, dann gilt:

$$\begin{aligned} \vec{v} &= r_1\vec{a} + r_2\vec{b} + r_3\vec{c} \\ &= r_1\vec{a} + r_2\vec{b} + r_3\left(\vec{a} + \tfrac{1}{2}\vec{b}\right) \\ &= r_1\vec{a} + r_2\vec{b} + r_3\vec{a} + \tfrac{1}{2}r_3\vec{b} \\ &= (r_1 + r_3)\vec{a} + \left(r_2 + \tfrac{1}{2}r_3\right)\vec{b}. \end{aligned}$$

Also lässt sich jeder Vektor $\vec{v} \in H$ bereits aus $\vec{a}$ und $\vec{b}$ linear kombinieren, d. h. es gilt:

$$\langle \vec{a}; \vec{b}; \vec{c} \rangle = \langle \vec{a}; \vec{b} \rangle.$$

Aus der Gleichung $-\vec{a} - \frac{1}{2}\vec{b} + \vec{c} = \vec{0}$ kann man ebenso herleiten, dass $\vec{a}$ sich aus $\vec{b}$ und $\vec{c}$ und gleichfalls $\vec{b}$ aus $\vec{a}$ und $\vec{c}$ linear erzeugen lässt, dass also gilt:

$$H = \langle \vec{a}; \vec{b}; \vec{c} \rangle = \langle \vec{a}; \vec{b} \rangle = \langle \vec{b}; \vec{c} \rangle = \langle \vec{a}; \vec{c} \rangle.$$

Allgemein halten wir fest:

Satz 6.7 Lässt man aus einem Erzeugendensystem $\{\vec{v}_1, \vec{v}_2, \vec{v}_3, \ldots, \vec{v}_n\}$ eines Vektorraums V einen Vektor weg, der sich aus den übrigen erzeugen lässt, so bildet die Menge der restlichen Vektoren ebenfalls ein Erzeugendensystem von V. ■

Beweis: Es sei z. B. der Vektor $\vec{v}_n$ aus den Vektoren $\vec{v}_1, \vec{v}_2, \vec{v}_3, \ldots, \vec{v}_{n-1}$ erzeugbar:

$$\vec{v}_n = r_1\,\vec{v}_1 + r_2\,\vec{v}_2 + r_3\,\vec{v}_3 + \cdots + r_{n-1}\,\vec{v}_{n-1}.$$

Ist $\vec{v}$ ein beliebiger Vektor aus V, gilt also

$$\vec{v} = s_1\,\vec{v}_1 + s_2\,\vec{v}_2 + s_3\,\vec{v}_3 + \cdots + s_n\,\vec{v}_n,$$

so ergibt sich durch Einsetzen der Darstellung für $\vec{v}_n$:

$$\begin{aligned}\vec{v} &= s_1\,\vec{v}_1 + s_2\,\vec{v}_2 + s_3\,\vec{v}_3 + \cdots + s_{n-1}\,\vec{v}_{n-1} + s_n(r_1\,\vec{v}_1 + r_2\,\vec{v}_2 + r_3\,\vec{v}_3 + \cdots + r_{n-1}\,\vec{v}_{n-1})\\ &= (s_1 + s_n r_1)\,\vec{v}_1 + (s_2 + s_n r_2)\,\vec{v}_2 + (s_3 + s_n r_3)\,\vec{v}_3 + \cdots + (s_{n-1} + s_n r_{n-1})\,\vec{v}_{n-1},\end{aligned}$$

d. h., $\vec{v}$ ist auch aus $\vec{v}_1, \vec{v}_2, \vec{v}_3, \ldots, \vec{v}_{n-1}$ erzeugbar; q. e. d.

Der Begriff Basis

Wenn ein Vektorraum V ein endliches Erzeugendensystem besitzt, so lässt sich dieses auf die geschilderte Weise so weit reduzieren, dass die Vektoren des verbleibenden Erzeugendensystems linear unabhängig sind. Wir sehen dabei von dem trivialen Sonderfall des Vektorraums ab, der nur aus dem Nullvektor besteht.

Wir definieren:

Definition 6.7 **Basis eine Vektorraumes**
Ein aus n linear unabhängigen Vektoren $\vec{v}_1, \vec{v}_2, \vec{v}_3, \ldots, \vec{v}_n$ bestehendes Erzeugendensystem eines Vektorraums V heißt eine „**Basis** von V“. Die Vektoren $\vec{v}_1, \vec{v}_2, \vec{v}_3, \ldots, \vec{v}_n$ bilden also genau dann eine Basis des Vektorraums V, wenn gilt.
1) $\langle \vec{v}_1; \vec{v}_2; \vec{v}_3; \ldots; \vec{v}_n \rangle = V$.
2) Das n-Tupel $(\vec{v}_1 | \vec{v}_2 | \vec{v}_3 | \ldots | \vec{v}_n)$ ist linear unabhängig. ■

Beispiele

1. Die Vektoren $\vec{e}_1 = \begin{pmatrix}1\\0\end{pmatrix}$ und $\vec{e}_2 = \begin{pmatrix}0\\1\end{pmatrix}$ bilden eine Basis des Vektorraums V_2; denn $(\vec{e}_1|\vec{e}_2)$ ist linear unabhängig und $\langle \vec{e}_1; \vec{e}_2 \rangle = V_2$. ■

2. Auch die Vektoren $\vec{v}_1 = \begin{pmatrix}1\\1\end{pmatrix}$ und $\vec{v}_2 = \begin{pmatrix}1\\-2\end{pmatrix}$ bilden eine Basis des Vektorraums V_2 (Aufgabe 2, Seite 296). ■

3. Die Vektoren $\vec{e}_1 = \begin{pmatrix}1\\0\\0\end{pmatrix}$, $\vec{e}_2 = \begin{pmatrix}0\\1\\0\end{pmatrix}$ und $\vec{e}_3 = \begin{pmatrix}0\\0\\1\end{pmatrix}$ bilden eine Basis des Vektorraums V_3;

   ebenso bilden die Vektoren $\vec{v}_1 = \begin{pmatrix}1\\1\\0\end{pmatrix}$, $\vec{v}_2 = \begin{pmatrix}1\\0\\1\end{pmatrix}$ und $\vec{v}_3 = \begin{pmatrix}0\\1\\1\end{pmatrix}$ eine Basis von V_3 (Aufgabe 3, Seite 296). ■

4. Die Vektoren $\vec{v}_1 = \begin{pmatrix} 1 \\ 0 \\ 1 \end{pmatrix}$ und $\vec{v}_2 = \begin{pmatrix} 0 \\ 0 \\ 1 \end{pmatrix}$ bilden eine Basis des Vektorraums $V = \langle \vec{v}_1; \vec{v}_2 \rangle$;

auch die Vektoren $\vec{w}_1 = \begin{pmatrix} 1 \\ 0 \\ 1 \end{pmatrix}$ und $\vec{w}_2 = \begin{pmatrix} -1 \\ 0 \\ 0 \end{pmatrix}$ bilden eine Basis dieses Vektorraums. ■

Nach den verstehenden Überlegungen ist klar, das eine Basis keine „überflüssigen" Vektoren enthält. Es gilt der Satz:

Satz 6.8 Wenn aus der Basis eines Vektorraums V ein Vektor weggelassen wird, so bilden die restlichen Vektoren keine Basis von V. ■

Der Beweis soll in Aufgabe 12 a (Seite 298) geführt werden. Aus der Definition der Basis eines Vektorraums V folgt unmittelbar der Satz:

Satz 6.9 Ist $\{\vec{v}_1, \vec{v}_2, \vec{v}_3, \ldots, \vec{v}_n\}$ eine Basis eines Vektorraums V, so ist jeder Vektor $\vec{v} \in V$ aus den Basisvektoren auf genau eine Weise erzeugbar:
$\vec{v} = \lambda_1 \vec{v}_1 + \lambda_2 \vec{v}_2 + \lambda_3 \vec{v}_3 + \cdots + \lambda_n \vec{v}_n$. ■

Der Beweis soll in Aufgabe 12 b (Seite 298) geführt werden.

Falls V nicht nur den Nullvektor enthält, $V \neq \{\vec{0}\}$, gilt auch die Umkehrung von Satz 6.9:

Satz 6.10 Falls V nicht nur den Nullvektor enthält und jeder Vektor $\vec{v} \in V$ aus den Vektoren $\vec{v}_1, \vec{v}_2, \vec{v}_3, \ldots, \vec{v}_n$ auf genau eine Weise erzeugbar ist, stellt $\{\vec{v}_1, \vec{v}_2, \vec{v}_3, \ldots, \vec{v}_n\}$ eine Basis des Vektorraums V dar. ■

Beweis: Dass $\{\vec{v}_1, \vec{v}_2, \vec{v}_3, \ldots, \vec{v}_n\}$ ein Erzeugendensystem von V ist, ergibt sich unmittelbar aus der Voraussetzung, dass jeder Vektor $\vec{v} \in V$ aus den Vektoren $\vec{v}_1, \vec{v}_2, \vec{v}_3, \ldots, \vec{v}_n$ erzeugt werden kann. Es bleibt zu zeigen, dass das n-Tupel $(\vec{v}_1 | \vec{v}_2 | \vec{v}_3 | \ldots | \vec{v}_n)$ linear unabhängig ist. Wir nehmen an, dies sei nicht der Fall. Dann müsste es einen Vektor $\vec{v}$ mit $1 \leq i \leq n$ geben, z. B. den Vektor $\vec{v}_n$, der aus den übrigen erzeugbar ist:

$$\vec{v}_n = r_1 \vec{v}_1 + r_2 \vec{v}_2 + r_3 \vec{v}_3 + \cdots + r_{n-1} \vec{v}_{n-1}.$$

Da außerdem gilt:

$$\vec{v}_n = 0 \vec{v}_1 + 0 \vec{v}_2 + 0 \vec{v}_3 + \cdots + 0 \vec{v}_{n-1} + 1 \vec{v}_n,$$

wäre der Vektor $\vec{v}_n$ im Widerspruch zur Voraussetzung auf mehrfache Weise aus $\vec{v}_1, \vec{v}_2, \vec{v}_3, \ldots, \vec{v}_n$ erzeugbar.

Der Begriff der Dimension

Bei unseren Beispielen für Vektorräume (Seiten 291/292) haben wir festgestellt, dass ein Vektorraum V verschiedene Basen hat und dass diese Basen jeweils aus gleich vielen Vektoren bestehen. So bilden $\vec{e}_1 = \binom{1}{0}$ und $\vec{e}_2 = \binom{0}{1}$ sowie $\vec{v}_1 = \binom{1}{1}$ und $\vec{v}_2 = \binom{1}{-2}$ jeweils eine Basis des Vektorraums V_2. Basen des Vektorraum V_3 bilden z. B. jeweils die folgenden Vektoren:

1) $\vec{e}_1 = \begin{pmatrix} 1 \\ 0 \\ 0 \end{pmatrix}, \quad \vec{e}_2 = \begin{pmatrix} 0 \\ 1 \\ 0 \end{pmatrix}, \quad \vec{e}_3 = \begin{pmatrix} 0 \\ 0 \\ 1 \end{pmatrix};$

2) $\vec{v}_1 = \begin{pmatrix} 1 \\ 1 \\ 0 \end{pmatrix}, \quad \vec{v}_2 = \begin{pmatrix} 1 \\ 0 \\ 1 \end{pmatrix}, \quad \vec{v}_3 = \begin{pmatrix} 0 \\ 1 \\ 1 \end{pmatrix};$ (Aufgabe 3 a, Seite 296)

3) $\vec{w}_1 = \begin{pmatrix} 1 \\ 0 \\ 0 \end{pmatrix}, \quad \vec{w}_2 = \begin{pmatrix} 1 \\ 1 \\ 0 \end{pmatrix}, \quad \vec{w}_3 = \begin{pmatrix} 1 \\ 1 \\ 1 \end{pmatrix}.$ (Aufgabe 3 b, Seite 296)

Es liegt daher nahe zu vermuten, dass alle Basen eines Vektorraums V aus gleich vielen Vektoren gebildet werden. Eine Idee, dies zu begründen, ist, eine Basis Schritt für Schritt in eine andere umzuformen. Es gilt der **Austauschsatz**:

Satz 6.11 Ist $\{\vec{v}_1; \vec{v}_2; \vec{v}_3; \ldots; \vec{v}_n\}$ eine Basis eines Vektorraums V und gilt für einen Vektor $\vec{w} \in V$
$\vec{w} = r_1\vec{v}_1 + r_2\vec{v}_2 + r_3\vec{v}_3 + \cdots + r_k\vec{v}_k + \cdots + r_m\vec{v}_n$ mit $r_k \neq 0$,
so ist auch $\{\vec{v}_1; \vec{v}_2; \vec{v}_3; \ldots; \vec{v}_{k-1}; \vec{w}; \vec{v}_{k+1}; \ldots; \vec{v}_n\}$ eine Basis von V. ■

Beweis: Wir denken uns die Basisvektoren so nummeriert, dass $k = 1$ und somit $r_1 \neq 0$ gilt.
Wir haben zu zeigen, dass dann

1) die Menge $\{\vec{w}, \vec{v}_2, \vec{v}_3, \ldots, \vec{v}_n\}$ ein Erzeugendensystem von V bildet;
2) das n-Tupel $(\vec{w}|\vec{v}_2|\vec{v}_3|\ldots|\vec{v}_n)$ linear unabhängig ist.

Zu 1): Da $\{\vec{v}_1; \vec{v}_2; \vec{v}_3; \ldots; \vec{v}_n\}$ eine Basis von V ist, lässt sich jeder Vektor $\vec{v} \in V$ aus diesen Vektoren linear erzeugen:

$$\vec{v} = s_1\vec{v}_1 + s_2\vec{v}_2 + s_3\vec{v}_3 + \cdots + s_n\vec{v}_n \quad \text{mit} \quad s \in \mathbb{R} \text{ für } 1 \leq i \leq n.$$

Für den Vektor $\vec{w}$ gilt:

$$\vec{w} = r_1\vec{v}_1 + r_2\vec{v}_2 + r_3\vec{v}_3 + \cdots + r_n\vec{v}_n \quad \text{mit} \quad r_1 \neq 0$$
$$\Rightarrow -r_1\vec{v}_1 = -\vec{w} + r_2\vec{v}_2 + r_3\vec{v}_3 + \cdots + r_n\vec{v}_n \Rightarrow \vec{v}_1 = \tfrac{1}{r_1}\vec{w} - \tfrac{r_2}{r_1}\vec{v}_2 - \tfrac{r_2}{r_1}\vec{v}_3 - \cdots - \tfrac{r_n}{r_1}\vec{v}_n.$$

Setzt man dies in die Gleichung für $\vec{v}$ ein, ergibt sich:

$$\vec{v} = s_1\left(\tfrac{1}{r_1}\vec{w} - \tfrac{r_2}{r_1}\vec{v}_2 - \tfrac{r_3}{r_1}\vec{v}_3 - \cdots - \tfrac{r_n}{r_1}\vec{v}_n\right) + s_2\vec{v}_2 + s_3\vec{v}_3 + \cdots + s_n\vec{v}_n$$
$$= \tfrac{s_1}{r_1}\vec{w} + \left(s_2 - \tfrac{r_2}{r_1}\right)\vec{v}_2 + \left(s_3 - \tfrac{r_3}{r_1}\right)\vec{v}_3 + \cdots + \left(s_n - \tfrac{r_n}{r_1}\right)\vec{v}_n.$$

Also lässt sich jeder Vektor $v \in V$ aus $\vec{w}, \vec{v}_2, \vec{v}_3, \ldots, \vec{v}_n$ linear kombinieren.

Zu 2): Es ist zu zeigen, dass aus $s_1\vec{w}+s_2\vec{v}_2+s_3\vec{v}_3+\cdots+s_n\vec{v}_n=0$ folgt:

$$s_1=s_2=s_3=\cdots=s_n=0.$$

Es gilt: $s_1\vec{w}+s_2\vec{v}_2+s_3\vec{v}_3+\cdots+s_n\vec{v}_n=0$

$$\Rightarrow\ s_1(r_1\vec{v}_1+r_2\vec{v}_2+r_3\vec{v}_3+\cdots+r_n\vec{v}_n)+s_2\vec{v}_2+s_3\vec{v}_3+\cdots+s_n\vec{v}_n=0$$
$$\Rightarrow\ (s_1r_1)\vec{v}_1+(s_1r_2+s_2)\vec{v}_2+(s_1r_3+s_3)\vec{v}_3+\cdots+(s_1r_n+s_n)\vec{v}_n=0$$

Da das n-Tupel $(\vec{v}_1|\vec{v}_2|\vec{v}_3\ldots|\vec{v}_n)$ linear unabhängig ist, folgt aus der letzten Gleichung

$$s_1r_1=0 \quad\text{und}\quad s_1r_2+s_2=0 \quad\text{und}\quad s_1r_3+s_3=0\ldots \quad\text{und}\quad s_1r_n+s_n=0.$$

Wegen $r_1\neq 0$ ergibt sich daraus

$$s_1=0 \quad\text{und}\quad s_2=0 \quad\text{und}\quad s_3=0\ldots \quad\text{und}\quad s_n=0,$$

d. h., das n-Tupel $(\vec{w}\,|\,\vec{v}_2\,|\,\vec{v}_3|\ldots|\,\vec{v}_n)$ ist – wie behauptet – linear unabhängig; q. e. d.

Mit diesem Austauschverfahren kann man nun eine Basis $A=\{a_1;a_2;a_3;\ \ldots;a_3\}$ in eine andere Basis $B=\{b_1;b_2;b_3;\ \ldots;b_n\}$ Schritt für Schritt umformen, woraus sich $n=m$ ergibt.

Satz 6.12 Sind $A=\{\vec{a}_1;\vec{a}_2;\vec{a}_3;\ \ldots;\vec{a}_n\}$ und $B=\{\vec{b}_1;\vec{b}_2;\vec{b}_3;\ \ldots;\vec{b}_m\}$ zwei Basen eines Vektorraums, so gilt $n=m$. ■

Beweis: Wir tauschen schrittweise die Vektoren von A durch die Vektoren von B aus.

1. Schritt: Für den Vektor $\vec{b}_1$ gilt $\vec{b}_1=r_1\vec{a}_1+r_2\vec{a}_2+\cdots+r_n\vec{a}_n$. Dabei ist wenigstens eine der Zahlen $r_1, r_2, \ldots, r_n$ von 0 verschieden, weil sonst $\vec{b}_1=\vec{0}$ und die Vektoren von B nicht linear unabhängig wären. Es sei etwa $r_1\neq 0$. Alle anderen Fälle können durch Umnummerierung der Vektoren von A auf diesen zurückgeführt werden. Dann ist nach Satz auch $\{\vec{b}_1;\vec{a}_2;\vec{a}_3;\ \ldots;\vec{a}_n\}$ eine Basis von V.

2. Schritt: Für den Vektor $\vec{b}_2$ gilt $\vec{b}_2=s_1\vec{b}_1+s_2\vec{a}_2+\cdots+s_n\vec{a}_n$. Wäre $s_2=s_3=\cdots=s_n=0$, so wäre $\vec{b}_2=s_1\vec{b}_1$; die Vektoren von B wären dann nicht linear unabhängig. Ist z. B. $s_2\neq 0$, dann ist nach Satz 6.11 auch $\{\vec{b}_1;\vec{b}_2;\vec{a}_3;\ \ldots;\vec{a}_n\}$ eine Basis von V. Alle anderen Fälle, z. B. $s_3\neq 0$, können wieder durch Umnummerierung der Vektoren von A auf diesen zurückgeführt werden.
Durch Fortsetzung dieses Verfahrens erhält man im n-ten Schritt, dass $\{\vec{b}_1;\vec{b}_2;\ \ldots;\vec{b}_n\}$ eine Basis von V ist.

Wäre nun $m>n$, so müsste auch $\vec{b}_m$ durch diese Basis linear erzeugbar sein:

$$\vec{b}_m=r_1\vec{b}_1+r_2\vec{b}_2+\cdots+r_n\vec{b}_n.$$

Dies widerspricht aber der Voraussetzung, dass $(\vec{b}_1|\vec{b}_2|\ldots|\vec{b}_m)$ linear unabhängig ist; q. e. d.

Nach diesem Satz kann man definieren:

Definition 6.8 **Dimension**
Besitzt ein Vektorraum V eine endliche Basis, so heißt die allen Basen von V gemeinsame Anzahl n von Vektoren die „**Dimension** von V“, in Zeichen „$\dim V$“. ■

Mit diesem Begriff können wir die Basen eines endlichen Vektorraums einfach beschreiben.

Satz 6.13 Sind n Vektoren $\vec{v}_1, \vec{v}_2, \ldots, \vec{v}_n$ eines n-dimensionalen Vektorraums V linear unabhängig, so ist $B = \{\vec{v}_1; \vec{v}_2; \ldots; \vec{v}_n\}$ eine Basis von V. ■

Beweis: Da der Vektorraum n-dimensional ist, hat V eine Basis $A = \{\vec{a}_1; \vec{a}_2; \vec{a}_3; \ldots; \vec{a}_n\}$. Nun kann man – wie im Beweis von Satz 6.12 – die Elemente von B schrittweise durch die von A ersetzen und erhält im letzten Schritt, dass $B = \{\vec{v}_1; \vec{v}_2; \ldots; \vec{v}_n\}$ eine Basis von V ist.

Aus diesem Satz folgt unmittelbar:

Satz 6.14 Ist V ein n-dimensionaler Vektorraum, dann ist jedes $(n+1)$-Tupel $(\vec{v}_1 | \vec{v}_2 | \ldots | \vec{v}_n | \vec{v}_{n+1})$ mit $\vec{v}_i \in V$ für $1 \leq i \leq n+1$ linear abhängig. ■

Der Beweis soll in Aufgabe 12 c (Seite 298) geführt werden.

Wir fassen zusammen

ZUSAMMENFASSUNG

Ein aus n linear unabhängigen Vektoren $\vec{v}_1, \vec{v}_2, \ldots, \vec{v}_n$ bestehendes Erzeugendensystem eines Vektorraums V heißt eine **Basis von V** (Definition 6.7).

Ist $\{\vec{v}_1; \vec{v}_2; \vec{v}_3; \ldots; \vec{v}_n\}$ eine Basis eines Vektorraums V, so ist jeder Vektor $\vec{v} \in V$ aus diesen Basisvektoren auf genau eine Weise erzeugbar (Satz 6.9).

Es gilt der **Austauschsatz** (Satz 6.11):

Ist $\{\vec{v}_1; \vec{v}_2; \vec{v}_3; \ldots; \vec{v}_n\}$ eine Basis eines Vektorraums V und gilt für einen Vektor $\vec{w} \in V$

$$\vec{w} = r_1 \vec{v}_1 + r_2 \vec{v}_2 + \cdots + r_k \vec{v}_k + \cdots + r_n \vec{v}_n \quad \text{mit } r_k \neq 0,$$

so ist auch $\{\vec{v}_1; \vec{v}_2; \ldots; \vec{v}_{k-1}; \vec{w}; \vec{v}_{k+1}; \ldots; \vec{v}_n\}$ eine Basis von V.

Sind $A = \{\vec{a}_1; \vec{a}_2; \ldots; \vec{a}_n\}$ und $B = \{\vec{b}_1; \vec{b}_2; \ldots; \vec{b}_m\}$ zwei Basen eines Vektorraums, so gilt $n = m$ (Satz 6.12).

Aufgrund dieses Sachverhaltes definiert man:

Besitzt ein Vektorraum V eine endliche Basis, so heißt die allen Basen von V gemeinsame Anzahl n von Vektoren die **Dimension von V** kurz $\dim V$ (Definition 6.8).

Ist das n-Tupel $(\vec{v}_1 | \vec{v}_2 | \ldots | \vec{v}_n)$ von Vektoren eines n-dimensionalen Vektorraums V linear unabhängig, so ist $\{\vec{v}_1; \vec{v}_2; \ldots; \vec{v}_n\}$ eine Basis von V (Satz 6.13), während $n+1$ Vektoren aus V stets linear abhängig sind (Satz 6.14).

1 Zeigen Sie, dass die angegebenen Vektoren ein Erzeugendensystem des Vektorraums V_3 bilden.

a) $\begin{pmatrix}1\\1\\1\end{pmatrix}; \begin{pmatrix}0\\1\\1\end{pmatrix}; \begin{pmatrix}0\\0\\1\end{pmatrix}$ **b)** $\begin{pmatrix}1\\1\\0\end{pmatrix}; \begin{pmatrix}1\\0\\1\end{pmatrix}; \begin{pmatrix}0\\1\\1\end{pmatrix}$ **c)** $\begin{pmatrix}1\\2\\3\end{pmatrix}; \begin{pmatrix}3\\1\\2\end{pmatrix}; \begin{pmatrix}2\\3\\1\end{pmatrix}; \begin{pmatrix}3\\2\\1\end{pmatrix}$

2 Zeigen Sie, dass die angegebenen Vektoren eine Basis des V_2 bilden.

a) $\begin{pmatrix}1\\1\end{pmatrix}; \begin{pmatrix}1\\-2\end{pmatrix}$ **b)** $\begin{pmatrix}1\\2\end{pmatrix}; \begin{pmatrix}2\\3\end{pmatrix}$ **c)** $\begin{pmatrix}-1\\2\end{pmatrix}; \begin{pmatrix}2\\-1\end{pmatrix}$ **d)** $\begin{pmatrix}-1\\-3\end{pmatrix}; \begin{pmatrix}-2\\-4\end{pmatrix}$

3 Untersuchen Sie, ob die angegebenen Vektoren eine Basis des V_3 bilden.

a) $\begin{pmatrix}1\\1\\0\end{pmatrix}; \begin{pmatrix}1\\0\\1\end{pmatrix}; \begin{pmatrix}0\\1\\1\end{pmatrix}$ **b)** $\begin{pmatrix}1\\0\\0\end{pmatrix}; \begin{pmatrix}1\\1\\1\end{pmatrix}; \begin{pmatrix}1\\1\\1\end{pmatrix}$ **c)** $\begin{pmatrix}2\\-1\\0\end{pmatrix}; \begin{pmatrix}0\\-1\\2\end{pmatrix}; \begin{pmatrix}-1\\1\\-1\end{pmatrix}$

4 Ergänzen Sie die angegebenen Vektoren zu einer Basis des V_3.

a) $\begin{pmatrix}1\\1\\1\end{pmatrix}; \begin{pmatrix}1\\1\\0\end{pmatrix}$ **b)** $\begin{pmatrix}-1\\1\\0\end{pmatrix}; \begin{pmatrix}1\\2\\0\end{pmatrix}$ **c)** $\begin{pmatrix}1\\0\\3\end{pmatrix}; \begin{pmatrix}3\\0\\1\end{pmatrix}$ **d)** $\begin{pmatrix}5\\4\\5\end{pmatrix}; \begin{pmatrix}4\\5\\4\end{pmatrix}$

5 Zeigen Sie, dass die angegebenen Vektoren ein Erzeugendensystem des V_3 bilden. Streichen Sie dann Vektoren so weg, dass die restlichen eine Basis des V_3 bilden. Wie viele Möglichkeiten zu streichen gibt es?

a) $\begin{pmatrix}1\\2\\3\end{pmatrix}; \begin{pmatrix}1\\4\\9\end{pmatrix}; \begin{pmatrix}1\\8\\27\end{pmatrix}; \begin{pmatrix}1\\16\\81\end{pmatrix}$ **c)** $\begin{pmatrix}-1\\0\\1\end{pmatrix}; \begin{pmatrix}0\\1\\2\end{pmatrix}; \begin{pmatrix}1\\2\\3\end{pmatrix}; \begin{pmatrix}2\\3\\4\end{pmatrix}; \begin{pmatrix}3\\4\\6\end{pmatrix}$

b) $\begin{pmatrix}1\\2\\3\end{pmatrix}; \begin{pmatrix}1\\3\\6\end{pmatrix}; \begin{pmatrix}1\\4\\8\end{pmatrix}; \begin{pmatrix}1\\5\\10\end{pmatrix}$ **d)** $\begin{pmatrix}1\\1\\1\end{pmatrix}; \begin{pmatrix}1\\1\\0\end{pmatrix}; \begin{pmatrix}1\\0\\1\end{pmatrix}; \begin{pmatrix}0\\1\\1\end{pmatrix}; \begin{pmatrix}0\\0\\1\end{pmatrix}; \begin{pmatrix}0\\0\\0\end{pmatrix}$

6 Bestimmen Sie eine Basis des Vektorraums M aller (2,2) Matrizen (vergleiche Aufgabe 4 auf Seite 284).

7 Zeigen Sie, dass U ein Untervektorraum des V_4 ist, und ermitteln Sie eine Basis von U.

a) $U = \left\{ \begin{pmatrix}x_1\\x_2\\x_3\\x_4\end{pmatrix} \middle| x_1 = 0 \right\}$ **b)** $U = \left\{ \begin{pmatrix}x_1\\x_2\\x_3\\x_4\end{pmatrix} \middle| x_1 = 2x_2 \right\}$ **c)** $U = \left\{ \begin{pmatrix}x_1\\x_2\\x_3\\x_4\end{pmatrix} \middle| 2x_1 - x_3 + 2x_4 = 0 \right\}$

d) $U = \left\{ \begin{pmatrix}x_1\\x_2\\x_3\\x_4\end{pmatrix} \middle| x_1 + x_2 = x_3 + x_4 \right\}$ **e)** $U = \left\{ \begin{pmatrix}x_1\\x_2\\x_3\\x_4\end{pmatrix} \middle| x_1 = -x_2 \wedge x_3 = -x_4 \right\}$

8 **a)** Zeigen Sie: Sind f_0 eine konstante, f_1 eine lineare und f_2 eine quadratische Funktion, so bilden f_0, f_1 und f_2 eine Basis des Vektorraums P_2 aller ganzrationalen Funktionen vom Grade kleiner oder gleich 2, falls f_0 nicht die Nullfunktion ist.

b) Untersuchen Sie, ob jede Basis des P_2 eine konstante, eine lineare und eine quadratische Funktion enthält.

9 Bestimmen Sie eine Basis des Vektorraums P_n aller ganzrationalen Funktionen vom Grade kleiner oder gleich n.

10 Zeigen Sie mit einem Widerspruchsbeweis, dass der Vektorraum P aller ganzrationaler Funktionen keine endliche Basis besitzt.

11 Eine (3,3) -Matrix heißt magisch, wenn alle drei Zeilensummen, alle drei Spaltensummen und die beiden Diagonalsummen übereinstimmen.

Beispiel: $M = \begin{pmatrix} 4 & 9 & 2 \\ 3 & 5 & 7 \\ 8 & 1 & 6 \end{pmatrix}$

a) Zeigen Sie, dass die magischen (3,3)-Matrizen mit den üblichen Verknüpfungen einen Vektorraum bilden.

b) Zeigen Sie, dass die Matrizen A, B und C eine Basis dieses Vektorraums bilden:

$$A = \begin{pmatrix} 1 & 1 & 1 \\ 1 & 1 & 1 \\ 1 & 1 & 1 \end{pmatrix}, \quad B = \begin{pmatrix} -1 & 1 & 0 \\ 1 & 0 & -1 \\ 0 & -1 & 1 \end{pmatrix}, \quad C = \begin{pmatrix} 0 & 1 & -1 \\ -1 & 0 & 1 \\ 1 & -1 & 0 \end{pmatrix}.$$

c) Der Bildausschnitt aus dem Kupferstich Melancholia von Albrecht Dürer (1471–1528) zeigt eine magische (4,4)-Matrix, aus der unten das Entstehungsjahr 1514 abzulesen ist. Ermitteln Sie die Dimension des Vektorraums aller magischen (4,4)-Matrizen.

Bild 297/1: Bildausschnitt

Bild 297/2: Kupferstich Melancholia (1514)

AUFGABEN

12 **a)** Beweisen Sie Satz 6.8.
b) Beweisen Sie Satz 6.9.
c) Beweisen Sie Satz 6.14.

13 **a)** Die Vektoren $\vec{a}_1 = \begin{pmatrix} 1 \\ 0 \end{pmatrix}$ und $\vec{a}_2 = \begin{pmatrix} 0 \\ 1 \end{pmatrix}$ bilden eine Basis des V_2. Zeigen Sie: Ist $\vec{b} \in V_2$ ein Vektor mit $\vec{b} = r_1\vec{a}_1 + r_2\vec{a}_2$ (mit $r_1 \in \mathbb{R}$ und $r_2 \in \mathbb{R}_{\neq 0}$), so bilden auch die Vektoren $\vec{a}_1$ und $\vec{b}$ eine Basis von V_2. Begründen Sie, dass dies für $r_2 = 0$ nicht gilt.

b) Die Vektoren $\vec{a}_1 = \begin{pmatrix} 1 \\ 0 \\ 0 \end{pmatrix}$, $\vec{a}_2 = \begin{pmatrix} 1 \\ 0 \\ 1 \end{pmatrix}$ und $\vec{a}_3 = \begin{pmatrix} 0 \\ 1 \\ 1 \end{pmatrix}$ bilden eine Basis des V_3. Zeigen Sie:

Ist $\vec{b} \in V_3$ ein Vektor mit $\vec{b} = r_1\vec{a}_1 + r_2\vec{a}_2 + r_3\vec{a}_3$ (mit $r_1, r_3 \in \mathbb{R}$ und $r_2 \in \mathbb{R}_{\neq 0}$), so bilden auch die Vektoren $\vec{a}_1, \vec{b}, \vec{a}_3$ eine Basis des V_3.

14 Die Vektoren $\begin{pmatrix} 1 \\ 0 \\ 0 \\ 0 \end{pmatrix}, \begin{pmatrix} 0 \\ 1 \\ 0 \\ 0 \end{pmatrix}, \begin{pmatrix} 0 \\ 0 \\ 1 \\ 0 \end{pmatrix}, \begin{pmatrix} 0 \\ 0 \\ 0 \\ 1 \end{pmatrix}$ bilden eine Basis des V_4. Ermitteln Sie mithilfe des Satzes 6.10 drei weitere Basen des V_4.

15 Zeigen Sie mithilfe des Satzes 6.11, dass die folgenden Vektoren eine Basis des V_4 bilden.

a) $\begin{pmatrix} 1 \\ 0 \\ 0 \\ 0 \end{pmatrix}; \begin{pmatrix} 1 \\ 1 \\ 0 \\ 0 \end{pmatrix}; \begin{pmatrix} 1 \\ 1 \\ 1 \\ 0 \end{pmatrix}; \begin{pmatrix} 1 \\ 1 \\ 1 \\ 1 \end{pmatrix}$

b) $\begin{pmatrix} 1 \\ 1 \\ 0 \\ 0 \end{pmatrix}; \begin{pmatrix} 0 \\ 1 \\ 1 \\ 0 \end{pmatrix}; \begin{pmatrix} 0 \\ 0 \\ 1 \\ 1 \end{pmatrix}; \begin{pmatrix} 1 \\ 0 \\ 0 \\ 1 \end{pmatrix}$

c) $\begin{pmatrix} 1 \\ 2 \\ 3 \\ 4 \end{pmatrix}; \begin{pmatrix} 1 \\ 3 \\ 4 \\ 5 \end{pmatrix}; \begin{pmatrix} 1 \\ 3 \\ 5 \\ 6 \end{pmatrix}; \begin{pmatrix} 1 \\ 3 \\ 5 \\ 7 \end{pmatrix}$

16 Bestimmen Sie die Dimension der folgenden Untervektorräume des V_5.

a) $\left\langle \begin{pmatrix} -1 \\ 1 \\ -1 \\ 1 \\ -1 \end{pmatrix}; \begin{pmatrix} 1 \\ 0 \\ 1 \\ 0 \\ 1 \end{pmatrix}; \begin{pmatrix} 0 \\ -1 \\ 0 \\ -1 \\ 0 \end{pmatrix} \right\rangle$

b) $\left\langle \begin{pmatrix} 1 \\ 2 \\ 3 \\ 4 \\ 5 \end{pmatrix}; \begin{pmatrix} 2 \\ 3 \\ 4 \\ 5 \\ 6 \end{pmatrix}; \begin{pmatrix} 2 \\ 3 \\ 5 \\ 6 \\ 7 \end{pmatrix}; \begin{pmatrix} 4 \\ 5 \\ 6 \\ 7 \\ 8 \end{pmatrix} \right\rangle$

c) $\left\langle \begin{pmatrix} 1 \\ 1 \\ 1 \\ 1 \\ 1 \end{pmatrix}; \begin{pmatrix} 1 \\ 2 \\ 3 \\ 4 \\ 5 \end{pmatrix}; \begin{pmatrix} 1 \\ 4 \\ 9 \\ 16 \\ 25 \end{pmatrix}; \begin{pmatrix} 1 \\ 8 \\ 27 \\ 64 \\ 125 \end{pmatrix} \right\rangle$

d) $\left\{ \begin{pmatrix} x_1 \\ x_2 \\ x_3 \\ x_4 \\ x_5 \end{pmatrix} \middle| \, x_1 + x_2 + x_3 + x_4 + x_5 = 0 \right\}$

17 Zeigen Sie, dass der Vektorraum N aller Nullfolgen (vergleiche Aufgabe 6c, Seite 284) keine endliche Basis besitzt.

6.5 Klassifikation linearer Gleichungssysteme

A1 Ernte

Wenden Sie die Sätze aus dem Abschnitt 6.4 auf den Vektorraum S an, der durch die Spaltenvektoren der (n, n)-Matrix A eines linearen Gleichungssystems $A\vec{x} = \vec{b}$ gebildet wird.

Welche Aussagen über die Lösbarkeit von $A\vec{x} = \vec{b}$ erhalten Sie im Fall $\vec{b} = \vec{0}$ und im Fall $\vec{b} \neq \vec{0}$?

A2 Ein Anfang

Untersuchen Sie, welche Gleichungssysteme $A\vec{x} = \vec{b}$ mit einer Matrix $A = \begin{pmatrix} a & b \\ c & d \end{pmatrix}$ lösbar, eindeutig lösbar, nicht lösbar sind.

Bestimmen Sie gegebenenfalls die Lösungsmenge.

Versuchen Sie Ihre Ergebnisse auf den Fall zu erweitern, dass A eine $(3,3)$-Matrix ist.

A3 Konstruktion

Konstruieren Sie je ein lineares Gleichungssystem $A\vec{x} = \vec{b}$ mit einer $(4,4)$-Matrix A mit $a_{ij} \neq 0$ für $1 \leq i, j \leq 4$, das

I) eindeutig lösbar ist;
II) lösbar, aber nicht eindeutig lösbar ist;
III) nicht lösbar ist.

Wie sind Sie dabei vorgegangen?

Quadratisch genügt

Wir bearbeiten den Auftrag **A1 Ernte**. Um lineare Gleichungssysteme $A\vec{x} = \vec{b}$ zu klassifizieren, genügt es, solche mit einer quadratischen Matrix A zu betrachten. Hat ein Gleichungssystem $B\vec{x} = \vec{b}$ keine quadratische Matrix B, so kann B durch Ergänzung von Nullzeilen oder Nullspalten zu einer quadratischen Matrix A erweitert werden.

Im ersten Fall hat dies keine Auswirkungen auf die Lösungsmenge, im zweiten wird das Gleichungssystem mit Variablen $x_{r+1}, x_{r+2}, \ldots, x_n$ aufgefüllt, die aber alle den Koeffizienten Null haben, also das Gleichungssystem nur formal erweitern.

Der Spaltenraum

Wir betrachten nun den „**Spaltenraum**" S, der durch die Spalten der (n, n)-Matrix eines linearen Gleichungssystems aufgespannt wird:

$$S = \langle \vec{s}_1; \vec{s}_2; \vec{s}_3; \ldots; \vec{s}_n \rangle.$$

Nach Satz 6.5 ist S ein Vektorraum und zwar ein Untervektorraum des n-dimensionalen Vektorraums V_n. Die Dimension von S ist der Spaltenrang von A. Im Fall $\dim S = n$ gilt $S = V_n$.

Das lineare Gleichungssystem $A\vec{x}=\vec{b}$ ist genau dann lösbar, wenn $\vec{b}\in S$ gilt; denn dann gilt:

$$\vec{b}=x_1\begin{pmatrix}a_{11}\\ \vdots\\ a_{n1}\end{pmatrix}+x_2\begin{pmatrix}a_{12}\\ \vdots\\ a_{n2}\end{pmatrix}+\cdots+x_n\begin{pmatrix}a_{1n}\\ \vdots\\ a_{nn}\end{pmatrix}$$

und damit

$$\vec{b}=\begin{pmatrix}a_{11} & \dots & a_{1n}\\ \vdots & & \vdots\\ a_{n1} & \dots & a_{nn}\end{pmatrix}\begin{pmatrix}x_1\\ \vdots\\ x_n\end{pmatrix}=A\vec{x}.$$

Homogene lineare Gleichungssysteme

Lineare Gleichungssysteme der Form $A\vec{x}=\vec{0}$ bezeichnet man als **homogen**. Nach dem Untervektorraumkriterium (Satz 6.5) bildet die Lösungsmenge L_H eines solchen Systems stets einen Untervektorraum $U_H\subseteq V_n$. Denn mit $\vec{x}_1,\vec{x}_2\in L_H$ gilt:

$$A\vec{x}_1=\vec{0}\quad\text{und}\quad A\vec{x}_2=\vec{0}\quad\text{und daher}\quad A(\vec{x}_1+\vec{x}_2)=A\vec{x}_1+A\vec{x}_2=\vec{0}+\vec{0}=\vec{0},$$

also $\vec{x}_1+\vec{x}_2\in L_H$. Ebenso folgt aus $\vec{x}\in L_H$ und $r\in\mathbb{R}$:

$$A\vec{x}=\vec{0}\quad\text{und damit}\quad A(r\vec{x})=r(A\vec{x})=r\cdot\vec{0}=\vec{0}.$$

Hat der Spaltenraum S einer (n,n)-Matrix die Dimension n, so sind die Spaltenvektoren linear unabhängig, d. h. aus der Gleichung

$$A\vec{x}=x_1\begin{pmatrix}a_{11}\\ \vdots\\ a_{n1}\end{pmatrix}+x_2\begin{pmatrix}a_{12}\\ \vdots\\ a_{n2}\end{pmatrix}+\cdots+x_n\begin{pmatrix}a_{1n}\\ \vdots\\ a_{nn}\end{pmatrix}=\vec{0}$$

folgt $x_1=x_2=\cdots=x_n=0$. Das homogene lineare Gleichungssystem $A\vec{x}=\vec{0}$ hat daher in diesem Fall genau eine Lösung, nämlich $\vec{x}=\vec{0}$.

Hat der Spaltenraum S einer (n,n)-Matrix A eines homogenen linearen Gleichungssystems $A\vec{x}=\vec{0}$ die Dimension $r<n$, dann kann man der Menge der Spaltenvektoren $\{\vec{s}_1;\vec{s}_2;\ \dots;\vec{s}_n\}$ nur r linear unabhängige Vektoren entnehmen.

Der Einfachheit halber denken wir uns die Spaltenvektoren von A so nummeriert, dass das r-Tupel $(\vec{s}_1\,|\,\vec{s}_2\,|\dots|\,\vec{s}_r)$ linear unabhängig ist, also nach Satz 6.13 eine Basis von S bildet.

Das Gleichungssystem $A\vec{x}=\vec{0}$ können wir dann schreiben in der Form:

$$x_1\vec{s}_1+x_2\vec{s}_2+\cdots+x_r\vec{s}_r+\underbrace{x_{r+1}\vec{s}_{r+1}+\cdots+x_n\vec{s}_n}_{=\vec{v}\in S}=\vec{0}$$
$$\Rightarrow\quad x_1\vec{s}_1+x_2\vec{s}_2+\cdots+x_r\vec{s}_r=-\vec{v}.$$

Diese Gleichung ist immer lösbar und sogar eindeutig lösbar, da $\{\vec{s}_1;\vec{s}_2;\ \dots;\vec{s}_r\}$ eine Basis von S ist und mit $\vec{v}\in S$ auch $-\vec{v}\in S$ gilt.

Zu jedem Vektor $\vec{v} \in S$ mit $\vec{v} = x_{r+1}\vec{s}_{r+1} + \cdots + x_n\vec{s}_n$ gibt es also genau eine Lösung des Gleichungssystems $A\vec{x} = \vec{0}$. Bei den Lösungsvektoren

$$\vec{x} = \begin{pmatrix} x_1 \\ \vdots \\ x_r \\ x_{r+1} \\ \vdots \\ x_n \end{pmatrix}$$

des Systems kann man daher die Komponenten $x_{r+1}, \ldots, x_n$ frei wählen, während die Komponenten $x_1, \ldots, x_r$ sich dann aus dieser Wahl eindeutig ergeben.

Da die Lösungsmenge L_H einen Vektorraum bildet, liegt es nahe, eine Basis von L_H zu bestimmen. Jeden Lösungsvektor $\vec{x}$ kann man folgendermaßen linear erzeugen:

$$\vec{x} = \begin{pmatrix} x_1 \\ \vdots \\ x_r \\ x_{r+1} \\ \vdots \\ x_n \end{pmatrix} = x_{r+1}\begin{pmatrix} * \\ \vdots \\ * \\ 1 \\ 0 \\ 0 \\ \vdots \\ 0 \end{pmatrix} + x_{r+2}\begin{pmatrix} * \\ \vdots \\ * \\ 0 \\ 1 \\ 0 \\ \vdots \\ 0 \end{pmatrix} + \cdots + x_n\begin{pmatrix} * \\ \vdots \\ * \\ 0 \\ 0 \\ \vdots \\ 0 \\ 1 \end{pmatrix},$$

wobei die Sternchen $*$ für Zahlen stehen, die sich aus der Wahl der Zahlen für $x_{r+1}, \ldots, x_n$ eindeutig ergeben. Da die $n-r$ Vektoren auf der rechten Seite der letzten Gleichung offensichtlich linear unabhängig sind und sich jeder Lösungsvektor $\vec{x}$ eindeutig aus ihnen erzeugen lässt, bilden diese Vektoren eine Basis von L_H. Der Lösungsraum L_H des homogenen Gleichungssystems $A\vec{x} = \vec{0}$ hat also im Fall $\dim S = r$ die Dimension $n-r$.

Wir halten fest:

Satz 6.15

Lösungseigenschaften homogener linearer Gleichungssysteme

Jedes homogene lineare Gleichungssystem $A\vec{x} = \vec{0}$ mit einer (n, n)-Matrix A ist lösbar.

1. Hat der Spaltenraum S von A die Dimension n, so hat das System nur die triviale Lösung $\vec{x} = \vec{0}$.
2. Hat der Spaltenraum S von A die Dimension $r < n$, so hat der Lösungsraum L_H die Dimension $n-r$. ■

Inhomogene lineare Gleichungssysteme

Gleichungssysteme der Form $A\vec{x}=\vec{b}$ mit $\vec{b}\neq\vec{0}$ bezeichnet man als **inhomogen**.

Hat der Spaltenraum S der (n,n)-Matrix A die Dimension n, so bilden die n Spaltenvektoren $\{s_1; s_2; \ldots; s_n\}$ eine Basis des Vektorraums V_n.

Nach Satz 6.9 kann jeder Vektor $\vec{b}\in V_n$ aus den Basisvektoren eindeutig linear erzeugt werden. Die Gleichung

$$A\vec{x}=x_1\vec{s}_1+x_2\vec{s}_2+\cdots+x_n\vec{s}_n=\vec{b}$$

ist damit für alle $\vec{b}\in V_n$ eindeutig lösbar.

Hat der Spaltenraum S der (n,n)-Matrix A die Dimension $r<n$, so hat das Gleichungssystem $A\vec{x}=\vec{b}$ nach Satz 6.2 nur im Fall Rang $A=$ Rang $(A\,|\,\vec{b})$ eine Lösung, also wenn die Dimension des Spaltenraumes $S=\langle\vec{s}_1;\vec{s}_2;\ldots;\vec{s}_n\rangle$ gleich der Dimension des Raumes $\langle\vec{s}_1;\vec{s}_2;\ldots;\vec{s}_n;\vec{b}\rangle$ ist, wenn also der Spaltenraum und der um den Vektor $\vec{b}$ erweiterte Spaltenraum die gleiche Dimension haben. Ist das System lösbar und ist $\vec{x}=\vec{v}_I$ eine Lösung, dann gilt für die Lösungsmenge L_I nach Satz 6.4

$$L_I=\{\vec{v}\,|\,\vec{v}=\vec{v}_I+\vec{v}_H \text{ mit } \vec{v}_H\in L_H\}.$$

Bilden die Vektoren $\vec{v}_{r+1}, \ldots, \vec{v}_n$ eine Basis des Lösungsraums L_H des homogenen Systems, dann lassen sich alle Lösungen $\vec{v}$ des inhomogenen Systems schreiben in der Form

$$\vec{v}=\vec{v}_I+s_{r+1}\vec{v}_{r+1}+s_{r+2}\vec{v}_{r+2}+\cdots+s_n\vec{v}_n \quad \text{mit } s_i\in\mathbb{R} \text{ für } r+1\leq i\leq n.$$

Wir halten fest:

Satz 6.16

Lösungseigenschaften inhomogener linearer Gleichungssysteme

1. Hat der Spaltenraum S der (n,n)-Matrix A des inhomogenen linearen Gleichungssystems $A\vec{x}=\vec{b}$ die Dimension n, so ist das Gleichungssystem eindeutig lösbar.

2. Gilt $\dim S=r<n$, so ist das inhomogene Gleichungssystem $A\vec{x}=\vec{b}$ genau dann lösbar, wenn $\dim S=\dim\langle\vec{s}_1;\vec{s}_2;\ldots;\vec{b}\rangle$ gilt, also der Spaltenraum und der um den Vektor b erweiterte Spaltenraum die gleiche Dimension haben. Ist in diesem Fall $\vec{v}_I$ eine Lösung von $A\vec{x}=\vec{b}$ und bilden die Vektoren $\vec{v}_{r+1}, \ldots, \vec{v}_n$ eine Basis des Lösungsraums des zugehörigen homogenen Systems $A\vec{x}=\vec{0}$, so gilt für die Lösungsmenge L_I des inhomogenen Systems

$$L_I=\{\vec{v}\,|\,\vec{v}=\vec{v}_I+s_{r+1}\vec{v}_{r+1}+\cdots+s_n\vec{v}_n \text{ mit } s_i\in\mathbb{R} \text{ für } r+1\leq i\leq n\}.$$ ■

Der Zeilenraum

Ebenso wie den Spaltenraum S, den die Spaltenvektoren der zu einem linearen Gleichungssystem gehörenden (n,n)-Matrix A aufspannen, kann man auch den Zeilenraum Z betrachten, den die Zeilenvektoren $\vec{z}_1, \vec{z}_2, \vec{z}_3, \ldots, \vec{z}_n$ aufspannen:

$$Z=\langle\vec{z}_1;\vec{z}_2;\vec{z}_3;\ldots;\vec{z}_n\rangle.$$

Wie der Spaltenraum S ist auch der Zeilenraum Z ein Untervektorraum des n-dimensionalen Vektorraums V_n. Die Dimension des Zeilenraums ist nach Definition 6.2 der Rang der Matrix A.

Lässt das Gaußverfahren den Rang einer Matrix unverändert?

Im Abschnitt 6.1 (Seite 266) war die Frage offen geblieben, ob die Umformungen des Gaußverfahrens den Rang einer Matrix unverändert lassen, ob also die Dimension des Zeilenraums bei diesen Schritten erhalten bleibt.

Es liegt nahe zu vermuten, dass bei den Gaußumformungen nicht nur die Dimension des Zeilenraums erhalten bleibt, sondern dieser Raum selbst. Bei jeder Umformung wird – ähnlich wie im Austauschsatz 6.11 – einer der Zeilenvektoren durch einen anderen ersetzt. Wir wollen zeigen, dass der Zeilenraum Z vor der Ersetzung und der Zeilenraum Z' danach gleich sind: $Z = Z'$.

Beim Gaußverfahren werden folgende Grundschritte und deren Kombinationen angewandt:

1 Vertauschen zweier Zeilen;

2 Multiplikation eines Zeilenvektors mit einer von Null verschiedenen Zahl r;

3 Ersetzen eines Zeilenvektors durch die Summe aus diesem Vektor und einem anderen Zeilenvektor.

Wir haben also zu zeigen:

1 $Z = \langle \vec{z}_1; \vec{z}_2; \ldots; \vec{z}_i; \ldots; \vec{z}_j; \ldots; \vec{z}_n \rangle = \langle \vec{z}_1; \vec{z}_2; \ldots; \vec{z}_j; \ldots; \vec{z}_i; \ldots; \vec{z}_n \rangle = Z'$,

2 $Z = \langle \vec{z}_1; \vec{z}_2; \ldots; \vec{z}_i; \ldots; \vec{z}_n \rangle = \langle \vec{z}_1; \vec{z}_2; \ldots; r\vec{z}_i; \ldots; \vec{z}_n \rangle = Z'$ $(r \neq 0)$,

3 $Z = \langle \vec{z}_1; \vec{z}_2; \ldots; \vec{z}_i; \ldots; \vec{z}_j; \ldots; \vec{z}_n \rangle = \langle \vec{z}_1; \vec{z}_2; \ldots; \vec{z}_i; \ldots; \vec{z}_j + \vec{z}_i; \ldots; \vec{z}_n \rangle = Z'$.

1 gilt aufgrund der Definition der linearen Hülle.

Zu 2 :
$$
\begin{aligned}
\vec{v} \in Z \Rightarrow \vec{v} &= r_1 \vec{z}_1 + \cdots + r_i \vec{z}_i + \cdots + r_n \vec{z}_n \\
&= r_1 \vec{z}_1 + \cdots + \tfrac{r_i}{r}(r\vec{z}_i) + \cdots + r_n \vec{z}_n \Rightarrow \vec{v} \in Z' \\
\vec{v} \in Z' \Rightarrow \vec{v} &= r_1 \vec{z}_1 + \cdots + r_i(r\vec{z}_i) + \cdots + r_n \vec{z}_n \\
&= r_1 \vec{z}_1 + \cdots + (r_i r)\vec{z}_i + \cdots + r_n \vec{z}_n \Rightarrow \vec{v} \in Z.
\end{aligned}
$$

Zu 3 :
$$
\begin{aligned}
\vec{v} \in Z \Rightarrow \vec{v} &= r_1 \vec{z}_1 + \cdots + r_i \vec{z}_i + \cdots + r_j \vec{z}_j + \cdots + r_n \vec{z}_n \\
&= r_i \vec{z}_1 + \cdots + (r_i - r_j)\, z_i + \cdots + r_j(\vec{z}_j + \vec{z}_i) + \cdots + r_n \vec{z}_n \Rightarrow \vec{v} \in Z' \\
\vec{v} \in Z' \Rightarrow \vec{v} &= r_1 \vec{z}_1 + \cdots + r_i \vec{z}_i + \cdots + r_j(\vec{z}_j + \vec{z}_i) + \cdots + r_n \vec{z}_n \\
&= r_i \vec{z}_1 + \cdots + (r_i + r_j)\vec{z}_i + \cdots + r_j \vec{z}_j + \cdots + r_n \vec{z}_n \Rightarrow \vec{v} \in Z
\end{aligned}
$$

Die Umformungen des Gaußverfahrens lassen also den Zeilenraum unverändert und damit auch dessen Dimension.

Hat das Gaußverfahren Auswirkungen auf den Spaltenrang, also die Dimension des Spaltenraums?

Man kann die Frage auf unterschiedliche Weise beantworten:

allgemein: Würde der Spaltenrang sich ändern, dann änderte sich nach Satz 6.15 auch die Dimension des Lösungsraums L_H des homogenen Gleichungssystems $A\vec{x} = \vec{0}$. Da aber das Gaußverfahren die Lösungsmenge eines Gleichungssystems unverändert lässt, muss es auch den Spaltenrang unverändert lassen.

oder mehr technisch: Lässt sich ein Spaltenvektor aus den anderen kombinieren, dann gilt dies auch nach einer Gaußumformung. Gilt z. B.

$$\vec{s}_3 = 2\vec{s}_1 - 3\vec{s}_4 = \begin{pmatrix} a_{13} \\ \vdots \\ a_{n3} \end{pmatrix} = 2\begin{pmatrix} a_{11} \\ \vdots \\ a_{n1} \end{pmatrix} - 3\begin{pmatrix} a_{14} \\ \vdots \\ a_{n4} \end{pmatrix},$$

dann gilt diese Gleichung weiterhin, wenn man in den drei Spaltenvektoren die i-te mit der j-ten Komponente vertauscht oder die i-te Komponente mit einer Zahl $r \neq 0$ multipliziert. Addiert man in den drei Spaltenvektoren jeweils die $i$te zu der j-ten Komponente, so bleibt die Gleichung ebenfalls gültig.

Die lineare Abhängigkeit bzw. Unabhängigkeit von Spaltenvektoren bleibt also erhalten.

Die Umformungen des Gaußverfahrens ändern damit weder den Rang einer Matrix noch ihren Spaltenrang. Will man diese Ränge bestimmen, kann man daher die Matrix so lang mit dem Gaußverfahren umformen, bis man sie an der umgeformten Matrix ablesen kann. Wir kommen darauf noch einmal in Abschnitt 6.6 zurück.

ZUSAMMENFASSUNG

Wir fassen zusammen

Entscheidend für die **Lösbarkeit** eines linearen Gleichungssystems $A\vec{x} = \vec{b}$ mit einer (n, n)-Matrix A sind die Dimensionen des Spaltenraums S der Matrix A und die Dimension des Spaltenraums S' der erweiterten Matrix $(A \mid \vec{b})$.

- Im Fall $\dim S = n$ ist das lineare Gleichungssystem $A\vec{x} = \vec{b}$ eindeutig lösbar.
- Im Fall $\dim S = r < n$ ist das lineare Gleichungssystem $A\vec{x} = \vec{b}$ genau dann lösbar, wenn $\dim S = \dim S'$ gilt.
  Da dies bei homogenen Gleichungssystemen $A\vec{x} = \vec{0}$ stets der Fall ist, ist jedes homogene System lösbar: der Lösungsraum L_H ist ein $(n-r)$-dimensionaler Vektorraum.
  Ist $\vec{v}_I$ eine Lösung des inhomogenen Systems $A\vec{x} = \vec{b}$, dann gilt für die Menge L_I aller Lösungen dieses Systems:

  $$L_I = \{\vec{v} \mid \vec{v} = \vec{v}_I + \vec{v}_H \text{ mit } \vec{v}_H \in L_H\}.$$

Der Zeilenraum einer Matrix A bleibt bei den Umformungen des Gaußverfahrens unverändert und damit auch seine Dimension, also der Rang der Matrix A.

1 **a)** Zeigen Sie: Fügt man der Matrix A eines linearen Gleichungssystems eine Nullzeile an, dann hat dies keinen Einfluss auf den Rang der Matrix und ihren Spaltenrang und keinen Einfluss auf die Lösungsmenge des Gleichungssystems.

b) Zeigen Sie: Fügt man der Matrix A eines linearen Gleichungssystems eine Nullspalte an, dann hat dies keinen Einfluss auf den Rang der Matrix und ihren Spaltenrang. Ändert sich durch die eingefügte Nullspalte die Lösungsmenge?

2 Konstruieren Sie – wenn möglich – ein homogenes lineares Gleichungssystem $A\vec{x}=\vec{0}$, das die Lösungsmenge L_H hat.

a) $L_H=\emptyset$

b) $L_H=\left\{r\begin{pmatrix}2\\3\\1\end{pmatrix} \text{ mit } r\in\mathbb{R}\right\}$

c) $L_H=\left\{r\begin{pmatrix}2\\1\\0\end{pmatrix}+s\begin{pmatrix}3\\0\\1\end{pmatrix} \text{ mit } r,s\in\mathbb{R}\right\}$

d) $L_H=\left\{r\begin{pmatrix}1\\2\\0\end{pmatrix}+s\begin{pmatrix}3\\0\\1\end{pmatrix} \text{ mit } r,s\in\mathbb{R}\right\}$

3 Konstruieren Sie – wenn möglich – ein inhomogenes lineares Gleichungssystem $A\vec{x}=\vec{b}$, das die Lösungsmenge L_I hat.

a) $L_I=\emptyset$

b) $L_I=\{\vec{0}\}$

c) $L_I=\left\{\begin{pmatrix}2\\1\\-1\end{pmatrix}\right\}$

d) $L_I=\left\{\begin{pmatrix}2\\1\\-1\end{pmatrix}+r\begin{pmatrix}0\\1\\1\end{pmatrix} \text{ mit } r\in\mathbb{R}\right\}$

e) $L_I=\left\{\begin{pmatrix}1\\2\\-1\end{pmatrix}+r\begin{pmatrix}0\\1\\1\end{pmatrix}+s\begin{pmatrix}-2\\0\\1\end{pmatrix} \text{ mit } r,s\in\mathbb{R}\right\}$

f) $L_I=\left\{r\begin{pmatrix}1\\0\\-1\end{pmatrix}+s\begin{pmatrix}2\\1\\3\end{pmatrix} \text{ mit } r,s\in\mathbb{R}\right\}$

4 Untersuchen Sie, ob die Lösungsmenge L_I eines inhomogenen Gleichungssystems $A\vec{x}=\vec{b}$ ein Vektorraum sein kann.

5 Konstruieren Sie ein homogenes Gleichungssystem $A\vec{x}=\vec{0}$, für dessen Lösungsmenge L_H gilt:

a) $\dim L_H=1$ **b)** $\dim L_H=2$ **c)** $\dim L_H=3$ **d)** $\dim L_H=4$

6 **a)** Zeigen Sie: Ist das Gleichungssystem $\begin{pmatrix}a&b\\c&d\end{pmatrix}\vec{x}=\vec{v}$ eindeutig lösbar, dann ist auch das Gleichungssystem $\begin{pmatrix}a&c\\b&d\end{pmatrix}\vec{x}=\vec{v}$ eindeutig lösbar.

b) Formulieren und beweisen Sie einen entsprechenden Satz für Gleichungssystem $A\vec{x}=\vec{b}$ mit einer $(3{,}3)$-Matrix A.

Rang- und Spaltenrang

7 Zeigen Sie: Kann man einen Zeilenvektor einer (3,3)-Matrix A aus den anderen beiden linear kombinieren, dann kann man auch einen Spaltenvektor aus den anderen beiden Spaltenvektoren linear kombinieren.

8 **a)** Fügen Sie der Matrix $M = \begin{pmatrix} 1 & 2 & 3 \\ 0 & 2 & -1 \end{pmatrix}$ einen Zeilenvektor an, der sich aus den ersten beiden Zeilenvektoren linear kombinieren lässt. Welche Auswirkung hat dies auf den Rang der Matrix und ihren Spaltenrang?

b) Fügen Sie der Matrix $M = \begin{pmatrix} 1 & 2 & 3 \\ 0 & 2 & -1 \end{pmatrix}$ einen Zeilenvektor an, der sich aus den ersten beiden Zeilenvektoren nicht linear kombinieren lässt. Welche Auswirkung hat dies auf den Rang der Matrix und ihren Spaltenrang?

c) Bearbeiten Sie a) und b) allgemein für eine (2,3)-Matrix.

9 Bestimmen Sie den Rang und den Spaltenrang der Matrix M.

a) $M = \begin{pmatrix} 1 & 2 & 3 \\ 4 & 5 & 6 \\ 7 & 8 & 9 \end{pmatrix}$ **c)** $M = \begin{pmatrix} -1 & 0 & 1 \\ 0 & 1 & -1 \\ -1 & 1 & 0 \end{pmatrix}$ **e)** $M = \begin{pmatrix} 1 & 2 & 3 \\ 1 & 4 & 9 \\ 1 & 8 & 27 \end{pmatrix}$

b) $M = \begin{pmatrix} 1 & 2 & 3 \\ 4 & 5 & 6 \\ 7 & 8 & -9 \end{pmatrix}$ **d)** $M = \begin{pmatrix} -1 & 0 & 1 \\ 0 & 1 & -1 \\ 1 & -1 & 0 \end{pmatrix}$ **f)** $M = \begin{pmatrix} 1 & 1 & 1 \\ 0 & 2 & 2 \\ 0 & 0 & 3 \end{pmatrix}$

10 Konstruieren Sie eine (3,4)-Matrix mit dem Rang 1 (2; 3) und bestimmen Sie ihren Spaltenrang.

11 Konstruieren Sie eine (4,3)-Matrix mit dem Spaltenrang 1 (2; 3) und bestimmen sie ihren Rang.

12 Zeigen Sie, dass bei jeder (2,2)-Matrix der Rang und der Spaltenrang gleich sind.

13 **a)** Untersuchen Sie, welche Beziehung zwischen $\operatorname{rg} A + \operatorname{rg} B$ und $\operatorname{rg}(A+B)$ besteht.

b) Untersuchen Sie, welche Beziehungen zwischen $\operatorname{rg} A \cdot \operatorname{rg} B$ und $\operatorname{rg} AB$ besteht.

14 Führen Sie die Untersuchung von Aufgabe 13 für den Spaltenrang durch.

15 **a)** Zeigen Sie, dass bei der Matrix M der Rang und der Spaltenrang gleich sind.

$$M = \begin{pmatrix} 1 & -1 & 3 & 2 & 0 \\ 0 & 2 & 1 & -3 & 2 \\ 0 & 0 & 3 & 2 & 2 \end{pmatrix}$$

b) Verallgemeinern Sie den Sachverhalt aus Aufgabe 15 a), formulieren Sie einen Satz und beweisen Sie ihn.

6.6 Das Lösen linearer Gleichungssysteme

AUFTRÄGE

A1 Gauß vor Schwierigkeiten?

Lösen Sie die Gleichungssysteme $A\vec{x}=\vec{b}$ und $C\vec{x}=\vec{d}$ mit dem Gaußverfahren. Wo treten Schwierigkeiten auf? Wie kann man sie überwinden?

$$A=\begin{pmatrix}1&2&3&4\\1&2&4&3\\0&1&2&3\\3&2&1&0\end{pmatrix},\ \vec{b}=\begin{pmatrix}4\\2\\2\\4\end{pmatrix};\quad C=\begin{pmatrix}1&2&3&4\\-1&-2&4&-2\\-2&-4&0&0\\3&6&-1&2\end{pmatrix},\ \vec{d}=\begin{pmatrix}2\\4\\-6\\10\end{pmatrix}$$

A2 Eine Beschreibung

Beschreiben Sie mit eigenen Worten das Gaußverfahren. Denken Sie dabei an einen interessierten aber unkundigen Leser. Ziehen Sie bei Ihrer Erläuterung auch geeignete Beispiele heran.

A3 Gauß – beispielhaft

Lösen Sie die drei Gleichungssysteme mit dem Gaußverfahren.

$$\begin{pmatrix}1&-1&2&3\\-3&2&-1&1\\2&1&1&0\\3&-2&4&1\end{pmatrix}\vec{x}=\begin{pmatrix}4\\1\\1\\3\end{pmatrix},\quad \begin{pmatrix}1&-1&2&3&5\\-3&2&-1&1&-1\\2&1&1&0&4\\1&-2&1&1&1\\1&0&3&5&9\end{pmatrix}\vec{x}=\begin{pmatrix}2\\-2\\4\\0\\4\end{pmatrix},\quad \begin{pmatrix}1&2&3&4\\-3&-6&0&3\\-1&-2&1&-2\\2&4&1&-3\end{pmatrix}\vec{x}=\begin{pmatrix}3\\-6\\-2\\7\end{pmatrix}.$$

A4 Eine Ranguntersuchung

Untersuchen Sie die Zeilen- und die Spaltenvektoren der Matrix A auf lineare Abhängigkeit. Bestimmen Sie den Rang der Matrix A und ihren Spaltenrang.

$$A=\begin{pmatrix}0&1&-1&0&1\\-1&0&2&1&0\\1&-1&0&2&0\\1&-2&-5&8&1\end{pmatrix}$$

A5 Gleichrangig

Bestimmen Sie bei mehreren (2,2)- und (3,3)-Matrizen jeweils den Rang und den Spaltenrang. Sehen Sie einen Zusammenhang? Untersuchen Sie ebenso (2,3)- und (3,2)-Matrizen.

Ermitteln der Lösungsmengen

Wir bearbeiten den Auftrag A3.

Beispiel 1

Um das Gleichungssystem $A\vec{x}=\vec{b}$ mit $A=\begin{pmatrix}1&-1&2&3\\-3&2&-1&1\\2&1&1&0\\3&-2&4&1\end{pmatrix}$ und $\vec{b}=\begin{pmatrix}4\\1\\1\\3\end{pmatrix}$ zu lösen, formen wir die erweiterte Matrix $(A\,|\,\vec{b})$ schrittweise so um, dass die Diagonalelemente – in der ersten, zweiten, dritten und vierten Spalte – gleich 1 und alle anderen Elemente gleich null sind.

$$\left(\begin{array}{rrrr|r} 1 & -1 & 2 & 3 & 4 \\ -3 & 2 & -1 & 1 & 1 \\ 2 & 1 & 1 & 0 & 1 \\ 3 & -2 & 4 & 1 & 3 \end{array}\right) \begin{array}{l} \downarrow \cdot 3 \;\; \cdot 1 \\ \downarrow \cdot(-2) \;\; \cdot 1 \\ \downarrow \cdot(-3) \;\; \cdot 1 \end{array} \rightarrow \left(\begin{array}{rrrr|r} 1 & -1 & 2 & 3 & 4 \\ 0 & -1 & 5 & 10 & 13 \\ 0 & 3 & -3 & -6 & -7 \\ 0 & 1 & -2 & -8 & -9 \end{array}\right) \cdot(-1)$$

$$\rightarrow \left(\begin{array}{rrrr|r} 1 & -1 & 2 & 3 & 4 \\ 0 & 1 & -5 & -10 & -13 \\ 0 & 3 & -3 & -6 & -7 \\ 0 & 1 & -2 & -8 & -9 \end{array}\right) \begin{array}{l} \uparrow \cdot 1 \;\; \cdot 1 \\ \downarrow \cdot(-3) \;\; \cdot 1 \\ \downarrow \cdot(-1) \;\; \cdot 1 \end{array} \rightarrow \left(\begin{array}{rrrr|r} 1 & 0 & -3 & -7 & -9 \\ 0 & 1 & -5 & -10 & -13 \\ 0 & 0 & 12 & 24 & 32 \\ 0 & 0 & 3 & 2 & 4 \end{array}\right) \cdot \tfrac{1}{12}$$

$$\rightarrow \left(\begin{array}{rrrr|r} 1 & 0 & -3 & -7 & -9 \\ 0 & 1 & -5 & -10 & -13 \\ 0 & 0 & 1 & 2 & \frac{8}{3} \\ 0 & 0 & 3 & 2 & 4 \end{array}\right) \begin{array}{l} \uparrow \cdot 1 \;\; \cdot 3 \\ \uparrow \cdot 1 \;\; \cdot 5 \\ \downarrow \cdot(-3) \;\; \cdot 1 \end{array} \rightarrow \left(\begin{array}{rrrr|r} 1 & 0 & 0 & -1 & -1 \\ 0 & 1 & 0 & 0 & \frac{1}{3} \\ 0 & 0 & 1 & 2 & \frac{8}{3} \\ 0 & 0 & 0 & -4 & -4 \end{array}\right) \cdot\left(-\tfrac{1}{4}\right)$$

$$\rightarrow \left(\begin{array}{rrrr|r} 1 & 0 & 0 & -1 & -1 \\ 0 & 1 & 0 & 0 & \frac{1}{3} \\ 0 & 0 & 1 & 2 & \frac{8}{3} \\ 0 & 0 & 0 & 1 & 1 \end{array}\right) \begin{array}{l} \uparrow \cdot 1 \;\; \cdot 1 \\ \uparrow \cdot 1 \;\; \cdot(-2) \end{array} \rightarrow \left(\begin{array}{rrrr|r} 1 & 0 & 0 & 0 & 0 \\ 0 & 1 & 0 & 0 & \frac{1}{3} \\ 0 & 0 & 1 & 0 & \frac{2}{3} \\ 0 & 0 & 0 & 1 & 1 \end{array}\right)$$

Das lineare Gleichungssystem $A\vec{x} = \vec{b}$ ist damit eindeutig lösbar und hat die Lösung $\vec{x} = \begin{pmatrix} 0 \\ \frac{1}{3} \\ \frac{2}{3} \\ 1 \end{pmatrix}$.

Beispiel 2

Zur Bestimmung der Lösungsmenge des Gleichungssystems $A\vec{x} = \vec{b}$ mit

$$A = \begin{pmatrix} 1 & -1 & 2 & 3 & 5 \\ -3 & 2 & -1 & 1 & -1 \\ 2 & 1 & 1 & 0 & 4 \\ 1 & -2 & 1 & 1 & 1 \\ 1 & 0 & 3 & 5 & 9 \end{pmatrix} \quad \text{und} \quad \vec{b} = \begin{pmatrix} 2 \\ -2 \\ 4 \\ 0 \\ 4 \end{pmatrix}$$

gehen wir ebenso vor und notieren dabei nur die umgeformten Matrizen mit den jeweils fertiggestellten Spalten.

$$\left(\begin{array}{rrrrr|r} 1 & -1 & 2 & 3 & 5 & 2 \\ -3 & 2 & -1 & 1 & -1 & -2 \\ 2 & 1 & 1 & 0 & 4 & 4 \\ 1 & -2 & 1 & 1 & 1 & 0 \\ 1 & 0 & 3 & 5 & 9 & 4 \end{array}\right) \rightarrow \left(\begin{array}{rrrrr|r} 1 & -1 & 2 & 3 & 5 & 2 \\ 0 & -1 & 5 & 10 & 14 & 4 \\ 0 & 3 & -3 & -6 & -6 & 0 \\ 0 & -1 & -1 & -2 & -4 & -2 \\ 0 & 1 & 1 & 2 & 4 & 2 \end{array}\right)$$

$$\rightarrow \left(\begin{array}{rrrrr|r} 1 & 0 & -3 & -7 & -9 & -2 \\ 0 & 1 & -5 & -10 & -14 & -4 \\ 0 & 0 & 12 & 24 & 36 & 12 \\ 0 & 0 & -6 & -12 & -18 & -6 \\ 0 & 0 & 6 & 12 & 18 & 6 \end{array}\right) \rightarrow \left(\begin{array}{rrrrr|r} 1 & 0 & 0 & -1 & 0 & 1 \\ 0 & 1 & 0 & 0 & 1 & 1 \\ 0 & 0 & 1 & 2 & 3 & 1 \\ 0 & 0 & 0 & 0 & 0 & 0 \\ 0 & 0 & 0 & 0 & 0 & 0 \end{array}\right).$$

Nach dem dritten Schritt bricht das Verfahren ab, da die letzten beiden Zeilen Leerzeilen sind. Wir haben daher das folgende Gleichungssystem zu lösen:

$$\begin{pmatrix} 1 & 0 & 0 & -1 & 0 \\ 0 & 1 & 0 & 0 & 1 \\ 0 & 0 & 1 & 2 & 3 \\ 0 & 0 & 0 & 0 & 0 \\ 0 & 0 & 0 & 0 & 0 \end{pmatrix} \begin{pmatrix} x_1 \\ x_2 \\ x_3 \\ x_4 \\ x_5 \end{pmatrix} = \begin{pmatrix} 1 \\ 1 \\ 1 \\ 0 \\ 0 \end{pmatrix}.$$

Eine Lösung dieses Systems ist der Vektor $\vec{x} = \begin{pmatrix} 1 \\ 1 \\ 1 \\ 0 \\ 0 \end{pmatrix}$.

Um alle Lösung zu erhalten, müssen wir nach Satz 6.16 noch den Lösungsraum L_H des zugehörigen homogenen Systems bestimmen:

$$\begin{pmatrix} 1 & 0 & 0 & -1 & 0 \\ 0 & 1 & 0 & 0 & 1 \\ 0 & 0 & 1 & 2 & 3 \\ 0 & 0 & 0 & 0 & 0 \\ 0 & 0 & 0 & 0 & 0 \end{pmatrix} \begin{pmatrix} x_1 \\ x_2 \\ x_3 \\ x_4 \\ x_5 \end{pmatrix} = \begin{pmatrix} 0 \\ 0 \\ 0 \\ 0 \\ 0 \end{pmatrix}.$$

Um Basisvektoren von L_H zu bestimmen, setzen wir nach unseren Überlegungen auf Seite 301 zunächst $x_4 = 1$ und $x_5 = 0$:

$$\begin{pmatrix} 1 & 0 & 0 & -1 & 0 \\ 0 & 1 & 0 & 0 & 1 \\ 0 & 0 & 1 & 2 & 3 \\ 0 & 0 & 0 & 0 & 0 \\ 0 & 0 & 0 & 0 & 0 \end{pmatrix} \begin{pmatrix} x_1 \\ x_2 \\ x_3 \\ 1 \\ 0 \end{pmatrix} = \begin{pmatrix} 0 \\ 0 \\ 0 \\ 0 \\ 0 \end{pmatrix} \Rightarrow \begin{cases} x_1 - 1 = 0 \\ x_2 = 0 \\ x_3 + 2 = 0 \end{cases} \Rightarrow \begin{cases} x_1 = 1 \\ x_2 = 0 \\ x_3 = -2 \end{cases}$$

und dann $x_4 = 0$ und $x_5 = 1$:

$$\begin{pmatrix} 1 & 0 & 0 & -1 & 0 \\ 0 & 1 & 0 & 0 & 1 \\ 0 & 0 & 1 & 2 & 3 \\ 0 & 0 & 0 & 0 & 0 \\ 0 & 0 & 0 & 0 & 0 \end{pmatrix} \begin{pmatrix} x_1 \\ x_2 \\ x_3 \\ 0 \\ 1 \end{pmatrix} = \begin{pmatrix} 0 \\ 0 \\ 0 \\ 0 \\ 0 \end{pmatrix} \Rightarrow \begin{cases} x_1 = 0 \\ x_2 + 1 = 0 \\ x_3 + 3 = 0 \end{cases} \Rightarrow \begin{cases} x_1 = 0 \\ x_2 = -1 \\ x_3 = -3 \end{cases}.$$

Der Lösungsraum L_H des homogenen Systems hat also die Basisvektoren

$$\vec{v}_1 = \begin{pmatrix} 1 \\ 0 \\ -2 \\ 1 \\ 0 \end{pmatrix} \quad \text{und} \quad \vec{v}_2 = \begin{pmatrix} 0 \\ -1 \\ -3 \\ 0 \\ 1 \end{pmatrix}.$$

Damit gilt nach Satz 6.16 für die Lösungsmenge L_I des inhomogenen Systems $A\vec{x}=\vec{b}$:

$$L_I = \left\{ \vec{v} \;\middle|\; \vec{v} = \begin{pmatrix} 1 \\ 1 \\ 1 \\ 0 \\ 0 \end{pmatrix} + r_1 \begin{pmatrix} 1 \\ 0 \\ -2 \\ 1 \\ 0 \end{pmatrix} + r_2 \begin{pmatrix} 0 \\ -1 \\ -3 \\ 0 \\ 1 \end{pmatrix} \text{ mit } r_1, r_2 \in \mathbb{R} \right\}.$$

Bemerkung: Man sieht, dass man die Vektoren, mit denen sich jeder Lösungsvektor $\vec{v}$ darstellen lässt, schon aus der erweiterten Matrix, bei der das Gaußverfahren abbrach, „ablesen" lassen.

$$\left(\begin{array}{ccccc|c} 1 & 0 & 0 & -1 & 0 & 1 \\ 0 & 1 & 0 & 0 & 1 & 1 \\ 0 & 0 & 1 & 2 & 3 & 1 \\ 0 & 0 & 0 & 0 & 0 & 0 \\ 0 & 0 & 0 & 0 & 0 & 0 \end{array}\right)$$

$$\Downarrow \qquad \Downarrow \qquad \Downarrow$$

$$\begin{pmatrix} 1 \\ 0 \\ -2 \\ 1 \\ 0 \end{pmatrix} \begin{pmatrix} 0 \\ -1 \\ -3 \\ 0 \\ 1 \end{pmatrix} \quad \begin{pmatrix} 1 \\ 1 \\ 1 \\ 0 \\ 0 \end{pmatrix}$$

Beispiel 3

Bei dem Gleichungssystem $A\vec{x}=\vec{b}$ mit

$$A = \begin{pmatrix} 1 & 2 & 3 & 4 \\ -3 & -6 & 0 & 3 \\ -1 & -2 & 1 & -2 \\ 2 & 4 & 1 & -3 \end{pmatrix} \quad \text{und } \vec{b} \begin{pmatrix} 3 \\ -6 \\ 3 \\ 7 \end{pmatrix}$$

„stockt" unser bisheriges Vorgehen nach dem ersten Schritt:

$$\left(\begin{array}{cccc|c} 1 & 2 & 3 & 4 & 3 \\ -3 & -6 & 0 & 3 & -6 \\ -1 & -2 & 1 & -2 & 3 \\ 2 & 4 & 1 & -3 & 7 \end{array}\right) \to \left(\begin{array}{cccc|c} 1 & 2 & 3 & 4 & 3 \\ 0 & 0 & 9 & 15 & 3 \\ 0 & 0 & 4 & 2 & 6 \\ 0 & 0 & -5 & -11 & 1 \end{array}\right).$$

Wir können nicht fortfahren, da das Diagonalelement b_{22} der umgeformten Matrix B gleich null ist. Durch einen Austausch der zweiten Zeile mit der dritten oder vierten – die die Lösungsmenge des Systems natürlich nicht ändern würde – lässt sich das Problem nicht beheben, da $b_{32}=0$ und $b_{42}=0$ gilt. Wir tauschen daher die zweite Spalte mit der vierten. Für das Gleichungssystem bedeutet dieser Tausch, dass die Variable x_2, deren Koeffizienten in der zweiten Spalte standen, und die Variable x_4, deren Koeffizienten in der vierten Spalte standen, ausgetauscht werden. Diesen Tausch $x_2 \leftrightarrow x_4$ müssen wir daher später, um die Lösungsmenge richtig zu notieren, wieder rückgängig machen.

Nach dem Spaltentausch können wir fortfahren:

$$\left(\begin{array}{rrrr|r} 1 & 4 & 3 & 2 & 3 \\ 0 & 15 & 9 & 0 & 3 \\ 0 & 2 & 4 & 0 & 6 \\ 0 & -11 & -5 & 0 & 1 \end{array}\right) \to \left(\begin{array}{cccc|c} 1 & 0 & \frac{3}{5} & 2 & \frac{11}{5} \\ 0 & 1 & \frac{3}{5} & 0 & \frac{1}{5} \\ 0 & 0 & \frac{14}{5} & 0 & \frac{28}{5} \\ 0 & 0 & \frac{8}{5} & 0 & \frac{16}{5} \end{array}\right) \to \left(\begin{array}{cccc|r} 1 & 0 & 0 & 2 & 1 \\ 0 & 1 & 0 & 0 & -1 \\ 0 & 0 & 1 & 0 & 2 \\ 0 & 0 & 0 & 0 & 0 \end{array}\right)$$

Eine Lösung des zugehörigen inhomogenen Gleichungssystems ist der Vektor $\vec{x} = \begin{pmatrix} 1 \\ -1 \\ 2 \\ 0 \end{pmatrix}$, während der Lösungsraum L_H des zugehörigen homogenen Systems

$$\begin{pmatrix} 1 & 0 & 0 & 2 \\ 0 & 1 & 0 & 0 \\ 0 & 0 & 1 & 0 \\ 0 & 0 & 0 & 0 \end{pmatrix} \begin{pmatrix} x_1 \\ x_2 \\ x_3 \\ x_4 \end{pmatrix} = \begin{pmatrix} 0 \\ 0 \\ 0 \\ 0 \end{pmatrix}$$

den Basisvektor $\vec{v}_1 = \begin{pmatrix} -2 \\ 0 \\ 0 \\ 1 \end{pmatrix}$ hat. Nach Satz 6.16 haben damit alle Lösungsvektoren $\vec{v}$ des zugehörigen inhomogenen Gleichungssystems die Form

$$\vec{v} = \begin{pmatrix} 1 \\ -1 \\ 2 \\ 0 \end{pmatrix} + r \begin{pmatrix} -2 \\ 0 \\ 0 \\ 1 \end{pmatrix} \quad \text{mit } r \in \mathbb{R}.$$

Um die Lösungsmenge L_I des ursprünglichen Gleichungssystems $A\vec{x} = \vec{b}$ zu notieren, haben wir schließlich den Tausch der Variablen x_2 und x_4 wieder rückgängig zu machen. Es gilt:

$$L_I = \left\{ \vec{v} \;\middle|\; \vec{v} = \begin{pmatrix} 1 \\ 0 \\ 2 \\ -1 \end{pmatrix} + r \begin{pmatrix} -2 \\ 1 \\ 0 \\ 0 \end{pmatrix} \quad \text{mit } r \in \mathbb{R} \right\}.$$

Allgemeine Beschreibung des Lösungsverfahrens

Das Verfahren zur Bestimmung der Lösungsmenge linearer Gleichungssysteme $A\vec{x} = \vec{b}$ lässt sich allgemein so beschreiben: Man formt die erweiterte Matrix $(A\,|\,\vec{b})$ mit dem Gaußverfahren um, bis sie schließlich die Form

$$\text{I}: \left(\begin{array}{cccccc|c} 1 & 0 & 0 & \cdots & 0 & 0 & c_1 \\ 0 & 1 & 0 & \cdots & 0 & 0 & c_2 \\ 0 & 0 & 1 & \cdots & 0 & 0 & c_3 \\ \vdots & \vdots & \vdots & \ddots & \vdots & \vdots & \vdots \\ 0 & 0 & 0 & \cdots & 1 & 0 & c_{n-1} \\ 0 & 0 & 0 & \cdots & 0 & 1 & c_n \end{array}\right) \quad \text{oder II}: \left(\begin{array}{ccccccccc|c} 1 & 0 & 0 & \cdots & 0 & 0 & d_{1r+1} & \cdots & d_{1n} & c_1 \\ 0 & 1 & 0 & \cdots & 0 & 0 & d_{2r+1} & \cdots & d_{2n} & c_2 \\ 0 & 0 & 1 & \cdots & 0 & 0 & d_{2r+1} & \cdots & d_{2n} & c_2 \\ \vdots & \vdots & \vdots & \ddots & \vdots & \vdots & \vdots & & \vdots & \vdots \\ 0 & 0 & 0 & \cdots & 1 & 0 & d_{r-1r+1} & \cdots & d_{r-1n} & c_{r-1} \\ 0 & 0 & 0 & \cdots & 0 & 1 & d_{rr+1} & \cdots & d_{rn} & c_r \\ 0 & & & \cdots\cdots & & & & & 0 & c_{r-1} \\ \vdots & & & & & & & & \vdots & \vdots \\ 0 & & & \cdots\cdots & & & & & 0 & c_n \end{array}\right) \text{ hat.}$$

Dabei sind unter Umständen Zeilen- und Spaltenvertauschungen erforderlich. Während Zeilenvertauschungen keinen Einfluss auf die Lösungsmenge haben, führen Spaltenvertauschungen zu einer Vertauschung der Variablen. Das ist bei der Notation der endgültigen Lösungsmenge zu berücksichtigen.

Im Fall I gilt: Das Gleichungssystem ist eindeutig lösbar und hat die Lösung $\vec{v} = \begin{pmatrix} c_1 \\ \vdots \\ c_n \end{pmatrix}$.

Im Fall II gilt: Ist eine der Zahlen $c_{r+1}, c_{r+2}, \ldots, c_n$ von null verschieden, dann ist das Gleichungssystem nicht lösbar. Andernfalls hat das System die Lösung

$$L = \left\{ \vec{v} \;\middle|\; \vec{v} = \begin{pmatrix} c_1 \\ \vdots \\ c_r \\ 0 \\ 0 \\ 0 \\ \vdots \\ 0 \\ 0 \end{pmatrix} + s_{r+1} \begin{pmatrix} -d_{1\,r+1} \\ \vdots \\ -d_{r\,r+1} \\ 1 \\ 0 \\ 0 \\ \vdots \\ 0 \\ 0 \end{pmatrix} + s_{r+2} \begin{pmatrix} -d_{1\,r+2} \\ \vdots \\ -d_{r\,r+2} \\ 0 \\ 1 \\ 0 \\ \vdots \\ 0 \\ 0 \end{pmatrix} + \cdots + s_n \begin{pmatrix} -d_{1\,n} \\ \vdots \\ -d_{r\,n} \\ 0 \\ 0 \\ 0 \\ \vdots \\ 0 \\ 1 \end{pmatrix} \right\}.$$

Rang und Spaltenrang

Nach unseren allgemeinen Überlegungen kann man eine (n, n)-Matrix A mit den Umformungen des Gaußverfahrens schließlich auf die Form

$$\overbrace{\begin{pmatrix} 1 & 0 & \cdots & 0 \\ 0 & \ddots & \ddots & \vdots \\ \vdots & \ddots & \ddots & 0 \\ 0 & \cdots & 0 & 1 \end{pmatrix}}^{n} \Bigg\} n \quad \text{oder} \quad \begin{pmatrix} \overbrace{\begin{matrix} 1 & 0 & \cdots & 0 \\ 0 & \ddots & \ddots & \vdots \\ \vdots & \ddots & \ddots & 0 \\ 0 & \cdots & 0 & 1 \end{matrix}}^{r} & \overbrace{\begin{matrix} * & \cdots & * \\ \vdots & & \vdots \\ * & \cdots & * \end{matrix}}^{n-r} \\ \begin{matrix} 0 & \cdots \\ \vdots & \\ 0 & \cdots \end{matrix} & \begin{matrix} \cdots & 0 \\ & \vdots \\ \cdots & 0 \end{matrix} \end{pmatrix} \begin{matrix} \Big\} r \\ \Big\} n-r \end{matrix}$$

bringen. Im ersten Fall ist offensichtlich der Rang der entstandenen Einheitsmatrix n und ihr Spaltenrang ebenfalls. Im zweiten Fall ist der Rang der entstandenen Matrix r. Ihr Spaltenrang ist auch r, da die ersten r Spaltenvektoren linear unabhängig sind und die folgenden aus den ersten linear kombiniert werden können.

In beiden Fällen ist also der Rang der Matrix gleich ihrem Spaltenrang. Da das Gaußverfahren, wie wir im letzten Abschnitt (Seite 303) gesehen haben, keine Auswirkungen auf den Rang und den Spaltenrang einer Matrix haben, stimmen also der Rang und der Spaltenrang jeder (n, n)-Matrix überein.

Ist eine (n, m)-Matrix A nicht quadratisch $(n \neq m)$, so kann man sie durch Anfügen von Nullzeilen oder Nullspalten zu einer quadratischen Matrix B ergänzen, was sich weder auf den Rang noch auf Spaltenrang auswirkt (Aufgabe 5, Seite 316).

Wir können daher festhalten:

Satz 6.17 Bei jeder Matrix A stimmen der Rang und der Spaltenrang überein, d. h., ihr Zeilenraum und ihr Spaltenraum haben stets die gleiche Dimension. ■

Ein Anwendungsbeispiel

Abschließend lösen wir ein Anwendungsbeispiel. Dabei wird deutlich, dass sich aus der Anwendungssituation Einschränkungen für die Lösungsmenge eines linearen Gleichungssystems ergeben können.

Viele Haushaltsgeräte (Spülbecken, Spülmaschinen, Waschmaschinen usw.) sind aus V2A-Stahl (bekannt unter dem Namen „Nirosta“) hergestellt. Dieser Edelstahl enthält neben Eisen 18 % Chrom und 8 % Nickel. Man kann Nirosta herstellen, indem man reinem Stahl die erforderlichen Mengen Chrom und Nickel zusetzt und diese Mischung zusammenschmilzt. Man kann aber auch verschiedene Stahllegierungen, die bereits Chrom und Nickel enthalten, zusammenschmelzen, um V2A-Stahl zu erhalten. Aus zwei Legierungen mit

1) 14 % Chrom und 10 % Nickel und
2) 24 % Chrom und 5 % Nickel

erhält man z. B. eine Tonne Nirosta, wenn man 0,6 t der ersten und 0,4 t der zweiten Sorte zusammenschmilzt. In einer Tonne der beiden Legierungen sind nämlich 0,14 t bzw. 0,24 t Chrom enthalten. Der Chromgehalt der neuen Legierung beträgt also

$$0{,}14 \cdot 0{,}6\,\text{t} + 0{,}24 \cdot 0{,}4\,\text{t} = 0{,}084\,\text{t} + 0{,}096\,\text{t} = 0{,}18\,\text{t}.$$

Entsprechend ergibt sich für den Nickelgehalt der neuen Legierung:

$$0{,}1 \cdot 0{,}6\,\text{t} + 0{,}05 \cdot 0{,}4\,\text{t} = 0{,}06\,\text{t} + 0{,}02\,\text{t} = 0{,}08\,\text{t}.$$

Also enthält die Mischung 18 % Chrom und 8 % Nickel, ist also tatsächlich V2A-Stahl.

Wir fragen nun, ob man Nirosta auch aus den folgenden vier Legierungen herstellen kann und welche Mengen man gegebenenfalls von den einzelnen Sorten in die Schmelze einbringen muss.

	Legierung 1	Legierung 2	Legierung 3	Legierung 4
Gehalt an Chrom	25 %	4 %	14 %	14 %
Gehalt an Nickel	4 %	12 %	0 %	16 %

Wir bezeichnen die Anzahl der Tonnen, die man zur Herstellung von einer Tonne Nirosta von der k-ten Legierung nehmen muss, mit x_k (für $k = 1, 2, 3, 4$). Weil wir unsere Berechnung auf die Herstellung einer Tonne Nirosta beziehen, muss gelten:

$$x_1 + x_2 + x_3 + x_4 = 1 \quad \text{mit} \quad x_k \geq 0 \quad (\text{für } k = 1, 2, 3, 4).$$

Die neue Legierung muss 18 % Chrom und 8 % Nickel, also $0{,}18\,t$ Chrom und $0{,}08\,t$ Nickel enthalten; daher muss gelten:

$$\begin{aligned} 0{,}24 \cdot x_1 + 0{,}04 \cdot x_2 + 0{,}14 \cdot x_3 + 0{,}14 \cdot x_4 &= 0{,}18 \quad \text{und} \\ 0{,}04 \cdot x_1 + 0{,}12 \cdot x_2 + \phantom{0{,}1}0 \cdot x_3 + 0{,}16 \cdot x_4 &= 0{,}08. \end{aligned}$$

Wir notieren die erweiterte Matrix dieses Gleichungssystems und formen sie mit dem Gaußverfahren um:

$$\left(\begin{array}{cccc|c} 1 & 1 & 1 & 1 & 1 \\ 0{,}24 & 0{,}04 & 0{,}14 & 0{,}14 & 0{,}18 \\ 0{,}04 & 0{,}12 & 0 & 0{,}16 & 0{,}08 \end{array}\right) \to \left(\begin{array}{cccc|c} 1 & 0 & 0 & 1 & 0{,}8 \\ 0 & 1 & 0 & 1 & 0{,}4 \\ 0 & 0 & 1 & -1 & -0{,}2 \end{array}\right).$$

Nach unseren Überlegungen auf Seite 311/312 (Fall II) ist

$$v_I = \begin{pmatrix} 0{,}8 \\ 0{,}4 \\ -0{,}2 \\ 0 \end{pmatrix}$$

eine Lösung des inhomogenen Gleichungssystems und

$$v_1 = \begin{pmatrix} -1 \\ -1 \\ 1 \\ 1 \end{pmatrix}$$

der (einzige) Basisvektor der Lösungsmenge des homogenen Systems.

Für die Lösungsmenge L_I des inhomogenen Systems gilt damit

$$L_I = \left\{ \vec{v} \,\middle|\, \vec{v} = \begin{pmatrix} 0{,}8 \\ 0{,}4 \\ -0{,}2 \\ 0 \end{pmatrix} + r \begin{pmatrix} -1 \\ -1 \\ 1 \\ 1 \end{pmatrix} \right\}.$$

Da die vier Legierungen der Schmelze nur zugefügt, aber nicht entnommen werden können, muss – wie wir schon oben vermerkt haben – die Ungleichung $x_k \geq 0$ für $1 \leq k \leq 4$ gelten:

$$\left.\begin{array}{lcrcl} x_1 \geq 0 & \Leftrightarrow & 0{,}8 - r \geq 0 & \Leftrightarrow & r \leq 0{,}8 \\ x_2 \geq 0 & \Leftrightarrow & 0{,}4 - r \geq 0 & \Leftrightarrow & r \leq 0{,}4 \\ x_3 \geq 0 & \Leftrightarrow & -0{,}2 + r \geq 0 & \Leftrightarrow & 0{,}2 \leq r \\ x_4 \geq 0 & \Leftrightarrow & r \geq 0 & \Leftrightarrow & 0 \leq r \end{array}\right\} \Rightarrow 0{,}2 \leq r \leq 0{,}4$$

In der Anwendungssituation kommen hier also nur die Lösungen in Betracht, bei denen

$$0{,}2 \leq r \leq 0{,}4$$

gilt.

Wir fassen zusammen

Ein lineares Gleichungssystem $A\vec{x} = \vec{b}$ kann gegebenenfalls durch Anfügen von Nullzeilen oder -spalten in ein Gleichungssystem $B\vec{x} = \vec{c}$ überführt werden, dessen Matrix B vom Typ (n, n), also quadratisch ist. Mit den Umformungen des Gaußverfahrens kann man – gegebenenfalls unter Austausch von Zeilen und von Spalten – die erweiterte Matrix $(B\,|\,\vec{c})$

entweder in die Matrix $(E\,|\,\vec{d})$ überführen, wobei E die (n, n)-Einheitsmatrix ist. In diesem Fall ist der Vektor $\vec{d}$ die eindeutige Lösung des Gleichungssystems

$$\left(\begin{array}{cccc|c} 1 & 0 & \cdots & 0 & d_1 \\ 0 & \ddots & \ddots & \vdots & \vdots \\ \vdots & \ddots & \ddots & 0 & \vdots \\ 0 & \cdots & 0 & 1 & d_n \end{array}\right)$$

oder in eine Matrix $(D\,|\,\vec{f})$ der Form

$$\left(\begin{array}{cccccc|c} 1 & 0 & \cdots & 0 & d_{1\,r+1} & \cdots & d_{1n} & f_1 \\ 0 & \ddots & \ddots & \vdots & \vdots & & \vdots & \vdots \\ \vdots & \ddots & \ddots & 0 & \vdots & & \vdots & \vdots \\ 0 & \cdots & 0 & 1 & d_{r\,r+1} & \cdots & d_{rn} & f_r \\ 0 & \cdots & \cdots & \cdots & \cdots & \cdots & 0 & f_{r+1} \\ \vdots & & & & & & \vdots & \vdots \\ 0 & \cdots & \cdots & \cdots & \cdots & \cdots & 0 & f_n \end{array}\right)$$

An dieser Matrix kann man sowohl eine Lösung $\vec{v}_I = \begin{pmatrix} f_1 \\ \vdots \\ f_r \\ 0 \\ \vdots \\ 0 \end{pmatrix}$ des inhomogenen Systems $A\vec{x} = \vec{b}$,

als auch Basisvektoren $\vec{v}_{r+1}, \ldots, \vec{v}_n$ des Lösungsraums L_H des zugehörigen homogenen Systems $A\vec{x} = \vec{0}$ ablesen:

$$\vec{v}_{r+1} = \begin{pmatrix} -d_{1\,r+1} \\ \vdots \\ -d_{r\,r+1} \\ 1 \\ 0 \\ \vdots \\ 0 \end{pmatrix};\quad \vec{v}_{r+2} = \begin{pmatrix} -d_{1\,r+2} \\ \vdots \\ -d_{r\,r+2} \\ 0 \\ 1 \\ 0 \\ \vdots \\ 0 \end{pmatrix};\ \ldots;\ \vec{v}_n = \begin{pmatrix} -d_{1n} \\ \vdots \\ -d_{rn} \\ 0 \\ \vdots \\ 0 \\ 1 \end{pmatrix}.$$

Für die Lösungsmenge L_I des inhomogenen Systems $A\vec{x} = \vec{b}$ gilt dann:

$$L_I = \{\vec{v}\,|\,\vec{v}_I + r_{r+1}\vec{v}_{r+1} + r_{r+2}\vec{v}_{r+2} + \cdots + r_n\vec{v}_n \text{ mit } r_i \in \mathbb{R} \text{ für } r+1 \leq i \leq n\}.$$

In beiden Fällen ist zu beachten, dass jeder Austausch von Spalten nach der Bildung der Lösungsmenge durch den Rücktausch der entsprechenden Variablen wieder rückgängig zu machen ist.

An den schließlich im Gaußverfahren entstandenen Matrizen kann man ablesen, dass bei jeder Matrix der Rang und der Spaltenrang gleich sind.

AUFGABEN

1 Ermitteln Sie die Lösungsmenge.

a) $$\left\{\begin{array}{rcrcrcrcr} 4x & + & 3y & - & 3z & - & 8u & = & -10 \\ x & - & y & + & z & + & 4u & = & 13 \\ -4x & - & 2y & + & z & + & 3u & = & -3 \\ 3x & - & y & - & 2z & - & 7u & = & -6 \end{array}\right.$$

b) $$\left\{\begin{array}{rcrcrcrcr} x & - & y & + & z & - & u & = & 0 \\ x & + & y & - & z & - & u & = & 6 \\ x & - & y & - & z & + & u & = & -2 \\ 2x & - & y & - & 2z & + & 3u & = & 0 \end{array}\right.$$

2 Ermitteln Sie die Lösungsmenge.

a) $$\left\{\begin{array}{rcrcrcrcr} x & + & y & + & z & & & = & 3 \\ & & y & + & z & + & u & = & 3 \\ x & - & y & - & z & + & u & = & 0 \\ x & + & 2y & + & 2z & + & u & = & 6 \end{array}\right.$$

b) $$\left\{\begin{array}{rcrcrcrcr} x & + & y & + & z & + & u & = & 10 \\ -x & + & 2y & & & & & = & 3 \\ & - & 2y & + & 3z & & & = & 5 \\ & & & & 3z & - & 4u & = & -7 \end{array}\right.$$

c) $$\left\{\begin{array}{rcrcrcrcr} x & + & y & + & z & & & = & 3 \\ & & y & + & z & + & u & = & 3 \\ x & - & y & - & z & + & u & = & 0 \\ x & - & 2y & + & 2z & + & u & = & -2 \end{array}\right.$$

d) $$\left\{\begin{array}{rcrcrcrcr} x & - & y & + & z & - & u & = & 1 \\ 2x & + & y & - & 2z & + & 3u & = & 10 \\ -x & - & 2y & + & 3z & - & 4u & = & -9 \\ 3x & - & z & + & & & 2u & = & 1 \end{array}\right.$$

3 Ermitteln Sie die Lösungsmenge und deuten Sie sie – falls möglich – geometrisch.

a) $$\left\{\begin{array}{rcrcrcr} 6x & - & 3y & + & 2z & = & -6 \\ -3x & + & 9y & + & 4z & = & 18 \\ & & 12y & + & 8z & = & 24 \\ 3x & - & 6y & + & 6z & = & 12 \end{array}\right.$$

b) $$\left\{\begin{array}{rcrcrcrcr} x & - & y & + & z & - & u & = & 3 \\ 2x & + & y & - & z & + & u & = & 9 \\ -x & + & 3y & - & 2z & - & u & = & 0 \end{array}\right.$$

c) $$\left\{\begin{array}{rcrcrcrcr} x & - & 2y & - & 3z & + & u & = & 4 \\ 2x & + & y & - & z & + & 2u & = & -2 \\ 3x & - & y & - & 4z & + & 3u & = & 3 \end{array}\right.$$

d) $$\left\{\begin{array}{rcrcrcr} x & + & y & + & 2z & = & 5 \\ -3x & - & 4y & + & z & = & -1 \\ 2x & - & y & - & z & = & 0 \\ x & - & 2y & - & 3z & = & 2 \end{array}\right.$$

e) $$\left\{\begin{array}{rcrcrcr} x & - & y & + & z & = & 4 \\ 2x & + & 3y & - & z & = & -1 \end{array}\right.$$

f) $$\left\{\begin{array}{rcrcrcr} x & - & 2y & - & 2z & = & 2 \\ x & + & 2y & + & z & = & 1 \\ 2x & + & 3y & + & 3z & = & 4 \\ x & + & 3y & + & z & = & 0 \end{array}\right.$$

g) $$\left\{\begin{array}{rcrcrcrcr} x & + & y & - & z & - & u & = & -1 \\ x & - & y & + & z & + & u & = & 3 \\ -3x & + & 3y & - & 3z & - & 3u & = & -7 \end{array}\right.$$

h) $$\left\{\begin{array}{rcrcrcrcr} x & + & y & & & & & = & 5 \\ & & & & z & - & u & = & 3 \\ x & + & y & & & & & = & 4 \end{array}\right.$$

i) $$\left\{\begin{array}{rcrcrcrcr} -2x & - & y & + & z & & & = & -2 \\ 4x & + & 2y & - & 2z & & & = & 6 \\ & & 7y & - & 5z & + & 4w & = & 2 \end{array}\right.$$

4 Ermitteln Sie die Lösungsmenge und deuten Sie sie geometrisch.

a) $$\left\{\begin{array}{rcrcrcr} x & - & 2y & + & z & = & 1 \\ 2x & - & y & + & z & = & 1 \\ 3x & - & 3y & + & 2z & = & 2 \end{array}\right.$$

b) $$\left\{\begin{array}{rcrcrcr} x & + & 2y & - & 3z & = & 1 \\ -2x & - & y & + & 6z & = & 4 \\ -x & - & 5y & + & 3z & = & -7 \end{array}\right.$$

c) $$\left\{\begin{array}{rcl} 4(-x+2y-z) & = & 5(x+y)+2z-3 \\ 5(x-y+2z) & = & 2-x-3(y-2z) \\ 3(x-y+z) & = & 1-2y+z \end{array}\right.$$

d) $$\left\{\begin{array}{rcl} 4(x-y-z) & = & -2(4+y+z) \\ 2(x-y+1) & = & y-2 \\ 3(-x+y+z) & = & 2(2+y+z)-x \end{array}\right.$$

5 Zeigen Sie: Ist eine (n, m)-Matrix A nicht quadratisch $(n \neq m)$, so kann man sie durch Anfügen von Nullzeilen oder Nullspalten zu einer quadratischen Matrix B ergänzen, was sich weder auf den Rang noch auf den Spaltenrang auswirkt.

Anwendungen

6 Auf einer Kleinkunstbühne verblüfft ein Zauberkünstler seine Zuschauer, die sich drei Zahlen denken und dann die drei Summen von je zwei der drei Zahlen laut nennen sollen. Auf Anhieb ruft der Zauberer dann die gedachten Zahlen in den Raum. Hat er sie geraten?

a) Die drei Summen von je zwei Zahlen seien 6, 11 und 15. Ermittle mit dem Gaußverfahren die drei gedachten Zahlen.

b) Als der Zauberkünstler einem Freund seinen „Trick" verrät, entpuppt er sich als ein „Schnellrechner": Er addiert die drei laut genannten Summen von je zwei der gedachten Zahlen und erhält dadurch die doppelte Summe aller drei Zahlen, also $2x+2y+2z$. Diese Summe halbiert er und subtrahiert von dem Ergebnis, also von $x-y+z$ der Reihe nach die drei laut genannten Zweiersummen. Das Ergebnis ist jeweils eine der drei gedachten Zahlen. Rechnen Sie dieses Lösungsverfahren mit den in a) gegebenen Zweier-Summen durch. Könnte man das Gaußverfahren auch so anwenden?

7 Der Schnellrechner (Aufgabe 6) ändert seinen „Trick" ab: Er lässt sich wieder drei Zahlen nennen; aber diesmal soll der Zuschauer jeweils zwei der drei gedachten Zahlen addieren und die dritte subtrahieren. Untersuchen Sie, wie der „Trick" jetzt funktioniert.

a) Ermitteln Sie aus den drei genannten Zahlen 4, 6 und 10 (3, 5 und 7) die drei gedachten.

b) Einer der Zuschauer will den „Zauberer" auf die Probe stellen und ruft ihm die Zahlen -9, 1 und 13 zu. Klappt der „Trick" auch diesmal?

c) Untersuchen Sie, ob der Rechen-Trick immer gelingt.

8 Der Rechenkünstler (Aufgabe 6) lässt sich zum „Gemütlichen Abend" eines Mathematiker-Kongresses einladen und hofft, mit einem schwierigeren „Trick" nicht durchschaut zu werden: Von vier gedachten Zahlen sollen jeweils drei addiert und die vierte subtrahiert werden. Ein Zuschauer ruft ihm die Ergebnisse 2, 4, 8 und 10 zu. Ermitteln Sie die vier gedachten Zahlen.

9 Im Maschinenbau werden Federn und Membranen oft aus Kupferlegierungen hergestellt, die 90 % Kupfer, 5 % Zink und 5 % Zinn enthalten. Lässt sich solch eine Legierung aus den drei von Kupferhütten angebotenen Legierungen (siehe Tabelle) zusammenschmelzen?

Sorten / Anteile	Legierung I	II	III
Kupfer	80 %	95 %	80 %
Zink	20 %	0 %	10 %
Zinn	0 %	5 %	10 %

10 Fleisch, Nudeln und Gemüse enthalten wichtige Nahrungsbestandteile wie Eiweiß, Fett und Kohlehydrate in bestimmten Anteilen (vergleiche Tabelle). Die Angaben dort beziehen sich auf je 100 g Fleisch oder Nudeln oder Gemüse.

Sorten / Anteile	Fleisch	Nudeln	Gemüse
Eiweiß	10 g	10 g	40 g
Fett	40 g	0 g	10 g
Kohlehydrate	30 g	70 g	30 g

a) Für Katastrophenfälle möchte man eine Nahrung herstellen, die 140 g Eiweiß, 100 g Fett und 400 g Kohlehydrate enthält. Untersuchen Sie, ob und mit welchen Anteilen an Fleisch, Nudeln und Gemüse das möglich ist. Welches Gesamtgewicht hätte eine solche Portion?

b) Für eine bestimmte Diät soll aus Fleisch und Gemüse eine Mahlzeit hergestellt werden, die 150 g Eiweiß und 100 g Fett enthält. Ermitteln Sie, wie Fleisch und Gemüse an dieser Mahlzeit beteiligt sind und welchen Anteil an Kohlehydraten sie hat.

AUFGABEN

11 Für Lager werden im Maschinenbau häufig wegen der guten Gleiteigenschaften Kupfergusslegierungen aus 75 % Kupfer, 15 % Blei, 6 % Zinn und 4 % Zink verwandt.
Untersuchen Sie, ob man diese Legierung aus vier anderen zusammenschmelzen könnte, deren Zusammensetzung in der nebenstehenden Tabelle angegeben ist.

Anteile \ Sorten	Legierung I	II	III	IV
Kupfer	80 %	72 %	70 %	68 %
Blei	15 %	–	30 %	–
Zinn	4 %	–	–	32 %
Zink	1 %	28 %	–	–

12 Schrauben aus einer Kupfer-Zink-Blei-Legierung enthalten 60 % Kupfer, 35 % Zink und 5 % Blei.

a) Untersuchen Sie, ob diese Legierung aus den vier in der Tabelle angegebenen Legierungen zusammengeschmolzen werden kann.

b) Untersuchen Sie, ob und unter welcher Bedingung (jeweils) beim Zusammenschmelzen auf eine der vier in der Tabelle angebotenen Legierungen verzichtet werden kann.

Anteile \ Sorten	Legierung I	II	III	IV
Kupfer	75 %	60 %	65 %	50 %
Zink	10 %	40 %	30 %	50 %
Blei	15 %	–	5 %	–

13 Werden chromgelbe Farbpigmente mit blauen gemischt, so entstehen brillante Grüntöne. Ein bestimmtes sattes Grün enthält 90 Anteile Chromgelb und 10 Anteile Blau. Um diese Farbe herzustellen, stehen drei andere Farben mit unterschiedlichen Anteilen (vergleiche Tabelle) zur Verfügung. Ermitteln Sie alle Möglichkeiten für eine Mischung aus I, II und III.

Anteile \ Sorten	I	II	III
Chromgelb	80	95	100
Blau	20	5	0

14 Der neu aufgeschwemmte Humusboden in einer rekultivierten Braunkohlengrube soll durch einen Mineraldünger verbessert werden. Aufgrund der Bodenanalysen soll ein NPK-Dünger gestreut werden mit 12 Anteilen Stickstoff, 15 Anteilen Phosphaten und 18 Anteilen Kali. Gemischt werden kann er aus vier handelsüblichen NPK-Düngern. Ermitteln Sie alle Möglichkeiten.

Anteile \ Sorten	I	II	III	IV
Stickstoff	10	15	15	10
Phosphate	30	10	15	15
Kali	0	20	15	20

15 Ermitteln Sie alle ganzen rationen Funktionen 3. Grades, auf deren Graphen die Punkte $P(-1|6)$, $Q(0|3)$ und $R(1|4)$ liegen.

16 Eine ganze rationale Funktion 4. Grades habe die Nullstelle 0, außerdem liegen $P(1|1)$ und $Q(-1|1)$ auf dem Graphen. Ermitteln Sie die Schar dieser Funktionen.

7 Vermischte Aufgaben

Die mathematischen Voraussetzungen für die folgenden vermischten Aufgaben umfassen alle in diesem Buch behandelten Gebiete sowie mathematische Grundlagen. Einige Aufgaben verknüpfen verschiedene Gebiete miteinander.

7.1 Analytische Geometrie

Geraden und Ebenen

1 g_1 ist festgelegt durch $P_1(0|1|0)$ und $\begin{pmatrix} 0 \\ -1 \\ 1 \end{pmatrix}$, g_2 durch $P_2(2|4|0)$ und $\begin{pmatrix} -2 \\ 0 \\ 1 \end{pmatrix}$.

a) Zeigen Sie, dass die Geraden g_1 und g_2 windschief sind.

b) Die Ebene ε enthalte die Gerade g_1 und verlaufe parallel zu g_2. Ermitteln Sie den Abstand des Punktes $P(4|6|5)$ von der Ebene ε.

c) Ermitteln Sie den Abstand der beiden Geraden g_1 und g_2 und bestimmen Sie eine Gleichung der Geraden g, in der das gemeinsame Lot von g_1 und g_2 liegt.

d) Untersuchen Sie, ob es eine Gerade h gibt, die durch den Punkt $P(6|2|8)$ geht und die Geraden g_1 und g_2 schneidet.

2 Gegeben sind $g_1\colon \vec{x} = \begin{pmatrix} 2 \\ 9 \\ 0 \end{pmatrix} + r\begin{pmatrix} 2 \\ -3 \\ 6 \end{pmatrix}$ und $g_2\colon \vec{x} = \begin{pmatrix} 1 \\ -0{,}5 \\ 9 \end{pmatrix} + s\begin{pmatrix} -2 \\ -1 \\ 6 \end{pmatrix}$.

a) Zeigen Sie, dass die Geraden g_1 und g_2 windschief sind.

b) Bestimmen Sie eine Parameter- und eine Normalengleichung für die Ebene ε_1, die g_2 enthält und parallel zu g_1 verläuft. Welche Schnittpunkte hat ε_1 mit den Koordinatenachsen?

c) Welchen Abstand hat die Gerade g_1 von der Ebene ε_1? Bestimmen Sie eine Gleichung der Geraden g_1', die bezüglich der Ebene ε_1 spiegelbildlich zu g_1 liegt.

d) Durch die Geraden g_1 und g_1' ist eine Ebene ε bestimmt. Ermitteln Sie eine Gleichung der Schnittgeraden der Ebenen ε_1 und ε_2 und die Größe ihres Schnittwinkels.

3 Eine Ebene ε ist durch die Punkte $P_1(0|-7|-4)$, $P_2(2|1|2)$ und $P_3(-1|-3|5)$ bestimmt.

Gegeben seien außerdem $Q(1|4|-1)$ und die Gerade $g\colon \vec{x} = \begin{pmatrix} 4 \\ 3 \\ -1 \end{pmatrix} + t\begin{pmatrix} 1 \\ 0 \\ -1 \end{pmatrix}$.

a) Ermitteln Sie eine Gleichung der Ebene ε und den Abstand des Punktes Q von der Ebene.

b) Ermitteln Sie den Spiegelpunkt Q' von Q bezüglich ε.

c) Ermitteln Sie den Schnittpunkt zwischen g und ε und die Größe des Schnittwinkels.

d) Berechnen Sie die Koordinaten der Punkte auf der z-Achse, von denen aus die Strecke $\overline{P_1P_2}$ unter einem rechten Winkel erscheint.

4 g ist die Gerade durch $P(9|5|4)$ und $Q(2|1|0)$ sowie ε die Ebene zu $2x-2y+z=6$.

a) Ermitteln Sie Länge und Lotfußpunkt des vom Ursprung auf die Ebene ε gefällten Lotes.

b) Ermitteln Sie Schnittpunkt und Größe des Schnittwinkels zwischen g und ε.

c) Welche Punkte auf g haben von ε den Abstand $d=4$?

Flächen und Körper

5 Ein Dreieck ABC ist durch $A(a|0|0)$, $B(0|a|0)$ und $C(0|0|a)$ mit $a>0$ bestimmt.

a) Berechnen Sie die Koordinaten des Schwerpunktes S des Dreiecks ABC.

b) Ermitteln Sie Parameter- und Normalengleichungen der Ebene ε durch A, B und C.

c) Ermitteln Sie die Koordinaten eines Punktes P, der durch die Bedingungen festgelegt ist: $\overrightarrow{SP}\perp\varepsilon$; $|\overline{SP}|=\frac{2}{3}\sqrt{3}\,a$; O und P liegen auf verschiedenen Seiten der Ebene ε.

d) Ermitteln Sie eine Parametergleichung der Geraden g_1 durch O und P. Wie groß ist der Winkel, den g_1 mit der positiven x-Achse einschließt?

e) Zeigen Sie, dass $ABCP$ ein regelmäßiges Tetraeder ist und berechnen Sie sein Volumen.

6 Durch $A(6|-6|2)$, $B(6|6|2)$, $C(-6|6|2)$ und $S(0|0|20)$ ist eine regelmäßige quadratische Pyramide mit der Grundfläche $ABCD$ und der Spitze S gegeben.

a) Bestimmen Sie den vierten Eckpunkt D der Grundfläche.

b) Berechnen Sie das Volumen der Pyramide.

c) Berechnen Sie die Länge der Seitenkante $\overline{AS}$.

d) Bestimmen Sie jeweils die Geraden durch einen Eckpunkt der Grundfläche und die Mitte der gegenüberliegenden Seitenkante.

e) Zeigen sie, dass sich alle vier Geraden in einem Punkt P schneiden.

f) Welchen Winkel schließen jeweils zwei dieser Geraden ein?

g) Mit dem Richtungsvektor $\vec{v}=\begin{pmatrix}-1\\4\\-4\end{pmatrix}$ einfallende Sonnenstrahlen werfen einen Schatten der Pyramide auf die xy-Ebene. Welchen Schattenpunkt T hat die Spitze S der Pyramide?

h) In welchem Winkel treffen die Sonnenstrahlen auf die xy-Ebene?

7 Das Viereck $ABCD$ ist durch $A(5|6|1)$, $B(-3|10|5)$, $C(1|4|7)$ und $D(9|0|3)$ gegeben.

a) Zeigen Sie, dass die vier Punkte in einer Ebene liegen. Was für ein Viereck ist $ABCD$?

b) Ermitteln Sie Parameter- und Normalengleichungen der Ebene, in der das Viereck liegt.

c) Ermitteln Sie den Abstand der Ebene vom Ursprung.

d) Wie weit ist der Diagonalenschnittpunkt des Vierecks $ABCD$ vom Ursprung entfernt?

e) Berechnen Sie die Entfernung dieses Diagonalenschnittpunktes vom Fußpunkt des Lotes, das vom Ursprung auf die Ebene gefällt wird.

f) Welche Gerade durch C hat von den Punkten A und B den gleichen Abstand?

8 Ein Tetraeder ist festgelegt durch $P_1(0|-2|0)$, $P_2(3|1|1)$, $P_3(1|2|1)$ und $P_4(1|1|3)$.

a) Zeigen Sie, dass das Dreieck $P_2P_3P_4$ gleichschenklig ist.

b) Berechnen Sie die Größen der Innenwinkel dieses Dreiecks.

c) Ermitteln Sie eine Normalengleichung der Ebene ε, die durch P_2, P_3 und P_4 geht.

d) Welche Gerade g steht auf der Ebene ε senkrecht und geht durch den Punkt P_1?

e) In welchem Punkt F schneiden sich die Ebene ε und der Geraden g? Wie lang ist $\overline{P_1F}$?

f) Kontrollieren Sie das Ergebnis für $|\overline{P_1F}|$ mit Hilfe der Normalengleichung von ε.

9 Durch den Radiusvektor $\vec{r} = \begin{pmatrix} 2 \\ 6 \\ -3 \end{pmatrix}$ des Grundkreises und den Höhenvektor $\vec{h} = \begin{pmatrix} 3 \\ 2 \\ z \end{pmatrix}$ mit $z \in \mathbb{R}$ ist ein senkrechter Kegel gegeben.

a) Bestimmen Sie den Parameter z im Höhenvektor.
b) Wie lang ist die Seitenlinie?
c) Bestimmen Sie das Volumen des Kegels.
d) Bestimmen Sie die Gleichung einer Geraden der Mantelfläche, wenn $M(2\,|\,1\,|\,5)$ der Mittelpunkt des Grundkreises ist.

Scharen von Geraden und Ebenen

10 Gegeben sind die Punkte $A(2\,|\,4\,|\,-1)$, $B(0\,|\,2\,|\,4)$ und $C(6\,|\,-2\,|\,0)$.

a) Zeigen sie, dass die Punkte A, B, C eine Ebene ε_{ABC} bestimmen. Geben Sie diese Ebene in Parameter- und Normalenform an.
b) Für welche $a \in \mathbb{R}$ gehört auch $P(-6\,|\,3a\,|\,4a)$ zur Ebene ε_{ABC}?
c) Bestimmen Sie den Schnittpunkt S der Geraden g_{AP} und g_{BC}.
d) In welchem Verhältnis teilt der Punkt S die Strecke $\overline{BC}$?
e) Von dem Punkt $Q(x\,|\,y\,|\,0)$ mit $x, y \in \mathbb{R}$ wird das Lot auf die Ebene ε_{ABC} gefällt. Bestimmen Sie x und y so, dass B der Fußpunkt des Lotes ist.
f) Welchen Abstand hat Q von der Ebene ε_{ABC}?
g) Welche besondere Lage hat die Ebene $\varepsilon\colon z - 4 = 0$ im Koordinatensystem?
h) Bestimmen Sie die Schnittgerade g der Ebenen ε_{ABC} und ε. Wie groß ist der Schnittwinkel?

11 Gegeben sind die Punkte $A(2\,|\,-5\,|\,0)$ und $B(4\,|\,-3\,|\,1)$ sowie die Gerade
$g\colon \vec{x} = \begin{pmatrix} 2 \\ 0 \\ 5 \end{pmatrix} + r\begin{pmatrix} -2 \\ 5 \\ 0 \end{pmatrix}$ und die Geradenschar $h_t\colon \vec{x} = \begin{pmatrix} 2 \\ 0 \\ 3 \end{pmatrix} + s\begin{pmatrix} 2 \\ 5 \\ t \end{pmatrix}$ mit $t \in \mathbb{R}$.

a) Zeigen Sie, dass der Punkt A nicht auf der Geraden g liegt.
b) Bestimmen Sie Parameter- und Koordinatengleichungen der Ebene ε, die g und A enthält.
c) Welchen Abstand hat diese Ebene ε vom Koordinatenursprung?
d) Zeigen Sie: Jede der Geraden h_t ist zu g windschief.
e) Berechnen Sie den Abstand der beiden Geraden g und h_0.
f) Für welchen Punkt P der Geraden g hat der Winkel $\sphericalangle PAB$ das Maß $\frac{\pi}{4}$?

12 Gegeben sind die Vektoren $\vec{u} = \begin{pmatrix} 15 \\ t \\ 0 \end{pmatrix}$, $\vec{v} = \begin{pmatrix} -t \\ 15 \\ 0 \end{pmatrix}$ und $\vec{w} = \begin{pmatrix} 0 \\ 0 \\ 2t+1 \end{pmatrix}$ mit $t \in \mathbb{R}$.

a) Für welche Werte von t stehen die Vektoren paarweise senkrecht aufeinander?
b) Für welche Werte von t haben sie die gleiche Länge?
c) Für $t = 8$ spannen die drei Vektoren vom Punkt $A(1\,|\,2\,|\,3)$ aus einen Würfel $ABCDEFGH$ auf. Berechnen Sie die Koordinaten der Eckpunkte.
d) Bestimmen Sie die Maße der Winkel $\sphericalangle HEG$ und $\sphericalangle HAG$.
e) Bestimmen Sie auf $\overline{AE}$ den Punkt P so, dass der Winkel $\sphericalangle HPG$ das Maß $42{,}14°$ hat.
f) Durch die Punkte A, B, C, D und E ist eine schiefe quadratische Pyramide mit der Spitze E gegeben. Berechnen Sie das Volumen.

AUFGABEN

13 Gegeben sind $g_a\colon \vec{x} = \begin{pmatrix} 0 \\ 0 \\ 5 \end{pmatrix} + r \begin{pmatrix} a \\ \sqrt{25-a^2} \\ -5 \end{pmatrix}$ und $h\colon \vec{x} = \begin{pmatrix} 4 \\ 9 \\ -10 \end{pmatrix} + s \begin{pmatrix} 4 \\ 0 \\ 0 \end{pmatrix}$.

a) Zeigen Sie, dass sich alle Geraden der Schar g_a in einem Punkt schneiden. Geben Sie die Koordinaten des Schnittpunktes an.

b) Bestimmen Sie das Schnittgebilde der Geradenschar mit der Ebene $\varepsilon_1: z = 0$.

c) Was wird durch die Geradenschar g_a beschrieben?

d) Wo schneidet die Gerade h die Geradenschar g_a?

14 Gegeben sind die Ebenen $\varepsilon_1: x + z + 1 = 0$ und $\varepsilon_2: x + y - z + 3 = 0$.

a) Zeigen Sie, dass die Ebenen ε_1 und ε_2 zueinander orthogonal sind.

b) Ermitteln Sie eine Parametergleichung der Schnittgeraden g.

c) Zeigen Sie, dass $P(-2|0|1)$ auf dieser Schnittgeraden liegt.

d) Weisen Sie nach, dass die Gerade g in allen Ebenen der Schar $\varepsilon(t)\colon (t+1)x + y + (t-1)z + t + 3 = 0$ mit $t \in \mathbb{R}$ liegt.

e) Welche Bedingung müssen die Parameter t_1 und t_2 erfüllen, damit die Ebenen $\varepsilon(t_1)$ und $\varepsilon(t_2)$ zueinander senkrecht stehen?

f) Welche Ebenen $\varepsilon(t)$ haben vom Ursprung den Abstand $\sqrt{3}$?

g) Zeigen Sie, dass der Vektor $\vec{a} = \begin{pmatrix} 1-t \\ 1-t \\ 2+t \end{pmatrix}$ mit $t \in \mathbb{R}$ ein Spannvektor der Ebene $\varepsilon(t)$ ist und dass $\vec{a}$ und der Richtungsvektor der Schnittgeraden g linear unabhängig sind.

h) Die Gerade $h(t)$ liegt in der Ebene $\varepsilon(t)$, steht senkrecht auf der Geraden g und verläuft durch den Punkt $P(-2|0|1)$. Ermitteln Sie eine Parametergleichung von $h(t)$.

i) Es sei $Q(t) = (1-2t|-2t|4+2t)$. Zeigen Sie, dass die Dreiecke mit den Eckpunkten P, $Q(t)$ und $Q(t+1)$ eine Seite besitzen, die eine von t unabhängige Länge hat. Bestimmen Sie ferner t so, dass die beiden anderen Seiten gleich lang sind.

15 Die Gerade $g\colon \vec{x} = \begin{pmatrix} 1 \\ -1 \\ 4 \end{pmatrix} + t \begin{pmatrix} 2 \\ 0 \\ -1 \end{pmatrix}$, die Ebene $\varepsilon_1\colon \vec{x} = \begin{pmatrix} 1 \\ 1 \\ 4 \end{pmatrix} + r \begin{pmatrix} 2 \\ 1 \\ 5 \end{pmatrix} + s \begin{pmatrix} 6 \\ -3 \\ 3 \end{pmatrix}$ sowie die Punkte $P_1(3|2|-1)$ und $P_2(7|-2|3)$ sind gegeben.

a) Ermitteln Sie eine Gleichung der durch g und P_2 bestimmten Ebene ε_2 und eine Gleichung der Schnittgeraden g_S der Ebenen ε_1 und ε_2.

b) Bestimmen Sie eine Gleichung der Ebene ε_3, die auf der Schnittgeraden g_S senkrecht steht und durch P_1 geht.

c) In der Ebene ε_3 sei h diejenige Gerade, die parallel zur yz-Ebene verläuft und durch den Punkt $Q(4|7|2)$ geht. Ermitteln Sie eine Gleichung von h, berechnen Sie ihren Abstand vom Ursprung und zeigen Sie, dass die Ebene ε_4, die den Punkt P_2 enthält und auf h senkrecht steht, auch den Punkt P_1 enthält.

d) Zeigen Sie, dass alle Ebenen der Schar $\varepsilon(k)\colon (2-k)x + 8y + (4+2k)z = 10 + 3k$ $(k \in \mathbb{R})$ die Schnittgerade g_S von ε_1 und ε_2 enthalten. Ermitteln Sie die Werte k_1 und k_2, für die sich die Ebenen ε_1 und ε_2 ergeben.

e) Berechnen Sie $k \in \mathbb{R}$ so, dass die Ebene $\varepsilon(k)$ auf der Ebene ε_1 senkrecht steht.

16 Durch $g_t\colon \vec{x} = \begin{pmatrix} 0 \\ t+1 \\ -1 \end{pmatrix} + r \begin{pmatrix} 1 \\ -1 \\ 2 \end{pmatrix}$ und $h_t\colon \vec{x} = \begin{pmatrix} 2+t \\ 1 \\ 1+t \end{pmatrix} + s \begin{pmatrix} 1+t \\ 1-t \\ t \end{pmatrix}$ mit $t \in \mathbb{R}$ sind zwei Geradenscharen gegeben.

a) Wie liegen die Geraden in der Geradenschar g_t bzw. h_t zueinander?

b) Welchen Winkel bildet der Vektor $\begin{pmatrix} t-2 \\ t+2 \\ 2 \end{pmatrix}$ mit den Richtungsvektoren der Geradenscharen?

c) Bestimmen Sie eine Koordinatengleichung der Ebenenschar ε_t, die g_t und h_t enthält.

d) Für welche Werte von t geht eine Ebene der Schar ε_t durch den Koordinatenursprung?

17 *ABCDEFGH* ist ein Quader mit $A(14|0|0)$, $C(0|9|0)$, $D(0|0|0)$ und $H(0|0|4)$.

a) Bestimmen Sie die fehlenden Eckpunkte des Quaders und fertigen Sie eine Skizze an.

b) Wo liegen die Punkte $P(6|0|4)$ und $Q(6|9|0)$? Bestimmen Sie eine Gleichung der Geraden h durch P und Q.

c) Weisen Sie nach, dass alle Punkte S der Kante $\overline{AD}$ die Koordinaten $S(a|0|0)$ haben. Durch jeden dieser Punkte und durch den Punkt $G(0|9|4)$ verläuft jeweils eine Gerade g_a. Bestimmen Sie eine Gleichung der Geradenschar g_a.

d) Berechnen Sie die Koordinaten derjenigen Punkte S, für die die Strecken $\overline{PQ}$ und $\overline{QS}$ die gleiche Länge haben.

e) Zeigen Sie, dass die Gerade h zu keiner der Geraden aus der Schar g_a senkrecht ist.

f) Die Gerade h schneidet genau eine der Geraden aus der Schar g_a. Bestimmen Sie den Schnittpunkt und den Schnittwinkel.

18 Gegeben sind die Vektoren $\vec{a} = \begin{pmatrix} 1 \\ 2 \\ 2 \end{pmatrix}$, $\vec{b} = \begin{pmatrix} 2 \\ 1 \\ b_3 \end{pmatrix}$, $\vec{c} = \begin{pmatrix} 2 \\ c_2 \\ c_3 \end{pmatrix}$ mit $b_3, c_2, c_3 \in \mathbb{R}$.

a) Unter welcher Bedingung für b_3, c_2 und c_3 sind die Vektoren $\vec{a}$, $\vec{b}$ und $\vec{c}$ linear abhängig?

b) Unter welcher Bedingung für b_3, c_2 und c_3 sind je zwei der Vektoren $\vec{a}$, $\vec{b}$ und $\vec{c}$ zueinander orthogonal?

c) Ermitteln Sie eine Normalengleichung der Ebene $\varepsilon\colon \vec{x} = r \begin{pmatrix} 2 \\ 1 \\ -2 \end{pmatrix} + s \begin{pmatrix} 2 \\ -2 \\ 1 \end{pmatrix}$ und berechnen Sie den Abstand des Punktes $P(3\,|\,6\,|-3)$ von ε.

d) P' ist Spiegelpunkt von P bezüglich der Ebene ε. Ermitteln Sie die Koordinaten von P' und die Entfernung der Punkte P' und P.

19 Gegeben sind $\varepsilon\colon 4x - 3z - 9 = 0$ und $P_a(-1 + 11a|-2 + 5a|4 - 2a)$ mit $a \in \mathbb{R}$.

a) Geben Sie eine Parametergleichung der Geraden g an, auf der die Punkte P_a liegen.

b) Berechnen sie die Koordinaten des Schnittpunktes M von g mit der Ebene ε.

c) Bestimmen Sie x, y und z so, dass $A(x|-2|1)$, $B(3|y|1)$ und $C(6|-2|z)$ in ε liegen.

d) Untersuchen Sie die gegenseitige Lage der Geraden g und der Geraden g_{AB}.

20 Es ist $g\colon \vec{x} = \begin{pmatrix} -5 \\ 8 \\ 2 \end{pmatrix} + t\begin{pmatrix} -1 \\ 1 \\ 1 \end{pmatrix}$ und $\varepsilon(k)\colon 2x - 6y + (4-k)z = -2k$ mit $k \in \mathbb{R}$.

a) Für welches k ist $\varepsilon(k)$ parallel zu g? In der Schar gibt es eine Ebene, die zu keiner anderen Ebene der Schar orthogonal ist. Ermitteln Sie ihre Gleichung.

b) Die Ebene ε^* verlaufe durch $P(1\,|\,11\,|\,2)$ und parallel zu $\varepsilon(7)$. Berechnen Sie den Abstand dieser beiden Ebenen.

21 Gegeben sind $g\colon \vec{x} = \begin{pmatrix} 7 \\ 22 \\ 0 \end{pmatrix} + t\begin{pmatrix} 0 \\ 23 \\ 6 \end{pmatrix}$, $\varepsilon(k)\colon \vec{x} = \begin{pmatrix} 0 \\ -2 \\ 4 \end{pmatrix} + r\begin{pmatrix} 2 \\ -3 \\ -2 \end{pmatrix} + s\begin{pmatrix} 2 \\ k+5 \\ 1 \end{pmatrix}$

mit $k \in \mathbb{R}$ und $\varepsilon_1\colon 2x - 2y + 6z = 28$.

a) Ermitteln Sie eine Gleichung der Ebene ε_2 durch g und den Punkt $P(4\,|-8\,|\,0)$.

b) Berechnen Sie den Abstand des Punktes $Q(7\,|-1\,|\,9)$ von der Ebene ε_1 und ermitteln Sie den Spiegelpunkt Q' von Q bezüglich der Ebene ε_1.

c) Bestimmen Sie eine Gleichung der Schnittgeraden g_S von ε_1 und ε_2. Berechnen Sie ferner die Koordinaten des Schnittpunktes der Geraden g und g_S.

d) Die Ebenen der Schar $\varepsilon(k)$ enthalten eine gemeinsame Gerade. Welche Gleichung hat sie und liegt sie auch in der Ebene $\varepsilon_3\colon 14x - 6y + 23z = 104$? Ist ε_3 in der Schar $\varepsilon(k)$ enthalten?

22 Gegeben sind zwei Ebenen $\varepsilon_1\colon -2x + y - z = -4$, $\varepsilon_2\colon x + y + 2z = 8$ und eine Ebenenschar $\varepsilon(k)\colon 2x - y + kz = 4$ mit $k \in \mathbb{R}$.

a) Für welche Werte von $k \in \mathbb{R}$ schneiden sich die Ebenen der Schar mit ε_1 und ε_2 in genau einem Punkt? Ermitteln Sie den Schnittpunkt. Welche besondere Lage hat der Punkt?

b) Untersuchen Sie den Zusammenhang zwischen $\varepsilon(k)$ und ε_1 bzw. ε_2 in den Fällen, die in a) ausgeschlossen werden. Bestimmen Sie jeweils die Schnittgebilde.

c) Ermitteln Sie die Projektionen der in b) ermittelten Geraden in den drei Koordinatenebenen.

23 Gegeben ist eine Schar von Ebenen $\varepsilon(k)\colon x - 2y + kz = 0$ mit $k \in \mathbb{R}$.

a) Zeigen Sie, dass alle Ebenen $\varepsilon(k)$ eine Gerade g gemeinsam haben. Ermitteln Sie eine Parametergleichung von g.

b) Zu jeder Ebene $\varepsilon(k)$ der Schar gibt es eine zu ihr parallele Ebene $\varepsilon^*(k)$, die durch den Punkt $P(-1\,|\,1\,|-1)$ geht. Ermitteln Sie eine Normalengleichung von $\varepsilon^*(k)$. Für welches $k \in \mathbb{R}$ fällt $\varepsilon(k)$ mit $\varepsilon^*(k)$ zusammen?

c) Untersuchen Sie, ob es zu jeder Ebene $\varepsilon(k)$ eine auf ihr senkrechte Ebene $\varepsilon^*(h)$ mit $h \in \mathbb{R}$ gibt. Ermitteln Sie h für $k = 1$, bestimmen Sie die zugehörigen Ebenengleichungen und ermitteln Sie für diese Ebenen die Spurgeraden in den drei Koordinatenebenen.

d) Ermitteln Sie die Lösungsmenge $L(k)$ des linearen Gleichungssystems

$$\begin{aligned} x - 2y + kz &= 0 \\ x - 2y + (k+1)z &= 0 \\ x - 2y - 2kz &= (k-3)(k+1) \end{aligned} \qquad \text{mit } k \in \mathbb{R}.$$

e) Untersuchen Sie, wie sich die Lösungsmenge aus dem Ergebnis von a) durch geometrische Überlegungen bestätigen lässt.

Kombinierte Aufgaben

24 $\vec{a}=\begin{pmatrix}1\\2p\\2\end{pmatrix}, \vec{b}=\begin{pmatrix}1\\1\\-p\end{pmatrix}$ und $\vec{c}=\begin{pmatrix}0\\p\\3\end{pmatrix}$ sind Ortsvektoren der Punkte A, B und C.

a) Für welche $p \in R$ sind die Vektoren linear abhängig, für welche linear unabhängig?

b) Zeigen sie, dass der Punkt $D(-4|4|-4)$ nicht zur Ebene ε_{ABC} gehört, wenn $p=2$ ist.

c) Von dem Punkt D wird das Lot auf die Ebene ε_{ABC} gefällt. Welche Koordinaten hat der Durchstoßpunkt?

d) Spiegelt man D an der Ebene ε_{ABC}, so erhält man D'. Welche Koordinaten hat D'?

e) Bestimmen Sie eine Parametergleichung der Schnittgeraden der Ebene ε_{ABC} mit der xy-Ebene. Für welche Parameter liegen Punkte dieser Geraden innerhalb des Dreiecks ABC?

f) P_1 ist Mittelpunkt von $\overline{AB}$; P_2 teile $\overline{AC}$ im Verhältnis $1:2$. In welchem Verhältnis teilen sich die Transversalen $\overline{CP_1}$ und $\overline{BP_2}$?

g) Unter welchen Winkeln treffen die Transversalen in P_1 und P_2 auf die Dreiecksseiten?

25 Gegeben ist das lineare Gleichungssystem $\vec{a}x+\vec{b}y+\vec{c}z=\vec{d}$ mit

$$\vec{a}=\begin{pmatrix}12\\7\\2k\end{pmatrix},\ \vec{b}=\begin{pmatrix}3\\1\\-2\end{pmatrix},\ \vec{c}=\begin{pmatrix}3k\\1\\6\end{pmatrix},\ \vec{d}=\begin{pmatrix}3k-9\\0\\16\end{pmatrix} \text{ und } k\in\mathbb{R}.$$

a) Für welche Werte von $k \in \mathbb{R}$ hat das Gleichungssystem genau eine Lösung?

b) Stellen Sie den Lösungsvektor in Abhängigkeit von k dar. Für welches k wird $x=\frac{1}{3}$? Berechnen Sie für dieses k auch y und z.

c) Untersuchen Sie, für welche k das Gleichungssystem unlösbar ist. Zeigen Sie, dass sich für dieses k der Vektor $\vec{a}$ aus den beiden Vektoren $\vec{b}$ und $\vec{c}$ linear erzeugen lässt.

d) Bestimmen Sie k so, dass das Gleichungssystem unendlich viele Lösungen hat. Stellen Sie diese Lösungsmenge dar und deuten Sie sie geometrisch.

26 Gegeben ist die Ebene ε: $2x-2y-z=-6$ und der Punkt $P(2|2|2)$.

a) Wie groß muss der Abstand eines Punktes Q der Ebene ε von P mindestens sein?

b) Der Punkt P wird an ε gespiegelt. Bestimmen Sie die Koordinaten des Spiegelpunktes P'.

27 Gegeben sind die drei Gleichungen

$$\begin{aligned} x+y+z&=9\\ x-y&=1\\ x-z&=2 \end{aligned}$$

a) Fassen Sie jede als Ebenengleichung auf und bestimmen Sie den Schnitt der drei Ebenen.

b) Fassen Sie das lineare Gleichungssystem als Matrizengleichung $M\vec{x}=\vec{b}$ auf. Bestimmen Sie die inverse Matrix M^{-1} und den Lösungsvektor $\vec{x}$.

c) Wie hängt das Gleichungssystem mit der folgenden Aufgabe zusammen?
Eine dreistellige Zahl, deren Einerziffer um 1 größer ist als ihre Zehnerziffer, hat die Quersumme 9. Vertauscht man die erste und dritte Ziffer, so ergibt sich eine um 198 größere Zahl als die ursprüngliche. Wie lautet die gesuchte Zahl?

28 Gegeben sind die Gerade $g\colon \vec{x} = \begin{pmatrix} 5 \\ -4 \\ 1 \end{pmatrix} + r \begin{pmatrix} 2 \\ -5 \\ 0 \end{pmatrix}$ und der Punkt $P(2|-11|0)$.

a) Wie groß muss der Abstand eines Punktes Q der Geraden g von P mindestens sein?
b) Der Punkt P wird an g gespiegelt. Welche Koordinaten hat der Spiegelpunkt P'?
c) Bearbeiten Sie Aufgabenteil a) mit Methoden der Analysis.

29 Gegeben sind die Punktescharen $P_a(a|1|1-a)$ und $Q_a(a|0|a)$ mit $a \in [0;1]$.
a) Zeigen Sie, dass die Punkte P_a bzw. Q_a jeweils auf einer Geraden liegen und geben Sie eine Parametergleichung dieser Geraden g_P bzw. g_Q an.
b) Wie liegen g_P und g_Q zueinander?
c) Wie lang sind die Strecken $\overline{P_0P_1}$ und $\overline{Q_0Q_1}$?
d) Geben Sie eine Gleichung der Geradenschar g_a durch P_a und Q_a an.
e) Zeigen Sie: Zwei Geraden g_k und g_l der Geradenschar mit $k \neq l$ sind zueinander windschief.
f) Die Punkte der Geradenschar g_a bilden eine Fläche, die man Sattelfläche nennt. Zeigen Sie, dass diese Fläche der Graph der Funktion zu $z = f(x, y) = x + y - 2xy$ ist und stellen Sie sie mit einem geeigneten Computer-Algebra-System (CAS) dar.

7.2 Abbildungen und Prozesse

Abbildungen ohne Parameter

30 $P'(3|4)$, $Q'(1|5)$ und $R'(3|7)$ sind die Bildpunkte von $P(2|3)$, $Q(1|3)$ und $R(2|4)$.
a) Bestimmen Sie die zugehörige affine Abbildung.
b) Bestimmen Sie einen Fixpunkt der Abbildung.
c) Bestimmen Sie die Eigenwerte und Eigenvektoren der Abbildung zu $\vec{x}' = \begin{pmatrix} 2 & 0 \\ -1 & 3 \end{pmatrix} \cdot \vec{x}$.
d) Zeigen Sie, dass die Geraden $g\colon \vec{x} = \begin{pmatrix} 1 \\ 2 \end{pmatrix} + r \begin{pmatrix} 0 \\ 1 \end{pmatrix}$ und $h\colon \vec{x} = \begin{pmatrix} 1 \\ 2 \end{pmatrix} + s \begin{pmatrix} 1 \\ 1 \end{pmatrix}$ Fixgeraden der Abbildung sind.

31 f ist eine affine Abbildung mit dem Fixpunkt $F(-4|2)$, die den Punkt $A(-3|2)$ auf den Punkt $B(1|1)$ und den Punkt B auf den Punkt A abbildet.
a) Ermitteln Sie die Abbildungsgleichung von f.
b) Zeigen Sie, dass der Mittelpunkt M der Strecke $\overline{AB}$ Fixpunkt von f ist.
c) Zeigen Sie, dass die Gerade g durch die Punkte A und B Fixgerade von f ist.
d) Zeigen Sie, dass die Gerade h durch die Punkte F und M Fixpunktgerade von f ist.
e) Ermitteln Sie die Eigenwerte und Eigenvektoren von f.
f) Welche Abbildungsart liegt vor?
g) Zeigen Sie allgemein: Ist f eine affine Abbildung, die einen Punkt A auf einen Punkt B und B auf A abbildet, dann ist der Mittelpunkt M der Strecke $\overline{AB}$ ein Fixpunkt von f.
h) Zeigen Sie allgemein, dass die Gerade g durch die Punkte A und B Fixgerade von f ist.
i) Zeigen Sie allgemein, dass die Gerade h durch F und M Fixpunktgerade von f ist.
j) Zeigen Sie: Sind $\vec{a}$, $\vec{b}$, $\vec{f}$ und $\vec{m}$ die Ortsvektoren zu A, B, F und M, dann hat die Abbildung f die Eigenvektoren $\vec{x}_1 = \vec{b} - \vec{a}$ und $\vec{x}_2 = \vec{m} - \vec{f}$. Bestimmen Sie die zugehörigen Eigenwerte.
k) Welche Abbildungsart liegt vor?

32 Gegeben ist die affine Abbildung $f: \vec{x}' = \begin{pmatrix} 5 & 2 \\ -8 & -3 \end{pmatrix} \vec{x} + \begin{pmatrix} -2 \\ 4 \end{pmatrix}$.

a) Zeigen Sie: Die Punkte $F(3|-5)$ und $G(-4|9)$ sind Fixpunkte der Abbildung f.
b) Bestimmen Sie alle Fixpunkte von f.
c) Welche Abbildungsart liegt vor?
d) Zeigen Sie allgemein: Hat eine affine Abbildung f zwei Fixpunkte F und G, dann ist die Gerade g durch F und G Fixpunktgerade von f.
e) Kann eine affine Abbildung drei nicht kollineare Fixpunkte haben? Begründen Sie.

33 Gegeben ist das Dreieck aus den Punkten $A(0|0)$, $B(1|3)$ und $C(-4|2)$.

a) Bestimmen Sie zunächst den Schwerpunkt S des Dreiecks.
Beachten Sie: Der Schwerpunkt eines Dreiecks ist der Schnittpunkt der Seitenhalbierenden.
b) Welche affine Abbildung f bildet den Punkt A auf den Punkt B, den Punkt B auf den Punkt C und den Punkt C auf den Punkt A ab?
c) Ist f längentreu? Bildet f jedes Parallelogramm P auf ein Parallelogramm P' mit gleicher Flächenmaßzahl ab?
d) Zeigen Sie, dass der Schwerpunkt S des Dreiecks ABC ein Fixpunkt der Abbildung f ist.
e) Zeigen Sie allgemein, dass für den Ortsvektor $\vec{s}$ des Schwerpunktes S eines Dreiecks aus den Punkten A, B und C mit den Ortsvektoren $\vec{a}$, $\vec{b}$ und $\vec{c}$ gilt: $\vec{s} = \frac{1}{3}(\vec{a} + \vec{b} + \vec{c})$.
f) Zeigen Sie allgemein, dass der Schwerpunkt S eines Dreiecks ABC Fixpunkt der affinen Abbildung f ist, die A auf B, B auf C und C auf A abbildet.

Abbildungen mit Parametern

34 Gegeben ist die affine Abbildung f_k: $\vec{x}' = \begin{pmatrix} 7 & 8 \\ k & 9 \end{pmatrix} \cdot \vec{x} + \begin{pmatrix} 5 \\ 6 \end{pmatrix}$ mit $k \in \mathbb{R}$.

a) Welche Abbildungsarten liegen bei f_1 und f_{-1} vor?
b) Bestimmen Sie die Fixpunkte von f_k.
c) Für welchen Wert von k hat f_k keinen Fixpunkt? Welche Abbildungsart liegt dann vor? Zeigen Sie, dass f_k dann genau eine Fixgerade hat, und bestimmen Sie ihre Gleichung.

35 Gegeben ist die affine Abbildung f_k: $\vec{x}' = \begin{pmatrix} 1 & -3 \\ 3 & k \end{pmatrix} \cdot \vec{x}$ mit $k \in \mathbb{R}$.

a) Für welche k hat f_k keine Eigenwerte, einen Eigenwert, zwei Eigenwerte?
b) Bestimmen Sie die Eigenvektoren der Abbildung f_{11}.
c) Bestimmen Sie eine Normalendarstellung von f_{11}. Welche Abbildungsart liegt vor?
d) Untersuchen Sie die Abbildung $g_k = f_k \circ f_k$ für $k = 1$ und $k = -1$ auf ihre Eigenschaften.

36 Gegeben ist die affine Abbildung f_k: $\vec{x}' = \begin{pmatrix} k & 1 \\ -1 & 0 \end{pmatrix} \vec{x} + \begin{pmatrix} 2 \\ 0 \end{pmatrix}$ mit $k \in \mathbb{R}$.

a) Für welche k hat f_k **keinen** Eigenwert? Welche Abbildungsart liegt dann vor?
b) Für welche k hat f_k genau einen Eigenwert? Bestimmen Sie für diese Fälle eine Normaldarstellung der Abbildungsmatrix. Welche Abbildungsart liegt vor?
c) Bestimmen Sie die Umkehrabbildung f_k^* von f_k.
d) Ermitteln Sie f_0^* und $f_0^3 = (f_0 \circ f_0) \circ f_0$. Was fällt auf? Begründen Sie das Ergebnis.

37 Gegeben sind die affinen Abbildungen

f_r: $\vec{x}' = \begin{pmatrix} r & 2 \\ -1 & 3 \end{pmatrix}\vec{x} + \begin{pmatrix} -1 \\ 1 \end{pmatrix}$ und g_s: $\vec{x}' = \begin{pmatrix} 2 & -3 \\ 1 & -2 \end{pmatrix}\vec{x} + \begin{pmatrix} s \\ 2 \end{pmatrix}$ mit $r, s \in \mathbb{R}$.

a) Für welche **ganzen** Zahlen r ist die Abbildung f_r eine affine Drehstreckung?

b) Verschieben Sie das Koordinatensystem so, dass f_6 in eine lineare Abbildung L_6 übergeht.

c) Bestimmen Sie die Eigenwerte, die Eigenvektoren und eine Normaldarstellung von L_6. Welche Abbildungsart liegt vor?

d) Für welche reellen Zahlen r und s ist die Abbildung $f_r \circ g_s$ linear?

e) Ermitteln Sie die Gleichung der Abbildung $g_4 \circ f_0$. Welche Abbildungsart liegt vor?

38 g ist eine Ursprungsgerade. Die Abbildung p_g, die jedem Punkt X der Ebene den Fußpunkt X' des Lotes von X auf g zuordnet, heißt Projektion auf g.

a) Ermitteln Sie die Gleichung der Projektion p_g auf die Gerade $g: y = 2x$.

b) Ist die Abbildung p_g umkehrbar?

c) Ist die Abbildung p_g linear?

d) Zeigen Sie: Hat g den Richtungsvektor $\begin{pmatrix} u \\ v \end{pmatrix}$, dann ist P_g: $p_g(\vec{x}) = \vec{x}' = \frac{1}{u^2+v^2}\begin{pmatrix} u^2 & vu \\ uv & v^2 \end{pmatrix}\vec{x}$.

e) Begründen Sie geometrisch, dass für jeden Vektor $\vec{x}$ und jede Spiegelung S_g an einer Ursprungsgeraden g gilt: $\vec{x} + s_g(\vec{x}) = 2p_g(\vec{x})$.

f) Benutzen Sie d) und e), um zu zeigen, dass zu jeder Spiegelung S_g an einer Ursprungsgeraden g eine Abbildungsmatrix der Form $A = \begin{pmatrix} a & b \\ b & -a \end{pmatrix}$ mit $a^2 + b^2 = 1$ gehört.

39 Die Affinität f_k hat die Fixpunktgerade $g: \vec{x} = t\begin{pmatrix} 1 \\ -2 \end{pmatrix}$ und bildet den Punkt $P(1\,|-1)$ ab auf den Punkt $P'(1-k\,|\,2k-1)$ mit $k \in \mathbb{R}$.

a) Welche Abbildungsgleichung hat f_k?

b) Bestimmen Sie die Fixgeraden von f_k.

c) Welcher Abbildungstyp liegt für $k \neq 0$ vor?

d) Bestimmen Sie eine Normaldarstellung von f_k.

e) Zeigen Sie, dass $f_k \circ f_i = f_{k+i}$ gilt. Bilden die Abbildungen f_k eine Gruppe?

f) h ist die Punktspiegelung mit dem Zentrum $Z(-1\,|\,4)$. Welche Abbildungsgleichung hat h?

g) Welche Gleichung hat die Abbildung $h \circ f_1$? Welcher Abbildungstyp liegt vor?

40 Gegeben sind die affinen Abbildungen f_a: $\vec{x}' = \begin{pmatrix} a & 0 \\ b & 1 \end{pmatrix} \cdot \vec{x}$ mit $a \neq 0$.

a) Welche Fixpunkte hat f_a?

b) Bestimmen Sie die Eigenwerte und die Eigenvektoren von f_a.

c) Bestimmen Sie die Fixgeraden von f_a.

d) Ermitteln Sie eine Normaldarstellung von f_a. Welche Abbildungsarten können vorliegen?

e) Für welche Abbildungen f_a gilt: Ist der Punkt P kein Fixpunkt, dann liegt auf der Geraden g durch P und P' genau ein Fixpunkt F?

f) In welchen Fällen liegt F zwischen P und P'? Wie teilt F dann die Strecke $\overline{PP'}$?

g) Zeigen Sie, dass die Abbildungen f_a bezüglich der Verkettung eine Gruppe bilden.

Prozesse

41 Forellen haben nach zwei Sommern Speisefischgröße (250 g) erreicht. In einem Teich gibt es junge (j), mittlere (m) und ausgewachsene (a) Forellen.
Die durch die Tabelle gegebene Matrix M beschreibt den jährlichen Übergang zwischen den Gruppen.

nach \ von	j	m	a
j	0	0	0,6
m	0,6	0,1	0
a	0	0,8	0,8

a) Interpretieren Sie die Elemente a_{13}, a_{31}, a_{33} der Matrix M.

b) Zu Beginn werden 50 junge Forellen in den Teich gesetzt und die Entwicklung beobachtet. Berechnen Sie den Forellenbestand nach zwei Jahren.

c) Nach einer Bestandsaufnahme, die 24 ausgewachsene und 3 mittlere Forellen ergibt, werden jährlich 10 ausgewachsene Forellen aus dem Teich gefischt und 40 junge ausgesetzt. Untersuchen Sie, wie sich der Forellenbestand unter den neuen Bedingungen in nächsten und übernächsten Jahr entwickelt.

d) Der Fischbestand soll sich in 2 Jahren verdoppeln. Welche Forderung stellt sich damit an das jährliche Befischen und Aussetzen?

42 Ein Betrieb stellt zunächst aus den Rohstoffen R_1, R_2 und R_3 (in Mengeneinheiten) die vier Zwischenprodukte Z_1, Z_2, Z_3 und Z_4 (in Stück) und dann die Endprodukte P_1 und P_2 (in Stück) her.

Der Bedarf an Rohstoffen und Zwischenprodukten je Endprodukt ergibt sich aus dem Diagramm in Bild 329/1.

Es liegen folgende Bestellungen vor:

Albrecht	
Artikel	Anzahl
P_1	3
P_2	2

Becker	
Artikel	Anzahl
P_1	15
P_2	10

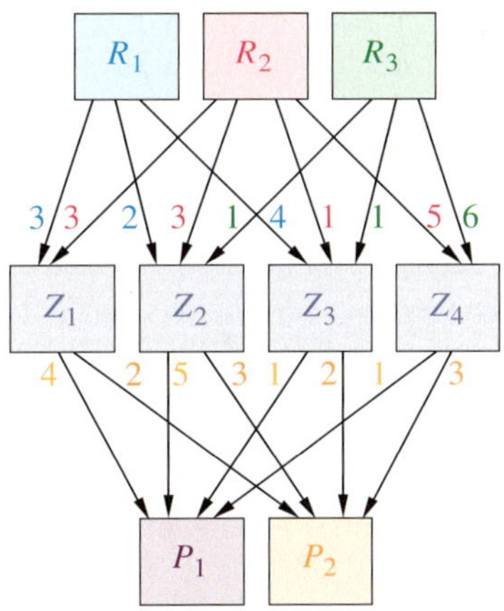

Bild 329/1: Vom Rohstoff zum Endprodukt

Der Produktionsprozess kann durch die Vektoren $\vec{r} = \begin{pmatrix} r_1 \\ r_2 \\ r_3 \end{pmatrix}$, $\vec{z} = \begin{pmatrix} z_1 \\ z_2 \\ z_3 \\ z_4 \end{pmatrix}$ und $\vec{p} = \begin{pmatrix} p_1 \\ p_2 \end{pmatrix}$ beschrieben werden. Dabei bezeichnet man mit r_1, r_2 und r_3 die erforderlichen Mengeneinheiten der Rohstoffe (R_1, R_2 und R_3), mit z_1, z_2, z_3 und z_4 die Stückzahlen der Zwischenprodukte (Z_1, Z_2, Z_3 und Z_4) sowie mit p_1 und p_2 die Stückzahlen der Endprodukte (P_1 und P_2).

a) Welche Matrix A ordnet dem Vektor $\vec{z}$ den Vektor $\vec{r}$ zu?

b) Welche Matrix B ordnet dem Vektor $\vec{p}$ den Vektor $\vec{z}$ zu?

c) Wie viele Zwischenprodukte sind für die vorliegenden Bestellungen erforderlich?

d) Bilden Sie die Matrix $C = A \cdot B$; welche Bedeutung hat diese Matrix?

e) Welche Rohstoffmengen sind für die vorliegenden Bestellungen erforderlich?

7.3 Anwendungen

43 Ein rechtwinkliges Koordinatensystem wird so gelegt, dass die Wasseroberfläche eines Schwimmbeckens in der xy-Ebene liegt (Bild 330/1). Anja, Tim, Kim und Jens tauchen in dem Schwimmbecken und versuchen dabei, möglichst geradlinige Bahnen einzuhalten.

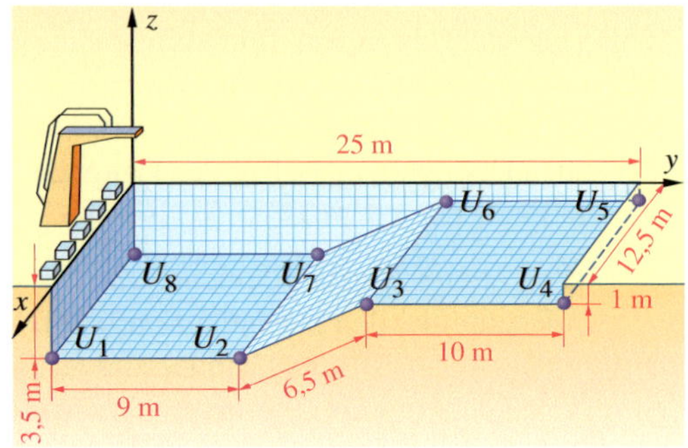

Bild 330/1: Schwimmbecken

a) Bestimmen Sie die Koordinaten der Punkte $U_1, \ldots, U_8$.

b) Anja weiß, dass sie 15 m weit tauchen kann. Wird sie es schaffen, einen bei $R(12\,|\,15\,|\,-1)$ liegenden Ring zu ertauchen, wenn sie bei $S(5\,|\,3\,|\,0)$ startet?

c) Tim, Kim und Jens tauchen im Schwimmbecken. auf geradlinigen Bahnen, die durch die Geradengleichungen

$$g_T: \vec{x} = \begin{pmatrix} 9 \\ 6 \\ -\frac{1}{2} \end{pmatrix} + t \begin{pmatrix} 3 \\ 0 \\ -\frac{1}{4} \end{pmatrix}, \quad g_K: \vec{x} = \begin{pmatrix} 1 \\ 1 \\ -3 \end{pmatrix} + k \begin{pmatrix} 4{,}4 \\ 2 \\ 0{,}9 \end{pmatrix}, \quad g_J: \vec{x} = \begin{pmatrix} \frac{5}{4} \\ 2 \\ -\frac{1}{4} \end{pmatrix} + r \begin{pmatrix} 1 \\ 2 \\ -\frac{2}{5} \end{pmatrix}$$

gegeben sind. Wer bewegt sich auf einer abtauchenden bzw. auftauchenden Bahn? Können sich die Jungen auf ihren Bahnen begegnen?

d) Wo trifft Jens beim Tauchen auf die schräge Ebene?

e) Welches ist der kürzeste Abstand der Tauchbahnen von Jens und Tim?

f) Kann Kim an der Wasseroberfläche auftauchen, ohne seine Bahn zu verändern?

g) Wo wird für Tim die Tauchbahn durch das Becken begrenzt?

h) Geben Sie als Geradengleichung die Bahn eines weiteren Tauchers an, der vom Nichtschwimmerbecken ins Schwimmerbecken taucht.

44 In einem Raum mit einer Länge von 8 Metern, einer Breite von 6 Metern und einer Höhe von 3 Metern sitzt eine Mücke in einer Raumecke und ein Gecko in der diagonal gegenüberliegenden Raumecke (Bild 320/2).

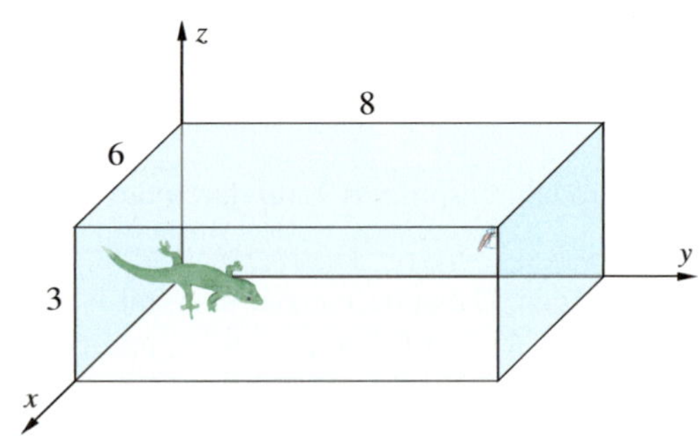

Bild 330/2: Gecko und Mücke

a) Welche Wege kann der Gecko wählen, um zur Mücke zu gelangen? (Ein Gecko kann auch an der Decke entlang laufen, aber er kann nicht fliegen.)

b) Wie lang ist der kürzeste Weg, auf dem der Gecko zur Mücke gelangen kann?

c) Bearbeiten Sie die Aufgaben a) und b), wenn der Gecko die Ausgangsposition $P(5\,|\,0\,|\,1)$ und die Mücke die Ausgangsposition $Q(1\,|\,8\,|\,2)$ hat.

d) Wie viel länger sind die berechneten Wege jeweils als der Luftweg?

45 Ein Designer hat aus Holz den Buchstaben T konstruiert (Bild 331/1).

a) Welche Koordinaten haben die gekennzeichneten Punkte?

b) Bestimmen Sie die Ebene ε, die durch R, S und T gegeben ist.

c) Welche zu ε parallelen Ebenen und welche zu ε senkrechten Ebenen sind durch den Buchstaben gegeben?

d) Wie groß sind Volumen und Gewicht des Buchstabens? (Dichte des Holzes 0,5 g/cm^3)

e) Wo trifft die Ecke R die xy-Ebene, wenn der Buchstaben nach vorn umkippt? Wie weit ist die Ecke R dann vom Koordinatenursprung entfernt? Beschreiben Sie die Kippbewegung durch eine Abbildungsmatrix.

f) Wo trifft die Ecke R die xy-Ebene, wenn der Buchstaben nach rechts umkippt? Wie weit ist die Ecke R dann vom Koordinatenursprung entfernt? Beschreiben Sie den Vorgang der Kippbewegung durch eine Abbildungsmatrix.

g) Bestimmen Sie die Ebenengleichung der Deckfläche

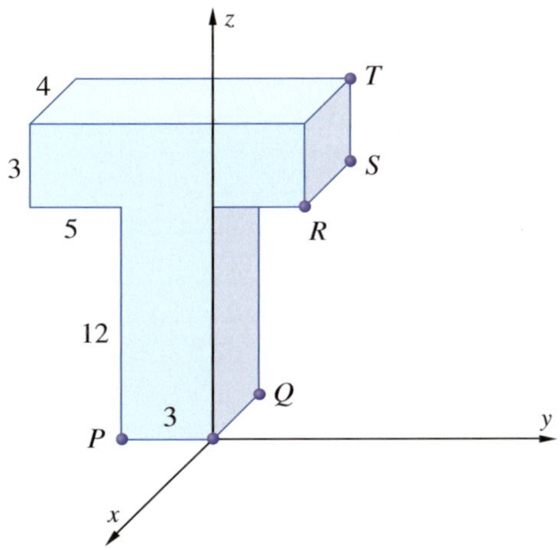

Bild 331/1: Designer-Buchstabe T

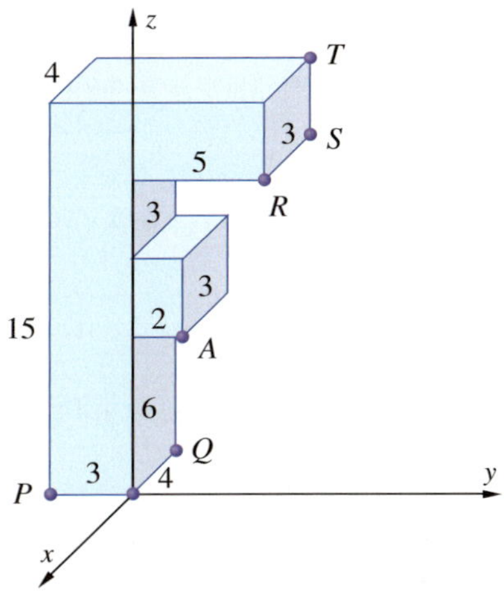

Bild 331/2: Designer-Buchstabe F

46 **a)** Verfahren Sie wie in Aufgabe 45 c), d) mit der Figur in Bild 331/2.

b) Bearbeiten Sie die Fragen in Aufgabe 45 e), f) für die Ecke A in Bild 331/2.

c) Lässt sich der Buchstabe „F“ so konstruieren, dass beim Kippen nach rechts sowohl die Ecke R als auch die Ecke A die xy-Ebene berühren?

47 Vom Tower eines Flughafens aus wird ein Flugzeug beobachtet, welches sich nach dem Start auf einer geradlinigen Bahn bewegt; es wird zunächst im Punkt $F_1(-1\,|\,2\,|\,0{,}4)$ geortet, 15 Sekunden später im Punkt $F_2(0{,}5\,|\,3\,|\,1)$ (Angaben in Kilometern).

a) Beschreiben Sie die Flugbahn durch eine Geradengleichung.

b) Welche Geschwindigkeit hat das Flugzeug?

c) In welchem Punkt F_3 hat das Flugzeug eine Flughöhe von 2,5 km erreicht?

d) Durch einem Ortungsstrahl mit dem Richtungsvektor $\vec{v} = \begin{pmatrix} 2 \\ y \\ 1 \end{pmatrix}$ wird das Flugzeug ein weiteres Mal bei F_4 angepeilt. Bestimmen Sie $\vec{v}$ und F_4.

48 Zwei Flugzeuge, die sich geradlinig bewegen, werden vom Tower eines Flughafens aus gelotst. Bezüglich eines Koordinatensystems, dessen Ursprung im Tower liegt, sind die Flugbahnen der Flugzeuge gegeben durch

$g: \vec{x} = \begin{pmatrix} -3{,}5 \\ -3{,}5 \\ 8 \end{pmatrix} + r \begin{pmatrix} 2 \\ 2 \\ 0 \end{pmatrix}$ und $h: \vec{x} = \begin{pmatrix} -3 \\ -4 \\ 7{,}5 \end{pmatrix} + s \begin{pmatrix} 2 \\ 1 \\ 0 \end{pmatrix}$ (Angaben in Kilometern).

a) Überprüfen Sie die gegenseitige Lage der Flugbahnen.

b) Der Fluglotse muss eingreifen, wenn der Abstand in der Vertikalen kleiner als 330 m oder in der Horizontalen kleiner als 9260 m ist. Ist das bei diesen Flugbahnen erforderlich?

c) Überfliegt eines der beiden Flugzeuge den Tower?

49 Das Gitter in Bild 332/1 besteht aus zwei Holmen und daran befestigten Stäben. Die Holme lassen sich beschreiben durch

$g: \vec{x} = \begin{pmatrix} 2 \\ 300 \\ 10 \end{pmatrix} + r \begin{pmatrix} 1 \\ -1 \\ 0 \end{pmatrix}$ mit $r \in [0; 200]$ und

$h: \vec{x} = \begin{pmatrix} 2 \\ 300 \\ 100 \end{pmatrix} + s \begin{pmatrix} 1 \\ -1 \\ 0 \end{pmatrix}$ mit $s \in [0; 200]$, die

Gitterstäbe durch

$k_a: \vec{x} = \begin{pmatrix} 2 + 10a \\ 300 - 10a \\ 10 \end{pmatrix} + t \begin{pmatrix} 0 \\ 0 \\ 1 \end{pmatrix}$ mit $t \in [0; 90]$

und $a = 0; 1; 2; \ldots; 20$

(Alle Angaben in Zentimetern).

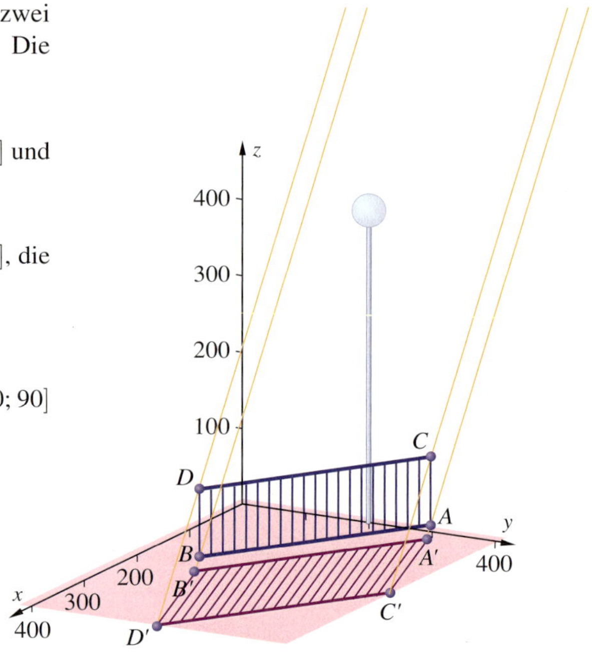

Bild 332/1: Gitter mit Holmen und Stäben

a) Wie liegen Holme und Gitterstäbe zueinander?

b) Wie lang sind die Holme, wie lang die Gitterstäbe?

c) In welchen Punkten sind die Holme und die Gitterstäbe miteinander verbunden?

d) Durch Sonneneinfall mit dem Richtungsvektor $\vec{v} = \begin{pmatrix} 2 \\ 1 \\ -1 \end{pmatrix}$ wirft das Gitter einen Schatten auf die xy-Ebene. Wo liegen die Schattenpunkte der Verbindungspunkte?

e) Wie lang sind die Schatten der Holme und der Gitterstäbe?

f) In welchem Winkel treffen die Sonnenstrahlen auf die xy-Ebene?

g) Durch eine Laterne, deren Licht punktförmig von $S(0|200|410)$ ausstrahlt, wirft das Gitter auch nachts einen Schatten. Wo liegen nun die Schattenpunkte der Verbindungspunkte?

h) Wie lang sind die Schatten der Holme und der Gitterstäbe im Licht der Straßenlaterne?

50 Ein Metallbauer will einen Glaserker wie in Bild 333/1 anfertigen und macht deshalb zunächst einen Entwurf (Bild 333/2).
Der Glaserker soll die Form eines Prismas haben mit einem gleichschenkligen Dreieck ABC als Grundfläche. Oben soll er durch eine dreiseitige Pyramide abgeschlossen werden. Das Prismas soll 5 m hoch werden, die Pyramide 1 m hoch. Ein Koordinatensystem ist so festgelegt, dass für die Punkte des Dreiecks ABC gilt:
$A(0|-1|0)$, $B(1|0|0)$ und $C(0|1|0)$ (Angaben in Metern).
Bestimmen Sie alle Kantenlängen und die Maße aller auftretenden Winkel.

Bild 333/1: Haus mit Glaserker

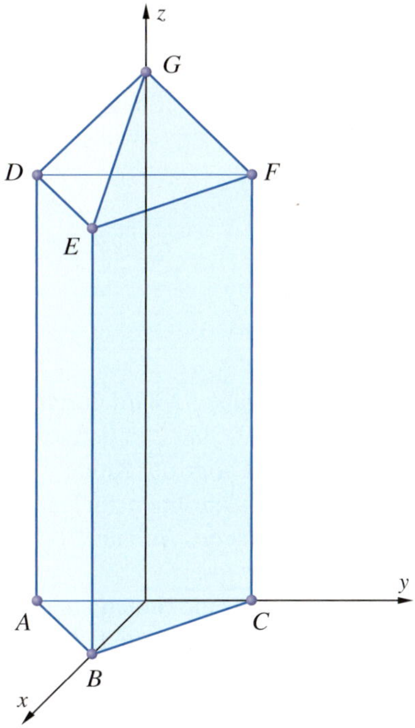

Bild 333/2: Entwurf eines Glaserkers

51 Auf einer Dachfläche eines Walmdachs, die von den Punkten $P(8|0|10)$, $Q(8|20|10)$, $R(4|4|14)$ und $S(4|16|14)$ begrenzt wird, soll ein Schornstein mit den oberen Eckpunkten $A(5|15|15)$, $B(5|15{,}5|15)$, $C(4{,}5|15{,}5|15)$ und $D(4{,}5|15|15)$ errichtet werden (Bild 333/3).

a) Berechnen Sie die Koordinaten der Punkte E, F, G, H des Dacheinschnittes.

b) Wie groß ist diese Fläche?

c) Wo liegen die Schattenpunkte A', B', C' und D', wenn die Sonnenstrahlen mit dem Richtungsvektor $\vec{v} = \begin{pmatrix} 1 \\ -2 \\ -3 \end{pmatrix}$ einfallen?

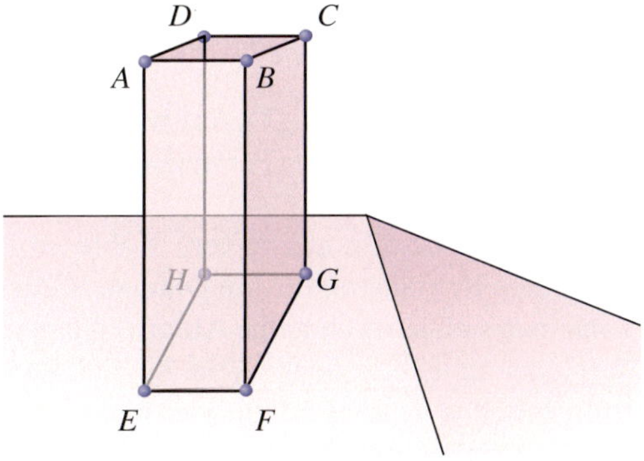

Bild 333/3: Kamin auf Walmdach

52 Ein Haus mit einem Walmdach hat eine 20 m lange und 8 m breite rechteckige Grundfläche und einen 12 m langen und 4 m hohen Dachfirst, der symmetrisch zur Dachbodenfläche liegt.

a) Welchen Winkel bilden die Dachflächen mit der Dachbodenfläche?

b) Welchen Winkel bilden die Dachflächen miteinander?

c) Wie lang ist der Grat und welchen Winkel bildet er mit dem Dachboden?

d) Lässt sich für dieses Haus ein Dach konstruieren, bei dem alle Dachflächen mit der Grundfläche einen Winkel von 60° bilden?

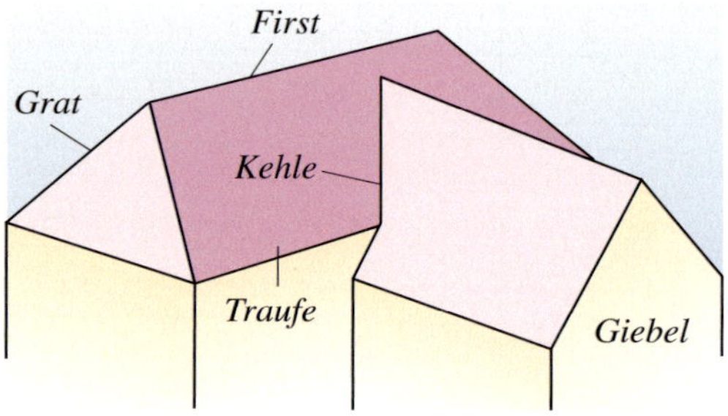

Bild 334/1: Haus mit Anbau

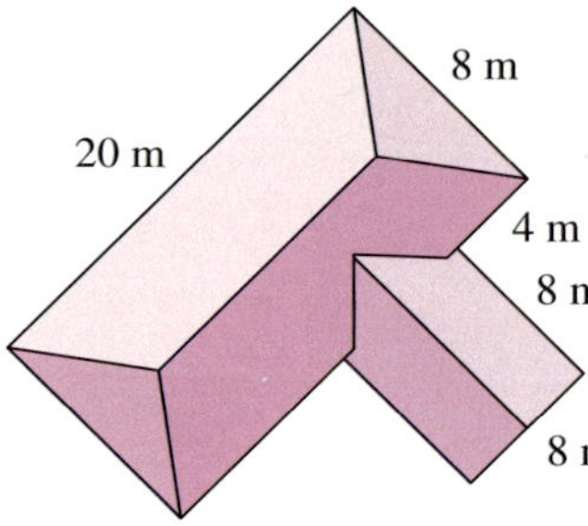

Bild 334/2: Grundriss der Dächer

53 Das Haus aus Aufgabe 52 wird durch einen 8 m langen und 8 m breiten Anbau erweitert, der die gleiche Firsthöhe hat, aber 2 m tiefer liegt als das Haus (Bilder 334/1 und 334/2).

a) Berechnen Sie die Länge der Kehle.

b) Wie lang sind die Dachrinnen am Haupthaus auf beiden Seiten des Anbaus?

c) Wie lang ist der First des Anbaus?

54 Ein Raum, bei dem eine Seitenwand durch $\varepsilon_W: x = 400$ und der Fußboden durch $\varepsilon_F: z = 0$ gegeben ist, hat ein Fenster mit den Eckpunkten $A(220|0|80)$, $B(100|0|80)$, $C(220|0|200)$ und $D(100|0|200)$
(Alle Angaben in Zentimetern).
Durch das Fenster fällt Sonnenlicht mit dem Richtungsvektor $\vec{v} = \begin{pmatrix} 5 \\ 3 \\ -4 \end{pmatrix}$.

Wo liegen A', B', C' und D'? Auf welchen Geraden liegen die Bilder der Fensterkanten?

55 Diamant besteht aus reinem Kohlenstoff besondere Kristallstruktur. Im Diamant-Gitter kann man sich jedes einzelne Atom von einem Tetraeder umgeben denken, in dessen Zentrum es selbst liegt; es ist mit vier benachbarten Atomen „verbunden", die die Ecken des Tetraeders bilden (Bild 334/3).
Wie groß ist der Winkel, den zwei „Bindungen" miteinander bilden?

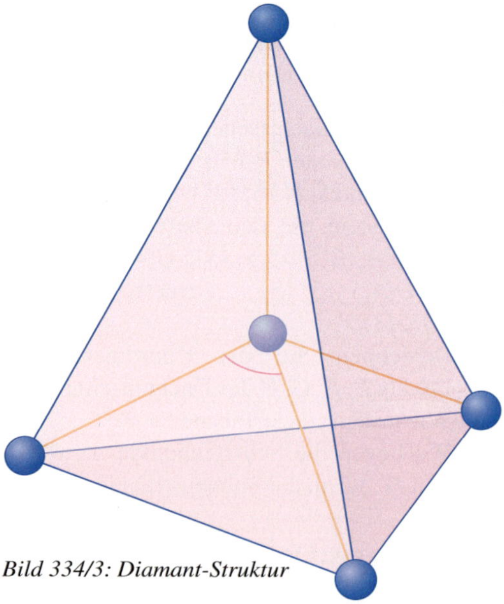

Bild 334/3: Diamant-Struktur

Satelliten-Navigation

56 Das amerikanische System zur Satelliten-Navigation **GPS (Global Positioning System)** stützt sich auf 24 Satelliten, die die Erde in einer Höhe von 20 200 km auf nahezu kreisförmigen Bahnen innerhalb von 12 Stunden einmal umlaufen. Diese Bahnen sind so gewählt, dass von jedem Punkt der Erdoberfläche aus jederzeit mindestens vier Satelliten angepeilt werden können.

Jeder Satellit hat eine äußerst genau gehende Uhr und sendet laufend Signale, darunter die Satelliten-Position $(m_{i1}|m_{i2}|m_{i3})$ und die Uhrzeit t_i zum Sendezeitpunkt des Signals.

Die Signale bewegen sich mit Lichtgeschwindigkeit $(c = 299\,792{,}458\,\frac{\text{km}}{\text{s}})$. Das Produkt aus c und der Zeitdifferenz $t_i - t_0$ zwischen Sendung und Empfang des Signals ist der Abstand a_i des GPS-Empfängers vom Satelliten.

Bild 335/1: Navigation mit Satelliten

Alle Punkte $P(x|y|z)$ mit dem Abstand a_i vom Satelliten liegen auf einer Kugel mit dem Mittelpunkt $M_i(m_{i1}|m_{i2}|m_{i3})$ und dem Radius a_i; ihre Koordinaten erfüllen also die Gleichung

$$(x - m_{i1})^2 + (y - m_{i2})^2 + (z - m_{i3})^2 = a_i^2 \quad \text{mit} \quad a_i = c \cdot (t_i - t_0).$$

Peilt man drei Satelliten an, so können sich diese Kugeln – wie in Bild 335/1 – in einem Punkt $P(x|y|z)$ schneiden; seine Koordinaten sind die Lösungen des zugehörigen Gleichungssystems.

In der Realität ist es jedoch etwas komplizierter. Es gibt zahlreiche Fehlerquellen; vor allem ist zu berücksichtigen, dass GPS-Empfänger (schon aus Kostengründen) in der Regel keine so genau gehende Uhr haben wie die Satelliten. Deshalb sind nicht nur die Koordinaten von P unbekannt, sondern auch die genaue Empfangszeit t_0 der Signale; um sie zu ermitteln braucht man eine vierte Gleichung, muss also einen vierten Satelliten anpeilen.

Daten wie in der Tabelle kann man mit GPS-Geräten empfangen, wird sie allerdings normalerweise nicht zu sehen bekommen, da die Empfänger-Software den Standort automatisch ermittelt.

i	m_{i1} [km]	m_{i2} [km]	m_{i3} [km]	t_i [s]
1	0	0	26581,000	0,02706609
2	10181,114	17634,206	17085,937	0,02802218
3	24598,498	−8953,121	4615,742	0,02315291
4	8953,121	−1578,677	24977,970	0,03087047

a) Welche Koordinaten hat P?

b) Welche geographischen Koordinaten (Länge [°], Breite [°], Höhe über dem Meeresspiegel [m]) hat ein Punkt P mit den kartesischen Koordinaten $(x|y|z)$ [km]?[1]
Tipp: Die Zugspitze hat die kartesischen Koordinaten $(4240{,}603|822{,}903|4700{,}117)$ *und die geographischen Koordinaten* $(10{,}981944|47{,}415|2650)$.

c) Auf welchen Punkt in Deutschland beziehen sich die Messwerte der Tabelle?

d) Erörtern Sie, bei welchen Positionen selbst ein GPS-Empfänger mit einer optimalen Uhr den Standort nicht eindeutig bestimmen kann, wenn nur drei Satelliten angepeilt würden?

[1] Setzen Sie voraus, dass die Erde eine Kugel mit dem Radius $R = 6381$ [km] ist.

Kuno-Multiplikation

Kuno platzt vor Stolz: Meint er doch eine neue Art der Vektormultiplikation im $\mathbb{R}^2$ gefunden zu haben: Er bildet das „**Kuno-Produkt**" zweier Vektoren $\binom{a}{b}$ und $\binom{c}{d}$, indem er zwei (2,2)-Determinanten aus deren Koordinaten wie rechts angegeben konstruiert.

$$\binom{a}{b} \otimes \binom{c}{d} = \begin{pmatrix} \begin{vmatrix} a & d \\ b & c \end{vmatrix} \\ \begin{vmatrix} a & -c \\ b & d \end{vmatrix} \end{pmatrix}$$

57 Berechnen Sie die folgenden „Kuno-Produkte"

a) $\binom{2}{4} \otimes \binom{6}{1}$ **b)** $\binom{2}{2} \otimes \binom{1}{1}$ **c)** $\binom{-3}{3} \otimes \binom{-1}{1}$ **d)** $\binom{3}{5} \otimes \binom{3}{-5}$

58 Berta und Friedrich gegenüber prahlt er, seine Kunomultiplikation sei sogar kommutativ, assoziativ und bezüglich der Vektoraddition distributiv. Überprüfen Sie das

a) an selbst gewählten Beispielen, **b)** für beliebige Vektoren.

59 Überprüfen Sie die Behauptungen an selbst gewählten Beispielen (für beliebige Vektoren).

a) Berta behauptet, der Vektor $\binom{1}{0}$ würde bei der Kuno-Multiplikation nichts bewirken.

b) Berta behauptet ferner: Für alle Vektoren der speziellen Form $\binom{x}{0}$ mit $(x \in \mathbb{R})$ sei die Kuno-Multiplikation eigentlich dasselbe wie die „normale" Multiplikation reeller Zahlen.

c) Friedrich wird ernst. Denke man sich Kunos Vektoren „zusammengesetzt" in der Form $\binom{a}{b} = a\binom{1}{0} + b\binom{0}{1}$ dann sei Berta zufolge der erste Teil $a\binom{1}{0}$ eine reelle Zahl, der zweite Teil aber sei jedoch „anders als reell, irgendwie imaginär".

d) Im $\mathbb{R}^2$ sei kein Platz für „imaginären, nicht reellen Spuk", protestiert Kuno energisch. Vielleicht doch, kontert Friedrich, denn die Kuno-Multiplikation mit $\binom{0}{1}$ sei durchaus nicht wirkungslos. Die anderen sollten doch einmal das Kunoquadrat von $\binom{0}{1}$ berechnen.

e) Berta staunt, wir haben die Wurzel aus -1 gefunden! Eine nicht reelle, imaginäre „Kuno-Wurzel", ergänzt Friedrich.

Imaginäre und Komplexe Zahlen

Für eine Spuk-Wurzel aus -1 möchte Kuno seinen Namen auf keinen Fall hergeben. Wie du willst, grinst Friedrich, nennen wir doch die nicht reelle, **imaginäre** Wurzel aus -1 einfach i, also $i = \binom{0}{1}$. Dann können wir uns den R^2 aus reellen und imaginären Anteilen zusammengesetzt denken:

$$a\binom{1}{0} + b\binom{0}{1} = a + bi.$$

Übrigens zusammengesetzt heißt lateinisch „komplex", spottet Berta, aber keine Angst Kuno, das hat nichts mit dir zu tun. Deinen Namen wird man in diesem Zusammenhang bestimmt bald wieder vergessen haben.

60 Bis auf die Besonderheit, dass $i^2 = -1$ ist, kann man auf **komplexen Zahlen** einfach die üblichen Rechenregeln für reelle Zahlen anwenden. Schreiben Sie die Vektoren $\binom{3}{4}$ und $\binom{5}{6}$ zunächst als komplexe Zahlen und berechnen Sie dann $\binom{3}{4} \otimes \binom{5}{6}$ und $\binom{5}{6} \otimes \binom{3}{4}$

61 Schreiben Sie die Vektoren der Aufgabe 57 zunächst als komplexe Zahlen und berechnen Sie dann die angegebenen Produkte.

7.4 Olympia-Aufgaben

Nicht nur im Sport gibt es große Wettbewerbe. Auch die Mathematik hat eine eigene Olympiade, an der Schülerinnen und Schüler teilnehmen. Hier geht es nicht darum, sportliche Leistungen zu erbringen, sondern schnell und klug schwierige mathematische Probleme zu lösen. Im Erscheinungsjahr dieses Buches startet bereits die 43. Mathematik-Olympiade.

Bei der jährlich stattfindenden Mathematik-Olympiade handelt sich um einen Stufenwettbewerb: Die erste Stufe ist die Schulolympiade, die zweite die regionale Stufe, die dritte ist die Landesolympiade, die vierte heißt Bundesrunde der Mathematik-Olympiade. Die Besten werden zu weiteren Auswahlverfahren für die Teilnahme an der Internationalen Mathematik-Olympiade eingeladen. Daran nehmen ca. 80 Länder teil.

Im Folgenden finden Sie sieben Olympiade-Aufgaben mit Lösungen. Olympiade-Aufgaben werden folgendermaßen mit einer sechsstelligen Zahl bezeichnet: Die ersten beiden Ziffern bilden die Nummer der Olympiade, die nächsten zwei Ziffern nennen die Klassenstufe, die fünfte Ziffer gibt die Stufe an und die letzte Ziffer ist die Aufgabennummer.

Aufgabe 40 13 2 3

Gegeben ist ein Würfel mit der Kantenlänge a, dem eine Kugel mit Radius $\frac{a}{2}$ einbeschrieben ist. In die Würfelecken sollen kleinere Kugeln eingefügt werden, die jeweils die drei Flächen, die in der Ecke zusammenstoßen, und die große Kugel berühren. Wie groß ist der Radius der kleinen Kugeln?

Lösung 40 13 2 3

Da eine kleine Kugel drei Würfelflächen berührt, muss der Kugelmittelpunkt von diesen Würfelflächen den gleichen Abstand haben. Also liegt der Mittelpunkt auf einer Raumdiagonalen des Würfels. Das Lot von der Raumdiagonalen auf eine Würfelfläche schneidet diese auf der Flächendiagonalen. Deshalb berührt die kleine Kugel die Würfelfläche auf einer Flächendiagonalen.

Betrachtet wird ein Diagonalschnitt durch den Würfel. Dieser sei mit einem rechtwinkligen kartesischen Koordinatensystem derart versehen, dass der Koordinatenursprung im Würfelmittelpunkt liegt und die x-Achse durch die Mittelpunkte der beiden in der Schnittebene enthaltenen Würfelkanten verläuft.

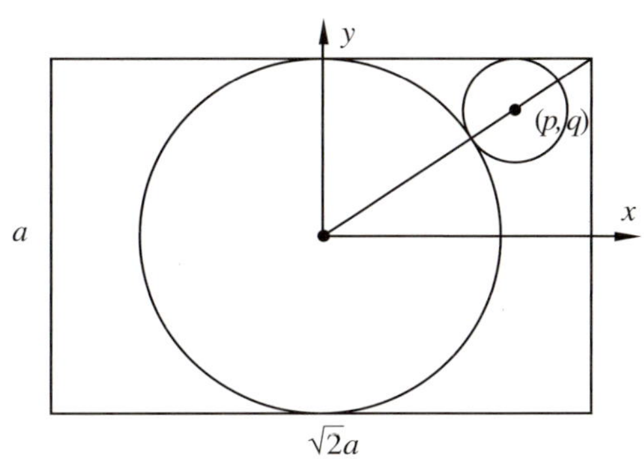

Eine Raumdiagonale hat in dem gewählten Koordinatensystem die Gleichung $y = \frac{1}{\sqrt{2}} \cdot x$.

Mit $(p; q)$ seien die Koordinaten des Mittelpunktes einer der kleinen Kugeln bezeichnet, mit r ihr Radius. Da der Abstand der Mittelpunkte zweier einander berührender Kugeln gleich der Summe ihrer Radien ist, gilt

$$p^2 + q^2 = \left(\frac{a}{2} + r\right)^2.$$

Ferner liegt der Radius vom Mittelpunkt der kleinen Kugel zu ihrem Berührungspunkt mit der senkrecht zur y-Achse liegenden Würfelfläche in der Schnittebene und ist parallel zur y-Achse; daher ist

$$q = \frac{a}{2} - r.$$

Aufgrund der Lage des Kugelmittelpunktes auf der Raumdiagonalen muss schließlich

$$p = q\sqrt{2}$$

gelten. Aus diesen drei Bedingungen folgt durch Einsetzen

$$3q^2 = \left(\frac{a}{2} + r\right)^2,$$

also

$$3\left(\frac{a}{2} - r\right)^2 = \left(\frac{a}{2} + r\right)^2$$

und damit

$$r^2 - 2ar + \frac{a^2}{4} = 0.$$

Diese quadratische Gleichung für r besitzt genau die beiden Lösungen

$$r_{1,2} = a \pm \sqrt{\frac{3}{4} \cdot a^2}.$$

Da r nicht größer sein kann als a, ist $r = a - \frac{\sqrt{3}}{2} \cdot a$.

Aufgabe 40 10 3 3

Beweisen Sie: Wenn man in einer dreiseitigen Pyramide für jedes Paar windschiefer Kanten die Mittelpunkte dieser beiden Kanten miteinander verbindet, so haben die drei entstandenen Verbindungsstrecken einen gemeinsamen Punkt.

Hinweis: Zwei Strecken heißen windschief, wenn es keine Ebene gibt, der sie beide angehören.

Lösung 40 10 3 3

Zu zeigen ist in den Bezeichnungen der Abbildung: Die Strecken $\overline{PU}$, $\overline{QV}$ und $\overline{RW}$ haben einen gemeinsamen Punkt. Aus $|\overline{AR}| : |\overline{AB}| = 1:2 = |\overline{AQ}| : |\overline{AC}|$ folgt nach der Umkehrung des Strahlensatzes $\overline{RQ} \| \overline{BC}$ und dann nach dem Strahlensatz $|\overline{RQ}| : |\overline{BC}| = 1:2$. Ebenso erhält man auch $\overline{VW} \| \overline{BC}$ und $|\overline{VW}| : |\overline{BC}| = 1:2$. Also sind die beiden Strecken $\overline{RQ}$ und $\overline{VW}$ zueinander parallel und einander gleich lang; folglich ist $RQWV$ ein Parallelogramm. In diesem halbieren sich die Diagonalen, also geht $\overline{QV}$ durch den Mittelpunkt S von $\overline{RW}$.

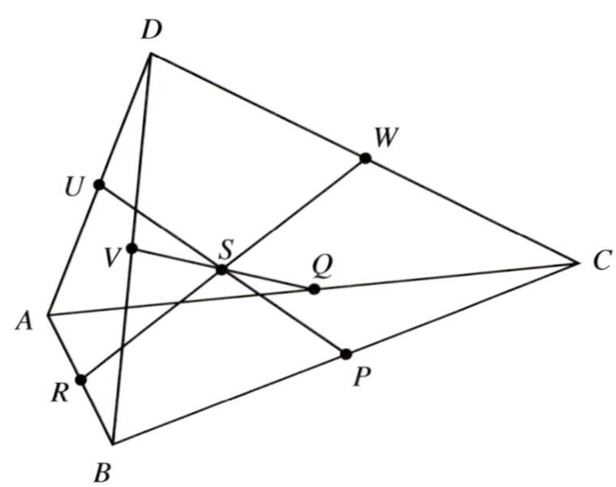

In gleicher Weise zeigt man, dass $PRUW$ ein Parallelogramm ist und daher auch $\overline{PU}$ durch S geht. Damit ist S als ein gemeinsamer Punkt von $\overline{PU}$, $\overline{QV}$ und $\overline{RW}$ nachgewiesen.

Aufgabe 41 13 3 5

Man beweise, dass man von jeder konvexen vierseitigen Pyramide $SABCD$ die Spitze S mit einem ebenen Schnitt so abschneiden kann, dass die Schnittfläche ein Parallelogramm ist.

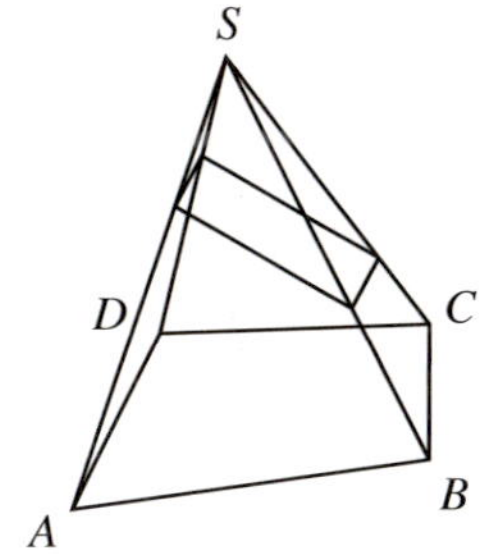

Lösung 41 13 3 5

Es bezeichne E_1, E_2, E_3, E_4 die Ebenen der vier Seitenflächen ABS, BCS, CDS und DAS der Pyramide.

Die Ebenen E_1 und E_3 schneiden sich in einer Geraden g_1, die außer der Spitze S keinen weiteren Punkt der Pyramide enthält.

Entsprechend schneiden sich E_2 und E_4 in einer Geraden g_2 durch S. Da sich die Geraden g_1 und g_2 in S schneiden, liegen sie in einer gemeinsamen Ebene E.

Wir zeigen, dass die vier Eckpunkte A, B, C und D auf einer Seite der Ebene E liegen. Wäre dies nicht der Fall, würde es zwei benachbarte Eckpunkte geben, die von der Ebene E getrennt werden. Ohne Beschränkung der Allgemeinheit seien dies die Punkte A und B. Die Verbindungsgerade beider Punkte schneidet E in einem Punkt P. Mit den Punkten P und S enthält E auch deren Verbindungsgerade g_3. Weil g_1 und g_3 voneinander verschieden sind und beide Geraden in der Ebene E_1 durch A, B und S liegen, müsste dann E mit E_1 zusammenfallen, was unmöglich ist.

Die von S ausgehenden Kanten der Pyramide liegen also sämtlich in einem der von der Ebene E gebildeten Halbräume. Folglich kann E so parallel verschoben werden, dass alle vier Kanten von der verschobenen Ebene geschnitten werden. Von den entstehenden Schnittgeraden mit den vier Seitenflächen der Pyramide sind dann zwei parallel zu g_1 und die beiden anderen parallel zu g_2. Die Schnittfigur ist also ein Parallelogramm.

Bemerkung: Die Schnittebene ist bis auf Parallelverschiebung eindeutig bestimmt.

Aufgabe 41 10 4 1

Beweisen Sie, dass für jede dreiseitige Pyramide $ABCD$ gilt:
Sind die Dreiecke ABD, ACD und BCD sämtlich bei D rechtwinklig, so ist die Summe der Quadrate ihrer Flächeninhalte gleich dem Quadrat des Flächeninhalts des Dreiecks ABC. („Räumliche Version des Satzes von Pythagoras“)

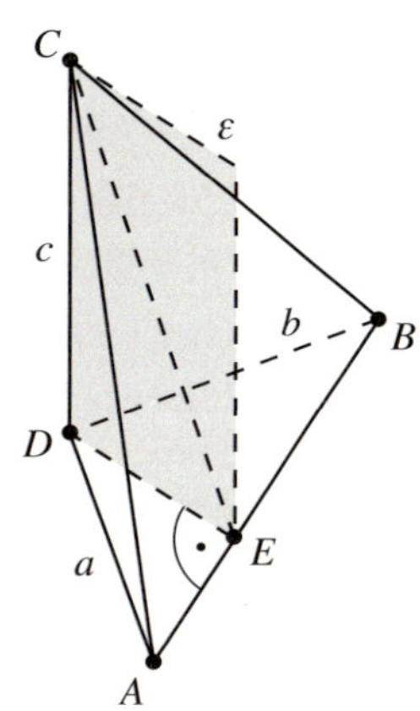

Lösung 41 10 4 1

Seien $a = |AD|$, $b = |BD|$, $c = |CD|$ die Längen der von D ausgehenden Kanten des Tetraeders und ε die Ebene durch CD, die senkrecht auf der Geraden AB steht. Diese Ebene schneidet $\overline{AB}$ in einem Punkt E, so dass $\overline{DE}$ die Höhe auf $\overline{AB}$ im Dreieck ABD und $\overline{CE}$ die Höhe auf $\overline{AB}$ im Dreieck ABC ist.
$h_1 := |DE|$ ergibt sich aus dem Satz des Pythagoras und der Flächeninhaltsformel im rechtwinkligen Dreieck ABD zu

$$h_1 = \frac{ab}{\sqrt{a^2+b^2}}\,.$$

Weiter gilt nach Voraussetzung: CD steht senkrecht auf AD und auf BD, also auf jeder Geraden, die in der Ebene ABD liegt, folglich auch auf ED. Also ist das Dreieck CDE rechtwinklig bei D und es folgt:

$$h = |CE| = \sqrt{c^2 + h_1^2} = \sqrt{\frac{(ac)^2 + (bc)^2 + (ab)^2}{a^2 + b^2}}.$$

Wegen $|AB|^2 = a^2 + b^2$ gilt für den Flächeninhalt des Dreiecks ABC:

$$I(ABC) = \frac{|AB| \cdot h}{2} = \frac{\sqrt{(ac)^2 + (bc)^2 + (ab)^2}}{2}.$$

Die Behauptung ergibt sich nun aus $I(ABD) = \frac{ab}{2}$, $I(ACD) = \frac{ac}{2}$, $I(BCD) = \frac{bc}{2}$.

Lösungsvariante

Nach der Heronschen Flächeninhaltsformel folgt für $I(ABC)$:

$$\begin{aligned} I(ABC)^2 &= \frac{s'(s'-a')(s'-b')(s'-c')}{16} \\ &= \frac{2(b'^2c'^2 + c'^2a'^2 + a'^2b'^2) - (a'^4 + b'^4 + c'^4)}{16}, \end{aligned}$$

wobei $a' = \sqrt{b^2 + c^2}$, $b' = \sqrt{c^2 + a^2}$, $c' = \sqrt{a^2 + b^2}$ die Seitenlängen des Dreiecks ABC und s' dessen halber Umfang sind. Diese Ausdrücke oben eingesetzt, ergeben ebenso

$$[I(ABC)]^2 = \frac{b^2c^2 + c^2a^2 + a^2b^2}{4} = \left(\frac{bc}{2}\right)^2 + \left(\frac{ca}{2}\right)^2 + \left(\frac{ab}{2}\right)^2.$$

Aufgabe 42 13 1 2

Ein Kegel der Höhe H steht auf der Spitze. Er wird teilweise mit Wasser gefüllt, so dass das Wasser bis zur Höhe h steht. Nach dem Verschließen der Füllöffnung wird der Kegel so umgedreht, dass er auf seiner Grundfläche steht. Wie hoch ist jetzt der Wasserstand?

Lösung 42 13 1 2

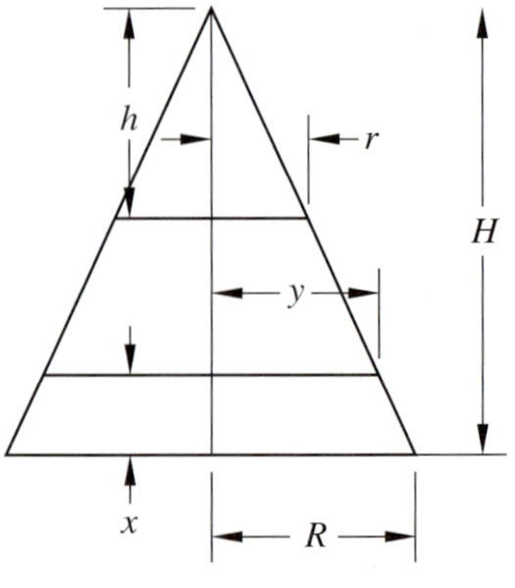

Die Grundfläche des Kegels habe den Radius R. Dann hat der Kegel ein Volumen von $V_K = \frac{1}{3}\pi R^2 H$. Das Volumen des Wassers lässt sich auf zwei Arten berechnen.

Wenn der Kegel auf der Spitze steht, erhält man $V_W = \frac{1}{3}\pi r^2 h$, wobei r der Radius des Wasserkegels sei. Nach dem Umdrehen berechnet man $V_W = V_K - \frac{1}{3}\pi y^2(H-x)$, wobei x die Höhe des Wasserstandes nach dem Umdrehen des Kegels und y der Radius der oberen Begrenzungsfläche des Wasserkörpers sei.

Nach dem Strahlensatz gilt zusätzlich

$$\frac{h}{H} = \frac{r}{R} \quad \text{und} \quad \frac{H-x}{H} = \frac{y}{R}.$$

Eingesetzt ergibt sich

$$\frac{1}{3}\pi r^2 h = \frac{1}{3}\pi R^2 H - \frac{1}{3}\pi y^2 (H-x)$$

$$\frac{h^2 R^2}{H^2} h = R^2 H - \frac{R^2}{H^2}(H-x)^3$$

$$\frac{h^3}{H^2} = H - \frac{(H-x)^3}{H^2}$$

$$h^3 = H^3 - (H-x)^3$$

$$x = H - \sqrt[3]{H^3 - h^3}.$$

Die Wasserhöhe im umgedrehten Kegel beträgt jetzt also $x = H - \sqrt[3]{H^3 - h^3}$.

Aufgabe 42 10 3 3

Gegeben ist ein (nicht notwendig regelmäßiges) Tetraeder $ABCD$. Beweisen Sie:

a) Durch jeden der vier Eckpunkte des Tetraders kann man eine Ebene legen, die auf der dem Eckpunkt gegenüberliegenden Seitenfläche senkrecht steht und durch deren Umkreismittelpunkt geht.

b) Legt man durch jeden Eckpunkt eine Ebene gemäß Aufgabe a), dann haben diese vier Ebenen einen gemeinsamen Punkt.

Lösung 42 10 3 3

a) Es gibt genau eine zur Ebene BCD senkrechte Gerade g durch den Eckpunkt A des Tetraeders $ABCD$. Jede Ebene durch g ist senkrecht zur Ebene BCD.

Liegt der Umkreismittelpunkt M des Dreiecks BCD auf g, erfüllen alle Ebenen durch g die geforderten Bedingungen. Andernfalls gibt es genau eine Ebene durch g, die M enthält und damit die geforderten Bedingungen erfüllt.

Da es auf die Benennung der Eckpunkte nicht ankommt, lässt sich der Beweis auf jeden der vier Eckpunkte übertragen.

b) Es darf als bekannt vorausgesetzt werden, dass jedes Tetraeder eine Umkugel besitzt. Die Schnittmenge der Umkugel k des Tetraders $ABCD$ mit der Ebene BCD ist der Umkreis des Dreiecks BCD. Alle Punkte, die von B, C und D gleich weit entfernt sind, liegen auf der zur Ebene BCD senkrechten Geraden s durch den Mittelpunkt dieses Umkreises. Ein solcher Punkt ist insbesondere der Mittelpunkt M der Umkugel k.

Da die Gerade s in allen Ebenen liegt, die senkrecht zur Ebene BCD sind und durch den Umkreismittelpunkt des Dreiecks BCD gehen, ist auch der Umkugelmittelpunkt M in all diesen Ebenen enthalten, also insbesondere auch in der Ebene durch den Eckpunkt A gemäß Aufgabe a).

Da man die Argumentation durch Umbenennung der Eckpunkte auf die anderen drei Ebenen übertragen kann, ist damit gezeigt: Der Umkugelmittelpunkt des Tetraeders $ABCD$ ist ein gemeinsamer Punkt der vier vorgegebenen Ebenen.

Aufgabe 42 13 3 5

Gegeben seien im Raum 4 paarweise verschiedene Punkte A, B, C und D. Man bestimme die Anzahl der Ebenen E mit der Eigenschaft, dass alle 4 Punkte A, B, C, D jeweils den gleichen Abstand von E haben.

Lösung 42 13 3 5

Wir führen eine Fallunterscheidung bezüglich der Lage der Punkte A, B, C, D durch.

1. Fall:

Die 4 Punkte liegen in einer Ebene F. Dann haben A, B, C, D insbesondere zu allen zu F parallelen Ebenen den gleichen Abstand. Im 1. Fall gibt es also unendlich viele Ebenen mit der gesuchten Eigenschaft.

2. Fall:

Es gibt keine Ebene, die alle 4 Punkte enthält. Somit können auch keine 3 Punkte auf einer Geraden liegen und demnach bildet $ABCD$ ein nichtentartetes Tetraeder.

Es sei jetzt E eine Ebene mit der geforderten Eigenschaft. Würden alle 4 Punkte A, B, C, D auf einer Seite von E liegen, müssten sie alle in einer Ebene liegen (siehe 1. Fall). Dies wurde aber ausgeschlossen. Es bleiben also 2 Möglichkeiten übrig:

a) Auf einer Seite von E liegen 3 Punkte (wir nehmen an, dass dies A, B und C sind) und auf der anderen Seite von E liegt ein Punkt. Die Punkte A, B, C haben genau dann den gleichen Abstand zu E, wenn E parallel zur Ebene durch A, B und C ist. Um überdies auch den gleichen Abstand zu D zu haben, muss E die Höhe von D auf die Ebene durch A, B und C halbieren. Damit ist E eindeutig bestimmt.

Insgesamt gibt es im Fall a) genau 4 Ebenen E mit der geforderten Eigenschaft, wobei jeweils A, B, C oder D als einzelner Punkt auf einer Seite von E liegt.

b) Auf einer Seite von E liegen 2 Punkte (wir nehmen an, dass dies A und B sind) und auf der anderen Seite von E liegen die beiden anderen Punkte.

Zwei Punkte haben von einer Ebene E genau dann den gleichen Abstand, wenn die durch sie verlaufende Gerade parallel zur Ebene E liegt. Da A, B, C, D nicht sämtlich in einer Ebene liegen, sind AB und CD nicht parallel zueinander und schneiden sich nicht. Wir betrachten die Schar aller Ebenen, die sowohl zu AB als auch zu CD parallel sind. Alle diese Ebenen sind parallel zueinander. Eine Ebene hat also im betrachteten Fall (mit A, B auf einer und C, D auf der anderen Seite) genau dann die geforderte Eigenschaft, wenn sie zu der betrachteten Schar gehört und durch den Mittelpunkt der Strecke $\overline{AC}$ geht. Es gibt genau eine solche Ebene.

Nun gibt es im Fall b) 3 Möglichkeiten, die Punktepaare zu wählen, die durch die Ebene E getrennt werden (jeweils A, B oder A, C oder A, D gemeinsam auf einer Seite der Ebene). Folglich gibt es im Fall b) genau 3 Ebenen mit der geforderten Eigenschaft.

Im 2. Fall ist die gesuchte Anzahl der Ebenen also gleich 7. Aus den jeweils unterschiedlichen Lagebeziehungen der Punkte A, B, C, D zu den Ebenen erkennt man sofort, dass alle 7 konstruierten Ebenen paarweise voneinander verschieden sind.

Anhang

8 Anhang

Zunächst werden die wesentlichen Ergebnisse zur Koordinatendarstellung von Geraden wiederholt und zusammengestellt. Entsprechende Ergebnisse für Kreise und Parabeln werden erarbeitet. Es wird die Lage von Geraden zu Kreisen und Parabeln betrachtet und analytisch beschrieben; insbesondere werden Tangenten an Kreise und Parabeln behandelt.
Im letzten Abschnitt wird der Gauß'sche Algorithmus als systematisches Verfahren zur Lösung linearer Gleichungssysteme ausführlich erklärt.

8.1 Koordinatendarstellung von Geraden und Kreisen

AUFTRÄGE

A1 Geometrie ist berechenbar

Bei der Darstellung auf Monitoren, bei der Steuerung von Werkzeugmaschinen und bei vielen anderen Anwendungen müssen geometrische Figuren durch Rechnen erzeugt werden. Machen Sie sich an folgendem Beispiel klar, wie Geometrie berechenbar ist:

Durch zwei Punkte $P(1|1)$ und $Q(11|3)$ ist eine Gerade g gegeben. Ferner ist ein Punkt $A(5|6)$ gegeben, der an der Geraden g gespiegelt werden soll.

Wie kann man die Koordinaten des Bildpunktes von A rechnerisch bestimmen?

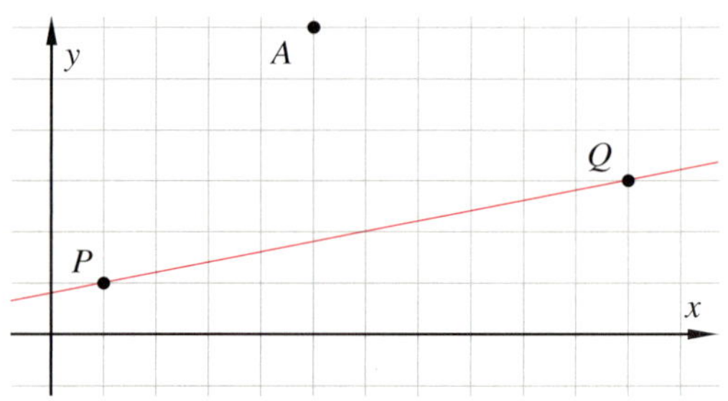

Bild 344/1: Geradenspiegelung

A2 Rettungszentrale

In einem Katastrophengebiet soll eine Rettungszentrale eingerichtet werden, von der aus die Orte A, B und C mit Hubschraubern versorgt werden sollen. Damit die Hubschrauber möglichst viele Lasten transportieren können, sollen ihre Treibstofftanks nur so weit gefüllt werden, dass ein sicherer Hin- und Rückflug gewährleistet ist.

Wo muss die Zentrale errichtet werden?

Wie kann man diese Aufgabe rechnerisch lösen?

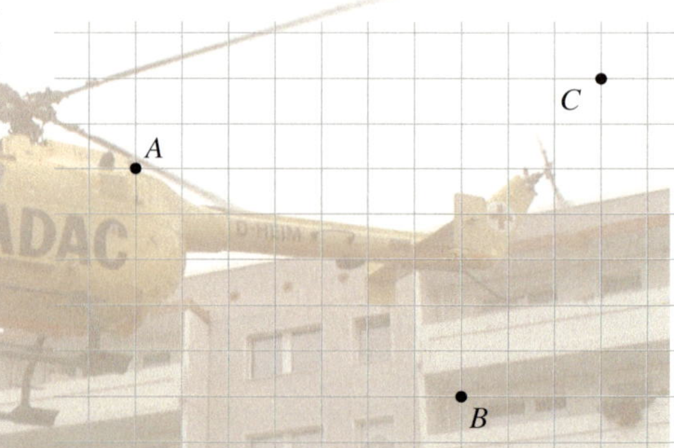

Bild 344/2: Rettungszentrale; der Abstand zweier Gitterlinien beträgt 5 Kilometer

A3 **Computergrafik**

Erstellen Sie eine Skizze eines Fahrrades mit Hilfe eines Computerprogramms zum Zeichnen von Funktionsgraphen (Plottprogramm).

Entscheiden Sie selbst, welche Details Sie in Ihre Darstellung einbeziehen.

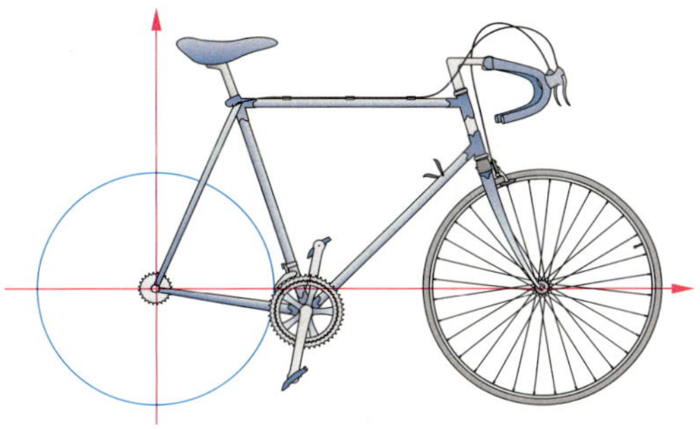

Bild 345/1

Geometrische Konstruktionen können durch Rechnungen ersetzt werden

Wir bearbeiten Auftrag **A1**. Dazu zeichnen wir zunächst die Lotgerade zu g durch A und bezeichnen sie mit $g_\perp$ (gelesen „g senkrecht"). $g_\perp$ schneidet g im Punkt M. Der Kreis um M durch A schneidet die Gerade $g_\perp$ in zwei Punkten, in A und im gesuchten Spiegelpunkt A'.

Der Zeichnung entnimmt man für den konstruierten Punkt: $A'(6{,}6 \mid -2{,}1)$.

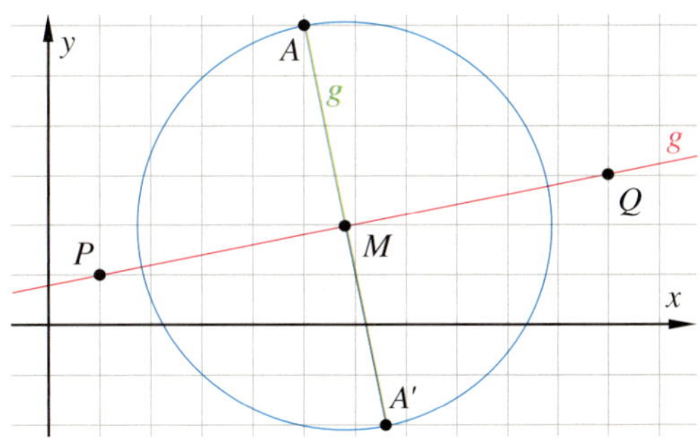

Bild 345/2: Achsenspiegelung von A

Bewertung der Lösung

Ob diese Koordinaten Näherungswerte oder genaue Werte sind, läßt sich durch eine Zeichnung nicht entscheiden. Wir versuchen deshalb, die Lösung rechnerisch zu bestimmen.

Es liegt nahe, dabei genauso vorzugehen wie bei der zeichnerischen Lösung:

Man bestimmt zunächst Gleichungen für g und für $g_\perp$, berechnet die Koordinaten des Schnittpunktes M und stellt dann den Kreis um M durch A durch eine Gleichung dar. Schließlich bestimmt man mit Hilfe dieser Kreisgleichung und der Gleichung für $g_\perp$ die Koordinaten von A'. Wir werden diese Schritte nun nacheinander ausführen.

Bestimmung einer Geradengleichung

Wir bestimmen zunächst die **Steigung** m der Geraden g:

$$m = \frac{q_2 - p_2}{q_1 - p_1} = \frac{3-1}{11-1} = \frac{2}{10} = \frac{1}{5}.$$

Eine Gerade mit der Steigung m und dem **Achsenabschnitt** n hat die Gleichung

$$y = mx + n, \quad \text{also gilt für die Gerade } g\text{: } y = \tfrac{1}{5}x + n.$$

Um n zu bestimmen, setzen wir die Koordinaten von P oder von Q in die Gleichung für g ein. Mit den Koordinaten von P erhalten wir:

$$1 = \tfrac{1}{5} + n \implies n = \tfrac{4}{5}.$$

Die Gerade g hat also die Gleichung

$$y = \tfrac{1}{5}x + \tfrac{4}{5}.$$

Bestimmung der Normalengleichung

Wir müssen zunächst überlegen, wie man die **Steigung** $m_\perp$ der zu g senkrechten Geraden $g_\perp$, der **Normalen** zu g, erhält.

Dazu genügt es, die zu g parallele Ursprungsgerade h zu betrachten und diese Gerade mit einem Winkel von 90° um den Ursprung zu drehen.

Der Punkt $B(b_1 \mid b_2)$ auf h hat bei dieser Drehung den Bildpunkt $B'(-b_2 \mid b_1)$ auf der Normalen $h_\perp$ zu h. Für die Steigungen m und $m_\perp$ dieser beiden Geraden gilt dann:

$$m = \frac{b_2}{b_1} \quad \text{und} \quad m_\perp = \frac{b_1}{-b_2} = -\frac{1}{m}.$$

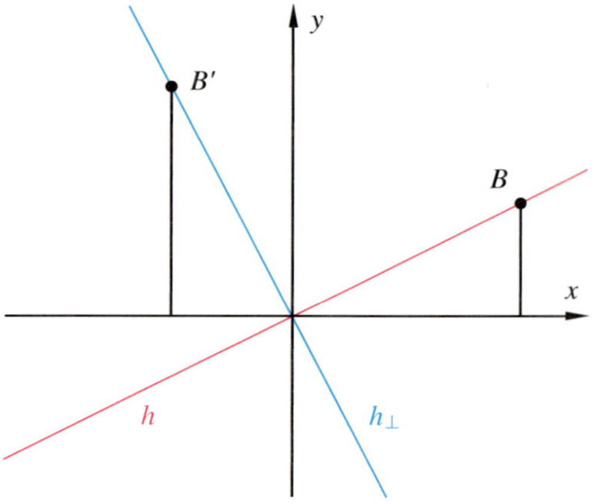

Bild 346/1: Normalensteigung

Also ist $m_\perp$ der negative Kehrwert von m. Für die Steigung $m_\perp$ der Geraden $g_\perp$ gilt nun:

$$m_\perp = -\frac{1}{\frac{1}{5}} = -5, \quad \text{daher hat die Normale } g_\perp \text{ zu } g \text{ die Gleichung: } \; g_\perp : y = -5x + n_\perp.$$

Um $n_\perp$ zu bestimmen, setzen wir die Koordinaten von A in die Gleichung ein:

$$6 = -25 + n_\perp \implies n_\perp = 31.$$

Die Normale $g_\perp$ hat also die Gleichung

$$y = -5x + 31.$$

Schnittpunkt zweier Geraden

Die Koordinaten des Schnittpunktes M müssen beide Geradengleichungen erfüllen. Wir müssen also eine Lösung des folgenden Gleichungssystems bestimmen:

$$y = \tfrac{1}{5}x + \tfrac{4}{5} \quad \text{und} \quad y = -5x + 31.$$

Setzt man die rechten Terme gleich, so erhält man:

$$\tfrac{1}{5}x + \tfrac{4}{5} = -5x + 31 \implies \tfrac{26}{5}x = \tfrac{151}{5} \implies x = \tfrac{151}{26} \approx 5{,}808.$$

Setzt man diesen Wert in eine der beiden Gleichungen ein, so erhält man:

$$y = -5 \cdot \tfrac{151}{26} + 31 = -\tfrac{755}{26} + \tfrac{806}{26} - \tfrac{51}{26} \approx 1{,}962.$$

Die beiden Geraden schneiden sich also im Punkt $M\left(\frac{151}{26} \middle| \frac{51}{26}\right)$.

Kreisgleichungen

Ist $P(x\,|\,y)$ ein beliebiger Punkt des Kreises um $M(m_1\,|\,m_2)$ mit dem Radius r, so kann man durch P und M die Parallelen zu den Koordinatenachsen zeichnen. Diese Parallelen schneiden sich im Punkt $P_0(x\,|\,m_2)$.
Auf das Dreieck MP_0P wenden wir den Satz des Pythagoras an und erhalten:

$$(x - m_1)^2 + (y - m_2)^2 = r^2.$$

Ein Punkt $P(x\,|\,y)$ liegt genau auf dem Kreis um $M(m_1\,|\,m_2)$ mit dem Radius r, wenn seine Koordinaten die Gleichung

$$(x - m_1)^2 + (y - m_2)^2 = r^2$$

erfüllen. Diese Gleichung heißt deshalb **Kreisgleichung**.

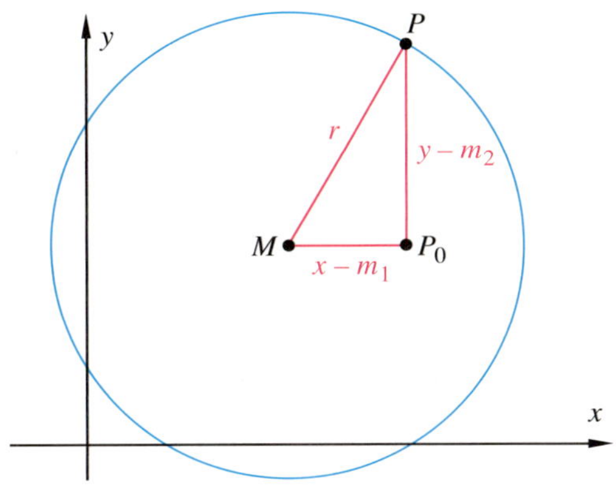

Bild 347/1: Kreis um M mit Radius r

In Bild 347/1 liegt der Punkt P rechts oberhalb von M. Überzeugen Sie sich selbst davon, dass die Kreisgleichung auch erfüllt ist, wenn der Punkt P eine andere Lage hat (Aufgabe 16, Seite 351).

Für den Kreis unseres Beispiels erhalten wir:

$$\left(x - \tfrac{151}{26}\right)^2 + \left(y - \tfrac{51}{26}\right)^2 = r^2.$$

Um r^2 zu bestimmen, setzen wir die Koordinaten von A in diese Gleichung ein:

$$r^2 = \left(5 - \tfrac{151}{26}\right)^2 + \left(6 - \tfrac{51}{26}\right)^2 = \tfrac{441}{26}.$$

Daher hat der Kreis unseres Beispiels die Gleichung

$$\left(x - \tfrac{151}{26}\right)^2 + \left(y - \tfrac{51}{26}\right)^2 = \tfrac{441}{26} \quad \text{oder} \quad x^2 - \tfrac{151}{13}x + y^2 - \tfrac{51}{13}y + \tfrac{268}{13} = 0.$$

Bemerkung: Man kann eine Kreisgleichung stets ausmultiplizieren und umformen:

$$(x - m_1)^2 + (y - m_2)^2 = r^2 \implies x^2 - 2\,m_1\,x + y^2 - 2\,m_2\,y + m^2 + m_2^2 - r^2 = 0.$$

Mit $-2m_1 = a$, $-2m_2 = b$ und $m_1^2 + m_2^2 - r^2 = c$ erhält man die **Normalform** einer quadratischen Gleichung mit den Variablen x_1 und x_2

$$x^2 + a\,x + y^2 + b\,y + c = 0.$$

Überlegen Sie selbst, ob man umgekehrt jede Normalform einer quadratischen Gleichung mit zwei Variablen in eine Kreisgleichung umformen kann (Aufgabe 20, Seite 352).

Bestimmung des Spiegelpunktes

Der Spiegelpunkt A' von A muss sowohl auf dem Kreis um M mit dem Radius r als auch auf der Normalen $g_\perp$ zu g liegen. Seine Koordinaten sind also Lösungen des Gleichungssystems

$$x^2 - \frac{151}{13}x + y^2 - \frac{51}{13}y + \frac{268}{13} = 0 \quad \text{und}$$

$$y = -5x + 31.$$

Ersetzt man in der ersten Gleichung y durch $-5x+31$, so erhält man die quadratische Gleichung

$$x^2 - \frac{151}{13}x + (-5x+31)^2 - \frac{51}{13}(-5x+31) + \frac{268}{13} = 0 \quad \text{oder}$$

$$x^2 - \frac{151}{13}x + \frac{430}{13} = 0.$$

Die Lösungen dieser quadratischen Gleichung sind $x_1 = 5$ und $x_2 = \frac{86}{13}$.

Mit Hilfe der Gleichung $y = -5x + 31$ erhält man $y_1 = 6$ und $y_2 = -\frac{27}{13}$.

Es gibt also zwei Lösungen. Eine davon ist der gegebene Punkt $A(1\,|\,6)$, die andere ist der gesuchte Punkt $A'\left(\frac{86}{13}\,\middle|\,-\frac{27}{13}\right)$.

Näherungswerte für die Koordinaten von A' sind $\frac{86}{13} \approx 6{,}61538$ und $-\frac{27}{13} \approx -2{,}0769$. Die zeichnerisch bestimmten Koordinaten sind also nicht die genauen Koordinaten.

Das behandelte Beispiel zeigt, wie geometrische Aufgaben rechnerisch gelöst werden können ohne zu zeichnen. Wenn es darauf ankommt, die Koordinaten von Punkten möglichst genau zu bestimmen, ist nur das rechnerische Verfahren geeignet.

Ein anderer rechnerischer Weg

Die Steigungsdreiecke zu den Strecken $\overline{AM}$ und $\overline{MA'}$ sind kongruent. Es gilt deshalb:

$$a_1' = m_1 + (m_1 - a_1) = 2m_1 - a_1,$$
$$a_2' = m_2 - (a_2 - m_2) = 2m_2 - a_2.$$

Für unser Beispiel ergibt sich damit:

$$a_1' = 2 \cdot \frac{151}{26} - 5 = \frac{86}{13},$$

$$a_2' = 2 \cdot \frac{51}{26} - 6 = -\frac{27}{13}.$$

Die Koordinaten von A' lassen sich also auch bestimmen, ohne eine Kreisgleichung einzubeziehen.

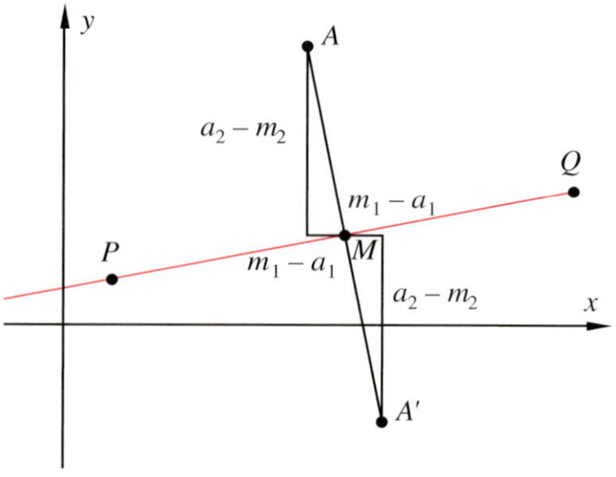

Bild 348/1: Steigungsdreiecke zu $\overline{AM}$ und $\overline{MA'}$

Weitere Beispiele zur Bestimmung von Geradengleichungen

Sind zwei Punkte $P(p_1|p_2)$ und $Q(q_1|q_2)$ der Geraden g gegeben und ist $p_1 = q_1$, so erhält man unmittelbar die Geradengleichung

$$x = p_1 \quad \text{bzw.} \quad x = q_1.$$

Beispiel: $P(-2|3)$ und $Q(-2|1)$ (Bild 349/1); die Gerade g hat die Gleichung

$$x = -2.$$

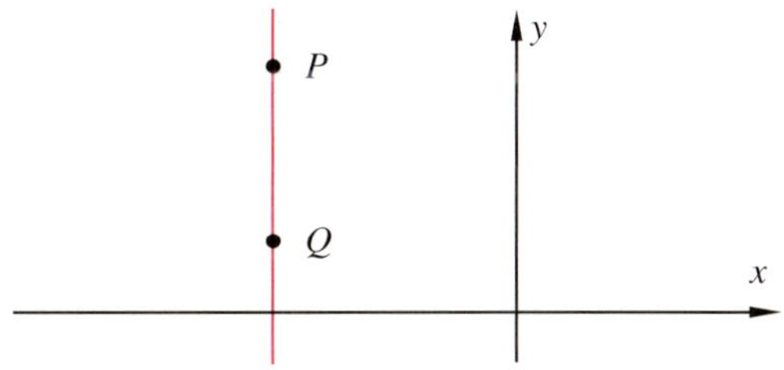

Bild 349/1: Gerade durch $P(-2|3)$ und $Q(-2|1)$

Sind die Größe φ des **Steigungswinkels** und ein Punkt $P(p_1|p_2)$ der Geraden g gegeben, so bestimmt man zunächst m mit Hilfe der Gleichung $m = \tan\varphi$

Beispiel: $\varphi = 30°$ und $P(-2|1)$ (Bild 349/2);

$$m = \tan 30° = \tfrac{1}{3}\sqrt{3}$$
$$\Longrightarrow \quad 1 = \tfrac{1}{3}\sqrt{3} \cdot (-2) + n$$
$$\Longrightarrow \quad n = 1 + \tfrac{2}{3}\sqrt{3}$$
$$\Longrightarrow \quad y = \tfrac{1}{3}\sqrt{3}\,x + 1 + \tfrac{2}{3}\sqrt{3}.$$

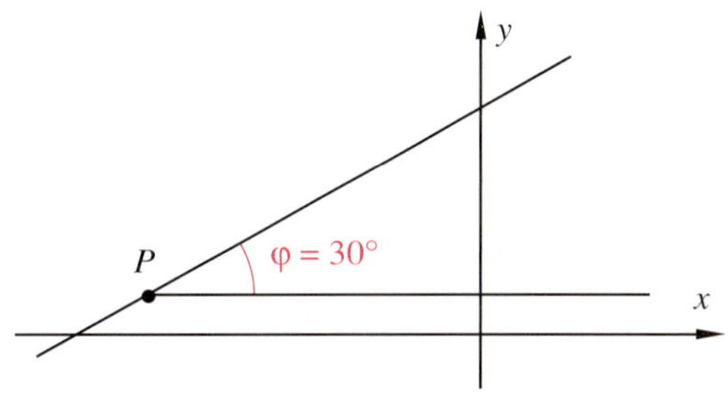

Bild 349/2: Gerade durch $P(-2|1)$ mit $\varphi = 30°$

Wir fassen zusammen

Eine nicht zur y-Achse parallele Gerade g ist der Graph einer **linearen Funktion** mit der **Steigung** m und dem **Achsenabschnitt** n:

$$y = mx + n.$$

Die Steigung ist durch zwei Punkte $P(p_1|p_2)$ und $Q(q_1|q_2)$ der Geraden bestimmt:

$$m = \frac{q_2 - p_2}{q_1 - p_1} = \tan\varphi.$$

Dabei ist φ das Maß des **Steigungswinkels** der Geraden.

Eine zur y-Achse parallele Gerade schneidet die x-Achse in $P(p_1|0)$ und hat die Gleichung

$$x = p_1.$$

Die **Gleichung eines Kreises** K mit dem Radius r

um den Ursprung ist $x^2 + y^2 = r^2$.	und dem Mittelpunkt $M(m_1|m_2)$ ist $(x - m_1)^2 + (y - m_2)^2 = r^2$ (Bild 347/1).

Für alle Punkte innerhalb des Kreises K ist jeweils der linke Term kleiner als r^2.

Für alle Punkte außerhalb des Kreises K ist jeweils der linke Term größer als r^2.

Jede Kreisgleichung lässt sich auf die **Normalform** $x^2 + ax + y^2 + by + c = 0$ bringen.

Einfache Übungen zu Geraden, Steigungen und Abständen

1 Definieren Sie zunächst die Steigung einer Strecke und bestimmen Sie dann für die Strecken in Bild 350/1 jeweils die Steigung.

2 Wie lang sind die Strecken in Bild 350/1?

3 Welche Gleichungen haben die Geraden, auf denen die Strecken in Bild 350/1 liegen?

4 Welche Steigung haben Geraden oder Strecken, die senkrecht zu den Strecken in Bild 350/1 liegen?

5 Welche Gleichungen haben die Geraden, die auf den Strecken in Bild 350/1 senkrecht stehen und durch deren Endpunkte gehen?

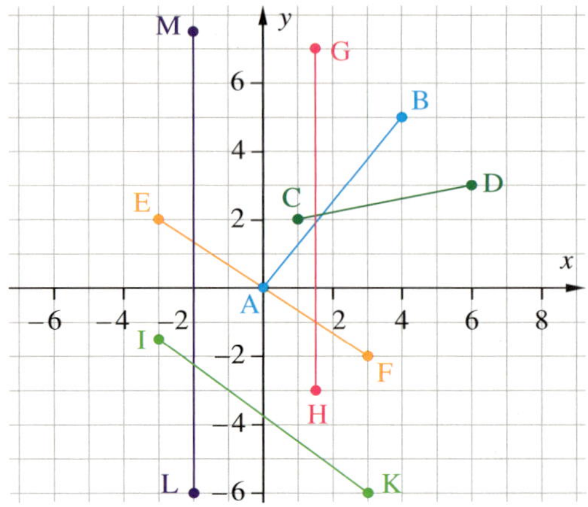

Bild 350/1: Strecken

6 Bestimmen Sie die Gleichung der Ursprungsgeraden durch P.

a) $P(3|2)$ **b)** $P(-5|-5)$ **c)** $P(4{,}5|4)$ **d)** $P(-4|2{,}2)$ **e)** $P(6|0)$

7 Welche Gleichung hat die Gerade durch P, von der m bzw. n gegeben sind?

a) $P(1|1), m=\frac{3}{4}$ **c)** $P(0|-5), m=0{,}7$ **e)** $P(2{,}5|-2{,}6), n=-0{,}6$

b) $P(11|0{,}4), n=0{,}4$ **d)** $P(3|1), n=-3$ **f)** $P(4{,}1), m=\frac{5}{12}$

8 Wie groß sind Steigung m und Achsenabschnitt n bei der Geraden g?

a) $3x-5y=0$ **c)** $-6x+y=3$ **e)** $1{,}2x+0{,}2y-6=0$

b) $2x+4y=1$ **d)** $8x-10y+5=0$ **f)** $17x-5y-10{,}5=0$

9 Liegt der Punkt P auf der Geraden g?

a) $P(-1|6)$, g: $y=-4x+3$ **d)** $P(5|-6)$, g: $y=-1{,}8x+3{,}2$

b) $P(7|2)$, g: $y=\frac{1}{2}x-1\frac{1}{2}$ **e)** $P(3{,}5|2{,}4)$, g: $6x-5y=9$

c) $P(-4|-2)$, g: $y=\frac{3}{8}x-\frac{1}{4}$ **f)** $P(-2|3{,}4)$, g: $8x+11y=20$

10 Die Jahresproduktion einer Fahrradfabrik betrug 1995 etwa 1200 Einheiten und 1999 etwa 1400 Einheiten. Mit welchen Produktionszahlen ist für die Jahre 2001, 2002 und 2005 zu rechnen, wenn die Produktionszahlen linear ansteigen?

Parallelen, Normalen und Schnittpunkte von Geraden

11 Untersuchen Sie, ob die beiden Geraden g_1 und g_2 parallel sind oder sich schneiden. Welche Geraden sind identisch?

a) g_1: $y=\frac{1}{2}x+1$, g_2: $x-2y-6=0$ **d)** g_1: $y=-\frac{3}{5}x+\frac{9}{2}$, g_2: $6x+10y-\frac{9}{2}=0$

b) g_1: $y=-\frac{2}{3}x+2$, g_2: $x-4y-12=0$ **e)** g_1: $\frac{4}{5}x-y=-3$, g_2: $7x-8\frac{3}{4}y=-25$

c) g_1: $y=-2{,}5x$, g_2: $7x+6y-9=0$ **f)** g_1: $1\frac{1}{5}x+2\frac{4}{5}y=1\frac{3}{5}$, g_2: $3x+7y=4$

12 Bestimmen Sie den Schnittpunkt der Geraden g_1 und g_2.

a) g_1: $y = -2x + 2$, g_2: $y = \frac{1}{4}x + 2{,}5$
b) g_1: $y = \frac{2}{3}x - 1$, g_2: $y = -\frac{4}{3}x + 5$
c) g_1: $y = -\frac{1}{2}x - 4$, g_2: $3x - 2y + 8 = 0$
d) g_1: $y = x - 4$, g_2: $3x + 5y = 0$
e) g_1: $2x + 4y = 3$, g_2: $3x + 8y = 11$
f) g_1: $3x + 12y = -4$, g_2: $4x + 2y = -3$

13 In Bild 351/1 sind Geraden und einzelne Punkte in verschiedenen Farben gezeichnet.

a) Welche Gleichungen haben die Geraden und welche Koordinaten haben die Punkte?
b) Welche Gleichung hat jeweils die Parallele einer Geraden durch den gleichfarbigen Punkt?
c) Welche Gleichung hat jeweils die Senkrechte einer Geraden durch den gleichfarbigen Punkt?

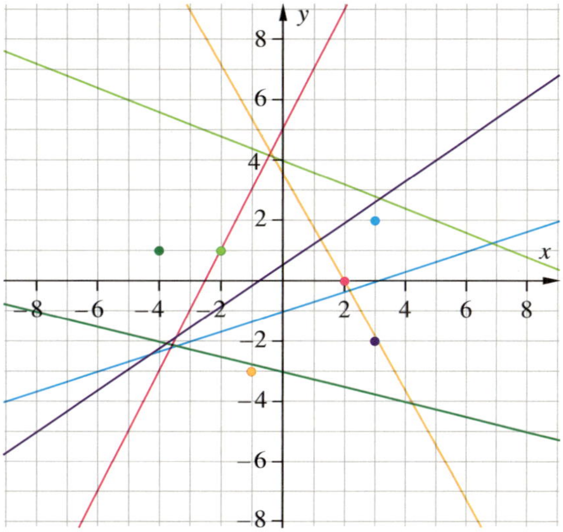

Bild 351/1: Geraden und Punkte

14 Das Lot von A auf die Gerade durch P und Q liegt auf der Lotgeraden $g_\perp$. Bestimmen Sie zunächst die Gleichung von $g_\perp$. Berechnen Sie dann die Länge des Lotes.

a) $A(4|2)$, $P(-5|0)$, $Q(7|6)$
b) $A(0|0)$, $P(1|-7)$, $Q(-7|-1)$
c) $A(0|4)$, $P(-4|-4)$, $Q(8|0)$
d) $A(11|-9)$, $P(-7|-10)$, $Q(14|2)$
e) $A(8|-1)$, $P(-0{,}5|-4{,}5)$, $Q(4{,}5|7{,}5)$
f) $A(2|-3{,}5)$, $P(-8{,}5|-5)$, $Q(0{,}5|7)$

Kreise

15 Gegeben sind der Mittelpunkt M eines Kreises K und ein Punkt P, der auf K liegt. Bestimmen Sie die Gleichung von K.

a) $P(5|-3)$, $M(2|-2)$
b) $P(5|6)$, $M(-4|3)$
c) $P(4|-5)$, $M(-8|0)$
d) $P(1{,}5|2{,}5)$, $M(6|-1)$
e) $P(-1|12)$, $M(4{,}5|6{,}5)$
f) $P(-2|-1{,}6)$, $M(3{,}2|-7)$

16 Zeigen Sie, dass die Kreisgleichung $(x - m_1)^2 + (y - m_2)^2 = r^2$ für jeden beliebigen Punkt $P(x|y)$ des Kreises K um $M(m_1|m_2)$ mit dem Radius r erfüllt ist, indem Sie folgende Fälle betrachten:

a) Bei vier Punkten des Kreises stimmt eine Koordinate mit der entsprechenden Koordinate von M überein. Zeigen Sie, dass jeder dieser Punkte die Kreisgleichung erfüllt.
b) Durch diese vier Punkte wird der Kreis in vier Kreisbögen unterteilt. Zeigen Sie, dass P auf jedem dieser Kreisbögen die Kreisgleichung erfüllt.

17 K sei der Kreis um M mit dem Radius r. Liegt der Punkt P auf K, innerhalb von K oder außerhalb von K?

Beispiel: $M(3|4)$; $r = 5$. Wie liegen $P_1(0|0)$, $P_2(1|3)$ und $P_3(-2|-1)$ relativ zum Kreis?

Der Kreis hat die Gleichung

$K: (x-3)^2 + (y-4)^2 = 25.$

Für die Punkte P_1, P_2 und P_3 gilt:

$P_1: (0-3)^2 + (0-4)^2 = 9 + 16 = 25$

$P_2: (1-3)^2 + (3-4)^2 = 4 + 1 = 5 < 25$

$P_3: (-2-3)^2 + (-1-4)^2 = 25 + 25 = 50 > 25$

P_1 liegt auf K, P_2 innerhalb von K und P_3 außerhalb von K.

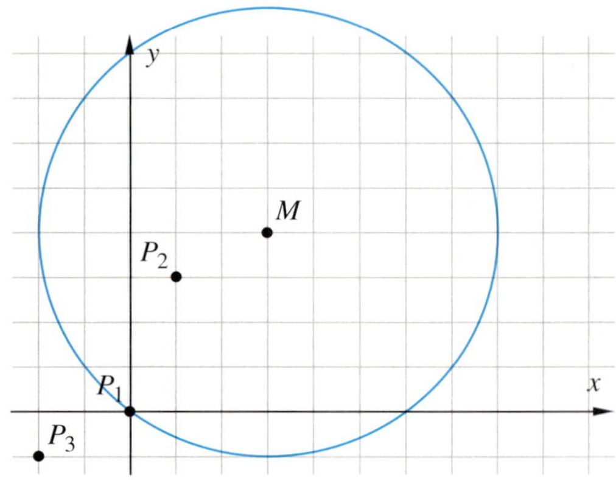

Bild 352/1: Lage von P_1, P_2 und P_3

a) $P(3|-4), M(0|0), r = 5$
b) $P(3|0), M(5|2), r = 3$
c) $P(0|2{,}5), M(-2|-1), r = 4$
d) $P(-1|-11), M(6|-4), r = 10$
e) $P(-5|3), M(-4|5), r = \sqrt{5}$
f) $P(-4|-7), M(-7|-5), r = 2\sqrt{3}$

Quadratische Gleichungen in zwei Variablen

18 Bestimmen Sie zunächst die Gleichung des Kreises K mit dem Mittelpunkt M und dem Radius r. Bringen Sie die Gleichung dann in die Normalform einer quadratischen Gleichung mit zwei Variablen.

a) $M(4|7), r = 2$
b) $M(-3|9), r = 7$
c) $M(-1|-8), r = 18$
d) $M(2{,}5|3), r = 2\sqrt{5}$
e) $M(2{,}1|-4{,}2), r = 3\sqrt{6}$
f) $M(-3{,}3|5{,}7), r = \sqrt{10}$

19 Stellt die Gleichung einen Kreis dar? Bestimmen Sie gegebenenfalls den Mittelpunkt M und den Radius r.

a) $x^2 + 2x + y^2 + 10y = 10$
b) $x^2 + 6x + y^2 - 8y = 0$
c) $x^2 + 4x + y^2 - 2y = -10$
d) $x^2 - 5x + y^2 + 10y = -19$
e) $x^2 + x + y^2 + y = 17{,}5$
f) $x^2 - 5{,}6x + y^2 + 3{,}2y = -12$

20 Untersuchen Sie allgemein, unter welchen Voraussetzungen sich die Normalform einer quadratischen Gleichung mit zwei Variablen in eine Kreisgleichung umwandeln läßt.

Strecken und Kreise auf Bildschirmen

21 Stellen Sie die folgenden Bilder mit einem Computeralgebra-Programm dar.

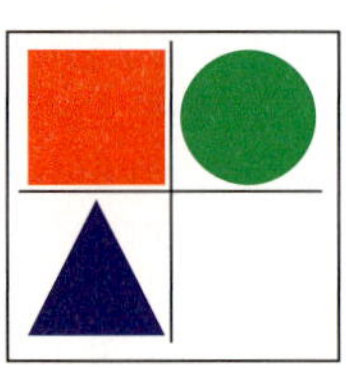

Wettbewerb

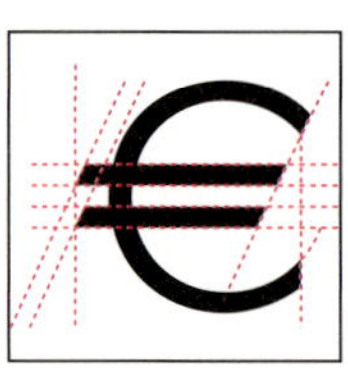

Euro-Zeichen

Lotto-Logo

Senderlogo

Hinweisschild

22 Strecken scheinen auf einem Bildschirm in kleinen Sprüngen oder Stufen zu verlaufen. Weicht ihre Steigung nur wenig von der Waagrechten oder der Senkrechten ab, so ist dieser Eindruck besonders stark (Bild 353/1). Wir betrachten einen 20-Zoll-Bildschirm, der 31 cm breit und 22 cm hoch ist und eine Auflösung von 1024 Pixeln in x-Richtung und 768 Pixeln in y-Richtung hat.
Ein Programm sorgt dafür, dass der Nullpunkt in der linken oberen Ecke liegt.

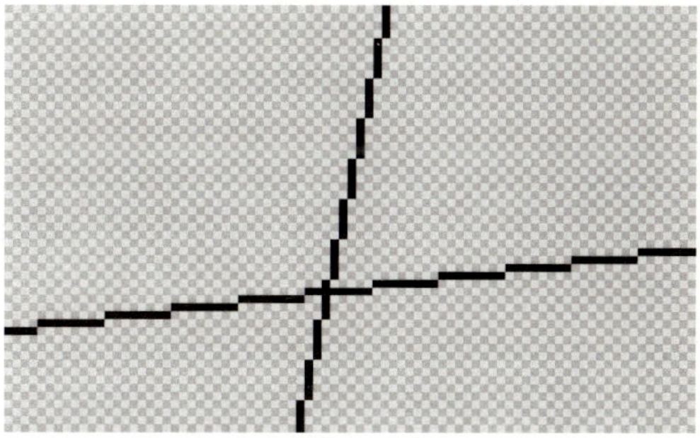

Bild 353/1: Steile und flache Linien

a) Wieso werden Geraden und Strecken stufenartig dargestellt? Sind diese Stufen alle gleich?
b) Eine Gerade steigt je Pixel in x-Richtung um 1 Pixel (3 Pixel, 10 Pixel, 20 Pixel) in y-Richtung an. Welche Steigung hat diese Gerade?
c) Eine Strecke führt vom Pixelpunkt $A(100|10)$ zum Pixelpunkt $B(500|50)$. Welche Steigung hat diese Strecke? Wie ist sie auf dem Bildschirm dargestellt, wenn man annimmt, dass alle Stufen gleich sind und so exakt wie möglich gewählt werden?
d) Welche Schwierigkeiten ergeben sich bei der Bildschirmdarstellung einer Strecke vom Pixelpunkt $A(31|37)$ zum Pixelpunkt $B(38|400)$? Wie viele Pixel hat die letzte Stufe in y-Richtung, wenn alle anderen Stufen die gleiche Pixelanzahl in y-Richtung haben? Schlagen Sie eine Optimierung der Darstellung vor.
e) Eine Strecke hat die Länge 20 cm und eine Steigung $m = 0{,}5$. Mit welchen Stufen könnte sie auf dem Bildschirm dargestellt sein?

23 Martin und Martina wollen die Auflösung eines Zeichenprogramms, bei dem der Nullpunkt der Zeichenfläche in der linken oberen Ecke liegt, auf ihrem Computer testen. Dazu zeichnen sie eine Strecke $\overline{AB}$ und bestimmen mit Hilfe der eingeblendeten Führungslinien die Koordinaten der Endpunkte A und B. Sie gehen davon aus, dass jede Stufe der Strecke einer Zeicheneinheit in der betreffenden Richtung entspricht.
a) Für die Strecke messen sie $A(3{,}2|5{,}2)$ und $B(10|4{,}8)$. Die Strecke besteht aus 20 gleichen Stufen. Wie groß ist eine Zeicheneinheit in y-Richtung?
b) Für die Strecke messen sie $C(5{,}4|8{,}2)$ und $D(5{,}6|3{,}2)$. Die Strecke besteht aus 10 gleichen Stufen. Wie groß ist eine Zeicheneinheit in x-Richtung?

Vermischte Aufgaben

24 Gegeben sind die Punkte $A(-6|4)$, $B(9|-5)$ und $C(-4|8)$. Bestimmen Sie auf drei verschiedene Arten die Gleichung des Umkreises des Dreiecks ABC.

25 Gegeben sind die Punkte $A(-4|-2)$, $B(8|-4)$ und $C(-2|10)$. Verfahren Sie mit dem Dreieck ABC wie in Aufgabe 24. Welche besondere Lage hat in diesem Fall der Mittelpunkt des Umkreises und welche besondere Eigenschaft hat deshalb das Dreieck ABC?

AUFGABEN

26 Bild 354/1 zeigt ein Pentagramm, ein regelmäßiges Sternfünfeck. Zeichnen Sie ein Pentagramm, so dass der Umkreisradius 5 cm beträgt und der Umkreis-Mittelpunkt im Ursprung sowie ein Eckpunkt auf der positiven x-Achse liegt. Welche Koordinaten haben die Eckpunkte, wie lang sind die Seiten des Pentagramms?
Welche Gleichung hat der Umkreis des inneren regelmäßigen Fünfecks?

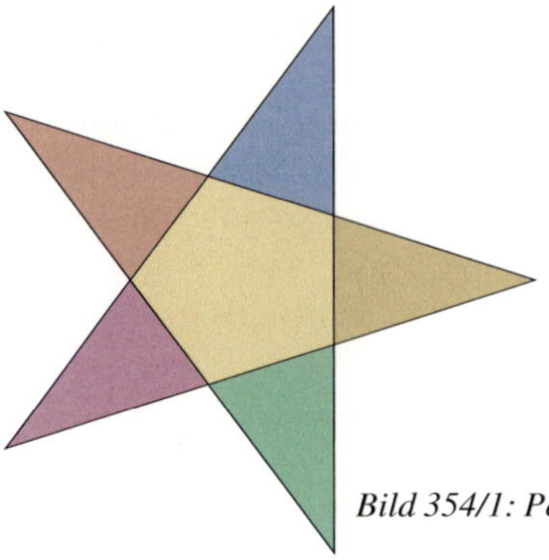

Bild 354/1: Pentagramm

27 Formulieren und lösen Sie eine der Aufgabe 26 entsprechende Aufgabe für ein Sternsechseck (Hexagramm).

28 Wie kann man zeichnerisch und rechnerisch überprüfen, ob ein gegebenes Viereck einen Umkreis hat? Führen Sie entsprechende Untersuchungen für ein Quadrat (ein Rechteck, ein Parallelogramm, ein Trapez, ein Drachenviereck) durch.

29 Hat das Viereck $ABCD$ einen Umkreis? Bestimmen Sie gegebenenfalls dessen Gleichung.

a) $A(4|1), B(8{,}5|4), C(6|9), D(1{,}5|7)$

b) $A(0|0{,}5), B(5{,}5|0), C(6{,}5|5{,}5), D(1|6)$

c) $A(2{,}5|1), B(15{,}5|6), C(12|12), D(0|7)$

d) $A(-2|3), B(0{,}5|3{,}5), C(6|0), D(6|2)$

e) $A(11|-1), B(9|4), C(0|6), D(-4|2)$

f) $A(-4|-5), B(6|0), C(3{,}5|5), D(-2|6)$

30 Welche Vierecke besitzen einen Umkreis?

31 In gotischen Bauwerken sind die Fenster aus Kreisbögen und Strecken konstruiert; eine solche Konstruktion heißt **Maßwerk**. Bild 354/3 zeigt ein Seitenfenster der Kirche St. Gereon in Köln. Bild 354/2 zeigt, welche Konstruktion diesem Fenster zugrunde liegt.
Beschreiben Sie die Konstruktionselemente durch Gleichungen; nehmen Sie dabei zur Vereinfachung an, dass die Konstruktionselemente Linien sind.

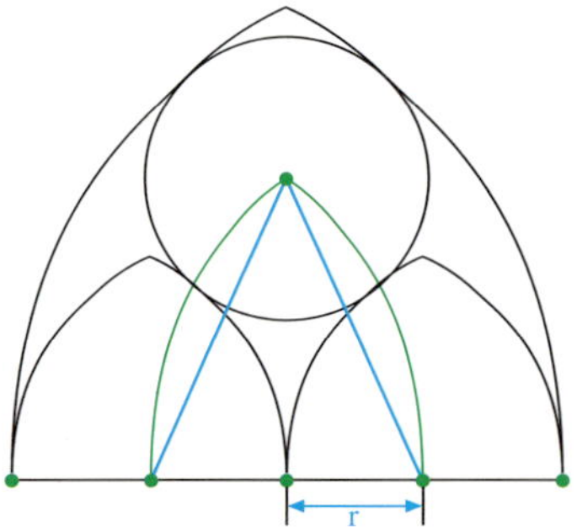

Bild 354/2: Erläuterung zur Konstruktion des Maßwerks

Bild 354/3: St. Gereon in Köln

32 Suchen Sie in Ihrer Umgebung ein gotisches Gebäude mit einem Maßwerk oder suchen Sie nach einer entsprechenden Abbildung. Stellen Sie das Maßwerk mit den Mitteln der Analytischen Geometrie dar.

33 Bild 355/1 zeigt die Zeichnung einer Fensterrose der Kathedrale Notre-Dame in Chartres (Villard de Honnecourt um 1225/35). Beschreiben Sie die Konstruktionselemente durch Gleichungen; nehmen Sie dabei zur Vereinfachung an, dass die Konstruktionselemente Linien sind.

34 Entwerfen Sie selbst eine Fensterrose und beschreiben Sie sie durch Gleichungen.

Bild 355/1: Zeichnung einer Fensterrose

Bild 355/2: Ausschnitt eines Plakats

35 Für eine Ausstellung des Architekten Oswald Mathias Ungers (geboren 1926) warb ein Plakat, von dem Bild 355/2; einen Ausschnitt zeigt. Analysieren Sie das Bild mit den Methoden der Analytischen Geometrie.

Andere Formen von Geradengleichungen

36 Bestimmen Sie drei verschiedene Punkte auf der Geraden mit der Steigung m durch P.

a) $P(3|4), m = 2$ **c)** $P(0|6), m = -\frac{1}{3}$ **e)** $P(2|-0{,}5), m = 2{,}5$

b) $P(4|1), m = 0{,}5$ **d)** $P(-3|0), m = -0{,}8$ **f)** $P(-0{,}2|-0{,}7), m = -1{,}4$

37 Von einer Geraden g sind ein Punkt $A(a_1|a_2)$ und die Steigung m gegeben. Entwickeln Sie für g die **Punkt-Richtungs-Gleichung**

$$\frac{y - a_2}{x - a_1} = m,$$

indem Sie von der Ihnen bekannten Geradengleichung ausgehen.

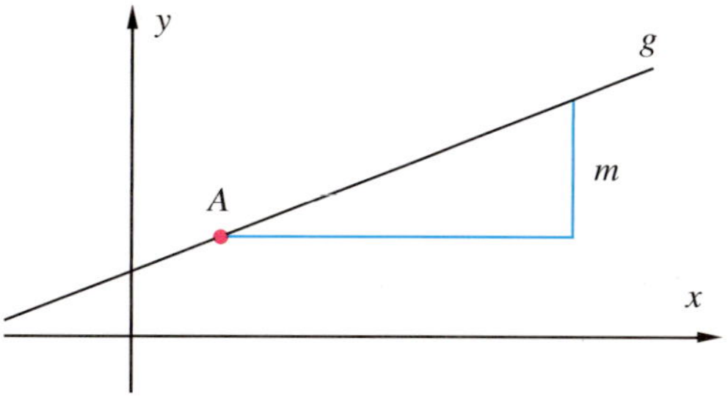

Bild 355/3: Punkt-Richtungs-Gleichung

AUFGABEN

38 Von einer Geraden g sind ein Punkt A und die Steigung m gegeben. Bestimmen Sie die Punkt-Richtungs-Gleichung für g und berechnen Sie den Achsenabschnitt n.

a) $A(3\,|\,5),\ m=3$ **c)** $A(-7\,|\,0),\ m=\frac{3}{4}$ **e)** $A(4{,}2\,|\,-1{,}8),\ m=2{,}5$
b) $A(-3\,|\,3),\ m=-\frac{1}{2}$ **d)** $A(-1\,|\,-9),\ m=-0{,}6$ **f)** $A(2{,}5\,|\,2{,}1),\ m=-0{,}1$

39 Von einer Geraden g sind zwei verschiedene Punkte $A(a_1\,|\,a_2)$ und $B(b_1\,|\,b_2)$ gegeben.

a) Entwickeln Sie für g die **Zwei-Punkte-Gleichung**

$$\frac{y-a_2}{x-a_1}=\frac{b_2-a_2}{b_1-a_1},$$

indem Sie von einer Ihnen bereits bekannten Geradengleichung ausgehen.

b) Besitzt jede durch zwei Punkte bestimmte Gerade eine Zwei-Punkte-Gleichung?

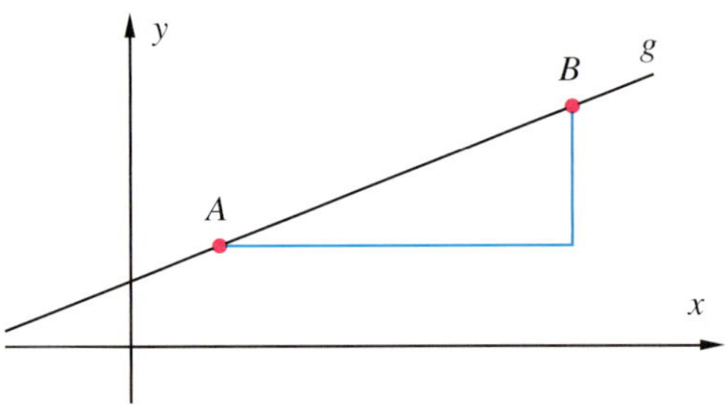

Bild 356/1: Zwei-Punkte-Gleichung

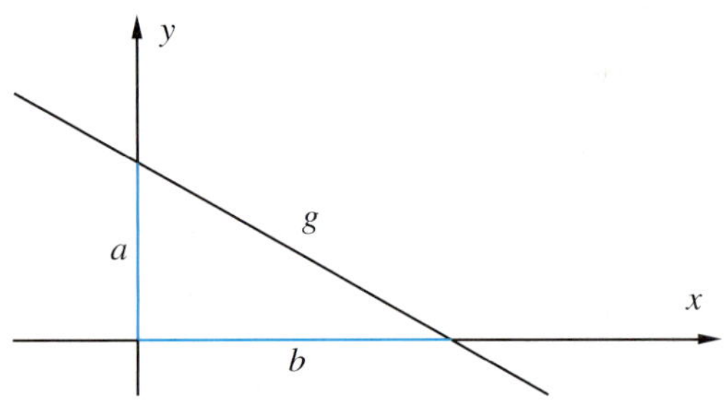

Bild 356/2: Achsenabschnittsgleichung

40 Von einer Geraden g sind die Punkte A und B gegeben. Bestimmen Sie die Zwei-Punkte-Gleichung für g; berechnen Sie die Steigung m und den Achsenabschnitt n.

a) $A(1\,|\,4),\ B(5\,|\,2)$ **c)** $A(1\,|\,3),\ B(7\,|\,2)$ **e)** $A(-3\,|\,-3),\ B(5\,|\,0)$
b) $A(1\,|\,6),\ B(-1\,|\,-2)$ **d)** $A(6\,|\,-1),\ B(-2\,|\,1)$ **f)** $A(-7\,|\,-4{,}5),\ B(-1\,|\,-3)$

41 Schneidet eine Gerade g die Koordinatenachsen in zwei Punkten $A(a\,|\,0)$ und $B(0\,|\,b)$, so nennt man die Koordinaten a und b **Achsenabschnitte** der Geraden.

a) Entwickeln Sie für g die **Achsenabschnittsgleichung**

$$\frac{x}{a}+\frac{y}{b}=1,$$

indem Sie von einer Ihnen bereits bekannten Geradengleichung ausgehen.

b) Besitzt jede Gerade eine Achsenabschnittsgleichung?

42 Bestimmen Sie für g zunächst die Achsenabschnittsgleichung und dann die Steigung m.

a) $a=3,\ b=5$ **c)** $a=-2,\ b=-9$ **e)** $a=-4,\ b=2{,}2$
b) $a=-6,\ b=2$ **d)** $a=0{,}5,\ b=-5$ **f)** $a=7{,}5,\ b=2{,}25$

43 In welchen Punkten schneidet die Gerade g die Koordinatenachsen?

a) $g\colon y=5x+20$ **c)** $g\colon y=-\frac{1}{2}x-7$ **e)** $g\colon y=-3{,}6x+4{,}8$
b) $g\colon y=-\frac{1}{4}x+3$ **d)** $g\colon y=\frac{1}{3}x-\frac{2}{5}$ **f)** $g\colon y=0{,}3x+2{,}1$

44 Gegeben ist eine Gerade g mit der Gleichung $y=mx+n$. Unter welchen Bedingungen für m und n besitzt g eine Achsenabschnittsgleichung?

8.2 Lagen von Geraden und Kreisen

A1 Brücke

Vom 16. Jahrhundert an wurden nach und nach die Passstraßen über die Alpen ausgebaut. Dabei mussten tiefe Schluchten überwunden werden. Eine besondere technische Leistung war der Bau der Teufelsbrücke über die Schöllenenschlucht am Sankt Gotthard (Bild 357/1). Heute gibt es dort bestens ausgebaute Straßen; nur noch Gemälde erinnern an die erste steinerne Teufelsbrücke.

Ein Taleinschnitt soll von $A(-5\,|\,17)$ nach $B(31\,|\,2)$ überbrückt werden. Die Brücke soll von unten durch eine Konstruktion in Form eines Kreisbogens, der in $C(0\,|\,0)$ und $D(24\,|\,0)$ aufliegt, gestützt werden. Welchen Radius hat der Kreisbogen? Wo berührt der Kreisbogen die Fahrbahn?

Bild 357/1: Teufelsbrücke am Sankt Gotthard

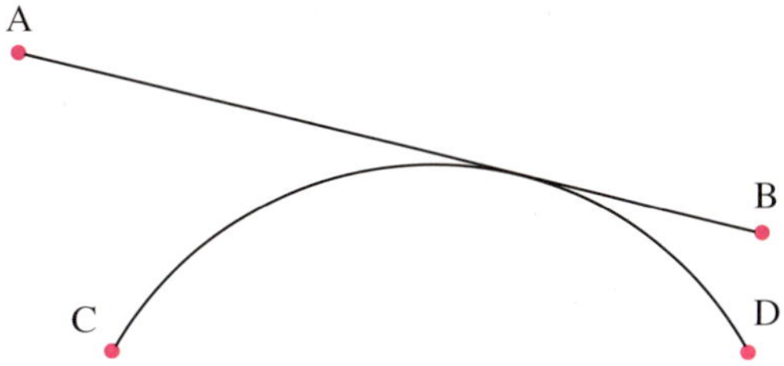

Bild 357/2: Brückenkonstruktion

A2 Gasballon

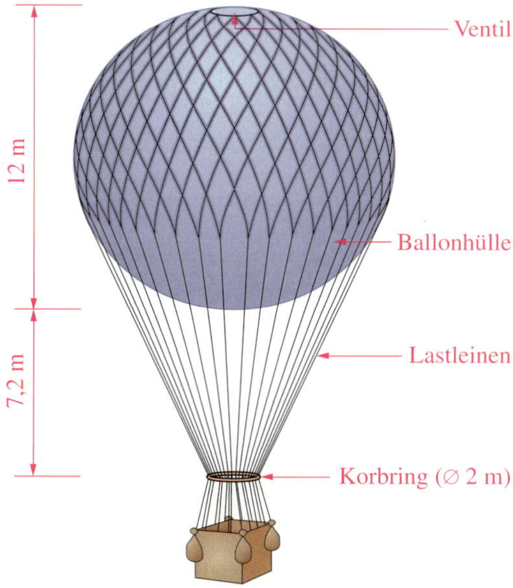

Bild 357/3: Aufbau eines Gasballons

Bild 357/4

Ein Gasballon hat eine kugelförmige Ballonhülle, die von einem Netz umgeben ist. Von dem Netz führen Lastleinen zu einem Korbring, an dem der Passagierkorb hängt.

Wie lang sind die Lastleinen vom Korbring bis zum Berührpunkt auf der Ballonhülle?

AUFTRÄGE

AUFTRÄGE

A3 **Fernsehsatellit**

Fernsehbilder werden mit Satelliten übertragen, die an einem Punkt im Weltraum fest zu stehen scheinen, weil sie sich mit der gleichen Geschwindigkeit um die Erde drehen, wie diese um ihre eigene Achse. Man nennt sie deshalb geostationäre Satelliten.

Kann ein einsamer Forscher auf einer Station in der Antarktis (80° südlicher Breite) Signale eines geostationären Satelliten empfangen, der sich auf dem gleichen Meridian wie die Forschungsstation in 35 895 km Höhe genau über dem Äquator befindet?

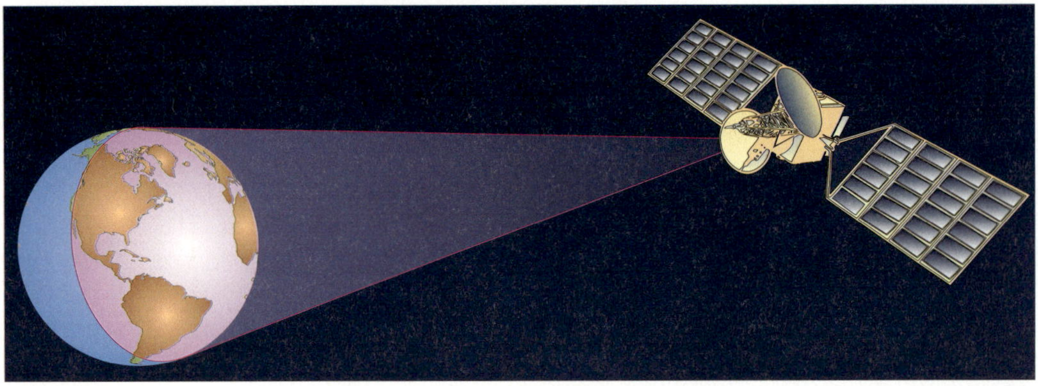

Bild 358/1:
Datenübertragung von Satelliten auf die Erde

Fernsehsatellit

Es wird der Auftrag **A3** bearbeitet.

Wir kennzeichnen die Lage der Forschungsstation durch einen Punkt B. Wegen der zur Erde relativ geringen Größe des Satelliten können wir diesen als einen Punkt S darstellen. Zur Untersuchung der gestellten Aufgabe kann man sich auf die Schnittebene beschränken, in der der Erdmittelpunkt M sowie die Punkte B und S liegen. Der Erdkugel entspricht dann ein Kreis K mit dem Mittelpunkt M und dem Radius $r_E = 6378$, gemessen in km. Der Abstand von S zu M beträgt $35\,895 + 6378 = 42\,273$, gemessen in km.

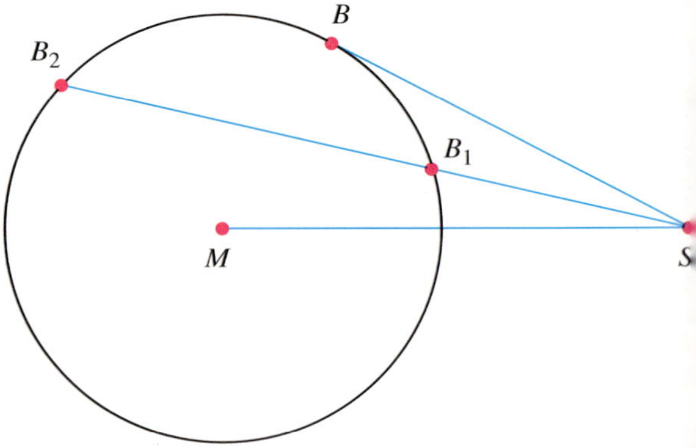

Bild 358/2: Schnittkreis

Am Punkt B können genau dann Signale des Satelliten empfangen werden, wenn die Strecke $\overline{BS}$ vom Kreis K **nicht** geschnitten wird.

Geometrische Lösung

Der „äußerste" Punkt B, von dem aus der Satellit noch angepeilt werden kann, läßt sich durch eine maßstäblichen Zeichnung bestimmen (Bild 359/1). Man zeichnet dazu zunächst die Strecke $\overline{MS}$ und den Kreis K. Der Thaleskreis über $\overline{MS}$ schneidet K in dem gesuchten Punkt B. Das Maß des Winkels $\measuredangle BMS$ ist die geographische Breite von B.

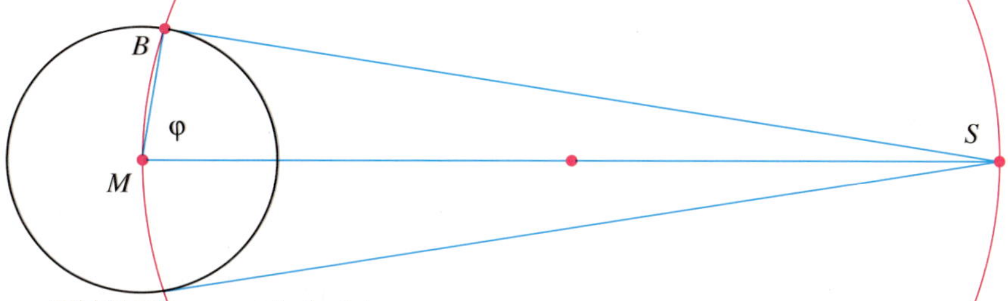

Bild 359/1: geometrische Lösung

Der Zeichnung entnimmt man hierfür ungefähr 81,5°. An allen Punkten zwischen 81,5° nördlicher Breite und 81,5° südlicher Breite kann man also Signale des Satelliten empfangen. Die Forschungsstation in der Antarktis liegt daher im Empfangsbereich des Satelliten.

Durch eine solche geometrische Lösung erhält man nur einen relativ groben Näherungswert für das Winkelmaß. Genauere Werte kann man nur rechnerisch bestimmen.

Algebraische Lösung

Man kann das Problem auch **algebraisch** lösen. Dazu müssen die Vorgaben zunächst in ein Koordinatensystem übertragen werden. Zur Vereinfachung legen wir den Mittelpunkt M des Kreises in den Ursprung und den Punkt S auf die positive x-Achse.

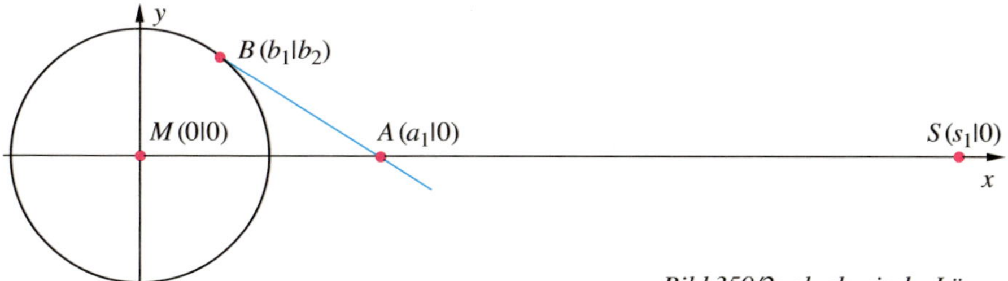

Bild 359/2: algebraische Lösung

Die Tangente an K mit dem Berührpunkt B schneidet die x-Achse im Punkt A. Liegt A links von S auf der positiven x-Achse, gilt also

$$0 < a_1 \leq s_1,$$

so kann der Satellit bei B empfangen werden, anderenfalls nicht. Zur Lösung müssen wir die Gleichung der Tangente aufstellen und ihren Schnittpunkt mit der x-Achse bestimmen.

Bestimmung einer Tangentengleichung

Die Tangente an den Kreis K mit dem Berührpunkt $B(b_1 \mid b_2)$ ist durch diesen Punkt und durch die Steigung des Berührradius $\overline{MB}$ festgelegt. Da die Tangente auf dem Berührradius senkrecht steht, kann man aus dessen Steigung die Steigung der Tangente bestimmen.

Der Berührradius hat die Steigung

$$m_\perp = \frac{b_2 - 0}{b_1 - 0} = \frac{b_2}{b_1}.$$

Daher hat die Tangente die Steigung

$$m = -\frac{1}{m_\perp} = -\frac{b_1}{b_2}.$$

Die Tangente hat also die Gleichung

$$y = -\frac{b_1}{b_2}x + n.$$

Um n zu bestimmen, setzen wir die Koordinaten von B in die Gleichung ein und erhalten

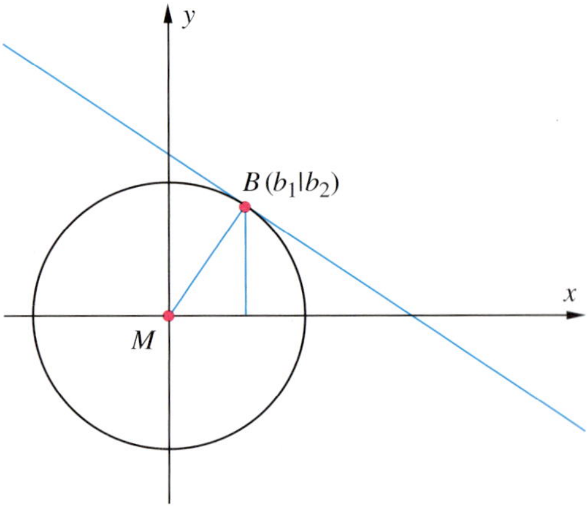

Bild 360/1: Tangente und Berührpunkt

$$b_2 = -\frac{b_1}{b_2}b_1 + n \implies n = \frac{b_1}{b_2}b_1 + b_2 \implies y = -\frac{b_1}{b_2}x + \frac{b_1}{b_2}b_1 + b_2.$$

Multipliziert man diese Gleichung mit b_2, so erhält man

$$b_2 y = -b_1 x + b_1^2 + b_2^2 \implies b_1 x + b_2 y = b_1^2 + b_2^2.$$

Da der Punkt $B(b_1 \mid b_2)$ auf dem Kreis liegt, erfüllen seine Koordinaten die Kreisgleichung; es gilt also

$$b_1^2 + b_2^2 = r^2 \implies x b_1 + y b_2 = r^2.$$

Man erhält also die Gleichung der Tangente mit dem Berührpunkt $B(b_1 \mid b_2)$, indem man in der Kreisgleichung $x^2 + y^2 = r^2$ ein x durch b_1 und ein y durch b_2 ersetzt.

Zeigen Sie selbst (Aufgabe 4, Seite 363), dass entsprechende Überlegungen auch für Kreise mit dem Mittelpunkt $M(m_1 \mid m_2)$ gelten. Insgesamt erhält man folgenden

Satz 8.1 Die Tangente an den Kreis K mit dem Berührpunkt $B(b_1 \mid b_2)$ hat die Gleichung $x b_1 + y b_2 = r^2$ bzw. $(x - m_1)(b_1 - m_1) + (y - m_2)(b_2 - m_2) = r^2$. ■

Wir kommen nun auf die algebraische Lösung des Problems „Fernsehsatellit" zurück. Setzt man in die Tangentengleichung die Koordinaten von A (vergleiche Bild 361/2) ein, so erhält man $a_1 b_1 = r^2$ und damit $a_1 = \frac{r^2}{b_1}$. Ein Satellitenempfang ist am Punkt $B(b_1 \mid b_2)$ genau dann möglich, wenn $0 < \frac{r^2}{b_1} \leq s_1$, also $b_1 \geq \frac{r^2}{s_1} = 962{,}29$ ist.

Für die geographische Breite ergibt sich aus b_1 und dem Erdradius r

$$\cos\varphi = \frac{b_1}{r} \implies \cos\varphi \geq \frac{r^2}{s_1 r} = \frac{r}{s_1} = 0{,}15088 \implies \varphi \leq 81{,}32°.$$

Wenn es nur um die Bestimmung von φ geht, kann man auch so rechnen: Im rechtwinkligen Dreieck MSB (Bild 359/1) kennt man die Länge der Kathete $\overline{MB}$ und die Länge der Hypotenuse $\overline{MS}$. Für das gesuchte Winkelmaß φ ergibt sich damit:

$$\cos\varphi = \frac{6378}{42\,273} = 0{,}15088 \implies \varphi = 81{,}32°.$$

Verschiedene Lagen von Gerade und Kreis

Zur Lösung des Empfangsproblems sind wir vom Punkt B ausgegangen und haben die zugehörige Tangente untersucht. Man könnte auch von S ausgehen und untersuchen, welche Geraden durch S den Kreis an einem geeigneten Punkt treffen.

Dahinter steckt die folgende mathematische Aufgabe: Wie kann man rechnerisch entscheiden, ob eine durch die Gleichung $y = mx + n$ gegebene Gerade Tangente, Sekante oder Passante des Kreises mit der Gleichung $x^2 + y^2 = r^2$ ist?

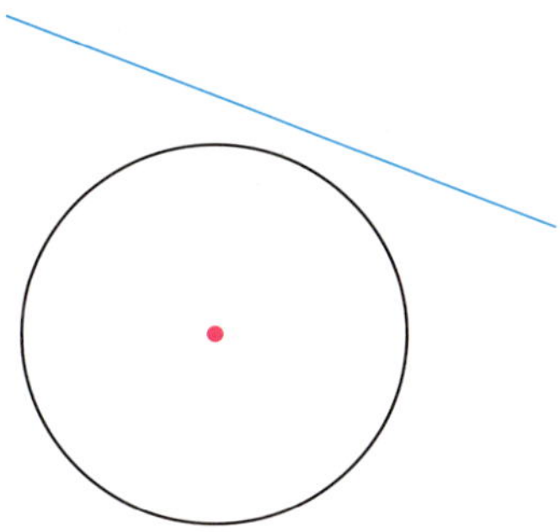

Bild 361/1: Passante

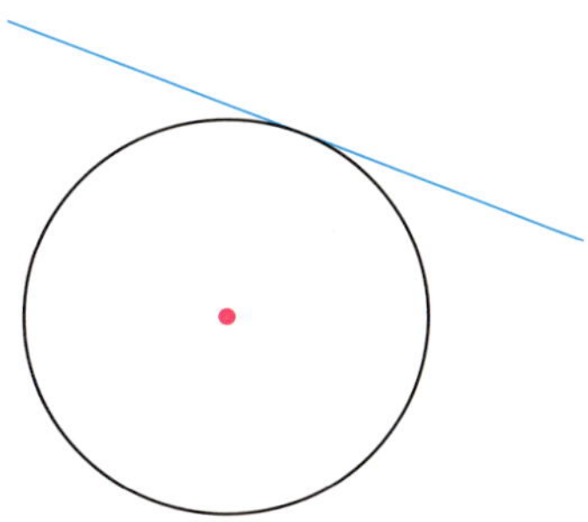

Bild 361/2: Tangente

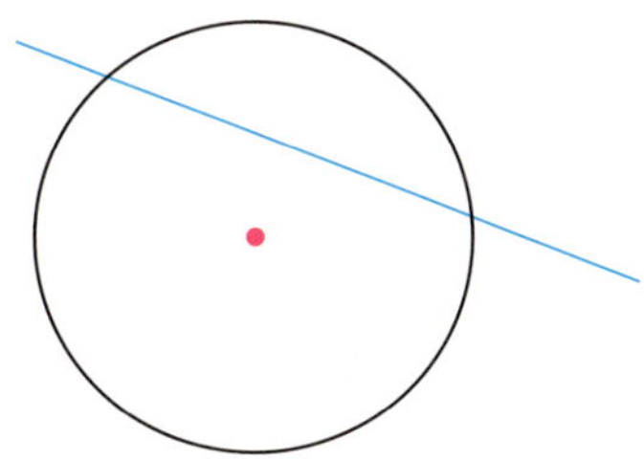

Bild 361/3: Sekante

Die Koordinaten eines Schnittpunktes $P(x\,|\,y)$ müssen sowohl die Geradengleichung als auch die Kreisgleichung erfüllen. Sie müssen also Lösungen des folgenden Gleichungssystems sein:

$$x^2 + y^2 = r^2 \quad \text{und} \quad y = mx + n.$$

Ersetzen wir in der ersten Gleichung y durch den Term $mx + n$, so erhalten wir eine quadratische Gleichung für x:

$$x^2 + (mx + n)^2 = r^2 \implies (1 + m^2)\,x^2 + 2mnx + n^2 - r^2 = 0$$

Eine solche Gleichung kann keine Lösung, eine Lösung oder zwei Lösungen haben.

Hat die Gleichung keine Lösung, so haben die Gerade und der Kreis keinen Punkt gemeinsam; die Gerade ist eine **Passante** des Kreises (Bild 361/1).

Beispiel: Mit $x^2 + y^2 = 25$ und $y = 0{,}5x + 7$ erhält man die quadratische Gleichung $x^2 + 5{,}6x + 19{,}2 = 0$. Diese Gleichung hat keine Lösung. Die Gerade ist eine Passante.

Hat die Gleichung genau eine Lösung, dann berührt die Gerade den Kreis in einem Punkt, dem **Berührpunkt**; sie ist eine **Tangente** des Kreises (Bild 361/2).

Beispiel: Mit $x^2+y^2=25$ und $y=-0{,}75x+6{,}25$ erhält man die quadratische Gleichung $x^2-6x+9=0$. Diese Gleichung hat genau eine Lösung $x=3$. Die Gerade ist eine Tangente mit dem Berührpunkt $B(3\,|\,4)$.

Hat die Gleichung zwei Lösungen, dann schneidet die Gerade den Kreis in zwei Punkten; sie ist eine **Sekante** des Kreises (Bild 361/3).

Beispiel: Mit $x^2+y^2=25$ und $y=0{,}5x+5$ erhält man die quadratische Gleichung $x^2+4x=0$. Diese hat die Lösungen $x_1=0$ und $x_2=-4$. Die Gerade schneidet den Kreis in den Punkten $S_1(0\,|\,5)$ und $S_2(-4\,|\,3)$.

ZUSAMMENFASSUNG

Wir fassen zusammen

Für einen Kreis mit dem Mittelpunkt $M(0\,|\,0)$ bzw. $M(m_1\,|\,m_2)$ und dem Radius r hat die Tangente mit dem Berührpunkt $B(b_1\,|\,b_2)$ die Gleichung

$$xb_1+yb_2=r^2 \quad \text{bzw.} \quad (x-m_1)(b_1-m_1)+(y-m_2)(b_2-m_2)=r^2\,.$$

Um festzustellen, wie ein Kreis K mit dem Radius r und dem Mittelpunkt $M(0\,|\,0)$ bzw. $M(m_1\,|\,m_2)$ und eine Gerade g mit der Gleichung $y=mx+n$ zueinander liegen, muss man das Gleichungssystem

$$x^2+y^2=r^2 \quad \text{und} \quad y=mx+n \quad \text{bzw.} \quad (x-m_1)^2+(y-m_2)^2=r^2 \quad \text{und} \quad y=mx+n$$

untersuchen. Dieses System führt auf eine quadratische Gleichung, die keine, eine oder zwei Lösungen haben kann. Die Gerade ist dann Passante, Tangente oder Sekante des Kreises.

AUFGABEN

1 Gegeben ist der Kreis K durch den Mittelpunkt M und den Radius r sowie die Gleichung einer Geraden g. Schneiden sich K und g? Bestimmen Sie gegebenenfalls die Schnittpunkte.

a) $M(0\,|\,0),\ r=4,\ g\colon y=\frac{1}{2}x+2$

b) $M(6\,|\,4),\ r=5,\ g\colon y=-\frac{3}{4}x+8\frac{1}{2}$

c) $M(2\,|\,-1),\ r=3,\ g\colon y=2x+3$

d) $M(-6\,|\,3),\ r=5,\ g\colon y=-\frac{4}{3}x+3\frac{1}{3}$

e) $M(2{,}5\,|\,-4),\ r=\sqrt{30{,}5},\ g\colon y=\frac{5}{6}x-1$

f) $M(-5\,|\,-3{,}5),\ r=\sqrt{10},\ g\colon y=\frac{1}{3}x-6$

2 Es sei K der Kreis um M mit dem Radius r und g eine Gerade durch M mit der Steigung m. Bestimmen Sie die Schnittpunkte B_1 und B_2 der Geraden g mit dem Kreis K. Bestimmen Sie die Gleichungen der Tangenten in B_1 und B_2 an K.

a) $M(0\,|\,0),\ r=2\sqrt{5},\ m=2$

b) $M(6\,|\,6),\ r=\sqrt{13},\ m=\frac{2}{3}$

c) $M(-3\,|\,0),\ r=10,\ m=-\frac{4}{3}$

d) $M(7\,|\,2{,}5),\ r=2\sqrt{10},\ m=\frac{1}{3}$

e) $M(-5\,|\,-3),\ r=4\sqrt{5},\ m=\frac{1}{2}$

f) $M(1\,|\,4),\ r=13,\ m=2{,}4$

3 Es sei K der Kreis um M mit dem Radius r. Bestimmen Sie die Gleichungen der Tangenten t_1 und t_2 an K mit der Steigung m.

a) $M(0\,|\,0),\ r=4,\ m=1$

b) $M(0\,|\,0),\ r=13,\ m=\frac{5}{12}$

c) $M(4\,|\,1),\ r=\sqrt{10},\ m=-\frac{1}{3}$

d) $M(-7\,|\,-6),\ r=5,\ m=-\frac{4}{3}$

e) $M(-2\,|\,6),\ r=5\sqrt{3},\ m=2$

f) $M(9\,|\,-2),\ r=\sqrt{41},\ m=-0{,}8$

4 Zeigen Sie, dass die Tangente t im Punkt $B(b_1 \mid b_2)$ des Kreises mit dem Radius r um den Mittelpunkt $M(m_1 \mid m_2)$ die Gleichung $(x-m_1)(b_1-m_1)+(y-m_2)(b_2-m_2)=r^2$ hat.

a) Bestimmen Sie die Steigung $m_\perp$ der Strecke MB.
b) Bestimmen Sie die Steigung m der Tangente t.
c) Stellen Sie eine Geradengleichung für t auf.
d) Bringen Sie die Gleichung von t auf die oben angegebene Form.
e) Leiten Sie diese Tangentengleichung auch aus der Gleichung $xb_1+yb_2=r^2$ ab, indem Sie eine entsprechende Verschiebung durchführen.

5 Welche Gleichung hat die Tangente t, die den Kreis K im Kreispunkt B berührt?

a) $M(0 \mid 0), r=6, B(\sqrt{11} \mid b_2), b_2>0$ **b)** $M(-5 \mid 2), r=13, B(7 \mid b_2), b_2<0$

6 Bestimmen Sie die Gleichungen aller Tangenten mit der Steigung m, die den Kreis K in einem Punkt B berühren. Welche Koordinaten hat jeweils B?

a) $M(0 \mid 0), r=\sqrt{58}, m=-\frac{2}{5}$ **b)** $M(0 \mid 0), r=12, m=\frac{5}{12}$ **c)** $M(0 \mid 0), r=5, m=-\frac{3}{4}$

7 Bestimmen Sie jeweils die Gleichung der Tangente, die den Kreis K mit dem Mittelpunkt M im Punkt B berührt.

a) $M(2 \mid 4), B(-10 \mid 9)$ **b)** $M(-1 \mid 12), B(-7 \mid 4)$ **c)** $M(3 \mid 8), B(2 \mid 4)$

8 Welche Gleichungen haben die Tangenten durch A, die den Kreis K berühren? Wie groß ist der Schnittwinkel der Tangenten?

a) $M(0 \mid 0), r=3\sqrt{2}, A(0 \mid -6)$
b) $M(0 \mid 0), r=\sqrt{34}, A(8 \mid 2)$
c) $M(2 \mid -3), r=\sqrt{10}, A(-3 \mid 2)$
d) $M(3 \mid -2), r=5, A(8 \mid 3)$

9 Wie liegen die Kreise K_1 und K_2 zueinander? Bestimmen Sie die Schnittpunkte bzw. den kleinsten Abstand der beiden Kreise.

a) $M_1(0 \mid 0),\ r_1=\sqrt{10}$; $M_2(5 \mid -5),\ r_2=\sqrt{20}$
b) $M_1(0 \mid 0),\ r_1=2$; $M_2(-4 \mid 3),\ r_2=1$
c) $M_1(0 \mid 0),\ r_1=5$; $M_2(-4 \mid -3),\ r_2=10$

10 Unter dem „Schnittwinkel zweier Kreise" versteht man den kleineren Winkel, den die beiden Kreistangenten in einem Schnittpunkt miteinander bilden. Wie groß ist der Schittwinkel der Kreise K_1: $(x-2)^2+(y+4)^2=17^2$ und K_2: $(x+1)^2+(y+1)^2=17^2$.

11 Welcher Kreis K_1 geht durch die Punkte $P_1(1 \mid 3)$ und $P_2(1 \mid -3)$ und berührt den Kreis K_2: $(x-5)^2+(y+3)^2=4$?

12 Welcher Kreis K_3 geht durch die Schnittpunkte der Kreise K_1: $(x-5)^2+(y-4)^2=49$ und K_2: $(x-2)^2+(y-1)^2=25$ und hat seinen Mittelpunkt auf der Geraden zu $3x-5y=7$?

13 Welcher Kreis berührt beide Koordinatenachsen und geht durch den Punkt P? Achten Sie jeweils darauf, ob die Lösung eindeutig ist.

a) $P(4 \mid 2)$ **b)** $P(-6 \mid 3)$ **c)** $P(5 \mid -10)$ **d)** $P(p_1 \mid 4)$

Strecken und Kreise auf Bildschirmen

14 Manche Zeichenprogramme erlauben es, rechteckige Ausschnitte – Fenster – der erstellten Zeichnung in ein anderes Dokument zu übernehmen. Dabei ist es wichtig, dass tatsächlich nur die Teile gezeichnet werden, die innerhalb des Fensters liegen. Bild 364/1 zeigt eine solche Situation. Bestimmen Sie die Schnittpunkte der Kreise und Geraden mit den Fensterkanten.

a) $g\colon\; y=\frac{1}{3}x+10$

b) $h\colon\; y=-\frac{2}{5}x+12$

c) $K_1\colon\; (x-9)^2+(y-6)^2=4$

d) $K_2\colon\; (x-18)^2+(y-10)^2=36$

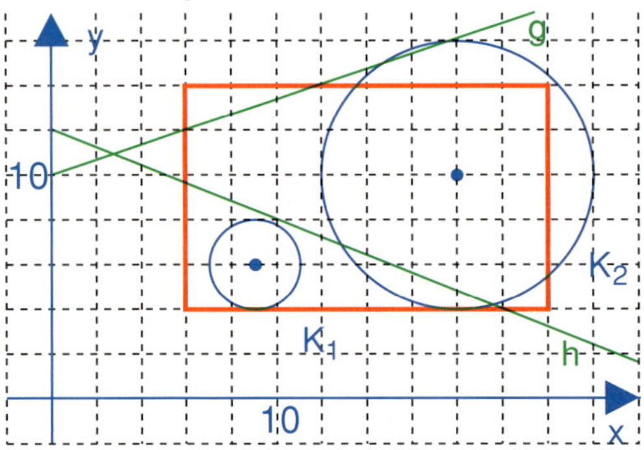

▲ *Bild 364/2: ZDF-Logo*

◀ *Bild 364/1: Bildschirmausschnitt*

15 Das Logo des Zweiten Deutschen Fernsehens besteht aus 3 ineinandergeschachtelten Kreisen, von denen sich je zwei berühren (Bild 364/2)

a) Der kleinste Kreis hat den Radius r, und der Durchmesser von je zwei sich berührenden Kreisen unterscheidet sich ebenfalls um r. Geben Sie die Gleichungen der drei Kreise an, wenn der kleinste Kreis den Mittelpunkt $M(0\,|\,0)$ hat.

b) Erweitern Sie dieses Logo um drei weitere Kreise und berechnen Sie ebenfalls deren Gleichungen. Was fällt auf?

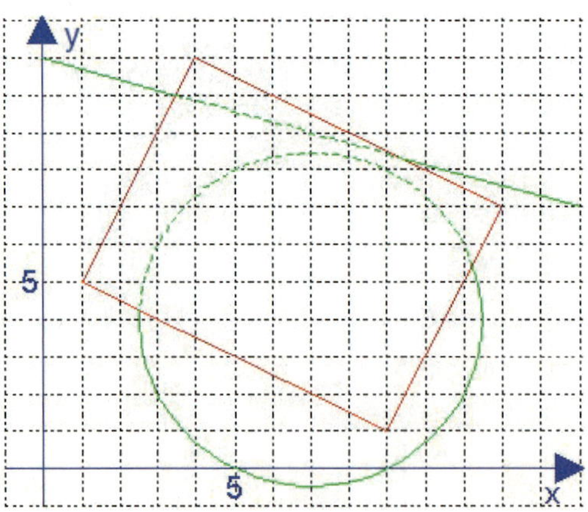

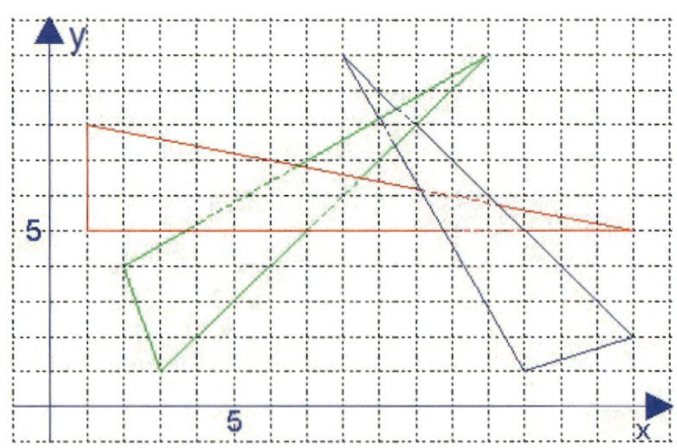

▲ *Bild 364/4: Verdeckte Linien*

◀ *Bild 364/3: Verdeckte Linien*

16 Bei der Darstellung dreidimensionaler Szenen auf einem Computerbildschirm muss man berücksichtigen, dass weiter hinten liegende Figuren durch Figuren verdeckt werden können, die sich weiter vorne befinden. Von den hinten liegenden Figuren dürfen also nur die nicht verdeckten Teile dargestellt werden. Bestimmen Sie aus den Angaben der Bilder 364/3 und 364/4, welche Teile der Linien nicht gezeichnet werden dürfen.

Anwendungen

17 Beim Ausbau eines Dachbodens soll möglichst tief in der Dachschräge ein Lüftungsrohr mit dem Radius r verlegt werden (Bild 365/1). So nah wie möglich an diesem Lüftungsrohr soll eine senkrechte Trennwand errichtet werden. Wie hoch wird diese Trennwand, wenn $r = 25$ und $\alpha = 28°$ ist?

18 An Deck eines Schiffes sollen Fässer, die Rettungsinseln enthalten, mit Stahltrossen verankert werden, die an den Ösen bei P und Q (Bild 365/2) tangential befestigt werden sollen. Wie lang müssen die Stahltrossen sein?

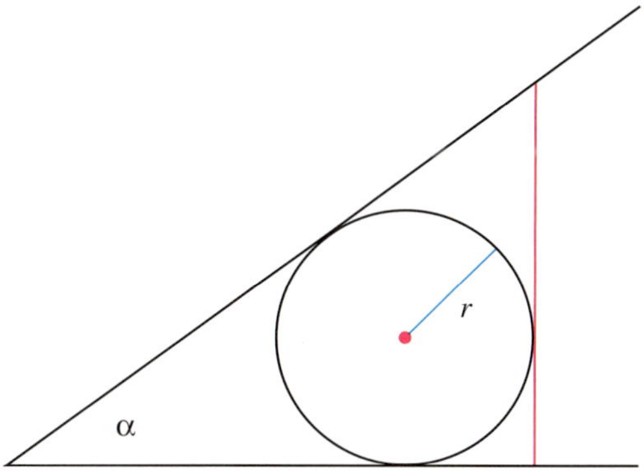

Bild 365/1: Lüftungsrohr auf einem Dachboden

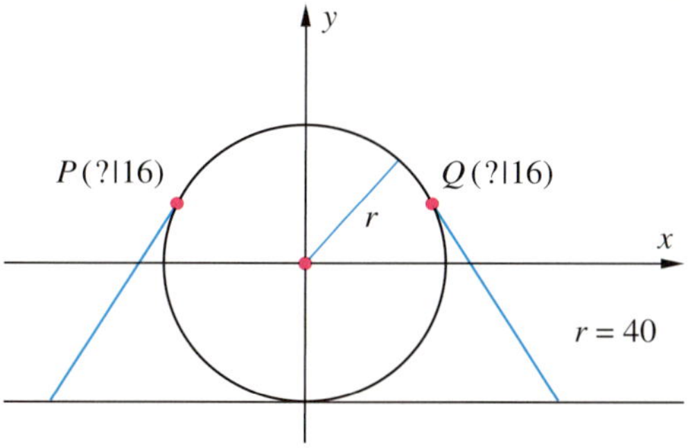

Bild 365/2: Verankerung von Fässern

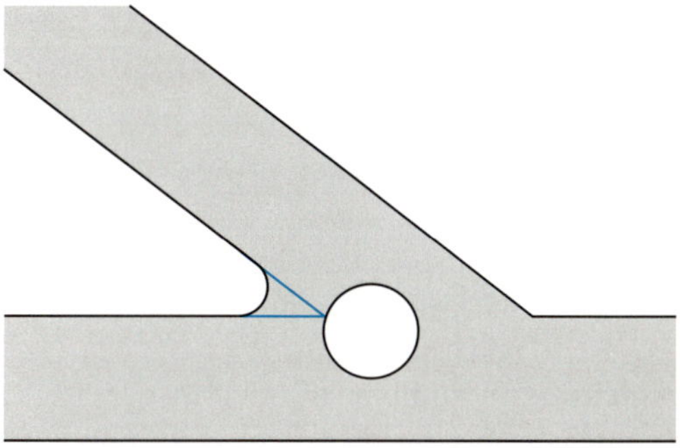

Bild 365/3: Einrichtung eines Kreisverkehrs

19 Von einer Straße zweigt unter einem Winkel von 38° eine weitere Straße ab. Beide Straßen sind 6 m breit. Zur Verbesserung der Verkehrssicherheit soll ein Kreisverkehr an der Abzweigung errichtet werden (Bild 365/3). Die Fahrspuren sollen im Bereich des Kreisels 3 m breit sein. Deshalb soll die Spitze bei der Einmündung entsprechend abgerundet werden.

20 Beschreiben Sie die Hilfslinien zur Konstruktion der Buchstaben in den Bildern 365/4 bis 365/6 durch Gleichungen.

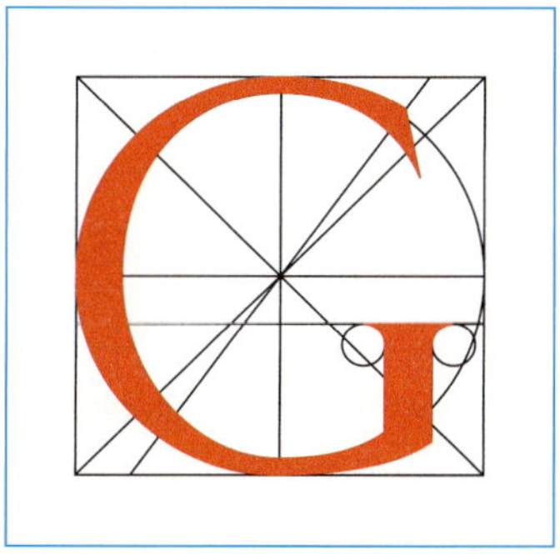

Bild 365/4: Buchstabe G

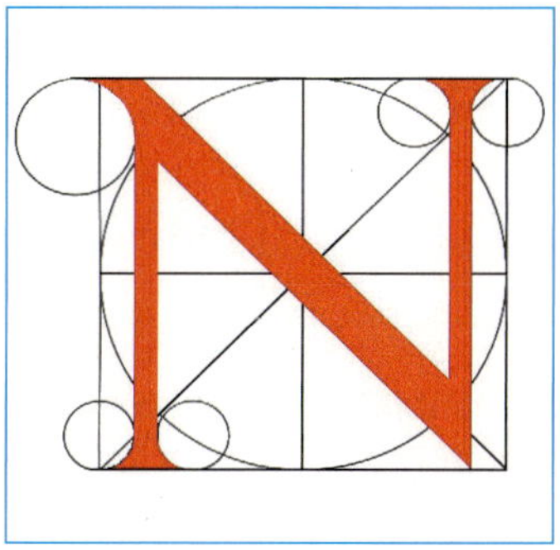

Bild 365/5: Buchstabe N

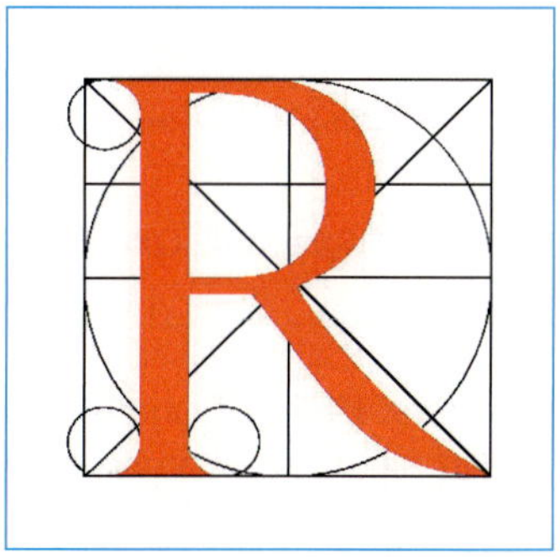

Bild 365/6: Buchstabe R

AUFGABEN

Gemeinsame Tangenten zweier Kreise

21 Bestimmen Sie die Gleichungen der gemeinsamen **äußeren** Tangenten (Bild 366/1) der Kreise K_1 mit dem Mittelpunkt $M_1(0|0)$ und dem Radius $r_1 = 35$ und K_2 mit dem Mittelpunkt $M_2(50|0)$ und dem Radius $r_2 = 5$.
Anleitung: Bestimmen Sie zunächst die zu den gesuchten Tangenten parallelen Tangenten t_1 und t_2 durch M_2 an einen Kreis um M_1 mit geeignetem Radius (Bild 366/2).

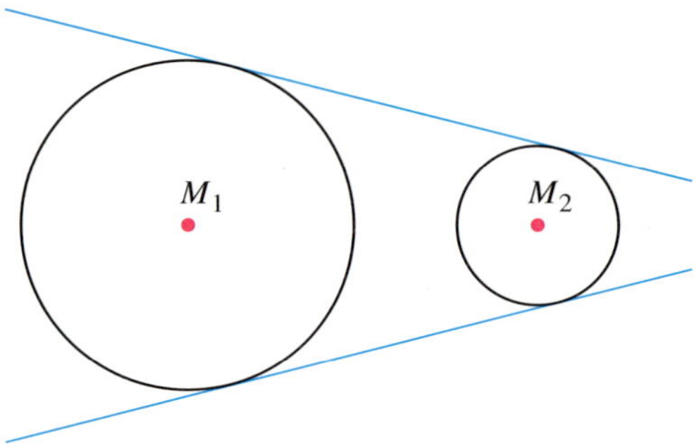

Bild 366/1: Äußere Tangenten

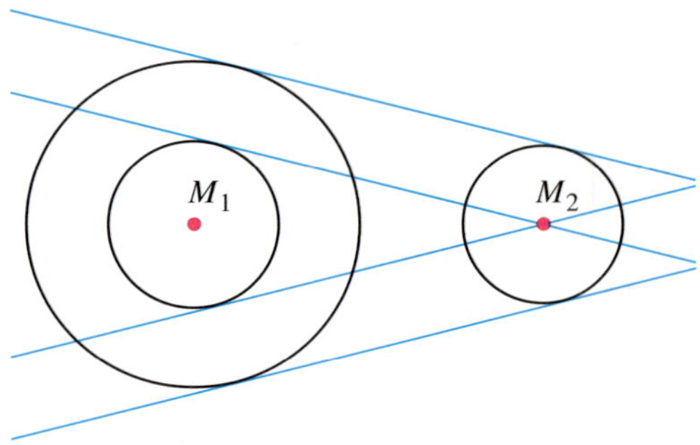

Bild 366/2: Hilfslinien zur Konstruktion

22 Bestimmen Sie die Gleichungen der gemeinsamen **inneren** Tangenten (Bild 366/3) der Kreise K_1 mit dem Mittelpunkt $M_1(0|0)$ und dem Radius $r_1 = 35$ und K_2 mit dem Mittelpunkt $M_2(50|0)$ und dem Radius $r_2 = 5$.
Anleitung: Bestimmen Sie zunächst die zu den gesuchten Tangenten parallelen Tangenten t_1 und t_2 durch M_2 an einen Kreis um M_1 mit geeignetem Radius (Bild 366/4).

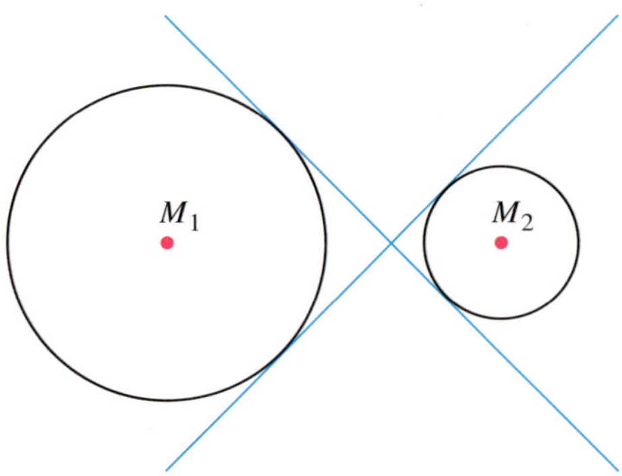

Bild 366/3: Innere Tangenten

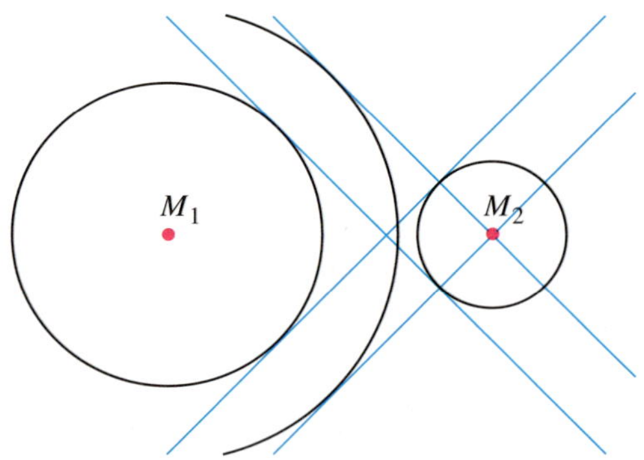

Bild 366/4: Hilfslinien zur Konstruktion

23 Wie lang ist ein Treibriemen, der ohne (mit) Überkreuzung über K_1 und K_2 (Aufgabe 21 bzw. 22) läuft?

24 Zwei Kreise K_1 und K_2 haben die Radien $r_1 = 24$ cm und $r_2 = 69$ cm. Ihre Mittelpunkte M_1 und M_2 sind 136 cm voneinander entfernt.

a) Bestimmen Sie die Gleichungen der inneren und äußeren Tangenten.
b) Bestimmen Sie die zugehörigen Berührpunkte.

8.3 Koordinatendarstellung von Parabeln

A1 Eine Bewegungskurve

Der griechische Mathematiker Apollonius von Perga (um 262–190 v. Chr.) betrachtet in seinem Buch „Conica“ unter anderem die Bewegungskurve eines Punktes P, dessen Entfernung von einem festen Punkt F (Fokus) gleich dem Abstand von einer Geraden d (Direktrix, d. h. Leitgerade) ist.

Bild 367/1: Apollonius von Perga

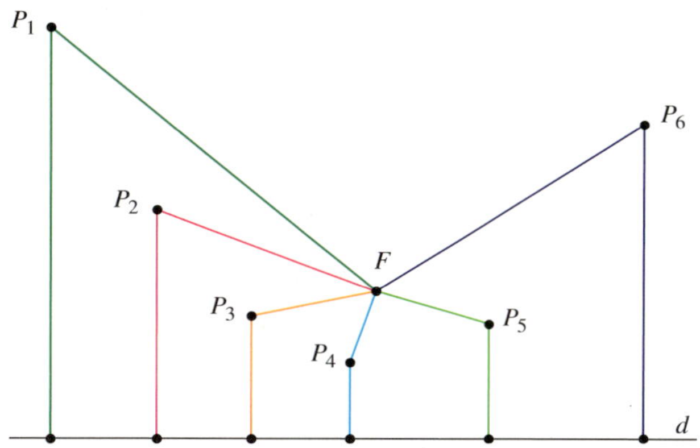

Bild 367/2

Zeichnen Sie eine solche Kurve mit dem Focus $F(0|2)$ und der x-Achse als Leitlinie. Um was für eine Kurve handelt es sich? Durch welche Gleichung kann man sie beschreiben?

Welche Kurven ergeben sich, wenn die Entfernung des Punktes P vom Fokus F überall anderthalb mal so groß ist (halb so groß ist), wie sein Abstand von der Leitgeraden d?

A2 Scheinwerferspiegel

Ein Scheinwerferspiegel, wie er beispielsweise bei einem Autoscheinwerfer oder bei Halogenleuchten verwendet wird, hat die Form eines **Paraboloids**; ein Paraboloid entsteht beispielsweise, wenn man eine Parabel um ihre Symmetrieachse rotieren lässt (Bild 367/3).

Bild 367/3: Rotierende Parabel

Ein Scheinwerferspiegel hat einen Durchmesser von 18 cm und eine Tiefe von 12 cm. Welche Gleichung hat die zugehörige Parabel?

AUFTRÄGE

A3 Die Kölnarena

Die Kölnarena in Köln-Deutz, eine Veranstaltungshalle für bis zu 20000 Zuschauer, wurde vom Kölner Architekten Peter Böhm entworfen und 1998 vollendet. Das Dach wird von einem 480 t wiegenden Stahlbogen getragen, der 3 m dick ist.

Bild 368/1: Kölnarena

Bild 368/2 zeigt einen Querschnitt der Halle. Die eingezeichneten Punkte haben folgende Koordinaten:

$A(-90{,}51 \mid 1{,}60)$	$E(-39{,}33 \mid 59{,}54)$	$J(0{,}00 \mid 73{,}00)$	$N(39{,}83 \mid 59{,}71)$
$B(-75{,}41 \mid 23{,}38)$	$F(-29{,}45 \mid 65{,}40)$	$K(9{,}87 \mid 72{,}24)$	$P(49{,}88 \mid 51{,}94)$
$C(-59{,}41 \mid 42{,}15)$	$G(-19{,}33 \mid 69{,}71)$	$L(19{,}83 \mid 69{,}79)$	$Q(75{,}95 \mid 23{,}55)$
$D(-49{,}45 \mid 51{,}61)$	$H(-9{,}54 \mid 72{,}20)$	$M(29{,}79 \mid 65{,}57)$	$R(88{,}23 \mid 5{,}82)$

Zeigen Sie, dass der Bogen die Form einer Parabel hat.

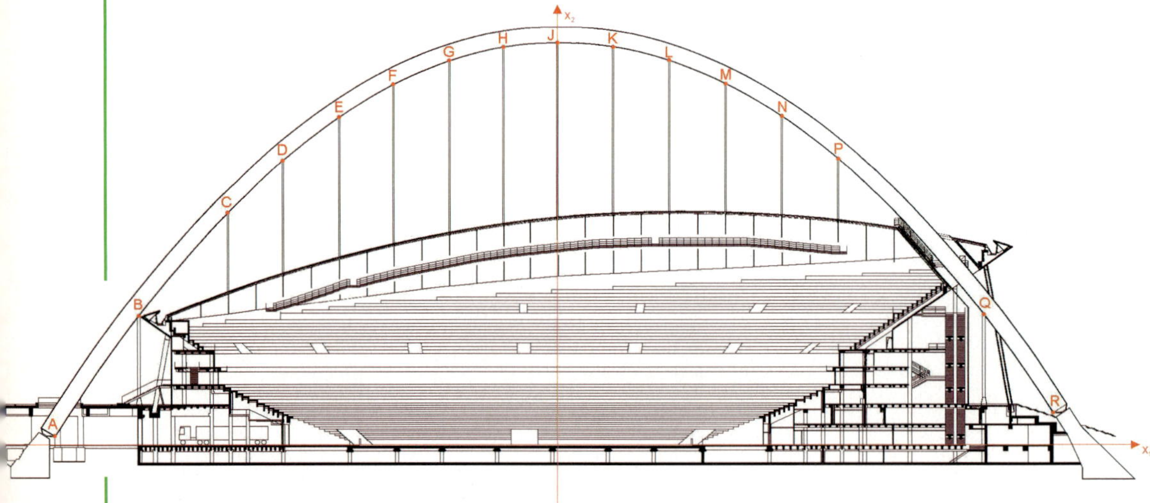

Bild 368/2: Querschnitt der Kölnarena

Parabelgleichungen

Wir zeigen am Beispiel der Kölnarena A3, wie man Parabelgleichungen ermittelt. Wir untersuchen dazu die Unterkante des Bogens. Wir können diese Kante als eine Linie betrachten, die in einer Ebene liegt.

Einige Punkte dieser Linie sind in der Zeichnung durch Buchstaben gekennzeichnet. Für diese Punkte sind Koordinaten angegeben. Die x-Achse des zugehörigen Koordinatensystems liegt in der untersten Hallenebene; das ist die Ebene, in der in Bild 368/2 der LKW steht. Die y-Achse geht durch den Scheitelpunkt J des Bogens.

Parabeln kennen Sie bereits als Graphen quadratischer Funktionen mit einer Funktionsgleichung der Form

$$f(x) = ax^2 + bx + c \quad \text{bzw.} \quad y = ax^2 + bx + c.$$

Wenn die Unterkante des Bogens der Kölnarena eine Parabel ist, muss sie also eine Gleichung der Form

$$y = ax^2 + bx + c$$

haben. Durch den Scheitelpunkt J sind die Variablen b und c der Parabelgleichung festgelegt. Da J auf der y-Achse liegt, ist $b = 0$ und c ist gleich der zweiten Koordinate von J, also $c = 73$. Für die Parabelgleichung erhalten wir damit:

$$y = ax^2 + 73.$$

Wir wollen nun auf verschiedenen Wegen den Parameter a bestimmen.

Lösung mit einem Kurvenplotter

Zunächst legen wir ein Fenster für die Darstellung auf einem Computermonitor so fest, dass beim Ausführen des Plots der uns interessierende Teil des Graphen sichtbar ist. Wir können beispielsweise wählen

$$-100 \leq x \leq 100 \quad \text{und} \quad -10 \leq y \leq 90.$$

Die vorgegebenen Punkte A, B bis Q können wir in dem Fenster markieren und stellen außerdem für verschiedene Werte von a die Funktionsgraphen dar. Durch Ändern dieser Werte kann man den gesuchten Graphen beliebig genau bestimmen. In Bild 369/1 sind die Graphen für $a = -\frac{1}{50}, -\frac{1}{75}, \ldots, -\frac{1}{175}$ dargestellt.

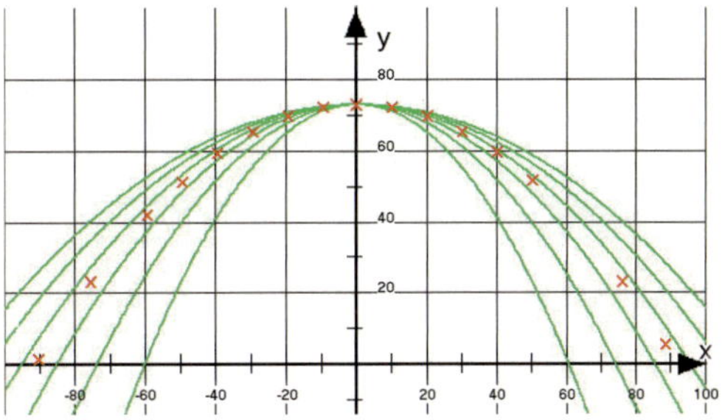

Bild 369/1: Plot zu $y = ax^2 + 73$ mit verschiedenen Parametern a. Die gegebenen Punkte sind durch rote Kreuze gekennzeichnet.

Offensichtlich liegt die Parabel zu $a = -\frac{1}{125} = -0{,}008$ am nächsten bei den gegebenen Punkten. Wir erhalten damit die Parabelgleichung

$$y = -0{,}008x^2 + 73.$$

Berechnung des Parameters

Um a rechnerisch zu bestimmen, setzen wir in die Gleichung $y = ax^2 + 73$ die Koordinaten eines von J verschiedenen Punktes ein. Mit den Koordinaten des Punktes A erhalten wir

$$1{,}60 \approx a(-90{,}51)^2 + 73 \implies a \approx -\frac{71{,}40}{(-90{,}51)^2} \approx -0{,}00871575.$$

Die Parabelgleichung ist also

$$y \approx -0{,}008716x^2 + 73.$$

Der Kehrwert von 0,008716 ist 114,73; deshalb kann man $\frac{1}{115}$ als Faktor wählen und erhält damit

$$y \approx -\frac{1}{115}x^2 + 73.$$

Bild 370/1 zeigt den Graphen dieser Parabel sowie die Punkte $A, \ldots, Q$. Man erkennt, dass diese Punkte auf der Parabel liegen.

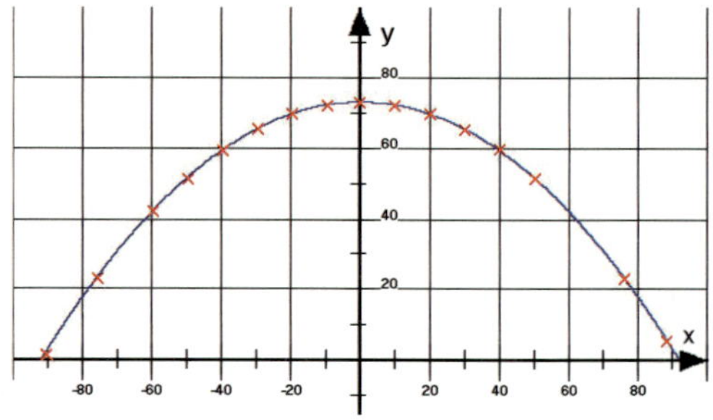

Bild 370/1: Die Punkte A, ..., Q liegen auf einer Parabel

Dies bestätigt auch die folgende Tabelle, die zu den Punkten $A, \ldots, Q$ jeweils die gegebenen Koordinaten x und y sowie die mit Hilfe der Parabelgleichung berechneten Koordinaten y^* zeigt. Dabei wurden alle Zahlen auf eine Dezimale gerundet.

	A	*B*	*C*	*D*	*E*	*F*	*G*	*H*	*J*	*K*
x	−90,5	−75,4	−59,4	−49,5	−39,3	−29,5	−19,3	−9,5	0,0	9,9
y	1,6	23,4	42,2	51,6	59,5	65,4	69,7	72,2	73,0	72,2
y^*	1,9	23,6	42,3	51,7	59,6	65,4	69,8	72,2	73,0	72,1

	L	*M*	*N*	*P*	*Q*	*R*
x	19,8	29,8	39,8	49,9	76,0	88,2
y	69,8	65,6	59,7	51,9	23,6	5,8
y^*	69,6	65,3	59,2	51,3	22,8	5,4

Der Bogen der Kölnarena hat also in der Tat die Form einer Parabel.

Parabeln in anderen Lagen

Die **Symmetrieachse** einer Parabel kann nicht nur – wie in dem Beispiel – vertikal liegen; sie kann auch horizontal liegen, so dass die Parabel nach links oder rechts geöffnet ist (Bild 371/1).

Die Symmetrieachse der Parabel kann aber auch mit **beiden** Koordinatenachsen einen Winkel einschließen, dessen Maß von Null verschieden ist (Bild 371/2). Es ist rechnerisch nicht ganz einfach, eine Gleichung für eine solche Parabel mit schräger Symmetrieachse zu bestimmen.

Parabeln wie in den Bildern 371/1 und 371/2 sind allerdings **keine** Funktionsgraphen, da eine Parallele zur y-Achse diese Kurven in mehr als einem Punkt schneiden kann.

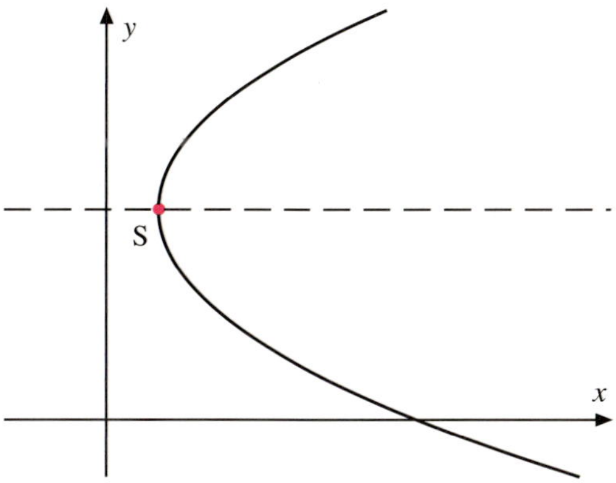

Bild 371/1: Horizontale Symmetrieachse

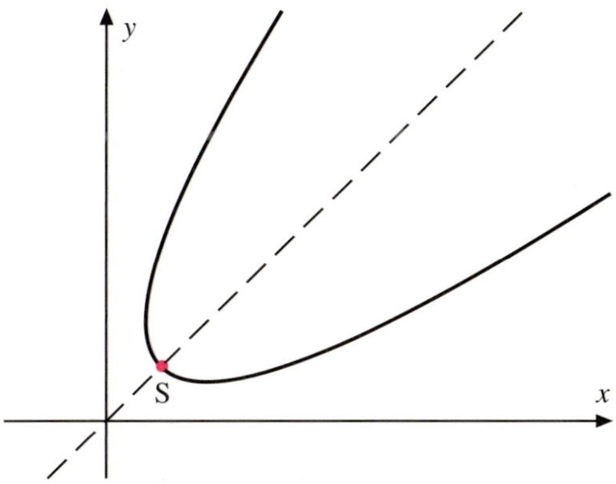

Bild 371/2: Schräge Symmetrieachse

Kurven mit einer solchen Eigenschaft sind uns bereits mehrfach begegnet: Zur y-Achse parallele Geraden sind ebenso wenig Funktionsgraphen wie Kreise. Diese Kurven sind Punktmengen, bei denen zwischen der ersten und der zweiten Koordinate eines Punktes keine eindeutige Zuordnung besteht, also keine Funktionsgraphen.

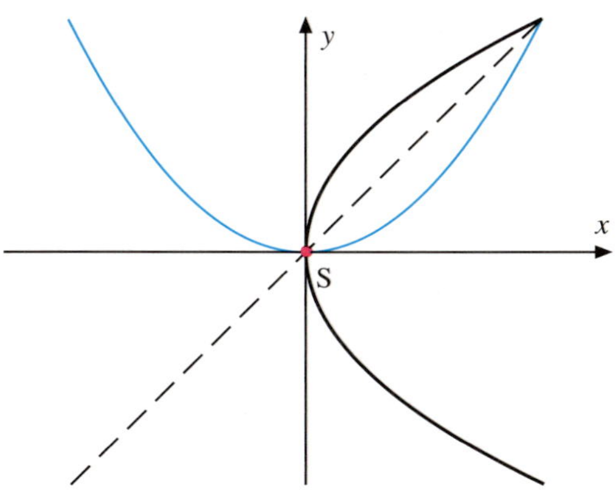

Bild 371/3: Spiegelung an der Winkelhalbierenden

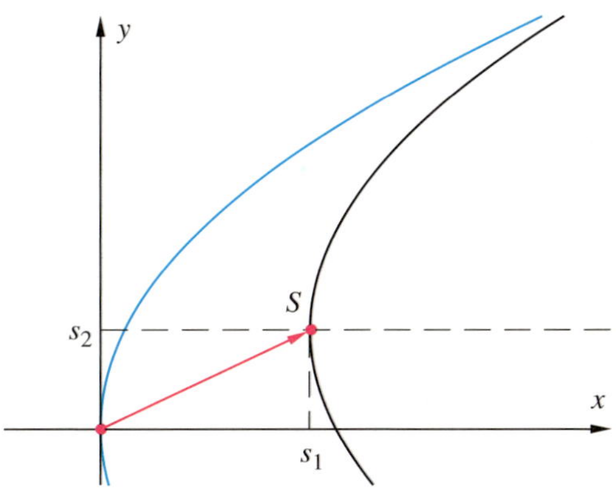

Bild 371/4: Verschiebung um s_1 und s_2

Um die Gleichung einer Ursprungsparabel mit horizontaler Symmetrieachse zu erhalten, spiegelt man den Graphen einer Parabel mit der Gleichung $y = ax^2$ an der Winkelhalbierenden des ersten und dritten Quadranten (Bild 371/3). Dieser Spiegelung entspricht algebraisch ein Vertauschen von x und y; man erhält dadurch für die Parabel die Gleichung

$$x = ay^2 \quad \text{oder} \quad y^2 = \tfrac{1}{a}x.$$

Verschiebt man eine **Ursprungsparabel**, also eine Parabel, deren Scheitelpunkt im Ursprung liegt, so erhält der Scheitelpunkt S der Bildparabel die Koordinaten s_1 und s_2. Jeder Punkt der Ursprungsparabel wird in x-Richtung um s_1 und in y-Richtung um s_2 verschoben (Bild 371/4).

In der Gleichung der Ursprungsparabel ($y = ax^2$ bzw. $x = ay^2$) muss deshalb x durch $x - s_1$ und y durch $y - s_2$ ersetzt werden; man erhält dadurch für die Bildparabel die Gleichung

$$y - s_2 = a(x - s_1)^2 \quad \text{bzw.} \quad x - s_1 = a(y - s_2)^2.$$

Diese Gleichung heißt **Scheitelgleichung** der Parabel.

Satz 8.2 Eine Parabel mit dem Scheitelpunkt $S(s_1 \mid s_2)$ und

vertikaler	horizontaler

Symmetrieachse hat die Scheitelgleichung

$y - s_2 = a(x - s_1)^2$	$x - s_1 = a(y - s_2)^2$

Normalform der Parabelgleichung

Wie bei Kreisgleichungen erhält man auch bei Parabelgleichungen eine **Normalform**, indem man die Klammern ausmultipliziert und alle Terme auf eine Seite der Gleichung bringt.

Satz 8.3 Die Gleichung einer Parabel mit

vertikaler	horizontaler

Symmetrieachse lässt sich auf die Normalform bringen

$ax^2 + bx + cy + d = 0$	$ay^2 + by + cx + d = 0$

Sind $a \neq 0$ und $c \neq 0$, dann stellt umgekehrt auch jede solche Gleichung eine Parabel dar.

Beispiel 1

$y = 4(x-2)^2 + 3$
$\Rightarrow y = 4x^2 - 16x + 16 + 3$
$\Rightarrow 4x^2 - 16x - y + 19 = 0$

Beispiel 2

$x = 3(y+3)^2 - 4$
$\Rightarrow x = 3y^2 + 18y + 27 - 4$
$\Rightarrow 3y^2 + 18y - x + 23 = 0$

Beispiel 3

$3x^2 + 12x - y + 16 = 0$
$\Rightarrow y = 3(x^2 + 4x + 4) - 12 + 16$
$\Rightarrow y = 3(x+2)^2 + 4$

Beispiel 4

$-2y^2 + 4y - x - 5 = 0$
$\Rightarrow x = -2(y^2 - 2y + 1) + 2 - 5$
$\Rightarrow x = -2(y-1)^2 - 3$

Weiterführung: Gleichung einer Parabel durch drei Punkte

Durch drei Punkte, die nicht auf einer Geraden liegen, sind zwei Parabeln mit zur x-Achse bzw. y-Achse paralleler Symmetrieachse bestimmt.

Beispiel: Gegeben sind die Punkte $A(2 \mid 4)$, $B(5 \mid 2)$ und $C(-5 \mid -3)$.

Wir setzen die Koordinaten der drei Punkte in die Gleichung $x = ay^2 + by + c$ ein und erhalten das Gleichungssystem

$$\begin{array}{l} 4^2 a + 4b + c = 2 \\ 2^2 a + 2b + c = 5 \\ (-3)^2 a + (-3)b + c = -5 \end{array} \implies \begin{array}{l} 16a + 4b + c = 2 \\ 4a + 2b + c = 5 \\ 9a + (-3)b + c = -5 \end{array}$$

Das Gleichungssystem hat die Lösungen $a = -\frac{1}{2}$, $b = \frac{3}{2}$ und $c = 4$; also hat die Parabel die Gleichung

$$x = -\tfrac{1}{2}y^2 + \tfrac{3}{2}y + 4 \quad \text{bzw.} \quad x = -\tfrac{1}{2}\left(x_2 - \tfrac{3}{2}\right)^2 + \tfrac{41}{8}.$$

Sie hat den Scheitelpunkt $S\left(\frac{41}{8} \,\middle|\, \frac{3}{2}\right)$ und ist nach links geöffnet.

Es gibt eine weitere Parabel durch die Punkte A, B und C (Bild 373/1); diese Parabel hat eine zur y-Achse parallele Symmterieachse. Um eine Gleichung dieser Parabel zu bestimmen, muss man von der Gleichung

$$y = ax^2 + bx + c$$

ausgehen. Entsprechend wie oben (Aufgabe 5, Seite 374) erhält man die Gleichung

$$y = -\tfrac{1}{6}x^2 + \tfrac{1}{2}x + \tfrac{11}{3}.$$

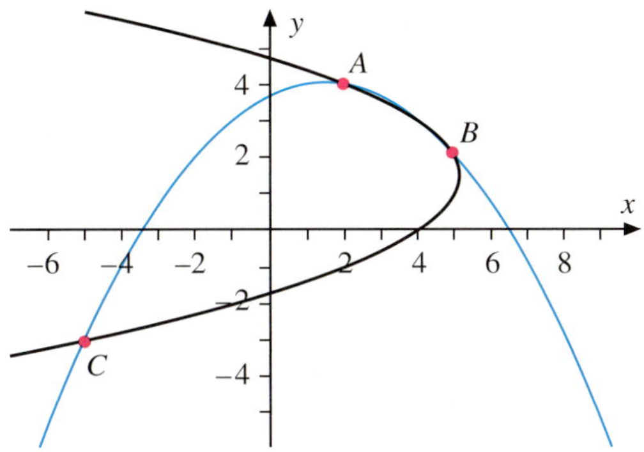

Bild 373/1: Zwei Parabeln durch A, B und C

Wir fassen zusammen

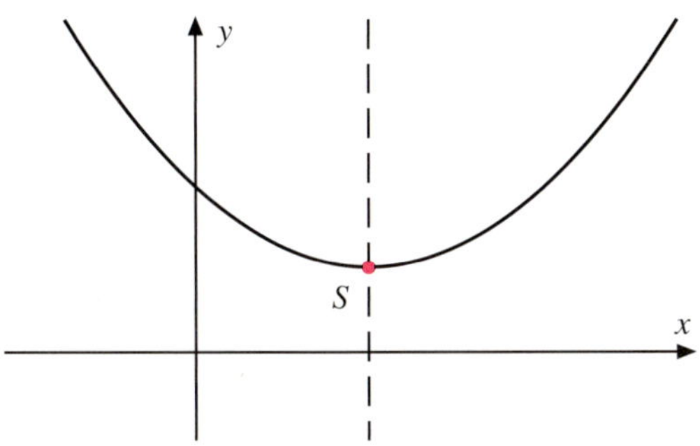

Bild 373/2: Vertikale Symmetrieachse

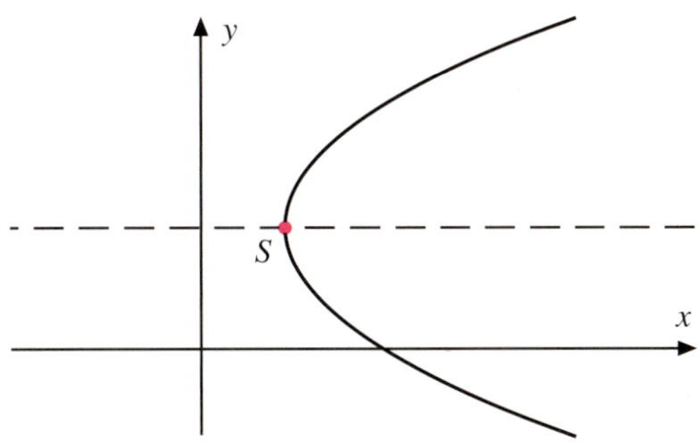

Bild 373/3: Horizontale Symmetrieachse

Eine Parabel mit dem Scheitelpunkt $S(s_1 \,|\, s_2)$ und

vertikaler	horizontaler
Symmetrieachse hat die **Scheitelgleichung**	
$y - s_2 = a(x - s_1)^2$.	$x - s_1 = a(y - s_2)^2$.
Liegt der Scheitelpunkt im Ursprung, so hat die Scheitelgleichung die Form	
$y = ax^2$.	$x = ay^2$.
Die **Normalform der Parabelgleichung** ist	
$ax^2 + bx + cy + d = 0$.	$ay^2 + by + cx + d = 0$.

Sind $a \neq 0$ und $c \neq 0$, dann stellt umgekehrt auch jede solche Gleichung eine Parabel dar.

ZUSAMMENFASSUNG

Form und Lage bestimmen

1 Bestimmen Sie den Scheitelpunkt der Parabel; beschreiben Sie Form und Lage der Parabel.

a) $y = 4(x_1 - 2)^2 + 7$ **c)** $y = -\frac{1}{6}(x_1 + 4)^2 - 3$ **e)** $y = \frac{5}{2}\left(x + \frac{3}{2}\right)^2 + \frac{1}{4}$

b) $y = -(x - 6)^2 + 1$ **d)** $x = \frac{1}{4}(y + 3{,}5)^2 - 1{,}5$ **f)** $x = 3(y - 5)^2 - 10$

2 Bringen Sie die Gleichungen von Aufgabe 1 in die Normalform $y = ax^2 + bx + c$ bzw. $x = ay^2 + by + c$.

3 Wie ändert sich die Gleichung der Parabel, wenn man den Scheitelpunkt auf den Punkt A verschiebt?

a) $y = 0{,}25x^2,\ A(2|3)$ **c)** $y = -0{,}3x^2,\ A(10|12)$ **e)** $x = -5y^2,\ A(3|-2)$

b) $x = 2y^2,\ A(4|2)$ **d)** $y = 10x^2,\ A(2|-2)$ **f)** $x = 0{,}01y^2,\ A(3|3)$

4 Bestimmen Sie die Scheitelgleichung; beschreiben Sie Lage und Form der Parabel.

a) $x^2 + 4x + 7 - y = 0$

b) $-y^2 - 2y + 3 - x = 0$

c) $\frac{1}{4}x^2 - 2x + 9 - y = 0$

d) $2x^2 + 12x + 19 + y = 0$

e) $\frac{1}{3}y^2 - \frac{2}{3}y - \frac{14}{3} - x = 0$

f) $2y^2 + 28y + 96 + x = 0$

g) $\frac{3}{2}y^2 - 15y + 36\frac{1}{2} - x = 0$

h) $4x^2 - 72x + 322 - y = 0$

i) $-\frac{1}{5}x^2 - \frac{14}{5}x + \frac{1}{5} - y = 0$

j) $\frac{4}{3}y^2 - 16y + 45 - x = 0$

Parabeln durch gegebene Punkte

5 Gegeben sind die Punkte $A(2|4)$, $B(5|2)$ und $C(-5|-3)$.

a) Bestimmen Sie die Gleichung einer Parabel, die durch diese Punkte geht und deren Symmetrieachse zur y-Achse parallel ist.

b) Welche Koordinaten hat der Scheitelpunkt und in welcher Richtung ist die Parabel geöffnet?

6 Von einer Parabel ist der Scheitelpunkt S und ein weiterer Punkt P gegeben. Bestimmen Sie eine Gleichung der Parabel.

Achtung: Es gibt jeweils zwei Lösungen.

a) $S(-4|2),\ P(-6|-2)$

b) $S(1|7),\ P(-3|15)$

c) $S(4|-2),\ P(6|4)$

d) $S(-8|-2),\ P(-5|-3)$

e) $S(2{,}5|3),\ P(8{,}5|15)$

f) $S(10|2),\ P(0|4)$

7 Gegeben sind die Punkte $A(2|2)$, $B(-1|8)$ und $C(-6|10)$.

a) Bestimmen Sie die Gleichung einer Parabel, die durch diese Punkte geht und deren Symmetrieachse zur x-Achse parallel ist.

b) Welche Koordinaten hat der Scheitelpunkt und in welcher Richtung ist die Parabel geöffnet?

8 Verfahren Sie wie in Aufgabe 7.

a) $A(1|6),\ B(7|3),\ C(-9|1)$

b) $A(1|2),\ B(-2|-1),\ C(10|-7)$

c) $A(-1|2),\ B(2|8),\ C(-13|-2)$

d) $A(2|5),\ B(-1|2),\ C(0|7)$

9 Untersuchen Sie wie in Aufgabe 7 eine Parabel mit vertikaler Symmetrieachse.

a) $A(2|6), B(-1|3), C(-3|11)$

b) $A(1|-3), B(-1|3), C(-6|0{,}5)$

c) $A(-3|6), B(-4|-1{,}5), C(-2|18{,}5)$

d) $A(2|1), B(5|7), C(0|-1)$

10 Durch die Punkte A, B und C gehen zwei Parabeln. Bestimmen Sie die Gleichungen dieser Parabeln, ihre Lage und ihre Form.

a) $A(-3|-1), B(5|3), C(3|5)$

b) $A(3|-2), B(6|4), C(1|14)$

c) $A(4|-1), B(-8|5), C(-5|2)$

d) $A(1|-6), B(-3|-11), C(4|9)$

Parabel oder nicht?

11 Zeigen Sie, dass auch der obere Bogen und das Dach der Kölnarena Parabelform haben. Entnehmen Sie die erforderlichen Maße dem Bild 368/2.

12 Die Müngstener Brücke (Bilder 375/1 und 375/2; siehe auch Seite 343) ist mit 107 m die höchste Eisenbahnbrücke in Deutschland. Sie überspannt das Tal der Wupper und verbindet die Städte Solingen und Remscheid miteinander.

Zeigen Sie, dass die Bögen parabelförmig sind.

Bild 375/1: Sondermarke zum Brückenjubiläum

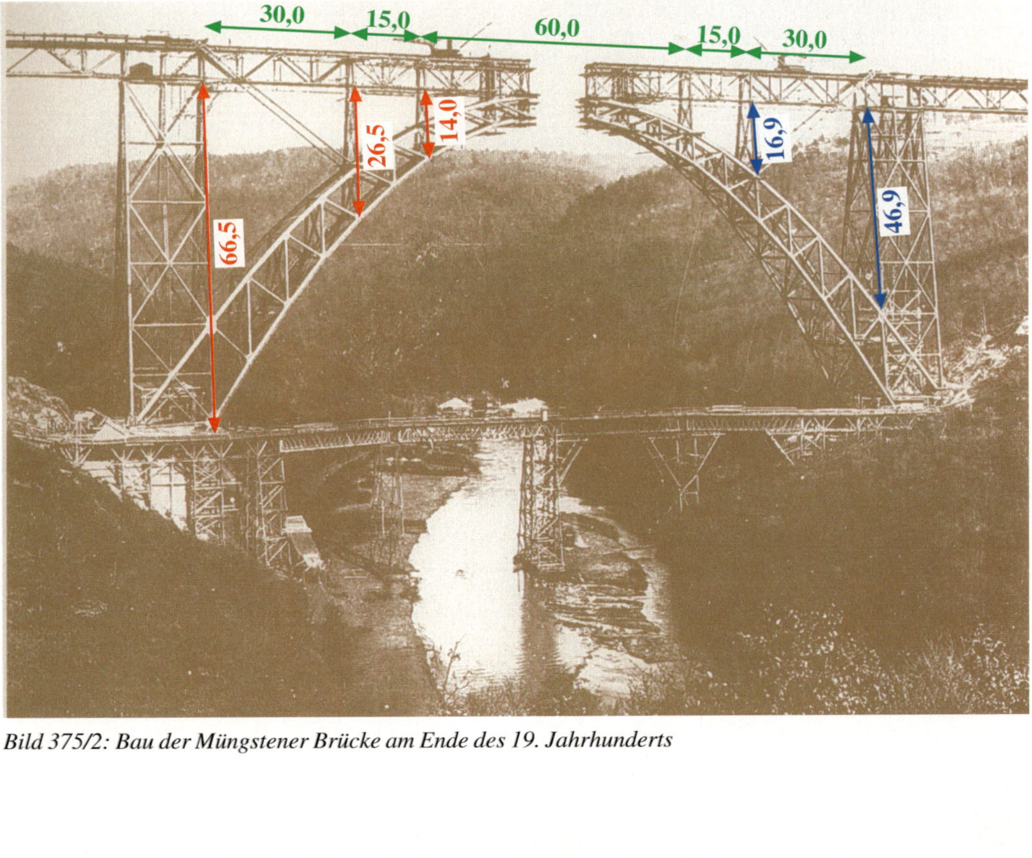

Bild 375/2: Bau der Müngstener Brücke am Ende des 19. Jahrhunderts

13 Enthalten die Bilder 376/1 bis 376/3 und 377/1 Parabeln?

Bild 376/1: Arrábida-Brücke in Porto

Bild 376/3: „Atom-Ei" – Gebäude des ersten deutschen Forschungsreaktors in Garching.

Bild 376/2: Gateway Arch in St. Louis (USA) – das Tor zum Westen.

14 **a)** Ein Seil ist an zwei Punkten einer Tafel so befestigt, dass es lose hängen kann. Das Seil bildet eine Linie, die so aussieht wie eine Parabel. Prüfen Sie mithilfe von Gitterlinien, ob die Seillinie eine Parabel ist oder nicht.

b) Die längste deutsche Hängebrücke führt bei Emmerich über den Rhein (Bilder 376/4 und 377/2). Die Spannweite zwischen den Pylonen beträgt 500 m. Überprüfen Sie, ob das Tragseil die Form einer Parabel hat.

Bild 376/4

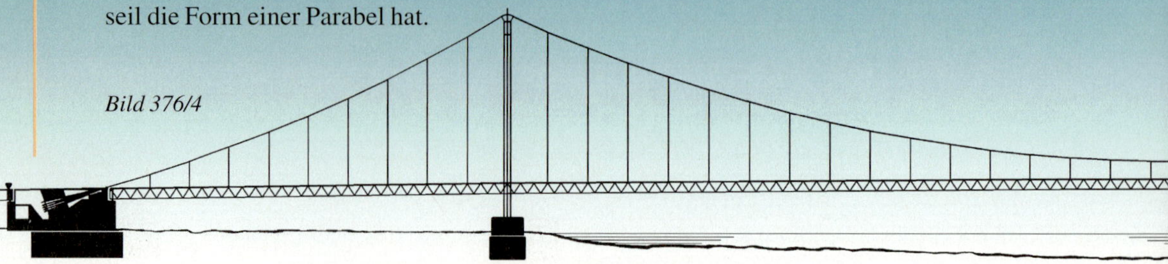

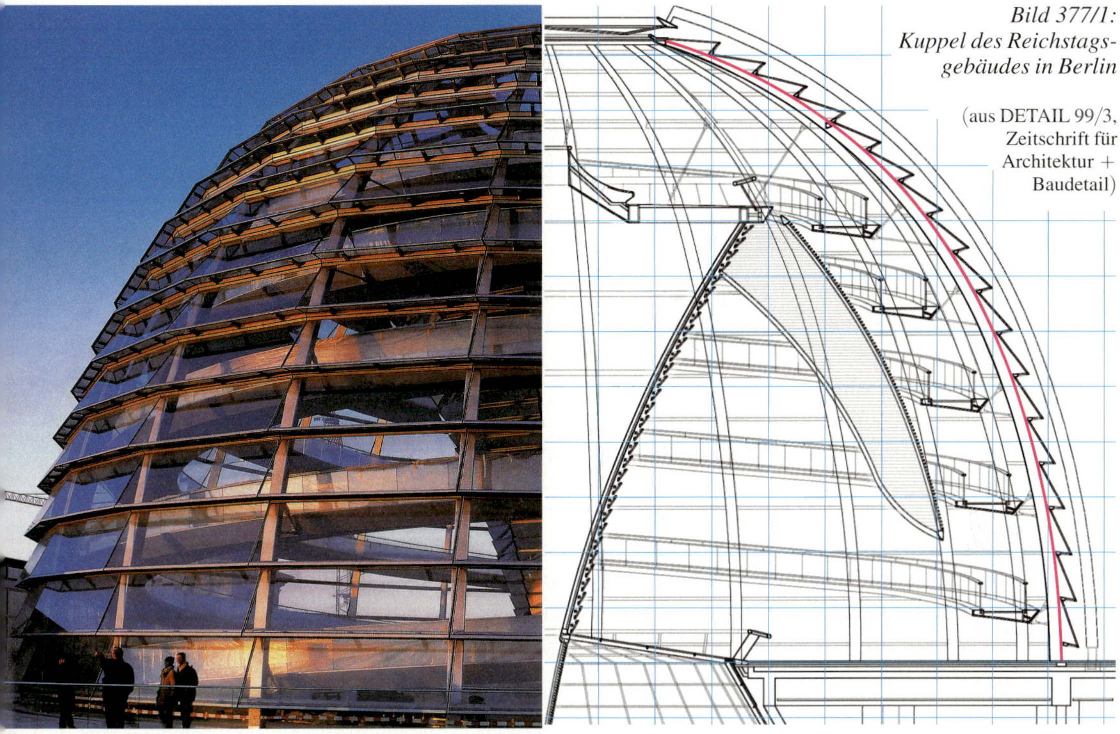

Bild 377/1: Kuppel des Reichstagsgebäudes in Berlin

(aus DETAIL 99/3, Zeitschrift für Architektur + Baudetail)

3ild 377/2: Rheinbrücke ›ei Emmerich

2.4 Lagen von Geraden und Parabeln

AUFTRÄGE

A1 Der König der Amateure

Jean Pierre de Fermat (1601 bis 1665) übte als Jurist beim Parlament in Toulouse wichtige Staatsämter aus, zunächst als Petitionskommissar, später als königlicher Rat.

Seine Freizeit gehörte ganz der Mathematik. Er studierte Werke von Mathematikern der Antike und fand dabei wichtige neue Ergebnisse. Intensiv beschäftigte er sich mit Diophant von Alexandria (* um 200, † um 284) und entdeckte viele Sätze zur Zahlentheorie, darunter den berühmten Fermat'schen Satz, der erst 1997 von Andrew Wiles (* 1953) bewiesen werden konnte.

Bild 378/1: Pierre de Fermat

Es gibt kaum ein Gebiet der Mathematik, mit dem Fermat sich nicht beschäftigt hätte; er gilt als größter Mathematiker des 17. Jahrhunderts, obwohl er nie etwas veröffentlichte, nie einen Lehrstuhl für Mathematik hatte oder an akademischen Veranstaltungen teilnahm. Er hinterließ lediglich Briefe an Zeitgenossen und Notizen an den Rändern gelesener Bücher.

Gemeinsam mit Pascal (1623–1662) entwickelte er die Wahrscheinlichkeitsrechnung. Zeitgleich mit Descartes (1596–1650) – aber unabhängig von diesem – erfand er das Koordinatensystem, das eine algebraische Lösung geometrischer Probleme erlaubt. Er ersann Methoden, die eine Untersuchung von Kurven erlauben und war damit ein Vater der später von Newton (1642–1727) und Leibniz (1646–1716) entwickelten Analysis.

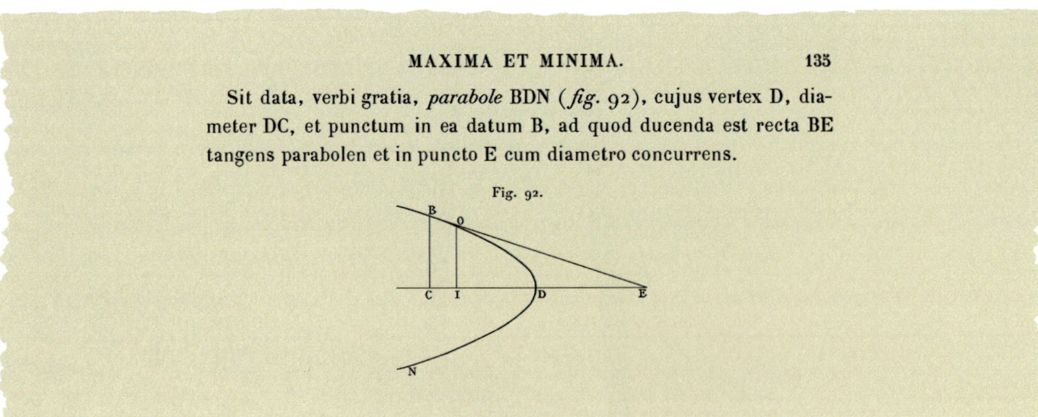

MAXIMA ET MINIMA. 135

Sit data, verbi gratia, *parabole* BDN (*fig.* 92), cujus vertex D, diameter DC, et punctum in ea datum B, ad quod ducenda est recta BE tangens parabolen et in puncto E cum diametro concurrens.

Fig. 92.

Bild 378/2: Ausschnitt des Originaltextes von Fermat über Parabeltangenten

1629 fand Fermat eine neue Methode zur Untersuchung von maximalen und minimalen Werten; hierüber berichtete er knapp zehn Jahre später in einem Brief an Mersenne (1588–1648) und Descartes. Fermats Sohn hat nach dem Tode seines Vaters dessen Arbeiten veröffentlicht, darunter diesen Brief. Darin wird die neue Methode auch zur Bestimmung der Parabeltangenten benutzt. Bild 378/2 zeigt einen Ausschnitt des lateinischen Originaltextes.

Die folgende Übersetzung des Originaltextes ist an die heute üblichen mathematischen Bezeichnungen angepasst. Es werden Gleichheits- und Ungleichheitszeichen benutzt, die Fermat noch nicht gekannt hat. Außerdem werden Streckenlängen mit kleinen Buchstaben bezeichnet.

Sei beispielsweise die Parabel BDN (Bild 379/1) mit dem Scheitelpunkt D, der Achse DC und dem Parabelpunkt B gegeben, in dem die Tangente an die Parabel gezeichnet werden soll, die die Achse im Punkt E schneidet. Nimmt man nun auf der Geraden BE einen beliebigen Punkt O und zeichnet zu ihm die Ordinate OI, zum Punkt B aber die Ordinate BC, so ist

$$CD : DI > BC^2 : OI^2,$$

weil Punkt O außerhalb der Parabel liegt; da, wegen der Ähnlichkeit der Dreiecke,

$$BC^2 : OI^2 = CE^2 : OI^2$$

ist, gilt ferner

$$CD : OI > CE^2 : IE^2.$$

Fig. 92

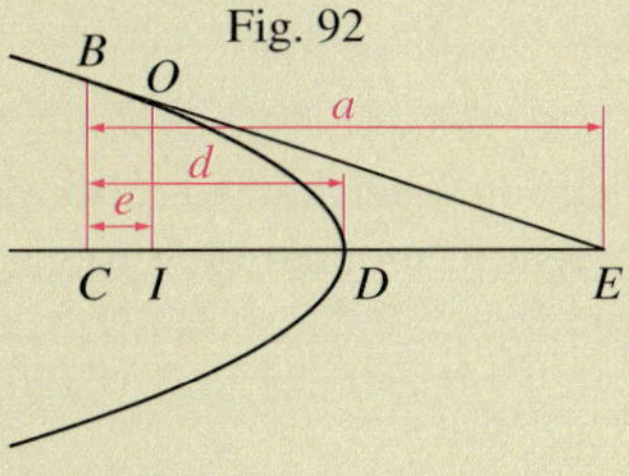

Bild 379/1

Da aber Punkt B gegeben ist, ist auch die Ordinate BC, folglich Punkt C und damit CD gegeben. CD sei nun gleich d; ferner wird $CE = a$ und $CI = e$ gesetzt. Dann gilt

$$d : (d - e) > a^2 : (a^2 + e^2 - 2ae).$$

Multipliziert man die inneren und äußeren Glieder miteinander, so erhält man

$$da^2 + de^2 - 2dae > da^2 - a^2e.$$

Setzt man nach obiger Methode[1] annähernd gleich und lässt die gemeinsamen Glieder weg, so erhält man:

$$de^2 - 2dae \approx -a^2e \quad \text{oder, was dasselbe ist,} \quad de^2 + a^2e \approx 2dae.$$

Dividiert man alles durch e, so erhält man

$$de + a^2 \approx 2da.$$

Streicht man de, dann erhält man

$$a^2 = 2da \quad oder \quad a = 2d.$$

Wir haben damit gezeigt, dass CE doppelt so groß wie CD ist, wie es sich auch tatsächlich verhält.

Stellen Sie die Überlegungen Fermats mit Ihren Worten dar. Wenden Sie sie auf die Parabel zu $y = cx^2$ an.

[1] Fermat bezieht sich auf eine Äußerung, die vor dem hier wiedergebenen Textausschnitt steht.

AUFTRÄGE

A2 Einhüllende Geradenschar

Die Geraden in Bild 380/1 wurden mit einem Funktionsplotter gezeichnet; einige der Geraden haben folgende Gleichungen

$$y = 1^2 + 2 \cdot 1 \cdot (x-1),$$
$$y = 2^2 + 2 \cdot 2 \cdot (x-2),$$
$$y = 3^2 + 2 \cdot 3 \cdot (x-3).$$

Diese Gleichungen haben die Form

$$y = t^2 + 2t\,(x-t).$$

Man erhält die Gleichungen aller gezeichneten Geraden, wenn man für t folgende Werte wählt: $-3{,}5$; -3; $-2{,}5$; -2; $-1{,}5$; -1; $-0{,}5$; $-0{,}3$; $-0{,}2$; $-0{,}1$; 0; 0,1; 0,2; 0,3; 0,5; 1; 1,5; 2; 2,5; 3 und 3,5.

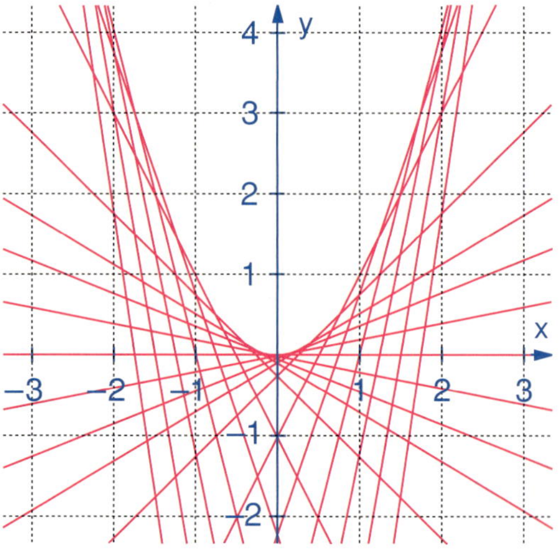

Bild 380/1: Geraden „hüllen" eine Kurve ein

Eine solche Menge von Geraden nennt man auch **Geradenschar**; die Variable t der gemeinsamen Geradengleichung heißt **Scharparameter**.

Welche Gleichung beschreibt die Kurve, die von der Geradenschar „eingehüllt" wird?

A3 Parabel und Gerade

Gegeben ist eine Ursprungsparabel mit der x-Achse als Symmetrieachse. $P(p_1|p_2)$ ist ein Punkt auf der Parabel (Bild 380/2).
Welche Geraden durch P haben mit der Parabel keinen weiteren Punkt gemeinsam?

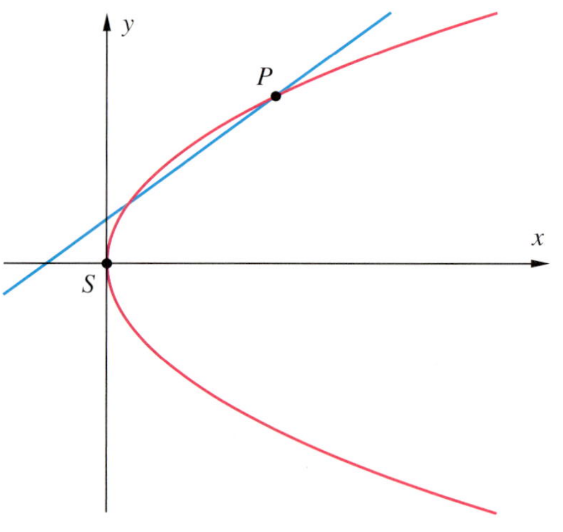

Bild 380/2: Parabel und Gerade

A4 Steinersche Parabel

Vom Schweizer Mathematiker Jakob Steiner (1796–1863) stammt eine Konstruktion, die in Bild 380/3 durch eine Folge von Skizzen dargestellt wird. Beschreiben Sie die Konstruktion und zeigen Sie, dass hierdurch tatsächlich eine Parabel konstruiert wird.

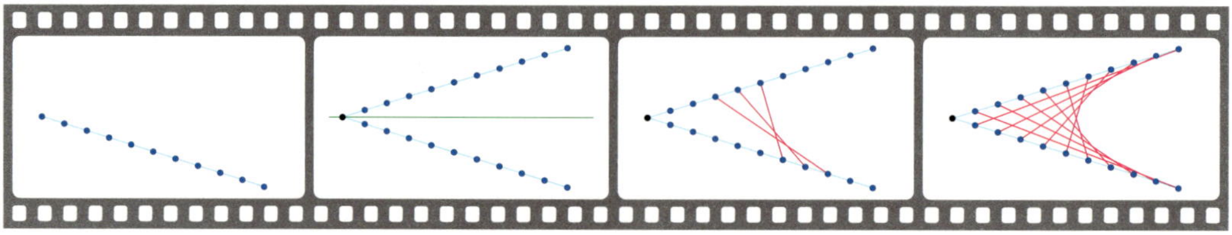
Bild 380/3: Die Parabelkonstruktion von Jakob Steiner

A5 **Satellitenschüssel**

Eine Satellitenantenne besteht aus einer Metallschale, der Satellitenschüssel, und einem davor angebrachten Empfänger. Eine Satellitenschüssel hat die Form eines Paraboloids; ein Paraboloid entsteht, wenn man eine Parabel um ihre Symmetrieachse rotieren lässt (Bild 381/2). Durch eine Satellitenschüssel werden annähernd parallele Strahlen in einem Punkt gebündelt, damit der dort angebrachte Detektor (LNB genannt) möglichst intensive Signale empfangen kann.

Untersuchen Sie, wie Strahlen verlaufen, die an einer Satellitenschüssel reflektiert werden. Wie verlaufen Strahlen, die parallel zur Symmetrieachse der Satellitenschüssel einfallen?

Bild 381/1: Satellitenschüssel

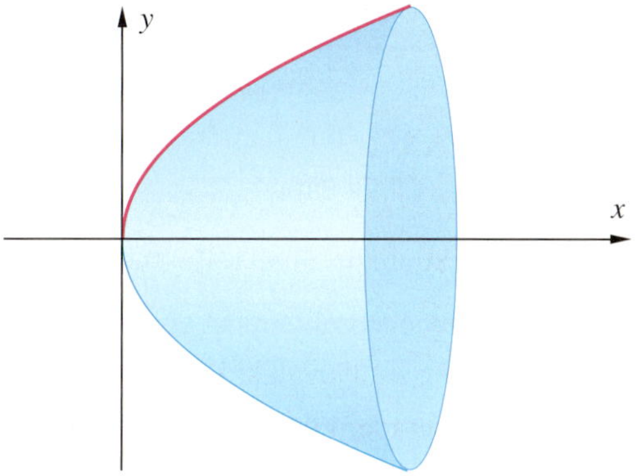

Bild 381/2: Paraboloid

Parabel als Spiegel

Wir bearbeiten den Auftrag **A5** zur Reflexion von Strahlen an einer Satellitenschüssel.

Schneidet man eine Satellitenschüssel mit einer Ebene, die die Symmetrieachse enthält, so ist die Schnittlinie eine Parabel (Bild 381/3).

Zur Untersuchung des Strahlenverlaufs bei einer Satellitenschüssel genügt es deshalb, die Spiegelung von Strahlen an einer Parabel zu untersuchen.

Dazu müssen wir zunächst herausfinden, wie ein Strahl an einer Parabel reflektiert wird. Aus der Physik wissen wir, dass für die Reflexion an einer ebenen Fläche gilt:

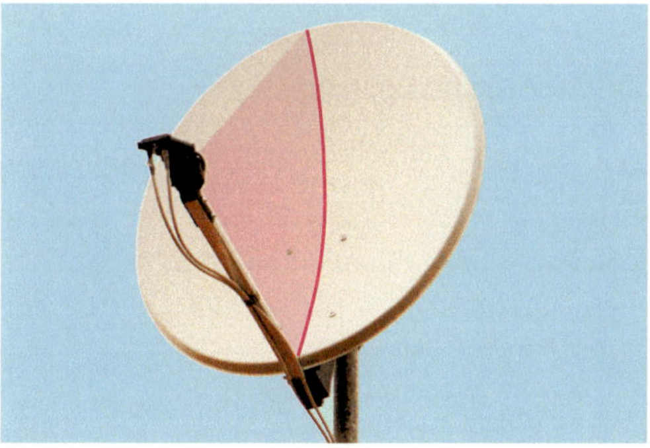

Bild 381/3: In der Schnittebene liegt eine Parabel

Der Winkel, den der einfallende Strahl mit dem Lot auf der Fläche bildet, ist genauso groß, wie der Winkel, den der ausfallende Strahl mit diesem Lot bildet; kurz:

Einfallswinkel und Ausfallswinkel sind gleich groß.

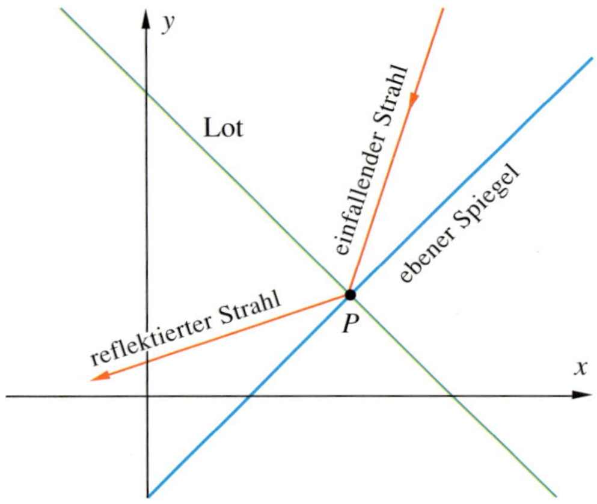

Bild 382/1: Ebene Reflexion

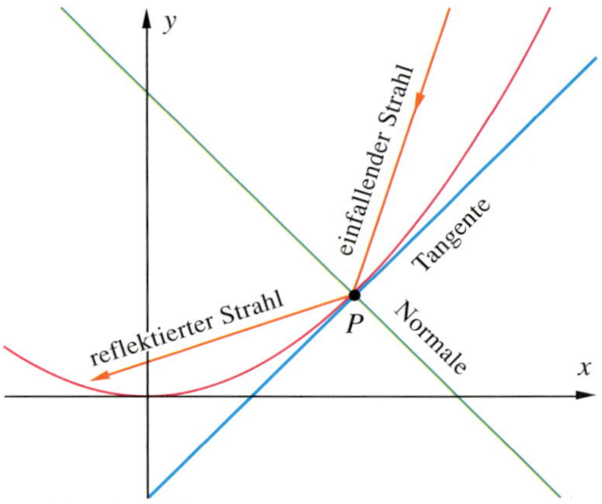

Bild 382/2: Reflexion an einer Parabel

Einfallender Strahl, Lot und reflektierter Strahl liegen dabei in einer Ebene (Bild 382/1).

Um das Reflexionsproblem bei einer Parabel auf diese Kenntnis zurückzuführen, kann man sich die Parabel in der Nähe des Reflexionspunktes P durch eine „passende" Gerade ersetzt denken.

Eine solche Gerade müsste ganz auf der „äußeren Seite" der Parabel liegen; sie dürfte mit der Parabel außer dem Reflexionspunkt P keinen weiteren gemeinsamen Punkt haben. Sie müsste die Parabel im Punkt P „berühren".

Eine solche Gerade hätte ähnliche Eigenschaften wie eine Kreistangente. Wir suchen also nach einer **Tangente** der Parabel.

Um den reflektierten Strahl zu konstruieren, brauchen wir die Lotgerade zu dieser Geraden. Beim Kreis heißt die Lotgerade zur Tangente durch deren Berührpunkt Normale. Wir müssen entsprechend auch eine **Normale** für die Parabel definieren.

Zeichnerische Lösung

Als Beispiel betrachten wir die Parabel mit der Gleichung $y = 0{,}25\,x^2$.

Zeichnerisch ist es am einfachsten zuerst nach Geraden zu suchen, die unserer Vorstellung von einer Normalen entsprechen.

Mit einem Spiegellineal oder einem Taschenspiegel lassen sich solche Geraden relativ leicht näherungsweise zeichnen, indem man den Spiegel so hält, dass die Kurve im Spiegel und die Kurve vor dem Spiegel ohne Knick ineinander übergehen (Bild 382/3).

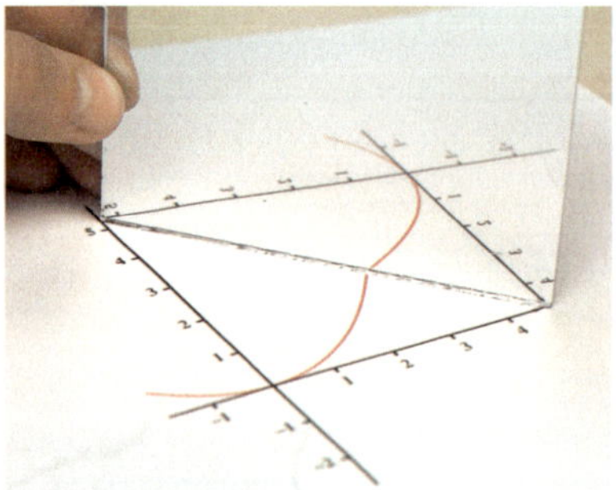

Bild 382/3: Konstruktion von Normalen mit einem Spiegellineal

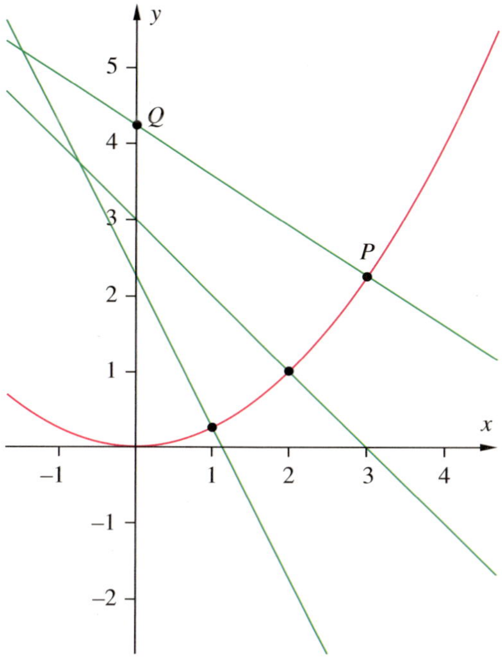

Bild 383/1: Mit dem Spiegellineal konstruierte Geraden: „Normalen“

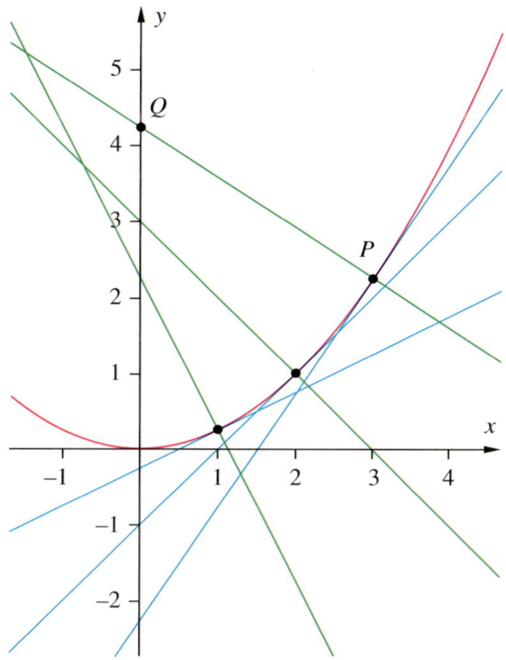

Bild 383/2: Lotgeraden zu den „Normalen“ des linken Bildes: „Tangenten“

Bild 383/1 enthält drei in dieser Weise mit einem Spiegellineal konstruierte Geraden. Bild 383/2 zeigt zusätzlich zu jeder dieser Geraden die Lotgerade durch den entsprechenden Parabelpunkt.

Man sieht, dass diese Lotgeraden (blaue Geraden) mit der Parabel genau einen Punkt gemeinsam haben und ganz auf einer Seite der Parabel liegen. Sie entsprechen also unserer Vorstellung von einer Tangente. Da die mit dem Spiegellineal gezeichneten Geraden senkrecht auf diesen Tangenten stehen, entsprechen sie unserer Vorstellung von einer Normalen.

Wir können nun Gleichungen für diese Geraden aufstellen, zunächst für die Normalen: Dazu entnimmt man der Zeichnung die Koordinaten eines weiteren Punktes dieser Geraden. Ein günstiger Punkt ist der Schnittpunkt Q der Geraden mit der y-Achse. Mit Hilfe der Punkte P und Q erhält man die gesuchte Normalengleichung.

Durch die Steigung der Normalen ist auch die Steigung $-\frac{1}{m}$ der Tangente festgelegt, da die Tangente senkrecht zur Normalen ist. Mit Hilfe dieser Steigung und des Punktes P erhält man die gesuchte Tangentengleichung.

Die folgende Tabelle enthält einige Ergebnisse entsprechender Untersuchungen.

P	Q	**Normalengleichung**	**Tangentengleichung**
$P(1\|0{,}25)$	$Q(0\|2{,}25)$	$y=-2x+2{,}25$	$y=0{,}5x-0{,}25$
$P(2\|1)$	$Q(0\|3)$	$y=-x+3$	$y=x-1$
$P(3\|2{,}25)$	$Q(0\|4{,}25)$	$y=-0{,}67x+4{,}25$	$y=1{,}5x-2{,}25$

Rechnerische Bestimmung der gesuchten Geraden

Es soll nun rechnerisch untersucht werden, welche Geraden mit der Parabel zu $y = ax^2$ genau einen Punkt gemeinsam haben.

Offensichtlich hat jede Parallele zur Symmetrieachse der Parabel die gewünschte Eigenschaft:

Jede Gerade mit der Gleichung $x = p_1$ hat mit der Parabel genau einem Punkt gemeinsam, den Schnittpunkt $P(p_1|ap_1^2)$ (Bild 384/1). Eine solche Parallele zur Symmetrieachse würde jedoch niemand für eine Tangente halten.

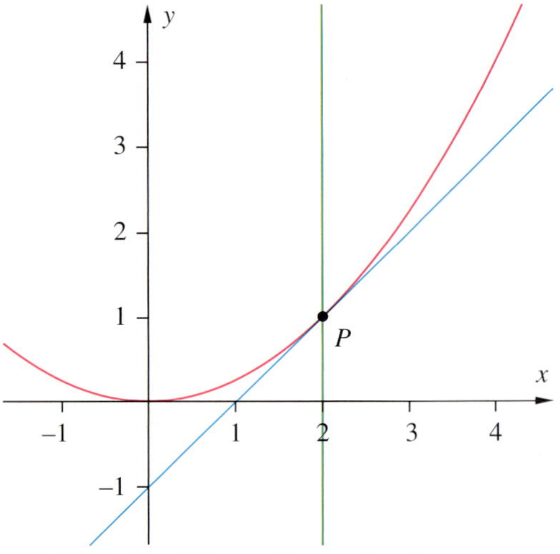

Bild 384/1: Parallele zur Symmetrieachse

Die Geraden zu $y = mx + n$ sind dagegen nicht zur y-Achse und damit auch nicht zur Symmetrieachse der betrachteten Parabel parallel. Die Koordinaten eines Schnittpunktes $P(p_1|p_2)$ mit der Parabel müssen sowohl die Geradengleichung als auch die Parabelgleichung erfüllen, sie müssen also Lösungen des folgenden Gleichungssystems sein:

$$y = mx + n \quad \text{und} \quad y = ax^2.$$

In der Geradengleichung können wir n eliminieren; da der Punkt $P(p_1|p_2)$ auf der Geraden liegt, gilt:

$$ap_1^2 = mp_1 + n \quad \Rightarrow \quad n = ap_1^2 - mp_1; \quad \text{daher gilt} \quad y = mx + ap_1^2 - mp_1.$$

Für das Gleichungssystem ergibt sich nun:

$$\begin{aligned} ax^2 = mx + ap_1^2 - mp_1 \quad &\Rightarrow \quad x^2 - \tfrac{m}{a}x + \tfrac{m}{a}p_1 - p_1^2 = 0 \\ &\Rightarrow \quad \left(x - \frac{m}{2a}\right)^2 - \frac{m^2 - 4amp_1 + (2ap_1)^2}{(2a)^2} = 0 \\ &\Rightarrow \quad \left(x - \frac{m}{2a}\right)^2 - \frac{(m - 2ap_1)^2}{(2a)^2} = 0. \end{aligned}$$

Es gibt genau dann eine eindeutige Lösung, wenn der zweite Bruch Null wird, wenn also für die Steigung m der Geraden gilt:

$$m - 2ap_1 = 0, \quad \text{also} \quad m = 2ap_1.$$

Für den gemeinsamen Punkt erhält man $x = p_1$ und $y = p_2$, also die Koordinaten von P.

Die blaue Gerade in Bild 384/1 hat daher die Gleichung $y = 2ap_1x - ap_1^2$.

Wir müssen uns noch davon überzeugen, dass diese Gerade tatsächlich so liegt, wie wir es von einer Tangente erwarten. Dazu zeigen wir, dass eine solche Gerade ganz unterhalb oder oberhalb der Parabel liegt und betrachten die Differenz der entsprechenden y-Werte:

$$ax^2 - (2ap_1x - ap_1^2) = ax^2 - 2ap_1x + ap_1^2 = a(x^2 - 2p_1x + p_1^2) = a(x - p_1)^2$$

Der Term $(x - p_1)^2$ ist an jeder Stelle $x \neq p_1$ positiv. Das Vorzeichen der Differenz hängt also nur von a ab:

Ist $a > 0$, dann ist die untersuchte Differenz positiv. In diesem Fall ist die Parabel nach oben geöffnet und die Gerade zu $y = 2ap_1x - ap_1^2$ liegt ganz unterhalb der Parabel.

Ist $a < 0$, dann ist die untersuchte Differenz negativ. In diesem Fall ist die Parabel nach unten geöffnet und die Gerade zu $y = 2ap_1x - ap_1^2$ liegt ganz oberhalb der Parabel.

In beiden Fällen entspricht die Gerade unserer Vorstellung von einer Parabeltangente. Wir können deshalb nun definieren:

Definition 8.1 Die Gerade mit der Steigung $2ap_1$ durch den Punkt $P(p_1|p_2)$ der Parabel zu $y = ax^2$ heißt Tangente an die Parabel in P. ■

Die Lotgerade der Tangente hat die Steigung $-\frac{1}{2ap_1}$; deshalb können wir definieren:

Definition 8.2 Die Gerade mit der Steigung $-\frac{1}{2ap_1}$ durch den Punkt $P(p_1|p_2)$ der Parabel zu $y = ax^2$ heißt Normale der Parabel durch P. ■

Verlauf reflektierter Strahlen

Wir kommen nun zurück auf die Frage nach dem Verlauf von Strahlen, die an einer Parabel reflektiert werden.

Wir betrachten zunächst einen beliebigen Strahl (Bild 385/1). Wir erhalten den reflektierten Strahl, indem wir im Auftreffpunkt des Strahls zunächst die Normale zur Parabel zeichnen und dann den einfallenden Strahl an dieser Normalen spiegeln.

Der Anwendungssituation bei Satellitenantennen entspricht ein Sonderfall dieses allgemeinen Falls. Da die Antenne auf den Satelliten ausrichtet wird, verlaufen die einfallenden Strahlen überwiegend parallel zur Symmetrieachse der Parabel. Diesen Fall werden wir nun genauer untersuchen.

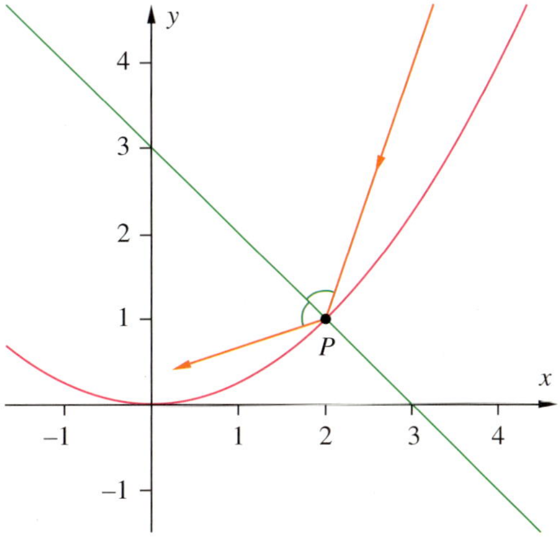

Bild 385/1: Reflexion eines beliebigen Strahls an einer Parabel

Wir untersuchen diesen Fall zunächst zeichnerisch. Bild 386/1 zeigt drei Strahlen, die parallel zur Symmetrieachse auf die Parabel treffen und dann reflektiert werden.

Die reflektierten Strahlen schneiden die Symmetrieachse der Parabel erstaunlicherweise im gleichen Punkt. Diesen Punkt B nennt man **Brennpunkt** der Parabel.

Man kann auch rechnerisch zeigen, dass jede Parabel einen solchen Brennpunkt besitzt. Dazu ist in Bild 386/2 ein zur Symmetrieachse einer Parabel paralleler Strahl gezeichnet, der im Punkt $P(p_1|p_2)$ der Parabel reflektiert wird. Der reflektierte Strahl schneidet die y-Achse im Punkt B.

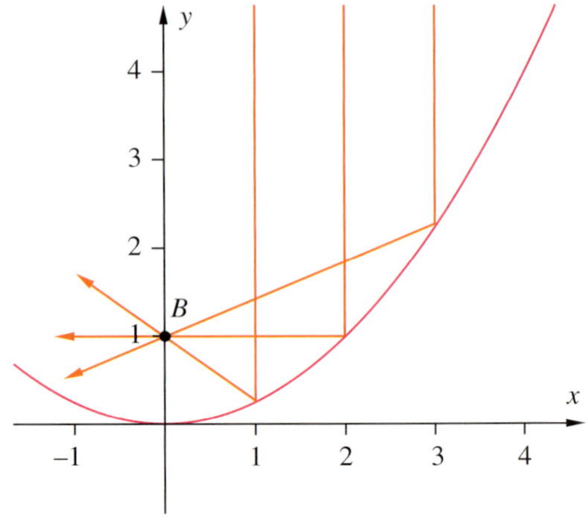

Bild 386/1: Wie werden achsenparellele Strahlen an einer Parabel reflektiert?

Alle markierten Winkel sind gleich groß. Die Tangente durch P schneidet die x-Achse im Punkt $H\left(\frac{1}{2}p_1\middle|0\right)$. Im Dreieck BOH gilt daher

$$\tan\alpha = \frac{b_2}{\frac{1}{2}p_1} = \frac{2b_2}{p_1}.$$

Im Dreieck QPH gilt

$$\tan\alpha = \frac{\frac{1}{2}p_1}{ap_1^2} = \frac{1}{2ap_1}.$$

Insgesamt ergibt sich damit

$$\frac{2b_2}{p_1} = \frac{1}{2ap_1}, \text{ also } b_2 = \frac{1}{4a}.$$

b_2 hängt also tatsächlich nur von a ab, nicht aber von den Koordinaten des Parabelpunktes P, an dem der Strahl reflektiert wird.

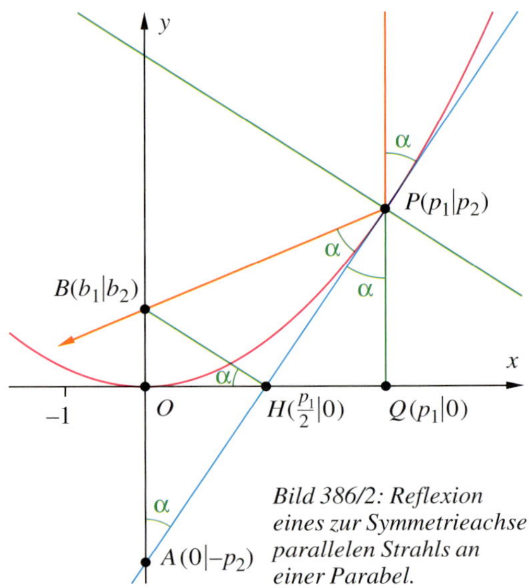

Bild 386/2: Reflexion eines zur Symmetrieachse parallelen Strahls an einer Parabel.

Das bedeutet: Jeder Strahl, der parallel zur Symmetrieachse auf die Parabel trifft, wird so reflektiert, dass der reflektierte Strahl durch B geht. Es gilt:

Satz 8.4 Der Punkt $B\left(0\middle|\frac{1}{4a}\right)$ ist der Brennpunkt der Parabel zu $y = ax^2$.
Jeder zur Symmetrieachse parallele Strahl wird so reflektiert, dass der reflektierte Strahl durch den Brennpunkt geht. ■

Da Satellitenschüsseln so ausgerichtet werden, dass ihre Symmetrieachse auf den ausgewählten Satelliten zeigt, sind die von der Schüssel eingefangenen Strahlen annähernd zur Symmetrieachse parallel und werden so reflektiert, dass sie auf den im Brennpunkt der Schüssel montierten Detektor (LNB) treffen. Wie stark die empfangenen Signale sind, hängt vom geographischen Standort des Empfängers, vom Durchmesser der Satellitenschüssel und von der Konstruktion des Detektors ab.

Bei einem Scheinwerfer (Bild 387/1) liegt eine ähnliche Situation vor wie bei einer Satellitenschüssel; die Richtung der Strahlen ist jedoch genau umgekehrt:
Die Lichtquelle befindet sich im Brennpunkt; die von dort ausgehenden Strahlen werden so reflektiert, dass die reflektierten Strahlen parallel verlaufen.
In der Praxis sieht das allerdings etwas anders aus: Da die Lichtquelle nicht punktförmig ist, streben die austretenden Strahlen mehr oder weniger auseinander.

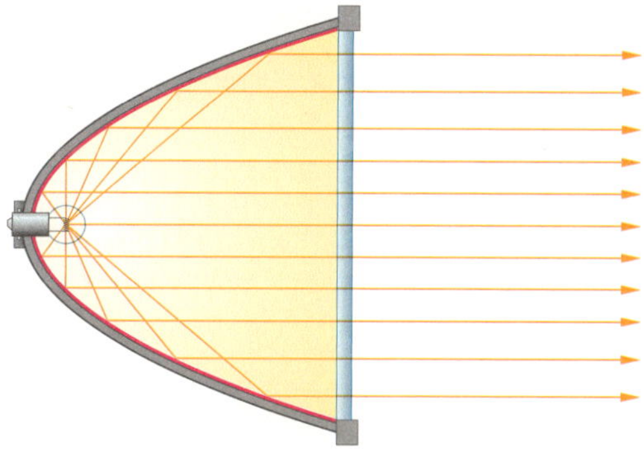
Bild 387/1: Strahlengang bei einem Scheinwerfer

Tangenten und Normalen bei anderen Parabeln

Wir haben bisher Tangenten und Normalen nur bei Parabeln bestimmt, deren Symmetrieachse parallel zur y-Achse ist und deren Scheitelpunkt im Ursprung liegt.

Will man die Untersuchung auch auf andere Fälle ausdehnen, so kann man entsprechend wie in diesem Kapitel vorgehen. Einfacher ist es jedoch, an die Herleitung der Parabelgleichung anzuknüpfen:

Bei Parabeln, deren Symmetrieachse parallel zur x-Achse ist, vertauscht man in den bereits hergeleiteten Gleichungen die x-Koordinaten mit den y-Koordinaten. Dies entspricht einer Spiegelung an der Winkelhalbierenden des ersten Quadranten.

Bei Parabeln, deren Scheitelpunkt $S(s_1|s_2)$ nicht im Ursprung des Koordinatensystems liegt, ersetzt man jede x-Koordinate durch $x - s_1$ und jede y-Koordinate durch $y - s_2$. Dies entspricht einer Verschiebung um s_1 in x-Richtung und um s_2 in y-Richtung.

Auf die Durchführung dieser Untersuchungen gehen wir in den Aufgaben 21, 22 und 23 auf Seite 391 ein.

Wir fassen zusammen

Tangenten einer Parabel

Die Definition des Begriffs der Tangente kann man nicht unmittelbar von Kreisen auf Parabeln übertragen; jede Parallele zur Symmetrieachse einer Parabel hat mit der Parabel genau einen Punkt gemeinsam, ist aber keine Tangente.

Ist $P(p_1|p_2)$ ein Punkt der Parabel zu

$$y = a(x - s_1)^2 + s_2, \qquad \Big| \qquad x = a(y - s_2)^2 + s_1,$$

so ist die Gerade durch P mit der Steigung

$$m = 2a(p_1 - s_1) \qquad \Big| \qquad m = \frac{1}{2a(p_2 - s_2)}$$

die Tangente an die Parabel im Punkt P.

ZUSAMMENFASSUNG

Normalen einer Parabel

Ist $P(p_1|p_2)$ ein Punkt der Parabel zu

$$y = a(x - s_1)^2 + s_2, \qquad \Big| \qquad x = a(y - s_2)^2 + s_1,$$

so ist die Gerade durch P mit der Steigung

$$m = -\frac{1}{2a(p_1 - s_1)} \qquad \Big| \qquad m = -2a(p_2 - s_2)$$

die Normale der Parabel im Punkt P.

Brennpunkt einer Parabel

Die Parabel zu

$$y = a(x - s_1)^2 + s_2 \qquad \Big| \qquad x = a(y - s_2)^2 + s_1$$

hat den Brennpunkt

$$B\left(s_1 \,\middle|\, s_2 + \frac{1}{4a}\right). \qquad \Big| \qquad B\left(s_1 + \frac{1}{4a} \,\middle|\, s_2\right).$$

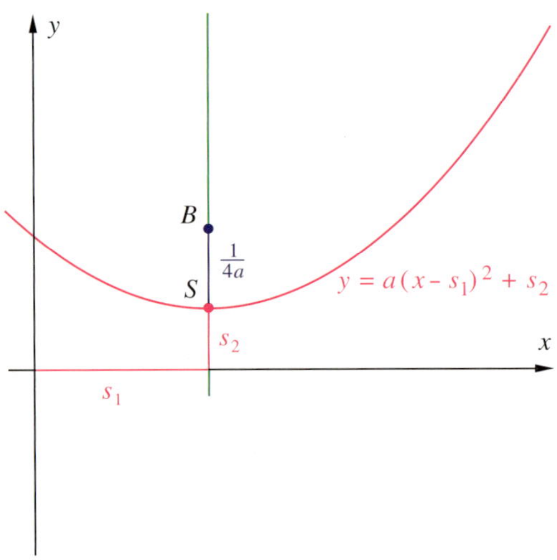

Bild 388/1: Parabel in y-Richtung

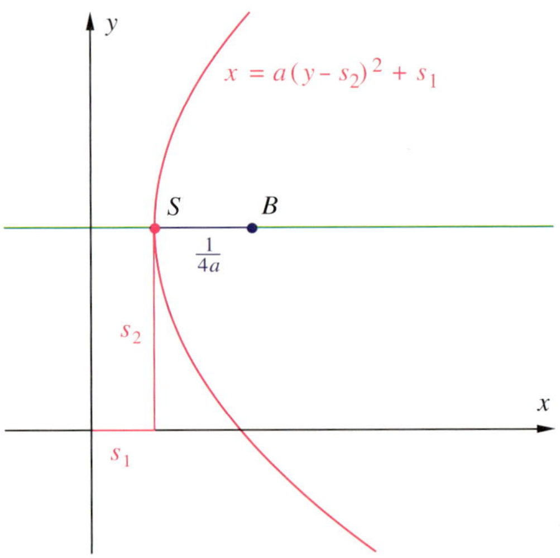

Bild 388/2: Parabel in x-Richtung

Achsenparallele Strahlen, also Strahlen, die parallel zur Symmetrieachse einer Parabel verlaufen, werden an einer Parabel so reflektiert, dass der reflektierte Strahl durch den Brennpunkt geht. Brennstrahlen, also Strahlen, die durch den Brennpunkt gehen, werden an einer Parabel so reflektiert, dass der reflektierte Strahl parallel zur Symmetrieachse der Parabel ist.

Zeichnerische Lösungen

1 Auffällig ist bei den Ergebnissen der Tabelle auf Seite 383, dass der y-Wert des Punktes Q immer um 2 größer ist als der y-Wert des Punktes P, dass also gilt: $q_2 = p_2 + 2$. Die Normale der Parabel zu $y = 0{,}25x^2$ durch den Punkt $P(p_1|p_2)$ geht also auch durch den Punkt $Q(0|p_2+2)$.

a) Bestimmen Sie allgemein die Gleichung der Normalen durch $P(p_1|p_2)$.

b) Zeigen Sie, dass man mit Hilfe dieser Gleichung alle Normalengleichungen der Tabelle auf Seite 383 erhält.

c) Bestimmen Sie allgemein die Gleichung der zugehörigen Tangente.

d) Zeigen Sie, dass man mit Hilfe dieser Gleichung alle Tangentengleichungen der Tabelle auf Seite 383 erhält.

2 Bestimmen Sie zeichnerisch den Schnittpunkt Q der Normalen durch $P(1|p_2)$, $[P(2|p_2)$, $P(3|p_2)]$ bzw. durch $P(p_1|1)$, $[P(p_1|2), P(p_1|3)]$ mit der Symmetrieachse der Parabel. Welcher Zusammenhang besteht zwischen den Koordinaten von Q und der Parabelgleichung?

a) $y = 0{,}25x^2$ **d)** $y = 2x^2$ **g)** $x = -0{,}25y^2$ **j)** $x = 2y^2$

b) $x = 0{,}25y^2$ **e)** $x = -2y^2$ **h)** $x = y^2$ **k)** $y = -2x^2$

c) $x = -0{,}5y^2$ **f)** $x = -y^2$ **i)** $y = -0{,}5x^2$ **l)** $y = -x^2$

3 Bestimmen Sie die Normalengleichungen zu den Parabeln von Aufgabe 2.

4 Bestimmen Sie die Tangentengleichungen zu den Parabeln von Aufgabe 2.

5 Bestimmen Sie den Brennpunkt der Parabeln von Aufgabe 2.

Schnitt von Parabeln und Geraden

6 Gegeben sind eine Parabel und eine Gerade. Schneidet die Gerade die Parabel?

a) $y = (x+4)^2 - 6$, $y = 2x + 5$ **c)** $x = \frac{3}{5}(y-2)^2 - 1$, $y = -5x - 4$ **e)** $x = -\frac{1}{2}(y+1)^2 + 3$, $y = 4x - 3$

b) $y = -(x+2)^2 + 5$, $y = -6x + 2$ **d)** $x = \frac{1}{4}(y+3)^2 - 2$, $y = 4x - 1$ **f)** $y = \frac{1}{3}(x-1)^2 + 2$, $y = -2x + 1$

7 Gegeben sind eine Parabel und die Punkte P und Q. Schneidet die Gerade durch P und Q die Parabel?

a) $y = -\frac{3}{4}(x-3)^2 + 2$, $P(8|3), Q(16|4)$ **c)** $x = \frac{2}{3}(y-1)^2 - 3$, $P(-3|2), Q(-1|8)$ **e)** $x = -\frac{5}{2}(y+4)^2 + 8$, $P(-2|-2), Q(3|-4)$

b) $x = -\frac{1}{6}\left(y - \frac{7}{2}\right)^2 - \frac{5}{2}$, $P\left(-\frac{3}{2}\middle|4\right), Q\left(\frac{1}{2}\middle|2\right)$ **d)** $y = \frac{1}{4}\left(x - \frac{9}{2}\right)^2 - \frac{11}{2}$, $P(-2|5), Q(2|-1)$ **f)** $x = -\frac{1}{2}(y+5)^2 + 4$, $P(-2|-1), Q(1|-4)$

8 Wie lang ist in Aufgabe 6 (Aufgabe 7) gegebenenfalls die Sehne?

9 Wie groß ist in Aufgabe 6 (Aufgabe 7) gegebenenfalls der Flächeninhalt des Dreiecks, das die beiden Schnittpunkte mit dem Scheitelpunkt bilden?

AUFGABEN

Tangenten und Normalen

10 Gegeben sind eine Parabel und der Punkt P. Bestimmen Sie die Gleichungen der Tangente an die Parabel, die durch P gehen.

a) $y=-\frac{1}{6}(x+4)^2+3,\ P(0|1)$
b) $x=-(y-6)^2+3,\ P\left(9\middle|\frac{11}{2}\right)$
c) $y=\frac{1}{4}\left(x+\frac{7}{2}\right)^2-\frac{29}{16},\ P(-4|-4)$
d) $x=-\frac{3}{2}\left(y-\frac{5}{3}\right)^2+\frac{1}{3},\ P\left(\frac{5}{3}\middle|2\right)$
e) $y=\frac{5}{2}\left(x+\frac{3}{2}\right)^2+\frac{1}{4},\ P\left(-2\middle|-\frac{13}{8}\right)$
f) $x=-3(y-5)^2+2,\ P\left(8\middle|\frac{11}{2}\right)$

11 Welchen Flächeninhalt hat das Dreieck, das die Tangenten in Aufgabe 10 mit der Sehne durch die Berührpunkte bilden?

12 Bestimmen Sie die Normalen der Parabel in den Berührpunkten der Tangenten von Aufgabe 10.

13 Welchen Flächeninhalt hat das Viereck, das die Tangenten in Aufgabe 10 mit den Normalen bilden?

Brennpunkte

14 Überzeugen Sie sich davon, dass man bei der Parabel zu $y=0{,}25x^2$ als Brennpunkt stets den Punkt $B(0|1)$ erhält, wenn man für verschiedene Punkte $P(p_1|p_2)$ der Parabel den Brennpunkt zeichnerisch bestimmt.

15 Untersuchen Sie bei der Zeichnung zu Aufgabe 14 auch, wie die Strahlen hinter dem Brennpunkt weiter verlaufen. Lässt sich eine Regel angeben?

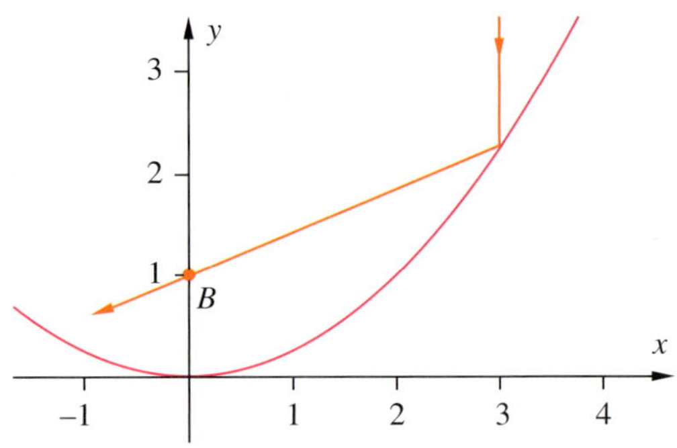

Bild 390/1: Brennpunkt zeichnerisch bestimmen

16 Wo liegt der Brennpunkt?

a) $y=x^2$ **b)** $y=-0{,}5x^2$ **c)** $y=2x^2$ **d)** $x=y^2$ **e)** $x=-0{,}25y^2$

17 Bestimmen Sie den Brennpunkt.

a) $x^2+4x+7-y=0$
b) $-y^2-2y+3-x=0$
c) $\frac{1}{4}x^2-2x+9-y=0$
d) $2x^2+12x+19+y=0$
e) $\frac{1}{3}y^2-\frac{2}{3}y-\frac{14}{3}-x=0$
f) $2y^2+28y+96+x=0$
g) $\frac{3}{2}y^2-15y+36\frac{1}{2}-x=0$
h) $4x^2-72x+322-y=0$
i) $-\frac{1}{5}x^2-\frac{14}{5}x+\frac{1}{5}-y=0$
j) $\frac{4}{3}y^2-16y+45-x=0$

18 Wie lang ist die Sehne mit der Steigung m durch den Brennpunkt der Parabel?

a) $m=\frac{3}{4},\ x^2+4x+7-y=0$
b) $m=\frac{4}{3},\ \frac{1}{4}y^2-2y+9-x=0$
c) $m=\frac{5}{12},\ \frac{1}{3}x^2-\frac{2}{3}x-\frac{14}{3}-y=0$
d) $m=\frac{3}{4},\ 2x^2+12x+19+y=0$
e) $m=-\frac{12}{5},\ \frac{3}{2}y^2-15y+\frac{73}{2}-x=0$
f) $m=\frac{3}{4},\ \frac{4}{3}x^2-16x+45-y=0$

19 Ein zur Symmetrieachse paralleler Strahl wird von der Parabel im Punkt $P(p_1|p_2)$ reflektiert. Auf welcher Geraden liegt der reflektierte Strahl?

a) $P(1|p_2)$, $x^2+4x+7-y=0$

b) $P(p_1|2)$, $-y^2-2y+3-x=0$

c) $P(3|p_2)$, $\frac{1}{4}x^2-2x+9-y=0$

d) $P(p_1|2)$, $\frac{1}{3}y^2-\frac{2}{3}y-\frac{14}{3}-x=0$

e) $P(p_1|3)$, $\frac{3}{2}y^2-15y+36\frac{1}{2}-x=0$

f) $P(3|p_2)$, $-\frac{1}{5}x^2-\frac{14}{5}x+\frac{1}{5}-y=0$

20 In welchem Punkt trifft der reflektierte Strahl der Aufgabe 19 erneut auf die Parabel? Welche Gleichung hat der erneut reflektierte Strahl?

Weiterführende Aufgaben

21 Leiten Sie die Tangentengleichung und die Normalengleichung für den Punkt $P(p_1|p_2)$ der Parabel zu $x=ay^2$ her, indem Sie eine Spiegelung an der Winkelhalbierenden des ersten und dritten Quadranten durchführen. Setzen Sie dabei voraus, dass die entsprechenden Gleichungen für die Parabel zu $y=ax^2$ bekannt sind.

22 Leiten Sie die Tangentengleichung und die Normalengleichung für den Punkt $P(p_1|p_2)$ der Parabel zu $y-s_2=a(x-s_1)^2$ her, indem Sie eine Verschiebung mit s_1 und s_2 durchführen. Setzen Sie dabei voraus, dass die entsprechenden Gleichungen für die Parabel zu $y=ax^2$ bekannt sind.

23 Leiten Sie die Tangentengleichung und die Normalengleichung für den Punkt $P(p_1|p_2)$ der Parabel zu $x-s_1=a(y-s_2)^2$ her, indem Sie eine Verschiebung mit s_1 und s_2 durchführen. Setzen Sie dabei voraus, dass die entsprechenden Gleichungen für die Parabel zu $x=ay^2$ bekannt sind (Aufgabe 21).

24 Gegeben ist die Parabel zu $y=0{,}25x^2$. g sei eine zur x_1-Achse parallele Gerade.

a) Wo muss g liegen, damit der Punkt $P(4|p_2)$ der Parabel von g genauso weit entfernt ist wie vom Brennpunkt B der Parabel?

b) Lösen Sie die gleiche Aufgabe für drei weitere selbst gewählte Punkte der Parabel.

c) Was fällt Ihnen an den Ergebnissen auf? Stellen Sie eine Vermutung auf.

d) Beweisen Sie diese Vermutung für einen beliebigen Punkt der Parabel.

25 Verallgemeinerung der Aufgabe 24.

a) Untersuchen Sie entsprechend die Parabel zu $y=ax^2$.

b) Die Gerade g nennt man allgemein Leitgerade der Parabel; definieren Sie diesen Begriff.

c) Formulieren Sie einen Satz über die Beziehung eines beliebigen Parabelpunktes zur Leitgeraden und zum Brennpunkt der Parabel.

26 Welche Gleichung hat die Parabel mit dem Brennpunkt B und der Leitgeraden g?

a) $B(0|2)$, g: $y=-2$

b) $B(0|-2)$, g: $y=2$

c) $B(0|2)$, g: $y=4$

d) $B(-2|0)$, g: $x=2$

e) $B(2|0)$, g: $x=-2$

f) $B(-2|-2)$, g: $y=2$

27 Der Scheitelpunkt einer Parabel liegt im Mittelpunkt des Kreises um den Ursprung mit dem Radius r. Der Brennpunkt der Parabel liegt auf dem Kreis. Welche Gleichung hat die Parabel? Wo schneiden sich die Kurven?

AUFGABEN

28 Der Scheitelpunkt der Parabel zu $y = ax^2$ ist der Mittelpunkt eines Kreises mit dem Radius $r = \frac{2}{3a}$. Bestimmen Sie die Schnittpunkte der beiden Kurven.

29 Gibt es auf der Parabel zu $y = ax^2$ einen Punkt P, in dem Normale und Tangente mit der x-Achse ein gleichschenkliges Dreieck bilden? Welchen Flächeninhalt hat es gegebenenfalls?

30 Gegeben ist die Parabel zu $y = 9x^2$. Bestimmen Sie einen Punkt P der Parabel, der vom Brennpunkt B genauso weit entfernt ist wie vom Schnittpunkt Q der Normalen mit der y-Achse. Welchen Winkel bildet die zuehörige Tangente mit der Symmetrieachse der Parabel?

31 Gegeben sind die Parabel zu $y = -0{,}25x^2$ und der Punkt $P(-4|p_2)$ der Parabel. Gesucht ist ein Kreis, der die Parabel in P sowie die x-Achse berührt.

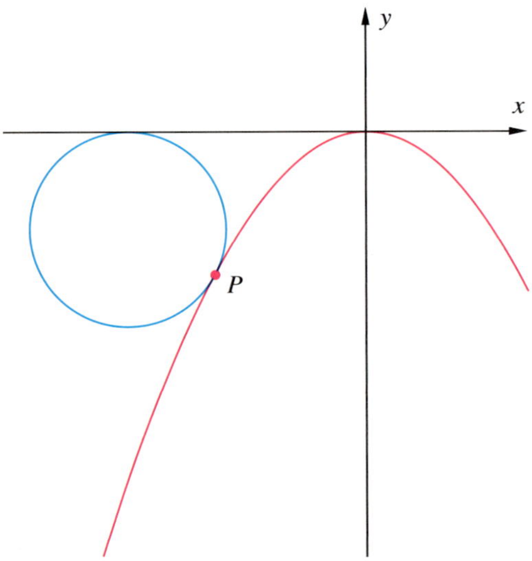

Bild 392/1: Ein Kreis, der eine Parabel und eine Gerade berührt

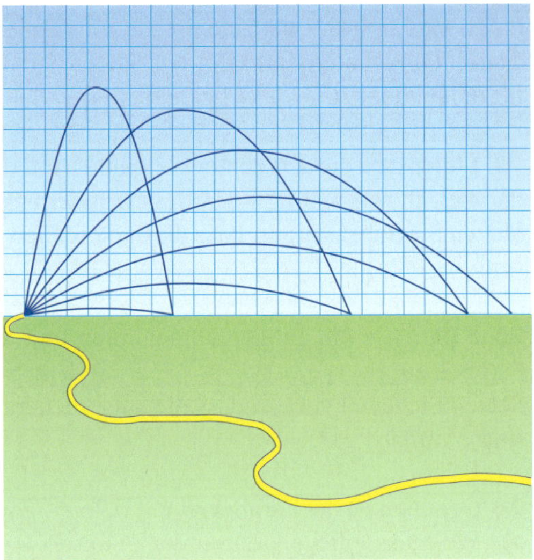

Bild 392/2: Wie muss man den Schlauch halten, um besonders weit zu spritzen?

Wurfparabeln

32 Ein Wasserstrahl, der aus einem Gartenschlauch spritzt, ist ungefähr parabelförmig. Höhe und Öffnungsweite dieser Parabel hängen von der Richtung ab, in die man den Gartenschlauch hält. Stellen Sie für den Wasserstrahl, der am weitesten kommt, und für die Wasserstrahlen, die nur halb so weit kommen, Parabelgleichungen auf.

33 Die Gerade zu $y = -\frac{1}{2}x + 4$ berührt die Parabel zu $y = a(x-b)^2 + c$ im Punkt $P(4|2)$.

a) Bestimmen Sie die Gleichung der Parabel, wenn $b = 3$ ist.

b) Bestimmen Sie die Gleichung der Parabel, wenn $c = 5$ ist.

34 Die Gerade zu $y = mx + n$ berührt die Parabel zu $y = a(x-b)^2 + c$ im Punkt $P(p_1|p_2)$.

a) Wie groß sind a und b, wenn m, n und die Koordinaten von P gegeben sind?

b) Wie groß sind a und c, wenn m, n und die Koordinaten von P gegeben sind?

35 Eine Kugel wird bei einem Sportwettkampf unter einem Winkel von 40° gegen die Horizontale gestoßen und landet 9 m hinter dem Abstoßbalken. Welche maximale Höhe erreicht die Kugel, wenn sie aus einer Höhe von 1,5 m abgestoßen wird?

36 Ein Wasserstrahl spritzt aus einem Schlauch. Dabei wird der Winkel gegenüber der Horizontalen beginnend mit 10° und endend mit 80° jeweils um 10° vergrößert.

a) Wie hoch muss der Strahl jeweils kommen, damit er 8 m weit reicht?

b) Wie weit muss der Strahl jeweils kommen, damit er 4 m hoch reicht?

37 Im Dresdner Mathematisch-Physikalischen Salon ist ein Gemälde aus dem Jahr 1577 zu sehen, das die Vorstellungen wiedergibt, die man sich damals von der Flugbahn einer Kanonenkugel gemacht hat. Die Entfernungen sind in Fuß angegeben. Für dieses Maß gab es im 16. Jahrhundert noch keine überregionale Normung. 1 Fuß dürfte ungefähr 30 cm entsprechen. Die Zielpunkte befinden sich also 150 m, 300 m und 450 m vom Abschusspunkt entfernt.

a) Zeichnen Sie zunächst eine Flugbahn wie auf dem Gemälde und beschreiben Sie sie durch Gleichungen.

b) Beschreiben Sie die tatsächliche Flugbahn durch eine Gleichung und ergänzen Sie die Zeichnung entsprechend. Setzen Sie dabei voraus, dass die Abschussrichtung und die Reichweite mit dem Gemälde übereinstimmen.

c) Beschreiben Sie die Abweichungen.

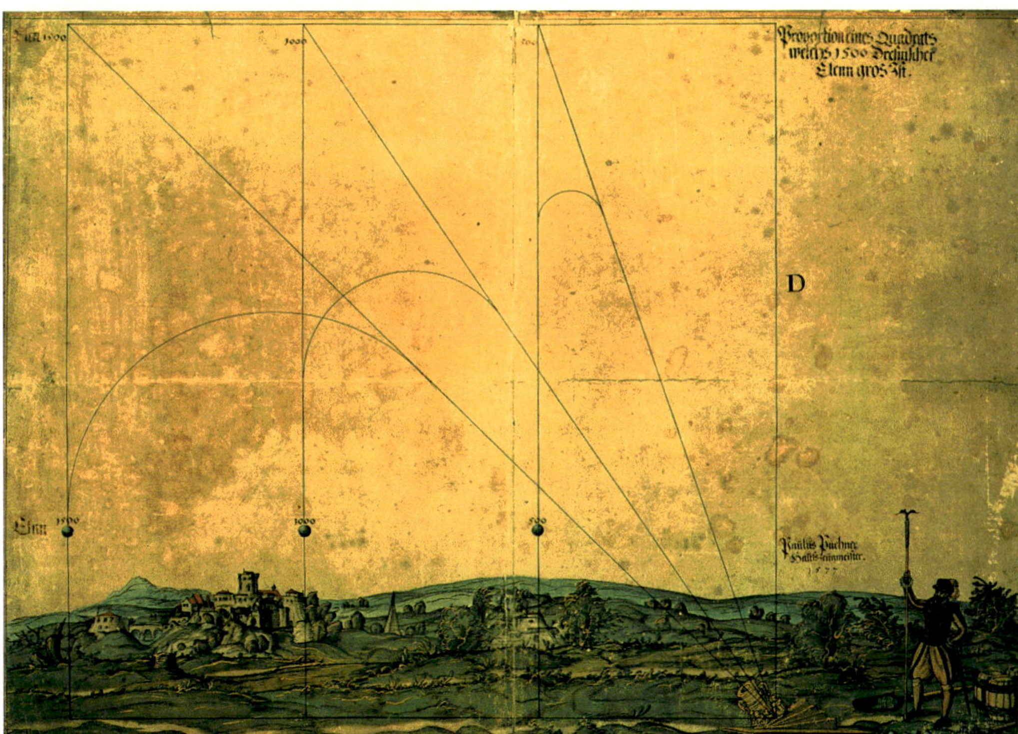

Bild 393/1: So stellte man sich 1577 die Flugbahnen von Kanonenkugeln vor

AUFGABEN

Parabeluntersuchung mit Tabellenkalkulation

38 Es soll mit einer Tabellenkalkulation der Scheitelpunkt der Parabeln zu $y = x^2 + px + q$ untersucht werden. Wählen Sie dazu zunächst $p = -4$ und $q = -3$. Richten Sie die Tabelle jedoch so ein, dass Sie diese Werte jederzeit verändern können.

a) Erstellen Sie für das Intervall von -10 bis 10 eine Wertetabelle mit der Schrittweite 0,5. Achten Sie auf eine sinnvolle Zahlendarstellung. Zeichnen Sie dann den Funktionsgraphen in einem Punktdiagramm.

Das Diagramm soll folgende Eigenschaften aufweisen:

- Der Funktionsgraph soll mit einer durchgehenden Linie gezeichnet werden.
- Die x-Achse und die y-Achse sollen sich von -10 bis 10 erstrecken und in Abständen der Länge 2 markiert sein.
- Auch die Gitternetzlinien sollen angezeigt werden.

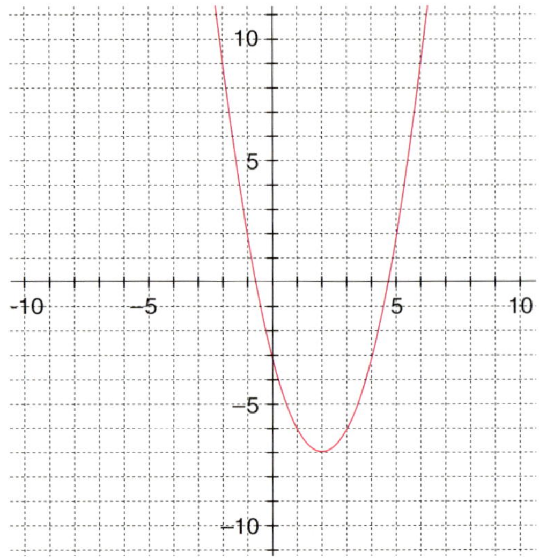

Bild 394/1: Parabel mit $p = -4$ und $q = -3$

b) Ändern Sie die Werte für q und untersuchen Sie anhand des Diagramms den Einfluss auf die Lage des Scheitelpunktes. Wählen Sie beispielsweise $q = 0, -1, 1, -2, 2, -3, 3, \ldots$. Welcher Zusammenhang besteht zwischen der Werteänderung von q und der Lage des Scheitelpunkts $S(s_1|s_2)$?

c) Ändern Sie die Werte für p und untersuchen Sie anhand des Diagramms den Einfluss auf die Lage des Scheitelpunktes. Wählen Sie z. B. für $q = 0$ die Werte $p = -6, -4, -2, 0, 2, 4, \ldots$. Welcher Zusammenhang besteht zwischen der Werteänderung von p und der Lage des Scheitelpunktes $S(s_1|s_2)$?

d) Leiten Sie daraus eine Formel für s_1 in Abhängigkeit von p her. Berechnen Sie damit die Koordinate s_2 des Scheitelpunktes S. Welcher Zusammenhang besteht mit der Anzahl der Lösungen der quadratischen Gleichung $x^2 + px + q = 0$?

e) Verändert man in c) die Werte von p, so bewegt sich der Scheitelpunkt der Parabel auf einer bestimmten Kurve. Beschreiben Sie diese Kurve. Leiten Sie anhand der Ergebnisse von d) eine Gleichung für diese Kurve her.

f) Zeichnen Sie anhand einer weiteren Wertetabelle diese Kurve mit einer anderen Farbe in das Diagramm ein und überprüfen Sie Ihre Ergebnisse, indem Sie die Werte für p bzw. q variieren.

g) Die Parabel zu $y = x^2 + px + q$ hat die Scheitelpunktsgleichung $y = (x - s_1)^2 + s_2$. Setzen Sie darin die in d) ermittelten Werte für s_1 und s_2 ein und leiten Sie daraus die Nullstellen her.

Vermischte Aufgaben

39 Bild 395/1 zeigt ein „Labyrinth“, das sich auf dem Boden der Kathedrale von Chartres befindet. Bei günstigem Sonnenstand wird die Fensterrose genau auf das Labyrinth abgebildet. Besonders farbig erscheint dann dessen Zentrum. Es soll vorkommen, dass Besucher den Weg von außen in das Zentrum des Labyrinths auf den vorgezeichneten Spuren betend zurücklegen.
Die Labyrinthfigur stellt – auch ohne Rücksicht auf davon ausgehende religiöse Anregungen – ein reizvolles geometrisches Motiv dar.

Bild 395/1: Labyrinth von Chartres

a) Beschreiben Sie die Labyrinthfigur durch Gleichungen.

b) Beschreiben Sie entsprechend den Weg, der von außen in das Zentrum führt.

40 Bild 395/2 zeigt einen Sektor einer Fensterrose der Kathedrale von Chartres. Dieser Sektor gibt die tatsächliche Ausführung des Entwurfs von Honnecourt (vergleiche Bild 355/1) wieder.

a) Vergleichen Sie die Kreise mit den Mittelpunkten C und D sowie den inneren Kreis mit dem Entwurf.

b) Verbindet man die Mittelpunkte D geeignet miteinander, so entsteht ein Stern, dessen Seiten den inneren Kreis berühren. Überprüfen Sie das mit den Mitteln der Koordinatengeometrie.

c) Führen Sie selbst Untersuchungen zur Geometrie der Fensterrose durch.

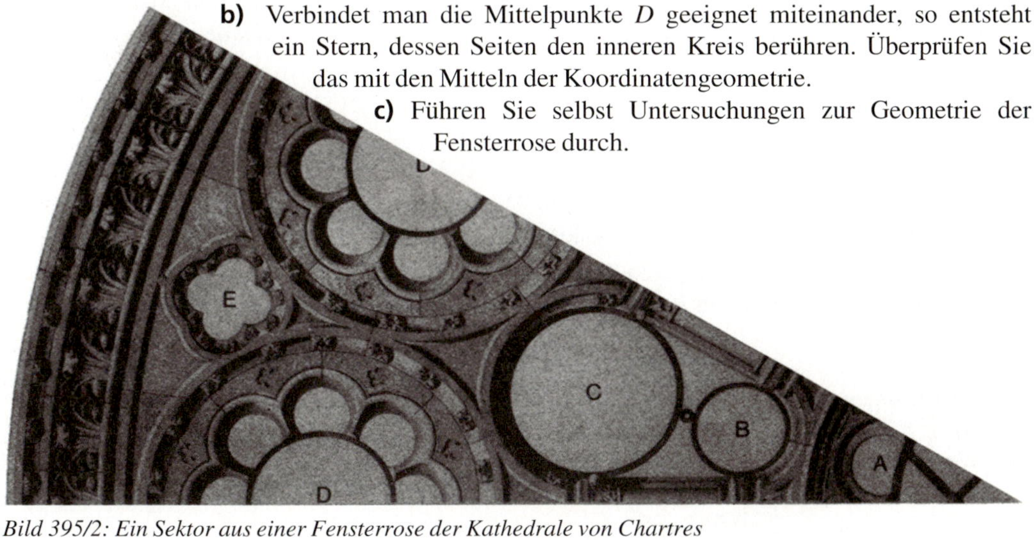

Bild 395/2: Ein Sektor aus einer Fensterrose der Kathedrale von Chartres

AUFGABEN

41 Die Euronoten zeigen als Motive Fenster, Tore und Brücken, die den Zusammenhalt Europas charakterisieren sollen. Jede Note nimmt auf eine andere Epoche Bezug; so zeigt beispielsweise die 20 €-Note Motive aus der Gotik (Bild 396/1). Die 200 €-Note zeigt Eisenkonstruktionen aus dem 19. Jahrhundert (Bild 396/2).
Alle Motive auf den Euro-Noten symbolisieren nur den Baustil, der in der jeweiligen Epoche üblich war. Sie existieren nicht wirklich und haben nur geringe Ähnlichkeiten mit bestehenden Bauwerken.
Beschreiben Sie die gekrümmten Linien der abgebildeten Motive durch Gleichungen.

Bild 396/1: Motiv der 20 €-Note

Bild 396/2: Motiv der 200 €-Note

42 Die Pariser Seine-Brücke „Pont du Carroussel" (Bild 396/3) ist interessant konstruiert: Zwischen der Fahrbahn und dem tragenden Parabelbogen befinden sich Bauteile mit kreisförmigem Querschnitt.
Bild 396/4 zeigt das Konstruktionsprinzip: Die Kreise sind so eingefügt, dass sie sowohl die Parabel als auch deren horizontale Tangente berühren.
Untersuchen Sie diese Konstruktion für die Parabel zu $y = -\frac{1}{24}x^2$.
Legen Sie zunächst auf der Parabel Berührpunkte $B_0(b_0|?)$, $B_1(b_1|?)$, $B_2(b_2|?)$ fest. Wählen Sie dazu $b_0 = 1$, $b_1 = c \cdot b_0$, $b_2 = c \cdot b_1$ mit $c = \frac{6}{5}$ oder mit anderen Werten für b_0 und c.
Bestimmen Sie dann die Gleichungen der Kreise $K_0, K_1, K_2 \ldots$.
Wie groß sind die Abstände der Kreise?

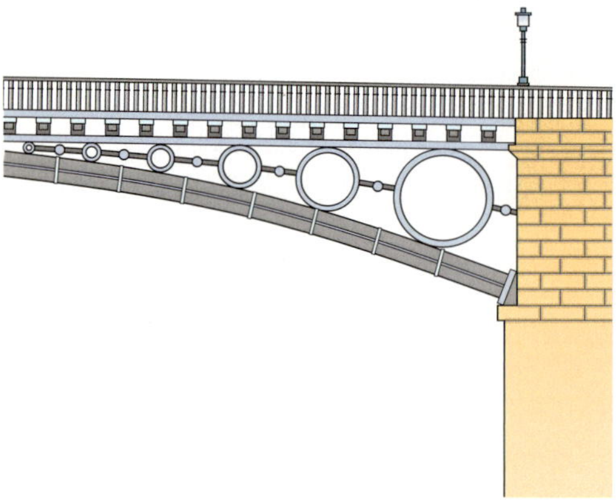

Bild 396/3: Pont du Carroussel in Paris

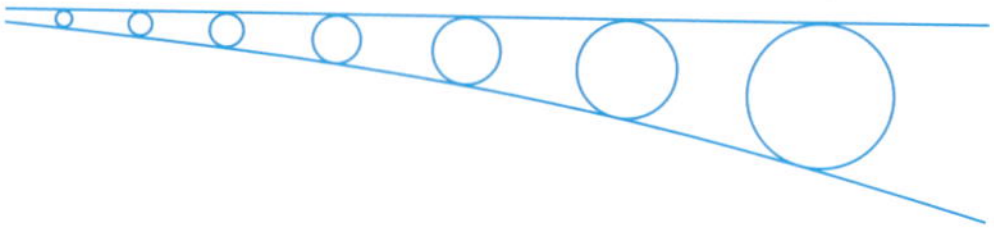

Bild 396/4: Konstruktionsprinzip

43 Zum Bau von Abwasserkanälen verwendet man auch Rohre mit einem sogenannten Eiprofil. Der Querschnitt solcher Rohre ist unten enger als oben. Dies hat den Vorteil, dass auch geringe Abwassermengen abfließen können und nicht so leicht – wie bei einem breiteren Profil – im Rohr stehen bleiben.

Der Querschnitt (Bild 397/1) eines solchen Rohres setzt sich aus Kreisbögen zusammen. Man kann ein ähnliches Profil erhalten, wenn man oben einen Kreisbogen und unten einen Parabelbogen wählt.

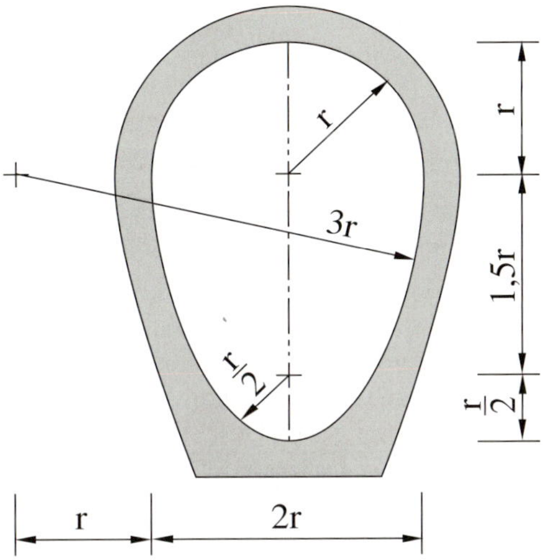

Bild 397/1: Kanalrohr mit Eiprofil

Ein Kanalrohr soll innen 40 cm breit und 60 cm hoch sein.
Beschreiben Sie das innere Profil
- **a)** nur durch Kreisbögen;
- **b)** durch Kreis- und Parabelbögen.

44 Steinbögen (Bild 397/2) sind oft kreisförmig. Um sie zu bauen, muss man zunächst ein „Lehrgerüst" errichten, das die innere Öffnung ausfüllt. Nach dem Einsetzen des Schlußsteins hält der Bogen selbständig und das Lehrgerüst kann entfernt werden.

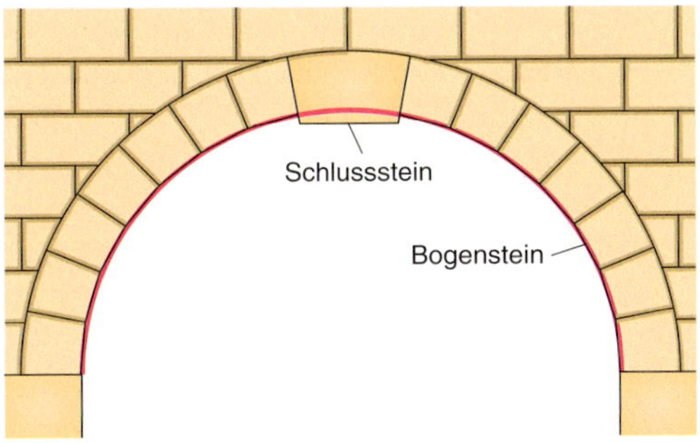

Bild 397/2: Kreisförmiger Bogen

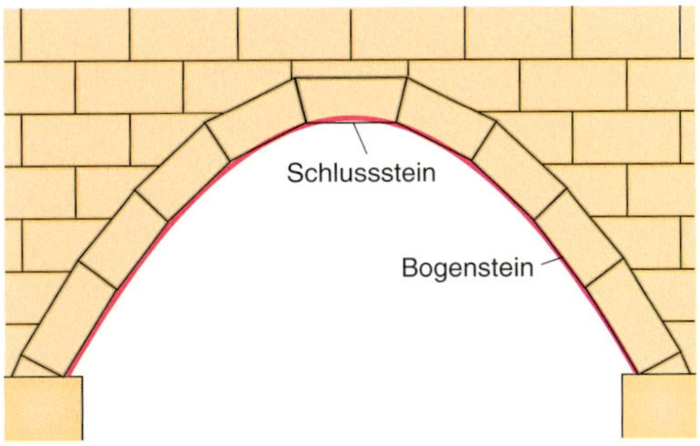

Bild 397/3: Parabelförmiger Bogen

- **a)** Bestimmen Sie genau die Form der Bogensteine in Bild 397/2.
- **b)** Man kann auch Bögen mit parabelförmigem Querschnitt bauen (Bild 397/3). Dann haben die Bogensteine allerdings unterschiedliche Formen. Beschreiben Sie die Form des Schlusssteins und der drei links bzw. rechts angrenzenden Bogensteine. Setzen Sie dabei voraus, dass alle Steine an der Unterkante gleich breit sind. Wählen Sie selbst eine passende Parabel.

45 Maria Gaetana Agnesi war die erste Frau auf einem Lehrstuhl für Mathematik. 1750 wurde sie Professorin an der Universität von Bologna. Nach ihr ist eine Kurve benannt, die man durch folgende Konstruktion erhält:

Bild 398/1: Maria Gaetana Agnesi (1718–1799)

Gegeben ist ein Kreis mit dem Durchmesser a, der die horizontale Achse von oben im Ursprung berührt sowie die Parallele zu dieser Achse durch den höchsten Punkt des Kreises. Eine Ursprungsgerade schneidet den Kreis in einem Punkt $A(a_1|a_2)$ und die Gerade in einem Punkt $B(b_1|b_2)$. Durch A und B ist ein Punkt $P(b_1|a_2)$ festgelegt. Der Punkt P bestimmt eine Kurve, die „Hexe der Agnesi" heißt.

Der Name beruht auf einem Übersetzungsfehler aus dem Lateinischen: Das Wort „versiera" wurde mit „Hexe" statt mit „Wendekurve" übersetzt.

a) Bestimmen Sie die Koordinaten von P.

b) Welche Funktionsgleichung beschreibt die „Hexe der Agnesi"?

c) Zeichnen Sie möglichst genau eine Agnesi-Kurve und bestimmen Sie dann graphisch mehrere Tangenten.

d) An welcher Stelle „wendet" sich die Kurve?

46 Durch die Gleichungen sind eine Parabel und eine Gerade gegeben. Schneidet die Gerade die Parabel? Wie lang ist gegebenenfalls die Sehne?

a) $y=-\frac{1}{6}(x+4)^2-3 \qquad y=3x-2$

b) $y=-(x-6)^2+1 \qquad y=3x-2$

c) $y=-\frac{1}{6}(x-4)^2-3 \qquad y=3x-2$

d) $y=\frac{1}{4}(x+3{,}5)^2-1{,}5 \qquad y=3x-2$

e) $y=\frac{5}{2}\left(x+\frac{3}{2}\right)^2+\frac{1}{4} \qquad y=3x-2$

f) $y=3(x-5)^2-10 \qquad y=3x-2$

47 Untersuchung einer Parabel mit schräger Symmetrieachse

a) Der Punkt $P(x|y)$ soll um 45° in positiver Drehrichtung (gegen den Uhrzeiger) um den Ursprung gedreht und dadurch auf den Punkt $\overline{P}(\overline{x}|\overline{y})$ abgebildet werden.
Zeigen Sie, dass folgende Gleichungen erfüllt sind:
$\overline{x}=\frac{1}{2}\sqrt{2}(x-y)$ und $\overline{y}=\frac{1}{2}\sqrt{2}(x+y)$.

b) Zeichnen Sie eine um 45° in positiver Drehrichtung (gegen den Uhrzeiger) um den Ursprung gedrehte Normalparabel.
Anleitung: Zeichnen Sie zunächst ein entsprechend gedrehtes Koordinatensystem.

c) Bestimmen Sie mithilfe der in a) hergeleiteten Gleichungen die Gleichung der gedrehten Parabel.
Anleitung: Bezeichnen Sie den Bildpunkt zu $P(x|y)$ mit $\overline{P}(\overline{x}|\overline{y})$.

8.5 Der Gauß'sche Algorithmus

AUFTRÄGE

A1 **Kostenfunktion**

Zur Modellierung einer Kostenfunktion K für Herstellung und Vertrieb von x Wareneinheiten werden in den Wirtschaftswissenschaften häufig ganzrationale Funktionen dritten Grades verwendet.

Ermitteln Sie eine solche Funktion für einen Fall, bei dem durch Beobachtung der Kosten folgende Zusammenhänge festgestellt wurden:

$$\begin{aligned} K(1) &= 769{,}01; \\ K(10) &= 1130{,}00; \\ K(30) &= 1590{,}00; \\ K(90) &= 4410{,}00. \end{aligned}$$

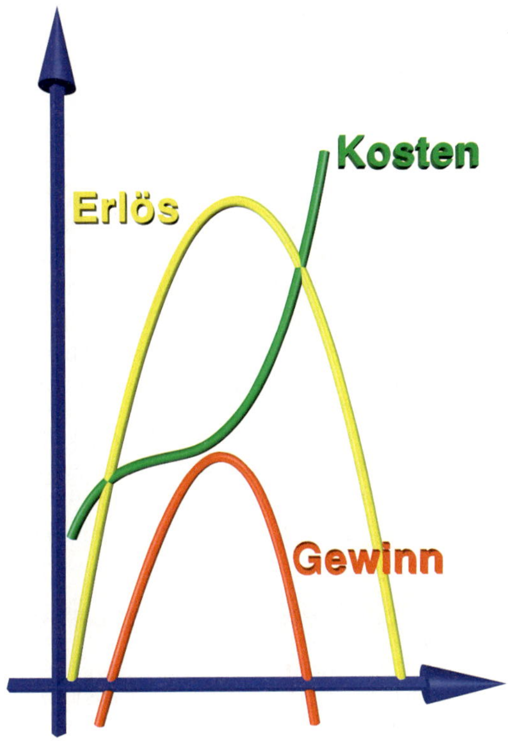

A2 **Ausbau einer Theorie**

In der Sekundarstufe I haben Sie Gleichungssysteme aus 2 Gleichungen mit 2 Variablen ausführlich behandelt. Auch einige Systeme aus 3 Gleichungen mit 3 Variablen sind gelöst worden. Machen Sie sich die dort verwendeten Methoden klar und versuchen Sie, sie auf Systeme aus mehr Gleichungen mit mehr Variablen auszubauen. Versuchen Sie vor allem, eine systematische Lösungsmethode zu finden, die man auch programmieren kann. Sie können Ihre Überlegungen z. B. auf das folgende Gleichungssystem beziehen:

$$\begin{array}{rcrcrcrcrcr} x_1 & + & x_2 & + & x_3 & + & x_4 & + & x_5 & = & 6 \\ x_1 & + & 2x_2 & + & 3x_3 & - & x_4 & - & 2x_5 & = & 6 \\ 2x_1 & + & 7x_2 & - & 2x_3 & + & 3x_4 & - & 3x_5 & = & 20 \\ -5x_1 & - & 4x_2 & + & 6x_3 & - & 5x_4 & + & 6x_5 & = & -17 \\ 4x_1 & - & 3x_2 & - & 3x_3 & + & 6x_4 & - & 7x_5 & = & 7 \end{array}$$

Die Lösungsmenge $L = \{(1|2|1|2|0)\}$ können Sie verwenden, um Ihre eigenen Umformungsschritte zu überprüfen.

AUFTRÄGE

A3 **Restbestände**

Eine Versandbuchhandlung bietet vor den Sommerferien im Internet eine Sonderaktion an: drei Pakete Taschenbücher zum Urlaubsschmökern. Die Bücher stammen aus den drei beliebten Reihen des Versandhauses: Kriminalromane, Science-Fiction Bücher und Abenteuerromane. Alle Bücher aus einer Reihe haben jeweils den gleichen Preis.

Im ersten Paket sind 3 Krimis, 3 Science-Fiction-Bücher und 5 Abenteuerromane. Eine andere Zusammenstellung enthält 4 Krimis, 3 Science-Ficton-Bücher und 2 Abenteuerromane. Eine dritte Auswahl umfasst 5 Krimis, 2 Science-Fiction-Bücher und 3 Abenteuerromane. Die Buchhandlung will mit dieser Aktion ihr Lager räumen, nachdem eine Inventur ergeben hat, dass noch 2580 Krimis, 1770 Science-Fiction-Bücher und 2080 Abenteuerromane vorhanden sind.

In der Internetaktion werden solche Pakete zu folgendem Preis angeboten: die erste Zusammenstellung für 10,20 €, die zweite Paketart für 7,84 € und das dritte Sortiment für 8,82 €. Es wird damit geworben, dass die Pakete gegenüber den früheren Buchpreisen um 80 % billiger sind. Wie viele Pakete können jeweils zusammengestellt werden, wenn die Bestände aufgebraucht werden sollen? Was haben die einzelnen Bücher vor der Ermäßigung gekostet?

Wie viele Pakete können angeboten werden?

Wir bearbeiten den Arbeitsauftrag **A3** zu den Restbeständen.

Die Angaben des Auftrags lassen sich übersichtlich in einer **Tabelle** erfassen. K, S und A sind die Krimis, die Science-Fiction-Bücher und die Abenteuerromane, P_1, P_2 und P_3 die drei Paketarten. Am Ende der **Zeile** für eine Bücherart steht die Anzahl der noch vorhandenen Bücher, am Ende der **Spalte** für eine Paketart steht der Preis des Pakets.

	P_1	P_2	P_3	gesamt
K	3	4	5	2580
S	3	3	2	1770
A	5	2	3	2080
Preis	10,20	7,84	8,82	

Die Buchhandlung hofft, dass sich aus den Büchern Pakete zusammenstellen lassen, ohne dass ein Rest bleibt. Bezeichnet man mit x_1, x_2 und x_3 die Anzahl der Pakete der Art P_1, P_2 und P_3, so müssen die folgenden drei Gleichungen erfüllt sein:

$$\begin{aligned} 3x_1 + 4x_2 + 5x_3 &= 2580 \\ 3x_1 + 3x_2 + 2x_3 &= 1770 \\ 5x_1 + 2x_2 + 3x_3 &= 2080. \end{aligned}$$

Dies ist ein **lineares Gleichungssystem**, kurz: **LGS**, mit 3 **Variablen**, das aus 3 Gleichungen besteht. Man nennt die Gleichungen linear, weil die Variablen nur in der ersten Potenz vorkommen, nicht aber in höheren Potenzen, wie etwa $x_2^{\,3}$ oder $x_3^{\,2}$.

Aus der Fragestellung ergibt sich, dass für x_1, x_2 und x_3 nur natürliche Zahlen in Betracht kommen.

Auch die Frage nach den alten Einzelpreisen y_1, y_2 und y_3 der Bücher führt auf ein lineares Gleichungssystem. Die Zahlen für die rechten Seiten der Gleichungen sind nicht direkt gegeben, man muss hier die Ermäßigung um 80% beachten:

$$\begin{aligned} 3y_1 + 3y_2 + 5y_3 &= 10{,}20 : 0{,}2 = 51{,}00 \\ 4y_1 + 3y_2 + 2y_3 &= 7{,}84 : 0{,}2 = 39{,}20 \\ 5y_1 + 2y_3 + 3y_3 &= 8{,}82 : 0{,}2 = 44{,}10. \end{aligned}$$

y_1, y_2 und y_3 stehen hier für positive reelle Zahlen.

Lösen eines Gleichungssystems

Wir betrachten zunächst das Gleichungssystem zur Paketzusammenstellung:

$$\begin{aligned} 3x_1 + 4x_2 + 5x_3 &= 2580 \\ 3x_1 + 3x_2 + 2x_3 &= 1770 \\ 5x_1 + 2x_2 + 3x_3 &= 2080. \end{aligned}$$

Das Gleichungssystem lösen heißt, alle Einsetzungen für x_1, x_2 und x_3 zu finden, die die erste **und** die zweite **und** die dritte Gleichung erfüllen. Die Zahlen $x_1 = 130$, $x_2 = 360$ und $x_3 = 150$ erfüllen z. B. die erste und die zweite Gleichung

$$\begin{aligned} 3 \cdot 130 + 4 \cdot 360 + 5 \cdot 150 &= 2580 \\ 3 \cdot 130 + 3 \cdot 360 + 2 \cdot 150 &= 1770, \end{aligned}$$

nicht aber die dritte

$$5 \cdot 130 + 2 \cdot 360 + 3 \cdot 150 = 1820 \neq 2080;$$

das Tripel $(130|360|150)$ ist also keine Lösung des Gleichungssystems.

Um ein lineares Gleichungssystem zu lösen, formt man es so um, dass man seine Lösungen ablesen kann. Man darf dabei natürlich nur solche Umformungen durchführen, bei denen die Lösungsmenge sich nicht ändert. Solche Umformungen bezeichnet man als **Äquivalenzumformungen**. Lineare Gleichungssysteme kann man mit dem **Einsetzungsverfahren**, dem **Gleichsetzungsverfahren** oder dem **Additionsverfahren** lösen.

Beim Einsetzungsverfahren löst man z. B. die erste Gleichung nach x_1 auf

$$\begin{aligned} 3x_1 + 4x_2 + 5x_3 &= 2580 \\ x_1 &= \frac{2580 - 4x_2 - 5x_3}{3} \end{aligned}$$

und ersetzt in den anderen Gleichungen x_1 durch den erhaltenen Term:

$$3 \cdot \frac{2580 - 4x_2 - 5x_3}{3} + 3x_2 + 2x_3 = 1770$$

$$5 \cdot \frac{2580 - 4x_2 - 5x_3}{3} + 2x_2 + 3x_3 = 2080.$$

Nun löst man z. B. die erste dieser beiden Gleichungen nach x_2 auf und setzt den erhaltenen Term für x_2 in die dritte Gleichung ein, die dann nur noch x_3 enthält. Daher lässt sich aus ihr eine Lösung für x_3 bestimmen, mit der man dann eine Lösung für x_2 und schließlich eine für x_1 erhält. Das Verfahren führt schnell zu verschachtelten Termen und ist dann oft unübersichtlich. Ähnlich ist es beim Gleichsetzungsverfahren.

Auch das Additionsverfahren beruht auf der erfolgreichen Idee, schrittweise aus den Gleichungen Variable verschwinden zu lassen, zu **eliminieren**, vermeidet aber unübersichtliche Terme.

Als Erstes addieren wir die 1. Gleichung zur mit (-1) multiplizierten 2. Gleichung. Diese Umformung wird neben dem Gleichungssystem durch einen Pfeil mit dem dazugehörigen Faktor gekennzeichnet.

$$\begin{aligned} 3x_1 + 4x_2 + 5x_3 &= 2580 \\ 3x_1 + 3x_2 + 2x_3 &= 1770 \quad \downarrow \cdot (-1) \\ 5x_1 + 2x_2 + 3x_3 &= 2080 \end{aligned}$$

Das Ergebnis verwenden wir als neue 2. Gleichung, also an der Stelle, auf die die Pfeilspitze zeigt.

$$\begin{aligned} 3x_1 + 4x_2 + 5x_3 &= 2580 \quad \uparrow \\ x_2 + 3x_3 &= 810 \quad \cdot (-4) \quad \downarrow \cdot (-2) \\ 5x_1 + 2x_2 + 3x_3 &= 2080 \end{aligned}$$

Die zweite Gleichung enthält nun eine Variable weniger.

Als Nächstes ist es rechnerisch am einfachsten, die Variable x_2 aus der ersten und der dritten Gleichung zu entfernen. Dabei ist so vorzugehen, wie es oben mit Hilfe der Pfeile notiert ist.

$$\begin{aligned} 3x_1 - 7x_3 &= -660 \quad \cdot (-5) \\ x_2 + 3x_3 &= 810 \\ 5x_1 - 3x_3 &= 460 \quad \downarrow \cdot 3 \end{aligned}$$

Zuletzt entfernen wir die Variable x_1 aus der letzten Gleichung und erhalten:

$$\begin{aligned} 3x_1 - 7x_3 &= -660 \\ x_2 + 3x_3 &= 810 \\ 26x_3 &= 4680 \end{aligned}$$

Dies liefert zunächst $x_3 = 180$. Durch weiteres „Rückwärts"-Einsetzen erhält man $x_2 = 270$ und $x_1 = 200$.

Setzt man diese Ergebnisse zur Probe für die Variablen x_1, x_2 und x_3 im Ausgangsgleichungssystem ein, so erhält man:

$$\begin{aligned} 3 \cdot 200 + 4 \cdot 270 + 5 \cdot 180 &= 2580 \text{ (w)} \\ 3 \cdot 200 + 3 \cdot 270 + 2 \cdot 180 &= 1770 \text{ (w)} \\ 5 \cdot 200 + 2 \cdot 270 + 3 \cdot 180 &= 2080 \text{ (w)}. \end{aligned}$$

Alle drei Aussagen sind wahr, daher ist das Tripel $(200|270|180)$ eine Lösung des gegebenen Gleichungssystems. Die Buchhandlung kann also aus den Restbeständen 200 Pakete der ersten Art, 270 Pakete der zweiten Art und 180 Pakete der dritten Art zusammenstellen.

Äquivalenzumformungen

Beim Umformen des Gleichungssystems haben wir

– eine Gleichung mit einer von Null verschiedenen Zahl multipliziert,

– eine Gleichung durch die Summe aus dieser und einer anderen Gleichung ersetzt.

Wir begründen im Folgenden, dass die erste der beiden Umformungen, also die Multiplikation einer Gleichung $T_1 = T_2$ mit einer von 0 verschiedenen reellen Zahl c, eine **Äquivalenzumformung** ist.

Wenn die Gleichung $T_1 = T_2$ erfüllt ist, T_1 und T_2 also für dieselbe reelle Zahl stehen, dann ist für jede reelle Zahl c auch die Gleichung $c \cdot T_1 = c \cdot T_2$ erfüllt, weil die Multiplikation stets ein eindeutiges Ergebnis hat, also:

$$T_1 = T_2 \Rightarrow c \cdot T_1 = c \cdot T_2.$$

Die Umkehrung zeigt man dadurch, dass man auf beiden Seiten der Gleichung $c \cdot T_1 = c \cdot T_2$ mit dem Kehrwert $\frac{1}{c}$ multipliziert, der für $c \neq 0$ stets existiert:

$$c \cdot T_1 = c \cdot T_2 \Rightarrow \frac{1}{c} \cdot (c \cdot T_1) = \frac{1}{c} \cdot (c \cdot T_2) \Rightarrow \left(\frac{1}{c} \cdot c\right) \cdot T_1 = \left(\frac{1}{c} \cdot c\right) \cdot T_2 \Rightarrow T_1 = T_2.$$

Insgesamt gilt also:

$$T_1 = T_2 \Leftrightarrow c \cdot T_1 = c \cdot T_2.$$

Ebenso lässt sich begründen, dass auch die zweite Umformung, also das Ersetzen einer Gleichung durch die Summe aus dieser und einer anderen Gleichung, eine Äquivalenzumformung ist.

Da wir folglich beim Umformen des gegebenen Gleichungssystems nur Äquivalenzumformungen angewandt haben, ist das umgeformte Gleichungssystem zum Ausgangsgleichungssystem äqivalent; beide Systeme haben also die gleiche Lösungsmenge.

Das umgeformte System hat genau eine Lösung; also ist das Tripel $(200|270|180)$ auch die einzige Lösung des gegebenen Gleichungssystems. Für die erste Frage des Ausgangsproblems ergibt sich damit die folgende Antwort:

Die Buchhandlung kann aus den Restbeständen 200 Pakete der ersten Art, 270 Pakete der zweiten Art und 180 Pakete der dritten Art zusammenstellen.

Manchmal ist es bei der Umformung sinnvoll, Gleichungen zu vertauschen; wir hätten z. B. die zweite Gleichung an die erste Stelle setzen können, bevor wir damit die Variable x_2 aus den beiden anderen Gleichungen entfernt haben.

Auch dies ist eine Äquivalenzumformung. Insgesamt gilt der

Satz 8.5 Die Lösungsmenge eines Gleichungssystems ändert sich nicht, wenn man
– eine Gleichung mit einer von Null verschiedenen Zahl multipliziert,
– eine Gleichung durch die Summe aus dieser und einer anderen Gleichung ersetzt,
– zwei Gleichungen vertauscht. ■

Systematisches Lösen eines Gleichungssystems

Beim Lösen des Gleichungssystems mit dem Additionsverfahren haben wir so umgeformt, dass der Rechenweg möglichst bequem war. Man kann sich vorstellen, dass bei komplizierterem Zahlenmaterial oder einer größeren Anzahl von Gleichungen und Variablen solche „bequemen“ Rechenschritte nicht immer erkennbar sind.

Will man überdies Gleichungssysteme von einem Computer lösen lassen, so braucht man ein leicht beschreibbares Verfahren, das immer funktioniert, einen **Algorithmus**.

Bild 404/1: Karl Friedrich Gauß (1777–1855), Mathematiker, Physiker und Astronom

Ein solcher Algorithmus, mit dem man lineare Gleichungssysteme lösen kann, geht auf den Mathematiker Karl Friedrich Gauß zurück.

Mithilfe der ersten Gleichung wird dabei zunächst die Variable x_1 aus allen anderen Gleichungen entfernt, danach mithilfe der neu erhaltenen zweiten Gleichung x_2 aus allen darunter stehenden Gleichungen, usw.

Wir wenden den **Gauß'schen Algorithmus** auf unser Beispiel an:

$$\begin{array}{rcrcrcrl}
3x_1 & + & 4x_2 & + & 5x_3 & = & 2580 & \downarrow\ \cdot 5 \\
3x_1 & + & 3x_2 & + & 2x_3 & = & 1770 & \downarrow \cdot(-1) \\
5x_1 & + & 2x_2 & + & 3x_3 & = & 2080 & \downarrow \cdot(-3)
\end{array}$$

$$\begin{array}{rcrcrcrl}
3x_1 & + & 4x_2 & + & 5x_3 & = & 2580 & \\
 & & x_2 & + & 3x_3 & = & 810 & \mid \cdot 14 \\
 & & 14x_2 & + & 16x_3 & = & 6660 & \downarrow \cdot(-1)
\end{array}$$

$$\begin{array}{rcrcrcrl}
3x_1 & + & 4x_2 & + & 5x_3 & = & 2580 & \\
 & & x_2 & + & 3x_3 & = & 810 & \\
 & & & & 26x_3 & = & 4680 & \mid :26
\end{array}$$

Der Gauß'sche Algorithmus führt also auf ein Gleichungssystem in **Dreiecksgestalt**. Aus diesem kann man die Lösung schrittweise bestimmen:

Aus der letzten Zeile erhält man $x_3 = \frac{4680}{26} = 180$ und damit aus der vorletzten $x_2 + 3 \cdot 180 = 810$, also $x_2 = 270$. Schließlich erhält man damit aus der ersten Gleichung $3x_1 + 4 \cdot 270 + 5 \cdot 180 = 2580$, also $x_1 = 200$.

Man erhält also – wie auf Seite 402 – die Lösung $(200|270|180)$.

Statt rückwärts einzusetzen kann man das Gleichungssystem auch weiter umformen:

$$\begin{array}{rcrcrcrl} 3x_1 & + & 4x_2 & + & 5x_3 & = & 2580 & \\ & & x_2 & + & 3x_3 & = & 810 & \uparrow \\ & & & & x_3 & = & 180 & \cdot(-3) \quad \cdot(-5) \end{array}$$

$$\begin{array}{rcrcrcrl} 3x_1 & + & 4x_2 & & & = & 1680 & \uparrow \\ & & x_2 & & & = & 270 & \cdot(-4) \\ & & & & x_3 & = & 180 & \end{array}$$

$$\begin{array}{rrrcrl} 3x_1 & & & = & 600 & \mid :3 \\ & x_2 & & = & 270 & \\ & & x_3 & = & 180 & \end{array}$$

$$\begin{array}{rrrcr} x_1 & & & = & 200 \\ & x_2 & & = & 270 \\ & & x_3 & = & 180 \end{array}$$

Aus dieser **Diagonalgestalt** lässt sich die Lösung dann direkt ablesen.

Matrizen als Kurzschreibweise für Gleichungssysteme

Die durchgeführten Umformungen zur Lösung des linearen Gleichungssystems haben sich nur auf die Zahlen bezogen, nicht aber auf die Variablen. Man kann daher viel Schreibarbeit sparen und Übersicht gewinnen, wenn man nur diese Zahlen aufschreibt, die Variablen also weglässt. Wir wollen dies bei der Lösung des Gleichungssystems für den Preis der einzelnen Büchern nutzen.

Das zu lösende Gleichungssystem

$$\begin{array}{rcrcrcr} 3y_1 & + & 3y_2 & + & 5y_3 & = & 51{,}00 \\ 4y_1 & + & 3y_2 & + & 2y_3 & = & 39{,}20 \\ 5y_1 & + & 2y_3 & + & 3y_3 & = & 44{,}10 \end{array}$$

wird vollständig durch das folgenden Zahlenschema erfasst:

$$\left(\begin{array}{ccc|c} 3 & 3 & 5 & 51{,}00 \\ 4 & 3 & 2 & 39{,}20 \\ 5 & 2 & 3 & 44{,}10 \end{array}\right)$$

Ein solches rechteckiges, in runde Klammern eingeschlossenes Zahlenschema nennt man eine **Matrix** (Plural: Matrizen). Die hier entstandene Matrix hat drei **Zeilen** und vier **Spalten**. In den drei ersten Spalten stehen die Vorfaktoren der Variablen, die **Koeffizienten**. In der letzten Spalte stehen, zur besseren Übersichtlichkeit durch einen senkrechten Strich abgetrennt, die **Absolutglieder**; das sind die Zahlen rechts der Gleichheitszeichen.

Selbstverständlich dürfen diese Absolutglieder auch negative Werte annehmen; mit Absolutglied ist hier nur gemeint, dass auf der rechten Seite keine Variablen mehr auftreten.

Die folgende Gegenüberstellung zeigt, dass sich die Äquivalenzumformungen bei der Matrix genauso darstellen lassen wie beim Gleichungssystem:

$$\begin{array}{rcrcrcr}
3y_1 & + & 3y_2 & + & 5y_3 & = & 51{,}00 \\
4y_1 & + & 3y_2 & + & 2y_3 & = & 39{,}20 \\
5y_1 & + & 2y_2 & + & 3y_3 & = & 44{,}10
\end{array}
\begin{array}{l} \big| \cdot 4 \quad \big| \cdot 5 \\ \downarrow \cdot (-3) \\ \quad\quad \downarrow \cdot (-3) \end{array}
\qquad
\left(\begin{array}{rrr|r} 3 & 3 & 5 & 51{,}00 \\ 4 & 3 & 2 & 39{,}20 \\ 5 & 2 & 3 & 44{,}10 \end{array}\right)
\begin{array}{l} \big| \cdot 4 \quad \big| \cdot 5 \\ \downarrow \cdot (-3) \\ \quad\quad \downarrow \cdot (-3) \end{array}$$

$$\begin{array}{rcrcrcr}
3y_1 & + & 3y_2 & + & 5y_3 & = & 51{,}00 \\
 & & 3y_2 & + & 14y_3 & = & 86{,}40 \\
 & & 9y_2 & + & 16y_3 & = & 122{,}70
\end{array}
\begin{array}{l} \\ \big| \cdot 9 \\ \downarrow \cdot (-3) \end{array}
\qquad
\left(\begin{array}{rrr|r} 3 & 3 & 5 & 51{,}00 \\ 0 & 3 & 14 & 86{,}40 \\ 0 & 9 & 16 & 122{,}70 \end{array}\right)
\begin{array}{l} \\ \big| \cdot 9 \\ \downarrow \cdot (-3) \end{array}$$

$$\begin{array}{rcrcrcr}
3y_1 & + & 3y_2 & + & 5y_3 & = & 51{,}00 \\
 & & 3y_2 & + & 14y_3 & = & 86{,}40 \\
 & & & & 78y_3 & = & 409{,}50
\end{array}
\begin{array}{l} \\ \\ |:78 \end{array}
\qquad
\left(\begin{array}{rrr|r} 3 & 3 & 5 & 51{,}00 \\ 0 & 3 & 14 & 86{,}40 \\ 0 & 0 & 78 & 409{,}50 \end{array}\right)
\begin{array}{l} \\ \\ |:78 \end{array}$$

Das Gleichungssystem, d. h. genauer seine linke Seite, ist damit auf Dreiecksgestalt gebracht. Die Dreiecksgestalt ist auch im linken Teil der Matrix erkennbar, den Leerstellen im Gleichungssystem entsprechen in der Matrix Nullen.

Man erhält $y_3 = 409{,}50 : 78 = 5{,}25$. Durch weiteres rückwarts verlaufendes Einsetzen in die zweite und erste Gleichung ergibt sich $y_2 = 4{,}30$ und $y_1 = 3{,}95$.

Zur Probe setzt man wieder im Ausgangsgleichungssystem für die Variablen y_1, y_2 und y_3 die Zahlen 3,95; 4,30 bzw. 5,25 ein:

$$\begin{array}{rcrcrcrl}
3 \cdot 3{,}95 & + & 3 \cdot 4{,}30 & + & 5 \cdot 5{,}25 & = & 51{,}00 & (\mathrm{w}) \\
4 \cdot 3{,}95 & + & 3 \cdot 4{,}30 & + & 2 \cdot 5{,}25 & = & 39{,}20 & (\mathrm{w}) \\
5 \cdot 3{,}95 & + & 2 \cdot 4{,}30 & + & 3 \cdot 5{,}25 & = & 44{,}10 & (\mathrm{w}).
\end{array}$$

Das Tripel $(3{,}95|4{,}30|5{,}25)$ ist also die eindeutige Lösung des Gleichungssystems für den Preis der einzelnen Bücher. Ein Krimi kostet damit 3,95 €, ein Science-Fiction-Buch 4,30 € und ein Abenteuerroman 5,25 €.

Statt einzusetzen, kann man Gleichungssystem und Matrix auch weiter umformen:

$$\begin{array}{rcrcrcr} 3y_1 & + & 3y_2 & + & 5y_3 & = & 51{,}00 \\ & & 3y_2 & + & 14y_3 & = & 86{,}40 \\ & & & & y_3 & = & 5{,}25 \end{array} \quad \begin{array}{l} \\ \uparrow \\ | \cdot(-14) \end{array} \quad \begin{array}{l} \uparrow \\ | \\ | \cdot(-5) \end{array} \qquad \left(\begin{array}{ccc|c} 3 & 3 & 5 & 51{,}00 \\ 0 & 3 & 14 & 86{,}40 \\ 0 & 0 & 1 & 5{,}25 \end{array}\right) \begin{array}{l} \\ \uparrow \\ | \cdot(-14) \end{array} \quad \begin{array}{l} \uparrow \\ | \\ | \cdot(-5) \end{array}$$

$$\begin{array}{rcrcr} 3y_1 & + & 3y_2 & = & 24{,}75 \\ & & 3y_2 & = & 12{,}90 \\ & & y_3 & = & 5{,}25 \end{array} \quad \begin{array}{l} \uparrow \\ | \cdot(-1) \\ \\ \end{array} \qquad \left(\begin{array}{ccc|c} 3 & 3 & 0 & 24{,}75 \\ 0 & 3 & 0 & 12{,}90 \\ 0 & 0 & 1 & 5{,}25 \end{array}\right) \begin{array}{l} \uparrow \\ | \cdot(-1) \\ \\ \end{array}$$

$$\begin{array}{rcr} 3y_1 & = & 11{,}85 \\ 3y_2 & = & 12{,}90 \\ y_3 & = & 5{,}25 \end{array} \quad \begin{array}{l} |:3 \\ |:3 \\ \\ \end{array} \qquad \left(\begin{array}{ccc|c} 3 & 0 & 0 & 11{,}85 \\ 0 & 3 & 0 & 12{,}90 \\ 0 & 0 & 1 & 5{,}25 \end{array}\right) \begin{array}{l} |:3 \\ |:3 \\ \\ \end{array}$$

$$\begin{array}{rcr} y_1 & = & 3{,}95 \\ y_2 & = & 4{,}30 \\ y_3 & = & 5{,}25 \end{array} \qquad \left(\begin{array}{ccc|c} 1 & 0 & 0 & 3{,}95 \\ 0 & 1 & 0 & 4{,}30 \\ 0 & 0 & 1 & 5{,}25 \end{array}\right)$$

Sind alle Koeffizienten in der Diagonale 1, so sind die Werte auf der rechten Seite direkt die Lösungen.

Auch hier bezieht sich die **Diagonalgestalt des Gleichungssystems bzw. der Matrix** wiederum nur auf die linke Seite. Deshalb erhält der linke Teil einer Matrix, durch die ein Gleichungssystem dargestellt wird, einen eigenen Namen. Man nennt den linken Teil allein **Koeffizientenmatrix** und die gesamte Matrix **erweiterte Matrix**.

Ein weiteres Beispiel

Will man das Lineare Gleichungssystem

$$\begin{array}{rcrcrcrcr} x_1 & + & 3x_2 & + & 4x_3 & + & x_4 & = & 28 \\ & & & & 6x_3 & + & 8x_4 & = & 56 \\ & & x_2 & - & 5x_3 & + & 6x_4 & = & -38 \\ & & 2x_2 & + & 2x_3 & - & 5x_4 & = & 3 \end{array}$$

ebenso mit dem Gauß'schen Algorithmus lösen, so kann man mit der zweiten Gleichung nicht x_2 aus der dritten und vierten Gleichung eliminieren, weil die zweite Gleichung x_2 gar nicht enthält. Deshalb vertauscht man die zweite und die dritte Zeile des Gleichungssystems.

Die Lösung in Matrixschreibweise sieht dann insgesamt folgendermaßen aus:

$$\left(\begin{array}{cccc|c} 1 & 3 & 4 & 1 & 28 \\ 0 & 0 & 6 & 8 & 56 \\ 0 & 1 & -5 & 6 & -38 \\ 0 & 2 & 2 & -5 & 3 \end{array}\right) \updownarrow$$

$$\longrightarrow \left(\begin{array}{cccc|c} 1 & 3 & 4 & 1 & 28 \\ 0 & 1 & -5 & 6 & -38 \\ 0 & 0 & 6 & 8 & 56 \\ 0 & 2 & 2 & -5 & 3 \end{array}\right) \downarrow \cdot (-2)$$

$$\longrightarrow \left(\begin{array}{cccc|c} 1 & 3 & 4 & 1 & 28 \\ 0 & 1 & -5 & 6 & -38 \\ 0 & 0 & 6 & 8 & 56 \\ 0 & 0 & 12 & -17 & 79 \end{array}\right) \begin{array}{l} \\ \\ \cdot 2 \\ \downarrow \cdot (-1) \end{array} \qquad \longrightarrow \left(\begin{array}{cccc|c} 1 & 3 & 4 & 1 & 28 \\ 0 & 1 & -5 & 6 & -38 \\ 0 & 0 & 6 & 8 & 56 \\ 0 & 0 & 0 & 33 & 33 \end{array}\right)$$

Durch rückwärts verlaufendes Einsetzen oder weitere Umformung der Matrix auf Diagonalgestalt erhält man: $x_4 = 1$; $x_3 = 8$; $x_2 = -4$ und $x_1 = 7$.

ZUSAMMENFASSUNG

Wir fassen zusammen

Man löst ein **lineares Gleichungssystem**, indem man die folgenden **Äquivalenzumformungen** mehrfach anwendet:

- Eine Gleichung mit einer von Null verschiedenen Zahl multiplizieren,
- eine Gleichung durch die Summe aus dieser und einer anderen Gleichung ersetzen,
- zwei Gleichungen vertauschen.

Der **Gauß'sche Algorithmus** ist eine systematische Anwendung solcher Umformungen:

- Man entfernt mit Hilfe der Variablen x_1 der ersten Gleichung diese Variable aus allen anderen Gleichungen. Dann entfernt man mit Hilfe der Variablen x_2 in der neu erhaltenen zweiten Gleichung diese Variable aus allen folgenden Gleichungen, usw. Dies gelingt durch Multiplikation der Gleichungen mit passenden Zahlen und anschließende Subtraktion.
- Kommt die Variable x_i in der i-ten Gleichung nicht vor und gibt es eine weiter unten stehende Gleichung, die x_i enthält, so vertauscht man die beiden Gleichungen.
- Hat man das Gleichungssystem damit auf **Dreiecksgestalt** gebracht, so kann man die Lösung durch **rückwärts verlaufendes Einsetzen** ermitteln oder durch weitere Umformungen, mit denen man das Gleichungssystem auf **Diagonalgestalt** bringt.

Übersichtlicher und mit weniger Schreibaufwand lassen sich diese Umformungen durchführen, wenn man sie auf die zu dem Gleichungssystem gehörende **erweiterte Matrix** anwendet.

Lösen von Gleichungssystemen

1 Lösen Sie das Gleichungssystem und nutzen Sie dabei Rechenvorteile.

a)
$$\begin{aligned} x_1 + 2x_2 - x_3 + x_4 &= 63 \\ 5x_1 + 15x_2 + 15x_3 + 5x_4 &= 0 \\ 4x_1 + 8x_2 - 4x_3 + 5x_4 &= 241 \\ 3x_1 + 6x_2 - 2x_3 + 7x_4 &= 124 \end{aligned}$$

b)
$$\begin{aligned} 3x_1 - 5x_2 + 4x_3 - 6x_4 &= 5 \\ 34x_1 - 68x_2 + 34x_3 - 68x_4 &= 68 \\ x_1 - 2x_2 + 2x_3 - 2x_4 &= -12 \\ 2x_1 + 4x_2 - x_3 - x_4 &= 10 \end{aligned}$$

2 Lösen Sie mit Hilfe des Gauß'schen Algorithmus.

a)
$$\begin{aligned} 4x_1 + 3x_2 + 3x_3 &= 6 \\ x_1 + 3x_2 - x_3 &= 4 \\ 4x_1 + 2x_2 + 3x_3 &= 1 \end{aligned}$$

b)
$$\begin{aligned} x_1 + x_2 - x_3 &= -1 \\ x_1 + 4x_2 + 2x_3 &= 2 \\ -x_1 + 4x_2 + 4x_3 &= 2 \end{aligned}$$

c)
$$\begin{aligned} x_1 - 3x_2 - 4x_3 &= 1 \\ 2x_1 + x_2 - x_3 &= 2 \\ 5x_1 - x_2 - 3x_3 &= -4 \end{aligned}$$

3 Stellen Sie die erweiterte Matrix auf und formen Sie sie so um, dass das Gleichungssystem Diagonalgestalt bekommt. Bestimmen Sie jeweils die Lösung.

a)
$$\begin{aligned} -x_1 - 2x_2 + 4x_3 &= 6 \\ 2x_1 + x_2 + 3x_3 &= 5 \\ 3x_1 + 3x_2 - 2x_3 &= -2 \end{aligned}$$

b)
$$\begin{aligned} x_1 + 3x_2 - 2x_3 &= -19 \\ 5x_1 - x_2 + 7x_3 &= 72 \\ -3x_1 + 4x_2 + 5x_3 &= 11 \end{aligned}$$

c)
$$\begin{aligned} 2x_1 - 4x_2 + x_3 &= -13 \\ 8x_1 + 6x_2 - x_3 &= 113 \\ x_1 + 7x_2 - 9x_3 &= 143 \end{aligned}$$

d)
$$\begin{aligned} x_1 - x_2 + x_3 - x_4 &= 0 \\ x_1 + x_2 - x_3 - x_4 &= 6 \\ x_1 - x_2 - x_3 + x_4 &= -2 \\ 2x_1 + x_2 - 2x_3 + 3x_4 &= 0 \end{aligned}$$

e)
$$\begin{aligned} 4x_1 + 3x_2 - 3x_3 - 8x_4 &= 0 \\ x_1 - x_2 + x_3 + 4x_4 &= 13 \\ -4x_1 - 2x_2 + x_3 + 3x_4 &= -3 \\ 3x_1 - x_2 - 2x_3 - 7x_4 &= -6 \end{aligned}$$

4 Lösen Sie das durch die Matrix gegebene Gleichungssystem.

a)
$$\left(\begin{array}{ccc|c} 4 & 2 & 1 & -6{,}0 \\ 3 & 4 & 2 & 0{,}5 \\ 5 & 6 & 1 & -2{,}5 \end{array}\right)$$

c)
$$\left(\begin{array}{ccc|c} -1 & -2 & 4 & 6 \\ 2 & 1 & 3 & 5 \\ 3 & 3 & -2 & -2 \end{array}\right)$$

b)
$$\left(\begin{array}{cccc|c} 2 & -2 & 1 & -1 & 9 \\ 4 & 2 & -3 & 1 & 13 \\ -1 & 3 & -6 & -2 & -47 \\ -2 & -1 & 2 & 3 & 11 \end{array}\right)$$

d)
$$\left(\begin{array}{cccc|c} 4 & 3 & -3 & -8 & -10 \\ 1 & -1 & 1 & 4 & 13 \\ -4 & -2 & 1 & 3 & -3 \\ 3 & -1 & -2 & -7 & -6 \end{array}\right)$$

Anwendungen

5 Von der Funktion zu $y = f(x)$ sind einige Funktionswerte bekannt; bestimmen Sie jeweils die Koffizienten.

a) $f(x) = ax^2 + bx + c$; $f(4) = 57$; $f(-4) = 57$; $f(0) = 9$.

b) $f(x) = ax^3 + bx^2 + cx + d$; $f(1) = 4{,}5$; $f(-1) = 0{,}5$; $f(-5) = -103{,}5$; $f(3) = 40{,}5$.

c) $f(x) = a \cdot \sin x + b \cdot \cos x + c \cdot x$; $f\left(\frac{\pi}{2}\right) = 1{,}5$; $f(\pi) = -1$; $f(0) = 2$.

AUFGABEN

6 Eine Großküche stellt verschiedene Gerichte aus Fleisch, Nudeln und Gemüse her.

a) Für Katastrophenfälle braucht man ein Gericht mit 140 g Eiweiß, 100 g Fett und 400 g Kohlehydraten. Wie schwer ist eine Portion?

b) Ein Diätgericht soll nur aus Fleisch und Gemüse bestehen und 100 g Fett sowie 150 g Eiweiss enthalten. Wie gross ist dabei der Kohlehydratanteil?

	Gehalt je 100 g Fleisch	Nudeln	Gemüse
enthalten			
Eiweiß	10 g	10 g	40 g
Fett	40 g		10 g
Kohlehydrate	30 g	70 g	30 g

7 Eine Druckerei bietet drei verschiedene Geschenkanhänger G_1, G_2 und G_3 in drei verschiedenen Verkaufspackungen V_1, V_2 und V_3 an. Wie viele Verkaufspackungen jeder Art kann man fertigstellen, wenn G_1, G_2 und G_3 Auslaufmodelle sind und das Lager geräumt werden soll?

	G_1	G_2	G_3
V_1	2	4	2
V_2	3	2	0
V_3	4	1	1
auf Lager	1627	1018	508

8 Eine Werkstatt bezieht drei Sorten von Einzelteilen T_1, T_2 und T_3 und stellt daraus drei verschiedene Montageeinheiten M_1, M_2 und M_3 her. Diese werden zu drei Endprodukten E_1, E_2 und E_3 zusammengesetzt. Der zahlenmäßige Zusammenhang ist den beiden Tabellen zu entnehmen.

	M_1	M_2	M_3
T_1	5	6	1
T_2	4	2	3
T_3	3	3	8

	E_1	E_2	E_3
M_1	2	1	1
M_2	1	1	3
M_3	1	2	4

a) Wie viele der einzelnen Endprodukte können hergestellt werden, wenn 1600 Teile der Sorte T_1, 1300 Teile der Sorte T_2 und 2350 Teile der Sorte T_3 zur Verfügung stehen?

b) Wie viele Einzelteile jeder Art braucht man, um einem Auftrag über 80 Endprodukte der Art E_1, 60 Endprodukte der Art E_2 und 110 Endprodukte der Art E_3 nachzukommen?

9 Ein Elektronik-Shop führt drei verschiedene Packungen mit Chips der Typen C_1, C_2 und C_3 für den Zusammenbau spezieller Spiele.

Packung 1 enthält 4 C_1-Chips und 6 C_2-Chips.
In Packung 2 sind 6 C_1-Chips, 7 C_2-Chips und 3 C_3-Chips.
Packung 3 ist mit 4 C_1-Chips, 5 C_2-Chips und 5 C_3-Chips gefüllt.

Diese Zusammenstellungen sind so unschlagbar preiswert, dass die Informatikstudenten mit solchen Packungen ihren Bedarf an Chips für Diplomarbeiten und Praktika decken. Es lohnt sich keinesfalls, einzelne Chips woanders zu kaufen.

a) Ein Elektrotechnikstudent benötigt für seine Diplomarbeit 64 C_1-Chips, 81 C_2-Chips und 47 C_3-Chips. Wie viele Packungen sollte er kaufen?

b) Eine Studentin braucht im Rahmen ihres Hardware-Praktikums 10 C_1-Chips, 15 C_2-Chips und 10 C_3-Chips. Welche Packungen sollte sie kaufen?

10 Eine Maschinenbaufirma stellt Federn und Membranen aus einer Kupferlegierung her, die 90% Kupfer, 5% Zink und 5% Zinn enthält. Sie kann Legierungen von verschiedenen Kupferhütten beziehen: eine dieser Legierungen besteht aus 80% Kupfer und 20% Zink, eine andere aus 95% Kupfer und 5% Zinn und eine dritte aus 80% Kupfer, 10% Zink und 10% Zinn.

11 Ein Zauberkünstler verblüfft mit einem Rechentrick: Auf Anhieb errät er drei gedachte Zahlen, wenn man ihm nur die drei Summen von jeweils zwei der gedachten Zahlen nennt.

a) Als Summen werden die Zahlen 6, 11 und 15 genannt. Welches sind die gedachten Zahlen?

b) Der Zauberer ist ein Schnellrechner und geht so vor:
Zunächst addiert er alle Summen und dividiert dann durch 2. Um die gesuchten Zahlen zu ermitteln, zieht er von diesem Zwischenergebnis jeweils die genannten Summen ab.
Begründen Sie, dass man so in der Tat die richtigen Zahlen findet.

c) Könnte man das Gaußverfahren auch diesem Verfahren entsprechend anwenden?

Numerische Probleme

12 Lösen Sie die beiden Gleichungssysteme und nehmen Sie zum Ergebnis Stellung.

a) $\begin{aligned} 3{,}3x_1 + 1{,}2x_2 &= 1{,}1 \\ 6{,}9x_1 + 2{,}5x_2 &= 2{,}7 \end{aligned}$ und $\begin{aligned} 3{,}31x_1 + 1{,}2x_2 &= 1{,}1 \\ 6{,}9x_1 + 2{,}5x_2 &= 2{,}7 \end{aligned}$

b) $\begin{aligned} 8{,}8x_1 - 5x_2 &= -15{,}5 \\ 1{,}4x_1 - 0{,}8x_2 &= -2{,}4 \end{aligned}$ und $\begin{aligned} 8{,}8x_1 - 5x_2 &= -15{,}5 \\ 1{,}401x_1 - 0{,}8x_2 &= -2{,}4 \end{aligned}$

13 Gegeben ist das Gleichungssystem

$$\begin{aligned} 0{,}0001x_1 + x_2 &= 1 \\ x_1 + x_2 &= 2. \end{aligned}$$

a) Lösen Sie das Gleichungssystem exakt mit Bruchrechnung und runden Sie das Endergebnis auf vier Stellen hinter dem Komma.

b) Lösen Sie das Gleichungssystem mit dem Gauß'schen Algorithmus, ohne Zeilen zu vertauschen. Zwischenergebnisse sollen immer auf 4 Nachkommastellen gerundet werden.

c) Vertauschen Sie die beiden Zeilen und wenden Sie wiederum den Gauß'schen Algorithmus mit Rundung der Zwischenergebnisse an.

d) Erklären Sie die unterschiedlichen Ergebnisse in b) und c).

14 Gegeben ist das Gleichungssystem

$$\begin{aligned} 3x_1 + 4x_2 + 11x_3 + x_4 &= 20 \\ 7x_1 - 8x_2 - 6x_3 + 9x_4 &= 11 \\ 8x_1 + 9x_2 + 20x_3 - x_4 &= 35 \\ 12x_1 + 50x_3 + x_4 &= 64. \end{aligned}$$

a) Lösen Sie das Gleichungssystem exakt mit dem Gauß'schen Algorithmus.

b) Was fällt bei diesem Lösungsweg auf? Welche Konsequenzen kann das bei einer für einen Computer programmierten Lösung haben?

c) Lösen Sie das Gleichungssystem mit dem Gauß'schen Algorithmus, aber sorgen Sie durch Division dafür, dass die Zeile, die Sie zum Entfernen weiterer x_i verwenden, die Form $1 \cdot x_i + \ldots$ hat. Runden Sie Zwischenergebnisse auf 2 Stellen hinter dem Komma.

Wir danken Herrn Prof. Dr. Hans Fröhlich von der Fachhochschule Bochum, Fachbereich Vermessungswesen und Geoinformatik, für seine Mitwirkung bei der Erstellung der Aufgabe zur Satelliten-Navigation GPS (Seite 335).

Bildnachweis

Agentur LPM, Henrik Pohl, Berlin: 34/1, 34/2, 51/1, 56/3, 57/1, 57/2, 67/1, 117/1, 142/1, 142/2, 143/1, 198/3, 229/1, 230/1, 238/1, 381/1, 382/3
AKG-Images, Berlin: 99/1, 357/1, 357/4, 404/1
Albert-Haus, Burkardroth (Bayerische Rhön): 197/1
Berliner Verkehrsbetriebe, Zentralbereich Angebot und Vertrieb, Kundeninformation Kartographie, Berlin: 35/1
Günther Binding, Bergisch-Gladbach: 354/3
Bundespräsidialamt, Berlin: 222/1
© Painton Cowen/aus: Die Rosenfenster der gotischen Kathedralen/Herder, Freiburg: 395/2
c't – Magazin für Computertechnik, Heise Zeitschriftenverlag, Hannover: 335/1 (Aus Heft 8/2003, Seite 82)
Deutsche Post AG, Bonn: 375/1
Deutsche Stiftung Kinemathek, Berlin 66/1, 67/2
Deutsches Museum, München: 122/1, 277/2
Diamant Informations-Service, Frankfurt am Main: 86/1, 86/2
dpa, Berlin: 226/2 (Elmar Hartmann) 241/1
FBS Fachvereinigung Betonrohre und Stahlbetonrohre e.\,V., Bonn: 397/1
Foster and Partners/Nigel Young, London: 377/1
Germanisches Nationalmuseum, Nürnberg: 297/1, 297/2
Info-Center-Emmerich, Emmerich: 377/2
Interfoto, München: 378/1, 398/1
Dr. Thomas Jahnke, Marburg: 8/1, 16/3, 16/4
Janicke, München: 376/2
M.C. Escher's „Symmetry Drawing E21" © 2002 Cordon Art B. B. V., Baarn – Holland. All rights reserved: 85/1
Mauritius, Berlin: 7 (Vidler)
Musée de l' Oeuvre Notre Dame de Strasbourg: 197/2
PassivSolarDrehhaus IKOS, Augsburg: 87/1, 87/2, 87/3
RWE-Tower, Essen: 84 (Hintergrundfoto)
Dr. Hellmut Scheuermann, Hofheim/Ts.: Vorlagen zu 198/1 und 198/2
Herbert Schlemmer, Berlin: 376/1
Dr. Peter Schreiber, Greifswald: 85/2, 85/3
Silvestris, Kastl: 179/1
Staatliche Kunstsammlungen Dresden, Mathematisch-Physikalischer Salon, Dresden: 393/1
Stadt Solingen, Stadtwerbung: 343
Thomas Oetterer, Bayreuth: 209/1
toy-store, Harald Schneider, Nieder-Olm: 207/1
TRIANON, Frankfurt am Main: 16/2
TU München, Pressestelle FRM II: 376/3
Ursula Simanowsky, Essen: 333/1
O.\ M.\ Ungers, Köln: 355/2, 365/4, 365/5, 365/6
© Günther Ventur/Köln Tourismus Office, Köln: 368/1
Verlagsarchiv: 118/1, 344 (Hintergrundfoto)
Volkswagen AG, Wolfsburg: S. 367 (Hintergrundfoto)
Walter De Gruyter & CO., Berlin: 277/1 (Aus: Journal für die reine und angewandte Mathematik, Band 158 von 1927, photomechanischer Nachdruck 1964)
Wissenschaftliche Buchgesellschaft, Darmstadt: 355/1
Holger Wolff, Dresden: 100/1
Hans Wuttke, Essen: 180/1
ZDF, Mainz: 364/2

In einigen Fällen war es uns nicht möglich, die Rechtsinhaber zu ermitteln.
Selbstverständlich werden wir berechtigte Ansprüche im üblichen Rahmen vergüten.